Energiesparendes Bauen

Ein Praxisbuch für Architekten, Ingenieure und Energieberater

Energiesparendes Bauen

Jetzt diesen Titel zusätzlich als E-Book downloaden und 70 % sparen!

Als Käufer dieses Buchtitels haben Sie Anspruch auf ein besonderes Kombi-Angebot: Sie können den Titel zusätzlich zum Ihnen vorliegenden gedruckten Exemplar für nur 30 % des Normalpreises als E-Book beziehen.

Der BESONDERE VORTEIL: Im E-Book recherchieren Sie in Sekundenschnelle die gewünschten Themen und Textpassagen. Denn die E-Book-Variante ist mit einer komfortablen Volltextsuche ausgestattet!

Deshalb: Zögern Sie nicht. Laden Sie sich am besten gleich Ihre persönliche E-Book-Ausgabe dieses Titels herunter.

In 3 einfachen Schritten zum E-Book:

❶ Rufen Sie die Website **www.beuth.de/e-book** auf.

❷ Geben Sie hier Ihren persönlichen, nur einmal verwendbaren E-Book-Code ein:

31497AKC9C28A92

❸ Klicken Sie das „Download-Feld“ an und gehen dann weiter zum Warenkorb. Führen Sie den normalen Bestellprozess aus.

Hinweis: Der E-Book-Code wurde individuell für Sie als Erwerber dieses Buches erzeugt und darf nicht an Dritte weitergegeben werden. Mit Zurückziehung dieses Buches wird auch der damit verbundene E-Book-Code für den Download ungültig.

Energiesparendes Bauen

Mehr zu diesem Titel

... finden Sie in der Beuth-Mediathek

Zu vielen neuen Publikationen bietet der Beuth Verlag nützliches Zusatzmaterial im Internet an, das Ihnen kostenlos bereitgestellt wird. Art und Umfang des Zusatzmaterials – seien es Checklisten, Excel-Hilfen, Audiodateien etc. – sind jeweils abgestimmt auf die individuellen Besonderheiten der Primär-Publikationen.

Für den erstmaligen Zugriff auf die Beuth-Mediathek müssen Sie sich einmalig kostenlos registrieren. Zum Freischalten des Zusatzmaterials für diese Publikation gehen Sie bitte ins Internet unter

www.beuth-mediathek.de

und geben Sie den folgenden **Media-Code** in das Feld „Media-Code eingeben und registrieren" ein:

M314972336

Sie erhalten Ihren Nutzernamen und das Passwort per E-Mail und können damit nach dem Log-in über „Meine Inhalte" auf alle für Sie freigeschalteten Zusatzmaterialien zugreifen.

Der Media-Code muss nur bei der ersten Freischaltung der Publikation eingegeben werden. Jeder weitere Zugriff erfolgt über das Log-In.

Wir freuen uns auf Ihren Besuch in der Beuth-Mediathek.

Ihr Beuth Verlag

Hinweis: Der Media-Code wurde individuell für Sie als Erwerber dieser Publikation erzeugt und darf nicht an Dritte weitergegeben werden. Mit Zurückziehung dieses Buches wird auch der damit verbundene Media-Code ungültig.

Prof. Dr.-Ing. Helmut Marquardt

Energiesparendes Bauen –

Ein Praxisbuch für Architekten, Ingenieure und Energieberater

Wohn- und Nichtwohngebäude
nach GEG 2023

5., vollständig überarbeitete
und erweiterte Auflage

Beuth Verlag GmbH · Berlin · Wien · Zürich

Bauwerk

Berlin · Wien · Zürich
Am DIN-Platz
Burggrafenstraße 6
10787 Berlin

Telefon: +49 30 2601-0
Telefax: +49 30 2601-1260
Internet: www.beuth.de
E-Mail: kundenservice@beuth.de

Maßgebend für das Anwenden jeder in diesem Werk erläuterten oder zitierten Norm ist deren Fassung mit dem neuesten Ausgabedatum. Den aktuellen Stand zu jeder DIN-Norm können Sie im Webshop des Beuth Verlags unter www.beuth.de abfragen. Dort finden Sie insbesondere etwaige Berichtigungen und Warnvermerke, welche bei der Anwendung der jeweiligen Norm unbedingt zu beachten sind.

Druck: L&C Printing Group, Kraków
Gedruckt auf säurefreiem, alterungsbeständigem Papier nach DIN EN ISO 9706

ISBN 978-3-410-31497-4

Vorwort zur 5. Auflage

Am 01.01.2023 trat das novellierte Gebäudeenergiegesetz (GEG 2023) in Kraft, welches gegenüber dem GEG 2020 einige Änderungen mit sich bringt, die eingearbeitet wurden. Neben dem Nachweis von Wohngebäuden, der weiterhin die Grundlage darstellt, wird an vielen Stellen nun auch auf Abweichungen beim Nachweis von Nichtwohngebäuden eingegangen. Darüber hinaus wurde im Kapitel 2 der im GEG geforderte Feuchteschutznachweis ergänzt.

Für die Erstellung der Zeichnungen danke ich Tarja Wenk-Marquardt.

Weiter danke ich für einige konstruktive Hinweise zu den vorangegangenen Auflagen und freue mich weiterhin über Verbesserungsvorschläge – entweder an den Verlag oder direkt per E-Mail an marquardt@hs21.de.

Buxtehude, im Januar 2023
Helmut Marquardt

Vorwort zur 1. Auflage

2002 trat die erste Energieeinsparverordnung in Kraft (2009 aktuell novelliert), wodurch die Energieeinsparmöglichkeiten bei Gebäuden deutlich in das öffentliche Bewusstsein getreten sind. Mit der Folge, dass Baukunden Energieberatung verstärkt nachfragen, dafür ausgebildete, qualifizierte Beraterinnen oder Berater aber nach wie vor fehlen.

Für Baupraktiker wie auch für Studierende macht dies eine intensivere Beschäftigung mit dem Wärmeschutz der Gebäudehülle und mit energiesparender Anlagentechnik notwendig, damit sie eine qualifizierte Energieberatung anbieten können. Dazu soll dieses Buch beitragen:

- Die Notwendigkeit des Klimaschutzes ist inzwischen unbestritten – vor allem müssen die Kohlendioxidemissionen deutlich reduziert werden. In Kapitel 1 wird dargestellt, welchen Beitrag die Energieeinsparung bei Gebäuden dazu leisten soll.
- Im Zuge der europäischen Harmonisierung der technischen Baubestimmungen wurde in den letzten Jahren eine Vielzahl von europäischen und internationalen Wärmeschutznormen erarbeitet,

  - in denen zwar die Bauphysik nicht neu „erfunden" wird,
  - die aber doch wesentliche Änderungen gegenüber den in Deutschland früher verwendeten Nachweisen bedeuten.

  Diese Nachweise werden – einschließlich Berechnungsgrundlagen und erläuternden Beispielen – in Kapitel 2 vorgestellt.

- Die Energieeinsparverordnung soll den sog. Niedrigenergiehaus-Standard für alle Gebäude verbindlich machen – in Kapitel 3 werden deshalb Konstruktionen sowohl für Massiv- als auch für Holztafel-/Holzrahmenbauten gezeigt, die nicht nur den dafür notwendigen Wärmeschutz, sondern auch die erforderliche Luftdichtheit der Gebäudehülle in der Praxis ermöglichen sollen.
- Die Energieeinsparverordnung bezieht große Teile der Gebäudetechnik in das Nachweisverfahren ein – in Kapitel 4 werden die dafür benötigten Grundlagen der Heizung, Trinkwassererwärmung und Lüftung in Gebäuden dargestellt.
- Das größte Interesse der Praxis gilt zurzeit den Nachweisen gemäß Energieeinsparverordnung – solche Nachweise für Wohngebäude werden schließlich in Kapitel 5 (u. a. anhand eines ausführlich dokumentierten Beispiels) vorgestellt.

Damit soll das vorliegende Buch sowohl erfahrenen Architekten/Architektinnen und Ingenieuren/Ingenieurinnen die Anwendung der Energieeinsparverordnung und der zugrunde liegenden Wärmeschutznormung erleichtern als auch Studierenden als aktuelles Lehrbuch des energiesparenden Bauens dienen.

Wertvolle Anregungen zu diesem Buch erhielt ich von einer Vielzahl von Fachkollegen, denen ich hier – ohne Nennung einzelner Namen – danken möchte. Für die mühevolle Erstellung der Zeichnungen danke ich Monika Becker, Andrea Kaatz, Linda Kücks, Inga Osterndorff, Karen Rottmann, Stefanie Wulf und Melanie C. Zyball.

Für Verbesserungsvorschläge und konstruktive Kritik bin ich dankbar – entweder an den Verlag oder per E-Mail an marquardt@hs21.de.

Buxtehude, im März 2011

Helmut Marquardt

Inhalt

Symbole, Einheiten und Indizes

Symbole und Einheiten

Symbol	Einheit	Bedeutung
a	in $m^3/(h \cdot m \cdot daPa^{2/3})$	Fugendurchlasskoeffizient
A	in m^2	Fläche allgemein (engl. *area*)
A	in m^2	wärmeübertragende Umfassungsfläche (= Hüllfläche) des beheizten Gebäudevolumens
A_G	in m^2	Nettogrundfläche eines Raumes oder Raumbereiches
A_N	in m^2	(fiktive) beheizte Gebäudenutzfläche
A_s	in m^2	effektive Kollektorfläche eines Fensters
b	in m	Breite eines Bauteils oder Raumes
b	in $J/(m^2 \cdot K \cdot s^{0,5})$	Wärmeeindringkoeffizient
B'	in m	charakteristisches Bodenplattenmaß (= charakteristisches Maß einer Bodenplatte)
c_p	in $J/(kg \cdot K)$	spezifische Wärmespeicherkapazität bei konstantem Druck
C	in J/K, $W \cdot h/K$	Wärmespeicherfähigkeit
d	in m	(Schicht-)Dicke in Bauteilen
d_t	in m	wirksame Gesamtdicke einer Bodenplatte
d_w	in m	wirksame Gesamtdicke einer Kelleraußenwand
DN	in mm	Nenndurchmesser von Rohren
e_x		dimensionslose (Anlagen-)Aufwandszahl für eine Betriebsart gemäß Index x
E	in W/m^2, kW/m^2	Sonneneinstrahlung
f		dimensionsloser Fensterflächenanteil an einer Außenwand
$f_a, f_b, \ldots, f_q$		dimensionslose Teilflächen (Flächenanteile) von Bauteilabschnitten
f_{WG}		dimensionsloser, grundflächenbezogener Fensterflächenanteil
f_{neig}		dimensionsloser Neigungsfaktor beim Nachweis des sommerlichen Wärmeschutzes
f_{nord}		dimensionsloser Nordfaktor beim Nachweis des sommerlichen Wärmeschutzes
$f_{R,si}$		dimensionsloser Temperaturfaktor

Symbol	Einheit	Bedeutung
f_x		allgemein dimensionsloser (Abminderungs-) Faktor gemäß Index x speziell dimensionsloser Temperaturfaktor für ein Bauteil gemäß Index x bei Wärmebrücken-nachweisen
F_C		dimensionsloser Abminderungsfaktor für Sonnen-schutzvorrichtungen vor Fenstern
F_F		dimensionsloser Abminderungsfaktor infolge Rahmenanteils von Fenstern
F_S		dimensionsloser Abminderungsfaktor infolge Verschattung von Fenstern
F_W		dimensionsloser Abminderungsfaktor infolge nicht senkrechten Strahlungseinfalls auf Fenster
F_x		dimensionsloser Temperatur-Korrekturfaktor für ein Bauteil gemäß Index x
g	in $g/(m^2 \cdot h)$	Wasserdampf-Diffusionsstromdichte
g		dimensionsloser wirksamer Gesamtenergiedurch-lassgrad einer Verglasung
g_0		dimensionsloser Gesamtenergiedurchlassgrad bei senkrechtem Strahlungseinfall auf Verglasungen
g_{tot}		wirksamer Gesamtenergiedurchlassgrad einer Verglasung einschließlich Sonnenschutz
G	in kg/s, g/h	Wasserdampfdiffusionsstrom
h	in m	Höhe eines Raumes oder der Kellerdecken-Oberfläche über OK Erdreich
h	in $W/(m^2 \cdot K)$	Wärmeübergangskoeffizient
h_G	in m	durchschnittliche Geschosshöhe
H	in $Wh/(m^2 \cdot d)$	Sonnenbestrahlung
H_G	in W/K	stationärer Wärmeübertragungskoeffizient über das Erdreich
H_x	in W/K	spezifischer Wärmeverlust (bzw. Wärmetransfer-koeffizient) gemäß Index x
H'_x	in $W/(m^2 \cdot K)$	auf die wärmeübertragende Fläche bezogener spezifischer Wärmeverlust (bzw. Wärmetransfer-koeffizient) gemäß Index x
I_s	in W/m^2	Strahlungsangebot
l	in m	Länge eines Bauteils oder Raumes
L	in W/K	thermischer Leitwert
L_{2D}	in $W/(m \cdot K)$	längenbezogener thermischer Leitwert
m	in kg, g	Masse
M	in g/m^2	flächenbezogene Masse (beim Tauwasserschutz)
n	in h^{-1}	Luftwechselrate (= Luftwechselzahl)
n_A	in h^{-1}	Anlagen-Luftwechselrate einer Lüftungsanlage

n_x	in h^{-1}	zusätzliche Luftwechselrate infolge Undichtheiten und Fensteröffnen
n_{L50}	in h^{-1}	Luftwechselrate bei $\Delta p = 50$ Pa
p	in Pa = N/m²	Druck (engl. *pressure*)
P	in m	Umfang einer Bodenplatte (engl. *perimeter*)
P	in W, kW	Leistung (engl. *power*)
q	in W/m²	Wärmestromdichte
q_i	in W/m²	mittlere interne Wärmeleistung
q	in kWh/m², kWh/(m² · a)	flächenbezogene Wärmemenge, ggf. pro Jahr
q_i		dimensionsloser sekundärer Wärmeabgabegrad einer Verglasung nach innen
Q	in J = Ws, kWh, kWh/a	Wärmemenge, ggf. pro Jahr
Q_{100}	in m³/(h · m²)	Referenzluftdurchlässigkeit bei 100 Pa
R	in m² · K/W	Wärmedurchlasswiderstand (engl. *resistance*)
R_s	in m² · K/W	Wärmeübergangswiderstand
R_T	in m² · K/W	Wärmedurchgangswiderstand
s_d	in m	diffusionsäquivalente Luftschichtdicke
S_x		dimensionsloser Sonneneintragskennwert gemäß Index x
t	in s, h	Zeit
T	in K	thermodynamische = absolute Temperatur
u	in Masse-%	massebezogener Feuchtegehalt
U	in W/(m² · K)	Wärmedurchgangskoeffizient
V	in m³	Volumen
V_e	in m³	beheiztes Gebäudevolumen (Bruttovolumen, berechnet mit *Außen*maßen)
V_L	in m³/(h · m)	längenbezogene Fugendurchlässigkeit
w	in m	Gesamtdicke der Umfassungswände eines Kellers
W	in kJ/m²	Wärmeableitung
W	in kWh, kWh/a	Hilfsenergie, ggf. pro Jahr
W_p	in g/(m² · h · Pa)	Wasserdampf-Diffusionsdurchlasskoeffizient
z	in m	Tiefe der Bodenplatten-Unterkante unter Erdreich
Z_p	in m² · h · Pa/g	Wasserdampf-Diffusionsdurchlasswiderstand
α	in °	Neigung sonnenbestrahlter Flächen *(klein „alpha“)*
α		dimensionsloser Deckungsanteil (bei Heizungs- Trinkwassererwärmungs- und Lüftungsanlagen)
α_e		dimensionsloser direkter Strahlungsabsorptionsgrad einer Verglasung
α_s		dimensionsloser mittlerer solarer Absorptionsgrad einer Oberfläche

γ		dimensionsloses Wärmegewinn-/-verlustverhältnis *(klein „gamma")*
δ_p	in g/(m · h · Pa)	Wasserdampf-Diffusionsleitkoeffizient
ε		dimensionsloser Emissionsgrad = Emissivität einer Glasoberfläche *(klein „epsilon")*
η		dimensionslose Phasenverschiebung *(klein „eta")*
η		dimensionsloser Nutzungsfaktor = Nutzungsgrad einer Anlage, Ausnutzungsgrad *(klein „eta")*
θ	in °C	Celsius-Temperatur *(klein „theta")*
ζ		dimensionsloser wirksamer Anteil der Wärmespeicherfähigkeit *(klein „zeta")*
λ	in W/(m · K)	(Bemessungswert der) Wärmeleitfähigkeit *(klein „lambda")*
λ	in nm	Wellenlänge des Lichts *(klein „lambda")*
Λ	in W/(m² · K)	Wärmedurchlasskoeffizient *(groß „Lambda")*
μ		dimensionslose Wasserdampf-Diffusionswiderstandszahl
ν		dimensionsloses Temperaturamplitudenverhältnis *(klein „ny")*
ρ	in kg/m³, g/m³	(Roh-)Dichte *(klein „rho")*
ρ_e		dimensionsloser direkter Strahlungsreflexionsgrad einer Verglasung *(klein „rho")*
τ	in h	Zeitkonstante eines Gebäudes *(klein „tau")*
τ_e		dimensionsloser direkter Strahlungstransmissionsgrad einer Verglasung *(klein „tau")*
ϕ		dimensionslose relative Luftfeuchte *(klein „Phi")*
Φ	in W, kW	Wärmestrom *(groß „Phi")*
χ	in W/K	punktbezogener Wärmedurchgangskoeffizient *(klein „chi")*
ξ		dimensionsloser Verhältniswert zur Berechnung der Bauteil-Zeitkonstante *(klein „xi")*
Ψ	in W/(m · K)	längenbezogener Wärmedurchgangskoeffizient *(groß „psi")*

Indizes

a	Jahr (lat. *annum*)
AW	Außenwand
bf	Kellersohle (engl. *basement floor)*
bw	Kelleraußenwand (engl. *basement wall*)
B, BW	Bemessungswert

c	Tauwasser (engl. *condensation*)
c	Konstruktion (engl. *construction*)
cd	Wärmeleitung
ce	Übergabe (engl. *control and emission*)
cv	Konvektion (engl. *convection*)
CW	Vorhangfassade als Glasfassade (engl. *curtain wall*)
d	direkt
d	Verteilung (engl. *distribution*)
D	diffus (Sonnenbestrahlung)
D	Nenn- (engl. *declared*)
D	Dach oder Dachdecke
D	Tür oder Tor (engl. *door*)
DL	Decke nach unten gegen Außenluft
e	außen (engl. *external*)
ed	Heizgrenze
ef	wirksam (engl. *effective*)
ev	Verdunstungswasser (engl. *evaporation*)
E	Endenergie
f	Rahmen (engl. *frame*)
f	Bodenplatte (engl. *floor*)
FH	Flächenheizung
g	Verglasung (engl. *glazing*)
g	gas-(luft-)gefüllter Raum (engl. *gas*)
g	Gewinn (engl. *gain*)
g	Erzeugung (engl. *generation*)
G	Bauteil als unterer Gebäudeabschluss (Kellerdecke zum unbeheizten Keller oder Wände und Bodenplatten gegen Erdreich)
h	Nutzenergie Heizung
H	Endenergie Heizung
H	Holz, Holzwerkstoff (beim Tauwasserschutz)
H	direkt horizontal (Sonnenbestrahlung)
HE	Hilfsenergie
i	innen (engl. *internal*)
ic	zwischen Innenluft und Bauteil
l	Verlust (engl. *loss*)
l	Nutzenergie Lüftung
L	Endenergie Lüftung
L	Luft
max	maximal
min	minimal
m	Pfosten (engl. *vertical member*)
M	Monat, Monatsbilanzverfahren

NA	Nachtabschaltung (bei Heizanlagen)
na	Bauteil zu nicht ausgebautem Dachraum
nb	Bauteil zu nicht beheiztem Raum
p	opake Trennwand zwischen beheiztem Gebäude und unbeheiztem Glasvorbau (engl. *perimeter)*
p	opake Paneele (engl. *frame*)
P	Primärenergie
r	Strahlung (engl. *radiation*)
r	regenerative (erneuerbare) Energie
$real$	tatsächlich (vorhanden)
R	Raum
R	Rollladen
s	stationär
s	Oberfläche (engl. *surface*)
s	Speicherung (engl. *storage*)
sat	gesättigt (engl. *saturated*)
sb	abgesenkter Betrieb bei Heizunterbrechung
sd	solar direkt (Strahlung auf Glasvorbauten)
si	solar indirekt (Strahlung auf Glasvorbauten)
$sink$	(Wärme-)Senke (engl. *sink*)
$source$	(Wärme-)Quelle (engl. *source*)
sp	Normalbetrieb bei Heizunterbrechung
STC	Standard-Testbedingungen (engl. *standard test conditions*)
t	Riegel (engl. *transom*)
t	Anlagentechnik
tw	Nutzenergie Trinkwassererwärmung
TW	Endenergie Trinkwassererwärmung
T	Transmission (engl. *transmission*)
u	Bauteil zu unbeheizten Räumen
u	Heizunterbrechung
V	Lüftung (engl. *ventilation*)
W, w	Fenster (engl. *window*)
W	Trinkwassererwärmung
WB	Wärmebrücke
WE	Wärmeenergie
α	Neigung von sonnenbestrahlten Flächen
η	nutzbare solare und interne Wärmegewinne (bei der wirksamen Wärmespeicherfähigkeit)

1 Beitrag der Gebäude zum Klimaschutz

1.1 Notwendigkeit des Klimaschutzes

Von der Vielzahl der heute diskutierten Umweltprobleme werden sich die anthropogenen, d. h. vom Menschen hervorgerufenen Klimaänderungen in Form einer globalen Erwärmung als besonders folgenschwer erweisen, da sie – wenn überhaupt – nur sehr langfristig rückgängig gemacht werden können. Die globale Erwärmung beruht auf der Emission der klimaschädlichen sog. Treibhausgase (Bild 1.1).

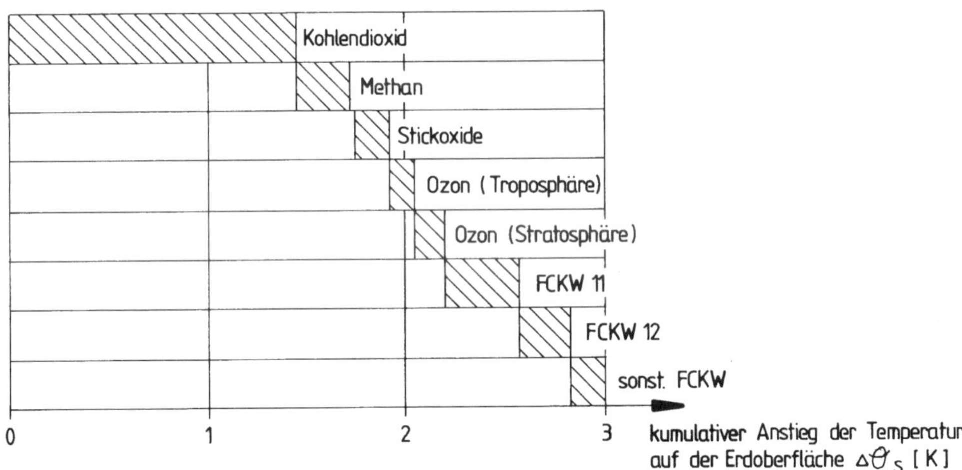

Bild 1.1: Anteil der verschiedenen Treibhausgase am für das 21. Jahrhundert geschätzten Temperaturanstieg von 3 K auf der Erdoberfläche, Stand 1990 (nach [1.1])

Hochrechnungen der bei Fortsetzung unseres Emissionsverhaltens zu erwartenden Klimaänderungen aus den 1990er-Jahren ergaben, dass im Laufe des 21. Jahrhunderts mit einem Temperaturanstieg von 1 bis 3,5 K auf der Erdoberfläche zu rechnen ist [1.2]. Eine genauere Untersuchung der Ursachen zeigt (Stand 1990 als weltweit übliches Referenzjahr für den Klimaschutz), dass die voraussichtliche Temperaturerhöhung

- zu ca. 50 % auf das bei der Verbrennung fossiler Energieträger frei werdende Kohlendioxid (CO_2) und
- zu ebenfalls ca. 50 % auf andere Treibhausgase

zurückzuführen ist (vgl. Bild 1.1) [1.1], wobei insbesondere die geologisch ermittelte Korrelation zwischen CO_2-Gehalt der Atmosphäre und den Durchschnittstemperaturen auf der Erdoberfläche während der letzten 160 000 Jahre die Bedeutung der CO_2-Emissionen für den zu erwartenden Temperaturanstieg deutlich macht (Bild 1.2). Eine Reduzierung der CO_2-*Emissionen* – die seit Beginn der Industrialisierung zu einer deutlich angestiegenen CO_2-*Konzentration* in der Erdatmosphäre geführt haben (vgl. Bild 1.2) – ist daher dringend geboten.

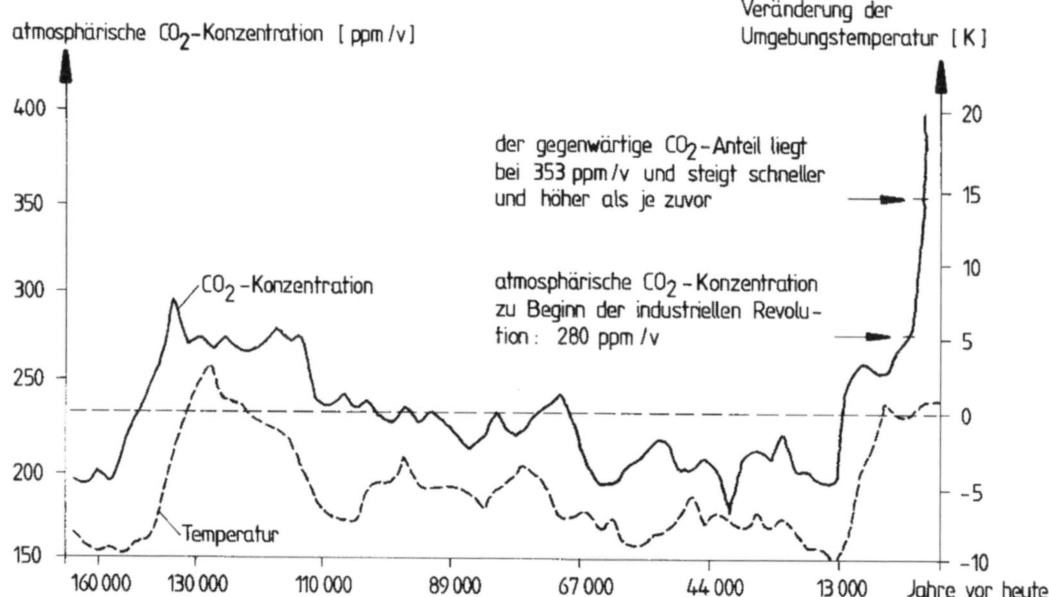

Bild 1.2: Korrelation zwischen der im antarktischen Eis gemessenen CO_2-Konzentration der Erdatmosphäre (ab 1960 direkt auf Hawaii gemessen) und den geologisch bestimmten Durchschnittstemperaturen der Erdoberfläche in den letzten 160 000 Jahren [1.3]

Im weltweiten Vergleich lagen die deutschen CO_2-Emissionen pro Einwohner im Referenzjahr 1990 sehr hoch [1.4]; deshalb hat die Enquete-Kommission des Deutschen Bundestages zum Thema „Vorsorge zum Schutz der Erdatmosphäre" im gleichen Jahr u. a. als Ziel vorgegeben [1.5], die deutschen Emissionen des Treibhausgases CO_2 bis zum Jahre 2005 um 30 % (und in den Folgejahren noch weiter) zu reduzieren – eine Vorgabe, die

- vom Bundeskabinett 1990 (abgeschwächt auf eine Reduzierung um 25 % insgesamt und um 30 % in den neuen Bundesländern) beschlossen sowie
- seit Anfang der 1990er-Jahre (u. a. im Vorfeld der sog. Klimarahmenkonvention der Vereinten Nationen von Rio de Janeiro 1992) international vertreten

worden ist. Abgesehen von der Stilllegung veralteter Industrieanlagen mit hohen CO_2-Emissionen in den neuen Bundesländern ist daraufhin allerdings wenig passiert.

2007 hat der UN-Klimarat (*Intergovernmental Panel on Climate Change* IPCC) seinen vierten Sachstandsbericht zur Klimaänderung vorgelegt. Die wissenschaftlichen Erkenntnisse dieses Weltklimarates sind eine entscheidende Grundlage für die notwendige Klimapolitik auf internationaler Ebene, der Europäischen Union und Deutschlands. Nur wenn die Erkenntnisse der internationalen Wissenschaftsgemeinschaft in den politischen Prozess einfließen und die Empfehlungen umgesetzt werden, kann nach Meinung des Bundesumweltministeriums eine Reduzierung des Klimawandels auf ein für die Gesellschaft beherrschbares Maß erreicht werden.

Laut diesem Sachstandsbericht von 2007 hatte sich die Erde in den 100 Jahren davor im Mittel um 0,74 K erwärmt, elf der letzten zwölf Jahre waren unter den wärmsten zwölf Jahren seit Beginn der Beobachtung. Um den mittleren Temperaturanstieg auf 2,0 bis 2,4 K gegenüber dem vorindustriellen Wert zu begrenzen – laut IPCC ist das der maximal tolerierbare Wert –, sollte das Wachstum der CO_2-Emissionen in den folgenden 15 Jahren gestoppt werden; bis 2050 sollten die Emissionen um 60 % gegenüber 2007 sinken – das ist weniger als das Niveau von 1970 [1.6], [1.7].

Um dazu beizutragen, hat die Bundesregierung im August 2007 in *Meseberg* das „Eckpunktepapier für ein Integriertes Energie- und Klimaprogramm“ beschlossen, das für den Gebäudesektor u. a. eine anspruchsvollere Energieeinsparverordnung (EnEV) und deren konsequenten Vollzug ankündigt. Darin heißt es (zitiert nach [1.8]):

„Die Anforderungen der EnEV an den energetischen Standard von Gebäuden entsprechen nicht mehr dem Stand der Technik. Wirtschaftlich nutzbare Potenziale zur Verbesserung der Energieeffizienz und zur Nutzung erneuerbarer Energien im Gebäudebereich werden nicht ausgeschöpft.“

Eine Verschärfung der Anforderungen der EnEV war klimapolitisch geboten: Der um die Jahrtausendwende erreichte, auf die Wohnfläche bezogene Effizienzerfolg bei der Beheizung von Privathaushalten ist nämlich in der Summe verpufft – die Zunahme der genutzten Wohnfläche führte 1995 bis 2004 absolut zu einer Erhöhung des Endenergieverbrauchs für Raumwärme um 2,8 % (Bild 1.3), wie die umweltökonomische Gesamtrechnung (UGR) des Statistischen Bundesamts ausweist [1.9].

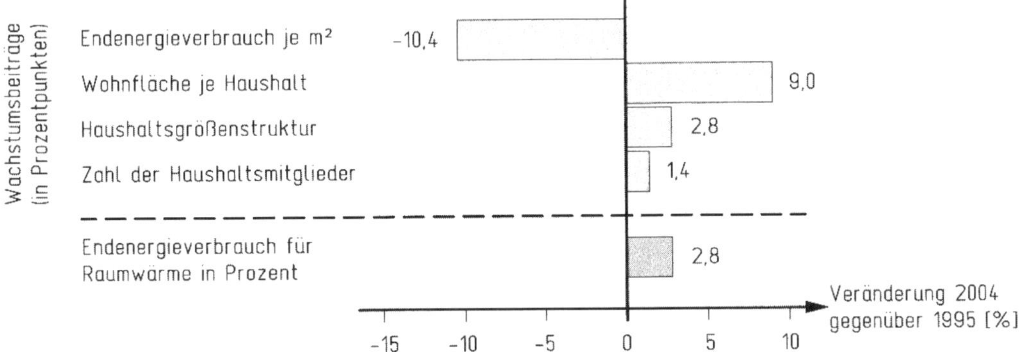

Bild 1.3: Verschiedene Wachstumsbeiträge (oben) führten von 1995 bis 2004 zu einer Erhöhung des Endenergieverbrauchs der privaten Haushalte für Raumwärme (unten) (nach [1.9])

Nach langen internationalen Diskussionen wurde schließlich von der UN-Klimakonferenz 2015 das Übereinkommen von Paris verabschiedet, welches verbindlich regelt, dass die Erderwärmung auf deutlich unter 2 K im Vergleich zum vorindustriellen Niveau begrenzt werden soll. Diesem Übereinkommen traten bis 2017 alle Staaten der Welt bei (bzw. haben den Beitritt angekündigt) – die USA allerdings kündigten 2017 ihren Austritt zum Jahr 2020 an, haben diesen aber 2021 wieder zurückgenommen.

Auf der UN-Folgekonferenz in Glasgow 2021 wurden die Beschlüsse von Paris bestätigt und teilweise konkretisiert, zur Umsetzung in der EU und in Deutschland s. Abschnitt 1.4.

Tabelle 1.1: Bearbeitungsstufen der Energie (unabhängig vom Energieträger)

Primärenergie (Rohenergie): Energieinhalt von Energieträgern, die noch keiner Umwandlung unterworfen wurden – d. h. der Energieinhalt von Rohöl, Naturgas, Steinkohle usw.
Sekundärenergie: Energieinhalt aller Energieträger, die der Verbraucher bezieht (aus Primärenergieträgern umgewandelt) – z. B. Heizöl, (gereinigtes) Erdgas, Strom
Endenergie: Sekundärenergie, die ggf. noch um Umwandlungsverluste und den Eigenbedarf bei der Stromeigenerzeugung des Verbrauchers reduziert wurde
Nutzenergie: nur der von der Endenergie tatsächlich für den jeweiligen Zweck genutzte Anteil wie Wärme, Bewegung, Licht – d. h., dass – zum einen z. B. bei Heizöl oder Erdgas nur die Raumwärme genutzt wird, während die (vergleichsweise geringen) Abgas- und Kesselverluste ungenutzt bleiben, – zum anderen vom Strom nur ein geringer Anteil tatsächlich in das z. B. gewünschte Licht umgewandelt wird (ca. 28 % bei Leuchtstofflampen, ca. 5 % bei Glühlampen [1.11]), während der große Rest zu nicht genutzter Abwärme wird

1.2 Energietechnische Begriffe

Vor weiteren Betrachtungen im Hinblick auf die Energieeinsparung bei Gebäuden müssen die folgenden energietechnischen Begriffe definiert und gegeneinander abgegrenzt werden:

A Bearbeitungsstufen der Energie

In Anlehnung an VDI 4600 [1.10] werden – unabhängig vom Energieträger – die in Tabelle 1.1 aufgeführten Bearbeitungsstufen der Energie unterschieden.

B Heizwärme und Heizenergie

Zu unterscheiden sind ferner Heizwärme und Heizenergie (Bild 1.4):

- als *Heizwärme* (*Nutzwärme* oder *Nettoheizenergie*) bezeichnet man die *Nutz*energie für die Beheizung, d. h. die zur Beheizung von Wohn- oder Arbeitsräumen tatsächlich genutzte Energie,
- als *Heizenergie* (*Bruttoheizenergie*) dagegen wird die der Heizungsanlage zur Verfügung gestellte *End*energie bezeichnet, traditionell in Form eines Brennstoffs (Kohle, Heizöl, Erdgas).

C Bedarf und Verbrauch

Weiter werden – in Anlehnung an [1.13] – im Folgenden die Begriffe Bedarf und Verbrauch wie folgt unterschieden:

- als Heizwärme*verbrauch* $Q_{h,real}$ oder Heizenergie*verbrauch* $Q_{H,real}$ in kWh werden die tatsächlichen, *gemessenen* Größen bezeichnet,
- als Heizwärme*bedarf* Q_h oder Heizenergie*bedarf* Q_H in kWh werden die *berechneten* Größen bezeichnet.

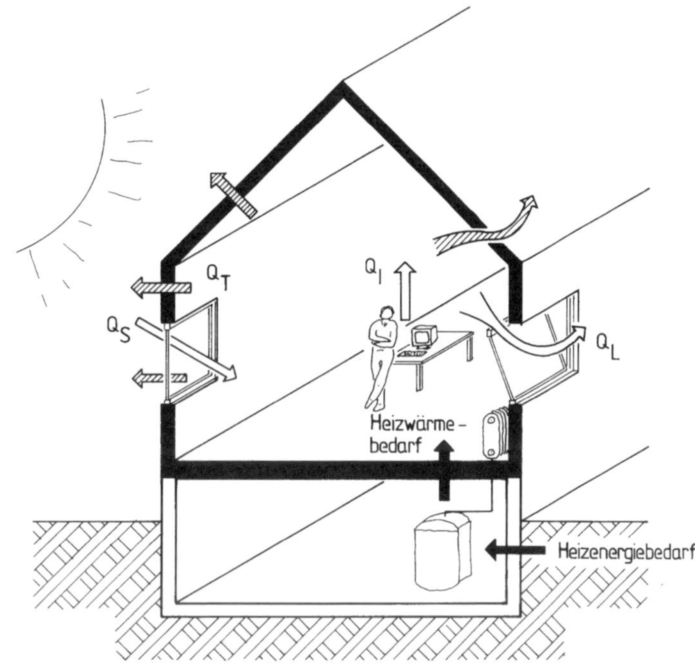

Bild 1.4: Zur Definition der Begriffe „Heiz*wärme*-bedarf" und „Heiz*energie*-bedarf" (nach [1.12]) mit
Q_T = Transmissionswärmebedarf
Q_L = Lüftungswärmebedarf
Q_S = solare Wärmegewinne
Q_I = interne Wärmegewinne

Diese Bezeichnungsweise in EN 832 [1.14] und DIN V 4108-6 [1.15] steht allerdings im Widerspruch zur alten DIN 4701:1983-03 [1.16], [1.17], [1.18] – der Norm, mit der Heiz- und Klimatechniker früher Heizungsanlagen in Gebäuden ausgelegt haben; dort bezeichnet

- der Wärme*verbrauch* noch die Arbeit in kWh als *berechnete* Größe (jetzt *Wärmebedarf*, s. o.),
- der Wärme*bedarf* noch eine Leistung in kW (jetzt *Heizlast* in EN 12831 [1.19])!

Zum Vergleich unterschiedlich großer Gebäude bezieht man diese Kennwerte üblicherweise auf die Zeit t in a und die Gebäudenutzfläche A_N in m^2 und bezeichnet sie dann z. B. als Jahres-Heizwärmebedarf q_h in kWh/(m^2 · a) oder Jahres-Heizenergiebedarf q_H in kWh/(m^2 · a).

1.3 Das Niedrigenergiehaus und seine Weiterentwicklungen

Unter einem Niedrigenergiehaus (NEH) versteht man allgemein ein Gebäude, das im Vergleich zum gültigen technischen Standard deutlich weniger Energie verbraucht.

Langjähriger technischer Standard war die am 01.01.1995 in Kraft getretene dritte Wärmeschutzverordnung (WSchV) [1.20], die je nach Formfaktor A/V_e des Gebäudes (mit V_e als beheiztem Bruttovolumen des Gebäudes und A als Hüllfläche des beheizten Volumens, jeweils berechnet mit den Außenmaßen) z. B. einen *flächen*bezogenen Jahres-Heizwärmebedarf von q_h = 54 bis 100 kWh/(m² · a) zuließ.

Das vom Bundestag am 27.10.1995 verabschiedete Eigenheimzulagengesetz, das die Förderung beim Kauf bzw. Bau von selbst genutzten Wohnungen regelte, definierte nun ein Niedrigenergiehaus dahingehend, dass sein flächen- oder volumenbezogener Jahres-Heizwärmebedarf um 25 % unter den Anforderungen der dritten Wärmeschutzverordnung liegen muss [1.21] – damit ist die o. g. variable Definition (immer besser als der gültige technische Standard) hinfällig geworden; heute geht man davon aus, dass ein Gebäude nach EnEV ein Niedrigenergiehaus ist.

Tabelle 1.2: Weiterentwicklungen des Niedrigenergiehauses [1.22], [1.24]

a)	Ein **Passivhaus** ist ein Gebäude, dessen Jahres-*Heizwärme*bedarf so gering ist, dass ohne Komfortverlust auf ein separates Heizsystem verzichtet werden kann; dies ist in Deutschland bei einem Jahres-*Heizwärme*bedarf ≤ 15 kWh/(m² Wfl. · a) der Fall.
b)	Ein **Sonnenhaus** ist ein Gebäude, dessen Jahres-*Wärme*bedarf für Heizung und Trinkwarmwasser zu ≥ 50 % durch eine thermische Solaranlage gedeckt wird; der verbleibende Jahres-Wärmebedarf wird überwiegend durch erneuerbare Energie gedeckt, sodass der Jahres-*Primärenergie*bedarf ≤ 15 kWh/(m² · a) liegt.
c)	Ein **Null-Heizenergiehaus** ist ein Gebäude, dessen Jahres-*Heizenergie*bedarf in einem durchschnittlichen Jahr Null ist; in einem solchen Haus darf auch am kältesten Tag kein Bedarf an nicht erneuerbaren Energieträgern anfallen.
d)	Ein **Netto-Nullenergiehaus** ist ein Gebäude, dessen Jahres-*Heizenergie*bedarf im Mittel eines durchschnittlichen Jahres Null ist; in einem solchen Haus wird im Sommer überschüssiger, regenerativ erzeugter (Solar-)Strom ins öffentliche Netz eingespeist, aus dem der Strom im Winter wieder zum Heizen bezogen wird.
e)	Ein **energieautarkes Haus** bedarf keinerlei Endenergielieferungen von außerhalb des Grundstücks bis auf die ohnehin einfallenden natürlichen Energieströme (Sonnenstrahlung, Wind, ggf. Grundwasser).
f)	Ein **Plusenergiehaus** gewinnt in der Jahresbilanz mehr Energie, als von außen über die Bilanzgrenze (z. B. in Form von Strom, Gas, Heizöl oder Biomasse) bezogen wird. Der dabei i. d. R. photovoltaisch gewonnene, für das Gebäude nicht benötigte Strom dient – ggf. nach Speicherung in stationären Batterien – v. a. der Elektromobilität der Bewohner.

Vom Niedrigenergiehaus ausgehend gibt es folgende Weiterentwicklungen (Tabelle 1.2):

- Beim *Passivhaus* ist durch optimale passive Nutzung der Solarenergie (sowie der internen Gewinne) der Heizenergiebedarf so gering, dass auf eine konventionelle Heizung verzichtet werden kann (Tabelle 1.2a) [1.22] – die bei diesen Häusern sowieso notwendige mechanische Lüftungsanlage übernimmt auch die geringe noch erforderliche Beheizung. Nähere Informationen zum Passivhaus sind erhältlich beim Passivhaus-Institut in Darmstadt (www.passiv.de).

Der Passivhausstandard wurde in den letzten Jahren vom Passivhaus-Institut weiterentwickelt (nicht in Tabelle 1.2 a aufgeführt)

- zum *Passivhaus Classic* mit einem nutzflächenbezogenen Jahres-Primärenergiebedarf $q_P \leq 60$ kWh/(m² · a),
- zum *Passivhaus Plus* mit einem nutzflächenbezogenen Jahres-Primärenergiebedarf $q_P \leq 45$ kWh/(m² · a) und
- zum *Passivhaus Premium* mit einem nutzflächenbezogenen Jahres-Primärenergiebedarf $q_P \leq 30$ kWh/(m² · a);

dabei handelt es sich um *erneuerbare* Primärenergie PER – *nicht erneuerbare* Primärenergie darf nicht genutzt werden. Die beiden letztgenannten Klassen sind dabei Plusenergiehäuser (s. u.), d. h.,

- das Passivhaus *Plus* erzeugt *grundflächen*bezogen ≥ 60 kWh/(m² · a) und
- das Passivhaus *Premium* erzeugt *grundflächen*bezogen ≥ 120 kWh/(m² · a)

erneuerbare Energie pro Jahr, die allerdings mit dem Grad der Verfügbarkeit gewichtet wird. Zusätzlich darf bei geringerem Jahres-Primärenergiebedarf die jährliche Energieerzeugung etwas geringer ausfallen, bei größerer jährlicher Energieerzeugung darf der benötigte Jahres-Primärenergiebedarf etwas größer ausfallen [1.23].

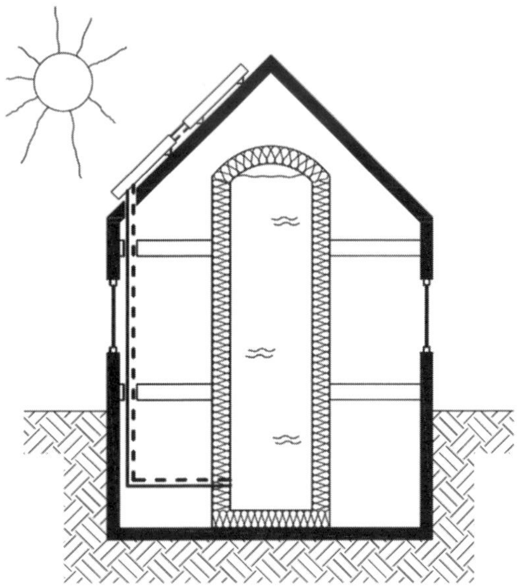

Bild 1.5: Solarthermisch geladener Pufferspeicher über mehrere Etagen eines Sonnenhauses (Speichermedium Wasser)

- Das *Sonnenhaus* verfolgt einen anderen Ansatz: Eine größere thermische Solaranlage mit einem den Bedarf mehrerer Tage oder sogar Wochen deckenden Pufferspeicher (Bild 1.5) sorgt dafür, dass der Jahres-Wärmebedarf für Heizung und Trinkwarmwasser zu mindestens 50 % durch Solarthermie gedeckt wird – der verbleibende Jahres-Wärmebedarf wird überwiegend durch Holz als erneuerbare Energie gedeckt, sodass der *nicht* erneuerbare Anteil des Jahres-Primärenergiebedarfs bei maximal 15 kWh/(m² · a) liegt (Tabelle 1.2 b) [1.24]. Dieser Standard wird in Deutschland vom Sonnenhaus-Institut in Straubing definiert (www.sonnenhaus-institut.de).

- Das *Null-Heizenergiehaus* benötigt *keine* von außen zugeführte nicht erneuerbare Energie (Tabelle 1.2 c); praktisch bedeutet das aber, dass die *im Sommer* gewonnene Solarwärme in einem sehr großen Langzeit-Wärmespeicher aufwendig gespeichert und *im Winter* wieder zur Verfügung gestellt werden muss. Langzeit-Wärmespeicher können aber nur bei ausreichender Größe wirtschaftlich werden (Bild 1.6), praktisch sind damit nur große Speicher für ganze Siedlungen (Bild 1.7) und nicht für Einzelgebäude sinnvoll.

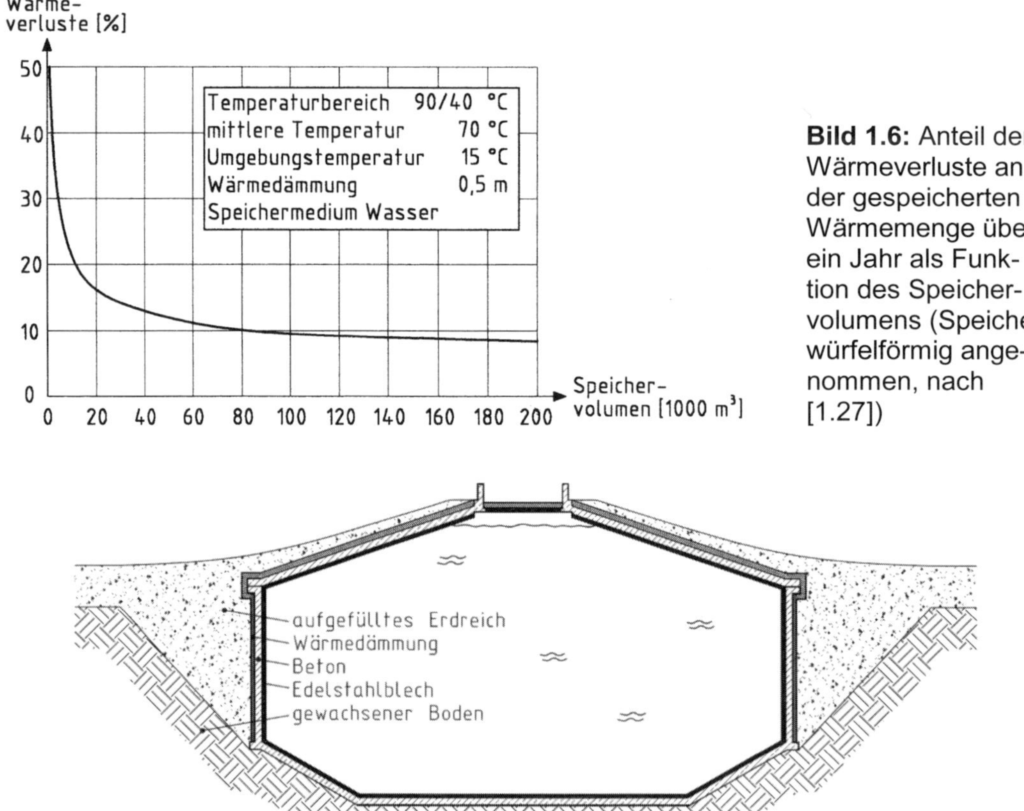

Bild 1.6: Anteil der Wärmeverluste an der gespeicherten Wärmemenge über ein Jahr als Funktion des Speichervolumens (Speicher würfelförmig angenommen, nach [1.27])

Bild 1.7: Solarthermisch geladener Langzeit-Wärmespeicher für eine Siedlung (Speichermedium Wasser) – häufig mit gemeinsamem Spielplatz darüber

- Beim *Netto-Nullenergiehaus* liegt der Jahres-Heizenergiebedarf im Mittel eines durchschnittlichen Jahres bei Null (Tabelle 1.2 d); notwendig dafür ist Stromerzeugung auf dem Grundstück durch eine Anlage, die mit erneuerbarer Energie gespeist wird

(i. d. R. Photovoltaik); die Beheizung erfolgt dann durch eine elektrische Wärmepumpe. Dabei wird der *im Sommer* gewonnene überschüssige Solarstrom in das öffentliche Stromnetz eingespeist und *im Winter* Strom aus dem öffentlichen Netz zum Heizen bezogen. Dies belastet zum einen das öffentliche Netz, zum anderen müssen die Stromversorger im Sommer eine Nutzung für den eingespeisten Strom finden und im Winter Strom z. B. aus (fossilen) Reservekraftwerken bereitstellen.

- Das *energieautarke Haus* kommt ganzjährig ohne jegliche Energiezufuhr von außen aus (Tabelle 1.2 e), d. h., die *im Sommer* thermisch oder photovoltaisch gewonnene Solarenergie muss aufwendig gespeichert werden, um *im Winter* als Nutzenergie zur Verfügung zu stehen [1.22], [1.25], [1.26].
- Das *Plusenergiehaus* ist eine Weiterentwicklung des Netto-Nullenergiehauses; es gewinnt in der Jahresbilanz mehr Energie, als von außen bezogen wird (Tabelle 1.2 f). Notwendig dafür ist Stromerzeugung auf dem Grundstück durch eine Anlage, die mit erneuerbarer Energie gespeist wird (i. d. R. Photovoltaik), hierfür ist nach den KfW-Förderkriterien ein stationärer Batteriespeicher vorzusehen. Die überschüssige Energie in Form von elektrischem Strom dient v. a. der Elektromobilität der Bewohner.

Passivhaus und Sonnenhaus können als Stand der Technik bezeichnet werden. Das Null-Heizenergiehaus könnte aufgrund zunehmender Erfahrungen mit der Langzeit-Wärmespeicherung in den kommenden Jahren häufiger ausgeführt werden, obwohl es wohl für längere Zeit noch unwirtschaftlich bleiben wird – daher geht der Trend trotz der o. g. Belastung des öffentlichen Stromnetzes zum Netto-Nullenergiehaus. Die für ein energieautarkes Haus erforderlichen Langzeit-Energiespeicher sind bisher noch so aufwendig und teuer, dass diese Variante auf absehbare Zeit auf wenige Versuchsgebäude beschränkt bleiben dürfte. Das Plusenergiehaus wird durch die KfW-Förderbank in den letzten Jahren als *KfW-Effizienzhaus 40 Plus* gefördert und dürfte sich dadurch zum Stand der Technik entwickeln.

Die KfW-Förderbank hat aber im Neubau v. a. folgende Varianten gefördert [1.28]:

- Das *KfW-Effizienzhaus 55* benötigt im Vergleich zum Referenzgebäude der EnEV bzw. des GEG
  - maximal 55 % des Primärenergiebedarfs und
  - maximal 70 % des Transmissionswärmeverlustes.

  Mit Einführung des GEG 2023 wurde allerdings diese Hauptanforderung des *KfW-Effizienzhause 55* zur Standardanforderung (s. Abschnitt 1.4.8) – es wird daher nicht mehr gefördert.
- Das *KfW-Effizienzhaus 40* (es stellt auch die Grundlage des o. g. *KfW-Effizienzhauses 40 plus* dar) benötigt im Vergleich zum Referenzgebäude der EnEV bzw. des GEG
  - maximal 40 % des Primärenergiebedarfs und
  - maximal 55 % des Transmissionswärmeverlustes.

  Seit Sommer 2022 wird allerdings nur noch das *KfW-Effizienzhaus 40 NH* gefördert, d. h. mit einer zusätzlichen sog. *Nachhaltigkeitsklasse* (s. Abschnitt 6.2).

(Zu den Begriffen Primärenergiebedarf und Transmissionswärmeverlust sowie den durch das Referenzgebäude definierten Anforderungen s. Abschnitt 5.3.1)

Im Bestand gibt es darüber hinaus weitere Förderangebote, nämlich *KfW-Effizienzhaus 70* und *KfW-Effizienzhaus 85* sowie das *KfW-Effizienzhaus Denkmal* (speziell für denkmalgeschützte Gebäude mit vereinfachten Förderbedingungen).

Zu den sich ständig ändernden Förderkonditionen – reduzierte Zinssätze und Tilgungszuschüsse – s. www.kfw.de.

1.4 Politische Umsetzung der Klimaschutzziele

1.4.1 Europäische Union 2002 bis 2003

Um die in Abschnitt 1.1 genannten Klimaschutzziele umzusetzen, wurde 2002 die EU-Richtlinie „Gesamtenergieeffizienz von Gebäuden" verabschiedet und am 04.01.2003 im Amtsblatt der EU veröffentlicht [1.29]; sie war innerhalb von drei Jahren nach Veröffentlichung, d. h. eigentlich bis zum 04.01.2006, in nationales Recht umzusetzen. Die wichtigsten Inhalte in Kürze:

- Der Energiebedarf von Gebäuden muss
  - nicht nur (wie bisher) unter Einbeziehung der Gebäudehülle, der Heizung, der Lüftung und der Trinkwassererwärmung,
  - sondern auch mit Berücksichtigung der *Kühlenergie für raumlufttechnische Anlagen* sowie der *Beleuchtungsenergie*

  nachgewiesen werden.
- Gemäß Artikel 5 der Richtlinie [1.29] müssen ferner bei Neubauten mit > 1000 m² Gesamtnutzfläche die technische, ökologische und wirtschaftliche *Einsetzbarkeit alternativer Systeme* wie
  - dezentrale Energieversorgung auf der Grundlage erneuerbarer Energien,
  - Kraft-Wärme-Kopplung (KWK),
  - Fern- oder Blockheizung bzw. -kühlung sowie
  - Wärmepumpen

  vor Baubeginn geprüft werden.
- Gemäß Artikel 7 der Richtlinie [1.29] muss auch bei Kauf oder Vermietung bestehender Gebäude dem potenziellen Käufer oder Mieter ein *Ausweis über die Gesamtenergieeffizienz* vorgelegt werden, der maximal zehn Jahre gültig sein darf. Bei öffentlichen Gebäuden mit Publikumsverkehr und einer Gesamtnutzfläche > 1000 m² ist dieser Ausweis gut sichtbar auszuhängen (Vorbildfunktion der öffentlichen Hand).

1.4.2 Deutschland 2004 bis 2009

Die nationale Umsetzung der EU-Richtlinie [1.29] gestaltete sich aufgrund der relativ kurzen Frist schwierig: Erst am 17.11.2006 erschien der Entwurf der künftigen Energieeinsparverordnung (EnEV) [1.30] mit zugehöriger Begründung [1.31].

Am 24.07.2007 wurde schließlich die Energieeinsparverordnung (EnEV) 2007 zur Umsetzung der o. g. EU-Richtlinie erlassen; mit Beschluss des Bundesrates vom 06.03.2009 und Kabinettsbeschluss vom 18.03.2009 wurde diese Verordnung erneut geändert zur Energieeinsparverordnung (EnEV) 2009 [1.32], mit der im Neubau wie bei Maßnahmen im Bestand ab 01.10.2009 gegenüber der EnEV 2007 das Primärenergie-Anforderungsniveau um 30 % abgesenkt wurde (um 15 % beim spezifischen Transmissionswärmeverlust). Parallel zur EnEV 2009 gilt bereits seit 01.01.2009 das Erneuerbare-Energien-Wärmegesetz (EEWärmeG) [1.33], mit dem ein anteiliger Einsatz der in o. g. EU-Richtlinie genannten alternativen Beheizungssysteme vorgeschrieben wird.

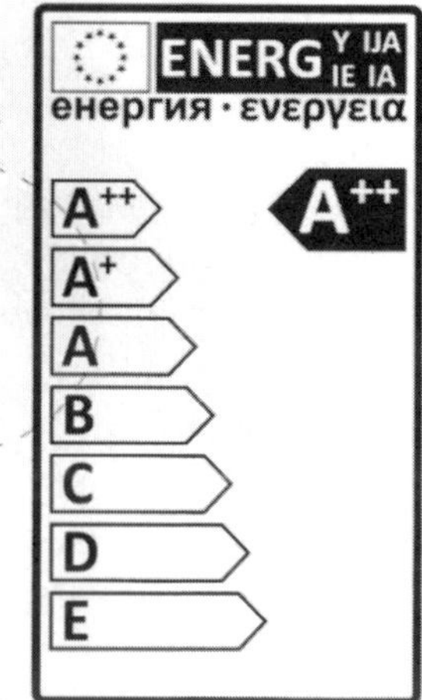

Bild 1.8: EU-Treppenlabel auf der Verpackung eines Leuchtmittels

Zum Inhalt der EnEV 2007/2009: Um eine vollständige Umstellung für die Praxis zu vermeiden, werden seitdem folgende Gebäudegruppen unterschieden [1.32]:

- Für *zu errichtende Wohngebäude* wurde eingeführt, dass
  - sie zum einen so für den sommerlichen Wärmeschutz zu bemessen sind, dass keine Klimaanlage notwendig wird,
  - zum anderen der Nutzer im Wohnungsbau seine Leuchtmittel mit entsprechender Deklaration selbst kauft (Bild 1.8), sodass der Zweck der EU-Richtlinie – die Energieeinsparung – auch anderweitig erreicht wird.

  Dementsprechend ergaben sich für den Wohnungsneubau in der EnEV 2007/2009 nur wenige Änderungen im Nachweisverfahren gegenüber der EnEV 2002/2004.
- Nicht nur für *neue Wohngebäude*, sondern auch für *Wohngebäude im Bestand* ist bei jedem Mieter- oder Eigentümerwechsel ein Energieausweis (häufig auch Energiepass genannt) vorzulegen. Das Nachweisverfahren für Wohngebäude im Bestand wurde gegenüber dem für Neubauten vereinfacht, um die Kosten für die Energieausweise zu begrenzen.
- Für *Nichtwohngebäude* – Neubau wie auch Bestand – wurde mit DIN V 18599 [1.34] ein neues Berechnungsverfahren zur integrierten Bewertung des Baukörpers, der

Nutzung und der Anlagentechnik unter Berücksichtigung der gegenseitigen Wechselwirkungen entwickelt, das zwar auf die bekannten Verfahren zurückgreift, jedoch weit darüber hinausgeht.

Auch für diese Gebäude ist bei jedem Mieter- oder Eigentümerwechsel ein Energieausweis vorzulegen. Bei öffentlichen Gebäuden mit Publikumsverkehr und einer Gesamtnutzfläche > 1000 m² ist dieser Ausweis gut sichtbar auszuhängen.

1.4.3 Europäische Union 2008 bis 2012

Die EU-Richtlinie 2009/28/EG zur Förderung der Nutzung von Energie aus erneuerbaren Quellen ist Teil des Europäischen Klima- und Energiepakets, auf das sich der Europäische Rat im Dezember 2008 nach einjähriger Verhandlung geeinigt hat. Mit der EU-Richtlinie Erneuerbare Energien [1.35] wurden ehrgeizige verbindliche Ziele für die EU gesetzt: Erreicht werden sollten bis 2020

- 20 % des Endenergieverbrauchs aus erneuerbaren Energien sowie
- ein Mindestanteil von 10 % erneuerbare Energien im Verkehrssektor [1.36].

Die Richtlinie sah verbindliche nationale Gesamtziele der EU-Mitgliedstaaten vor, die von 10 % für Malta bis 49 % für Schweden reichen. Für Deutschland war ein nationales Ziel von 18 % am gesamten Endenergieverbrauch vorgesehen [1.36].

2008 hat die EU-Kommission ferner den Entwurf einer Novelle der Europäischen Gebäuderichtlinie (*Energy Performance of Buildings Directive* = EPBD) vorgelegt mit u. a. folgenden Punkten [1.37], [1.38]:

- Die Energiekennzahl ist verpflichtend in Immobilienanzeigen zu nennen, Energieausweise sind bei Vertragsabschluss auszuhändigen.
- Die Energiebilanzierung soll anhand eines europaweit einheitlichen Berechnungsinstruments erfolgen.
- Energieausweise sollen nicht mehr nur unverbindliche Informationen enthalten, sondern eine gesteigerte rechtliche Wirkung erhalten (was die Zahl von Rechtsstreitigkeiten erhöhen könnte).
- Es soll eine unabhängige Kontrollinstanz für Energieausweise eingeführt werden, Energieausweisaussteller müssen dafür zugelassen werden.
- Energieausweise sind auch bei nicht öffentlichen Gebäuden mit starkem Publikumsverkehr und bereits ab 250 m² Gesamtnutzfläche auszuhängen.

Dieser Entwurf wurde vom EU-Parlament im April 2009 mit Änderungen verabschiedet [1.39], v. a. sollten seit 2019 neu gebaute Gebäude nur noch so viel Energie verbrauchen, wie sie selbst erzeugen. In einem solchen *Netto-Nullenergiegebäude* (vgl. Tabelle 1.2) darf der jährliche Primärenergieverbrauch nicht die Energieerzeugung vor Ort aus erneuerbaren Energien übersteigen.

Die EU-Mitgliedstaaten haben diesen vom EU-Parlament mit großer Mehrheit verschärften Entwurf der EU-Kommission für eine Neufassung der Gebäuderichtlinie in einem im

November 2009 ausgehandelten Kompromiss wieder abgeschwächt vom *Netto-Nullenergiegebäude* zum *Nahe-Null-Energiegebäude*. Wesentliche Punkte der Neufassung der EU-Gebäuderichtlinie waren nun [1.40]:

- Die Mitgliedstaaten setzen in Zukunft nationale Mindeststandards für Neubauten, umfassende Sanierungen sowie bei der Erneuerung wesentlicher Bauteile fest, beispielsweise des Daches (in Deutschland bereits umgesetzt). Die nationalen Standards sollten sich dabei an einer europaweiten Vergleichsmethode ausrichten. Bestehende und bewährte nationale Systeme (wie die EnEV) müssen nicht grundsätzlich geändert werden.
- Ab 2021 (öffentliche Gebäude ab 2019) müssen alle Neubauten „höchste Energieeffizienzstandards" aufweisen. Der verbleibende Heiz- bzw. Kühlbedarf soll dann zu wesentlichen Teilen durch erneuerbare Energien gedeckt werden.
- In gewerblichen Immobilienanzeigen muss der Energiekennwert auf dem Energieausweis angegeben werden. Bei Abschluss eines Kauf- oder Mietvertrages muss der Energieausweis ausgehändigt werden. Die Wahlmöglichkeit zwischen bedarfs- und verbrauchsorientiertem Energieausweis bleibt erhalten. (Das EU-Parlament hatte im April 2009 beschlossen, nur noch Bedarfsausweise zuzulassen.)

Im Dezember 2009 hat diese Fassung der EU-Gebäuderichtlinie den Energieministerrat passiert [1.41]; nach der Bestätigung durch das EU-Parlament trat sie als EU-Richtlinie 2010/31/EU am 08.07.2010 in Kraft [1.42]. Die nationale Umsetzungsfrist betrug zwei Jahre: Die Mitgliedstaaten sollten „die zur Umsetzung erforderlichen Rechts- und Verwaltungsvorschriften" spätestens bis zum 09.07.2012 erlassen und die Vorschriften spätestens ab dem 09.01.2013 anwenden.

Die weitere Richtlinie 2012/27/EU (Energieeffizienz-Richtlinie, Abkürzung EnEff-RL, engl. *Energy Efficiency Directive*, EED) ist ein wesentlicher Teil des Energierechts der EU und soll dabei helfen, Lösungen zu finden zur Verringerung der Importabhängigkeit der EU von einigen wenigen Weltregionen und für das Problem der Klimaänderung. *Hinweis*: Seit 14.07.2021 liegt im Rahmen von *Fit for 55* ein Vorschlag der EU-Kommission für eine Novelle der EnEff-RL vor.

Einige der Hauptziele der Energieeffizienz-Richtlinie von 2012 waren

- die Festlegung nationaler Energieeffizienzziele für 2020,
- eine Sanierungsrate für Gebäude der Zentralregierung von 3 % pro Jahr,
- eine verpflichtende Energieeinsparung der Mitgliedstaaten im Zeitraum 2014 bis 2020 von jährlich durchschnittlich 1,5 % sowie
- die verpflichtende Durchführung regelmäßiger Energieaudits in großen Unternehmen.

1.4.4 Deutschland 2010 bis 2015

Das durch die EU-Gebäuderichtlinie von 2010 notwendige Inkrafttreten einer neuen EnEV im Jahre 2012 hatte sich als unrealistisch erwiesen, da ein Großteil der zugehörigen Regelwerke überarbeitet werden musste (Bild 1.9, s. dazu die folgenden Kapitel).

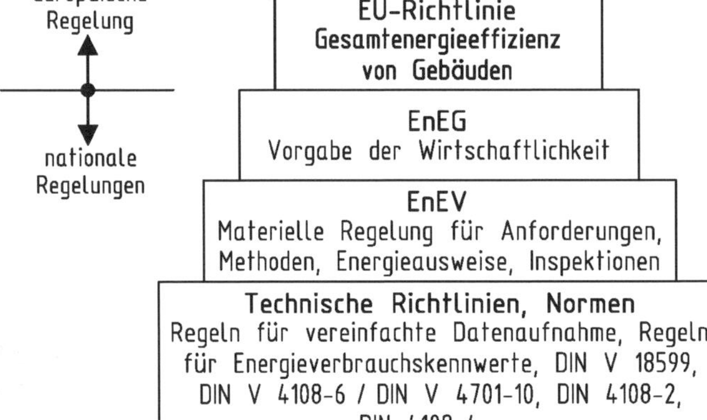

Bild 1.9: Zusammenhang zwischen der europäischen Verordnungsgebung und deren Umsetzung in Deutschland (nach [1.43])

Vor Erlass einer neuen EnEV musste das hierzu ermächtigende Energieeinsparungsgesetz (EnEG) geändert werden, um sämtliche von der Europäischen Gebäuderichtlinie geforderten Änderungen zu ermöglichen. Dementsprechend beschloss der Bundestag in der Plenarsitzung vom 15. Mai 2013 das Vierte Änderungsgesetz zum Energieeinsparungsgesetz. In seiner Sitzung am 7. Juni 2013 stimmte der Bundesrat den Änderungen am Energieeinsparungsgesetz (EnEG) zu. Damit konnte das EnEG 2013 in Kraft treten.

Das Gesetz zur Förderung Erneuerbarer Energien im Wärmebereich (Erneuerbare-Energien-Wärmegesetz – EEWärmeG) war zuletzt 2011 zur Umsetzung der EU-Richtlinie 2009/28/EG (Förderung der Nutzung von Energie aus erneuerbaren Quellen, s. o.) geändert worden – es galt nun *auch* für die umfassende Sanierung öffentlicher Gebäude (Vorbildfunktion der öffentlichen Hand), auch Kälte zur Raumluftkühlung aus erneuerbaren Energien musste berücksichtigt werden.

Die Novellierung der EnEV selbst stellte sich ebenfalls als langwierig heraus, da zum einen das federführende Bundesministerium für Verkehr, Bau und Stadtentwicklung (BMVBS) mit dem Bundesministerium für Wirtschaft und Technologie (BMWi) zusammenarbeiten sowie gemäß EnEG zum anderen der Bundesrat zustimmen musste.

Nach langen Diskussionen beschloss am 6. Februar 2013 die Bundesregierung einen EnEV-Entwurf und stellte ihn der Öffentlichkeit zur Stellungnahme vor. Am 2. Juni 2013 bekam dann u. a. Deutschland den berüchtigten „Blauen Brief“ aus Brüssel [1.44], d. h. die Mahnung wegen verspäteter Umsetzung der o. g. Novelle der Europäischen Gebäuderichtlinie.

Noch vor der Sommerpause 2013 hatte daraufhin die Bundesregierung eine Neufassung der EnEV verabschiedet. Der Bundesrat hatte diese aber in seiner letzten Sitzung vor der Sommerpause am 5. Juli 2013 nicht mehr behandelt – erst am 11. Oktober 2013 stimmte er dieser Vorlage mit Auflagen zu. Diesen Auflagen des Bundesrates hat die Bundesregierung mit Kabinettsbeschluss vom 16. Oktober 2013 zugestimmt, sodass die novellierte EnEV [1.45] umgehend zur Notifizierung zur EU nach Brüssel geschickt werden konnte. Aufgrund der halbjährigen Notifizierungsfrist konnte die neue EnEV erst am 1. Mai 2014 in Kraft treten; die seit 1. Januar 2016 geltenden verschärften Anforderungen wurden darin bereits geregelt.

Die nationale Umsetzung der EU-Gebäuderichtlinie und der in Abschnitt 1.4.3 ebenfalls genannten EU-Energieeffizienz-Richtlinie zeigt schematisch Bild 1.10. Unterschieden werden hier Gebäude (links) sowie Industrie und Gewerbe (rechts):

- Während Wohngebäude mit ihrer recht einheitlichen Nutzung gut zu standardisieren sind (ganz links), sind Nichtwohngebäude nur aufwendig durch Berücksichtigung verschieden konditionierter Gebäudezonen zu standardisieren (Mitte links, s. Abschnitt 5.6). Für beide gibt es Fördermöglichkeiten im Rahmen der Bundesförderung Effiziente Gebäude (BEG, s. Abschnitt 1.4.6).
- Bei Industrie und Gewerbe (rechts) werden Betriebsstätten gesondert erfasst, da sie praktisch nicht zu standardisieren sind. Eine Förderung ist hier nur für kleine und mittlere Unternehmen (KMU) möglich (s. u.).

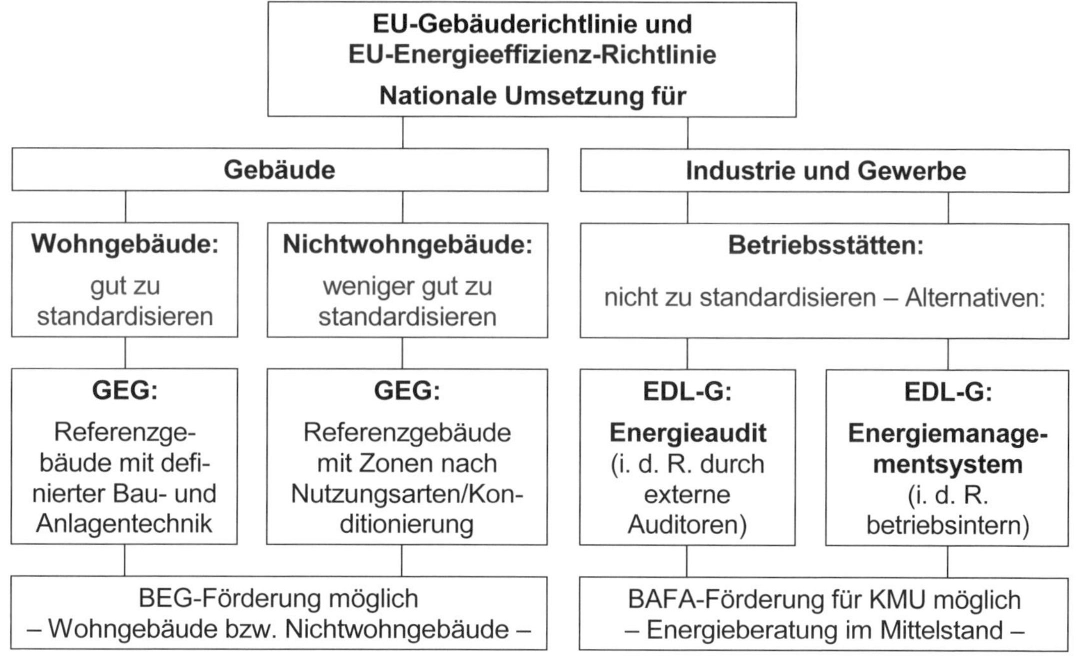

Bild 1.10: Schematische Darstellung der nationalen Umsetzung der EU-Gebäuderichtlinie (links) und der EU-Energieeffizienz-Richtlinie (rechts)

Die nationale Umsetzung für Industrie und Gewerbe erfolgte über das Gesetz über Energiedienstleistungen und andere Energieeffizienzmaßnahmen (EDL-G) vom 22.04.2015 [1.46], [1.47]:

- Kern des EDL-G ist die Verpflichtung von Unternehmen, die *keine* kleinen und mittleren Unternehmen (KMU) im Sinne der EU-Definition sind, mindestens alle vier

Jahre ihren Energieverbrauch von akkreditierten Experten für *alle* ihre Betriebsstätten überprüfen zu lassen. *Hinweis*: Als Nicht-KMU gilt ein Unternehmen [1.48],
- welches 250 oder mehr Personen beschäftigt oder
- welches weniger als 250 Personen beschäftigt, aber mehr als 50 Mio. € Jahresumsatz und mehr als 43 Mio. € Jahresbilanzsumme hat.

- Eine Möglichkeit ist, dieser Vorgabe durch sog. Energieaudits nachzukommen. Mit den für die Umsetzung des Energiedienstleistungsgesetzes notwendigen Aufgaben ist die beim Bundesamt für Wirtschaft und Ausfuhrkontrolle (BAFA) angesiedelte Bundesstelle für Energieeffizienz (BfEE) beauftragt.

Eine solche Überprüfung des Energieverbrauchs musste erstmals bis zum 05.12.2015 erfolgen, und zwar (vgl. Bild 1.10)
- entweder als Energieaudit nach EN 16247-1 [1.49], [1.50], [1.51], [1.52], [1.53]
- oder durch Einführung eines Energiemanagementsystems nach EN ISO 50001 [1.54].

Nähere Hinweise zur Durchführung der Energieaudits gibt z. B. das ‚Merkblatt für Energieaudits' des BAFA [1.48].

1.4.5 Europäische Union 2018

Das Pariser Übereinkommen (= *Paris Agreement*) – die erste umfassende und rechtsverbindliche weltweite Klimaschutzvereinbarung vom Dezember 2015 – wurde von der EU am 5. Oktober 2016 formell ratifiziert. Ziel dieses Übereinkommens ist es, die Erderwärmung deutlich unter 2 K zu halten, darüber hinaus sollen weitere Anstrengungen unternommen werden, um den Temperaturanstieg auf 1,5 K zu begrenzen. Außerdem soll die Fähigkeit der Länder zur Anpassung an die Folgen des Klimawandels gestärkt werden und sie sollen in ihren entsprechenden Bemühungen unterstützt werden [1.55].

Als nationaler Klimaschutzbeitrag der EU zum Pariser Übereinkommen sollen durch den EU-Rahmen für die Klima- und Energiepolitik bis 2030 [1.56]
- die Treibhausgasemissionen im Vergleich zu 1990 um mindestens 40 % reduziert,
- der Anteil erneuerbarer Energien auf mindestens 32 % erhöht und
- die Energieeffizienz um mindestens 32,5 % verbessert

werden. Alle wichtigen EU-Rechtsvorschriften zur Umsetzung dieses Emissionsziels waren bis Ende 2018 verabschiedet – den Gebäudebereich betreffen v. a. folgende:

- Am 19.06.2018 wurde die „Richtlinie (EU) 2018/844 des Europäischen Parlaments und des Rates zur Änderung der Richtlinie 2010/31/EU über die Gesamtenergieeffizienz von Gebäuden und der Richtlinie 2012/27/EU über Energieeffizienz" [1.57] – also die Änderungsrichtlinie für die seit 2010 geltende EU-Gebäuderichtlinie [1.42] – veröffentlicht (EPBD, vgl. Abschnitt 1.4.3); sie trat am 10.07.2018 in Kraft. Sie enthält zahlreiche Änderungen im Bereich der Anlagentechnik, u. a. ist eine ausreichende Zahl von Stellplätzen mit elektrischer Ladeinfrastruktur auszustatten. Weiter fordert sie von den Mitgliedstaaten eine sog. *Langfristige Renovierungsstrategie*, d. h., es ist eine nationale Strategie zu erarbeiten, wie bis zum Jahr 2050 ein in hohem Maße energieeffizienter und dekarbonisierter Gebäudebestand kosteneffizient erreicht werden soll.

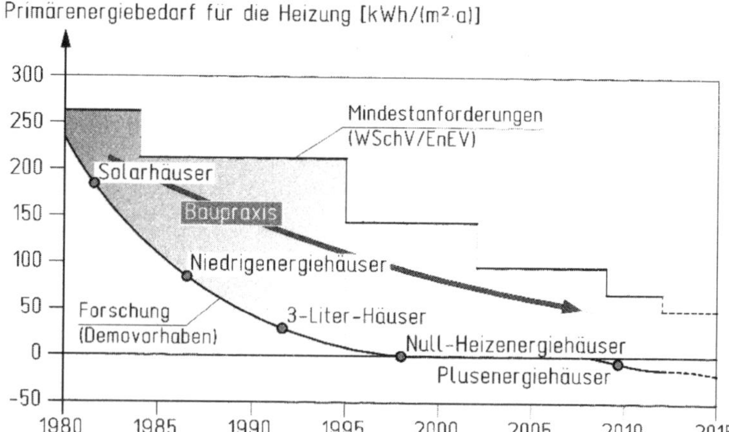

Bild 1.11: Entwicklung des energieeffizienten Bauens in Deutschland (jeweils Neubauniveau, nach [1.61])

- Am 21.12.2018 wurde weiter die neu gefasste „Richtlinie (EU) 2018/2001 des Europäischen Parlaments und des Rates vom 11. Dezember 2018 zur Förderung der Nutzung von Energie aus erneuerbaren Quellen" veröffentlicht [1.58] (vgl. ebenfalls Abschnitt 1.4.3). Diese Richtlinie hat v. a. Auswirkungen auf die Förderung der Nutzung von regenerativer Energie in Gebäuden.

1.4.6 Deutschland 2017 bis 2020

Zur Umsetzung der EU-Richtlinie 2010/31/EU [1.42] war u. a. das „Niedrigstenergiegebäude" (= Nahezu-Nullenergiegebäude, engl. *nearly zero-energy building*) für Neubauten zu definieren, das für Neubauten
- ab 2019 für öffentliche Gebäude (Vorbildfunktion) und
- ab 2021 für sämtliche Gebäude

gelten sollte. Diese Definition war mit der EnEV 2014/16 in Deutschland noch nicht erfolgt.

Ferner stieß die Aufteilung des Energieeinsparrechts für Gebäude auf drei Vorschriften – EnEG, EnEV und EEWärmeG (vgl. Bild 1.9, letztere dort nicht genannt) – von Anfang an auf Unverständnis. Die Zusammenfassung dieser drei Vorschriften zu einer einzigen wie auch die vollständige Umsetzung der EU-Richtlinie 2010/31/EU wurden mit dem ersten Entwurf eines Gebäudeenergiegesetzes (GEG) vom 23.01.2017 [1.59] vorbereitet. Dieser Entwurf wurde jedoch vor dem Ende der Legislaturperiode nicht mehr in das Bundeskabinett eingebracht.

Nach langwieriger Regierungsbildung legten das Bundesinnenministerium (= Bauministerium) und das Bundeswirtschaftsministerium am 01.11.2018 einen zweiten Entwurf eines

Gebäudeenergiegesetzes (GEG) vor [1.60], der allerdings nicht mit dem Bundesumweltministerium abgestimmt war. Im Vorwort dazu fand sich folgende Formulierung:

„Mit dem Gebäudeenergiegesetz werden die Anforderungen der EU-Gebäuderichtlinie sowohl zum 1. Januar 2019 für neue öffentliche Nichtwohngebäude als auch zum 1. Januar 2021 für alle neuen Gebäude in einem Schritt umgesetzt und die erforderliche Regelung des Niedrigstenergiegebäudes getroffen. Die aktuellen energetischen Anforderungen für den Neubau und den Gebäudebestand gelten fort."

Damit sollte festgeschrieben werden, dass die Anforderungen der EnEV von 2016 für Deutschland das Niedrigstenergiegebäude definieren, was heftigen Protest des Bundesumweltministeriums hervorrief. Dieser ist nachvollziehbar, wenn man einen Blick auf die Entwicklung der Anforderungen an das energieeffiziente Bauen wirft – was heute in Demonstrationsbauvorhaben getestet wird, wird morgen Baupraxis und übermorgen Mindestanforderung (Bild 1.11): Schreibt man diese Entwicklung fort, wäre es an der Zeit gewesen, die Neubauanforderung der EnEV von 2016 weiter abzusenken, z. B. auf das Niveau des *KfW-Effizienzhauses 55*,

- das den Höchstwert des Primärenergiebedarfs im Vergleich zur EnEV 2009 auf 55 % senkt,
- das bereits seit 2009 erfolgreich gebaut wird und
- damit heute als Stand der Technik angesehen werden kann.

Genau das war im GEG-Referentenentwurf von 2017 – zumindest für öffentliche Gebäude – vorgeschlagen worden [1.59], im GEG-Entwurf von 2018 aber wieder entfallen [1.60]. In den späteren Entwurfsfassungen ist o. g. Zitat unverändert zu finden, d. h., die energetischen Anforderungen der EnEV von 2016 sollten unverändert weitergelten.

Nach langen Diskussionen innerhalb der Bundesregierung, in denen

- das Wirtschafts- und das Innenministerium (letzteres war von 2017 bis 2021 auch für das Bauen zuständig) die Anforderungen unverändert lassen wollten, um die Wohnkosten nicht weiter steigen zu lassen,
- während das Umweltministerium die Anforderungen verschärfen wollte, um den welt- und europaweit vereinbarten Klimaschutzzielen (vgl. Abschnitt 1.4.5) näher zu kommen,

wurde schließlich mit Zustimmung des Bundesrates am 08.08.2020 das Gebäudeenergiegesetz (GEG) durch das „Gesetz zur Vereinheitlichung des Energieeinsparrechts für Gebäude und zur Änderung weiterer Gesetze" veröffentlicht und trat am 01.11.2020 in Kraft [1.62]. Dieses Gesetz dient gemäß dortiger Fußnote [1]) u. a. der Umsetzung

- der EU-Richtlinie 2010/31/EU (Gebäuderichtlinie EPBD),
- der EU-Richtlinie 2018/844 (novellierte Gebäuderichtlinie EPBD) und
- der EU-Richtlinie 2018/2001 zur Förderung der Nutzung von Energie aus erneuerbaren Quellen.

In diesem GEG 2020 wurden die Anforderungen der EnEV von 2016 sowohl für Neubauten als auch für den Gebäudebestand unverändert fortgeschrieben (es gab allerdings einige Änderungen im Detail, s. u.) – das Umweltministerium konnte sich hier nicht durchsetzen.

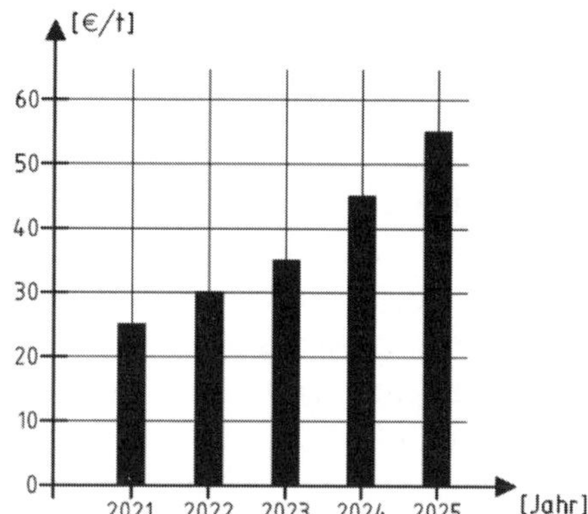

Bild 1.12: Entwicklung der CO_2-Steuer von 2021 bis 2025

Wo bleibt nun der Klimaschutz? Er fand sich im Klimaschutzplan der Bundesregierung und darauf basierend in folgenden Gesetzen und Verordnungen:

- Eingeführt wurde mit dem Brennstoffemissionshandelsgesetz (BEHG) [1.63] – beginnend 2021 für Kraft- und Brennstoffe des Verkehrs- und Gebäudebereichs – eine jährlich steigende CO_2-Steuer, die allerdings nachträglich noch erhöht wurde und die fossile Brennstoffe verteuert (Bild 1.12). Damit werden Investitionen in energiesparende Maßnahmen von Jahr zu Jahr wirtschaftlicher.
- Zum Ausgleich wurde die *Bundesförderung für effiziente Gebäude* (BEG) eingeführt, bestehend zum einen aus dem erweiterten Marktanreizprogramm (MAP) 2020 des BAFA. In bestehenden Gebäuden, in denen bei Antragstellung bereits seit mehr als zwei Jahren ein Heizungs- bzw. Kühlsystem in Betrieb genommen war, das ersetzt oder unterstützt werden soll, wurden gefördert:
  - Solarthermieanlagen (bis zu 30 % der förderfähigen Kosten),
  - Biomasseanlagen (bis zu 35 % der förderfähigen Kosten),
  - effiziente Wärmepumpenanlagen (bis zu 35 % der förderfähigen Kosten),
  - Hybridheizungen, d. h. Gasbrennwerttechnik kombiniert mit thermischer Nutzung erneuerbarer Energien, (bis zu 30 % der förderfähigen Kosten) und
  - „Renewable Ready“ Gasbrennwertheizungen, d. h. mit hybridfähiger Steuerungs-/Regelungstechnik und Speicher für die künftige Einbindung erneuerbarer Energien (bis zu 20 % der förderfähigen Kosten).

  Zum anderen gab es ein Austauschprogramm für Ölheizungen, bei dem sich die o. g. Prozentsätze um 10 Prozentpunkte erhöhten (nur möglich, wenn die Ölheizung nicht sowieso schon der Austauschpflicht nach EnEV oder GEG unterlag). Die genannten Fördersätze erhöhten sich bei Wohngebäuden um weitere 5 Prozentpunkte, sofern ein/e Energieeffizienz-Expert/in vorab einen sog. *individuellen Sanierungsfahrplan* (iSFP) aufstellte.
- Die *Bundesförderung für effiziente Gebäude* (BEG) bestand zum zweiten aus einer steuerlichen Förderung energiesparender Maßnahmen bei zu eigenen Wohnzwecken genutzten Gebäuden [1.64] (durfte allerdings nicht kumuliert werden mit o.g. MAP). Förderfähig waren ab 2020 bei Gebäuden älter als zehn Jahre sog. Einzelmaßnahmen,

die auch in bestehenden Programmen der Gebäudeförderung des Bundes (KfW und BAFA) als förderfähig eingestuft sind. Die Förderung erfolgte durch Abzug von der Steuerschuld, d. h.,

- die tarifliche Einkommensteuer wurde um die steuerliche Förderung energetischer Maßnahmen verringert,
- und zwar konnten bis zu 20 % der förderfähigen Aufwendungen berücksichtigt werden, maximal jedoch 40 000 € je begünstigtes Objekt (d. h. Aufwendungen von maximal 200 000 €) und
- verteilt über drei Jahre (7 %, im ersten, 7 % im zweiten und 6 % im dritten Jahr).

Kosten für Energieeffizienz-Expert/innen wurden sogar zu 50 % gefördert, sofern

- diese vom BAFA als fachlich qualifiziert zum Förderprogramm „Energieberatung für Wohngebäude (Vor-Ort-Beratung, individueller Sanierungsfahrplan)“ zugelassen sind und
- der/die Energieberater/in durch den Steuerpflichtigen mit der planerischen Begleitung oder Beaufsichtigung der energetischen Maßnahmen beauftragt worden ist.

Eine Pflicht zur Energieberatung vor der Umsetzung energetischer Sanierungsmaßnahmen bzw. die Erstellung eines individuellen Sanierungsfahrplans (iSFP) und/oder eine Baubegleitung durch eine/n Energieeffizienz-Expert/in sah das Gesetz allerdings nicht vor.

Details dazu finden sich in der „Energetische Sanierungsmaßnahmen-Verordnung“ (ESanMV) [1.65]. Dazu gehören amtliche Muster, in denen ein Fachunternehmen oder ein/e Energieberater/in bestätigen muss,

- dass es sich um ein zu eigenen Wohnzwecken genutztes eigenes Gebäude handelt,
- dass das begünstigte Objekt älter als zehn Jahre ist (ab Beginn der Herstellung) und
- dass energetische Maßnahmen im Sinne des Gesetzes ausgeführt wurden.

- Darüber hinaus wurde weiterhin die seit Jahren bekannte Förderung durch die KfW-Förderbank weitergeführt, allerdings mit verbesserten Bedingungen, d. h.,
  - Tilgungs- und Investitionszuschüsse wurden um 12,5 % bzw. 10 % erhöht und betragen nun maximal 40 % der förderfähigen Kosten;
  - wurden Einzelmaßnahmen geplant (außer Heizungsanlagen, die nur noch im MAP gefördert werden, s. o.), konnten bis zu 50 000 € gefördert werden, und
  - eine Gesamtsanierung, bei der ein *KfW-Effizienzhausstandard* erreicht wird, wurde mit bis zu 120 000 € gefördert.

Nicht Teil des GEG 2020 und der hier beschriebenen Förderung ist die in Abschnitt 1.4.5 durch die EU geforderte ausreichende Zahl von Stellplätzen mit elektrischer Ladeinfrastruktur. Die Umsetzung erfolgte in Deutschland mit dem Gesetz zum Aufbau einer gebäudeintegrierten Lade- und Leitungsinfrastruktur für Elektromobilität (Gebäude-Elektromobilitätsinfrastruktur-Gesetz – GEIG) – vom 18.03.2021 [1.66].

1.4.7 Europäische Union 2021

Mit dem Grünen Deal (engl. *Green Deal*) vom Juni 2021 will die Europäische Union den Übergang zu einer modernen, ressourceneffizienten und wettbewerbsfähigen Wirtschaft schaffen, die

- bis 2050 keine Netto-Treibhausgase mehr ausstößt,
- ihr Wachstum von der Ressourcennutzung abkoppelt,
- niemanden, weder Mensch noch Region, im Stich lässt [1.67].

Zur Umsetzung dieses *Green Deal* haben sich die 27 EU-Mitgliedstaaten verpflichtet, die CO_2-Emissionen bis 2030 um mindestens 55 % gegenüber dem Stand von 1990 zu senken – die entsprechende Vereinbarung trägt den Titel *Fit for 55*. Für den Gebäudesektor schlägt die EU-Kommission u. a. vor, dass die Mitgliedstaaten

- jährlich mindestens 3 % der Gesamtfläche aller öffentlichen Gebäude sanieren,
- einen Richtwert von 49 % an erneuerbaren Energien in Gebäuden bis 2030 festlegen und
- die Nutzung von erneuerbarer Energie zur Wärme- und Kälteerzeugung bis 2030 um jährlich 1,1 Prozentpunkte erhöhen [1.67].

Daraufhin legte die EU-Kommission am 15.12.2021 einen Vorschlag für eine umfassende Überarbeitung der EU-Gebäuderichtlinie vor. Mit den Neuregelungen soll das gesetzliche Rahmenwerk für die Klimaneutralität aller Gebäude in der EU bis zum Jahr 2050 geschaffen werden – im Detail [1.68]:

- Ab 2030 müssen alle neuen Gebäude emissionsfreie Gebäude sein (öffentliche Gebäude bereits ab 2027), d. h.
  - nur wenig Energie verbrauchen,
  - vollständig mit erneuerbaren Energien betrieben werden,
  - vor Ort kein CO_2 aus fossilen Brennstoffen emittieren und
  - ihr Treibhauspotenzial (d. h. ihr CO_2-Äquivalent) muss auf der Grundlage ihrer Lebenszyklusemissionen im Ausweis über die Gesamtenergieeffizienz (d. h. dem Energieausweis) angegeben werden.
- Die Ausweise über die Gesamtenergieeffizienz (Energieausweise) sollen klarer und aussagekräftiger werden; dazu gehört auch, dass bis 2025 alle Ausweise auf einer harmonisierten Skala von A bis G beruhen müssen.
- Die am schlechtesten abschneidenden 15 % des Gebäudebestands müssen so modernisiert werden, dass Nichtwohngebäude bis 2027 und Wohngebäude bis 2030 statt der Einstufung G mindestens das Niveau F gemäß dem Ausweis über die Gesamtenergieeffizienz erreichen.
- Es wird ein „Renovierungspass“ eingeführt, der Eigentümern ein Instrument zur Erleichterung ihrer Planungen und zu einer schrittweisen Renovierung hin zu einem emissionsfreien Niveau an die Hand gibt.
- Die nationalen Gebäuderenovierungspläne müssen Fahrpläne für den schrittweisen Ausstieg aus fossilen Brennstoffen in der Wärme- und Kälteversorgung bis spätestens

2040 sowie einen Pfad zur Umwandlung des nationalen Gebäudebestands in emissionsfreie Gebäude bis 2050 enthalten.

- Die Mitgliedstaaten bekommen die Möglichkeit, die Nutzung fossiler Brennstoffe in Gebäuden rechtlich zu untersagen.
- Der Aufbau einer Ladeinfrastruktur für Elektrofahrzeuge in Wohn- und Geschäftsgebäuden wird unterstützt und es werden mehr entsprechende Parkplätze für Fahrräder geschaffen.

1.4.8 Deutschland 2021 bis 2023

Am 29.04.2021 erklärte das Bundesverfassungsgericht das Klimaschutzgesetz von 2019 als in Teilen verfassungswidrig und stärkte dadurch den Klimaschutz in Deutschland. Das Gesetz war bis spätestens Ende 2022 nachzubessern, bereits am 24.06.2021 wurde jedoch eine Novelle des Klimaschutzgesetzes (KSG) vom Bundestag beschlossen. Daraus resultieren im Gebäudesektor u. a. [1.69]

- die Überprüfung des GEG, die auf 2022 vorgezogen wurde, einschließlich Modernisierung der Anforderungssystematik,
- das *KfW-Effizienzhaus 55* wurde ab 2023 zum Neubaustandard, das *KfW-Effizienzhaus 40* soll ab 2025 zum Neubaustandard werden,
- alle Neubauten und größere Sanierungen müssen Photovoltaik-Anlagen bzw. thermische Solaranlagen nutzen,
- die Bundesförderung für effiziente Gebäude (BEG) fördert ab 2023 keine fossilen Heizungen mehr, d. h., die Förderung von Gas-Hybridheizungen und „Renewable ready“-Gas-Brennwertheizungen läuft aus.

Die in Abschnitt 1.4.6 genannten Höchstfördersätze für Einzelmaßnahmen wurden abgesenkt, um die Anzahl der Förderungen deutlich zu erhöhen.

Bereits Ende Januar 2022 wurde die BEG-Förderung von *KfW-Effizienzhäusern 55* (vgl. Abschnitt 1.3) eingestellt. Am 29.04.2022 wurde dann vom BMWK der Referentenentwurf für ein neues GEG vorgelegt, durch den ab 01.01.2023 u. a. das *KfW-Effizienzhaus 55* zum Neubaustandard werden sollte. Am 20.07.2022 wurde schließlich die von Bundestag und Bundesrat verabschiedete Novelle zum GEG verkündet [1.70], welche aber nur den *Gesamtenergiebedarf* (Primärenergiebedarf) des *KfW-Effizienzhauses 55* zum Neubaustandard erhob, der *bauliche Wärmeschutz* (spezifischer Transmissionswärmeverlust bei Wohngebäuden) bleibt unverändert. Eine BEG-Förderung im Neubau wird nur noch für *KfW-Effizienzhäuser 40 NH* gewährt, d. h. mit zusätzlicher Einhaltung bestimmter Nachhaltigkeitskriterien (s. Abschnitt 6.2).

Dadurch sollen auch die Ziele des europäischen *Green Deal* bzw. seiner Umsetzung *Fit for 55* im Gebäudesektor erreicht werden (vgl. Abschnitt 1.4.7).

(Zur weiteren Entwicklung s. Abschnitt 6.2)

1.5 Literatur zum Kapitel 1

[1.1] Härdtle, W.: Zum Einfluß globaler Klimaänderungen auf die Entwicklung von Waldökosystemen. Norddeutscher Klimabündnis-Rundbrief (1994), Nr. 2, S. 24–27.

[1.2] Jahresbericht 1995 des Umweltbundesamtes. Berlin: Umweltbundesamt 1996.

[1.3] v. Weizsäcker, E. U.; Lovins, A. B.; Lovins, L. H.: Faktor vier; Doppelter Wohlstand, halbierter Naturverbrauch; Der neue Bericht an den Club of Rome. München: Droemer Knaur 1995.

[1.4] Krägenow, T.: Ablaß für die Sünder. DIE ZEIT 49 (1994), Nr. 3 vom 14.01.1994, S. 31.

[1.5] Deutscher Bundestag (Hrsg.): Schutz der Erde – Eine Bestandsaufnahme mit Vorschlägen zu einer neuen Energiepolitik. Dritter Bericht der Enquete-Kommission „Vorsorge zum Schutz der Erdatmosphäre“ des 11. Deutschen Bundestages. Bundestagsdrucksache Nr. 11/8030, Bonn: Deutscher Bundestag 1990.

[1.6] Großmann, B: Was kostet die Welt? Weltklimarat und Umweltbundesamt zu Klimaänderungen. GEB Gebäude-Energieberater 3 (2007), H. 6, S. 24–27.

[1.7] Vorholz, F.: Die Versammlung der Weltveränderer. DIE ZEIT vom 29.11.2007, S. 31 f.

[1.8] Vorländer, J.: Energieeinsparverordnung – Nicht mehr Stand der Technik. TGA Fachplaner (2007), H. 10, S. 3.

[1.9] Gespart und doch mehr verbraucht. Geänderte Lebensgewohnheiten eliminieren Effizienzerfolge. GEB Gebäude-Energieberater 3 (2007), H. 2, S. 24–27.

[1.10] VDI 4600:2012-01: Kumulierter Energieaufwand – Begriffe, Definitionen, Berechnungsmethoden.

[1.11] Frings, E.; Schmidt, R.: Umweltbewußte Beleuchtung. Umwelt-Produkt-Info-Service des Bundesumweltministeriums, Bonn, Nr. 25/August 1995.

[1.12] Hauser, G.: Die ESVO 2000 – Strukturen, Ziele, Energiepaß. Vortrag beim GDI-bautec-Forum am 14.02.1996 in Berlin.

[1.13] Aufgaben und Möglichkeiten einer novellierten Wärmeschutzverordnung. Erarbeitet von der Gesellschaft für Rationelle Energieverwendung e. V. (GRE), Berlin, März 1992. Deutsche Bauzeitschrift DBZ 40 (1992), H. 5, S. 727–738.

[1.14] DIN EN 832:1998-12: Wärmetechnisches Verhalten von Gebäuden – Berechnung des Heizenergiebedarfs – Wohngebäude (zurückgezogen und ersetzt durch DIN EN ISO 13790:2008-09).

[1.15] DIN V 4108-6:2003-06 (mit Berichtigung 1: 2004-03): Wärmeschutz und Energie-Einsparung in Gebäuden – Teil 6: Berechnung des Jahresheizwärme- und des Jahresheizenergiebedarfs.

[1.16] DIN 4701-1:1983-03: Regeln für die Berechnung des Wärmebedarfs von Gebäuden – Teil 1: Grundlagen der Berechnung (zurückgezogen).

[1.17] DIN 4701-2:1983-03: Regeln für die Berechnung des Wärmebedarfs von Gebäuden – Teil 2: Tabellen, Bilder, Algorithmen (zurückgezogen).

[1.18] DIN 4701-3:1989-08: Regeln für die Berechnung des Wärmebedarfs von Gebäuden – Teil 3: Auslegung der Raumheizeinrichtungen (zurückgezogen).

[1.19] DIN EN 12831:2003-08: Heizungsanlagen in Gebäuden – Verfahren zur Berechnung der Norm-Heizlast.

[1.20] Verordnung über einen energiesparenden Wärmeschutz bei Gebäuden (Wärmeschutzverordnung) vom 16. Aug. 1994. BGBl. I vom 24.08.1994, S. 2121 ff.

[1.21] Anschub für Niedrigenergie-Häuser. StromThemen 12 (1995), H. 12, S. 1 ff.

[1.22] Feist, W.: Das Null-Heizenergiehaus im Wohnungsbau. Vortrag auf dem Fachkongress zur Messe „NiedrigEnergieBau 98“ in Hamburg, 07. und 08.05.1998.

[1.23] Krick, B.: Classic, Plus und Premium. GEB Gebäude-Energieberater 11 (2015), H. 07/08, S. 20–23.

[1.24] Hüttmann, M.: Viele Wege führen zur Null. GEB Gebäude-Energieberater 11 (2015), H. 07/08, S. 10–15.

[1.25] Voss, K.; Stahl, W.; Goetzberger, A.: Das Energieautarke Solarhaus. Bauphysik 15 (1993), H. 1, S. 10–14, H. 3, S. 90–96.

[1.26] Lang, J.: Energieautarkes Solarhaus. BINE Projekt-Info-Service des BMFT, Bonn, Nr. 18, Dezember 1994.

[1.27] Kübler, R.; Fisch, N.: Wärmespeicher – ein Informationspaket. Hrsg. vom Fachinformationszentrum Karlsruhe. 3. Aufl. Köln: TÜV-Verlag 1998.

[1.28] Der KfW-Effizienzhaus-Standard für einen Neubau. URL: https://www.kfw.de/inlandsfoerderung/Privatpersonen/Neubau/Das-KfW-Effizienzhaus/ (02.09.2020).

[1.29] Richtlinie 2002/91/EG des Europäischen Parlaments und des Rates vom 16. Dezember 2002 über die Gesamtenergieeffizienz von Gebäuden. Amtsblatt der Europäischen Gemeinschaften Nr. L1/65 vom 04.01.2003 [DE].

[1.30] Entwurf der Verordnung über energiesparenden Wärmeschutz und energiesparende Anlagentechnik bei Gebäuden (Energieeinsparverordnung – EnEV) vom 16.11.2006. URL: http://enev-normen.enev-online.de/enev_2006/061117_bmwi_enev2007_entwurf.pdf [Adobe Reader 7.0] (17.11.2006).

[1.31] Begründung zum Entwurf der Verordnung über energiesparenden Wärmeschutz und energiesparende Anlagentechnik bei Gebäuden vom 16. November 2006. URL: http://enev-normen.enev-online.de/enev_2006/061117_bmwi_enev2007_begruendung.pdf [Adobe Reader 7.0] (17.11.2006).

[1.32] Verordnung über energiesparenden Wärmeschutz und energiesparende Anlagentechnik bei Gebäuden (Energieeinsparverordnung – EnEV) vom 24. Juli 2007. BGBl I vom 26.07.2007, S. 1519 ff. mit Verordnung zur Änderung der Energieeinsparverordnung vom 29. April 2009. BGBl I vom 30. April 2009, S. 954 ff.

[1.33] Gesetz zur Förderung Erneuerbarer Energien im Wärmebereich (Erneuerbare-Energien-Wärmegesetz – EEWärmeG) vom 7. August 2008. BGBl. I vom 18. August 2008, S. 1658 ff.

[1.34] DIN V 18599:2011-12: Energetische Bewertung von Gebäuden – Berechnung des Nutz-, End- und Primärenergiebedarfs für Heizung, Kühlung, Lüftung, Trinkwasser und Beleuchtung – (11 Teile).

[1.35] Richtlinie des Europäischen Parlaments und des Rates vom 23. April 2009 zur Förderung der Nutzung von Energie aus erneuerbaren Quellen und zur Änderung und anschließenden Aufhebung der Richtlinien 2001/77/EG und 2003/30/E (Richtlinie 2009/28/EG).

[1.36] Presseerklärung des Bundesministeriums für Umwelt (BMU) vom 01.08.2010. URL: http://www.bmu.de/N44741/ (20.10.2013).

[1.37] Großmann, B.: EnEV, EPBD und Gütesiegel. GEB Gebäude-Energieberater 4 (2008), H. 11-12, S. 22 f.

[1.38] Dorß, W.: EU-Richtlinie über die Gesamtenergieeffizienz von Gebäuden (GEEG-RiLi). green building (2009), H. 4, S. 58–61.

[1.39] Vorländer, J.: 2019 nur noch Nullenergiehäuser. TGA-Fachplaner (2009), H. 6, S. 3.

[1.40] Gebäuderichtlinie wieder abgeschwächt. URL: http://www.tga-fachplaner.de/TGA-Newsletter-2009-16/ (19.01.2010).

[1.41] Energieminister bestätigen Gebäuderichtlinie. URL: http://www.tga-fachplaner.de/TGA-Newsletter-2009-17/ (19.01.2010).

[1.42] Richtlinie 2010/31/EU des Europäischen Parlaments und des Rates vom 19. Mai 2010 über die Gesamtenergieeffizienz von Gebäuden (Neufassung). Amtsblatt der Europäischen Union vom 18.06.2010.

[1.43] Wege zum Effizienzhaus Plus. Hrsg. vom Bundesministerium für Verkehr, Bau und Stadtentwicklung (BMVBS). Berlin, November 2011.

[1.44] GEB-Newsletter 15-2013. URL: http://www.geb-info.de (25.06.2013).

[1.45] Zweite Verordnung zur Änderung der Energieeinsparverordnung vom 18. November 2013. Nichtamtliche Fassung der von der Bundesregierung am 16.10.2013 beschlossenen Fassung der Änderungsverordnung.

[1.46] Energiedienstleistungsgesetz (EDL-G) vom 05.02.2015, zuletzt geändert durch Artikel 5 des Gesetzes vom 8. August 2020 (BGBl. I S. 1728). URL: https://www.gesetze-im-internet.de/edl-g/EDL-G.pdf (24.01.2021).

[1.47] URL: https://de.wikipedia.org/wiki/Gesetz_%C3%BCber_Energiedienstleistungen_und_andere_Energieeffizienzma%C3%9Fnahmen (24.01.2021).

[1.48] Merkblatt für Energieaudits. Stand 30.11.2020. Hrsg. vom Bundesamt für Wirtschaft und Ausfuhrkontrolle (BAFA), Eschborn 2020. URL: https://www.bafa.de/SharedDocs/Downloads/DE/Energie/ea_merkblatt.html (24.01.2021).

[1.49] DIN EN 16247-1:2012-10: Energieaudits – Teil 1: Allgemeine Anforderungen.

[1.50] DIN EN 16247-2:2014-08: Energieaudits – Teil 2: Gebäude.

[1.51] DIN EN 16247-3:2014-08: Energieaudits – Teil 3: Prozesse.

[1.52] DIN EN 16247-4:2014-08: Energieaudits – Teil 4: Transport.

[1.53] DIN EN 16247-5:2015-07: Energieaudits – Teil 5: Kompetenz von Energieauditoren.

[1.54] DIN EN ISO 50001:2011-12: Energiemanagementsysteme – Anforderungen mit Anleitung zur Anwendung.

[1.55] Europäische Kommission: Übereinkommen von Paris. URL: https://ec.europa.eu/clima/policies/international/negotiations/paris_de (23.08.2020).

[1.56] European Commission: 2030 Climate & Energy Framework. URL: https://ec.europa.eu/clima/policies/strategies/2030_en (23.08.2020).

[1.57] Richtlinie (EU) 2018/844 des Europäischen Parlamentes und des Rates vom 30. Mai 2018 zur Änderung der Richtlinie 2010/31/EU über die Gesamtenergieeffizienz von Gebäuden und der Richtlinie 2012/27/EU über Energieeffizienz.

[1.58] Richtlinie (EU) 2018/2001 des Europäischen Parlaments und des Rates vom 11. Dezember 2018 zur Förderung der Nutzung von Energie aus erneuerbaren Quellen.

[1.59] Gesetz zur Einsparung von Energie und zur Nutzung Erneuerbarer Energien zur Wärme- und Kälteerzeugung in Gebäuden. Referentenentwurf des Bundesministeriums für Wirtschaft und Energie und des Bundesministeriums für Umwelt, Naturschutz, Bau und Reaktorsicherheit vom 23.01.2017.

[1.60] Entwurf eines Gesetzes zur Vereinheitlichung des Energieeinsparrechts für Gebäude. Bearbeitungsstand: 01.11.2018.

[1.61] Hauser, G.: Energieeffizienzsteigerung – der Schlüssel zur Lösung unserer Energieprobleme. Deutsches Ingenieurblatt (2009), H. 4, S. 22–29.

[1.62] Gesetz zur Vereinheitlichung des Energieeinsparrechts für Gebäude und zur Änderung weiterer Gesetze vom 08.08.2020. BGBl. I vom 13.08.2020, S. 1728–1794.

[1.63] Gesetz über einen nationalen Zertifikatehandel für Brennstoffemissionen (Brennstoffemissionshandelsgesetz – BEHG) vom.12.12.2019. BGBl. I (2019), S. 2728.

[1.64] Gesetz zur Umsetzung des Klimaschutzprogramms 2030 im Steuerrecht vom 21.12.2019. BGBl I vom 30.12.2019, S. 2886.

[1.65] Verordnung zur Bestimmung von Mindestanforderungen für energetische Maßnahmen bei zu eigenen Wohnzwecken genutzten Gebäuden nach § 35c des Einkommensteuergesetzes (Energetische Sanierungsmaßnahmen-Verordnung – ESanMV) vom 02.01.2020.
[1.66] Gesetz zum Aufbau einer gebäudeintegrierten Lade- und Leitungsinfrastruktur für die Elektromobilität (Gebäude-Elektromobilitätsinfrastruktur-Gesetz – GEIG) vom 18. März 2021. BGBl Teil I Nr. 11 vom 24. März 2021, S. 354 ff.
[1.67] URL: https://ec.europa.eu/info/strategy/priorities-2019-2024/european-green-deal_de (27.06.2022).
[1.68] URL: https://ec.europa.eu/commission/presscorner/detail/de/ip_21_6683 (27.06.2022).
[1.69] Tuschinski, M.: Auf dem Weg zum klimaneutralen Europa. GEG Baupraxis 09/2021.
[1.70] Gesetz zu Sofortmaßnahmen für einen beschleunigten Ausbau der erneuerbaren Energien und weiteren Maßnahmen im Stromsektor vom 20. Juli 2022. BGBl. I Nr. 28 vom 28.07.2022 (Artikel 18a und Artikel 20).

2 Grundlagen des Wärme- und Feuchteschutzes

2.1 Ziele des Wärme- und Feuchteschutzes bei Gebäuden

In den Augen der Nutzer ist – nach dem *Raumabschluss*, juristisch Abgeschlossenheit der Wohnung („eigene vier Wände“) – die zweite Aufgabe aller Außenbauteile eines Gebäudes der *Witterungsschutz* („Dach über dem Kopf“); in unserem Klima stellt der *Wärme- und Feuchteschutz* („warm und trocken“) die nächstwichtige Aufgabe eines Gebäudes dar. Gemäß dem Vorwort zu DIN 4108-2 [2.1] hat der Wärmeschutz bei Gebäuden Bedeutung

- für die Gesundheit der Bewohner durch ein *hygienisches Raumklima*,
- für den *Schutz der Baukonstruktion* vor klimabedingten Feuchteeinwirkungen und deren Folgeschäden,
- für einen *verminderten Energieeinsatz* bei Heizung und Kühlung sowie
- für die *Herstellungs- und Bewirtschaftungskosten*.

Die kursiv gesetzten Stichworte definieren die Ziele des Wärme- und Feuchteschutzes bei Gebäuden (s. auch die Zielfunktionen in Bild 2.1). Zum Erreichen dieser Ziele müssen zusammenwirken

- die *Baukonstruktion* (oben in Bild 2.1, Beispiele s. in Kapitel 3) mit ihrem thermischen und hygrischen Verhalten (s. u. in diesem Kapitel 2) sowie
- die *Gebäudetechnik* (unten in Bild 2.1) mit dem Verhalten der Heiz- und Raumlufttechnik (s. Kapitel 4).

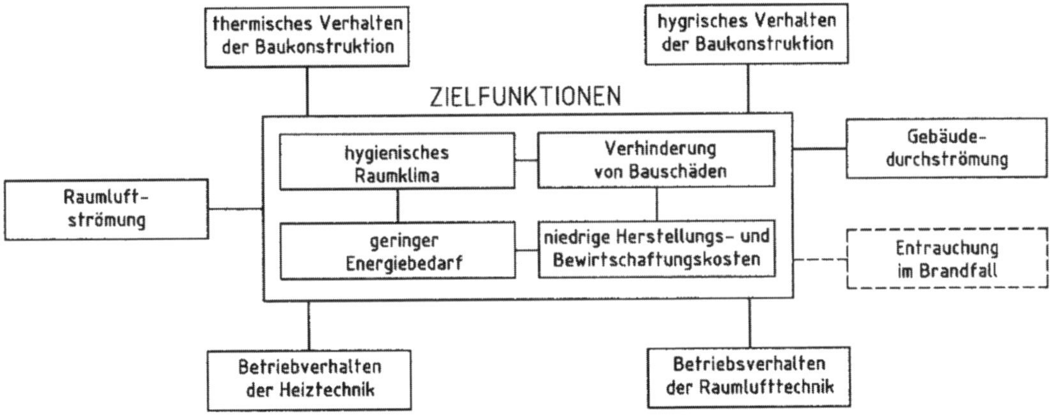

Bild 2.1: Ziele bei der Planung von Gebäuden und Wechselwirkungen mit der Baukonstruktion (oben) und der Gebäudetechnik (unten) (nach [2.2])

Die Ziele des Wärme- und Feuchteschutzes werden im Folgenden näher erläutert:

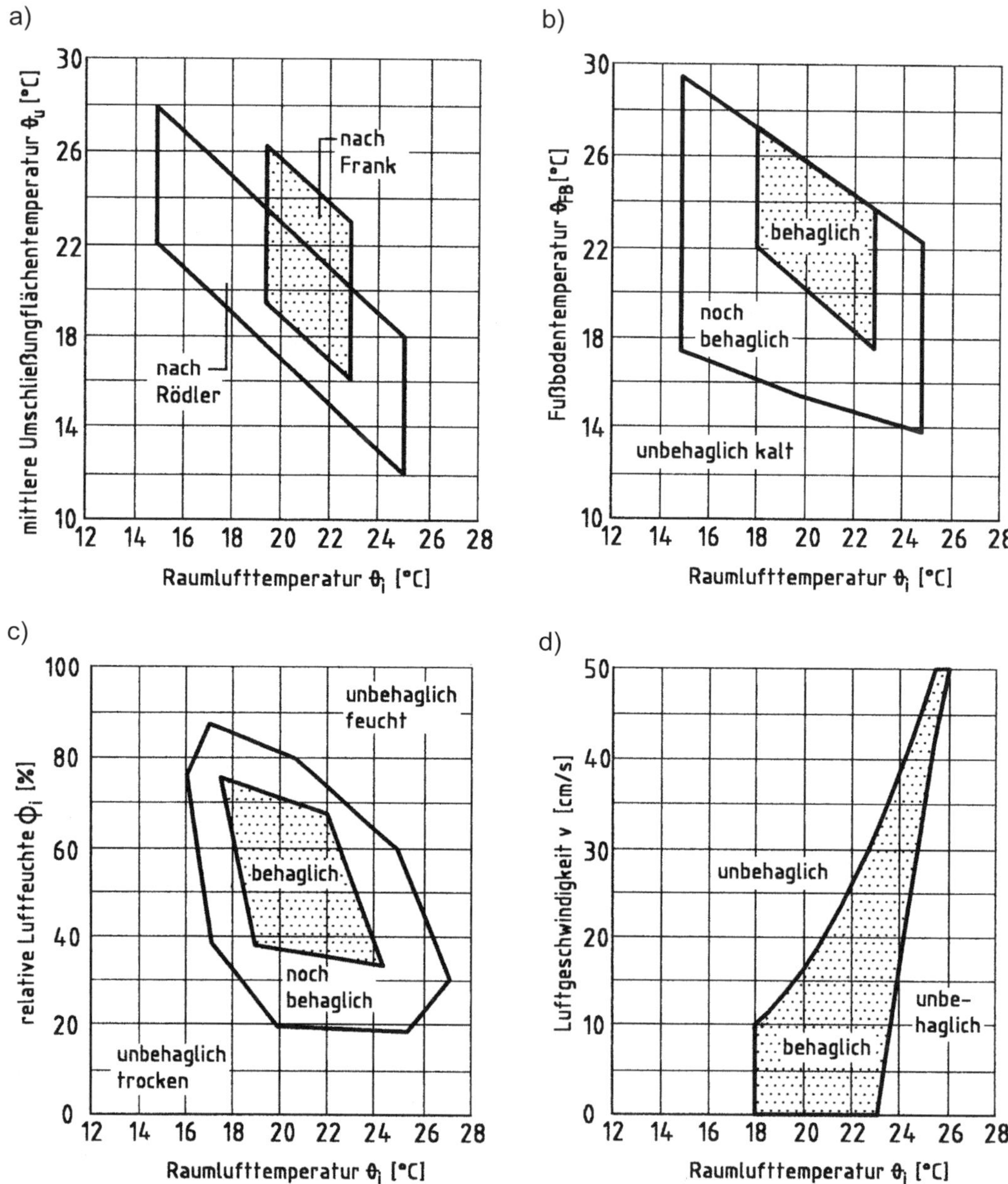

Bild 2.2: Behaglichkeitsfelder (nach [2.3]) für die Raumlufttemperatur θ_i im Verhältnis

a) zur mittleren Umschließungsflächentemperatur θ_U

b) zur Fußbodentemperatur θ_{FB}

c) zur relativen Luftfeuchte ϕ_i

d) zur Luftgeschwindigkeit v (für ϕ_i = 30 bis 70 %)

A Gesundheit und Behaglichkeit

Wohn- und Arbeitsräume sollen für die Nutzer gesund und behaglich sein, d. h., gewisse Temperaturbereiche der Raumlufttemperaturen im Verhältnis zu den Oberflächentemperaturen der raumumschließenden Bauteile (insbesondere der Fußböden) sind ebenso einzuhalten wie bestimmte relative Luftfeuchten und Luftgeschwindigkeiten im Raum, siehe z. B. die Behaglichkeitsfelder in Bild 2.2.

B Wärmeableitung

Auch die Berührung kühlerer Raumoberflächen empfindet der Mensch als unbehaglich. Praktisch kommen die Raumnutzer nur mit dem Fußboden in Kontakt; zur Vermeidung solcher „Fußkälte" genügt jedoch eine behagliche Fußbodentemperatur nach Bild 2.2b nicht, wenn der Fußbodenbelag eine zu hohe Wärmeableitung W aufweist. Ein Betonfußboden mit einer nach DIN 52614 [2.4] gemessenen Wärmeableitung $W_{10} > 294$ kJ/m^2 nach 10 min Versuchsdauer gilt als nicht ausreichend fußwarm (Bild 2.3), mit Linoleum belegt wäre er gerade ausreichend fußwarm; textiler Belag oder Holzfußboden gelten mit $W_{10} < 190$ kJ/m^2 nach 10 min Versuchsdauer als besonders fußwarm.

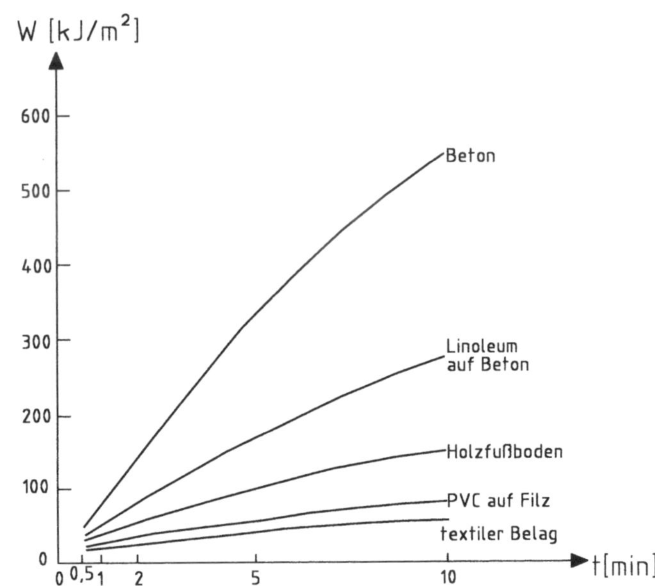

Bild 2.3: Wärmeableitung *W* von verschiedenen Fußbodenarten über der Zeit *t*

C Temperaturdehnungen

Schlecht gedämmte Gebäude führen zu hohen thermischen Beanspruchungen der Konstruktion und damit zu größeren Temperaturdehnungen und daraus resultierenden geringeren Dehnfugenabständen bzw. zu Zwangsbeanspruchungen bei statisch unbestimmten Systemen.

D Tauwasserbildung

Zu vermeiden ist erstens Tauwasserbildung auf den inneren Bauteiloberflächen, welche zu Staubablagerung und im Extremfall Schimmelbildung auf den inneren Bauteiloberflächen führen kann. Zweitens zu verhindern wäre die Tauwasserbildung im Bauteil, welche infolge feuchterer Baustoffe die Wärmedämmung des Bauteils herabsetzen und im Extremfall (Fäulnis bei Holz) zur Zerstörung des Bauteils führen kann. Die Nichtbeachtung des baulichen Wärmeschutzes kann somit zu schweren Bauschäden führen!

Auf den Tauwasserschutz – speziell auf die Tauwasserbildung im Bauteilinnern – als Teil des Feuchteschutzes wird im Abschnitt 2.14 näher eingegangen.

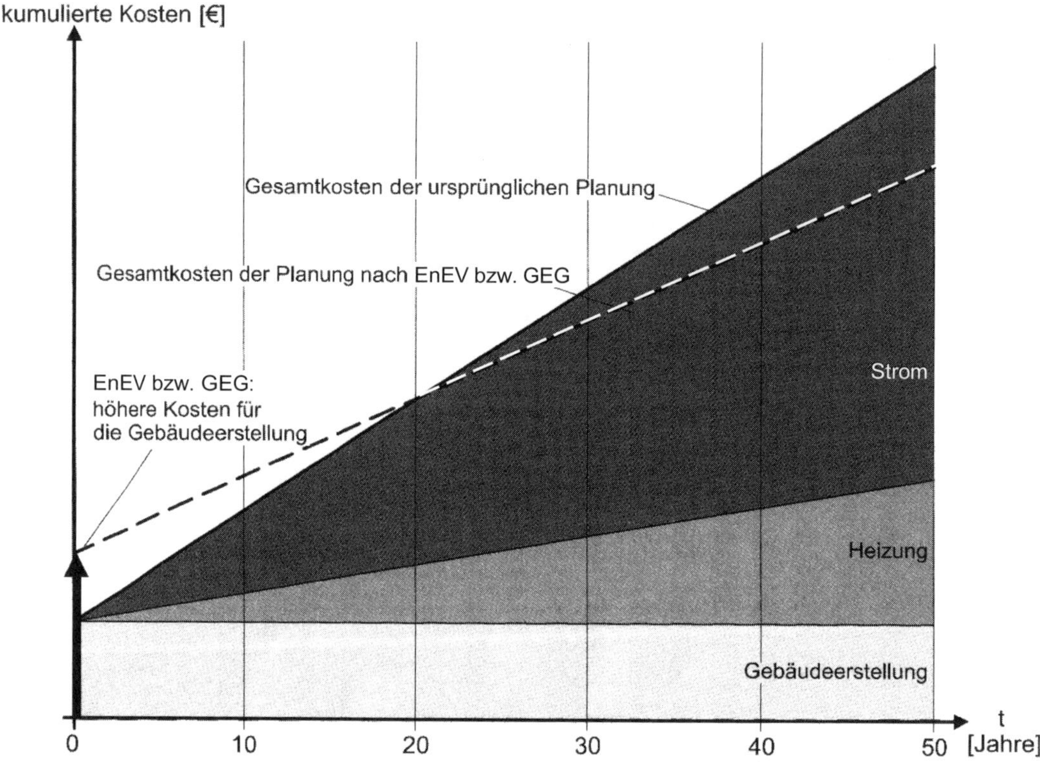

Bild 2.4: Schematische Darstellung der kumulierten Kosten für Erstellung und Nutzung eines beheizten Gebäudes: In verschiedenen Grautönen unterlegt ist die ursprüngliche Planung; trotz höherer Kosten für die Gebäudeerstellung nach EnEV bzw. GEG (Pfeil und Strichlinie) wird dem Wirtschaftlichkeitsgebot Genüge getan (vereinfachte Darstellung ohne dynamische Investitionsrechnung, ohne Instandsetzungskosten und ohne Energiepreissteigerungen)

E Energieeinsparung und Wirtschaftlichkeit

Baukunden sparen häufig bei den Investitionen, vernachlässigen dabei aber die langjährigen Folgekosten, zu denen v. a. auch die Energiekosten gehören. Um Letztere angemessen zu berücksichtigen (Bild 2.4), ist – analog zum früheren Energieeinsparungsgesetz (EnEG) – gemäß GEG 2023 § 5 das sog. *Wirtschaftlichkeitsgebot* zu beachten (s. auch Abschnitt 5.7.1), d. h.:

„Die Anforderungen und Pflichten … müssen nach dem Stand der Technik erfüllbar und für Gebäude gleicher Art und Nutzung und für Anlagen oder Einrichtungen wirtschaftlich vertretbar sein.

Anforderungen und Pflichten gelten als wirtschaftlich vertretbar, wenn generell die erforderlichen Aufwendungen innerhalb der üblichen Nutzungsdauer durch die eintretenden Einsparungen erwirtschaftet werden können. Bei bestehenden Gebäuden, Anlagen und Einrichtungen ist die noch zu erwartende Nutzungsdauer zu berücksichtigen."

Auf dieser Grundlage wurden durch die Wärmeschutzverordnungen (WSchV) von 1977, 1982 und 1994 [2.5], [2.6], [2.7] Anforderungen an den Wärmeschutz von Gebäuden und ihren Bauteilen gestellt, später – unter Einbeziehung der Anlagentechnik – durch die Energieeinsparverordnungen (EnEV) von 2001 bis 2014 [2.8], [2.9], [2.10], [2.11], [2.12] bzw. das Gebäudeenergiegesetz (GEG) 2020 [2.13] und GEG 2023 [2.14].

2.2 Mindestanforderungen an den Wärmeschutz von Gebäuden

Gemäß GEG 2023 § 11 [2.13], [2.14] müssen alle Bauteile der Gebäudehülle den Mindestwärmeschutz nach DIN 4108-2 [2.1] und den Feuchteschutz nach DIN 4108-3 [2.15] erbringen. Zur Erfüllung der Ziele des Abschnitts 2.1 nennt DIN 4108-2 im Vorwort folgende Mindestanforderungen an den Wärmeschutz von *beheizten* (auch sog. *niedrig beheizten*) Gebäuden:

– Mindestanforderungen an den *winterlichen* Wärmeschutz:

  Durch Mindestanforderungen an den Wärmeschutz der Bauteile im Winter werden ein *hygienisches Raumklima* sowie ein *dauerhafter Schutz der Baukonstruktion* gegen klimabedingte Feuchteeinwirkungen sichergestellt. Hierbei wird vorausgesetzt, dass die Räume entsprechend ihrer Nutzung ausreichend beheizt und belüftet werden.

– Mindestanforderungen an den *sommerlichen* Wärmeschutz:

  Durch Mindestanforderungen an den Wärmeschutz im Sommer soll die *thermische Behaglichkeit in Aufenthaltsräumen sichergestellt*, eine hohe Erwärmung dieser Räume vermieden und der Energieeinsatz für Kühlung geringgehalten werden.

Zum Ziel „Energieeinsparung" finden sich in DIN 4108-2 [2.1] *keine* Anforderungen – sie werden im Gebäudeenergiegesetz (GEG) geregelt (s. Kapitel 5). Das Ziel der Wirtschaftlichkeit von Energiesparmaßnahmen wurde bei der Formulierung der Anforderungen des GEG berücksichtigt.

Um die o. g. Ziele zu erreichen, sind gemäß DIN 4108-2 [2.1] Gebäude so zu planen und auszuführen, dass die jeweiligen Mindestanforderungen (Tabelle 2.1)

– an flächige Bauteile (s. Abschnitt 2.6),
– an Wärmebrücken (s. Abschnitt 2.8) und
– an die Luftdichtheit von Bauteilen (s. Abschnitt 2.13)

in der wärmeübertragenden Umfassungsfläche des Gebäudes sowie

– an den sommerlichen Wärmeschutz des Gebäudes (s. Abschnitt 2.15)

eingehalten werden.

Die wärmeübertragende Umfassungsfläche (= Hüllfläche) umschließt dabei alle Räume,

– die bestimmungsgemäß auf *übliche Innentemperaturen* von $\theta_i \geq 19$ °C beheizt werden (= beheizte Räume),

- die bestimmungsgemäß auf *niedrige Innentemperaturen*, d. h. 12 °C ≤ θ_i < 19 °C beheizt werden (= niedrig beheizte Räume, nur im Nichtwohnungsbau anzusetzen) und
- die *indirekt* über trennende Bauteile bzw. über zu beheizten Räumen offenen *Raumverbund* durch die vorgenannten Räume beheizt werden (= indirekt bzw. über Raumverbund beheizte Räume), z. B. Flure ohne eigene Heizkörper, die durch die Nachbarräume temperiert werden.

Tabelle 2.1: Mindestanforderungen bei verschieden beheizten Räumen (nach [2.16])

Temperaturniveau	**Anforderungen an den Wärmeschutz flächiger Bauteile**	**Anforderungen an Wärmebrücken**	**Anforderungen an die Luftdichtheit**	**Anforderungen an den sommerlichen Wärmeschutz des Gebäudes**
	der Hüllfläche des Gebäudes			
beheizt [1]) [2]) auf $\theta \geq 19$ °C	ja	ja	ja	ja
niedrig beheizt [1]) [2]) auf 12 °C ≤ θ < 19 °C	ja	nein	ja	nein
nicht beheizt (auch Treppenräume *außerhalb* der Hüllfläche)	nein	nein	nein	nein

[1]) Das heißt Räume mit installierter Heizeinrichtung bei entsprechender Nutzung (Wohngebäude sind immer beheizt, niedrig beheizte Räume gibt es nur im Nichtwohnungsbau).

[2]) Auch indirekt beheizte Räume *innerhalb* der Hüllfläche (häufig bei Treppenräumen) sowie zugehörige Räume mit offenem Raumverbund (Türen gelten nicht als offener Raumverbund, auch wenn sie häufig offen stehen).

2.3 Beeinflussung des Wärmebedarfs durch die Bauplanung

Während der Planung eines Gebäudes kann dessen Wärmebedarf entscheidend beeinflusst werden. In DIN 4108-2 [2.1], 4.2.1, werden dazu folgende Hinweise gegeben:

A Lage des Gebäudes

Der Heizwärmebedarf eines Gebäudes kann durch eine günstige Lage des Gebäudes (Verminderung des Windangriffs durch benachbarte Bebauung, Baumpflanzungen, Orientierung der Fenster zur Ausnutzung winterlicher Sonneneinstrahlung) vermindert werden (Bild 2.5).

B Gebäudegröße und -gliederung

Jede Vergrößerung der Außenflächen im Verhältnis zum beheizten Gebäudevolumen erhöht auch die spezifischen Wärmeverluste eines Gebäudes; daher haben z. B. stark gegliederte Baukörper einen vergleichsweise höheren Wärmebedarf als wenig gegliederte.

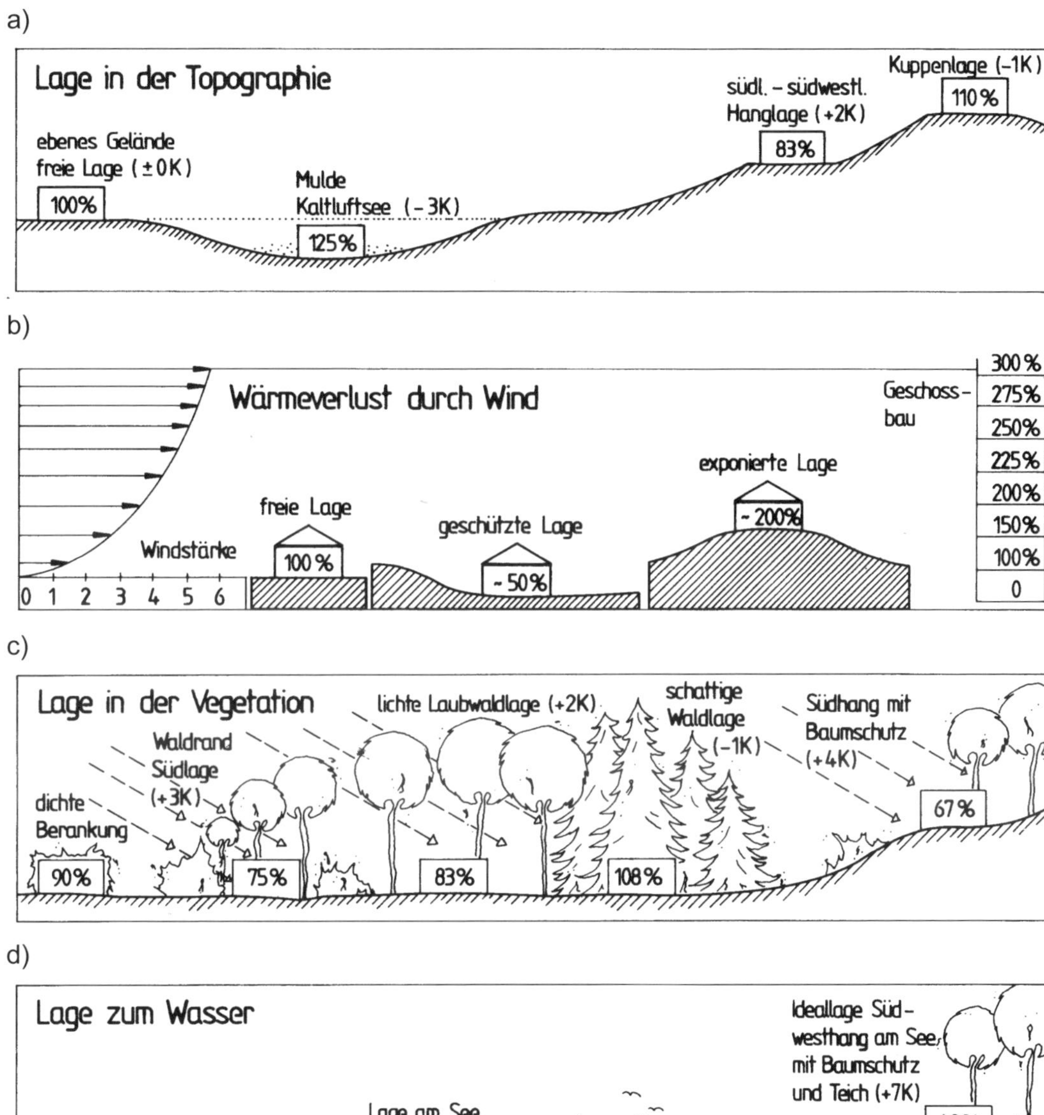

Bild 2.5: Einfluss der Lage eines Gebäudes auf den Heizwärmebedarf (nach [2.18], Dämm-/Luftdichtheitsstandard der ersten Wärmeschutzverordnung [2.5])
a) Einfluss der Lage in der Topografie (ohne Windeinfluss)
b) mögliche Auswirkung des Windeinflusses bei nicht ausreichend luftdichten Gebäuden
c) Einfluss der Lage in der Vegetation
d) klimaausgleichende Wirkung von Wasserflächen

Bild 2.6 zeigt den Einfluss von Gebäudegröße und -gliederung auf den Formfaktor A/V_e: Eine Vergrößerung der wärmeübertragenden Oberfläche A bei gleichbleibendem beheizten Volumen V_e wirkt sich ungünstig auf den Wärmebedarf des Gebäudes aus (Bild 2.6a), ein größeres Gebäude gleicher Form ist günstiger als ein kleineres (Bild 2.6b). Zur genaueren Betrachtung energieoptimierter Gebäudeformen s. [2.17].

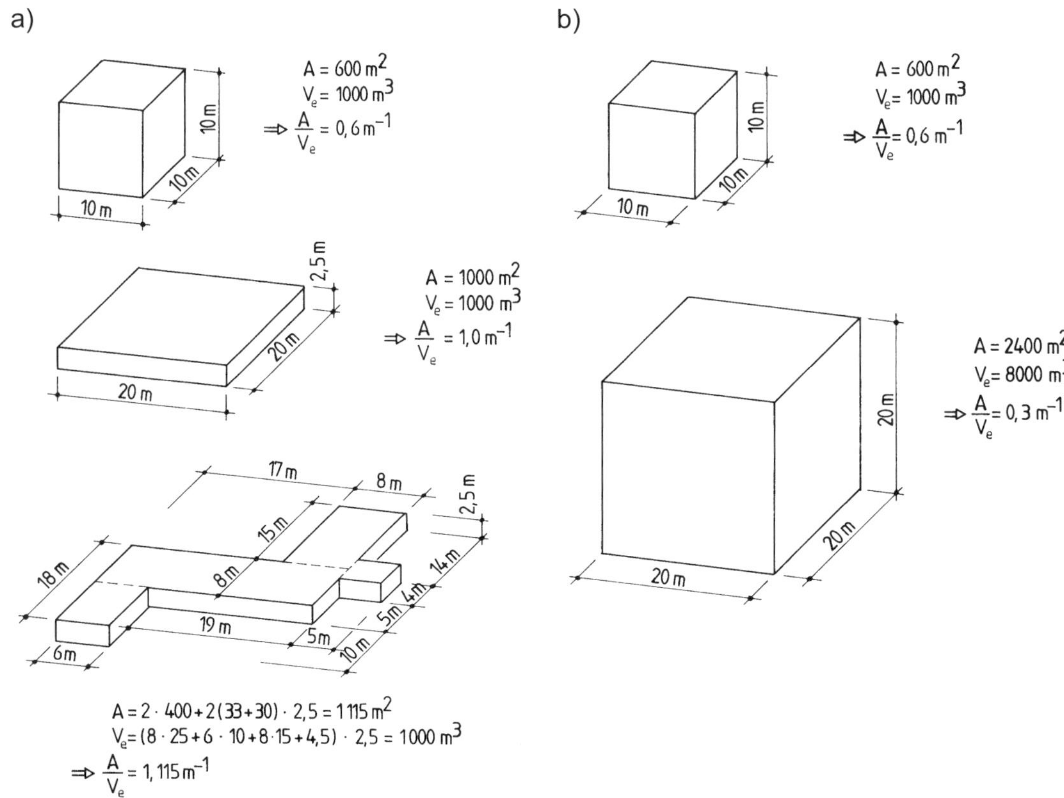

Bild 2.6: Formfaktoren (Oberflächen-Volumen-Verhältnisse) A/V_e für Gebäude:
a) gleiches Volumen, aber verschiedene Gebäudegliederungen
b) verschiedene Volumen, aber gleiche Gebäudegliederung

Darin (jeweils berechnet mit den Außenmaßen)
A = Hüllfläche des beheizten Volumens des Gebäudes
V_e = beheiztes Bruttovolumen des Gebäudes

C Wärmedämmung der raumumschließenden Bauteile

Der Energiebedarf für die Beheizung eines Gebäudes und ein hygienisches Raumklima werden erheblich von der Wärmedämmung der raumumschließenden Bauteile, der Vermeidung von Wärmebrücken, der Luftdichtheit der Umfassungsflächen und der Lüftung beeinflusst.

Zur Wärmedämmung der raumabschließenden Bauteile, der Vermeidung von Wärmebrücken und der Luftdichtheit der äußeren Umfassungsflächen s. Abschnitte 2.5 bis 2.13.

D Pufferräume

Angebaute Pufferräume (wie unbeheizte Glasvorbauten) reduzieren den Heizwärmebedarf der beheizten Kernzone eines Gebäudes, jedoch müssen die trennenden Bauteile die Anforderungen des Mindestwärmeschutzes erfüllen. Auch Trennwände und Trenndecken zu unbeheizten Fluren, Treppenräumen und Kellerabgängen benötigen einen ausreichenden Wärmeschutz. Bild 2.7 zeigt in Grundriss und Schnitt eine günstige Gebäudezonierung, bei der sich um eine warme Kernzone kühlere Räume gruppieren.

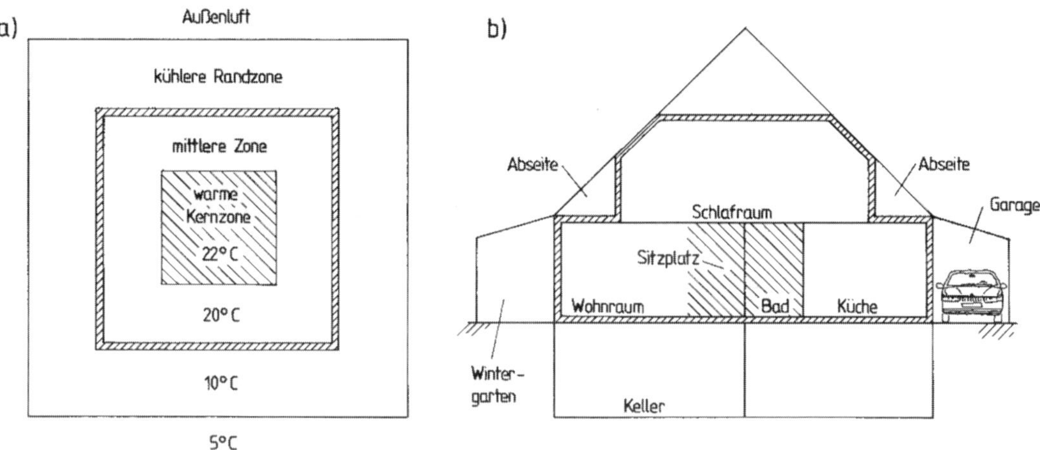

Bild 2.7: Einfluss der Zonierung auf den Heizwärmebedarf von Gebäuden (nach [2.19]):
a) schematischer Gebäudegrundriss mit unterschiedlich warmen Zonen; Pufferräume bilden die kühlere Randzone
b) schematischer Schnitt durch ein Gebäude mit möglichen Nutzungen der bei a) dargestellten Zonen

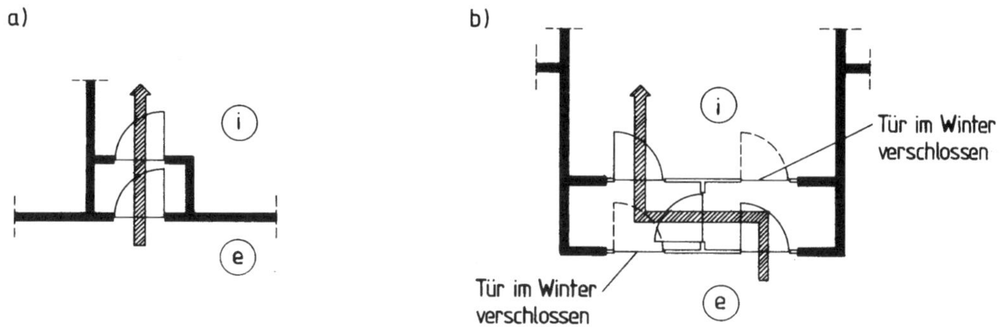

Bild 2.8: Mögliche Ausbildung von Windfängen (Grundrisse; „e“ = außen, „i“ = innen)

E Windfänge

Zur Vermeidung von Wärmeverlusten ist es sinnvoll, vor Gebäudeeingängen Windfänge anzuordnen. Ein Beispiel eines üblichen Windfanges zeigt Bild 2.8a; allerdings ist der dargestellte Windfang zu klein und damit wirkungslos, da hier die erste Tür nicht geschlossen werden kann, bevor die zweite geöffnet wird. Eine dreitürige Variante eines Windfanges ist in Bild 2.8b dargestellt – im Sommer können dabei die Türen so geöffnet werden, dass der Zugang nicht umständlicher als in Bild 2.8a wird.

F Fensterfläche

Eine Vergrößerung der Fensterfläche kann zu einem Ansteigen des Wärmebedarfs führen. Bei nach Süden, auch Südosten oder Südwesten orientierten Fensterflächen können durch Sonneneinstrahlung die Wärmeverluste deutlich vermindert oder sogar Wärmegewinne erzielt werden. Die im Winter günstige Wirkung der Sonneneinstrahlung von Süden, Südosten oder Südwesten veranschaulicht Bild 2.9.

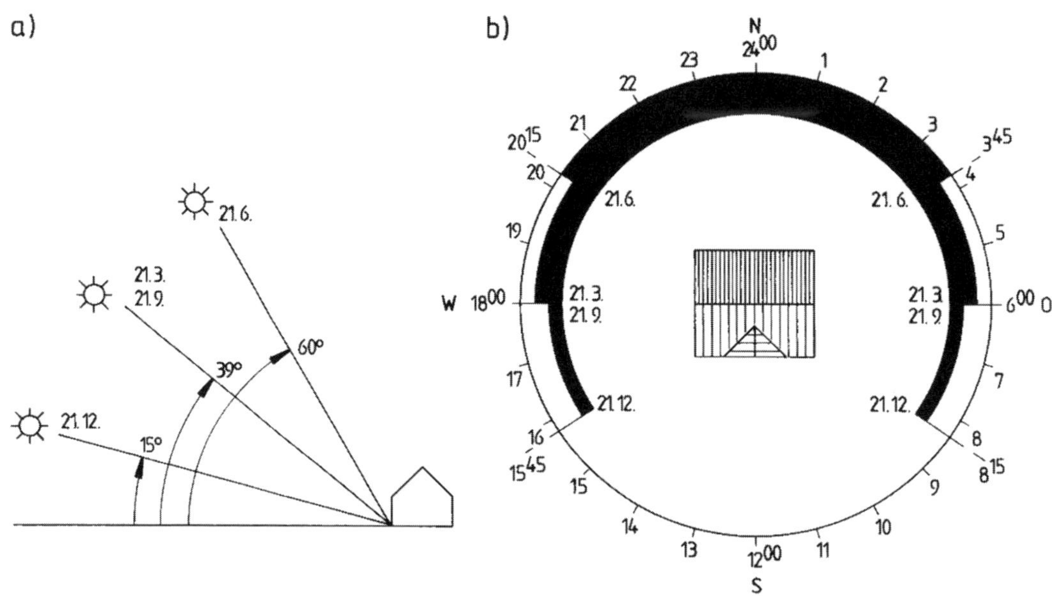

Bild 2.9: Von der Jahreszeit abhängige Sonnenstände in Deutschland (nach [2.19]):

a) höchster Sonnenstand in Abhängigkeit von der Jahreszeit
b) Datum, Uhrzeit und Himmelsrichtung von Sonnenauf- und Sonnenuntergang in Abhängigkeit von der Jahreszeit

G Fensterläden und Rollläden

Geschlossene, möglichst dicht schließende Fensterläden und Rollläden können den Wärmedurchgang durch Fenster vermindern.

H Rohrleitungen und Schornsteine

Rohrleitungen für die Wasserver- und -entsorgung wie auch für die Heizung sowie Schornsteine sollten nicht in Außenwänden liegen. Bei Schornsteinen in Außenwänden ergibt sich die Gefahr einer Versottung, bei Wasser- und Heizleitungen die Gefahr des Einfrierens.

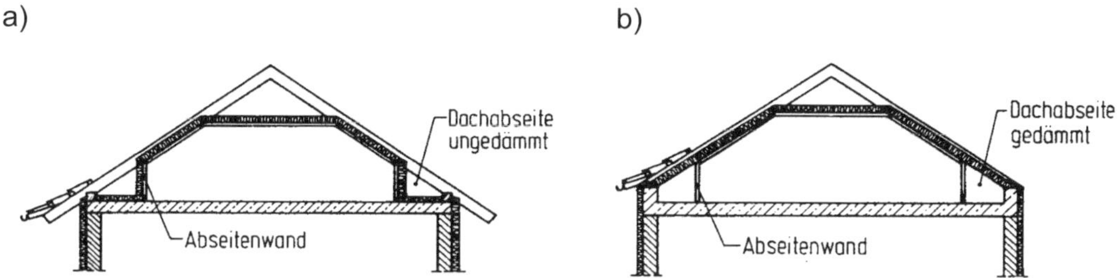

Bild 2.10: Mögliche Ausbildung von Abseiten im ausgebauten Dach:
a) mit außerhalb der Dämmung liegenden Dachabseiten (ungedämmt)
b) mit innerhalb der Dämmung liegenden Dachabseiten (gedämmt)

l Ausgebaute Dachräume

Bei ausgebauten Dachräumen mit Abseitenwänden sollte die Wärmedämmung in der Dachschräge bis zum Fußpunkt hinabgeführt werden. Die ungünstigere Lösung mit ungedämmten Abseiten ist in Bild 2.10a dargestellt, die – trotz Widerspruchs zu Bild 2.7b – energetisch günstigere mit zum Dachfuß hinabgeführter Dämmung in Bild 2.10b.

Die aufgeführten Möglichkeiten zur Beeinflussung des Wärmebedarfs bei der Planung von Gebäuden lassen sich allerdings in der Praxis häufig nicht umsetzen, da z. B.

- wegen der beruflich notwendigen Stadtnähe eine günstige Lage des Gebäudes entsprechend Bild 2.5 ausgeschlossen ist (eine stadtferne Lage als Alternative wäre aber bei langen, mit dem Kfz zurückgelegten Arbeitswegen energetisch nicht sinnvoll),
- eine vorteilhafte Gebäudezonierung entsprechend Bild 2.7 bei bezahlbarer Grundstücksgröße nur eingeschränkt möglich ist oder
- die vorgegebenen Baufluchten eine optimale Südausrichtung des Gebäudes entsprechend Bild 2.9 nicht zulassen.

In den folgenden Abschnitten soll deshalb vor allem die Wärmedämmung der raumumschließenden Bauteile näher betrachtet werden. *Vorab*: Zur Abgrenzung der Fachsprache von der umgangssprachlichen Bezeichnung „Isolierung“ soll Tabelle 2.2 dienen. (Im Widerspruch dazu ist jedoch für einen bestimmten Typ wärmedämmender Verglasungen der Begriff „Isolierglas“ – u. a. in DIN V 4108-4 [2.20], 5.2 – genormt.)

Tabelle 2.2: Abgrenzung von Fach- und Umgangssprache in der Bauphysik

Phänomen	**Bezeichnung der Fachsprache**
Wärmedurchgang	wird gedämmt („Wärmedämmung“)
Feuchtedurchgang (Dampf)	wird gesperrt („Dampfsperre“) oder gebremst („Dampfbremse“)
Wasserdurchgang (flüssig)	wird abgedichtet („Abdichtung“)
Schalldurchgang	wird gedämmt („Schalldämmung“)
(*nur*) elektrischer Strom	wird isoliert („Schutzisolierung“ von Geräten)
Bereich mit erhöhtem Wärmedurchgang in einem Bauteil	Wärmebrücke (*nie* „Kältebrücke“, physikalisch gibt es nur Wärme, keine Kälte!)

2.4 Wärmeleitfähigkeit und Wärmedämmstoffe

Grundlage für die wärmeschutztechnische Einstufung von Baustoffen ist ihre Wärmeleitfähigkeit λ (Bild 2.11): „Die Wärmeleitfähigkeit λ ist der Wärmestrom Φ, der durch 1 m² einer 1 m dicken Schicht eines Stoffes fließt, wenn der Temperaturunterschied zwischen den beiden Oberflächen dieser Schicht 1 K beträgt“ [2.22]:

$$\lambda = \frac{\Phi \cdot d}{A \cdot \Delta\theta} \tag{2.1}$$

Φ	gemessener Wärmestrom in W
d	Schichtdicke des zu prüfenden Baustoffs in m
A	Prüffläche in m²
$\Delta\theta$	konstante Temperaturdifferenz in K

Je kleiner die Wärmeleitfähigkeit λ in W/(m · K) eines Baustoffs ist, desto besser ist die Wärmedämmfähigkeit dieses Baustoffs.

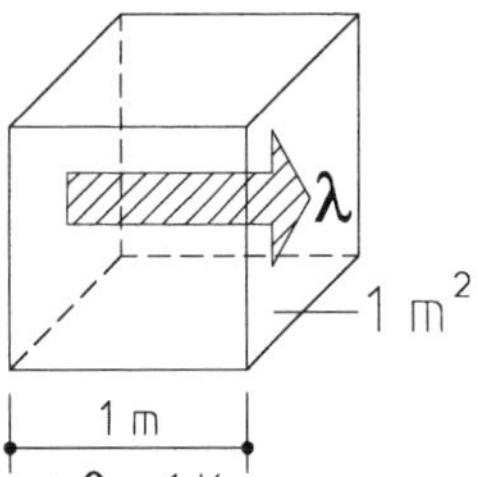

Bild 2.11: Definition der Wärmeleitfähigkeit λ für ein Bauteil von d = 1 m Dicke, A = 1 m² Fläche bei $\Delta\theta$ = 1 K Temperaturdifferenz (nach [2.23])

Gemessen wird die Wärmeleitfähigkeit λ nach EN 12664 [2.24], EN 12667 [2.25] bzw. EN 12939 [2.26] mit dem sog. *Plattengerät.* Anhand dieser an trockenen Baustoffen ermittelten Messwerte der Wärmeleitfähigkeit werden für die Anwendung im Bauwesen mithilfe von EN ISO 10456 [2.27] *Bemessungswerte* der Wärmeleitfähigkeit λ_B bestimmt. Diese sind für genormte Bauprodukte zu finden i. d. R. in DIN 4108-4 [2.20], Tabelle 1, welche aber für einige bereits vor 2000 europäisch genormte Bauprodukte auf die o.g. EN ISO 10456 verweist. Für nicht genormte Bauprodukte finden sich Bemessungswerte der Wärmeleitfähigkeit in Allgemeinen bauaufsichtlichen Zulassungen (AbZ) oder *European Technical Approvals* (ETA).

Einen Sonderfall stellen die Wärmedämmstoffe entsprechend den europäischen Bauproduktnormen EN 13162 bis EN 13171 [2.28], [2.29], [2.30], [2.31], [2.32], [2.33], [2.34], [2.35], [2.36], [2.37] dar:

- Zum einen enthalten diese europäischen Normen keine anwendungsbezogenen Anforderungen an die Wärmedämmstoffe mehr (wie sie früher durch die Anwendungstypen W, WD, WV ... beschrieben wurden); diese sind deshalb national in DIN 4108-10

[2.38] neu geregelt (DAA, DAD, DEO … für Dächer/Decken; WAA, WAB, WAP … für Wände; PB, PW für Perimeterdämmungen).

- Zum anderen sind die dort genannten, vom Hersteller deklarierten *Nenn*werte der Wärmeleitfähigkeit λ_D (Bild 2.12) für Wärmeschutznachweise nicht direkt verwendbar; die dafür anzusetzenden *Bemessungs*werte der Wärmeleitfähigkeit λ_B sind in DIN 4108-4:2017-03 [2.20], Tabelle 2, zusammengestellt – die Bemessungswerte sind darin in Abhängigkeit vom Dämmstoff zu $\lambda_B = 1{,}03 \cdot \lambda_D$ bis $\lambda_B = 1{,}23 \cdot \lambda_D$ berechnet (dabei gilt ein Mindestzuschlag von 0,001 bis 0,003 W/(m · K) je nach Dämmstoff).

  Hinweis: Weder DIN 4108-2:2013-02 noch EN ISO 6946:2008-04 kennen den Index „B" für den Bemessungswert, daher wird im Folgenden λ statt λ_B für den Bemessungswert der Wärmeleitfähigkeit verwendet!

Bild 2.12: Beispiel einer Dämmstoff-Kennzeichnung mit u. a. dem vom Hersteller deklarierten *Nenn*wert der Wärmeleitfähigkeit λ_D (nach [2.39]) – der *Bemessungswert* λ_B darf nach EU-Recht nicht mehr genannt werden (häufig aber im Markennamen des Dämmstoffs zu finden, z. B. λ_B = 0,032 W/(m · K) in „isover Integra ZKF 1-032")

Steildachdämmplatte nach DIN EN 13162
aus Mineralwolle mit Unterdeckbahn beschichtet
Inhalt
10 Platten Nenndicke: 100 mm
Abmessungen: 1000 mm x 500 mm

CE
Nennwert des Wärmedurchlasswiderstandes:
2,90 m²·K
λ_D = 0,034 W/(m·K)
Brandklasse nach EN 13501:E
DIN EN 13162 : T4-CS(10\Y)20

Tabelle 2.3: Größenordnung der Bemessungswerte der Wärmeleitfähigkeit λ für einige in Deutschland angebotene Dämmstoffe (als Wärmeleitfähigkeitsstufen)

Bemessungswert der Wärmeleitfähigkeit λ in W/(m · K)	**0,025**	**0,030**	**0,035**	**0,040**	**0,045**	**0,050**	**0,055**	**0,090**
Mineralwolle MW			●	●	●	●		
expandierter Polystyrol-Hartschaum EPS			●	●				
extrudierter Polystyrol-Hartschaum XPS			●	●				
Polyurethan/Polyisocyanurat-Hartschaum PUR/PIR	●	●	●					
Phenolharz-Hartschaum PF	●							
Schaumglas CG				●	●	●	●	
Holzwolle-Platten WW								●
expandierter Kork ICB					●	●	●	
Holzfaserdämmstoff WF				●	●	●	●	
Zellulosefaserdämmstoff				●	●			

Praktisch werden von deutschen Dämmstoffanbietern nicht alle in DIN 4108-4 [2.20], Tabelle 2, aufgeführten Bemessungswerte der Wärmeleitfähigkeit angeboten, sondern häufig nur bestimmte Wärmeleitfähigkeits*stufen* (Tabelle 2.3) – früher Wärmeleitfähigkeits*gruppen* genannt. *Ausnahmen*: Hochwertige Mineralwolle sowie auch *neopor*® als Weiterentwicklung des EPS werden heute mit dem Bemessungswert $\lambda \approx 0{,}032$ W/(m · K) angeboten, Polyisocyanurat (PIR) mit dem Bemessungswert $\lambda \approx 0{,}023$ W/(m · K).

Künftig zunehmen wird die Verwendung von Vakuumdämmung in Form von vorgefertigten Vakuum-Isolationspaneelen (VIP), i. d. R. bestehend aus Aerogelen aus pyrogener Kieselsäure, ummantelt mit metallisierten Barrierefolien, deren Wärmeleitfähigkeit bei $\lambda = 0{,}002$ bis 0,008 W/(m · K) liegt [2.41] – einige Allgemeine bauaufsichtliche Zulassungen (AbZ) hierfür liegen vor.

2.5 Berechnungsgrundlagen des baulichen Wärmeschutzes

2.5.1 Überblick

Unterschiedliche Temperaturen auf beiden Seiten eines Bauteils führen zu einem Wärmestrom in Richtung des Temperaturgefälles. Dabei treten drei Wärmetransportvorgänge auf, nämlich Wärmeleitung, Konvektion und Strahlung (Bild 2.13). Alle drei müssen bei der Betrachtung des baulichen Wärmeschutzes berücksichtigt werden.

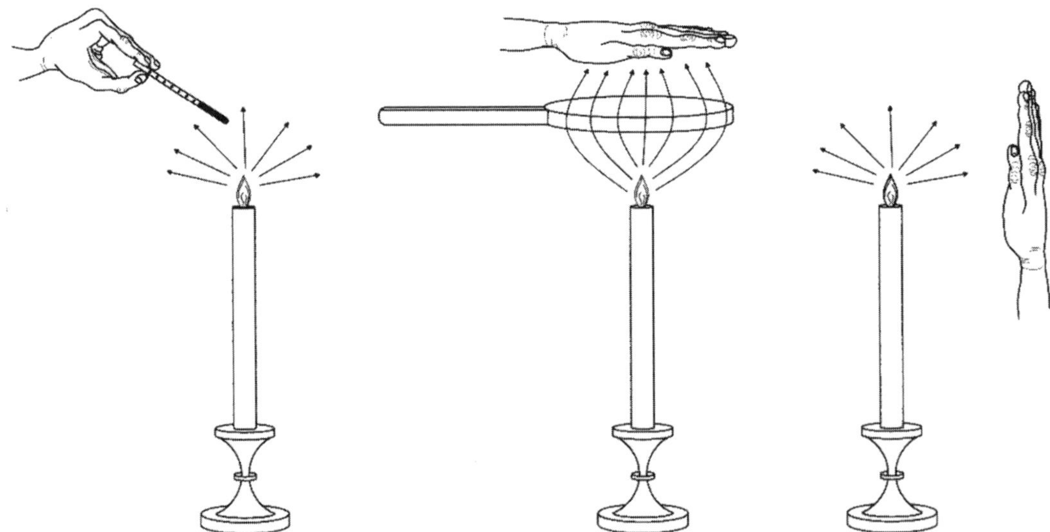

Bild 2.13: Wärmetransport durch Wärmeleitung, Konvektion und Strahlung (von links nach rechts)

Vor Darstellung der erforderlichen Nachweise des baulichen Wärmeschutzes werden in den folgenden Unterabschnitten die notwendigen Berechnungsansätze vorgestellt. Die verwendeten Gleichungen werden u. a. in [2.42] beschrieben; genauere physikalische Herleitungen finden sich z. B. in [2.43].

Die dabei verwendeten wärmeschutztechnischen Größen werden entsprechend der europäischen Normung bezeichnet [2.44], [2.45] (s. Abschnitt „Symbole, Einheiten und Indizes").

2.5.2 *Fourier*sches Gesetz der Wärmeleitung

Der Wärmetransport erfolgt in Festkörpern, ruhenden Flüssigkeiten und unbewegten Gasen durch sich gegenseitig anstoßende Moleküle, die sog. Wärmeleitung (vgl. Bild 2.13 links). Dieser Wärmetransport wird durch das *Fourier*sche Gesetz der Wärmeleitung beschrieben, hier in dreidimensionaler Koordinatenschreibweise mit partiellen Ableitungen [2.43], [2.46] für die Wärmestromdichte q in W/m² zu

$$q_x = -\lambda \cdot \frac{\partial T}{\partial x}, \quad q_y = -\lambda \cdot \frac{\partial T}{\partial y}, \quad q_z = -\lambda \cdot \frac{\partial T}{\partial z} \tag{2.2}$$

λ Wärmeleitfähigkeit in W/(m · K)
T absolute Temperatur in K (= θ in °C + 273 K)

In dieser dreidimensionalen Form ist diese Gleichung im Allgemeinen nicht geschlossen lösbar (jedoch näherungsweise mit Finite-Differenzen- oder Finite-Elemente-Verfahren durch EDV-Wärmebrückenprogramme, s. Abschnitt 2.8.2 und Abschnitt 5.5.3), sodass für übliche Wärmeschutznachweise folgende Vereinfachungen eingeführt werden:

- ebene Bauteile mit homogenen, parallelen Baustoffschichten,
- Wärmestrom senkrecht zu dieser Bauteilebene,
- stationärer Wärmedurchgang, d. h. keine Temperaturänderungen im Laufe der Zeit und damit keine Speichervorgänge, sowie
- keine Wärmequelle oder -senke im Bauteil (keine Flächenheizung!).

So vereinfacht nennt man den Vorgang *eindimensionale stationäre Wärmeleitung ohne Wärmequellen oder -senken*; dieser Ansatz liegt dem Berechnungsverfahren nach EN ISO 6946 [2.45] zugrunde.

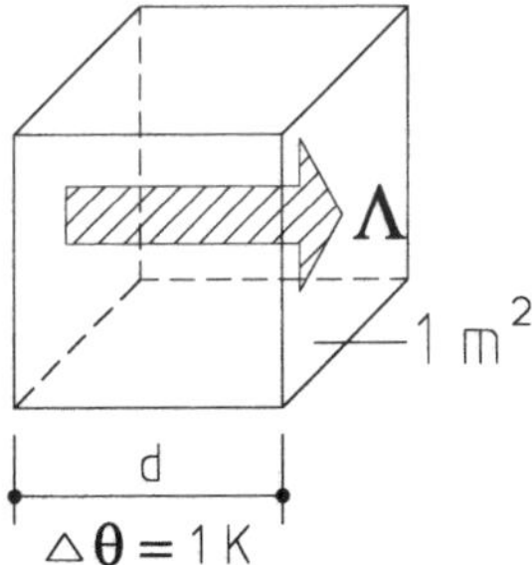

Bild 2.14: Definition des Wärmedurchlasskoeffizienten Λ für ein Bauteil von d = 1 m Dicke, A = 1 m² Fläche bei $\Delta\theta$ = 1 K Temperaturdifferenz (nach [2.23])

2.5.3 Stationäre Wärmeleitung in einem ebenen Bauteil

Mit den in Abschnitt 2.5.2 genannten Vereinfachungen wird das *Fourier*sche Gesetz (Gl. (2.2)) für die Wärme*menge* Q in J = Ws bzw. kWh zu

$$Q = \Lambda \cdot A \cdot (\theta_{si} - \theta_{se}) \cdot t \tag{2.3}$$

Λ Wärmedurchlasskoeffizient in W/(m² · K) als die Wärmemenge, die durch ein Bauteil der Dicke d und der Fläche A = 1 m² bei $\Delta\theta = \theta_{si} - \theta_{se}$ = 1 K (Bild 2.14) in der Zeit t = 1 s hindurchfließt (zur Berechnung s. u. Abschnitt 2.5.5)
A Bauteilfläche in m²
θ Temperatur in °C
t Zeit in s bzw. h
Indizes
$_s$ Oberfläche (engl. *surface*)
$_{i,e}$ innen (engl. *internal*), außen (engl. *external*)

Da die Länge der Heizperiode klimabedingt festliegt, ist beim Vergleich verschiedener Gebäude die Zeit nicht von Interesse, es kann daher der Wärme*strom* Φ in W/(m · K) betrachtet werden:

$$\Phi = \frac{Q}{t} = \Lambda \cdot A \cdot (\theta_{si} - \theta_{se}) \tag{2.4}$$

Ferner ist beim Vergleich verschiedener Bauteilvarianten an einem feststehenden Gebäude(-entwurf) die Bauteilfläche nicht interessant, sodass die flächenbezogene Wärmestrom*dichte* q in W/m² betrachtet wird:

$$q = \frac{\Phi}{A} = \Lambda \cdot (\theta_{si} - \theta_{se}) \tag{2.5}$$

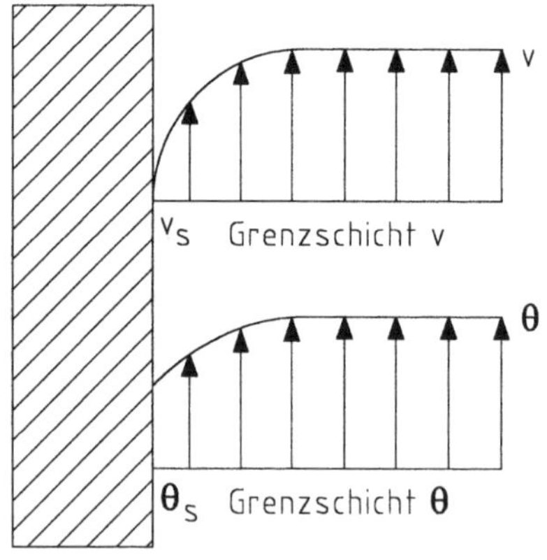

Bild 2.15: An Wandoberflächen bilden sich Grenzschichten der Luftgeschwindigkeit v (Konvektion, oben) und daraus resultierend auch der Lufttemperatur θ (unten) aus (nach [2.23])

2.5.4 Stationärer Wärmeübergang Luft/Bauteil

A Wärmeübergang durch Konvektion

Als Konvektion bezeichnet man die strömungsbedingte Molekülbewegung in Flüssigkeiten oder Gasen; durch Konvektion (hier nur Luftströmung) findet ein gewisser Temperaturausgleich durch die Wärmeabgabe der in kälterer Umgebung bewegten Luftmoleküle statt (vgl. Bild 2.13 Mitte). Aufgrund der Wandreibung vor Bauteiloberflächen und dadurch herabgesetzte Konvektion v_s (Bild 2.15 oben) geschieht dieser Wärmetransport dort nur in verminderter Form; dadurch ergibt sich an Bauteiloberflächen eine Temperaturdifferenz (Bild 2.15 unten)

- einerseits zwischen *innerer* Bauteiloberfläche θ_{si} und durch Konvektion annähernd temperaturausgeglichener Raumluft θ_i sowie
- andererseits zwischen *äußerer* Bauteiloberfläche θ_{se} und durch Konvektion annähernd temperaturausgeglichener Außenluft θ_e,

die zu folgenden Gleichungen für die Wärmestromdichte in W/m² führen:

$$q_{c,i} = h_{s,c,i} \cdot (\theta_i - \theta_{si}) \qquad (2.6)$$

$$q_{c,e} = h_{s,c,e} \cdot (\theta_{se} - \theta_e) \qquad (2.7)$$

$h_{s,c,\,i/e}$ Wärmeübergangskoeffizient der Konvektion (engl. *convection*) in W/(m² · K) als die Wärmemenge, die durch eine Grenzschicht an einer Bauteiloberfläche (innen oder außen) von $A = 1$ m² bei $\Delta\theta = \theta - \theta_s = 1$ K (Bild 2.16a) in der Zeit $t = 1$ s hindurchfließt

Zur Bestimmung von $h_{s,c}$ (früher α_k) s. EN ISO 6946 [2.45], Anhang A, bzw. [2.46], [2.47]; $h_{s,c}$ ist neben der Temperatur, der Strömungsgeschwindigkeit v (Bild 2.16b), der Oberflächenbeschaffenheit und den geometrischen Verhältnissen von der Art der Konvektion (frei, erzwungen) und dem Konvektionsmedium (Luft, Wasser) abhängig.

B Wärmeübergang durch Strahlung

Jeder Körper emittiert elektromagnetische Strahlung, deren Energie von seiner Temperatur und Oberflächenbeschaffenheit abhängt [2.41]. Zwischen zwei unterschiedlich warmen Körpern findet dadurch ein Energietransport vom Wärmeren zum Kälteren statt (vgl. Bild 2.13 rechts), an dem die dazwischenliegende Luft nur geringfügig beteiligt ist; dadurch ergibt sich ebenfalls eine Temperaturdifferenz zwischen innerer Bauteiloberfläche und Raumluft einerseits und zwischen äußerer Bauteiloberfläche und Außenluft andererseits, die zu folgenden Gleichungen für die Wärmestromdichte in W/m² führen:

$$q_{r,i} = h_{s,r,i} \cdot (\theta_i - \theta_{si}) \qquad (2.8)$$

$$q_{r,e} = h_{s,r,e} \cdot (\theta_{se} - \theta_e) \qquad (2.9)$$

$h_{s,r,\,i/e}$ Wärmeübergangskoeffizient der Strahlung (engl. *radiation*) auf der Innen- bzw. Außenseite des Bauteils in W/(m^2 · K)

Zur Bestimmung von $h_{s,r}$ (früher α_s) s. EN ISO 6946 [2.45], Anhang A, bzw. [2.41], [2.47]; $h_{s,r}$ ist von der Oberflächenart (metallisch, nicht metallisch) und den beiden Oberflächentemperaturen abhängig.

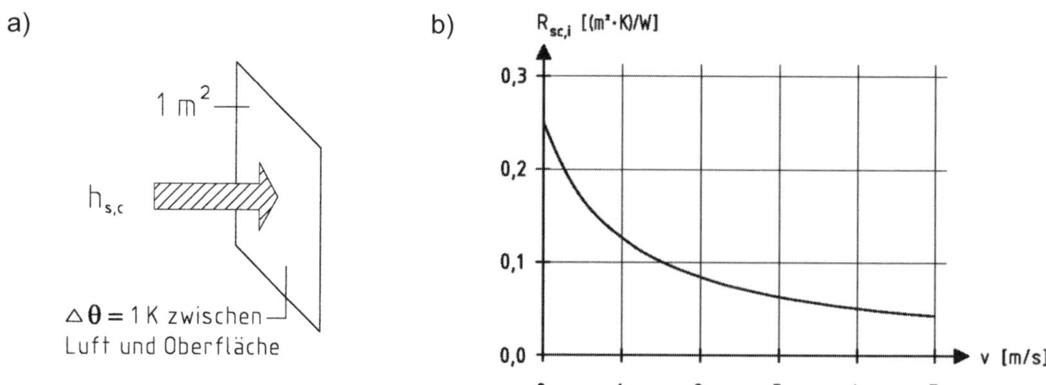

Bild 2.16: Wärmeübergang der Konvektion

a) Definition des Wärmeübergangskoeffizienten der Konvektion $h_{s,c}$ für eine Bauteiloberfläche von A = 1 m² Fläche bei $\Delta\theta$ = 1 K Temperaturdifferenz zwischen Luft und Oberfläche (nach [2.23])

b) Wärmeübergangswiderstand der Konvektion $R_{sc,i} = 1/h_{s,ci}$ in Abhängigkeit von der Strömungsgeschwindigkeit v an der Oberfläche (nach [2.48])

C Zusammengefasster Wärmeübergang

Für Wärmeschutznachweise werden die Wärmeübergangskoeffizienten der Konvektion und der Strahlung gemäß EN ISO 7345 [2.44] vereinfacht zusammengefasst, da zu viele der genannten Parameter nicht genau, sondern nur der Größenordnung nach bekannt sind; daraus ergeben sich folgende Gleichungen für die Wärmestromdichte in W/m²:

$$q_i = h_{s,i} \cdot (\theta_i - \theta_{si}) \tag{2.10}$$

$$q_e = h_{s,e} \cdot (\theta_{se} - \theta_e) \tag{2.11}$$

$h_{s,i/e}$ $\quad h_{s,c,i/e} + h_{s,r,i/e}$ (2.12)

Wärmeübergangs*koeffizient* in W/(m^2 · K)

bzw.

$R_{s,i/e}$ $\quad 1/h_{s,i/e}$ (2.13)

Wärmeübergangs*widerstand* in m^2 · K/W, vertafelt in Tabelle 2.4 (wegen Windeinflusses außen im Allgemeinen niedriger als innen, vgl. Bild 2.16b; zu *stark belüfteten Luftschichten* s. Abschnitt 2.5.6)

Tabelle 2.4: Wärmeübergangswiderstände R_{si}, R_{se}

		Richtung des Wärmestromes		
		aufwärts	horizontal [1])	abwärts
R_{si} in $m^2 \cdot K/W$	(bei Innenbauteilen beidseitig)	0,10	0,13	0,17
R_{se} in $m^2 \cdot K/W$	allgemein	0,04	0,04	0,04
	bei stark belüfteten Luftschichten	0,10	0,13	0,17

[1]) Werte für *horizontal* gelten für Richtungen des Wärmestromes von ± 30° zur horizontalen Ebene.

Anmerkung: Für die Angabe des Wärmedurchgangskoeffizienten von Bauteilen, in denen von der Richtung *un*abhängige Werte gefordert werden, wird empfohlen, die Werte für *horizontalen* Wärmestrom zu verwenden.

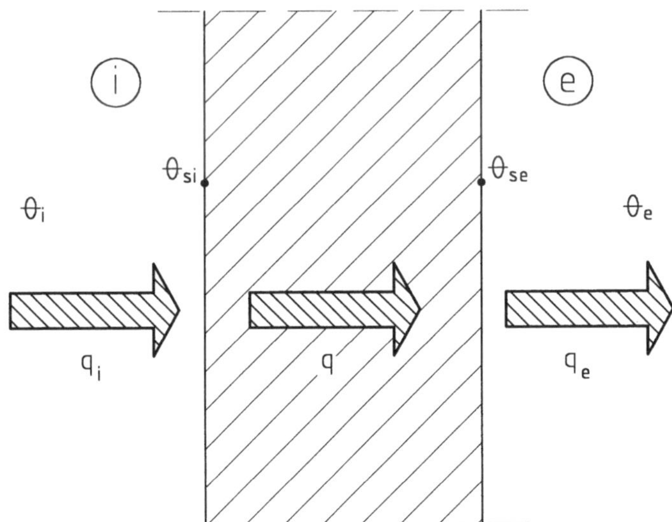

Bild 2.17: Schematische Darstellung der Wärmestromdichten *q* durch ein ebenes Bauteil ohne Wärmequellen (nach [2.42]):
links: Wärmeübergang von der Raumluft zur raumseitigen Bauteiloberfläche
mittig: Wärmedurchgang durch das Bauteil
rechts: Wärmeübergang von der außenseitigen Bauteiloberfläche zur Außenluft

2.5.5 Stationärer Wärmestrom

Der eindimensionale, stationäre Wärmestrom durch ein Bauteil ohne Wärmequelle ist in Bild 2.17 (in der Schreibweise der Wärmestrom*dichte q*) schematisch dargestellt. Da der Wärmestrom stationär sein soll, d. h., weder Wärme im Bauteil gespeichert noch dem Bauteil entzogen werden soll, müssen die drei in Bild 2.17 dargestellten Wärmestromdichten q_i, q und q_e in W/m² gleich sein:

$$q_i \equiv q \equiv q_e \tag{2.14}$$

Daraus ergibt sich mit Gl. (2.5), Gl. (2.10) und Gl. (2.11) folgendes Gleichungssystem:

$$q_i \equiv q = h_{s\,i} \cdot (\theta_i - \theta_{si}) \tag{2.15a}$$

$$q = \Lambda \cdot (\theta_{si} - \theta_{se}) \tag{2.15b}$$

$$q_e \equiv q = h_{s,e} \cdot (\theta_{se} - \theta_e) \tag{2.15c}$$

Darin unbekannt sind die Wärmestromdichte q, die innere Bauteiloberflächentemperatur θ_{si} und die äußere Bauteiloberflächentemperatur θ_{se}. Drei Gleichungen mit drei Unbekannten sind mathematisch lösbar; durch Einsetzen der nach den Oberflächentemperaturen θ_{si} bzw. θ_{se} aufgelösten Gl. (2.15a) und Gl. (2.15c) in Gl. (2.15b) ergibt sich

$$q = \left(\frac{1}{\frac{1}{h_{si}} + \frac{1}{\Lambda} + \frac{1}{h_{se}}} \right) \cdot (\theta_i - \theta_e) \tag{2.16}$$

Mit Berücksichtigung von Gl. (2.13) wird daraus

$$q = \left(\frac{1}{R_{si} + R + R_{se}} \right) \cdot (\theta_i - \theta_e) \tag{2.17}$$

$R = 1/\Lambda$ Wärmedurchlasswiderstand in m² · K/W

Die in Gl. (2.17) eingeklammerte Konstante wird dabei zur Vereinfachung als Wärmedurchgangskoeffizient U oder kurz als U-Wert (engl. *U-value*) in W/(m² · K) bezeichnet, sodass man schreiben kann:

$$q = U \cdot (\theta_i - \theta_e) \tag{2.18}$$

Da die Temperaturen innen durch die erforderliche Behaglichkeit der Nutzer (vgl. Bild 2.2) und außen durch unser Klima vorgegeben sind, kann nur durch Veränderung des

U-Wertes die Wärmestromdichte eines Bauteils – und in der Summe aller Bauteile damit der Transmissionswärmestrom des Gesamtgebäudes – verändert werden. Und da die Wärmeübergangswiderstände festliegen (vgl. Tabelle 2.4), lässt sich entsprechend Gl. (2.17) nur durch einen steigenden Wärmedurchlasswiderstand $R = 1/\Lambda$ die Wärmedämmung eines Bauteils verbessern.

2.5.6 Wärmedurchlasswiderstand *R* nichttransparenter, beidseitig luftberührter Bauteile

Der in Gl. (2.17) unbekannte Wärmedurchlasswiderstand R in m² · K/W errechnet sich für Bauteile aus $j = 1, 2, ..., n$ homogenen Bauteilschichten oder ruhenden bzw. schwach belüfteten Luftschichten zu

$$R = \sum_{j=1}^{n} R_j = R_1 + R_2 + ... + R_n \tag{2.19}$$

R_j Wärmedurchlasswiderstand der homogenen Bauteilschicht oder ruhenden (bzw. schwach belüfteten) Luftschicht j in m² · K/W

Darin berechnen sich die einzelnen Wärmedurchlasswiderstände R_j folgendermaßen:

A Bemessungswert des Wärmedurchlasswiderstandes R_j homogener Bauteilschichten

Für homogene Bauteilschichten $j = 1, 2, ..., n$ nichttransparenter, beidseitig luftberührter Bauteile errechnet sich der Bemessungswert des Wärmedurchlasswiderstandes R_j in m² · K/W nach EN ISO 6946 [2.45], 5.1, wie folgt:

$$R_j = \frac{d_j}{\lambda_j} \tag{2.20}$$

d_j Schichtdicke in m der Bauteilschicht j

λ_j Bemessungswert der Wärmeleitfähigkeit in W/(m · K) der Bauteilschicht j meist nach DIN 4108-4 [2.20], Tabelle 1 bzw. für Wärmedämmstoffe nach Tabelle 2, ggf. für einige europäisch genormte Baustoffe nach EN ISO 10456 [2.27], Tabelle 3 (vgl. Abschnitt 2.4)

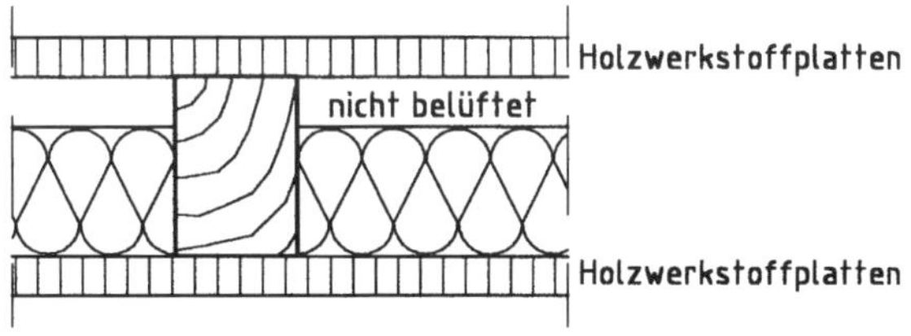

Bild 2.18: Ruhende Luftschicht (= nicht belüfteter Hohlraum) im Gefach eines Wandelementes des Holzrahmen-/Holztafelbaus

B Bemessungswert des Wärmedurchlasswiderstandes von Luftschichten

Im Gegensatz zu festen Baustoffen ist der Wärmedurchlasswiderstand von Luftschichten von der Konvektion im Luftraum abhängig. Für Luftschichten mit ≤ 0,30 m Dicke (dickere gelten als unbeheizte Räume, s. u.), die von parallelen Flächen mit einem Strahlungsemissionsgrad $\varepsilon \geq 0,8$ begrenzt werden, unterscheidet EN ISO 6946 folgende drei Fälle:

- *Ruhende* Luftschichten: Ruhende, d. h. *nicht* mit der Raum- oder Außenluft verbundene Luftschichten (Bild 2.18), zeigen aufgrund zunehmender Konvektion im Luftraum nicht linear mit der Dicke ansteigende Wärmedurchlasswiderstände (Bild 2.19); für solche Schichten sind Bemessungswerte vertafelt in Tabelle 2.5 (bzw. in EN ISO 6946 [2.45], Tabelle 2). Eine durch *kleine* Öffnungen von
  - ≤ 500 mm² *je* m *Länge* für *vertikale* Luftschichten oder
  - ≤ 500 mm² *je* m² *Oberfläche* für *horizontale* Luftschichten

  mit der Außenumgebung verbundene Luftschicht darf dabei als ruhend betrachtet werden. Reine Entwässerungsöffnungen in Form offener Stoßfugen in der Außenschale von zweischaligem Mauerwerk *mit Kerndämmung* werden nicht als Lüftungsöffnungen angesehen, da in diesem Fall keine oberen Entlüftungsöffnungen vorhanden sind und somit kein Luftstrom möglich ist [2.49].

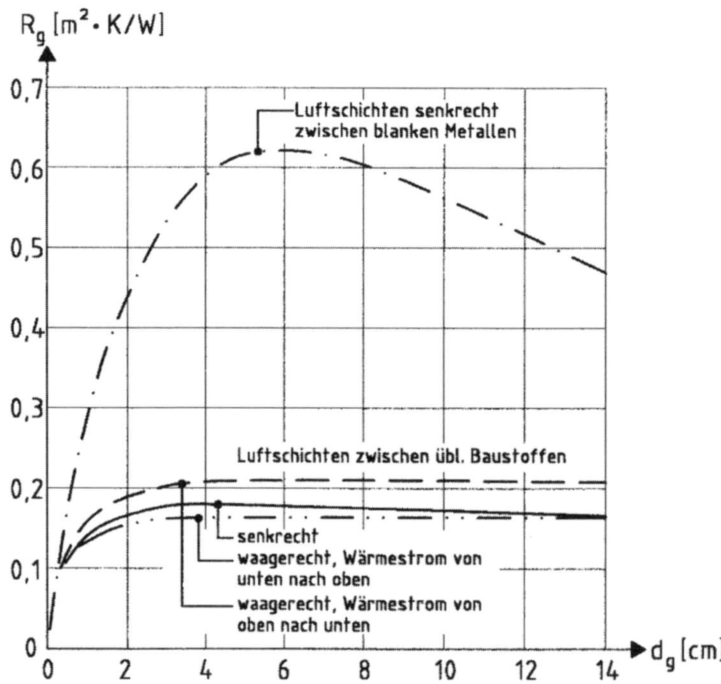

Bild 2.19: Wärmedurchlasswiderstand R_g von ruhenden Luftschichten der Dicke d_g (nach [2.50])

- *Schwach belüftete* Luftschichten: Luftschichten, die mit der Außenluft durch Öffnungen
  - > 500 mm² bis ≤ 1500 mm² *je* m *Länge* für *vertikale* Luftschichten oder
  - > 500 mm² bis ≤ 1500 mm² *je* m² *Oberfläche* für *horizontale* Luftschichten

verbunden sind, gelten als schwach belüftet. Der Bemessungswert solcher Schichten ergibt sich nach EN ISO 6946 [2.45], 5.3.3, durch Mittelung der Wärmedurchlasswiderstände für ruhende und stark belüftete Luftschichten.

Tabelle 2.5: Wärmedurchlasswiderstand R_g in $m^2 \cdot K/W$ von ruhenden Luftschichten bei Oberflächen mit hohem Emissionsgrad (Zwischenwerte sind linear zu interpolieren)

R_g in $m^2 \cdot K/W$		Dicke der Luftschicht in mm								
		0	**5**	**7**	**10**	**15**	**25**	**50**	**100**	**300**
Richtung d. Wärmestroms	aufwärts	0,00	0,11	0,13	0,15	0,16	0,16	0,16	0,16	0,16
	horizontal [1])	0,00	0,11	0,13	0,15	0,17	0,18	0,18	0,18	0,18
	abwärts	0,00	0,11	0,13	0,15	0,17	0,19	0,21	0,22	0,23

[1]) Werte für *horizontal* gelten für Richtungen des Wärmestromes von ± 30° zur horizontalen Ebene.

- *Stark belüftete* Luftschichten: Luftschichten, die mit der Außenluft durch Öffnungen
  - > 1500 mm^2 *je* m *Länge* für *vertikale* Luftschichten oder
  - > 1500 mm^2 *je* m^2 *Oberfläche* für *horizontale* Luftschichten

  verbunden sind, gelten als stark belüftet (Bild 2.20). Solche nicht ruhenden Luftschichten stellen keine Bauteilschichten, sondern einen Teil der Außenluft dar; sie werden nach EN ISO 6946 [2.45], 5.3.4, erfasst durch:
  - Vernachlässigung aller Bauteilschichten zwischen der Luftschicht und der Außenluft sowie
  - erhöhte Wärmeübergangswiderstände $R_{se} \equiv R_{si}$ (vgl. Tabelle 2.4).

Entsprechend obiger Definition sind Luftschichten von zweischaligem Mauerwerk *mit Luftschicht* nach Bild 2.20c mit gemäß früherer DIN 1053-1 [2.53] vorgeschriebenen (und weiterhin üblichen) Öffnungen von oben und unten jeweils ≥ 7500 mm^2 auf 20 m^2 Wandfläche nach EN ISO 6946 [2.45] als *stark belüftet* anzunehmen; d. h., Luftschicht und Außenschale dürfen bei Wärmeschutznachweisen nicht angesetzt werden [2.49]. Zweischaliges Mauerwerk *mit Kerndämmung* (s. Bild 3.8b in Abschnitt 3.3), bei dem eine Belüftung des Fingerspalts verhindert wird (durch obere Abdeckung des Fingerspalts oder die Verwendung von Mineralwolle-Dämmstoff, der „aufgeht" und dadurch mit der Zeit den Fingerspalt füllt), ist dagegen in diesem Sinne *nicht belüftet*, d. h., Luftschicht und Außenschale dürfen angesetzt werden.

2.5.7 Wärmedurchlasswiderstand R_u unbeheizter Räume

Der Wärmestrom von innen nach außen geht in diesem Fall
- nicht nur durch das Bauteil der wärmeübertragenden Gebäudehülle,
- sondern auch durch den angrenzenden unbeheizten Raum (bestehend aus mehr oder weniger ruhender Luft) und die diesen unbeheizten Raum nach außen abschließende Konstruktion.

Zu unterscheiden sind dabei die folgenden Fälle:

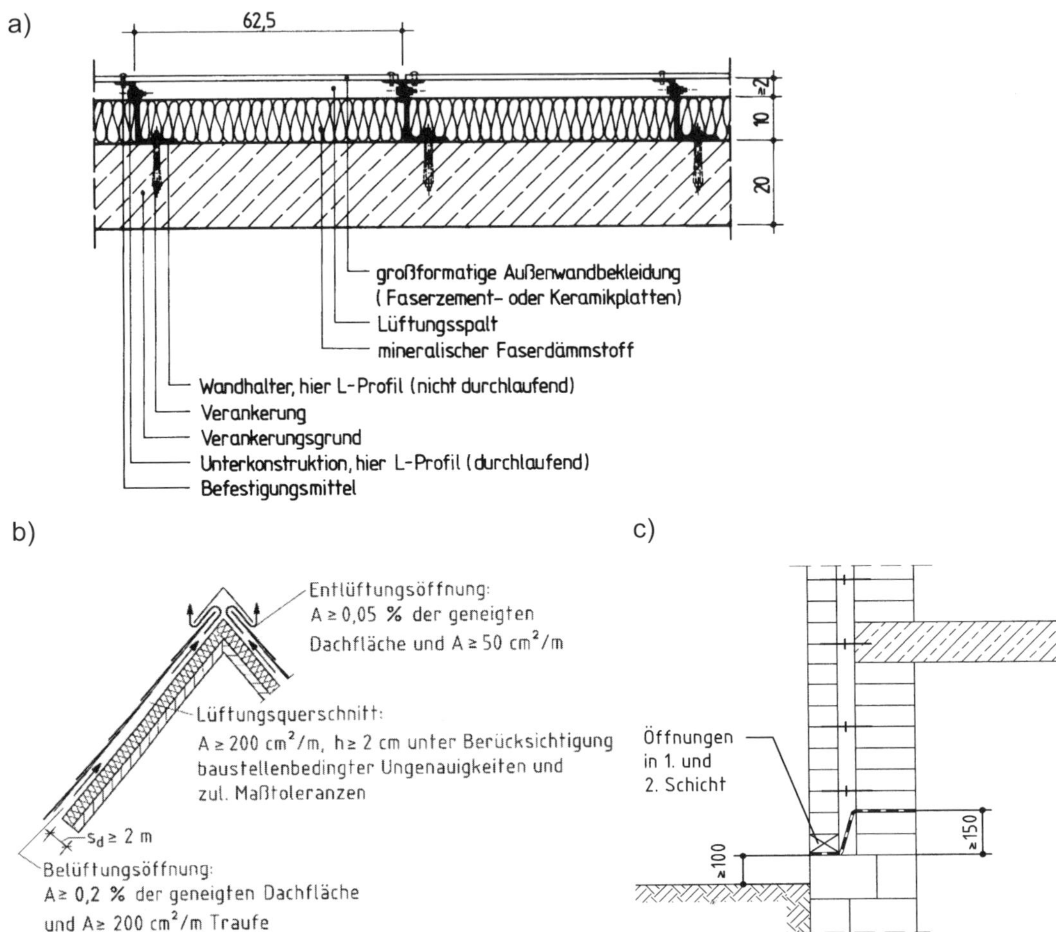

Bild 2.20: Beispiele *stark* belüfteter Luftschichten:

a) Die Hinterlüftung einer Außenwandbekleidung (Horizontalschnitt) stellt aufgrund der in DIN 18516 geforderten Öffnungen eine *stark* belüftete vertikale Luftschicht dar

b) Die Unterlüftung eines Daches mit Dachneigung ≥ 5° (Vertikalschnitt) stellt wegen der in DIN 4108-3 vorgegebenen Öffnungen eine *stark* belüftete geneigte Luftschicht dar [2.51]

c) Die Luftschicht in zweischaligen gemauerten Außenwänden (Vertikalschnitt, Maße in mm) stellt aufgrund der Öffnungen von oben und unten jeweils ≥ 7500 mm² auf 20 m² Wandfläche eine *stark* belüftete Luftschicht dar

A Unbeheizte Dachräume

Der Wärmedurchlasswiderstand R_u unbeheizter Dachräume mit natürlicher Belüftung kann nach EN ISO 6946 [2.45], 5.4.2, entsprechend Tabelle 2.6 angesetzt werden, wobei der Wärmedurchlasswiderstand wie für eine homogene Schicht angenommen wird.

Tabelle 2.6: Wärmedurchlasswiderstände R_u von unbeheizten Dachräumen (die Werte enthalten den Wärmedurchlasswiderstand des belüfteten Raumes und der Dachkonstruktion, sie enthalten nicht den äußeren Wärmeübergangswiderstand R_{se})

Beschreibung des Daches (ergänzt nach [2.49])	**R_u in m² · K/W**
1. Ziegel-/Dachsteindach *ohne* Pappe, Schalung o. Ä. (d. h. belüftetes Dach mit *offener* Deckunterlage, z. B. überlappte Unterspannbahnen)	0,06
2. Ziegel-/Dachsteindach mit Pappe *oder* Schalung o. Ä. unter der Deckung (d. h. belüftetes Dach mit *geschlossener* Deckunterlage, z. B. Unterdach oder Unterdeckbahnen mit verklebten Nähten und Stößen)	0,2
3. Wie Nr. 2, jedoch mit Aluminiumbekleidung oder anderer Oberfläche mit geringem Emissionsgrad (d. h. glänzender Metallfolie) an der Dach*unter*seite	0,3
4. Dach mit Schalung *und* Pappe (d. h. *nicht* belüftetes Dach)	0,3

B Andere Räume

Der Wärmedurchlasswiderstand R_u in m² · K/W anderer, mit dem Gebäude verbundener unbeheizter Räume wie Garagen, Lagerräume oder Wintergärten errechnet sich nach EN ISO 6946 [2.45], 5.4.3, – wiederum als homogene Schicht angenommen – zu:

$$R_u = \frac{A_i}{\sum\left(A_{e,k} \cdot U_{e,k}\right) + 0{,}33 \cdot n \cdot V} \tag{2.21}$$

A_i Gesamtfläche in m² aller Bauteile zwischen Innenraum und unbeheiztem Raum

$A_{e,k}$ Fläche in m² des Bauteils k zwischen unbeheiztem Raum und Außenumgebung

$U_{e,k}$ Wärmedurchgangskoeffizient in W/(m² · K) des Bauteils k zwischen unbeheiztem Raum und Außenumgebung

n Luftwechselrate in h^{-1} im unbeheizten Raum

V Volumen in m³ des unbeheizten Raumes

Eine genauere Erfassung unbeheizter (unkonditionierter) Räume kann nach EN ISO 13789 [2.54] erfolgen (Näheres dazu s. z. B. in [2.49]).

Hinweis: Unbeheizte Räume werden gemäß GEG nicht durch R_u, sondern vereinfacht mithilfe sog. *Temperatur-Korrekturfaktoren* F_x erfasst (s. Abschnitte 5.4.1 und 5.4.2).

2.5.8 Wärmedurchgangswiderstand R_T nichttransparenter, beidseitig luftberührter Bauteile

Der Wärmedurch*gangs*widerstand R_T in m² · K/W ergibt sich nun nach EN ISO 6946 [2.45], 6.1, mit Gl. (2.19) zu

$$R_T = R_{si} + R + R_{se} = R_{si} + \sum_{j=1}^{n} R_j + R_{se} \qquad (2.22)$$

R_{si}, R_{se} innerer bzw. äußerer Wärmeübergangswiderstand in $m^2 \cdot K/W$ nach EN ISO 6946 [2.45], Tabelle 1, (vgl. Tabelle 2.4)

R_1, R_2, ..., R_n Bemessungswerte des Wärmedurchlasswiderstandes der homogenen Bauteilschichten in $m^2 \cdot K/W$ des Bauteils; für Bauteil- und Luftschichten bestimmt entsprechend Abschnitt 2.5.6, Gl. (2.20), auch R_u für unbeheizte Räume entsprechend Abschnitt 2.5.7

2.5.9 Wärmedurchgangskoeffizient *U* nichttransparenter, beidseitig luftberührter Bauteile

Der Wärmedurchgangskoeffizient U (U-Wert) in $W/(m^2 \cdot K)$ eines nichttransparenten luftberührten Bauteils errechnet sich nach EN ISO 6946 [2.45], 7, aus dem Wärmedurchgangswiderstand R_T als Kehrwert zu

$$U = 1/R_T \qquad (2.23)$$

Der Wärmedurchgangskoeffizient U ist ggf. noch zu korrigieren gemäß Anhang D zu EN ISO 6946 [2.45]:

$$U_c = U + \Delta U \qquad (2.24)$$

ΔU $\Delta U_g + \Delta U_f + \Delta U_r$ als Gesamtkorrektur
darin
ΔU_g Korrektur für mögliche Luftspalte (= Luftzwischenräume) in $W/(m^2 \cdot K)$
ΔU_f Korrektur für mechanische Befestigungselemente in $W/(m^2 \cdot K)$
ΔU_r Korrektur für Umkehrdächer in $W/(m^2 \cdot K)$

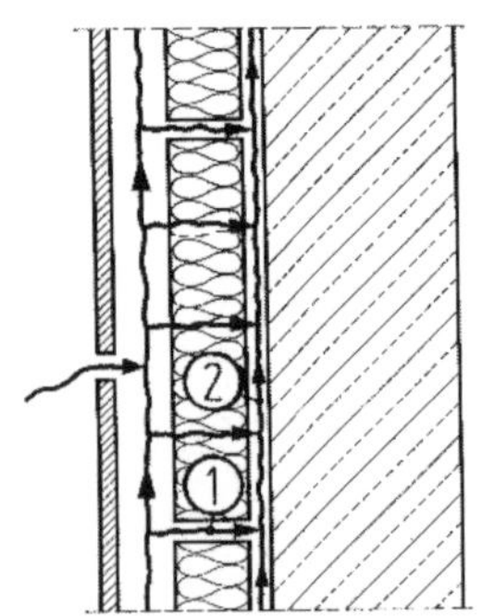

Bild 2.21: Mögliche Luftzwischenräume von Wärmedämmschichten, hier beispielhaft an der Dämmung einer hinterlüfteten Außenwandbekleidung

Eine solche Korrektur wird allerdings nur erforderlich, wenn die Gesamtkorrektur ΔU größer als 3 % von U ist. Zu den Anteilen im Einzelnen:

- Die Korrektur ΔU_g in W/(m² · K) ergibt sich für nicht geplante, aber durch Maßabweichungen bei den Dämmplatten wie auch bei der Ausführung der Gebäudehülle *mögliche Luftspalte* entsprechend EN ISO 6946 [2.45], Anhang D.2 (Bild 2.21, zur Wirkung von Luftspalten parallel zum Wärmestrom s. auch Bilder 3.28 und 3.29 in Abschnitt 3.13), zu

$$\Delta U_g = \Delta U^* \cdot \left(\frac{R_1}{R_{T,h}} \right)^2 \qquad (2.25)$$

ΔU^* = Korrekturwert in W/(m² · K) nach Tabelle 2.7
R_1 = Wärmedurch*lass*widerstand in m² · K/W der Dämmschicht mit Luftspalten (= Luftzwischenräumen)
$R_{T,h}$ = Wärmedurch*gangs*widerstand in m² · K/W des gesamten Bauteils bzw. des gedämmten Bauteil*gefaches* (d. h. ohne Berücksichtigung von Sparren, Balken, Ständern o. Ä. als Wärmebrücken)

Hinweis: Praktisch werden
– eine Bau(produkt)qualität mit *Spaltbreiten* ≤ 5 mm angenommen und
– eine *Hinterströmung* konstruktiv durch Dämmstoffhalter vermieden,
sodass nur von anderen Bauteilen (wie Sparren, Balken, Ständer o. Ä.) unterbrochene *einlagige* Dämmschichten bei Holzkonstruktionen mit Spalten ≤ 5 mm Breite nachzuweisen sind. Häufig werden diese Konstruktionen *zweilagig* gedämmt (mit einer raumseitigen Installationsebene mit Lattung *quer* zu den Ständern oder Sparren, s. beispielsweise Bild 3.10b in Abschnitt 3.4 und Bild 3.27c in Abschnitt 3.13), sodass die Luftspalte die warme und kalte Seite der Dämmschicht nur an den Kreuzungspunkten der Holzbauteile punktuell verbinden – dann wird auch hier die Korrektur ΔU_g vernachlässigt (s. auch Beispiel 2.8 in Abschnitt 2.9). Nicht genannt in EN ISO 6946, Anhang D.2, sind konstruktionsbedingt *spaltfreie* Einblasdämmungen.

- Die Korrektur ΔU_f für *mechanische Befestigungselemente* errechnet sich entsprechend EN ISO 6946 [2.45], Anhang D.3 (s. Abschnitt 2.8.3).
- Die Korrektur ΔU_r für *Umkehrdächer* wird entsprechend EN ISO 6946 [2.45], Anhang D.4, mit DIN 4108-2 [2.1], 5.2.2, ermittelt (s. Abschnitt 2.6).

Das heißt, es sind nur die ersten beiden Korrekturwerte abschließend europäisch geregelt; in die Korrektur für Umkehrdächer fließen nationale Niederschlagsdaten ein.

Der Wärmedurchgangskoeffizient *anderer* als nichttransparenter, beidseitig luftberührter Bauteile aus parallelen, homogenen Schichten wird in folgenden Abschnitten behandelt:
– Wärmedurchgangskoeffizient U bei nebeneinanderliegenden Bauteilabschnitten (s. Abschnitt 2.9),
– Wärmedurchgangskoeffizient U von Bauteilen mit keilförmigen Schichten (s. Abschnitt 2.10),
– Wärmedurchgangskoeffizient U erdberührter Bauteile (s. Abschnitt 2.11),
– Wärmedurchgangskoeffizient U_w transparenter Bauteile (s. Abschnitt 2.12).

Tabelle 2.7: Korrekturwerte ΔU^* für Luftspalte (Luftzwischenräume)

Stufe	**Beschreibung**	**ΔU^* in W/(m² · K)**
0	Keine oder kleine Luftzwischenräume in der Dämmschicht, die keine oder nur eine unwesentliche Auswirkung auf den U-Wert haben (d. h. keine oder kleine undichte Stöße *und* keine Hinterströmung in Bild 2.21) Beispiele: – *mehr*lagige Dämmungen mit *einer* durchgehenden Dämmschicht [1]) – *ein*lagige durchgehende Dämmschicht [1]) aus Dämmplatten mit Stufenfalz – *ein*lagige durchgehende Dämmschicht [1]) aus stumpf gestoßenen Dämmplatten mit Spalten ≤ 5 mm Breite – *ein*lagige Dämmschichten allgemein mit ≤ 50 % des gesamten Wärmedurchlasswiderstandes des Bauteils	0,00
1	Luftzwischenräume, die die warme und kalte Seite der Dämmschicht verbinden, jedoch *keine* Luftzirkulation zwischen der warmen und der kalten Seite ermöglichen (d. h. nur undichte Stöße *ohne* Hinterströmung in Bild 2.21) Beispiele: – *ein*lagige *nicht* durchgehende Dämmschichten, d. h. von anderen Bauteilen (wie Sparren, Balken, Ständer o. Ä.) unterbrochen, mit Spalten ≤ 5 mm Breite – *ein*lagige durchgehende Dämmschichten [1]) mit stumpfen Stößen und Spalten > 5 mm Breite	0,01
2	Luftzwischenräume, die die warme und kalte Seite der Dämmschicht verbinden *und* eine Luftzirkulation zwischen der warmen und der kalten Seite ermöglichen (d. h. undichte Stöße *mit* zusätzlicher Hinterströmung in Bild 2.21) Beispiel: – *ein-* oder *mehr*lagige Dämmschichten *ohne* guten Kontakt zur warmen Seite des Bauwerks	0,04

[1]) Nicht von anderen Bauteilen (wie Sparren, Balken, Ständer o. Ä.) unterbrochen.

2.6 Nachweis des Mindestwärmeschutzes flächiger Bauteile

Gemäß GEG 2023 § 11 (1) [2.13], [2.14] ist bei zu errichtenden Gebäuden der Mindestwärmeschutz der Bauteile gegen Außenluft, Erdreich und gegen Räume mit wesentlich niedrigeren Innentemperaturen – d. h. für die Bauteile der Gebäudehülle – nach DIN 4108-2 nachzuweisen (vgl. Abschnitt 2.2). In diesem Abschnitt behandelt werden daher die Mindestanforderungen an den Wärmeschutz flächiger Bauteile zur Verringerung der Wärmeübertragung durch

- die Umfassungsflächen eines Gebäudes (s. o.) und
- zusätzlich durch die Trennflächen von Räumen unterschiedlicher Temperaturen.

Tabelle 2.8: Mindestwerte R_{min} für den Wärmedurchlasswiderstand von Bauteilen

Bauteile	R_{min} [1]) in m² · K/W
Wände beheizter Räume gegen Außenluft, Erdreich, Tiefgaragen, nicht beheizte Räume (auch Dach- und Kellerräume außerhalb der wämeübertragenden Umfassungsfläche)	
– Räume bestimmungsgemäß auf übliche Innentemp. beheizt ($\theta_i \geq 19$ °C)	1,2
– Räume bestimmungsgemäß niedrig beheizt (12 °C ≤ θ_i < 19 °C) [2])	0,55
Dachschrägen beheizter Räume gegen Außenluft	1,2
Decken beheizter Räume nach oben und Flachdächer	
– gegen Außenluft	1,2
– zu belüfteten Räumen zwischen Dachschrägen und Abseitenwänden bei ausgebauten Dachräumen	0,90
– zu nicht beheizten Räumen, zu bekriechbaren oder noch niedrigeren Räumen	0,90
– zu Räumen zwischen gedämmten Dachschrägen und Abseitenwänden bei ausgebauten Dachräumen	0,35
Decken beheizter Räume nach unten	
– gegen Außenluft, gegen Tiefgaragen, gegen Garagen (auch beheizte), Durchfahrten (auch verschließbare) und belüftete Kriechkeller	1,75
– gegen nicht beheizten Kellerraum	0,90
– unterer Abschluss (z. B. Sohlplatte) von Aufenthaltsräumen unmittelbar an das Erdreich grenzend bis zu einer Raumtiefe von 5 m	0,90
– über einem nicht belüfteten Hohlraum, z. B. Kriechkeller, an das Erdreich grenzend	0,90
Bauteile an Treppenräumen	
– Wände zwischen beheiztem Raum und direkt beheiztem Treppenraum; Wände zwischen beheiztem Raum und indirekt beheiztem Treppenraum, sofern die anderen Bauteile des Treppenraums die Anforderungen dieser Tabelle erfüllen	0,07
– Wände zwischen beheiztem Raum und indirekt beheiztem Treppenraum, wenn *nicht* alle anderen Bauteile des Treppenraums die Anforderungen dieser Tabelle erfüllen	0,25
(Die Bauteile des oberen und unteren Abschlusses der direkt oder indirekt beheizten Treppenräume müssen die Anford. dieser Tabelle erfüllen.)	
Bauteile zwischen beheizten Räumen	
– Wohnungs- und Gebäudetrennwände zwischen beheizten Räumen	0,07
– Wohnungstrenndecken, Decken zw. Räumen unterschiedl. Nutzung	0,25

[1]) Bei erdberührten Bauteilen konstruktiver Wärmedurchlasswiderstand.

[2]) Nur bei Nichtwohngebäuden.

An solche flächigen Bauteile werden in DIN 4108-2 [2.1], 5.1, folgende Anforderungen an den Mindestwärmeschutz gestellt:

- Unabhängig von ihrer flächenbezogenen Masse haben *inhomogene* nichttransparente Bauteile von Skelett- oder Holztafel-/Holzrahmenbauten mit nebeneinanderliegenden Bauteilabschnitten (vgl. Bild 2.18)
  - $R_G \geq 1{,}75\ m^2 \cdot K/W = R_{G,min}$ für den *Gefachbereich* (d. h. für den Bereich zwischen den Rippen) und
  - $R_m \geq 1{,}0\ m^2 \cdot K/W = R_{m,min}$ *im Mittel*

  einzuhalten (zur Berechnung solcher Bauteile s. Abschnitt 2.9).
- Für *leichte homogene* Bauteile, d. h. ein- und mehrschalige Bauteile mit parallelen Bauteilschichten und einer flächenbezogenen Gesamtmasse $m' < 100$ kg/m², gilt die vergleichsweise hohe Mindestanforderung $R \geq 1{,}75\ m^2 \cdot K/W = R_{min}$.
- Für *schwere homogene* Bauteile, d. h. ein- und mehrschalige Bauteile mit parallelen Bauteilschichten und flächenbezogener Gesamtmasse $m' \geq 100$ kg/m², sind die in DIN 4108-2 [2.1], Tabelle 3, zusammengestellten Mindestwerte für Wärmedurchlasswiderstände von Bauteilen R_{min} einzuhalten (Tabelle 2.8).

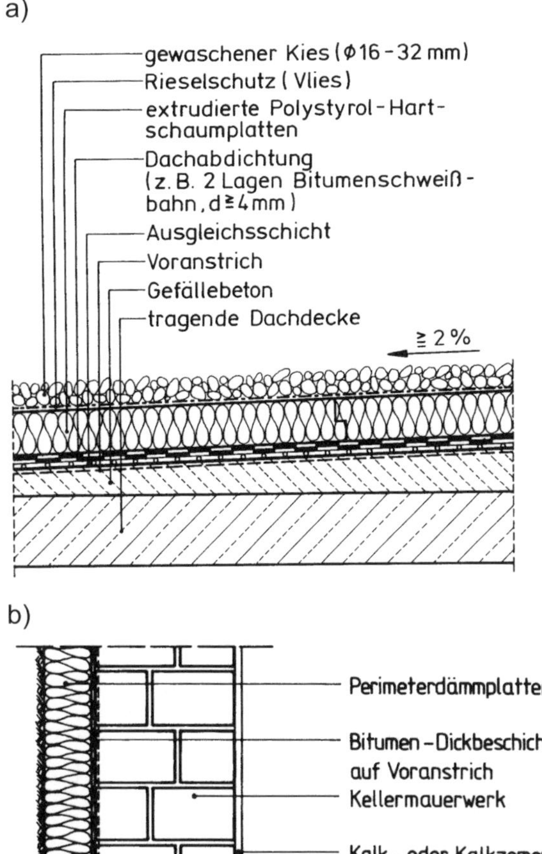

Bild 2.22: Außerhalb der Bauwerks- bzw. Dachabdichtung bei Wärmeschutznachweisen zu berücksichtigende Wärmedämmschichten:
a) Polystyrol-Extruderschaumplatten (XPS-Platten) beim Umkehrdach [2.56]
b) XPS- oder Schaumglasplatten bei der Perimeterdämmung (Außenseite an Erdreich links)

Diese Mindestanforderungen sind so festgelegt, dass Ecken und Kanten, die aus entsprechenden Bauteilen gebildet werden, ohne darüber hinausgehende Störung der Dämmebene als unbedenklich hinsichtlich Schimmelbildung gelten, sofern die Gebäude ausreichend beheizt und belüftet werden und eine weitgehend ungehinderte Luftzirkulation an den Außenwandoberflächen möglich ist – ein bei genauem Nachweis jedoch zu optimistischer Ansatz [2.52].

Der Mindestwärmeschutz muss nach DIN 4108-2 [2.1], 5.1.1, *an jeder Stelle* vorhanden sein, d. h. auch in Nischen unter Fenstern (Brüstungen), Fensterstürzen, Rollladenkästen, Installationsschächten usw. Dies gilt ebenso für die Wandbereiche auf der Außenseite von Heizkörpern und Rohrkanälen, insbesondere auch für ausnahmsweise in Außenwänden angeordnete Heizungs- und Warmwasserrohre.

Für die Berechnung des Wärmedurchlasswiderstandes R von Bauteilen mit Abdichtungen dürfen nach DIN 4108-2 [2.1], 5.2.2, im Allgemeinen nur die Schichten raumseitig der Bauwerks- bzw. Dachabdichtung angesetzt werden. Ausnahmen sind

- das *Umkehrdach* als Flachdachbauart (Bild 2.22a) und
- die *Perimeterdämmung* zur nicht ständig im Grundwasser liegenden, außenseitigen Dämmung von Kelleraußenwänden (Bild 2.22b) und Bodenplatten

mit jeweils außerhalb der Abdichtung liegenden Dämmstoffen der Anwendungstypen DUK, PW oder PB nach DIN 4108-10 [2.38] (und *zusätzlich* einer Allgemeinen Bauartgenehmigung aBG für diese Anwendung) aus Polystyrol-Extruderschaum XPS bzw. Schaumglas CG (nur Perimeterdämmung, s. dazu auch Abschnitte 2.11.4 und 2.11.6).

Bei Umkehrdächern ist jedoch zu beachten:

- Zur Berücksichtigung des zwischen den XPS-Platten in gewissem Umfang hindurchfließenden kalten Wassers wird eine Korrektur des Wärmedurchgangskoeffizienten U mit nationalen Niederschlagsdaten erforderlich (vgl. Abschnitt 2.5.9). Das entsprechende Berechnungsverfahren nach EN ISO 6946 ist recht aufwendig; für Umkehrdächer werden in Deutschland vereinfacht Zuschlagwerte ΔU_r nach DIN 4108-2, Tabelle 2.9, angesetzt. *Hinweis*: Zwischenzeitlich wurden Umkehrdächer mit wasserableitender Trennlage entwickelt, bei denen nach Allgemeiner Bauartgenehmigung (aBG) immer $\Delta U_r \equiv 0$ gesetzt werden darf [2.57] – diese Konstruktion ist heute Standard.

Tabelle 2.9: Zuschlagwerte ΔU_r für Umkehrdächer

Anteil des Wärmedurchlasswiderstandes raumseitig der Abdichtung am Gesamtwärmedurchlasswiderstand	**ΔU_r in W/(m² · K)**
< 10 %	0,05
≥ 10 bis < 50 %	0,03
≥ 50 %	0

- Bei leichten Unterkonstruktionen mit flächenbezogenen Massen $m' < 250$ kg/m² muss der Wärmedurchgangswiderstand *unterhalb* der Abdichtung $R \geq 0{,}15$ m² · K/W betragen.

Grund: Bei im Sommer hoher Außenlufttemperatur und -feuchte entsteht andernfalls bei einem plötzlichen Sommergewitter Tauwasser an der Dachunterseite, das abtropfen könnte [2.56].

Beispiel 2.1: Einschalige gemauerte Außenwand

Aufgabe: Für die in Bild 2.23 dargestellte, einschalige gemauerte Außenwand eines Aufenthaltsraumes sind

a) der Nachweis des Mindestwärmeschutzes zu führen und
b) der Wärmedurchgangskoeffizient (U-Wert) zu berechnen.

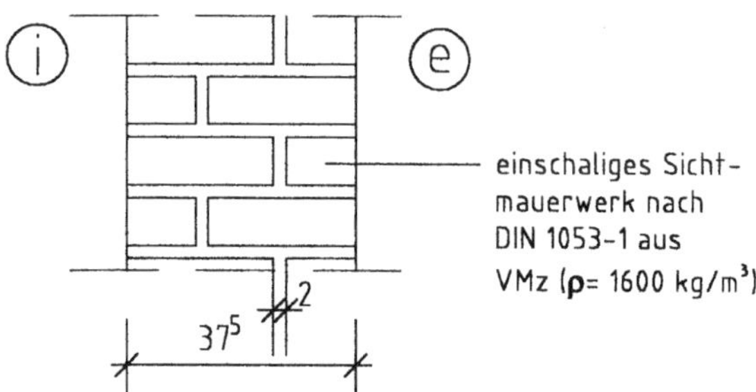

Bild 2.23: Einschalige gemauerte Außenwand eines Aufenthaltsraumes

Lösung: a) Der Bemessungswert der Wärmeleitfähigkeit λ wird aus DIN 4108-4 [2.20], Tabelle 1, entnommen. Es handle sich o. w. N. um ein *schweres* Bauteil; mit Gl. (2.19) und Gl. (2.20) wird für das vorliegende einschichtige Bauteil

$$R = R_j = d_j / \lambda_j = 0{,}375 \text{ m} / 0{,}68 \text{ W/(m} \cdot \text{K)} = 0{,}551 \text{ m}^2 \cdot \text{K/W}$$
$$< 1{,}2 \text{ m}^2 \cdot \text{K/W} = R_{\min}$$

Die Außenwand erfüllt damit *nicht* die Anforderungen an den Mindestwärmeschutz nach DIN 4108-2 [2.1].

b) Mit Gl. (2.22) und EN ISO 6946 [2.45], Tabelle 1 (vgl. Tabelle 2.4), wird

$$R_T = R_{si} + R + R_{se} = 0{,}13 \text{ m}^2 \cdot \text{K/W} + 0{,}551 \text{ m}^2 \cdot \text{K/W} + 0{,}04 \text{ m}^2 \cdot \text{K/W} = 0{,}721 \text{ m}^2 \cdot \text{K/W}$$

Damit ergibt sich der Wärmedurchgangskoeffizient mit Gl. (2.23) zu

$$U = 1/R_T = 1/0{,}721 \text{ m}^2 \cdot \text{K/W} = 1{,}39 \text{ W/(m}^2 \cdot \text{K)}$$

Hinweis: Wärmedurchlasswiderstände sind entsprechend EN ISO 6946 [2.45] auf *mindestens drei* Dezimalstellen zu berechnen, U-Werte (ggf. auch R_T-Werte) als Endergebnis der Berechnung sind auf *zwei* Dezimalstellen zu runden!

Die folgenden Beispiele werden tabellarisch berechnet; entsprechende Tabellenvorlagen finden sich am Ende des Buches:

Beispiel 2.2: Wohnungstrennwand aus einschaligem Mauerwerk zwischen beheizten Räumen

Aufgabe: Für die in Tabelle 2.10 dargestellte Wohnungstrennwand (zwischen beheizten Räumen) sind

a) der Nachweis des Mindestwärmeschutzes zu führen und
b) der Wärmedurchgangskoeffizient (U-Wert) zu berechnen.

Lösung: Die Bemessungswerte der Wärmeleitfähigkeit λ von Mauerwerk und Gipsputz ohne Zuschlag werden aus DIN 4108-4 [2.20], Tabelle 1, entnommen. Nachweise s. in Tabelle 2.10. (Ein ergänzendes Beispiel 2.2a einer auf der Kaltseite gedämmten Innenwand zu einem unbeheizten Raum s. zum Download unter www.beuth-mediathek.de oder www.hmarquardt.de).

Beispiel 2.3: Kellerdecke über *unbeheiztem* Keller

Aufgabe: Für die in Tabelle 2.11 dargestellte Kellerdecke unter einem Wohnraum (unterseitige Wärmedämmung geklebt) sind

a) der Nachweis des Mindestwärmeschutzes zu führen und
b) der Wärmedurchgangskoeffizient (U-Wert) zu berechnen.

Lösung: Der Bemessungswert der Wärmeleitfähigkeit λ des Zementestrichs wird aus DIN 4108-4 [2.20], Tabelle 1, entnommen, für den des Normalbetons wird dort auf EN ISO 10456 [2.27] verwiesen. Der Bemessungswert der Wärmeleitfähigkeit λ des expandierten Polystyrol-Hartschaums (EPS nach EN 13163) entspreche der Wärmeleitfähigkeitsstufe 035 bzw. 040. Nachweise s. in Tabelle 2.11. (Ein ergänzendes Beispiel 2.3a einer hochgedämmten Kellerdecke s. zum Download unter www.beuth-mediathek.de oder www.hmarquardt.de)

Beispiel 2.4: Decke über einer Durchfahrt

Aufgabe: Für die in Tabelle 2.12 dargestellte Decke eines Wohnraumes über einer Durchfahrt, die nach unten an die Außenluft grenzt, sind (das unterseitige Wärmedämm-Verbundsystem sei nur geklebt)

a) der Nachweis des Mindestwärmeschutzes zu führen und
b) der Wärmedurchgangskoeffizient (U-Wert) zu berechnen.

Lösung: Der Bemessungswert der Wärmeleitfähigkeit λ des Zementestrichs wird wiederum DIN 4108-4 [2.20], Tabelle 1, entnommen, für den des Normalbetons wird dort auf EN ISO 10456 [2.27] verwiesen. Der expandierte Polystyrol-Hartschaum (EPS nach EN 13163) sei allgemein bauaufsichtlich zugelassen: Der Bemessungswert der Wärmeleitfähigkeit λ des expandierten Polystyrol-Hartschaums (EPS nach EN 13163) entspreche der Wärmeleitfähigkeitsstufe 035 bzw. 040. Nachweise s. in Tabelle 2.12. (Ein ergänzendes Beispiel 2.4a einer besser gedämmten Decke nach unten gegen Außenluft s. zum Download unter www.beuth-mediathek.de oder www.hmarquardt.de)

Hinweis: Die Beispiele 2.3 und 2.4 (bzw. 2.3a und 2.4a) unterscheiden sich nur durch

- unterschiedliche Wärmeübergangswiderstände R_{se} und
- unterschiedliche Anforderungen R_{min} an den Mindestwärmeschutz!

Tabelle 2.10: Berechnungsformular zu Beispiel 2.2

Nachweis des Mindestwärmeschutzes

nach DIN EN ISO 6946:2008-04 mit DIN 4108-2:2013-02

Aufbau des Bauteils

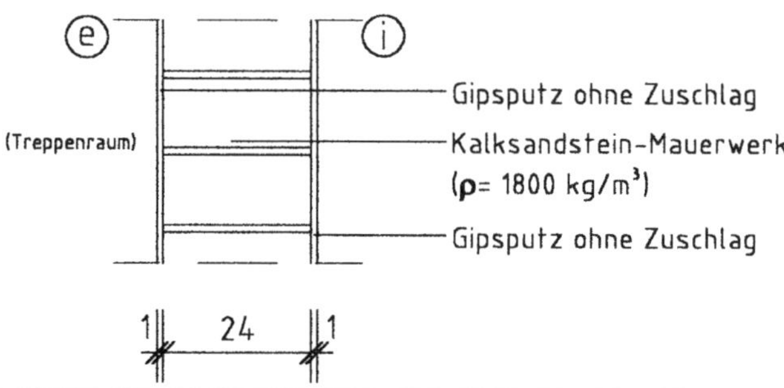

Wärmedurchlasswiderstand und Wärmedurchgangskoeffizient

Bauteilaufbau (von innen nach außen)	d in m	ρ in kg/m³	λ in W/(m K)	$R = d / \lambda$ in m² · K/W
Gipsputz ohne Zuschlag	*0,01*	*1200*	*0,51*	*0,020*
Kalksandstein-Mauerwerk	*0,24*	*1800*	*0,99*	*0,242*
Gipsputz ohne Zuschlag	*0,01*	*1200*	*0,51*	*0,020*

Wärmedurchlasswiderstand	$R = \Sigma\, d / \lambda$	*0,282*
Wärmeübergangswiderstand innen	R_{si}	*0,13*
Wärmeübergangswiderstand außen	R_{se} (bei Innenbauteil auch R_{si})	*0,13*
Wärmedurchgangswiderstand	$R_T = R_{si} + R + R_{se}$	*0,542*
Wärmedurchgangskoeffizient	$U = 1 / R_T$ = *1,85*	W/(m² · K)

Flächenbezogene Masse

m' = *0,24 · 1800 + ...* ≥ *432* kg/m² ≥ 100 kg/m²

Damit liegt ein ~~leichtes~~/<u>schweres</u>[1]) Bauteil vor.

Nachweis des Mindestwärmeschutzes

R = *0,282* m² · K/W ≥ *0,07* m² · K/W = R_{min}

Das untersuchte Bauteil erfüllt somit – ~~nicht~~[1]) – die Anforderungen an den Mindestwärmeschutz nach DIN 4108-2:2013-02.

[1]) Nichtzutreffendes durchstreichen, Zutreffendes unterstreichen.

Tabelle 2.11: Berechnungsformular zu Beispiel 2.3

Nachweis des Mindestwärmeschutzes

nach DIN EN ISO 6946:2008-04 mit DIN 4108-2:2013-02

Aufbau des Bauteils

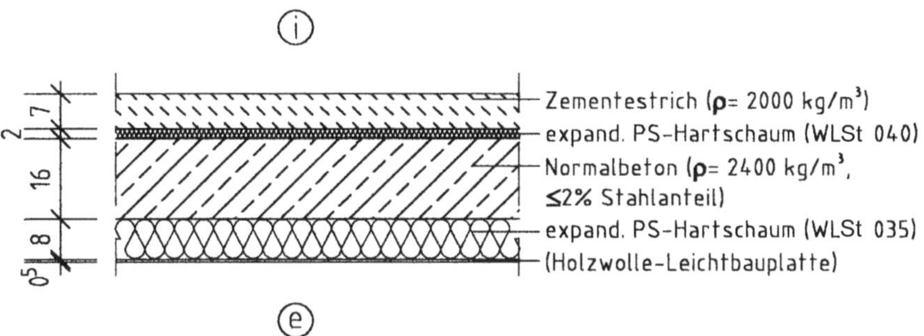

Wärmedurchlasswiderstand und Wärmedurchgangskoeffizient

Bauteilaufbau (von innen nach außen)	d in m	ρ in kg/m³	λ in W/(m K)	$R = d / \lambda$ in m² · K/W
Zement-Estrich	*0,07*	*2000*	*1,4*	*0,050*
expand. Polystyrol-Hartschaum EPS	*0,02*	*(20)*	*0,040*	*0,500*
Beton, armiert (mit ≤ 2 % Stahl)	*0,16*	*2400*	*2,5*	*0,064*
expand. Polystyrol-Hartschaum EPS	*0,08*	*(20)*	*0,035*	*2,286*
(Holzwolle-Platten vernachlässigt)	-	-	-	-
Wärmedurchlasswiderstand	$R = \Sigma\, d / \lambda$			*2,900*
Wärmeübergangswiderstand innen	R_{si}			*0,17*
Wärmeübergangswiderstand außen	R_{se} (bei Innenbauteil auch R_{si})			*0,17*
Wärmedurchgangswiderstand	$R_T = R_{si} + R + R_{se}$			*3,240*
Wärmedurchgangskoeffizient	$U = 1 / R_T$ = *0,31*			W/(m² · K)

Flächenbezogene Masse

m' = *0,16 · 2400 + …* ≥ *384* kg/m² ≥ 100 kg/m²

Damit liegt ein ~~leichtes~~/<u>schweres</u>[1]) Bauteil vor.

Nachweis des Mindestwärmeschutzes

R = *2,90* m² · K/W ≥ *0,90* m² · K/W = R_{min}

Das untersuchte Bauteil erfüllt somit – ~~nicht~~[1]) – die Anforderungen an den Mindestwärmeschutz nach DIN 4108-2:2013-02.

[1]) Nichtzutreffendes durchstreichen, Zutreffendes unterstreichen.

Tabelle 2.12: Berechnungsformular zu Beispiel 2.4

Nachweis des Mindestwärmeschutzes

nach DIN EN ISO 6946:2008-04 mit DIN 4108-2:2013-02

Aufbau des Bauteils

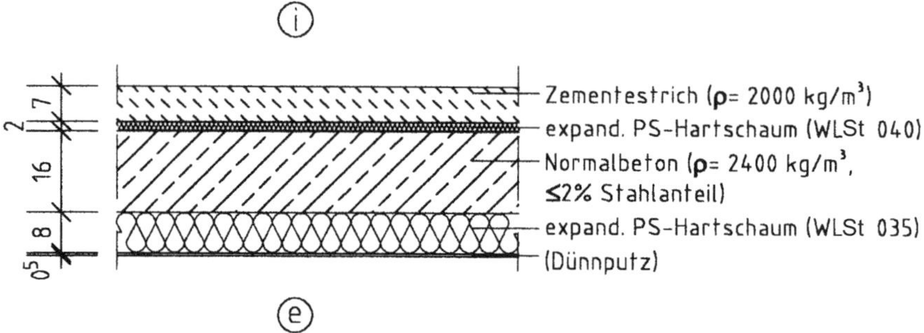

Wärmedurchlasswiderstand und Wärmedurchgangskoeffizient

Bauteilaufbau (von innen nach außen)	d in m	ρ in kg/m³	λ in W/(m K)	$R = d / \lambda$ in m² · K/W
Zement-Estrich	*0,07*	*2000*	*1,4*	*0,050*
expandierter Polystyrol-Hartschaum	*0,02*	*(20)*	*0,040*	*0,500*
Beton, armiert (mit ≤ 2 % Stahl)	*0,16*	*2400*	*2,5*	*0,064*
expandierter Polystyrol-Hartschaum	*0,08*	*(20)*	*0,035*	*2,286*
(Dünnputz vernachlässigt)	-	-	-	-

Wärmedurchlasswiderstand	$R = \Sigma\, d / \lambda$	*2,900*
Wärmeübergangswiderstand innen	R_{si}	*0,17*
Wärmeübergangswiderstand außen	R_{se} (bei Innenbauteil auch R_{si})	*0,04*
Wärmedurchgangswiderstand	$R_T = R_{si} + R + R_{se}$	*3,110*
Wärmedurchgangskoeffizient	$U = 1 / R_T$ = *0,32*	W/(m² · K)

Flächenbezogene Masse

$m' = 0{,}16 \cdot 2400 + \ldots \geq 384$ kg/m² ≥ 100 kg/m²

Damit liegt ein ~~leichtes~~/<u>schweres</u>[1]) Bauteil vor.

Nachweis des Mindestwärmeschutzes

$R = 2{,}90$ m² · K/W ≥ *1,75* m² · K/W = R_{min}

Das untersuchte Bauteil erfüllt somit – ~~nicht~~[1]) – die Anforderungen an den Mindestwärmeschutz nach DIN 4108-2:2013-02.

[1]) Nichtzutreffendes durchstreichen, Zutreffendes unterstreichen.

2.7 Temperaturverlauf in beidseitig luftberührten Bauteilen

Mit der im Abschnitt 2.5.5 vorgestellten Gleichung

$$q = U \cdot (\theta_i - \theta_e) \tag{2.18}$$

lässt sich für vorgegebene Temperaturen θ_i und θ_e in °C mit einem nach Abschnitt 2.5.9 ermittelten Wärmedurchgangskoeffizienten U in $W/(m^2 \cdot K)$ die stationäre Wärmestromdichte q in W/m^2 durch das betrachtete Bauteil bestimmen. Damit werden durch Umformung der Gleichungen

$$q_i \equiv q = h_{s\,i} \cdot (\theta_i - \theta_{si}) \tag{2.15a}$$

$$q_e \equiv q = h_{s,e} \cdot (\theta_{se} - \theta_e) \tag{2.15c}$$

mit Gl. (2.13) die innere und äußere Oberflächentemperatur θ_{si} bzw. θ_{se} in °C berechnet (Bild 2.24):

$$\theta_{\mathrm{si}} = \theta_{\mathrm{i}} - 1/h_{\mathrm{si}} \cdot q = \theta_{\mathrm{i}} - R_{\mathrm{si}} \cdot q \tag{2.26a}$$

$$\theta_{\mathrm{se}} = \theta_{\mathrm{e}} + 1/h_{\mathrm{se}} \cdot q = \theta_{\mathrm{e}} + R_{\mathrm{se}} \cdot q \tag{2.26b}$$

Neben den Oberflächentemperaturen benötigt man zur Darstellung des Temperaturverlaufs im Bauteil zusätzlich die Temperaturen der Trennflächen zwischen den Bauteilschichten (vgl. Bild 2.24). Üblicherweise führt man die Berechnung von innen nach außen durch; so errechnen sich durch Anwendung der Gleichung

$$q = \Lambda \cdot (\theta_{si} - \theta_{se}) = 1/R \cdot (\theta_{si} - \theta_{se}) \tag{2.15b}$$

(vgl. die Erläuterung zu Gl. (2.17)) getrennt auf alle Bauteilschichten $j = 1, 2, ..., n$

$$q = \Lambda_1 \cdot (\theta_{si} - \theta_1) = 1/R_1 \cdot (\theta_{si} - \theta_1) \tag{2.27a}$$

$$q = \Lambda_2 \cdot (\theta_1 - \theta_2) = 1/R_2 \cdot (\theta_1 - \theta_2) \tag{2.27b}$$

$$\vdots$$

$$q = \Lambda_n \cdot (\theta_{n-1} - \theta_n) = 1/R_n \cdot (\theta_{n-1} - \theta_n) \tag{2.27c}$$

mit dem Wärmedurchlasswiderstand in $m^2 \cdot K/W$ aller Bauteilschichten j (vgl. Gl. (2.20))

$$R_j = 1 / \Lambda_j = d_j / \lambda_{,j} \tag{2.28}$$

die Trennflächentemperaturen $\theta_1, \theta_2, ..., \theta_n$ in °C zu

$$\theta_1 = \theta_{si} - R_1 \cdot q = \theta_{si} - \frac{d_1}{\lambda_1} \cdot q \tag{2.29a}$$

$$\theta_2 = \theta_1 - R_2 \cdot q = \theta_1 - \frac{d_2}{\lambda_2} \cdot q \tag{2.29b}$$

$$\vdots$$

$$\theta_n = \theta_{n-1} - R_n \cdot q = \theta_{n-1} - \frac{d_n}{\lambda_n} \cdot q \tag{2.29c}$$

Zur Rechenkontrolle muss am Ende $\theta_n \equiv \theta_{se}$ sein (vgl. $\theta_3 = \theta_{se}$ für das dreischichtige Bauteil in Bild 2.24)!

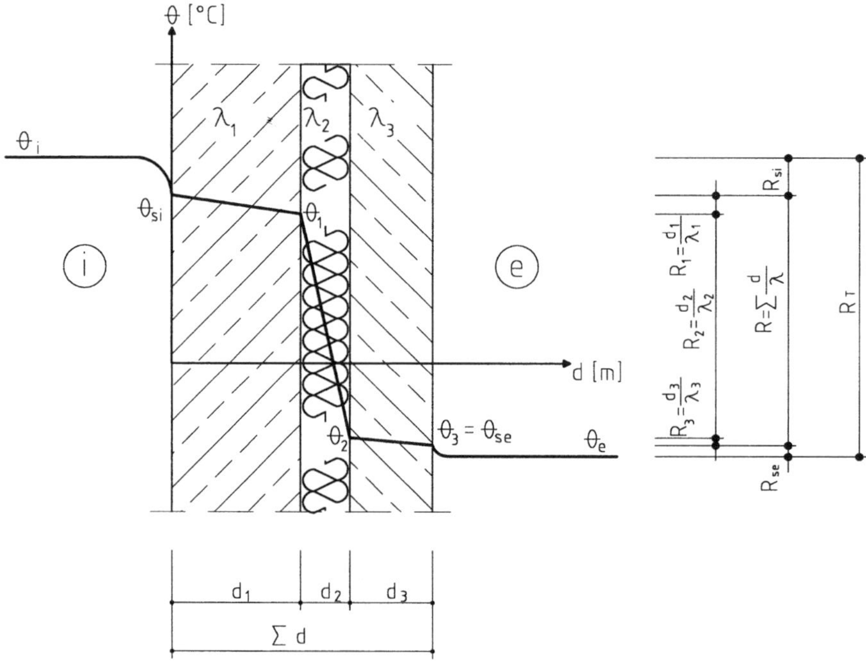

Bild 2.24: Temperaturverlauf im Querschnitt eines mehrschichtigen Bauteils (dreischichtige Betonsandwichwand = „Plattenbau“ als Beispiel); die Temperaturdifferenz über einer Schicht ist proportional zum Wärmeübergangswiderstand R_s bzw. zum Wärmdurchlasswiderstand R_j der Bauteilschicht j

Die praktische Berechnung erfolgt am einfachsten in einer Tabelle, die berechneten Trennflächentemperaturen werden im Temperaturdiagramm entsprechend Bild 2.24 linear verbunden (s. Beispiel 2.5).

Tabelle 2.13: Berechnungsformular zu Beispiel 2.5

Berechnung des Temperaturverlaufs im Bauteil

Aufbau des Bauteils

i
θ_i = +20°C
e θ_e = -15°C
Kalkgipsputz (ρ = 1400 kg/m³)
Normalbeton (ρ = 2300 kg/m³, Stahlanteil ≤ 1%)
Mineralwolle (WLSt 035)
hinterlüftete Außenwand-bekleidung
1,5 22 10 3 1

Grenzschichttemperaturen

Bauteilaufbau (von innen nach außen)	d in m	λ in W/(m · K)	$R = d / \lambda$ bzw. R_s in m² · K/W	$\Delta\theta$ in K	θ in °C
Übergang innen	-	-	*0,13*	*1,41*	*20,0*
					18,6
Kalkgipsputz	*0,015*	*0,70*	*0,021*	*0,23*	
					18,4
Beton, armiert (≤ 1 % Stahl)	*0,22*	*2,3*	*0,096*	*1,04*	
					17,3
Mineralwolle	*0,10*	*0,035*	*2,857*	*30,92*	
					– 13,6
Übergang außen	-	-	*0,13*	*1,41*	
					– 15,0
(Die stark belüftete Luftschicht wird nur beim Übergang außen entsprechend Tabelle 2.4 berücksichtigt.)					
		R_T =	*3,234*	*(35,01)*	

Berechnungsgleichungen:

$U = 1 / R_T =$ *1 / 3,234* = *0,3092* W/(m² · K),

$q = U \cdot (\theta_i - \theta_e) =$ *0,3092 · (20 – (–15))* = *10,823* W/m²

$\Delta\theta_i = q \cdot R_{si}$ bzw. $\Delta\theta_j = q \cdot R_j$ bzw. $\Delta\theta_e = q \cdot R_{se}$

Beispiel 2.5: Temperaturverlauf in einer mehrschichtigen Außenwand

Aufgabe: Für die in Tabelle 2.13 dargestellte Außenwand ist der Temperaturverlauf zu bestimmen.

Lösung: Der Bemessungswert der Wärmeleitfähigkeit λ des Normalbetons wird aus EN ISO 10456 [2.27], Tabelle 3, entnommen, der des Kalkgipsputzes aus DIN 4108-4 [2.20], Tabelle 1. Die Mineralwolle (MW nach EN 13162) sei allgemein bauaufsichtlich zugelassen: Der Bemessungswert der Wärmeleitfähigkeit λ entspreche der Wärmeleitfähigkeitsstufe 035. Nachweise s. in Tabelle 2.13, der berechnete Temperaturverlauf ist in Bild 2.25 dargestellt.

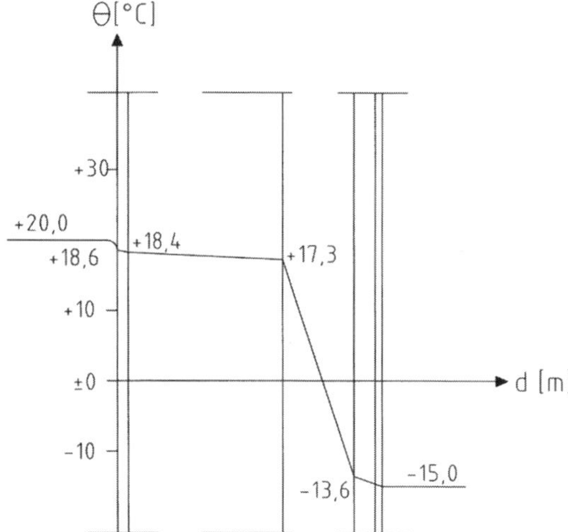

Bild 2.25: Temperaturverlauf in der mehrschichtigen Außenwand aus Beispiel 2.5

2.8 Wärmebrücken

2.8.1 Arten und Vermeidung von Wärmebrücken

Wärmebrücken sind einzelne, örtlich begrenzte Stellen in wärmeübertragenden Bauteilen, an denen ein erhöhter Wärmestrom Φ von der wärmeren zur kälteren Seite hin auftritt. Man unterscheidet generell zwei Arten von Wärmebrücken (Bild 2.26):

- Bei *konstruktionsbedingten* Wärmebrücken leitet ein Bauteilbereich (in Bild 2.26a ein Stahlträger in einer Außenwand im Grundriss) die Wärme wesentlich besser nach außen als die angrenzenden Bauteilbereiche.
- Bei *geometrisch bedingten* Wärmebrücken steht einer bestimmten Wärme aufnehmenden Fläche A_i eine deutlich größere Wärme abgebende Fläche A_e gegenüber (sog. „Kühlrippenwirkung"), in Bild 2.26b an einer Außenwandecke im Grundriss dargestellt.

Daraus resultiert in beiden Fällen nicht nur ein erhöhter Wärmeabfluss, sondern auch eine herabgesetzte Oberflächentemperatur θ_{si} auf der Innenseite der Wärmebrücke, die zur sog. kritischen Oberflächenfeuchte und schließlich zu Schimmelbildung führen kann.

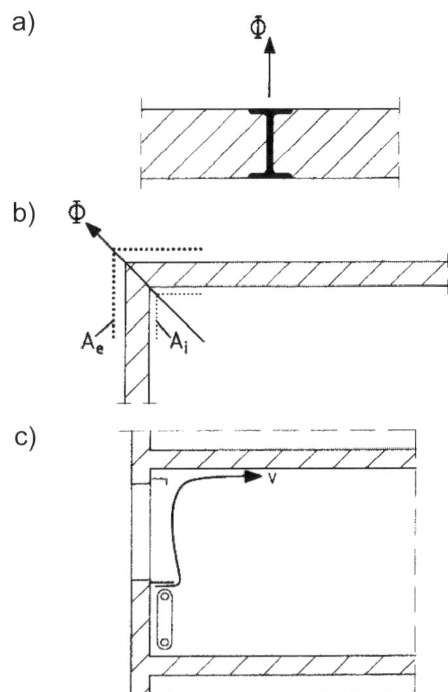

Bild 2.26: Arten von Wärmebrücken:
a) *konstruktionsbedingte* Wärmebrücke – ein Materialwechsel in der Konstruktion führt zu einem örtlich erhöhten Wärmestrom Φ und dadurch zu einer abgesenkten inneren Oberflächentemperatur θ_{si} dort
b) *geometrisch* bedingte Wärmebrücke – die größere Wärme abgebende Fläche A_e außen im Vergleich zur kleineren Wärme aufnehmenden Fläche A_i innen führt zu einem örtlich erhöhten Wärmestrom Φ und dadurch zu einer abgesenkten inneren Oberflächentemperatur θ_{si} dort
c) *lüftungstechnisch* bedingte Wärmebrücke – die Fensterbank und das Gardinenbrett führen zu einer verminderten Belüftung v der oberen Raumecke und dadurch zu einer abgesenkten inneren Oberflächentemperatur θ_{si} dort

Schimmelbildung zeigt sich gelegentlich auch in Raumecken, ohne dass im Bauteilaufbau nachweisbare konstruktionsbedingte oder geometrisch bedingte Wärmebrücken vorliegen:

- In solchen Fällen liegt eine *lüftungstechnisch bedingte* Wärmebrücke vor. In Bild 2.26c z. B. (Schnittdarstellung) strömt die vom Heizkörper aufsteigende erwärmte Luft wegen einer zu breiten Fensterbank und eines Gardinenbretts an der oberen Zimmerecke vorbei, wodurch der innere Wärmeübergangswiderstand R_{si} dort steigt. In der durch den fehlenden warmen Luftstrom kühleren Ecke besteht dann Schimmelgefahr.

Versuchstechnisch im Labor können konstruktionsbedingte Wärmebrücken durch das sog. „Heizkastenverfahren“ erfasst werden (Bild 2.27): Beiderseits eines zu untersuchenden Prüfkörpers werden in den Räumen des Heizkastens konstante Temperaturen erzeugt, sodass ein stationärer Wärmestrom durch den Prüfkörper fließt, der – in Form der erforderlichen Heizleistung – gemessen werden kann (s. EN ISO 8990 [2.58]). Dieser Wärmestrom ergibt auf die Fläche des Prüfkörpers und die Temperaturdifferenz zwischen den beiden Kammern bezogen den Wärmedurchgangskoeffizienten U des Prüfkörpers unter den jeweiligen Versuchsbedingungen. Werden nun Prüfkörper *mit* und *ohne* Wärmebrücken untersucht, so kann durch Vergleich der Ergebnisse der Einfluss von Wärmebrücken auf das wärmetechnische Verhalten der untersuchten Bauteile festgestellt werden.

Die Auswirkung konstruktions- oder geometrisch bedingter, in Gebäuden vorhandener Wärmebrücken kann *qualitativ* durch Infrarotthermografie-Aufnahmen bei möglichst kühler Witterung (im Winter, nachts) veranschaulicht werden, *quantitative* Aussagen sind mit dieser Methode jedoch schwierig (Näheres dazu siehe in EN 13187 [2.59] und z. B. in [2.60]).

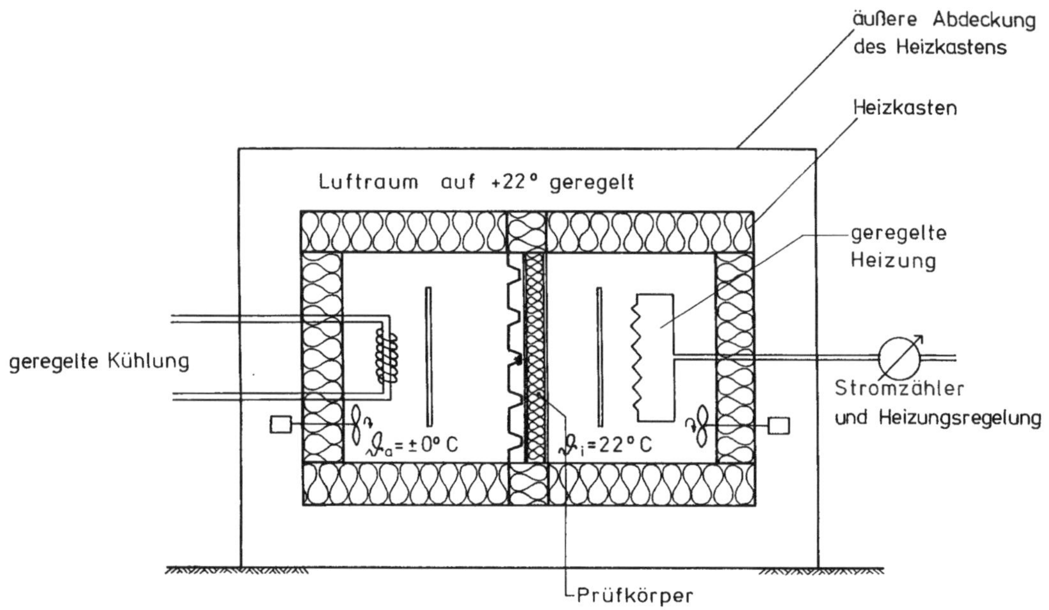

Bild 2.27: Prinzipdarstellung des Heizkastenverfahrens zur vergleichenden Untersuchung von Prüfkörpern mit und ohne konstruktionsbedingte Wärmebrücken

Zur *Vermeidung* oder zumindest *Reduzierung von Wärmebrücken* sollte die wärmedämmende Schicht so vollständig und lückenlos wie möglich entlang der Hüllfläche um das beheizte Gebäudevolumen gelegt werden. Dabei sollten die wärmedämmenden Schichten benachbarter Bauteile dem Prinzip der durchgehenden Dämmebene folgen, d. h. möglichst ohne Versprung und ohne Dickenverminderung aneinandergrenzen [2.16].

2.8.2 Nachweis des Mindestwärmeschutzes im Bereich von Wärmebrücken

Es gibt zwei Gründe, Wärmebrücken nachzuweisen:

- Zur Erfüllung der *hygienischen Anforderungen* muss Schimmelbildung im Bereich von Wärmebrücken vermieden werden [2.62], [2.63], [2.64].
- Zur Erfüllung der *Wärmeschutzanforderungen* muss der erhöhte Wärmedurchgang im Bereich von Wärmebrücken begrenzt werden.

Beide Gründe sind von hoher Wichtigkeit:

- Zur Vermeidung von Schimmelbildung auf Wärmebrücken (= Vermeidung der sog. kritischen Luftfeuchte an Bauteiloberflächen) geben EN ISO 13788 [2.65], 5, und DIN 4108-3 [2.15], 5.1, Berechnungs- und Ausführungshinweise; DIN 4108-2 [2.1], 6, stellt dazu Anforderungen, auf die im Folgenden näher eingegangen wird (s. auch DIN/TS 4108-8 [2.66]).

- Die steigenden Anforderungen an den Wärmeschutz von Gebäuden machen es immer häufiger notwendig, Wärmebrücken nicht pauschal, sondern detailliert zu erfassen; bei der Planung von Passivhäusern und vielen KfW-Effizienzhäusern ist die detaillierte energetische Erfassung von Wärmebrücken sogar unverzichtbar (Näheres dazu s. in Abschnitt 5.5.3).

a)

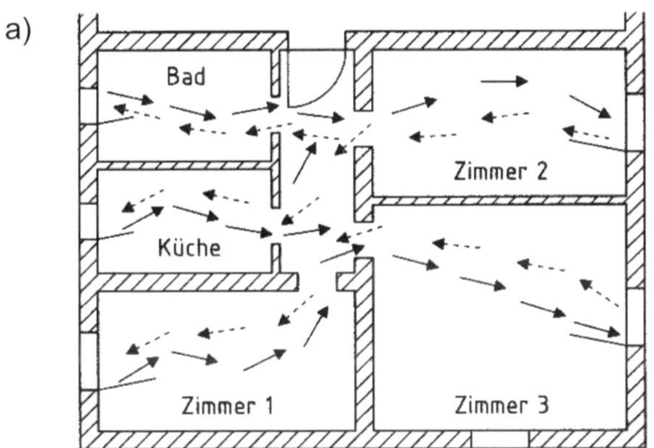

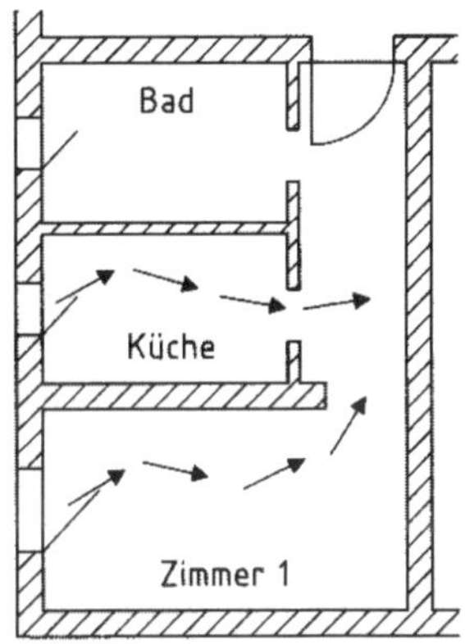

b)

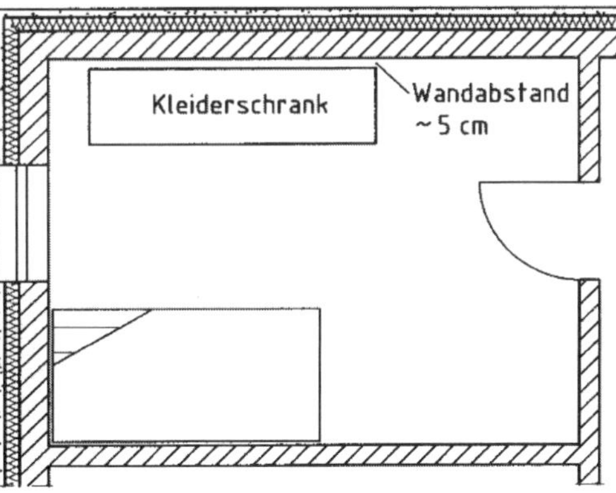

Bild 2.28: Einflussfaktoren auf die kritische Oberflächenfeuchte von Außenbauteilen (nach [2.61])

a) Günstiger Grundriss einer Wohnung mit Möglichkeit der Querlüftung (links) und ungünstiger Grundriss ohne Möglichkeit der Querlüftung (rechts)

b) Ungünstige (oben) und günstige (unten) Anordnung eines großen Schrankes nahe einer Außenwandecke

Zur hier betrachteten *Vermeidung von Schimmelbildung* müssen kritische Oberflächentemperaturen auf der Raumseite von Wärmebrücken ausgeschlossen werden; dies erreicht man in üblich genutzten Wohn- und Büroräumen (einschließlich häuslicher Küchen und Bäder, üblich genutzt = nicht klimatisiert) dadurch, dass

- die in DIN 4108-2 [2.1] geforderten Mindestwerte der Wärmedurchlasswiderstände R_{min} eingehalten werden (vgl. Abschnitt 2.6),
- für eine ausreichende Beheizung ($\theta_i \geq 18$ °C) und Belüftung (Luftwechselrate $n \geq 0{,}5\ h^{-1}$) der genannten Räume gesorgt wird (Belüftung als Querlüftung sofern möglich, Bild 2.28a),
- konstruktionsbedingte Wärmebrücken durch entsprechende Planung vermieden werden (geometrisch bedingte Wärmebrücken wie Außenwandecken sind durch R_{min} nach DIN 4108-2 [2.1] abgedeckt, vgl. Abschnitt 2.6) sowie
- ferner lüftungstechnisch bedingte Wärmebrücken durch entsprechende Möblierung vermieden werden, d. h., der Wärmeübergang zwischen Raumluft und innerer Außenwandoberfläche nicht behindert wird (z. B. durch Anordnung von großflächigen Schrankwänden direkt an Außenwänden oder in Außenwandecken, Bild 2.28b und Bild 2.29 oben – hier sollten nach DIN/TS 4108-8 [2.66], 6.5, wie in Bild 2.28b und Bild 2.29 unten mindestens 5 cm Abstand zur Außenwand vorhanden sein).

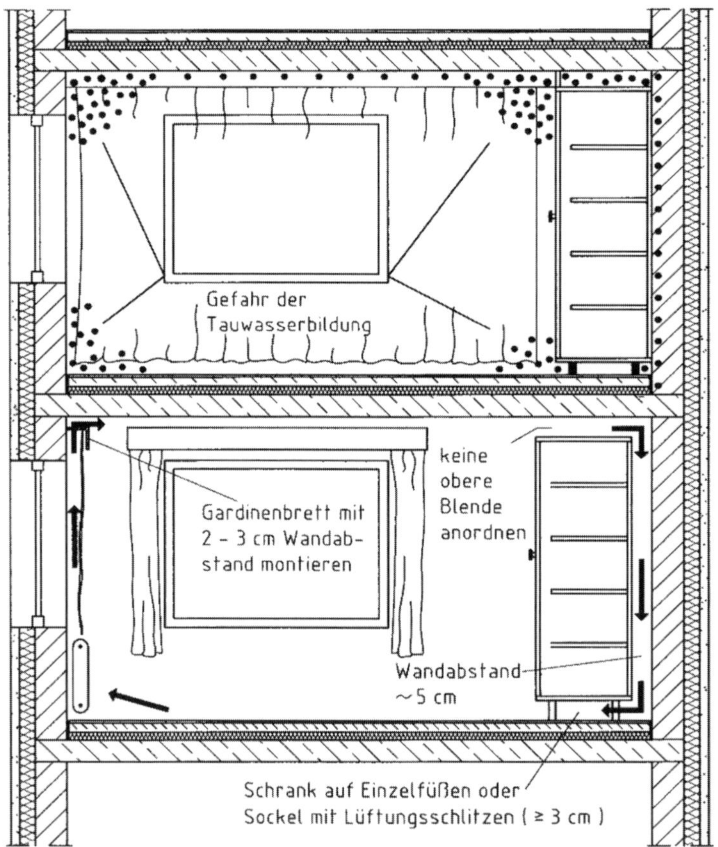

Bild 2.29: Ungünstige (oben) und günstige (unten) Anordnung von Einrichtungsgegenständen hinsichtlich der Vermeidung einer kritischen Oberflächenfeuchte der Außenbauteile (nach [2.67])

Tabelle 2.14: Anforderungen für die Schimmelfreiheit auf Wärmebrücken (nach [2.16])

<table>
<tr><th colspan="2">Wärmebrücken</th><th>Beispiele</th><th>Anforderung</th></tr>
<tr><td colspan="2" rowspan="6">linienförmige Wärmebrücken (Kanten, linienförmige Bauteilanschlüsse)</td><td>in DIN 4108 Beiblatt 2 aufgeführt bzw. gleichwertig</td><td>nachweisfrei</td></tr>
<tr><td>Kanten aus zwei Bauteilen, die jeweils die Mindestanforderung in der Fläche einhalten, mit durchgehender Dämmebene</td><td>nachweisfrei</td></tr>
<tr><td>alle anderen Kanten</td><td>$f_{R,si} \geq 0{,}70$</td></tr>
<tr><td>Anschlussstellen von Bauelementen (wie Fenster, Dachflächenfenster, Türen, Oberlichter, Pfosten-Riegel-Fassaden) an Baukörper</td><td>$f_{R,si} \geq 0{,}70$</td></tr>
<tr><td>Mörtelfugen von Mauerwerk nach DIN 1053-1</td><td>nachweisfrei</td></tr>
<tr><td>auskragende Balkonplatten, Attiken und Wände mit $\lambda > 0{,}5$ W/(m · K), die in den ungedämmten Dachbereich oder ins Freie ragen</td><td>unzulässig</td></tr>
<tr><td rowspan="5">punktförmige Wärmebrücken</td><td rowspan="2">Ecken</td><td>Ecken aus drei Kanten, die
– in DIN 4108 Beiblatt 2 aufgeführt bzw. gleichwertig sind oder
– die $f_{R,si} \geq 0{,}70$ einhalten oder
– deren angrenzende Bauteile die Mindestanforderung in der Fläche einhalten
und durchgehender ungestörter Dämmebene</td><td>nachweisfrei</td></tr>
<tr><td>alle anderen Ecken</td><td>$f_{R,si} \geq 0{,}70$</td></tr>
<tr><td rowspan="3">Sonstige</td><td>übliche Verbindungsmittel wie z. B. Schrauben, Nägel, Drahtanker, Verbindungsmittel beim Anschluss von Fenstern an angrenzende Bauteile[1])</td><td>nachweisfrei</td></tr>
<tr><td>vereinzelt auftretende Balkonauflager, Vordachabhängungen, Markisenbefestigungen usw. [2])</td><td>$f_{R,si} \geq 0{,}70$</td></tr>
<tr><td>frei stehende Stützen mit $\lambda > 0{,}5$ W/(m · K), die in den ungedämmten Dachbereich oder ins Freie ragen</td><td>unzulässig</td></tr>
</table>

[1]) Müssen jedoch bei der U-Wert-Berechnung berücksichtigt werden.
[2]) Dürfen jedoch im GEG-Nachweis wegen der begrenzten Flächenwirkung vernachlässigt werden.

DIN 4108-2 [2.1], 6.2, regelt den Nachweis unter der Annahme, dass an kalten Wintertagen die Raumluftfeuchte $\phi_i \leq 50$ % beträgt (Tabelle 2.14):

- Generell braucht für
  - übliche Verbindungsmittel, wie z. B. Nägel, Schrauben, Drahtanker,
  - Verbindungsmittel beim Anschluss von Fenstern an angrenzende Bauteile und
  - Mörtelfugen von Mauerwerk (noch frühere DIN 1053-1 [2.53] genannt)

  kein Nachweis der Einhaltung der *Mindestinnenoberflächentemperatur* geführt zu werden.

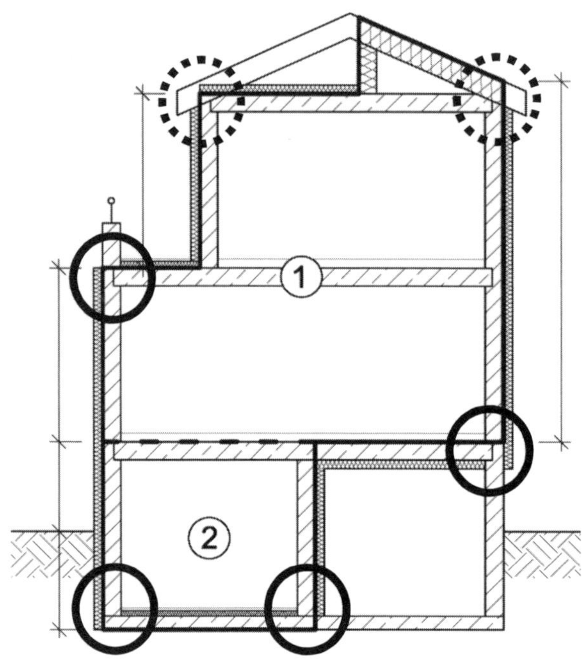

Bild 2.30: Gebäude mit z. B. beheizter Zone ① und niedrig beheizter Zone ② sowie diese Zonen umschließender Dämmebene (nach [2.68])
- Durch Kreise aus *Punktlinien* gekennzeichnet: leicht zu vermeidende Störung der Dämmebene
- Durch Kreise aus *Volllinien* gekennzeichnet: nur mit größerem Aufwand zu vermeidende Störung der Dämmebene

- Ecken und Kanten von Außenbauteilen mit *gleichartigem* Aufbau, deren Einzelkomponenten die Anforderungen an den Mindestwärmeschutz flächiger Bauteile erfüllen und deren Dämmebene ungestört durchläuft (Bild 2.30, s. auch entsprechende Konstruktionen in Kapitel 3), brauchen nicht nachgewiesen zu werden. Dies kommt der Anwendung in der Praxis sehr entgegen (und wurde vom Normausschuss deshalb so vorgesehen [2.16]), da von den gängigen Wärmebrückenprogrammen
  - jedes (bei erträglichem Eingabeaufwand) *zwei*dimensional rechnen kann,
  - jedoch nur einige wenige, eher forschungsorientierte EDV-Programme (bei hohem Eingabeaufwand) auch *drei*dimensionale Ecken rechnen können.
- Alle *konstruktionsbedingten* und *geometrisch* bedingten Wärmebrücken, die in DIN 4108 Beiblatt 2 [2.69] aufgeführt sind, sind ausreichend wärmegedämmt – auch hier muss kein Nachweis geführt werden.
- Für davon abweichende Konstruktionen muss der aus einem Wärmebrückenkatalog entnommene oder mit einem Wärmebrückenprogramm (z. B. in Bild 2.31 mit dem kostenlos erhältlichen amerikanischen Programm THERM [2.70], deutsche Anleitung unter [2.71]) berechnete dimensionslose Temperaturfaktor $f_{R,si}$ an der ungünstigsten Stelle erfüllen:

$$f_{R,si} = \frac{\theta_{si} - \theta_e}{\theta_i - \theta_e} \geq 0{,}70 \qquad (2.30)$$

θ_{si} raumseitige Oberflächentemperatur in °C, ggf. um $\Delta\theta_{si}$ korrigiert (s. u.)

θ_i Raumlufttemperatur in °C

θ_e Außenlufttemperatur in °C

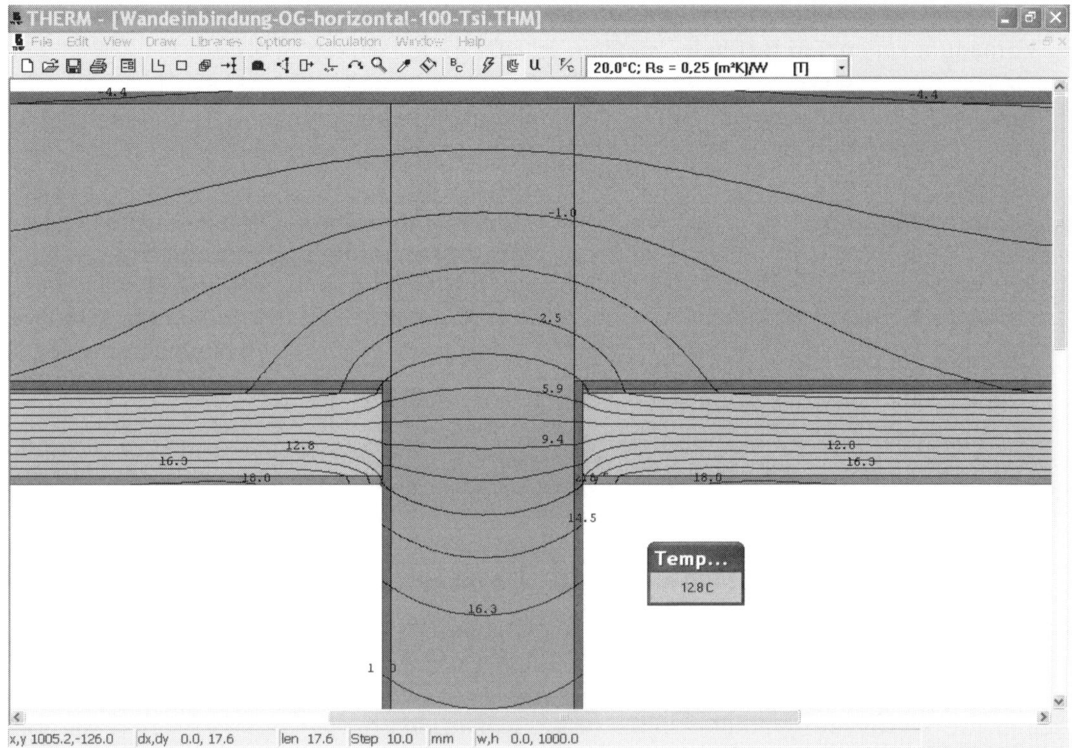

Bild 2.31: Beispiel der Berechnung einer Wärmebrücke (einbindende Innenwand eines Altbaus mit Innendämmung) mit THERM zur Ermittlung der kritischen Oberflächenfeuchte

Für die Berechnung gelten die in Tabelle 2.15, *mittlere* Spalte, genannten Randbedingungen, die detailliert in DIN 4108 Beiblatt 2 [2.69], 8, dargestellt sind (beispielhaft in Tabelle 2.16 links). *Hinweis*: Um bei Bauelementen wie Fensterelementen, Dachflächenfenstern, Lichtkuppeln und Glasfassaden (s. Abschnitt 2.12)

- einerseits die aufwendige Eingabe v. a. bei Kunststoff- oder Aluminiumfenstern zu sparen und
- andererseits auf die ebenfalls aufwendige Erfassung der Strahlungskennwerte beschichteter Wärmeschutzverglasungen verzichten zu können,

werden diese i. d. R. gemäß DIN 4108 Beiblatt 2 [2.69], 6.2, vereinfacht als 70 mm dicke Holzplatte mit $\lambda = 0{,}13$ W/(m · K) angesetzt; die Außenseite dieses sog. *Ersatzsystems* – in Tabelle 2.16 unten – weist dieselbe Lage auf wie die des realen Fensterrahmens. Mithilfe von DIN 4108 Beiblatt 2, Anhang E und Anhang F, ist alternativ eine detaillierte Modellierung möglich.

Die Berechnung mithilfe des Ersatzsystems ist allerdings ungenauer, daher sind die damit errechneten Oberflächentemperaturen

- *nicht* beim unteren Anschluss, jedoch bei den seitlichen und oberen Anschlüssen von Fenstertüren sowie
- *immer* bei Fenstern

um $\Delta\theta_{si}$ gemäß Tabelle 2.17 zu korrigieren. (s. dazu auch [2.72], weitere Hinweise zu Vorhangfassaden und Rollladenkästen s. in DIN 4108 Beiblatt 2, 6,2.)

Tabelle 2.15: Randbedingungen für Wärmebrückenberechnungen – die unterschiedlichen Vorgaben bei der Oberflächentemperatur- und Wärmestromberechnung sind unbedingt zu beachten [2.1], [2.66], [2.69], [2.73], [2.74]

Randbedingung	Oberflächentemperaturberechnung nach DIN 4108-2	Wärmestromberechnung nach EN ISO 10211
Temperatur der Außenluft θ_e Temperatur des Erdreichs θ_e	– 5 °C + 10 °C	– 10 °C [2]) [1])
Temperatur beheizter Räume θ_i Temperatur unbeheizter Pufferräume θ_i Temperatur unbeheizter Keller θ_i Temperatur unbeheizter Dachräume und Tiefgaragen θ_i	+ 20 °C + 10 °C + 10 °C – 5 °C	+ 20 °C [2]) [3]) [3]) [3])
Wärmeübergangswiderstand außen R_{se}	0,04 m² · K/W [1])	0,04 bis 0,17 m² · K/W (s. EN ISO 6946)
Wärmeübergangswiderstand innen R_{si} in beheizten Räumen Wärmeübergangswiderstand innen R_{si} in unbeheizten Räumen Wärmeübergangswiderstand innen R_{si} im Bereich der Fenster	0,25 m² · K/W [1]) 0,17 m² · K/W 0,13 m² · K/W [1])	0,10 bis 0,17 m² · K/W (s. EN ISO 6946) 0,10 bis 0,17 m² · K/W (s. EN ISO 6946) 0,10 bis 0,17 m² · K/W (s. EN ISO 6946)

[1]) Entspricht auch EN ISO 13788 [2.65], Tabelle 2, und DIN/TS 4108-8 [2.66], 5.1.

[2]) In DIN 4108 Beiblatt 2 [2.69] nicht geregelt, aber üblicher Ansatz für die Temperaturrandbedingungen.

[3]) Nach DIN 4108 Beiblatt 2 [2.69] mithilfe des jeweiligen Temperaturfaktors $f_{xi} = 1 - F_{xi}$ zu berechnen (F_{xi} = Temperatur-Korrekturfaktor aus Tab. 5.7, 5.8 oder 5.13) – z. B. für $\theta_i = +\,20$ °C, $\theta_e = -\,10$ °C und $F_{xi} = 0{,}70$ zum Keller wird $\theta_i = f_{xi} \cdot (\theta_i - \theta_e) + \theta_e = (1 - F_{xi}) \cdot (\theta_i - \theta_e) + \theta_e = (1 - 0{,}70) \cdot (20\text{ °C} - (-\,10\text{ °C})) - 10\text{ °C} = -\,1\text{ °C}$ im Keller.

Diese Randbedingungen dürfen nicht mit den Randbedingungen für die Berechnung erhöhter Transmissionswärmeverluste in der *rechten* Spalte der Tabelle 2.15 verwechselt werden (s. Abschnitt 5.5.3), bei denen andere Werte die „sichere Seite“ darstellen. Aus den Randbedingungen der *mittleren* Spalte und dem o. g. Mindestwert für den Temperaturfaktor $f_{R,si,min}$ ergibt sich, dass bei Wärmebrückenberechnungen an Außenbauteilen beheizter Räume eine raumseitige Oberflächentemperatur in °C von mindestens

$$\begin{aligned}\theta_{si,min} &= f_{R,si,min} \cdot (\theta_i - \theta_e) + \theta_e \\ &= 0{,}70 \cdot (20\text{ °C} - (-\,5\text{ °C})) - 5\text{ °C} = 12{,}5\text{ °C} \approx 12{,}6\text{ °C}\end{aligned} \tag{2.31}$$

einzuhalten ist (vgl. Bild 2.31, dort knapp überschritten); Fensterelemente (Dachflächenfenster, Lichtkuppeln und Vorhangfassaden) sind davon ausgenommen, s. DIN 4108-2 [2.1], 6.1. Der Wert $\theta_{si,min}$ = 12,6 °C bei den o. g. Randbedingungen entspricht den Ergebnissen der Untersuchungen von *Sedlbauer* [2.75], [2.76], nach denen unter baupraktischen Bedingungen bei relativen Luftfeuchten $\phi \geq 80$ % Schimmelbildung beobachtet wurde (s. auch DIN/TS 4108-8 [2.66], 4.2.1).

Tabelle 2.16: Beispiele für die Randbedingungen der Wärmebrückenberechnung

Zeile	f-Wert-Berechnung	Ψ-Wert-Berechnung
11	Kellerdecke über unbeheiztem Keller, innengedämmt:	
	θ_e = -5°C, R_{se} = 0,04; θ_i = 20°C, R_{si} = 0,25; θ_g = 10°C, R_{si} = 0,17	f_e = 0, R_{se} = 0,04; f_i = 1, R_{si} = 0,13; U_{AW} F_e>1; f_i = 1, R_{si} = 0,17; U_G F_G<1; A_{AW}; f_G = 1-F_G, R_{si} = 0,17; R_{si} = 0,13; A_G
28	Fenstersturz ohne Rollladenkasten:	
	θ_e = -5°C, R_{se} = 0,04; θ_i = 20°C, R_{si} = 0,25; d = 10 mm, λ = 0,04; θ_i = 20°C, R_{si} = 0,25; θ_e = -5°C, R_{se} = 0,04; d = 70 mm, λ = 0,13; d; θ_i = 20°C, R_{si} = 0,13 (nur für Fenster)	f_e = 0, R_{se} = 0,04; f_i = 1, R_{si} = 0,13; U_{AW} F_e; A_{AW}; d = 10 mm, λ = 0,04; A_W; f_e = 0, R_{se} = 0,04; U_{AW} F_e; f_i = 1, R_{si} = 0,13; d = 70 mm, λ = 0,13; d; A_3

Tabelle 2.17: Korrekturwerte $\Delta\theta_{si}$ für die Oberflächentemperatur von Fensterprofilen

Rahmenmaterial	Korrekturwerte $\Delta\theta_{si}$ bei		
	Brüstungen	Leibungen	Stürzen
Holz/Kunststoff	– 1,5 K	– 0,5 K	– 0,5 K
Metall	– 0,5 K	– 3,0 K	– 3,0 K

Zum Ansatz der Wärmeübergangswiderstände in Tabelle 2.15, *mittlere* Spalte unten: Glatte, nicht durch Einrichtungsgegenstände verstellte oder durch Gardinen o. Ä. abgedeckte Bauteile wie Fenster u. Ä. haben Wärmeübergangswiderstände von $R_{si} \approx 0{,}10$ bis

0,17 m² · K/W. Durch Möblierung z. B. (vgl. Bild 2.28b und 2.29), aber auch in Raumecken entstehen mehr oder minder ausgeprägte lüftungstechnische Wärmebrücken (Bild 2.32, vgl. auch Abschnitt 2.8.1), die die jeweiligen Wärmeübergangswiderstände deutlich ansteigen lassen – man kann von folgenden Werten ausgehen [2.77], [2.78], [2.79] (s. auch DIN/TS 4108-8 [2.66], 5.1):

- in Raumecken: R_{si} = 0,20 m² · K/W
- bei Gardinen vor einer Wand: R_{si} = 0,25 m² · K/W
- bei frei stehenden Schränken vor einer Wand: R_{si} = 0,50 m² · K/W
- bei Einbauschränken: R_{si} = 1,00 m² · K/W

DIN 4108-2 erfasst somit zwar Raumecken und Gardinen, nicht jedoch frei stehende Schränke vor der Wand oder gar Einbauschränke!

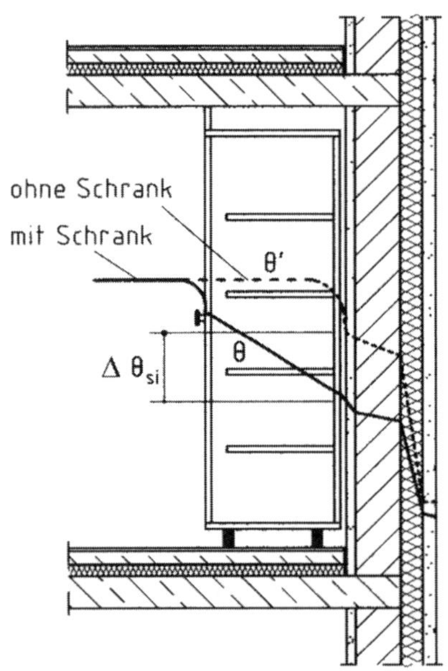

Bild 2.32: Temperaturverläufe an einer Außenwand, die raumseitig frei ist oder mit einem Wandschrank verstellt ist (nach [2.80])

Nach DIN 4108-2 brauchen u. a. *Ecken* und *Kanten von Außenbauteilen mit gleichartigem Aufbau*, deren Einzelkomponenten die Anforderungen an den Mindestwärmeschutz flächiger Bauteile erfüllen und deren Dämmebene ungestört durchläuft, nicht nachgewiesen zu werden (s. o.). Ob in diesem Fall die Mindestinnenoberflächentemperatur erreicht wird, soll anhand einer – mit einem Wärmebrückenprogramm entsprechend EN ISO 10211 [2.74] berechneten – Außenwandecke (Bild 2.33) gezeigt werden.

Die Außenwand wurde dabei so gewählt, dass die Mindestdämmung nach DIN 4108-2 [2.1], Tabelle 3, von R_{min} = 1,2 m² · K/W (vgl. Tabelle 2.8) gerade eingehalten wird. Mit den Wärmeübergangswiderständen R_{si} und R_{se} nach EN ISO 6946 [2.45], Tabelle 1 (vgl. Tabelle 2.4), wird gemäß Gl. (2.22) der Mindestwert desWärmedurchgangswiderstands zu

$$R_{T,min} = R_{si} + R_{min} + R_{se} = 0{,}13 + 1{,}20 + 0{,}04 = 1{,}37 \text{ m}^2 \cdot \text{K/W}$$

und daraus mit Gl. (2.23) der nach DIN 4108-2 [2.1] maximal zulässige Wärmedurchgangskoeffizient (vgl. Bild 2.33) zu

$$U_{max} = 1 / R_{T,min} = 1 / 1{,}37 = 0{,}73 \text{ W/(m}^2 \cdot \text{K)} \approx 0{,}72 \text{ W/(m}^2 \cdot \text{K)} = U$$

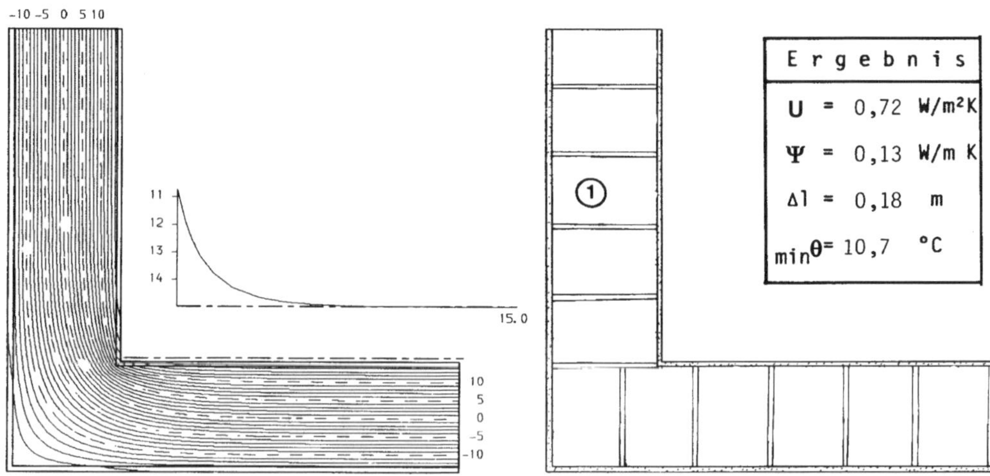

Bild 2.33: Isothermenverlauf mit Darstellung der Oberflächentemperaturen für eine Außenwandecke aus Mauerwerk (θ_i = 20 °C, θ_e = – 15 °C, R_{si} = 0,17 m² · K/W allgemein, $R_{si,K}$ = 0,20 m² · K/W im Kantenbereich, R_{se} = 0,04 m² · K/W) [2.81] mit
(1) = Leichtmauerwerk d = 36,5 cm mit λ = 0,33 W/(m · K), beidseitig geputzt

In Bild 2.33 ist nun der Isothermenverlauf für die Lufttemperaturen innen θ_i = 20 °C und außen θ_e = – 15 °C dargestellt, berechnet allerdings mit den Wärmeübergangskoeffizienten

h_{si}	=	6 W/(m² · K),	d. h. R_{si} = 0,17 m² · K/W allgemein innen und
$h_{si,K}$	=	5 W/(m² · K),	d. h. $R_{si,K}$ = 0,20 m² · K/W im Kantenbereich zur Berücksichtigung der lüftungsbedingten Wärmebrücke an dieser Stelle (vgl. Bild 2.26c) sowie
h_{se}	=	23 W/(m² · K),	d. h. R_{se} = 0,04 m² · K/W außenseitig

Damit errechnet sich eine minimale Temperatur der Innenoberfläche in der Ecke von min θ_{si} = 10,7 °C (vgl. Tabelle rechts in Bild 2.33) bei θ_{si} = 15,0 °C im ungestörten Bereich (vgl. Diagramm links in Bild 2.33). Mit Gl. (2.30) errechnet sich dafür

$$f_{R,si} = \frac{\theta_{si} - \theta_e}{\theta_i - \theta_e} = \frac{10{,}7 - (-15)}{20 - (-15)} = 0{,}73 \geq 0{,}70$$

Damit ist die o. g. Anforderung aus DIN 4108-2, 6.2, an die Schimmelfreiheit für eine nachzuweisende Wärmebrücke gerade erfüllt. Trotz der geringfügigen Abweichungen von den heutigen Randbedingungen zeigt dieses Beispiel, dass *Kanten* von Außenbauteilen mit gleichartigem Aufbau, deren Einzelkomponenten die Anforderungen an den Mindestwärmeschutz nach DIN 4108-2 [2.1] erfüllen, tatsächlich nicht nachgewiesen zu werden brauchen – ein nach *Ackermann* bei *Ecken* jedoch zu optimistischer Ansatz [2.52]!

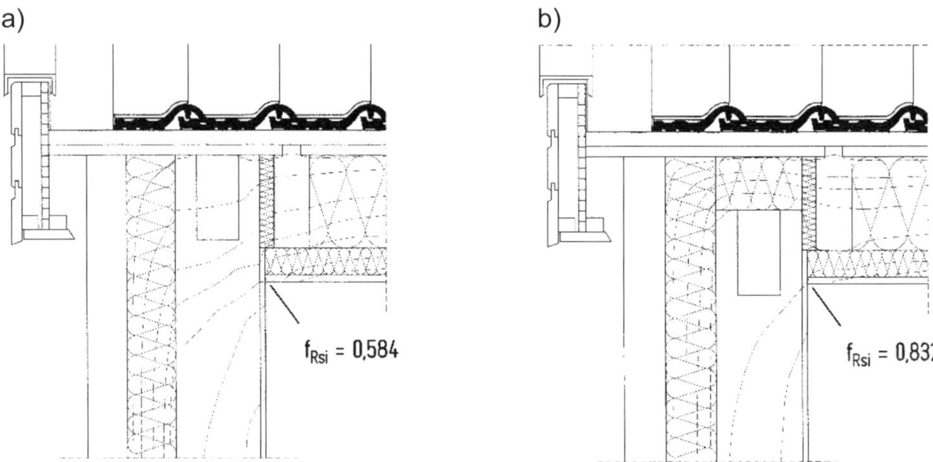

Bild 2.34: Beispiele für EDV-berechnete Wärmebrücken an einem Ortgang (nach [2.82]):
a) mit ungedämmter Mauerkrone
b) mit gedämmter Mauerkrone

Beispiel 2.6: EDV-berechnete Wärmebrücke

Bild 2.34 zeigt die Ergebnisse zweier Wärmebrückenberechnungen an einem Ortgang: Bei fehlender Dämmung über der Giebelwand (= ungedämmte Mauerkrone, Bild 2.34a) wird mit

$$f_{R,si} = 0{,}584 < 0{,}70 = f_{R,si,min}$$

die Anforderung aus DIN 4108-2 *nicht* eingehalten, während bei Dämmung über der Giebelwand (= gedämmte Mauerkrone, Bild 2.34b) mit

$$f_{R,si} = 0{,}832 \geq 0{,}70 = f_{R,si,min}$$

die Anforderung aus DIN 4108-2 eingehalten ist.

In einer Vielzahl von Publikationen wurde die Wärmebrückenwirkung verschiedener Außenwand-, Balkon-, Dachkonstruktionen usw. untersucht und katalogartig vertafelt [2.81], [2.83], [2.84], [2.85]. Dort wird i. d. R.

- sowohl auf die Absenkung der inneren Oberflächentemperaturen bzw. den Temperaturfaktor $f_{R,si}$ an der ungünstigsten Stelle (daraus kann auf die Schimmelbildung geschlossen werden, s. o.)
- als auch auf die energetische Auswirkung

von Wärmebrücken eingegangen.

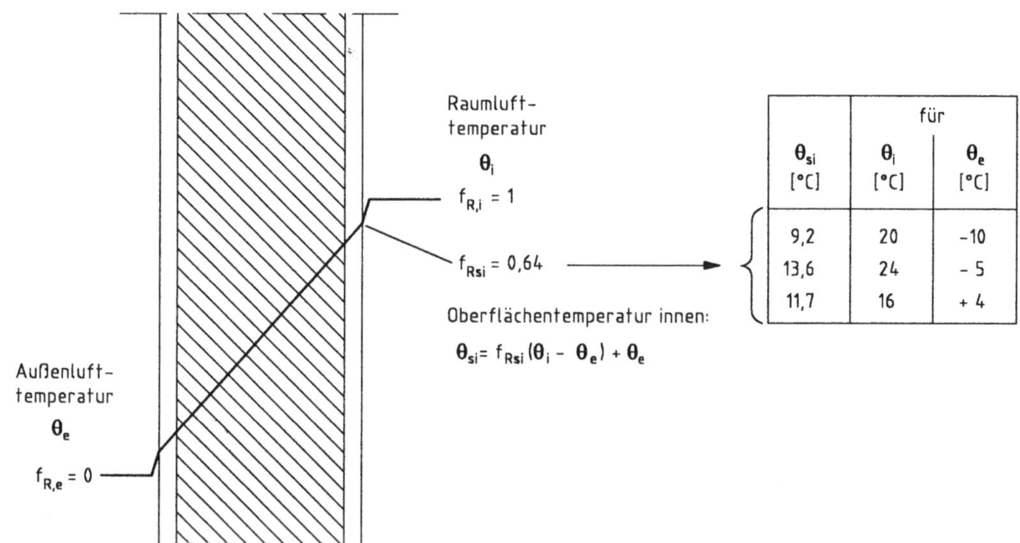

Bild 2.35: Berechnung des Temperaturfaktors (= dimensionslose relative Temperatur) $f_{R,si}$ aus der inneren Oberflächentemperatur θ_{si} bei verschiedenen Annahmen für die Raum- und Außenlufttemperaturen θ_i und θ_e (nach *Hauser* und *Stiegel* [2.83], [2.84])

Am häufigsten wurde in diesem Zusammenhang auf die Wärmebrücken-Atlanten von *Hauser* und *Stiegel* zurückgegriffen [2.83], [2.84] – heute i. d. R. als EDV-Wärmebrückenkataloge genutzt [2.86], [2.87] (s. auch [2.88], [2.89]):

- Die Absenkung der inneren Oberflächentemperaturen im Bereich von Wärmebrücken wird dort mit *dimensionslosen* relativen Temperaturen, den sog. Temperaturfaktoren $f_{R,si}$ untersucht, die von Klimaannahmen unabhängig sind. Mit dem in Bild 2.35 beispielhaft dargestellten Temperaturfaktor $f_{R,si}$ = 0,64 ergibt sich z. B. für eine Raumlufttemperatur von θ_i = 20 °C und eine Außenlufttemperatur von θ_e = – 5 °C die Oberflächentemperatur entsprechend Gl. (2.31) zu

  $$\begin{aligned} \theta_{si} &= f_{R,si} \cdot (\theta_i - \theta_e) + \theta_e \\ &= 0{,}64 \cdot (20 - (-5)) - 5 = 11{,}0\ °C \end{aligned}$$

  Andere Temperaturannahmen führen auf gleiche Weise zu anderen Oberflächentemperaturen, s. Tabelle rechts in Bild 2.35.

- Zur energetischen Erfassung von Wärmebrücken dienen *dimensionsbehaftete* Werte, nämlich
  - zum einen der *längen*bezogene Wärmedurchgangskoeffizient Ψ in W/(m · K) (in [2.83], [2.84] Wärmebrückenverlustkoeffizient *WBV* genannt),
  - zum anderen der *punkt*bezogene Wärmedurchgangskoeffizient χ in W/K (in [2.83][2.84] Wärmebrückenverlustkoeffizient WBV_p genannt)

  (s. hierzu den folgenden Abschnitt 2.8.3).

2.8.3 Berücksichtigung von Wärmebrücken beim Nachweis des baulichen Wärmeschutzes

DIN 4108-2 [2.1], 6.1, weist darauf hin, dass Wärmebrücken in Gebäuden u. a. erhöhte Transmissionswärmeverluste bewirken können.

- Wegen der begrenzten Flächenwirkung kann jedoch der Wärmeverlust vereinzelt auftretender *drei*dimensionaler Wärmebrücken (z. B. punktuelle Balkonauflager, Vordachabhängungen) in der Regel vernachlässigt werden;
- derjenige von *zwei*dimensionalen Wärmebrücken ist jedoch zu überprüfen.

Diese *erhöhten Transmissionswärmeverluste* von (i. d. R. zweidimensionalen) Wärmebrücken müssen bei beheizten Gebäuden berücksichtigt werden; dazu gibt es folgende Möglichkeiten:

- Wenn die längen- bzw. punktbezogenen Wärmedurchgangskoeffizienten Ψ bzw. χ entsprechend EN ISO 10211 [2.74] sowie die Längen der längenbezogenen bzw. die Anzahl der punktbezogenen Wärmebrücken berechnet worden sind, kann der zusätzliche spezifische Transmissionswärmeverlust infolge Wärmebrücken addiert werden zu $\Delta H_{T,WB} = \Sigma\ \Psi_k \cdot l_k + \Sigma\ \chi_j$ in W/K, d. h. über die gesamte wärmeübertragende Umfassungsfläche (Hüllfläche) A des Gebäudes berechnet werden (s. Abschnitt 5.5.3).
- Beim pauschalierten Ansatz wird der zusätzliche spezifische Transmissionswärmeverlust infolge Wärmebrücken zu $\Delta H_{T,WB} = \Delta U_{WB} \cdot A$ in W/K mit pauschalen Werten für ΔU_{WB} und der Hüllfläche A abgeschätzt (s. Abschnitt 5.5.2).

Unabhängig von den beiden o. g. Verfahren zur Erfassung der erhöhten Transmissionswärmeverluste von Wärmebrücken allgemein sind folgende Sonderfälle bzw. zusätzlichen Anforderungen zu beachten:

- Für die Berechnung der Transmissionswärmeverluste bestimmter Bauteile mit flächig verteilten Wärmebrücken sind Korrekturwerte nach EN ISO 6946 [2.45] zu berücksichtigen. Solche Korrekturwerte ΔU werden für Luftspalte, mechanische Befestigungselemente (s. u.) und Umkehrdächer in EN ISO 6946 [2.45], Anhang D, genannt (vgl. Abschnitt 2.5.9).
- Ohne zusätzliche Wärmedämmmaßnahmen sind
  - auskragende Balkonplatten,
  - Attiken,
  - frei stehende Stützen sowie
  - Wände

  mit $\lambda > 0{,}5$ W/(m · K), die in den ungedämmten Dachbereich oder ins Freie ragen, unzulässig.
- Entsprechend DIN 4108-2 [2.1], 6.2, gelten Bauteilanschlüsse nach DIN 4108 Beiblatt 2 [2.69] als ausreichend gedämmt; dort ist eine Vielzahl von Ausführungsbeispielen mit möglichst geringer Wärmebrückenwirkung aufgeführt. Als eines der genannten Beispiele in zulässiger Form – d. h. mit zusätzlicher Wärmedämmmaßnahme – zeigt Bild 2.36 den möglichen Anschluss einer auskragenden Balkonplatte.

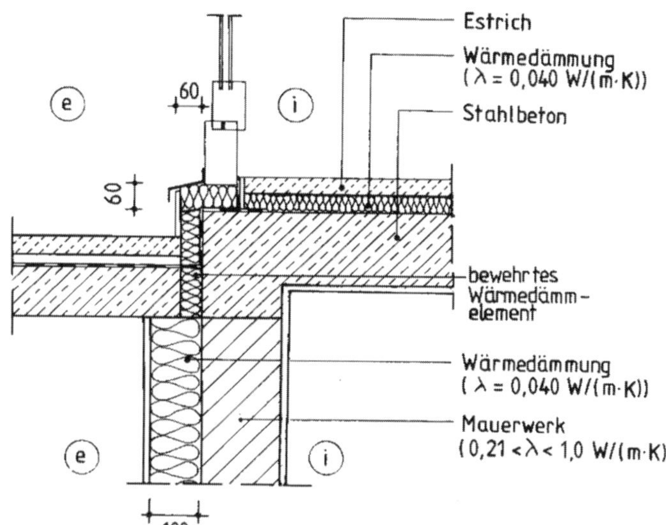

Bild 2.36: Anschluss einer Balkonplatte an außengedämmtes Mauerwerk

Weiter weist DIN 4108-2 [2.1], 6.1, darauf hin, dass für übliche Verbindungsmittel und für Mörtelfugen von Mauerwerk kein Nachweis der Einhaltung der *Mindestinnenoberflächentemperatur* geführt zu werden braucht (vgl. Abschnitt 2.8.2).

Im Gegensatz zum Nachweis der Einhaltung der *Mindestinnenoberflächentemperatur* ist bei der Ermittlung der Wärmedurchgangskoeffizienten (= U nach EN ISO 6946 [2.45]) für die *Transmissionswärmeverluste* die Wärmebrückenwirkung der notwendigen Verbindungs- bzw. Befestigungselemente wie Drahtanker im zweischaligen Verblendmauerwerk, Dübel in Wärmedämm-Verbundsystemen (WDVS) oder Verankerungen bei hinterlüfteten Außenwandbekleidungen gemäß EN ISO 6946 [2.45], 7, zu berücksichtigen, sofern der gesamte zusätzliche Wärmeverlust $\Delta U > 3$ % beträgt:

- Bei Untersuchungen an zweischaligem Mauerwerk *nur* mit Luftschicht (d. h. ohne Wärmedämmung, vgl. Bild 2.20c) zeigten die Drahtanker keine erkennbare Wärmebrückenwirkung [2.90]; bei zweischaligem Mauerwerk mit Kerndämmung wurde bei geringen Dämmstoffdicken ein zusätzlicher Wärmeverlust der Drahtanker von nur $\Delta U_{AW} \leq 3$ % festgestellt (Bild 2.37a) [2.90], sodass in diesen beiden Fällen eine Korrektur des U-Wertes nicht notwendig ist. Gemäß Anhang D.3.2 zu EN ISO 6946 [2.45] ist deshalb *keine* Korrektur bei Mauerwerksankern erforderlich, sofern
  - zwischen den Mauerwerksschalen *nur* eine Luftschicht vorhanden ist bzw.
  - die Wärmeleitfähigkeit der Befestigungselemente $\lambda_f < 1$ W/(m · K) liegt.
- In allen anderen Fällen – d. h. bei mechanischen Befestigungselementen mit $\lambda_f \geq 1$ W/(m · K), die eine dickere Dämmschicht durchdringen – ist gemäß EN ISO 6946 [2.45], Anhang D.3.1, folgende vereinfachte Korrektur (vgl. Abschnitt 2.5.9) des U-Wertes in W/(m² · K) vorzunehmen (nicht zulässig, wenn beide Enden der Befestigungselemente mit Metallteilen verbunden sind):

a)

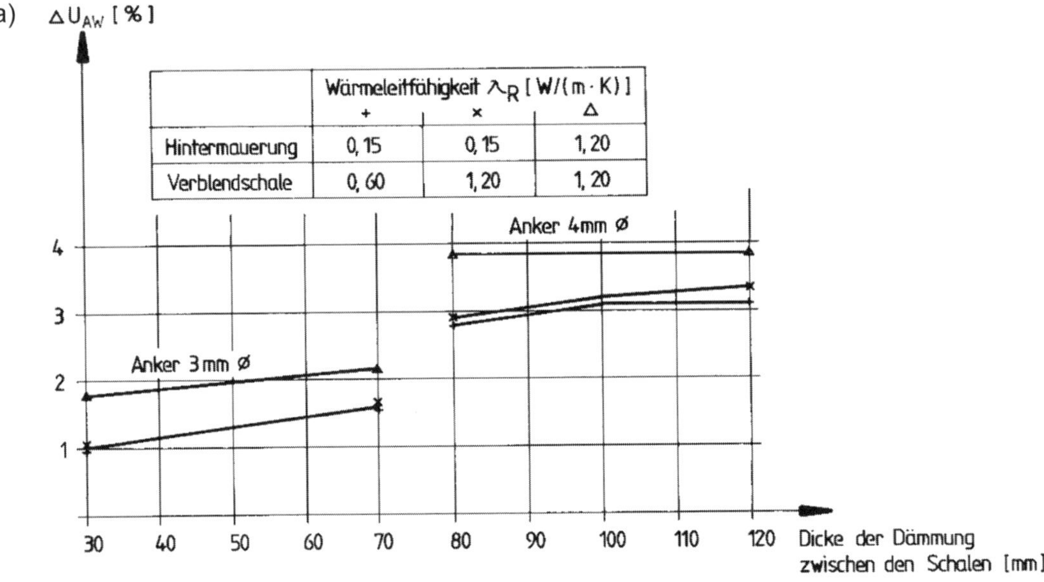

b)

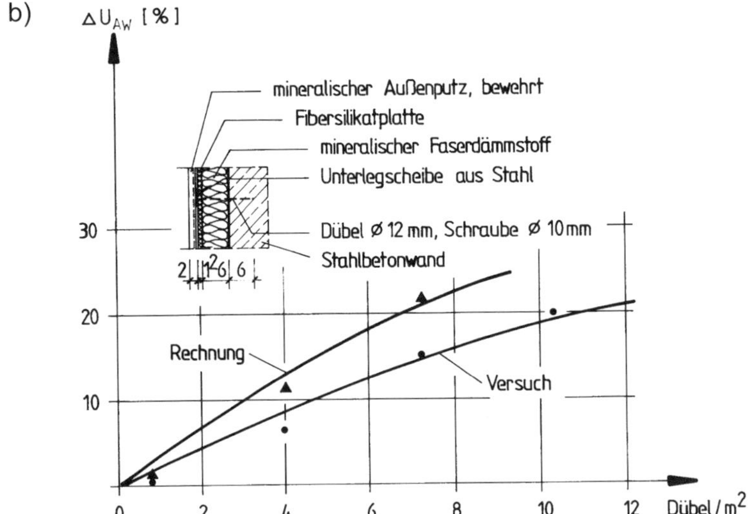

Bild 2.37: Einfluss von punktförmigen Verbindungsmitteln auf den Wärmedurchgangskoeffizienten U_{AW} gedämmter Außenwände; prozentuale Erhöhung ΔU_{AW}:
a) bei zweischaligem Mauerwerk mit 5 Drahtankern pro m² (nach [2.90])
b) eines WDVS mit $d_{DÄ}$ = 6 cm und Dübeln ∅ 10 mm auf einer Betonaußenwand (nach [2.91], Versuchswerte mit der Heizkastenmethode ermittelt, vgl. Bild 2.27)

$$\Delta U_f = \alpha \cdot \frac{\lambda_f \cdot A_f \cdot n_f}{d_0} \cdot \left(\frac{R_1}{R_{T,h}} \right)^2 \tag{2.32}$$

α = 0,8 für Befestigungselemente, die die Dämmschicht vollständig durchdringen (hier bei Drahtankern im Mauerwerk)

λ_f Bemessungswert der Wärmeleitfähigkeit in W/(m · K) des Befestigungselements

A_f Querschnittsfläche eines Befestigungselements in m²

n_f Anzahl der Befestigungselemente pro m² in 1/m²

d_0 Dicke der gesamten Dämmschicht in m

R_1 Wärmedurchlasswiderstand der vom Befestigungselement durchdrungenen Dämmschicht in m² · K/W

$R_{T,h}$ Wärmedurchgangswiderstand des Bauteils ohne Berücksichtigung von Wärmebrücken in m² · K/W

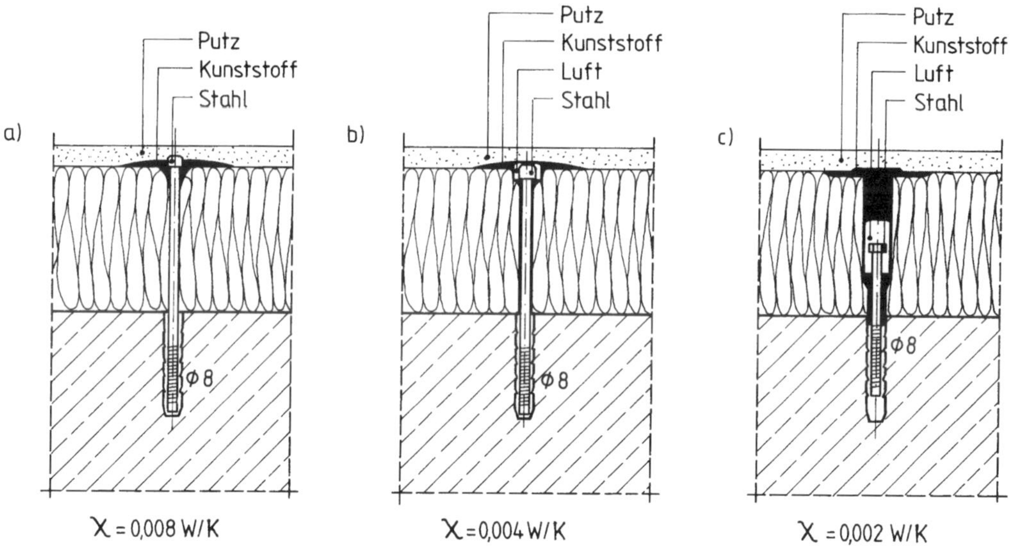

Bild 2.38: Alternative Dübel bei Wärmedämm-Verbundsystemen (WDVS) mit unterschiedlichen punktbezogenen Wärmedurchgangskoeffizienten χ (nach [2.92]):
a) früher üblicher Einbau mit direktem Kontakt Dübelschraube/Putz (vgl. Bild 2.37b)
b) verbesserte Konstruktion mit Trennung Dübelschraube/Putz
c) weiter verbesserte Konstruktion mit durch Luftschicht vom Putz getrennter Dübelschraube (nach [2.94])

Die Notwendigkeit einer analogen Korrektur bei gedübelten Wärmedämm-Verbundsystemen (WDVS) wird durch Wärmebrückenberechnungen und entsprechende Versuche mit dickeren Dübeln in Außenwänden mit WDVS bestätigt; diese führten zu merklich erhöhten Wärmedurchgangskoeffizienten (Bild 2.37b) [2.91], die mit steigender Dämmstoffdicke noch zunehmen. Diese Wärmebrückenwirkung kann jedoch durch günstigere Anordnungen der Dübelschrauben verringert werden [2.92], einige Beispiele dafür zeigt Bild 2.38. Untersuchungen an solchen Dübelsystemen haben gezeigt, dass punktbezogene

Wärmedurchgangskoeffizienten $\chi \leq 0{,}002$ W/K bei geringen bis mittleren Dämmstoffdicken zu zusätzlichen Wärmeverlusten unter 3 % führen [2.93]. *Hinweis*: Gemäß Anhang D.3.2 zu EN ISO 6946 [2.45] braucht bei Befestigungselementen mit Wärmeleitfähigkeiten $\lambda_f < 1$ W/(m · K) *keine* Korrektur vorgenommen zu werden (s. o.) – dies nutzend wurden zwischenzeitlich Schlagstifte aus glasfaserverstärktem Kunststoff als Ersatz für die o. g. Dübelschrauben aus Metall entwickelt.

Zur Berücksichtigung von Wärmebrücken bei *hinterlüfteten Außenwandbekleidungen* siehe entsprechende Hinweise des Fachverbandes Baustoffe und Bauteile für vorgehängte hinterlüftete Fassaden e. V. (FVHF).

Beispiel 2.7: Außenwand aus zweischaligem Mauerwerk mit Kerndämmung

Aufgabe: Für die in Tabelle 2.18 dargestellte Außenwand eines Wohnraumes sind

a) der Nachweis des Mindestwärmeschutzes zu führen und
b) der Wärmedurchgangskoeffizient (U-Wert) zu berechnen.

Lösung: Die Bemessungswerte der Wärmeleitfähigkeit λ von Mauerwerk und Gipsputz ohne Zuschlag werden aus DIN 4108-4 [2.20], Tabelle 1, entnommen. Der Bemessungswert der Wärmeleitfähigkeit λ der Kerndämmplatte entspricht der Herstellerangabe.

Die bei geringen Wandhöhen nach früherer DIN 1053-1 [2.53] ausreichenden und heute noch üblichen zwei Belüftungsöffnungen pro m (d. h. Abstand i. M. alle 50 cm) ergeben bei Normalformat eine Öffnungsfläche (oben und unten zusammen) von

$$A_{Öff} = 2 \cdot 71 \text{ mm} \cdot 10 \text{ mm} / 0{,}50 \text{ m} = 2840 \text{ mm}^2/\text{m} > 1500 \text{ mm}^2/\text{m}$$

Damit liegt nach EN ISO 6946 [2.45] grundsätzlich eine *stark* belüftete Luftschicht vor, sie sei jedoch bei der vorliegenden Kerndämmung oben geschlossen und wird daher als nicht belüftet angenommen (vgl. Abschnitt 2.5.6). Die folgenden Nachweise s. in Tabelle 2.18 – jedoch ist noch zu prüfen, ob gemäß Gl. (2.24) eine Korrektur um ΔU_f für mechanische Befestigungselemente erforderlich ist. Für die nach DIN EN 1996-2/NA [2.55], NCI Anhang NA.D, häufig ausreichenden 7 St./m² Drahtanker Ø 4 mm aus nichtrostendem Stahl mit

$\lambda_f = 17$ W/(m · K) nach EN ISO 10456 [2.27] für austenitischen nichtrostenden Stahl

$A_f = \pi \cdot (0{,}004 \text{ m})^2/4 = 0{,}000\,0126 \text{ m}^2$ pro Drahtanker

$n_f = 7\ /\text{m}^2$

$d_0 = 0{,}14$ m

$R_1 = 4{,}375$ m² · K/W

$R_{T,h} = 5{,}116$ m² · K/W

wird mit Gl. (2.32)

$$\Delta U_f = 0{,}8 \cdot \frac{17 \cdot 0{,}0000126 \cdot 7}{0{,}14} \cdot \left(\frac{4{,}375}{5{,}116}\right)^2 = 0{,}00627 \frac{W}{m^2 \cdot K}$$

Tabelle 2.18: Berechnungsformular zu Beispiel 2.7

Nachweis des Mindestwärmeschutzes

nach DIN EN ISO 6946:2008-04 mit DIN 4108-2:2013-02

Aufbau des Bauteils

Verblendmauerwerk (λ = 0,81 W/(m·K))
Fingerspalt
Kerndämmplatte (λ = 0,032 W/(m·K))
Hintermauerwerk
(KSL, λ = 0,070 W/(m·K))
Gipsputz ohne Zuschlag (λ = 0,51 W/(m·K))
Drahtanker mit Klemmscheibe
(7 Drahtanker Ø 4 mm pro m² aus nichtrostendem Stahl)

11⁵ | 1 | 14 | 17⁵ | 1⁵

Wärmedurchlasswiderstand und Wärmedurchgangskoeffizient

Bauteilaufbau (von innen nach außen)	d in m	ρ in kg/m³	λ in W/(m K)	$R = d / \lambda$ in m² · K/W
Gipsputz ohne Zuschlag	*0,015*	*1200*	*0,51*	*0,029*
Kalksandstein-Mauerwerk	*0,175*	*1400*	*0,70*	*0,250*
Mineralwolle-Kerndämmplatte	*0,14*	*(20)*	*0,032*	*4,375*
ruhende Luft	*0,01*	*-*	*-*	*0,150*
Verblendmauerwerk (Vollziegel)	*0,115*	*1800*	*0,810*	*0,142*

Wärmedurchlasswiderstand	$R = \Sigma\, d / \lambda$	*4,946*
Wärmeübergangswiderstand innen	R_{si}	*0,13*
Wärmeübergangswiderstand außen	R_{se} (bei Innenbauteil auch R_{si})	*0,04*
Wärmedurchgangswiderstand	$R_T = R_{si} + R + R_{se}$	*5,116*
Wärmedurchgangskoeffizient	$U = 1 / R_T$ = *0,195*	W/(m² · K)

Flächenbezogene Masse

m' = *0,175 · 1400 + ...* ≥ *245* kg/m² ≥ 100 kg/m²

Damit liegt ein ~~leichtes~~/schweres[1]) Bauteil vor.

Nachweis des Mindestwärmeschutzes

R = *4,95* m² · K/W ≥ *1,2* m² · K/W = R_{min}

Das untersuchte Bauteil erfüllt somit – ~~nicht~~[1]) – die Anforderungen an den Mindestwärmeschutz nach DIN 4108-2:2013-02.

[1]) Nichtzutreffendes durchstreichen, Zutreffendes unterstreichen.

Mit $\Delta U_f / U = 0{,}00627/0{,}195 = 0{,}032 = 3{,}2\ \% > 3\ \%$ ist hier folgende Korrektur von U erforderlich:

$$U_c = U + \Delta U_f = 0{,}195 + 0{,}00627 = 0{,}201\ \text{W/(m}^2 \cdot \text{K)} \approx 0{,}20\ \text{W/(m}^2 \cdot \text{K)}$$

Anmerkung: Bei einer geringer gedämmten Außenwand mit $U >> 0{,}20\ \text{W/(m}^2 \cdot \text{K)}$ ähnlich Bild 3.8a in Abschnitt 3.3 mit z. B. nur 5 St./m² Drahtankern wäre $\Delta U_f / U < 3\ \%$ und damit ΔU_f nicht zu berücksichtigen – s. das ergänzende Beispiel 2.7a zum Download unter www.beuth-mediathek.de oder www.hmarquardt.de.

Heute wird als Hintermauerwerk i. d. R. Plansteinmauerwerk mit Fugendicken $d \leq 3$ mm aus Dünnbettmörtel (= Klebemörtel) verwendet (s. Abschnitt 3.3). Bei dieser Ausführung können aufgrund ihrer Dicke keine Drahtanker Ø 4 mm verwendet werden; stattdessen werden Luftschichtanker aus dünnem Blech mit Allgemeiner bauaufsichtlicher Zulassung eingebaut, die im Bereich der Dämmschicht hohl sind und dadurch weniger Wärme übertragen. Bei diesen Luftschichtankern liegt ΔU_f i. d. R. unter 3 % und kann vernachlässigt werden.

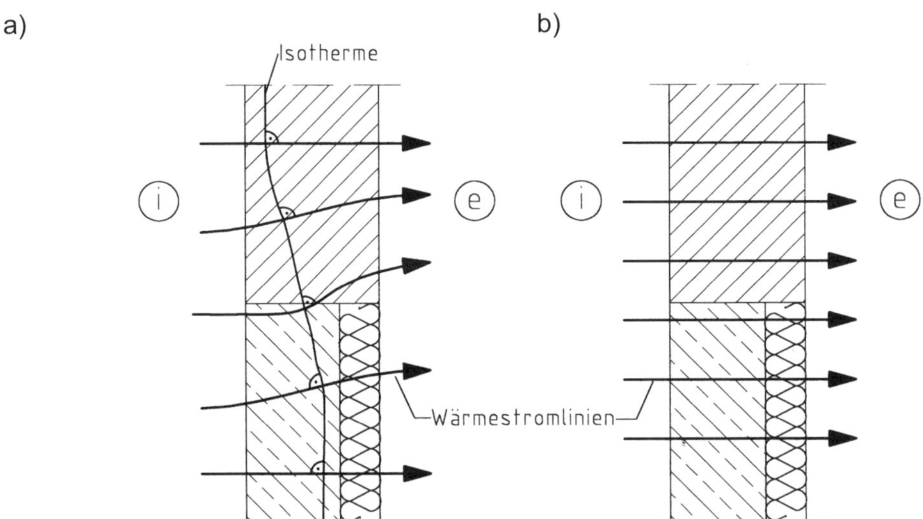

Bild 2.39: Wärmestromlinien in einem Bauteil mit nebeneinanderliegenden Abschnitten:
a) tatsächlicher Verlauf bei unterschiedlichen U-Werten in den nebeneinanderliegenden Bereichen (Isothermen und Wärmestromlinien stehen immer senkrecht aufeinander)
b) vereinfachte Annahme, die Gl. (2.33) zugrunde liegt

2.9 U-Wert bei nebeneinanderliegenden Bauteilabschnitten

Wie in den vorangegangenen Abschnitten dargestellt, verlaufen die Isothermen im Bereich von Wärmebrücken *nicht parallel* zur Bauteiloberfläche – analog verlaufen auch die immer senkrecht die Isothermen kreuzenden Wärmestromlinien dort *nicht senkrecht* zur

Bauteilebene (Bild 2.39a). Solche „thermisch inhomogen“ genannten Bauteile entsprechen nicht den in Abschnitt 2.5.2 genannten Voraussetzungen für die allen bisherigen Berechnungsgleichungen zugrunde gelegte „eindimensionale stationäre Wärmeleitung ohne Wärmequellen oder -senken“. Die Berechnung solcher thermisch inhomogener Bauteile mit einem Wärmebrückenprogramm ist i. d. R. recht aufwendig, deshalb lässt EN ISO 6946 [2.45], 6.2, das folgende vereinfachte Verfahren zur Ermittlung des Wärmedurchgangswiderstandes zu, sofern

- es nicht auf Dämmschichten angewandt wird, die Wärmebrücken aus Metall enthalten, und
- das Verhältnis vom *oberen* zum *unteren* Grenzwert des Wärmedurchgangswiderstandes $R'_T / R''_T \leq 1{,}5$ beträgt (s. u.):

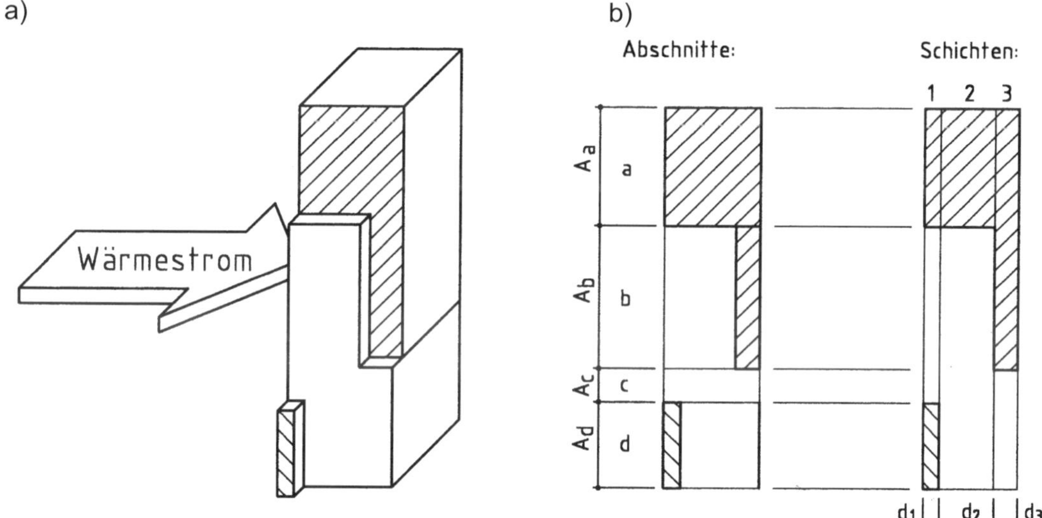

Bild 2.40: Thermisch inhomogenes Bauteil:
a) Projektion des geschnittenen Bauteils mit verschiedenen Schichten und Abschnitten
b) bei der Berechnung mit dem vereinfachten Verfahren verwendete Bezeichnungen

A Aufteilung in einzelne Teile

Als Erstes wird das Bauteil aufgeteilt in *Teile*, und zwar

- in $m = a, b, ..., q$ *Abschnitte* der Flächen $A_a, A_b, ..., A_q$
- mit $j = 1, 2, ..., n$ *Schichten* der Dicken $d_1, d_2, ..., d_n$

entsprechend Bild 2.40, sodass $q \cdot n$ Teile entstehen.

B *Oberer* Grenzwert des Wärmedurchgangswiderstandes

Der *obere* Grenzwert des Wärmedurchgangswiderstandes R'_T in m² · K/W ergibt sich dann als Kehrwert aus folgender Gleichung:

$$\frac{1}{R'_T} = \frac{f_a}{R_{Ta}} + \frac{f_b}{R_{Tb}} + ... + \frac{f_q}{R_{Tq}} \tag{2.33}$$

$R_{Ta}, R_{Tb}, ..., R_{Tq}$ = Wärmedurchgangswiderstände aller *Abschnitte* $m = a, b, ..., q$ entsprechend Gl. (2.22) sowie

$$f_a = \frac{A_a}{\sum A_m}, \quad f_b = \frac{A_b}{\sum A_m}, \quad ... \quad f_q = \frac{A_q}{\sum A_m} \tag{2.34}$$

als sog. *Teilflächen* = Flächenanteile der *Abschnitte* $m = a, b, ..., q$ gemäß Bild 2.40 (mit $\Sigma f_m = f_a + f_b + ... + f_q = 1$)

Dieser obere Grenzwert entspricht der (früher üblichen) vereinfachten Berechnung mit senkrecht zur Bauteilebene stehenden Wärmestromlinien (vgl. Bild 2.39b).

C Wärmedurchlasswiderstand der thermisch inhomogenen Schichten

Als Nächstes wird der Wärmedurchlasswiderstand R_k in m² · K/W für alle thermisch inhomogenen *Schichten* $k = 1, 2, ... \leq n$ als Kehrwert aus den in folgender Form gemittelten Wärmedurchlasskoeffizienten $\Lambda_k = 1/R_k$ ermittelt (vgl. Bild 2.40):

$$\frac{1}{R_k} = \frac{f_a}{R_{ak}} + \frac{f_b}{R_{bk}} + ... + \frac{f_q}{R_{qk}} \tag{2.35}$$

$R_{ak}, R_{bk}, ..., R_{qk}$ = Wärmedurchlasswiderstände der Abschnitte $m = a, b, ..., q$ der thermisch inhomogenen Schicht k in m² · K/W

Alternativ kann – sofern nicht eine Luftschicht Teil der inhomogenen Schicht ist – der Wärmedurchlasswiderstand R_k der thermisch inhomogenen Schicht auch über die *äquivalente Wärmeleitfähigkeit* der Schicht k in W/(m · K) bestimmt werden; diese berechnet sich zu

$$\lambda_k'' = \lambda_{ak} \cdot f_a + \lambda_{bk} \cdot f_b + ... + \lambda_{qk} \cdot f_q \tag{2.36}$$

$\lambda_{ak}, \lambda_{bk}, ..., \lambda_{qk}$ = Bemessungswerte der Wärmeleitfähigkeit der Abschnitte $a, b, ..., q$ in der Schicht k in W/(m · K)

Daraus errechnet sich der Wärmedurchlasswiderstand R_k für die thermisch inhomogene Schicht in m² · K/W zu

$$R_k = d_k / \lambda_k'' \tag{2.37}$$

D *Unterer* Grenzwert des Wärmedurchgangswiderstandes

Damit ergibt sich jetzt der *untere* Grenzwert des Wärmedurchgangswiderstandes in m² · K/W nach der bekannten Gl. (2.22) zu

$$R''_T = R_{si} + R_1 + R_2 + ... + R_n + R_{se} \tag{2.38}$$

worin $R_1, R_2, ..., R_n$ für *homogene* Schichten nach Gl. (2.20) und für *inhomogene* Schichten als Kehrwert aus Gl. (2.35) oder nach Gl. (2.37) bestimmt wird.

E Wärmedurchgangs*widerstand* des thermisch inhomogenen Bauteils

Nun errechnet sich der Wärmedurchgangs*widerstand* des thermisch inhomogenen Bauteils (= des Bauteils mit nebeneinanderliegenden Bauteilbereichen) als arithmetisches Mittel der beiden Grenzwerte in m² · K/W zu

$$R_T = \frac{R'_T + R''_T}{2} \tag{2.39}$$

F Wärmedurchgangs*koeffizient* des thermisch inhomogenen Bauteils

Daraus ergibt sich der Wärmedurchgangskoeffizient U in W/(m² · K) nach Gl. (2.23) zu

$$U = 1 / R_T$$

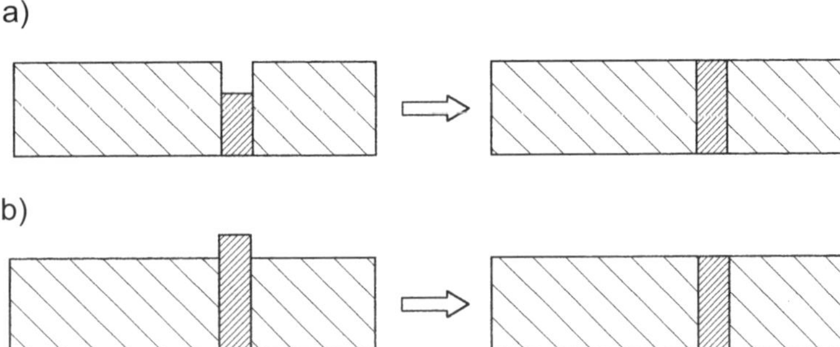

Bild 2.41: Berechnung des Wärmedurchlasswiderstandes von an Luftschichten grenzenden Bauteilen:
a) mit schmaleren Einschnitten
b) mit schmaleren Überständen

Grenzt eine nicht ebene Fläche an eine Luftschicht, sollte die Berechnung nach EN ISO 6946 [2.45] folgendermaßen durchgeführt werden:

- Schmalere Einschnitte werden erweitert (Bild 2.41a), wobei allerdings der Wärmedurchlasswiderstand des Einschnitts *nicht* verändert werden darf.
- Schmalere Überstände werden entfernt (Bild 2.41b), wodurch der Wärmedurchlasswiderstand vermindert wird.

Dadurch entstehen rechnerisch *ebene* Luftschichten.

Beispiel 2.8: Belüftetes Sparrendach

Aufgabe: Für das in Tabelle 2.19 dargestellte belüftete Sparrendach eines Wohnraumes (Unterspannbahn und Dampfsperre nicht dargestellt und bei der Berechnung vernachlässigt) sind

a) der Nachweis des Mindestwärmeschutzes zu führen und
b) der Wärmedurchgangskoeffizient (U-Wert) zu berechnen.

Lösung: Bei diesem Beispiel wird der Bemessungswert der Wärmeleitfähigkeit λ der Gips(karton)platten aus DIN 4108-4 [2.20], Tabelle 1, entnommen; der des Konstruktionsholzes findet sich in EN ISO 10456 [2.27], Tabelle 3. *Hinweis*: Unterschieden werden dort die Rohdichten von Konstruktionsholz in

- ρ = 500 kg/m³, gilt für die in Deutschland üblichen Nadelhölzer, und
- ρ = 700 kg/m³, gilt für die in Deutschland üblichen Laubhölzer.

Tabelle 2.19: Berechnungsformular zu Beispiel 2.8

Nachweis des Mindestwärmeschutzes bei nebeneinanderliegenden Bauteilabschnitten

nach DIN EN ISO 6946:2008-08 mit DIN 4108-2:2013-02 bei

- ***zwei* nebeneinanderliegenden Bauteilabschnitten und**
- **max. *drei* thermisch inhomogenen Bauteilschichten**

Aufbau des Bauteils (aufgeteilt in zwei Abschnitte *a, b* und *j* = 1, 2, .., *n* Schichten)

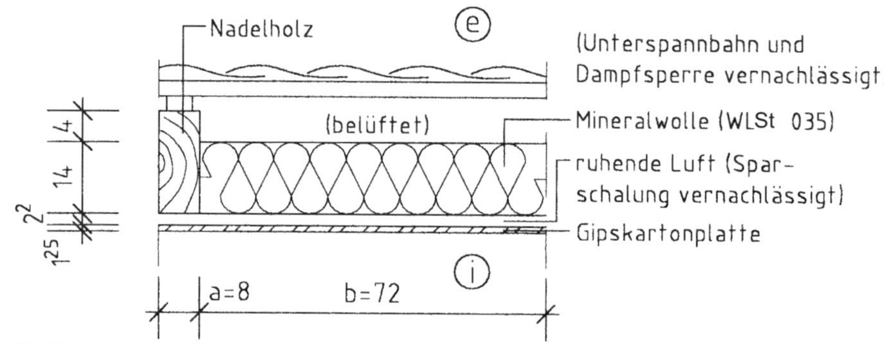

Teilflächen (Flächenanteile) der Abschnitte *a* und *b*

Rippenbereich: $f_a = a / (a + b)$ = *8 / (8 + 72)* = *0,100*

Gefachbereich: $f_b = b / (a + b)$ = *72 / (8 + 72)* = *0,900*

Wärmedurchgangswiderstände der Abschnitte *a* und *b*

Schicht Nr.	Bauteilaufbau (von innen nach außen)	d in m	ρ in kg/m³	λ in W/(m · K)	$R_a = d / \lambda$ in m² · K/W	$R_b = d / \lambda$ in m² · K/W
1	*Gips(karton)platte*	*0,0125*	*800*	*0,25*	*0,050*	*0,050*
2	*ruhende Luft*	*0,022*	-	-	*0,160*	*0,160*
3a	*Nutzholz, ρ = 500 kg/m³*	*0,14*	*500*	*0,13*	*1,077*	-
3b	*Mineralwolle*	*0,14*	*(30)*	*0,035*	-	*4,000*
(Die stark belüftete Luftschicht wird bei R_{se} berücksichtigt.)						
Wärmedurchlasswiderstand		$R_{a,b} = \Sigma\, d / \lambda$			*1,287*	*4,210*
Wärmeübergangswiderstand innen		R_{si}			*0,10*	*0,10*
Wärmeübergangswiderstand außen		R_{se} (Innenbauteil R_{si})			*0,10*	*0,10*
Wärmedurchgangswiderstand		$R_{Ta,b} = R_{si} + R_{a,b} + R_{se}$			*1,487*	*4,410*

Tabelle 2.19 (Fortsetzung): Berechnungsformular zu Beispiel 2.8

Oberer **Grenzwert des Wärmedurchgangswiderstandes R'_T**

$1/R'_T = f_a / R_{T\,a} + f_b / R_{T\,b} =$ $0{,}100 / 1{,}487 + 0{,}900 / 4{,}410 = 0{,}271$ W/(m² · K)

$R'_T = 1 / (1/R'_T) =$ $3{,}686$ m² · K/W

Wärmedurchlasswiderstand R_{k1} der thermisch inhomogenen Schicht k_1 $= 3$

$1/R_{k1} = f_a / R_{a,\,k1} + f_b / R_{b,\,k1} =$ $0{,}100 / 1{,}077 + 0{,}900 / 4{,}000 = 0{,}318$ W/(m² · K)

$R_{k1} = 1 / (1/R_{k1}) =$ $3{,}146$ m² · K/W

Wärmedurchlasswiderstand R_{k2} der thermisch inhomogenen Schicht k_2

$1/R_{k2} = f_a / R_{a,\,k2} + f_b / R_{b,\,k2} =$ - W/(m² · K)

$R_{k2} = 1 / (1/R_{k2}) =$ - m² · K/W

Wärmedurchlasswiderstand R_{k3} der thermisch inhomogenen Schicht k_3

$1/R_{k3} = f_a / R_{a,\,k3} + f_b / R_{b,\,k3} =$ - W/(m² · K)

$R_{k3} = 1 / (1/R_{k3}) =$ - m² · K/W

Unterer **Grenzwert des Wärmedurchgangswiderstandes R''_T**

$R''_T = R_{si} + d_1/\lambda_1 + \ldots + \Sigma R_k + \ldots + d_n/\lambda_n + R_{se}$ (übrige Werte s. erstes Blatt)

$= 0{,}10 + 0{,}050 + 0{,}16 + 3{,}146 + 0{,}10 = 3{,}556$ m² · K/W

Voraussetzung für das vereinfachte Verfahren

$R'_T / R''_T = 3{,}686 / 3{,}556 = 1{,}04 \leq 1{,}5$ d.h. – ~~nicht~~[1]) – eingehalten

Wärmedurchgangswiderstand R_T und Wärmedurchgangskoeffizient U

$R_T = (R'_T + R''_T) / 2 =$ $(3{,}686 + 3{,}556) / 2 = 3{,}621$ m² · K/W

$U = 1 / R_{T,m} =$ $0{,}276 \approx \underline{0{,}28}$ W/(m² · K)

Nachweis des Mindestwärmeschutzes

im Mittel: $R_m = R_T - (R_{si} + R_{se}) = 3{,}621 - (0{,}10 + 0{,}10)$

$= 3{,}42$ m² · K/W $\geq 1{,}0$ m² · K/W $= R_{m,min}$

im Gefach: $R_b = R_{T,b} - (R_{si} + R_{se}) = 4.410 - (0{,}10 + 0{,}10)$

$= 4{,}21$ m² · K/W $\geq 1{,}75$ m² · K/W $= R_{Gef,min}$

Das untersuchte Bauteil erfüllt somit – ~~nicht~~[1]) – die Anforderungen an den Mindestwärmeschutz nach DIN 4108-2:2013-02.

[1]) Entweder durchstreichen oder unterstreichen.

Der Bemessungswert der Wärmeleitfähigkeit λ der Mineralwolle (MW nach EN 13162) entspreche der Wärmeleitfähigkeitsstufe 035.

Es sind keine Dämmschichten vorhanden, die Wärmebrücken aus Metall enthalten – das vereinfachte Verfahren nach EN ISO 6946 [2.45] kann somit grundsätzlich angewandt werden.

Gemäß Bild 2.41b werden die in den Luftraum ragenden Sparren als schmalere Überstände entfernt, d. h. nur 14 cm Sparrenhöhe angesetzt. Die Sparschalung wird vereinfacht der ruhenden Luftschicht gleichgesetzt, da ihr Wärmedurchlasswiderstand mit $R_2 = d_2/\lambda_2 = 0{,}022/0{,}13 = 0{,}17\ m^2 \cdot K/W \approx 0{,}16\ m^2 \cdot K/W$ ungefähr dem der ruhenden Luftschicht entspricht (geringerer Wert = sichere Seite). Nachweise s. in Tabelle 2.19 – die o. g. Voraussetzungen für das vereinfachte Verfahren sind eingehalten.

Weiter ist zu prüfen, ob gemäß Gl. (2.24) eine Korrektur ΔU_g für Luftspalte erforderlich ist. Hier liegt eine einlagige nicht durchgehende Dämmschicht vor, die von anderen Bauteilen (hier Sparren) unterbrochen ist, mit Spalten angenommen zu ≤ 5 mm Breite. Mit Tabelle 2.7 und Gl. (2.25) wird somit

$$\Delta U_g = \Delta U^* \cdot \left(\frac{R_1}{R_{T,h}}\right)^2 = 0{,}01\ \frac{W}{m^2 \cdot K} \cdot \left(\frac{4{,}000\ m^2 \cdot K/W}{4{,}410\ m^2 \cdot K/W}\right)^2 = 0{,}00823\ \frac{W}{m^2 \cdot K}$$

Mit $\Delta U_g / U = 0{,}00823/0{,}276 = 0{,}0298 = 2{,}98\ \% < 3\ \%$ ist hier *keine* Korrektur von U erforderlich. (*Anmerkung*: Bei einem einlagig hochgedämmten Bauteil mit $U < 0{,}28$ W/(m² · K) wäre $\Delta U_g / U > 3\ \%$ und damit ΔU_g zu berücksichtigen – s. die ergänzenden Beispiele 2.8a eines höher gedämmten Daches und 2.8b einer Holztafelbau-/Holzrahmenbauwand zum Download unter www.beuth-mediathek.de oder www.hmarquardt.de.) Heute werden diese Konstruktionen allerdings oft *zweilagig* gedämmt, d. h. mit einer raumseitigen Installationsebene mit Lattung *quer* zu den Ständern oder Sparren, sodass die Luftspalte die warme und kalte Seite der Dämmschicht nur an den Kreuzungspunkten der Holzbauteile punktuell verbinden – dann wird auch hier die Korrektur ΔU_g vernachlässigt (vgl. Abschnitt 2.5.9).

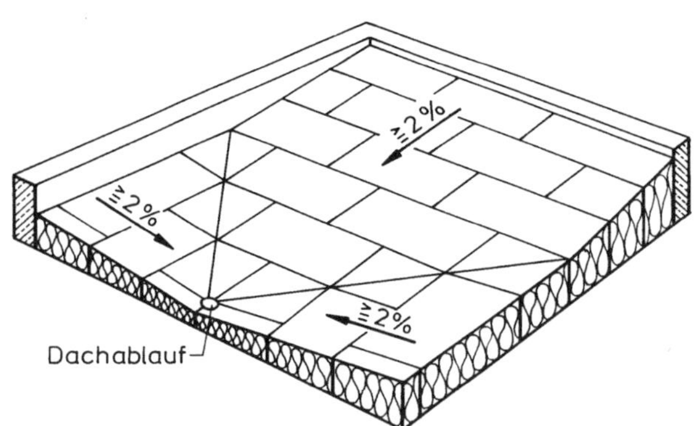

Bild 2.42: Gefälledämmung eines Flachdaches mit keilförmig geschnittenen Wärmedämmplatten (sog. Gefälledämmplatten) [2.56]

2.10 Wärmedurchgangskoeffizient *U* bei keilförmigen Schichten

Bei Flachdächern mit Gefälledämmung (Bild 2.42) kann vereinfacht die *Mindestdicke* für den Wärmeschutznachweis herangezogen werden; falsch ist jedoch der Ansatz der *mittleren Dicke*, da der Wärmedurchgangskoeffizient *U* bei Verringerung der Dämmstoffdicke zur dünneren Seite hin stärker zunimmt, als er bei Vergrößerung der Dämmstoffdicke zur dickeren Seite hin abnimmt (Bild 2.43).

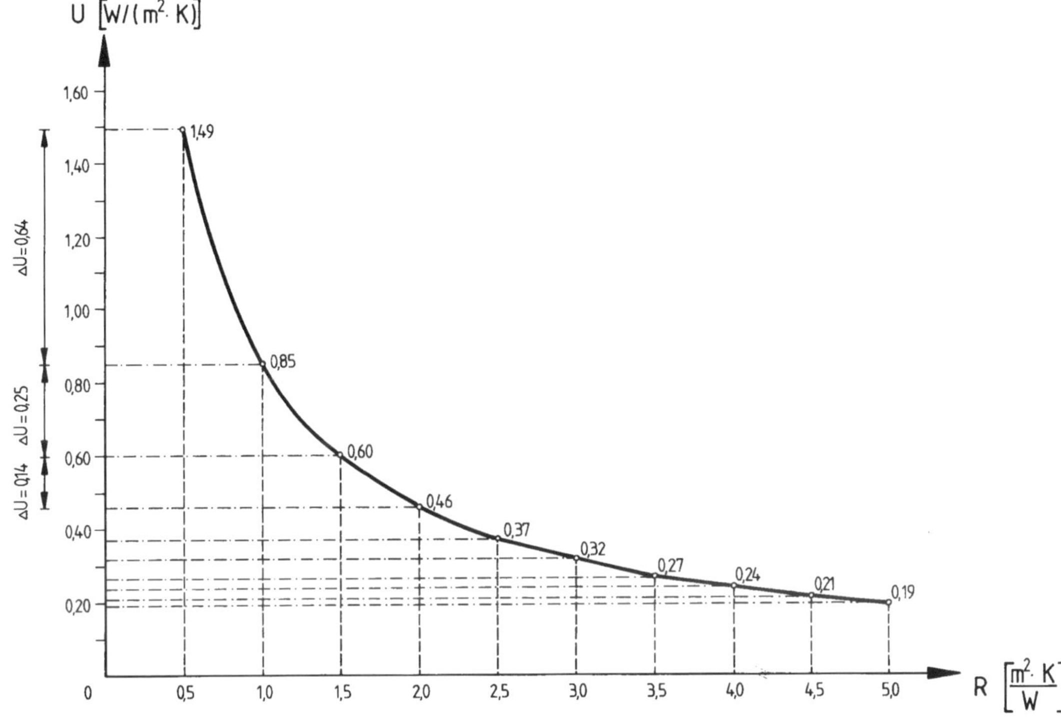

Bild 2.43: Mit zunehmender Verbesserung des Wärmedurchlasswiderstandes R (hier in Schritten von ΔR = 0,5 m²· K/W dargestellt) nimmt der Wärmedurchgangskoeffizient in Schritten von ΔU immer weniger ab; d. h., bei $d_{Dä,mean}$ = 15 cm können Bereiche mit $d_{Dä,max}$ = 20 cm solche mit $d_{Dä,min}$ = 10 cm nicht ausgleichen

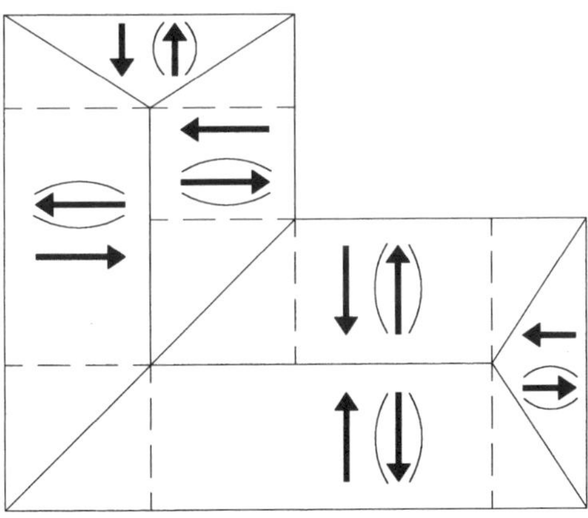

Bild 2.44: Unterteilung einer Dachfläche (Draufsicht) in einzelne Teile, die Pfeile geben die möglichen Entwässerungsrichtungen an:

- nicht eingeklammert: Innenentwässerung
- eingeklammert: Außenentwässerung

Ein entsprechender Berechnungsansatz findet sich in EN ISO 6946 [2.45], Anhang C; dieser sieht folgenden Rechenweg für Dachneigungen ≤ 5 % vor:

A Aufteilung der Dachfläche

Im ersten Schritt wird die Dachfläche entsprechend Bild 2.44 in rechteckige und dreieckige Flächen aufgeteilt, sodass alle Teile der Fläche A_j mit $j = 1, 2, ..., n$ nur ebene Oberflächen haben und einer der in Bild 2.45 dargestellten Formen zugeordnet werden können.

B Wärmedurchgangskoeffizienten der einzelnen Flächen

Die Wärmedurchgangskoeffizienten U_j in W/(m² · K) der einzelnen gemäß Bild 2.44 und Bild 2.45 aufgeteilten Flächen werden nun folgendermaßen berechnet:

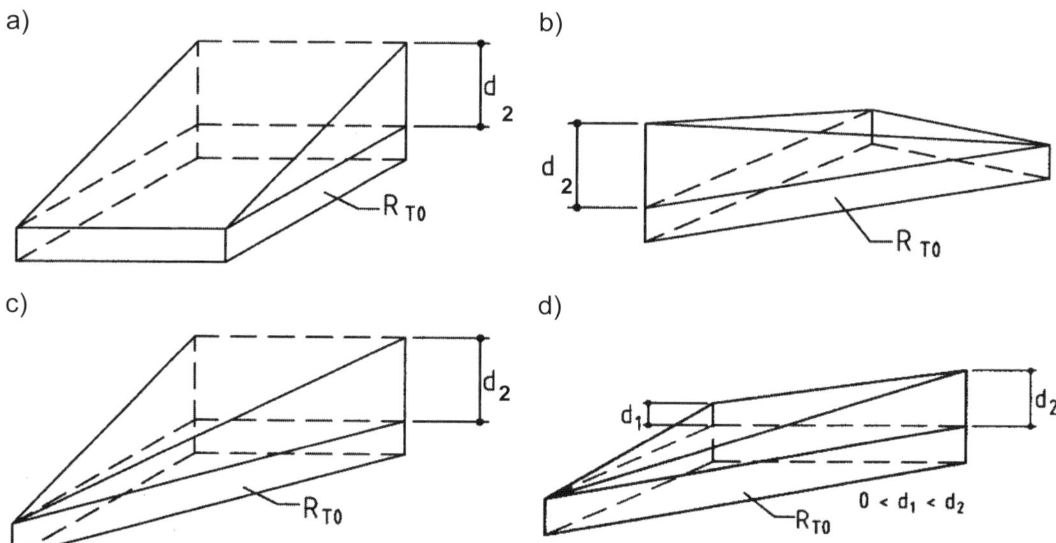

Bild 2.45: Teile von Dächern mit keilförmigen Schichten:
a) rechteckige Fläche
b) dreieckige Fläche, dickste Stelle im Scheitelpunkt
c) dreieckige Fläche, dünnste Stelle im Scheitelpunkt
d) dreieckige Fläche, unterschiedliche Dicken an jedem Scheitelpunkt

– rechteckige Flächen (vgl. Bild 2.45a):

$$U_j = \frac{1}{R_2} \cdot \ln\left(1 + \frac{R_2}{R_{T0}}\right) \tag{2.40}$$

– dreieckige Flächen, jeweils *dickste* Stelle im Scheitelpunkt (vgl. Bild 2.45b):

$$U_j = \frac{2}{R_2} \cdot \left[\left(1 + \frac{R_{T0}}{R_2}\right) \cdot \ln\left(1 + \frac{R_2}{R_{T0}}\right) - 1\right] \tag{2.41}$$

– dreieckige Flächen, jeweils *dünnste* Stelle im Scheitelpunkt (vgl. Bild 2.45c):

$$U_j = \frac{2}{R_2} \cdot \left[1 - \frac{R_{T0}}{R_2} \cdot \ln\left(1 + \frac{R_2}{R_{T0}} \right) \right] \tag{2.42}$$

– dreieckige Flächen mit *unterschiedlichen Dicken* an den Scheitelpunkten (vgl. Bild 2.45d):

$$U_j = 2 \cdot \left[\frac{R_{T0} \cdot R_1 \cdot \ln\left(1 + \frac{R_2}{R_{T0}}\right) - R_{T0} \cdot R_2 \cdot \ln\left(1 + \frac{R_1}{R_{T0}}\right) + R_1 \cdot R_2 \cdot \ln\left(\frac{R_{T0} + R_2}{R_{T0} + R_1}\right)}{R_1 \cdot R_2 \cdot (R_2 - R_1)} \right] \tag{2.43}$$

R_{T0} Wärmedurch*gangs*widerstand in $m^2 \cdot K/W$ des Bauteils *ohne* die keilförmige Schicht gemäß Gl. (2.22) bzw. – bei thermisch inhomogenen Schichten – gemäß Gl. (2.39)

$R_1 = d_1/\lambda_t$ Wärmedurch*lass*widerstand in $m^2 \cdot K/W$ der keilförmigen Schicht mit d_1 entsprechend Bild 2.45d (vgl. Gl. (2.20) für ebene Schichten)

$R_2 = d_2/\lambda_t$ Wärmedurch*lass*widerstand in $m^2 \cdot K/W$ der keilförmigen Schicht mit d_2 entsprechend Bild 2.45 (vgl. Gl. (2.20) für ebene Schichten)

λ_t Bemessungswert der Wärmeleitfähigkeit des keilförmigen Teils (auf null auslaufend an einer Kante bzw. Spitze) in $W/(m \cdot K)$

C Wärmedurchgangskoeffizient des Gesamtbauteils

Der Wärmedurchgangskoeffizient U der Gesamtfläche in $W/(m^2 \cdot K)$ wird nun zu

$$U = \frac{\Sigma(U_j \cdot A_j)}{\Sigma A_j} \tag{2.44}$$

A_j Fläche in m^2 des Teils j mit $j = 1, 2, ..., n$

D Wärmedurchlasswiderstand des Gesamtbauteils

Der Wärmedurch*gangs*widerstand des Bauteils mit keilförmigen Schichten in $m^2 \cdot K/W$ kann daraus mit Gl. (2.23) errechnet werden zu

$$R_T = 1 / U \tag{2.45}$$

Daraus ergibt sich bei Bedarf der Wärmedurch*lass*widerstand des Bauteils mit keilförmigen Schichten in $m^2 \cdot K/W$ nach Gl. (2.22) zu

$$R = R_T - (R_{si} + R_{se}) \tag{2.46}$$

Beispiel 2.9: „Duo-Dach“ mit Gefälledämmplatten

Aufgabe: Für das in Bild 2.46 und Tabelle 2.20 dargestellte Flachdach – ein sog. Duo-Dach bestehend aus einem Umkehrdach über einem üblichen nichtbelüfteten Flachdach – sind

a) der Nachweis des Mindestwärmeschutzes zu führen und
b) der Wärmedurchgangskoeffizient (U-Wert) zu berechnen.

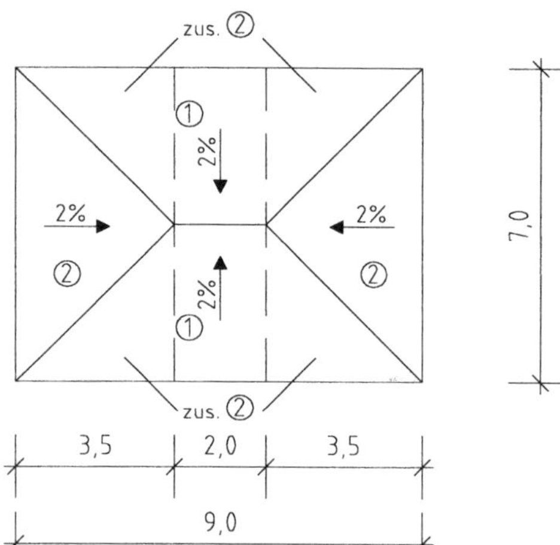

Bild 2.46: Draufsicht auf das in Beispiel 2.9 zu berechnende Flachdach eines Bürogebäudes mit den gewählten Teilen (das Flachdach sei nach *innen* entwässert)

Lösung: Der Bemessungswert der Wärmeleitfähigkeit λ von Beton wird aus EN ISO 10456 [2.27] entnommen – für die Abdichtung wird angenommen, dass Bitumenbahnen nach EN 13707 verwendet werden, die in DIN 4108-4 [2.20] zu finden sind. Der expandierte Polystyrol-Hartschaum (EPS nach EN 13163) und der extrudierte Polystyrol-Hartschaum (XPS nach EN 13164) seien allgemein bauaufsichtlich zugelassen: Ihre Bemessungswerte der Wärmeleitfähigkeit λ entsprechen der Wärmeleitfähigkeitsstufe 035. Berechnungen und Nachweis s. in Tabelle 2.20; zusätzliche Berechnungen s. u.

Der Wärmedurchlasswiderstand der keilförmigen Schicht ergibt sich an der *höchsten* Stelle des Keils mit Bild 2.45c und Gl. (2.20) zu

$$R_2 = d_2 / \lambda_t = 0{,}070 \text{ m} / 0{,}035 \text{ W/(m} \cdot \text{K)} = 2{,}000 \text{ m}^2 \cdot \text{K/W}$$

Damit ergibt sich für die *recht*eckigen Flächen (1) in Bild 2.46 mit Gl. (2.40)

$$U_1 = 1/2{,}000 \cdot \ln(1 + 2{,}000/6{,}263) = 0{,}139 \text{ W/(m}^2 \cdot \text{K)}$$

und für die *drei*eckigen Flächen (2) in Bild 2.46 mit *dünnster* Stelle im Scheitelpunkt des Dreiecks mit Gl. (2.42)

$$U_2 = 2/2{,}000 \cdot [1 - 6{,}263/2{,}000 \cdot \ln(1 + 2{,}000/6{,}263)] = 0{,}132 \text{ W/(m}^2 \cdot \text{K)},$$

woraus sich mit Gl. (2.44) der Wärmedurchgangskoeffizient des Gesamtbauteils errechnet zu

$$U = [0{,}139 \text{ W/(m}^2 \cdot \text{K)} \cdot 14 \text{ m}^2 + 0{,}132 \text{ W/(m}^2 \cdot \text{K)} \cdot 49 \text{ m}^2] / 63 \text{ m}^2 = 0{,}134 \text{ W/(m}^2 \cdot \text{K)}$$

Tabelle 2.20: Berechnungsformular zu Beispiel 2.9

Nachweis des Mindestwärmeschutzes

nach DIN EN ISO 6946:2008-04 mit DIN 4108-2:2013-02

Aufbau des Bauteils

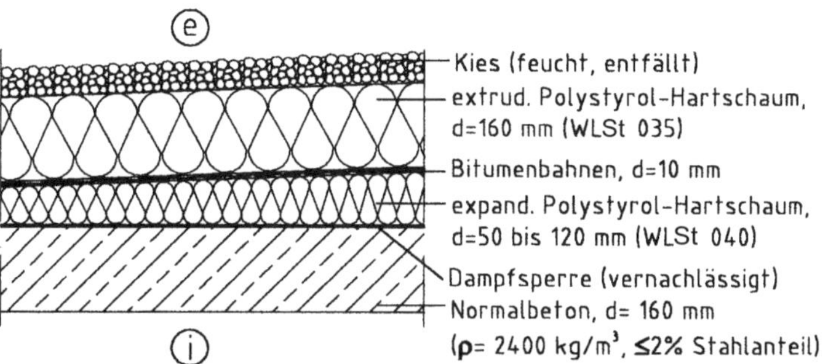

Wärmedurchlasswiderstand und Wärmedurchgangskoeffizient

Bauteilaufbau (von innen nach außen)	d in m	ρ in kg/m³	λ in W/(m K)	$R = d / \lambda$ in m² · K/W
Beton, armiert (mit ≤ 2 % Stahl)	*0,16*	*2400*	*2,5*	*0,064*
*expandierter Polystyrol-Hartschaum *)*	*0,05*	*(≥ 10)*	*0,035*	*1,429*
Bitumenbahnen nach EN 13707	*0,01*	*1100*	*0,17*	*0,059*
extrudierter Polystyrol-Hartschaum	*0,16*	*(≥ 20)*	*0,035*	*4,571*
**) Berechnung hier OHNE die keilförmige Schicht*				

Wärmedurchlasswiderstand	$R = \Sigma\, d / \lambda$	*6,123*
Wärmeübergangswiderstand innen	R_{si}	*0,10*
Wärmeübergangswiderstand außen	R_{se} (bei Innenbauteil auch R_{si})	*0,04*
Wärmedurchgangswiderstand	$R_T = R_{si} + R + R_{se}$	*6,263*
Wärmedurchgangskoeffizient	$U = 1 / R_T =$ *(s. u.)*	W/(m² · K)

Flächenbezogene Masse

m' = 0,16 · 2400 + ... ≥ *384* kg/m² ≥ ~~100~~ kg/m² ***)*

Damit liegt ein ~~leichtes~~/<u>schweres</u>[1]) Bauteil vor. ***) bei Umkehrdächern ≥ 250 kg/m²*

Nachweis des Mindestwärmeschutzes *an <u>ung</u>ünstigster, d. h. dünnster Stelle*

R = *6,12* m² · K/W ≥ *1,2* m² · K/W = R_{min}

Das untersuchte Bauteil erfüllt somit – ~~nicht~~[1]) – die Anforderungen an den Mindestwärmeschutz nach DIN 4108-2:2013-02.

[1]) Nichtzutreffendes durchstreichen, Zutreffendes unterstreichen.

Korrektur des Wärmedurchgangskoeffizienten für das Umkehrdach gemäß DIN 4108-2 [2.1], 5.2.2 (vgl. Abschnitt 2.6 mit Tabelle 2.9): Mit dem Wärmedurch*lass*widerstand des Gesamtbauteils nach Gl. (2.45) und Gl. (2.46) von

$$R = 1/0{,}134 - (0{,}10 + 0{,}04) = 7{,}348 \text{ m}^2 \cdot \text{K/W}$$

und dem Wärmedurchlasswiderstand raumseitig der Abdichtung

$$R_{rs} = R - R_{XPS} = 7{,}348 \text{ m}^2 \cdot \text{K/W} - 4{,}571 \text{ m}^2 \cdot \text{K/W} = 2{,}777 \text{ m}^2 \cdot \text{K/W}$$

wird der Anteil des Wärmedurchlasswiderstandes raumseitig der Abdichtung zu

$$2{,}777/7{,}348 = 0{,}38, \text{ d. h. } 38\ \%$$

Nach DIN 4108-2, Tabelle 4 (s. Tabelle 2.9), ergibt sich damit der Zuschlag zu $\Delta U_r = 0{,}03$ W/(m² · K); damit errechnet sich der U-Wert (gemäß EN ISO 6946 [2.45] auf zwei Dezimalstellen gerundet) zu

$$U_{UK} = U + \Delta U_r = 0{,}134 + 0{,}03 = 0{,}164 \text{ W/(m}^2 \cdot \text{K)} \approx 0{,}16 \text{ W/(m}^2 \cdot \text{K)}$$

Hinweis: Inzwischen sind Umkehrdächer mit wasserableitender Trennlage üblich geworden, bei denen nach Allgemeiner bauaufsichtlicher Zulassung immer $\Delta U_r \equiv 0$ gesetzt werden darf [2.57] (vgl. Abschnitt 2.6) – in diesem Fall kann die Korrektur des Wärmedurchgangskoeffizienten für das Umkehrdach entfallen.

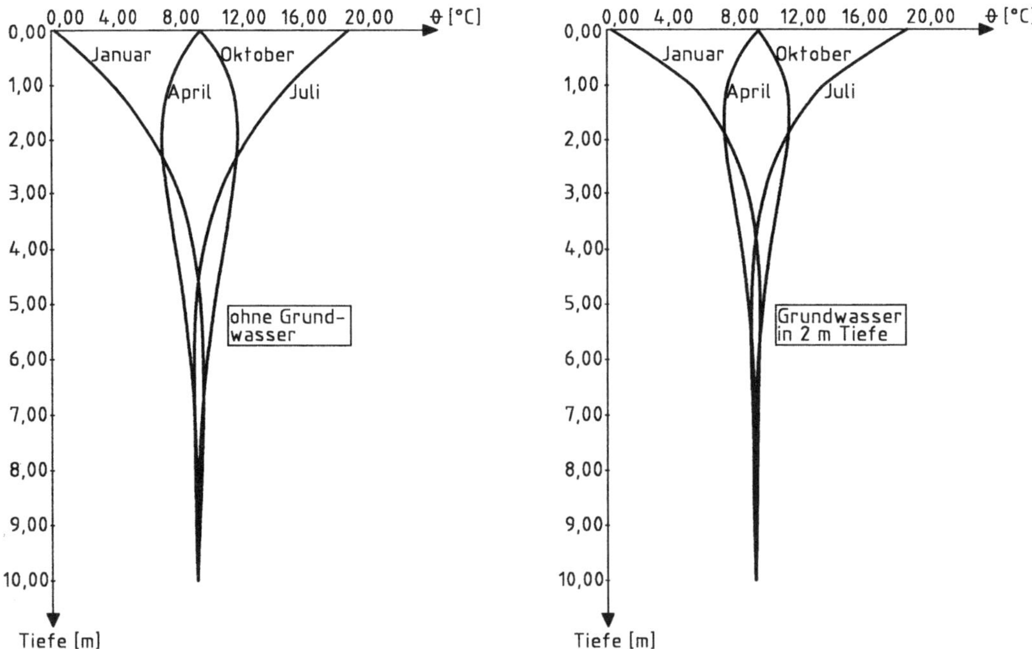

Bild 2.47: Temperaturverläufe im Erdreich für unterschiedliche Monate (nach [2.95])

2.11 Wärmedurchgangskoeffizient *U* erdberührter Bauteile

2.11.1 Wärmetechnisches Verhalten erdberührter Bauteile

Die den bisherigen Berechnungsansätzen zugrunde gelegte EN ISO 6946 [2.45] behandelt *beid*seitig luftberührte Bauteile. Einseitig erdberührte Bauteile zeigen jedoch ein anderes wärmetechnisches Verhalten, da

- einerseits im Vergleich zur Umgebungsluft das Erdreich eine hohe Wärmespeicherfähigkeit hat und
- andererseits das Erdreich – mit oder ohne Grundwasser – ganzjährig nur geringe Temperaturunterschiede zeigt (Bild 2.47).

Vollständig erfasst werden kann das wärmetechnische Verhalten durch eine zwei- oder dreidimensionale numerische Berechnung des gesamten erdberührten Bauteils in einem ausreichend großen Erdkörper analog zur Wärmebrückenberechnung nach EN ISO 10211 [2.74] (s. Bild 2.48 und Abschnitt 5.5.3).

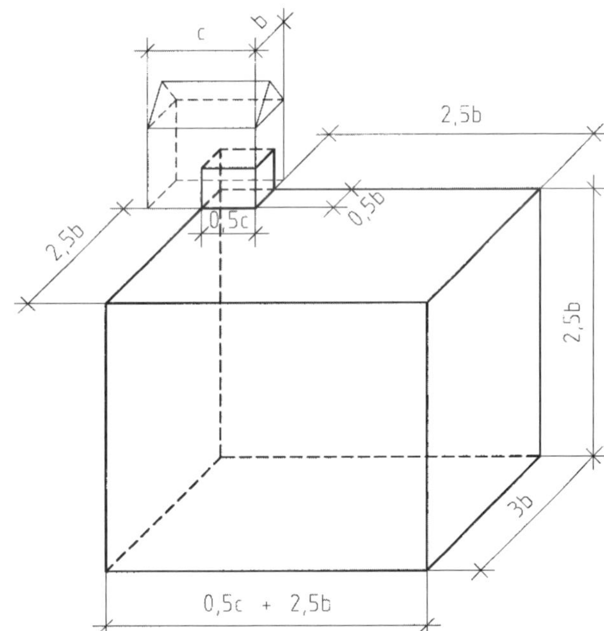

Bild 2.48: Ausreichend großer Erdkörper für die Erfassung erdberührter Bauteile analog zur Wärmebrückenberechnung

Vereinfacht lässt sich – wie im Folgenden dargestellt – der Wärmedurchgangskoeffizient erdberührter Bauteile nach einer besonderen Norm, der EN ISO 13370 [2.96], ermitteln.

Die Berechnungsbereiche nach EN ISO 6946 [2.45] und nach EN ISO 13370 [2.96] werden abgegrenzt durch eine Trennebene, sie liegt

- bei erdberührten und aufgeständerten Bodenplatten sowie unbeheizten Kellergeschossen in Höhe der raumseitigen Bodenoberfläche (Bild 2.49 rechts) bzw.

– bei beheizten Kellergeschossen in Höhe der umgebenden Erdreichoberfläche (Bild 2.49 links).

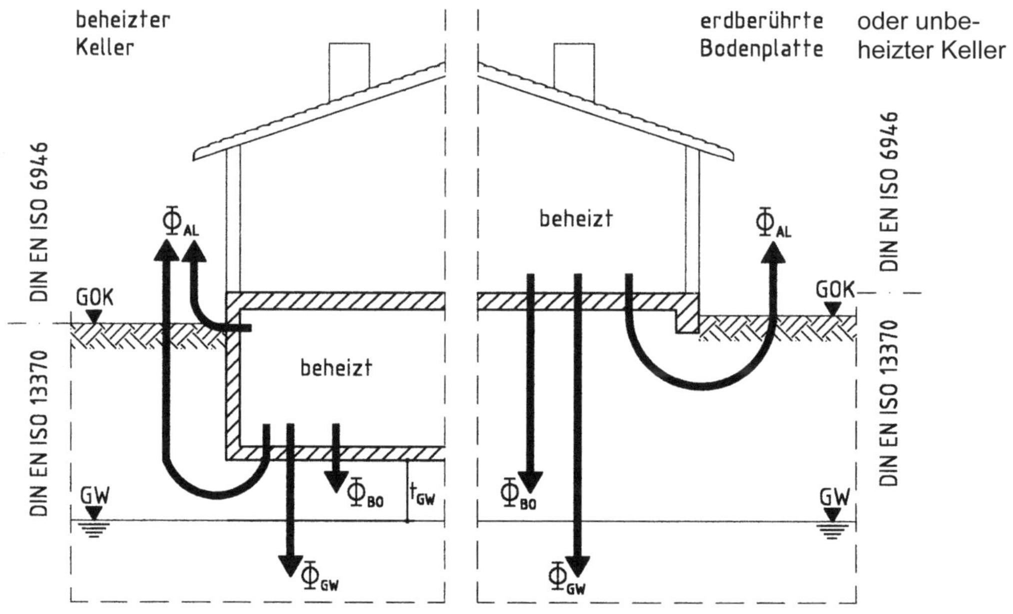

Bild 2.49: Wärmeverluste erdreichberührter Bauteile (nach [2.95])
Φ_{BO} = Wärmeverlust zum Erdreich (Boden)
Φ_{GW} = Wärmeverlust zum Grundwasser
Φ_{AL} = Wärmeverlust zur Außenluft

Wie aus Bild 2.49 weiter zu entnehmen ist, wirken bei erdreichberührten Bauteilen verschiedene Wärmeverluste zusammen, die teilweise von der Gebäude*grundfläche* und teilweise vom Gebäude*umfang* abhängen. Mithilfe des *charakteristischen Bodenplattenmaßes* B' werden diese Einflüsse in EN ISO 13370 [2.96] zusammengefasst:

$$B' = \frac{A}{0{,}5 \cdot P} \tag{2.47}$$

A Bruttofläche der Bodenplatte = Gebäudegrundfläche in m² (Außenmaße)

P Umfang der Bodenplatte in m (engl. *perimeter*) – bei Kellergeschossen ohne Berücksichtigung der Kellerwände – (Außenmaße), bei einzelnen Gebäuden einer Reihenbebauung bleiben die Längen unberücksichtigt, die den betrachteten Gebäudeteil von weiteren beheizten Gebäudeteilen trennen (Bild 2.50)

*Un*beheizte Räume außerhalb der gedämmten Gebäudehülle werden bei der Ermittlung von *A* und *P* übermessen (vgl. Bild 2.50).

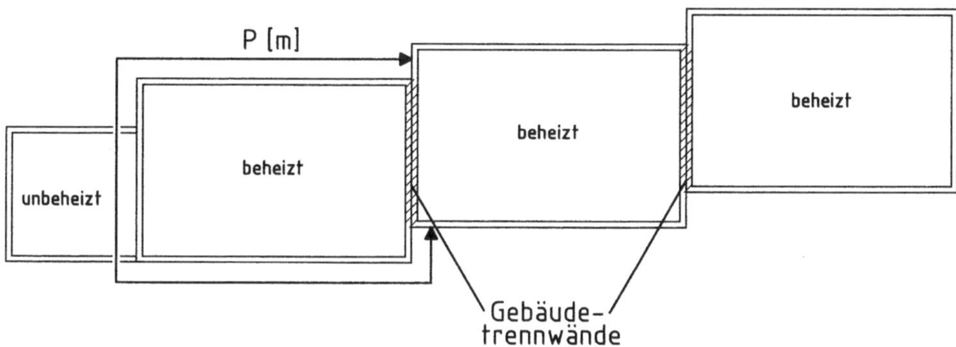

Bild 2.50: Beheizte Gebäude in Reihenbebauung: Beim Umfang *P* der Bodenplatte bleiben die Längen der gemeinsamen Gebäudetrennwände unberücksichtigt, unbeheizte Anbauten werden übermessen

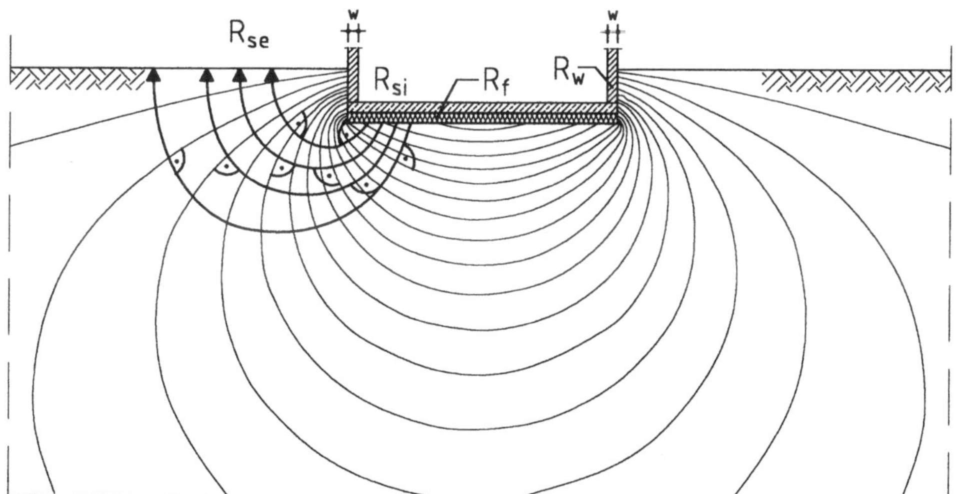

Bild 2.51: Isothermen (schmal) und Wärmestromlinien (fett) im Erdreich unter einem Keller (ohne Grundwasser, nach [2.46], [2.95])

Zur Erfassung der in Bild 2.49 dargestellten Wärmeströme

- sowohl durch die vorhandenen Bauteile
- als auch durch das Erdreich (Bild 2.51)

werden in EN ISO 13370 [2.96] die Wärmedurchlasswiderstände der Bauteile im Vergleich zum umgebenden Erdreich durch die wirksame Gesamtdicke, d. h. durch eine fiktive Dicke des Erdreichs mit entsprechendem Wärmedurchlasswiderstand beschrieben:

A Wirksame Gesamtdicke von Bodenplatten

Die wirksame Gesamtdicke von *Bodenplatten* d_t in m errechnet sich (vgl. Bild 2.51) zu

$$d_t = w + \lambda \cdot (R_{si} + R_f + R_{se}) \qquad (2.48)$$

w Gesamtdicke der Umfassungswände in m (sämtliche Schichten)

λ Wärmeleitfähigkeit des Erdreichs in W/(m · K) nach Tabelle 2.21 (*Hinweis*: Beim öffentlich-rechtlichen Nachweis nach GEG ist gemäß DIN V 4108-6 [2.73], Tabelle D.3, *immer* $\lambda \equiv 2{,}0$ W/(m · K) zu setzen!)

R_f Wärmedurchlasswiderstand in m² · K/W einer ggf. vorhandenen *vollflächigen Dämmschicht* ober-, unter- oder innerhalb der Bodenplatte zuzüglich evtl. vorhandenem Bodenbelag – der Wärmedurchlasswiderstand von Normalbetonplatten und dünnem Bodenplattenbelag kann dabei ebenso vernachlässigt werden wie der von evtl. Schüttlagen unterhalb der Platte

R_{si}, R_{se} Wärmeübergangswiderstände in m² · K/W, vertafelt in EN ISO 6946 [2.45], Tabelle 1 (vgl. Tabelle 2.4)

Tabelle 2.21: Wärmetechnische Eigenschaften des Erdreichs

Kategorie	Beschreibung	Wärmeleitfähigkeit λ in W/(m · K)	volumenbezogene Wärmekapazität $\rho \cdot c$ in J/(m³ · K)
1	Ton oder Schluff	1,5	$3{,}0 \cdot 10^6$
2	Sand oder Kies	2,0	$2{,}0 \cdot 10^6$
3	homogener Fels	3,5	$2{,}0 \cdot 10^6$

B Wirksame Gesamtdicke von Kelleraußenwänden

Die wirksame Gesamtdicke von *Kelleraußenwänden* d_w in m ergibt sich analog (vgl. Bild 2.51) zu

$$d_w = \lambda \cdot (R_{si} + R_w + R_{se}) \qquad (2.49)$$

R_w Wärmedurchlasswiderstand in m² · K/W der Kelleraußenwände (hier sämtliche Schichten)

In EN ISO 13370 [2.96] werden nun unterschieden:

- erdberührte Bodenplatten (Bild 2.52a),
- aufgeständerte Bodenplatten,
- Gebäude mit beheiztem Kellergeschoss (Bild 2.52b) und
- Gebäude mit unbeheiztem Kellergeschoss (Bild 2.52c),

deren Berechnung in den folgenden Abschnitten dargestellt wird (Näheres zur Berechnung nach EN ISO 13370 s. bei *Dahlem* [2.97]).

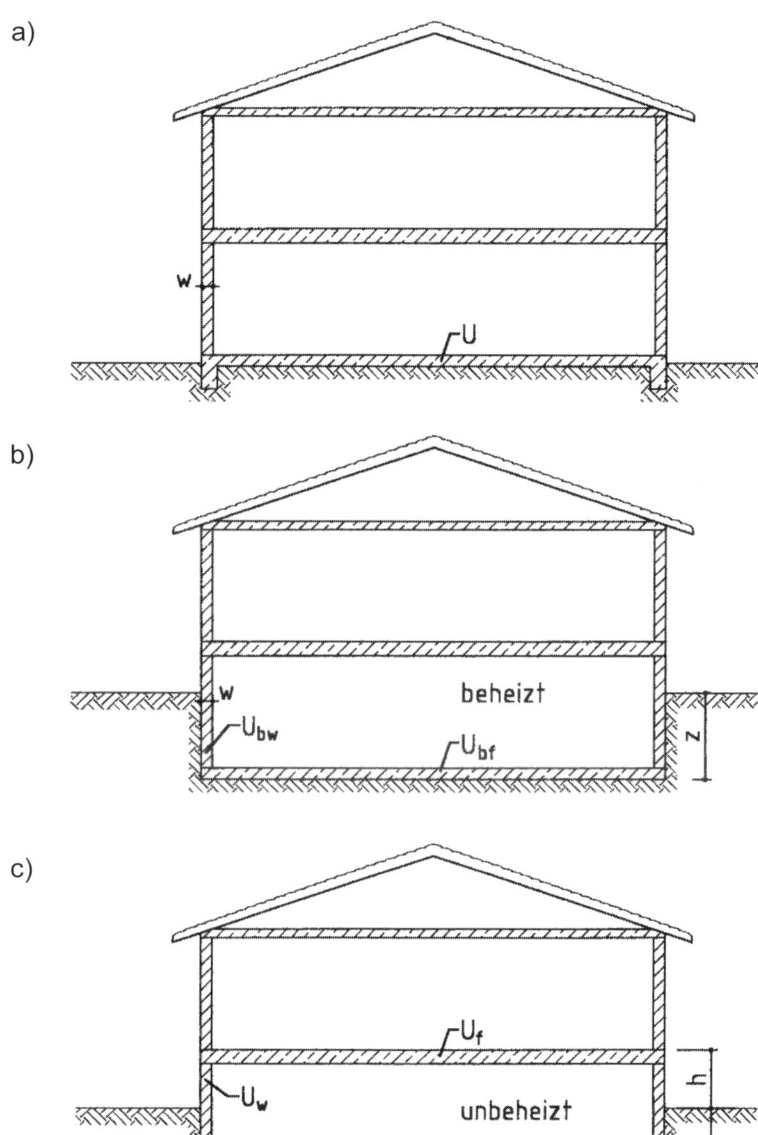

Bild 2.52: Drei der in EN ISO 13370 unterschiedenen Fälle:
a) erdberührte Bodenplatte
b) Gebäude mit beheiztem Kellergeschoss
c) Gebäude mit unbeheiztem Kellergeschoss

2.11.2 Erdberührte Bodenplatten

Der *Grund*wert des Wärmedurchgangskoeffizienten U_0 in W/(m² · K) errechnet sich

– für ungedämmte oder leicht gedämmte Bodenplatten mit $d_t < B'$ zu

$$U_0 = \frac{2 \cdot \lambda}{\pi \cdot B' + d_t} \cdot \ln\left(\frac{\pi \cdot B'}{d_t} + 1\right) \tag{2.50}$$

– bzw. für gut gedämmte Bodenplatten mit $d_t \geq B'$ zu

$$U_0 = \frac{\lambda}{0{,}457 \cdot B' + d_t} \tag{2.51}$$

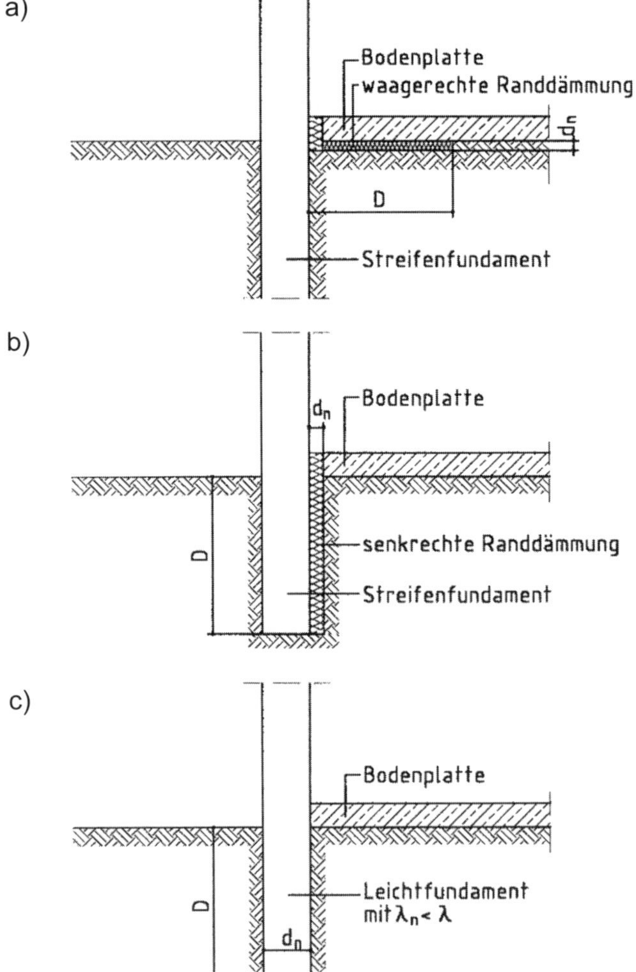

Bild 2.53: In EN ISO 13370 unterschiedene Randdämmungen:

a) waagerechte Randdämmung (in Deutschland nur bei niedrig beheizten Hallen mit $D \geq 5$ m)
b) senkrechte Randdämmung (i. d. R. als Perimeterdämmung außen angeordnet)
c) aufgehende Gründung aus Baustoffen geringer Dichte (in Deutschland unüblich)

Daraus ergibt sich der Wärmedurchgangskoeffizient U zwischen innerer und äußerer Umgebung:

– für Bodenplatten *ohne* Randdämmung in W/(m² · K) zu

$$U = U_0 \tag{2.52}$$

– und für Bodenplatten *mit* Randdämmung (Bild 2.53) in W/(m² · K) zu

$$U = U_0 + 2 \cdot \Psi_{g,e} / B' \tag{2.53}$$

$\Psi_{g,e}$ längenbezogener Wärmedurchgangskoeffizient mit Randdämmung der Bodenplatte in W/(m · K) (früher $\Delta\Psi$)

Eine solche Randdämmung erdberührter Bodenplatten wird durch eine *zusätzliche* wirksame Dicke d' in m erfasst:

$$d' = R' \cdot \lambda \tag{2.54}$$

darin in m² · K/W

$$R' = R_n - d_n / \lambda \tag{2.55}$$

$R_n = d_n / \lambda_n$ als Wärmedurchlasswiderstand in m² · K/W
- der *waage*rechten Randdämmung (Bild 2.53a),
- der *senk*rechten Randdämmung (Bild 2.53b) oder
- der Gründung aus Baustoffen geringer Dichte (Bild 2.53c)

d_n Dicke in m der Randdämmung oder Gründung aus Baustoffen geringer Dichte (vgl. Bild 2.53)

λ_n Wärmeleitfähigkeit in W/(m · K) der Randdämmung oder Gründung aus Baustoffen geringer Dichte (vgl. Bild 2.53)

Mit dieser zusätzlichen wirksamen Dicke d' kann nun der längenbezogene Wärmedurchgangskoeffizient $\Psi_{g,e}$ berechnet werden:

A Waagerechte Randdämmung

Bei waagerechter Randdämmung (vgl. Bild 2.53a) errechnet sich der längenbezogene Wärmedurchgangskoeffizient in W/(m · K) zu

$$\Psi_{g,e} = -\frac{\lambda}{\pi} \cdot \left[\ln\left(\frac{D}{d_t} + 1 \right) - \ln\left(\frac{D}{d_t + d'} + 1 \right) \right] \tag{2.56}$$

D *Breite* in m der *waage*rechten Randdämmung

B Senkrechte Randdämmung oder Gründung aus Baustoffen geringer Dichte

Bei senkrechter Randdämmung oder Gründungen aus Baustoffen geringer Dichte (vgl. Bild 2.53b und Bild 2.53c) ergibt sich der längenbezogene Wärmedurchgangskoeffizient in W/(m · K) zu

$$\Psi_{g,e} = -\frac{\lambda}{\pi} \cdot \left[\ln\left(\frac{2 \cdot D}{d_t} + 1 \right) - \ln\left(\frac{2 \cdot D}{d_t + d'} + 1 \right) \right] \quad (2.57)$$

D *Tiefe* in m der *senk*rechten Randdämmung oder der Gründung aus Baustoffen geringer Dichte

Bei wärmetechnisch ungünstigem Anschluss der Bodenplatte zur aufgehenden Wand sind *zusätzlich* längenbezogene Wärmedurchgangskoeffizienten Ψ_g für die Verbindungsstelle zwischen Wand und Bodenplatte zu berücksichtigen, sie sind gemäß Abschnitt 2.8.3 genauer zu berechnen (aber: $\Psi_g \equiv 0$ beim pauschalen Nachweis der Wärmebrücken gemäß GEG, s. Abschnitt 5.5.2).

Mit dem Wärmedurchgangskoeffizienten U zwischen innerer und äußerer Umgebung errechnet sich nun der (ggf. für die späteren Nachweise am Gesamtgebäude benötigte, s. Abschnitt 5.5.2) *spezifische Transmissionswärmeverlustkoeffizient für das Erdreich = stationärer Wärmeübertragungskoeffizient über das Erdreich* der gesamten Bodenplatte in W/K mit Gl. (2.53) und Gl. (2.47) zu

$$\begin{aligned} H_G &= A \cdot U = A \cdot (U_0 + 2 \cdot (\Psi_g + \Psi_{g,e}) / B') \\ &= A \cdot U_0 + P \cdot (\Psi_g + \Psi_{g,e}) \end{aligned} \quad (2.58)$$

Hinweise zur Berechnung von Bodenplatten mit eingebettetem Heizsystem (Fußbodenheizung) gibt Anhang I zu EN ISO 13370 [2.96].

Beispiel 2.10: Bodenplatte eines frei stehenden Gebäudes

Aufgabe: Für die in Bild 2.54 im Grundriss dargestellte Bodenplatte ist der Wärmedurchgangskoeffizient (U-Wert) nach EN ISO 13370 zu berechnen.

Lösung: Geometrische Größen:
- Perimeter = Umfang der Bodenplatte: $P = 2 \cdot 9\ \text{m} + 2 \cdot 5\ \text{m} + 2 \cdot 4\ \text{m} = 36\ \text{m}$
- Gebäudegrundfläche: $A = 5 \cdot 5\ \text{m} + 4 \cdot 9\ \text{m} = 61\ \text{m}^2$
- charakteristisches Bodenplattenmaß nach Gl. (2.47): $B' = 2 \cdot 61\ \text{m}^2 / 36\ \text{m} = 3{,}389\ \text{m}$

a) Variante ungedämmte Bodenplatte:

Die wirksame Gesamtdicke ergibt sich nach Gl. (2.48) zu

$$d_t = 0{,}365\ \text{m} + 2{,}0\ \text{W/(m} \cdot \text{K)} \cdot (0{,}17\ \text{m}^2 \cdot \text{K/W} + 0 + 0{,}04\ \text{m}^2 \cdot \text{K/W}) = 0{,}785\ \text{m}$$

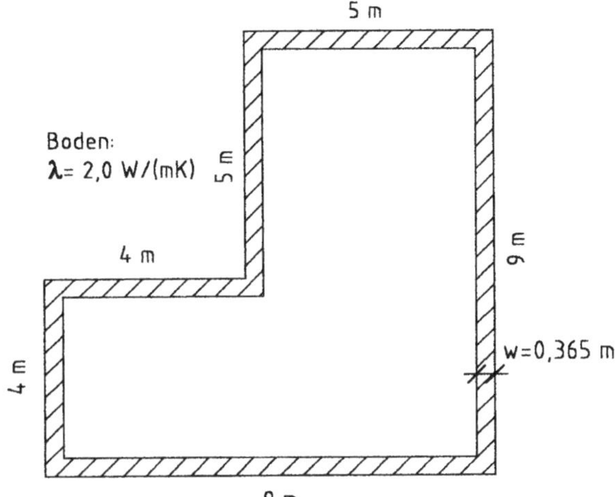

Bild 2.54: Schnitt durch das Erdgeschoss über der in Beispiel 2.10 zu berechnenden Bodenplatte (nur Außenwände dargestellt)

und damit der Wärmedurchgangskoeffizient für die vorliegende ungedämmte Bodenplatte ohne Randdämmung nach Gl. (2.50) und (2.52) zu

$$U_A = U_0 = 2 \cdot 2{,}0\ \mathrm{W/(m \cdot K)} / (3{,}14 \cdot 3{,}389\ \mathrm{m} + 0{,}785\ \mathrm{m}) \cdot \ln (3{,}14 \cdot 3{,}389\ \mathrm{m} / 0{,}785\ \mathrm{m} + 1)$$
$$= 0{,}937\ \mathrm{W/(m^2 \cdot K)}$$

b) Variante ungedämmte Bodenplatte mit Frostschürze mit $d_n = 0{,}365$ m und $D = 0{,}800$ m (vgl. Bild 2.53c) aus Leichtbeton mit $\lambda_n = 0{,}25$ W/(m · K):

Mit Gl. (2.55) wird

$$R' = 0{,}365\ \mathrm{m} / 0{,}25\ \mathrm{W/(m \cdot K)} - 0{,}365\ \mathrm{m} / 2{,}0\ \mathrm{W/(m \cdot K)} = 1{,}2775\ \mathrm{m^2 \cdot K/W}$$

und damit nach Gl. (2.54)

$$d' = 1{,}2775\ \mathrm{m^2 \cdot K/W} \cdot 2{,}0\ \mathrm{W/(m \cdot K)} = 2{,}555\ \mathrm{m}$$

Mit Gl. (2.57) wird damit der längenbezogene Wärmedurchgangskoeffizient (mit $d_t = 0{,}785$ m, s. o.) zu

$$\Psi_{g,e} = -\,2{,}0\ \mathrm{W/(m \cdot K)} / 3{,}14 \cdot [\ln (2 \cdot 0{,}800\ \mathrm{m} / 0{,}785\ \mathrm{m} + 1)$$
$$-\ln (2 \cdot 0{,}800\ \mathrm{m} / (0{,}785\ \mathrm{m} + 2{,}555\ \mathrm{m}) + 1)] = -\,0{,}458\ \mathrm{W/(m \cdot K)}$$

und damit der Wärmedurchgangskoeffizient mit $U_0 = 0{,}937$ W/(m² · K) (s. o.) nach Gl. (2.53) zu

$$U_B = 0{,}937\ \mathrm{W/(m^2 \cdot K)} - 2 \cdot 0{,}458\ \mathrm{W/(m \cdot K)} / 3{,}389\ \mathrm{m} = 0{,}667\ \mathrm{W/(m^2 \cdot K)}$$

Die Frostschürze aus Leichtbeton führt also zu einer Verringerung des U-Wertes der ansonsten ungedämmten Bodenplatte aus Variante a) um 29 %.

c) Variante Bodenplatte oberseitig vollflächig gedämmt mit 100 mm expandiertem Polystyrol-Hartschaum (EPS nach EN 13163) mit Bemessungswert der Wärmeleitfähigkeit λ entsprechend der Wärmeleitfähigkeitsstufe 035:

Mit dem Wärmedurchlasswiderstand der Bodenplattendämmung

$R_f = 0{,}100\ \text{m} / 0{,}035\ \text{W/(m} \cdot \text{K)} = 2{,}857\ \text{m}^2 \cdot \text{K/W}$

und damit nach Gl. (2.48) der wirksamen Gesamtdicke der Bodenplatte von

$d_t = 0{,}365\ \text{m} + 2{,}0\ \text{W/(m} \cdot \text{K)} \cdot (0{,}17\ \text{m}^2 \cdot \text{K/W} + 2{,}857\ \text{m}^2 \cdot \text{K/W} + 0{,}04\ \text{m}^2 \cdot \text{K/W}) = 6{,}499\ \text{m}$
$\geq 3{,}389\ \text{m} = B'$

liegt eine gut gedämmte Bodenplatte vor, d. h., mit Gl. (2.51) und Gl. (2.52) wird damit der Wärmedurchgangskoeffizient der gedämmten Bodenplatte mit $B' = 3{,}389$ m (s. o.) zu

$U_C = U_0 = 2{,}0\ \text{W/(m} \cdot \text{K)} / (0{,}457 \cdot 3{,}389\ \text{m} + 6{,}499\ \text{m}) = 0{,}249\ \text{W/(m}^2 \cdot \text{K)}$

100 mm Dämmung der Bodenplatte sind somit deutlich wirksamer als eine Frostschürze aus Leichtbeton – es ergibt sich eine Verbesserung gegenüber Variante a) um 73 %.

2.11.3 Aufgeständerte Bodenplatten

Aufgeständerte Bodenplatten mit einem durch Außenluft belüfteten Kriechkeller waren bis Mitte der 1980er-Jahre in Skandinavien üblich, hatten jedoch Probleme mit Tauwasserausfall im Sommer, sodass sie auch dort kaum noch ausgeführt werden [2.98]. Sie haben in Deutschland keine Bedeutung, zur Bemessung s. EN ISO 13370 [2.96], 9.2.

2.11.4 Beheizte Keller

Als Erstes errechnet sich entsprechend EN ISO 13370 [2.96], 9.3, der Wärmedurchgangskoeffizient der Keller-Bodenplatte U_{bf} in W/(m² · K)

– für ungedämmte oder leicht gedämmte Keller-Bodenplatten mit $d_t + 0{,}5 \cdot z < B'$ zu

$$U_{bf} = \frac{2 \cdot \lambda}{\pi \cdot B' + d_t + 0{,}5 \cdot z} \cdot \ln\left(\frac{\pi \cdot B'}{d_t + 0{,}5 \cdot z} + 1\right) \tag{2.59}$$

– bzw. für gut gedämmte Bodenplatten mit $d_t + 0{,}5 \cdot z \geq B'$ zu

$$U_{bf} = \frac{\lambda}{0{,}457 \cdot B' + d_t + 0{,}5 \cdot z} \tag{2.60}$$

Als Zweites ergibt sich der Wärmedurchgangskoeffizient der Kelleraußenwände U_{bw} in W/(m² · K) zu

$$U_{bw} = \frac{2 \cdot \lambda}{\pi \cdot z} \cdot \left(1 + \frac{0{,}5 \cdot d_t}{d_t + z}\right) \cdot \ln\left(\frac{z}{d_w} + 1\right) \qquad (2.61)$$

z Tiefe der Bodenplatten-*Unter*kante unter Erdreich*ober*kante in m (vgl. Bild 2.52b)

$d_w \geq d_t$ als Standardfall – sollte $d_w < d_t$ sein, so ist in Gl. (2.61) d_t durch d_w zu ersetzen.

Damit errechnet sich der stationäre Wärmeübertragungskoeffizient in W/K des gesamten beheizten Kellers (unter Berücksichtigung eines ggf. anzusetzenden *zusätzlichen* längenbezogenen Wärmedurchgangskoeffizienten Ψ_g für die Verbindungsstelle zwischen Wand und Bodenplatte, vgl. Abschnitt 2.11.2) zu

$$H_g = A \cdot U_{bf} + z \cdot P \cdot U_{bw} + P \cdot \Psi_g \qquad (2.62)$$

Daraus wiederum ergibt sich der wirksame Wärmedurchgangskoeffizient U' in W/(m² · K) des gesamten erdberührten Kellergeschosses bezogen auf die gesamte erdberührte Fläche zu

$$U' = \frac{A \cdot U_{bf} + z \cdot P \cdot U_{bw}}{A + z \cdot P} \qquad (2.63)$$

A Bruttofläche der Bodenplatte = Gebäudegrundfläche in m² (Außenmaße)

P Umfang der Bodenplatte in m ohne Berücksichtigung der Kellerwände (Außenmaße)

2.11.5 Unbeheizte Keller

Der Wärmedurchgangskoeffizient U in W/(m² · K) errechnet sich entsprechend EN ISO 13370 [2.96], 9.4, als Kehrwert aus der Summe

- des Wärmedurchgangswiderstandes der Kellerdecke sowie
- der Wärmedurchgangswiderstände der den Keller umschließenden Bauteile Bodenplatte, Kelleraußenwände und Außenwände oberhalb der Geländeoberkante mit den Lüftungswärmeverlusten des Kellers

(vgl. Bild 2.52c) zu

$$\frac{1}{U} = \frac{1}{U_f} + \frac{A}{A \cdot U_{bf} + z \cdot P \cdot U_{bw} + h \cdot P \cdot U_w + 0{,}33 \cdot n \cdot V} \qquad (2.64)$$

U_f Wärmedurchgangskoeffizient der Kellerdecke (zwischen innerer Umgebung und Kellergeschoss) in W/(m² · K), berechnet nach EN ISO 6946 [2.45]

U_{bf} Wärmedurchgangskoeffizient der Keller-Bodenplatte (vgl. Abschnitt 2.11.4) in W/(m² · K)

U_{bw} Wärmedurchgangskoeffizient der Kelleraußenwände (vgl. Abschnitt 2.11.4) in W/(m² · K)

U_w Wärmedurchgangskoeffizient der Kelleraußenwände oberhalb des Erdreichs in W/(m² · K), berechnet nach EN ISO 6946 [2.45]

A Bruttofläche der Bodenplatte = Gebäudegrundfläche [m^2] (Außenmaße)

P Umfang der Bodenplatte in m ohne Berücksichtigung der Kellerwände (Außenmaße)

z Tiefe der Bodenplatten-*Unter*kante unter Erdreich*ober*kante in m (vgl. Bild 2.52c)

h Höhe der Kellerdecken-*Ober*fläche oberhalb der Erdreich*ober*kante in m (vgl. Bild 2.52c)

0,33 ≈ 0,34 Wh/(m³ · K) = volumenspezifische Wärmespeicherkapazität der Luft (s. Abschnitt 5.6.2)

n Luftwechselrate in h^{-1} des Kellers, i. d. R. darf $n \equiv 0{,}3\ h^{-1}$ gesetzt werden

V Luftvolumen des Kellers in m³

Damit errechnet sich der stationäre Wärmeübertragungskoeffizient in W/K (unter Berücksichtigung eines ggf. anzusetzenden *zusätzlichen* längenbezogenen Wärmedurchgangskoeffizienten Ψ_g für die Verbindungsstelle zwischen Wand und Bodenplatte, vgl. Abschnitt 2.11.2) durch den unbeheizten Keller zu

$$H_g = A \cdot U + P \cdot \Psi_g \tag{2.65}$$

2.11.6 Vereinfachte Berechnung erdberührter Bauteile

Der öffentlich-rechtliche Nachweis gemäß GEG 2023 [2.13], [2.14], § 19 (6), sieht alternativ zum vorstehend beschriebenen Verfahren eine vereinfachte Berechnung des Wärmedurchgangskoeffizienten U erdberührter Bauteile gemäß DIN V 18599-2 [2.99] , 6.1.4.3, vor. Berechnet wird dabei der sog. *konstruktive U-Wert* aus der Schichtfolge des an das Erdreich grenzenden Bauteils mit den Wärmeübergangswiderständen (vgl. Tabelle 2.4)

- R_{si} = 0,17 m² · K/W bei horizontalen Bauteilen (d. h. Bodenplatten) bzw.
- R_{si} = 0,13 m² · K/W bei vertikalen Bauteilen (d. h. erdberührten Wänden) sowie
- R_{se} = 0 auf der erdberührten Seite des Bauteils,

d. h., die Berechnung endet – im Gegensatz zum Verfahren nach EN ISO 13370 [2.96] – an der Außenseite des erdberührten Bauteils.

Zur Berücksichtigung der relativ großen thermischen Trägheit des Erdreiches wird beim Nachweis gemäß GEG der Wärmedurchgang durch die erdberührten Bauteile mit sog. *Temperatur-Korrekturfaktoren* $F_x < 1$ abgemindert (s. u. Abschnitte 5.4.1 und 5.4.2).

Auch der *Nachweis des Mindestwärmeschutzes* wird analog geführt; gemäß DIN 4108-2 [2.1], Fußnote b zu Tabelle 3, ist für erdberührte Bauteile der konstruktive Wärmedurchlasswiderstand anzusetzen. Bei einer Perimeterdämmung geht ergänzend die Wärmedämmschicht außerhalb der Abdichtung in die Berechnung ein.

(Zur Perimeterdämmung vgl. Abschnitt 2.6 mit Bild 2.22b)

Beispiel 2.11: Bodenplatte unter beheiztem Raum

Aufgabe: Für die in Tabelle 2.22 dargestellte Bodenplatte unter einem beheizten Raum eines Wohngebäudes sind

a) der Nachweis des Mindestwärmeschutzes zu führen und
b) der Wärmedurchgangskoeffizient (U-Wert) vereinfacht nach Anhang E zu DIN V 4108-6 zu berechnen.

Lösung: Der Bemessungswert der Wärmeleitfähigkeit λ des Zementestrichs wird aus DIN 4108-4 [2.20], Tabelle 1, entnommen. Der Bemessungswert der Wärmeleitfähigkeit λ des expandierten Polystyrol-Hartschaums (EPS nach EN 13163) entspreche der Wärmeleitfähigkeitsstufe 035. (Ein ergänzendes Beispiel 2.11a einer unterhalb der Bodenplatte gedämmten Kellersohle s. zum Download unter www.beuth-mediathek.de oder www.hmarquardt.de)

Vergleich mit Beispiel 2.10c: Setzt man entsprechend Tabelle 5.8 in Abschnitt 5.4.1 für die gedämmte Bodenplatte mit $B' = 3{,}389$ m < 5 m und $R_f = 2{,}857$ m² · K/W > 1 m² · K/W den Temperatur-Korrekturfaktor zu $F_G \equiv F_f = 0{,}60$, so wird der mit der Berechnung nach EN ISO 13370 vergleichbare U-Wert zu

$$U_{vergl} = F_{bf} \cdot U = 0{,}60 \cdot \ 0{,}325 \text{ W/(m}^2 \cdot \text{K)} = 0{,}195 \text{ W/(m}^2 \cdot \text{K)}$$

d. h., die vereinfachte Berechnung des im vorliegenden Fall kleinen Gebäudes von nur 61 m² Grundfläche führt zu einem um 22 % günstigeren Ergebnis als die genauere Berechnung nach EN ISO 13370 mit $U = 0{,}249$ W/(m² · K).

Beispiel 2.12: Erdberührte Außenwand mit Perimeterdämmung

Aufgabe: Für die in Tabelle 2.23 dargestellte erdberührte Außenwand eines Wohnraumes sind

a) der Nachweis des Mindestwärmeschutzes zu führen und
b) der Wärmedurchgangskoeffizient (U-Wert) vereinfacht nach Anhang E zu DIN V 4108-6 zu berechnen.

Lösung: Die Bemessungswerte der Wärmeleitfähigkeit λ werden aus DIN 4108-4 [2.20], Tabelle 1, entnommen. Der Bemessungswert der Wärmeleitfähigkeit λ des extrudierten Polystyrol-Hartschaums (XPS nach EN 13164) entspreche der Wärmeleitfähigkeitsstufe 035. (Ein ergänzendes Beispiel 2.12a einer hochgedämmten Außenwand mit Perimeterdämmung s. zum Download unter www.beuth-mediathek.de oder www.hmarquardt.de)

Tabelle 2.22: Berechnungsformular zu Beispiel 2.11

Nachweis des Mindestwärmeschutzes

nach DIN EN ISO 6946:2008-04 mit DIN 4108-2:2013-02

Aufbau des Bauteils

(i)

7 | 10 | ≥16

Zementestrich (ρ= 2000 kg/m³)

expand. PS-Hartschaum (WLSt 035)

Normalbeton (unterhalb der Abdichtung)

(e)

Wärmedurchlasswiderstand und Wärmedurchgangskoeffizient

Bauteilaufbau (von innen nach außen)	d in m	ρ in kg/m³	λ in W/(m K)	$R = d / \lambda$ in m² · K/W
Zement-Estrich	*0,07*	*2000*	*1,4*	*0,050*
expandierter Polystyrol-Hartschaum	*0,10*	*(≥ 10)*	*0,035*	*2,857*
Beton (außerhalb der vernachlässigten Abdichtung)		-	-	-

Wärmedurchlasswiderstand	$R = \Sigma\, d / \lambda$	*2,907*
Wärmeübergangswiderstand innen	R_{si}	*0,17*
Wärmeübergangswiderstand außen	R_{se} (bei Innenbauteil auch R_{si})	*0,00*
Wärmedurchgangswiderstand	$R_T = R_{si} + R + R_{se}$	*3,077*
Wärmedurchgangskoeffizient	$U = 1 / R_T$ = *0,32*	W/(m² · K)

Flächenbezogene Masse

m' = *0,07 · 2000 + …* ≥ *140* kg/m² ≥ 100 kg/m²

Damit liegt ein ~~leichtes~~/schweres[1]) Bauteil vor.

Nachweis des Mindestwärmeschutzes

R = *2,91* m² · K/W ≥ *0,90* m² · K/W = R_{min}

Das untersuchte Bauteil erfüllt somit – ~~nicht~~[1]) – die Anforderungen an den Mindestwärmeschutz nach DIN 4108-2:2013-02.

[1]) Nichtzutreffendes durchstreichen, Zutreffendes unterstreichen.

Tabelle 2.23: Berechnungsformular zu Beispiel 2.12

Nachweis des Mindestwärmeschutzes

nach DIN EN ISO 6946:2008-04 mit DIN 4108-2:2013-02

Aufbau des Bauteils

e i

Gipsputz ohne Zuschlag

KS-Mauerwerk (ρ= 1400 kg/m³)

Dickbeschichtung

extrud. Polystyrol-Hartschaum (WLSt 035)

8 36⁵ 1

Wärmedurchlasswiderstand und Wärmedurchgangskoeffizient

Bauteilaufbau (von innen nach außen)	d in m	ρ in kg/m³	λ in W/(m K)	$R = d / \lambda$ in m² · K/W
Gipsputz ohne Zuschlag	*0,01*	*1200*	*0,51*	*0,020*
KS-Mauerwerk	*0,365*	*1400*	*0,70*	*0,521*
Polystyrol-Extruderschaum XPS	*0,08*	*(20)*	*0,035*	*2,286*
(Bitumen-Dickbeschichtung vernachlässigt)				

Wärmedurchlasswiderstand	$R = \Sigma\, d / \lambda$	*2,827*
Wärmeübergangswiderstand innen	R_{si}	*0,13*
Wärmeübergangswiderstand außen	R_{se} (bei Innenbauteil auch R_{si})	*0,00*
Wärmedurchgangswiderstand	$R_T = R_{si} + R + R_{se}$	*2,957*
Wärmedurchgangskoeffizient	$U = 1 / R_T$ = *0,34*	W/(m² · K)

Flächenbezogene Masse

m' = *0,365 · 1400 + …* ≥ *511* kg/m² ≥ 100 kg/m²

Damit liegt ein ~~leichtes~~/schweres[1]) Bauteil vor.

Nachweis des Mindestwärmeschutzes

R = *2,83* m² · K/W ≥ *1,2* m² · K/W = R_{min}

Das untersuchte Bauteil erfüllt somit – ~~nicht~~[1]) – die Anforderungen an den Mindestwärmeschutz nach DIN 4108-2:2013-02.

[1]) Nichtzutreffendes durchstreichen, Zutreffendes unterstreichen.

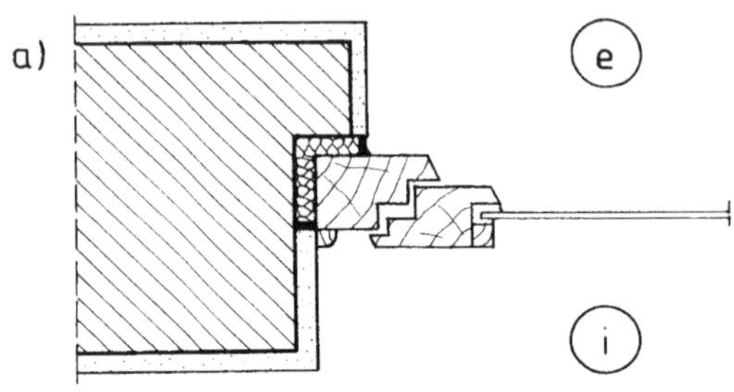

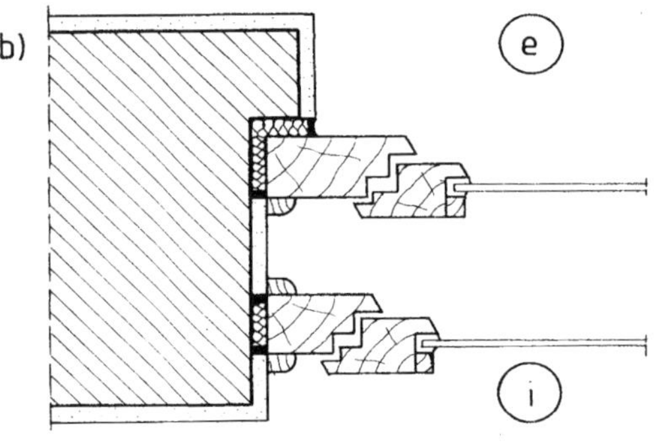

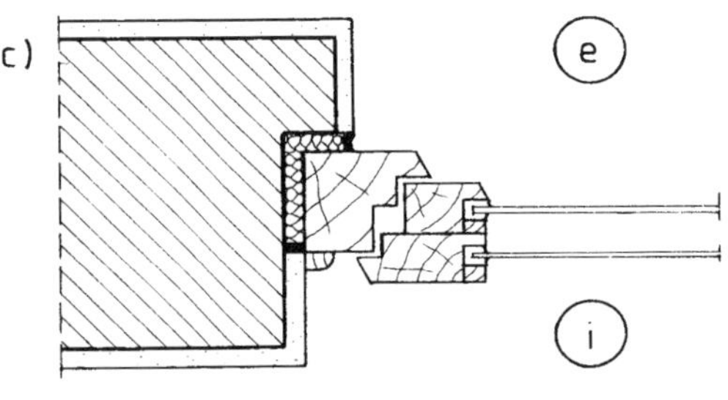

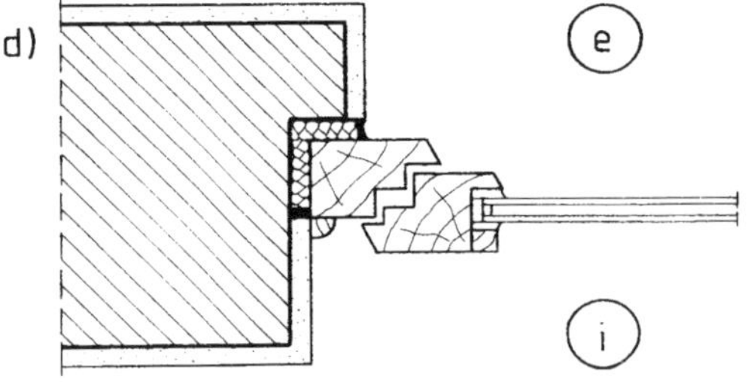

Bild 2.55: Entwicklung der Fenster und Verglasungen am Beispiel von Holzfenstern [2.100]:

a) Einfachfenster mit Ein-Scheiben-Verglasung
b) Kastenfenster aus zwei Einfachfenstern mit jeweils einer Ein-Scheiben-Verglasung in den beiden Flügelrahmen
c) Verbundfenster mit je einer Ein-Scheiben-Verglasung in den beiden miteinander verbundenen Flügelrahmen
d) Einfachfenster mit Zwei-Scheiben-Isolierverglasung

2.12 Wärmedurchgangskoeffizient transparenter Bauteile

2.12.1 Entwicklung wärmedämmender Verglasungen

Unter transparenten Bauteilen werden Fenster, Fenstertüren und Dachflächenfenster sowie Glasfassaden verstanden. Während bis Mitte der 1970er-Jahre in wintermilden Gebieten *Einfachfenster* mit Ein-Scheiben-Verglasung zulässig und damit vorherrschend waren (Bild 2.55a), wurden im winterkalten Klima häufig *Kastenfenster* mit je einer Ein-Scheiben-Verglasung in den beiden Flügelrahmen eingebaut (Bild 2.55b). Diese Kastenfenster wurden Mitte des 20. Jahrhunderts zu *Verbundfenstern* weiterentwickelt (Bild 2.55c), die wärmetechnisch keinen Fortschritt darstellen, sich aber mit einem Handgriff öffnen lassen. Für die Verglasung der Fenster von beheizten Räumen wird heute nahezu ausschließlich Isolierglas verwendet, und zwar i. d. R. in Einfachfenstern (Bild 2.55d); von den in Bild 2.56 dargestellten Typen ist heute nur noch der (doppelt) randverklebte Typ üblich (Bild 2.56c).

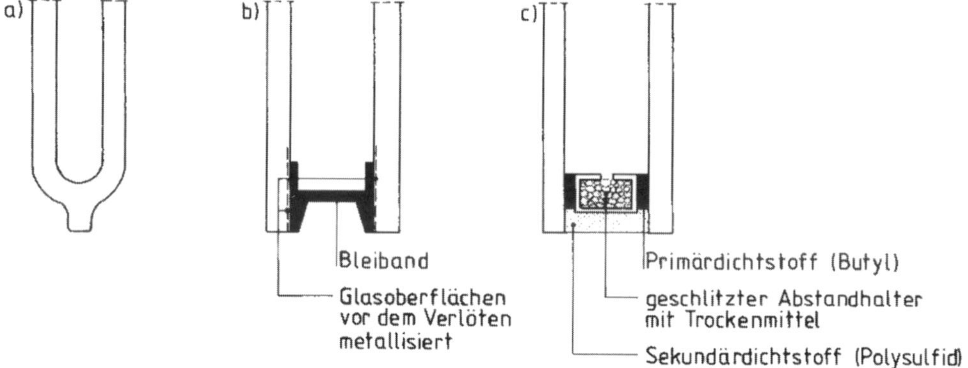

Bild 2.56: Mögliche Isolierglas-Typen [2.100]:
a) randverschmolzenes Isolierglas (z. B. GADO seit 1954)
b) randverlötetes Isolierglas (z. B. THERMOPANE seit 1938)
c) heute übliches doppelt geklebtes Isolierglas mit Abstandhaltern aus Aluminium

Die Luft im Scheibenzwischenraum (SZR) der Isolierverglasungen muss *trocken* sein, um

- einerseits Tauwasserausfall im Scheibenzwischenraum auszuschließen und
- andererseits die niedrigere Wärmeleitfähigkeit trockener Luft auszunutzen.

Dazu werden die Abstandhalterprofile zum Scheibenzwischenraum hin geschlitzt oder gelocht und bei der Herstellung mit einem körnigen Trockenmittel (z. B. Silikagel) gefüllt (vgl. Bild 2.56c), das

- zum einen die Feuchte der bei der Herstellung eingeschlossenen Luft und
- zum anderen die über Jahrzehnte durch den Klebeverbund eindiffundierende geringe Menge Wasserdampf sicher absorbiert.

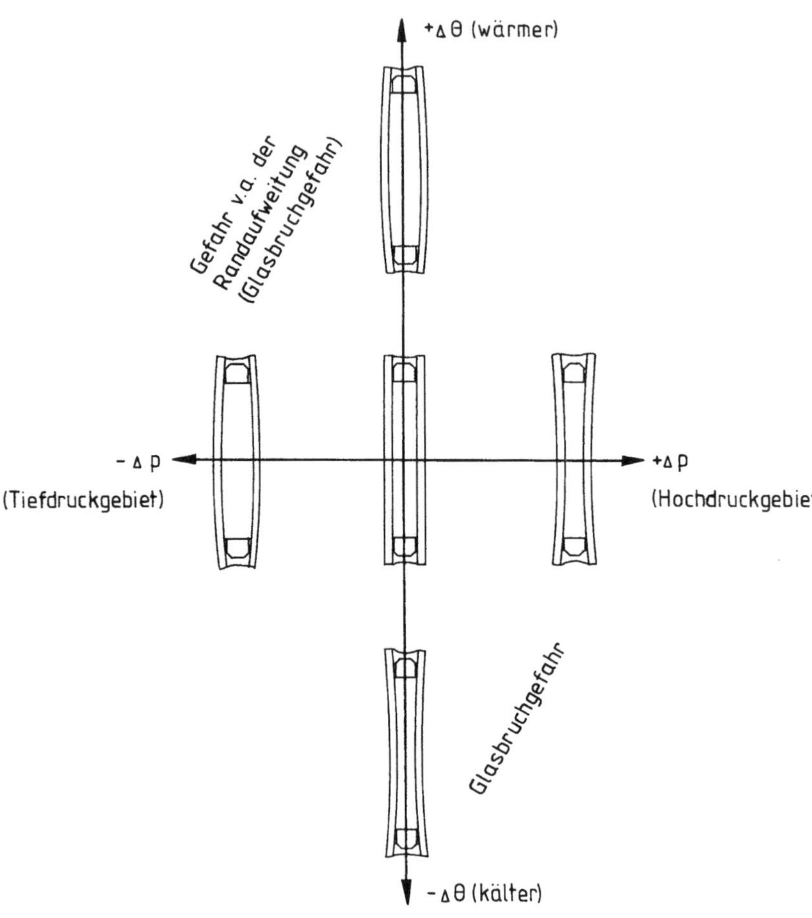

Bild 2.57: Zu erwartende Scheibenverformungen aus Lufttemperatur- bzw. Luftdruckänderungen gegenüber den Herstellungsbedingungen [2.100]

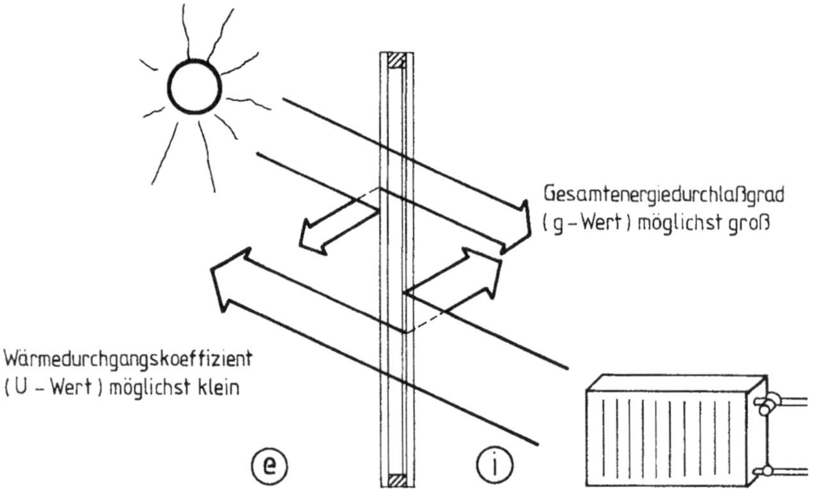

Bild 2.58: Ziele bei der Entwicklung von wärmedämmenden Verglasungen [2.100]

Die aus o. g. Gründen sinnvolle Trennung der Luft im Scheibenzwischenraum von den Umgebungsbedingungen bewirkt jedoch Scheibenverformungen bei Lufttemperatur- bzw. Luftdruckänderungen gegenüber den Herstellungsbedingungen (Bild 2.57); diese Scheibenverformungen können bei kleinformatigen Scheiben sogar Glasbruch zur Folge haben [2.101], [2.102]. (Bei Einbau von Isolierverglasungen in höheren Lagen des Mittel- oder Hochgebirges muss die Verglasung entsprechend bestellt werden!)

Standard sind heute Einfachfenster mit Zwei- oder Drei-Scheiben-Isolierverglasungen. Um für Niedrigenergie- oder Passivhäuser geeignete Verglasungen anbieten zu können, hat die Industrie in den letzten Jahrzehnten große Anstrengungen unternommen mit dem Ziel (Bild 2.58),

- einerseits den Wärmedurchgangskoeffizienten U_g der Verglasung zu reduzieren, um die Wärmeverluste aus Wärmeleitung zu minimieren, und
- andererseits den Gesamtenergiedurchlassgrad g der Verglasung möglichst groß zu halten, um die Wärmegewinne aus Sonnenstrahlung zu maximieren sowie möglichst viel Tageslicht durchzulassen (zur Definition des Gesamtenergiedurchlassgrades s. Abschnitt 2.15.2).

Um dieses Ziel zu erreichen, werden (Bild 2.59)

- einerseits reflektierende Wärmeschutzbeschichtungen auf der nicht zugänglichen Scheibenoberfläche zum Innenraum hin aufgebracht,
- andererseits Gasfüllungen des Scheibenzwischenraumes (heute vor allem mit Edelgasen wie Argon, Krypton oder Xenon) vorgenommen.

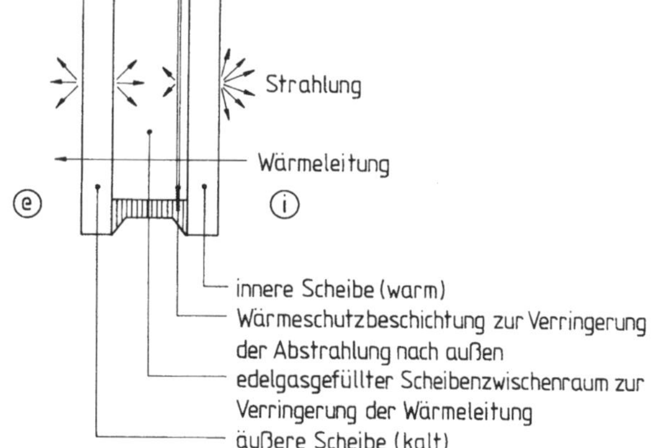

Bild 2.59: Wirkungsweise der Wärmeschutzbeschichtung auf der zum Innenraum hin liegenden Scheibenoberfläche im Luftzwischenraum [2.100]

Mit einer Wärmeschutzbeschichtung (engl. *coating*) wird der *Strahlungsaustausch* zwischen den Scheiben nahezu vollständig unterdrückt, der bei konventioneller Isolierverglasung zu ca. zwei Dritteln der Wärmeverluste führt. Damit kann der Wärmedurchgangskoeffizient einer Zwei-Scheiben-Isolierverglasung von $U_{g,0} \approx 3{,}0$ W/(m² · K) auf $U_{g,Coat} \approx 2{,}0$ W/(m² · K) gesenkt werden. Für die Wärmeschutzbeschichtung verwendet werden

- als *Hardcoating* bezeichnete halbleitende Metalloxid-Beschichtungen (fluorhaltiges Zinn- oder Indiumoxid), die durch Pyrolyse (Einschmelzen) aufgebracht werden,

- sowie als *Softcoating* bezeichnete, sehr dünne Silberbeschichtungen (Metallbedampfungen), die per Magnetronverfahren im Vakuum aufgebracht werden.

Heute ist die Silberbeschichtung der Regelfall; ihr Transmissionsgrad τ (d. h. der Tageslichtdurchgang) ist vergleichbar mit einer unbeschichteten Drei-Scheiben-Isolierverglasung (zur Definition des Transmissionsgrades s. Abschnitt 2.15.2).

Neben dem Strahlungsaustausch führen auch *Wärmeleitung* und *Konvektion* der Luft im Scheibenzwischenraum zu Wärmeverlusten der Verglasung. Ersetzt man dort die Luft z. B. durch das Edelgas Argon, das eine geringere Wärmeleitfähigkeit als Luft hat, so kann der Wärmedurchgangskoeffizient der Verglasung weiter reduziert werden auf

- $U_{g,Coat+Ar} \approx 1{,}3\ \mathrm{W/(m^2 \cdot K)}$ bei 12 mm Scheibenzwischenraum bzw.
- $U_{g,Coat+Ar} \approx 1{,}1\ \mathrm{W/(m^2 \cdot K)}$ bei 16 mm Scheibenzwischenraum.

Eine weitergehende Verbesserung lässt sich durch die Edelgase Krypton oder Xenon erzielen (Bild 2.60), z. B. wird mit Xenon $U_{g,Coat+Xe} \approx 1{,}0\ \mathrm{W/(m^2 \cdot K)}$ bei einer Zwei-Scheiben-Isolierverglasung mit 8 mm Scheibenzwischenraum. Allerdings enthält trockene Luft zwar 0,9325 Vol.-% Argon, aber nur 0,0001 Vol.-% Krypton und sogar nur 0,000009 Vol.-% Xenon [2.103], weshalb diese selteneren Edelgase um ein Vielfaches teurer als Argon sind. Der Transmissionsgrad τ wird durch eine Edelgasfüllung praktisch nicht verändert.

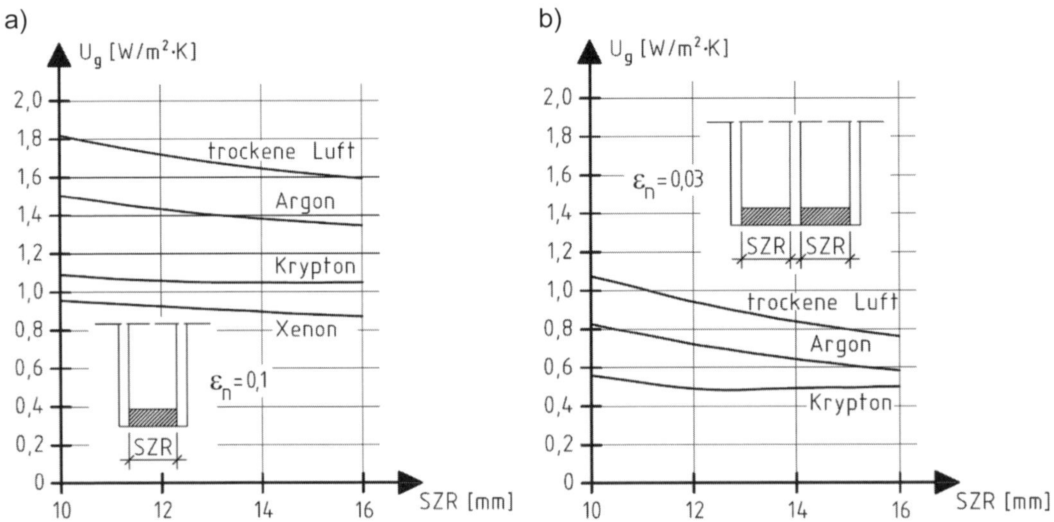

Bild 2.60: U_g-Werte von Wärmeschutzverglasungen in Abhängigkeit vom Scheibenzwischenraum (SZR), der Emissivität ε_n der Wärmeschutzbeschichtung und der Art der Gasfüllung

a) Zwei-Scheiben-Wärmeschutzverglasung mit einer Wärmeschutzbeschichtung auf der Innenscheibe entsprechend Bild 2.59 (nach [2.100])

b) Drei-Scheiben-Wärmeschutzverglasung mit zwei Wärmeschutzbeschichtungen (symmetrisch jeweils auf der Innenseite der ersten und der dritten Scheibe, nach [2.104])

Die beschriebenen Entwicklungen haben dazu geführt, dass die früher gebräuchliche Zwei-Scheiben-Isolierverglasung aus Klarglas mit einem Wärmedurchgangskoeffizienten von

$U_g = 3{,}0$ W/(m² · K) nicht nur linear – d. h. unter proportionaler Verringerung von U_g- und g-Wert – verbessert (gestrichelte Gerade in Bild 2.61), sondern der U_g-Wert bei deutlich geringerer Abnahme des g-Wertes im Mittel mehr als halbiert werden konnte (obere schraffierte Fläche in Bild 2.61).

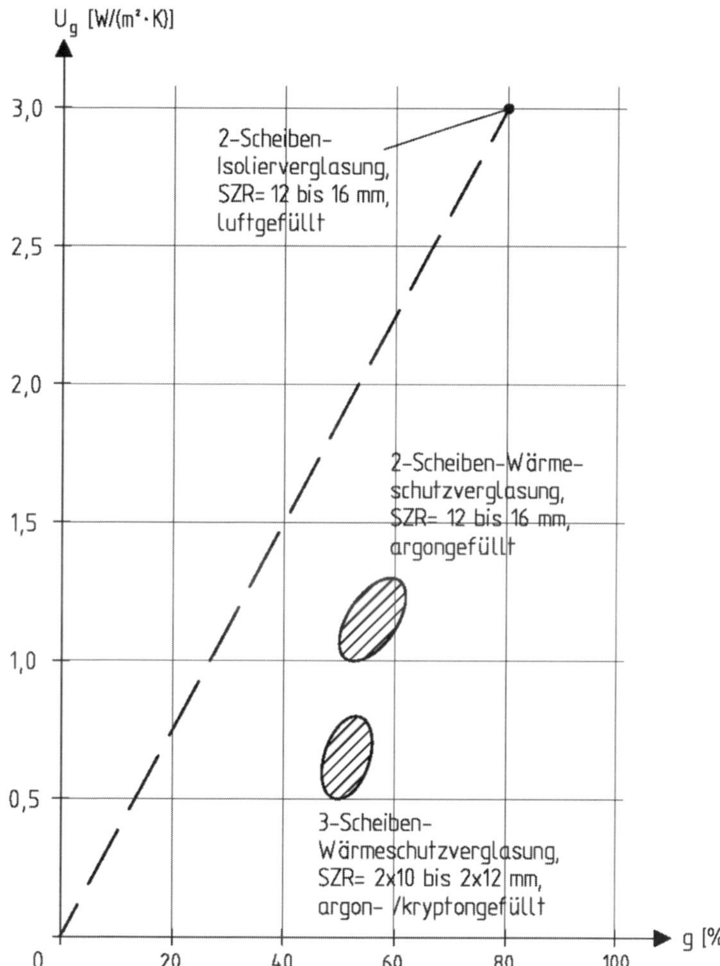

Bild 2.61: U_g- und g-Werte marktüblicher Zwei-Scheiben-Wärmeschutzverglasungen mit 12 bis 16 mm Scheibenzwischenraum (SZR) und Edelgasfüllung bzw. Drei-Scheiben-Wärmeschutzverglasung mit 2 x 10 bis 2 x 12 mm SZR im Vergleich mit einer Zwei-Scheiben-Isolierverglasung aus Klarglas mit 12 bis 16 mm SZR und Luftfüllung nach früherer DIN 4108-4:1981-08

Mit dem dort niedrigsten Wärmedurchgangskoeffizienten $U_g \approx 1{,}0$ W/(m² · K) scheint bei der Zwei-Scheiben-Wärmeschutzverglasung das Ende der Entwicklung erreicht zu sein; noch niedrigere Werte würden

- die notwendige Lichttransmission für die Tageslichtnutzung
- wie auch den Gesamtenergiedurchlassgrad g für die passive Solarenergienutzung

zu weit absenken. Deshalb wurde inzwischen im Neubau die Drei-Scheiben-Wärmeschutzverglasung mit $U_g < 1{,}0$ W/(m² · K) bei einem Marktanteil von über 60 % zum Standard [2.105] (untere schraffierte Fläche in Bild 2.61, s. auch Bild 2.63) – Näheres zur

Drei-Scheiben-Wärmeschutzverglasung findet sich z. B. im entsprechenden Leitfaden des Bundesverbandes Flachglas [2.106]. Noch in der Entwicklung befinden sich

- Vier-Scheiben-Wärmeschutzverglasung mit $U_g \approx 0{,}3$ W/(m² · K) [2.105] sowie
- deutlich dünneres und leichteres Vakuum-Isolierglas (VIG) mit $U_g \approx 0{,}5$ W/(m² · K), bei dem allerdings die im Scheibenzwischenraum liegenden Edelstahlstützen von 0,5 mm Durchmesser aus der Nähe erkennbar sind [2.41].

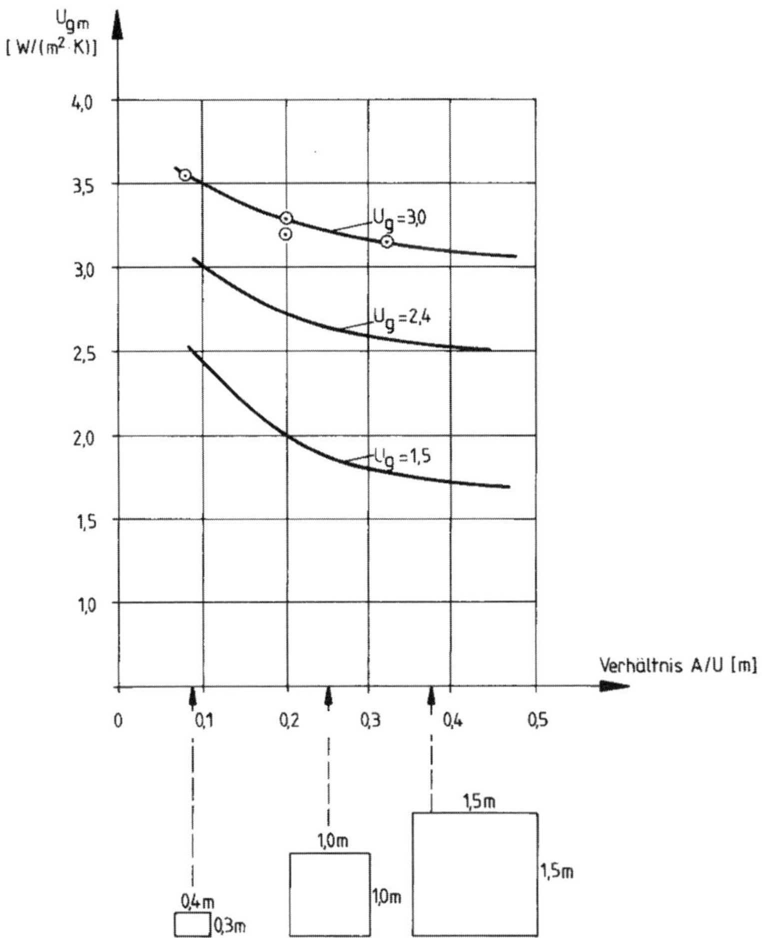

Bild 2.62: Mittlerer Wärmedurchgangskoeffizient von Verglasungen U_{gm} in Abhängigkeit vom U_g-Wert der unendlich ausgedehnten Verglasung und von den Scheibenabmessungen ([2.100] nach [2.90])

2.12.2 Wärmebrücken durch Randverbund und Rahmen

In Darstellungen der unbestreitbaren Vorzüge der in Abschnitt 2.12.1 genannten hochwärmedämmenden Verglasungen mit extrem niedrigen U_g-Werten bleibt häufig unerwähnt, dass Isolierglaseinheiten i. d. R. Wärmebrücken in Form des Randverbundes durch sehr gut wärmeleitende Aluminium-Abstandhalter enthalten (vgl. Bild 2.56c). Die Wärmeverluste durch diese Wärmebrücken nehmen mit

- abnehmender Verglasungsfläche und
- abnehmendem Wärmedurchgangskoeffizienten U_g der Verglasung, d. h. besser wärmedämmenden Fenstern,

zu. Bei $U_g = 3{,}0$ W/(m² · K), d. h. der früheren Zwei-Scheiben-Isolierverglasung, und üblichen Fensterabmessungen, ist diese Wärmebrückenwirkung noch recht gering (obere Kurve in Bild 2.62), bei heutigen Wärmeschutzverglasungen ist dieser Effekt jedoch erheblich (untere Kurve in Bild 2.62).

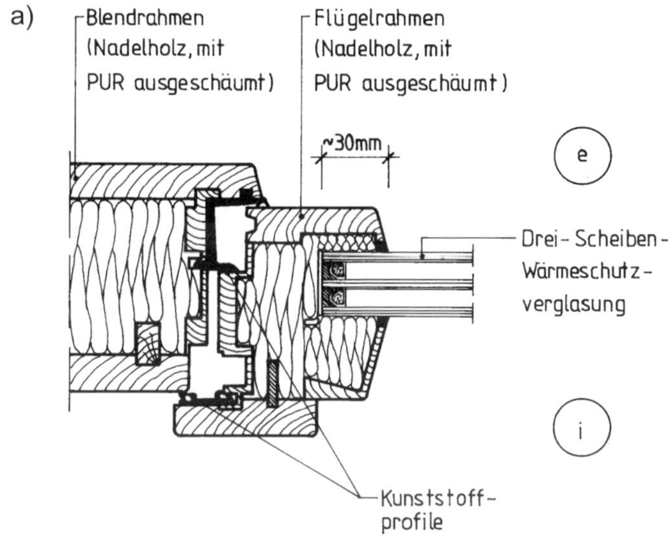

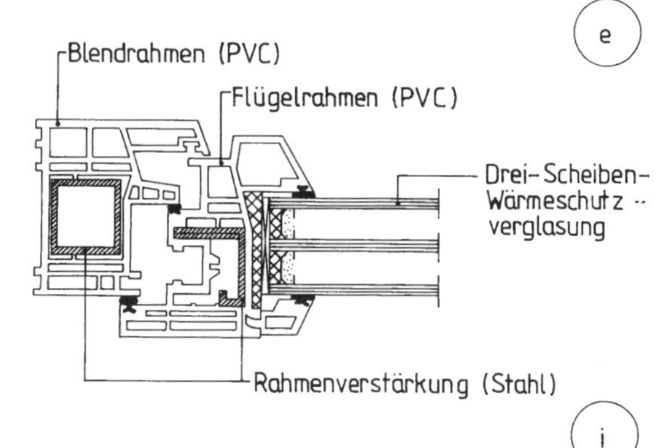

Bild 2.63: Hochwärmedämmende Fensterrahmen:
a) mit PUR ausgeschäumter hölzerner Rahmen mit tief in den Flügelrahmen eingesenktem Randverbund (nach [2.111])
b) Fünfkammerprofil aus PVC

In den Wärmedurchgangskoeffizienten U_w eines Fensters als Ganzes geht nicht nur der Wärmedurchgangskoeffizient U_g der Verglasung – einschließlich Randverbund! – ein, sondern auch der Wärmedurchgangskoeffizient U_f des Rahmens. Daraus ergeben sich – neben der Verwendung wärmedämmender Verglasungen – weitere Möglichkeiten der Verbesserung transparenter Bauteile:

- Zum einen lassen sich die Wärmeverluste über den Randverbund verringern durch Ersatz der Abstandhalter aus Aluminium (λ = 160 W/(m · K)) durch besser wärmedämmende Abstandhalter (sog. *warm edge*-Systeme) aus
  - nichtrostendem Stahl (λ = 17 W/(m · K)) oder
  - Kunststoff (λ = 0,16 bis 0,50 W/(m · K)) als thermoplastisches (TPS-) [2.107] bzw. als Silikonschaum-System [2.108] oder
  - aus einer Kombination von Kunststoffprofilen mit Metallfolie [2.109], [2.110].
- Zum anderen werden hochwärmedämmende Rahmen eingesetzt [2.111], [2.112] (Bild 2.63)
  - aus Holz mit Polyurethanhartschaum,
  - aus mit Polyurethan-Vollmaterial ummanteltem Polyurethanschaum bzw.
  - aus PVC-Profilen mit ≥ 5 Kammern in Richtung des Wärmestroms, ggf. ausgeschäumt und/oder mit Rahmenverstärkungen aus GFK- statt Stahlprofilen.

Die o. g. *warm edge*-Systeme, d. h. die besser wärmedämmenden Abstandhalter, haben inzwischen über 50 % Marktanteil erreicht [2.113].

Bei der Wahl der Scheibengrößen ist bei heutigen Wärmeschutzverglasungen zu beachten, dass nicht mehr (wie früher) die Verglasung der wärmetechnische Schwachpunkt des Fensters ist, sondern der Rahmen mit dem Randverbund: Kleine Fenster mit hohem Rahmenanteil (und damit auch großer Randverbundlänge) sind heute wärmeschutztechnisch ungünstiger als große Fenster (vgl. Bild 2.62)!

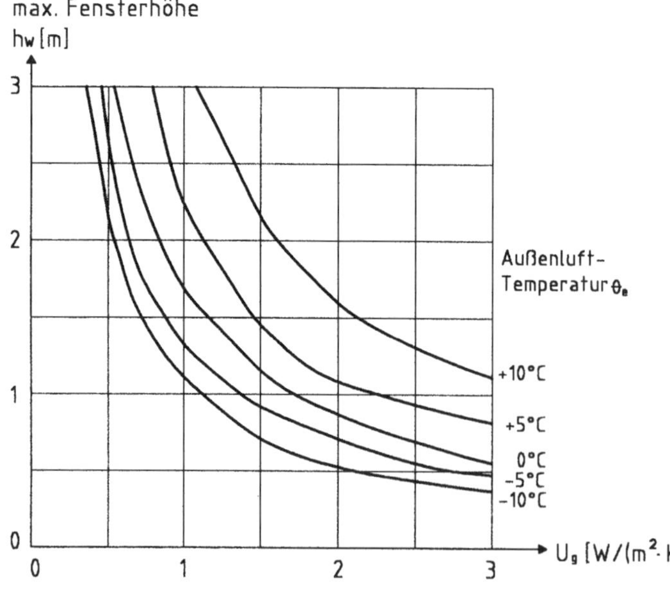

Bild 2.64: Maximale Fensterhöhe h_w von Fenstern ohne davor angeordneten Heizkörpern [2.100] in Abhängigkeit
- vom U_g-Wert der Verglasung und
- der geringsten zu erwartenden Außenlufttemperatur θ_e,

um unbehagliche Zugerscheinungen mit Luftgeschwindigkeiten von > 20 cm/s vor dem Fenster zu vermeiden (vgl. Bild 2.2d)

Das bedeutet allerdings nicht, dass der Verglasungsanteil an der gesamten Außenwandfläche grundsätzlich so groß wie möglich gewählt werden sollte: Trotz deutlich verbesserter Wärmeschutzverglasungen sind bei den heute üblichen Wärmedurchgangskoeffizienten der Außenwände die meisten – d. h. die *nicht südorientierten* – Fenster weiterhin Schwachpunkte des Wärmeschutzes.

Großflächige Verglasungen können ferner

- bei fehlenden Heizkörpern vor den Fenstern zu unbehaglichen Luftströmungen im Winter (Bild 2.64) oder
- bei fehlenden Sonnenschutzvorrichtungen zur Überhitzung im Sommer führen (s. Abschnitt 2.15).

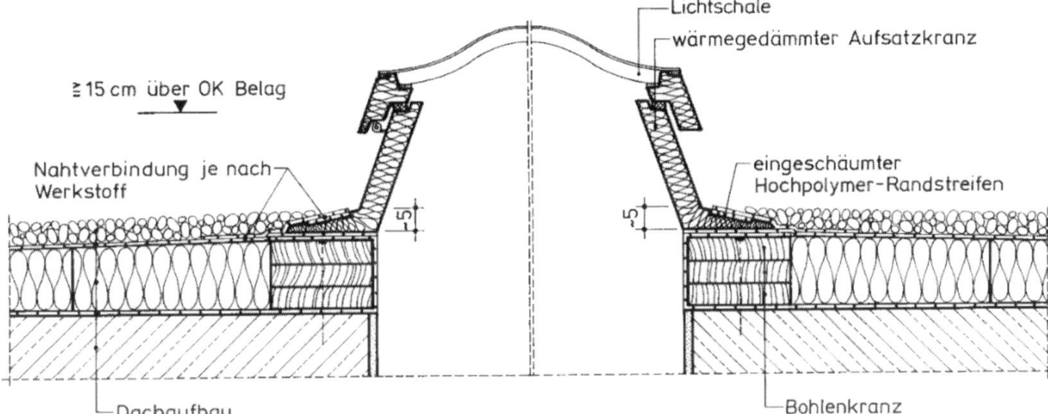

Bild 2.65: Beispiel einer Lichtkuppel in einem massiven Flachdach, Dachabdichtung hier mit lose verlegten Kunststoff-Dachbahnen [2.56]

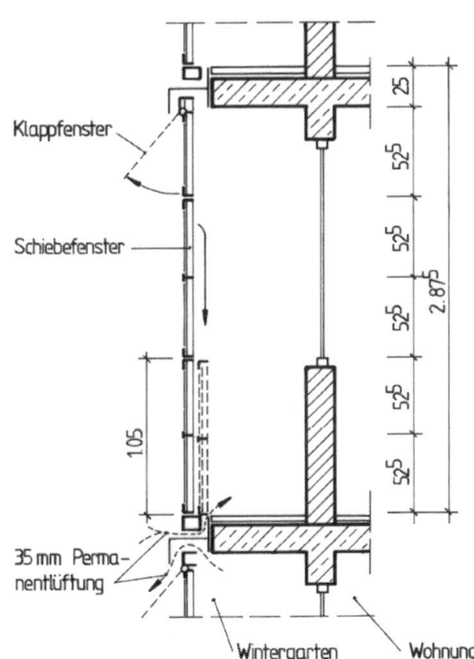

Bild 2.66: Beispiel einer Glasfassade, hier als sog. Doppelfassade: Vor das Gebäude wurde außen (im Bild links) eine Pfosten-Riegel-Konstruktion aus Aluminiumprofilen gehängt, in die feststehende Verglasungen und öffenbare Flügel (hier Klapp- und Schiebefenster) eingesetzt wurden [2.114]

2.12.3 Bemessungswert des Wärmedurchgangskoeffizienten $U_{w,BW}$ von transparenten Bauteilen sowie $U_{D,BW}$ von Türen und Toren

Für Nachweise gemäß GEG wird der *Bemessungswert* des Wärmedurchgangskoeffizienten von

- Fenstern, Fenstertüren und Dachflächenfenstern $U_{w,BW}$ (engl. *window*),
- Lichtkuppeln/-bändern (Bild 2.65), Türen und Toren $U_{D,BW}$ (engl. *door*) bzw.
- Vorhangfassaden (engl. *curtain walls*), i. d. R. als Glasfassaden (Bild 2.66),

benötigt.

A Fenster, Fenstertüren, Dachflächenfenster sowie Lichtkuppeln/-bänder, Türen und Tore

Gemäß DIN 4108-4 [2.20], 5.1.1, müssen Fenster und Türen/Tore als in der EU handelbare Bauprodukte vom Hersteller entsprechend EN 14351-1 [2.115], EN 1873 [2.116] bzw. EN 13241 [2.117] mit dem Nennwert des Wärmedurchgangskoeffizienten U_W bzw. U_D deklariert sein (Tabelle 2.24). Die damit gemäß EU-Bauproduktenrichtlinie bzw. -verordnung notwendige Kennzeichnung mit dem CE-Zeichen bedeutet für die Fenster- und Türenhersteller einigen Aufwand u. a. für die werkseigene Produktionskontrolle (WPK) [2.118], dafür ist die Erfassung im Wärmeschutznachweis einfacher: Hierbei ist der Bemessungswert gleich dem Nennwert, d. h., es gilt $U_{w,BW} = U_W$ bzw. $U_{D,BW} = U_D$. Alternativ kann auch der gemäß DIN 14351-1, Anhang E, am Normfenster von 1,23 m auf 1,48 m ermittelte U_w-Wert für alle Fenster gleicher Bauart als Bemessungswert $U_{w,BW}$ angesetzt werden; ggf. sind Zuschläge für Sprossen hinzuzurechnen (s. u.). Die wichtigsten Energiekennwerte von Fenstern sind in einem EU-einheitlichen *Energy Label* mit den Klassen A bis G darzustellen, wie es z. B. von elektrischen Hausgeräten bekannt ist.

Tabelle 2.24: Beispiele von Nennwerten des Wärmedurchgangskoeffizienten U_W von Fenstern, Fenstertüren und Dachflächenfenstern bzw. U_D von Lichtkuppeln/-bändern, Türen und Toren

Bauteil	**Ausführung**	**U_W bzw. U_D in W/(m² · K)**
Fenster und Fenstertüren	Salamander *bluEvolution* [2.120]	1,1 bis 0,76
Dachflächenfenster	VELUX Passivhaus-Dachfenster [2.121]	0,51
Lichtkuppeln oder Dachlichtbänder	alwitra Lichtkuppel mit wärmedämmender Lichtplatte [2.122]	1,5
Türen	Roto Bodentreppe *Designo* [2.123]	0,60
Tore	Teckentrup SW 80 Sectionaltor [2.124]	0,58

Bei handwerklich hergestellten Toren ohne Nachweis können nach DIN 4108-4 [2.20], Tabelle 13, pauschal die Bemessungswerte nach Tabelle 2.25 angesetzt werden.

Tabelle 2.25: Bemessungswerte des Wärmedurchgangskoeffizienten $U_{D,BW}$ von handwerklich hergestellten Toren ohne Nachweis (wird auch für Bestandstüren angesetzt)

Bauteil	**Ausführung**	**$U_{D,BW}$ in W/(m² · K)**
Tore	– mit einem Torblatt aus Metall (einschalig, ohne wärmetechnische Trennung)	6,5
	– mit einem Torblatt aus Metall oder holzbeplankten Paneelen aus Dämmstoffen ($\lambda \leq$ 0,04 W/(m · K) bzw. $R_D \geq$ 0,5 m² · K/W bei 15 mm Schichtdicke)	2,9
	– mit einem Torblatt aus Holz und Holzwerkstoffen, Dicke der Torfüllung ≥ 15 mm	4,0
	– mit einem Torblatt aus Holz und Holzwerkstoffen, Dicke der Torfüllung ≥ 25 mm	3,2

Wird in Bestandsfenstern ausschließlich die Verglasung ersetzt oder erneuert, wird nach DIN 4108-4:2017-03 [2.20], 5.2.1, der Wärmedurchgangskoeffizient der Verglasung (engl. *glazing*) in W/(m² · K) zu

$$U_{g,BW} = U_g + \Delta U_g \tag{2.66}$$

U_g vom Hersteller deklarierter Nennwert des Wärmedurchgangskoeffizienten der Verglasung in W/(m² · K) nach EN 1279-5 [2.119]

ΔU_g = + 0,1 W/(m² · K) als Korrektur bei *einfachem* Sprossenkreuz im Scheibenzwischenraum (SZR) bzw.
+ 0,2 W/(m² · K) als Korrektur bei *mehrfachem* Sprossenkreuz im Scheibenzwischenraum (SZR)

Für Bestandsfenster kann weiterhin das Verfahren nach DIN V 4108-4:2004-07 [2.21] angewandt werden (s. Bauregelliste): Berechnungsgrundlage ist hierbei der *Nennwert* des Wärmedurchgangskoeffizienten von Fenstern, Fenstertüren und Dachflächenfenstern U_w; er wird gemäß EN ISO 10077-1 [2.125] in W/(m² · K) zu (Bild 2.67)

$$U_w = \frac{\sum A_g \cdot U_g + \sum A_f \cdot U_f + \sum l_g \cdot \Psi_g}{\sum A_g + \sum A_f} \tag{2.67}$$

A_g Fläche der Verglasung (engl. *glazing*) in m²

U_g Nennwert des Wärmedurchgangskoeffizienten der Verglasung (engl. *glazing*) in W/(m² · K)

A_f (Projektions-)Fläche des Rahmens (engl. *frame*) in m²

U_f Nennwert des Wärmedurchgangskoeffizienten des Rahmens (engl. *frame*) in W/(m² · K)

l_g Länge des Randverbundes der Verglasung (engl. *glazing*) in m
Ψ_g längenbezogener Wärmedurchgangskoeffizient des Randverbundes der Verglasung (engl. *glazing*) in W/(m · K)

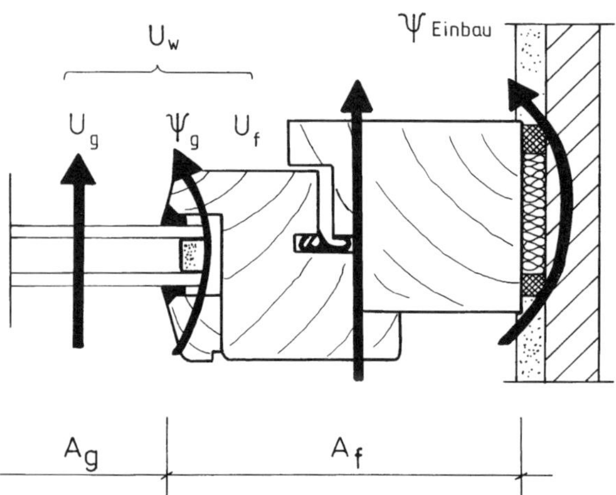

Bild 2.67: Berechnung des Nennwertes des Wärmedurchgangskoeffizienten U_w eines Fensters aus den Anteilen U_g der Verglasung, U_f des Rahmens und Ψ_g des Randverbundes (nach [2.127]); nicht berücksichtigt ist der lineare Wärmedurchgangskoeffizient für den Einbau Ψ_{Einbau} (s. dazu Abschnitt 3.9)

Tabelle 2.26: Wärmedurchgangskoeffizient U_g typischer senkrechter Zwei- und Dreischeibenverglasungen, berechnet nach EN 673 für Glasdicke 4 mm und Emissivität ε = 0,03 [2.133]

Wärmeschutz-verglasung mit	**Scheibenzwischenraum (SZR) gefüllt mit**		
	trockener Luft	**Argon**	**Krypton**
1 x 10 mm SZR	1,8 W/(m² · K)	1,5 W/(m² · K)	1,0 W/(m² · K)
1 x 12 mm SZR	1,6 W/(m² · K)	1,3 W/(m² · K)	1,1 W/(m² · K)
1 x 16 mm SZR	1,4 W/(m² · K)	1,1 W/(m² · K)	-
1 x 18 mm SZR	1,4 W/(m² · K)	1,1 W/(m² · K)	-
1 x 20 mm SZR	1,4 W/(m² · K)	1,2 W/(m² · K)	-
2 x 8 mm SZR	1,3 W/(m² · K)	-	0,7 W/(m² · K)
2 x 10 mm SZR	1,1 W/(m² · K)	0,8 W/(m² · K)	0,6 W/(m² · K)
2 x 12 mm SZR	0,9 W/(m² · K)	0,7 W/(m² · K)	0,5 W/(m² · K)

Der Nennwert des Wärmedurchgangskoeffizienten U_g von Mehrscheiben-Isolierverglasungen ist nach EN 673 [2.128] zu berechnen bzw. nach EN 674 [2.129] oder EN 675 [2.130] messtechnisch zu bestimmen und gemäß EN 1279-5 [2.119] zu bewerten – einige typische Werte für senkrechte Verglasungen zeigt Tabelle 2.26 (bei abnehmendem Einbauwinkel werden die U_g-Werte strahlungsbedingt deutlich höher, d. h. ungünstiger [2.131]); in der Praxis stützt man sich auf die zertifizierten U_g-Werte der Verglasungshersteller. Für Bestandsfenster kann U_g entsprechend der Richtlinie über Mehrscheiben-Isolierglas – MIR – [2.132] nach DIN 4108-4:2004-07 [2.21], 5.3.3, ermittelt werden. Der

Nennwert des Wärmedurchgangskoeffizienten U_f von Rahmen ist dann gemäß der Richtlinie über Rahmen für Fenster und Türen – RaFenTüR – [2.134] nach EN ISO 10077-2 [2.126] zu berechnen bzw. nach EN 12412-2 [2.135] messtechnisch zu bestimmen.

Einige Beispiele von Wärmedurchgangskoeffizienten von Rahmen U_f finden sich in Tabelle 2.27 (nach Anhang D zu EN ISO 10077-1 [2.125]) und Tabelle 2.28 (zertifizierte Messwerte von Herstellern).

Tabelle 2.27: Beispiele für Wärmedurchgangskoeffizienten U_f von Rahmen

Rahmenmaterial	**Rahmentyp**	**Wärmedurchgangskoeffizient U_f des Rahmens**
Nadelholz (λ = 0,13 W/(m · K))	Einfachrahmen IV 68, Dicke d_1 = d_2 = 68 mm	1,8 W/(m² · K)
Hartholz (λ = 0,18 W/(m · K))	Einfachrahmen IV 68, Dicke d_1 = d_2 = 68 mm	2,1 W/(m² · K)
PVC mit Rahmenverstärkung aus Stahl	Zweikammerprofil [1])	2,2 W/(m² · K)
	Dreikammerprofil [1])	2,0 W/(m² · K)
Polyurethan-Integralschaum mit Metallkern	Dicke des Polyurethans ≥ 5 mm	2,8 W/(m² · K)

[1]) Lichte Kammerbreite ≥ 5 mm.

Tabelle 2.28: Beispiele für zertifizierte Wärmedurchgangskoeffizienten U_f von Rahmen

Rahmenmaterial	**Rahmenbezeichnung**	**Wärmedurchgangskoeffizient U_f des Rahmens**
Nadelholzrahmen	Standardprofil IV 68 nach DIN 68121-1 [2.136]	1,5 W/(m² · K) [1])
Hartholzrahmen		1,9 W/(m² · K) [1])
PVC mit Rahmenverstärkung aus Stahl, Mehrkammerprofil	Salamander *bluEvolution* [2.120]	1,0 W/(m² · K)
PVC-Mehrkammertechnik, ausgeschäumt	Rehau *Clima-Design* mit d_1 = 120 mm [2.137]	0,71 W/(m² · K)
thermisch getrennte Aluminiumprofile	Reynaers CS 104 (je nach Flügel und Füllung) [2.138]	≥ 0,88 W/(m² · K)

[1]) Mit Zertifizierung nach ift-Richtlinie WA-04-1 für IV 68-Profile erreichbar.

Einige längenbezogene Wärmedurchgangskoeffizienten des Randverbundes der Verglasung Ψ_g nennen Tabelle 2.29 (nach Anhang E zu EN ISO 10077-1 [2.125]) und Tabelle 2.30 (nicht zertifizierte Messwerte).

Tabelle 2.29: Beispiele für längenbezogene Wärmedurchgangskoeffizienten Ψ_g von Randverbünden der Verglasung mit Abstandhaltern aus Aluminium oder Stahl (nicht rostfreier Stahl)

Rahmenmaterial	**Zwei- oder Drei-Scheiben-Isolierverglasung (mit *unbeschichtetem* Glas, gas- oder luftgefüllt)**	**Zwei- oder Drei-Scheiben-Wärmeschutzverglasung (*mit* Wärmeschutz-beschichtung des Glases, gas- oder luftgefüllt)**
Holz- oder PVC-Rahmen	Ψ_g = 0,06 W/(m · K)	Ψ_g = 0,08 W/(m · K)
wärmegedämmte Metallrahmen	Ψ_g = 0,08 W/(m · K)	Ψ_g = 0,11 W/(m · K)
nicht wärmegedämmte Metallrahmen	Ψ_g = 0,02 W/(m · K)	Ψ_g = 0,05 W/(m · K)

Tabelle 2.30: Beispiele für längenbezogene Wärmedurchgangskoeffizienten Ψ_g von Randverbünden der Verglasung, berechnet mit Zwei-Scheiben-Wärmeschutzverglasung [2.139], [2.140]

Rahmenmaterial	**Randverbund mit üblichen Aluminium-Abstandhaltern**	**Randverbund mit Edelstahl-Abstandhaltern**	**Randverbund mit Kunststoff-Abstandhaltern**
Holzrahmen mit U_f = 1,51 W/(m² · K)	Ψ_g = 0,116 W/(m · K)	-	Ψ_g = 0,052 W/(m · K)
Holz-Aluminium-Rahmen mit U_f = 1,58 W/(m² · K)	Ψ_g = 0,095 W/(m · K)	-	Ψ_g = 0,039 W/(m · K)
Kunststoffrahmen mit U_f = 1,60 W/(m² · K)	Ψ_g = 0,069 W/(m · K)	-	Ψ_g = 0,039 W/(m · K)
PVC-Rahmen mit U_f = 1,92 W/(m² · K)	Ψ_g = 0,067 W/(m · K)	Ψ_g = 0,046 W/(m · K)	Ψ_g = 0,040 W/(m · K)
wärmegedämmte Metallrahmen mit U_f = 2,98 W/(m² · K)	Ψ_g = 0,046 W/(m · K)	-	Ψ_g = 0,021 W/(m · K)

Mit dem dargestellten Berechnungsverfahren lässt sich der Nennwert des Wärmedurchgangskoeffizienten von Fenstern, Fenstertüren und Dachflächenfenstern U_w mit hohem Rechenaufwand (U_w ist abhängig von der Fenstergröße!), aber auch mit hoher Genauigkeit errechnen. Dieser hohe Aufwand (getrennte Berechnung für jede im Gebäude vorkommende Fenstergröße) ist in der Praxis nicht immer sinnvoll, deshalb sieht EN ISO 10077-1 [2.125] im Anhang F auch eine tabellarische Bestimmung von U_w vor (s. Tabelle 2.31 mit sog. typischen Werten für U_w, – entsprechend EN ISO 10077-1, 7.5, auf zwei wertanzeigende Ziffern zu runden), und zwar

- für den Standardfall der Verwendung von Abstandhaltern aus Aluminium oder nicht rostfreiem Stahl (d. h. mit den Ψ_g-Werten aus Tabelle 2.29) und
- bei üblichen Rahmenanteilen von 20 oder 30 %.

Tabelle 2.31: Typische Werte für den Wärmedurchgangskoeffizienten U_w in W/(m² · K) von Fenstern mit 30 % Rahmenanteil unter Verwendung von Abstandhaltern aus Aluminium oder nicht rostfreiem Stahl (mit den längenbezogenen Wärmedurchgangskoeffizienten Ψ_g aus Tabelle 2.29)

Verglasung	**U_g in W/(m² · K)**	**U_f in W/(m² · K)** [1]												
		0,8	**1,0**	**1,2**	**1,4**	**1,6**	**1,8**	**2,0**	**2,2**	**2,6**	**3,0**	**3,4**	**3,8**	**7,0**
Ein-Scheiben-Verglasung	5,7	4,2	4,3	4,3	4,4	4,5	4,5	4,6	4,6	4,8	4,9	5,0	5,1	6,1
Zwei- oder Drei-Scheiben-Verglasung	3,3	2,7	2,8	2,8	2,9	2,9	3,0	3,1	3,2	3,3	3,4	3,5	3,6	4,5
	3,2	2,6	2,7	2,7	2,8	2,9	2,9	3,0	3,1	3,2	3,3	3,5	3,6	4,4
	3,1	2,6	2,6	2,7	2,7	2,8	2,9	2,9	3,0	3,1	3,3	3,4	3,5	4,3
	3,0	2,5	2,5	2,6	2,7	2,7	2,8	2,8	3,0	3,1	3,2	3,3	3,4	4,2
	2,9	2,4	2,5	2,5	2,6	2,7	2,7	2,8	2,9	3,0	3,1	3,2	3,4	4,2
	2,8	2,3	2,4	2,5	2,5	2,6	2,6	2,7	2,8	2,9	3,1	3,2	3,3	4,1
	2,7	2,3	2,3	2,4	2,5	2,5	2,6	2,6	2,7	2,9	3,0	3,1	3,2	4,0
	2,6	2,2	2,3	2,3	2,4	2,4	2,5	2,6	2,7	*2,6*	2,9	3,0	3,2	4,0
	2,5	2,1	2,2	2,3	2,3	2,4	2,4	2,5	2,6	*2,5*	2,8	3,0	3,1	3,9
	2,4	2,1	2,1	2,2	2,2	2,3	2,4	2,4	2,5	*2,5*	2,8	2,9	3,0	3,8
	2,3	2,0	2,1	2,1	2,2	2,2	2,3	2,4	2,5	*2,4*	2,7	2,8	3,0	3,8
	2,2	1,9	2,0	2,0	2,1	2,2	2,2	2,3	2,4	*2,3*	2,6	2,8	2,9	3,7
	2,1	1,9	1,9	2,0	2,0	2,1	2,2	2,2	2,3	*2,3*	2,6	2,7	2,8	3,6
	2,0	1,6	1,9	2,0	2,0	2,1	2,1	2,2	2,3	2,5	2,6	2,7	2,8	3,6
	1,9	1,8	1,8	1,9	1,9	2,0	2,1	2,1	2,3	2,4	2,5	*2,5*	2,7	3,6
	1,8	1,7	1,8	1,8	1,9	1,9	2,0	2,1	2,2	2,3	2,4	2,6	2,7	3,5
	1,7	1,6	1,7	1,7	1,8	1,9	1,9	2,0	2,1	2,2	2,4	2,5	2,6	3,4
	1,6	1,6	1,6	1,7	1,7	1,8	1,9	1,9	2,1	2,2	2,3	2,4	2,5	3,3
	1,5	1,5	1,5	1,6	1,7	1,7	1,8	1,8	2,0	2,1	2,2	2,3	2,5	3,3
	1,4	1,4	1,5	1,5	1,6	1,7	1,7	1,8	1,9	2,0	2,2	2,3	2,4	3,2
	1,3	1,3	1,4	1,5	1,5	1,6	1,6	1,7	1,8	2,0	2,1	2,2	2,3	3,1
	1,2	1,2	1,3	1,4	1,5	1,5	1,6	1,6	1,8	1,9	2,0	2,1	2,3	3,1
	1,1	1,1	1,3	1,3	1,4	1,4	1,5	1,6	1,7	1,8	1,9	2,1	2,2	3,0
	1,0	1,1	1,2	1,3	1,3	1,4	1,4	1,5	1,6	1,8	1,9	2,0	2,1	2,9
	0,9	1,1	1,1	1,2	1,2	1,3	1,4	1,4	1,6	1,7	1,8	1,9	2,0	2,9
	0,8	1,0	1,1	1,1	1,2	1,2	1,3	1,4	1,5	1,6	1,7	1,9	2,0	2,8
	0,7	0,9	1,0	1,0	1,1	1,2	1,2	1,3	1,4	1,5	1,7	1,8	1,9	2,7
	0,6	0,9	0,9	1,0	1,0	1,1	1,2	1,2	1,4	1,5	1,6	1,7	1,8	2,7
	0,5	0,8	0,8	0,9	1,0	1,0	1,1	1,2	1,3	1,4	1,5	1,6	1,8	2,6

[1]) *Kursiv* gesetzte Werte aus EN ISO 10077-1:2010-05, aber unwahrscheinlich.

Diese Vereinfachung wurde auch in DIN V 4108-4:2004-07 [2.21], Tabelle 6, übernommen, und zwar

- mit dem (auch in Tabelle 2.31 gewählten) Rahmenanteil von 30 % (sichere Seite),
- mit dem Nennwert U_g (s. o.) für die Verglasung sowie
- mit dem Bemessungswert für Rahmen $U_{f,BW}$ nach Tabelle 2.32 (statt U_f).

Hinweis: Die weiterhin für Bestandsfenster anzusetzende DIN V 4108-4:2004-07 [2.21] basiert auf EN ISO 10077-1:2000-11, in der niedrigere längenbezogene Wärmedurchgangskoeffizienten Ψ_g der Randverbünde der Verglasung angesetzt wurden; daher finden sich in DIN V 4108-4:2004-07 teilweise niedrigere Werte als in Tabelle 2.31!

Tabelle 2.32: Zuordnung der U_f-Werte von Einzelprofilen zu Bemessungswerten für Rahmen $U_{f,BW}$

Einzelprofil mit U_f [1]) in W/(m² · K)	**< 0,9**	**≥ 0,9 <1,1**	**≥ 1,1 < 1,3**	**≥ 1,3 < 1,6**	**≥ 1,6 < 2,0**	**≥ 2,0 < 2,4**	**≥ 2,4 < 2,8**	**≥ 2,8 < 3,2**	**≥ 3,2 < 3,6**	**≥ 3,6 < 4,0**	**≥ 4,0**
Bemessungswert für Rahmen $U_{f,BW}$ in W/(m² · K)	0,8	1,0	1,2	1,4	1,8	2,2	2,6	3,0	3,4	3,8	7,0

[1]) Bei verschiedenen Profilen ist das wärmeschutztechnisch ungünstigste Profil anzusetzen.

Tabelle 2.33: Korrekturwerte ΔU_w

Korrektur	**Korrekturwert ΔU_w in W/(m² · K)**	
für einen wärmetechnisch verbesserten Randverbund der Verglasung gemäß DIN V 4108-4, Anhang C	± 0,0	ohne verbesserten Randverbund
	– 0,1	mit verbessertem Randverbund, d. h., $\Sigma\,(d \cdot \lambda) \leq 0{,}007$ W/K wird in der Mitte des Abstandhalters eingehalten
für die Verwendung von Sprossen	± 0,0	bei aufgesetzten Sprossen
	+ 0,1	bei Sprossen im Scheibenzwischenraum (einfaches Sprossenkreuz)
	+ 0,2	bei Sprossen im Scheibenzwischenraum (mehrfaches Sprossenkreuz)
	+ 0,3	bei glasteilenden Sprossen

Der *Bemessungswert* des Wärmedurchgangskoeffizienten von Bestandsfenstern, -fenstertüren und -Dachflächenfenstern $U_{w,BW}$ in W/(m² · K) ergibt sich nun nach DIN V 4108-4: 2004-07 [2.21] zu

$$U_{w,BW} = U_w + \Sigma\,\Delta U_w \qquad (2.68)$$

U_w Nennwert des Wärmedurchgangskoeffizienten von Fenstern, Fenstertüren und Dachflächenfenstern in W/(m² · K), ermittelt

- entweder nach Gl. (2.67)
- oder nach DIN V 4108-4:2004-07 [2.21], Tabelle 6,
- oder nach der Richtlinie über Fenster und Fenstertüren – FenTüR [2.141] – (z. B. bei Dachflächenfenstern)

ΔU_w Korrekturwert nach Tabelle 2.33 mit Bild 2.68 in W/(m² · K)

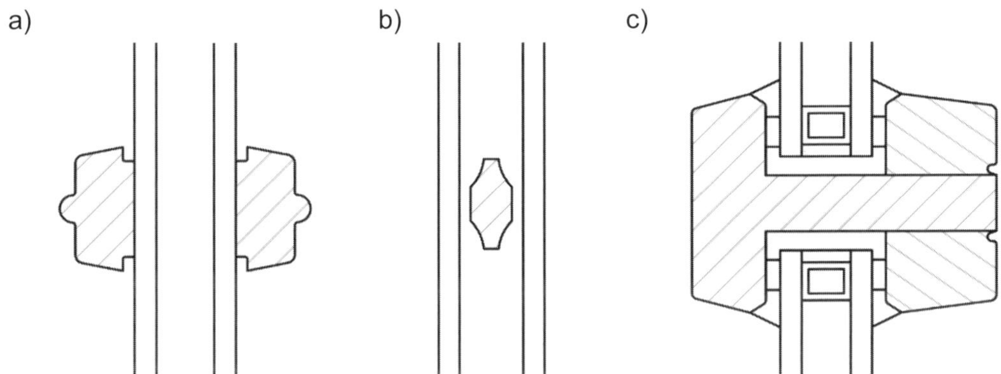

Bild 2.68: Sprossenausbildung im Schnitt
a) aufgesetzte Sprossen
b) Sprossen im Scheibenzwischenraum (SZR)
c) glasteilende Sprossen

Sonderfall: Bei rahmenlosen Verglasungen im Bestand sind die Bemessungswerte für Verglasungen $U_{g,BW}$ entsprechend DIN V 4108-4:2004-07 [2.21], 5.3.1, gemäß der Richtlinie über Mehrscheiben-Isolierglas [2.132] zu ermitteln. Auch in diesem Fall ist ggf. eine Korrektur (z. B. bei Einbau von Sprossen) vorzunehmen (s. DIN V 4108-4:2004-07, 5.3.2).

Anforderungen an den *Mindestwärmeschutz* (teil-)transparenter Bauteile in der thermischen Hülle werden in DIN 4108-2 [2.1], 5.1.4, gestellt:

- Fenster und Türen sind mindestens mit Isolier- oder Doppelverglasung auszuführen (d. h., auch Kasten- oder Verbundfenster sind möglich, vgl. Bild 2.55b und Bild 2.55c),
- die Rahmen transparenter Bauteile müssen bei (auch niedrig) beheizten Räumen $U_f \leq 2{,}9$ W/(m² · K) erreichen und
- opake Ausfachungen haben – wie Außenwände – bei (auch niedrig) beheizten Räumen $R \geq 1{,}2$ m² · K/W einzuhalten.

Beispiel 2.13: Vereinfachte Ermittlung des Bemessungswerts des Wärmedurchgangskoeffizienten $U_{w,BW}$ von Bestandsfenstern

Aufgabe: Zu berechnen seien Bestandsfenster noch ohne CE-Kennzeichnung und daher ohne Angabe des Nennwerts U_W nach EN 14351-1 [2.115], bestehend aus

- Nadelholzrahmen (Standardprofil IV 68, d. h. $d_1 = d_2 = 68$ mm) mit ift-Prüfzeugnis mit Sprossen im Scheibenzwischenraum (einfaches Sprossenkreuz),
- darin Wärmeschutzverglasung mit verbessertem Randverbund ($\Sigma\ (d \cdot l) \leq 0{,}007$ W/K nach Prüfzeugnis), und zwar *Interpane iplus neutral E* mit 2 x 4 mm Glasdicke bei 16 mm SZR (Kurzbezeichnung „4/16/4"), nach Herstellerangabe [2.142]
  - $U_g = 1{,}1$ W/(m² · K) nach EN 673,
  - $g = g_0 = 0{,}60$ als Gesamtenergiedurchlassgrad nach EN 410.

Gesucht ist der Wärmedurchgangskoeffizient (U-Wert) der Fenster, vereinfacht ermittelt nach DIN V 4108-4:2004-07 [2.21], Tabelle 6.

Lösung:
- Mit $U_f = 1{,}5$ W/(m² · K) für ift-geprüfte Nadelholzrahmen IV 68 nach Tabelle 2.28 wird mit Tabelle 2.32 der Bemessungswert für den Rahmen zu $U_{f,BW} = 1{,}4$ W/(m² · K).
- Mit der gegebenen Verglasung mit $U_g = 1{,}1$ W/(m² · K) wird daraus mit DIN V 4108-4: 2004-07, Tabelle 6, $U_w = 1{,}3$ W/(m² · K).

Gemäß Tabelle 2.33 wird nun
- für Verglasungen mit verbessertem Randverbund und
- für Fenster mit Sprossen im Scheibenzwischenraum (einfaches Sprossenkreuz)

$$\begin{aligned} U_{w,BW} &= U_w + \Delta U_w \\ &= 1{,}3\ \text{W/(m}^2 \cdot \text{K)} - 0{,}1\ \text{W/(m}^2 \cdot \text{K)} + 0{,}1\ \text{W/(m}^2 \cdot \text{K)} = 1{,}3\ \text{W/(m}^2 \cdot \text{K)} \end{aligned}$$

B Vorhang- bzw. Glasfassaden

Das wärmetechnische Verhalten von Vorhang- bzw. Glasfassaden kann bestimmt werden
- durch Prüfung nach EN ISO 12567-1 [2.143] oder
- durch Berechnung nach EN ISO 12631 [2.144].

Hiervon soll nur das Berechnungsverfahren näher betrachtet werden; nach EN ISO 12631 gibt es für die Ermittlung des Wärmedurchgangskoeffizienten U_{CW} (engl. *curtain wall*) von Vorhang- bzw. Glasfassaden
- ein sog. *vereinfachtes Beurteilungsverfahren* und
- ein *Verfahren mit Beurteilung der einzelnen Komponenten.*

Bei beiden Verfahren muss im ersten Schritt ein sog. repräsentatives Bezugselement festgelegt werden – repräsentativ insofern, als alle in der Vorhang- bzw. Glasfassade vorkommenden Bauteile mit unterschiedlichen wärmetechnischen Eigenschaften mit ihren Flächenanteilen enthalten sind. Aus dem repräsentativen Bezugselement wird ein Ausschnitt so gewählt, dass an den Schnittlinien ein adiabatischer Zustand herrscht, d. h., der Wärmestrom dort rechtwinklig zur Fassadenebene verläuft. Dies ist in der Mitte von Verglasung oder Paneel bei ausreichendem Abstand zu den Rahmen der Fall.

Im Folgenden soll nur das einfachere der beiden o. g. Verfahren – das ist das *Verfahren mit Beurteilung der einzelnen Komponenten* – näher betrachtet werden. Hierbei wird das repräsentative Bezugselement unterteilt in Flächenanteile mit unterschiedlichen thermischen Eigenschaften, d. h.
- Verglasungen,
- opake Paneele und

– Rahmen.

Durch flächenbezogene Gewichtung von deren U-Werten mit Berücksichtigung der längenbezogenen Wärmedurchgangskoeffizienten Ψ an den Verbindungsfugen lässt sich daraus der Wärmedurchgangskoeffizient U_{CW} der gesamten Fassade in W/(m² · K) ähnlich zu dem für Türen und Fenster (vgl. Gl. (2.67)), allerdings deutlich aufwendiger, berechnen zu

$$U_{CW} = \begin{pmatrix} \sum A_g \cdot U_g + \sum A_p \cdot U_p + \sum A_f \cdot U_f + \sum A_m \cdot U_m + \sum A_t \cdot U_t + \\ \sum l_{f,g} \cdot \Psi_{f,g} + \sum l_{m,g} \cdot \Psi_{m,g} + \sum l_{t,g} \cdot \Psi_{t,g} + \sum l_p \cdot \Psi_p + \sum l_{m,t} \cdot \Psi_{m,t} + \sum l_{t,f} \cdot \Psi_{t,f} \end{pmatrix} \cdot \frac{1}{A_{CW}} \quad \left[\frac{W}{m^2 \cdot K}\right] \tag{2.69}$$

U_g, U_p	Wärmedurchgangskoeffizienten der Verglasung (engl. *glazing*, bestimmt nach EN 673, 674 oder 675 [2.128], [2.129], [2.130]) und ggf. vorhandener opaker Paneele (engl. *panel*, berechnet nach EN ISO 6946 [2.45]) in W/(m² · K)
U_f, U_m, U_t	Wärmedurchgangskoeffizienten der Fensterrahmen (engl. *frame*), der vertikalen Pfosten (engl. *vertical member*) und der horizontalen Riegel (engl. *transom*, bestimmt nach EN 12412-2 [2.135]) in W/(m² · K)
$\Psi_{f,g}$, $\Psi_{m,g}$, $\Psi_{t,g}$	längenbezogene Wärmedurchgangskoeffizienten in W/(m · K) infolge der kombinierten thermischen Wirkung an der Verbindung Rahmen/Verglasung, Pfosten/Verglasung und Riegel/Verglasung (s. Tabellen B.1 bis B.4 in EN ISO 12631, Anhang B)
Ψ_p	längenbezogener Wärmedurchgangskoeffizient der Abstandhalter für opake Paneele in W/(m · K) (s. Tabelle B.5 in EN ISO 12631, Anhang B)
$\Psi_{m,f}$, $\Psi_{t,f}$	längenbezogene Wärmedurchgangskoeffizienten infolge der kombinierten thermischen Wirkung an der Verbindung Rahmen/Pfosten und Rahmen/Riegel in W/(m · K) (s. Tabellen B.6 und B.7 in EN ISO 12631, Anhang B)

$$A_{CW} = A_g + A_p + A_f + A_m + A_t \tag{2.70}$$

als Fläche der Vorhang- bzw. Glasfassade in m²

A_g	Gesamtfläche der Verglasung in m²
A_p	Gesamtfläche der opaken Paneele in m²
A_f	Gesamtfläche der Rahmen in m²
A_m	Gesamtfläche der Pfosten in m²
A_t	Gesamtfläche der Riegel in m²

Die Längen l_x in Gl. (2.69) sind die jeweils zu den längenbezogenen Wärmedurchgangskoeffizienten gehörenden Verbindungslängen.

Hinweis: Bei geneigten Teilen der Fassade (= Glasdächern mit einer Neigung von mehr als ± 15°) wird der Wärmedurchgangskoeffizient der Verglasung U_g ungünstiger als bei den vertikalen Teilen (d. h. mit einer Neigung bis zu ± 15°) [2.145] – dies ist laut technischen FAQ [2.146], 3.09, bei geneigten Fenstern von *KfW-Effizienzhäusern* zu berücksichtigen!

Dieses Verfahren mit Beurteilung der einzelnen Komponenten ist ziemlich komplex, es wird in EN ISO 12631 [2.144] detailliert dargestellt und dort in Anhang E anhand eines Beispiels erläutert (s. hierzu auch das entsprechende VFF-Merkblatt [2.147]).

2.12.4 Rollläden und Rollladenkästen

Der Wärmedurchlasswiderstand von Rollladenkästen muss nach DIN 4108-2 [2.1], 5.1.3,
- im Mittel $R_{Rm,\min} = 1{,}0\ \text{m}^2 \cdot \text{K/W}$ (vgl. Abschnitt 2.6) und
- im Bereich des Deckels $R_{R,\min} = 0{,}55\ \text{m}^2 \cdot \text{K/W}$

überschreiten, im Mittel entspricht das $U_{Rm,\max} = 0{,}85\ \text{W/(m}^2 \cdot \text{K)}$. Vorsatz- und Mini-Rollladenkästen gehören zum Fenster und sind bei der Ermittlung von U_w zu berücksichtigen [2.16] (vgl. Abschnitt 2.12.3).

Die mögliche Verbesserung des Wärmedurchgangskoeffizienten von Fenstern, Fenstertüren und Dachflächenfenstern durch Rollläden (sog. Abschlüsse) darf nach der Anmerkung zu DIN V 4108-4 [2.20], 5.1.1.1, bei der Ermittlung des Bemessungswertes $U_{W,BW}$ nicht angesetzt werden!

2.13 Luftdichtheit von Bauteilen und Gebäuden

2.13.1 Luftwechsel durch die Gebäudehülle

In den 1970er-Jahren wurde in Nordamerika und Skandinavien begonnen, Versuchs-Niedrigenergiehäuser zu bauen – mit zunächst enttäuschendem Ergebnis [2.148]: Die tatsächlichen Werte des Heizenergieverbrauchs lagen erheblich über den erwarteten. Als Grund dafür zeigte sich die bis dahin wenig beachtete Luftdurchlässigkeit der Gebäude, die bei den dort üblichen Holzhäusern mit einer Vielzahl von Fugen besonders groß war.

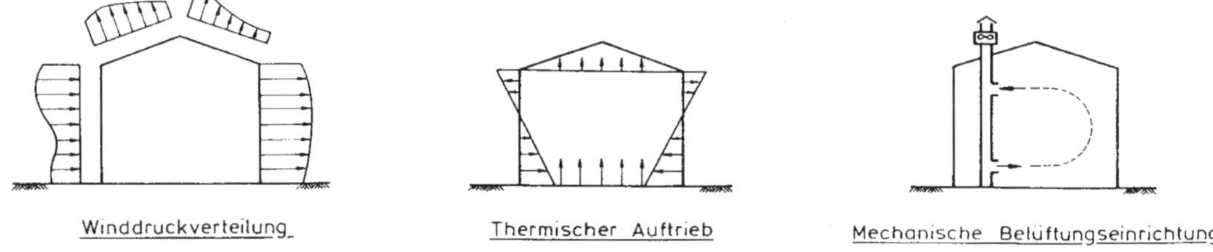

Bild 2.69: Mögliche Ursachen für Druckdifferenzen zwischen dem Gebäudeinnern und der Außenluft

Zwischen dem Gebäudeinnern und der Außenluft bestehen üblicherweise Druckdifferenzen (Bild 2.69):

- infolge Windeinflusses,
- infolge Temperaturunterschied zwischen Innen- und Außenluft (Thermik) sowie
- infolge eventueller raumlufttechnischer Anlagen (s. auch [2.47]).

Aufgrund dieser Druckdifferenzen findet zwischen dem Gebäudeinnern und der Außenluft ein Luftaustausch statt, dessen Größenordnung von der Luftdichtheit der Gebäudehülle abhängt.

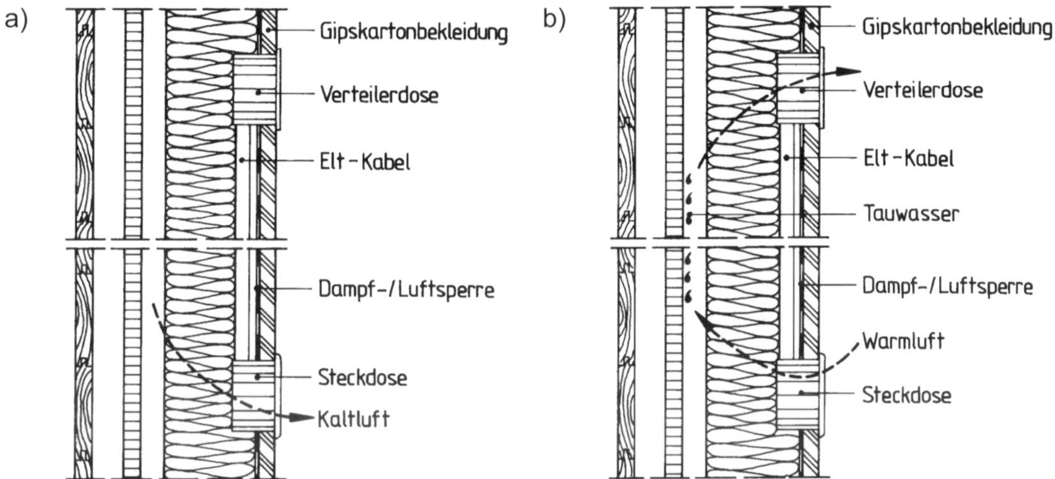

Bild 2.70: Mögliche Folgen mangelnder Luftdichtheit, beispielhaft an Außenwänden in Holztafel-/Holzrahmenbauart (Vertikalschnitte, nach [2.149]):
a) Zugerscheinungen an einer nicht luftdicht angeschlossenen Steckdose
b) Tauwasserbildung an der äußeren Beplankung einer Außenwand infolge Wasserdampfkonvektion durch nicht luftdicht angeschlossene Elektroinstallationen

Eine mangelnde Luftdichtheit der Gebäudehülle führt daher

- zu Zugerscheinungen aufgrund von Luftströmungen (Beeinträchtigung der thermischen Behaglichkeit, Bild 2.70a) und
- in der Folge zu ungewollten Lüftungswärmeverlusten, die zum Teil in der Größenordnung der Transmissionswärmeverluste liegen, sowie
- zu Tauwasserbildung bei aus dem Rauminnern in die Konstruktion strömender feuchtwarmer Luft, wodurch erhebliche Bauschäden verursacht werden können [2.148], [2.149] (Bild 2.70b).

Die Luftdichtheit von *Massiv*bauten wurde infolge der seit 1977 geltenden Wärmeschutzverordnungen [2.5], [2.6], [2.7] erheblich verbessert, weil in „Übererfüllung" der Wärmeschutzverordnung i. d. R. sehr dichte Fenster eingebaut wurden. Solche Gebäude haben bei zu geringem Luftwechsel eher zu hohe Raumluftfeuchten mit daraus resultierender Schimmelbildung auf Wärmebrücken. Speziell Mauerwerksbauten sind zwar im

Rohbau noch sehr luftdurchlässig; sie werden aber im Endzustand ausreichend luftdicht durch den i. d. R. aufgebrachten (Innen-)Putz (s. hierzu auch Abschnitt 3.3).

Anders stellt sich die Situation bei *Holz*bauten (Holztafel-/Holzrahmenbauten) und den häufiger vorkommenden *ausgebauten Dachgeschossen* dar: Aufgrund der vielfachen Fugenlänge in der Beplankung oder Bekleidung eines Holzbaus bzw. ausgebauten Daches im Vergleich zur üblichen Länge von Fensterfugen in ansonsten luftdichten Räumen eines Massivbaus finden sich auch heute noch nicht ausreichend luftdichte Dachgeschosse – der Luftdichtheit von Holzbauten und ausgebauten Dächern ist daher besondere Aufmerksamkeit zu schenken.

Vorab soll aber die Luftdurchlässigkeit der *Funktionsfugen* von Fenstern und Türen betrachtet werden – das sind Fugen, die regelmäßig geöffnet werden –, und zwar entsprechend der alten DIN 18055:1981-10 [2.150] anhand des Fugendurchlasskoeffizienten a (sog. a-Wert) in $m^3/(h \cdot m \cdot (daPa)^n)$:

$$a = \frac{V}{t \cdot l \cdot \Delta p^n} \tag{2.71}$$

V = gemessenes Luftvolumen in m^3 während der Versuchsdauer
t = Versuchsdauer in h
l = Länge der Fuge in m
Δp = Druckdifferenz während des Versuches in daPa = 10 Pa

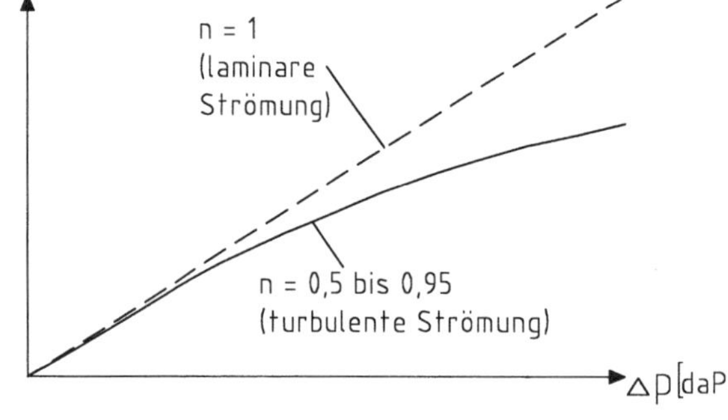

Bild 2.71: Die längenbezogene Fugendurchlässigkeit V_L in $m^3/(h \cdot m)$ ist i. d. R. nicht linear von der Druckdifferenz Δp in daPa abhängig (nach [2.151])

Die auf die Versuchsdauer t und die Fugenlänge l bezogene *längenbezogene Fugendurchlässigkeit* einer Fensterfuge zwischen Blend- und Flügelrahmen in $m^3/(h \cdot m)$

$$V_L = \frac{V}{t \cdot l} = a \cdot \Delta p^n \tag{2.72}$$

ist damit nicht direkt proportional zur Druckdifferenz $\Delta p = p_e - p_i$ zwischen außen und innen (Bild 2.71), weil – bei der vorliegenden turbulenten Strömung – mit zunehmender Druckdifferenz die Strömungsgeschwindigkeit und damit auch die Reibungsverluste in den Fugen steigen. Der Exponent n liegt zwischen $n = 1$ bei laminarer Strömung und ca. $n = 0{,}5$ bei vollkommener Turbulenz [2.47]. Für übliche Fensterfugen gilt mit hinreichender Genauigkeit $n = 2/3$.

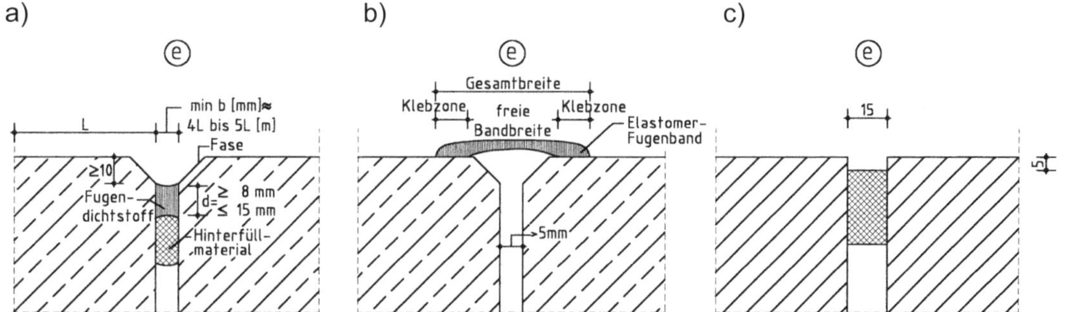

Bild 2.72: Nicht zu öffnende Fugen in Außenwänden aus Beton bzw. Mauerwerk („e" = außen)
a) mit Fugendichtstoff (i. d. R. Weichschaumstoff-Schnur als Hinterfüllmaterial)
b) mit aufgeklebtem Elastomer-Fugenband
c) mit vorkomprimiertem Dichtungsband

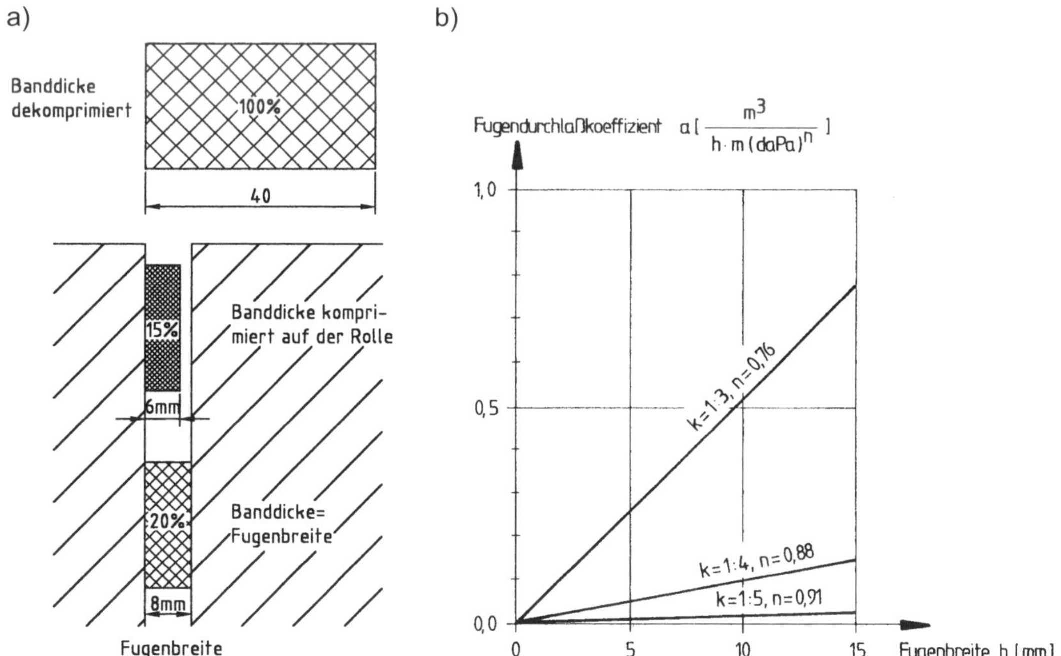

Bild 2.73: Vorkomprimierte Dichtungsbänder aus Polyurethanschaum:
a) dekomprimiert (Kompressionsgrad $k = 1 : 1$), voll komprimiert ($k \approx 1 : 7$) und sinnvoll eingebaut in eine Fuge ($k \approx 1 : 5$) (nach [2.154])
b) gemessene Fugendurchlasskoeffizienten a in Abhängigkeit von der Fugenbreite b und dem Kompressionsgrad k mit den zugehörigen Exponenten n [2.155]

Andere Fugen als die o. g. Funktionsfugen zwischen Blend- und Flügelrahmen müssen nicht regelmäßig geöffnet werden, sie werden deshalb dauerhaft

- mit spritzbarem Fugendichtstoff (Bild 2.72a),
- mit aufgeklebten Elastomer-Fugenbändern (Bild 2.72b) bzw. beim Einbau von Fenstern mit aufgeklebten Dichtfolien oder
- mit vorkomprimierten Dichtungsbändern (Bild 2.72c und Bild 2.73a)

abgedichtet. Fachgerecht ausgeführte Fugendichtstofffugen nach DIN 18540 [2.152] wie auch über die Fugen geklebte Elastomer-Fugenbänder sind luftdicht ($a = 0$). Bei vorkomprimierten Dichtungsbändern aus imprägniertem Schaumkunststoff nach DIN 18542 [2.153] sind der Fugendurchlasskoeffizient a wie auch der Exponent n (Bild 2.73b)

- materialabhängig,
- kompressionsabhängig und
- abhängig von der Fugenbreite.

2.13.2 Nachweis der Luftdichtheit einzelner Bauteile

In DIN 4108-2 [2.1], 7, finden sich Anforderungen an die Luftdichtheit von Außenbauteilen (zur Notwendigkeit vgl. Tabelle 2.1 in Abschnitt 2.2):

- Bei Fugen in der wärmeübertragenden Umfassungsfläche des Gebäudes, insbesondere auch bei durchgehenden Fugen
  - zwischen Fertigteilen oder
  - zwischen Ausfachungen und dem Tragwerk,

  ist dafür zu sorgen, dass diese Fugen nach dem Stand der Technik dauerhaft und luft*un*durchlässig abgedichtet sind (siehe auch DIN 4108-7 und DIN 18540).
- Aus einzelnen Teilen zusammengesetzte Bauteile/Bauteilschichten (z. B. Holzschalungen) müssen unter Beachtung von DIN 4108-7 luftdicht ausgeführt sein.
- Die Luftdichtheit von Bauteilen kann nach EN 12114 bestimmt werden. Der aus Messergebnissen abgeleitete Fugendurchlasskoeffizient von Bauteilanschlussfugen muss kleiner als 0,1 $m^3/(m\ h\ daPa^{2/3})$ sein.
- Funktionsfugen von Fenstern und Fenstertüren müssen mindestens Klasse 2 (bei Gebäuden ≤ 2 Vollgeschossen) bzw. Klasse 3 (bei Gebäuden > 2 Vollgeschossen) nach EN 12207 entsprechen; Außentüren müssen mindestens Klasse 2 nach EN 12707 erreichen.

Zu den o. g. Absätzen mit zugehörigen Normverweisen im Einzelnen:

A DIN 18540

DIN 18540 [2.152] gilt nur für Außenwandfugen mit Fugendichtstoff zwischen Bauteilen:

- aus Ortbeton und/oder Betonfertigteilen mit geschlossenem Gefüge sowie
- aus Mauerwerk und/oder Naturstein.

Die Anwendung dieser Norm ist dadurch sehr eingeschränkt, sodass in DIN 4108-2 nur darauf verwiesen wird, diese Fugen nach dem Stand der Technik dauerhaft und luft*un*durchlässig abzudichten. Zum *Stand der Technik* sei hier beispielhaft verwiesen auf:

- den Porenbeton Bericht 6 des Bundesverbandes Porenbeton [2.156],
- einige IVD-Merkblätter [2.157] und
- die Verarbeitungsrichtlinien der Hersteller.

Mindestanforderungen an die Dauerhaftigkeit von Klebeverbindungen mit Klebebändern und Klebemassen sowie Prüfrandbedingungen und Prüfmethoden für Materialverbindungen von Luftdichtheitsschichten sind seit 2018 in DIN 4108-11 genormt [2.158].

B DIN 4108-7

DIN 4108-7:2011-01 [2.159] nennt neben Konstruktionsprinzipien für die luftdichte Ausbildung von Gebäuden eine Vielzahl von Beispielen ausreichend luftdichter Fugen und Anschlüsse (s. z. B. Bild 2.74)

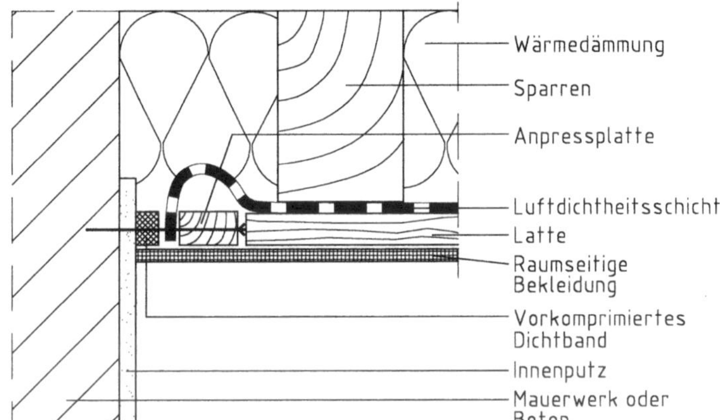

Bild 2.74: Prinzipdarstellung des Anschlusses einer Luftdichtheitsschicht (z B. Folie) im geneigten Dach an eine massive Giebelwand

C DIN EN 12114

Die Bestimmung der Luftdichtheit von Bauteilen nach EN 12114 [2.161] stellt ein an die in Abschnitt 2.13.1 dargestellten Untersuchungen und Vorschläge angelehntes Laborverfahren dar, das aber bisher kaum Verbreitung gefunden hat – praxisüblich ist die Prüfung der Luftdichtheit der gesamten Gebäudehülle (s. folgenden Abschnitt 2.13.3).

D EN 12207

Der Fugendurchlasskoeffizient von Fenstern und Türen nach DIN 18055:1981-10 [2.150] wurde durch die Referenzluftdurchlässigkeit bei 100 Pa nach EN 12207 [2.162] ersetzt – entweder als *flächen*bezogene oder als *längen*bezogene Größe (Tabelle 2.34). Nach DIN 4108-2 [2.1], 7, (s. o.) wird bei Fenstern, Fenstertüren und Dachflächenfenstern

- für Gebäude bis zu zwei Vollgeschossen Klasse 2 und
- für Gebäude mit mehr als zwei Vollgeschossen Klasse 3

nach EN 12207 [2.162] (vgl. Tabelle 2.34) gefordert. Gemäß DIN 4108-4 [2.20], Tabelle 8, erreichen ohne weiteren Nachweis

- Holzfenster ohne Dichtung Klasse 2,
- alle anderen Fenster(türen) mit alterungsbeständiger, leicht auswechselbarer, weichfedernder und in einer Ebene umlaufender Dichtung Klasse 3.

Außentüren mit alterungsbeständiger, leicht auswechselbarer, weichfedernder und in einer Ebene umlaufender Dichtung erreichen Klasse 2. *Hinweis*: Bei höheren Winddrücken – z. B. bei Hochhäusern oder an der Nord- und Ostsseeküste – können höhere Klassen der Luftdurchlässigkeit erforderlich werden, s. DIN 18055:2020-09 [2.163].

Tabelle 2.34: Klassifizierung von Fenstern und Türen nach EN 12207

Referenzluftdurchlässigkeit bei 100 Pa		**Maximaler Prüfdruck in Pa**	**Klassifizierung für Fenster und Türen**
bezogen auf die Gesamtfläche in m³/(h · m²)	**bezogen auf die Fugenlänge in m³/(h · m)**		
50	12,50	150	1
27	6,75	300	2
9	2,25	600	3
3	0,75	600	4

2.13.3 Nachweis der Luftdichtheit der Gebäudehülle

Nach DIN 4108-2 [2.1], 7, kann auch die Luftdichtheit von Gebäuden *als Ganzes* – d. h. der thermischen Hülle (= Gebäudehülle) – nach EN 13829 [2.164] (zwischenzeitlich ersetzt durch EN ISO 9972 [2.165]) bestimmt werden (vgl. Abschnitt 2.13.2).

Vor näherer Betrachtung dieses Verfahrens soll zuerst die Luftwechselrate n in 1/h = h^{-1} eines Raumes definiert werden:

$$n = q_L / V_L \tag{2.73}$$

q_L Luftvolumenstrom in m³/h, der dem Raum zuströmt bzw. den Raum verlässt

V_L Luftvolumen des Raumes in m³

Eine Luftwechselrate $n = 0{,}5\ h^{-1}$ z. B. bedeutet, dass in einer Stunde das halbe Raumluftvolumen einmal ausgetauscht wird (d. h., das gesamte Raumluftvolumen wird einmal in zwei Stunden ausgetauscht).

Die mit dem GEG 2020/23 [2.13], [2.14] eingeführte DIN EN ISO 9972:2018-12 [2.165] – ergänzt um einen nationalen Anhang NA mit u. a. Festlegungen, welche Bauteile, Öffnungen und Einbauteile bei der Messung geschlossen oder abgeklebt werden – beschreibt die Luftdichtheitsmessung nach dem sog. *Blower Door*-Verfahren, das schematisch in Bild 2.75 dargestellt ist. Bei diesem Verfahren wird zwischen dem Gebäudeinnern und der Außenluft mit einem Gebläse (engl. *blower*) eine Luftdruckdifferenz Δp = 50 Pa erzeugt und der zur Aufrechterhaltung dieser Druckdifferenz notwendige Luftvolumenstrom gemessen. Als Kennwert für die Luftdichtheit der Gebäudehülle wird dieser Luftvolumenstrom als Netto-Luftwechselrate bei einer Druckdifferenz von 50 Pa in 1/h = h^{-1} auf das

Luftvolumen des untersuchten Raumes oder der Raumgruppe bezogen (Bezeichnungen nach DIN EN ISO 9972 Anhang NA):

$$n_{L50} = q_{50} / V_L \qquad (2.74)$$

q_{50} Luftvolumenstrom (Leckagestrom) in m³/h, der bei $\Delta p = 50$ Pa Druckdifferenz dem Raum oder der Raumgruppe zu- bzw. entströmt

V_L Luftvolumen (Innenvolumen) des Raumes oder der Raumgruppe in m³ (i. d. R. Luftvolumen aller beheizten Räume eines Gebäudes bzw. einer Wohnung), berechnet als Netto-Rauminhalt mit lichten Raummaßen

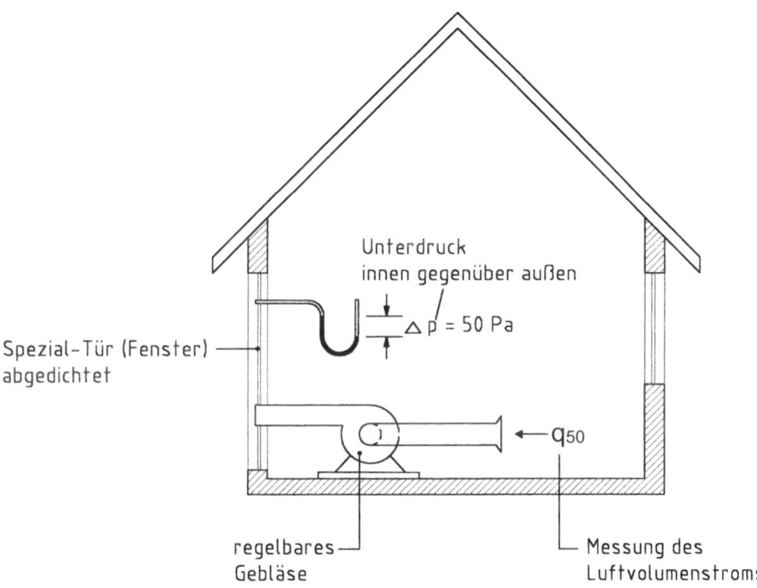

Bild 2.75: Schemadarstellung einer *Blower Door*-Messung der Netto-Luftwechselrate n_{L50} eines Gebäudes bei $\Delta p = 50$ Pa Druckdifferenz – gemessen wird mit Über- *und* Unterdruck; nach GEG § 26 sind die Höchstwerte für *beide* Fälle einzuhalten (nach [2.166])

Nach DIN 4108-7 [2.159] bzw. GEG 2023 § 20 (2) [2.13], [2.14] muss die nach DIN EN ISO 9972 [2.165] (mit nationalem Anhang NA) gemessene Netto-Luftwechselrate bei Neubauten

- *mit* raumlufttechnischen Anlagen (auch Abluftanlagen) bei $n_{L50} \leq 1{,}5\ \text{h}^{-1}$ bzw.
- *ohne* raumlufttechnische Anlagen bei $n_{L50} \leq 3{,}0\ \text{h}^{-1}$

liegen – diese Werte wurden auch in das GEG 2023 übernommen. (Bei Passivhäusern wird allerdings $n_{L50} \leq 0{,}6\ \text{h}^{-1}$ gefordert [2.167].)

Diese Grenzwerte sind sinnvoll gewählt, wie ein schwedischer Vergleich an Häusern mit einer bedarfsorientierten mechanischen Lüftung – die auf die hygienisch erforderliche Mindestluftwechselrate $n = 0{,}5\ \text{h}^{-1}$ eingestellt wurde – zeigt (Bild 2.76): Erst bei sehr dichten Gebäuden unterhalb von $n_{L50} = 1$ bis $2\ \text{h}^{-1}$ wird die Gebäudelüftung von Windeinflüssen weitgehend unabhängig [2.148]. Zum Vergleich:

- Die mittlere Windgeschwindigkeit liegt in Deutschland bei 3 bis 4 m/s ≈ 2 bis 3 Bft.
- Im direkten Küstenbereich und den Höhenlagen der Mittelgebirge werden teilweise über 5 m/s, d. h. ca. 4 Bft, erreicht [2.169] (in Bremerhaven z. B. liegt die mittlere Windgeschwindigkeit bei 5,2 m/s, in Hamburg-Fuhlsbüttel nur noch bei 4,0 m/s [2.170]).
- Die höchste in Bild 2.76 dargestellte Windgeschwindigkeit von 10 m/s entspricht einer Windstärke von 5 Bft = frische Brise.

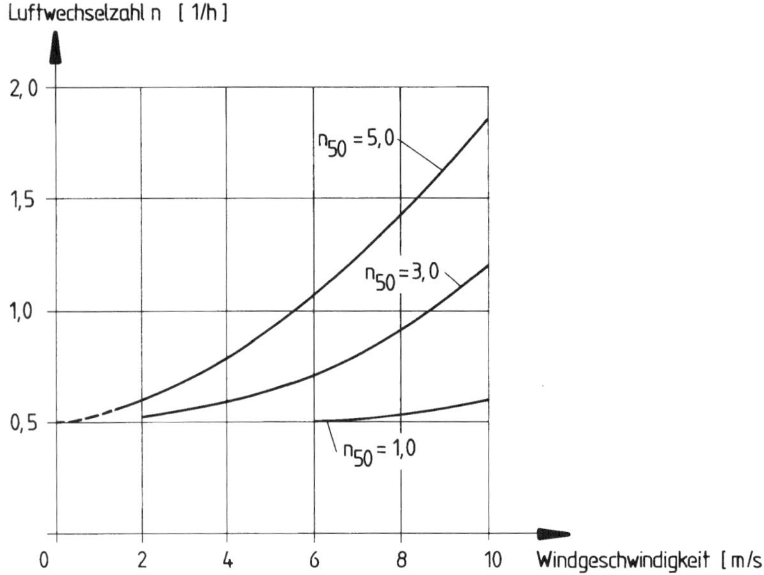

Bild 2.76: Reale Luftwechselraten (= Luftwechselzahlen) *n* von Beispielgebäuden, die mit einer Lüftungsanlage auf $n = 0{,}5\ \text{h}^{-1}$ eingestellt waren, in Abhängigkeit von der Windgeschwindigkeit und der Luftwechselrate n_{L50} (nach [2.168], zitiert nach [2.148])

Bei Gebäuden mit einem Luftvolumen $V_L > 1500\ \text{m}^3$ kann nach GEG 2023 § 26 (3) [2.13], [2.14] *alternativ* die hüllflächenbezogene Luftdichtheit in $\text{m}^3/(\text{h} \cdot \text{m}^2)$ verwendet werden:

$$q_{E50} = q_{50} / A_E \tag{2.75}$$

q_{50} Luftvolumenstrom (Leckagestrom) in m^3/h, der bei $\Delta p = 50$ Pa Druckdifferenz dem Raum oder der Raumgruppe zu- bzw. entströmt (s. o.)

A_E Hüllfläche des Gebäudes oder des untersuchten Gebäudeteils in m^2, berechnet mit Gesamt*innen*maßen (s. dazu Bild 5.4 in Abschnitt 5.3.1)

Dann muss eingehalten sein bei Gebäuden
- *mit* raumlufttechnischen Anlagen (auch Abluftanlagen) $q_{E50} \leq 2{,}5\ \text{m}^3/(\text{h} \cdot \text{m}^2)$ bzw.
- *ohne* raumlufttechnische Anlage $q_{E50} \leq 4{,}5\ \text{m}^3/(\text{h} \cdot \text{m}^2)$.

Bei großen Gebäuden können zur Luftdichtheitsmessung mehrere *Blower Door*-Geräte zusammengeschaltet werden, um $\Delta p = 50$ Pa Druckdifferenz zu erreichen (ggf. können auch nach EN ISO 9972 Anhang A die Ventilatoren der RLT-Anlagen genutzt werden).

2.14 Klimabedingter Feuchteschutz

2.14.1 Notwendigkeit des Feuchteschutzes und des Feuchteschutznachweises

Gemäß GEG 2023 § 11 (1) [2.13], [2.14] gehört zum Mindestwärmeschutz auch der *Feuchteschutz* der Bauteile gegen Außenluft, Erdreich und gegen Räume mit wesentlich niedrigeren Innentemperaturen nach DIN 4108-3 (vgl. Abschnitt 2.2); er soll zum konsequenten Schutz der Gebäude vor Wasser beitragen. Ein solcher Feuchteschutz ist nach *Klopfer* [2.171] aus folgenden Gründen notwendig:

- Nutzbarkeit der Räume
  „Viele Nutzungen von Räumen erfordern ein relativ eng definiertes Raumklima, welches nur dann gewährleistet werden kann, wenn eine unkontrollierte äußere Feuchteeinwirkung ausgeschaltet ist. Auch die Leistungsfähigkeit des Menschen ist nur in einem relativ eng begrenzten Klimabereich optimal. Bauwerke und Räume müssen ferner ästhetischen Bedürfnissen genügen, die durch Folgen von Durchfeuchtungen erheblich beeinträchtigt werden können. Schließlich sind feuchte Baustoffe Quellen für Keime und Geruchsstoffe und deshalb unerwünscht."
- Wärmeschutz der Bauwerke
  „Der Energieaufwand zur Beheizung wird davon beeinflußt, ob ein Bauwerk trocken gehalten wird oder nicht: Die Wärmeleitfähigkeit der Baustoffe steigt nämlich mit der Stoff-Feuchte an. Zu verdunstende Wassermengen aus durchfeuchteten Baustoffen und die Abführung zu feuchter Raumluft erfordern einen zusätzlichen Energieaufwand."
- Erhaltung der Bausubstanz
  „Einer der wichtigsten Beschleuniger für den allmählichen, allerdings langfristig unvermeidbaren Zerfall der Bauwerke ist ohne Zweifel das Wasser. Es ermöglicht vielerlei chemische, physikalische und biologische Prozesse, welche bei Trockenheit nicht ablaufen können."

„Deshalb gilt seit langem die These: Bauen ist Kampf gegen das Wasser. Die Erfahrung zeigt, daß die meisten Bauschäden auf den Einfluß von Wasser zurückgehen."

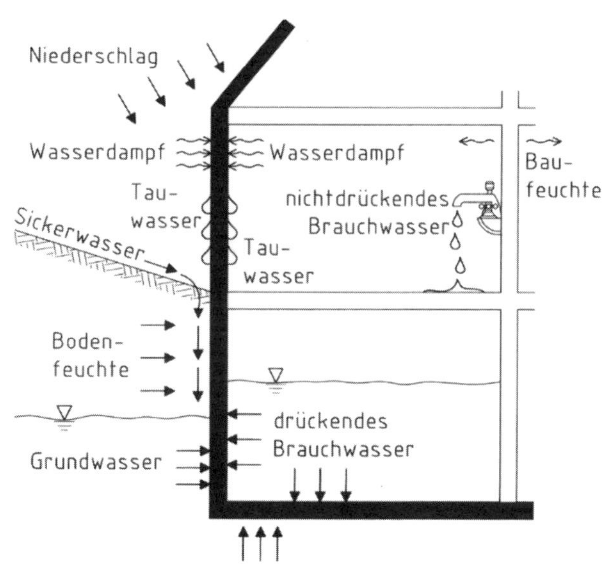

Bild 2.77: Bezeichnungen des auf Gebäude einwirkenden Wassers (aus [2.172], [2.173], [2.174] nach [2.171])

Gebäude sind nur dann funktionsfähig und dauerhaft, wenn bei Planung und Ausführung die vielfältigen Erscheinungsformen des auf Gebäude einwirkenden Wassers berücksichtigt werden. Üblicherweise werden die in Bild 2.77 genannten Einwirkungen in folgender Form einem Teilgebiet der Bauphysik bzw. der Baukonstruktionslehre zugeordnet:

- Wasser in flüssiger oder fester Form, das als Niederschlag (Regen, Schnee, Graupel, Hagel) auf ein Gebäude trifft, wird behandelt im bauphysikalischen Teilgebiet *Witterungsschutz* – bei Außenwänden *Schlagregenschutz* genannt.
- Wasser in flüssiger Form, das von außen über das Erdreich (als Bodenfeuchte, Sickerwasser oder Grundwasser) bzw. von innen nutzungsbedingt (als Brauchwasser) auf das Bauwerk einwirkt, wird im Teilgebiet *Bauwerksabdichtung* betrachtet (einige Konstruktionsbeispiele finden sich z. B. im Kapitel 3).
- Wasser in Form von Wasserdampf, das sich möglicherweise
  - auf raumseitigen Bauteiloberflächen (Bild 2.78a) oder
  - innerhalb von Bauteilen (Bild 2.78b)

  als Tauwasser (d. h. in flüssiger Form) niederschlagen kann, ist Gegenstand des bauphysikalischen Teilgebietes *Tauwasserschutz.*
- Die in Bild 2.76 ebenfalls dargestellte *(Neu-)Baufeuchte* wird i. d. R. nicht betrachtet, obwohl sie beträchtlich sein und – während einer Austrocknungszeit von mehreren Jahren nach Fertigstellung – zu einem möglicherweise unbehaglichen Raumklima sowie einem erhöhten Heizwärmebedarf führen kann.

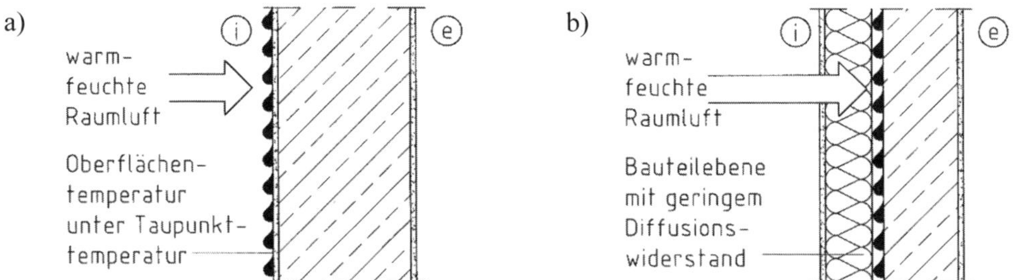

Bild 2.78: Tauwasserausfall (als Tropfen dargestellt, aus [2.172], [2.173], [2.174] nach [2.175])
a) auf einer kühlen raumseitigen Bauteiloberfläche
b) auf einer kühlen Bauteilschicht im Innern eines Bauteils

Im Folgenden behandelt werden
- der Schlagregenschutz von Außenwänden und
- der mögliche Ausfall von Tauwasser innerhalb von Bauteilen (vgl. Bild 2.78b);

die Vermeidung der sog. kritischen Oberflächenfeuchte auf raumseitigen Bauteiloberflächen (im Extremfall als Tauwasserausfall auf kühlen Oberflächen, vgl. Bild 2.78a) wird im Rahmen des Mindestwärmeschutzes im Bereich von Wärmebrücken betrachtet (vgl. Abschnitt 2.8).

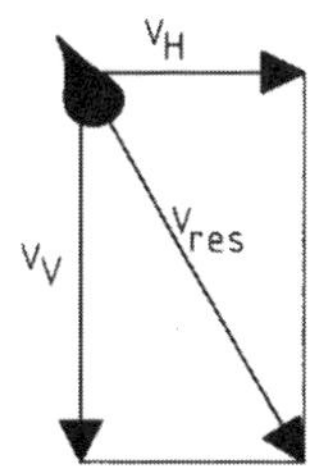

Bild 2.79: Aus der Horizontal- gleich Windgeschwindigkeit $v_H = v_W$ und der Fallgeschwindigkeit v_V resultierende Geschwindigkeit von Regentropfen v_{res} [2.176], [2.177]

Der Zweck des Schlagregenschutzes – d. h. des Schutzes von Außenwänden vor dem Eindringen von durch Wind horizontal abgelenktem Regen (Bild 2.79) – ist offensichtlich. Aber warum ist ein Tauwasserausfall im Bauteilinnern überhaupt von Interesse? In Jahrzehnte (wenn nicht Jahrhunderte) langer Erfahrung entstanden durch Erprobung („*trial and error*") traditionelle Baukonstruktionen, die

- den statischen Anforderungen,
- den Nutzungsanforderungen und
- den klimatischen Anforderungen

unter Verwendung der zur Verfügung stehenden Baustoffe gewachsen waren. Diese Baukonstruktionen erfüllen bei *gleichen* Anforderungen auch heute noch ihren Zweck – es haben sich aber die Nutzungsanforderungen allgemein geändert (s. auch [2.178]):

- Komfortstandard sind heute Zentralheizungen statt Einzelöfen, d. h., sämtliche Räume sind ganzjährig auf $\theta_i \approx 20\ °C$ temperiert.
- Zentralheizungen stellen aber raumluftunabhängige Heizungen dar, die luftdichte Außenbauteile ermöglichen (wie sie heute auch durch das GEG gefordert werden, vgl. Abschnitt 2.13), die – weil in genutzten Innenräumen immer Feuchte produziert wird – bei gleicher Nutzung im Winter die relative Luftfeuchte ϕ_i im Raum deutlich ansteigen lassen (Bild 2.80, s. auch [2.179]).
- Neben der Luftdichtheit gehören heute zum energetischen Standard auch hochgedämmte Außenbauteile einschließlich hochgedämmter Fenster mit der Folge, dass
  - solche Fenster nicht mehr als Kondensationsflächen dienen und
  - somit die relative Luftfeuchte ϕ_i im Raum noch weiter ansteigen lassen.

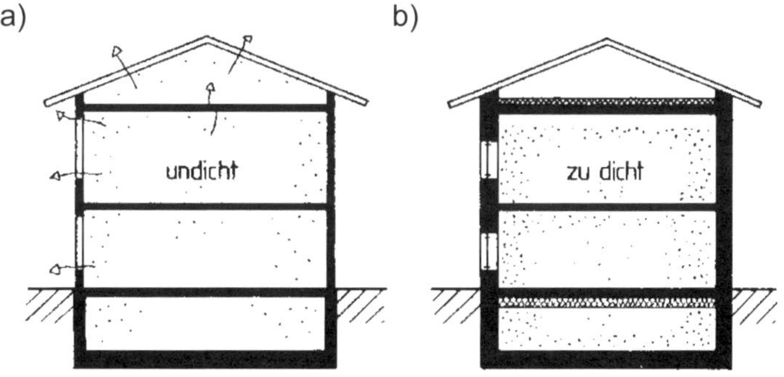

Bild 2.80: Relative Luftfeuchte in Gebäuden, dargestellt durch die Punktedichte (aus [2.173], [2.174] nach [2.180])
a) vor 1977 gebaut (d. h. vor der ersten Wärmeschutzverordnung)
b) nach 1977 gebaut (zu dicht hinsichtlich Tauwasserproblematik)

Dadurch sind an beiden Seiten der Außenbauteile deutlich unterschiedliche Luftfeuchten $v_i \neq v_e$ bzw. Wasserdampf-Teildrücke $p_{v,i} \neq p_{v,e}$ zu erwarten. Dieser Zusammenhang wird in Bild 2.81 näher erläutert: Zwar ist bei unseren Gebäuden der Gesamtdruck $p_{tot,i} = p_{tot,e}$ innen wie außen gleich. Da aber

- in genutzten Innenräumen *immer* Feuchte produziert wird (s. o.) und
- somit entsprechend den o. g. heutigen Nutzungsanforderungen auch bei regelmäßigem Lüften der innere Wasserdampf(teil)druck $p_{v,i}$ größer als der äußere Wasserdampf(teil)druck $p_{v,e}$ ist,

entsteht eine raumseitige Erhöhung des Wasserdampf-Teildrucks gegenüber außen, d. h. eine Wasserdampf-Teildruckdifferenz $\Delta p_v = p_{v,i} - p_{v,e}$ zwischen der ein Bauteil umgebenden Innen- und Außenluft, sodass durch das Bauteil von innen nach außen Wasserdampf diffundieren kann. Dass eine daraus resultierende mögliche Tauwasserbildung im Bauteilinnern in zulässigen Grenzen bleibt, ist entsprechend EN ISO 13788 [2.65] mit der nationalen Restnorm DIN 4108-3 [2.15], Anhang A, nachzuweisen.

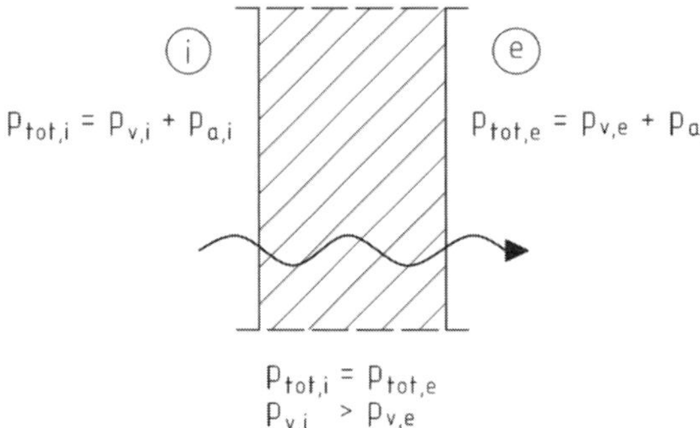

Bild 2.81: Eine Wasserdampf-Teildruckdifferenz $\Delta p_v = p_{v,i} - p_{v,e}$ führt bei beidseitig konstantem Gesamtdruck p_{tot} zur Wasserdampfdiffusion von innen nach außen durch ein – hier einschichtiges – Außenbauteil [2.173], [2.174]

In den folgenden Abschnitten sollen nun die Nachweise des klimabedingten Feuchteschutzes vorgestellt werden:

- Die Grundlagen für den *Nachweis des Schlagregenschutzes* gemäß DIN 4108-3 [2.15], 6, finden sich in Abschnitt 2.14.2; Beispiele von Außenwänden, die die Anforderungen des Schlagregenschutzes erfüllen, werden in Abschnitt 2.14.3 vorgestellt.
- Der *Nachweis des Tauwasserschutzes* im Bauteilinnern gemäß DIN 4108-3 [2.15], 5.2 und 5.3, folgt einer dreistufigen Beurteilungsmethodik (Tabelle 2.35):
  - Erster Schritt ist die Wahl einer *nachweisfreien Konstruktion* (s. Abschnitt 2.14.4).
  - Wenn dies nicht möglich ist, wird als zweiter Schritt der Nachweis nur für Diffusion im Bauteil (s. Abschnitt 2.14.5) mit dem vereinfachten *Periodenbilanzverfahren* (Basis: *Glaser*-Verfahren nach Abschnitt 2.14.6) geführt (s. Abschnitt 2.14.7).
  - Wenn auch dies nicht möglich ist, bleibt als dritter Schritt die *hygrothermische Simulation* mit aufwendigen EDV-Programmen (s. Abschnitt 2.14.8).

Tabelle 2.35: Nach DIN 4108-3 mögliche Nachweise des Tauwasserschutzes im Bauteilinnern

<table>
<tr><th colspan="3">Art des Nachweises des Tauwasserschutzes im Bauteilinnern</th></tr>
<tr><th>Wahl einer nachweisfreien Konstruktion</th><th>Rechnerischer Nachweis mit dem Periodenbilanzverfahren</th><th>Rechnerischer Nachweis durch hygrothermische Simulation</th></tr>
<tr><td colspan="2">Voraussetzungen:
– Bauteile luftdicht ausgeführt nach DIN 4108-7
– Bauteile schließen nicht klimatisierte Wohnräume sowie wohnähnlich genutzte Räume (keine unbeheizten oder gekühlten Räume oder Räume mit hoher Feuchtelast) zur Außenluft ab</td><td rowspan="2">Voraussetzung:
– Bauteile luftdicht ausgeführt nach DIN 4108-7 (Berücksichtigung von Luftströmungen durch das Bauteil z. Z. nicht Standard in den entsprechenden EDV-Programmen)</td></tr>
<tr><td>Weitere Voraussetzung:
– Bauteile mit ausreichendem Wärmeschutz nach DIN 4108-2 (Mindestwärmeschutz)</td><td>Weitere Voraussetzungen:
– Keine erdberührten Bauteile oder Bauteile zu unbeheizten Nebenräumen oder Kellern
– Keine begrünten oder bekiesten Dächer oder solche mit Plattenbelägen bzw. Holzrosten
– Keine nicht belüfteten, gedämmten Holzdächer mit Metalldeckung oder Abdichtung
– Keine Außenwände mit kapillaraktiver/sorptiver Innendämmung mit $R_{Dä} > 1{,}0\ m^2 \cdot K/W$</td></tr>
<tr><td>Nachweis:
– Wahl einer der in DIN 4108-3, 5.3, genannten Konstruktionen unter Einhaltung sämtlicher dort genannter Randbedingungen
(s. Abschnitt 2.14.4)</td><td>Nachweis:
– Rechnerischer Nachweis mit dem Glaser-Verfahren unter Verwendung des sog. Blockklimas
(s. Abschnitt 2.14.7)</td><td>Nachweis:
– Aufwendige EDV-Simulation und Beurteilung der Ergebnisse
(s. Abschnitt 2.14.8)</td></tr>
</table>

2.14.2 Grundlagen für den Nachweis des Schlagregenschutzes

Fassaden werden von der Witterung unterschiedlich beansprucht; diese Beanspruchung hängt u. a. ab

– von der allgemeinen geografischen Lage des Bauwerks wie Küstennähe/Binnenland oder Flachland/Gebirge (Bild 2.82),

- von der speziellen geografischen Lage des Bauwerks, d. h. exponiert auf einem Berg oder geschützt im Tal bzw. windgeschützt im Wald oder in offenem Gelände (Bild 2.83) sowie
- von der Orientierung (Himmelsrichtung) der betrachteten Außenwand, wie z. B. der häufig schlagregenbeaufschlagten Westseite eines Gebäudes.

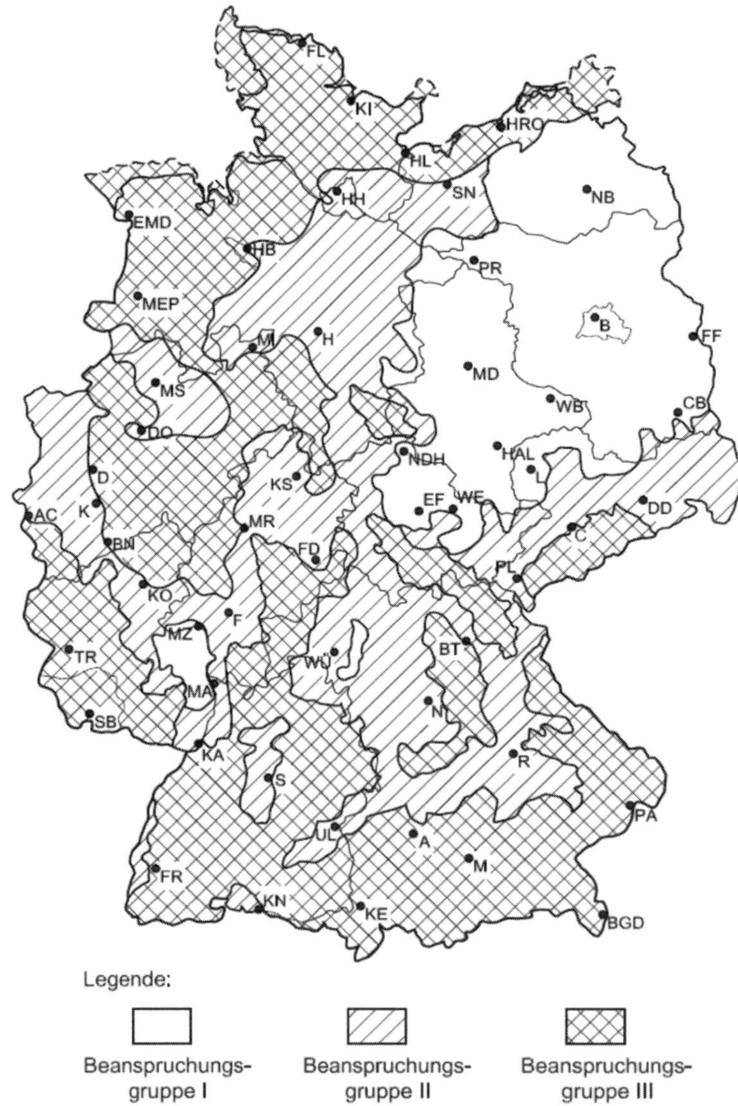

Bild 2.82: Übersichtskarte zur Schlagregenbeanspruchung in Deutschland [2.176], [2.177]

Um diesen Einflüssen gerecht zu werden, wird die Schlagregenbeanspruchung von Gebäuden oder von einzelnen Außenwänden gemäß DIN 4108-3 in *Beanspruchungsgruppen* unterteilt. Bei der Zuordnung zur Beanspruchungsgruppe sind die regionalen klimatischen

Bedingungen (Regen, Wind), die örtliche Lage und die Gebäudeart (z. B. Höhe, Dachausbildung) zu berücksichtigen. Die Beanspruchungsgruppe ist daher im Einzelfall vom Planer bzw. Bauphysiker festzulegen. Hierzu dienen folgende Hinweise [2.15]:

- Beanspruchungsgruppe I (= geringe Schlagregenbeanspruchung):

  Gebiete mit Jahresniederschlag unter 600 mm sowie besonders windgeschützte Lagen in Gebieten mit größeren Niederschlagsmengen (speziell bei Sichtfachwerkfassaden zu berücksichtigen, s. Tabelle 2.36).

- Beanspruchungsgruppe II (= mittlere Schlagregenbeanspruchung):

  In der Regel Gebiete mit Jahresniederschlag von 600 mm bis 800 mm sowie windgeschützte Lagen in Gebieten mit größeren Niederschlagsmengen; ferner Hochhäuser und Häuser in exponierter Lage in Gebieten, die aufgrund der regionalen Regen- und Windverhältnisse einer geringen Schlagregenbeanspruchung zuzuordnen wären.

- Beanspruchungsgruppe III (= starke Schlagregenbeanspruchung):

  In der Regel Gebiete mit Jahresniederschlag über 800 mm sowie windreiche Gebiete auch mit geringeren Niederschlagsmengen (z. B. Küstengebiete, Mittel- und Hochgebirgslagen, Alpenvorland); ferner Hochhäuser und Häuser in exponierter Lage in Gebieten, die aufgrund der regionalen Regen- und Windverhältnisse einer mittleren Schlagregenbeanspruchung zuzuordnen wären.

Im *Spritzwasserbereich* (≤ 30 cm über OK Gelände) liegt grundsätzlich starke Schlagregenbeanspruchung vor.

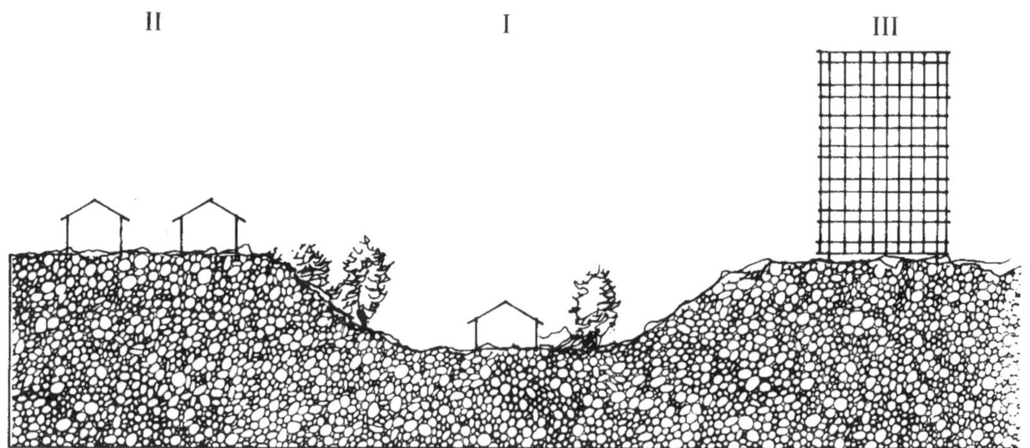

Bild 2.83: Beispiel der Einstufung von Gebäuden in eine Schlagregenbeanspruchungsgruppe (aus [2.176], [2.177] nach [2.50])

a) Einstufung niedriger Gebäude in normaler Lage z. B. in Beanspruchungsgruppe II

b) Einstufung niedriger Gebäude in geschützter Lage z. B. in Beanspruchungsgruppe I

c) Einstufung eines Hochhauses z. B. in Beanspruchungsgruppe III

Tabelle 2.36: Regenbeanspruchung von Fachwerkfassaden und Anforderungen an den Schlagregenschutz ([2.176], [2.177] nach [2.50], [2.188])

Regenbeanspruchung von Fachwerkfassaden	Wetterseite	geschützte Seiten	wetterabgewandte Seite
	ungeschützte frei stehende Fassaden, d. h. stärkere Regenbeanspruchung in allen Beanspruchungsgruppen	*geschützte* Fassaden (z. B. in dichter Bebauung) in allen Beanspruchungsgruppen	*wetterabgewandte* frei stehende Fassaden, d. h. generell in Beanspruchungsgruppe I oder in geschützten Lagen in Beanspruchungsgruppe II oder III
Anforderungen an den Schlagregenschutz	*Regenschutz* durch Bekleidungen oder Putzsysteme (letztere entkoppelt von Fachwerk und Oberputz über die gesamte Fassade)	*keine* Einschränkungen bei der Wahl von Ausfachungs- und Dämmstoffen *keine* Anforderungen an Außenputze und Anstriche	*dampfdurchlässige* Ausfachungsstoffe, Dämmstoffe und Anstriche (letztere auf Putz *und* Holz) Außenputze *wasserhemmend* oder gering *wasserabweisend*

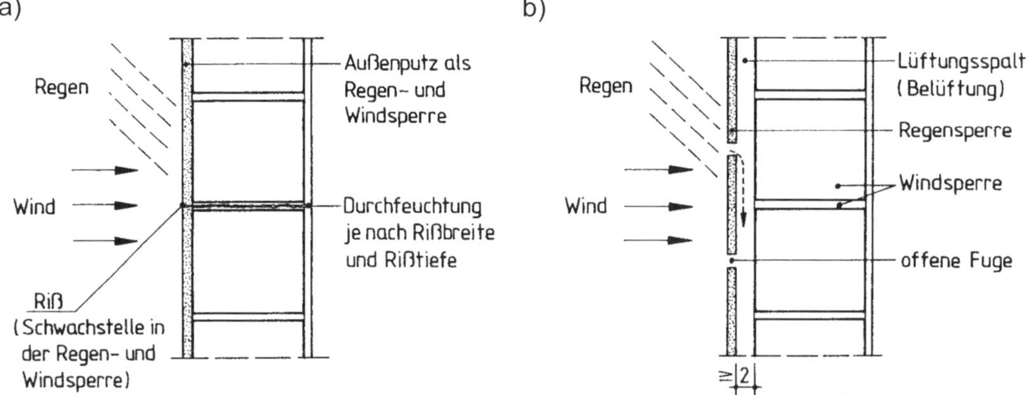

Bild 2.84: Prinzipielle Darstellung des Schlagregenschutzes von Außenbauteilen (aus [2.176], [2.177] nach [2.189])
a) einstufige Dichtung (hier geputzte Mauerwerkswand)
b) zweistufige Dichtung (hier hinterlüftete Außenwandbekleidung)

Die daraus resultierende Möglichkeit des Schlagregenschutzes von Außenwänden durch

- eine regen- und windsperrende Schicht – sog. *einstufige Dichtung* – ist in Bild 2.84a,
- eine mit Luftabstand vor die windsperrende Außenwand gesetzte regensperrende Schicht – sog. *zweistufige Dichtung* – ist in Bild 2.84b

schematisch dargestellt. Vor- und Nachteile:

- Einstufige Dichtung: Regen- und Windsperre sind in einer Schicht an der Außenseite des Bauteils zusammengefasst. *Nachteil*: Eine Schwachstelle (Fuge) oder Beschädigung (Riss) führen – in Abhängigkeit von der Rissbreite w – zur Durchfeuchtung des Bauteils. Nicht nur das in Bild 2.84a dargestellte beidseitig geputzte Mauerwerk, sondern auch die heute gebräuchlicheren Wärmedämm-Verbundsysteme (WDVS) haben eine solche einstufige Dichtung (Bild 2.85).
- Zweistufige Dichtung: Die Funktionen „Regensperre“ und „Windsperre“ sind in zwei Funktionsebenen getrennt (vgl. Bild 2.84b). Vorteil: Im Luftspalt $a \geq 20$ mm zwischen vorgehängter hinterlüfteter Bekleidung und Außenbauteil herrscht nahezu zeitgleich der gleiche Luftdruck wie in der Außenluft, sodass der Regen im Luftspalt abgebremst wird, er fällt zum größten Teil im Luftraum herab bzw. läuft an der Innenseite der Bekleidung ab (Bekleidung = Regensperre). Die tragende Wand dient als Windsperre. Auch ohne diesen Druckausgleich stellt das zweischalige Verblendmauerwerk ebenfalls eine zweistufige Dichtung dar, bei der die äußere Schale als Regensperre und die innere Schale als Windsperre dient.

Durch die Aufteilung der Funktionen „Regensperre“ und „Windsperre“ sind

- vorgehängte, hinterlüftete Außenwandbekleidungen und
- zweischaliges Verblendmauerwerk

weniger schadenträchtig als einstufig gedichtete Außenwände – allerdings auch deutlich teurer. Deshalb werden in Deutschland überwiegend einstufig gedichtete Außenwände ausgeführt (zu den genannten Konstruktionen s. Abschnitt 2.14.3 und Kapitel 3).

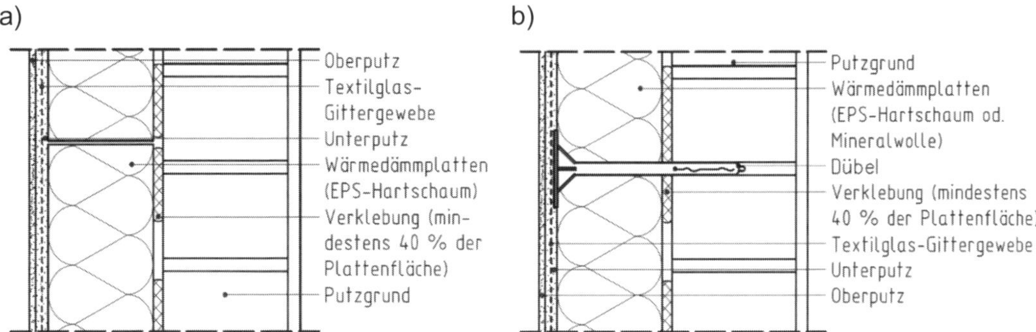

Bild 2.85: Beispiele massiver Außenwände mit Wärmedämm-Verbundsystem (WDVS) [2.176], [2.177]

a) mit nur verklebten Dämmplatten aus expandiertem Polystyrol-Hartschaum (EPS)

b) mit verklebten und verdübelten Dämmplatten aus expandiertem Polystyrol-Hartschaum (EPS) oder Mineralwolle

2.14.3 Schlagregensichere Außenwandkonstruktionen

Der Nachweis des Schlagregenschutzes wird i. d. R. nicht durch entsprechende Versuche im Schlagregenprüfstand, sondern durch die Wahl von in DIN 4108-3 [2.15], 6.4, genannten Wandbauarten geführt (Tabelle 2.37 mit Bild 2.85 und Bild 2.86).

Tabelle 2.37. Beispiele für die Anwendung von Wandbauarten in den genormten Beanspruchungsgruppen

<table>
<tr><th>Beanspruchungsgruppe I
(geringe Schlagregenbeanspruchung)</th><th>Beanspruchungsgruppe II
(mittlere Schlagregenbeanspruchung)</th><th>Beanspruchungsgruppe III
(starke Schlagregenbeanspruchung)</th></tr>
<tr><td>Außenputz ohne besondere Anforderungen an den Schlagregenschutz auf</td><td colspan="2">wasserabweisender Außenputz nach DIN 18550-1 auf</td></tr>
<tr><td colspan="3">Außenwänden aus Mauerwerk, Wandbauplatten, Beton u. Ä. (vgl. Bild 2.84a) sowie verputzten außenseitigen Wärmebrückendämmungen</td></tr>
<tr><td colspan="3">Wände mit Außendämmung durch ein Wärmedämmputzsystem oder durch ein bauaufsichtlich zugelassenes Wärmedämm-Verbundsystem (WDVS, Bild 2.85)</td></tr>
<tr><td colspan="3">Außenwände in Holzbauart mit Wetterschutz nach DIN 68800-2 (u. a. mit bauaufsichtlich zugelassenem Wärmedämm-Verbundsystem)</td></tr>
<tr><td>Einschaliges Sichtmauerwerk mit einer Dicke von 31 cm und mit Innenputz</td><td>Einschaliges Sichtmauerwerk mit einer Dicke von 37,5 cm und mit Innenputz</td><td>Zweischaliges Verblendmauerwerk mit Luftschicht und Wärmedämmung oder mit Kerndämmung und mit Innenputz (vgl. Bsp. 2.7)</td></tr>
<tr><td colspan="3">Außenwände in Holzbauart mit Wetterschutz nach DIN 68800-2 (u. a. mit Mauerwerk-Vorsatzschale = Verblendmauerwerk)</td></tr>
<tr><td colspan="2">Außenwände mit im Dickbett oder Dünnbett angemörtelten Fliesen oder Platten (Bild 2.86a)</td><td>Außenwände mit im Dickbett oder Dünnbett angemörtelten Fliesen oder Platten mit wasserabweisendem Ansetzmörtel</td></tr>
<tr><td colspan="3">Außenwände mit gefügedichter Betonaußenschicht (Bild 2.86b)</td></tr>
<tr><td colspan="3">Wände mit hinterlüfteten Außenwandbekleidungen (Bild 2.86c), offene Fugen zwischen den Bekleidungsplatten beeinträchtigen den Regenschutz nicht (vgl. Bild 2.84b)</td></tr>
<tr><td colspan="3">Außenwände in Holzbauart mit Wetterschutz nach DIN 68800-2 (u. a. mit hinterlüfteten Außenwandbekleidungen)</td></tr>
</table>

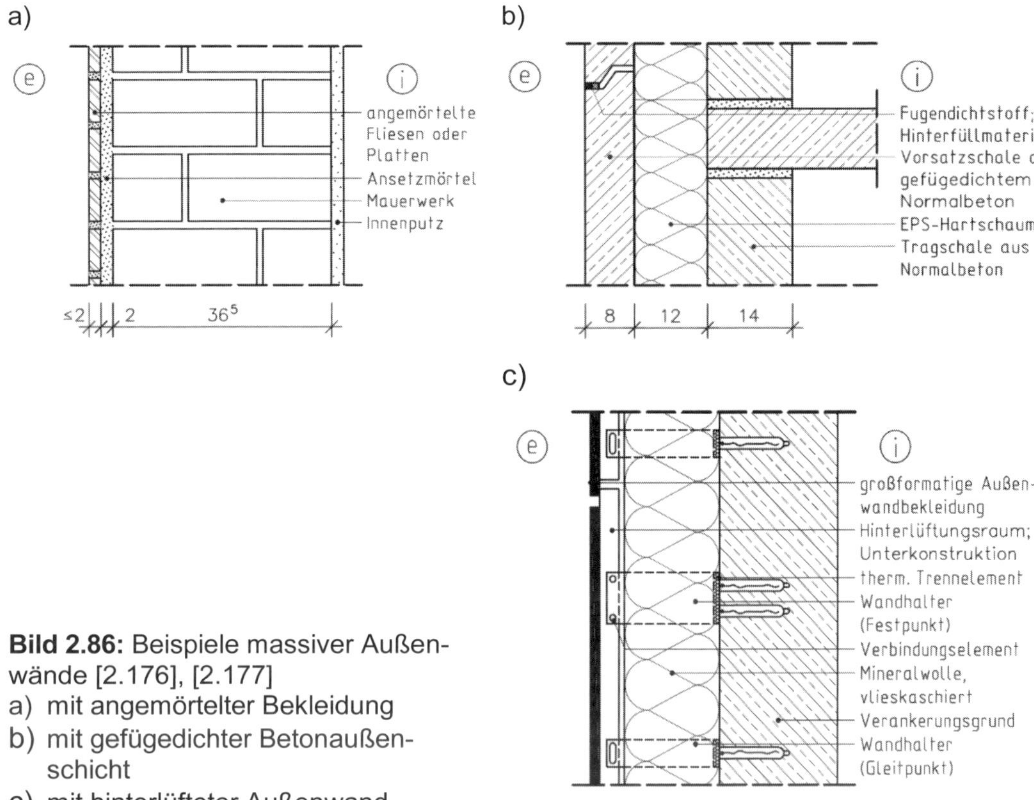

Bild 2.86: Beispiele massiver Außenwände [2.176], [2.177]
a) mit angemörtelter Bekleidung
b) mit gefügedichter Betonaußenschicht
c) mit hinterlüfteter Außenwandbekleidung

2.14.4 Bauteile ohne rechnerischen Nachweis des Tauwasserschutzes

DIN 4108-3 [3.9], 5.3, nennt eine Vielzahl von Konstruktionen, für die

- bei Einhaltung des Mindestwärmeschutzes nach DIN 4108-2 [2.1] (vgl. Abschnitt 2.6),
- bei luftdichter Ausführung nach DIN 4108-7 [2.15] (mangelhafte Luftdichtheit kann zu großen Schäden führen, vgl. Bild 2.70b in Abschnitt 2.13) sowie
- bei Abschluss *nicht klimatisierter* Wohnräume (oder wohnähnlich genutzter Räume) zur Außenluft

kein *rechnerischer* Nachweis des Tauwasserschutzes erforderlich ist, da hier nach praktischer Erfahrung kein Tauwasserrisiko besteht:

A Beidseitig luftberührte Außenwände

Nachweisfreie, beidseitig luftberührte Außenwandkonstruktionen sind in Tabelle 2.38 und Tabelle 2.39 zusammengestellt.

Tabelle 2.38: Massive Außenwände, für die *kein* rechnerischer Nachweis des Tauwasserausfalls erforderlich ist

Wandbauart
Wände aus Mauerwerk oder Beton, und zwar – aus Mauerwerk nach DIN EN 1996-1-1, – aus Normalbeton nach DIN EN 206-1 bzw. DIN 1045-2, – aus gefügedichtem Leichtbeton nach DIN 1045-2, DIN EN 206-1 und DIN EN 1992-1-1, – aus haufwerksporigem Leichtbeton nach DIN 4213, DIN EN 992 und DIN EN 1520, jeweils mit Innenputz und Außenschicht – als wasserabweisender Außenputz, – als Außendämmung nach DIN 4108-10 oder wasserabweisender Wärmedämmputz oder durch ein Wärmedämm-Verbundsystem nach DIN EN 13499 oder DIN EN 13500 (vgl. Bild 2.85) – als Verblendmauerwerk nach DIN EN 1996-1-1, – als angemörtelte Außenwandbekleidung nach DIN 18515-1 mit Fugenanteil ≥ 5 % (vgl. Bild 2.86a), – als hinterlüftete Außenwandbekleidung nach DIN 18516-1 mit und ohne Wärmedämmung (vgl. Bild 2.86c), – als einseitig belüftete Außenwandbekleidung (Lüftungsöffnung ≥ 100 cm²/m), – als kleinformatige luftdurchlässige Außenwandbekleidung mit und ohne Belüftung,

Wände (wie vor) mit Innendämmung, und zwar
– Wände beliebiger vorgenannter Art ohne Schlagregenbeanspruchung mit
  – beliebiger Innendämmung mit $R_{Dä} \leq 0{,}5\ m^2 \cdot K/W$ oder
  – beliebiger Innendämmung mit $R_{Dä} \leq 1{,}0\ m^2 \cdot K/W$, sofern $s_{d,i} \geq 0{,}5$ m für die Innendämmung einschließlich raumseitiger Bekleidung beträgt (das Einströmen von Raumluft in bzw. hinter die Innendämmung ist konstruktiv zu verhindern)

Ergänzend zu den Außenwänden in Holzbauart (vgl. Tabelle 2.39):

- In einigen Fällen kann ein rechnerischer Nachweis des Tauwasserschutzes entfallen, wenn Konstruktionen aus DIN 68800-2 [2.181], Anhang A, verwendet werden.
- Nach DIN 68800-2, Bild A.8, können bei der Außenwand mit Mauerwerk-Vorsatzschale in Bild 2.87d
  - die äußere Bekleidung oder Beplankung entfallen und
  - statt der Mineralwolle nach EN 13162 mit $d \geq 40$ mm auch Holzfaserdämmplatten nach EN 13171 mit $d \geq 18$ mm oder Dämmstoff mit entsprechender Allgemeiner bauaufsichtlicher Zulassung verwendet werden;

  dann gilt jedoch für die diffusionsäquivalente Luftschichtdicke der wasserableitenden Schicht 0,3 m $\leq s_d \leq$ 1,0 m.

Hinweis: Die diffusionsäquivalente Luftschichtdicke s_d ist ein Maß für den Diffusionswiderstand einer Schicht – die genaue Definition folgt im Abschnitt 2.14.5.

Tabelle 2.39: Außenwände in Holzbauart, für die *kein* rechnerischer Nachweis des Tauwasserausfalls erforderlich ist

Wandbauart

Wände in Holzbauart nach DIN 68800-2, 8.2, als
– *beid*seitig bekleidete oder beplankte Wände in Holzbauart mit vorgehängter hinterlüfteter Außenwandbekleidung mit
  – raumseitiger diffusions*hemmender* Schicht mit $s_{d,i} \geq 2{,}0$ m und
  – außenseitiger diffusions*offener* Schicht mit $s_{de} \leq 0{,}3$ m (Bild 2.87a) oder aus Holzfaserdämmplatten nach DIN EN 13171
– *beid*seitig bekleidete oder beplankte Wände in Holzbauart mit nicht belüfteter Außenwandbekleidung aus kleinformatigen Elementen mit
  – raumseitiger diffusionshemmender Schicht mit $s_{d,i} \geq 2{,}0$ m und
  – außenseitiger diffusionsoffener Schicht mit $s_{de} \leq 0{,}3$ m und zusätzlicher wasserableitender Schicht mit $s_{de} \leq 0{,}3$ m auf der äußeren Beplankung (Bild 2.87b)
– *beid*seitig bekleidete oder beplankte Wände in Holzbauart mit Wärmedämm-Verbundsystem (WDVS) aus mineralischem Faserdämmstoff nach DIN EN 13162 oder aus Holzfaserdämmplatten nach DIN EN 13171 und einem wasserabweisenden Putzsystem mit $s_d \leq 0{,}7$ m sowie
  – raumseitiger diffusionshemmender Schicht mit $s_{d,i} \geq 2{,}0$ m und
  – äußerer Bekleidung oder Beplankung mit $s_d \leq 0{,}3$ m (Bild 2.87c)
– nur *raum*seitig bekleidete oder beplankte Wände in Holzbauart mit Wärmedämm-Verbundsystem aus mineralischem Faserdämmstoff nach DIN EN 13162 oder aus Holzfaserdämmplatten nach DIN EN 13171 und einem wasserabweisenden Putzsystem mit $s_d \leq 0{,}7$ m sowie
  – raumseitiger diffusionshemmender Schicht mit $s_{d,i} \geq 2{,}0$ m und
  – *ohne* äußere Bekleidung oder Beplankung
– *beid*seitig bekleidete oder beplankte Wandelemente in Holzbauart mit Wärmedämm-Verbundsystem aus Polystyrol nach DIN 68800-2, Anhang A
– *beid*seitig bekleidete oder beplankte Wandelemente in Holzbauart mit Mauerwerk-Vorsatzschale nach DIN 68800-2, Anhang A (Bild 2.87d)
– Massivholzbauart mit vorgehängter Außenwandbekleidung oder Wärmedämm-Verbundsystem nach DIN 68800-2, Anhang A

Holzfachwerkwände mit raumseitiger Luftdichtheitsschicht und
– wärmedämmender Ausfachung (Sichtfachwerk) sowie einer Innenbekleidung mit $1\text{ m} \leq s_{d,i} \leq 2\text{ m}$,
– Innendämmung über Fachwerk und Gefach auf Wänden ohne Schlagregenbeanspruchung (das Einströmen von Raumluft in bzw. hinter die Innendämmung ist konstruktiv zu verhindern)
  – mit $R_{Dä} \leq 0{,}5\text{ m}^2 \cdot \text{K/W}$ allgemein bzw.
  – mit $0{,}5\text{ m}^2 \cdot \text{K/W} < R_{Dä} \leq 1{,}0\text{ m}^2 \cdot \text{K/W}$ und einem Diffusionswiderstand von Innendämmung einschließlich raumseitiger Bekleidung von $1\text{ m} \leq s_{d,i} \leq 2\text{ m}$
– Außendämmung (über Fachwerk und Gefach)
  – mit hinterlüfteter Außenwandbekleidung oder
  – in Form eines Wärmedämmputzsystems oder eines genormten bzw. allg. bauaufsichtlich zugelassenen Wärmedämm-Verbundsystems jeweils mit $s_{d,e} \leq 2$ m

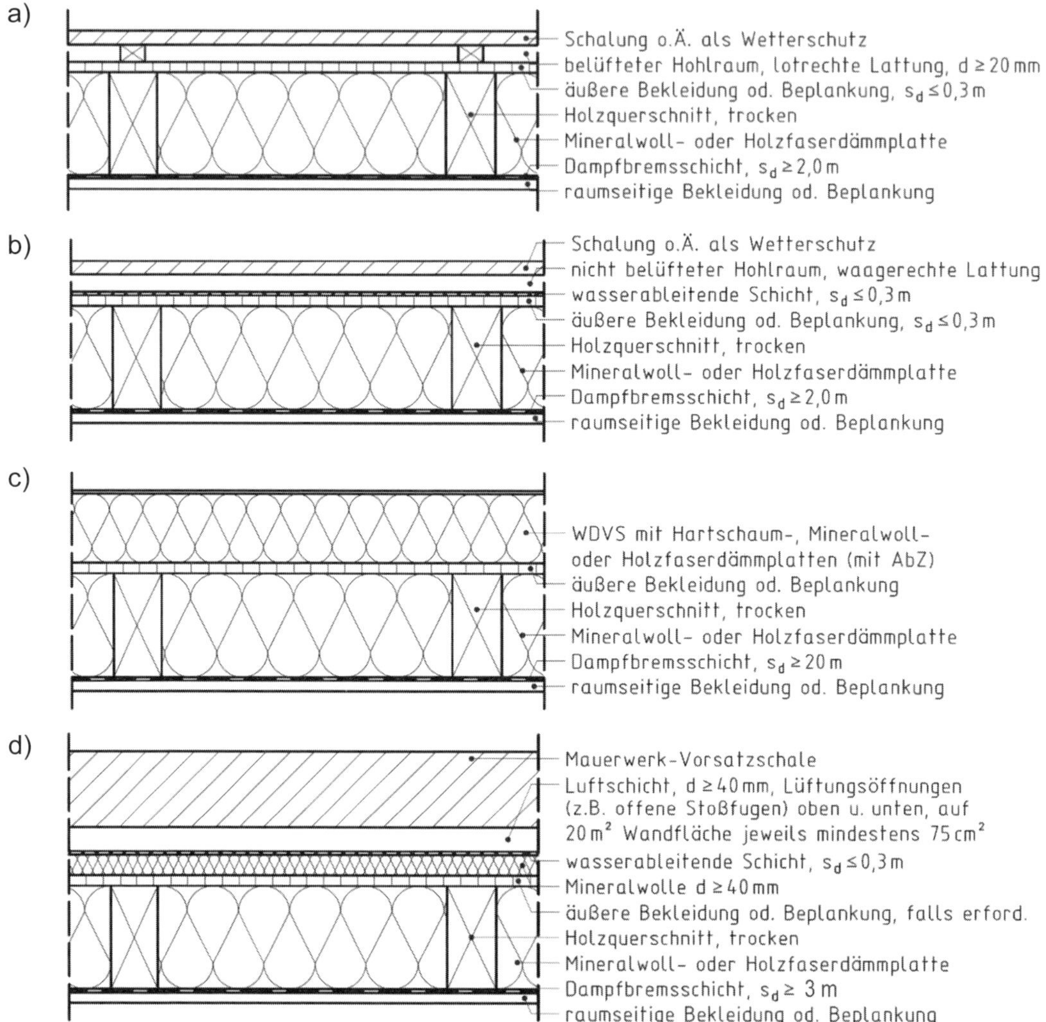

Bild 2.87: Beispiele hölzerner Außenwände, bei denen nach DIN 68800-2 die Bedingungen der Gebrauchsklasse 0 erfüllt sind [2.173], [2.174]

a) Horizontalschnitt durch eine Außenwand mit hinterlüfteter Außenwandbekleidung auf *lot*rechter Lattung (Außenseite oben)
b) Horizontalschnitt durch eine Außenwand mit *nicht* hinterlüfteter Außenwandbekleidung auf *waage*rechter Lattung (Außenseite oben)
c) Horizontalschnitt durch eine Außenwand mit Wärmedämm-Verbundsystem (WDVS), bauaufsichtliche Zulassung für diese Anwendung erforderlich (Außenseite oben)
d) Horizontalschnitt durch eine Außenwand mit Mauerwerk-Vorsatzschale, hier mit Mineralwolle = mineralischem Faserdämmstoff (Außenseite oben)

B Erdberührte Kelleraußenwände und Bodenplatten

Nachweisfreie, erdberührte Kelleraußenwände und Bodenplatten finden sich in Tabelle 2.40.

Tabelle 2.40: Erdberührte Bauteile, für die *kein* rechnerischer Nachweis des Tauwasserausfalls erforderlich ist

Bauteil
Erdberührte Kelleraußenwände mit Bauwerksabdichtung aus – einschaligem Mauerwerk oder – aus Beton mit außen liegender Perimeterdämmung nach DIN 4108-10 oder Allgemeiner bauaufsichtlicher Zulassung
Bodenplatten mit Bauwerksabdichtung und Perimeterdämmung, wobei der Anteil der raumseitigen Schichten am Gesamtwärmedurchlasswiderstand der Bodenplatte nicht mehr als 20 % betragen darf

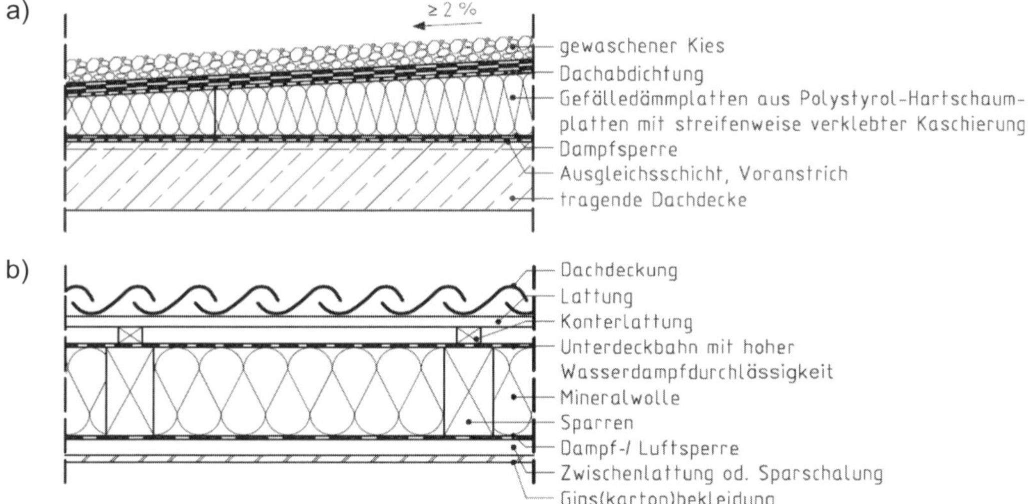

Bild 2.88: Beispiele von *nicht* belüfteten Dächern [2.174]
a) *nicht* belüftetes Flachdach mit Dachabdichtung
b) *nicht* belüftetes geneigtes Dach mit Dachdeckung

C Dächer

Dächer werden grundsätzlich unterschieden in

- *nicht* belüftete Dächer , d. h. Dächer ohne belüftete Luftschicht *direkt* über der Wärmedämmung (Bild 2.88), und
- *belüftete* Dächer, d. h. Dächer mit belüfteter Luftschicht *direkt* über der Wärmedämmung (Bild 2.89).

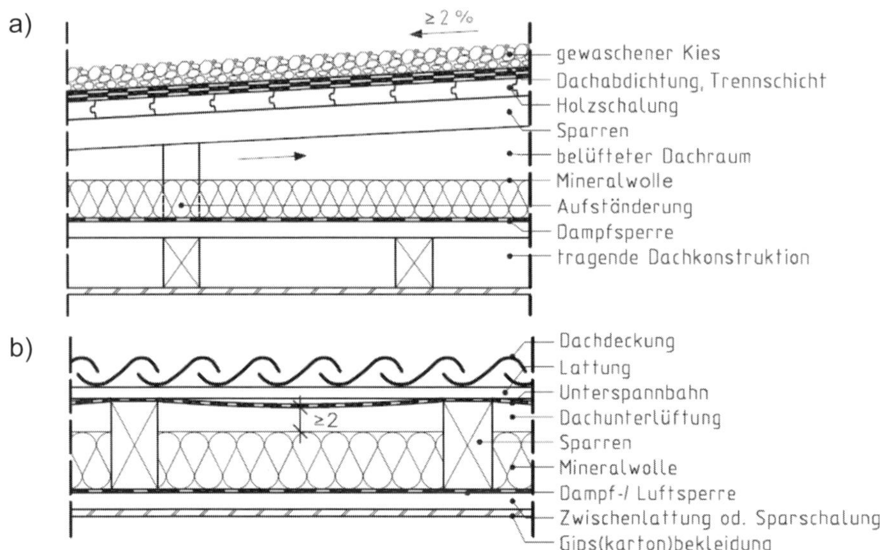

Bild 2.89: Beispiele von *belüfteten* Dächern [2.174]
a) *nicht* belüftetes Flachdach mit Dachabdichtung
b) *nicht* belüftetes geneigtes Dach mit Dachdeckung

Weiter werden Dächer unterschieden in

- Dächer mit Dach*deckungen* (z. B. mit Dachziegeln, Dachsteinen, Schiefer, Metalldeckungen), die regensicher, aber nicht wasserdicht sind und die nicht belüftet (vgl. Bild 2.88b) oder belüftet (vgl. Bild 2.89b) sein können, sowie
- Dächer mit Dach*abdichtungen* (z. B. Bitumenbahnen, Kunststoff- oder Elastomerbahnen, Flüssigkunststoff), die bis zur Oberkante der An- und Abschlüsse wasserdicht sind und die ebenfalls nicht belüftet (vgl. Bild 2.88a) oder belüftet (vgl. Bild 2.89a) sein können.

Hinweis: Die erstgenannte Definition weicht teilweise von der Definition stark belüfteter Luftschichten für den Wärmeschutznachweis ab: Die in Bild 2.88b dargestellte Dachkonstruktion ist

- zwar hinsichtlich des Tauwasserschutzes *nicht* belüftet (s. o.),
- hinsichtlich des Wärmeschutznachweises jedoch *belüftet*, d. h., es ist außenseitig der Wärmeübergangswiderstand $R_{se} = 0{,}10$ W/(m² · K) für eine stark belüftete Luftschicht anzusetzen (vgl. Tabelle 2.4 für den Wärmestrom aufwärts)!

Nicht belüftete Dächer ohne rechnerischen Nachweis des Tauwasserausfalls finden sich in Tabelle 2.41 mit Tabelle 2.42; generell muss der Wärmedurchlasswiderstand der Bauteilschichten unterhalb dieser diffusionshemmenden Schicht ≤ 20 % des Gesamtwärmedurchlasswiderstandes betragen. Bei Dächern mit nebeneinanderliegenden Bauteilabschnitten (vgl. Abschnitt 2.9) ist der Gefachbereich zugrunde zu legen.

Tabelle 2.41: Nicht belüftete Dächer, für die *kein* rechnerischer Nachweis des Tauwasserausfalls erforderlich ist

Dachbauart
Nicht belüftete Dächer mit Dachabdichtung, und zwar – mit diffusionshemmender Schicht mit $s_{d,i} \geq 100$ m unterhalb der Wärmedämmschicht, wenn sich weder Holz noch Holzwerkstoffe zwischen Dachabdichtung und $s_{d,i}$ befinden – bei diffusionshemmenden Dämmstoffen mit $s_d \geq 100$ m oder diffusionsdichten Dämmstoffen (z. B. Schaumglas) darf auf die diffusionshemmende Schicht verzichtet werden, – aus Porenbeton nach DIN 4223-1 bis -5 ohne diffusionshemmende Schicht an der Unterseite und ohne zusätzliche Wärmedämmung, – als Umkehrdächer mit Wärmedämmung oberhalb der Dachabdichtung nach DIN 4108-2, DIN 4108-10 bzw. Allgemeiner bauaufsichtlicher Zulassung, – mit zusätzlicher belüfteter Luftschicht unter der Dachabdichtung bei Einhaltung der wasserdampfdiffusionsäquivalenten Luftschichtdicken nach Tabelle 2.42 – die belüftete Luftschicht muss zusätzlich die Anforderungen aus Tabelle 2.43 einhalten
Nicht belüftete Dächer – mit belüfteter Dachdeckung oder – mit zusätzlich belüfteter Luftschicht unter *nicht* belüfteter Dachdeckung und einer nicht diffusionsdichten Wärmedämmung zwischen, unter und/oder über den Sparren und regensichernder Unterdeckung bei Einhaltung der wasserdampfdiffusionsäquivalenten Luftschichtdicken nach Tabelle 2.42 [1]) [2])

[1]) Bei nicht belüfteten Dächern mit äußeren diffusionshemmenden Wärmedämmschichten mit $s_{d,e} \geq 2$ m kann erhöhte Baufeuchte oder später z. B. durch Undichtheiten eingedrungene Feuchte nur schlecht oder gar nicht austrocknen – daher ist darauf zu achten, dass Holz und Holzwerkstoffe zwischen den diffusionshemmenden Schichten nur bis zur jeweils zulässigen Materialfeuchte eingebaut werden.

[2]) Alternativ auch diffusions*dichte* reine Aufsparrendämmung zulässig, wenn z. B. bei $s_{d,e} > 0{,}5$ m innenseitig $s_{d,i} \geq 100$ m beträgt und sich dazwischen weder Holz noch Holzwerkstoffe befinden.

Tabelle 2.42: Anforderungen an den Tauwasserschutz von nicht belüfteten Dächern mit belüfteten Dachdeckungen nach DIN 4108-3 und DIN 68800-2 ohne rechnerischen Nachweis

	Kombinationen zulässiger wasserdampfdiffusionsäquivalenter Luftschichtdicken s_d		
außen [1])	$s_{d,e} \leq 0{,}1$ m	$0{,}1 \text{ m} < s_{d,e} \leq 0{,}3$ m	$0{,}3 \text{ m} < s_{d,e} \leq 2{,}0$ m
innen [2])	$s_{d,i} \geq 1{,}0$ m	$s_{d,i} \geq 2{,}0$ m	$s_{d,i} \geq 6 \cdot s_{d,e}$

[1]) $s_{d,e}$ ist die Summe der Werte der wasserdampfdiffusionsäquivalenten Luftschichtdicken aller Schichten, die sich *oberhalb* der Wärmedämmschicht befinden bis zur ersten belüfteten Luftschicht.

[2]) $s_{d,i}$ ist die Summe der Werte der wasserdampfdiffusionsäquivalenten Luftschichtdicken aller Schichten, die sich *unterhalb* der Wärmedämmschicht bzw. unterhalb gegebenenfalls vorhandener Untersparrendämmungen befinden bis zur ersten belüfteten Luftschicht.

Tabelle 2.43: Belüftete Dächer, für die kein rechnerischer Nachweis des Tauwasserausfalls erforderlich ist

Dachbauart
Belüftete Dächer mit Dachneigung < 5° und diffusionshemmender Schicht mit $s_{d,i}$ ≥ 100 m unterhalb der Wärmedämmschicht, wobei der Wärmedurchlasswiderstand der Bauteilschichten unterhalb dieser diffusionshemmenden Schicht ≤ 20 % des Gesamtwärmedurchlasswiderstandes betragen muss – für die belüftete Luftschicht gilt dabei, dass – die Länge des Lüftungsraumes ≤ 10 m beträgt, – die Höhe des freien Lüftungsquerschnitts innerhalb des Dachbereiches über der Wärmedämmschicht ≥ 0,2 % der zugehörigen geneigten Dachfläche (jedoch ≥ 5 cm) beträgt, – der Mindestlüftungsquerschnitt an mindestens zwei gegenüberliegenden Dachrändern ≥ 0,2 % der zugehörigen geneigten Dachfläche (jedoch ≥ 200 cm²/m) beträgt.
Belüftete Dächer mit Dachneigung ≥ 5°, sofern – die Höhe des freien Lüftungsquerschnitts innerhalb des Dachbereiches über der Wärmedämmschicht ≥ 2 cm beträgt (vgl. Bild 2.90b) – bedingt durch Bautoleranzen oder Einbauten darf diese freie Lüftungshöhe lokal eingeschränkt sein –, – der freie Lüftungsquerschnitt an den Traufen (bzw. an Traufe und Pultdachabschluss) ≥ 0,2 % der zugehörigen geneigten Dachfläche (jedoch ≥ 200 cm²/m) beträgt, – bei Satteldächern an Firsten und Graten freie Lüftungsquerschnitte ≥ 0,05 % der zugehörigen geneigten Dachfläche (jedoch ≥ 50 cm²/m) beträgt [1]) [2]),die Bauteilschichten unterhalb der Belüftungsschicht in der Summe s_d ≥ 2 m einhalten.

[1]) Bei klimatisch unterschiedlich beanspruchten Flächen eines Daches (z. B. Nord-/Süd-Dachflächen) ist eine Abschottung der Belüftungsschicht im First sinnvoll.

[2]) Bei Kehlen sind Lüftungsöffnungen im Allgemeinen nicht möglich, solche Dachkonstruktionen – auch m. Dachgauben – sind daher zweckmäßiger ohne Belüftung auszuführen.

Belüftete Dächer ohne rechnerischen Nachweis des Tauwasserausfalls sind in Tabelle 2.43 mit Bild 2.90 zusammengestellt. Bei Nichteinhaltung der in Tabelle 2.43 bzw. Bild 2.90 genannten Lüftungsquerschnitte ist auch ein rechnerischer Nachweis der Belüftungswirkung in belüfteten Dächern möglich, s. dazu [2.56] und die dort genannte Literatur.

Hinweis: In der Regel ist bei ausgebauten Dächern im Bestand

- entweder überhaupt keine Dampf-/Luftsperre vorhanden
- oder die vorhandene Dampf-/Luftsperre beschädigt bzw. nicht an alle angrenzenden Bauteile luftdicht angeschlossen.

Um dennoch den Innenausbau in den genutzten Räumen nicht verändern zu müssen, wird – z. B. im Zuge einer Neudeckung – das Dach i. d. R. von außen gedämmt. Eine Dampf-/Luftsperre unterhalb der Sparren kann deshalb nachträglich nicht angeordnet werden. Vom Fraunhofer-Institut für Bauphysik wurde u. a. dafür eine feuchteadaptive Dampfbremse aus Polyamidfolie entwickelt, die die in Bild 2.91 gezeigten Eigenschaften hat (vermarktet als Klimamembran *isover Vario KM* oder *ProClima intello*), d. h. bei geringer Raumluftfeuchte im Winter wie eine Dampfbremse wirkt, bei hoher Raumluftfeuchte im Sommer dagegen relativ diffusionsoffen ist und dann eine Austrocknung auch nach innen ermöglicht.

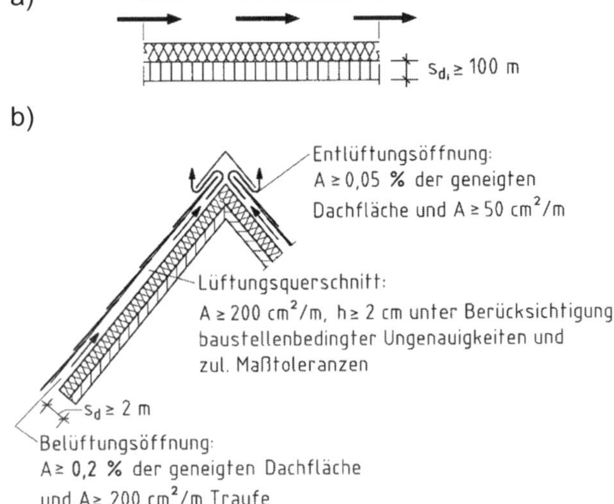

Bild 2.90: Anforderungen an belüftete Dächer ohne rechnerischen Nachweis des Tauwasserausfalls [2.172], [2.173], [2.174]

a) bei Dachneigungen < 5° (der Wärmedurchlasswiderstand von Bauteilschichten unterhalb der diffusionshemmenden Schicht mit $s_{d,i} \geq 100$ m darf höchstens 20 % des Gesamtwärmedurchlasswiderstands betragen)
b) bei bei Dachneigungen ≥ 5°

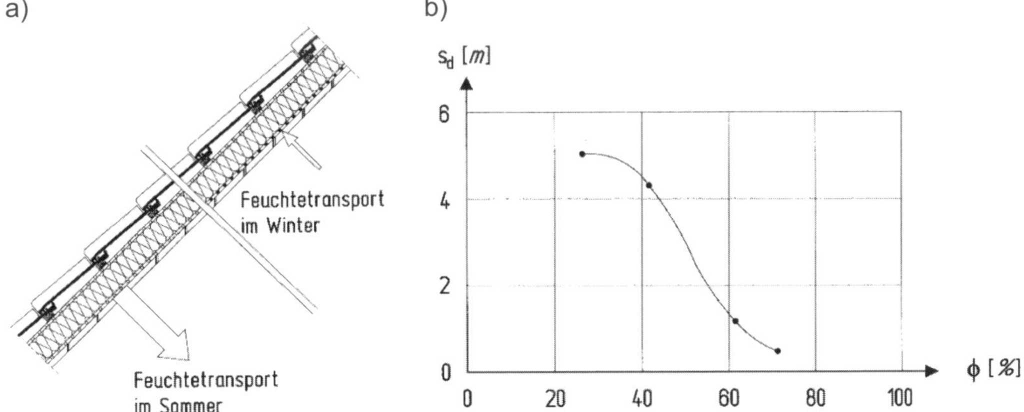

Bild 2.91: Funktionsweise der feuchteadaptiven Dampfbremsfolie

a) bei im Innenraum geringer relativer Luftfeuchte im Winter lässt die Polyamidfolie nur geringfügig Wasserdampf durch, während sie bei hoher relativer Luftfeuchte im Sommer höher dampfdurchlässig wird (aus [2.51], [2.173], [2.174] nach [2.182])
b) entsprechende Messwerte der diffusionsäquivalenten Luftschichtdicke s_d in Abhängigkeit von der relativen Luftfeuchte (aus [2.51], [2.173], [2.174] nach [2.183])

Diese Eigenschaften können auch sinnvoll genutzt werden, wenn diese Bahn schlaufenförmig von außen über die Sparren gelegt wird (Bild 2.92), wobei diese feuchteadaptive Dampfbremse im Winter

- auf der Raumseite die in Bild 2.91 dargestellte Funktion übernimmt,
- während sie oberhalb der Sparren bei der dort hohen relativen Luftfeuchte eine niedrigere diffusionsäquivalente Luftschichtdicke (wie sonst im Sommer) hat und damit dort wie die darüberliegende diffusionsoffene Unterdeckbahn wirkt.

Diese für Dächer im Bestand wichtige Bauart wird erstmalig in DIN 4108-3:2018-10 [2.15], 5.3.3.2, als nachweisfrei aufgeführt.

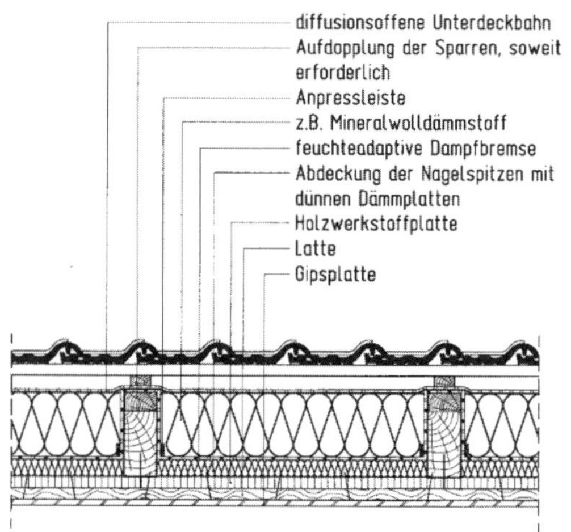

Bild 2.92: Dachinstandsetzung von außen mithilfe einer feuchteadaptiven Dampfbremse – hier mit Aufdoppelung der Sparren, um einen Wärmeschutz entsprechend EnEV zu erreichen (aus [2.51], [2.173], [2.174] nach [2.184])

Hinweis: Unbedingt auf die dargestellte Abdeckung der Nagel- oder Schraubenspitzen aus der inneren Bekleidung achten!

D Fenster und Fenstertüren sowie Pfosten-Riegel-Fassaden

Für Fenster und Fenstertüren verweist DIN 4108-3 [2.15], 5.1.3, auf EN ISO 13788 [2.65], 5.1 (gilt gemäß DIN 4108-2 [2.1] 6.1, analog für Pfosten-Riegel-Konstruktionen):

„Eine Tauwasserbildung auf Oberflächen kann zu Schäden an ungeschützten feuchteempfindlichen Baustoffen führen. Sie kann vorübergehend und in kleinen Mengen annehmbar sein, z. B. bei Fenstern und Fliesen in Badezimmern, sofern die Oberfläche die Feuchte nicht absorbiert und entsprechende Vorkehrungen zur Vermeidung eines Kontaktes der Feuchte mit angrenzenden empfindlichen Materialien getroffen werden."

Fenster und Fenstertüren sind somit i. d. R. nachweisfrei.

2.14.5 Grundlagen des rechnerischen Tauwassernachweises

Wenn ein feuchtetechnisch zu prüfendes Bauteil gemäß Abschnitt 2.14.4 nicht nachweisfrei ist, wird ein *rechnerischer* Nachweis erforderlich. Einige für die Berechnung erforderlichen Grundlagen werden in diesem Abschnitt vorgestellt.

Ein Feuchtetransport in porösen Baustoffen kann auf folgenden Wegen stattfinden [2.171]:

- Bei einer *Strömung* wird feuchte Luft oder Wasser infolge eines Druckunterschiedes Δp durch einen Baustoff transportiert. Voraussetzung für strömendes Wasser in einem Baustoff ist, dass die Poren vollständig oder zumindest weitgehend mit Wasser gefüllt sind, damit die Adsorptionskräfte nicht den Fließvorgang behindern.

- Die *Kapillarwirkung* ist gekennzeichnet von einer spezifischen Kraftwirkung der Porenwandungen auf die Wasseroberfläche – je geringer der Durchmesser der Kapillaren, desto größer wird die Kapillarwirkung (Bild 2.93), desto geringer wird allerdings auch die infolge Kapillarwirkung transportierte Wassermenge – sie ist bei Kapillaren mit $d \leq 0{,}1$ mm nicht mehr von baupraktischer Bedeutung.
- Ein weiterer Transportmechanismus ist die *Diffusion* in Gasen oder Flüssigkeiten (Bild 2.94). Diffusion liegt vor, wenn sich die Wassermoleküle ohne äußere Druckunterschiede allein infolge der Molekularbewegung innerhalb des sie umgebenden Mediums, also im flüssigen oder im Gaszustand, bewegen.

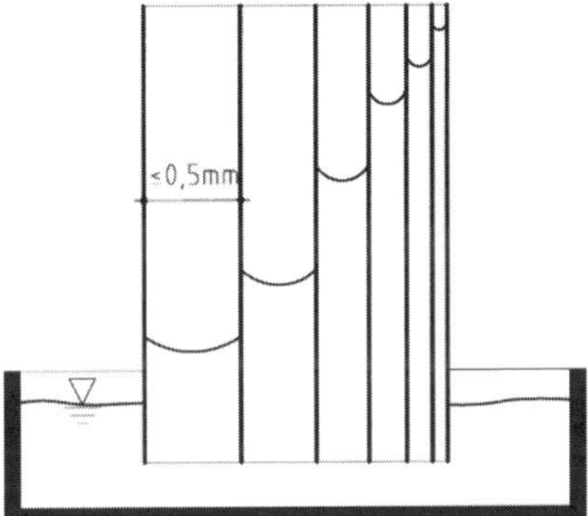

Bild 2.93: Idealisiertes Kapillarmodell zur Veranschaulichung der Steighöhen von Wasser infolge von Saugvorgängen [2.172], [2.173], [2.174]

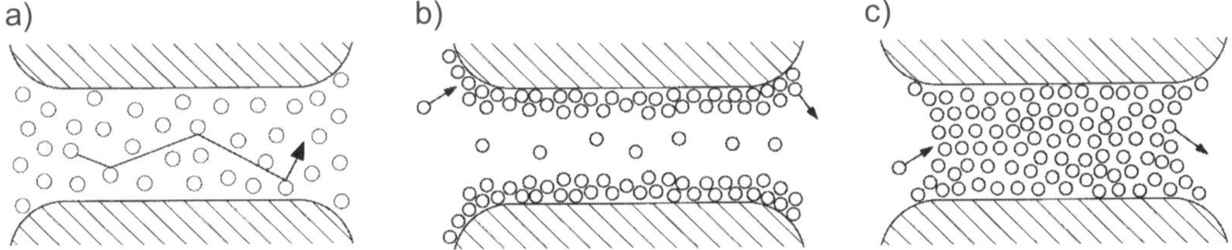

Bild 2.94: Feuchtetransport (hier von links nach rechts) durch poröse Bauteile infolge verschiedener Arten der Diffusion [2.172], [2.173], [2.174]
a) Gasdiffusion in trockenen Poren
b) Oberflächendiffusion im Wasserfilm auf einer Porenoberfläche
c) Lösungsdiffusion in wassergefüllten Poren

Die Verhinderung einer Wasserströmung im Bauteil gehört in das Gebiet der Bauwerksabdichtung, die Strömung feuchter Luft in Bauteilen wird beim Feuchteschutz i. d. R. nicht betrachtet. Die anderen beiden Transportmechanismen bewirken

- bei sommerlichen Außentemperaturen eine *gleichgerichtete* Feuchtebewegung durch das Bauteil,
- bei niedrigen Außentemperaturen sind die Feuchtebewegungen jedoch *gegenläufig* gerichtet.

Vor näherer Betrachtung dieses Phänomens müssen jedoch noch einige Begriffe definiert und physikalische Grundlagen vorgestellt werden:

A Diffusion und Teildruck

In den bodennahen Schichten der Erdatmosphäre befindet sich grundsätzlich Wasserdampf. Wasserdampf ist ein unsichtbares Gas – sichtbare Wolken, die im allgemeinen Sprachgebrauch als „Dampf" bezeichnet werden, bestehen aus zu feinen Wassertröpfchen kondensiertem Wasserdampf.

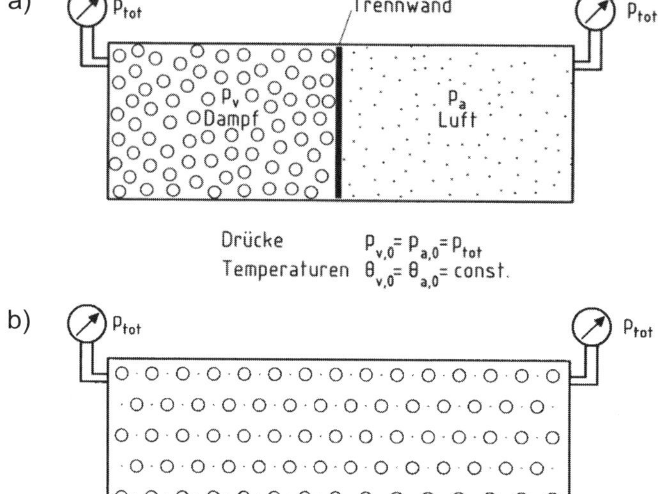

Bild 2.95: Physikalisches Modell zur Erläuterung der Diffusion von Wasserdampf (Index „v" = *vapour*, als Kreise dargestellt) und trockener Luft (Index „a" = *air*, als Punkte dargestellt) [2.173], [2.174]

a) zum Zeitpunkt t_0 vor Entfernen der Trennwand
b) zum Zeitpunkt $t_1 > t_0$ nach Entfernen der Trennwand

Atmosphärische Luft kann vereinfacht als ein Gasgemisch aus *trockener* Luft und Wasserdampf betrachtet werden. Der Vorgang der Diffusion dieser beiden Gase soll an dem in Bild 2.95 dargestellten physikalischen Modell erläutert werden:

- Im Anfangszustand t_0 befinden sich in den zwei Räumen eines mit einer dampfdichten Trennwand geteilten Gefäßes auf der linken Seite Wasserdampf (Index „v" = *vapour*) und auf der rechten Seite trockene Luft (Index „a" = *air*) bei gleichen, konstanten Werten der Drücke $p_{v,0} = p_{a,0} = const.$ und Temperaturen $\theta_{v,0} = \theta_{a,0} = const.$ (Bild 2.95a).
- Wird nun die dampfdichte Trennwand entfernt, so kann keine Strömung zwischen den beiden Räumen auftreten, da weder ein Druckgefälle Δp noch ein Temperaturgefälle $\Delta\theta$ (d. h. keine Thermik) vorhanden sind.
- Dennoch kann nach einer bestimmten Zeit $t_1 > t_0$ ein Austausch der Gasmoleküle zwischen den beiden Räumen festgestellt werden; ein allein auf der Molekularbewegung beruhender Vorgang, der als *Diffusion* bezeichnet wird (Bild 2.95b).

Physikalisch beschrieben werden kann dieser Vorgang durch Einführung des Begriffs *Teildruck* = *Partial*druck im Gegensatz zum *Gesamt*druck p_{tot} (Druck am Manometer):

- Im Anfangszustand t_0 war im linken Raum *nur* Wasserdampf und im rechten Raum *nur* trockene Luft vorhanden mit den Drücken in Pa

links: $p_{tot} = p_{v,0} = const.$ (2.76a)
rechts: $p_{tot} = p_{a,0} = const.$ (2.76b)

- Nach Öffnen der dampfdichten Trennwand ergab sich zum Zeitpunkt t_1 ein Austausch *ohne äußere Druckdifferenz*, die Gase folgen dem *Dalton*schen Gesetz, d. h.

zusammen: $p_{tot} = p_{v,1} + p_{a,1} = const.$ (2.77)

Die Werte $p_{v,1}$ und $p_{a,1}$ – die jeweils geringer als der mit einem Manometer messbare Gesamtdruck p_{tot} sind – werden nun als Teildruck (Partialdruck) des Wasserdampfes (Index „*v*" = *vapour*) bzw. als Teildruck (Partialdruck) der trockenen Luft (Index „*a*" = *air*) bezeichnet. Damit ergibt sich folgende Aussage des beschriebenen, physikalischen Modells:

- Unterschiedliche Teildrücke (Partialdruckdifferenzen) eines Gases im Raum führen zu einer als *Diffusion* bezeichneten Ausgleichsbewegung dieses Gases, um möglichst Teildruckgleichgewicht (d. h. gleichmäßige Verteilung des entsprechenden Gases im Raum) zu erreichen.

B Allgemeines Gasgesetz und Zustandsgleichung der Gase

Vereinfacht betrachtet man die Gase „trockene Luft" und „Wasserdampf" als sog. *ideale Gase* mit [2.172], [2.173], [2.174]

- verschwindendem Eigenvolumen der Moleküle und
- fehlenden Wechselwirkungskräften zwischen den Molekülen.

Für solche idealen Gase gilt das *allgemeine Gasgesetz*: „Wenn man Druck, Temperatur und Volumen einer festen Gasmenge ändert, bleibt der Ausdruck $p \cdot V/T$ konstant" [2.185]. Dies gilt auch, wenn man dafür feste Bezugswerte p_0, V_0 und T_0 setzt:

$$\frac{p}{T} \cdot V = \frac{p_0}{T_0} \cdot V_0 = const. \quad (2.78)$$

	p	Druck der untersuchten Gasmasse in Pa = N/m²
	T	thermodynamische Temperatur der Gasmasse in K (T = θ + 273 K, d. h., die Celsius-Temperatur θ = 20 °C wird zu T = 20 °C + 273 K = 293 K)
	V	Volumen der Gasmasse in m³
und	p_0	1013,25 hPa = 101 325 Pa = Normaldruck
	T_0	273 K (= 0 °C) = Normaltemperatur
	V_0	zu p_0 und T_0 zugehöriges Volumen in m³ der untersuchten Gasmasse m in g (d. h. unter Normalbedingungen p_0 und T_0)

Mit dem – vom jeweiligen Gas abhängigen – Volumen V_0 könnte man mit dem *Allgemeinen Gasgesetz* Gl. (2.78) die fehlenden Zustandsgrößen p, T oder V eines idealen Gases bei Kenntnis der anderen beiden berechnen. Dies ist jedoch nicht üblich; stattdessen berücksichtigt man das *Avogadro*sche *Gesetz*, nach dem für alle idealen Gase ein konstantes Molvolumen V_0^* bei Normalbedingungen vorliegt, und stellt Gl. (2.78) damit auf das n_{Mol}-fache Molvolumen des Gases um:

$$\frac{p}{T} \cdot V = \frac{p_0}{T_0} \cdot V_0 = n_{Mol} \cdot \frac{p_0}{T_0} \cdot V_0^* \quad (2.79)$$

V_0^* 22,4 l/mol = konstantes Molvolumen aller idealen Gase unter Normalbedingungen

n_{Mol} Anzahl der Mole im betrachteten Gasvolumen V_0 in mol

Einem „Mol“ entspricht die Molmasse m_{Mol} des betrachteten Gases [2.187]; z. B.

$m_{Mol,v}$ = 18,0 g/mol für Wasser(dampf) oder

$m_{Mol,a}$ ≈ 28,9 g/„mol“ für trockene Luft (vereinfacht berechneter Wert nur aus den Anteilen Stickstoff, Sauerstoff, Argon und Kohlendioxid).

Fasst man in Gl. (2.79) einige Faktoren zusammen und stellt die Gleichung um, so erhält man die sog. *Zustandsgleichung der Gase* [2.187]:

$$p \cdot V = n_{Mol} \cdot R^* \cdot T \tag{2.80}$$

$$R^* = \frac{p_0}{T_0} \cdot V_0^* = \frac{101\,325\ \mathrm{N/m^2}}{273\ \mathrm{K}} \cdot 22,,4 \frac{\mathrm{l}}{\mathrm{mol}} \cdot \frac{1\ \mathrm{m^2}}{1000\ \mathrm{l}}$$

$$= 8{,}31 \frac{\mathrm{N \cdot m}}{\mathrm{mol \cdot K}} = 8{,}31 \frac{\mathrm{J}}{\mathrm{mol \cdot K}} = \textit{allgemeine Gaskonstante}$$

Ingenieure rechnen allerdings ungern mit der – in der Chemie üblichen – Maßeinheit Mol, sondern lieber mit der Masse *m* des betrachteten Gases; entsprechend lässt sich die Zustandsgleichung der Gase umstellen [2.187]:

$$p \cdot V = m \cdot R \cdot T \tag{2.81}$$

m Masse des betrachteten Gases in g

$R = \frac{n_{Mol} \cdot R^*}{m}$ = *spezielle Gaskonstante* des betrachteten Gases

Da bei den folgenden Diffusionsbetrachtungen

- sowohl die Summe aus Wasserdampfmasse m_v und Masse der trockenen Luft m_a pro Volumeneinheit
- als auch die Summe aus Wasserdampfteildruck p_v und Teildruck der trockenen Luft p_a

als konstant angesehen werden, wird im Folgenden nur noch der Wasserdampf betrachtet, sodass – entsprechend EN ISO 9346 [2.186] – der Index „*v*“ entfallen kann.

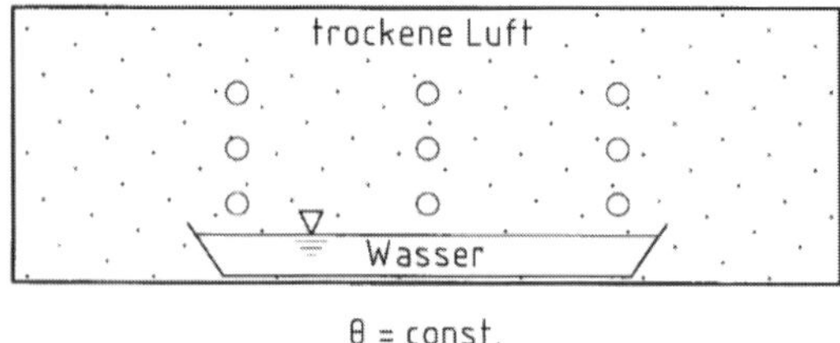

Bild 2.96: Verdunstung von Wassermolekülen (Kreise) in ein geschlossenes Gefäß mit trockener Luft (Punkte) über einer freien Wasseroberfläche [2.173], [2.174]

C Wasserdampfsättigung und relative Luftfeuchte

Wasserdampf entsteht über flüssigem Wasser, wenn es den Wassermolekülen gelingt, von der Wasseroberfläche in die Luft darüber zu verdunsten (Bild 2.96). Eine Verdunstung über einer Wasseroberfläche ist nur so lange möglich, bis der von der jeweiligen Temperatur θ abhängige Wasserdampfsättigungsgehalt der Luft erreicht ist – damit ist die Aufnahmekapazität der Luft für Wasserdampf erschöpft:

- Den dem Wasserdampfsättigungsgehalt entsprechenden, bei einer bestimmten Temperatur in der Luft maximal möglichen Teildruck nennt man *Wasserdampfsättigungsdruck* p_{sat} (Index „sat" = *saturated* nach EN ISO 9346 [2.186]) .

  Achtung: Für wasserdampfgesättigte Luft gilt das Allgemeine Gasgesetz Gl. (2.78) – und damit auch die Zustandsgleichung der Gase Gl. (2.80) bzw. Gl. (2.81) – nicht mehr allgemein, wie folgendes Gedankenmodell zeigt:
  - Wird vom Zeitpunkt t_1 zum Zeitpunkt t_2 bei konstanter Temperatur $T_1 = T_2 = const.$ das Volumen gesättigten Wasserdampfes von V_1 auf $V_2 < V_1$ verringert, so müsste der Dampfdruck nach Gl. (2.78) von p_1 auf p_2 ansteigen.
  - Da hier jedoch $p_1 = p_{sat}$ ist, ist ein solcher Druckanstieg nicht möglich – es bleibt im Widerspruch zu Gl. (2.78) $p_1 \equiv p_2$ und ein Teil des Wasserdampfes kondensiert zu flüssigem Wasser (sog. „Tauwasser"):

$$\frac{p_1}{T_1} \cdot V_1 \neq \frac{p_2}{T_2} \cdot V_2 \qquad (2.82)$$

- Mit zunehmender Temperatur steigt der Wasserdampfsättigungsdruck p_{sat} an, da aufgrund der größeren Bewegungsenergie der Wassermoleküle eine größere Wasserdampfmenge von der Luft aufgenommen werden kann (Bild 2.97).

  Die in Bild 2.97 dargestellte Funktion findet sich auch in Tabellenform in EN ISO 13788 [2.65], Anhang E, Tabelle E.1; in Deutschland verwendet man bevorzugt die detaillierter vertafelten Werte aus DIN 4108-3 [2.15], Anhang C, Tabelle C.1.

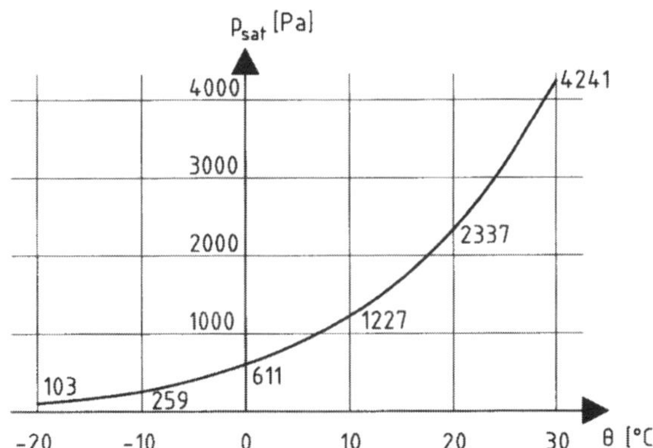

Bild 2.97: Wasserdampfsättigungsdruck p_{sat} in Abhängigkeit von der Lufttemperatur θ [2.173], [2.174]

Meistens liegt der tatsächliche Wasserdampfgehalt der Luft unter dem Sättigungsgehalt. Das Verhältnis von tatsächlichem Wasserdampfgehalt zum Sättigungsgehalt der Luft bei einer bestimmten Temperatur heißt *relative Luftfeuchte* ϕ; sie lässt sich nach EN ISO 9346 [2.186] über den Wasserdampf(teil)druck beschreiben dimensionslos zu

$$\phi = \frac{p}{p_{sat}} \tag{2.83a}$$

bzw. in Deutschland üblich als Prozentangabe zu

$$\phi = \frac{p}{p_{sat}} \cdot 100 \tag{2.83b}$$

p (tatsächlicher) Wasserdampf(teil)druck in Pa

D Diffusion von Wasserdampf in trockener Luft

Bei den folgenden Betrachtungen soll – analog zum Wärmeschutz (vgl. Abschnitt 2.5.2) – vorausgesetzt werden,

- dass nur ebene Bauteile mit homogenen, parallelen Baustoffschichten vorliegen,
- dass die Wasserdampfdiffusion nur senkrecht zu dieser Bauteilebene erfolgt,
- dass der Wasserdampftransport stationär erfolgt, d. h., die transportierte Wasserdampfmasse proportional zur Zeit ist, und
- dass keine Feuchtequellen oder -senken im Bauteil vorhanden sind.

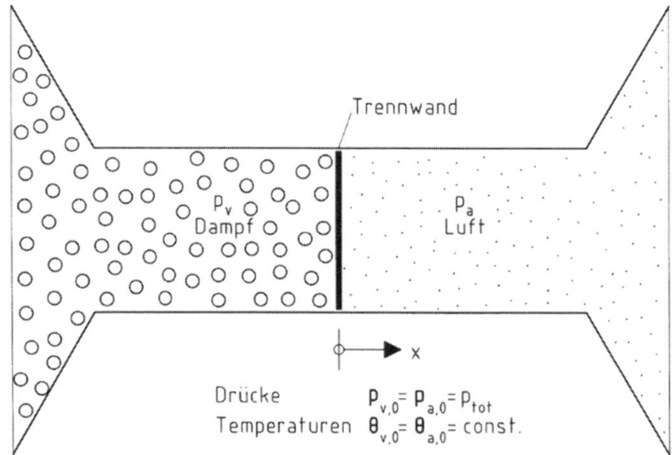

Bild 2.98: Physikalisches Modell zur Erläuterung der Diffusion von Wasserdampf (Index „*v*“ = *vapour*, als Kreise dargestellt) in trockener Luft (Index „*a*“ = *air*, als Punkte dargestellt) – beidseitig schließt jeweils ein ∞-großes Volumen des jeweiligen Gases an [2.173], [2.174]

Unter diesen Voraussetzungen kann nun anhand von Bild 2.98 – dort ist erneut das physikalische Modell aus Bild 2.95 dargestellt, allerdings mit ∞-großem angrenzenden Volumen der beiden Gase – die Diffusion von Wasserdampf in trockener Luft durch den *Wasserdampfdiffusionsstrom G* (praktisch nur als Feuchteproduktion im Raum vorkommend) in kg/s bzw. g/h folgendermaßen beschrieben werden:

$$G = \frac{m}{t} \tag{2.84}$$

t Betrachtungszeit in s bzw. h

m in der Betrachtungszeit t transportierte Wasserdampfmasse in kg bzw. g

Hinweis: Im Gegensatz zu EN ISO 9346 [2.186] und EN ISO 13788 [2.65] werden im Folgenden nicht die amtlichen SI-Einheiten kg und s verwendet, da sich bei Diffusionsberechnungen in Bauteilen bei Verwendung von g und h leichter handhabbare Zahlen ergeben:

- Mit der Trennwandfläche aus Bild 2.98 ergibt sich die Definition der *Wasserdampf-Diffusionsstromdichte* g in g/(m² · h) für den eindimensionalen Fall zu [2.190]

$$g = \frac{G}{A} = \frac{m}{A \cdot t} \tag{2.85}$$

A durchströmte Fläche in m² (Trennwandfläche nach Entfernen der Trennwand in Bild 2.98)

- Setzt man die Wasserdampf-Diffusionsstromdichte g proportional zum Abfall der volumenbezogenen Luftfeuchte $\Delta v/x$ über dem Weg x (vgl. Bild 2.98), so erhält man das Erste *Fick*sche Gesetz für stationäre, eindimensionale Strömung für die Wasserdampf-Diffusionsstromdichte g in g/(m² · h) [2.191]:

$$g = \frac{m}{A \cdot t} = D \cdot \frac{\Delta v}{s} \tag{2.86}$$

$\Delta v/s$ Abfall der volumenbezogenen Luftfeuchte über dem Weg x in g/m⁴

D Wasserdampf-Diffusionskoeffizient nach *Schirmer* in m²/h (experimentell gefunden, abhängig von Temperatur und Luftdruck)

E Diffusion von Wasserdampf durch poröse Stoffe

Die meisten Baustoffe sind porös und damit dampfdurchlässig. Der Feuchtetransport durch Bauteile aus solchen Baustoffen infolge verschiedener Arten der Diffusion wurde schematisch bereits in Bild 2.94 dargestellt; analog zum Wärmeschutz sollen nun weitere Begriffe der Wasserdampfdiffusion durch poröse Stoffe definiert werden:

- Für jede poröse Baustoffschicht $j = 1, 2, ..., n$ kann z. B. der *Wasserdampf-Diffusionsdurchlasskoeffizient* $W_{p,j}$ (Index „p“ bei Bezug auf den Wasserdampf(teil)druck) in g/(m² · h · Pa) definiert werden nach EN ISO 12572 [2.190] zu

$$W_{p,j} = \frac{g_j}{\Delta p_j} \tag{2.87}$$

g_j Wasserdampfdiffusionsstromdichte in g / (m² · h) durch die Schicht j

Δp_j Wasserdampf-Teildruckdifferenz in Pa über der Schicht j

- Daraus ergibt sich als Kehrwert der *Wasserdampf-Dffusionsdurchlasswiderstand* $Z_{p,j}$ der porösen Baustoffschicht $j = 1, 2, ..., n$ (bezogen auf den Wasserdampf(teil)druck p) in m² · h · Pa/g nach EN ISO 12572 [2.190] zu

$$Z_{p,j} = \frac{1}{W_{p,j}} \tag{2.88}$$

- Der *Wasserdampf-Diffusionsleitkoeffizient* $\delta_{p,j}$ (wiederum bezogen auf den Wasserdampf(teil)druck p) in g/(m · h · Pa) ist eine Stoffeigenschaft der porösen Baustoffschicht $j = 1, 2, ..., n$, die sich nach EN ISO 12572 [2.190] versuchstechnisch ergibt zu

$$\delta_{p,j} = W_{p,j} \cdot d_j \tag{2.89}$$

$W_{p,j}$ Wasserdampf-Diffusionsdurchlasskoeffizient der untersuchten Baustoffprobe j in g/(m² · h · Pa)
d_j mittlere Probekörperdicke in m der Baustoffprobe j

- Mithilfe der Wasserdampf-Diffusionsleitkoeffizienten $\delta_{p,j}$ kann nun der Wasserdampf-Diffusionsdurchlasswiderstand Z_p in m² · h · Pa/g für Bauteile mit $j = 1, 2, ..., n$ Schichten bestimmt werden zu

$$Z_p = \sum_{j=1}^{n} \frac{d_j}{\delta_{p,j}} \tag{2.90}$$

d_j Schichtdicke der Bauteilschicht j in m
$\delta_{p,j}$ Wasserdampf-Diffusionsleitkoeffizient des Baustoffs der Schicht j in g/(m · h · Pa)

F Wasserdampf-Diffusionswiderstandszahl und diffusionsäquivalente Luftschichtdicke

Schaut man in DIN 4108-4 [2.20], Tabellen 1 bis 3, bzw. in EN ISO 10456 [2.21], Tabellen 3 oder 4, so finden sich dort

- keine Wasserdampf-Diffusionsleitkoeffizienten δp,
- sondern *Wasserdampf-Diffusionswiderstandszahlen* μ

als Baustoffeigenschaft. Diese sog. μ-Werte von Bauteilschichten $j = 1, 2, ...,$ n sind dimensionslose Verhältniszahlen, die keine physikalische Größe kennzeichnen:

$$\mu_j = \frac{\delta_a}{\delta p_j} \tag{2.91}$$

$\delta_{p,j}$ Wasserdampf-Diffusionsleitkoeffizient des Baustoffs der Schicht j in g/(m · h · Pa)

δ_a Wasserdampf-Diffusionsleitkoeffizient der ruhenden Luft (Index „*a*“ = *air*) in g/(m · h · Pa)

Darin unbekannt ist der Wasserdampf-Diffusionsleitkoeffizient der ruhenden Luft δ_a – er ist abhängig vom Wasserdampf-Diffusionskoeffizienten nach *Schirmer* (s. o. unter Gl. (2.86)) und damit von Temperatur und Luftdruck. Im bauüblichen Temperaturbereich ändert sich δ_a allerdings nur geringfügig, deshalb setzt EN ISO 13788 [2.65], 6.2, vereinfacht den Wasserdampf-Diffusionsleitkoeffizienten der ruhenden Luft zu

$$\begin{aligned} \delta_0 &= 2 \cdot 10^{-10}\ \text{kg/(m} \cdot \text{s} \cdot \text{Pa)} \\ &= 2 \cdot 10^{-10}\ \text{kg/(m} \cdot \text{s} \cdot \text{Pa)} \cdot 1000\ \text{g/kg} \cdot 3600\ \text{s/h} \\ &= 0{,}000\,720\ \text{g/(m} \cdot \text{h} \cdot \text{Pa)} \end{aligned} \tag{2.92}$$

Die baustoffspezifische Wasserdampf-Diffusionswiderstandszahl (μ-Wert) gibt für den bauüblichen Temperaturbereich an, um wie viel mal größer der Wasserdampf-Diffusionsdurchlasswiderstand $Z_{p,j}$ der Baustoffschicht j ist als der einer gleich dicken ruhenden Luftschicht $Z_{p,a}$. Da der Wasserdampf-Diffusionsdurchlasswiderstand von Baustoffen mindestens so groß ist wie der von ruhender Luft, ist immer $\mu_j \geq 1$!

Löst man Gl. (2.89) nach $W_{p,j}$ auf und setzt dies in Gl. (2.88) ein, setzt man ferner den Normwert δ_0 aus Gl. (2.92) statt δ_a, so erhält man mit Gl. (2.91) für den Wasserdampf-Diffusionsdurchlasswiderstand in m² · h · Pa/g

$$Z_{p,j} = \frac{1}{W_{p,j}} = \frac{1}{\delta_{p,j}} \cdot d_j = \frac{1}{\delta_0} \cdot \mu_j \cdot d_j = \frac{1}{\delta_0} \cdot s_{d,j} \tag{2.93}$$

Darin ist $s_{d,j}$ die *diffusionsäquivalente Luftschichtdicke* in m der Bauteilschicht j (vgl. EN ISO 12572 [2.190] bzw. EN ISO 13788 [2.65]):

$$s_{d,j} = \mu_j \cdot d_j \tag{2.94}$$

Die diffusionsäquivalente Luftschichtdicke der Bauteilschicht j gibt an, welche Dicke d_a eine ruhende Luftschicht haben müsste, um den gleichen Wasserdampf-Diffusionsdurchlasswiderstand wie die Bauteilschicht der Dicke d_j zu haben.

Hinsichtlich der Diffusionsfähigkeit sind zu unterscheiden

- für diffundierende Wassermoleküle absolut dichte Werkstoffe wie Metalle, Glas und Keramikplatten (Fliesen) mit $\mu \to \infty$,
- einen luftgefüllten Porenraum umschließende poröse Baustoffe mit $1 < \mu < \infty$ in Abhängigkeit vom Verhältnis zwischen Luft und Festkörpergerüst und
- Mineralwolle mit $\mu \approx 1$, bei der den Wassermolekülen praktisch nur noch die ruhende Luft als Hindernis entgegensteht.

Für praktische Nachweise des Tauwasserschutzes findet man die Wasserdampf-Diffusionswiderstandszahlen μ (μ-Werte) in DIN 4108-4 [2.20], Tabellen 1 bis 3, bzw. in EN ISO 10456 [2.27], Tabellen 3 oder 4. Dabei werden

- in DIN 4108-4 häufig ohne nähere Erläuterung *zwei* Grenzwerte als Richtwerte der μ-Werte genannt,
- während in EN ISO 10456 die μ-Werte für den Trockenbereich („*dry cup*") sowie für den Feuchtbereich („*wet cup*") aufgeführt werden.

Materialien wie z. B. Bleche, die den Durchgang von Wasserdampf vollständig verhindern, sollen nach EN ISO 13788 [2.65], 6.4.1, mit $\mu \equiv 100\,000$ angesetzt werden, da bei korrektem Ansatz von $\mu \rightarrow \infty$ (s. o.) eine Berechnung unmöglich ist.

Für übliche Folien und Beschichtungen, deren Dicken gering (oder häufig nicht im Detail bekannt) sind, finden sich diffusionsäquivalente Luftschichtdicken s_d (Wasserdampfdurchlasswiderstände) in EN ISO 10456 [2.27] (Tabelle 2.44). Die diffusionsäquivalente Luftschichtdicke s_d von ruhenden Luftschichten ist nach EN ISO 13788 [2.65], 4.1, bzw. DIN 4108-3 [2.15], A.2.3, wegen unvermeidlicher Konvektion unabhängig von ihrer Dicke zu $s_d \equiv 0{,}01\ m$ zu setzen.

Tabelle 2.44: Typische wasserdampfdiffusionsäquivalente Luftschichtdicken s_d ausgewählter Bauteilschichten

Bauteilschicht	s_d	**Bauteilschicht**	s_d
Polyethylenfolie 0,15 mm	50 m	Aluminiumfolie 0,05 mm	1500 m
Polyethylenfolie 0,25 mm	100 m	Aluminiumverbundfolie 0,4 mm	10 m
Polyethylenfol. gestapelt 0,15 mm	8 m	bituminiertes Papier 0,1 mm	2 m
Polyesterfolie 0,20 mm	50 m	Unterdeck-/Unterspannbahn	0,2 m
PVC-Folie	30 m	Beschichtungsstoff	0,1 m
Vinyltapete	2 m	Glanzlack	3 m

Gemäß DIN 4108-3 [2.15], A.2.3, ist ferner bei Tauwassernachweisen zu beachten,
- dass bei Angabe mehrerer μ-Werte immer die für den Tauwasserausfall *un*günstigeren μ-Werte anzuwenden sind (Näheres dazu s. u. in Abschnitt 2.14.7) und
- dass bei außenseitig auf Bauteilen bzw. außenseitig von Wärmedämmungen vorhandenen Schichten mit rechnerischem $s_d < 0{,}1$ m in der Berechnung $s_d \equiv 0{,}1$ m zu setzen ist, um die Messunsicherheit bei solch geringen s_d-Werten zu berücksichtigen.

2.14.6 *Glaser*-Verfahren

Im Jahre 1959 wurde von *Glaser* ein halbgrafisches Verfahren veröffentlicht [2.192], mit dem die *innerhalb* einer ebenen Konstruktion entstehende Tauwassermasse (vgl. Bild 2.78b) bei vorgegebenen Randbedingungen quantitativ bestimmt werden kann. Dieses Verfahren wird seit den 1960er-Jahren zur Beurteilung von Holzhäusern in Tafelbauart herangezogen [2.193] und ist seit 1981 Bestandteil von DIN 4108. Diesem *Glaser*-Verfahren zur Untersuchung des Tauwasserausfalls in mehrschichtigen Bauteilen liegen folgende Überlegungen zugrunde [2.173], [2.174]:

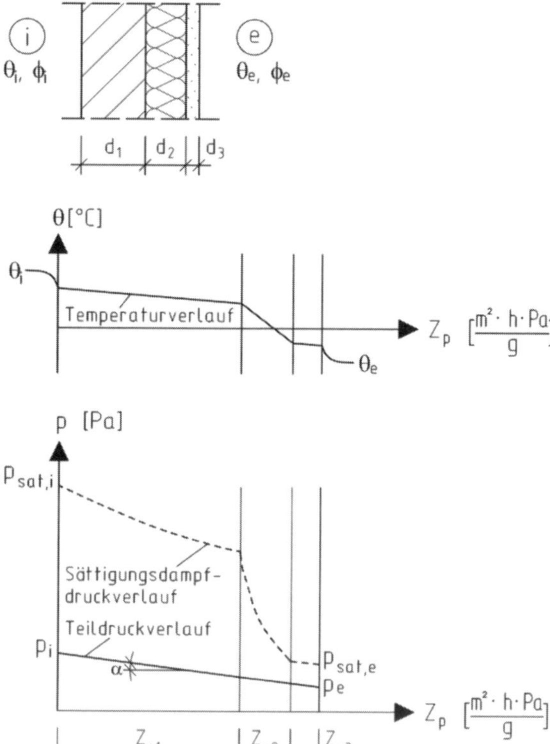

Bild 2.99: *Glaser*-Diagramm für ein mehrschichtiges Bauteil *ohne* Tauwasserausfall: Das oben dargestellte Bauteil wird dabei auf der Abszisse mit den jeweiligen Wasserdampfdiffusions-Durchlasswiderständen $Z_{p,j}$ der Bauteilschichten j = 1, 2, 3 verzerrt [2.173], [2.174]

- Da Tauwasser *nur dann* ausfallen kann, wenn der Wasserdampfsättigungsdruck p_{sat} erreicht wird, muss dieser an jeder Stelle des Bauteils bekannt sein. Da der Wasserdampfsättigungsdruck p_{sat} temperaturabhängig ist (vgl. Abschnitt 2.14.5), muss als *erster Schritt* – ausgehend von den vorgegebenen Raum- und Außenlufttemperaturen θ_i und θ_e – der Temperaturverlauf im Bauteil aufgezeichnet werden (vgl. Abschnitt 2.7). Das Beispiel eines mehrschichtigen Bauteils mit zugehörigem Temperaturverlauf zeigt Bild 2.99 oben und Mitte.
- Als *zweiter Schritt* wird der Verlauf des Wasserdampfsättigungsdrucks p_{sat} im Bauteil dargestellt, indem für die Oberflächen- und die Grenzflächentemperaturen aus EN ISO 13788 [2.65], Anhang E, Tabelle E.1, bzw. aus DIN 4108-3 [2.15], Anhang C, Tabelle C.1, der jeweilige Wasserdampfsättigungsdruck entnommen und (als Strichlinie) eingezeichnet wird (Bild 2.99 unten). Dabei ist zu beachten, dass der Wasserdampfsättigungsdruck p_{sat} *nichtlinear* temperaturabhängig ist (vgl. Bild 2.97).
- Als *dritter Schritt* muss nun der Verlauf des tatsächlichen Wasserdampfdrucks p im Bauteil gezeichnet werden: Die Wasserdampf-Teildruckdifferenz $\Delta p = p_i - p_e$ fällt in einem mehrschichtigen Bauteil ab im Verhältnis der Wasserdampf-Diffusionsdurchlasswiderstände $Z_{p,j}$ der einzelnen Bauteilschichten $j = 1, 2, ..., n$, und zwar ausgehend vom Teildruck in der Raumluft p_i bzw. Außenluft p_e in Pa

$$p_i = \phi_i \cdot p_{sat,i} \qquad (2.95)$$
$$p_e = \phi_e \cdot p_{sat,e} \qquad (2.96)$$

ϕ_i, ϕ_e vorgegebene relative Luftfeuchte der Raum- bzw. Außenluft

$p_{sat,i}$, $p_{sat,e}$ als zur vorgegebenen Raum- bzw. Außenlufttemperatur θ_i bzw. θ_e gehöriger Wasserdampfsättigungsdruck in Pa

Hinweis: Sowohl die Raum- und Außenlufttemperaturen θ_i und θ_e als auch die zugehörigen relativen Luftfeuchten ϕ_i und ϕ_e werden bei praktischen Nachweisen in EN ISO 13788 [2.65], Anhang E, Tabelle E.1, bzw. in DIN 4108-3 [2.15], Anhang C, Tabelle C.1, vorgegeben (s. u.).

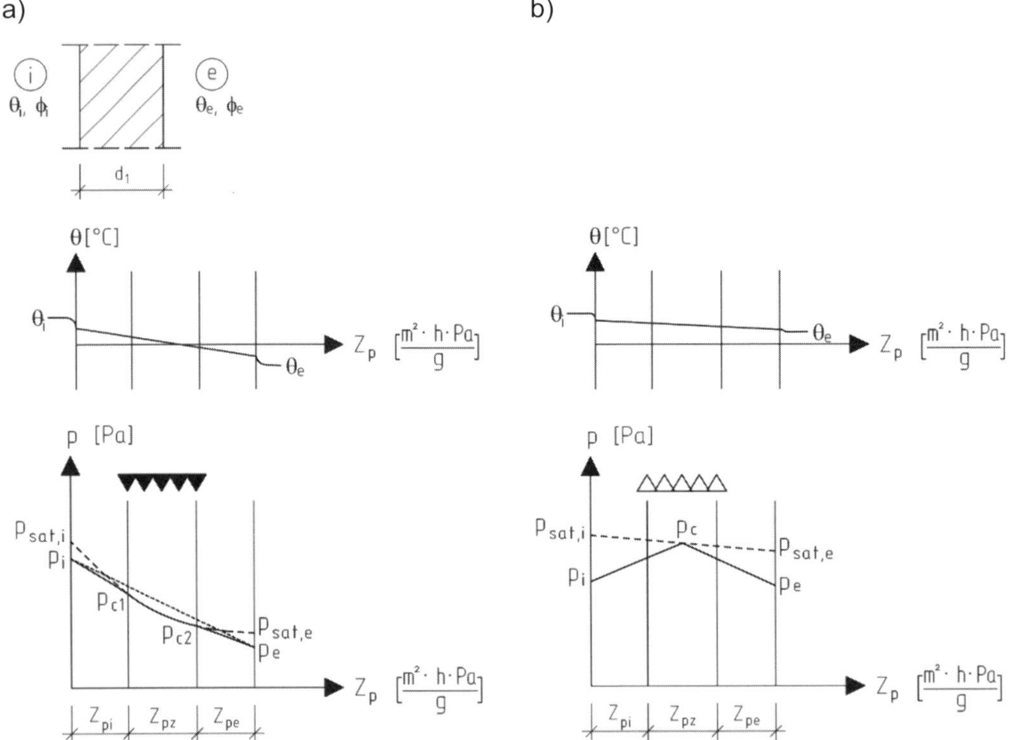

Bild 2.100: *Glaser*-Diagramme für ein einschichtiges Bauteil *mit* Tauwasserausfall in einem Bauteil*bereich*: Das oben dargestellte Bauteil wird dabei auf der Abszisse mit dem Wasserdampfdiffusions-Durchlasswiderstand Z_{p1} der hier einzigen Bauteilschicht verzerrt [2.173], [2.174]

a) in der Tauperiode (Bereich des Tauwasserausfalls durch gefüllte Dreiecke gekennzeichnet) – die als Punktlinie dargestellte Verbindungsgerade ist physikalisch unmöglich

b) in der Verdunstungsperiode (Bereich der Verdunstung durch ungefüllte Dreiecke gekennzeichnet)

- Damit könnte man einen an jeder Schichtgrenze abknickenden Polygonzug als Wasserdampf(teil)druckverlauf über dem Bauteil auftragen. Die Idee von *Glaser* liegt nun darin, als *vierten Schritt* die einzelnen Bauteilschichten
  - nicht mit ihren Schichtdicken d_j,
  - sondern verzerrt mit ihren Wasserdampf-Diffusionsdurchlasswiderständen $Z_{p,j}$

  an der Abszisse aufzutragen; damit wird der Teildruckverlauf zu einer Geraden (als Volllinie eingetragen in Bild 2.99 unten).
- Betrachtet man nun die Neigung $\tan\alpha$ der Teildruck-Geraden, so entspricht sie – bei Einsetzen von Gl. (2.87) in Gl. (2.88) und Umstellung der Gleichung – der Wasserdampfdiffusionsstromdichte g in in g/(m² · h):

$$\tan\alpha = \frac{p_i - p_e}{\sum_j Z_{p,j}} = g \tag{2.97}$$

$\Delta p = p_i - p_e$ als Wasserdampf-Teildruckdifferenz über dem Bauteil vom Rauminnern zur Außenluft in Pa

$Z_{p,j}$ Wasserdampf-Diffusionsdurchlasswiderstand der Bauteilschicht $j = 1, 2, ..., n$ in m² · h · Pa/g

Im in Bild 2.99 dargestellten Fall kommt es zu *keiner* Tauwasserbildung, da der Wasserdampf(teil)druck p im Bauteil an *jeder* Stelle geringer als der jeweilige Wasserdampf*sättigungs*druck p_{sat} ist. Dies ist aber nicht immer so – mögliche Alternativen:

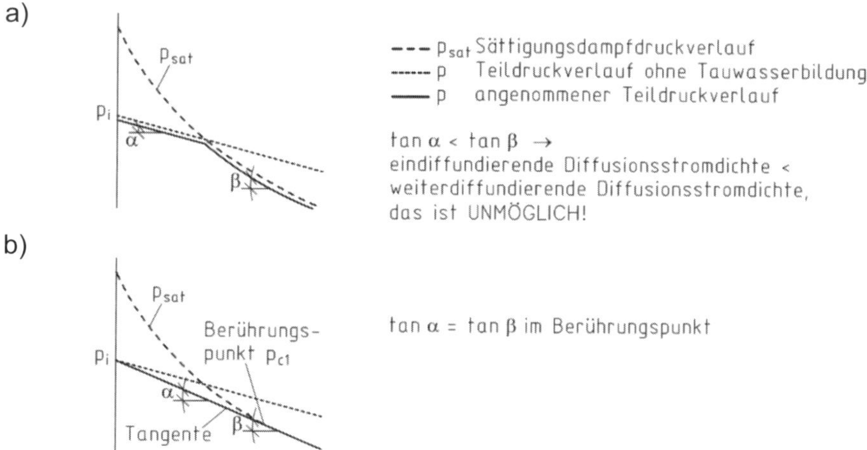

Bild 2.101: Ausschnitt aus dem *Glaser*-Diagramm für ein einschichtiges Bauteil *mit* Tauwasserausfall aus Bild 2.100a [2.173], [2.174]
a) Annahme eines Abknickens des Teildruckverlaufs bei Berührung des Wasserdampfsättigungsdruckverlaufs
b) Tangentenkonstruktion

A Tauwasserausfall in einem Tauwasserbereich

In Bild 2.100a ist nun ein einschichtiges Bauteil (mit ungünstigeren Klimarandbedingungen als in Bild 2.99) gezeigt mit Tauwasserausfall in einem *Bereich* des Bauteilquerschnitts (kurz „Tauwasserausfall in einem Bauteilbereich"). Dabei wurde der Teildruckverlauf mit Tangenten von unten an den Sättigungsdampfdruckverlauf angeschmiegt; dies ist gemäß folgender Überlegung sinnvoll:

- Würde man den Teildruckverlauf als Verbindungsgerade von p_i zu p_e zeichnen (in Bild 2.100a als Punktlinie dargestellt), würde der vorhandene Dampfdruck im Bauteil größer als der Wasserdampfsättigungsdruck p_{sat} werden – das ist physikalisch unmöglich!

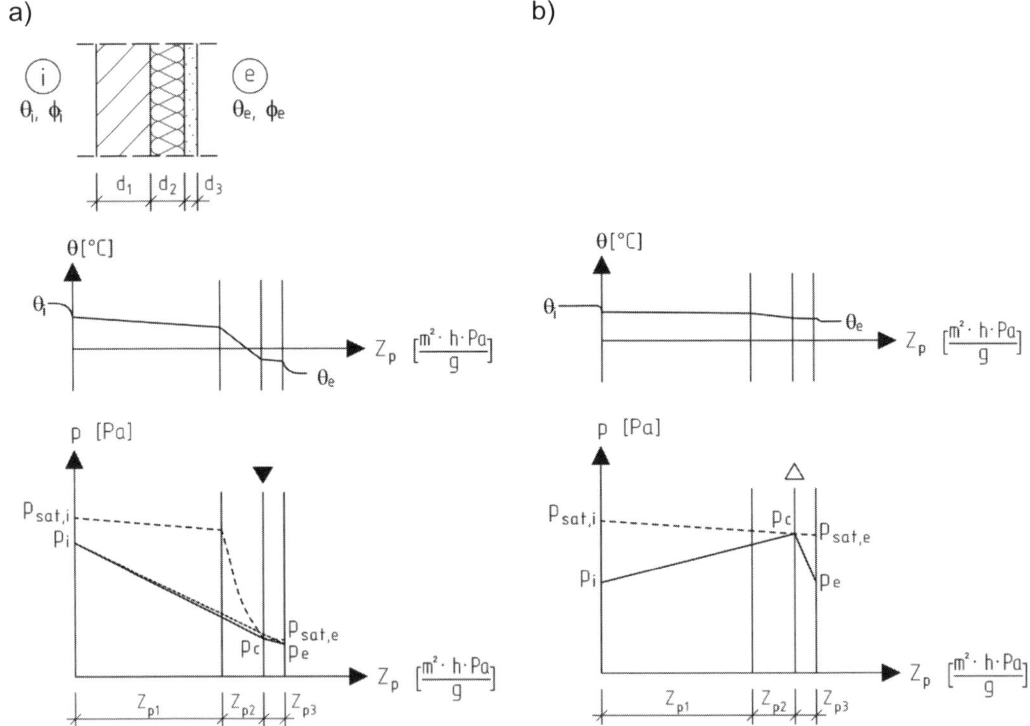

Bild 2.102: *Glaser*-Diagramme für ein dreischichtiges Bauteil mit Tauwasserausfall in einer Bauteilebene: Das oben dargestellte Bauteil wird dabei auf der Abszisse mit den Wasserdampfdiffusions-Durchlasswiderständen Z_{pj} der einzelnen Bauteilschichten j = 1, 2, 3 verzerrt [2.173], [2.174]

a) in der Tauperiode (Ebene des Tauwasserausfalls durch ein gefülltes Dreieck gekennzeichnet) – die als Punktlinie dargestellte Verbindungsgerade ist physikalisch unmöglich

b) in der Verdunstungsperiode (Ebene der Verdunstung durch ein ungefülltes Dreieck gekennzeichnet)

- Um dem zu entgehen, kann ein Abknicken des Teildruckverlaufs bei Berührung des Sättigungsdampfdruckverlaufs p_{sat} angenommen werden (Bild 2.101a); dabei wäre jedoch
  - die zu *tan* α proportionale eindiffundierende Dampfstromdichte g_1 kleiner als
  - die zu *tan* β proportionale im Bauteil weiterdiffundierende Dampfstromdichte g_2.

  Das würde allerdings eine Feuchtequelle im Bauteil am Knickpunkt voraussetzen, die nicht vorhanden ist.
- Da in einem anfangs trockenen Bauteil die eindiffundierende Dampfstromdichte nie kleiner als die weiterdiffundierende Dampfstromdichte sein kann, ist somit nur die in Bild 2.101b (und Bild 2.100a) dargestellte Tangentenkonstruktion möglich.

B Tauwasserausfall in einer Tauwasserebene

Alternativ zu Bild 2.100 mit Tauwasserausfall in einem Bauteil*bereich* kann auch Tauwasserausfall in einer *Ebene* des Bauteilquerschnitts (kurz „Tauwasserausfall in einer Bauteilebene“) auftreten, wenn die Berührungspunkte der Tangenten in einem Punkt zusammenfallen – der in der Praxis häufigere Fall, wie er in Bild 2.102 beispielhaft am dreischichtigen Bauteil aus Bild 2.99 (allerdings mit ungünstigeren Klimarandbedingungen) dargestellt ist.

Weiter kann auch Tauwasserausfall in *zwei* Ebenen des Bauteilquerschnitts (kurz „Tauwasserausfall in *zwei* Bauteilebenen“) auftreten – ein in der Praxis seltenerer Fall (s. hierzu DIN 4108-3 [2.15], A.2.5.4).

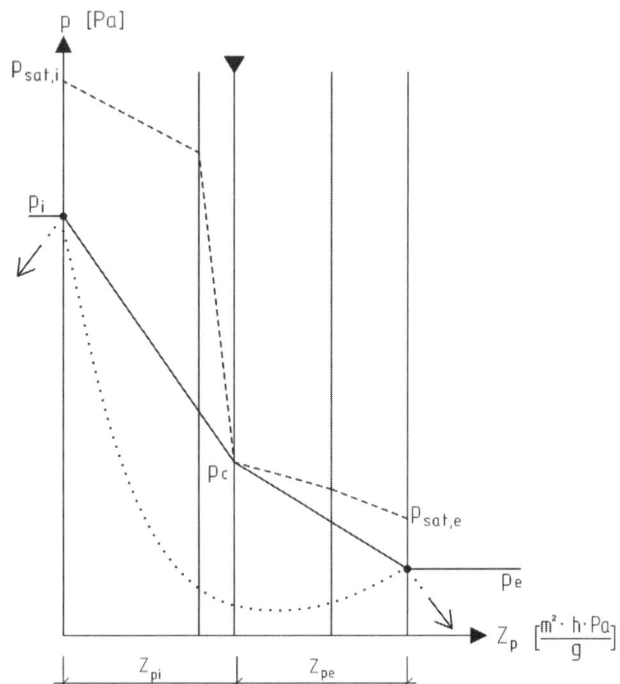

Bild 2.103: Seilregel zur Ermittlung des Teildruckverlaufs *p*, hier bei Tauwasserausfall in einer Bauteilebene (aus [2.173], [2.174] nach [2.171])

Die zur Feststellung des Tauwasserausfalls in Bild 2.100a und Bild 2.102a genutzte Tangentenkonstruktion wird bei *Klopfer* [2.171] als „Seilregel" bezeichnet: Man stelle sich vor, dass die Klimarandbedingungen p_i und p_e Rollen darstellen, über die ein Seil läuft (Punktlinie in Bild 2.103) – wird dieses Seil gegen den Sättigungsdampfdruckverlauf p_{sat} (Strichlinie in Bild 2.103) gespannt (Pfeile in Bild 2.103), entsteht die Tangentenkonstruktion des Teildruckverlaufs p (Volllinie in Bild 2.103).

C Ergänzende Überlegungen zum Tauwasserschutz

Grundlage für die Beurteilung des Tauwasserschutzes ist folgende Überlegung:

- In der Regel geht man davon aus, dass *keine* generelle Tauwasserfreiheit der Konstruktion erforderlich ist (wie in Bild 2.99 dargestellt), sondern dass es ausreicht (vgl. Bild 2.100 und Bild 2.102), wenn
  - die im Winter ausfallende, flächenbezogene Tauwassermasse M_c ein gewisses Maß nicht überschreitet und
  - die Verdunstung des Tauwassers im Sommer sichergestellt ist, um ein „Aufschaukeln" der Bauteilfeuchte über mehrere Jahre zu verhindern [2.193].
- Dazu müssen allerdings die flächenbezogene Tauwassermasse und die mögliche flächenbezogene Verdunstungswassermasse M_{ev} berechnet werden:

D Ausfallende Tauwassermasse

In der Tauperiode (Index *„c" = condensation*), d. h. im Winter, gelten hierfür folgende Berechnungsgleichungen:

- Bei Tauwasserausfall in einem Bauteil*bereich* (vgl. Bild 2.100a) werden mit Gl. (2.97) und Gl. (2.93) die Wasserdampf-Diffusionsstromdichten in g/(m² · h) raum- und außenseitig dieses Tauwasserbereiches nach DIN 4108-3 [2.15], A.2.5.5, zu

$$g_{c,i} = \frac{p_i - p_{c1}}{Z_{pi}} = \frac{p_i - p_{c1}}{\frac{1}{\delta_0}\cdot\left(\sum s_{d,j}\right)_i} = \delta_0 \cdot \frac{p_i - p_{c1}}{s_{d,c1}} \tag{2.98}$$

$$g_{c,e} = \frac{p_{c2} - p_e}{Z_{pe}} = \frac{p_{c2} - p_e}{\frac{1}{\delta_0}\cdot\left(\sum s_{d,j}\right)_e} = \delta_0 \cdot \frac{p_{c2} - p_e}{s_{d,T} - s_{d,c2}} \tag{2.99}$$

$(\sum s_{d,j})_{i/e}$ als Summe der diffusionsäquivalenten Luftschichtdicken in m der Bauteilschichten j raumseitig (Index i) bzw. außenseitig (Index e) des Tauwasser*bereichs*

$s_{d,c1}$ diffusionsäquivalente Luftschichtdicke in m der Bauteilschichten von der Raumseite bis zum Beginn $c1$ des Tauwasser*bereichs* (s. u. Bild 2.107a)

$s_{d,c2}$ diffusionsäquivalente Luftschichtdicke in m der Bauteilschichten von der Raumseite bis zum Ende $c2$ des Tauwasser*bereichs* (s. u. Bild 2.107a)

$s_{d,T}$ diffusionsäquivalente Luftschichtdicke in m sämtlicher Bauteilschichten (s. u. Bild 2.107a)

δ_0 0,000 720 g / (m · h · Pa) entsprechend Gl. (2.92)

- Bei Tauwasserausfall in einer Bauteil*ebene* fallen p_{c1} und p_{c2} zu p_c zusammen (vgl. Bild 2.102a), damit werden die Wasserdampf-Diffusionsstromdichten in g/(m² · h) raum- und außenseitig dieser Tauwasserebene nach DIN 4108-3 [2.15], A.2.5.3, zu

$$g_{c,i} = \frac{p_i - p_c}{Z_{pi}} = \frac{p_i - p_c}{\frac{1}{\delta_0}\cdot\left(\sum s_{d,j}\right)_i} = \delta_0 \cdot \frac{p_i - p_c}{s_{d,c}} \tag{2.100}$$

$$g_{c,e} = \frac{p_c - p_e}{Z_{pe}} = \frac{p_c - p_e}{\frac{1}{\delta_0}\cdot\left(\sum s_{d,j}\right)_e} = \delta_0 \cdot \frac{p_c - p_e}{s_{d,T} - s_{d,c}} \tag{2.101}$$

$(\Sigma\, s_{d,j})_{i/e}$ als Summe der diffusionsäquivalenten Luftschichtdicken in m der Bauteilschichten j raumseitig (Index i) bzw. außenseitig (Index e) der Tauwasser*ebene*

$s_{d,c}$ diffusionsäquivalente Luftschichtdicke in m der Bauteilschichten von der Raumseite bis zur Tauwasser*ebene* (s. u. Bild 2.107a)

- In beiden Fällen ergibt sich daraus die flächenbezogene Tauwassermasse in g/m² nach DIN 4108-3 zu

$$M_c = g_c \cdot t_c = \left(g_{c,i} - g_{c,e}\right) \cdot t_c \tag{2.102}$$

g_c Tauwasserrate als Differenz der ein- und ausdiffundierenden Wasserdampf-Diffusionsstromdichten in der Tauperiode in g/(m² · h)

t_c Dauer der angesetzten Klimabedingungen der Tauperiode in h

E Mögliche Verdunstungswassermasse

In der Verdunstungsperiode (Index *„ev“ = evaporation*), d. h im Sommer, geht man vereinfacht davon aus,

- dass zu Beginn der Verdunstungsperiode im Tauwasserbereich bzw. in der Tauwasserebene Wasser in flüssiger Form vorhanden ist, das dort zu einer relativen Luftfeuchte von $\phi_c = 100\ \%$ führt,
- was zum Sättigungsdampfdruck p_{sat} im Tauwasserbereich bzw. in der Tauwasserebene führt (Bild 2.100b und 2.102b).

Damit ergeben sich die Berechnungsgleichungen für die Verdunstungsperiode:

- Bei Tauwasserausfall in einem Bauteil*bereich* wird nach DIN 4108-3, A.2.6.5, vereinfacht angenommen, dass die Verdunstung von der Mitte dieses Tauwasserbereichs her erfolgt (sichere Seite, vgl. Bild 2.100b). Damit werden dann die möglichen Wasserdampf-Diffusionsstromdichten in g/(m² · h) raum- und außenseitig vom Tauwasserbereich mit Gl. (2.97) und Gl. (2.93) zu

$$g_{ev,i} = \frac{p_c - p_i}{Z_{pi} + 0{,}5 \cdot Z_{pz}} = \frac{p_c - p_i}{\frac{1}{\delta_0}\cdot\left(\sum s_{d,j}\right)_i + 0{,}5 \cdot s_{d,z}} = \delta_0 \cdot \frac{p_c - p_i}{s_{d,c,m}} \tag{2.103}$$

$$g_{ev,e} = \frac{p_c - p_e}{Z_{pe} + 0{,}5 \cdot Z_{pz}} = \frac{p_c - p_e}{\frac{1}{\delta_0} \cdot \left(\sum s_{d,j}\right)_e + 0{,}5 \cdot s_{d,z}} = \delta_0 \cdot \frac{p_c - p_e}{s_{d,T} - s_{d,c,m}} \tag{2.104}$$

$(\Sigma\ s_{d,j})_{i/e}$ als Summe der diffusionsäquivalenten Luftschichtdicken in m der Bauteilschichten j raumseitig (Index i) bzw. außenseitig (Index e) des Tauwasser*bereichs*

$s_{d,z}$ diffusionsäquivalente Luftschichtdicke in m des Tauwasser*bereichs* (vgl. Bild 2.100)

$s_{d,c,m} = s_{d,c1} + 0{,}5 \cdot (s_{d,c2} - s_{d,c1})$ als diffusionsäquivalente Luftschichtdicke in m der Bauteilschichten von der Raumseite bis zur Mitte des Tauwasser*bereichs* (s. u. Bild 2.107b)

- Bei Tauwasserausfall in *einer Bauteilebene* (vgl. Bild 2.102b) werden nach DIN 4108-3, A.2.6.3, die *möglichen* Wasserdampf-Diffusionsstromdichten in g/(m² · h) raum- und außenseitig dieser Tauwasserebene zu

$$g_{ev,i} = \frac{p_c - p_i}{Z_{pi}} = \frac{p_c - p_i}{\frac{1}{\delta_0} \cdot \left(\sum s_{d,j}\right)_i} = \delta_0 \cdot \frac{p_c - p_i}{s_{d,c}} \tag{2.105}$$

$$g_{ev,e} = \frac{p_c - p_e}{Z_{pe}} = \frac{p_c - p_e}{\frac{1}{\delta_0} \cdot \left(\sum s_{d,j}\right)_e} = \delta_0 \cdot \frac{p_c - p_e}{s_{d,T} - s_{d,c}} \tag{2.106}$$

$(\Sigma\ s_{d,j})_{i/e}$ als Summe der diffusionsäquivalenten Luftschichtdicken in m der Bauteilschichten j raumseitig (Index i) bzw. außenseitig (Index e) der Tauwasser*ebene*

- In beiden Fällen ergibt sich daraus die mögliche flächenbezogene Verdunstungswassermasse in g/m² nach DIN 4108-3 zu

$$M_{ev} = g_{ev} \cdot t_{ev} = \left(g_{ev,i} + g_{ev,e}\right) \cdot t_{ev} \tag{2.107}$$

Gev Verdunstungsrate als Summe der ausdiffundierenden Wasserdampf-Diffusionsstromdichten in der Verdunstungsperiode in g/(m² · h)

t_{ev} Dauer der angesetzten Klimabedingungen der Verdunstungsperiode in h

2.14.7 Nachweis des Tauwasserschutzes mit dem Periodenbilanzverfahren

Bei Betrachtung des Tauwasserschutzes wird zurzeit in Europa der Feuchtebewegung infolge Diffusion die größte Beachtung geschenkt, da

- zum einen die Erfassung nur der Diffusion im mitteleuropäischen Klima auf der sicheren Seite liegt (s. u.) und

- zum anderen eine genauere Untersuchung unter Einbeziehung der anderen in Abschnitt 2.14.5 genannten Transportvorgänge nur mit aufwendigen EDV-Programmen möglich ist (s. Abschnitt 2.14.8).

Warum liegt die Betrachtung allein der Diffusion auf der sicheren Seite? Die Vernachlässigung des Feuchtetransports in der flüssigen Phase führt gemäß EN ISO 13788 [2.65], 6.3, i. d. R. zu einer „Überbewertung des Risikos der Tauwasserbildung im Bauteilinnern", da in der *Tauperiode*, d. h. im Winter, Diffusion und Kapillartransport gegenläufig gerichtet sind (Bild 2.104b), was darauf beruht,

- dass die Wasserdampfdiffusion durch eine Wasserdampf-Teildruckdifferenz Δp bewirkt wird, wobei in der Tauperiode p_i in der *Raum*luft nutzungsbedingt *höher* als p_e in der Außenluft ist (vgl. Bild 2.81 in Abschnitt 2.14.1),
- während der Kapillartransport auf einer Differenz der relativen Luftfeuchten $\Delta\phi$ basiert, wobei in der Tauperiode ϕ_e in der *Außen*luft *höher* als ϕ_i in der Raumluft ist.

In der *Verdunstungsperiode*, d. h. im Sommer, sind zwar beide Transportvorgänge gleichgerichtet (Bild 2.104a), durch die fehlende Temperaturdifferenz zwischen Raum- und Außenklima besteht aber keine Tauwassergefahr.

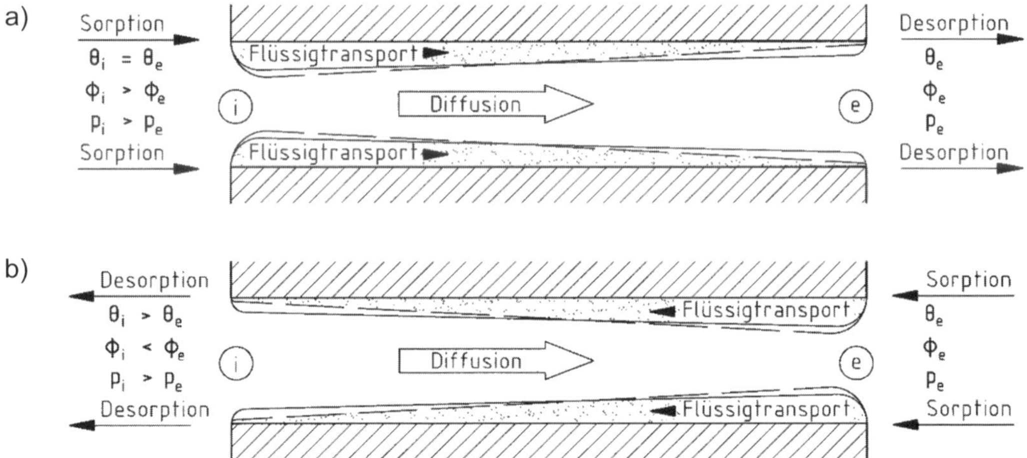

Bild 2.104: Modell für den überlagerten Flüssigkeitstransport (= Kapillartransport) und Dampftransport (= Diffusion) im Porenraum hygroskopischer Baustoffe (aus [2.173], [2.174] nach [2.50])

a) *gleichgerichteter* Transport bei isothermen Randbedingungen (d. h. $\theta_e = \theta_i$), in Mitteleuropa im Sommer
b) *gegenläufiger* Transport bei *nicht* isothermen Randbedingungen (hier $\theta_e < \theta_i$), in Mitteleuropa im Winter

Allein anhand der Wasserdampfdiffusion wird deshalb gemäß EN ISO 13788 [2.65] und DIN 4108-3 [2.15] abschätzend überprüft, ob es infolge Tauwasserbildung zu Feuchteschäden im Innern von Außenbauteilen kommen kann. Der entsprechende *Nachweis* des Tauwasserschutzes kann gemäß DIN 4108-3, A.2.4, geführt werden

- generell nach dem Monatsbilanzverfahren der EN ISO 13788 oder
- für Außenbauteile normal genutzter, nicht klimatisierter Räume (vgl. Tabelle 2.35) nach dem *vereinfachten Periodenbilanzverfahren* aus DIN 4108-3.

Dazu merkt DIN 4108-3, A.2.4, an:

„Bis zur nationalen Festlegung von Außenklima-Randbedingungen für das Monatsbilanzverfahren nach DIN EN ISO 13788 sollte für den Nachweis das nachfolgend beschriebene Periodenbilanzverfahren oder ein Verfahren nach Anhang D verwendet werden."

Zu den Verfahren nach Anhang D von DIN 4108-3 s. Abschnitt 2.14.8.

Eine nationale Festlegung von Außenklima-Randbedingungen für das Monatsbilanzverfahren ist nicht vorgesehen [2.52], deshalb wird im Folgenden nur das Periodenbilanzverfahren nach DIN 4108-3 vorgestellt (vgl. auch Tabelle 2.35).

A Anforderungen nach DIN 4108-3

Die Tauwassermasse in einem Bauteil muss so begrenzt werden, dass

- keine Korrosion im Bauteil entsteht,
- die Wärmeleitfähigkeit der Baustoffe nicht unzulässig erhöht wird (zur Abhängigkeit der Wärmeleitfähigkeit von der Baustofffeuchte s. z. B. Bild 2.105) und
- Holz oder Holzwerkstoffe nicht verrotten.

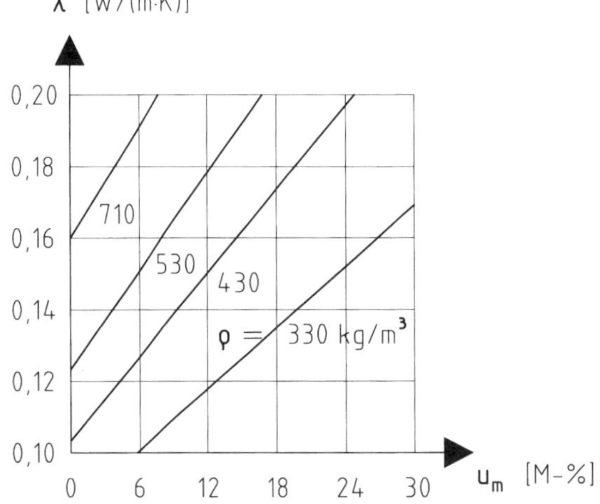

Bild 2.105: Abhängigkeit der Wärmeleitfähigkeit λ von Porenbeton unterschiedlicher Rohdichte vom massebezogenen Feuchtegehalt u_m (aus [2.173], [2.174] nach [2.194])

Dazu werden in DIN 4108-3 [2.15], 5.2.1 und 5.2.3, folgende Anforderungen festgelegt:

- Baustoffe, die mit Tauwasser in Berührung kommen, dürfen durch Korrosion, Pilzbefall o. Ä. nicht geschädigt werden.
- Die während der Tauperiode t_c ausfallende flächenbezogene Tauwassermasse M_c muss während der Verdunstungsperiode t_{ev} wieder abgegeben werden können – d. h., es muss für die flächenbezogenen Tauwassermassen in g/m² gelten

$$M_c \leq M_{ev} \qquad (2.108)$$

M_c ausfallende flächenbezogene Tauwassermasse in g/m² nach Gl. (2.102)
M_{ev} mögliche flächenbezogene Verdunstungswassermasse in g/m² nach Gl. (2.107)

Bei Bauteilen *ohne* Tauwasserausfall gilt diese Anforderung ohne Ermittlung von M_{ev} als erfüllt.

- Die maximale flächenbezogene Tauwassermasse M_c in einem Bauteil am Ende der Tauperiode t_c wird begrenzt
  - im Allgemeinen auf $M_c \leq 1000$ g/m² und
  - an Berührungsflächen (d. h. einer Tauwasser*ebene*) mit *mindestens einer* kapillar *nicht* wasseraufnahmefähigen Schicht auf $M_c \leq 500$ g/m²;
  - für Holzbauteile wird auf DIN 68800-2 verwiesen (s. u.).

  Bei Bauteilen *ohne* Tauwasserausfall ist diese Anforderung o. w. N. erfüllt.

  Der Grund für die strengere zweite Anforderung liegt darin, dass kapillar *nicht* wasseraufnahmefähige Schichten Tauwasser nicht kapillar ableiten können, sodass durch an der Berührungsfläche ablaufendes Wasser am Fußpunkt der Konstruktion Feuchteschäden auftreten können – eine Gefahr, die bei kapillar wasseraufnahmefähigen Schichten sowie bei Tauwasserausfall in einem Bauteil*bereich* nicht besteht:
  - Kapillar wasseraufnahmefähig sind offenporige mineralische Baustoffe wie Mauerwerk oder Mörtel und auch Holz.
  - *Nicht* kapillar wasseraufnahmefähig sind Bitumen, Kunststoffe (auch geschäumt als Wärmedämmstoff), Glas (auch Mineralwolle) oder Metalle – auch andere Stoffe mit einem Wasseraufnahmekoeffizienten $W_w < 0{,}1$ kg/(m² · $h^{0,5}$) gelten als *nicht* kapillar wasseraufnahmefähig.
- Die Zunahme des massebezogenen Feuchtegehaltes Δu_H wird begrenzt
  - für Holz auf $\Delta u_{H,max} = 5$ M-% bzw.
  - für Holzwerkstoffe auf $\Delta u_{H,max} = 3$ M-% (mit Ausnahme von mineralisch gebundenen Holzwolle-Leichtbau- und Mehrschicht-Leichtbauplatten).

  Dabei errechnet sich die Zunahme des massebezogenen Feuchtegehaltes in M-% zu

$$\Delta u_H = \frac{M_c}{M_H} \cdot 100 \qquad (2.109)$$

M_c flächenbezogene Tauwassermasse umgerechnet in kg/m²
M_H flächenbezogene Masse in kg/m² der Holz- oder Holzwerkstoffschicht mit dem Ausgleichsfeuchtegehalt u nach DIN 4108-4 [2.20], Tabelle 4 (bei Holz und Holzwerkstoffen ist $u = 0{,}15$ kg/kg = 15 M-%):

$$M_H = d_H \cdot \rho_H \qquad (2.110)$$

d_H Dicke in m der Holz- oder Holzwerkstoffschicht
ρ_H Rohdichte in kg/m³ der Holz- oder Holzwerkstoffschicht

Setzt man in Gl. (2.109) $\Delta u_H \equiv \Delta u_{H,max}$ und $\Delta M_{H,max}$ statt M_c, so kann diese Gleichung nach der *maximal zulässigen* Erhöhung der Feuchte in der Holz- oder Holzwerkstoffschicht in kg/m² aufgelöst werden zu

$$\Delta M_{H,max} = \Delta u_{H,max} \cdot d_H \cdot \rho_H \tag{2.111}$$

Als Nachweis muss dann $M_c \leq \Delta M_{H,max}$ eingehalten sein. Bei Bauteilen *ohne* Tauwasserausfall ist diese Anforderung o. w. N. erfüllt.

Die Erhöhung der Wärmeleitfähigkeit der Baustoffe infolge Tauwasserausfalls braucht gemäß DIN 4108-3 [2.15] *nicht* untersucht zu werden – bei Einhaltung der o. g. Grenzwerte für M_c ist sie vernachlässigbar.

B Zusätzliche Anforderungen nach DIN 68800-2

Gebäude in Holzbauart werden heute i. d. R. ohne chemischen Holzschutz geplant und ausgeführt – zu beachten ist dabei auch DIN 68800-2 [2.181]:

- Ein Nachweis des Tauwasserschutzes kann entfallen, wenn Konstruktionen aus DIN 68800-2, Anhang A, verwendet werden (vgl. Abschnitt 2.14.4).
- Wenn *andere* Konstruktionen verwendet werden, kann auch ein Nachweis des Tauwasserschutzes nach DIN 4108-3 geführt werden; bei beidseitig geschlossenen Konstruktionen ist dann jedoch zur Berücksichtigung
  - des konvektiven Feuchteintrags und
  - von Anfangsfeuchte (Baufeuchte)

  eine zusätzliche rechnerische Trocknungsreserve
  - von $\Delta M_c \geq 250$ g/m² bei Dächern und
  - von $\Delta M_c \geq 100$ g/m² bei Wänden und Decken

  nachzuweisen, d. h., der Nachweis der Austrocknung in der Verdunstungsperiode ist für die flächenbezogenen Tauwassermassen in g/m² folgendermaßen zu führen (vgl. Gl. (2.108)):

$$M_c + \Delta M_c \leq M_{ev} \tag{2.112}$$

Tabelle 2.45: Wärmeübergangswiderstände R_{si}, R_{se} nach DIN 4108-3 (unabhängig von der Richtung des Wärmestromes)

		Wärmeübergangs-widerstand
R_{si} in m² · K/W	grundsätzlich	0,25
R_{se} in m² · K/W	im Allgemeinen	0,04
	bei stark belüfteten Luftschichten [1])	0,04

[1]) Bauteile außenseitig der stark belüfteten Luftschicht und die Luftschicht selbst sind zu vernachlässigen.

C Randbedingungen nach DIN 4108-3

Während die Bemessungswerte für die Wärmeleitfähigkeit beim Nachweis des Tauwasserschutzes genauso wie bei den Wärmeschutznachweisen angesetzt werden, gilt dies für die Wärmeübergangswiderstände nach DIN 4108-3 [2.15], A.2.2, nicht (vgl. dazu Tabelle 2.4): In Tabelle 2.45 sind die hier anzusetzenden Wärmeübergangswiderstände dargestellt – sie liegen für den Nachweis des Tauwasserausfalls auf der sicheren Seite. *Hinweis*: Bei stark belüfteten Luftschichten gilt der gleiche äußere Wärmeübergangswiderstand R_{se} wie *ohne* solch eine Schicht (sichere Seite) – Bauteile außenseitig dieser stark belüfteten Luftschicht und die Luftschicht selbst sind zu vernachlässigen!

Tabelle 2.46: Vereinfachte Klimabedingungen – sog. Block- oder Standardklima – für den Nachweis des Tauwasserschutzes von Außenbauteilen nicht klimatisierter Räume nach DIN 4108-3, A.2.2

<table>
<tr><th colspan="2">Periode</th><th>Innenklima</th><th>Außenklima [1])</th></tr>
<tr><td colspan="4">Tauperiode von Dezember bis Februar:</td></tr>
<tr><td colspan="2">Lufttemperatur</td><td>$\theta_i = + 20$ °C</td><td>$\theta_e = - 5$ °C</td></tr>
<tr><td colspan="2">relative Luftfeuchte</td><td>$\phi_i = 50$ %</td><td>$\phi_e = 80$ %</td></tr>
<tr><td colspan="2">Wasserdampfteildruck</td><td>$p_i = 1168$ Pa</td><td>$p_e = 321$ Pa</td></tr>
<tr><td colspan="2">Dauer</td><td colspan="2">$t_c = 90$ d = 2160 h</td></tr>
<tr><td colspan="4">Verdunstungsperiode von Juni bis August:</td></tr>
<tr><td colspan="2">Lufttemperatur (nicht in DIN 4108-3 genannt)</td><td>$\theta_i \approx + 15$ °C</td><td>$\theta_e \approx + 15$ °C</td></tr>
<tr><td colspan="2">relative Luftfeuchte (nicht in DIN 4108-3 genannt)</td><td>$\phi_i \approx 70$ %</td><td>$\phi_e \approx 70$ %</td></tr>
<tr><td colspan="2">Wasserdampfteildruck</td><td>$p_i = 1200$ Pa</td><td>$p_e = 1200$ Pa</td></tr>
<tr><td rowspan="2">Sättigungs-dampfdruck im Tauwasser-bereich</td><td>Wände, die Aufenthaltsräume gegen Außenluft abschließen, und Decken unter nicht ausgebauten Dachräumen</td><td colspan="2">$p_c = 1700$ Pa</td></tr>
<tr><td>Dächer, die Aufenthaltsräume gegen Außenluft abschließen</td><td colspan="2">$p_c = 2000$ Pa</td></tr>
<tr><td colspan="2">Dauer</td><td colspan="2">$t_{ev} = 90$ d = 2160 h</td></tr>
</table>

[1]) Gilt auch für nicht beheizte, belüftete Nebenräume (z. B. belüftete Dachräume, Garagen).

Nach DIN 4108-3 [2.15], 1, darf für nicht klimatisierte Wohn- und Büroräume (auch für wohnähnlich genutzte Räume in Schulen o. Ä.) vereinfacht das Periodenbilanzverfahren gemäß DIN 4108-3, A.2.1, verwendet werden. Dabei handelt es sich um das in Tabelle 2.46 zusammengestellte sog. Block- oder Standardklima mit einer fest definierten Tau- und Verdunstungsperiode. Dabei darf für unterwohnte Dächer – ausgenommen verschattete Dächer oder solche mit sehr heller Oberfläche – in der Verdunstungsperiode ein höherer Sättigungsdampfdruck von $p_c = 2000$ Pa im Tauwasserbereich angesetzt werden (entspricht einer Temperatur von $\theta_c \approx + 17{,}5$ °C); der Grund liegt in einer höheren äußeren Oberflächentemperatur, um den Einfluss der dort im Sommer erhöhten Strahlung zu berücksichtigen (Bild 2.106).

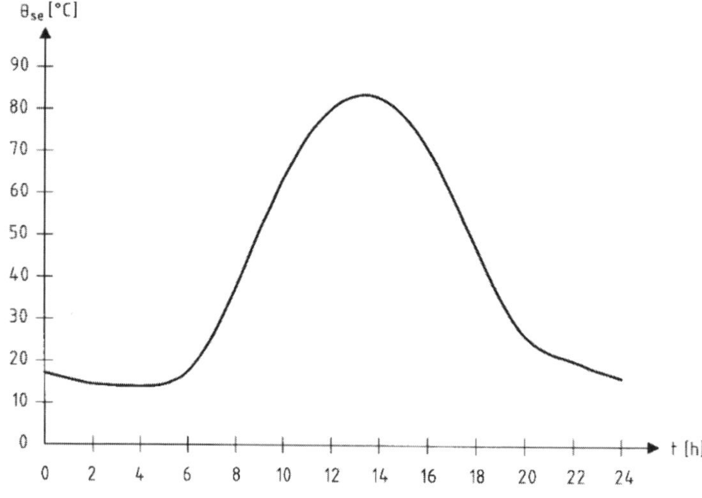

Bild 2.106: Tagesgang der Strahlungstemperatur eines Daches (αs = 0,8) an einem Sommertag (aus [2.173], [2.174] nach [2.195])

Das Periodenbilanzverfahren mit dem (bisherigen) Standardklima hat sich im mitteleuropäischen Klima zur feuchtetechnischen Abschätzung zur sicheren Seite hin bewährt und wurde daher nahezu unverändert beibehalten [2.52]; es ist bisher kein Fall bekannt geworden, bei dem eine mit dem Standardklima positiv bewertete Konstruktion Feuchteschäden infolge Wasserdampfdiffusion aufwies. Der tatsächliche Feuchtehaushalt in Bauteilen wird mit diesen Klimarandbedingungen allerdings nicht wiedergegeben [2.193] (s. auch EN ISO 13788 [2.65]).

D Nachweis mit dem vereinfachten Periodenbilanzverfahren nach DIN 4108-3

Unter Benutzung der beigefügten Berechnungsformulare werden im Folgenden einige Beispiele nach dem Periodenbilanzverfahren mit dem Block- bzw. Standardklima aus Tabelle 2.46 auf Tauwasserausfall und mögliche Austrocknung untersucht. Dabei wird das *Glaser*-Verfahren (vgl. Abschnitt 2.14.6) leicht modifiziert:

- An der Abszisse der Diagramme werden – wie auch in EN ISO 13788 [2.65] und DIN 4108-3 [2.15] – statt der Wasserdampf-Diffusionsdurchlasswiderstände $Z_{p,j}$ in $m^2 \cdot h \cdot Pa/g$ der Bauteilschichten $j = 1, 2, ..., n$ die diffusionsäquivalenten Luftschichtdicken $s_{d,j}$ angeschrieben (Bild 2.107); dies ist möglich, da die beiden Werte proportional sind (vgl. Gl. (2.93) und Gl. (2.92)):

$$Z_{p,j} = \frac{1}{\delta_0} \cdot s_{d,j} = \frac{1}{0{,}000\,720} \cdot s_{d,j} \qquad (2.113)$$

  Dabei wird wie bisher – allerdings im Gegensatz zu DIN 4108-3 – zur leichteren Handhabung der Zahlenwerte mit „g" statt „kg" gerechnet.

- Um die Zeichengenauigkeit zu erhöhen, werden die Diffusionsdiagramme mit der auf den Gesamtwert $s_{d,T}$ (vgl. Bild 2.107) *bezogenen* diffusionsäquivalenten Luftschichtdicke $(\Sigma\, s_d)_j/s_{d,T}$ nach jeder Schicht $j = 1, 2, ... n$ gezeichnet.

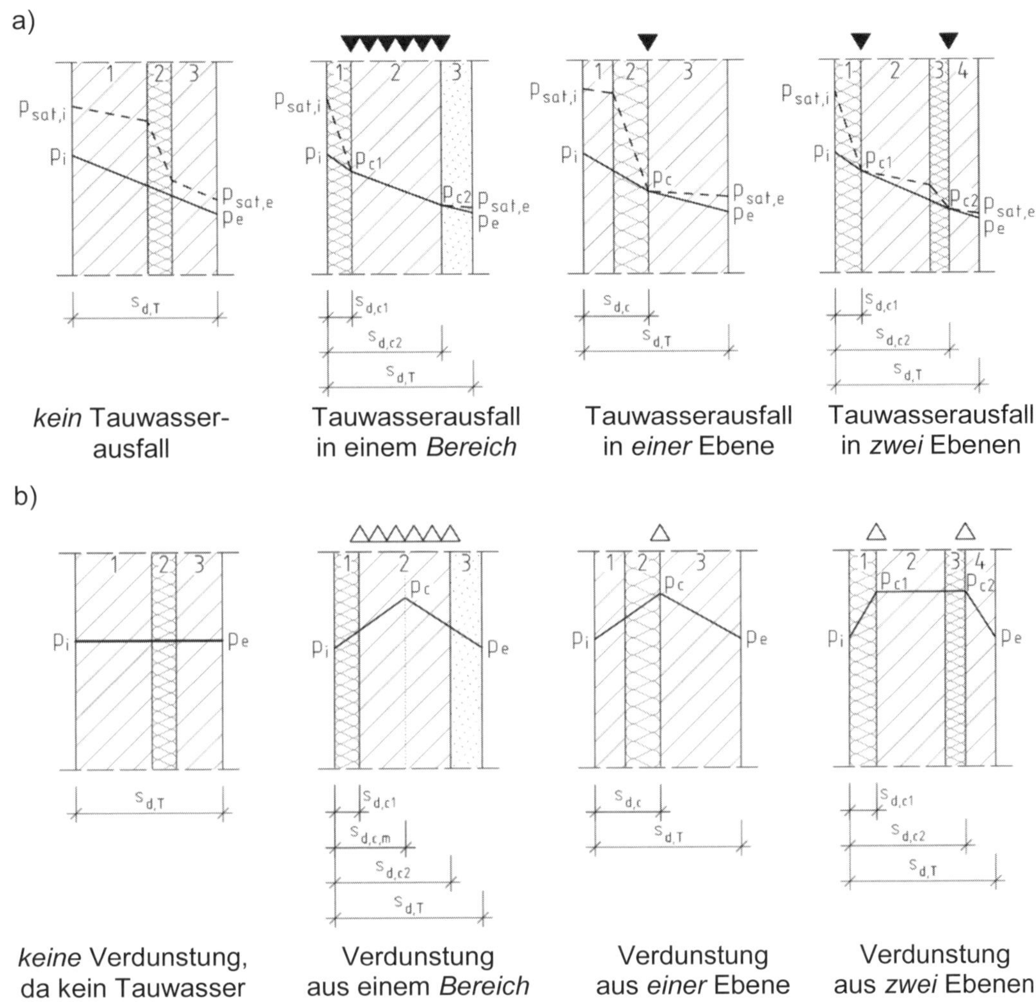

Bild 2.107: Darstellungs- und Bezeichnungsweise bei Nachweisen nach DIN 4108-3 [2.173][2.174]
a) für die Tauperiode
b) für die Verdunstungsperiode

- Nach Bild 2.97 ist der Sättigungsdampfdruck p_{sat} *nichtlinear* von der Temperatur θ abhängig. Demnach wäre auch der Sättigungsdampfdruckverlauf grundsätzlich *nichtlinear* zu zeichnen (vgl. Bild 2.99, Bild 2.100, Bild 2.102, Bild 2.103). Dies darf jedoch vernachlässigt werden, sofern gut dämmende Bauteilschichten in Teilschichten mit genügend kleinem thermischen Widerstand (Empfehlung $R \leq 0{,}25$ m² · K/W in EN ISO 13788, 6.4.1) aufgeteilt werden.

  Empfehlung: Bei Handrechnungen nur die o. g. gut dämmenden Bauteilschichten in Teilschichten aufteilen, sofern sie an den zu erwartenden Tauwasserbereich bzw. an die zu erwartende Tauwasserebene grenzen – nur dort ist die dadurch höhere Genauigkeit sinnvoll! Dabei mindestens drei Teilschichten wählen, nur dann wird der Polygonzug der tatsächlichen Sättigungsdampfdruckkurve ausreichend gut angenähert!

- Für die Genauigkeit des Verfahrens ist es ausreichend, wenn
  - Temperaturwerte θ auf *eine* Nachkommastelle gerundet werden und
  - damit Sättigungsdampfdruckwerte p_{sat} *ohne* Nachkommastelle aus DIN 4108-3, Tabelle C.1, abgelesen werden.
- Feuchtetechnische Schutzschichten (z. B. Dachabdichtungen, Dampfsperren, Unterspann-/Unterdeckbahnen u. Ä.) dürfen für die Ermittlung der *Temperatur*verteilung vernachlässigt werden (nicht für den Tauwassernachweis!).
- Gemäß DIN 4108-3, A.2.3, ist bei Tauwassernachweisen zu beachten, dass bei Angabe mehrerer μ-Werte immer die für den Tauwasserausfall *ungünstigeren* μ-Werte anzuwenden sind. Betrachtet man z. B. bei einem Bauteil mit Tauwasserausfall den Teildruckverlauf in der Tauperiode, so wird die flächenbezogene Tauwassermasse M_c, die proportional zur Differenz zwischen ein- und ausdiffundierender Diffusionsstromdichte $g_i - g_e$ ist (vgl. Gl. (2.97)), dann am größten (ungünstigsten),
  - wenn einerseits zwischen *innerer* Bauteiloberfläche und Tauwasserebene der μ-Wert *möglichst gering* ist und damit die eindiffundierende Wasserdampfmasse *möglichst groß* wird,
  - wenn andererseits zwischen Tauwasserebene und *äußerer* Bauteiloberfläche der μ-Wert *möglichst groß* ist und damit die ausdiffundierende Wasserdampfmasse *möglichst gering* wird.

  Die so gewählten μ-Werte (und die daraus ermittelten s_d-Werte) sind für den gesamten Nachweis beizubehalten, d. h., für die Verdunstungsperiode ist nicht erneut die sichere Seite zu ermitteln. Analog ist auch eine evtl. Aufteilung von Bauteilschichten in Teilschichten (s. o.) in der Verdunstungsperiode beizubehalten.

Abschließender Hinweis: Die weite Verbreitung des Periodenbilanzverfahrens (basierend auf dem *Glaser*-Verfahren) hat dazu geführt, dass in DIN 4108-3 [2.15], 5.3, nicht genannte kapillarporöse Wand- und Deckenkonstruktionen mit diesem Verfahren diffusionstechnisch untersucht und bewertet werden. Die Folge davon ist, dass die Rechenergebnisse häufig mit den Erfahrungen aus der Praxis nicht übereinstimmen [2.193] – ein Problem, das nur mithilfe aufwendigerer EDV-Programme zur feuchtetechnischen Berechnung von Bauteilen gelöst werden kann (s. folgenden Abschnitt 2.14.8).

Im Folgenden werden zwei Beispiele vorgestellt, anhand derer zuerst geprüft wird, ob nach Abschnitt 2.14.4 ein rechnerischer Nachweis überhaupt erforderlich ist (was jeweils der Fall ist), und anhand derer dann mit dem vereinfachten Periodenbilanzverfahren nach DIN 4108-3 [2.15] der rechnerische Nachweis entsprechend diesem Abschnitt geführt wird [2.173], [2.174].

Die Beispiele wurden so gewählt, dass die wichtigsten Varianten dargestellt werden, d. h.
- ein Dach (Beispiel 2.14) und eine Außenwand (Beispiel 2.15) – die jeweils Aufenthaltsräume gegen Außenluft abschließen –,

- eine Massivkonstruktion (Beispiel 2.14) und eine Holzkonstruktion (Beispiel 2.15) sowie
- Tauwasserausfall sowohl in einer Bauteil*ebene* (Beispiel 2.14) als auch in einem Bauteil*bereich* (Beispiel 2.15).

Die für die Berechnung und den Nachweis verwendeten Formblätter finden sich am Ende des Buches und zum Download unter www.beuth-mediathek.de oder www.hmarquardt.de.

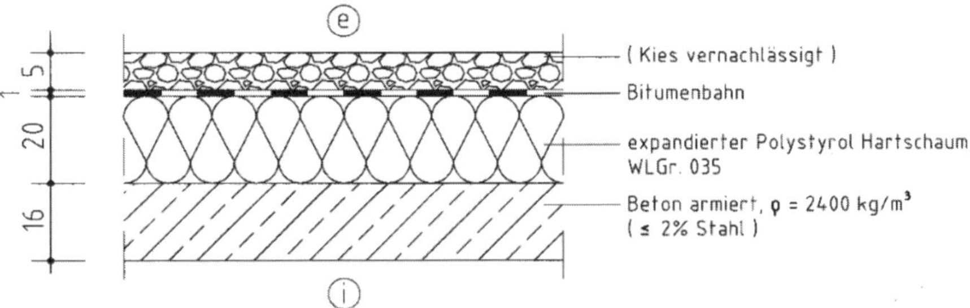

Bild 2.108: Massives, nicht genutztes Flachdach eines nicht klimatisierten Bürogebäudes, versehentlich ohne Dampfsperre ausgeführt [2.173], [2.174]

Beispiel 2.14: Massives Flachdach ohne Dampfsperre

Aufgabe: Das in Bild 2.108 dargestellte massive, nicht genutzte Flachdach eines nicht klimatisierten Bürogebäudes schließt einen Aufenthaltsraum gegen Außenluft ab; es ist versehentlich ohne Dampfsperre ausgeführt worden und nun feuchtetechnisch zu beurteilen:

a) Ist für dieses Flachdach ein rechnerischer Nachweis nach DIN 4108-3, 5.2, erforderlich?
b) Wenn ein rechnerischer Nachweis erforderlich wird, soll er als vereinfachter Nachweis des Tauwasserschutzes mit dem Periodenbilanzverfahren nach DIN 4108-3 geführt werden.

Lösung:

a) Gemäß DIN 4108-3, 5.3.1, kann *grundsätzlich* auf den rechnerischen Nachweis verzichtet werden (vgl. Tabelle 2.35)
   - bei Bauteilen mit ausreichendem Wärmeschutz nach DIN 4108-2 – hier ist der Mindestwärmeschutz nach DIN 4108-2 erfüllt mit $R = 0{,}16\ \text{m} / 2{,}50\ \text{W/(m}\cdot\text{K)} + 0{,}20\ \text{m} / 0{,}035\ \text{W/(m}\cdot\text{K)} + 0{,}01\ \text{m} / 0{,}17\ \text{W/(m}\cdot\text{K)} = 5{,}84\ \text{m}^2\cdot\text{K/W} \geq 1{,}2\ \text{m}^2\cdot\text{K/W} = R_{min}$,
   - bei luftdichter Ausführung nach DIN 4108-7 – die vorliegende Betondecke ist luftdicht – und
   - bei nicht klimatisierten Wohnräumen und ähnlich genutzten Räumen – hier liegt ein ähnlich genutzter Büroraum vor.

   Weiter sind bauteilspezifische Anforderungen zu erfüllen gemäß DIN 4108-3, 5.3.3.2, bzw. Tabelle 2.43 in Abschnitt 2.14.4, d. h. hier eine diffusionshemmende Schicht unterhalb der Wärmedämmschicht (16 cm Normalbeton angesetzt mit $\mu = 80$ als unterer Grenzwert auf der sicheren Seite) zu

$$s_{d,i,real} = \mu_{min} \cdot d = 80 \cdot 0{,}16\ \text{m} = 12{,}8\ \text{m} < 100\ \text{m} = s_{d,i,min}$$

   Dieser Wert ist nicht eingehalten; damit ist ein rechnerischer Nachweis des Tauwasserschutzes erforderlich.

Tabelle 2.47: Berechnungsformular zu Beispiel 2.14 [2.173], [2.174]

Nachweis des Tauwasserschutzes nach DIN 4108-3:2018-10

1. Aufbau des Bauteils

Beispiel 2.14:

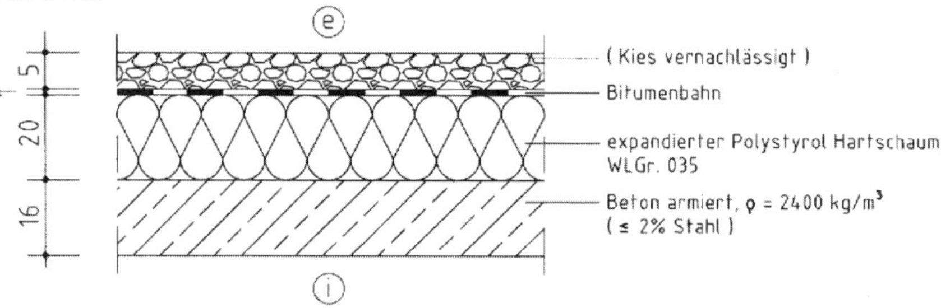

2. Berechnung für die *Tau*periode

Bauteilaufbau (von innen nach außen)	d_j $[m]$	λ_j $\left[\frac{W}{m \cdot K}\right]$	μ_j $[-]$	$s_{d,j} = \mu_j \cdot d_j$ $[m]$	$\frac{(\Sigma s_d)_j}{s_{d,T}}$ $[-]$	$R_j = d_j/\lambda_j$ bzw. R_s $[m^2K/W]$	$\Delta\theta$ [1] $[K]$	θ $[°C]$	p_{sat} $[Pa]$
								+20,0	–
Übergang innen	–	–	–	–	–	0,25	***1,02***		
								+ 19,0	***2196***
Normalbeton	***0,16***	***2,5***	***80 / ~~130~~***	***12,8***	***0,016***	***0,064***	***0,26***		
								+ 18,7	***2155***
EPS-Hartsch.	***0,05***	***0,035***	***20 / ~~100~~***	***1,0***	***0,017***	***1,429***	***5,83***		
								+ 12,9	***1487***
EPS-Hartsch.	***0,05***	***0,035***	***20 / ~~100~~***	***1,0***	***0,018***	***1,429***	***5,83***		
								+ 7,1	***1008***
EPS-Hartsch.	***0,05***	***0,035***	***20 / ~~100~~***	***1,0***	***0,019***	***1,429***	***5,83***		
								+ 1,2	***666***
EPS-Hartsch.	***0,05***	***0,035***	***20 / ~~100~~***	***1,0***	***0,021***	***1,429***	***5,83***		
								– 4,6	***415***
Bitumenbahnen	***0,01***	***0,17***	***~~10000~~/ 80000***	***800***	***1,000***	***0,059***	***0,24***		
								– 4,8	***408***
Übergang außen	–	–	–	–	–	0,04	***0,16***		
								– 5,0	–
Summen $s_{d,T} = \Sigma s_{d,j}$ bzw. R_T bzw. $\Sigma\Delta\theta \equiv \theta_i - \theta_e$:				***816,8***	–	***6,129***	***(25,00)***		

[1]) $\Delta\theta_i = q \cdot R_{si}$ bzw. $\Delta\theta_e = q \cdot R_{se}$ bzw. $\Delta\theta_j = q \cdot R_j$ für alle Bauteilschichten $j = 1, 2, ..., n$ mit

$U = 1 / R_T = 1 /$ ***6,129*** $=$ ***0,163*** $W/(m^2 \cdot K)$

$q = U \cdot (\theta_i - \theta_e) =$ ***0,163*** $\cdot (20 - (-5)) =$ ***4,079*** W/m^2

Tabelle 2.47: Berechnungsformular zu Beispiel 2.14 (Fortsetzung) [2.173], [2.174]

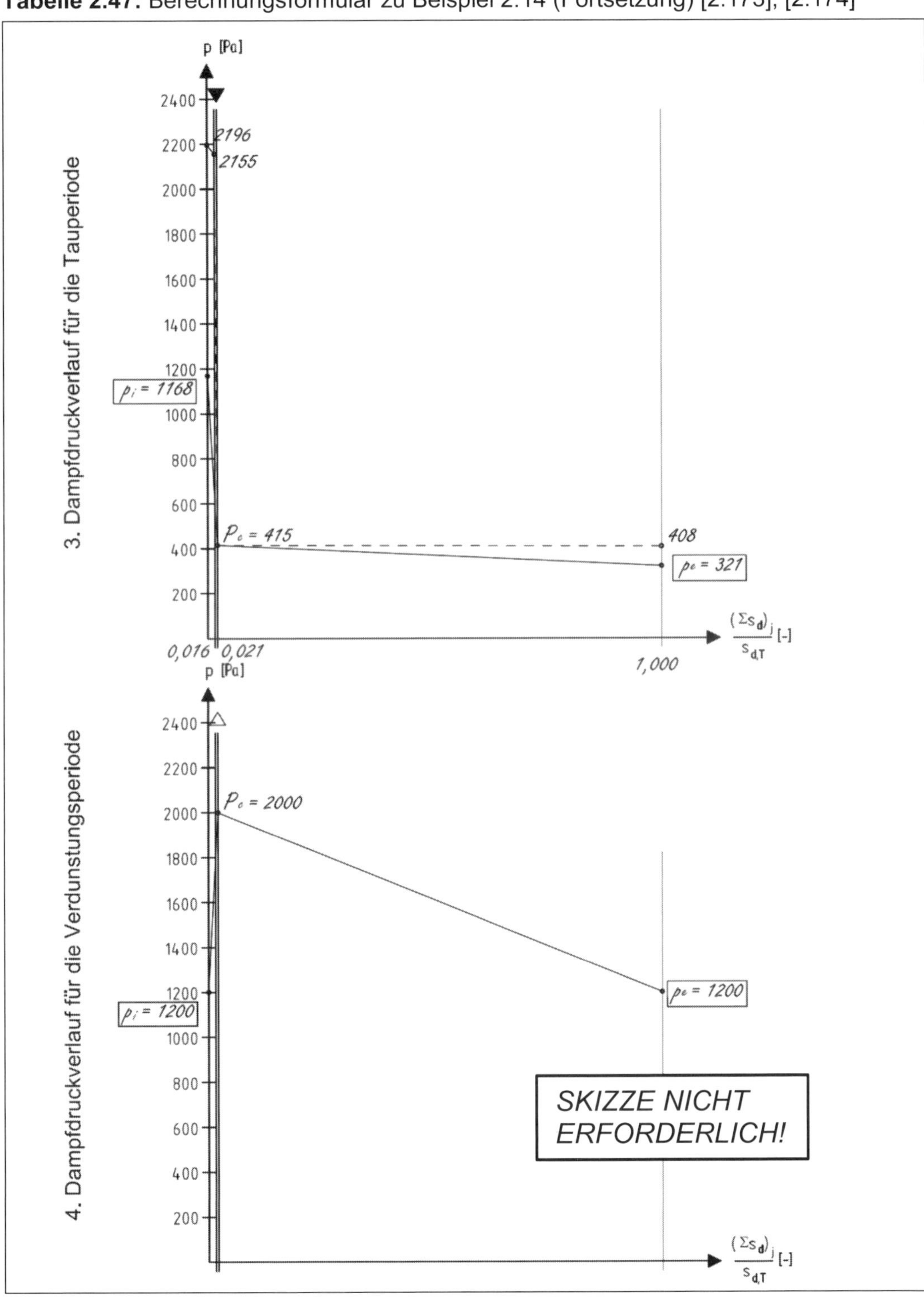

Tabelle 2.47: Berechnungsformular zu Beispiel 2.14 (Fortsetzung) [2.173], [2.174]

5. Nachweis für die Tauperiode

Diffusionsstromdichte vom Raum in das Bauteilinnere:

$$g_{c,i} = \delta_0 \cdot \frac{p_i - p_{c1}}{s_{d,c1}} = 0{,}000720 \cdot \frac{1168 - \mathbf{415}}{\mathbf{0{,}021} \cdot \mathbf{816{,}8}} = \mathbf{0{,}03161} \quad \left[\frac{g}{m^2 \cdot h}\right]$$

Diffusionsstromdichte vom Bauteilinnern zur Außenluft:

$$g_{c,e} = \delta_0 \cdot \frac{p_{c2} - p_e}{s_{d,T} - s_{d,c2}} = 0{,}000720 \cdot \frac{\mathbf{415} - 321}{\mathbf{(1 - 0{,}021)} \cdot \mathbf{816{,}8}} = \mathbf{0{,}00008} \quad \left[\frac{g}{m^2 \cdot h}\right]$$

Mit der errechneten Tauwassermasse

$$M_c = (g_{c,i} - g_{c,e}) \cdot t_c = (\mathbf{0{,}03161} - \mathbf{0{,}00008}) \cdot 2160 = \mathbf{68} \quad [g/m^2]$$

sowie ***EPS*** als angrenzende kapillar - nicht - wasseraufnahmefähige Berührungsfläche

und ***Bitumenbahn*** als angrenzende kapillar - nicht - wasseraufnahmefähige Berührungsfläche

wird die erste Anforderung mit $M_c \le 500$ ~~bzw. 1000~~ $g/m^2 = M_{c,max}$ - ~~nicht~~ - erfüllt [2])

6. Nachweis für die Verdunstungsperiode

Diffusionsstromdichte vom Bauteilinnern zum Raum [2]):

$$g_{ev,i} = \delta_0 \cdot \frac{p_{c1} - p_i}{s_{d,c1/m}} = 0{,}000720 \cdot \frac{\text{~~1700 bzw.~~ } 2000 - 1200}{\mathbf{0{,}021} \cdot \mathbf{816{,}8}} = \mathbf{0{,}03358} \quad \left[\frac{g}{m^2 \cdot h}\right]$$

Diffusionsstromdichte vom Bauteilinnern zur Außenluft [2]):

$$g_{ev,e} = \delta_0 \cdot \frac{p_{c2} - p_e}{s_{d,T} - s_{d,c2/m}} = 0{,}000720 \cdot \frac{\text{~~1700 bzw.~~ } 2000 - 1200}{\mathbf{(1 - 0{,}021)} \cdot \mathbf{816{,}8}} = \mathbf{0{,}00072} \quad \left[\frac{g}{m^2 \cdot h}\right]$$

Mit der möglichen Verdunstungswassermasse

$$M_{ev} = (g_{ev,i} + g_{ev,e}) \cdot t_{ev} = (\mathbf{0{,}03358} + \mathbf{0{,}00072}) \cdot 2160 = \mathbf{74} \quad [g/m^2]$$

d.h. mit $M_{ev} \ge$ ***68*** $g/m^2 = M_c$ wird die Anforderung an die mögliche Verdunstung ~~– nicht~~ - erfüllt [2])

7. Rechnerische Trocknungsreserve bei Holzbauart

$M_c + \Delta M_c =$ ***Entfällt, da keine Holzbauart!*** $= M_{ev}$ $[g/m^2]$

d.h. $\Delta M_c \ge 250\ g/m^2$ bei Dächern bzw. $\Delta M_c \ge 100\ g/m^2$ bei Wänden und Decken wird – nicht – erreicht [2])

8. Erhöhung der Feuchte in einer angrenzenden Holz- oder Holzwerkstoffschicht

$\Delta M_{H,\max} = \Delta u_{H,\max} \cdot d_H \cdot \rho_H =$ ***Entfällt, da keine Holzbauart!*** $[g/m^2]$

d.h. mit $\Delta M_{H,max} \ge$ $g/m^2 = M_c$ ist diese Erhöhung - nicht - zulässig [2])

9. Beurteilung

Die untersuchte Konstruktion erfüllt - ~~nicht -~~ die Anforderungen des Tauwasserschutzes [2])
nach DIN 4108-3:2018-10 ~~und DIN 68800-2:2022-02 –~~

[2]) nicht Zutreffendes streichen, Zutreffendes *unter*streichen

b) Die Berechnung und der Nachweis erfolgen in Formblättern in Tabelle 2.47. Die Kennwerte λ und μ von Normalbeton finden sich in EN ISO 10456, Tabelle 3; λ und μ von Bitumenbahnen und expandiertem Polystyrol-Hartschaum (EPS) werden aus DIN 4108-4, Tabelle 1, entnommen. Dabei wird für den EPS-Hartschaum der Bemessungswert der Wärmeleitfähigkeit λ marktüblich entsprechend der in Bild 2.108 genannten Wärmeleitfähigkeitsstufe angesetzt.

Erster Hinweis zur Berechnung: In der Neufassung DIN 4108-3:2018-10 wurde festgelegt, dass neben begrünten auch bekieste Dächer nicht mehr mit dem Periodenbilanzverfahren nachgewiesen werden dürfen (vgl. Tabelle 2.35). Im vorliegenden Beispiel 2.14 wird daher die Kiesschicht durch eine Besplittung der Oberlage der Dachabdichtung ersetzt. Da die Kiesschicht sowieso vernachlässigt werden sollte (vgl. Bild 2.108), ändert sich nichts am Ergebnis.

Zweiter Hinweis zur Berechnung: Der EPS-Hartschaum hat einen Wärmedurchlasswiderstand $R_j = d_j / \lambda_j = 0{,}20\ \text{m} / 0{,}035\ \text{W/(m} \cdot \text{K)} = 5{,}714\ \text{m}^2 \cdot \text{K/W} > 0{,}25\ \text{m}^2 \cdot \text{K/W}$. Gemäß EN ISO 13788 sollte diese Dämmschicht in Teilschichten (separate Schichten) mit $R \leq 0{,}25\ \text{m}^2 \cdot \text{K/W}$ unterteilt werden, d. h. $n = R_j / R = 5{,}714 / 0{,}25 \approx 23$ separate Schichten. So viele separate Schichten lassen sich gar nicht zeichnen – gewählt daher nur vier separate Schichten mit jeweils $R > 0{,}25\ \text{m}^2 \cdot \text{K/W}$! Ferner wurden gemäß DIN 4108-3, A.2.3, bei Angabe mehrerer μ-Werte jeweils die für den Tauwasserausfall ungünstigeren μ-Werte gewählt (günstigere durchgestrichen).

Ergebnis des rechnerischen Nachweises:

- Es fällt in einer Bauteil*ebene* Tauwasser im zulässigen Rahmen aus,
- das im Jahresverlauf wieder verdunsten kann;

d. h., das Flachdach erfüllt die Anforderungen an den Tauwasserschutz nach DIN 4108-3 auch ohne Dampfsperre!

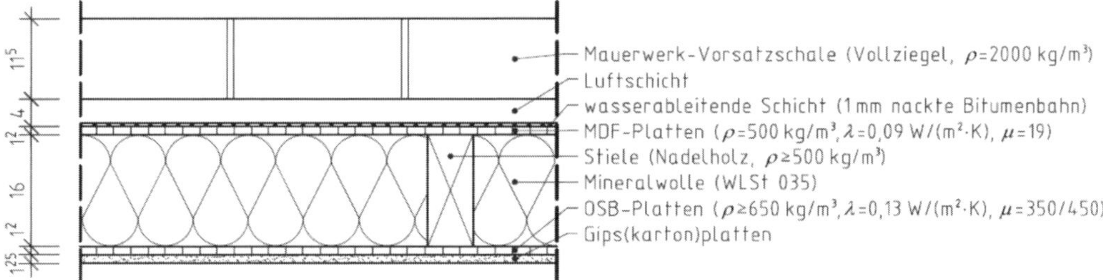

Bild 2.109: Horizontalschnitt (Außenseite oben) durch die zu untersuchende Außenwand in Holztafel-/Holzrahmenbauart mit Mauerwerk-Vorsatzschale und Luftschicht; Angaben zu den MDF- und OSB-Platten laut Allgemeinen bauaufsichtlichen Zulassungen (AbZ) [2.173], [2.174]

Beispiel 2.15: Außenwand in Holztafel-/Holzrahmenbauart mit Mauerwerk-Vorsatzschale

Aufgabe: Die in Bild 2.109 dargestellte Außenwand in Holztafel-/Holzrahmenbauart schließt einen Aufenthaltsraum gegen Außenluft ab; sie gehört zu einem nicht klimatisierten Wohngebäude und ist feuchtetechnisch zu beurteilen:

a) Ist für diese Außenwand ein rechnerischer Nachweis nach DIN 4108-3, 5.2, erforderlich?
b) Wenn ein rechnerischer Nachweis erforderlich wird, soll er als vereinfachter Nachweis des Tauwasserschutzes mit dem Periodenbilanzverfahren nach DIN 4108-3 geführt werden.

Lösung:

a) Gemäß DIN 4108-3, 5.3.1, kann *grundsätzlich* auf den rechnerischen Nachweis verzichtet werden (vgl. Tabelle 2.35)
   - bei Bauteilen mit ausreichendem Wärmeschutz nach DIN 4108-2 – hier ist der Mindestwärmeschutz nach DIN 4108-2 erfüllt mit (nur die Dämmung angesetzt, sichere Seite) $R > 0{,}16\ \text{m} / 0{,}035\ \text{W/(m} \cdot \text{K)} = 4{,}57\ \text{m}^2 \cdot \text{K/W} \geq 1{,}2\ \text{m}^2 \cdot \text{K/W} = R_{min}$ –,
   - bei luftdichter Ausführung nach DIN 4108-7 – die vorliegende OSB-Platte habe überklebte Fugen – und
   - bei nicht klimatisierten Wohnräumen und ähnlich genutzten Räumen – hier liegt ein solcher Wohnraum vor.

   Weiter sind bauteilspezifische Anforderungen zu erfüllen gemäß DIN 4108-3, 5.3.2.3, bzw. Tabelle 2.41 in Abschnitt 2.14.4: Bei Einhaltung der Anforderungen aus DIN 68800-2 (vgl. Bild 2.87d), d. h.
   - raumseitiger diffusionshemmender Schicht mit $s_{d,\,i} \geq 3$ m und
   - wasserableitender Schicht mit $0{,}3\ \text{m} \leq s_{d,WA} \leq 1{,}0$ m (hier MDF mit entsprechender AbZ statt Mineralwolle, s. in Abschnitt 2.14.4 die ergänzenden Angaben hierzu)
   - darf auf einen rechnerischen Nachweis des Tauwasserschutzes verzichtet werden.

   Die erste Anforderung ist erfüllt mit

$$s_{d,i,real} = 0{,}0125\ \text{m} \cdot 4 + 0{,}012\ \text{m} \cdot 350 = 0{,}05\ \text{m} + 4{,}20\ \text{m} = 4{,}25\ \text{m} \geq 3\ \text{m} = s_{d,i,min}$$

   Die zweite Anforderung ist bei der gewählten nackten Bitumenbahn als wasserableitender Schicht mit $\mu_{min} = 2000$ und

$$s_{d,WA,real} = \mu_{min} \cdot d = 2000 \cdot 0{,}001\ \text{m} = 2{,}0\ \text{m} \nleq 1{,}0\ \text{m} = s_{d,WA,min}$$

   nicht eingehalten, d. h., ein rechnerischer Nachweis des Tauwasserschutzes ist erforderlich!

b) Die in Bild 2.109 dargestellte Außenwand eines nicht klimatisierten Wohngebäudes in Holztafel-/Holzrahmenbauart würde die Anforderungen an den baulichen Holzschutz nach DIN 68800-2 erfüllen, sofern auch die Anforderungen an den Tauwasserschutz nach DIN 4108-3 erfüllt sind. Für den Gefachbereich ist deshalb der vereinfachte Nachweis des Tauwasserschutzes mit dem Periodenbilanzverfahren nach DIN 4108-3 mit Trocknungsreserve nach DIN 68800-2 zu führen

   Die Berechnung und der Nachweis erfolgen in Formblättern in Tabelle 2.48. Die Kennwerte λ und μ von Gips(karton)platten finden sich in EN ISO 10456, Tabelle 1; die meisten anderen λ- und μ-Werte werden aus DIN 4108-4, Tabelle 1 bzw. Tabelle 2, entnommen. OSB- und MDF-Platten sind allgemein bauaufsichtlich zugelassen (für λ und μ vgl. Bild 2.107). Für die Mineralwolle wird der Bemessungswert der Wärmeleitfähigkeit λ marktüblich entsprechend der in Bild 2.109 genannten Wärmeleitfähigkeitsstufe angesetzt.

Tabelle 2.48: Berechnungsformular zu Beispiel 2.15 [2.173], [2.174]

Nachweis des Tauwasserschutzes nach DIN 4108-3:2018-10

1. Aufbau des Bauteils

Beispiel 2.15:

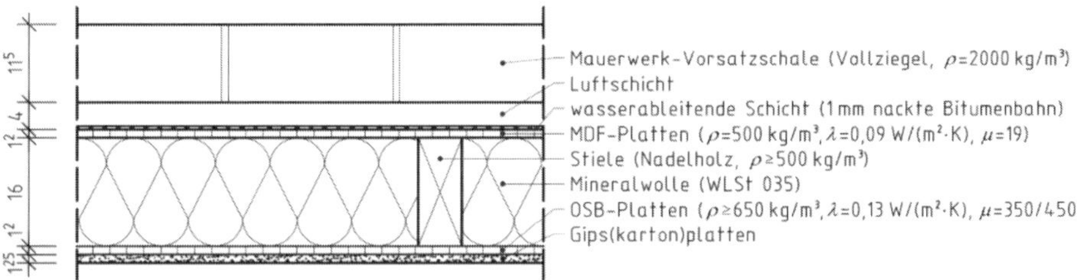

2. Berechnung für die *Tau*periode

Bauteilaufbau (von innen nach außen)	d_j $[m]$	λ_j $\left[\frac{W}{m \cdot K}\right]$	μ_j $[-]$	$s_{d,j} = \mu_j \cdot d_j$ $[m]$	$\frac{(\Sigma s_d)_j}{s_{d,T}}$ $[-]$	$R_j = d_j/\lambda_j$ bzw. R_s $[m^2K/W]$	$\Delta\theta$ [1]) $[K]$	θ $[°C]$	p_{sat} $[Pa]$
Übergang innen	–	–	–	–	–	0,25	***1,22***	+ 20,0	–
								+ 18,8	***1912***
Gips(karton)pl.	***0,0125***	***0,25***	***4 /~~10~~***	***0,05***	***0,002***	***0,050***	***0,24***		
								+ 18,5	***1876***
OSB-Platte	***0,012***	***0,13***	***350 / ~~450~~***	***4,20***	***0,172***	***0,092***	***0,45***		
								+ 18,1	***1829***
Mineralwolle	***0,16***	***0,035***	***1***	***0,16***	***0,179***	***4,571***	***22,22***		
								– 4,1	***433***
MDF-Platte	***0,012***	***0,09***	***19***	***0,23***	***0,188***	***0,133***	***0,65***		
								– 4,8	***408***
nackte Bit.bahn	***0,001***	***0,17***	***~~2000~~ / 20000***	***20,0***	***1,000***	***0,006***	***0,03***		
								– 4,8	***408***
Luftschicht (stark belüftet)	**–**	**–**	**–**	**–**	**–**	**–**	**–**		
Übergang außen	–	–	–	–	–	0,04	***0,19***		
								– 5,0	–
Summen $s_{d,T} = \Sigma s_{d,j}$ bzw. R_T bzw. $\Sigma\Delta\theta \equiv \theta_i - \theta_e$:				***24,64***	–	***5,142***	***(25,00)***		

[1]) $\Delta\theta_i = q \cdot R_{si}$ bzw. $\Delta\theta_e = q \cdot R_{se}$ bzw. $\Delta\theta_j = q \cdot R_j$ für alle Bauteilschichten $j = 1, 2, ..., n$ mit

$U = 1 / R_T = 1 /$ ***5,142*** $=$ ***0,194*** $W/(m^2 \cdot K)$

$q = U \cdot (\theta_i - \theta_e) =$ ***0,194*** $\cdot (20 - (-5)) =$ ***4,862*** W/m^2

Tabelle 2.48: Berechnungsformular zu Beispiel 2.15 (Fortsetzung) [2.173], [2.174]

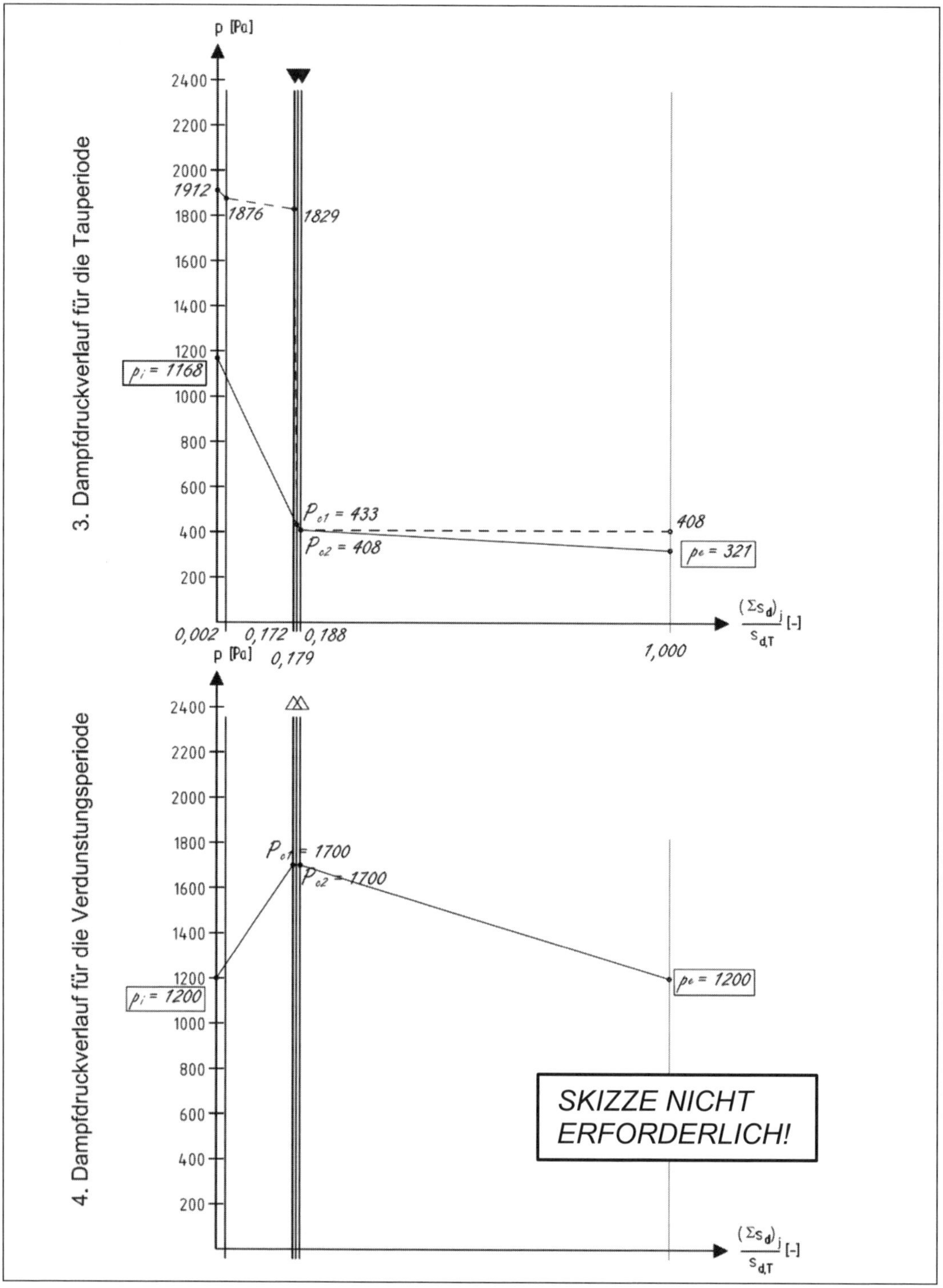

3. Dampfdruckverlauf für die Tauperiode

p [Pa]

2400, 2200, 2000, 1800, 1600, 1400, 1200, 1000, 800, 600, 400, 200

1912, 1876, 1829

p_i = 1168

P_{c1} = 433

P_{c2} = 408

408

p_e = 321

0,002, 0,172, 0,179, 0,188, 1,000

$\frac{(\Sigma s_d)_j}{s_{d,T}}$ [-]

4. Dampfdruckverlauf für die Verdunstungsperiode

p [Pa]

2400, 2200, 2000, 1800, 1600, 1400, 1200, 1000, 800, 600, 400, 200

P_{c1} = 1700

P_{c2} = 1700

p_i = 1200

p_e = 1200

SKIZZE NICHT ERFORDERLICH!

$\frac{(\Sigma s_d)_j}{s_{d,T}}$ [-]

Tabelle 2.48: Berechnungsformular zu Beispiel 2.15 (Fortsetzung) [2.173], [2.174]

5. Nachweis für die Tauperiode

Diffusionsstromdichte vom Raum in das Bauteilinnere:

$$g_{c,i} = \delta_0 \cdot \frac{p_i - p_{c1}}{s_{d,c1}} = 0{,}000720 \cdot \frac{1168 - \mathbf{433}}{\mathbf{0{,}179 \cdot 24{,}64}} = \mathbf{0{,}11998} \quad \left[\frac{g}{m^2 \cdot h}\right]$$

Diffusionsstromdichte vom Bauteilinnern zur Außenluft:

$$g_{c,e} = \delta_0 \cdot \frac{p_{c2} - p_e}{s_{d,T} - s_{d,c2}} = 0{,}000720 \cdot \frac{\mathbf{408} - 321}{\mathbf{(1 - 0{,}188) \cdot 24{,}64}} = \mathbf{0{,}00313} \quad \left[\frac{g}{m^2 \cdot h}\right]$$

Mit der errechneten Tauwassermasse

$$M_c = (g_{c,i} - g_{c,e}) \cdot t_c = (\mathbf{0{,}11998} - \mathbf{0{,}00313}) \cdot 2160 = \mathbf{252} \quad [g/m^2]$$

sowie ***Entfällt, da Tauwasserbereich!*** als angrenzende kapillar - nicht - wasseraufnahmefähige Berührungsfläche
und als angrenzende kapillar - nicht - wasseraufnahmefähige Berührungsfläche
wird die erste Anforderung mit $M_c \leq$ ~~500 bzw.~~ 1000 $g/m^2 = M_{c,max}$ - ~~nicht~~ - erfüllt [2])

6. Nachweis für die Verdunstungsperiode

Diffusionsstromdichte vom Bauteilinnern zum Raum [2]):

$$g_{ev,i} = \delta_0 \cdot \frac{p_{c1} - p_i}{s_{d,c1/m}} = 0{,}000720 \cdot \frac{1700 \text{ ~~bzw. 2000~~} - 1200}{\mathbf{0{,}184 \cdot 24{,}64}} = \mathbf{0{,}07940} \quad \left[\frac{g}{m^2 \cdot h}\right]$$

Diffusionsstromdichte vom Bauteilinnern zur Außenluft [2]):

$$g_{ev,e} = \delta_0 \cdot \frac{p_{c2} - p_e}{s_{d,T} - s_{d,c2/m}} = 0{,}000720 \cdot \frac{1700 \text{ ~~bzw. 2000~~} - 1200}{\mathbf{(1 - 0{,}184) \cdot 24{,}64}} = \mathbf{0{,}01790} \quad \left[\frac{g}{m^2 \cdot h}\right]$$

Mit der möglichen Verdunstungswassermasse

$$M_{ev} = (g_{ev,i} + g_{ev,e}) \cdot t_{ev} = (\mathbf{0{,}07940} + \mathbf{0{,}01790}) \cdot 2160 = \mathbf{210} \quad [g/m^2]$$

d.h. mit $M_{ev} \not\geq$ **252** $g/m^2 = M_c$ wird die Anforderung an die mögliche Verdunstung - nicht - erfüllt [2])

7. Rechnerische Trocknungsreserve bei Holzbauart

$$M_c + \Delta M_c = \mathbf{252} + \mathbf{100} = \mathbf{352} \not\leq \mathbf{210} = M_{ev} \quad [g/m^2]$$

d.h. $\Delta M_c \geq 250\ g/m^2$ bei Dächern bzw. $\Delta M_c \geq 100\ g/m^2$ bei Wänden und Decken wird – nicht – erreicht [2])

8. Erhöhung der Feuchte in einer angrenzenden Holz- oder Holzwerkstoffschicht

$$\Delta M_{H,\max} = \Delta u_{H,\max} \cdot d_H \cdot \rho_H = \mathbf{0{,}03 \cdot 0{,}012\ m \cdot 500\,000\ g/m^3 = 180} \quad [g/m^2]$$

d.h. mit $\Delta M_{H,max} \not\geq$ **252** $g/m^2 = M_c$ ist diese Erhöhung - nicht - zulässig [2])

9. Beurteilung

Die untersuchte Konstruktion erfüllt - nicht - die Anforderungen des Tauwasserschutzes [2])
nach DIN 4108-3:2018-10 und DIN 68800-2:2022-02

[2]) nicht Zutreffendes streichen, Zutreffendes *unter*streichen

Vorab: Auf eine Aufteilung der Mineralwolle in Teilschichten (separate Schichten) wird trotz $R = 4{,}57\ m^2 \cdot K/W > 0{,}25\ m^2 \cdot K/W$ verzichtet (d. h. Empfehlung aus EN ISO 13788 nicht eingehalten) – lässt sich zeichnerisch nicht darstellen! Ferner wurden gemäß DIN 4108-3, A.2.3, bei Angabe mehrerer μ-Werte jeweils die für den Tauwasserausfall ungünstigeren μ-Werte gewählt (günstigere durchgestrichen).

Ergebnis des rechnerischen Nachweises:

- Es fällt in einem Bauteil*bereich* Tauwasser im zulässigen Rahmen aus,
- das jedoch im Jahresverlauf nicht wieder verdunsten kann;

d. h., die Außenwand erfüllt *nicht* die Anforderungen an den Tauwasserschutz nach DIN 4108-3. Ferner ist keine ausreichende Trocknungsreserve nach DIN 68800-2 vorhanden, auch wird nach DIN 4108-3 die Holzwerkstofffeuchte in der MDF-Platte (= Tauwasserbereich) *unzulässig* erhöht.

Der in Bild 2.109 dargestellte und in Beispiel 2.15 berechnete Außenwandaufbau entsprach einer in DIN 68800-2:1996-05 genannten Konstruktion *ohne* rechnerischen Nachweis des Tauwasserschutzes (s. Abschnitt 3.4) – dabei handelt es sich allerdings um eine nicht sinnvolle Bauart [2.196] (wurde bereits in DIN 68800-2:2012-02 berichtigt)!

Hinweis: Der misslungene Nachweis einer gewählten Konstruktion

- sowohl durch Vergleich mit den nachweisfreien Konstruktionen nach DIN 4108-3, 5.3,
- als auch durch rechnerischen Nachweis mit dem Periodenbilanzverfahren nach DIN 4108-3, 5.2 mit Anhang A.2,

bedeutet noch nicht, dass die gewählte Konstruktion feuchtetechnisch nicht geeignet ist. Es bleibt immer noch die Möglichkeit der hygrothermischen Simulation gemäß folgendem Abschnitt 2.14.8 (vgl. auch Tabelle 2.35 in Abschnitt 2.14.1)!

2.14.8 Hygrothermische Simulation mit aufwendigen EDV-Programmen

Gemäß EN ISO 13788 [2.65], 6.3, gibt es mehrere Fehlerquellen bei Feuchteschutznachweisen mit dem in den Abschnitten 2.14.5 bis 2.14.7 genannten Berechnungsverfahren:

- Die Annahme konstanter Baustoffeigenschaften ist eine Näherung.
- Die Wärmeleitfähigkeit von Baustoffen hängt von ihrem Feuchtegehalt ab (vgl. Bild 2.105), ferner wird Wärme durch Tauwasserbildung/Verdunstung freigesetzt bzw. verbraucht. Dies führt zu einer Änderung der Temperaturverteilung und damit der Wasserdampfsättigungsdrücke, wodurch die Tauwassermenge bzw. die Austrocknung beeinflusst werden.
- In vielen Baustoffen tritt neben Wasserdampfdiffusion auch Kapillartransport auf (vgl. Abschnitt 2.14.5 und Bild 2.104), was zu einer vollkommen anderen Feuchteverteilung im Bauteil führen kann.
- Die tatsächlichen Klimarandbedingungen sind über einen Monat (EN ISO 13788) bzw. drei Monate Tau- oder Verdunstungsperiode (Blockklima nach DIN 4108-3) nicht konstant.

- Luftbewegungen in Baustoffen, Spalten, Fugen oder Luftschichten, Regen oder schmelzender Schnee sowie die auf die Bauteile auftreffende Sonnenstrahlung können die Feuchtebedingungen ebenfalls beeinflussen.
- Die meisten Baustoffe sind hygroskopisch, d. h., sie absorbieren Wasserdampf, sodass die Annahme von $\phi_c = 100$ % im Tauwasserbereich nicht zutrifft.
- Der vorausgesetzte eindimensionale Feuchtetransport ist in vielen Praxisfällen nicht zutreffend.

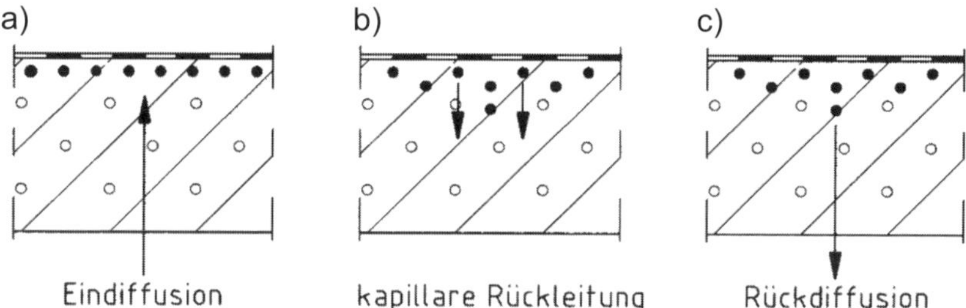

Bild 2.110: Schematische Darstellung des Feuchtetransports in nicht belüfteten Porenbetondächern ohne diffusionshemmende Schicht (aus [2.173], [2.174] nach [2.194])
a) aufgrund des Dampfdruckgefälles von innen nach außen diffundiert Wasserdampf nach außen, es fällt Tauwasser unterhalb der Dachabdichtung aus
b) infolge Kapillarleitung wird das Tauwasser in trockenere, tiefere und wärmere Bereiche mit höherem Sättigungsdampfdruck transportiert
c) sofern dieser Sättigungsdampfdruck höher ist als der Dampfdruck in der Raumluft, kann das Tauwasser von dort in den Raum zurück diffundieren – es stellt sich ein Feuchtegleichgewicht im Porenbeton ein

Aufgrund dieser vielen möglichen Fehlerquellen ist das Berechnungsverfahren nach EN ISO 13788 [2.65] bzw. DIN 4108-3 [2.15] für bestimmte Bauteile und Klimate weniger geeignet. Bei kapillarporösen Stoffen z. B. (vor allem bei Mauerwerk) erfolgt der Feuchtetransport überwiegend durch Kapillarwirkung, sodass bei Außenbauteilen aus solchen Baustoffen die Anwendung des *Glaser*-Verfahrens *nicht* sinnvoll ist [2.193]. Aus diesem in Bild 2.104b dargestellten Effekt resultiert eine kapillare Rückleitung mit anschließender Rückdiffusion, die beispielhaft für ein nicht belüftetes Porenbetondach ohne diffusionshemmende Schicht und ohne zusätzliche Wärmedämmung in Bild 2.110 dargestellt ist [2.50], [2.194] – diese Konstruktion ist gemäß Tabelle 2.41 in Abschnitt 2.14.4 nachweisfrei, würde aber bei reiner Diffusionsbetrachtung zu einem unzulässig hohen Tauwasserausfall führen.

Aufgrund der o. g. möglichen Fehler verweist DIN 4108-3 [2.15] im informativen Anhang D auf genauere numerische Berechnungsverfahren zur Berücksichtigung des gekoppelten Wärme- und Feuchtetransports, d. h. zur hygrothermischen Simulation. Zu nennen wären hier z. B. die deutschsprachigen EDV-Programme

- COND von *Häupl, Stopp, Strangfeld* [2.197] [2.198] [2.199],
- weiterentwickelt zu DIM/DELFIN von *Grunewald* [2.200], [2.201] sowie

- WUFI von *Künzel u. a.* [2.202], [2.203], [2.204], [2.205],
- kommerziell vertrieben z. B. als ESTHER von *Käser*;

weitere englischsprachige Programme finden sich in [2.206]. Randbedingungen für die Berechnung wie auch Hinweise für die Beurteilung der Feuchteübertragung durch die Bauteile der Gebäudehülle wurden erstmalig 2007 in EN 15026 [2.207] geregelt (s. dazu *Sedlbauer/Künzel* [2.208]), darüber hinausgehende *nationale* Randbedingungen folgen weiter unten.

a)

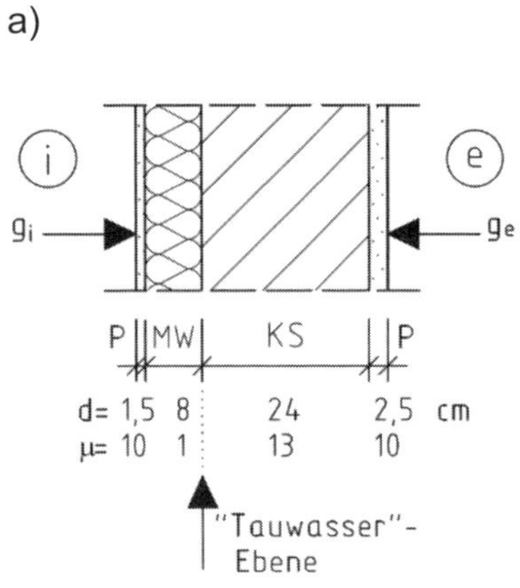

Nachweis mit dem Standardklima nach DIN 4108-3:1981/2001:	
Tauperiode:	g_i = 2,31 g/(m² · h) g_e = – 0,02 g/(m² · h) → M_c = 3300 g/m²
Verdunstungsperiode:	g_i = – 1,20 g/(m² · h) g_e = – 0,08 g/(m² · h) → M_{ev} = 2780 g/m²
Ergebnis:	unzulässig, da - M_c > 500 g/m² und - M_c > M_{ev}

b)

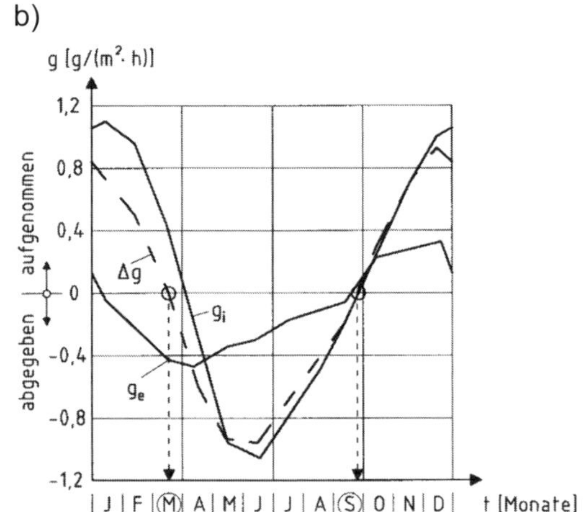

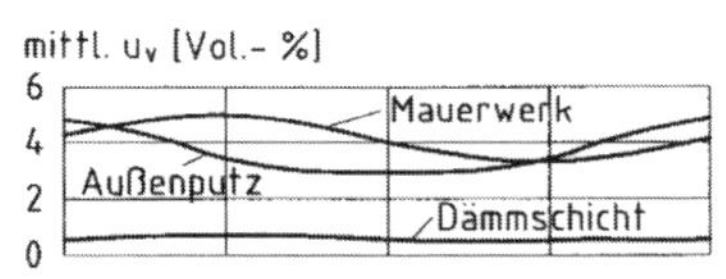

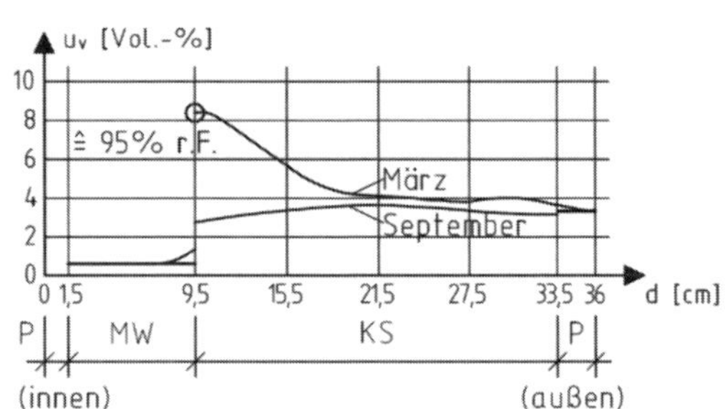

Bild 2.111: Berechnungsergebnisse für eine innenseitig mit 8 *cm* Mineralwolle (MW) gedämmte, beidseitig geputzte (P) Kalksandstein-Außenwand (KS) *ohne* Dampfsperre (aus [2.173], [2.174] nach [2.209])

a) mit dem *Glaser*-Verfahren und dem Standardklima nach DIN 4108-3:1981/2001 berechnet wird der Nachweis nicht erfüllt („i" = innen. „e" = außen)

b) mit dem auch Kapillarleitung erfassenden EDV-Programm von *Kießl* berechnet zeigt sich ein unproblematisches Feuchteverhalten

Beispielhafte Ergebnisse aus genaueren Berechnungen mit diesen EDV-Programmen:

- *Erstes Beispiel*: Beurteilt man *massive* Außenwandaufbauten allein anhand des Tauwassernachweises nach *Glaser*, erweist sich z. B. eine Innendämmung *ohne* Dampfsperre als ungünstig – das Ergebnis einer solchen Tauwasserberechnung (noch mit den Randbedingungen nach DIN 4108-3:1981/2001) zeigt Bild 2.111a; zum Vergleich ist in Bild 2.111b eine genauere Berechnung von *Kießl* mit seinem Programm [2.209], [2.210] (ein Vorgängerprogramm von WUFI) dargestellt.

  Dabei zeigt sich bei der genaueren Berechnung nach drei Jahren ein relativ unproblematisches, eingeschwungenes Feuchteverhalten, welches auch durch entsprechende Versuche bestätigt wurde [2.211]. *Hinweis*: In Bild 2.111b unten zeigt sich Ende März im Kalksandstein zur Innendämmung hin eine Ausgleichsfeuchte von ϕ = 95 % > 80 % – bei Vorhandensein von Schimmelsporen und organischen Stoffen könnte sich an dieser Stelle Schimmel bilden! Sinnvoller wäre daher die Verwendung einer kapillarleitenden Innendämmung [2.212], z. B. auf Basis von Calciumsilikat-Platten.

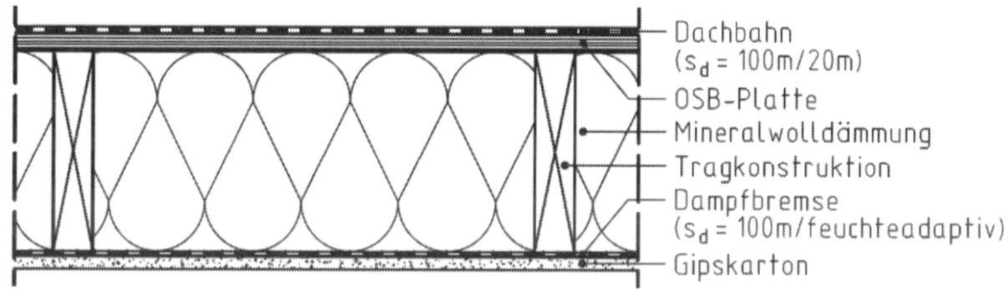

Bild 2.112: Aufbau des betrachteten Flachdachs in Holzbauweise (nach [2.213])

- *Zweites Beispiel*: Ein voll gedämmtes *Flach*dach in Holzbauweise (Bild 2.112) müsste o. w. N. nach Tabelle 2.41 in Abschnitt 2.14.4 als *nicht* belüftetes Dach mit Dachabdichtung eine diffusionshemmende Schicht mit $s_{d,i} \geq 100\ m$ unterhalb der Wärmedämmschicht aufweisen; ferner dürfen sich weder Holz noch Holzwerkstoffe zwischen Dachabdichtung und $s_{d,i}$ befinden. Letztere Zusatzanforderung beruht u. a. auf der folgenden Untersuchung von *H. M. Künzel*, bei der während der Heizperiode eine Feuchte*konvektion* von ΔM_c = 250 g/m² in die Konstruktion angenommen wurde (entsprechend der rechnerischen Trocknungsreserve in Abschnitt 2.14.7) .

  Simulationsergebnisse dazu aus [2.213] finden sich in Bild 2.113 (Berechnungsbeginn mit Gleichgewichtsfeuchte zur relativen Luftfeuchte ϕ = 80 %):
  - Die nach Tabelle 2.41 o. w. N. ausreichende Konstruktion führt selbst bei einer dunklen Dachabdichtung zu einer Auffeuchtung der OSB-Schalung auf unzulässige Holzfeuchten u > 20 M-%, die helleren Dachabdichtungen verhalten sich noch ungünstiger (Bild 2.113a).
  - Verwendet man eine diffusionsoffenere Dachabdichtung – z. B. eine PVC-Bahn mit sde = 20 m –, so führt eine dunkle Dachabdichtung zu akzeptablen Ergebnissen, hellere Dachabdichtungen aber nicht (Bild 2.113b).
  - Verwendet man jedoch außen eine Dachabdichtung mit s_{de} = 100 m (Bitumenbahnen z. B.) und innen eine feuchteadaptive Dampfbremse (vgl. die Verwendung

im Steildach in Bild 2.87 in Abschnitt 2.14.4), so führen dunkle wie auch mäßig helle Dachabdichtungen zu akzeptablen Ergebnissen, weiße Dachabdichtungen aber nicht (Bild 2.113c).

a)

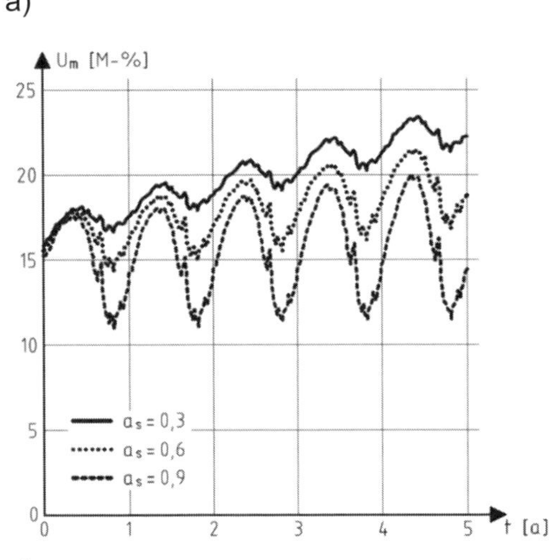

b)

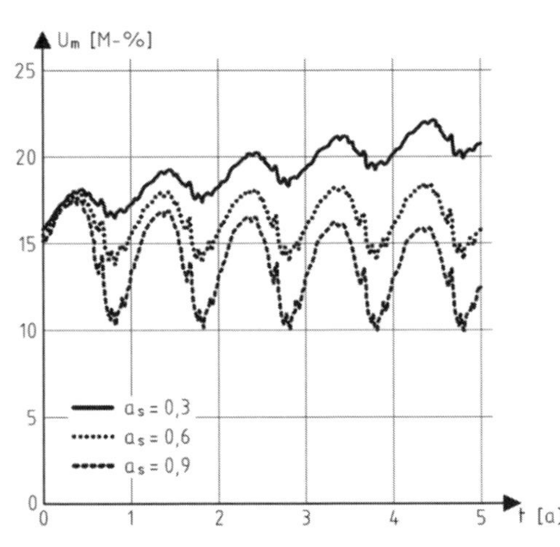

c)

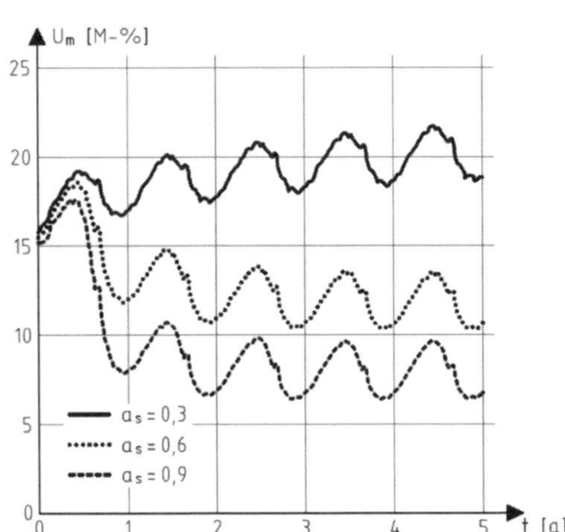

Bild 2.113: Verläufe der Holzfeuchte in der äußeren OSB-Schalung eines hölzernen, voll gedämmten Flachdachs (Holzfeuchten von u > 20 M-% sind kritisch) in Abhängigkeit vom solaren Absorptionsgrad der Dachabdichtung (a_s = 0,9 entspricht einer dunklen Bitumenbahn, a_s = 0,6 entspricht einer hellen Abdichtung, a_s = 0,3 entspricht einer weißen Abdichtung) (nach [2.213])
a) für s_{di} = 100 m und s_{de} = 100 m (Bitumenbahnen z. B.)
b) für s_{di} = 100 m und s_{de} = 20 m (PVC-Bahn)
c) für 0,1 m ≤ s_{di} ≤ 4,0 m (feuchteadaptiv) und s_{de} = 100 m (Bitumen z. B.)

Die in südlichen Ländern beliebten, stark reflektierenden Dachabdichtungen sind somit für hölzerne Flachdächer im mitteleuropäischen Klima weniger geeignet!

Noch einmal: Bei Verzicht auf einen rechnerischen Nachweis wird bei solchen Dächern in DIN 4108-3:2018-10 [2.15], 5.3.3.2, gefordert, dass sich weder Holz noch Holzwerkstoffe zwischen Dachabdichtung und Dampfsperre befinden!

Aufgrund der dargestellten – wie auch weiterer – EDV-Berechnungen mit gekoppeltem Wärme- und Feuchtetransport weist DIN 4108-3:2018-10 [2.15], 5.2, darauf hin, dass bei folgenden Bauteilen das Periodenbilanzverfahren *nicht* anwendbar ist (vgl. Tabelle 2.35 in Abschnitt 2.14.1):

- Bauteile von Räumen, die unbeheizt, gekühlt oder mit hoher Feuchtelast beaufschlagt sind (wie Schwimmbäder),
- erdberührte Bauteile,
- Bauteile zu unbeheizten Nebenräumen und Kellern,
- begrünte und bekieste Dachkonstruktionen sowie solche mit Plattenbelägen und Holzrosten,
- einschalige Außenwände mit Innendämmung mit $R_{Dä} > 1{,}0\ m^2 \cdot K/W$ (vgl. Tabelle 2.38), wenn die Außenwände ausgeprägte sorptive und kapillare Eigenschaften aufweisen,
- gedämmte, nicht belüftete hölzerne Dachkonstruktionen mit Metalldeckung oder mit Abdichtung auf Schalung oder Beplankung ohne Hinterlüftung der Abdichtungs- bzw. Deckunterlage.

Ferner ist das Periodenbilanzverfahren *nicht* anwendbar zur Berechnung des natürlichen Austrocknungsverhaltens z. B. bei der Abgabe von Baufeuchte oder der Aufnahme von Niederschlagswasser.

In allen vorab genannten Fällen verweist DIN 4108-3:2018-10, 5.2, auf Anhang D, in dem erstmalig

- *äußere* Randbedingungen für die Berechnung genannt werden (i. d. R. die Testreferenzjahre TRY entsprechend Bild 5.36 in Abschnitt 5.6.3),
- *raumseitige* Randbedingungen für die Berechnung normiert werden (entsprechend der geplanten Klimatisierung) und
- Hinweise zur Beurteilung der Simulationsergebnisse gegeben werden.

Die verwendete Software muss den Vorgaben aus EN 15026 [2.207] (s. o.) sowie aus dem WTA-Merkblatt 6-2 [2.214] entsprechen, d. h., die verwendeten Simulationsverfahren müssen u. a. die dortigen Testfälle nachvollziehen können.

2.15 Sommerlicher Wärmeschutz

2.15.1 Notwendigkeit des sommerlichen Wärmeschutzes

Kennzeichnend für viele Gebäude der letzten Jahrzehnte – vor allem Geschäfts- und Verwaltungsgebäude, aber auch Schul- und Wohngebäude – ist der hohe Glasanteil der Fassaden; ein weiteres Merkmal dieser Bauten ist die bevorzugte Verwendung von leichten Bauteilen. Diese Kombination führt häufig zu einem unbehaglichen Raumklima [2.114].

- Zum einen hat sich gezeigt, dass sich die Räume solcher Gebäude infolge der größeren Wärmeeinstrahlung durch die großen Glasflächen im Sommer stärker aufheizen.
- Zum anderen wurde festgestellt, dass sich aufgrund der leichten Bauteile mit
  - geringer Wärmespeicherfähigkeit einerseits und
  - meist hoher Wärmedämmung andererseits

  die im Raum entstandene Wärme staut (Bild 2.114).

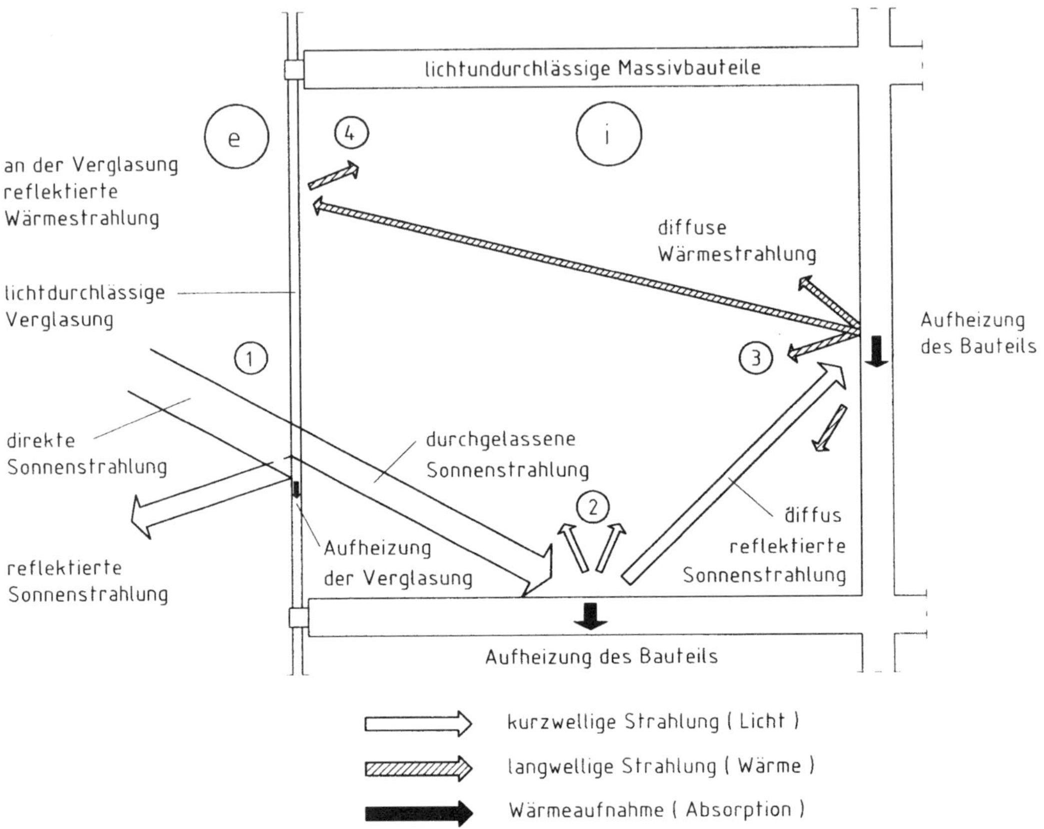

Bild 2.114: Funktion der „Wärmefalle“, dargestellt anhand eines schematischen Schnittes durch einen Pufferraum, sog. „Wintergarten“ („e“ = außen, „i“ = innen) [2.100]:

(1) Das kurzwellige Sonnenlicht trifft als direkte Sonnenstrahlung auf die Verglasung und wird zum größten Teil durchgelassen, teilweise reflektiert und zu einem geringen Teil absorbiert (s. u. Bild 2.118).

(2) Die durchgelassene Sonnenstrahlung trifft im Raum auf ein nichttransparentes Bauteil; von ihm wird ein Teil der Sonnenstrahlung diffus reflektiert, ein Großteil dient zur Aufheizung des Bauteils.

(3) Die diffus reflektierte Sonnenstrahlung führt zur Aufheizung sämtlicher den Raum umschließenden nichttransparenten Bauteile; diese geben nun langwellige Wärmestrahlung diffus ab.

(4) Trifft diese Wärmestrahlung auf die Verglasung, so wird sie fast vollständig reflektiert, da Fensterglas nur im sichtbaren Strahlungsbereich durchlässig ist – die eingestrahlte Sonnenenergie bleibt im Raum gefangen wie in einer Falle.

Große Glasflächen haben folgende – im Winter erwünschte, im Sommer negative – Wirkung auf die Raumtemperatur:

- Die durch die Verglasung in einen Raum eingedrungene Sonnenstrahlung wird von den raumbegrenzenden Bauteilen – teilweise nach diffuser Reflexion – zum weit überwiegenden Teil absorbiert und in langwellige Wärmestrahlung umgewandelt.
- Glas ist für diese Wärmestrahlung aber kaum durchlässig (s. u. Bild 2.119 für Wellenlängen $\lambda > 2800$ nm), sie wird daher an der Verglasung fast vollständig reflektiert und damit die Wärme im Raum gefangen.

Dieses Phänomen wird auch als „Wärmefalle" bezeichnet (vgl. Bild 2.114). Im Winter, vor allem auch im Herbst und Frühjahr wird dieser Effekt zur Beheizung von Pufferräumen (sog. Wintergärten) genutzt, im Sommer muss der Energiedurchgang durch diese „Wärmefalle" aber mithilfe von Sonnenschutzmaßnahmen begrenzt werden (s. u.).

Aufgrund dieser Erfahrungen ist eine Auseinandersetzung mit dem sommerlichen Wärmeschutz im Rahmen der Bauphysik notwendig, auch um die beträchtlichen Kosten für die bei entsprechender Planung im mitteleuropäischen Klima kaum erforderliche technische Klimatisierung zu begrenzen.

2.15.2 Planung des sommerlichen Wärmeschutzes

Während der Planung eines Gebäudes kann der sommerliche Wärmeschutz entscheidend beeinflusst werden. Gemäß DIN 4108-2 [2.1], 4.3.2, ist der sommerliche Wärmeschutz abhängig

- vom Gesamtenergiedurchlassgrad der transparenten Außenbauteile,
- vom ggf. an diesen vorhandenen Sonnenschutz,
- vom Anteil der Fenster an der Fläche der Außenbauteile, genauer vom Verhältnis von Fensterfläche zur Grundfläche des Raumes,
- von der sommerlichen Klimaregion,
- von der wirksamen Wärmespeicherfähigkeit der raumumschließenden Flächen,
- von der Lüftung, insbesondere in der zweiten Nachthälfte,
- von der Fensterorientierung und -neigung (bei Dachflächenfenstern) sowie
- von den internen Wärmequellen.

Diese großteils durch die Planung beeinflussbaren Parameter sollen im Folgenden näher erläutert werden:

A Gesamtenergiedurchlassgrad der transparenten Außenbauteile

Die auf Gebäude in der Summe auftreffende Sonnenstrahlung (Bild 2.115), die *Globalbestrahlung* in Wh/(m² · d), besteht nach DIN 4710 [2.170] aus folgenden Anteilen (hier als Tagessumme):

$$H_G = H_H + H_D \tag{2.114}$$

H_H direkte Sonnenbestrahlung in Wh/(m² · d) (*horizontale* Empfangsebene)
H_D *diffuse* Sonnenbestrahlung in Wh/(m² · d)

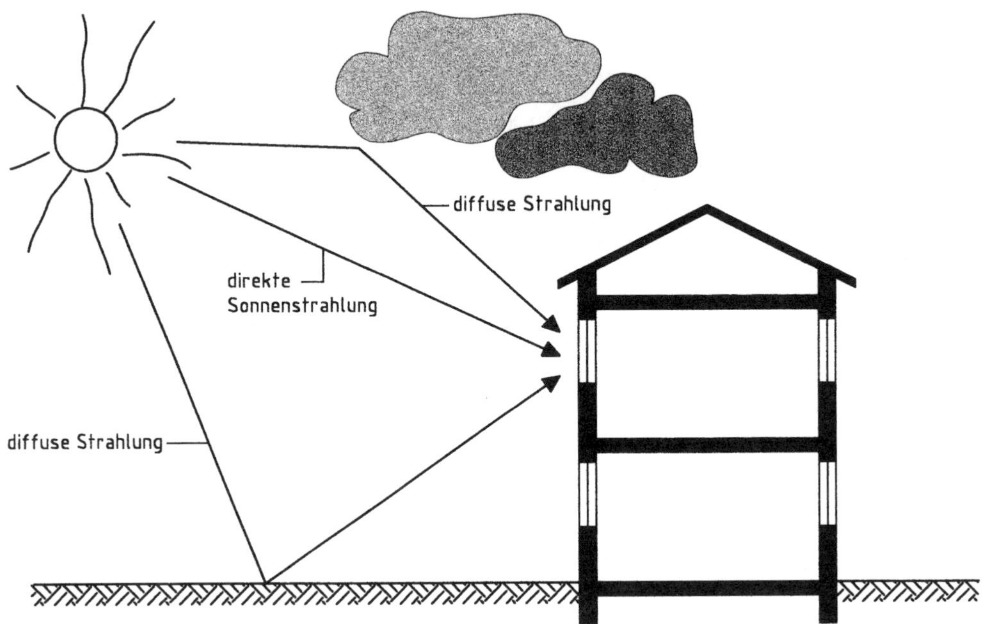

Bild 2.115: Anteile der auf ein Gebäude auftreffenden Sonnenbestrahlung

Mittlere monatliche Tagessummen sowie mittlere Monats- und Jahressummen der Globalbestrahlung und der diffusen Sonnenbestrahlung in $Wh/(m^2 \cdot d)$ für 15 ausgewählte deutsche Orte finden sich in DIN 4710 [2.170], Tabelle 8. Durchschnittliche monatliche Strahlungsintensitäten (Bestrahlungsstärken) in W/m^2 sowie das jährliche Strahlungsangebot in $kWh/(m^2 \cdot a)$ sind für ebenfalls 15 Referenzorte sowie gemittelt als Referenzklima Deutschland in DIN V 4108-6 [2.73], Tabellen A.1 bzw. D.5, aufgeführt.

Das Verhalten von Außenbauteilen gegenüber diesen Strahlungsanteilen kann wie folgt beschrieben werden:

- Die Aufnahme der Sonnenbestrahlung durch *nichttransparente* Außenbauteile (Dächer, Wände usw.) hängt ab von:
  - ihrer Farbe (s. z. B. Bild 2.116, eine Vielzahl weiterer sommerlicher Wandtemperaturen findet sich bei *Fouad* [2.215]),
  - ihrer Wärmeabgabe an die kältere Außenluft und
  - ihrer Wärmeableitung ins Bauteilinnere.

  Die Wärmeableitung von nichttransparenten Außenbauteilen kann durch das Temperaturamplitudenverhältnis und die Phasenverschiebung beschrieben werden [2.47]:
  - Das Temperaturamplitudenverhältnis TAV (als Kehrwert Temperaturamplitudendämpfung ν) gibt an, in welchem Verhältnis sich Temperaturschwankungen von der äußeren Oberfläche eines Außenbauteils zu dessen innerer Oberfläche fortpflanzen (Bild 2.117); definitionsgemäß gilt für das Temperaturamplitudenverhältnis $0 < TAV < 1$. Je kleiner das Temperaturamplitudenverhältnis eines Bauteils ist, desto günstiger ist sein sommerliches Wärmeschutzverhalten.

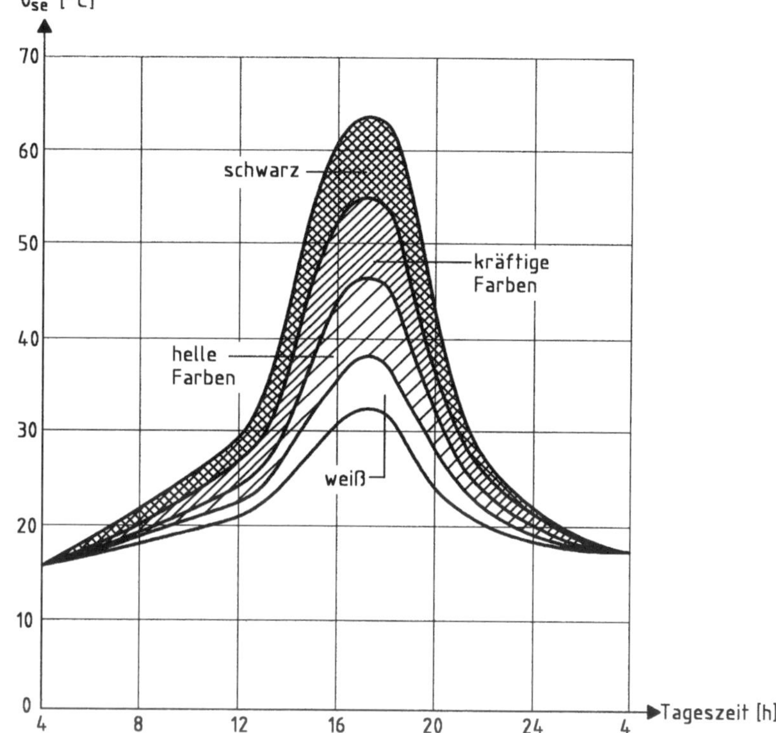

Bild 2.116: Tagesverläufe der äußeren Oberflächentemperaturen θ_{se} von Außenwänden mit verschiedenfarbigen Anstrichen (nach Westen orientiertes Bimshohlblockmauerwerk mit Außenputz, nach [2.67])

– Die *Phasenverschiebung* η gibt den Zeitraum an, der zwischen dem Auftreten des Temperaturmaximums an der äußeren und an der inneren Bauteiloberfläche liegt (vgl. Bild 2.117). Optimal wäre eine Phasenverschiebung von $\eta \approx 12$ h; dadurch wäre das Außenbauteil dann innen am kühlsten, wenn außen die höchsten Temperaturen herrschen.

Da das Temperaturverhalten eines Raumes hauptsächlich von der durch die transparenten Bauteile in den Raum eingestrahlten Wärmemenge und der Wärmespeicherfähigkeit der raumumschließenden Flächen abhängt (s. u.), kann der Einfluss der nichttransparenten Bauteile vernachlässigt werden – ihre Berücksichtigung wird beim Nachweis des sommerlichen Wärmeschutzes gemäß DIN 4108-2 [2.1] nicht gefordert (s. Abschnitt 2.15.3).

- Bei *transparenten* Außenbauteilen (Fenster, Fenstertüren und Dachflächenfenster) besteht nach EN 410 [2.216] folgender Zusammenhang (Bild 2.118) in dimensionslosen Größen:

$$\tau_e + \rho_e + \alpha_e = 1 \qquad (2.115)$$

τ_e direkter Strahlungs*transmissions*grad

ρ_e direkter Strahlungs*reflexions*grad

α_e direkter Strahlungs*absorptions*grad

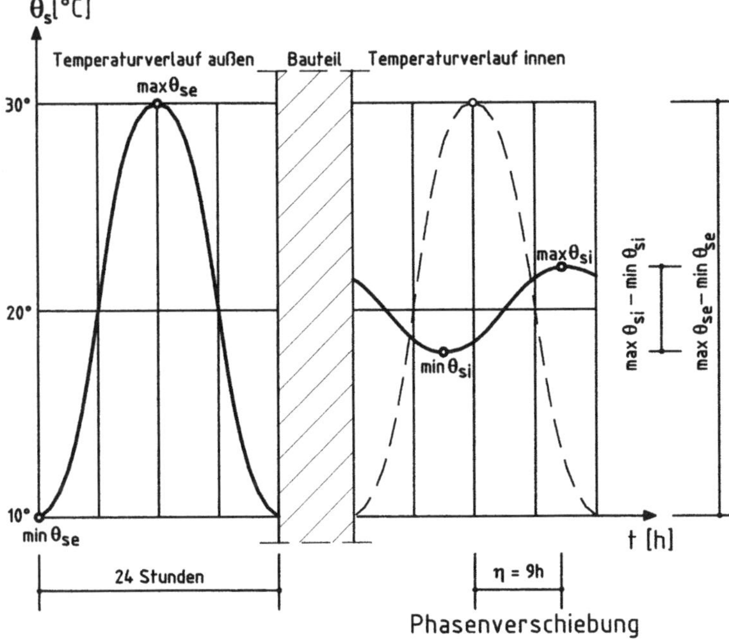

$$TAV = \frac{\max \theta_{si} - \min \theta_{si}}{\max \theta_{se} - \min \theta_{se}}$$

Bild 2.117: Temperaturamplitudenverhältnis *TAV* und Phasenverschiebung η (nach [2.67])

Die von der Verglasung absorbierte Wärme (dargestellt durch den direkten Strahlungsabsorptionsgrad α_e) führt zu einem sekundären Wärmeabgabegrad q_i nach innen und q_e nach außen. Der direkte Strahlungstransmissionsgrad τ_e und der sekundäre Wärmeabgabegrad q_i nach innen bilden zusammen den dimensionslosen Gesamtenergiedurchlassgrad g

$$g = \tau_e + q_i \tag{2.116}$$

τ_e direkter Strahlungs*transmissions*grad
q_i sekundärer Wärmeabgabegrad nach innen

Durch Wärmeschutz- oder Sonnenschutzgläser wird der Transmissionsgrad und damit der Gesamtenergiedurchlassgrad reduziert (Bild 2.119); für den sommerlichen Wärmeschutz besonders günstig sind Absorptionsgläser mit verringerter Transmission im nicht sichtbaren Infrarot(IR)-Bereich (z. B. das grüne Sonnenschutzglas in Bild 2.119).

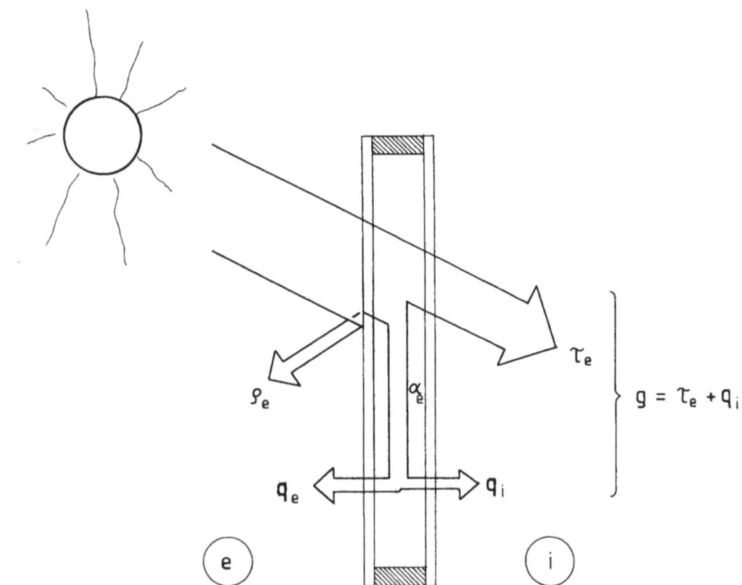

Bild 2.118: Strahlungsvorgänge an einer Verglasung [2.100] mit
τ_e = direkter Strahlungstransmissionsgrad
ρ_e = direkter Strahlungsreflexionsgrad
α_e = direkter Strahlungsabsorptionsgrad
q_i = sekundärer Wärmeabgabegrad nach innen
q_e = sekundärer Wärmeabgabegrad nach außen
g = Gesamtenergiedurchlassgrad

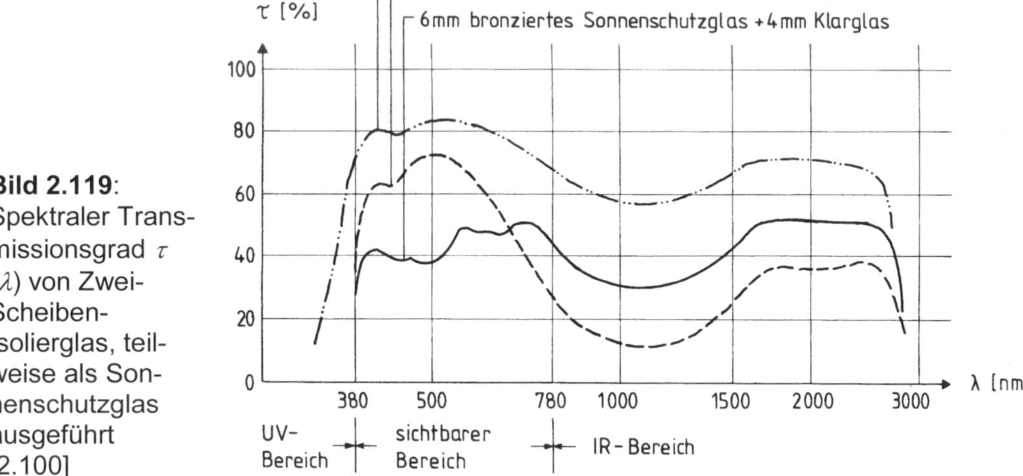

Bild 2.119: Spektraler Transmissionsgrad τ (λ) von Zwei-Scheiben-Isolierglas, teilweise als Sonnenschutzglas ausgeführt [2.100]

B Sonnenschutz

Ein wirksamer Sonnenschutz der transparenten Außenbauteile kann
- durch die bauliche Gestaltung (z. B. auskragende Dächer, Balkone),
- mithilfe außen- oder innenliegender Sonnenschutzvorrichtungen oder
- durch Sonnenschutzgläser

erreicht werden.

Die genannten Möglichkeiten des Sonnenschutzes zeigt systematisch Bild 2.120; automatisch bediente Sonnenschutzvorrichtungen können sich besonders günstig auswirken.

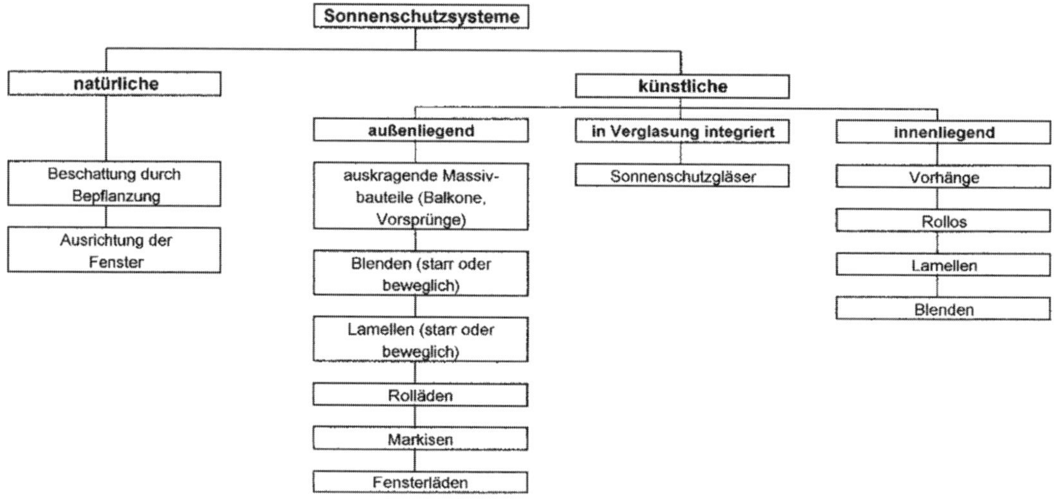

Bild 2.120: Möglichkeiten des Sonnenschutzes

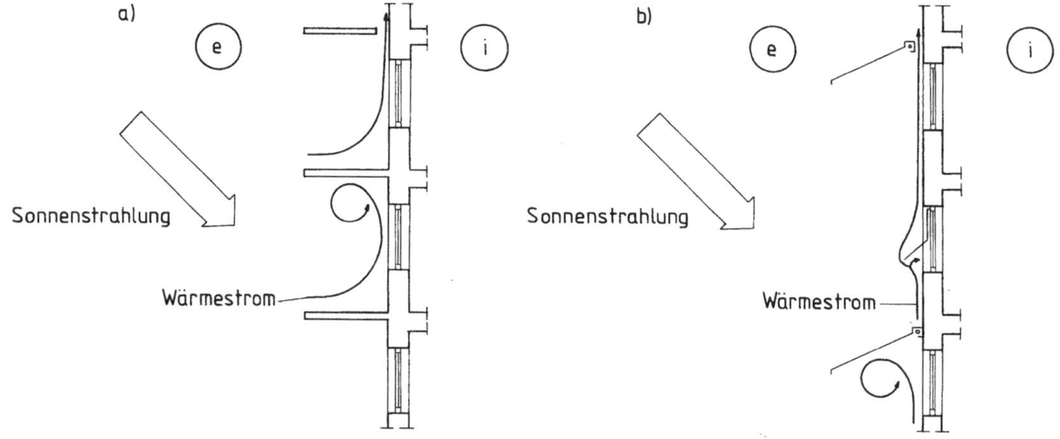

Bild 2.121: Sonnenschutzwirkung von Vordächern und Markisen [2.100]):
a) auskragende Vordächer ohne Wärmestau (oben), mit Wärmestau (unten)
b) Markisen ohne Wärmestau (oben), mit Wärmestau (unten)

Auskragende (Vor-)Dächer oder Balkone sind nur für Südfassaden geeignet: Im Osten oder Westen steht die Sonne zu niedrig, um diese Bauteile als Sonnenschutz wirksam werden zu lassen.

Generell sind außenliegende Sonnenschutzvorrichtungen wirksamer als innenliegende, da die Aufheizung der Verglasung durch zweimaligen Energiedurchgang vermieden wird (vgl. Bild 2.114). Dabei sollte ein Wärmestau unter auskragenden Vordächern oder Markisen vermieden werden (Bild 2.121). Beispiele für außenliegende Sonnenschutzvorrichtungen mit und ohne Wärmestau sind in Bild 2.122 dargestellt.

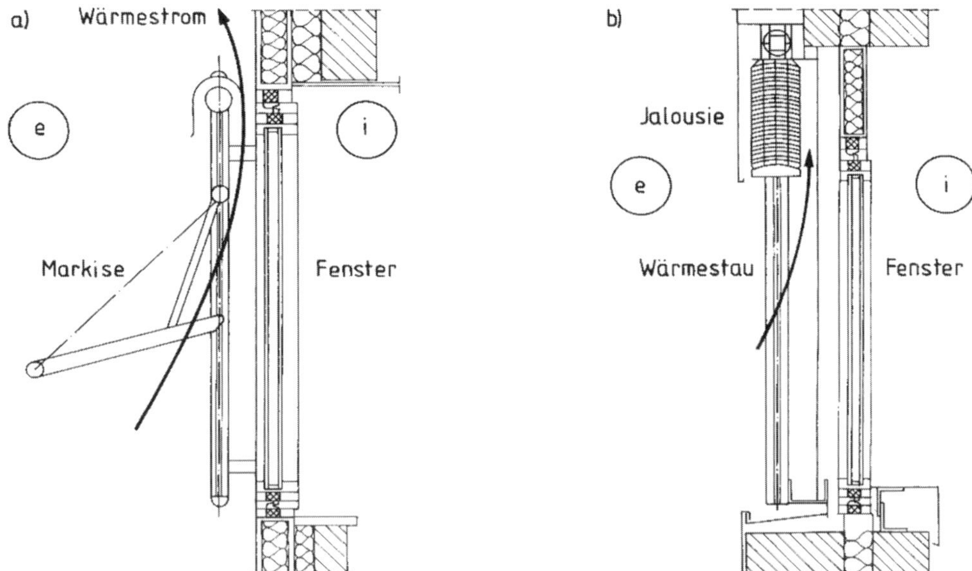

Bild 2.122: Beispiele außenliegender Sonnenschutzvorrichtungen [2.100]:
a) Markise ohne Wärmestau
b) Außenjalousie mit Wärmestau

C Verhältnis von Fensterfläche zu Grundfläche des Raumes

Große Fensterflächen ohne Sonnenschutzmaßnahmen können eine zu hohe Erwärmung der Räume und Gebäude zur Folge haben (vgl. Abschnitt 2.15.1). Eine solche zu hohe Erwärmung tritt vor allem dann auf, wenn der Raum – beschrieben durch die Grundfläche des Raumes – klein im Vergleich zur Fensterfläche ist.

Tabelle 2.49: Zugrunde gelegte Bezugswerte der Raumtemperaturen = operative Innentemperaturen $\theta_{b,op}$ für die drei Sommerklimaregionen (nach [2.217], [2.218])

Sommerklimaregion	**Bezugswert der Raumtemperatur $\theta_{b,op}$**	**Höchstwert der mittleren monatlichen Außentemperatur**
A = sommerkühle Gebiete (Mittelgebirgslagen, Küste)	25 °C	$\theta_{e,M,max} \leq 16{,}5$ °C
B = gemäßigte Gebiete (Regelfall in Deutschland)	26 °C	16,5 °C < $\theta_{e,M,max} \leq 18{,}0$ °C
C = sommerheiße Gebiete (Flussniederungen wie der Oberrheingraben)	27 °C	$\theta_{e,M,max} > 18{,}0$ °C

D Sommerklimaregion

Deutschland wird in drei sommerliche Klimaregionen eingeteilt, die sich durch den Bezugswert der Raumtemperatur = operative Innentemperatur $\theta_{b,op}$ als Mittelwert aus Luft-

und Oberflächentemperaturen unterscheiden (Tabelle 2.49). Grundlage dieser Bezugswerte ist die Erfahrung, dass Menschen sich an ihr Klima anpassen, d. h., in wärmeren Klimaregionen höhere Temperaturen in den Innenräumen akzeptiert werden [2.217], [2.218]. Würden in ganz Deutschland die höchsten Anforderungen der Sommerklimaregion A gestellt, ergäben sich ferner in den Sommerklimaregionen B und C keine für die Tageslichtnutzung ausreichenden Fenstergrößen [2.1].

E Wirksame Wärmespeicherfähigkeit der raumumschließenden Flächen

Zu geringe Anteile insbesondere innenliegender wärmespeichernder Bauteile können eine zu hohe Erwärmung der Räume und Gebäude zur Folge haben (vgl. Abschnitt 2.15.1).

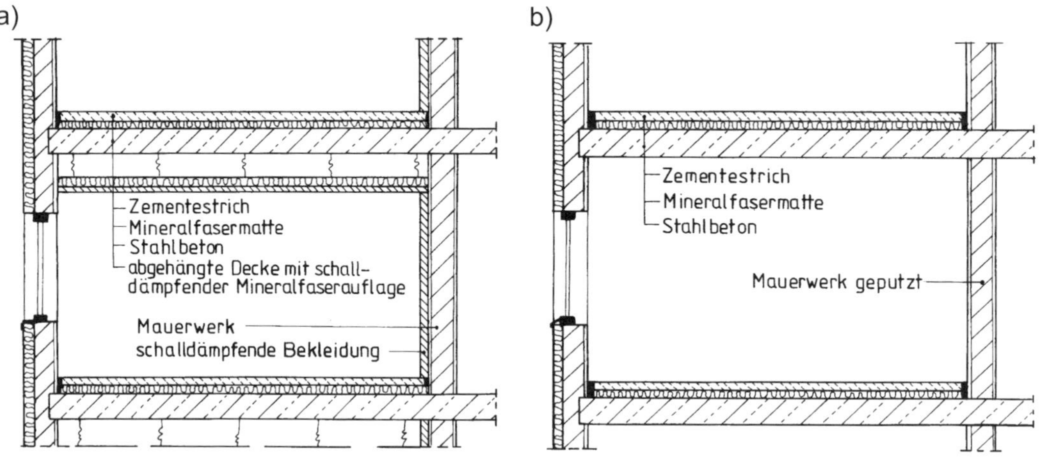

Bild 2.123: Wirksame speicherfähige Massen der Innenbauteile (nach [2.67]):
a) trotz massiver Bauart nur wenige wirksame speicherfähige Massen, da die massiven Bauteile mit wärmedämmenden Schichten bekleidet sind
b) massive Bauart mit wirksamen speicherfähigen Massen (nur der Estrich ist eingeschränkt wirksam entsprechend Tabelle 2.50, letzte Zeile)

Wird einem Raum durch die Sonnenstrahlung Wärmeenergie zugeführt, so wird die Geschwindigkeit der Raumlufterwärmung u. a. von der Wärmespeicherfähigkeit der Umfassungsbauteile bestimmt. Eine hohe Wärmespeicherfähigkeit dieser Bauteile ist beim sommerlichen Wärmeschutz erwünscht, um die großen Schwankungen zwischen äußerer Mittags- und Nachttemperatur ausgleichen zu können – wichtig ist dabei aber, dass es sich um wirksame (= nutzbare), für die Wärme *zugängliche* Speichermassen handelt – s. Bild 2.123. Beschrieben wird diese Zugänglichkeit durch den *Wärmeeindringkoeffizienten* b_j der Bauteilschicht j in J/(m² · K · $s^{0,5}$):

$$b_j = \sqrt{\lambda_j \cdot \rho_j \cdot c_{p,j}} \qquad (2.117)$$

λ_j Wärmeleitfähigkeit der Bauteilschicht j in W/(m · K)

ρ_j Rohdichte der Bauteilschicht j in kg/m³

$c_{p,j}$ spezifische Wärmespeicherkapazität c_p in J/(kg · K) des Baustoffs der Bauteilschicht j nach EN ISO 10456 [2.27], Tabelle 3

Das heißt, je höher die Wärmeleitfähigkeit, die Rohdichte und die spezifische Wärmespeicherkapazität einer Bauteilschicht j sind, desto besser kann die Wärme in diese Schicht eindringen und damit gespeichert werden – Wärmedämmschichten mit geringer Wärmeleitfähigkeit und geringer Rohdichte verhindern daher praktisch eine wirksame Wärmespeicherung.

Die Fähigkeit eines Bauteils, zugeführte Wärme zu speichern, kann gemäß DIN 4108-2 [2.1], 8.3.3, nach EN ISO 13786 [2.219] mit einer Periodendauer $T = 1$ d ermittelt werden. Nach EN ISO 13786, Anhang A, kann für ebene Bauteile das Verfahren der wirksamen Dicke genutzt werden, das für $T = 1$ d eine effektive Höchstdicke von 0,10 m ansetzt (sog. 10-cm-Regel). Damit kann gemäß DIN V 4108-6 [2.73], 6.5.2, für ein an den betrachteten Innenraum grenzendes Bauteil mit den Schichten $j = 1, 2, \ldots n$ die wirksame Wärmekapazität C_{wirk} eines Bauteils in J/K ermittelt werden zu

$$C_{wirk} = \sum_j \left(c_{p,j} \cdot \rho_j \cdot d_j \cdot A_j \right) \tag{2.118}$$

$c_{p,j}$ spezifische Wärme(speicher)kapazität c_p in J/(kg · K) des Baustoffs der Bauteilschicht j nach EN ISO 10456 [2.27], Tabelle 3

ρ_j Rohdichte der Bauteilschicht j in kg/m³

d_j wirksame Schichtdicke der Bauteilschicht j in m gemäß Tabelle 2.50

A_j Fläche der Bauteilschicht j in m² (bei Außenbauteilen Außenmaße, bei Innenbauteilen Innenmaße)

Tabelle 2.50: Wirksame = effektive Schichtdicken von Bauteilen der Dicke d_{ges} mit $j = 1, 2, \ldots n$ Bauteilschichten

Bauteilschichten *j*	**wirksame Schichtdicke Σd_j**
*ein*seitig an die Raumluft grenzend (Außenbauteile) mit $\lambda_j \geq 0{,}1$ W/(m · K)	$\Sigma d_j \leq d_{ges}$ und $\Sigma d_j \leq 0{,}10$ m
*beid*seitig an die Raumluft grenzend (Innenbauteile) mit $\lambda_j \geq 0{,}1$ W/(m · K)	$\Sigma d_j \leq d_{ges}/2$ und $\Sigma d_j \leq 0{,}10$ m
*ein*seitig an die Raumluft grenzende Schicht j mit $\lambda_j \geq 0{,}1$ W/(m · K) vor Wärmedämmschicht (d. h. Schicht mit $\lambda_{Dä} < 0{,}1$ W/(m · K) und $R_{Dä} \geq 0{,}25$ m² · K/W)	$d_{j,max} = 0{,}10$ m

Je größer die Temperaturerhöhung der wirksamen Bauteilschichten ist, desto größer ist auch die gespeicherte Wärmemenge ΔQ in J:

$$\Delta Q = C_{wirk} \cdot (\theta_m - \theta_0) \tag{2.119}$$

θ_m mittlere Temperatur der wirksamen Bauteilschichten in °C

θ_0 Ausgangstemperatur der wirksamen Bauteilschichten in °C

Eine Verbesserung des sommerlichen Wärmeschutzes bei geringer Speichermasse ermöglichen *Latentwärmespeicher,* in denen der Energieaufwand für den Phasenwechsel von fest zu flüssig von sog. PCM (engl. *phase change material*) genutzt wird (Bild 2.124). In der Regel sind das mikroverkapselte Paraffine, die z. B. in Gipsplatten erhältlich sind [2.220], [2.221] – aufgrund der meist dünnen Gipsplatten und des geringen Anteils an PCM darin ist die Wirkung allerdings begrenzt.

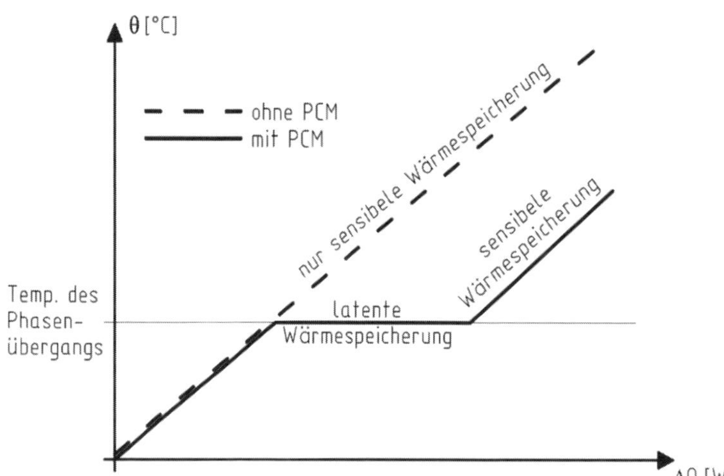

Bild 2.124: Wirkungsweise eines Latentwärmespeichers (nach [2.221]):
- Bei Erreichen der Phasenübergangstemperatur erhöht sich die gespeicherte Wärmemenge ΔQ *ohne* ein Ansteigen der Temperatur θ
- Erst wenn der Phasenwechsel im PCM vollständig erfolgt ist, steigt die Temperatur weiter an

F Lüftungsmöglichkeit insbesondere in der zweiten Nachthälfte

Durch Lüftung insbesondere in der kühleren zweiten Nachthälfte können große Wärmemengen aus den wärmespeichernden Innenbauteilen abgeführt und am nächsten Tag für die Wärmespeicherung erneut zur Verfügung gestellt werden. Problematisch ist die Lüftung zu dieser Zeit jedoch aus Gründen des Diebstahlschutzes: In Nichtwohngebäuden – in denen nachts niemand anwesend ist – scheidet diese Möglichkeit häufig aus – es sei denn, es ist eine Lüftungsanlage vorhanden.

G Fensterorientierung und -neigung

Den Einfluss der Fensterneigung (senkrecht oder waagerecht) und – bei senkrechten Fenstern – der Fensterorientierung zeigt für Fenster mit Doppelverglasung Bild 2.125: Die größte Einstrahlung erfolgt im Sommer aufgrund der hochstehenden Sonne nicht durch die süd-, sondern durch die ost- bzw. westorientierten Fenster.

H Interne Wärmequellen

Interne Wärmequellen (z. B. hohe Personenbelegung, elektrische Geräte) tragen zur sommerlichen Erwärmung im Raum bei.

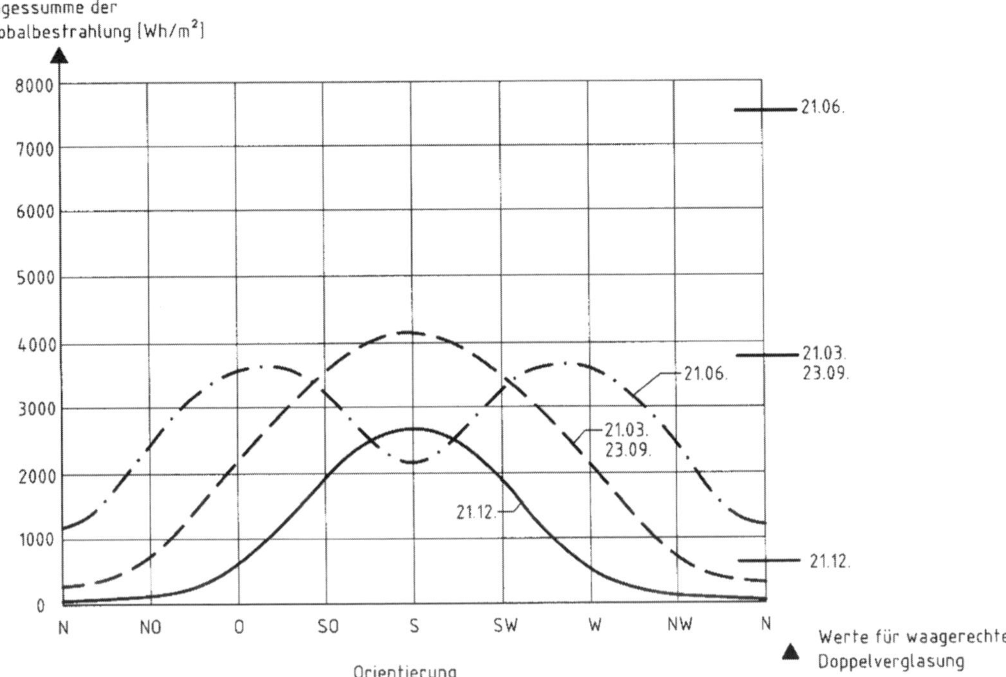

Bild 2.125: Tagessummen der Globalbestrahlung an klaren Tagen durch 1 m² verschieden orientierter senkrechter (links) bzw. waagerechter (rechts) Doppelverglasung in 49° nördlicher Breite (nach [2.67])

2.15.3 Möglichkeiten des Nachweises des sommerlichen Wärmeschutzes

Der Nachweis des sommerlichen Wärmeschutzes (zur Notwendigkeit vgl. Tabelle 2.1 in Abschnitt 2.2) – auch bei Gebäuden mit Raumluftkühlung – wird nach DIN 4108-2 [2.1], 8, auf einer der in Tabelle 2.51 genannten Arten geführt:

- Bei Räumen oder Raumbereichen
  - hinter Doppelfassaden,
  - hinter transparenter Wärmedämmung (TWD, Bild 2.126),
  - hinter unbeheizten Glasvorbauten, die nur über diese Glasvorbauten belüftet werden können (Bild 2.127a),

  müssen – in allen anderen Fällen dürfen – differenzierte Verfahren zur thermischen Raum- oder Gebäudesimulation mit den in DIN 4108-2 [2.1], 8.4, genannten Anforderungen und Randbedingungen eingesetzt werden – v. a. sind das:
  - Aufenthaltszeit (Nutzungszeit) täglich 0:00 bis 24:00 Uhr für *Wohngebäude* und Mo. bis Fr. 7:00 bis 18:00 Uhr für *Nichtwohngebäude*,
  - Wärmeeintrag von 100 Wh/(m² · d) für *Wohngebäude* und 144 Wh/(m² · d) für *Nichtwohngebäude*,
  - Soll-Raumtemperatur bei Beheizung (ohne Nachtabsenkung) $\theta_{h,soll} \geq 20$ °C für *Wohngebäude* und $\theta_{h,soll} \geq 21$ °C für *Nichtwohngebäude*,

- erhöhter Tagluftwechsel während der o. g. Aufenthaltszeit, maximal von 6:00 Uhr bis 23:00 Uhr, in Höhe von $n_{Tag} = 3\ h^{-1}$, wenn $\theta_i > 23$ °C und $\theta_i > \theta_e$ sowie
- erhöhter bzw. hoher Nachtluftwechsel außerhalb der o. g. Aufenthaltszeit (d. h. bei *Wohngebäuden* von 23:00 Uhr bis 6:00 Uhr) in Höhe von $n_{Nacht} = 2\ h^{-1}$ bzw. $5\ h^{-1}$, wenn die entsprechende Möglichkeit zur nächtlichen Lüftung besteht.

Dabei dürfen in jeder Sommerklimaregion die in Tabelle 2.52 genannten Übertemperaturgradstunden nicht überschritten werden. Für den Nachweis geeignete *dynamisch-thermische Simulationsverfahren* werden beschrieben in VDI 6020 [2.222] (s. auch [2.218], [2.223], [2.224], [2.225]).

Tabelle 2.51: Notwendige bzw. zulässige Nachweise des sommerlichen Wärmeschutzes

Art des Nachweises des sommerlichen Wärmeschutzes		
kein rechner. Nachweis erforderlich, wenn ...	**vereinfachter Nachweis ausreichend, wenn ...**	**dynamisch-thermische Simulation, wenn ...**
... grundflächenbezogener Fensterflächenanteil f_{WG} im kritischen Raum oder Raumbereich eingehalten ... kritische Räume von Wohngebäuden mit Roll- oder Fensterläden vor den nicht nordost-, nord- und nordwestorientierten Fenstern versehen sind ... Räume oder Raumbereiche hinter unbeheizten Glasvorbauten mit Sonnenschutz $F_C \leq 0{,}35$ und Lüftungsöffnungen von ≥ 10 % der Glasfläche vorh. sind	... kritische Räume oder Raumbereiche nicht gekühlter Gebäude hinter unbeheizten Glasvorbauten liegen, die *unabhängig* von diesen belüftet werden können (Gebäude ohne Doppelfassaden od. TWD) ... kritische Räume oder Raumbereiche nicht in den anderen Spalten genannt sind	... kritische Räume oder Raumbereiche – hinter Doppelfassaden – hinter TWD – hinter unbeheizten Glasvorbauten (sofern nicht in den anderen Spalten genannt) liegen ... der Nachweis hiermit gewünscht wird

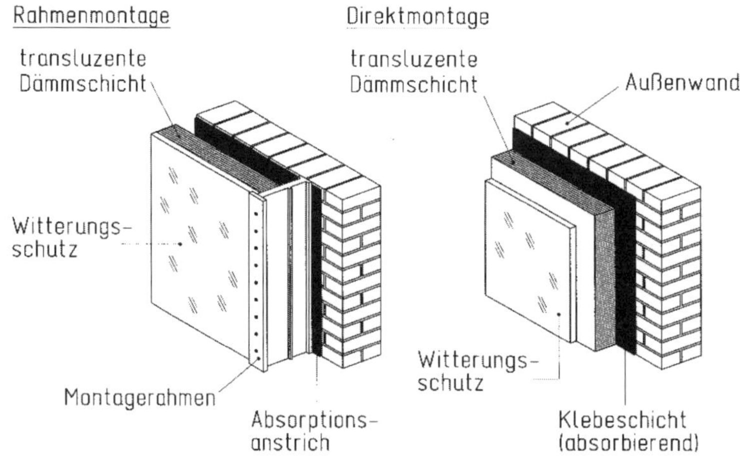

Bild 2.126: Möglichkeiten der transparenten Wärmedämmung, die Direktmontage erfolgt i. d. R. in Form eines transparenten Wärmedämmverbundsystems (WDVS)

Hinweis: Können kritische Räume oder Raumbereiche hinter einem unbeheizten Glasvorbau unabhängig von diesem Glasvorbau belüftet werden (Bild 2.127b), darf der Nachweis geführt werden, als ob *kein* Glasvorbau vorhanden wäre – d. h., es ist auch der u. g. vereinfachte Nachweis über den Sonneneintragskennwert möglich.

a)

nur über den Wintergarten belüftbarer Wohnraum
Wintergarten

b)

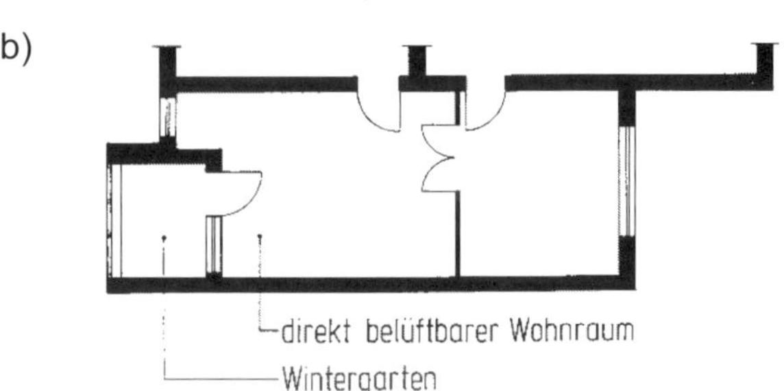

Bild 2.127: Wohnraumbelüftung bei unbeheizten Glasvorbauten (sog. „Wintergärten") [2.226]:
a) ungünstiger Grundriss ohne direkte Be- und Entlüftung nach außen
b) günstiger Grundriss mit direkter Be- und Entlüftung nach außen

Tabelle 2.52: Höchstwerte der Übertemperaturgradstunden in Abhängigkeit von der Sommerklimaregion und bezogen auf die jeweilige operative Innentemperatur (= Bezugswert der Raumtemperatur, vgl. Tabelle 2.49)

<table>
<tr><th rowspan="2">Sommerklimaregion</th><th rowspan="2">operative Innentemperatur $\theta_{b,op}$</th><th colspan="2">Höchstwerte der Übertemperaturgradstunden für 1)</th></tr>
<tr><th>Wohngebäude</th><th>Nichtwohngeb.</th></tr>
<tr><td>A = sommerkühle Gebiete (Referenzregion 2) 2)</td><td>25 °C</td><td rowspan="3">1200 Kh/a</td><td rowspan="3">500 Kh/a</td></tr>
<tr><td>B = gemäßigte Gebiete (Referenzregion 4) 2)</td><td>26 °C</td></tr>
<tr><td>C = sommerheiße Gebiete (Referenzregion 12) 2)</td><td>27 °C</td></tr>
</table>

1) Die Unterschiede für Wohn- bzw. Nichtwohngebäude ergeben sich durch die unterschiedlichen Anwesenheitszeiten von 24 h täglich bzw. Mo. bis Fr. von 7 bis 18 Uhr.

2) S. Bild 5.36 in Abschnitt 5.6.3.

- Auf den Nachweis des sommerlichen Wärmeschutzes darf gemäß DIN 4108-2 [2.1], 8.2.2, verzichtet werden, wenn der *grundflächenbezogene* Fensterflächenanteil in %

$$f_{WG} = (\Sigma A_{w,j}) / A_G \cdot 100 \qquad (2.120)$$

$A_{w,j}$ Fensterfläche j in m² in jeder vorkommenden Orientierung des betrachteten Raumes oder Raumbereiches (lichte Rohbauöffnung, d. h. Blendrahmenaußenmaß einschließlich eventueller Rahmenaufdopplungen zuzüglich Einbau- oder Montagefuge, s. z. B. Bild 2.128) mit $j = 1, 2, \dots n$ Fenstern

A_G Nettogrundfläche in m² des betrachteten Raumes oder Raumbereiches (lichte Raummaße)

die Werte aus Tabelle 2.53 nicht überschreitet (vgl. Tabelle 2.51).

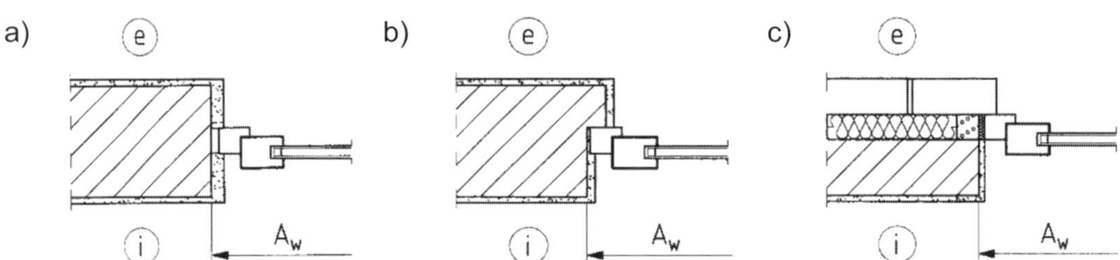

Bild 2.128: Lichtes Rohbaumaß von Fensteröffnungen:
a) bei stumpfem Anschlag
b) bei Innenanschlag
c) bei zweischaligem Mauerwerk

Tabelle 2.53: Höchstwerte des grundflächenbezogenen Fensterflächenanteils, unterhalb dessen auf einen Nachweis des sommerlichen Wärmeschutzes verzichtet werden kann

Neigung der Fenster gegenüber der Horizontalen	**Orientierung der Fenster** 1)	**grundflächenbezogener Fensterflächenanteil f_{WG} in %**
> 60° bis ≤ 90°	Nordwest über Süd bis Nordost	10 2)
	Nordost über Nord bis Nordwest	15
≤ 60°	alle Orientierungen	7

1) Sind beim betrachteten Raum mehrere Orientierungen mit Fenstern vorhanden, ist der *kleinere* Grenzwert für f_{WG} maßgebend.

2) In den Landesbauordnungen bzw. Baudurchführungsverordnungen wird für Aufenthaltsräume $f_{WG} \geq 1/8 = 12{,}5$ % gefordert.

Sonderregelung: Bei Wohngebäuden und Gebäudeteilen zur Wohnnutzung darf generell – d. h. auch bei einem Glasvorbau gemäß Bild 2.127a – auf den Nachweis verzichtet werden, wenn für den kritischen Raum $f_{WG} \leq 35$ % eingehalten ist und sämtliche Fenster in Ost- über Süd- bis Westorientierung (ggf. inklusive Glasvorbau)

- mit außenliegenden Sonnenschutzvorrichtungen mit $F_C \leq 0{,}3$ nach Tabelle 2.54 bei einer Verglasung mit $g > 0{,}40$ oder
- mit außenliegenden Sonnenschutzvorrichtungen mit FC ≤ 0,35 nach Tabelle 2.54 bei einer Verglasung mit g ≤ 0,40

ausgeführt werden – also z. B. mit Roll- oder Fensterläden versehen werden (vgl. Tabelle 2.51).

Tabelle 2.54: Anhaltswerte für Abminderungsfaktoren F_C von fest installierten Sonnenschutzvorrichtungen (übliche dekorative Vorhänge dürfen nicht angesetzt werden, *mehrere* Einzeleinflüsse dürfen nicht kombiniert werden)

Sonnenschutzvorrichtung	**Abminderungsfaktor F_C für**		
	Sonnenschutzvergl. mit $g \leq 0{,}40$	**Wärmeschutzverglasung mit $g > 0{,}40$**	
	zweifach	**dreifach**	**zweifach**
ohne Sonnenschutzvorrichtung	1,00	1,00	1,00
innen oder zw. den Scheiben liegend:			
– weiß oder hoch reflektierende Oberfläche (≥ 60 %) mit geringer Transparenz (≤ 10 %)	0,65	0,70	0,65
– helle Farben u. geringe Transparenz (< 15 %)	0,75	0,80	0,75
– dunkle Farben oder höhere Transparenz	0,90	0,90	0,85
außen liegend:			
– Rollläden, Fensterläden ¾ geschlossen	0,35	0,30	0,30
– Rollläden, Fensterläden, geschlossen [1])	0,15	0,10	0,10
– Jalousien und Raffstores, drehbare Lamellen, 45°-Lamellenstellung	0,30	0,25	0,25
– Jalousien und Raffstores, drehbare Lamellen, 10°-Lamellenstellung [1])	0,20	0,15	0,15
– Markisen parallel zur Verglasung	0,30	0,25	0,25
– Vordächer und Markisen allg. nach Bild 2.129a, frei stehende Lamellen ohne direkte Besonnung des Fensters nach Bild 2.129b	0,55	0,50	0,50

[1]) Verdunkelt den Raum stark und sollte nicht verwendet werden, um erhöhten Energiebedarf für Kunstlicht zu vermeiden.

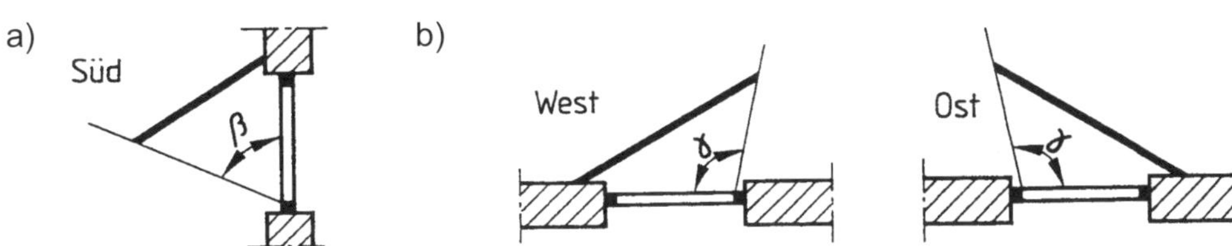

Bild 2.129: Vermeidung direkter Besonnung von Fenstern

a) *Vertikal*schnitt durch die Fassade: Bei Südorientierung muss der *vertikale* Abdeckwinkel $\beta \geq 50°$ bzw. bei West- oder Ostorientierung $\beta \geq 85°$ betragen (zu den jeweiligen Orientierungen gehören Winkelbereiche von ± 22,5°), bei Zwischenorientierungen ist ein vertikaler Abdeckwinkel $\beta \geq 80°$ erforderlich (Bild 2.130)

b) *Horizontal*schnitte durch die Fassade: Bei West- bzw. Ostorientierung muss der *horizontale* Abdeckwinkel $\gamma \geq 115°$ betragen

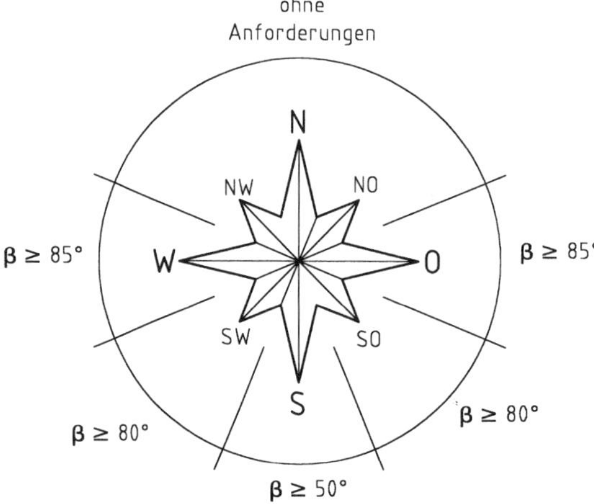

Bild 2.130: Erforderliche vertikale Abdeckwinkel β in Abhängigkeit von der Orientierung des Bauteils

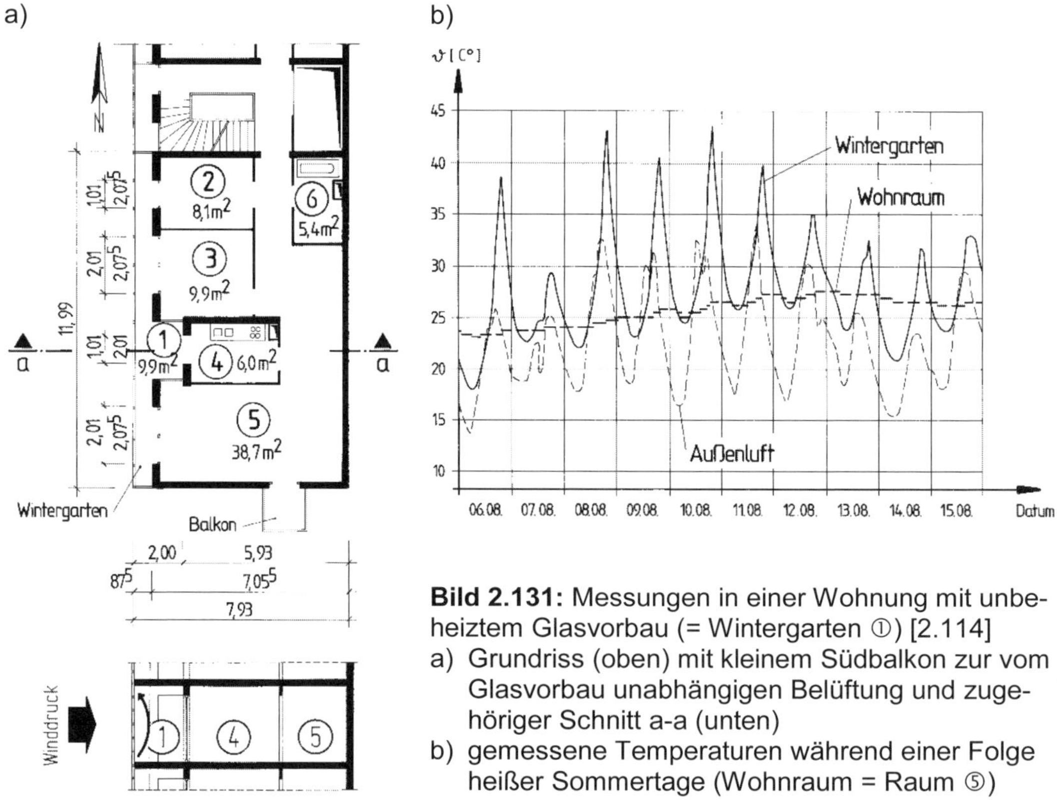

a)

b)

Bild 2.131: Messungen in einer Wohnung mit unbeheiztem Glasvorbau (= Wintergarten ①) [2.114]
a) Grundriss (oben) mit kleinem Südbalkon zur vom Glasvorbau unabhängigen Belüftung und zugehöriger Schnitt a-a (unten)
b) gemessene Temperaturen während einer Folge heißer Sommertage (Wohnraum = Raum ⑤)

Ferner gilt der Nachweis des sommerlichen Wärmeschutzes eines betrachteten Raumes auch als erfüllt bei Glasvorbauten entsprechend Bild 2.127a, wenn der Glasvorbau einen Sonnenschutz mit $F_C \leq 0{,}35$ nach Tabelle 2.54 und Lüftungsöffnungen von zusammen ≥ 10 % der Glasfläche im untersten und obersten Glasbereich aufweist (vgl. Tabelle 2.51).

Messungen in einer Wohnung mit nach Westen orientiertem, unbeheiztem Glasvorbau (= Wintergarten in Bild 2.131a) – allerdings massiv erbaut mit entsprechend großer Speichermasse – bestätigen diesen Ansatz: Während die Temperatur im Glasvorbau während einer Folge heißer Sommertage auf über 40 °C ansteigt, erreicht sie im unabhängig belüfteten Wohnraum maximal 28 °C (Bild 2.131b) [2.114].

2.15.4 Vereinfachter Nachweis des sommerlichen Wärmeschutzes

Unter den in Abschnitt 2.15.3 genannten Voraussetzungen kann der Nachweis des sommerlichen Wärmeschutzes gemäß DIN 4108-2 [2.1], 8.3, *vereinfacht* mithilfe von Sonneneintragskennwerten geführt werden – ein Verfahren, das deutlich auf der sicheren Seite liegt. Zu führen ist der Nachweis nur für *kritische Räume oder Raumbereiche* (Bild 2.132), die der Sonneneinstrahlung besonders ausgesetzt sind. Praktisch sind kritische Räume oder Raumbereiche solche, in denen der sommerliche Wärmeschutz am ungünstigsten ist – welche Räume das sind, entscheidet der Einzelfall. Meist ist es der nach Südwesten orientierte Wohnraum mit den großen Fenstern, aber auch ein ähnlich orientierter Dachraum kann kritisch sein, da dessen Speichermasse geringer ist und die schrägen Dachflächenfenster besonders viel Sonnenstrahlung aufnehmen. In diesem Fall sind auch Dachflächen, sofern sie zu Wärmeeinträgen beitragen, zu berücksichtigen. Geführt wird der Nachweis, indem der vorhandene mit einem zulässigen Sonneneintragskennwert verglichen wird.

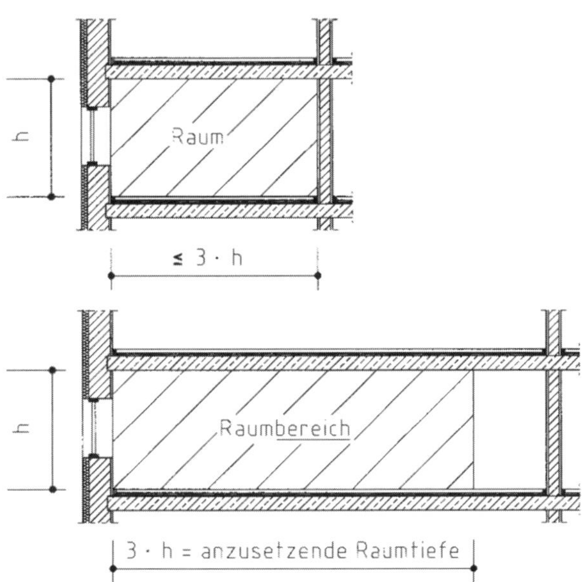

Bild 2.132: Anzusetzende Raumtiefe bei üblichen Räumen (oben) und bei tiefen Räumen (unten)

A Vorhandener Sonneneintragskennwert

Der *vorhandene* Sonneneintragskennwert S_{vorh} eines Raumes berechnet sich für alle $j = 1, 2, \ldots n$ Fenster des Raumes oder Raumbereiches als dimensionsloser Wert zu

$$S_{vorh} = \frac{\sum_j \left(A_{w,j} \cdot g_{tot,j}\right)}{A_G} \qquad (2.121)$$

$A_{w,j}$ Fläche des Fensters j des Raumes oder Raumbereiches in m² (lichte *Rohbau*öffnungsmaße, vgl. Bild 2.128 – opake Füllungen, Vorbau-Rollladenkästen o. Ä. sind nicht einzubeziehen)

A_G Nettogrundfläche des Raumes oder Raumbereiches in m² (d. h. aus lichten *Raum*maßen errechnet) – dabei ist ggf. die größte anzusetzende Raumtiefe = 3 · Raumhöhe, sodass bei tiefen Räumen nur der dadurch definierte Raum*bereich* anzusetzen ist (vgl. Bild 2.132)

$g_{tot,j}$ Gesamtenergiedurchlassgrad der Verglasung des Fensters j einschließlich Sonnenschutz berechnet zu

$$g_{tot,j} = g_j \cdot F_{C,j} \qquad (2.122)$$

darin

g_j Bemessungswert des Gesamtenergiedurchlassgrades der Verglasung des Fensters j:

- nach DIN 4108-4 [2.20], 5.1.1.2, ist das i. d. R. der deklarierte Nennwert gemäß EN 14351-1;
- sofern dieser nicht vorliegt, ist $g_j = g_{0,j} \cdot c_j$ mit $g_{0,j}$ abgeschätzt nach der dortigen Tabelle 11 und – bei Glasdicke der Außenscheibe $d >$ 6 mm – $c_j \leq 1$ gemäß der dortigen Tabelle 12

F_{Cj} dimensionsloser Abminderungsfaktor für Sonnenschutzvorrichtungen vor dem Fenster j gemäß Tabelle 2.54 mit Bild 2.129 und Bild 2.130

Die Abminderungsfaktoren für Sonnenschutzvorrichtungen F_c hängen in Tabelle 2.54 ab von der Art der Verglasung. Bild 2.133 zeigt die Ermittlung des Gesamtenergiedurchlassgrades $g_{tot,j}$ zweier Verglasungen einschließlich Sonnenschutz (hier außen liegende Raffstores mit drehbaren Lamellen bei 10° Lamellenstellung). Dabei ergeben sich bei Wärmeschutz- bzw. Sonnenschutzverglasungen unterschiedliche Abminderungsfaktoren F_c [2.227].

B Zulässiger Höchstwert des Sonneneintragskennwerts

Der zulässige Höchstwert des Sonneneintragskennwerts S_{max} wird wie folgt bestimmt:

$$S_{max} = \Sigma S_x \qquad (2.123)$$

S_x anteiliger Sonneneintragskennwert nach Tabelle 2.55 oder Tabelle 2.56

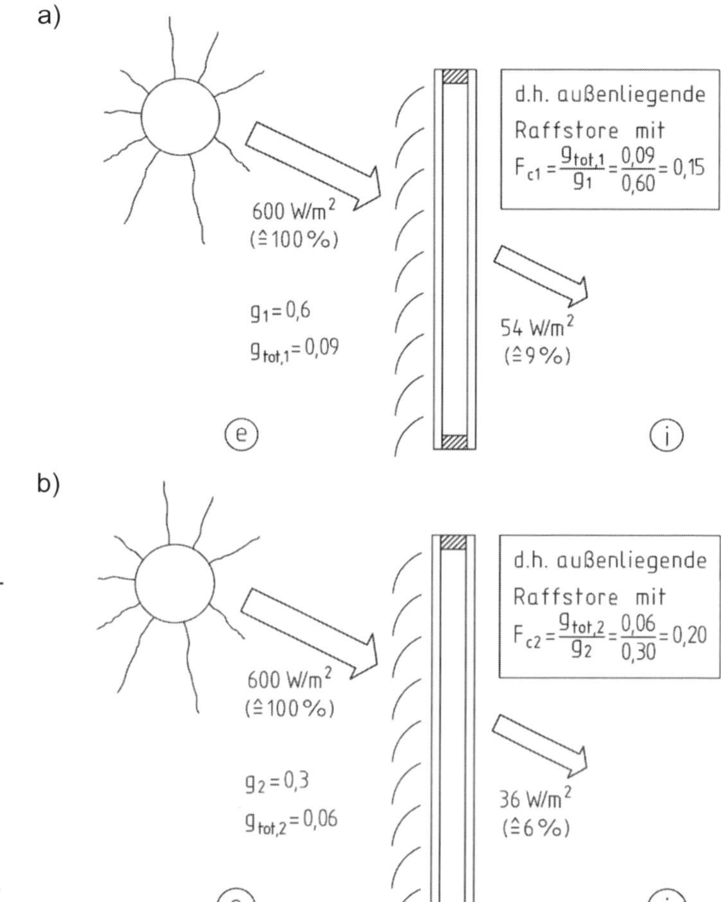

Bild 2.133: Ermittlung des Gesamtenergiedurchlassgrades $g_{tot,j}$ zweier Verglasungen einschließlich Sonnenschutz durch außen liegende Raffstores mit drehbaren Lamellen bei 10° Lamellenstellung (nach [2.227])
a) bei Wärmeschutzverglasung mit g_1 = 0,60
b) bei Sonnenschutzverglasung mit g_2 = 0,30

Darin ist der grundlegende erste Anteil S_1 abhängig von der Klimaregion (Bild 2.134), von der Bauart (Tabelle 2.57) und der Höhe der Nachtlüftung. Der Anteil S_2 wird bei geringem grundflächenbezogenen Fensterflächenanteil f_{WG} positiv, bei hohem f_{WG} negativ.

Die Anteile S_4 und S_5 sind abhängig vom dimensionslosen *Neigungsfaktor* f_{neig} bzw. dem dimensionslosen *Nordfaktor* f_{nord}:

$$f_{neig} = A_{W,neig} \,/\, A_{W,gesamt} \tag{2.124}$$

$$f_{nord} = A_{W,nord} \,/\, A_{W,gesamt} \tag{2.125}$$

$A_{W,neig}$ geneigte Fensterfläche des Raumes bzw. Raumbereichs einschließlich Dachfenster in m² (lichte Rohbauöffnung, vgl. Bild 2.128)

$A_{W,nord}$ nord-, nordost- und nordwestorientierte Fensterfläche des Raumes bzw. Raumbereichs in m², soweit die Neigung gegenüber der Horizontalen > 60° beträgt, sowie Fensterflächen, die dauernd vom Gebäude selbst verschattet sind

$A_{W,gesamt} = \Sigma\ A_{W,j}$ als gesamte solarwirksame Fensterfläche des Raumes bzw. Raumbereichs in m²

Tabelle 2.55: *Anteilige* Sonneneintragskennwerte zur Bestimmung des *zulässigen* Sonneneintragskennwertes für *Wohngebäude*

		anteiliger Sonneneintragskennwert in Klimaregion [1]		
		A	**B**	**C**
***S*₁: Nachtlüftung, Bauart und Klimaregion**				
Nachtlüftung:	Bauart [2]:			
Ohne	– leicht	0,071	0,056	0,041
	– mittel	0,080	0,067	0,054
	– schwer	0,087	0,074	0,061
erhöht ($n_{Nacht} \geq 2\ h^{-1}$)	– leicht	0,098	0,088	0,078
Regelfall bei Wohnnutzung; auch bei	– mittel	0,114	0,103	0,092
entsprechender Lüftungsanlage	- schwer	0,125	0,113	0,101
hoch ($n_{Nacht} \geq 5\ h^{-1}$)	– leicht	0,128	0,117	0,105
bei geschossübergreifender Nachtlüftung;	– mittel	0,160	0,152	0,143
auch bei entsprechender Lüftungsanlage	- schwer	0,181	0,171	0,160
S_2: Grundflächenbezogener Fensterflächenanteil [3] $S_2 = a - (b \cdot f_{WG})$ mit f_{WG} nach Gl. (2.120) und		$a = 0{,}060$ $b = 0{,}231$		
S_3: Sonnenschutzverglasung mit $g \leq 0{,}4$ [4]		0,030		
S_4: Fensterneigung ≤ 60°gegenüber der Horizontalen		$-\,0{,}035 \cdot f_{neig}$		
S_5: Orientierung nord-, nordost- oder nordwestorientierte Fenster, soweit deren Neigung gegenüber der Horizontalen > 60° beträgt, sowie dauernd vom Gebäude verschattete Fenster		$+\,0{,}100 \cdot f_{nord}$		
S_6: Einsatz passiver Kühlung [5]	Bauart [2]:			
	– leicht	0,020		
	– mittel	0,040		
	- schwer	0,060		

[1]) Nach Bild 2.134.

[2]) Ohne Nachweis der wirksamen Wärmekapazität ist von leichter Bauart auszugehen, Randbedingungen für mittlere und schwere Bauart s. Tabelle 2.57.

[3]) Durch S_2 erfolgt eine Korrektur von S_1 in der Form, dass für f_{WG} < 25 % S_2 *positiv*, für f_{WG} > 25 % S_2 *negativ* wird.

[4]) Als gleichwertig gilt eine Sonnenschutzvorrichtung, die die diffuse Strahlung *nutzerunabhängig permanent* reduziert und dadurch $g_{tot} \leq 0{,}4$ erreicht.

[5]) Keine elektrische Kälteerzeugung, nur das Kühlmedium wird mit elektrischem Strom transportiert, z. B. bei Kühldecken oder Erdwärmetauschern (s. Abschnitt 4.5.1).

Tabelle 2.56: *Anteilige* Sonneneintragskennwerte zur Bestimmung des *zulässigen* Sonneneintragskennwertes für *Nichtwohngebäude*

		anteiliger Sonneneintragskennwert in Klimaregion [1]		
		A	**B**	**C**
S_1: Nachtlüftung, Bauart und Klimaregion				
Nachtlüftung:	Bauart [2]):			
ohne	– leicht	0,013	0,007	0,000
	– mittel	0,020	0,013	0,006
	- schwer	0,025	0,018	0,011
erhöht ($n_{Nacht} \geq 2\ h^{-1}$) bei entsprechender Lüftungsanlage	– leicht	0,071	0,060	0,048
	– mittel	0,089	0,081	0,072
	- schwer	0,101	0,092	0,083
hoch ($n_{Nacht} \geq 5\ h^{-1}$) bei geschossübergreifender Nachtlüftung; auch bei entsprechender Lüftungsanlage	– leicht	0,090	0,082	0,074
	– mittel	0,135	0,124	0,113
	- schwer	0,170	0,158	0,145
S_2: Grundflächenbezogener Fensterflächenanteil [3]) $S_2 = a - (b \cdot f_{WG})$ mit f_{WG} nach Gl. (2.120) und		$a = 0{,}030$ $b = 0{,}115$		
S_3: Sonnenschutzverglasung mit $g \leq 0{,}4$ [4])		0,030		
S_4: Fensterneigung ≤ 60°gegenüber der Horizontalen		$-0{,}035 \cdot f_{neig}$		
S_5: Orientierung nord-, nordost- oder nordwestorientierte Fenster, soweit deren Neigung gegenüber der Horizontalen > 60° beträgt, sowie dauernd vom Gebäude verschattete Fenster		$+0{,}100 \cdot f_{nord}$		
S_6: Einsatz passiver Kühlung [5])	Bauart [2]):			
	– leicht	0,020		
	– mittel	0,040		
	- schwer	0,060		

[1]) Nach Bild 2.134.

[2]) Ohne Nachweis der wirksamen Wärmekapazität ist von leichter Bauart auszugehen, Randbedingungen für mittlere und schwere Bauart s. Tabelle 2.57.

[3]) Durch S_2 erfolgt eine Korrektur von S_1 in der Form, dass für f_{WG} < 25 % S_2 *positiv*, für f_{WG} > 25 % S_2 *negativ* wird.

[4]) Als gleichwertig gilt eine Sonnenschutzvorrichtung, die die diffuse Strahlung *nutzerunabhängig permanent* reduziert und dadurch $g_{tot} \leq 0{,}4$ erreicht.

[5]) Keine elektrische Kälteerzeugung, nur das Kühlmedium wird mit elektrischem Strom transportiert, z. B. bei Kühldecken oder Erdwärmetauschern (s. Abschnitt 4.5.1).

Hinweis: Je höher S_{max} wird, desto günstiger wird folgender Nachweis, d. h., der negative Neigungsfaktor wirkt ungünstig!

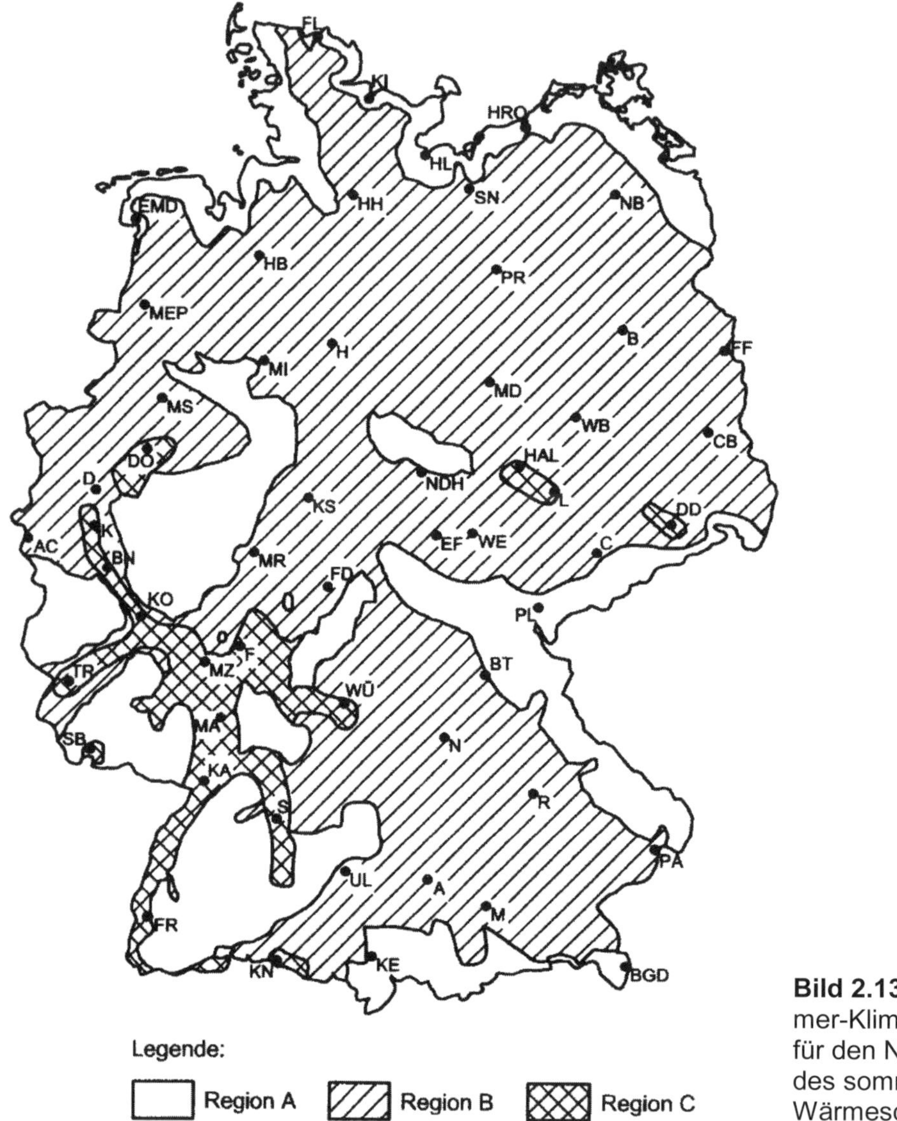

Bild 2.134: Sommer-Klimaregionen für den Nachweis des sommerlichen Wärmeschutzes

C Nachweis des sommerlichen Wärmeschutzes mit Sonneneintragskennwerten

Der Nachweis des sommerlichen Wärmeschutzes erfolgt nun zu

$$S_{vorh} \leq S_{max} \tag{2.126}$$

Tabelle 2.57: Randbedingungen für mittlere und schwere Bauart

<table>
<tr><th>mittlere Bauart</th><th>schwere Bauart</th></tr>
<tr><td>50 Wh/(K · m²) ≤ C_{wirk}/A_G ≤ 130 Wh/(K · m²) [1])</td><td>C_{wirk}/A_G > 130 Wh/(K · m²) [1])</td></tr>
<tr><td>oder vereinfacht:
– massive Innen- und Außenbauteile mit flächenanteilig gemittelter Rohdichte ρ_m ≥ 600 kg/m³ und</td><td>oder vereinfacht:
– massive Innen- und Außenbauteile mit flächenanteilig gemittelter Rohdichte ρ_m ≥ 1600 kg/m³ und</td></tr>
<tr><td colspan="2">– Stahlbetondecken
– keine innenliegende Wärmedämmung an den Außenwänden
– keine abgehängten oder thermisch abgedeckten Decken
– keine hohen Räume (> 4,50 m) wie Turnhallen, Museen usw.</td></tr>
</table>

[1]) Wirksame Wärmekapazität C_{wirk} berechnet nach EN ISO 13786 [2.219] für eine Periodendauer von 1 Tag (s. Gl. (2.118) in Abschnitt 2.15.2).

Hinweis: Für baupraktische Nachweise kann es – bei gleicher Ausführung aller Fenster $j = 1, 2, \ldots n$ (d. h. auch $g = const.$) im Raum oder Raumbereich – sinnvoll sein, Gl. (2.121) und Gl. (2.123) in Gl. (2.126) einzusetzen und nach $F_{C,max} = const.$ aufzulösen, um mithilfe von Tabelle 2.54 für alle Fenster den gleichen Sonnenschutz mit $F_{C,vorh} \leq F_{C,max}$ zu wählen [2.222]:

$$F_{C,\max} = \frac{A_G \cdot \sum S_x}{g \cdot \sum_j A_{w,j}} \qquad (2.127)$$

Beispiel 2.16: Nachweis des sommerlichen Wärmeschutzes

Aufgabe: Der in Bild 2.135 dargestellte Raum sei der kritische Raum eines Wohngebäudes, für den der Nachweis des sommerlichen Wärmeschutzes mit dem Verfahren Sonneneintragskennwerte nach DIN 4108-2 [2.1], 8.3, zu führen ist. Bei diesem Raum handle es sich

- um einen Wohnraum in einem Mehrfamilienhaus
- im Zentrum Hamburgs
- mit Wärmeschutzverglasung mit $g = 0{,}58$ (deklariert nach EN 1279-5) in den Fenstern, vor denen (möglichst) *kein* Sonnenschutz vorzusehen ist.

Lösung: Zuerst werden die notwendigen Flächen berechnet; die Fensterflächen errechnen sich mit lichten Rohbaumaßen zu

$$A_{w1} = 1{,}885 \text{ m} \cdot 2{,}26 \text{ m} \qquad = 4{,}260 \text{ m}^2$$
$$A_{w2} = 0{,}51 \text{ m} \cdot 1{,}26 \text{ m} \qquad = \underline{0{,}643 \text{ m}^2}$$
$$\text{d. h. } A_W \qquad = 4{,}903 \text{ m}^2$$

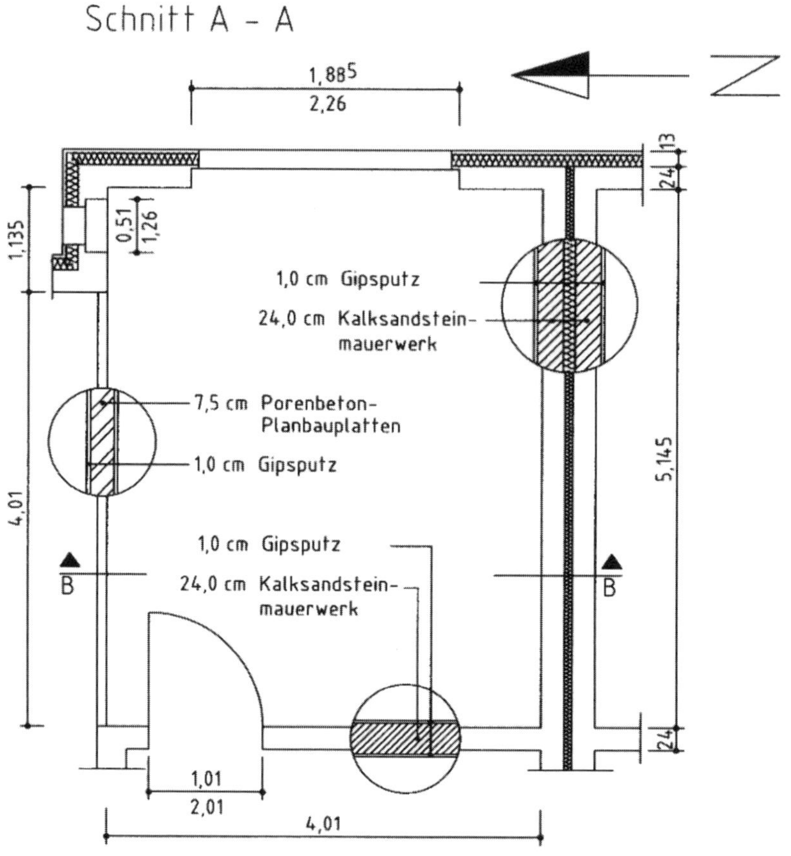

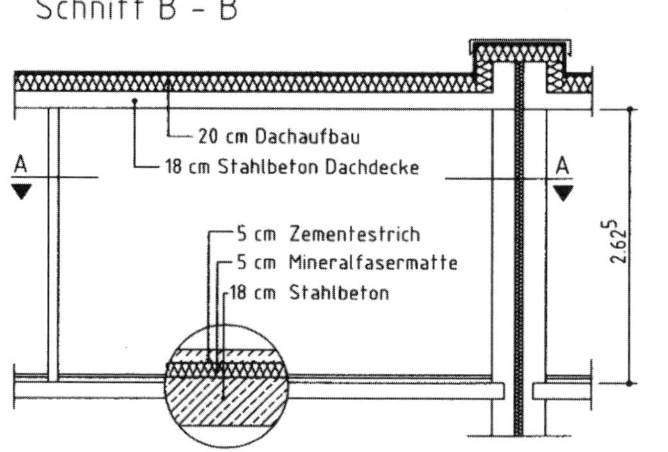

Bild 2.135: In Beispiel 2.16 für den sommerlichen Wärmeschutz nachzuweisender Raum

Außenwand- und Dachfläche ergeben sich mit Außenmaßen (bei den Innenwänden jedoch Wandmitte angenommen) sowie mit der Höhe der Außenwand von OK Rohdecke bis OK Flachdachaufbau zu

$$A_{AW} = (4{,}01\ \text{m} + 2 \cdot 0{,}24\ \text{m} + 0{,}13\ \text{m}) \cdot (2{,}625\ \text{m} + 0{,}18\ \text{m} + 0{,}20\ \text{m}) + 1{,}135\ \text{m} \cdot (2{,}625\ \text{m} + 0{,}18\ \text{m} + 0{,}20\ \text{m}) - 4{,}903\ \text{m}^2 = 13{,}883\ \text{m}^2 + 3{,}411\ \text{m}^2 - 4{,}903\ \text{m}^2 = 12{,}391\ \text{m}^2$$

$$A_D = (4{,}01\ \text{m} + 2 \cdot 0{,}24\ \text{m} + 0{,}13\ \text{m}) \cdot 1{,}135\ \text{m} + (4{,}01\ \text{m} + 0{,}24\ \text{m} + 0{,}075\ \text{m}/2) \cdot (4{,}01\ \text{m} + 0{,}24\ \text{m} + 0{,}13\ \text{m} + 0{,}24\ \text{m}/2) = 24{,}537\ \text{m}^2$$

Ferner wird die Raumgrundfläche mit *lichten* Raummaßen, an jeder Wand 1 cm Putz abgezogen, zu

$$A_G = (4{,}01\ \text{m} - 2 \cdot 0{,}01\ \text{m}) \cdot (5{,}145\ \text{m} - 2 \cdot 0{,}01\ \text{m}) = 3{,}99\ \text{m} \cdot 5{,}125\ \text{m} = 20{,}449\ \text{m}^2$$

Damit kann nach Tabelle 2.51 der Nachweis nicht entfallen, da

– der grundflächenbezogene Fensterflächenanteil des Raumes nach Gl. (2.120) mit

$$f_{WG} = (4{,}903\ \text{m}^2 / 20{,}449\ \text{m}^2) \cdot 100 = 24{,}0\ \% > 10\ \%$$

liegt (vgl. Tabelle 2.53) und

– der Wohnraum *nicht* mit Roll- oder Fensterläden (mit $F_C \leq 0{,}3$ bei vorliegender Verglasung mit $g > 0{,}40$) vor dem ostorientierten Fenster versehen ist.

Ferner ist nach Tabelle 2.51 der vereinfachte Nachweis mit Sonneneintragskennwerten zulässig, da es sich um ein Gebäude ohne Doppelfassade, ohne transparente Wärmedämmung (TWD) und ohne unbeheizten Glasvorbau handelt.

A Mit Gl. (2.122) und Tabelle 2.54 wird der Gesamtenergiedurchlassgrad der gegebenen Verglasung *ohne* Sonnenschutzvorrichtung (d. h. $F_C = 1{,}00$) zu

$$g_{tot} = 0{,}58 \cdot 1{,}00 = 0{,}58$$

Mit Gl. (2.121) wird nun der *vorhandene Sonneneintragskennwert* zu

$$S_{vorh} = (4{,}260 \cdot 0{,}58 + 0{,}642 \cdot 0{,}58) / 20{,}449 = 0{,}139$$

B Entsprechend Tabelle 2.57 liegt mit

$$vorh\ C_{wirk} / A_G = 3570\text{Wh/K} / 20{,}45\ \text{m}^2 = 175\ \text{Wh/(K} \cdot \text{m}^2) > 130\ \text{Wh/(K} \cdot \text{m}^2)$$

schwere Bauart vor. Alternativ kann nach Tabelle 2.57 vereinfacht die flächenanteilig gemittelte Rohdichte der hier massiven Innen- und Außenbauteile mit den Werten aus Tabelle 2.58, zweite und vorletzte Spalte, berechnet werden (leichte Trennwand bei Rohdichte sichere Seite):

$$\rho_m = (24{,}54 \cdot 2400 + 20{,}45 \cdot 2000 + (12{,}39 + 12{,}94 + 8{,}04) \cdot 1200 + 10{,}10 \cdot 500) / (24{,}54 + 20{,}45 + 12{,}39 + 12{,}94 + 8{,}04 + 10{,}10) = 144890 / 88{,}46 = 1638\ \text{kg/m}^3 \geq 1600\ \text{kg/m}^3$$

Tabelle 2.58: Berechnung der wirksamen Wärmekapazität nach Gl. (2.118) mit Tabelle 2.50 (Innenbauteile auf der sicheren Seite mit den lichten Maßen angesetzt)

Bauteilschicht	***A*** **in m²**	***d*** **in m**	**$\lambda_{Dä}$ in W/(m·K)**	**$d_{Dä}/\lambda_{Dä}$ in m²·K/W**	**c_p in Wh/(kg·K)**	**ρ in kg/m³**	**$c_p \cdot \rho \cdot d \cdot A$ in Wh/K**
Dachdecke: – Normalbeton	24,54 (s. o.)	0,10	-	-	1000/3600	2400	1636
Fußboden: – Estrich – Dämmung	20,45 (s. o.)	0,05 0,05	- 0,040 < 0,1	- 1,25 ≥ 0,25	1000/3600	2000	568
Außenwand: – Gipsputz – KS-MW	12,39 (s. o.)	0,01 0,09	- -	- -	1000/3600 1000/3600	1200 1400	41 434
Gebäude-trennwand: – Gipsputz – KS-MW	5,125 · 2,525 = 12,94	0,01 0,09	- .	- -	1000/3600 1000/3600	1200 1400	43 453
schwere Innenwand: – Gipsputz – KS-MW	3,99 · 2,525 – 2,01 · 1,01 = 8,04	0,01 0,09	- -	- -	1000/3600 1000/3600	1200 1400	27 282
leichte Trenn-wand – Gipsputz – Porenbeton	4,00 · 2,525 = 10,10	0,01 0,038	- 0,16 ≥ 0,1	- -	1000/3600 1000/3600	1200 500	34 53
						C_{wirk} =	3570

Da ferner Stahlbetondecken vorliegen, weder Innendämmung an den Außenwänden noch eine abgehängte Decke vorgesehen sind und die Raumhöhe 4,50 m nicht überschreitet, kann nach Tabelle 2.57 auch *vereinfacht* von schwerer Bauart ausgegangen werden.

Nun errechnet sich der *zulässige Höchstwert* mit Tabelle 2.55:

- erhöhte Nachtlüftung bei schwerer Bauart in Klimaregion B $S_1 = +\,0{,}113$
- für den grundflächenbezogenen Fensterflächenanteil $f_{WG} = 0{,}186$ wird $S_2 = 0{,}060 - (0{,}231 \cdot 0{,}240)$ $= +\,0{,}005$
- Sonnenschutzverglasung mit $g \leq 0{,}4$ ist nicht vorgesehen, d. h. $S_3 = +\,0{,}000$
- Fensterneigung $\leq 60°$ gegenüber der Horizontalen fehlt, d. h. $S_4 = +\,0{,}000$
- für das nordorientierte Fenster mit $f_{nord} = 0{,}643 \,/\, 4{,}903 = 0{,}131$ wird $S_5 = +\,0{,}100 \cdot 0{,}131$ $= +\,0{,}013$
- Einsatz passiver Kühlung ist nicht vorgesehen, d. h. $S_6 = +\,0{,}000$

$S_{max} = +\,0{,}131$

C Damit wird der abschließende Nachweis nach Gl. (2.126) *nicht* erfüllt:

$$S_{vorh} = 0{,}139 \nleq 0{,}131 = S_{max}$$

Bauliche Verbesserung: Bei Wahl des *gleichen* Sonnenschutzes vor allen *identisch* verglasten Fenstern wird nach Gl. (2.127)

$$F_{C,max} = A_G \cdot \Sigma S_x / (g \cdot \Sigma A_{w,j}) = 20{,}45\ m^2 \cdot 0{,}131 / (0{,}58 \cdot 4{,}903\ m^2) = 0{,}942$$

Gewählt aus Tabelle 2.54 festinstallierter innenliegender Sonnenschutz mit höherer Transparenz mit (bei Zwei-Scheiben-Wärmeschutzverglasung) $F_{C,real} = 0{,}85 \leq 0{,}942 = F_{C,max}$, um den Nachweis zu erfüllen.

(Dieses Beispiel findet sich auch zum Download unter www.beuth-mediathek.de oder www.hmarquardt.de in Excel-Tabellen – andere kostenlose Excel-Tabellen zum sommerlichen Wärmeschutz stellt z. B. das Institut Wohnen und Umwelt (IWU) zur Verfügung [2.228], zwei weitere Rechenbeispiele finden sich im VFF-Merkblatt ES.04 [2.227].)

Hinweis: Wäre die Wohnung im EG gelegen, wäre eine erhöhte Lüftung während der zweiten Nachthälfte wegen des mangelnden Diebstahlschutzes praktisch nicht möglich; der vereinfachte Nachweis würde damit ungünstiger!

Alternativ *rechnerische Verbesserung* des ursprünglichen Beispiels: Gemäß Tabelle 2.40 (rechte Spalte unten) darf auf Wunsch auch die dynamisch-thermische Simulation angewandt werden. Verwendet man hierfür das thermische Raummodell THERAKLES 3.3 der TU Dresden [2.229] und setzt gemäß DIN 4108-2 [2.1], 8.4.2, erhöhte Taglüftung von $n_{Tag} = 3\ h^{-1}$ und erhöhte Nachtlüftung von $n_{Nacht} = 2\ h^{-1}$ an, so ergeben sich Übertemperaturgradstunden von 121 Kh/a ≤ 1200 Kh/a (vgl. Tabelle 2.52), sodass die Anforderungen nach DIN 4108-2 auch *ohne* Sonnenschutzmaßnahmen eingehalten sind.

Erwartungsgemäß liegt der vereinfachte Nachweis auf der sicheren Seite; d. h., bei gleicher Konstruktion erzielt man mit dynamisch-thermischer Simulation ein günstigeres Ergebnis. In der Praxis wird daher der sommerliche Wärmeschutz zunehmend mit dynamisch-thermischer Simulation nachgewiesen.

2.16 Literatur zum Kapitel 2

[2.1] DIN 4108-2:2013-02: Wärmeschutz und Energie-Einsparung in Gebäuden – Teil 2: Mindestanforderungen an den Wärmeschutz.

[2.2] Richter, W.: Probleme und Wege an der Schnittstelle Technische Gebäudeausrüstung – Baukörper. In: Deutscher Beton- und Bautechnik-Verein E. V. (Hrsg.): Vorträge auf dem Deutschen Betontag vom 21. bis 23. April 1999 in Berlin. Berlin: Ernst & Sohn 2000, S. 112–118.

[2.3] Jenisch, R.: Wärme. In: Lutz, P. u .a.: Lehrbuch der Bauphysik: Schall, Wärme, Feuchte, Licht, Brand. 2. Aufl. Stuttgart: Teubner 1989.

[2.4] DIN 52614:1974-12: Bestimmung der Wärmeableitung von Fußböden (zurückgezogen).

[2.5] Verordnung über einen energiesparenden Wärmeschutz bei Gebäuden (Wärmeschutzverordnung) vom 11. August 1977. BGBl. I, S. 1554 ff.

[2.6] Verordnung über einen energiesparenden Wärmeschutz bei Gebäuden (Wärmeschutzverordnung) vom 24. Februar 1982. BGBl. I vom 27.02.1982, S. 209 ff.

[2.7] Verordnung über einen energiesparenden Wärmeschutz bei Gebäuden (Wärmeschutzverordnung) vom 16. Aug. 1994. BGBl. I vom 24.08.1994, S. 2121 ff.

[2.8] Verordnung über einen energiesparenden Wärmeschutz und energiesparende Anlagentechnik bei Gebäuden (Energieeinsparverordnung – EnEV) vom 16. Nov. 2001. BGBl. I vom 21. Nov. 2001, S. 3085–3102.

[2.9] Verordnung über einen energiesparenden Wärmeschutz und energiesparende Anlagentechnik bei Gebäuden (Energieeinsparverordnung – EnEV) vom 2. Dez. 2004. BGBl. I vom 07. Dez. 2004.

[2.10] Verordnung über energiesparenden Wärmeschutz und energiesparende Anlagentechnik bei Gebäuden (Energieeinsparverordnung – EnEV) vom 24. Juli 2007. BGBl. I vom 26.07.2007, S. 1519 ff.

[2.11] Verordnung zur Änderung der Energieeinsparverordnung vom 29. April 2009. BGBl. I vom 30.04.2009, S. 954 ff.

[2.12] Zweite Verordnung zur Änderung der Energieeinsparverordnung vom 18. November 2013. BGBl. I vom 21. November 2013, S. 3951 ff.

[2.13] Gesetz zur Vereinheitlichung des Energieeinsparrechts für Gebäude und zur Änderung weiterer Gesetze vom 08.08.2020. BGBl. I Nr. 37 vom 13.08.2020, S. 1728–1794.

[2.14] Gesetz zu Sofortmaßnahmen für einen beschleunigten Ausbau der erneuerbaren Energien und weiteren Maßnahmen im Stromsektor vom 20. Juli 2022. BGBl. I Nr. 28 vom 28.07.2022 (Artikel 18a und Artikel 20).

[2.15] DIN 4108-3:2018-10: Wärmeschutz und Energie-Einsparung in Gebäuden – Teil 3: Klimabedingter Feuchteschutz – Anforderungen, Berechnungsverfahren und Hinweise für Planung und Ausführung.

[2.16] Spitzner, M.: Neue DIN 4108-2 – ‚Mindestanforderungen an den Wärmeschutz'. wksb Nr. 69 (2013), S. 15–26.

[2.17] Rabenstein, D.: Energieoptimierte Gebäudeform und Hüllflächen-zu-Volumen-Verhältnis. Bauphysik 23 (2001), H. 6, S. 344–349.

[2.18] Krusche, P.; Krusche, M.; Althaus, D.; Gabriel, I.: Ökologisches Bauen. Hrsg. vom Umweltbundesamt. Wiesbaden und Berlin: Bauverlag 1982.

[2.19] Leiermann, H.: Das Niedrigenergiehaus. München: Ytong AG 7/1994.

[2.20] DIN 4108-4:2017-03: Wärmeschutz und Energie-Einsparung in Gebäuden – Teil 4: Wärme- und feuchteschutztechnische Bemessungswerte.

[2.21] DIN V 4108-4:2004-07: Wärmeschutz und Energie-Einsparung in Gebäuden – Teil 4: Wärme- und feuchteschutztechnische Bemessungswerte (ersetzt durch [2.20]).

[2.22] Wesche, K.: Baustoffe für tragende Bauteile, Band 1: Grundlagen. 3. Aufl. Wiesbaden und Berlin: Bauverlag 1996.

[2.23] Bachmann, H.: Hochbau für Ingenieure – Eine Einführung. 2. Aufl. Zürich: vdf/ Stuttgart: Teubner 1997.

[2.24] DIN EN 12664:2001-05: Wärmetechnisches Verhalten von Baustoffen und Bauprodukten – Bestimmung des Wärmedurchlasswiderstandes nach dem Verfahren mit dem Plattengerät und dem Wärmestrommessplatten-Gerät; Trockene und feuchte Produkte mit mittlerem und niedrigem Wärmedurchlasswiderstand.

[2.25] DIN EN 12667:2001-05: Wärmetechnisches Verhalten von Baustoffen und Bauprodukten – Bestimmung des Wärmedurchlasswiderstandes nach dem Verfahren mit dem Plattengerät und dem Wärmestrommessplatten-Gerät; Trockene und feuchte Produkte mit hohem und mittlerem Wärmedurchlasswiderstand.

[2.26] DIN EN 12939:2001-02: Wärmetechnisches Verhalten von Baustoffen und Bauprodukten – Bestimmung des Wärmedurchlasswiderstandes nach dem Verfahren mit dem Plattengerät und dem Wärmestrommessplatten-Gerät; Dicke Produkte mit hohem und mittlerem Wärmedurchlasswiderstand.

[2.27] DIN EN ISO 10456:2010-05: Baustoffe und Bauprodukte – Wärme- und feuchtetechnische Eigenschaften – Tabellierte Bemessungswerte und Verfahren zur Bestimmung der wärmeschutztechnischen Nenn- und Bemessungswerte.

[2.28] DIN EN 13162:2015-04: Wärmedämmstoffe für Gebäude – Werkmäßig hergestellte Produkte aus Mineralwolle (MW) – Spezifikation.

[2.29] DIN EN 13163:2017-02: Wärmedämmstoffe für Gebäude – Werkmäßig hergestellte Produkte aus expandiertem Polystyrol (EPS) – Spezifikation.

[2.30] DIN EN 13164:2015-04: Wärmedämmstoffe für Gebäude – Werkmäßig hergestellte Produkte aus extrudiertem Polystyrolschaum (XPS) – Spezifikation.

[2.31] DIN EN 13165:2016-09: Wärmedämmstoffe für Gebäude – Werkmäßig hergestellte Produkte aus Polyurethan-Hartschaum (PU) – Spezifikation.

[2.32] DIN EN 13166:2016-09: Wärmedämmstoffe für Gebäude – Werkmäßig hergestellte Produkte aus Phenolharzhartschaum (PF) – Spezifikation.

[2.33] DIN EN 13167:2015-04: Wärmedämmstoffe für Gebäude – Werkmäßig hergestellte Produkte aus Schaumglas (CG) – Spezifikation.

[2.34] DIN EN 13168:2015-04: Wärmedämmstoffe für Gebäude – Werkmäßig hergestellte Produkte aus Holzwolle (WW) – Spezifikation.

[2.35] DIN EN 13169:2015-04: Wärmedämmstoffe für Gebäude – Werkmäßig hergestellte Produkte aus Blähperlit (EPB) – Spezifikation.

[2.36] DIN EN 13170:2015-04: Wärmedämmstoffe für Gebäude – Werkmäßig hergestellte Produkte aus expandiertem Kork (ICB) – Spezifikation.

[2.37] DIN EN 13171:2015-04: Wärmedämmstoffe für Gebäude – Werkmäßig hergestellte Produkte aus Holzfasern (WF) – Spezifikation.

[2.38] DIN 4108-10:2021-11: Wärmeschutz und Energie-Einsparung in Gebäuden – Teil 10: Anwendungsbezogene Anforderungen an Wärmedämmstoffe.

[2.39] Albrecht, W.: Ist der Dämmstoffmarkt noch überschaubar? In: Oswald, R. (Hrsg.): Dauerstreitpunkte – Beurteilungsprobleme bei Dach, Wand und Keller. Aachener Bausachverständigentage 2009. Wiesbaden: Vieweg + Teubner 2009, S. 58–68.

[2.40] DIN EN 13172:2012-04: Wärmedämmstoffe – Konformitätsbewertung.

[2.41] Dämmen durch Vakuum. Hocheffizienter Wärmeschutz für Gebäudehülle und Fenster. Themeninfo I/2011. Karlsruhe: BINE Informationsdienst 2011.

[2.42] Jenisch, R.: Wärme. In: Lutz, P.; ...: Lehrbuch der Bauphysik: Schall, Wärme, Feuchte, Licht, Brand, Klima. 5. Aufl. Stuttgart: Teubner 2002.

[2.43] Tschegg, E.; Heindl, W.; Sigmund, A.: Grundzüge der Bauphysik: Akustik, Wärmelehre, Feuchtigkeit. Wien und New York: Springer 1984.

[2.44] DIN EN ISO 7345:2018-07: Wärmeverhalten von Gebäuden und Baustoffen – Physikalische Größen und Definitionen.

[2.45] DIN EN ISO 6946:2008-04: Bauteile – Wärmedurchlasswiderstand und Wärmedurchgangskoeffizient – Berechnungsverfahren.

[2.46] Hagentoft, C.-E.: Introduction to Building Physics. Lund: Studentlitteratur 2001.

[2.47] Zürcher, C.; Frank, T.: Bauphysik. Leitfaden „Bau und Energie“, Band 2. 2. Aufl. Zürich: vdf Hochschulverlag 2004.

[2.48] Worch, A.: Untersuchungen zum Übergangsverhalten von Wasserdampf an Baustoffoberflächen. 11. Bauklimatisches Symposium, Dresden, 26. bis 30.09.2002, Tagungsbeiträge Band 1, hrsg. von P. Häupl und J. Roloff. Dresden: Eigenverlag der TU Dresden 2002, S. 450 ff.

[2.49] Ackermann, T.: Bestimmung des U-Wertes und R-Wertes von Bauteilen mit Luftschichten. wksb Neue Folge (2001), H. 47, S. 1–8.

[2.50] Gösele, K.; Schüle, W.; Künzel, H.: Schall – Wärme – Feuchte. 10. Aufl. Wiesbaden: Bauverlag 1997.

[2.51] Marquardt, H.: Geneigte Dächer. In: Fouad, N. A. (Hrsg.): Lehrbuch der Hochbaukonstruktionen. 4. Aufl. Wiesbaden: Springer Vieweg 2013, S. 393–446.

[2.52] Ackermann, T.: DIN 4108 Teil 2, 3 – Neuerungen und Kritik. In: BuFAS e. V. (Hrsg.): Messen, Planen, Ausführen – 24. Hanseatische Sanierungstage. Berlin: Beuth 2013, S. 197–212.

[2.53] DIN 1053-1:1996-11: Mauerwerk – Berechnung und Ausführung (ersetzt durch DIN EN 1996-1-1/NA: 2012-05: Nationaler Anhang – National festgelegte Parameter – Eurocode 6: Bemessung und Konstruktion von Mauerwerksbauten – Teil 1-1: Allgemeine Regeln für bewehrtes und unbewehrtes Mauerwerk).

[2.54] DIN EN ISO 13789:2008-04: Wärmetechnisches Verhalten von Gebäuden – Spezifischer Transmissions- und Lüftungswärmedurchgangskoeffizient – Berechnungsverfahren.

[2.55] DIN EN 1996-2/NA:2012-01: Nationaler Anhang – National festgelegte Parameter – Eurocode 6: Bemessung und Konstruktion von Mauerwerksbauten – Teil 2: Planung, Auswahl der Baustoffe und Ausführung von Mauerwerk.

[2.56] Cziesielski, E.; Marquardt, H.: Flachdächer mit Abdichtungen. In: Cziesielski, E. (Hrsg.): Lehrbuch der Hochbaukonstruktionen. 3. Aufl. Stuttgart: Teubner 1997, S. 201–281.

[2.57] Cziesielski, E.; Fechner, O.: Experimentelle Untersuchung zum ΔU-Wert bekiester Umkehrdächer mit wasserableitender Trennlage. Bauphysik 23 (2001), H. 5, S. 288–297.

[2.58] DIN EN ISO 8990:1996-09: Wärmeschutz – Bestimmung der Wärmedurchgangseigenschaften im stationären Zustand – Verfahren mit dem kalibrierten und dem geregelten Heizkasten.

[2.59] DIN EN 13187:1999-05: Wärmetechnisches Verhalten von Gebäuden – Nachweis von Wärmebrücken in Gebäudehüllen; Infrarot-Verfahren.

[2.60] Fouad, N. A.; Richter, T.: Leitfaden Thermographie im Bauwesen. Stuttgart: Fraunhofer IRB 2006.

[2.61] Köneke, M.: Schimmel im Haus erkennen – vermeiden – bekämpfen. Stuttgart: Fraunhofer IRB 2002.

[2.62] Gabrio, T.; Grüner, C.; Trautmann, C.; Sedlbauer, K.: Schimmelpilze in Innenräumen – gesundheitliche Aspekte. In: Cziesielski, E. (Hrsg.): Bauphysik Kalender 3 (2003), S. 531–568. Berlin: Ernst & Sohn 2003.

[2.63] Moriske, H.-J.; Szewzyk, R.; Tappler, P.; Valtanen, K.: Leitfaden Vorbeugung, Erfassung und Sanierung von Schimmelbefall in Gebäuden. Hrsg. vom Umweltbundesamt, Dessau-Rosslau November 2017. URL: https://www.umweltbundesamt.de/schimmelleitfaden (19.02.2018).

[2.64] Hankammer, G.; Lorenz, W.: Schimmelpilze und Bakterien in Gebäuden. 2. Aufl. Köln: R. Müller 2007.

[2.65] DIN EN ISO 13788:2013-05: Wärme- und feuchtetechnisches Verhalten von Bauteilen und Bauelementen – Raumseitige Oberflächentemperatur zur Vermeidung kritischer Oberflächenfeuchte und Tauwasserbildung im Bauteilinneren – Berechnungsverfahren.

[2.66] DIN/TS 4108-8:2022-09: Wärmeschutz und Energie-Einsparung in Gebäuden – Teil 8: Vermeidung von Schimmelwachstum in Wohngebäuden.

[2.67] Cziesielski, E.; Raabe, B.: Bauplanungstechnische Grundlagen. In: Cziesielski, E.; Daniels, K.; Trümper, H.: Ruhrgas Handbuch Haustechnische Planung. 2. Auflage Stuttgart: Krämer 1988.

[2.68] Erhorn, H.: Neuausgabe der Vornormenreihe DIN V 18599 – Energetische Bewertung von Gebäuden. wksb (2012), Nr. 68, S. 19–28.

[2.69] DIN 4108 Beiblatt 2:2019-06: Wärmeschutz und Energie-Einsparung in Gebäuden; Beiblatt 2: Wärmebrücken – Planungs- und Ausführungsbeispiele.

[2.70] THERM 7.6 – Two-Dimensional Building Heat-Transfer Modeling. Download unter URL: https://windows.lbl.gov/software/therm (04.01.2019).

[2.71] Stubenrauch, B.: Psi-Werte berechnen mit Therm. URL: http://www.enev24.de/therm/ (02.02.2014).

[2.72] Feldmann, R.: Die Wärmebrückenbewertung bei der energetischen Bilanzierung von Gebäuden. Hrsg. vom Bundesamt für Wirtschaft und Ausfuhrkontrolle (BAFA), Eschborn 12/2020. URL: https://www.febs.de/newsroom/meldungen/2021/neuer-febs-leitfaden-zur-waermebrueckenbewertung-als-download (21.07.2021).

[2.73] DIN V 4108-6:2003-06 (Berichtigungen 2004-03): Wärmeschutz und Energie-Einsparung in Gebäuden – Teil 6: Berechnung des Jahresheizwärme- und des Jahresheizenergiebedarfs.

[2.74] DIN EN ISO 10211:2018-03: Wärmebrücken im Hochbau – Wärmeströme und Oberflächentemperaturen – Detaillierte Berechnungen.

[2.75] Sedlbauer, K.: Vorhersage von Schimmelpilzbildung auf und in Bauteilen. Diss. an der Universität Stuttgart 2001.

[2.76] Sedlbauer, K.; Krus, M.: Schimmelpilze in Gebäuden – Biohygrothermische Berechnungen und Gegenmaßnahmen. In: Cziesielski, E. (Hrsg.): Bauphysik Kalender 3 (2003), S. 435–530. Berlin: Ernst & Sohn 2003.

[2.77] Erhorn, H.; Szerman, M.; Rath, J.: Wärme- und Feuchteübertragungskoeffizienten in Außenwandecken. Das Bauzentrum (1992), H. 3, S. 145–146.

[2.78] Hohmann, R.: Materialtechnische Tabellen. In: Cziesielski, E. (Hrsg.): Bauphysik Kalender 3 (2003), S. 79–160. Berlin: Ernst & Sohn 2003.

[2.79] Krus, M.; Sedlbauer, K.: Einfluss von Ecken und Möblierung auf die Schimmelpilzgefahr. In: Künzel, H. (Hrsg.): Fensterlüftung und Raumklima – Grundlagen, Ausführungshinweise, Rechtsfragen. Stuttgart: Fraunhofer IRB 2006, S. 203–207.

[2.80] Klopfer, H.: Feuchte. In: Lutz, P. u. a.: Lehrbuch der Bauphysik: Schall, Wärme, Feuchte, Licht, Brand, Klima. 5. Aufl. Stuttgart: Teubner 2002, S, 329–472.

[2.81] Mainka, G.-W.; Paschen, H.: Wärmebrückenkatalog. Stuttgart: Teubner 1986.

[2.82] Pohl, W.-H.; Horschler, S.: Energieeffiziente Wohngebäude. Hrsg. von BEB Erdgas und Erdöl GmbH. Hannover: BEB Erdgas und Erdöl GmbH 2002.

[2.83] Hauser, G.; Stiegel, H.: Wärmebrücken-Atlas für den Mauerwerksbau. 2. Auflage Wiesbaden und Berlin: Bauverlag 1993.

[2.84] Hauser, G.; Stiegel, H.: Wärmebrücken-Atlas für den Holzbau. Wiesbaden und Berlin: Bauverlag 1992.

[2.85] Schoch, T.: Neuer Wärmebrückenkatalog. 3. Aufl. Berlin: Bauwerk 2010.

[2.86] Wärmebrückenkatalog 1.2 – Quantifizierte Musterlösungen für Bauteilanschlüsse. Kassel: Zentrum für umweltbewusstes Bauen e. V. (ZUB) 2002 (Informationen und Download der Testversion unter URL: http://www.zub-kassel.de).

[2.87] Wärmebrückenkatalog 1.2 – Holzbaudetails. Hrsg. vom Absatzförderungsfonds der deutschen Forst- und Holzwirtschaft (Holzabsatzfonds) und der Deutschen Gesellschaft für Holzforschung (DGfH). Baunatal: Ingenieurbüro Prof. Dr. Hauser GmbH 2004.

[2.88] Ytong-Silka-Wärmebrückenkatalog 2019. URL: https://www.ytong-silka.de/software.php (17.08.2020).

[2.89] Willems, W. M.; Hellinger, G.; Birkner, B.; Schild, K.: Planungsatlas für den Hochbau (DVD). Erkrath: Beton Marketing Deutschland GmbH 2013.

[2.90] Achtziger, J.: Verfahren zur Beurteilung des Wärmeschutzes und der Wärmebrücken von mehrschaligen Außenwänden und Maßnahmen zur Verminderung der Transmissionswärmeverluste von Fassaden. Dissertation an der Technischen Universität Berlin 1989.

[2.91] Cziesielski, E.: Wärmebrücken im Stahlbeton-Fertigteilbau. In: Beton- + Fertigteil-Jahrbuch 41 (1993), hrsg. vom Bundesverband Deutsche Beton- und Fertigteilindustrie e. V. (BDB). Wiesbaden und Berlin: Bauverlag 1993, S. 253–265.

[2.92] Cziesielski, E.: Vermeidung von Schäden bei WDVS. 2. IBK-Jubiläums-Bau-Kongreß „Wärmedämm-Verbundsysteme" des Instituts für das Bauen mit Kunststoffen (IBK) in Darmstadt am 14. und 15.05.1997. Darmstadt: IBK 1997, S. 5/1–5/15.

[2.93] Achtziger, J.: Dämmstoffvarianten – Befestigungsarten – Konstruktive Details. IBK-Jubiläums-Symposium „Außenwände und Fassaden 2000" des Instituts für das Bauen mit Kunststoffen (IBK) in Göttingen am 26. und 27.11.1997. Darmstadt: IBK 1997, S. 8/1–8/10.

[2.94] EJOT: Neue WDVS-Dübel. Bautenschutz + Bausanierung 22 (1999), H. 5, S. 43.

[2.95] Dahlem, K.-H.; Heinrich, H.: Einfluß des Grundwassers auf den Wärmeverlust beheizter Keller. 10. Bauklimatisches Symposium, Dresden, 27. bis 29.09.1999, Tagungsbeiträge Band 1, hrsg. von P. Häupl und J. Roloff. Dresden: Eigenverlag der TU Dresden 1999, S. 135–145.

[2.96] DIN EN ISO 13370:2018-03: Wärmetechnisches Verhalten von Gebäuden – Wärmetransfer über das Erdreich – Berechnungsverfahren.

[2.97] Dahlem, K.-H.: Wärmeübertragung erdreichberührter Bauteile. In: Cziesielski, E. (Hrsg.): Bauphysik Kalender 3 (2003) , S. 275–315. Berlin: Ernst & Sohn 2003.

[2.98] Wärmeverluste durch das Erdreich. Arbeitskreis kostengünstige Passivhäuser, Protokollband Nr. 27, hrsg. von W. Feist. Darmstadt: Passivhaus-Institut 2004.

[2.99] DIN V 18599-2:2018-09: Energetische Bewertung von Gebäuden – Berechnung des Nutz-, End- und Primärenergiebedarfs für Heizung, Kühlung, Lüftung, Trinkwarmwasser und Beleuchtung – Teil 2: Nutzenergiebedarf für Heizen und Kühlen von Gebäudezonen.

[2.100] Marquardt, H.: Verglasungen. In: Cziesielski, E. (Hrsg.): Bauphysik Kalender 1 (2001), S. 223–259. Berlin: Ernst & Sohn 2001.

[2.101] Schmid, J.: Funktionsbeurteilungen bei Fenstern und Türen. In: Oswald, R. (Hrsg.): Öffnungen in Dach und Wand – Fenster, Türen, Oberlichter – Konstruktion und Bauphysik. Aachener Bausachverständigentage 1995. Wiesbaden: Bauverlag 1995, S. 74–91.

[2.102] Bucak, Ö.: Glas im konstruktiven Ingenieurbau. In: Kuhlmann, U. (Hrsg.): Stahlbau-Kalender 1999. Berlin: Ernst & Sohn 1999, S. 519–643.

[2.103] Cammenga, H. K. u. a.: Bauchemie – Eine Einführung für das Studium. Wiesbaden: Vieweg 1996

[2.104] Demel, M: Benitz-Wildenburg, J.: Energetische Gardinen – Fenster und Fassaden bei Passiv- und Plusenergiehäusern. GEB Gebäude-Energieberater 10 (2014), H. 9, S. 22–25.

[2.105] Siegele, K.: Trends und Entwicklungen bei Fenstern und Verglasungen. GEB Gebäude-Energieberater 10 (2014), H. 3, S. 30–35.

[2.106] BF-Merkblatt 003/2008 mit Änderung Mai 2009: Leitfaden zur Verwendung von Dreifach-Wärmedämmglas. Hrsg. vom Bundesverband Flachglas e. V. (BF), Troisdorf 2009.

[2.107] Kahles, H.; Giesecke, A. H.: Chemiecocktail am Randverbund – Auf die richtige Mischung, Konzeptionierung und Verarbeitung kommt es an. GFF – Zeitschrift für Glas – Fenster – Fassade (2002), H. 9, S. 32–42.

[2.108] Glas Trösch Gruppe setzt auf revolutionäres ACSplus Randverbundsystem. URL: http://www.glastroesch.de (07.03.2011).

[2.109] Planungsunterlagen der Thermix GmbH, Ravensburg 2000.

[2.110] Planungsunterlagen der TGI Thermal Glass Insulation Systems GmbH, Fuldabrück 2003.

[2.111] Planungsunterlagen der Firma eurotec Fenster · Türen, Zeltingen-Rachtig 1997.

[2.112] Sieberath, U.: Innovativ Energie Sparen. Themenheft Energieeffizientes Bauen mit Fenstern, Fassaden und Glas. Rosenheim: ift 2008.

[2.113] Rossa, M.: Qualitätsunterschiede bei Fenstern: Welche Qualität ist geschuldet? In: Oswald, R. (Hrsg.): Qualitätsklassen im Hochbau: Standard oder Spitzenqualität? Aachener Bausachverständigentage 2014. Wiesbaden: Springer Vieweg 2014.

[2.114] Marquardt, H.: Berechnete und gemessene Sommertemperaturen in einer Geschosswohnung mit großflächig verglastem Balkon. ARCONIS 5 (2000), H. 1, S. 32–35.

[2.115] DIN EN 14351-1:2016-12: Fenster und Türen – Produktnorm, Leistungseigenschaften – Teil 1: Fenster und Außentüren.

[2.116] DIN EN 1873:2016-07: Vorgefertigte Zubehörteile für Dacheindeckungen – Lichtkuppeln aus Kunststoff – Produktspezifikation und Prüfverfahren.

[2.117] DIN EN 13241:2016-12: Tore – Produktnorm – Leistungseigenschaften.

[2.118] Vereinfachte CE-Kennzeichnung für Holzfenster. RTS Rollladen · Tore · Sonnenschutzsysteme (2007), H. 7, S. 41 f.

[2.119] DIN EN 1279-5:2018-10: Glas im Bauwesen – Mehrscheiben-Isolierglas – Teil 5: Produktnorm.

[2.120] URL: https://www.fenster-fachhandel.de/fileadmin/user/Waermedaemmwerte/U-Wert_Tabelle_bluEvolution_Uf_10.pdf (31.01.2021).

[2.121] URL: https://www.velux.de/produkte/dachfenster/passivhaus-dachfenster (31.01.2021).

[2.122] URL: http://www.alwitra.de/index.php?id=lichtkuppel (11.10.2010).

[2.123] URL: https://www.roto-treppen.de/produktwelt/bodentreppen/designo.html (31.01.2021).

[2.124] URL: http://www.teckentrup.biz (11.10.2010).

[2.125] DIN EN ISO 10077-1:2020-10: Wärmetechnisches Verhalten von Fenstern, Türen und Abschlüssen – Berechnung des Wärmedurchgangskoeffizienten – Teil 1: Allgemeines.

[2.126] DIN EN ISO 10077-2:2018-01: Wärmetechnisches Verhalten von Fenstern, Türen und Abschlüssen – Berechnung des Wärmedurchgangskoeffizienten – Teil 2: Numerisches Verfahren für Rahmen.

[2.127] Kehl, D.: Auf den Einbau kommt es an – Energetisch optimierte Fensteranschlüsse. die neue quadriga (2001), H. 3, S. 27–33.

[2.128] DIN EN 673:2011-04: Glas im Bauwesen – Bestimmung des Wärmedurchgangskoeffizienten (U-Wert) – Berechnungsverfahren.

[2.129] DIN EN 674:2011-09: Glas im Bauwesen – Bestimmung des Wärmedurchgangskoeffizienten (U-Wert) – Verfahren mit dem Plattengerät.

[2.130] DIN EN 675:2011-09: Glas im Bauwesen – Bestimmung des Wärmedurchgangskoeffizienten (U-Wert) – Wärmestrommesser-Verfahren.

[2.131] Schäfer, S.: Welcher U_g-Wert gilt bei geneigtem Einbau? Forum-Wintergärten, S. 3–4. Beilage zum RTS-Magazin (2011), H. 9.

[2.132] Richtlinie über Mehrscheiben-Isolierglas – MIR – Fassung November 2002 (Anlage 11.1 zur Bauregelliste A Teil 1). DIBt Mitteilungen (2003), H. 1, S. 27 f.

[2.133] Böttcher, W.: Fenster und Fassaden in der Energieeinsparverordnung 2009. wksb (2010), H. 64, S. 68–74.

[2.134] Richtlinie über Rahmen für Fenster und Türen – RaFenTüR – Fassung November 2002 (Anlage 8.5 zur Bauregelliste A Teil 1). DIBt Mitteilungen (2003), H. 1, S. 26 f.

[2.135] DIN EN 12412-2:2003-11: Wärmetechnisches Verhalten von Fenstern, Türen und Abschlüssen – Bestimmung des Wärmedurchgangskoeffizienten mittels des Heizkastenverfahrens – Teil 2: Rahmen.

[2.136] DIN 68121-1:1993-09: Holzprofile für Fenster und Fenstertüren – Teil 1: Maße, Qualitätsanforderungen.

[2.137] Planungsunterlagen von REHAU AG + Co., Rehau 2004.

[2.138] CS 104 Passivhaus-taugliches Fenster- und Türsystem. Reynaers GmbH, Gladbeck 2010.

[2.139] Kahlert, C.; Lude, G. u. a.: Thermix-Systemvergleich – Auswirkung des thermisch entkoppelten Randverbunds bei Neubau und Sanierung. 4. Aufl. Ravensburg: Thermix GmbH 1999.

[2.140] Fensterbau/Glas-Metallbau – „Keimzelle" für innovative Gebäudehüllen. Fassadentechnik 7 (2001), H. 1, S. 20–26.

[2.141] Richtlinie über Fenster und Fenstertüren – FenTüR – Fassung November 2002 (Anlage 8.4 zur Bauregelliste A Teil 1). DIBt Mitteilungen (2003), H. 1, S. 25 f.

[2.142] Gestalten mit Glas. 7. Auflage Lauenförde: Interpane Glas Industrie AG 2007.

[2.143] DIN EN ISO 12567-1:2010-01: Wärmetechnisches Verhalten von Fenstern und Türen – Bestimmung des Wärmedurchgangskoeffizienten mittels des Heizkastenverfahrens – Teil 1: Komplette Fenster und Türen.

[2.144] DIN EN ISO 12631:2018-01: Wärmetechnisches Verhalten von Vorhangfassaden – Berechnung des Wärmedurchgangskoeffizienten.

[2.145] VFF-Information „U-Werte von Glasdächern". Frankfurt am Main: Verband Fenster + Fassade (VFF), September 2014.

[2.146] Liste der Technischen FAQ', Stand 08/2015. URL: https://www.kfw.de/PDF/Download-Center/F%C3%B6rderprogramme-%28Inlandsf%C3%B6rderung%29/PDF-Dokumente/6000003140-Technische-FAQ-151-152-153-430-ab-08-2015.pdf (25.11.2015).

[2.147] VFF Merkblatt ES 0.1: Energetische Kennwerte von Fenstern, Türen und Fassaden. Frankfurt am Main: Verband Fenster + Fassade (VFF), September 2013.

[2.148] Borsch-Laaks, R.: Luftdichtigkeit der Gebäudehülle im Niedrig-Energie-Haus; Anforderungen, Messung, Baupraxis. Grundlagenkurs für Architekten: Niedrigenergiebauweise, Solararchitektur, Hamm 19.10.1993 und Düsseldorf 03.11.1993.

[2.149] Schulze, H.: Holzbau; Wände – Decken – Dächer. Stuttgart: Teubner 1996.

[2.150] DIN 18055:1981-10: Fenster – Fugendurchlässigkeit, Schlagregendichtheit und mechanische Beanspruchung – Anforderungen und Prüfung (ersetzt durch [2.162]).

[2.151] Cziesielski, E.: Die Bedeutung der Luftundurchlässigkeit (Winddichtigkeit) bei ausgebauten Dachgeschossen. Vortrag beim Institut für das Bauen mit Kunststoffen (IBK), Darmstadt 27. und 28.02.1991.

[2.152] DIN 18540:2014-09: Abdichten von Außenwandfugen im Hochbau mit Fugendichtstoffen.

[2.153] DIN 18542:2020-04: Imprägnierte Fugendichtungsbänder aus Schaumkunststoff zur Abdichtung von Außenwandfugen – Anforderungen und Prüfung.

[2.154] Schmid, J.; Jehl, W.; Taute, H.: Anschlußausbildung bei Holzfenstern. Deutsches Architektenblatt DAB (1997), H. 6, S. 908–913, H. 7, S. 1068 ff.

[2.155] Cziesielski, E.; Raabe, B.; Stürzebecher, P.: Fugen in Außenwänden. Hrsg. von der Entwicklungsgemeinschaft Holzbau (EGH) in der Deutschen Gesellschaft für Holzforschung (DGfH). Düsseldorf: Arbeitsgemeinschaft Holz e. V. 1985.

[2.156] Bewehrte Wandplatten – Dimensionierung und Abdichtung von Fugen. Porenbeton Bericht 6. Hrsg. vom Bundesverband Porenbeton, Berlin, September 2014.

[2.157] Kostenloser Download unter URL: http://www.abdichten.de (21.08.2012).

[2.158] DIN 4108-11:2018-11: Wärmeschutz und Energie-Einsparung in Gebäuden – Teil 11: Mindestanforderungen an die Dauerhaftigkeit von Klebeverbindungen mit Klebebändern und Klebemassen zur Herstellung von luftdichten Schichten.

[2.159] DIN 4108-7:2011-01: Wärmeschutz und Energie-Einsparung in Gebäuden – Teil 7: Luftdichtheit von Gebäuden, Anforderungen, Planungs- und Ausführungsempfehlungen sowie -beispiele.

[2.160] DIN 4108-7:2001-08: Wärmeschutz und Energie-Einsparung in Gebäuden – Teil 7: Luftdichtheit von Gebäuden, Anforderungen, Planungs- und Ausführungsempfehlungen sowie -beispiele (ersetzt durch [2.159]).

[2.161] DIN EN 12114:2000-04: Wärmetechnisches Verhalten von Gebäuden; Luftdurchlässigkeit von Bauteilen; Laborprüfverfahren.

[2.162] DIN EN 12207:2017-03: Fenster und Türen – Luftdurchlässigkeit – Klassifizierung.

[2.163] DIN 18055:2020-09: Kriterien für die Anwendung von Fenstern und Außentüren nach DIN EN 14351-1.

[2.164] DIN EN 13829:2001-02: Wärmetechnisches Verhalten von Gebäuden – Bestimmung der Luftdurchlässigkeit von Gebäuden – Differenzdruckverfahren.

[2.165] DIN EN ISO 9972:2018-12: Wärmetechnisches Verhalten von Gebäuden – Bestimmung der Luftdurchlässigkeit von Gebäuden – Differenzdruckverfahren.

[2.166] Kropf, F.; Michel, D.; Sell, J.; Zumoberhaus, M.; Hartmann, P.: Luftdurchlässigkeit von Gebäudehüllen im Holzhausbau. Bericht Nr. 218 der Eidgenössischen Materialprüfungs- und Forschungsanstalt (EMPA), Dübendorf 1989.

[2.167] Zeller, J.: Möglichkeiten und Grenzen der Luftdichtheitsprüfung. In: Oswald, R. (Hrsg.): Nachbessern – Instandsetzen – Modernisieren, Probleme im Baubestand. Aachener Bausachverständigentage 2001. Wiesbaden und Berlin: Bauverlag 2001.

[2.168] Air Infiltration Control in Housing – A Guide to International Practice. Hrsg. von der International Energy Agency IEA, Stockholm 1983.

[2.169] Meyer, F.: Windenergienutzung in Deutschland. BINE Projekt-Info-Service des BMFT Nr. 10, Bonn: Oktober 1995.

[2.170] DIN 4710:2003-01 (Berichtigung 1: 2006-11): Statistiken meteorologischer Daten zur Berechnung des Energiebedarfs von heiz- und raumlufttechnischen Anlagen in Deutschland.

[2.171] Klopfer, H.: Feuchte. In: Lutz, P. et al.: Lehrbuch der Bauphysik: Schall, Wärme, Feuchte, Licht, Brand, Klima. 5. Aufl. Stuttgart: B. G. Teubner 2002, S, 329–472.

[2.172] Marquardt, H.; Krawietz, R.; Schwedler, A.; Römhild, T.: Bauphysik. In: Fouad, N. A.; Zapke, W. (Hrsg.): Bauwesen-Taschenbuch. Leipzig: Fachbuchverlag Leipzig im Carl Hanser Verlag 2013, S. 253–344.

[2.173] Marquardt, H.; Vereinfachter Nachweis des Tauwasserschutzes nach DIN 4108-3:2014. In: Fouad, N. A. (Hrsg.): Bauphysik Kalender 17 (2017). Berlin: Ernst & Sohn 2017, S. 179–222.

[2.174] Marquardt, H.; Vereinfachter Nachweis des Tauwasserschutzes nach DIN 4108-3:2018. In: Jäger, W. (Hrsg.): Mauerwerk Kalender 44 (2019). Berlin: Ernst & Sohn 2019, S. 545–590.

[2.175] Wärme- und Feuchteschutz – Begriffe, Definitionen, Erläuterungen. BAKT Info Technik WF1. Berlin: Bundesarbeitskreis Trockenbau (BAKT) im Zentralverband des Deutschen Baugewerbes, Januar 1999.

[2.176] Marquardt, H.; Schlagregenschutz von Außenwänden nach DIN 4108-3:2014. In: Fouad, N. A. (Hrsg.): Bauphysik Kalender 17 (2017). Berlin: Ernst & Sohn 2017, S. 223–235.

[2.177] Marquardt, H.; Schlagregenschutz von Außenwänden nach DIN 4108-3:2018. In: Jäger, W. (Hrsg.): Mauerwerk Kalender 45 (2020). Berlin: Ernst & Sohn 2020, S. 181–193.

[2.178] Künzel, H.: Heizen und Lüften früher und heute. ARCONIS & BIS (2004), H. 1, S. 26–30.

[2.179] Cziesielski, E.: Luftaustausch durch geschlossene Fenster. In: Künzel, H. (Hrsg.): Fensterlüftung und Raumklima – Grundlagen, Ausführungshinweise, Rechtsfragen. Stuttgart: Fraunhofer IRB 2006, S. 71–76.

[2.180] Tanner, C.: Die Messung von Luftundichtigkeiten in der Gebäudehülle. In: Schild, E.; Oswald, R. (Hrsg.): Belüftete und unbelüftete Konstruktionen bei Dach und Wand. Aachener Bausachverständigentage 1993. Wiesbaden: Bauverlag 1993, S. 92–99.

[2.181] DIN 68800-2:2022-02: Holzschutz – Teil 2: Vorbeugende bauliche Maßnahmen im Hochbau.

[2.182] Künzel, H. M.: Ausgebremst – „Intelligente Dampfbremse“ ermöglicht schadenfreies Dämmen auch in Problemfällen. db Deutsche Bauzeitung (1996), H. 12, S. 103–106.

[2.183] Künzel, H. M.: Feuchteadaptive Dampfbremse für Gebäudedämmungen IBP-Mitteilung 268 des Fraunhofer-Instituts für Bauphysik 22 (1995).

[2.184] Wilezich, N.: Dachgeschoßausbau. Seminarvortrag im Rahmen des Weiterbildenden Studiums an der FH Nordostniedersachsen in Buxtehude am 27.10.1998.

[2.185] Dorn: Physik Oberstufe Ausgabe A. 11. Aufl. Hannover: Schroedel 1967.

[2.186] DIN EN ISO 9346:2008-02: Wärme- und feuchtetechnisches Verhalten von Gebäuden und Baustoffen; Physikalische Größen für den Stofftransport.

[2.187] Krawietz, R.; Heimke, W.: Physik im Bauwesen. Leipzig: Fachbuchverlag Leipzig im Carl Hanser Verlag 2008.

[2.188] WTA-Merkblatt 8-1-03/D: Fachwerkinstandsetzung nach WTA I: Bauphysikalische Anforderungen an Fachwerkgebäude. München: WTA-Publications 2003..

[2.189] Cziesielski, E.; Gertis K.: Feuchteschutz. In: Cziesielski, E. (Hrsg.): Hütte – Taschenbücher der Technik, Bautechnik Band V „Konstruktiver Ingenieurbau 2: Bauphysik“. 29. Aufl. Berlin: Springer 1988, S. 71–109.

[2.190] DIN EN ISO 12572:2017-05: Wärme- und feuchtetechnisches Verhalten von Baustoffen und Bauprodukten – Bestimmung der Wasserdampfdurchlässigkeit – Verfahren mit einem Prüfgefäß.

[2.191] Tschegg, E.; Heindl, W.; Sigmund, A.: Grundzüge der Bauphysik: Akustik, Wärmelehre, Feuchtigkeit. Wien und New York: Springer 1984.

[2.192] Glaser, H.: Graphisches Verfahren zur Untersuchung von Diffusionsvorgängen. Kältetechnik 11 (1959), H. 10, S. 345–349.

[2.193] Künzel, H.: Zwölf Jahre Norm „Klimabedingter Feuchteschutz“ DIN 4108 Teil 3. Bautenschutz + Bausanierung 16 (1993), S. 119–121.

[2.194] Künzel, H.: Porenbeton – Wärme- und Feuchteschutz. Porenbeton Bericht 11, hrsg. vom Bundesverband Porenbetonindustrie e. V. Wiesbaden: BVP Porenbeton Informations-GmbH 1996.

[2.195] Frank, T.: Sommerlicher Wärmeschutz der Gebäudehülle. In: EMPA-Akademie (Hrsg.): Die Gebäudehülle. Stuttgart: Fraunhofer IRB 2000, S. 59–69.

[2.196] Marquardt, H.: Feuchteschutz und Holzschutz von Außenwänden in Holztafel-/Holzrahmenbauart mit Mauerwerk-Vorsatzschale. 11. Bauklimatisches Symposium, Dresden, 26. bis 30.09.2002, Tagungsbeiträge Band 2, hrsg. von P. Häupl und J. Roloff. Dresden: Eigenverlag der TU Dresden 2002, S. 605–614.

[2.197] Häupl, P.; Stopp, H.; Strangfeld; P.: Feuchteprofilbestimmung in Umfassungskonstruktionen mit dem Bürocomputer unter Berücksichtigung der kapillaren Leitfähigkeit. Bauzeitung 42 (1988), H. 3, S. 113–118.

[2.198] Häupl, P.; Stopp, H.; Strangfeld; P.: Softwarepaket COND zur Feuchteprofilbestimmung in Umfassungskonstruktionen. Bautenschutz + Bausanierung 12 (1989), S. [53–56].

[2.199] Häupl, P.: COND 2002 – ein einfaches Modell und Programm zum gekoppelten Wasserdampf- und Kapillarwassertransport in Umfassungskonstruktionen. wksb Neue Folge (2005), Nr. 53, S. 27–36.

[2.200] Grunewald, J.: Diffuser und konvektiver Stoff- und Energietransport in kapillarporösen Baustoffen. Diss. an der TU Dresden. Dresdner Bauklimatische Hefte, Heft 3, 1997.

[2.201] Grunewald, J.: Numerical simulation program DIM 3.1 for coupled heat, air, salt and moisture transport. 10. Bauklimatisches Symposium, Dresden, 27. bis 29.09.1999, Tagungsbeiträge Bd. 1, hrsg. von P. Häupl und J. Roloff. Dresden: Eigenverlag der TU Dresden 1999, S. 181–191.

[2.202] Künzel, H. M.: Verfahren zur ein- und zweidimensionalen Berechnung des gekoppelten Wärme- und Feuchtetransports in Bauteilen mit einfachen Kennwerten. Diss. an der Univ. Stuttgart 1994.

[2.203] Krus, M.: Feuchtetransport- und Speicherkoeffizienten poröser mineralischer Baustoffe – Theoretische Grundlagen und neue Meßtechniken. Diss. an der Universität Stuttgart 1995.

[2.204] Krus, M.; Künzel, H. M.; Kießl, K.: Feuchtetransportvorgänge in Stein und Mauerwerk – Messung und Berechnung. Bauforschung für die Praxis, Band 25. Stuttgart: Fraunhofer IRB 1996.

[2.205] Künzel, H. M.; Radon, J.; Holm, A.; Eitner, V.; Schmidt, Th.; Zirkelbach, D.: WUFI 3.2 Pro. Berechnung des hygrothermischen Verhaltens von Baukonstruktionen unter realen Bedingungen. Holzkirchen: Fraunhofer-Institut für Bauphysik (IBP) 2002.

[2.206] Bednar, T.; Dreyer, J.: Die Genauigkeit von Simulationsprogrammen für den Wärme- und Feuchtehaushalt von Bauteilen. In: Künzel, H. M. (Hrsg.): Praktische Beurteilung des Feuchteverhaltens von Bauteilen durch moderne Rechenverfahren. WTA-Schriftenreihe, Heft 18. Freiburg/Brsg.: AEDIFICATIO 1999, S. 97–105.

[2.207] DIN EN 15026:2007-07: Wärme- und feuchtetechnisches Verhalten von Bauteilen und Bauelementen – Bewertung der Feuchteübertragung durch numerische Simulation.

[2.208] Sedlbauer, K.; Künzel, H. M.: Feuchteschutzbeurteilung durch hygrothermische Bauteilsimulation. In: Fouad, N. A. (Hrsg.): Bauphysik Kalender 15 (2015), S. 161–187.

[2.209] Kießl, K.: Wärmeschutzmaßnahmen durch Innendämmung – Beurteilung und Anwendungsgrenzen aus feuchtetechnischer Sicht. In: Schild, E.; Oswald, R. (Hrsg.): Wärmeschutz – Wärmebrücken – Schimmelpilz. Aachener Bausachverständigentage 1992. Wiesbaden: Bauverlag 1992, S. 115–124.

[2.210] Kießl, K.: Kapillarer und dampfförmiger Feuchtetransport in mehrschichtigen Bauteilen: Rechnerische Erfassung und bauphysikalische Anwendung. Diss. an der Universität-Gesamthochschule Essen 1983.

[2.211] Achtziger, J.: Praktische Untersuchung der Tauwasserbildung im Innern von Bauteilen mit Innendämmung. Bauphysik 7 (1985), H. 2, S. 60–62.

[2.212] Häupl, P.; Fechner, H.; Martin, R.; Neue, J.: Energetische Verbesserung der Bausubstanz mittels kapillaraktiver Innendämmung. Bauphysik 21 (1999), H. 4, S. 145–154.

[2.213] Künzel, H. M.: Schadensdiagnose durch hygrothermische Simulation. Der Bausachverständige 8 (2012), H. 3.

[2.214] WTA-Merkblatt 6-2-14/D: Simulation wärme- und feuchtetechnischer Prozesse. Wissenschaftlich-Technische Arbeitsgemeinschaft für Bauwerkserhaltung und Denkmalpflege e. V., Dezember 2014.

[2.215] Fouad, N. A.: Klimatisch bedingte Temperaturbeanspruchung von Bauwerken. In: Cziesielski, E. (Hrsg.): Bauphysik Kalender 1 (2001), S. 685–723. Berlin: Ernst & Sohn 2001.

[2.216] DIN EN 410:2011-04: Glas im Bauwesen – Bestimmung der lichttechnischen und strahlungsphysikalischen Kenngrößen von Verglasungen.

[2.217] Rouvel, L.; Deutscher, P.: Sommerlicher Wärmeschutz. In: Cziesielski, E. (Hrsg.): Bauphysik Kalender 2 (2002), S. 559–579. Berlin: Ernst & Sohn 2002.

[2.218] Deutscher, P.; Elsberger, M.; Rouvel, L.: Sommerlicher Wärmeschutz – Eine einheitliche Methodik für die Anforderungen an den winterlichen und sommerlichen Wärmeschutz. Bauphysik 22 (2000), H. 2, S. 114–120, und H. 3, S. 178–184.

[2.219] DIN EN ISO 13786:2018-04: Wärmetechnisches Verhalten von Bauteilen – Dynamisch-thermische Kenngrößen – Berechnungsverfahren.

[2.220] Kalz, D.; Pfafferott, J.; Schossig, P.; Herkel, S.: Thermoaktive Bauteilsysteme mit integrierten Phasenwechselmaterialien – eine Simulationsstudie. Bauphysik 29 (2007), H. 1, S. 27–32.

[2.221] Mehling, H.; Schossig, P.; Kalz, D.: Latentwärmespeicher in Gebäuden. BINE Themeninfo I/2009. Karlsruhe: FIZ Karlsruhe, Büro Bonn 2009.

[2.222] VDI 6020-1: 2001-05: Anforderungen an Rechenverfahren zur Gebäude- und Anlagensimulation – Gebäudesimulation.

[2.223] Häupl, P.: Praktische Ermittlung des Tagesganges der sommerlichen Raumtemperatur zur Validierung der EN ISO 13792. wksb Neue Folge (2000), Nr. 44, S. 17–22.

[2.224] Hiller, M.; Schulz, M.: Das dynamische Gebäude- und Anlagensimulationsprogramm TRNSYS. In: Fouad, N. A. (Hrsg.): Bauphysik Kalender 15 (2015), S. 343–376. Berlin: Ernst & Sohn 2015.

[2.225] Morbitzer, C.; von der Weide, P.; Schröter, A.: Simulationsbasierte Bewertung sommerlicher Bedingungen in Gebäuden. In: Fouad, N. A. (Hrsg.): Bauphysik Kalender 15 (2015), S. 377–414. Berlin: Ernst & Sohn 2015.

[2.226] Marquardt, H.: Tauwasserausfall in Wintergärten vor Geschoßwohnungen. Bauphysik 16 (1994), H. 6, S. 186–195.

[2.227] VFF Merkblatt ES.04 (Ausgabe Oktober 2014): Sommerlicher Wärmeschutz. Hrsg. vom Verband Fenster + Fassade, Frankfurt am Main 2014.

[2.228] URL: http://nswtool.iwu.de/download.php (15.06.2014).

[2.229] Simulationsprogramm THERAKLES 3.3 des Instituts für Bauklimatik der TU Dresden. URL: http://www.bauklimatik-dresden.de/therakles/ (28.01.2021).

3 Konstruktionen zur Einhaltung des GEG

3.1 Einführung

Schon die erste Energieeinsparverordnung (EnEV) von 2002 machte den sog. Niedrigenergiehaus-Standard für alle Gebäude verbindlich, gemäß Gebäudeenergiegesetz (GEG) ist heute das *Niedrigstenergiegebäude* (= Nahezu-Nullenergiegebäude) das Ziel (vgl. Abschnitt 1.4) – in diesem Kapitel 3 werden deshalb Bauteile und Detailkonstruktionen sowohl für Massiv- als auch für Holztafel-/Holzrahmenbauten gezeigt, die nicht nur den dafür notwendigen Wärmeschutz, sondern auch die erforderliche Luftdichtheit der Gebäudehülle in der Praxis ermöglichen.

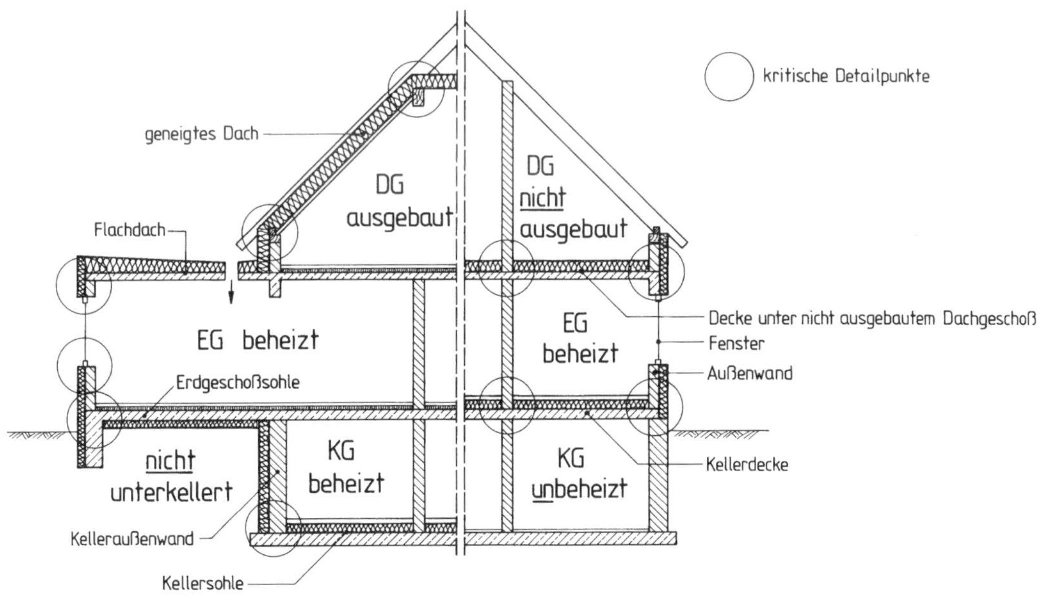

Bild 3.1: Schnitt durch ein typisches kleineres Wohngebäude in Massivbauweise mit hölzerner Dachkonstruktion; benannt sind die energetisch relevanten Außenbauteile, eingekreist einige hinsichtlich Wärmebrückenwirkung und/oder Luftdichtheit kritische Anschlusspunkte

Um den Umfang zu begrenzen, werden in den folgenden Abschnitten *nur* wärmeübertragende Massiv- und Holzbauteile betrachtet, wie sie bei üblichen Wohn- und Nichtwohngebäuden vorkommen (z. B. in Bild 3.1). Gezeigt werden als flächige Bauteile

- massive und hölzerne Außenwände,
- massive Kelleraußenwände, Bodenplatten und Kellerdecken,
- massive und hölzerne Decken unter nicht ausgebauten Dachgeschossen,
- hölzerne Steildächer (geneigte Dächer) sowie
- massive und hölzerne Flachdächer

jeweils mit einigen kritischen Detailpunkten.

3.2 Wahl maximaler Wärmedurchgangskoeffizienten

Wie gering sollen die Wärmedurchgangskoeffizienten (*U*-Werte) der einzelnen Außenbauteile von Niedrigstenergiegebäuden sein? Eine allgemeine Aussage dazu ist schwierig, da der Jahres-Heiz*energie*bedarf von Gebäuden (vgl. dazu Abschnitt 1.2)

- sowohl durch eine *verbesserte Anlagentechnik* (z. B. unter Einbeziehung von Solarthermie, Biomasse, Umweltwärme oder einer Lüftungs- bzw. Klimaanlage mit Wärmerückgewinnung, s. Kapitel 4)
- als auch durch *verringerte U-Werte* der wärmeübertragenden Bauteile

erreicht werden kann; wenn letztere Variante gewählt wird:

- Sollen die U-Werte aller Außenbauteile in *gleichem Verhältnis* verringert werden
- oder ist es technisch einfacher und damit sinnvoller, bestimmte Außenbauteile deutlich zu verbessern und andere weniger?

Sinnvoller ist sicherlich die letztgenannte Variante; laut *Hegner* [3.1] waren aufgrund der Anforderungen der EnEV 2009/2014 die in Tabelle 3.1, zweite Spalte, genannten U-Werte zu erwarten – heute liegen die Zielwerte bei denen der dritten Spalte.

Tabelle 3.1: Zu erwartende Wärmedurchgangskoeffizienten (U-Werte) nach EnEV 2002 = EnEV 2004 = EnEV 2007 im Vergleich mit EnEV 2009 = EnEV2014, mit EnEV 2016 = GEG 2020 = GEG 2023 und mit Passivhäusern (nach [3.1])

Wärmedurchgangs-koeffizienten folgender Bauteile in W/(m² · K)	**EnEV 2002, EnEV 2004, EnEV 2007** [1])	**EnEV 2009, EnEV 2014** [1])	**EnEV 2016, GEG 2020, GEG 2023** [1])	**Passivhaus**
Außenwände U_{AW}	0,25 bis 0,50	0,15 bis 0,30	0,10 bis 0,25	< 0,16
Kellerdecken, -sohlen, -wände U_G	0,25 bis 0,40	0,20 bis 0,30	0,10 bis 0,25	< 0,16
Dächer und oberste Geschossdecken U_D	0,20 bis 0,40	0,15 bis 0,25	0,10 bis 0,20	< 0,15
Fenster U_W	1,4 bis 1,5	1,0 bis 1,2	0,7 bis 1,0	< 0,8

[1]) Mögliche Bandbreite der Werte aufgrund unterschiedlicher Bauteilkombinationen und unterschiedlicher Anlagentechnik.

Im Folgenden werden nun – unter Beachtung des heute technisch Machbaren – Beispiele hochgedämmter wärmeübertragender Bauteile für die in Tabelle 3.1 in der vorletzten Spalte genannten Bandbreiten der Wärmedurchgangskoeffizienten *U* vorgestellt, d. h.

- Außenwände mit
  $U_{AW} \leq 0{,}10$ bis $0{,}25\ \mathrm{W/(m^2 \cdot K)} = U_{AW,max}$
- Kellerdecken, Wände und Decken gegen Erdreich (Index „*G*"), gegen unbeheizte Räume (Index „*u*") sowie Decken über offenen Durchfahrten u. Ä. (Index „*DL*") mit
  $U_G = U_u = U_{DL} \leq 0{,}10$ bis $0{,}25\ \mathrm{W/(m^2 \cdot K)} = U_{G,max} = U_{u,max} = U_{DL,max}$
- Dächer, Dach- und oberste Geschossdecken mit
  $U_D \leq 0{,}10$ bis $0{,}20\ \mathrm{W/(m^2 \cdot K)} = U_{D,max}$
- Fenster, Fenstertüren, Dachflächenfenster, Glasfassaden: vgl. Abschnitt 2.12.

Beim Entwurf von Niedrigstenergiegebäuden sind – neben der generellen Einhaltung dieser maximalen U-Werte – auch folgende bauphysikalischen Probleme zu beachten:

- Zum einen können bei ungünstiger Konstruktion der Bauteile und vor allem der Anschlüsse Wärmebrücken auftreten (vgl. Abschnitt 2.8, s. auch Abschnitte 5.5.2 und 5.5.3).
- Zum anderen können – vor allem an den Bauteilanschlüssen – *Undichtheiten* auftreten, die den spezifischen Lüftungswärmeverlust H_V unnötig erhöhen (s. Abschnitt 5.6). Solche Undichtheiten werden durch die bei Niedrigstenergiegebäuden übliche Luftdichtheitsprüfung festgestellt (vgl. Abschnitt 2.13.3); sie sind durch gute (De-tail-)Planung und fachgerechte Ausführung zu vermeiden.

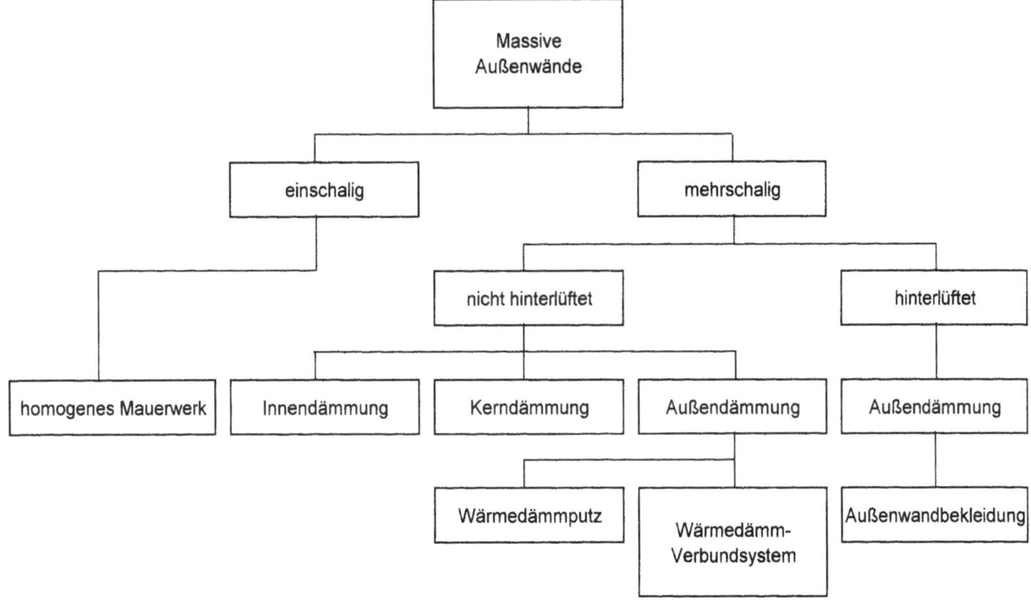

Bild 3.2: Möglichkeiten der Ausführung massiver Außenwände

3.3 Massive Außenwände

Massive Außenwände können *ein-* oder *mehr*schalig ausgeführt werden (Bild 3.2):

A Einschalige massive Außenwände

Um mit *ein*schaligen massiven Außenwänden den in Abschnitt 3.2 angestrebten Wärmedurchgangskoeffizienten $U_{AW,max} = 0{,}25$ W/(m² · K) zu *unter*schreiten und eine realistische Außenwanddicke von 36,5 cm nicht zu *über*schreiten, ist eine Wärmeleitfähigkeit des Mauerwerks von $\lambda \leq 0{,}11$ W/(m · K) einzuhalten (Bild 3.3). Bei beidseitig geputztem einschaligem Mauerwerk kann dies erreicht werden durch Verwendung:

- von Porenbeton-Plansteinen (vermauert mit Dünnbettmörtel) mit $\lambda = 0{,}08$ bis 0,11 W/(m · K) – bei 36,5 cm Dicke wird $U_{AW} = 0{,}21$ bis 0,25 W/(m² · K) –,
- von porosierten Leichthochlochziegeln (heute überwiegend verfüllt mit Perlit oder Mineralwolle und vermauert als Planziegel mit Dünnbettmörtel) mit $\lambda = 0{,}07$ bis 0,11 W/(m · K) – bei 36,5 cm Dicke wird $U_{AW} = 0{,}18$ bis 0,25 W/(m² · K) – bzw.
- von Leichtbeton-Mauersteinen (ebenfalls häufig mit Dämmstoff gefüllt und vermauert mit Leichtmörtel LM 21 oder als Plansteine mit Dünnbettmörtel) mit $\lambda \approx 0{,}10$ W/(m · K) – bei 36,5 cm Dicke wird auch hier $U_{AW} \leq 0{,}25$ W/(m² · K).

Niedrigere Wärmedurchgangskoeffizienten (U-Werte) lassen sich durch einschalige Außenwände aus 42,5 cm oder 49 cm dickem Mauerwerk erreichen, welches aber viel Grundfläche benötigt und daher nur im ländlichen Raum zu finden ist.

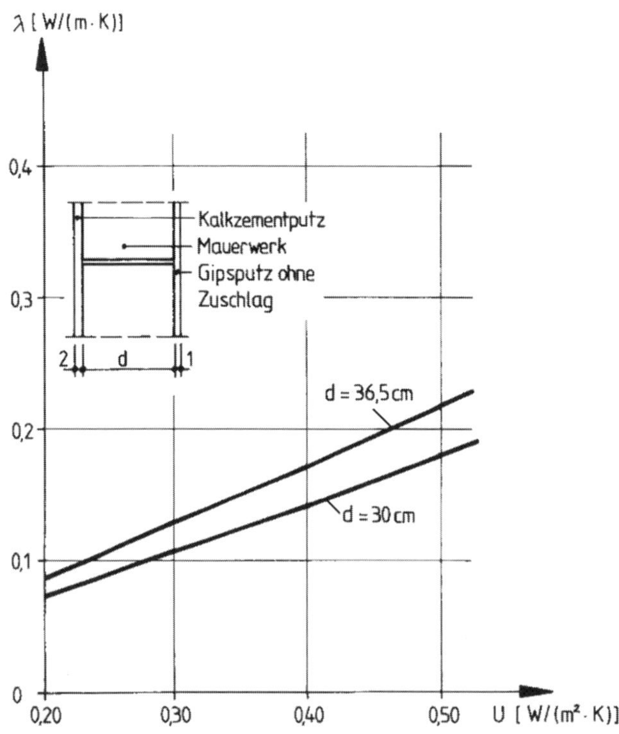

Bild 3.3: Bei Vorgabe eines U-Wertes (unten) und einer Wanddicke (an den Kurven) maximal mögliche Wärmeleitfähigkeit des Mauerwerks (links) (nach [3.2])

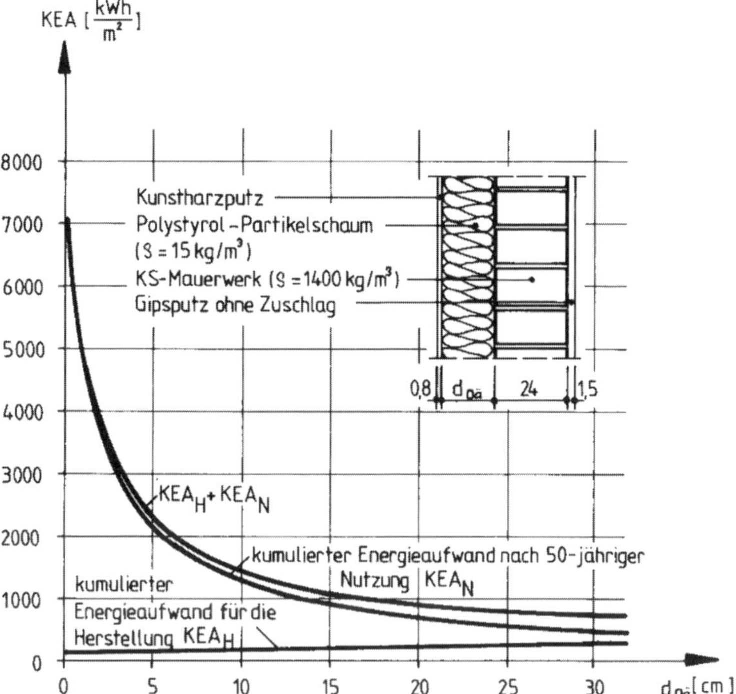

Bild 3.4: Kumulierter Energieaufwand infolge Herstellung KEA_H und Beheizung KEA_N der dargestellten Außenwand in Abhängigkeit von der Dämmstoffdicke bei einer Lebensdauer (Standzeit) des Bauteils von 50 Jahren (nach [3.2])

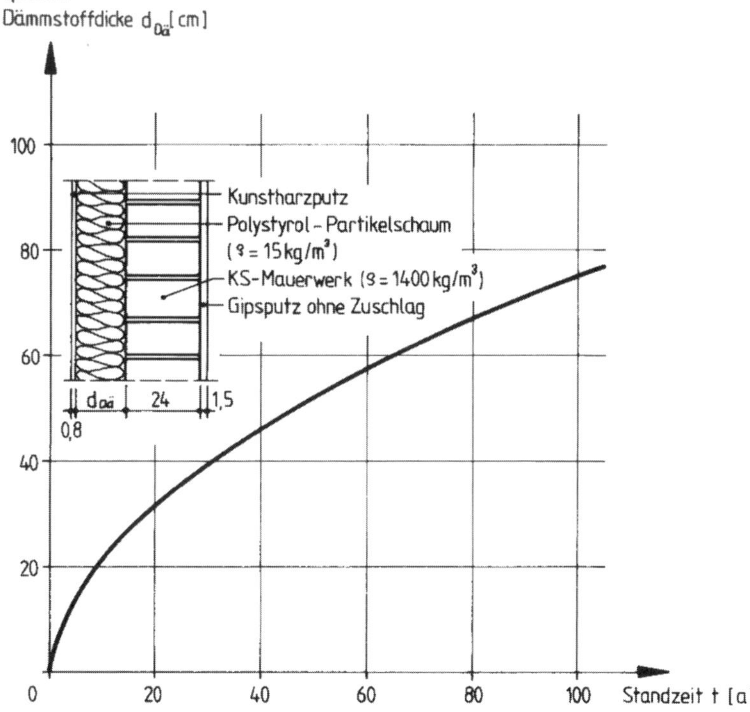

Bild 3.5: In Bezug auf den Primärenergieverbrauch optimale Dämmstoffdicke für die dargestellte Außenwand in Abhängigkeit von der Lebensdauer (Standzeit) des Bauteils (nach [3.2])

B Mehrschalige massive Außenwände

Bei *mehr*schaligen massiven Außenwänden – bei denen sinnvollerweise eine Schicht eine Wärmedämmschicht ist (zur möglichen Anordnung der Dämmschicht vgl. Bild 3.2 rechts) – stellt sich grundsätzlich die Frage nach einer sinnvollen Dämmschichtdicke. Dabei ist zu beachten, dass die Verringerung des Wärmedurchgangskoeffizienten U nicht *linear* von der Dämmstoffdicke abhängt (vgl. Bild 2.43 in Abschnitt 2.10), sondern mit wachsender Dämmstoffdicke (entspricht einer linearen Zunahme des Wärmedurchlasswiderstandes R) nur noch geringfügig abnimmt.

So stellt sich die Frage, bis zu welcher Dämmstoffdicke sich die Energieeinsparung im Vergleich zum Primärenergieeinsatz bei der Dämmstoffherstellung überhaupt lohnt: Betrachtet man z. B. eine übliche Kalksandsteinwand mit einem Wärmedämm-Verbundsystem auf Polystyrol-Basis (Bild 3.4) und geht dabei von einer 50-jährigen Lebensdauer aus, so erreicht der kumulierte Energieaufwand KEA (nach VDI 4600 [3.3]) für die Herstellung *und* die Nutzung (d. h. für die Beheizung) $KEA_H + KEA_N$ erst bei 50 cm Dämmstoffdicke das energetische Optimum; Dämmstoffdicken in dieser Größenordnung sind allerdings bisher selbst bei Niedrigstenergiegebäuden nicht üblich. Eine Umrechnung dieses Beispiels mit Variation der Standzeit zeigt Bild 3.5, dort ergibt sich bei einer realistisch angenommenen Lebensdauer von 30 bis 50 Jahren das Gesamtenergieoptimum bei Dämmstoffdicken $d_{Dä}$ von 40 bis 50 cm.

Mögliche mehrschichtige massive Außenwandkonstruktionen wären:

- *ein*schalig gemauerte oder betonierte Außenwände mit einem Wärmedämm-Verbundsystem (WDVS, in Bild 3.6a mit $U_{AW} = 0{,}28$ W/(m² · K)),
- *ein*schalig gemauerte oder betonierte Außenwände mit hinterlüfteter Außenwandbekleidung vor der Wärmedämmung (in Bild 3.6b mit $U_{AW} = 0{,}24$ W/(m² · K)) oder
- *zwei*schalig gemauerte Außenwände mit oder ohne Luftschicht; dabei ist jedoch zu beachten, dass zurzeit noch gemäß DIN EN 1996-2/NA [3.4], Anhang NA.D, bei zweischaligem Mauerwerk der lichte Abstand der Mauerwerksschalen 150 mm nicht überschreiten darf (abweichende Regelungen finden sich in Allgemeinen bauaufsichtlichen Zulassungen (AbZ), z. B. [3.5], [3.6]). Daher wurde
  - die früher in Norddeutschland übliche Konstruktion einer zweischaligen Außenwand mit Wärmedämmung und Luftschicht
  - nahezu vollständig durch eine zweischalige Außenwand mit Kerndämmung

  ersetzt, die – nach Abzug des baupraktisch erforderlichen Fingerspaltes – mit bauaufsichtlich zugelassenen Kerndämmplatten der normgemäß maximal möglichen Dicke $d_{Dä} = 14$ cm gedämmt wird, wodurch in Bild 3.6c $U_{AW} = 0{,}23$ W/(m² · K) erreicht wird.

Um auch den *unteren* Bereich der in Abschnitt 3.2 genannten Anforderungen ($U_{AW,max}$ = 0,10 W/(m² · K)) zu unterschreiten, bestehen folgende Möglichkeiten:

- Bei den *ein*schalig gemauerten Konstruktionen können durch Erhöhung der Dämmschichtdicken problemlos niedrigere als die beispielhaft genannten Wärmedurchgangskoeffizienten $U_{AW} = 0{,}24$ bis 0,28 W/(m² · K) erreicht werden (siehe z. B. Bild 3.7 mit $U_{AW} = 0{,}14$ W/(m² · K)).

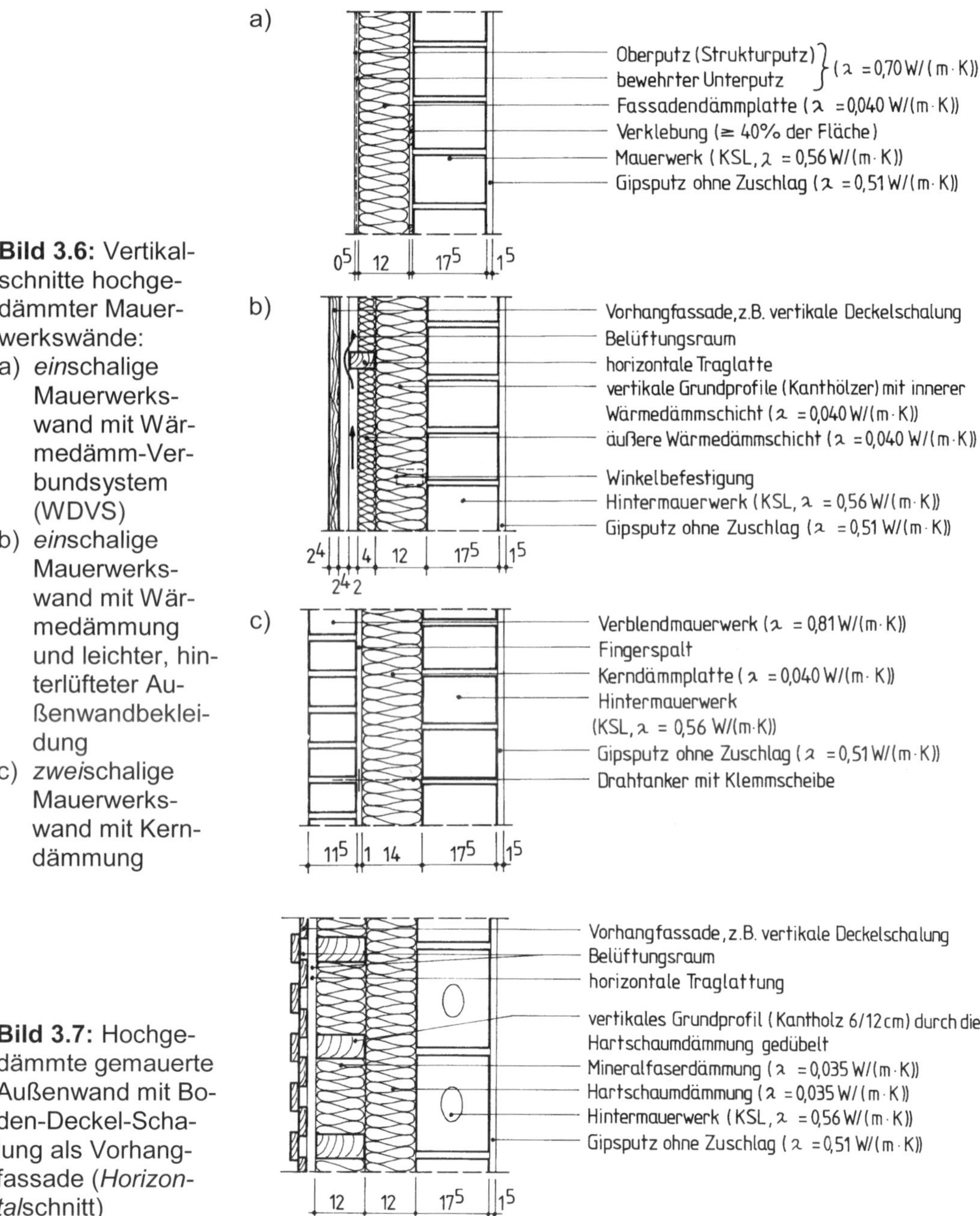

Bild 3.6: Vertikalschnitte hochgedämmter Mauerwerkswände:
a) *ein*schalige Mauerwerkswand mit Wärmedämm-Verbundsystem (WDVS)
b) *ein*schalige Mauerwerkswand mit Wärmedämmung und leichter, hinterlüfteter Außenwandbekleidung
c) *zwei*schalige Mauerwerkswand mit Kerndämmung

Bild 3.7: Hochgedämmte gemauerte Außenwand mit Boden-Deckel-Schalung als Vorhangfassade (*Horizontal*schnitt)

- Bei *zwei*schaligem Mauerwerk bestehen folgende Alternativen:
  – Bei Wahl einer Innenschale aus hochwärmedämmenden Steinen (d. h. Mauerwerk aus hochwärmedämmenden Porenbeton-Plansteinen PPW 2-0,4, s. o.) ist bei zweischaligem Wandaufbau *mit Luftschicht* und 11 cm Wärmedämmstoff der

Wärmeleitfähigkeitsstufe 035 (vgl. Abschnitt 2.4) ein Wärmedurchgangskoeffizient $U_{AW} = 0{,}19$ W/(m² · K) möglich (Bild 3.8a).

- Bei wiederum Wahl einer Innenschale aus hochwärmedämmenden Steinen (d. h. Mauerwerk aus z. B. Porenbeton-Plansteinen PPW 2-0,4, s. o.), allerdings zweischaligem Wandaufbau *mit Kerndämmung* und 14 cm Wärmedämmstoff der Wärmeleitfähigkeitsstufe 035 ist sogar ein Wärmedurchgangskoeffizient $U_{AW} = 0{,}16$ W/(m² · K) erreichbar (Bild 3.8b).
- Bestimmte Luftschichtanker wurden für Schalenabstände bis zu 250 mm allgemein bauaufsichtlich zugelassen [3.6], [3.7], aufgrund des größeren Schalenabstands ermöglichen sie einen niedrigeren Wärmedurchgangskoeffizienten U_{AW}.

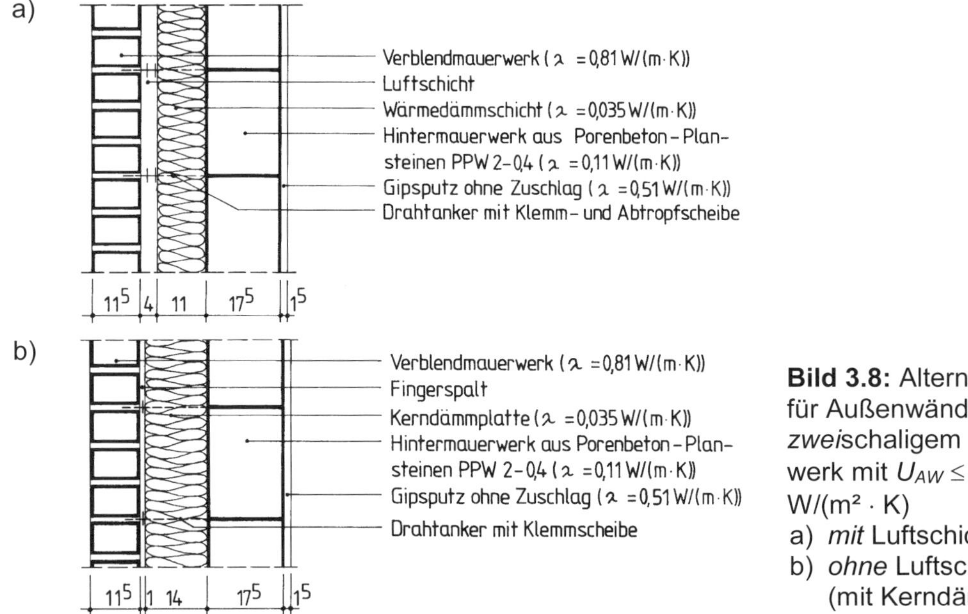

Bild 3.8: Alternativen für Außenwände aus *zwei*schaligem Mauerwerk mit $U_{AW} \leq 0{,}20$ W/(m² · K)
a) *mit* Luftschicht
b) *ohne* Luftschicht (mit Kerndämmung)

Ein nicht zu vernachlässigender Nachteil hochgedämmter massiver Außenwände ist die Wärmebrückenwirkung der notwendigen mechanischen Befestigungselemente wie

- ggf. Dübel in Wärmedämm-Verbundsystemen (WDVS),
- Unterkonstruktionen hinterlüfteter Außenwandbekleidungen aus Metall oder
- Draht-/Luftschichtanker im zweischaligen Verblendmauerwerk.

Zur Berücksichtigung von Dübeln und Drahtankern s. Abschnitt 2.8.3, zu Unterkonstruktionen hinterlüfteter Außenwandbekleidungen s. [3.8].

Hinsichtlich der *Luftdichtheit* massiver Außenwände ist zu beachten, dass solche Wände erst durch den üblicherweise aufgebrachten Putz ausreichend luftdicht werden (vgl. Abschnitt 2.13.1). Einschalige massive Außenwände, die beidseitig geputzt werden (vgl. Bild 3.3), sind i. d. R. unkritisch. Probleme können auftreten bei massiven Außenwänden ohne oder mit nicht vollfugiger Stoßfugenvermörtelung

– mit hinterlüfteter Außenwandbekleidung oder
– aus zweischaligem Mauerwerk,

die nur *eine* Putzschicht – den Innenputz – als Luftdichtheitsschicht erhalten. Wird der Innenputz

– wie häufig bei schwimmendem Estrich nicht sorgfältig bis zum Wandfußpunkt geführt (der Estrich schwindet, d. h., er ist am Wandanschluss nicht luftdicht!) oder
– wegen (über den Stoßfugen angeordneter) Steckdosen bzw. Lichtschalter oder im Bereich von Versorgungsschächten unterbrochen (Bild 3.9),

so kann eine ausreichende Luftdichtheit nicht mehr gegeben sein.

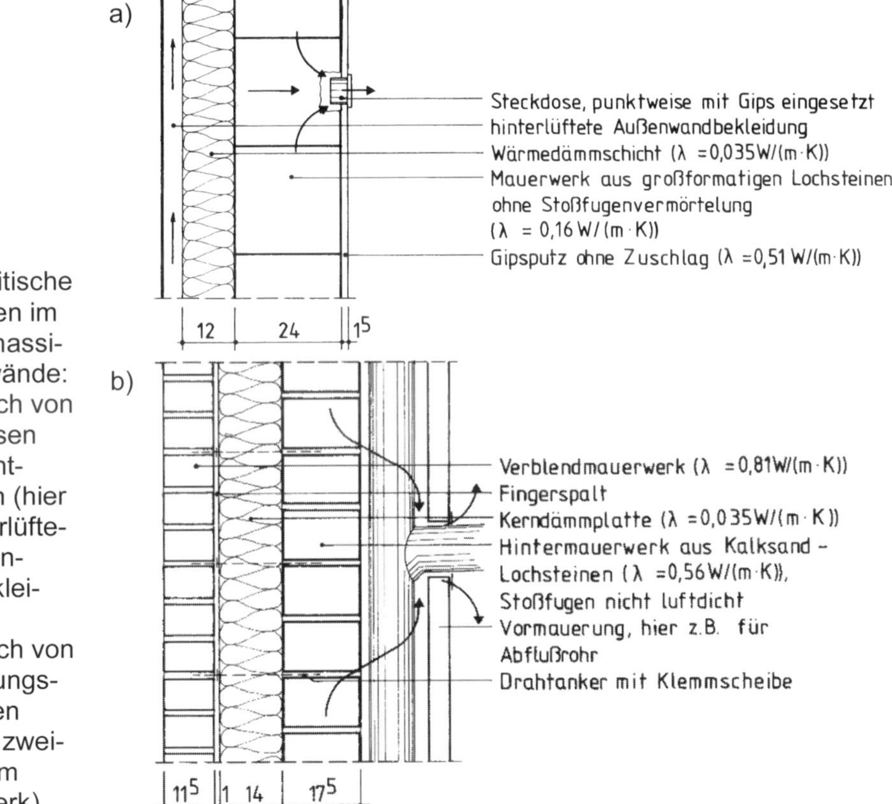

Bild 3.9: Kritische Undichtheiten im Innenputz massiver Außenwände:
a) im Bereich von Steckdosen oder Lichtschaltern (hier bei hinterlüfteter Außenwandbekleidung)
b) im Bereich von Versorgungsschächten (hier bei zweischaligem Mauerwerk)

3.4 Hölzerne Außenwände

Außenwände in Holztafel-/Holzrahmenbauart mit statisch i. d. R. ausreichenden Rippen- bzw. Stieltiefen von 12 cm erreichen ohne eine weitere Dämmstoffschicht nicht die gewünschten Wärmedurchgangskoeffizienten. Zur Verbesserung bieten sich folgende Möglichkeiten an:

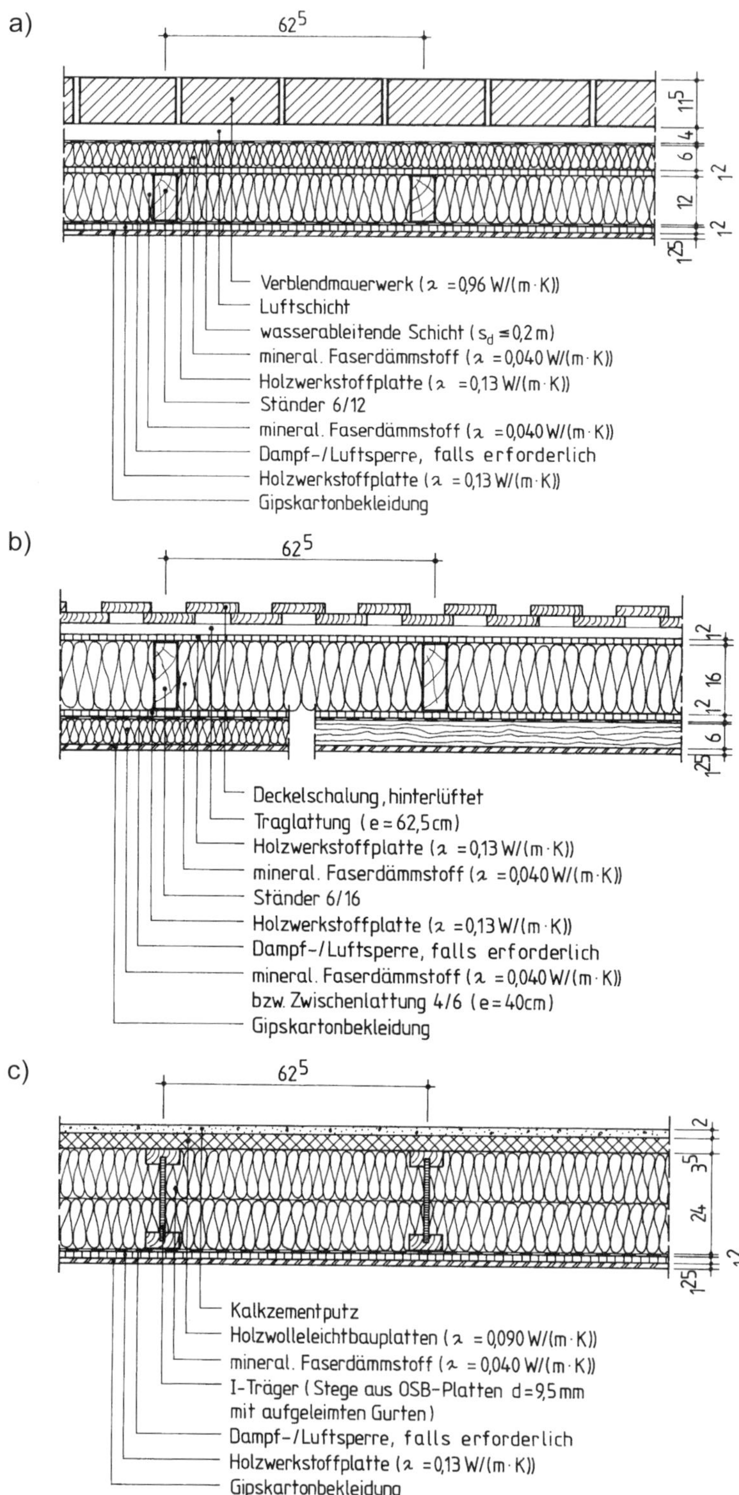

Bild 3.10: Mögliche Alternativen der Wärmedämmung von Außenwänden in Holztafel-/Holzrahmenbauart (nach [3.9]):

a) mit *außen*seitiger Zusatzdämmung und hinterlüfteter Mauerwerk-Vorsatzschale
b) mit *raum*seitiger Zusatzdämmung auf Querlattung und Boden-Deckelschalung außen (wasserableitende Schicht auf der äußeren Wandbekleidung oder -beplankung nicht dargestellt)
c) *ohne* Zusatzdämmung, aber mit Stielen als I-Querschnitt größerer Bauhöhe und wasserabweisendem Außenputz

- Eine Außenwand z. B. mit zusätzlichen 6 cm *außenseitiger* Wärmedämmung im Belüftungsraum einer gemauerten Verblendschale (Bild 3.10a) erreicht U_{AW} = 0,21 W/(m² · K).
- Um sich dem *unteren* Bereich der in Abschnitt 3.2 genannten Anforderungen ($U_{AW,max}$ = 0,10 W/(m² · K)) anzunähern, ist in Bild 3.10b beispielhaft eine Außenwand mit (i. d. R. statisch überbemessenen) 16 cm Rippen- bzw. Stieltiefe, mit außenseitiger Deckelschalung und *raumseitig* zusätzlicher Wärmedämmung von 6 cm (sog. *Installationsebene*) dargestellt – dadurch wird U_{AW} = 0,18 W/(m² · K) erreicht. (Bei dieser raumseitigen Zusatzdämmung ist allerdings zu beachten, dass der mittlere Wärmedurchgangskoeffizient entsprechend Abschnitt 2.9 mit *zwei* thermisch inhomogenen Schichten – Stiele/Dämmung und Zwischenlattung/Dämmung – zu berechnen ist.)
- Um schließlich den untersten Grenzwert aus Tabelle 3.1 zu erreichen, können statt Stielen aus Nadelvollholz – wie in Skandinavien bereits üblich – Stiele mit I-Querschnitt beliebiger Höhe und Allgemeiner bauaufsichtlicher Zulassung verwendet werden (z. B. [3.10]). Das in Bild 3.10c dargestellte Beispiel mit außenseitig geputzter Wand erreicht damit U_{AW} = 0,15 W/(m² · K). Dabei ist allerdings zu beachten, dass der Wärmedurchgangskoeffizient U_{AW} entsprechend Abschnitt 2.9 mit *zwei* thermisch inhomogenen Schichten zu berechnen ist (Gurte/Dämmung und Steg/ Dämmung).

Baukunden, die Niedrigstenergie- oder Passivhäuser bauen, wollen i. d. R. auf *chemischen* Holzschutz verzichten, d. h., ihr Haus allein durch *baulichen (konstruktiven)* Holzschutz schützen. Der vorbeugende bauliche Holzschutz besteht aus konstruktiven und bauphysikalischen Maßnahmen, die

- eine unzuträgliche Veränderung des Feuchtegehaltes von Holz und Holzwerkstoffen und damit (neben der Gefahr größerer Formänderungen) einen möglichen Pilzbefall sowie
- den Zutritt von holzzerstörenden Insekten (Trockenholzinsekten) zu verdeckt angeordnetem Holz

verhindern sollen. Der Schutz vor Bauschäden durch Insektenbefall wird bei Außenwänden in Holztafel-/Holzrahmenbauart durch allseitig für Insekten *un*durchlässige Abdeckungen erreicht, die den erforderlichen Schutz vor unkontrollierbarem Insektenbefall bieten. Um einen ausreichenden Schutz vor Pilzbefall zu erreichen, waren bereits gemäß DIN 68800-2:1996-05 [3.11], 8.2, folgende Wetterschutzmaßnahmen möglich, sodass die hölzernen Außenwände der Gefährdungsklasse 0 (heute Gebrauchsklasse 0 = GK 0) zugeordnet werden konnten:

- Hinterlüftete Außenwandbekleidungen auf *lot*rechter Lattung oder auf *waage*rechter Lattung mit Konterlattung (s. u. Bild 3.11a und 3.11b, die Lattung darf hier ebenfalls GK 0 zugeordnet werden).
- *Nicht* (oder nicht ausreichend) hinterlüftete Außenwandbekleidungen auf *waage*rechter Lattung (vgl. Bild 3.10b) mit wasserableitender Schicht mit diffusionsäquivalenter Luftschichtdicke $s_d \leq 0,2$ m (in Bild 3.10b nicht dargestellt, vgl. auch Abschnitt 2.14.5) auf der äußeren Wandbekleidung oder -beplankung (bei luftdurchlässiger Bekleidung wie Brettschalung darf die Lattung hier ebenfalls GK 0 zugeordnet werden).

- Wärmedämm-Verbundsysteme (WDVS) aus Hartschaumplatten nach früherer DIN 18164-1 (ersetzt u. a. durch EN 13163 [3.12]) mit nachgewiesenem Wetterschutz (Bild 3.11c).
- Holzwolle(leichtbau)platten mit wasserabweisendem Außenputz ohne zusätzliche äußere Bekleidung der Rohwand (vgl. Bild 3.10c).

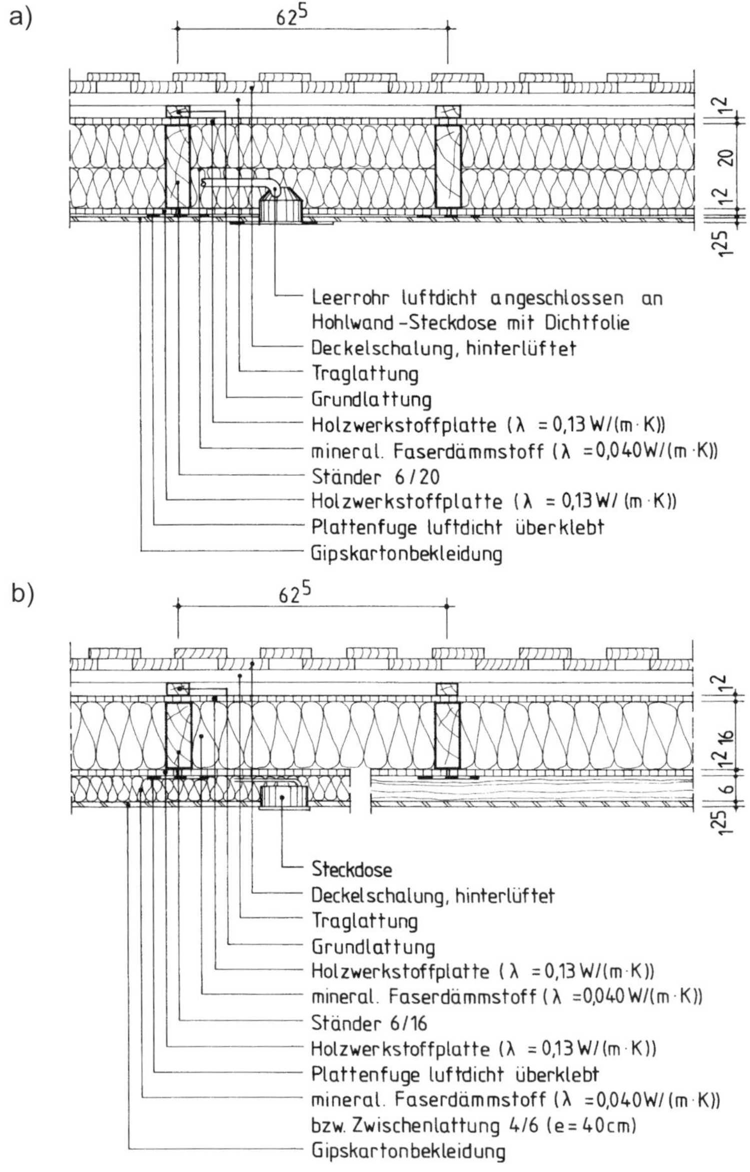

Bild 3.11: Alternativen für Elektroinstallationen in Außenwänden in Holztafel-/Holzrahmenbauart ohne Zerstörung der Luftdichtheitsschicht:
a) hinterlüftete Außenwandbekleidung auf *lot*rechter Lattung außen, innen mit sorgfältig eingedichteter Hohlwand-Steckdose
b) hinterlüftete Außenwandbekleidung auf *lot*rechter Lattung außen, innen mit Installationsebene (nach entsprechendem Nachweis des Tauwasserschutzes *ohne* vollflächige Dampf-/Luftsperre)

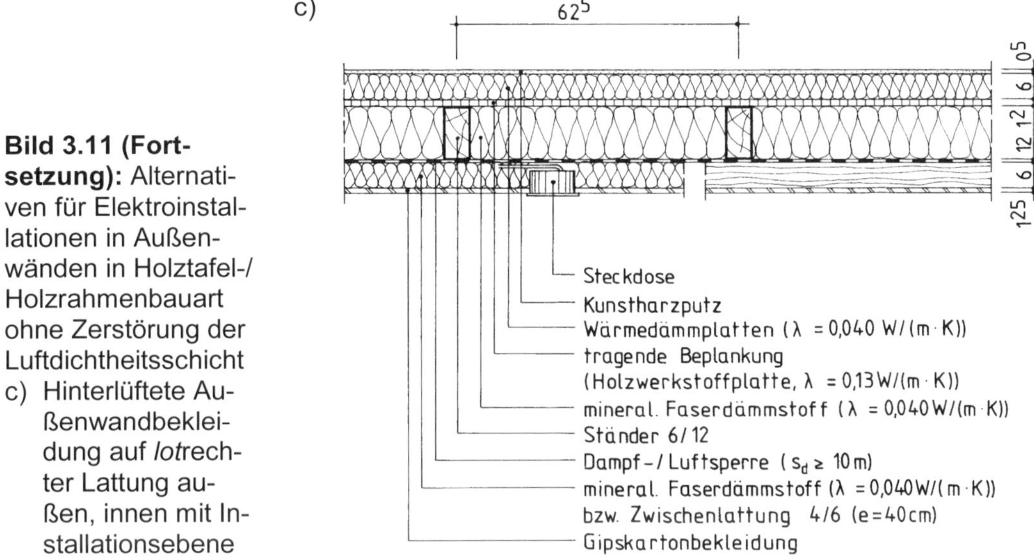

Bild 3.11 (Fortsetzung): Alternativen für Elektroinstallationen in Außenwänden in Holztafel-/Holzrahmenbauart ohne Zerstörung der Luftdichtheitsschicht
c) Hinterlüftete Außenwandbekleidung auf *lot*rechter Lattung außen, innen mit Installationsebene

- Mauerwerk-Vorsatzschalen mit Luftschicht ≥ 40 mm Dicke und Lüftungsöffnungen nach früherer DIN 1053-1 (inzwischen ersetzt durch DIN EN 1996-2/NA [3.4]) sowie
  - einer wasserableitenden Schicht (mit diffusionsäquivalenter Luftschichtdicke $s_d \geq$ 1 m, sofern die äußere Bekleidung oder Beplankung aus Holzwerkstoffplatten der Klasse 100 besteht),
  - Hartschaumplatten nach früherer DIN 18164-1 (ersetzt u. a. durch EN 13163 [3.12]) oder
  - mineralischem Faserdämmstoff nach früherer DIN 18165-1 (ersetzt durch EN 13162 [3.13]) mit außen liegender wasserableitender Schicht mit diffusionsäquivalenter Luftschichtdicke $s_d \leq 0{,}2$ m (vgl. Bild 3.10a)

  auf der äußeren Wandbekleidung oder -beplankung.

Tabelle 3.2: Anforderungen an den Tauwasserschutz von Außenwänden in Holztafel-/Holzrahmenbauart *ohne* rechnerischen Nachweis nach DIN 68800-2:1996-05

Bauteile, für die *kein* rechnerischer Tauwassernachweis erforderlich ist (bei ausreichendem Wärmeschutz und luftdichter Ausführung):	Wände in Holzbauart nach DIN 68800-2:1996-05 [3.11], 8.2, mit vorgehängten Außenwandbekleidungen, zugelassenen Wärmedämmverbundsystemen oder Mauerwerk-Vorsatzschalen, jeweils mit raumseitiger diffusionshemmender Schicht mit $s_{d,i} \geq 2$ m
Beurteilung:	12 mm heutige OSB-Platten mit μ = 350 [3.15] ergeben s_d = 4,20 m ≥ 2 m, d. h., eine zusätzliche diffusionshemmende Schicht auf der Innenseite kann ohne weiteren Nachweis entfallen

An der Raumseite waren dabei beliebige Bekleidungen zulässig, sofern die Anforderungen an den Tauwasserschutz nach DIN 4108-3:2001-07 [3.14] eingehalten sind: DIN 4108-3:2001-07 ließ zwei Möglichkeiten des Nachweises zu,

- zum einen den Nachweis für bewährte Konstruktionen *ohne* rechnerischen Nachweis und
- zum anderen den Nachweis im allgemeinen Fall *mit* rechnerischem Nachweis nach dem Glaser-Verfahren.

Wie Tabelle 3.2 zeigt, konnten die o. g. Außenwände in Holztafel-/Holzrahmenbauart i. d. R. *ohne* rechnerischen Nachweis *ohne* zusätzliche diffusionshemmende Schicht (in Bildern 3.10 und 3.11c „Dampf-/Luftsperre" genannt) ausgeführt werden.

Bei Wänden in Holztafel-/Holzrahmenbauart mit Mauerwerk-Vorsatzschale *ohne* zusätzliche außenseitige Dämmung der Rohwand (aus Hartschaum- oder Mineralfaserplatten, s. o.) ergab sich allerdings folgendes Problem:

- DIN 4108-3:2001-07 [3.14], 4.3.2.3, ließ in Verbindung mit DIN 68800-2:1996-05 [3.11], 8.2 und Tabelle 3, auf der Außenseite der Rohwand mit der einzigen Anforderung $s_d \geq 1$ m auch sehr dichte wasserableitende Schichten (d. h. z. B. Polyethylen-Folie = PE-Folie) zu – ob das im Sinne des Tauwasserschutzes und einer (für den baulichen Holzschutz gewünschten) möglichst hohen Austrocknungskapazität ist?

Führt man deshalb trotz der positiven Beurteilung in Tabelle 3.2 einen rechnerischen Nachweis nach dem Periodenbilanzverfahren mit einer wasserableitenden Schicht aus nackter Bitumenbahn R 333 N mit $s_d \leq max\ \mu \cdot s = 20\,000 \cdot 0{,}001$ m = 20 m nach DIN V 4108-4 [3.16] (von *Schulze* in [3.17] geprüfte Ausführung), so wird innenseitig eine zusätzliche diffusionshemmende Schicht in Form einer Folie o. Ä. erforderlich (Tabelle 3.3, vgl. auch Beispiel 2.15 in Abschnitt 2.14.7 nach aktueller DIN 4108-3:2018-10).

Tabelle 3.3: Rechnerischer Nachweis des Tauwasserschutzes für eine übliche Außenwand in Holztafel-/Holzrahmenbauart mit Mauerwerk-Vorsatzschale und Bitumenbahn R 333 N als wasserableitende Schicht (nach [3.18])

Rechnerischer Nachweis nach DIN 4108-3:2001-07 mit den vereinfachten Klimabedingungen (Standardklima)	
Berechnung mit wasserableitender Schicht aus nackter Bitumenbahn R 333 N mit $s_d \leq max\ \mu \cdot s = 20\,000 \cdot 0{,}001$ m = 20 m	Ein Wandaufbau bestehend aus (von innen nach außen) – 12,5 mm Gipskartonplatte (s_d = 0,10 m) – 12 mm OSB 3 [3.15] (s_d = 4,20 m) – 160 mm mineral. Faserdämmstoff (λ = 0,040 W/(m · K)) – 12 mm bautechnischer MDF [3.19] (s_d = 0,16 m) – 1 mm nackte Bitumenbahn R 333 N (s_d = 20 m, s. links) – 40 mm ruhende Luft [1]) – 115 mm Vollziegel (ρ = 2000 kg/m³, s_d = 1,15 m) [1]) erfüllt den Nachweis *nicht* ($m_{W,T}$ = 174 g/m² > 162 g/m² = $m_{W,V}$)

[1]) Der Ansatz der Mauerwerk-Vorsatzschale stellt hier den *un*günstigeren Fall dar, deshalb im Gegensatz zum Wärmeschutznachweis angesetzt (vgl. Abschnitt 2.5.6 und Beispiel 2.7 in Abschnitt 2.8.3).

Tabelle 3.4: Rechnerischer Nachweis des Tauwasserschutzes für eine veränderte Außenwand in Holztafel-/Holzrahmenbauart mit Mauerwerk-Vorsatzschale und spezieller Folie mit $s_d \equiv 1$ m als wasserableitender Schicht (nach [3.18])

Rechnerischer Nachweis nach DIN 4108-3:2001-07 mit den vereinfachten Klimabedingungen (Standardklima)	
Berechnung mit wasserableitender Schicht (spezielle Folie), $s_d \equiv 1$ m	Ein Wandaufbau bestehend aus (von innen nach außen) – 12,5 mm Gipskartonplatte (s_d = 0,10 m) – 12 mm OSB 3 [3.15] (s_d = 4,20 m) – 160 mm mineral. Faserdämmstoff (λ = 0,040 W/(m · K)) – 12 mm OSB 3 [3.15] (s_d = 4,20 m) – spezielle Folie mit $s_d \equiv 1$ m – 40 mm ruhende Luft [1]) – 115 mm Vollklinker (ρ = 2000 kg/m³, s_d = 11,5 m) [1]) erfüllt *gerade* den Nachweis ($m_{W,T}$ = 171 g/m² ≤ 188 g/m² = $m_{W,V}$)

[1]) Der Ansatz der Mauerwerk-Vorsatzschale stellt hier den *un*günstigeren Fall dar, deshalb im Gegensatz zum Wärmeschutznachweis angesetzt (vgl. Abschnitt 2.5.6 und Beispiel 2.7 in Abschnitt 2.8.3).

Wird die Konstruktion durch Verwendung einer nach DIN 68800-2:1996-05 [3.11], 8.2 mit Tabelle 3, gerade zulässigen wasserableitenden Schicht mit $s_d \equiv 1$ m verbessert, so kann auf eine zusätzliche diffusionshemmende Schicht an der Innenseite selbst bei ansonsten diffusionstechnisch ungünstigeren Wandaufbauten (mit beidseitig OSB) verzichtet werden (Tabelle 3.4), wobei allerdings kaum noch Austrocknungskapazität (Trocknungsreserve) für unvorhergesehene Feuchte in der Konstruktion verbleibt.

Unter anderem aufgrund dieser Betrachtung wurden von der Holzwerkstoffindustrie Allgemeine bauaufsichtliche Zulassungen beantragt, um bei den in den Bildern 3.10a und 3.10b dargestellten Außenwandkonstruktionen auf die wasserableitende Schicht gänzlich verzichten zu können [3.19] (in Bild 3.10b bereits nicht mehr dargestellt) – diese wurden jedoch vom DIBt nicht erteilt. Allerdings wurde DIN 68800-2 in den Jahren 2012 und 2022 neu herausgegeben [3.20], die Anforderungen sind darin mit einer wasserableitenden Schicht mit diffusionsäquivalenter Luftschichtdicke $s_d \leq 0{,}3$ m bis 1 m (abhängig vom Dämmstoff) bauphysikalisch nachvollziehbar formuliert (analog in die aktuelle DIN 4108-3:2018-10 [3.21] übernommen, vgl. auch Abschnitt 2.14.7).

Mögliche lineare (zweidimensionale) *Wärmebrücken* bei innerhalb des Bauteils gedämmten Holzbauteilen stellen – häufig nicht sichtbare – Fehlstellen (Luftspalte) in der Wärmedämmschicht innerhalb der Gefache dar (Näheres dazu s. in Abschnitt 3.13, zur rechnerischen Berücksichtigung solcher Luftspalte vgl. Abschnitt 2.5.9).

Eine weitere Herausforderung bei hölzernen Außenwänden ist die Sicherstellung der notwendigen *Luftdichtheit*; häufig wird bei den dem eigentlichen Wandaufbau folgenden Elektroarbeiten die Dampf-/Luftsperre örtlich durchbrochen, woraus Tauwasserschäden (vgl. Bild 2.70b in Abschnitt 2.13.1) oder Lüftungswärmeverluste (vgl. Bild 2.70a ebd.) resultieren können. Diese Probleme lassen sich vermeiden (vgl. DIN 4108-7 [3.22])

- entweder durch sorgfältig eingedichtete *Hohlwand-Steckdosen* (vgl. Bild 3.11a), die aber nachträglich nicht mehr verändert werden können,
- oder – variabler – durch eine entsprechend geplante *Installationsebene* innenseitig der Dampf-/Luftsperre (vgl. Bilder 3.11b und 3.11c).

3.5 Massive Kelleraußenwände

Außenwände beheizter Kellerräume werden i. d. R. in Mauerwerk oder in Beton ausgeführt. Bei Beanspruchung durch Bodenfeuchte oder nichtstauendes Sickerwasser ist eine Abdichtung mit kunststoffmodifizierter Bitumendickbeschichtung PMBC (früher KMB) und außen liegender Wärmedämmung, einer sog. Perimeterdämmung, üblich (vgl. Abschnitt 2.6), die ggf. noch durch eine Dränung nach DIN 4095 [3.23] ergänzt werden muss (Bild 3.12).

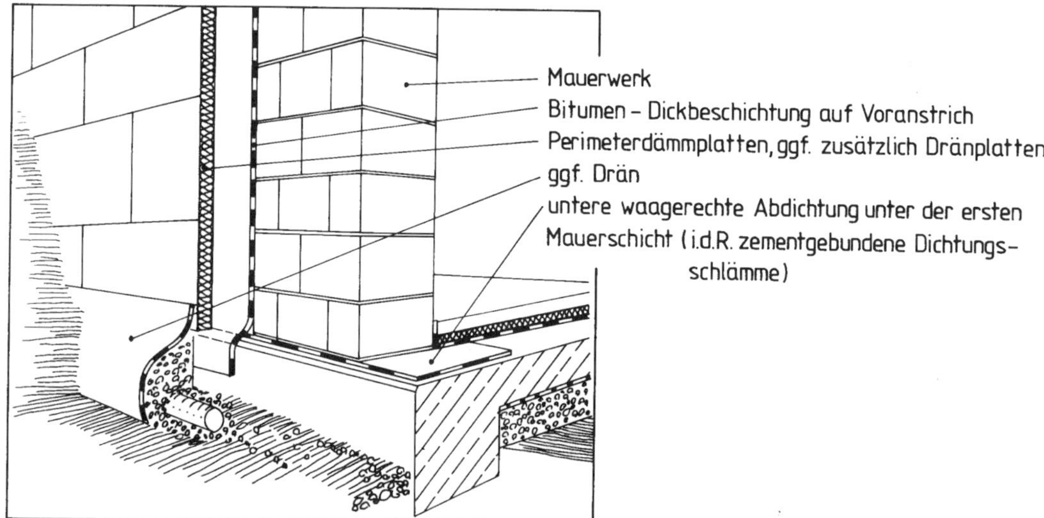

Bild 3.12: Gemauerte Kelleraußenwand mit Abdichtung durch kunststoffmodifizierte Bitumendickbeschichtung (KMB) und Perimeterdämmung (nach [3.24])

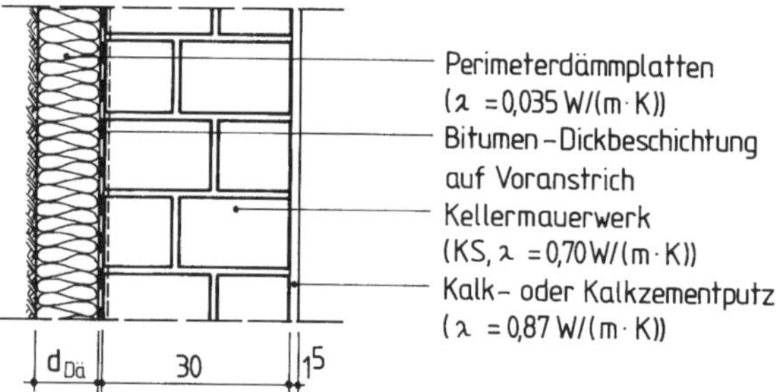

Bild 3.13: Gemauerte Kelleraußenwand mit Perimeterdämmung (Außenseite links)

Ein Beispiel einer solchen Kelleraußenwand mit $d_{Dä}$ = 16 cm Polystyrol-Extruderschaum (XPS) der Wärmeleitfähigkeitsstufe 035 erreicht U_G = 0,19 W/(m² · K) und liegt damit im Bereich der in Abschnitt 3.2 definierten Grenzwerte (Bild 3.13).

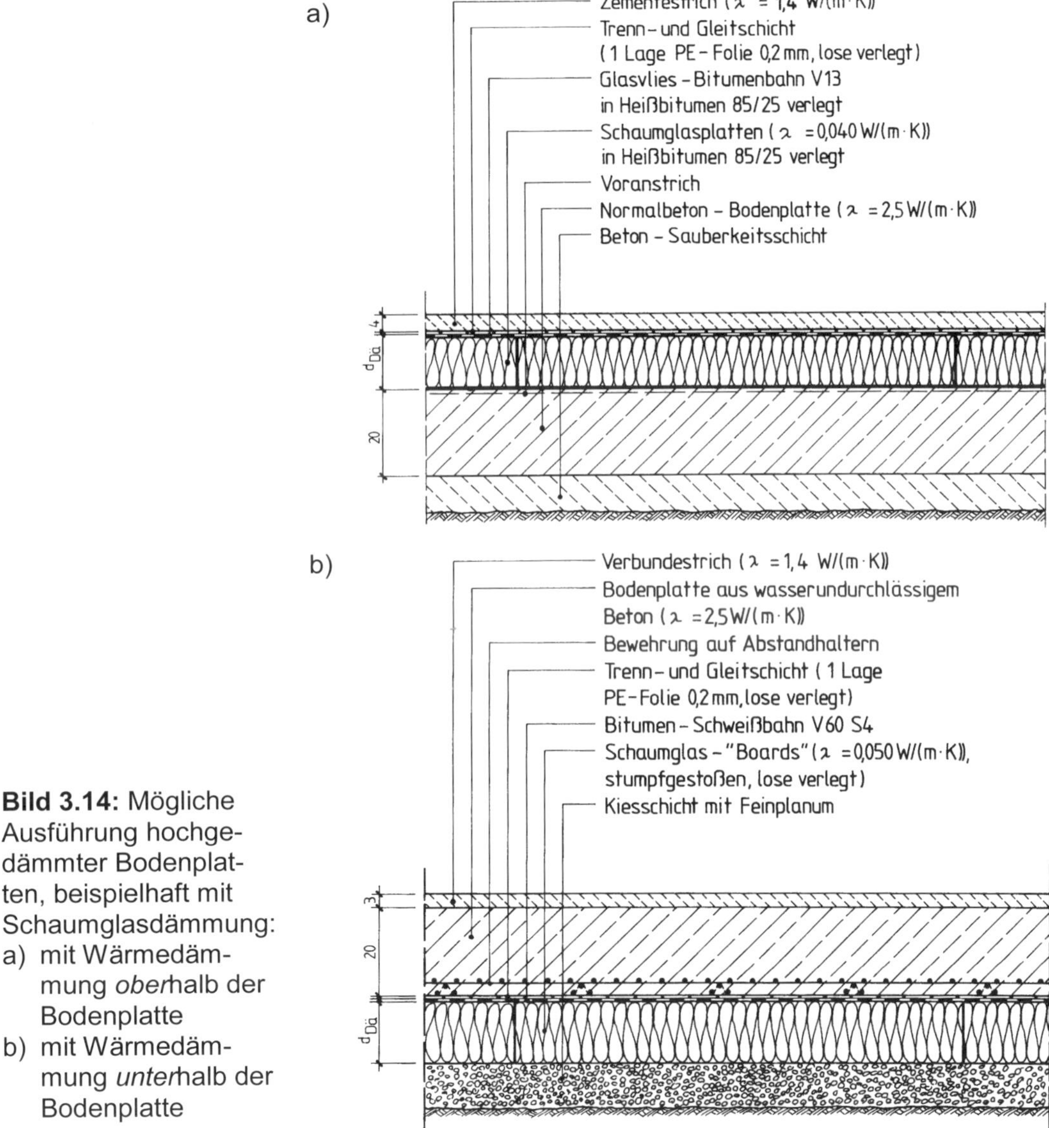

Bild 3.14: Mögliche Ausführung hochgedämmter Bodenplatten, beispielhaft mit Schaumglasdämmung:
a) mit Wärmedämmung *ober*halb der Bodenplatte
b) mit Wärmedämmung *unter*halb der Bodenplatte

3.6 Massive Bodenplatten

Da in den letzten Jahren Gebäude

– zum einen aus Kostengründen häufig ohne Keller gebaut werden bzw.

- zum anderen eine immer hochwertigere Kellernutzung üblich wird,

kommt hochgedämmten massiven Bodenplatten – entweder als Erdgeschoss- oder als Kellersohle – eine zunehmende Bedeutung zu. Für die Ausführung solcher Bodenplatten gibt es grundsätzlich zwei Ausführungsmöglichkeiten, bei denen die Dämmplatten

- entweder oberhalb der massiven Bodenplatte (Bild 3.14a)
- oder unterhalb der massiven Bodenplatte (Bild 3.14b)

angeordnet werden. Für die Wärmedämmschicht müssen ausreichend druckfeste Dämmstoffe eingesetzt werden; soll unterhalb einer Gründungsplatte eine lastabtragende Wärmedämmschicht angeordnet werden, so kommt dafür nur Schaumglas (CG) oder Polystyrol-Extruderschaum (XPS) mit entsprechender Allgemeiner bauaufsichtlicher Zulassung (z. B. [3.25], [3.26]) infrage – bei den dann erforderlichen hohen Druckfestigkeiten hat der Dämmstoff allerdings ggf. eine ungünstigere (höhere) Wärmeleitfähigkeit.

Mit den dargestellten Bodenplatten (vgl. Bild 3.14) lässt sich

- durch eine Dämmschichtdicke von $d_{Dä}$ = 16 cm bei λ = 0,040 W/(m · K) ein Wärmedurchgangskoeffizient von $U_G \approx$ 0,23 W/(m² · K) und
- durch eine Dämmschichtdicke von $d_{Dä}$ = 20 cm bei λ = 0,050 W/(m · K) ein Wärmedurchgangskoeffizient von $U_G \approx$ 0,24 W/(m² · K)

jeweils ≤ 0,25 W/(m² · K) = $U_{G,max}$ erreichen (vgl. Tabelle 3.1) – höhere Anforderungen können durch größere Dämmstoffdicken problemlos erfüllt werden.

Bei hochgedämmten Bodenplatten kommen als kritische Detailpunkte

- Anschlüsse an die Erdgeschoss- oder Kelleraußenwände und
- Anschlüsse an tragende Innenwände

vor. Aus statischen Gründen liegen die tragenden Außenwände direkt auf den Bodenplatten mit den Fundamenten auf, sodass eine Unterbrechung der Wärmedämmung mit für Niedrigstenergiegebäude nicht akzeptablen längenbezogenen Wärmedurchgangskoeffizienten von bis zu $\Psi_e \approx$ 0,30 W/(m · K) bei *Außen*maßbezug entstehen kann (vgl. Abschnitt 3.2). Eine Verbesserung wäre im Kellergeschoss – wo Streifenfundamente für eine frostfreie Gründung entfallen können – sowohl bei den Anschlüssen der Kelleraußen- wie auch der Innenwände dadurch möglich, dass eine hochdruckfeste Wärmedämmung wie Schaumglas *unter*halb der das Gebäude – ohne zusätzliche Fundamente – tragenden Bodenplatte vorgesehen und wärmebrückenfrei mit der Perimeterdämmung der Kelleraußenwand verbunden wird (vgl. Bild 3.14b) – in diesem Fall ist aber eine Allgemeine bauaufsichtliche Zulassung für den lastabtragenden Dämmstoff erforderlich (s. o.).

3.7 Massive Kellerdecken

Bei der Planung hochgedämmter Kellerdecken ist zu beachten, dass Trittschalldämmplatten mit ihrer für schwimmende Estriche erforderlichen dynamischen Steifigkeit nicht in beliebiger Dicke ausführbar (und auch nicht wirtschaftlich) sind, sodass folgende Alternativen möglich werden:

- Trittschalldämmplatten üblicher Dicke (z. B. aus Mineralwolle d_L = 20 mm) werden mit beliebigen Dämmplatten *unterhalb* der Massivdecke kombiniert (Bild 3.15a), wobei sich wegen des einfachen Einbaus in der Schalung bei Ortbetondecken besonders Mehrschicht-Leichtbauplatten (bestehend aus 5 mm Holzwolle-Leichtbauplatte, expandiertem Polystyrol-Hartschaum (EPS) der gewünschten Dicke $d_{Dä}$ und noch einmal 5 mm Holzwolle-Leichtbauplatte) bewährt haben.
- Trittschalldämmplatten üblicher Dicke (z. B. aus Mineralwolle d_L = 20 mm) werden – vor allem bei den heute üblichen Elementdecken – mit ausreichend steifen Dämmplatten *oberhalb* der Massivdecke kombiniert (Bild 3.15b). In der Regel werden jedoch Trittschall- und Wärmedämmung gegenüber der Anordnung in Bild 3.15b vertauscht, um die Installationen auf der Rohdecke fixieren zu können, ohne die Trittschalldämmung zu beeinträchtigen – dies führt aber zu einem erhöhten Wärmeverlust der Warmwasser- und Heizungsleitungen zum unbeheizten Keller und ist deshalb in Niedrigstenergiegebäuden zu vermeiden.

Mit solchen Kellerdecken lässt sich durch eine zusätzliche Dämmschichtdicke $d_{Dä}$ = 12 cm bei λ = 0,040 W/(m · K) ein Wärmedurchgangskoeffizient von $U_G \approx 0{,}25$ W/(m² · K) $\leq$ 0,25 W/(m² · K) = $U_{G,max}$ erreichen (vgl. Tabelle 3.1).

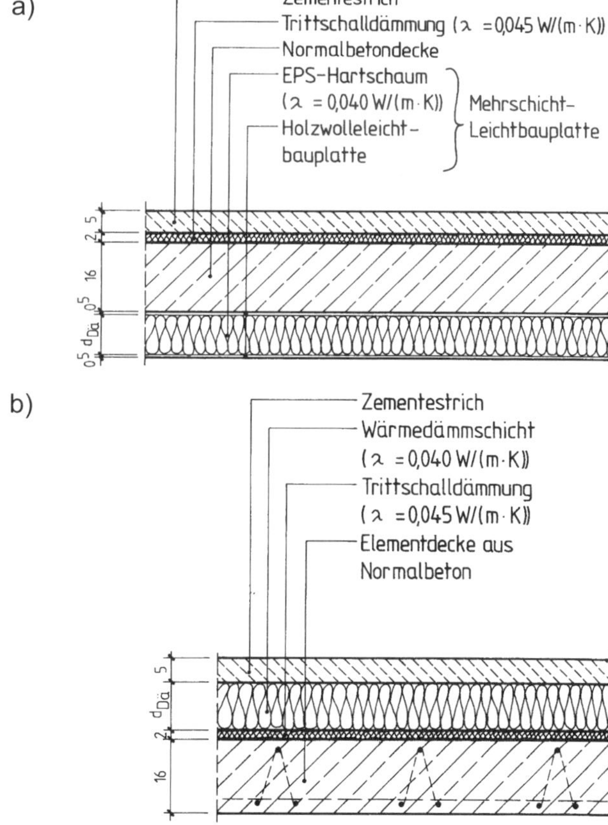

Bild 3.15: Mögliche Ausführung hochgedämmter Kellerdecken:
a) mit zusätzlicher Wärmedämmung *unter*halb der Massivdecke
b) mit zusätzlicher Wärmedämmung *ober*halb der Massivdecke

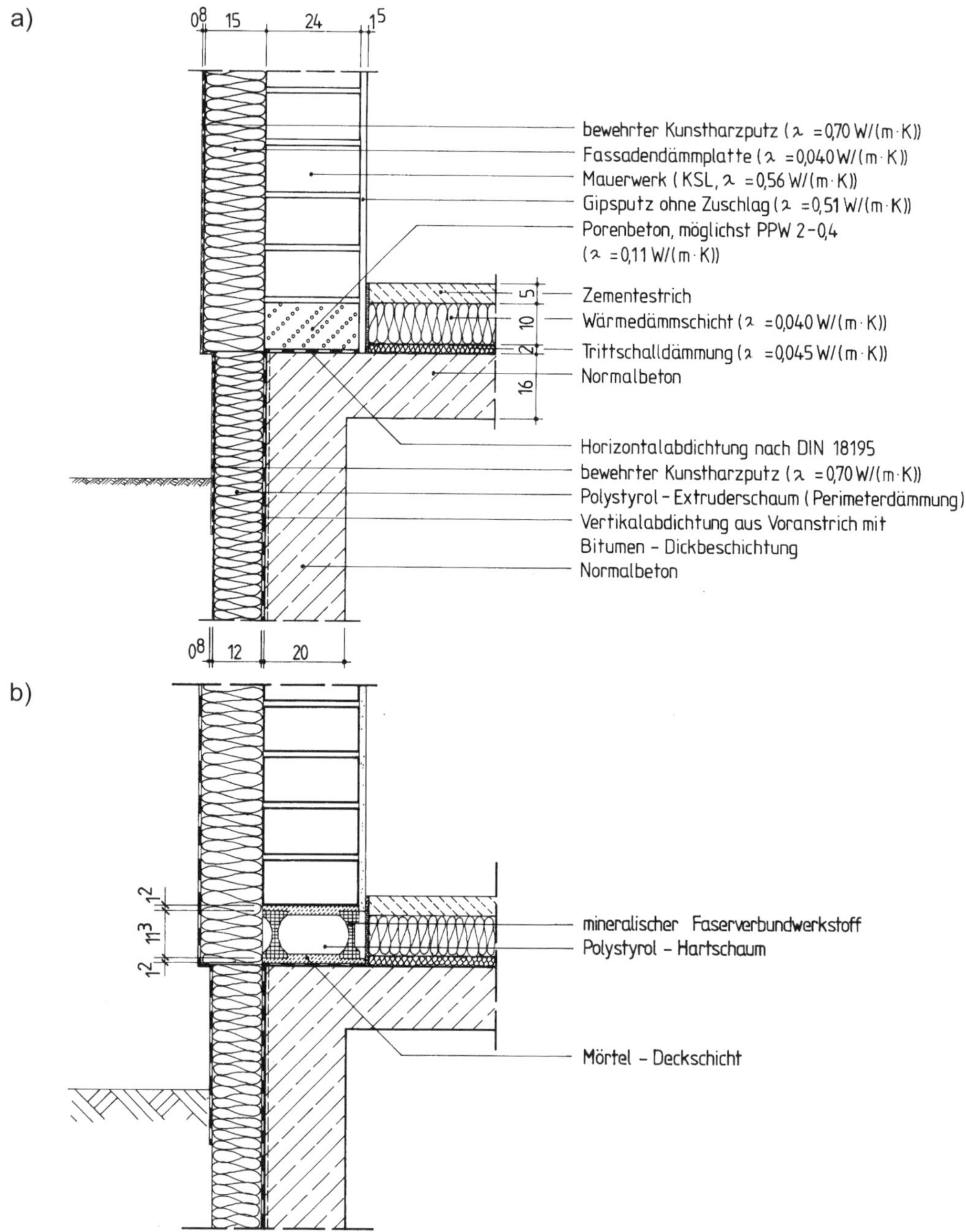

Bild 3.16: Anschlussausbildung massive Außenwand an Kellerdecke mit außenseitig bis unter OK Erdreich weitergeführtem WDVS:
a) mit hochdämmenden Porenbetonsteinen
b) mit speziellen Wärmedämmelementen aus Faserverbundwerkstoff mit formgeschäumtem Polystyrol-Hartschaum
als wärmedämmendem Baustoff für die unterste Steinlage der Außenwand

3.8 Anschlussdetails bei massiven Kellerdecken

Häufig liegen die beheizten Räume von Gebäuden nur oberhalb der Kellerdecke; ein wichtiges Detail stellt deshalb der Anschluss der Außenwand an die Decke zum unbeheizten Keller dar. Problematisch ist dabei (vgl. Bild 3.1),

- dass die Außenwände sinnvollerweise außenseitig gedämmt werden,
- während die Dämmung der Kellerdecke immer innerhalb des Gebäudes (ober- oder unterhalb der Kellerdecke, vgl. Bild 3.15) angeordnet werden muss.

Die Verbindung von Außenwand und Kellerdecke muss tragend ausgeführt werden, sodass sich als einfachste Lösung eine Weiterführung des außenliegenden Wärmedämm-Verbundsystems (WDVS) bis unter OK Erdanschüttung anbietet – eine Lösung, die allerdings zu einem für Niedrigstenergiegebäude unzulässig hohen längenbezogenen Wärmedurchgangskoeffizienten Ψ führen kann (s. Abschnitt 5.5).

Eine mögliche Verbesserung ergibt sich durch den Einbau *einer* Schicht aus tragendem *und* wärmedämmendem Wandbaustoff über der Kellerdecke; das können sein:

- Porenbetonsteine (Bild 3.16a, s. auch [3.27]) bzw. wärmedämmende sog. Kimmsteine [3.28] als preisgünstigste Lösung,
- spezielle, hochdruckfeste Schaumglaselemente [3.29] oder sog. Dämmbrücken aus Recycling-Polyurethan [3.30] (bei letzteren Allgemeine bauaufsichtliche Zulassung unklar) oder
- spezielle Wärmedämmelemente aus mineralischem Faserverbundwerkstoff mit formgeschäumtem Polystyrol-Hartschaum – ursprünglich aus der Schweiz [3.31], in Deutschland als *Novomur* bauaufsichtlich zugelassen [3.32] (Bild 3.16b).

Nicht nur Außenwände müssen an Kellerdecken angeschlossen werden; i. d. R. werden Kellerdecken auch von tragenden Innenwänden durchstoßen. Bei unterseitig gedämmten Kellerdecken (vgl. Bild 3.15a) ergeben sich dabei – je nach verwendetem Mauerwerk und gewählter Dämmstoffdicke – unakzeptabel hohe längenbezogene Wärmedurchgangskoeffizienten [3.33]. Bei oberseitiger Wärmedämmung der Kellerdecke (vgl. Bild 3.15b) wäre auch in diesem Fall eine Verbesserung durch die Verwendung von Porenbeton für die Wände bzw. der o. g. Wärmedämmelemente unter der Innenwand (analog zu Bild 3.16b) möglich.

Auch bei *Holztafel-/Holzrahmenbauten* – die i. d. R. auf massiven Kellern oder Bodenplatten errichtet werden – ergeben sich analoge Detailpunkte. Im Vergleich zu reinen Massivbauten treten hier jedoch weniger Wärmebrückenprobleme auf, da hölzerne Außenwände üblicherweise innerhalb der Konstruktion gedämmt werden (vgl. Abschnitt 3.4). Auch der Anschluss tragender Innenwände an die Kellerdecke stellt sich bei Holztafel-/Holzrahmenbauten deutlich günstiger dar als bei Massivbauten. Mögliche, zusätzliche Wärmebrücken stellen allerdings die zur Montage der Holztafeln gebräuchlichen Stahlwinkel mit ggf. hohen punktbezogenen Wärmedurchgangskoeffizienten χ dar [3.34].

Zu beachten ist ferner bei Holztafel-/Holzrahmenbauten, dass auch die *Luftdichtheit* entsprechend DIN 4108-7 [3.22] sichergestellt wird; d. h., die Dampf-/Luftsperre der Außenwand muss luftdicht an die Kellerdecke angeschlossen werden. Dieser Anschluss muss materialgerecht und dauerhaft sein, d. h. beispielsweise

- bei einer Dampf-/Luftsperre aus Polyethylen-Folie mit einem vom Folienhersteller gelieferten oder empfohlenen Butylkautschuk-Doppelklebeband bzw. einem vorkomprimierten Dichtungsband an die Trennfolie auf der Kellerdecke (Bild 3.17),
- bei einer – wegen der besseren Austrocknungskapazität (vgl. Abschnitt 3.4) zu bevorzugenden – Dampf-/Luftsperre aus diffusionsoffenerem Baupapier mit vom Anbieter gelieferter, ausreichend dauerhafter Klebemasse an die Kellerdecke oder
- bei Verzicht auf eine vollflächige Dampf-/Luftsperre (vgl. Bild 3.11b) mit ausreichend dauerhaftem (Haft-)Klebeband an die Kellerdecke

erfolgen. (Ein Wechsel des Luftdichtungssystems, d. h. ein Materialwechsel der Luftdichtheitsschicht, ist problematisch und nach DIN 4108-7 daher möglichst zu vermeiden.)

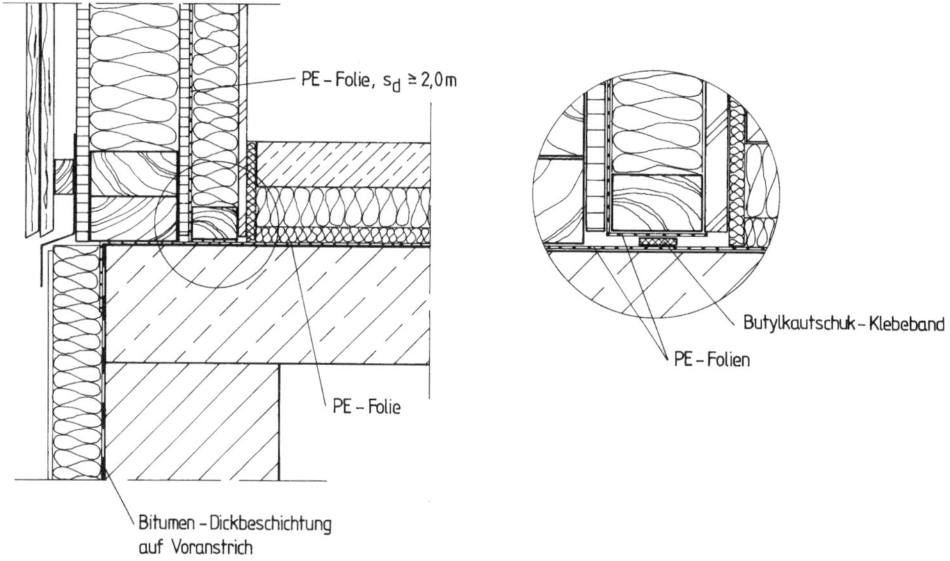

Bild 3.17: Ausführung eines luftdichten Anschlusses einer Außenwand in Holztafel-/ Holzrahmenbauart mit *innen*seitiger Zusatzdämmung (Installationsebene analog zu Bild 3.10b) an die Kellerdecke, die Luft-/Dampfsperre z. B. aus Polyethylen-Folie (PE-Folie) wird durch ein geeignetes Butylkautschuk-Klebeband mit der entsprechenden Folie auf der Kellerdecke verklebt (s. Detail) (nach [3.9])

3.9 Anschlussdetails bei massiven Außenwänden

Ein kritischer Detailpunkt im Außenwandbereich ist der *Fensteranschluss* bei hochgedämmten Außenbauteilen (zu Fenstern und Verglasungen s. Abschnitt 2.12). Bild 3.18 zeigt beispielhaft eine Außenwand aus zweischaligem Mauerwerk (vgl. auch [3.27], [3.33]):

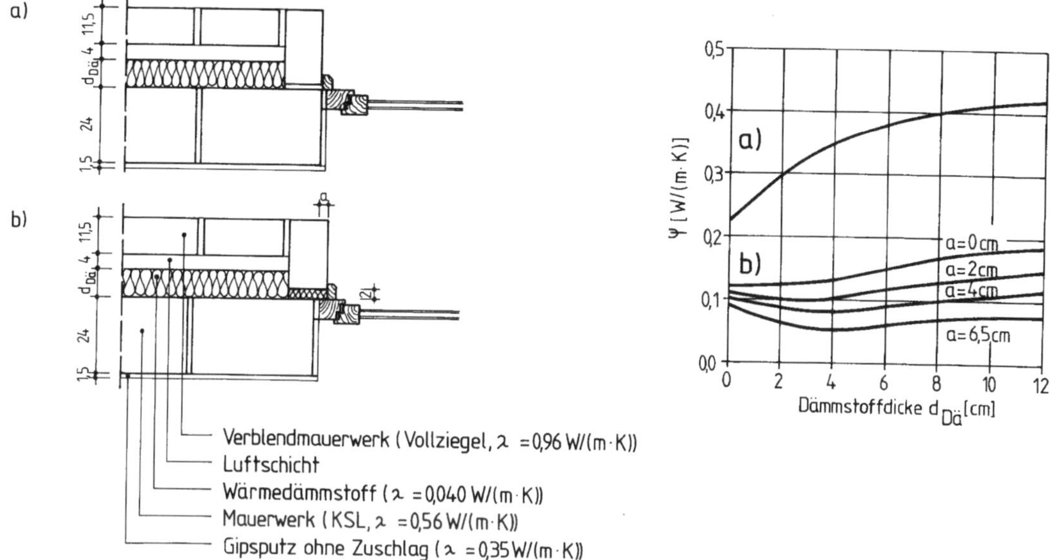

Bild 3.18: Wärmebrückenwirkung der Fensterleibung bei einer Außenwand aus zweischaligem, wärmegedämmtem Mauerwerk in Abhängigkeit von der Dämmstoffdicke *d* und der Überlappung *a* des Anschlags (nach [3.35]):
a) *ohne* Wärmedämmung am Stoß der beiden Mauerwerksschalen
b) mit 2 cm Wärmedämmung am Stoß der beiden Mauerwerksschalen

- zum einen *ohne* Wärmedämmung am Stoß der beiden Mauerwerksschalen mit – bei heutigen Dämmstoffdicken – unzulässig hohen längenbezogenen Wärmedurchgangskoeffizienten $\Psi \approx 0{,}40$ W/(m · K),
- zum anderen mit 2 cm Wärmedämmung am Stoß der beiden Mauerwerksschalen mit geringen bis mittleren längenbezogenen Wärmedurchgangskoeffizienten $\Psi \approx 0{,}05$ bis 0,19 W/(m · K), wobei eine möglichst große Überlappung von $a = 6{,}5$ cm (= 1/4 Stein) am günstigsten ist.

Auch die *Luftdichtheit* des Fensteranschlusses ist bei hochgedämmten Außenbauteilen sicherzustellen; die entsprechende Fuge muss gemäß DIN 4108-7 [3.22], dem „Leitfaden zur Planung und Ausführung der Montage von Fenstern und Haustüren für Neubau und Renovierung" des Glaserhandwerks [3.36] bzw. dem „Leitfaden zur Planung und Ausführung der Montage von Fenstern und Haustüren für Neubau und Renovierung" der RAL-Gütegemeinschaft Fenster und Haustüren [3.37] – zur Vermeidung von Tauwasserbildung in der Anschlussfuge *auch* innenseitig – abgedichtet werden, und zwar:
- mit aufgeklebten Dichtfolien (heute üblichere Variante) oder
- mit Fugendichtstoff über einem Hinterfüllband

(vgl. Bild 2.72 in Abschnitt 2.13.1). Zur Verringerung der Wärmebrückenwirkung wird der Hohlraum dazwischen mit Montageschaum ausgeschäumt oder mit loser Mineralwolle ausgestopft.

Besonders ungünstig bei Niedrigstenergiegebäuden ist der Einbau herkömmlicher *Rollladenkästen* mit i. d. R. sehr dünner und um mehrere Kanten geführter Wärmedämmung und praktisch nicht luftdicht ausführbarer Gurtbanddurchführung (vgl. Abschnitt 2.12.4).

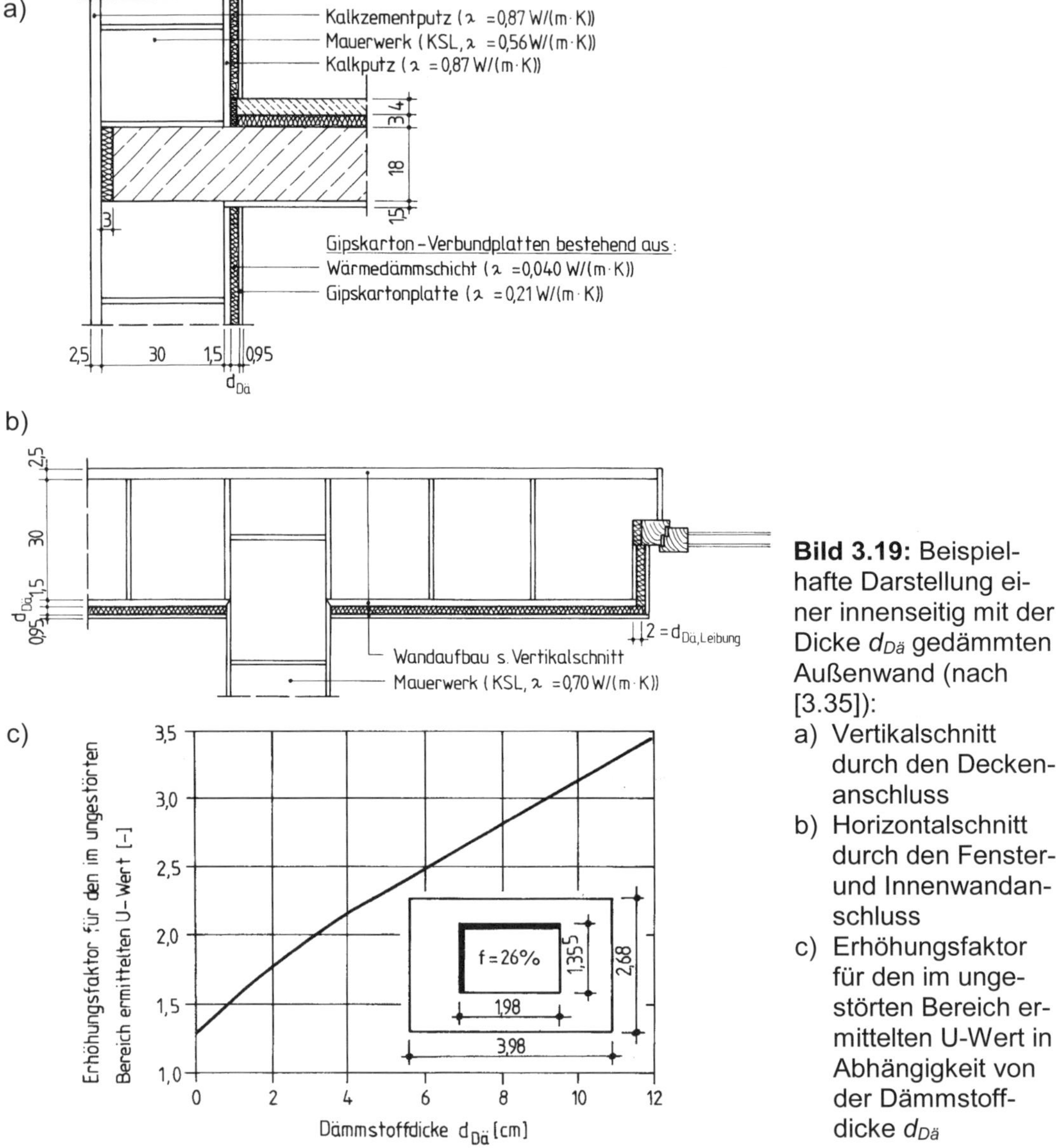

Bild 3.19: Beispielhafte Darstellung einer innenseitig mit der Dicke $d_{Dä}$ gedämmten Außenwand (nach [3.35]):
a) Vertikalschnitt durch den Deckenanschluss
b) Horizontalschnitt durch den Fenster- und Innenwandanschluss
c) Erhöhungsfaktor für den im ungestörten Bereich ermittelten U-Wert in Abhängigkeit von der Dämmstoffdicke $d_{Dä}$

Nicht alle Wärmebrücken im Außenwandbereich lassen sich konstruktiv vermeiden, z. B. die geometrisch bedingte Wärmebrücke „Außenwandecke" (vgl. Bild 2.26b in Abschnitt 2.8.1). Unproblematisch sind bei einschalig gemauerten und außenseitig gedämmten Gebäuden (d. h. mit Wärmedämm-Verbundsystem oder zweischaligem, wärmegedämmtem Verblendmauerwerk) in die Außenwände einbindende Innenwände. Wenig problematisch stellen sich bei solchen Gebäuden auch in die Außenwände einbindende Geschossdecken dar [3.27], [3.33].

Bisher wurden nur – sinnvollerweise – außenseitig gedämmte Außenwände mit ihren Anschlussdetails betrachtet; als nachträgliche Wärmedämmung bestehender Gebäude wird allerdings häufig eine Innendämmung der Außenwände in Betracht gezogen. Eine solche innengedämmte Außenwand mit einigen Anschlussdetails zeigt Bild 3.19a, in Bild 3.19b ist für die dargestellten Abmessungen die Funktion des Erhöhungsfaktors für den im ungestörten Bereich ermittelten U-Wert in Abhängigkeit von der variablen Dämmstoffdicke $d_{Dä}$ aufgetragen (allerdings bezogen auf die Innenmaße): Dabei ergibt sich für eine Dämmstoffdicke $d_{Dä}$ = 12 cm (wie sie bei Niedrigstenergiegebäuden eher die untere Grenze darstellt) ein Erhöhungsfaktor von 3,5 – d. h.,

- statt des rechnerischen U-Wertes U_{AW} = 0,28 W/(m² · K) (vgl. Bild 3.6a in Abschnitt 3.3 mit vergleichbarer Dämmstoffdicke)
- ergibt sich ein tatsächlicher U-Wert von $U_{AW,\text{real}}$ = 0,98 W/(m² · K).

Konsequenz: Innendämmungen mit ihren sehr hohen längenbezogenen Wärmedurchgangskoeffizienten sind im Bestand (bei erhaltenswerter Fassade) häufig nicht zu vermeiden, aber für Niedrigstenergiegebäude ungeeignete Konstruktionen!

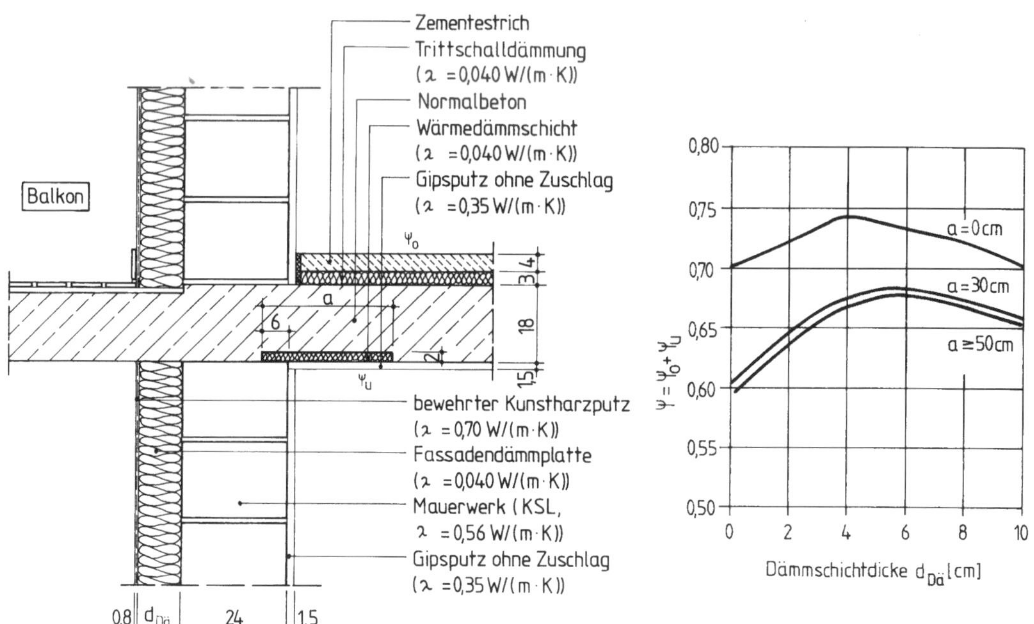

Bild 3.20: Wärmebrückenwirkung einer die Außenwand durchdringenden, auskragenden Balkonplatte in Abhängigkeit von der Dämmstoffdicke $d_{Dä}$ des Wärmedämm-Verbundsystems und einer eventuellen Zusatzdämmung der Länge *a* raumseitig unter der auskragenden Decke (nach [3.35])

Ein weiteres, häufiges Anschlussdetail bei Außenwänden stellen die Außenwand durchdringende, auskragende Balkonplatten mit deutlich wirksamen Wärmebrücken dar, s. Bild 3.20 mit viel zu hohen (wenn auch auf die Innenmaße bezogenen) längenbezogenen Wärmedurchgangskoeffizienten $\Psi = 0{,}70$ bis $0{,}74$ W/(m · K); die dargestellte Zusatzdämmung führt mit $\Psi = 0{,}60$ bis $0{,}70$ W/(m · K) zu keiner wesentlichen Verbesserung (und ist heute aufgrund der überwiegenden Verwendung von Elementdecken praktisch nicht mehr ausführbar). Solche Balkonkonstruktionen widersprechen den heutigen Regeln der Technik (vgl. Abschnitt 2.8.3). Verbessert werden können sie durch thermische Trennung mithilfe entsprechender allgemein bauaufsichtlich zugelassener Dämmelemente aus expandiertem Polystyrol (EPS) mit durchlaufender Bewehrung aus nichtrostendem Stahl (*Isokorb* [3.38], *Isopro* [3.39] oder *Iso-Träger* [3.40], Bild 3.21) mit einer mittleren äquivalenten Wärmeleitfähigkeit von z. B. $\lambda_{eq} = 0{,}076$ bis $0{,}418$ W/(m · K) in Abhängigkeit vom Bewehrungsgrad [3.41] (zum Einbau solcher bewehrter Dämmelemente vgl. Bild 2.36 in Abschnitt 2.8.3).

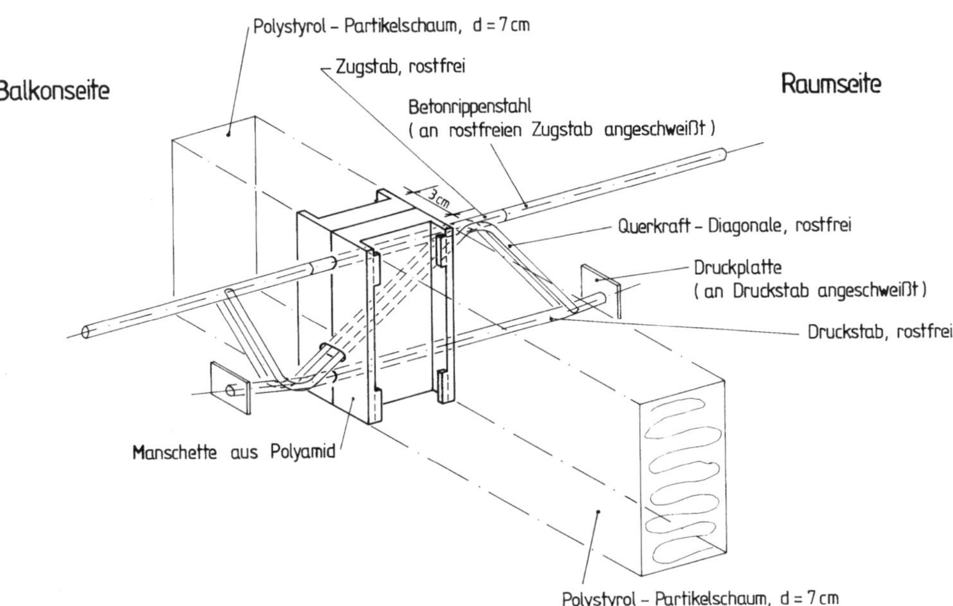

Bild 3.21: Dämmelement aus expandiertem Polystyrol (EPS) mit durchlaufender Bewehrung aus nichtrostendem Stahl zum Anschluss auskragender massiver Balkonplatten (nach [3.40])

Eine weitergehende Verringerung der längenbezogenen Wärmedurchgangskoeffizienten bei Balkonen ist zu erzielen, wenn die Balkonplatten nicht oder nicht auf voller Länge mit dem wärmegedämmten Gebäude verbunden werden, d. h. getrennt vor das Gebäude gestellt werden oder nur punktuell mit dem Gebäude verbunden werden (s. dazu auch [3.42]).

3.10 Anschlussdetails bei hölzernen Außenwänden

Außenwände in Holztafel-/Holzrahmenbauart verhalten sich bezüglich möglicher *Wärmebrücken* meist günstig; bei Außenmaßbezug wird der Ψ_e-Wert sogar häufig negativ (s. Abschnitt 5.5.2). Ein kritischer Detailpunkt im Außenwandbereich von Holztafel-/Holzrahmenbauten ist allerdings – wie bei massiven Außenwänden auch – der Fensteranschluss [3.34]. Als besonders ungünstig hat sich bei hölzernen Niedrigenergiegebäuden mit ihren relativ dünnen Außenwänden der Einbau von Rollladenkästen mit i. d. R. sehr dünner und um mehrere Kanten geführter Wärmedämmung gezeigt [3.34].

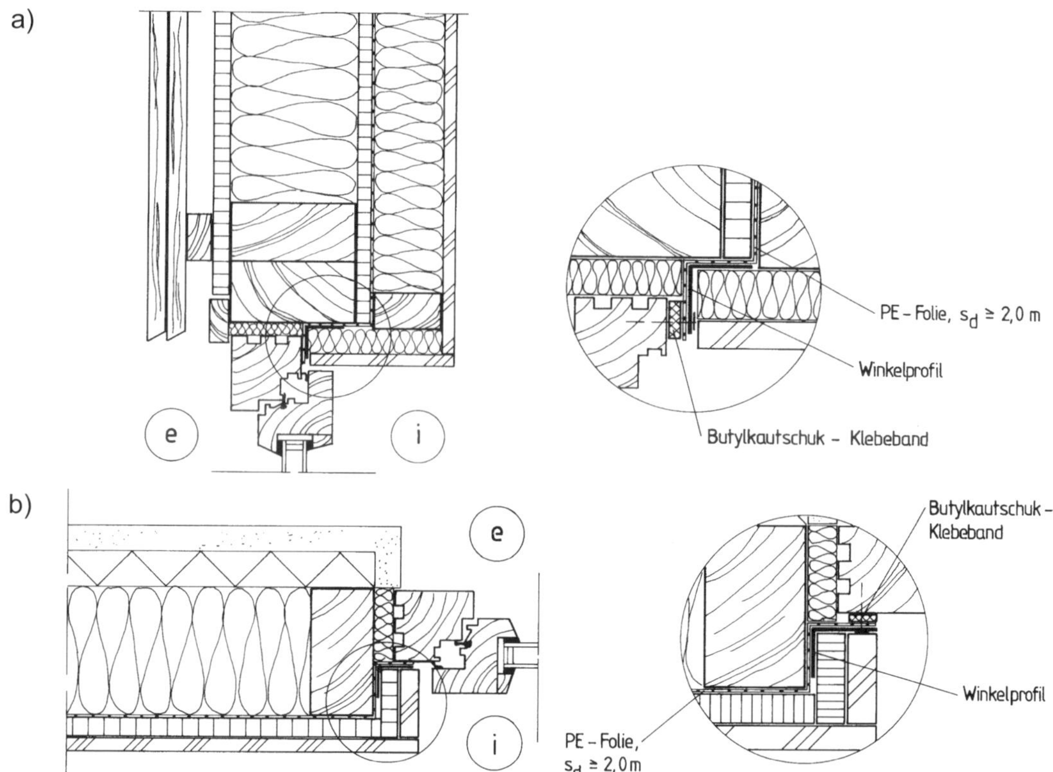

Bild 3.22: Ausführung luftdichter Anschlüsse einer Außenwand in Holztafel-/Holzrahmenbauart an die Fenster (nach [3.9]):

a) Dampf-/Luftsperre z. B. aus Polyethylen-Folie wird durch ein doppelseitiges Butylklebeband mit dem Fensterrahmen verklebt und durch ein Winkelprofil angedrückt (hier beispielhaft dargestellt am Sturz einer Außenwand mit Boden-Deckel-Schalung als Außenwandbekleidung, vgl. Bild 3.10b)

b) Dampf-/Luftsperre z. B. aus Polyethylen-Folie mit dem Fensterrahmen verklebt und durch ein Winkelprofil angedrückt (hier beispielhaft dargestellt an der Leibung einer Außenwand mit außenseitig Holzwolle(leichtbau)platten mit wasserabweisendem Außenputz ohne zusätzliche äußere Bekleidung der Rohwand, vgl. Bild 3.10c)

Ferner zu beachten ist, dass auch die *Luftdichtheit* entsprechend DIN 4108-7 [3.22] sichergestellt wird; Bild 3.22 zeigt zwei Beispiele eines luftdichten Anschlusses der Dampf-/Luftsperre der Außenwand an die Fenster. Diese Verklebung muss materialgerecht und dauerhaft sein, d. h. z. B. bei der dargestellten Polyethylen-Folie mit einem vom Folienhersteller gelieferten oder empfohlenen Butylkautschuk-Doppelklebeband oder mit einem vorkomprimierten Dichtungsband erfolgen. Wird keine flächige Dampf-/ Luftsperre erforderlich, so können im Anschlussbereich ausreichend dauerhafte (Haft-) Klebebänder verwendet werden [3.43], [3.44] (vgl. dazu Abschnitte 3.4 und 3.8).

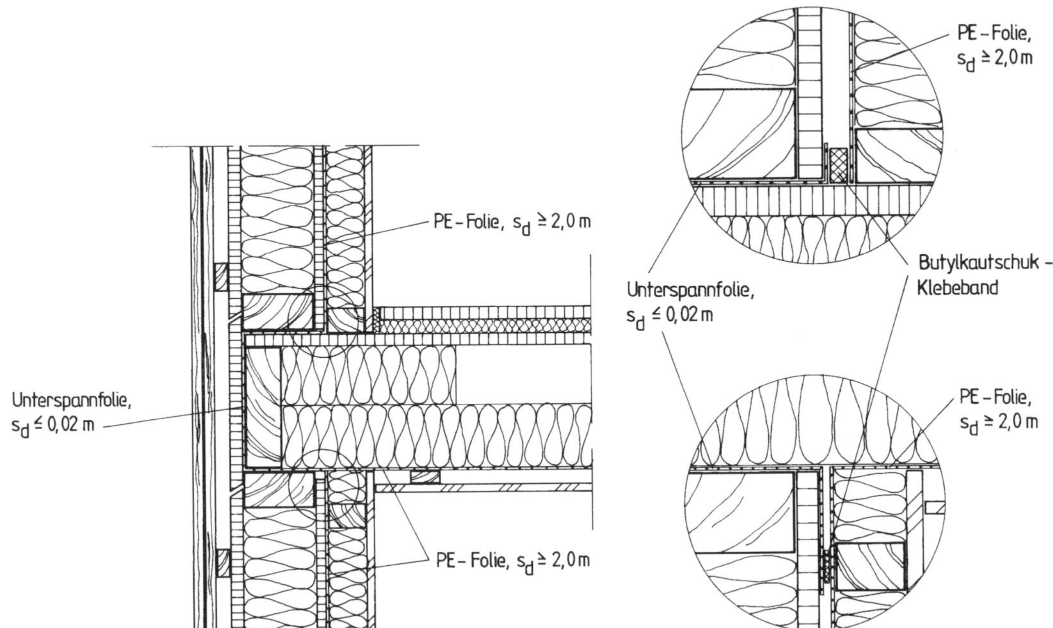

Bild 3.23: Ausführung eines luftdichten Anschlusses einer Außenwand in Holztafel-/Holzrahmenbauart (hier beispielhaft dargestellt an einer Außenwand mit Installationsebene und Boden-Deckel-Schalung als Außenwandbekleidung, vgl. Bild 3.10b) an eine einbindende Geschossdecke; die Luft-/Dampfsperre z. B. aus Polyethylen-Folie ($s_d \geq 2,0$ m) wird im Deckenbereich nach außen geführt und durch eine diffusionsoffene Unterspannfolie ($s_d \leq 0,02$ m) ersetzt, beide Folien sind mit einem (durch eine Latte angepressten) vorkomprimierten Fugenband oder mit einem geeigneten Butylkautschuk-Klebeband luftdicht verbunden (nach [3.9])

Aufwendiger zu lösen ist das Problem der Luftdichtheit im Bereich von einbindenden Geschossdecken: Die Deckenbalken müssen aus statischen Gründen

- entweder auf den Rähmen der Außenwände aufliegen
- oder durch Balkenschuhe o. Ä. kraftschlüssig an die Rähme oder Stiele der Außenwände angeschlossen werden.

Letzterer Fall ist unproblematisch (die Luftdichtheitsschicht wird auf der Außenwand durchgezogen und nur durch die Nägel der Balkenschuhe durchstoßen, was erfahrungsgemäß unschädlich ist), nicht jedoch die „einfache" Auflagerung: Die Verklebung der Luftdichtheitsschicht durch einen Folienkragen an jedem Deckenbalken ist zu fehleranfällig, deshalb wird in Bild 3.23 eine Lösung vorgeschlagen, bei der eine ausreichend luftdichte, aber diffusionsoffene Unterspannbahn zur Wandaußenseite geführt wird [3.9]. Wird keine flächige Dampf-/Luftsperre erforderlich (vgl. Abschnitt 3.4), so können auch hier im Anschlussbereich ausreichend dauerhafte (Haft-)Klebebänder verwendet werden.

Das bei Massivbauten nur aufwendig zu lösende Problem auskragender Balkone mit hohen längenbezogenen Wärmedurchgangskoeffizienten (vgl. Abschnitt 3.9) tritt bei Holztafel-/Holzrahmenbauten in dieser Form nicht auf, da

- Auskragungen bei Holzbauten generell nicht linear, sondern punktuell erfolgen und
- die geringe Wärmeleitfähigkeit von Holzbauteilen (hier Kragbalken) zu nur geringen Wärmebrückenverlusten führt.

3.11 Massive Decken unter nicht ausgebauten Dachgeschossen

Hochgedämmte massive Decken unter nicht ausgebauten Dachgeschossen (oberste Geschossdecken) sind (in ihrer Fläche) unproblematisch, da in dem i. d. R. hohen Dachraum auf der meist nicht hochwertig genutzten Decke beliebige Dämmstoffdicken liegen können; in Bild 3.24 ist ein Beispiel einer nicht genutzten Decke dargestellt mit $U_{na} = 0{,}22$ W/(m² · K) ≈ 0,20 W/(m² · K) = $U_{na,max}$ (vgl. Tabelle 3.1).

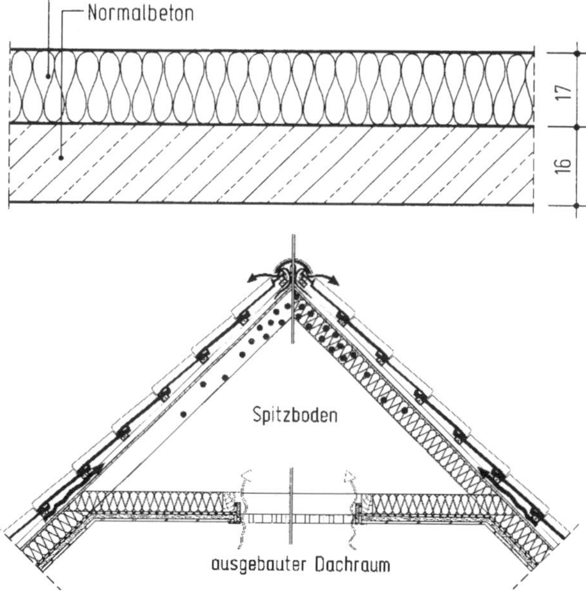

Bild 3.24: Beispiel einer Massivdecke unter einem nicht ausgebauten und nicht genutzten Dachgeschoss oder Kriechboden

Bild 3.25: Ausfall von Oberflächentauwasser mit Schimmelbildung (dargestellt durch die dunklen Punkte) in luftdichten und nicht belüfteten Spitzböden bei Undichtheiten in der Decke über dem ausgebauten Dachraum (aus [3.45] nach [3.46])

3.12 Hölzerne Decken unter nicht ausgebauten Dachgeschossen

Hölzerne Decken unter nicht ausgebauten Dachgeschossen (oberste Geschossdecken) lassen sich – wie alle Holzbauteile – im konstruktionsbedingten Hohlraum gut dämmen. Aus Gründen des Tauwasserschutzes – und damit zusammenhängend auch des baulichen Holzschutzes – kann es jedoch sinnvoller sein, einen Großteil der Wärmedämmung *oberhalb* der Decke aufzubringen (analog zu Bild 3.24) – Näheres dazu s. in [3.47].

Ein häufiges Problem bei nicht ausgebauten, aber zum Ausbau vorbereiteten Spitzböden zeigt Bild 3.25: Durch Undichtheiten in der Decke über dem ausgebauten Dachraum (i. d. R. Bodenluke mit Einschubtreppe) dringt warmfeuchte Raumluft in den ungedämmten, aber luftdichten Spitzboden ein und führt dort zu Schimmelbildung auf der Holzkonstruktion. Hier sorgt eine ausreichende Belüftung des Spitzbodens für Abhilfe!

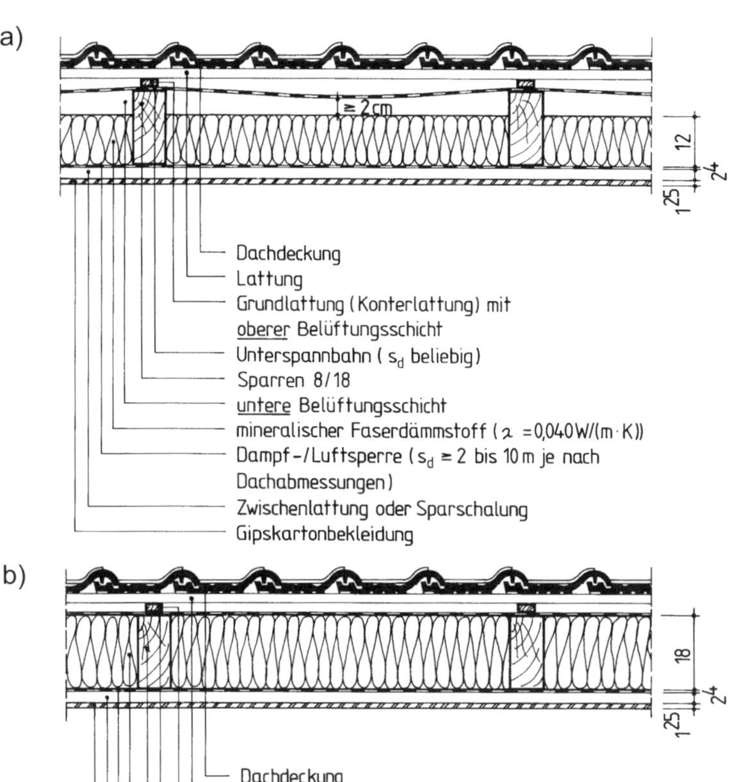

Bild 3.26: Ausführungsarten ausgebauter, geneigter hölzerner Dächer mit Dachdeckungen:
a) traditionelle Ausführung mit *zwei* Belüftungsschichten
b) sog. Sparrenvolldämmung mit diffusionsoffener Unterdeckbahn und nur noch *einer* Belüftungsschicht

3.13 Geneigte hölzerne Dächer

Die lange Jahre übliche, zwischen den Sparren gedämmte und den allgemein anerkannten Regeln der Technik entsprechende Konstruktion eines geneigten hölzernen Daches (Steildaches) hatte zwei Belüftungsschichten [3.48] (Bild 3.26a), um

- einerseits zwischen unterer, wärmegedämmter Dachschale und Unterspannbahn die aus dem Innenraum diffundierende Feuchte und
- andererseits zwischen Dachdeckung und Unterspannbahn möglicherweise durchgedrungenen Niederschlag (Flugschnee o. Ä.)

abführen zu können. Die Ausführung dieser zwei Belüftungsschichten ist aufwendig und begrenzt die mögliche Dämmstoffdicke; aufgrund neuerer Forschungsergebnisse und Materialentwicklungen (s. dazu z. B.[3.45]) ist inzwischen die sog. *Sparrenvolldämmung* (= *Vollsparrendämmung*) mit nur noch *einer* Belüftungsschicht zur Standardkonstruktion geworden (Bild 3.26b), bei der allerdings Folgendes zu beachten ist:

- Gemäß DIN 4108-3 [3.21] kann in diesem Fall auf einen rechnerischen Nachweis des Tauwasserschutzes verzichtet werden (vgl. Tabelle 2.42 in Abschnitt 2.14.4), wenn
  - raumseitig eine Dampf-/Luftsperre mit diffusionsäquivalenter Luftschichtdicke $s_{d,i} \geq 2{,}0$ m und
  - oberseitig eine Unterspannbahn mit hoher Wasserdampfdurchlässigkeit, d. h. mit diffusionsäquivalenter Luftschichtdicke $s_{d,e} \leq 0{,}3$ m

  oder
  - raumseitig eine Dampf-/Luftsperre mit diffusionsäquivalenter Luftschichtdicke $s_{d,i} \geq 1{,}0$ m und
  - oberseitig eine Unterspannbahn mit höherer Wasserdampfdurchlässigkeit, d. h. mit diffusionsäquivalenter Luftschichtdicke $s_{d,e} \leq 0{,}1$ m

  oder allgemein raum- und oberseitige Baustoffschichten mit einem Verhältnis der diffusionsäquivalenten Luftschichtdicken $s_{d,i}/s_{d,e} \geq 6$ bei $s_{d,e} \leq 2{,}0\ m$ eingebaut werden.
- Baukunden, die Niedrigstenergiegebäude bauen, wollen i. d. R. auf chemischen Holzschutz verzichten (vgl. Abschnitt 3.4); gemäß DIN 68800-2:2022 [3.20] ist dies zulässig, wenn
  - eine der im vorgenannten Punkt zuerst genannten diffusionsoffeneneren Ausführungen mit $s_{d,e} \leq 0{,}3$ m gewählt wird und
  - der gesamte Bauteilaufbau allseitig durch z. B. Unterspannbahn und Dampf-/Luftsperre vor dem Zutritt von Schadinsekten geschützt wird (vgl. Bild 3.26b).

Bei einer solchen Sparrenvolldämmung wird die Dämmschichtdicke allerdings durch die maximal lieferbare Sparrenhöhe begrenzt, die heute $h_{Sparren,max} \equiv d_{Dä,max}$ = 24 bis 28 cm beträgt und meist statisch nicht ausgenutzt wird. Zur Unterschreitung der in Abschnitt 3.2 genannten Höchstwerte der Wärmedurchgangskoeffizienten für Niedrigstenergiegebäude ist aber selbst eine solche Sparrenhöhe allein nicht ausreichend – es gibt nun folgende Verbesserungsmöglichkeiten, bei denen zusätzlich die Wärmebrückenwirkung der Sparren reduziert wird:

- Verwendung von (in Skandinavien bereits üblichen) Sparren mit I-Querschnitt (Bild 3.27a) der gewünschten Höhe (s. z. B. [3.10]),
- Ausführung einer zusätzlichen *Auf*sparrendämmung (Bild 3.27b, üblich sind Systeme mit Typenprüfung, z. B. mit kontinuierlicher Nagelung entsprechend [3.49], [3.50], s. auch [3.48]) oder
- Ausführung einer zusätzlichen *Unter*sparrendämmung (Bild 3.27c).

a)

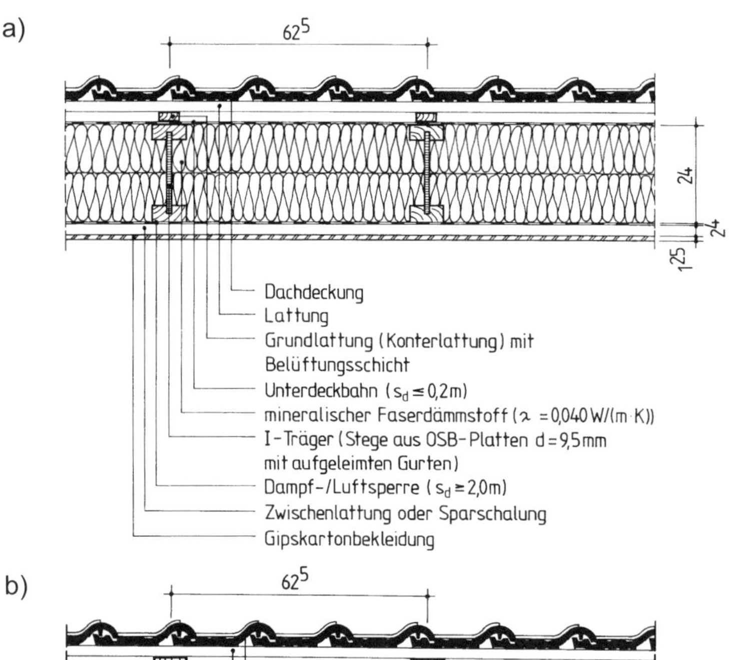

b)

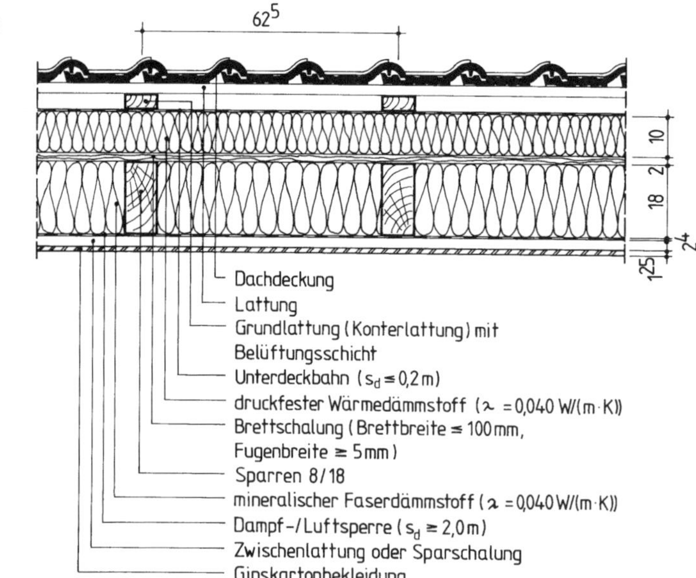

Bild 3.27: Mögliche Alternativen zur Verbesserung der Wärmedämmung hölzerner Dachkonstruktionen:
a) hohe I-Sparren mit schmalem Steg aus OSB und angeleimten Gurten
b) zusätzliche Aufsparrendämmung aus druckfestem Dämmstoff ohne Zwischenlattung

c)

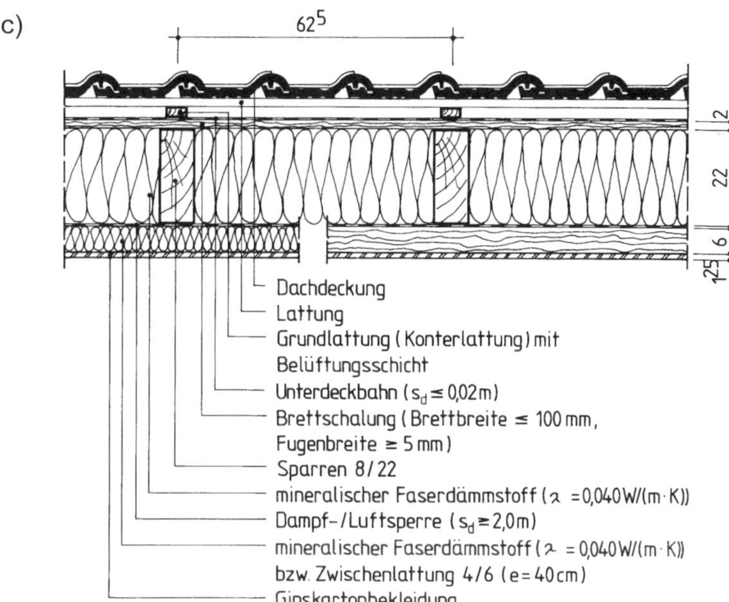

Bild 3.27 (Fortsetzung): Mögliche Alternativen zur Verbesserung der Wärmedämmung hölzerner Dachkonstruktionen:
c) zusätzliche Untersparrendämmung mit Zwischenlattung

a)

b)

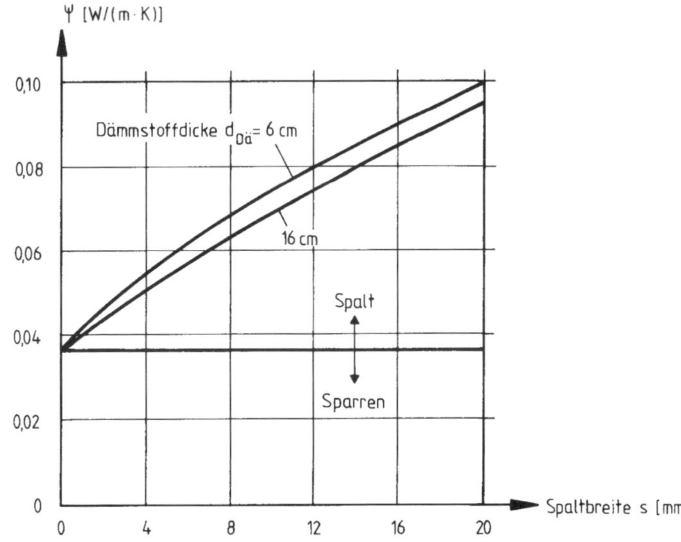

Bild 3.28: Nicht belüftetes Sparrendach mit sparrenparalleler Fehlstelle (Luftspalt) der Wärmedämmung (nach [3.51]):
a) Schnitt durch die Dachkonstruktion
b) längenbezogener Wärmedurchgangskoeffizient Ψ in Abhängigkeit von der Spaltbreite *s* und der Dämmstoffdicke $d_{Dä}$ (dabei ist $\Psi_0 \approx 0{,}037$ *W/(m · K)* der Wärmebrückeneffekt des Sparrens, der i. d. R. durch die Betrachtung als thermisch inhomogene Schicht erfasst wird)

Mit diesen Alternativen ist ein gemäß Abschnitt 3.2 akzeptabler Wärmedurchgangskoeffizient des Daches von $U_D \approx 0{,}15$ W/(m² · K) zu erreichen. Bei den Sparren mit I-Querschnitt und der Untersparrendämmung ist allerdings zu beachten, dass der Wärmedurchgangskoeffizient U_D entsprechend Abschnitt 2.9 mit *zwei* thermisch inhomogenen Schichten zu berechnen ist (Gurte/Dämmung *und* Steg/Dämmung bzw. Sparren/Dämmung *und* Zwischenlattung/Dämmung).

Ein Problem bei innerhalb des Bauteils gedämmten Holzbauteilen stellen häufig nicht sichtbare Fehlstellen (Luftspalte) in den in die Gefache zwischen den Holzbauteilen eingeschobenen Wärmedämmschichten dar. In Bild 3.28 ist die Wärmebrückenwirkung solcher Spalte an einem nicht belüfteten Sparrendach dargestellt; dabei zeigt sich, dass

- die Dämmstoffdicke nur einen geringen Einfluss,
- die Spaltbreite jedoch einen großen Einfluss

auf den längenbezogenen Wärmedurchgangskoeffizienten Ψ hat – eine Spaltbreite von 12 mm führt in dem dargestellten Beispiel zu einer ungefähren Verdoppelung des Ψ-Wertes. Kommen solche linearen Fehlstellen systematisch vor – z. B. 20 mm breite Fugen zwischen Sparren und Dämmstoff bei 80 cm Sparrenabstand –, so ergibt sich eine Erhöhung des mittleren Wärmedurchgangskoeffizienten um $\Delta U_D \approx 0{,}13$ W/(m² · K) [3.51]. Solche Spalte sind daher bei der Ausführung unbedingt zu vermeiden!

Zur Berücksichtigung solcher Luftspalte bei der Berechnung des Wärmedurchgangskoeffizienten U vgl. Abschnitt 2.5.9.

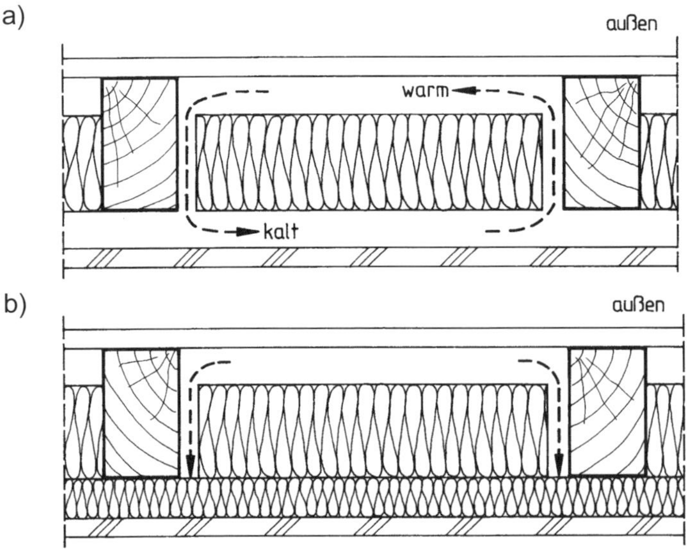

Bild 3.29: Empfindlichkeit hölzerner Dachkonstruktionen gegenüber konvektivem Wärmeaustausch (nach [3.52]):
a) empfindliche Konstruktion mit Luftschichten beidseitig der Dämmschicht
b) weniger empfindliche Konstruktion mit nur einer Luftschicht

Noch ungünstiger werden solche Fehlstellen, wenn die Wärmedämmung beidseitig von (planmäßig) ruhenden Luftschichten umschlossen ist; in diesem Fall entsteht durch Konvektion zwischen den Luftschichten ein Luftaustausch [3.52], der zu weit größeren Wärmeverlusten führt (Bild 3.29).

Gemäß DIN 4108-7 [3.22] und dem Merkblatt Wärmeschutz bei Dächern [3.48] wird die *luftdichte Ausbildung der Dachkonstruktion* durch folgende Maßnahmen sichergestellt (vgl. Bild 3.27):

- Unterhalb der Wärmedämmung wird vollflächig z. B. Polyethylen-Folie oder alternativ Baupapier als Dampf-/Luftsperre eingebaut, beide sind im Bereich der Stöße luftdicht zu verbinden (Bild 3.30).
- Zwischen Dampf-/Luftsperre (= Luftdichtheitsschicht) und innerer Oberfläche wird empfohlen, einen Zwischenraum vorzusehen, damit für Installationen wie Strom, Telekommunikation o. Ä. die Dampf-/Luftsperre nicht perforiert wird (analog zu Bild 3.11b bzw. Bild 3.11c).

Bei der Verbindung nach Bild 3.30a mit vorkomprimierten Dichtungsbändern ist zu beachten, dass der Fugendurchlasskoeffizient a und damit auch die Luftdichtheit deutlich vom Kompressionsgrad k abhängt (vgl. Bild 2.73 in Abschnitt 2.13.1); dementsprechend müssen solche Dichtungsbänder zur Sicherstellung ausreichender Luftdichtheit unbedingt durch eine Latte o. Ä. dauerhaft angepresst werden (vgl. Bild 2.74 in Abschnitt 2.13.2).

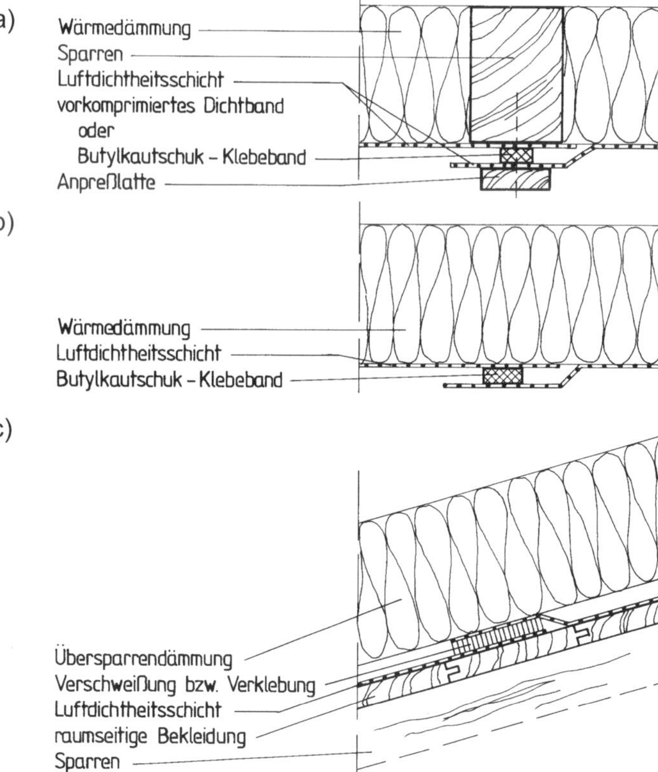

Bild 3.30: Luftdichte Überlappungen der Dampf-/Luftsperre:
a) Überlappung mit Anpresslatte – sowohl vorkomprimierte Dichtungsbänder als auch doppelseitiges Klebeband (aus Butylkautschuk bei PE-Folie als Luftdichtheitsschicht) ist möglich
b) Überlappung ohne Anpressmöglichkeit – nur doppelseitiges Klebeband (aus Butylkautschuk bei PE-Folie als Luftdichtheitsschicht) ist möglich
c) Überlappung auf flächiger Schicht – materialgerechte Verschweißung oder Verklebung von z. B. Baupapier oder Kunststoffbahnen ist möglich

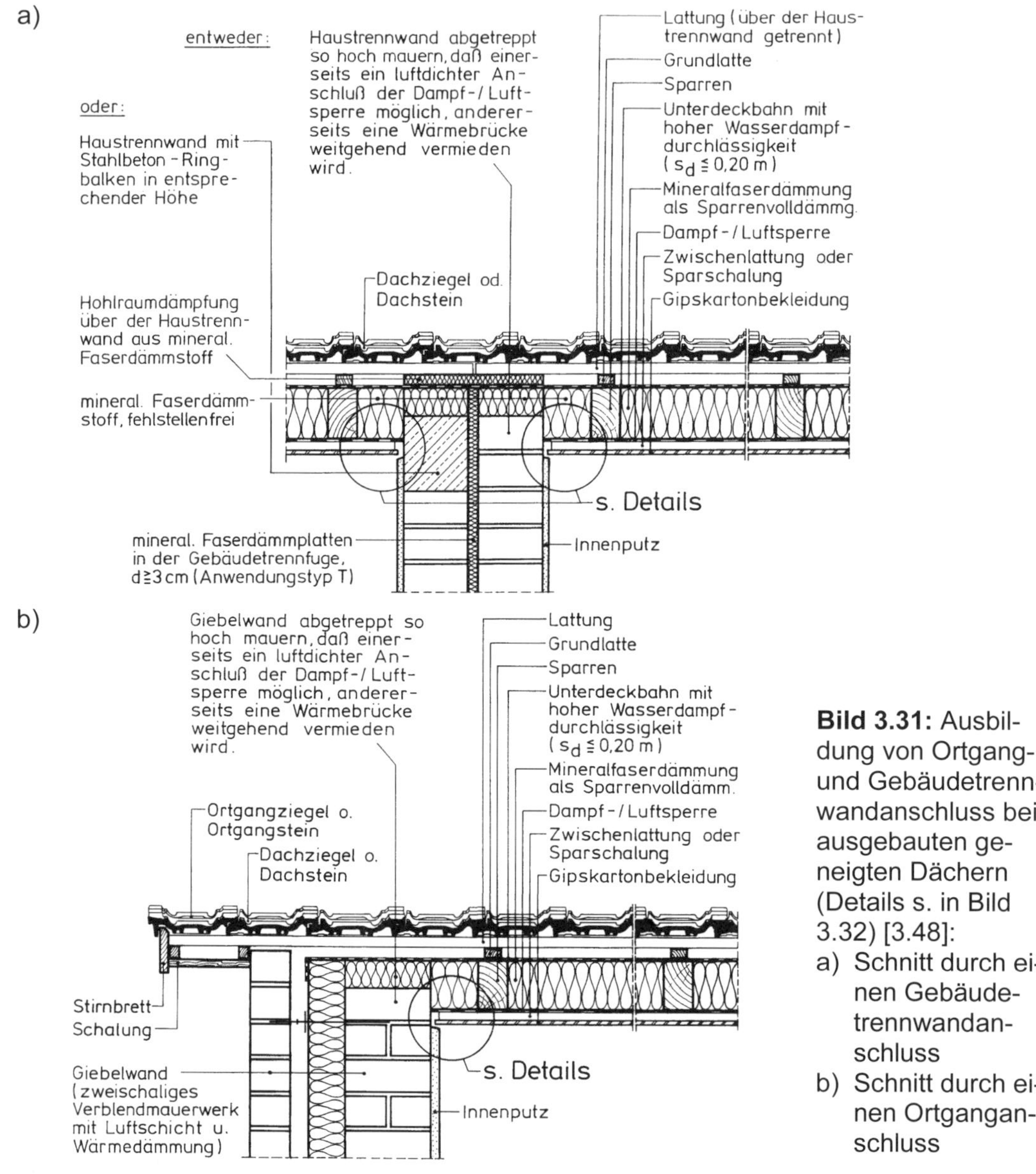

Bild 3.31: Ausbildung von Ortgang- und Gebäudetrennwandanschluss bei ausgebauten geneigten Dächern (Details s. in Bild 3.32) [3.48]:
a) Schnitt durch einen Gebäudetrennwandanschluss
b) Schnitt durch einen Ortganganschluss

3.14 Anschlussdetails bei geneigten hölzernen Dächern

Einige regelmäßig vorkommende Details bei ausgebauten, hölzernen Steildächern sind die Anschlüsse massiver Innen- und Außenwände an ausgebaute geneigte Dächer; dabei sind zu unterscheiden:
- der Traufanschluss am beim ausgebauten Dach üblichen Drempel (Kniestock),

- der Ortganganschluss am Giebel,
- der Innenwandanschluss und
- der Anschluss an eine Gebäudetrennwand,

die jeweils hinsichtlich Wärmebrückenwirkung und Luftdichtheit zu betrachten sind.

Drempel- und Ortganganschlüsse hochgedämmter massiver Außenwände mit Wärmedämm-Verbundsystem (WDVS) bzw. aus zweischaligem Mauerwerk mit Kerndämmung ergeben bei günstiger Planung z. B. bei Innenmaßbezug nur geringe längenbezogene Wärmedurchgangskoeffizienten Ψ; bei Außenmaßbezug wird der Ψ_e-Wert häufig sogar negativ (s. Abschnitt 5.5.2).

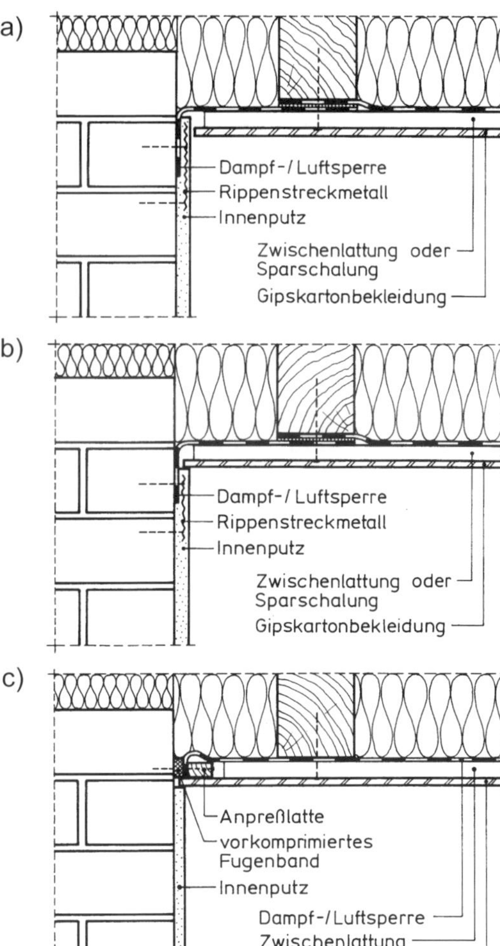

Bild 3.32: Details zu Bild 3.31 [3.48]:
a) Ausführung des Innenputzes mit Putzträger vor Anbringung der Gipskartonbekleidung des Daches
b) Ausführung des Innenputzes mit Putzträger nach Anbringung der Gipskartonbekleidung des Daches
c) Ausführung des Innenputzes ohne Putzträger nach Anbringung der Gipskartonbekleidung des Daches

Wird ein Anschluss einer Gebäudetrennwand an die Dachfläche – wie leider häufig zu sehen – schallschutztechnisch günstig, aber wärmeschutztechnisch ungünstig *ohne* oberseitige Dämmung auf der Gebäudetrennwand ausgeführt, so ergibt sich ein zu hoher längenbezogener Wärmedurchgangskoeffizient Ψ bzw. Ψ_e – ein verbesserter Anschluss ist in Bild 3.31a dargestellt. Häufig findet man auch Ortganganschlüsse *ohne* oberseitige Dämmung auf der Giebelwand – aber auch hier sollte aus Gründen der Wärmebrückenvermeidung nicht auf diese Dämmung verzichtet werden (Bild 3.31b).

Zur Sicherstellung der *Luftdichtheit* ist an allen Detailpunkten die Dampf-/Luftsperre als Luftdichtheitsschicht dicht an die angrenzenden Bauteile anzuschließen. Für den Giebelwand- und Ortganganschluss aus Bild 3.31 zeigt Bild 3.32 – in Anlehnung an DIN 4108-7 [3.22] – entsprechende Detailausbildungen:

- Bei der in Bild 3.32a dargestellten Lösung muss der Innenputz der Giebelwand *vor* dem Einbau der innenseitigen Bekleidung des Daches aus Gipskarton- oder Gipsfaserplatten aufgebracht werden; technisch machbar, bisher jedoch praxisfremd, da
  - vom Bauablauf her eine Trennung der Gewerke Trockenbau und Innenputz sinnvoller als eine Überschneidung ist und
  - bei dieser Konstruktion die Schnittkanten der Gipskartonplatten an der meist nicht ganz eben verputzten Giebelwand zusätzlich verspachtelt werden müssen.
- Daher ist vom Bauablauf her die in Bild 3.32b gezeigte Lösung sinnvoller, bei der erst *nach* Fertigstellung des Dachausbaus Rippenstreckmetall und Innenputz aufgebracht werden. Nachteilig ist hierbei jedoch, dass
  - eine Luftdichtheitsprüfung (vgl. Abschnitt 2.13.3) erst *nach* dem Aufbringen des Innenputzes (als Luftdichtheitsschicht der massiven Außenwand, vgl. Abschnitt 3.3) möglich ist und
  - somit ggf. hinter der Gipskarton- oder Gipsfaserbekleidung verdeckte Fehlstellen der Luftdichtheitsschicht nicht mehr zugänglich sind.
- Auch die in Bild 3.32c dargestellte Lösung ist von der Trennung der Gewerke her sinnvoll; Undichtheiten sind allerdings im Bereich der Mauerwerksfugen nicht auszuschließen, wenn vor den Trockenbauarbeiten im Anschlussbereich nicht sorgfältig ausgefugt oder ein Wischputz (Rappputz) aufgebracht wird.
- Praktisch wird heute meist auf das in Bild 3.32c dargestellte vorkomprimierte Fugendichtband und die Anpresslatte verzichtet und stattdessen die zu einer Dehnschlaufe gelegte Dampf-/Luftsperre mit einer geeigneten Klebstoffraupe (*Primur*, *Orcon* o. Ä.) an das durch einen Wischputz (Rappputz) ausreichend luftdichte Mauerwerk angeklebt. Lange Zeit fehlten belastbare Aussagen zur Dauerhaftigkeit dieser Klebetechnik; die dazu in den letzten Jahren gewonnenen Erkenntnisse (u. a. [3.53], [3.54]) haben jedoch zu Mindestanforderungen an die Klebeverbindungen geführt, die mit DIN 4108-11:2018 [3.55] genormt wurden.

Die Traufe kann mit/ohne Dachüberstand sowie mit/ohne Drempel (Kniestock) ausgebildet werden. Bild 3.33 zeigt ein Traufdetail mit Dachüberstand und Drempel aus zweischaligem Mauerwerk. Das über der Dachrinne dargestellte Traufblech (Einhangblech) ist erforderlich, um das Eindringen von Schlagregen aus der Dachrinne in die Holzkonstruktion zu verhindern und eine UV-Beanspruchung der Unterspann-/Unterdeckbahn zu vermeiden.

Die Luftdichtheit des Anschlusses ist sicherzustellen: In Bild 3.33 wird – wie heute üblich – die Dampf-/Luftsperre an das Hintermauerwerk des Drempels (Kniestocks) mit einer geeigneten Klebstoffraupe angeklebt (s. o.).

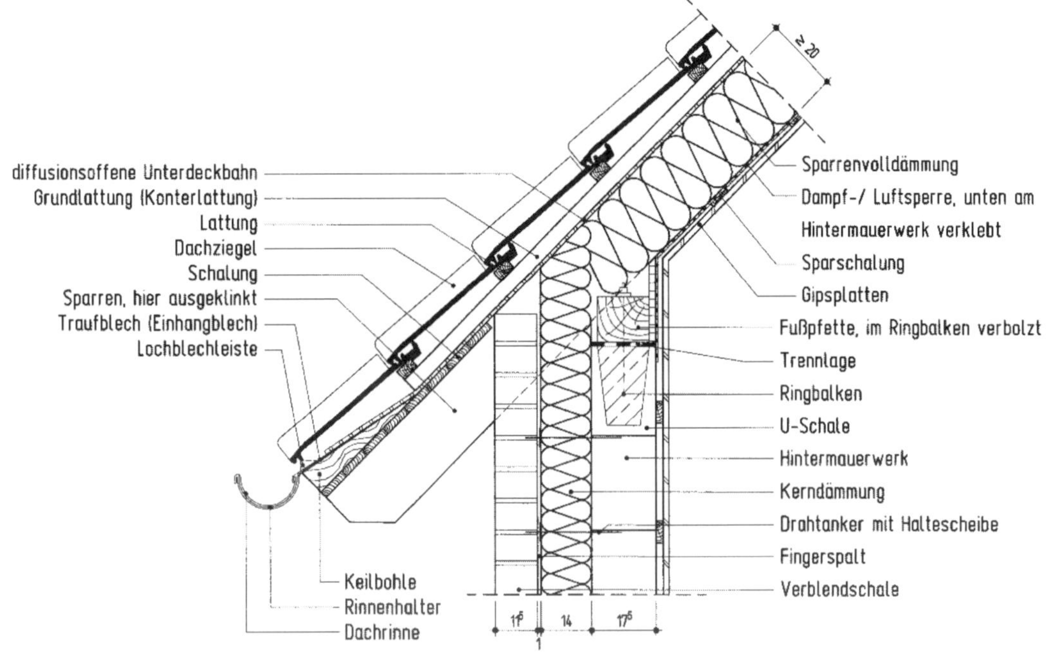

Bild 3.33: Traufe eines ausgebauten Daches mit Drempel (Kniestock) aus zweischaligem Mauerwerk mit Kerndämmung [3.45]

Analog zum Anschluss an massive Wände ist der Anschluss der Dachschrägen an Außenwände in Holztafel-/Holzrahmenbauart, Kehlbalkenlage oder Dachdurchdringungen beim ausgebauten, geneigten Dach *luftdicht* auszuführen:

- Der luftdichte Anschluss der Dachschrägen an die hölzernen Außenwände im Bereich des Drempels (Kniestocks) und des Ortgangs ist unproblematisch; die Luftdichtheitsschichten der Bauteile müssen nur dicht überlappend verklebt werden. Entsprechende Beispiele mit einer zusätzlich gedämmten Installationsebene innen und einer – aus Gründen des baulichen Holzschutzes, s. DIN 68800-2 [3.20] – *offenen* Brettschalung außen zeigt Bild 3.34 beispielhaft für eine Dampf-/Luftsperre aus Polyethylen-Folie.
- Auch der luftdichte Anschluss der Dachschrägen an die Decke zum unbeheizten Spitzboden ist unproblematisch, die Luftdichtheitsschichten der Bauteile müssen nur dicht überlappend verklebt werden. Ein entsprechendes Beispiel mit einer zusätzlich gedämmten Installationsebene innen und einer – aus Gründen des baulichen Holzschutzes, s. DIN 68800-2 [3.11], [3.20] – *offenen* Brettschalung der Dachschräge außen zeigt Bild 3.35 beispielhaft für eine Dampf-/Luftsperre aus Polyethylen-Folie.

Probleme mit der Luftdichtheit können sich allerdings beim Anschluss von *zwei*teiligen Kehlbalken (Zangen) ergeben, wenn der Spitzboden darüber ebenfalls beheizt ist. In diesem Fall ist zwischen den beiden Zangenhölzern ein luftdichter Anschluss praktisch kaum auszuführen.

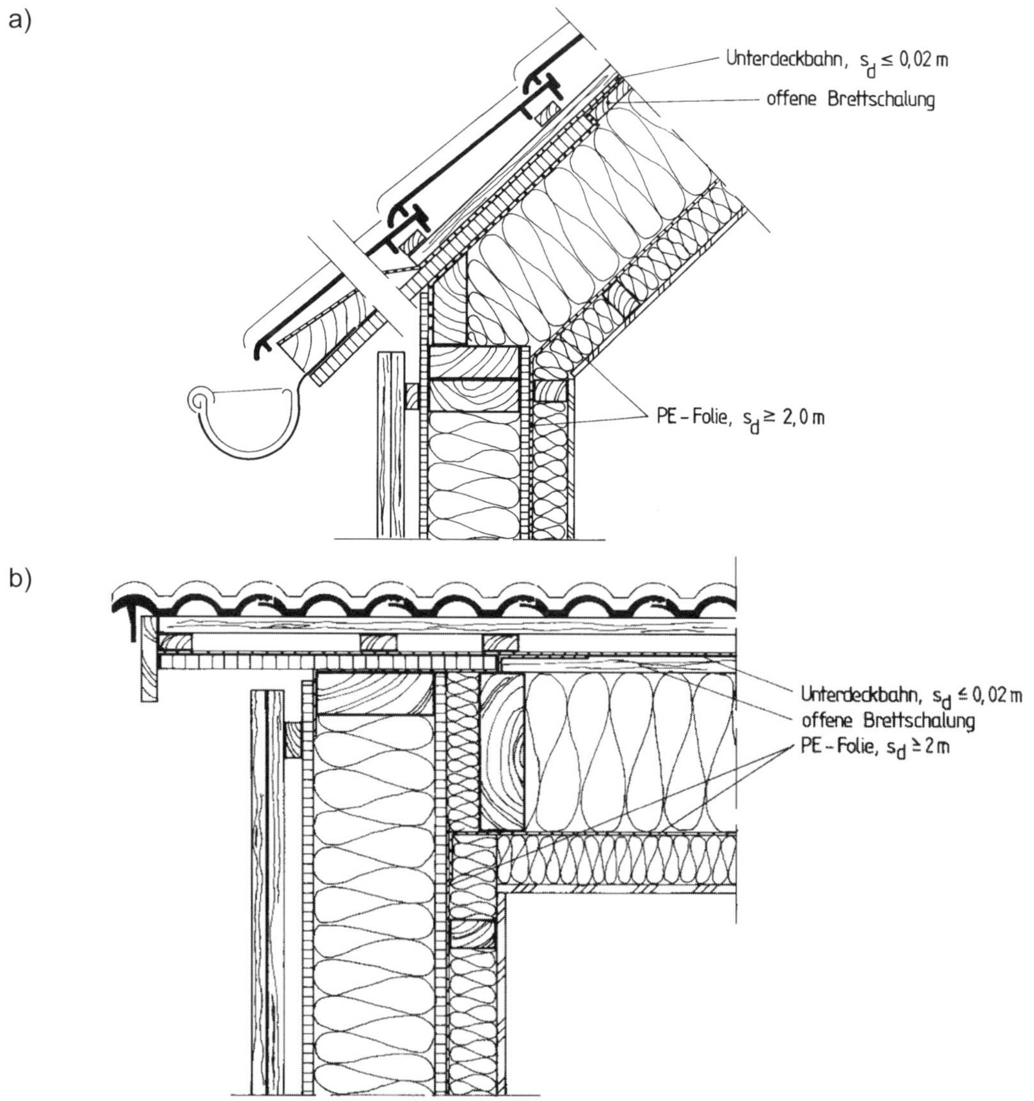

Bild 3.34: Luftdichte Anschlüsse einer Außenwand in Holztafel-/Holzrahmenbauart an eine Dachschräge mit *innen*seitiger Zusatzdämmung (Installationsebene analog zu Bild 3.10b) und *offener* Brettschalung außen (nach [3.9]):

a) an der Traufe (Drempelanschluss)

b) am Ortgang (Giebelwandanschluss)

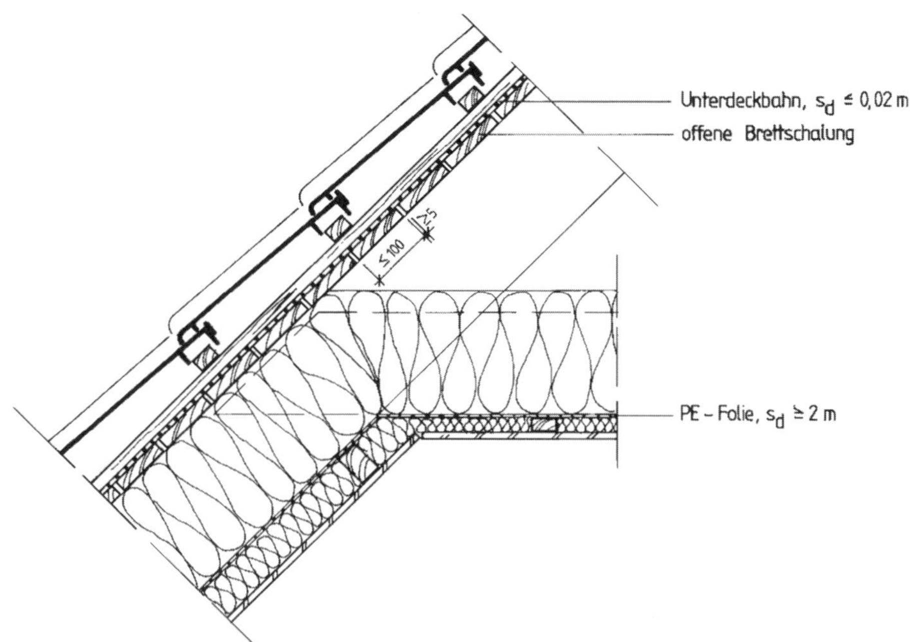

Bild 3.35: Luftdichter Anschluss einer wärmegedämmten Balkenlage (Decke unter nicht ausgebautem Spitzboden) an eine Dachschräge mit *innen*seitiger Zusatzdämmung und *offener* Brettschalung außen (nach [3.9])

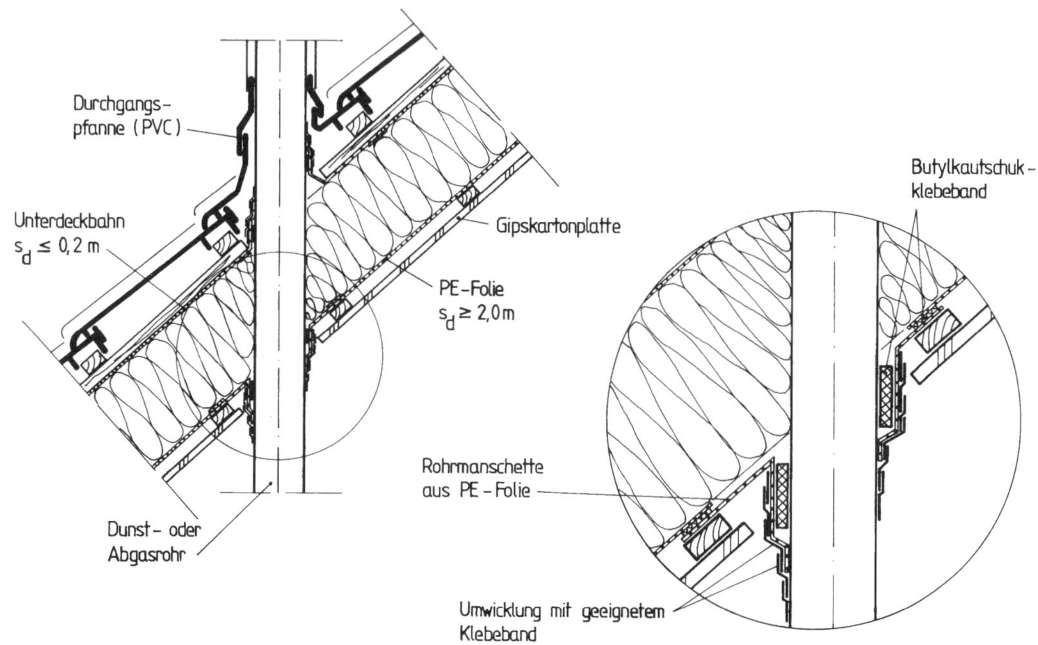

Bild 3.36: Luftdichte Rohrdurchdringung durch ein geneigtes hölzernes Dach *ohne* raumseitige Installationsebene (nach [3.9])

- Auch sämtliche Durchdringungen durch die Dachschrägen sind luftdicht an die Dampf-/Luftsperre anzuschließen; Bild 3.36 zeigt beispielhaft eine Rohrdurchdringung, an die die Luftdichtheitsschicht z. B. aus Polyethylen-Folie mit doppelseitigem Butylkautschuk-Klebeband angeklebt und mit weiterem Klebeband manschettenartig umwickelt ist.

Einen weiteren Problempunkt hinsichtlich Wärmebrücken und Luftdichtheit stellen die *Anschlüsse von Dachflächenfenstern* an ausgebaute Dächer dar. Traditionell werden Dachflächenfenster mit einem erhöht über der Dachoberfläche liegenden Eindeckrahmen eingebaut (s. z. B. [3.48]); eine bei fachgerechter Ausführung regensichere Konstruktion, die jedoch in jedem Fall zu einer geometrisch bedingten und üblicherweise auch zu einer konstruktionsbedingten Wärmebrücke führt (vgl. dazu Bild 2.26 in Abschnitt 2.8.1 und [3.56]). Verbesserungen sind hier dadurch möglich, dass

- der Eindeckrahmen wärmegedämmt wird, um die konstruktionsbedingte Wärmebrücke zu verringern [3.57], oder
- der Eindeckrahmen oberflächenbündig mit der Dachfläche eingebaut wird [3.58], um die geometrisch bedingte Wärmebrücke zu vermeiden.

Die bei beiden Varianten notwendigen Anschlüsse der Unterdeck-/Unterspannbahn und der Luftdichtheitsschicht werden am besten durch werkmäßig vorgefertigte Folienrahmen/Folienkragen erstellt, die nur noch in der Fläche an die Dampf-/Luftsperre des Daches anzuschließen sind [3.59] – handwerklich hergestellte Anschlüsse der beiden Schichten an den Eindeckrahmen sind aufwendig und fehlerträchtig.

3.15 Massive Flachdächer

Die Ausführung hochgedämmter massiver Flachdächer ist unproblematisch (s. auch [3.60]); ein Beispiel eines nicht belüfteten Flachdaches mit $U_D \leq 0{,}19$ W/(m² · K) zeigt Bild 3.37. Soll auch der untere Grenzwert von $U_{D,\max} = 0{,}15$ W/(m² · K) eingehalten werden (vgl. Tabelle 3.1), so ist die Dämmschichtdicke (bei $\lambda = 0{,}040$ W/(m · K)) auf $d_{Dä} \geq 25$ cm zu erhöhen. Bei der Berechnung des Wärmedurchgangskoeffizienten U_D ist die Gefälledämmung als keilförmige Schicht entsprechend Abschnitt 2.10 zu berücksichtigen (vgl. auch Beispiel 2.9). Massive Flachdächer können auch als hochgedämmte *Umkehrdächer* ausgeführt werden (vgl. Bild 2.22a in Abschnitt 2.6).

Massive Flachdächer erhalten üblicherweise eine massive Attika, die aufgrund ihrer Form immer – auch bei umlaufender Ummantelung mit Wärmedämmstoff – eine geometrisch bedingte Wärmebrücke darstellt. Für Niedrigstenergiegebäude muss eine solche Attika verbessert werden; dafür gibt es verschiedene Möglichkeiten [3.60]:

- Die Wärmebrückenwirkung lässt sich z. B. dadurch verringern, dass der Ringbalken wärmegedämmt wird und in die Schalung der Massivdecke eine Mehrschichtleichtbauplatte eingelegt wird (vgl. Bild 3.20). Dadurch lässt sich nachweislich die raumseitige Oberflächentemperatur so weit erhöhen, dass kein Tauwasser ausfällt; baupraktisch stößt diese Lösung aber auf Schwierigkeiten, da

  - im Bereich der Mehrschichtleichtbauplatte die untere Bewehrung aufgebogen werden muss (bei üblicher Mattenbewehrung kaum möglich) bzw.
  - heute meist Elementdecken verwendet werden, bei denen eine solche Dämmung grundsätzlich nicht möglich ist.
- Eine deutliche Verbesserung stellt der Verzicht auf eine massive Attika dar.
- Als dritte Möglichkeit bleibt
  - bei einer gemauerten Attika die Verwendung von Schaumglas-Dämmsteinen [3.61] (vgl. [3.29]) oder
  - bei einer Stahlbeton-Attika die Verwendung allgemein bauaufsichtlich zugelassener Dämmelemente aus expandiertem Polystyrol (EPS) mit durchlaufender Edelstahl-Bewehrung (analog zu den auskragenden Balkonen in Abschnitt 3.9) [3.38].

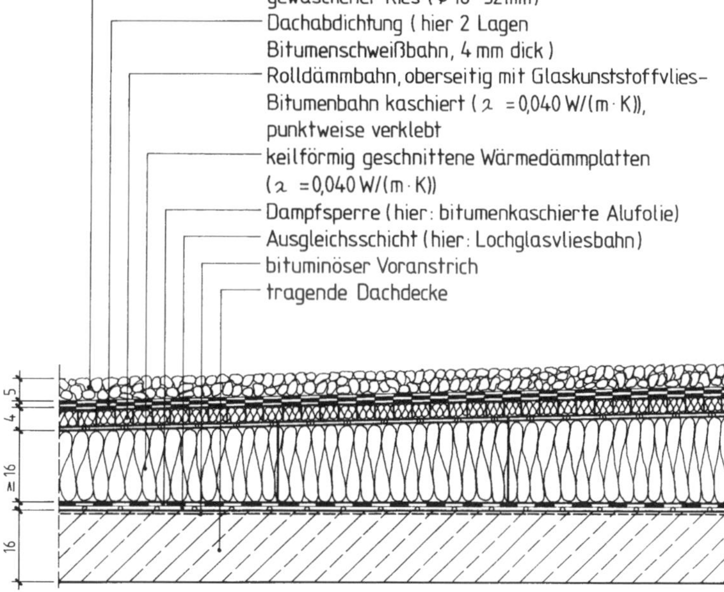

Bild 3.37: Vertikalschnitt durch ein hochgedämmtes Flachdach mit Dämmung aus expandiertem Polystyrol (EPS, die Dicke kaschierter Rolldämmbahnen ist verarbeitungstechnisch begrenzt)

Die *Luftdichtheit* massiver Flachdächer und ihrer Anschlüsse an massive Außen- oder Innenwände ist – analog zu den massiven Außenwänden (vgl. Abschnitt 3.3) und ihren Anschlüssen – i. d. R. unproblematisch.

3.16 Hölzerne Flachdächer

Flachdächer in Holztafel-/Holzrahmenbauart haben häufig nur geringe statisch erforderliche Sparrenhöhen, sodass eine Sparrenvolldämmung (wie beim hölzernen Steildach, vgl. Abschnitt 3.13) nicht ausreicht, d. h., zusätzliche Wärmedämmung erforderlich wird. Um

Wärmebrücken durch eine unterseitig erforderliche Zwischenlattung und auch Tauwasserprobleme zu vermeiden (s. u.), wird diese Zusatzdämmung sinnvollerweise wie beim massiven Flachdach *oberhalb* der Dachkonstruktion angeordnet. Das in Bild 3.38 dargestellte Beispiel erreicht damit für Niedrigstenergiegebäude geeignete Wärmedurchgangskoeffizienten von $U_D = 0{,}11$ bis $0{,}13$ W/(m² · K) (vgl. Tabelle 3.1).

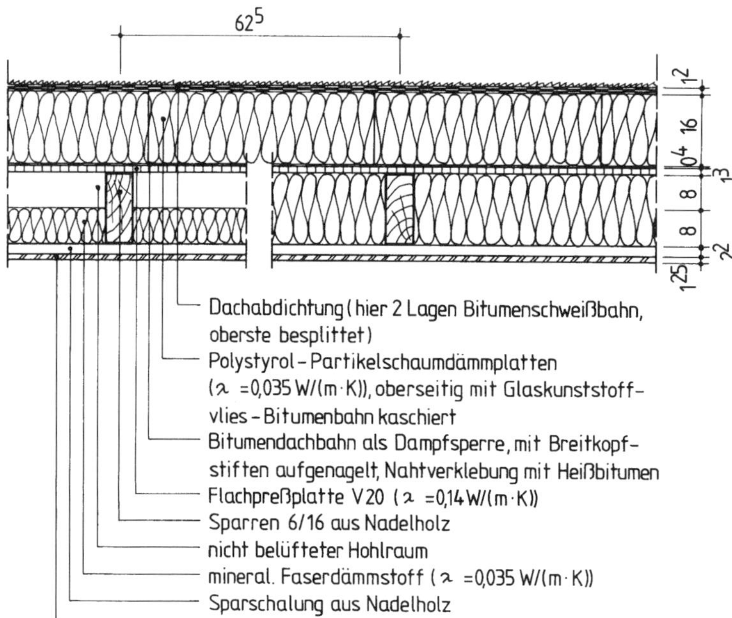

Bild 3.38: Vertikalschnitt durch ein hochgedämmtes hölzernes Flachdach mit *Auf*sparrendämmung aus expandiertem Polystyrol (EPS, das notwendige Gefälle wird durch mit entsprechender Neigung eingebaute Sparren erreicht)

Baukunden, die Niedrigstenergiegebäude bauen, wollen i. d. R. auf chemischen Holzschutz verzichten (vgl. Abschnitte 3.4 und 3.13); gemäß DIN 68800-2 [3.20], Anhang A, Bild A.17, ist dies bei dem in Bild 3.38 dargestellten hölzernen Flachdach zulässig, wenn

- der in Bild 3.38 links dargestellte Hohlraum nicht belüftet ist (um den Zutritt von Insekten zu verhindern),
- der Wärmedurchlasswiderstand der *unteren* Dämmschicht (hier aus Mineralwolle) bei ≤ 20 % des gesamten Wärmedurchlasswiderstandes der Konstruktion liegt und
- statt der aufgenagelten Bitumendachbahn eine Dampfsperre mit $s_d \geq 100$ m verwendet wird (oder der rechnerische Nachweis des Tauwasserschutzes für die Gesamtkonstruktion geführt wird, vgl. Abschnitt 2.14.3 ff.).

Die *Luftdichtheit* hölzerner Flachdächer und ihrer Anschlüsse an massive bzw. hölzerne Außen- oder Innenwände ist analog zu den geneigten hölzernen Dächern sicherzustellen (vgl. Abschnitt 3.14).

3.17 Literatur zum Kapitel 3

[3.1] Hegner, H.-D.: Vom Energieausweis der EnEV 2007 zum Zertifikat für nachhaltiges Bauen. Vortrag beim KS-Bauseminar in Hamburg am 04.03.2008.

[3.2] Aufgaben und Möglichkeiten einer novellierten Wärmeschutzverordnung. Erarbeitet von der Gesellschaft für Rationelle Energieverwendung e. V. (GRE), Berlin, März 1992. DBZ Deutsche Bauzeitschrift 40 (1992), H. 5, S. 727–738.

[3.3] VDI 4600: 2012-01: Kumulierter Energieaufwand – Begriffe, Definitionen, Berechnungsmethoden.

[3.4] DIN EN 1996-2/NA:2012-01: Nationaler Anhang – National festgelegte Parameter – Eurocode 6: Bemessung und Konstruktion von Mauerwerksbauten – Teil 2: Planung, Auswahl der Baustoffe und Ausführung von Mauerwerk.

[3.5] Deutsches Institut für Bautechnik (DIBt): Allgemeine bauaufsichtliche Zulassung Nr. Z-17.1-825 für Drahtanker mit Durchmesser 4 mm für zweischaliges Mauerwerk mit Schalenabständen bis 200 mm.

[3.6] Deutsches Institut für Bautechnik (DIBt): Allgemeine bauaufsichtliche Zulassung Nr. Z-17.1-1138 für Drahtanker mit Durchmesser 4 mm für zweischaliges Mauerwerk mit Schalenabständen von > 200 bis 250 mm.

[3.7] Deutsches Institut für Bautechnik (DIBt): Allgemeine bauaufsichtliche Zulassung Nr. Z-17.1-888 für Multi-Luftschichtanker Plus für zweischaliges Mauerwerk mit Schalenabständen von 120 bis ca. 200 mm und Vormauer bzw. Verblendschalen auch im Dünnbettverfahren.

[3.8] Cziesielski, E.; Schrepfer, T.: Hinterlüftete Außenwandkonstruktionen und Wärmedämmverbundsysteme. Beton-Kalender 87 (1998), Teil II, S. 391–467.

[3.9] Hauser, G.; Otto, F.: Niedrigenergiehäuser – Planungs- und Ausführungsempfehlungen. Holzbau Handbuch Reihe 1, Teil 3, Folge 3. Hrsg. von der Entwicklungsgemeinschaft Holzbau (EGH) in der Deutschen Gesellschaft für Holzforschung (DGfH). Düsseldorf: Arbeitsgemeinschaft Holz e. V. 1995.

[3.10] Deutsches Institut für Bautechnik (DIBt): Allgemeine bauaufsichtliche Zulassung Nr. Z-9.1-277 über TJI-Balken und -Stiele mit Doppel-T-Profil mit Gurten aus Microllam LVL und eingeleimtem Steg aus OSB-Flachpressplatten.

[3.11] DIN 68800-2:1996-05: Holzschutz – Teil 2: Vorbeugende bauliche Maßnahmen im Hochbau (ersetzt durch [3.20]).

[3.12] DIN EN 13163:2017-02: Wärmedämmstoffe für Gebäude – Werkmäßig hergestellte Produkte aus expandiertem Polystyrol (EPS) – Spezifikation.

[3.13] DIN EN 13162:2015-04: Wärmedämmstoffe für Gebäude – Werkmäßig hergestellte Produkte aus Mineralwolle (MW) – Spezifikation.

[3.14] DIN 4108-3:2001-07 (Berichtigungen 2002-04): Wärmeschutz und Energie-Einsparung in Gebäuden – Teil 3: Klimabedingter Feuchteschutz – Anforderungen, Berechnungsverfahren und Hinweise für Planung und Ausführung (ersetzt durch [3.21]).

[3.15] Deutsches Institut für Bautechnik (DIBt): Allgemeine bauaufsichtliche Zulassung Nr. Z-9.1-414 für OSB-Flachpreßplatten „KRONOPLY 3".

[3.16] DIN V 4108-4:2007-06: Wärmeschutz und Energie-Einsparung in Gebäuden – Teil 4: Wärme- und feuchteschutztechnische Bemessungswerte.

[3.17] Schulze, H.: Außenwände in Holztafelbauart mit Mauerwerk-Vorsatzschale, Teil II – Freilandversuche. Durchgeführt im Auftrage der Entwicklungsgemeinschaft Holzbau in der Deutschen Gesellschaft für Holzforschung e. V., München, 1997.

[3.18] Marquardt, H.: Feuchteschutz und Holzschutz von Außenwänden in Holztafel-/Holzrahmenbauart mit Mauerwerk-Vorsatzschale. 11. Bauklimatisches Symposium, Dresden, 26. bis 30.09.2002, Tagungsbeiträge Band 2, hrsg. von P. Häupl und J. Roloff. Dresden: Eigenverlag der TU Dresden 2002, S. 605–614.

[3.19] Deutsches Institut für Bautechnik (DIBt): Allgemeine bauaufsichtliche Zulassung Nr. Z-9.1-442 für Holzfaserplatten „KRONOTEC WP 50 und DP 50".

[3.20] DIN 68800-2:2022-02: Holzschutz – Teil 2: Vorbeugende bauliche Maßnahmen im Hochbau

[3.21] DIN 4108-3 :2018-10: Wärmeschutz und Energie-Einsparung in Gebäuden – Teil 3: Klimabedingter Feuchteschutz – Anforderungen, Berechnungsverfahren und Hinweise für Planung und Ausführung.

[3.22] DIN 4108-7:2011-01: Wärmeschutz und Energie-Einsparung in Gebäuden – Teil 7: Luftdichtheit von Gebäuden, Anforderungen, Planungs- und Ausführungsempfehlungen sowie -beispiele.

[3.23] DIN 4095:1990-06: Baugrund; Dränung zum Schutz baulicher Anlagen – Planung, Bemessung und Ausführung.

[3.24] Schwamborn, B.; Schubert, P.: Abdichtung von Kellermauerwerk mit Bitumen-Dickbeschichtungen. Mauerwerk-Kalender 18 (1993), Berlin: Ernst & Sohn 1993, S. 611–618.

[3.25] Deutsches Institut für Bautechnik (DIBt): Allgemeine bauaufsichtliche Zulassung Nr. Z-23.34-1059 über Lastabtragende Wärmedämmung unter Gründungsplatten mit Schaumglasplatten „FOAMGLAS-Platte F", „FOAMGLAS-Platte S3", „FOAMGLAS-Floor Board F" und „FOAMGLAS-Floor Board S3".

[3.26] Deutsches Institut für Bautechnik (DIBt): Allgemeine bauaufsichtliche Zulassung Nr. Z-23.34-1324 über Extrudergeschäumte Polystyrol-Hartschaumplatten „Roofmate SL-A", „Perimate INS-A", „Floormate 500-A", „Floormate 700-A" für die Anwendung als lastabtragende Wärmedämmung unter Gründungsplatten.

[3.27] Bestel, H.; Bickes, C.; Hennig, M.; Kümmel, J.: Wärmebrückenkatalog. Porenbeton-Bericht 20. 2. Aufl. Wiesbaden: Bundesverband Porenbeton 2002.

[3.28] KS-ISO-Kimmstein. Wemding: Kalksandstein-Werk Wemding GmbH 1998.

[3.29] Deutsches Institut für Bautechnik (DIBt): Allgemeine bauaufsichtliche Zulassung Nr. Z-17.1-829 über FOAMGLAS-Perinsul SL Wärmedämmelemente für Mauerwerk aus Kalksand- und Porenbetonsteinen sowie Vormauer- und Verblendschalen.

[3.30] puren-Dämmbrücke. Überlingen/Bodensee: puren Schaumstoff GmbH 2000.

[3.31] Martinelli, R.; Menti, K.: Vereinfachte Konstruktionsdetails mit neuem, wärmedämmendem und tragendem Bauelement. Schweizer Ingenieur und Architekt (1987), H. 6, S. 127–130.

[3.32] Deutsches Institut für Bautechnik (DIBt): Allgemeine bauaufsichtliche Zulassung Nr. Z-17.1-709 über Wärmedämmelemente „Schöck Novomur" für Mauerwerk aus Kalksandsteinen.

[3.33] Hauser, G.; Stiegel, H.: Wärmebrücken-Atlas für den Mauerwerksbau. 2. Auflage Wiesbaden und Berlin: Bauverlag 1993.

[3.34] Hauser, G.; Stiegel, H.: Wärmebrücken-Atlas für den Holzbau. Wiesbaden und Berlin: Bauverlag 1992.

[3.35] Hauser, G.: Probleme mit Wärmebrücken. Deutsche Bauzeitschrift 37 (1989), H. 2, S. 193–196.

[3.36] Leitfaden zur Planung und Ausführung der Montage von Fenstern und Haustüren für Neubau und Renovierung. Technische Richtlinie des Glaserhandwerks Nr. 20. Erstellt von Bundesinnungsverband des Glaserhandwerks und ift Institut für Fenstertechnik, Rosenheim. 6. Aufl. Düsseldorf: Verlagsanstalt Handwerk 2014 (mit Baustellen-Handbuch für den Handwerker).

[3.37] Leitfaden zur Planung und Ausführung der Montage von Fenstern und Haustüren für Neubau und Renovierung. Erstellt von RAL-Gütegemeinschaft Fenster und Haustüren e. V. und ift Institut für Fenstertechnik, Rosenheim. Frankfurt am Main: RAL-Gütegemeinschaft Fenster und Haustüren, März 2014.

[3.38] Deutsches Institut für Bautechnik (DIBt): Allgemeine bauaufsichtliche Zulassung Nr. Z-15.7-239 für den Schöck-Isokorb nach DIN 1045-1.

[3.39] Deutsches Institut für Bautechnik (DIBt): Allgemeine bauaufsichtliche Zulassung Nr. Z-15.7-244 für den Plattenanschluss ISOPRO IP nach DIN 1045.

[3.40] Leimer, H.-P.: Wärmeschutz von auskragenden Bauteilen. Die Bibliothek der Technik, Band 135. Landsberg/Lech: verlag moderne industrie 1996.

[3.41] Mit der Wärmedämmung rechnen. Das Handbuch „Mittlere, äquivalente Wärmeleitfähigkeit“ von Schöck. Baden-Baden: Schöck Bauteile GmbH 2004.

[3.42] Feist, W. (Hrsg.): Das Niedrigenergiehaus. 4. Aufl. Heidelberg: C. F. Müller 1997.

[3.43] Geißler, A.: Luftdichtheitssysteme – Theoretische und praktische Aspekte. Bauphysik 24 (2002), H. 3, S. 134 ff.

[3.44] Kasper, F.-J.: Qualitätssicherung der Dauerhaftigkeit von Luftdichtheitsschichten. wksb Nr. 69 (2013), S. 27–33.

[3.45] Marquardt, H.: Geneigte Dächer. In: Fouad, N. A. (Hrsg.): Lehrbuch der Hochbaukonstruktionen. 4. Aufl. Wiesbaden: Springer Vieweg 2013, S. 393–446.

[3.46] Oswald, R.: Schwachstellen – Spitzböden. db deutsche bauzeitung (2008), H. 3, S. 94–98.

[3.47] Schulze, H.: Decken unter nicht ausgebauten Dachgeschossen. Bauen mit Holz 95 (1993), H. 1, S. 26–30.

[3.48] Fachregel für Dachdeckungen mit Dachziegeln und Dachsteinen. Aufgestellt und herausgegeben vom Zentralverband des Deutschen Dachdeckerhandwerks (ZVDH) – Fachverband Dach-, Wand- und Abdichtungstechnik – e. V., Ausgabe 09/1997 mit Änderungen 07/2000 und 03/2003. Köln: R. Müller 2003.

[3.49] Typenprüfung und statische Berechnung für geneigte Dächer mit Styropor als Wärmedämmung über den Sparren mittels kontinuierlicher Nagelung. Heidelberg: Industrieverband Hartschaum e. V. (IVH) 1994.

[3.50] Typenstatik für geneigte Dächer mit PAVATEX-Aufsparrendämmsystem. Leutkirch: Pavatex GmbH 1994.

[3.51] Hauser, G.; Maas, A.: Auswirkungen von Fugen und Fehlstellen in Dampfsperren und Wärmedämmschichten. In: Schild, E.; Oswald, R. (Hrsg.): Fugen und Risse in Dach und Wand. Aachener Bausachverständigentage 1991. Wiesbaden: Bauverlag 1991, S. 68–95.

[3.52] Schulze, H.: Holzbau: Wände, Decken, Bauprodukte, Dächer; Konstruktionen, Bauphysik, Holzschutz. 3. Aufl. Wiesbaden: B. G. Teubner 2005.

[3.53] Maas, A.; Gross, R.: Qualitätssicherung klebebasierter Verbindungstechnik für Luftdichtheitsschichten. Bauphysik 27 (2005), H. 2, S. 87–94.

[3.54] Maas, A.; Gross, R.: Qualitätssicherung klebemassenbasierter Verbindungstechnik für die Ausbildung der Luftdichtheitsschichten – Kurzbericht. Kassel: Zentrum für umweltbewusstes Bauen (ZUB), Mai 2010.

[3.55] DIN 4108-11:2018-11: Wärmeschutz und Energie-Einsparung in Gebäuden – Teil 11: Mindestanforderungen an die Dauerhaftigkeit von Klebeverbindungen mit Klebebändern und Klebemassen zur Herstellung von luftdichten Schichten.

[3.56] Froelich, H.: Dachflächenfenster – Abdichtung und Wärmeschutz. In: Oswald, R. (Hrsg.): Öffnungen in Dach und Wand – Fenster, Türen, Oberlichter – Konstruktion und Bauphysik. Aachener Bausachverständigentage 1995. Wiesbaden: Bauverlag 1995, S. 151–158.

[3.57] Dämmzarge PDZ. Überlingen: puren-Schaumstoff GmbH 2002.

[3.58] Neuer Fenster-Montagerahmen verringert Wärmebrücken-Risiko. Industriebericht der VELUX GmbH, Hamburg. Deutsches Ingenieurblatt (1999), H. 11, S. 71.
[3.59] Den Anschluss nicht verpassen. Industriebericht der VELUX GmbH, Hamburg. DDH 118 (1997), H. 3, S. 40 f.
[3.60] Cziesielski, E.; Marquardt, H.: Flachdächer mit Abdichtungen. In: Cziesielski, E. (Hrsg.): Lehrbuch der Hochbaukonstruktionen. 3. Aufl. Stuttgart: Teubner 1997, S. 201–281.
[3.61] FOAMGLAS-Perinsul-Dämmsteine machen Schluss mit Wärmebrücken der Attika! Haan/Rhld.: Deutsche Foamglas GmbH 2002.

4 Anlagentechnik zur Einhaltung des GEG

4.1 Einführung

Das Gebäudeenergiegesetz (GEG) [4.1], [4.2] bezieht große Teile der Gebäudetechnik in den Nachweis ein; das Berechnungsverfahren des GEG ist aber gegenüber unterschiedlicher Energietechnik zur Erwärmung bzw. Kühlung der Gebäude sehr offen, damit regenerative und neue Energien problemlos einbezogen werden können. Dies führt zu sehr vielen möglichen Varianten der einzusetzenden Gebäudetechnik.

Um den Umfang dieses Kapitels zu beschränken, werden im Folgenden vor allem
- Raumheizung und Trinkwassererwärmung mit Heizkesseln, Wärmepumpen, thermischen Solaranlagen und Kraft-Wärme-Kopplung,
- Lüftungs- und Klimaanlagen sowie
- Photovoltaik-Anlagen zur regenerativen Stromerzeugung

kurz vorgestellt. Darüber hinausgehende gebäudetechnische Anlagen werden ggf. kurz erwähnt und müssen – wie auch die Beleuchtung, die gemäß GEG bei Nichtwohngebäuden zu berücksichtigen ist (vgl. Abschnitt 1.4.1) – den gebäudetechnischen Standardwerken (z. B. [4.3], [4.4], [4.5]) bzw. der speziellen Fachliteratur (z. B. [4.6], [4.7], [4.8]) vorbehalten bleiben.

Die letzten Unterabschnitte der folgenden drei Abschnitte – also 4.2.4, 4.3.2, 4.4.3 – entsprechen jeweils der Gliederung aus DIN V 4701-10 [4.9], auf der gemäß GEG 2020/23 [4.1], [4.2] die gebäudetechnischen Berechnungen für Wohngebäude bis Ende 2023 basieren dürfen.

4.2 Heizung

4.2.1 Heizungsanlagen mit fossilen Brennstoffen

Die seit Jahrhunderten gebräuchlichen *Einzel*heizungen (offene Kamine, Einzelöfen) sind heute kaum noch üblich – für die Beheizung im eigentlichen Sinne, nicht für die Gemütlichkeit; sie sollen daher im Folgenden nicht weiter behandelt werden. Heutiger Standard (und als Luftheizung schon seit römischen Zeiten bekannt) ist die komfortablere *Zentral-* oder *Sammel*heizung, und zwar i. d. R. als Warmwasserheizung – d. h., die Wärmeverteilung erfolgt über den Wärmeträger Wasser.

Die Wärmeerzeugung erfolgt bei Warmwasserheizungen traditionell durch *Heizkessel* mit fossilen Brennstoffen, die unterschieden werden (Tabelle 4.1) in

- *Standard*kessel (heute veraltete Konstanttemperaturkessel, mussten bereits nach früheren Ausgaben der EnEV außer Betrieb genommen werden),
- *Niedertemperatur*kessel (mit gleitender Kesseltemperatur) und
- *Brennwert*kessel (ebenfalls mit gleitender Kesseltemperatur, aber zusätzlich mit planmäßiger Abgaskondensation).

Tabelle 4.1: Definition von Standard-, Niedertemperatur- und Brennwertkessel gemäß der Heizkessel-Wirkungsgradrichtlinie 92/42/EWG

Kesselart	**Definition**
Standardkessel	Heizkessel, bei dem die durchschnittliche Betriebstemperatur nur durch die Kesselauslegung beschränkt werden kann; muss so betrieben werden, dass keine Kondensation im Abgasweg auftreten kann
Niedertemperaturkessel	Heizkessel ohne untere Temperaturbegrenzung, der kontinuierlich mit einer Eintrittstemperatur von 35 bis 40 °C betrieben werden kann und in dem es unter Umständen zur Teilkondensation von Wasserdampf kommen kann, ohne dass der Heizkessel dabei Schaden nimmt
Brennwertkessel	Heizkessel, der für die permanente Kondensation eines Großteils des in den Abgasen enthaltenen Wasserdampfes konstruiert ist

Bei den flüssigen bzw. gasförmigen fossilen Brennstoffen (Heizöl, Stadt-, Erd- oder Flüssiggas) ist der Brennwertkessel Stand der Technik; er unterscheidet sich deutlich durch seinen Nutzungsgrad vor allem im Teillastbetrieb in der Übergangszeit von den anderen Kesseltypen (Bild 4.1). Der Grund für den höheren Nutzungsgrad beim Brennwertkessel liegt in der planmäßigen Abgaskondensation, wodurch die Kondensationswärme (Latentwärme) aus dem Abgas der Heizungsanlage zusätzlich für die Beheizung genutzt wird.

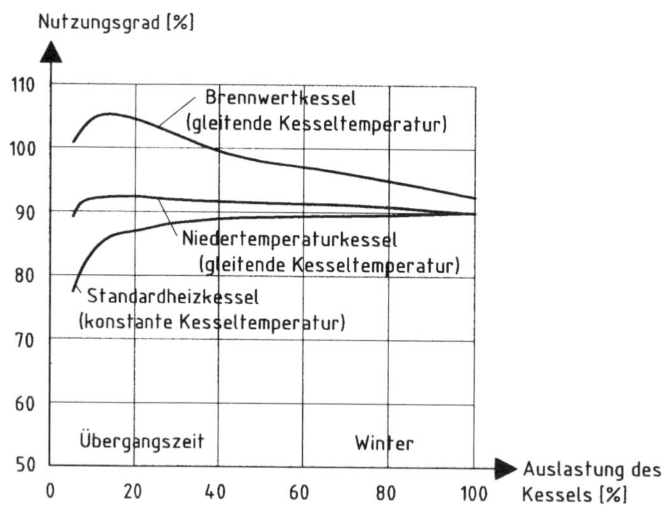

Bild 4.1: Nutzungsgrade verschiedener Kesseltypen bei jahreszeitlich unterschiedlicher Auslastung (nach [4.10])

Vor näherer Betrachtung dieses Effektes sind folgende Begriffe zu definieren [4.4]:

- Der *Heizwert* = *unterer* Heizwert H_u (europäisch H_s) ist die Wärmemenge eines Brennstoffs, die bei vollkommener Verbrennung (unter genormten Bedingungen) frei wird, wobei der bei der Verbrennung entstandene Wasserdampf im Abgas gasförmig vorliegt; bei Erdgas – vereinfacht Methan CH_4 – ergibt sich:

$$CH_4 \quad + \quad 2\,O_2 \quad \rightarrow \quad CO_2\uparrow \quad + \quad 2\,H_2O\uparrow \tag{4.1}$$

- Der *Brennwert* = *oberer* Heizwert H_o (europäisch H_i) ist die Wärmemenge eines Brennstoffs, die bei vollkommener Verbrennung (unter genormten Bedingungen) frei wird, wobei der bei der Verbrennung entstandene Wasserdampf vollständig kondensiert; bei Erdgas – vereinfacht Methan CH_4 – ergibt sich:

$$CH_4 \quad + \quad 2\,O_2 \quad \rightarrow \quad CO_2\uparrow \quad + \quad 2\,H_2O\downarrow \tag{4.2}$$

Die Höhe der im zweiten Fall theoretisch nutzbaren *Kondensationswärme* hängt ab vom Anteil des Verbrennungsproduktes Wasser (H_2O) im Abgas der eingesetzten Brennstoffe (Tabelle 4.2); die theoretische Obergrenze des in Bild 4.1 dargestellten Nutzungsgrades, der auf den *unteren* Heizwert H_u bezogen ist, ist bei Brennwertkesseln das Verhältnis H_o/H_u – beim heute üblichen Erdgas H (europäisch: Erdgas E) also 111 %, bei Heizöl EL (= extra leicht) 106 %.

Tabelle 4.2: Kenndaten einiger fossiler Brennstoffe für Heizungsanlagen (nach [4.11])

	Stadtgas	Erdgas H (E)	Propan	Heizöl EL
oberer Heizwert $H_o = H_i$	5,48 kWh/m³	11,09 kWh/m³	28,11 kWh/m³	10,63 kWh/l
unterer Heizwert $H_u = H_s$	4,87 kWh/m³	10,00 kWh/m³	25,88 kWh/m³	10,00 kWh/l
Verhältnis H_o/H_u	1,13	1,11	1,09	1,06
Abgastaupunkt ϑ_t [1])	59,5 °C	55,6 °C	51,4 °C	47,0 °C
spezif. Kondenswassermenge (bezogen auf H_u)	0,18 l/kWh	0,16 l/kWh	0,12 l/kWh	0,09 l/kWh

[1]) Bei Luftüberschusszahl λ = 1,3 (ϑ_t steigt mit abnehmender Luftüberschusszahl).

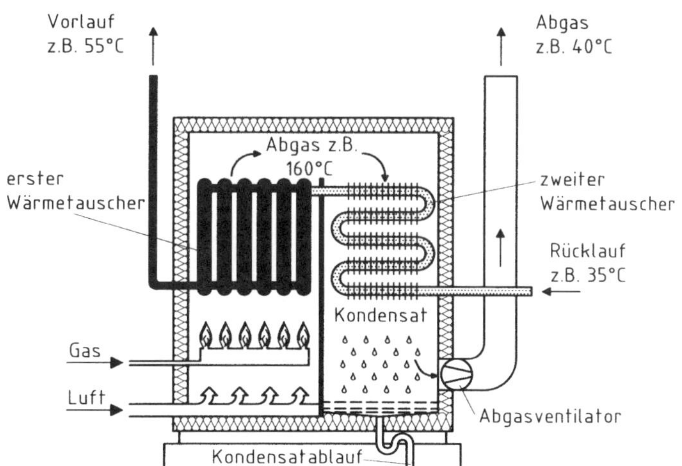

Bild 4.2: Prinzipdarstellung eines Gas-Brennwertkessels (nach [4.4])

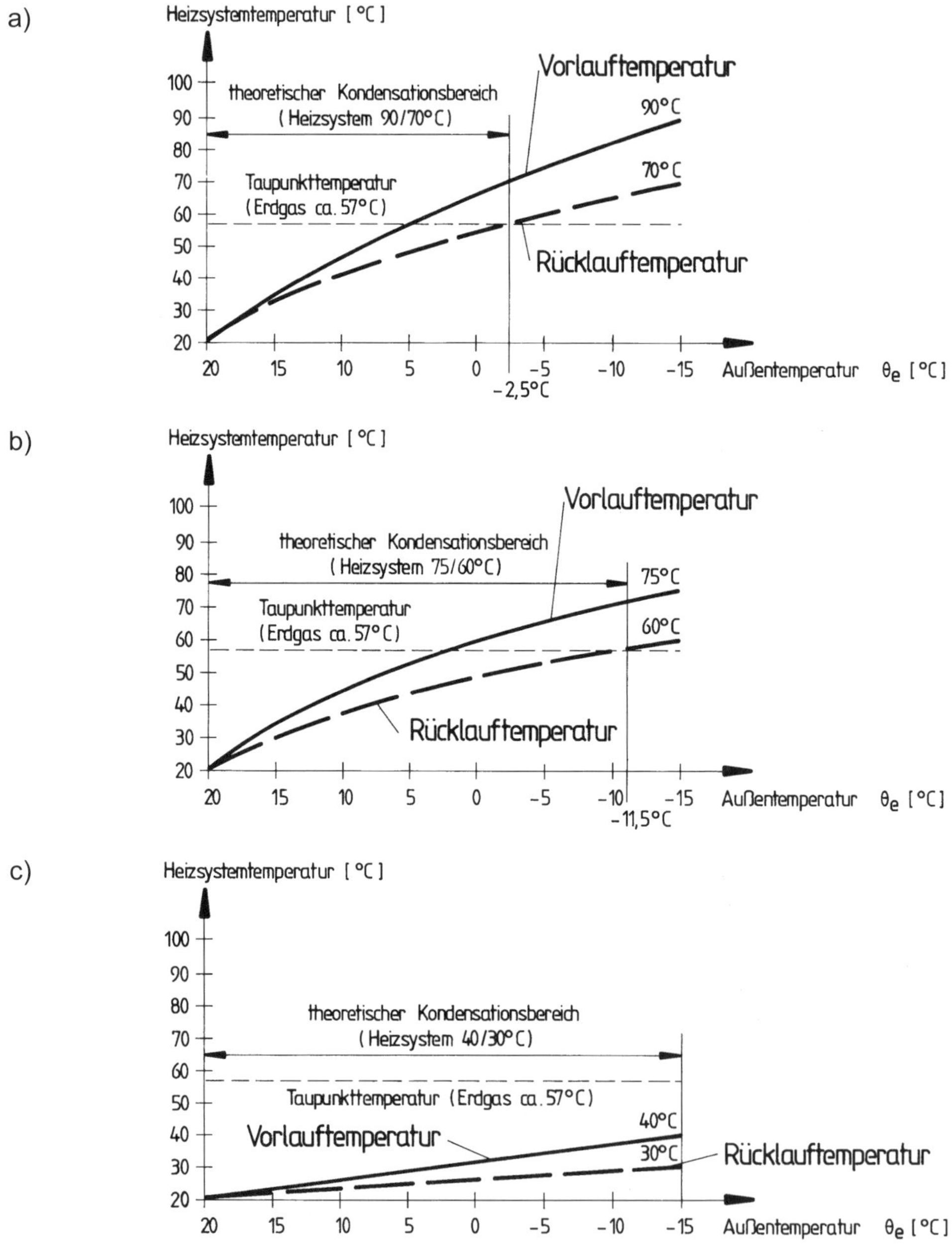

a)

Heizsystemtemperatur [°C]
Vorlauftemperatur
theoretischer Kondensationsbereich
(Heizsystem 90/70°C)
90°C
70°C
Taupunkttemperatur
(Erdgas ca. 57°C)
Rücklauftemperatur
100
90
80
70
60
50
40
30
20
20
15
10
5
0
-5
-10
-15
Außentemperatur θ_e [°C]
-2,5°C

b)

Heizsystemtemperatur [°C]
Vorlauftemperatur
theoretischer Kondensationsbereich
(Heizsystem 75/60°C)
75°C
60°C
Taupunkttemperatur
(Erdgas ca. 57°C)
Rücklauftemperatur
100
90
80
70
60
50
40
30
20
20
15
10
5
0
-5
-10
-15
Außentemperatur θ_e [°C]
-11,5°C

c)

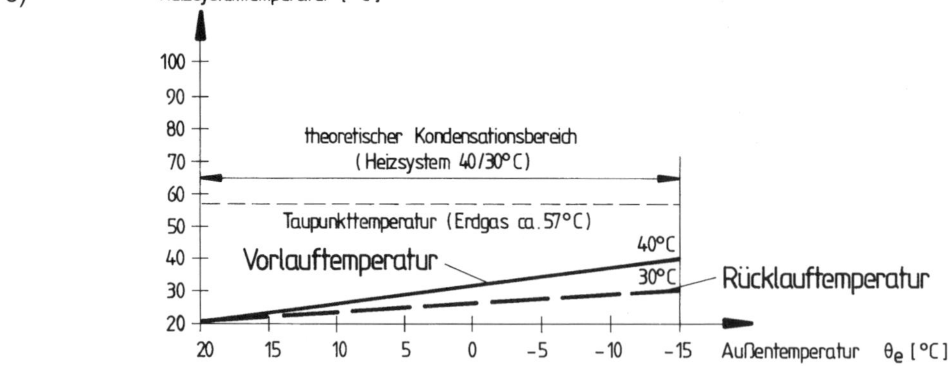

Bild 4.3: Einfluss der Heizsystemtemperatur auf die Nutzung der Abgaskondensation bei Erdgas-Brennwertkesseln (nach [4.12], hier für θ_t = 57 °C dargestellt); sie ist theoretisch möglich:

a) oberhalb von θ_e = – 2,5 °C bei Vorlauf-/Rücklauftemperaturen von 90 °C/70 °C

b) oberhalb von θ_e = – 11,5 °C bei Vorlauf-/Rücklauftemperaturen von 75 °C/60 °C

c) ohne Einschränkung bei Vorlauf-/Rücklauftemperaturen von 40 °C/30 °C

Voraussetzung für die Nutzung der Abgaskondensation (und damit des Brennwerteffektes) ist jedoch, dass die Rücklauftemperatur der Heizung unter der Taupunkttemperatur des Abgases θ_t liegt (vgl. Tabelle 4.2), da das Abgas vom Rücklaufwasser gekühlt wird und am zweiten Wärmeübertrager (Wärmetauscher) kondensieren muss (rechts in Bild 4.2).

Die Nutzungsdauer der Abgaskondensation von Brennwertkesseln ist somit am längsten und effektivsten, wenn Vorlauf- und Rücklauftemperatur möglichst niedrig ausgelegt werden. Die Auslegung einer Heizungsanlage einschließlich der Heizflächen im Rahmen der Heizlastberechnung erfolgt nach EN 12831-1: 2017-09 [4.13], [4.14].

Die Folgen der Auslegung der Heizungsanlage auf die Abgaskondensation werden in Bild 4.3 am Beispiel eines Erdgas-Brennwertkessels gezeigt:

- Die lange Zeit übliche Auslegung des Heizsystems mit Vorlauf-/Rücklauftemperatur 90 °C/70 °C (für eine Norm-Außentemperatur von z. B. θ_e = – 14 °C in Bild 4.3a) ist für Brennwertkessel nicht geeignet, da eine Abgaskondensation praktisch nur bei θ_e ≥ 0 °C und damit zu selten und nur in zu geringem Umfang wirksam werden kann.
- Allerdings nimmt mit sinkenden Auslegungstemperaturen auch die Wärmeleistung der Heizkörper ab (Bild 4.4), sodass bei gleicher Heizlast eines Raumes größere und damit teurere Heizkörper vorgesehen werden müssen – eine Auslegung auf Vorlauf-/Rücklauftemperatur 40 °C/30 °C (Bild 4.3c) ist deshalb nur bei Fußbodenheizungen sinnvoll, die aus Behaglichkeitsgründen sowieso nicht wesentlich höher ausgelegt werden können (vgl. Bild 2.2b in Abschnitt 2.1).

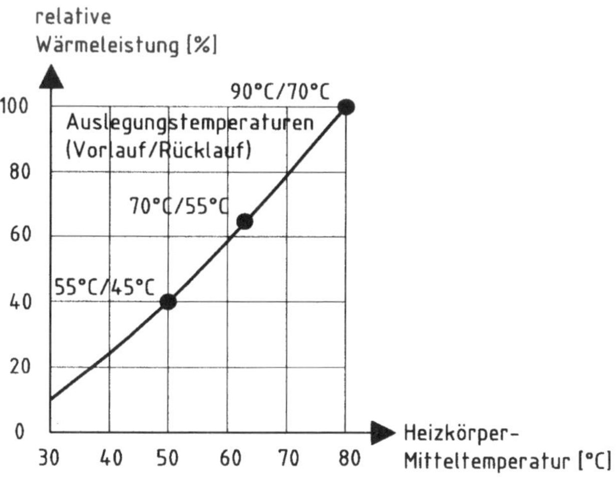

Bild 4.4: Wärmeleistung von Heizkörpern in Abhängigkeit von der Heizkörper-*Mittel*temperatur (die Heizleistung ist ungefähr proportional zur Heizkörper-*Über*temperatur, d. h. der Temperaturdifferenz zwischen Heizkörper-Mitteltemperatur und Raumtemperatur, nach [4.10])

- Die in Bild 4.3b dargestellte Auslegung auf Vorlauf-/Rücklauftemperatur 75 °C/ 60 °C wäre ein möglicher Kompromiss bei Verwendung der heute üblichen Plattenheizkörper, da Außentemperaturen θ_e ≤ 0 °C nicht so häufig auftreten und damit die Abgaskondensation praktisch in weiten Teilen der Heizperiode wirksam werden kann – möglich wären aber auch andere Auslegungen im schraffierten Bereich von Bild 4.5.

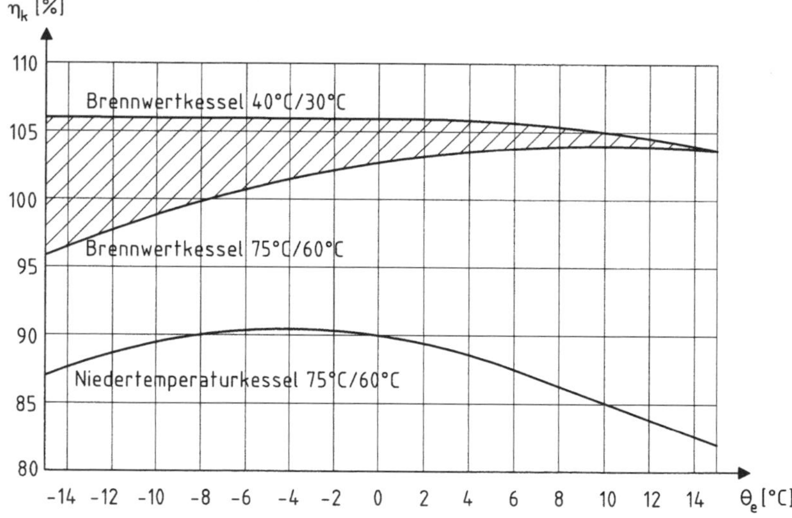

Bild 4.5: Abhängigkeit des Kesselwirkungsgrades η_K von der Außenlufttemperatur θ_e (nach [4.15])

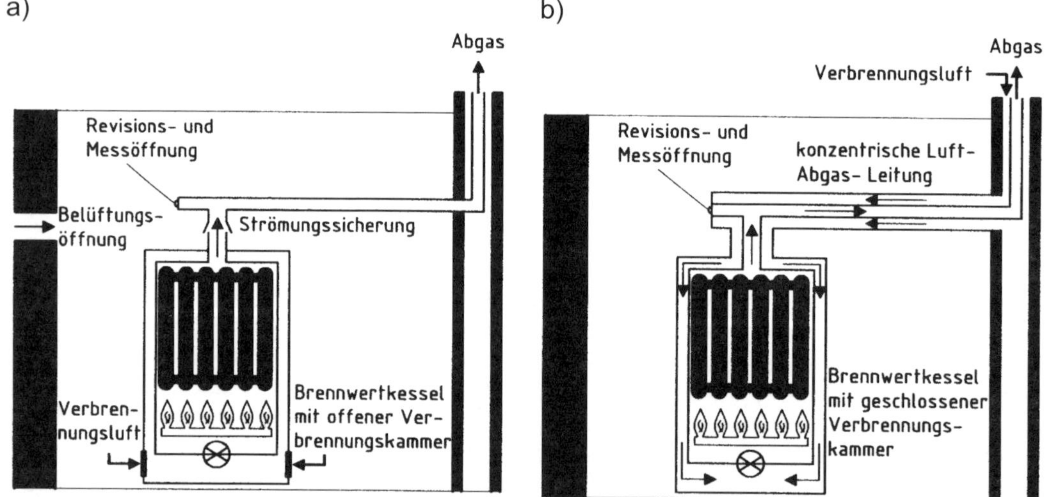

Bild 4.6: Varianten der Versorgung von Heizkesseln mit Verbrennungsluft (nach [4.15]):
a) raumluftabhängige Versorgung mit Verbrennungsluft
b) raumluft*un*abhängige Versorgung mit Verbrennungsluft im Luft-Abgas-System (LAS), bei heutigen Brennwertkesseln üblich

Die Versorgung mit Verbrennungsluft erfolgt bei Brennwertkesseln i. d. R. raumluft*un*abhängig im sog. *Luft-Abgas-System* (LAS), um eine während der Heizperiode offen zu haltende Belüftungsöffnung im Heizungsraum zu vermeiden und damit diesen Raum höherwertig – z. B. als luftdicht ausgeführten und damit beheizbaren Raum (Bad, Küche, Hauswirtschaftsraum ...) – nutzen zu können (Bild 4.6b). Ein klassischer Schornstein wie in Bild 4.6a ist bei Gas-Brennwertkesseln nicht mehr erforderlich, das Luft-Abgas-System besteht i. d. R. nur aus einem konzentrischen doppelwandigen Rohr, in dem innen das

Abgas abgeführt und außen die Verbrennungsluft zugeführt wird (vgl. Bild 4.6b). Die Aufstellung solcher Gas-Brennwertkessel kann

- sowohl wie seit Jahrzehnten im (ggf. beheizten) Keller oder – bei nicht unterkellerten Gebäuden – in einem beheizten Erdgeschossraum
- als auch im (ggf. beheizten) Dachgeschoss

erfolgen; die Aufstellung im Dachgeschoss ermöglicht z. B. einen einfachen Anschluss einer auf dem Dach angeordneten thermischen Solaranlage (s. u. Bild 4.24).

4.2.2 Heizungsanlagen mit regenerativen Energieträgern

Ersetzt oder ergänzt wird die traditionelle Wärmeerzeugung mit fossilen Brennstoffen (vgl. Abschnitt 4.2.1) heute durch *Nutzung erneuerbarer (= regenerativer) Energien*:

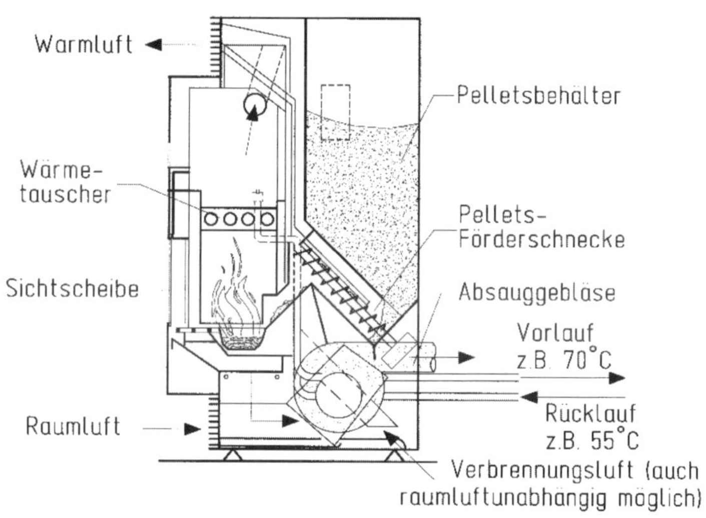

Bild 4.7: Prinzipdarstellung eines Holzpellet-Kessels mit *direkter* Wärmeabgabe durch die Warmluftabgabe in den Raum und die Sichtscheibe sowie *indirekter* Wärmeabgabe durch den Wärmeübertrager = Wärmetauscher (nach [4.4])

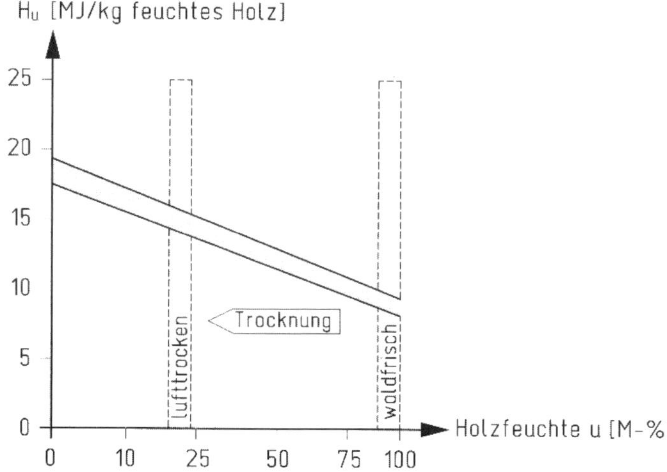

Bild 4.8: Heizwert von Holz in Abhängigkeit von der Holzfeuchte (nach [4.6])

A Biomasse

Alternativ zu fossilen Brennstoffen können Heizkessel (vgl. Abschnitt 4.2.1) auch mit *Biomasse* beheizt werden (Bild 4.7), v. a. mit Holz in Form von *Holzpellets*, die industriell hergestellt und getrocknet werden und damit einen höheren Heizwert als häufig feuchteres Stückholz oder Hackschnitzel haben (Bild 4.8). Unterschieden werden

- eine *direkte und indirekte* Wärmeabgabe (vgl. Bild 4.7) bzw.
- eine nur *indirekte* Wärmeabgabe über einen Wärmeübertrager = Wärmetauscher.

Neben dem in Bild 4.7 dargestellten, in den Kessel integrierten und meist von Hand zu befüllenden Pelletbehälter sind auch externe Pelletlager mit automatisierter Pelletförderung zum Kessel gebräuchlich.

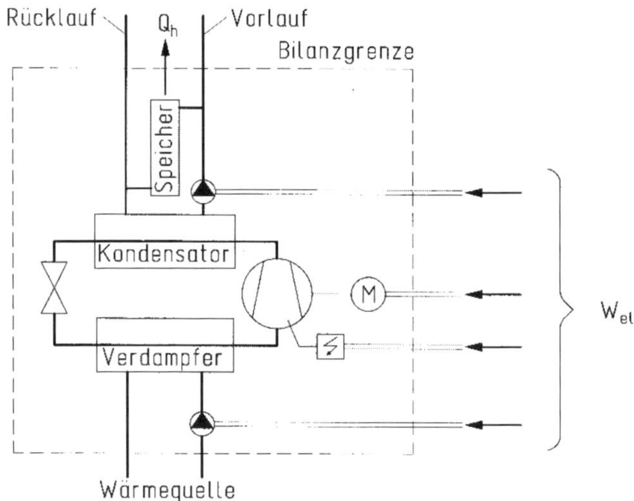

Bild 4.9: Prinzipschema einer elektrischen Wärmepumpe; das Verhältnis von Nutzwärme Q_h zur zugeführten elektrischen Energie W_{el} heißt *Leistungszahl* (nach [4.6])

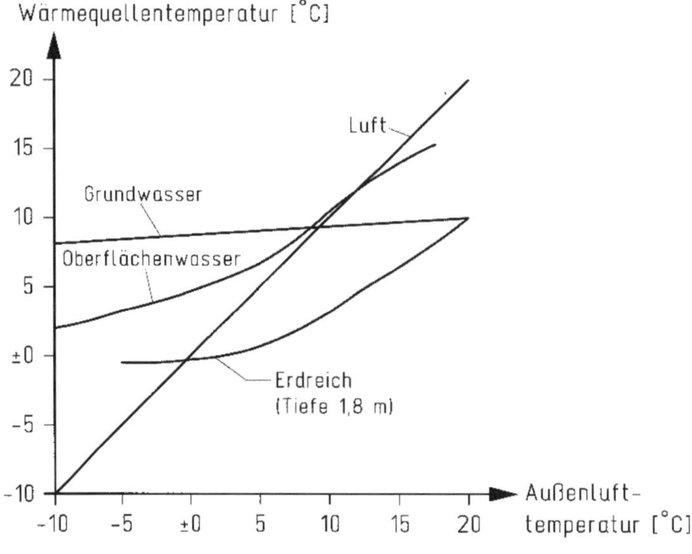

Bild 4.10: Temperaturen von Wärmequellen für Wärmepumpen (nach [4.6])

B Umweltwärme

Einen Boom erlebten in den letzten Jahren die i. d. R. elektrischen *Wärmepumpen*, welche mithilfe eines *Kältemittels* in einem geschlossenen Rohrkreislauf Wärmeenergie vom Verdampfer zum Kondensator „pumpen" (Bild 4.9) und dabei am Kondensator ein höheres Temperaturniveau als am Verdampfer erreichen. Dazu nutzen Wärmepumpen am Verdampfer Umweltwärme als Wärmequelle, ihre Hebelwirkung – ausgedrückt durch die sog. *Leistungszahl* (= *coefficient of performance* COP) – wird umso höher,

- je *höher* die Temperatur der Wärmequelle (Bild 4.10) und
- je *niedriger* die Temperatur der Nutzwärme

ist. Hohe Leistungszahlen erreichen *Erdreich-Wasser*-Wärmepumpen, z. B. (Bild 4.11)

- mit horizontal liegendem Erdkollektor als Wärmequelle (nur bei ausreichend großen Grundstücken möglich, daher häufiger als Erdwärmesonden vertikal gebohrt) und
- mit Niedertemperatur-Fußbodenheizung (vgl. Bild 4.3c).

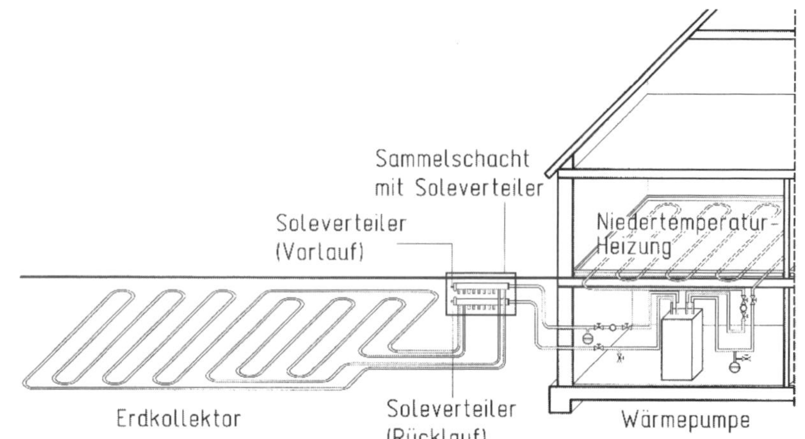

Bild 4.11: Wärmepumpenanlage mit Niedertemperaturheizung (als Fußbodenheizung) und horizontal liegendem Erdkollektor

Die früher als Kältemittel verwendeten voll- oder teilhalogenierten Fluorchlorkohlenwasserstoffe (FCKW oder HFCKW) sind seit Jahren verboten; derzeit werden v. a. teilhalogenierte Fluorkohlenwasserstoffe (HFKW) eingesetzt. Diese haben zwar kein Ozonzerstörungspotenzial mehr (engl. *ODP = ozone depletion potential*), aber weiterhin ein hohes Treibhauspotenzial (engl. *GWP = global warming potential*), weshalb ihre Verwendung nach einem EU-Stufenplan reduziert werden muss. Andere sog. *natürliche* Kältemittel mit geringerem *GWP* sind aber oft brennbar und daher problematisch [4.16].

Die Leistungszahl COP (engl. *coefficient of performance*) wird unter definierten Randbedingungen gemessen und ist daher ein theoretischer Wert; der tatsächliche Nutzen einer Wärmepumpe wird beschrieben durch die über ein Jahr gemittelte *Jahresarbeitszahl* JAZ. Eine gut ausgelegte und eingestellte Erdreich-Wasser-Wärmepumpe erreicht eine JAZ von 4, d. h., gemittelt über ein Jahr werden aus 1 kWh elektrischem Strom mit 3 kWh Umweltwärme in der Summe 4 kWh Heizwärme (Bild 4.12a); eine bei zunehmend regenerativ erzeugtem Strom klimafreundliche Art der Heizwärmeerzeugung. (Zur Kombination mit einer Photovoltaik-Anlage s. Abschnitt 4.6)

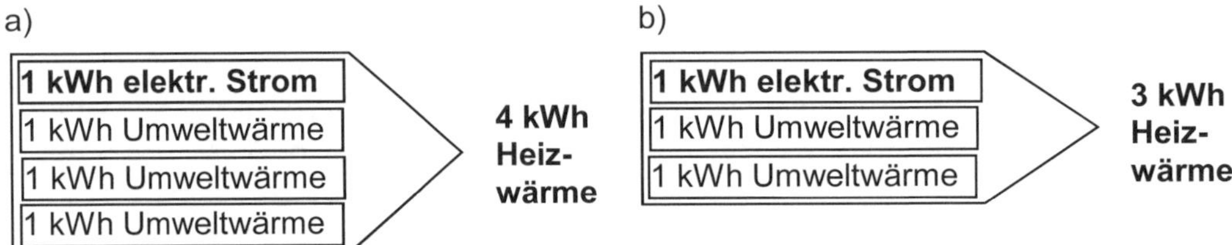

Bild 4.12: Energiebilanz im Jahresmittel (schematisch)
a) einer typischen Erdreich-Wasser-Wärmepumpe mit JAZ = 4
b) einer typischen Luft-Wasser-Wärmepumpe mit JAZ = 3

Aufgrund der geringeren Investitionskosten werden allerdings v. a. *Luft-Wasser*-Wärmepumpen eingebaut, obwohl deren Jahresarbeitszahl

- einerseits wegen der geringen Außenlufttemperaturen im Winter (vgl. Bild 4.10) und
- andererseits wegen der dadurch erforderlichen elektrischen Zusatzheizung an kalten Tagen (sog. *bivalenter* Betrieb)

meist deutlich schlechter ist (Bild 4.12b). Unterschieden werden bei Luft-Wasser-Wärmepumpen (vgl. Bild 4.9)

- *Monoblock*-Anlagen, bei denen die gesamte Technik in einem Gehäuse innerhalb oder außerhalb des Gebäudes untergebracht wird, und
- *Split*-Anlagen, bei denen i. d. R. Verdampfer und (leiser) Ventilator im Freien sowie (lauter) Verdichter (= Kompressor) und Kondensator schallgekapselt im Heizraum aufgestellt werden.

Bei Modernisierungen im Bestand kann i. d. R. keine Fußbodenheizung nachgerüstet werden, sodass in den vorhandenen Heizkörpern die Temperatur der Nutzwärme höher liegen muss; dadurch werden häufig nur Jahresarbeitszahlen < 3 erreicht.

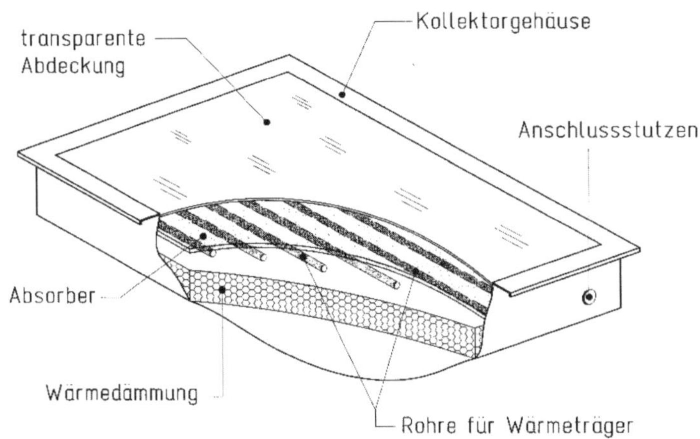

Bild 4.13: Flachkollektor als Wärmeerzeuger einer thermischen Solaranlage

C Solarthermie

Aufgrund der nur geringen winterlichen Sonneneinstrahlung in unseren Breiten können *thermische Solaranlagen* (kurz *Solarthermie*-Anlagen) in Form von Flachkollektoren

(Bild 4.13) oder teureren Vakuum-Röhrenkollektoren ohne Langzeit-Wärmespeicher (vgl. Abschnitt 1.3) nur ergänzend zur Heizungsunterstützung eingesetzt werden. Häufiger unterstützen sie nur die Trinkwassererwärmung (s. Bild 4.24 in Abschnitt 4.3.2).

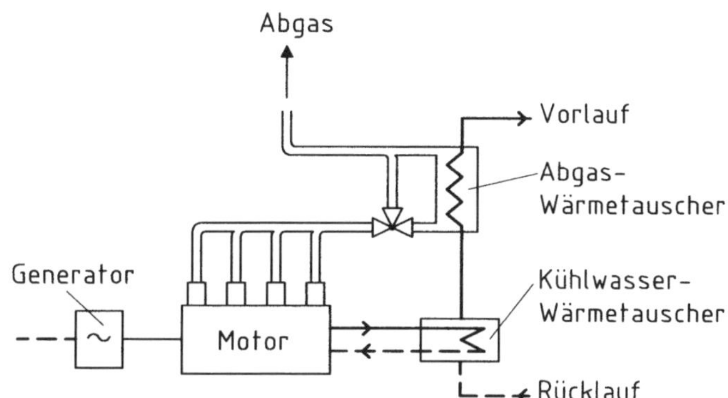

Bild 4.14: Prinzipschema eines Blockheizkraftwerks (BHKW, nach [4.6])

D Kraft-Wärme-Kopplung

Eine Alternative zum Heizkessel im Gebäude stellt die Wärmeversorgung durch Wärmenetze dar, d. h. durch Fern- oder Nahwärmenetze mit Wärmeerzeugung in z. B. *Blockheizkraftwerken* (BHKW) mit Kraft-Wärme-Kopplung (KWK), bei denen (Bild 4.14)

- ein von einem Gas- oder Dieselmotor angetriebener Generator Strom erzeugt und
- die Abwärme aus Kühlwasser und Abgas zur Wärmeversorgung des Gebäudes dient (über den Vor- und Rücklauf in Bild 4.14).

Dies stellt eine besonders gute Ausnutzung der noch überwiegend fossilen Energieträger (d. h. weder Bioöl noch Biogas) dar; deshalb werden im GEG 2023 [4.1], [4.2] hocheffiziente Kraft-Wärme-Kopplungsanlagen als Ersatzmaßnahme statt des Einsatzes regenerativer Energien zugelassen (s. Tabelle 5.6 in Abschnitt 5.3.2).

Mit fossilen Energieträgern beheizte BHKW sollen in Zukunft durch Großwärmepumpen (d. h. mit einer thermischen Leistung ≥ 500 kW) ersetzt werden; diese werden durch das GEG 2023 [4.1], [4.2] gefördert mit einem abgesenkten Primärenergiefaktor für den eingesetzten elektrischen Strom (s. Tabelle 5.22 in Abschnitt 5.6.2 H).

Eine Kraft-Wärme-Kopplung anderer Art bieten *Brennstoffzellen* [4.17], die aus Wasserstoff Strom und Wärme erzeugen, sich aber als Wärmeerzeuger für Gebäude noch in der Markteinführung befinden. Auch sie sind – unabhängig von der ggf. fossilen Herkunft des Wasserstoffs – als Ersatzmaßnahme statt des Einsatzes regenerativer Energien zugelassen (s. Tabelle 5.6 in Abschnitt 5.3.2).

Eine Neuentwicklung zur Kraft-Wärme-Kopplung stellen die sog. *PVT-Kollektoren* dar, bei denen

- unter den Photovoltaik(PV)-Modulen zur Stromerzeugung (s. Bild 4.34 in Abschnitt 4.6)
- solarthermische (T) Absorber liegen (vgl. Bild 4.13).

Hierbei nutzt der Absorber die Abwärme des PV-Moduls und kühlt dieses dabei, wodurch sich dessen Wirkungsgrad erhöht.

4.2.3 Regelung und Steuerung von Heizungsanlagen

Von großer Bedeutung für die Energieeffizienz von Heizungsanlagen ist ihre Regelung bzw. Steuerung:

- In den 1960er- und 1970er-Jahren war die *Regelung* der Vorlauftemperatur über einen Raumthermostat im Wohnzimmer üblich (Bild 4.15a), allerdings mit dem Nachteil, dass die übrigen Räume nicht individuell geregelt werden konnten und dadurch – je nach Windrichtung und Lage des Wohnzimmers – häufig die lee- bzw. luvseitigen Räume zu warm bzw. zu kühl waren.
- Nachdem Thermostatventile zur Einzelraumregelung vorgeschrieben (und auch eingebaut) wurden, hat sich in den 1980er-Jahren die Frage nach intelligenten zentralen Regeleinrichtungen gestellt, da sich zwei unabhängige Regler (Raumthermostat *und* Thermostatventil) in einem Regelkreis gegenseitig stören. Zum neuen Standard wurde eine witterungs- bzw. außenlufttemperaturgeführte *Steuerung* der Kessel- und Vorlauftemperatur (Bild 4.15b und Bild 4.16), die auch eine Möglichkeit der automatischen Nachtabsenkung oder -abschaltung bietet und durch GEG 2023 §§ 61 und 62 [4.1], [4.2] vorgeschrieben ist.

a)

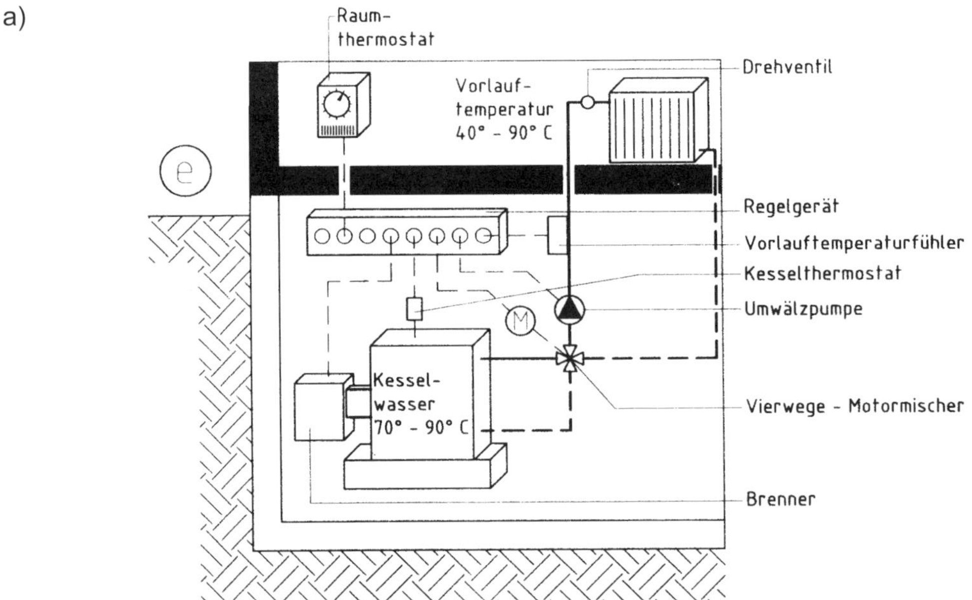

Bild 4.15: Regelung bzw. Steuerung von öl- oder gasbetriebenen Heizungsanlagen:
a) Heizungsanlage mit Konstanttemperaturkessel und Regelung des Vierwege-Motormischers über einen Raumthermostat (Stand ca. 1970)

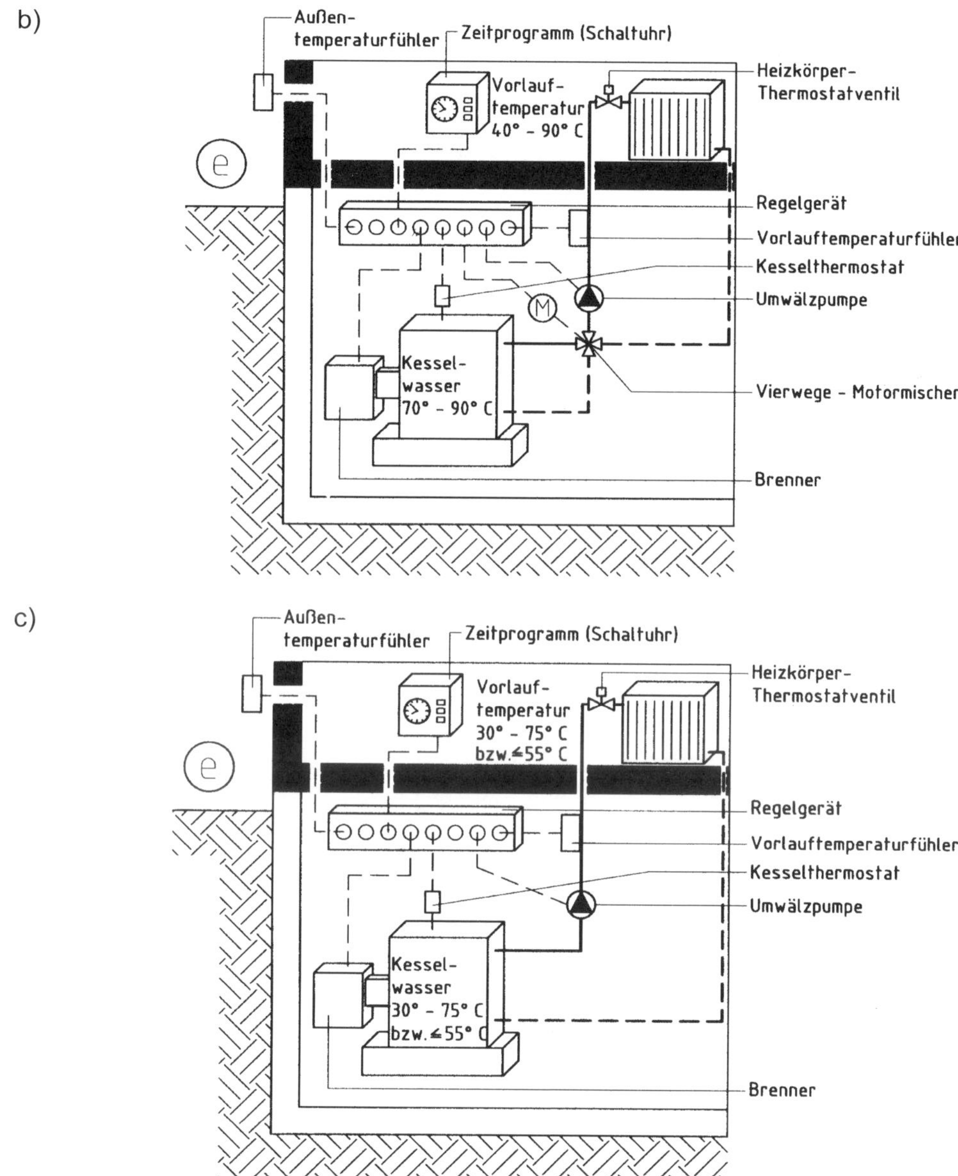

Bild 4.15 (Fortsetzung): Regelung bzw. Steuerung von öl- oder gasbetriebenen Heizungsanlagen:

b) Heizungsanlage mit Konstanttemperaturkessel und Steuerung des Vierwege-Motormischers über die Außenlufttemperatur sowie Zeitschaltuhr für die Nachtabsenkung und Thermostatventil an jedem Heizkörper (Stand ca. 1985)

c) heutige Heizungsanlage mit Niedertemperatur- bzw. Brennwertkessel und Steuerung über die Außentemperatur sowie Zeitschaltuhr für die Nachtabschaltung und Thermostatventil an jedem Heizkörper

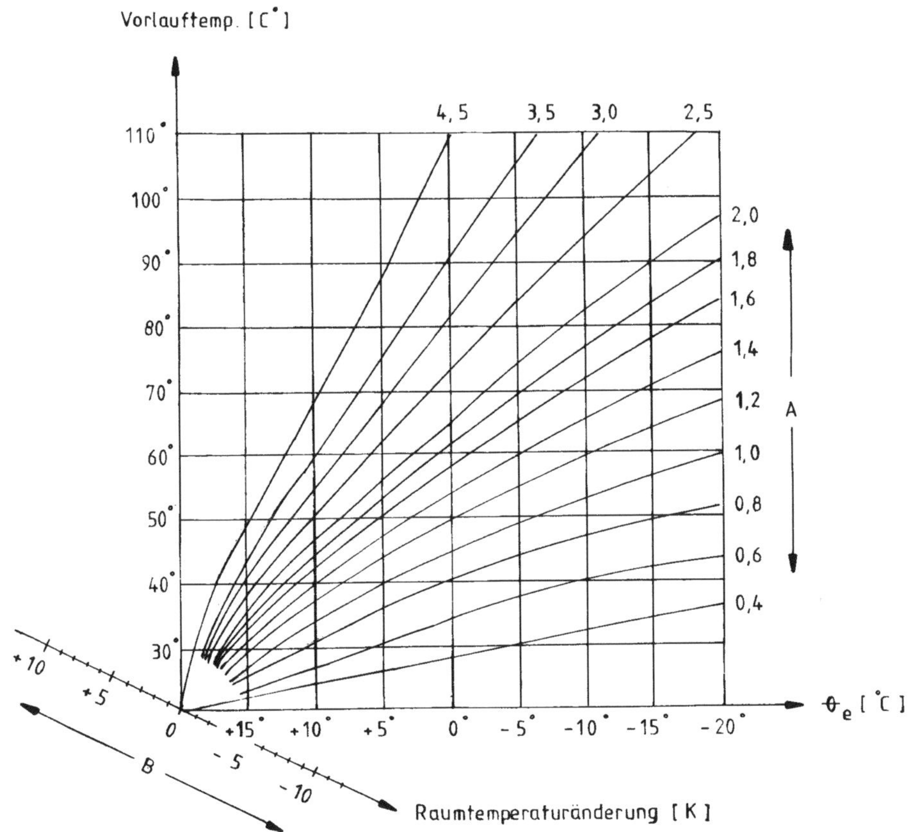

Bild 4.16: Steuerung der Vorlauftemperatur einer Heizungsanlage über die Außenlufttemperatur θ_e, die Kennlinie A wird entsprechend der Auslegungstemperatur des Heizungssystems eingestellt, die Raumtemperaturänderung B kann von den Nutzern gewählt werden (nach [4.15])

- Heutige Niedertemperatur- oder Brennwertkessel sind aus höher korrosionsbeständigem Material, sodass sie mit *gleitender Kesseltemperatur* betrieben werden können (in Bild 4.15c z. B. mit 30 bis 75 °C bei Niedertemperatur- bzw. mit $\theta_t \leq 55$ °C bei Erdgas-Brennwertkesseln). Deshalb wird die Vorlauftemperatur (energetisch günstiger, bei Brennwertkesseln unverzichtbar) direkt am Kessel und nicht mehr über den – deshalb entfallenen – Vierwege-Motormischer gesteuert. Ansonsten bleibt die Steuerung der Heizungsanlage unverändert; als Umwälzpumpen werden heute jedoch Strom sparende Pumpen (sog. *geregelte Pumpen*) eingesetzt, die von der Regelung nur bei Bedarf eingeschaltet werden [4.18] und die gemäß GEG 2023 § 64 [4.1], [4.2] bei größeren Anlagen vorgeschrieben sind.

4.2.4 Heizstrang

Eine Heizungsanlage besteht mindestens aus einem *Heizstrang* (Bild 4.17), der nach DIN V 4701-10 [4.13] die Grundeinheit für die energetische Berechnung einer Heizungsanlage darstellt. Ein solcher Heizstrang umfasst bis zu vier Prozessbereiche, nämlich:

- Wärmeerzeugung,
- Wärmespeicherung,
- Wärmeverteilung und
- Wärmeübergabe.

Diese vier Prozessbereiche sollen im Folgenden näher erläutert werden.

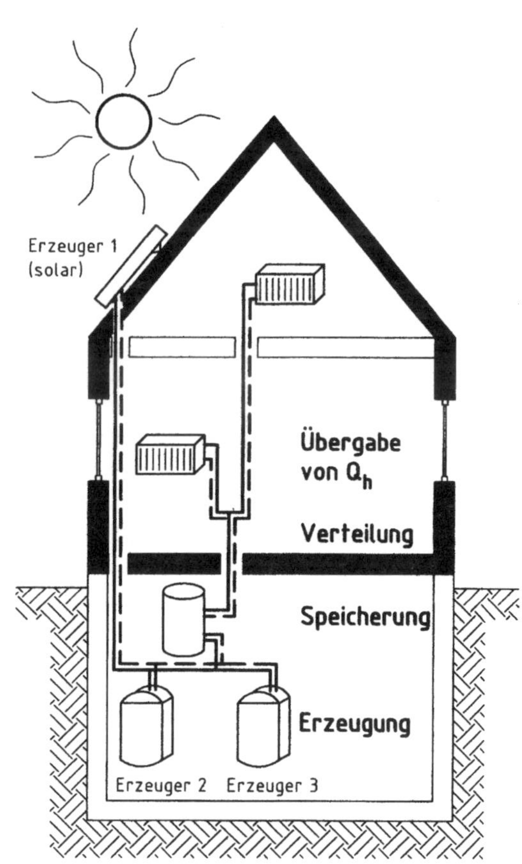

Bild 4.17: Beispiel eines Heizstranges mit allen vier Prozessbereichen, hier erfolgen Wärmeerzeugung und -speicherung außerhalb des beheizten Bereichs (fett eingerahmt), der sog. thermischen Hülle

A Wärmeerzeugung

Die Wärmeerzeugung erfolgt bei Warmwasserheizungen

- traditionell durch Heizkessel, die unterschieden werden in Standard-, Niedertemperatur- und Brennwertkessel (vgl. Abschnitt 4.2.1), welche bei Neuinstallationen meist Biomasse als erneuerbare Energie nutzen (vgl. Abschnitt 4.2.2 A), oder
- durch andere Wärmeerzeuger mit erneuerbarer Energie (vgl. Abschnitt 4.2.2 B ff.).

B Wärmespeicherung

Eine Wärmespeicherung ist bei Heizungsanlagen nur dann erforderlich, wenn eine Biomasseheizung (z. B. Pelletheizung, vgl. Bild 4.7) genutzt oder die Wärmeerzeugung durch eine thermische Solaranlage unterstützt wird (s. z. B. Erzeuger 1 in Bild 4.17). Näheres s. u. bei der Trinkwarmwasserspeicherung in Abschnitt 4.3.2.

C Wärmeverteilung

Die Wärmeverteilung erfolgt durch Heizleitungssysteme (Rohrnetze), die i. d. R. als Zweistranganlage (Zweirohrheizung)

- aus einem *Vorlauf* (dem warmen Strang von den Wärmeerzeugern zur Wärmeübergabe, in Bild 4.17 als Volllinie) und
- aus einem *Rücklauf* (dem kühleren Strang von der Wärmeübergabe zurück zu den Wärmeerzeugern, in Bild 4.17 als Strichlinie)

bestehen.

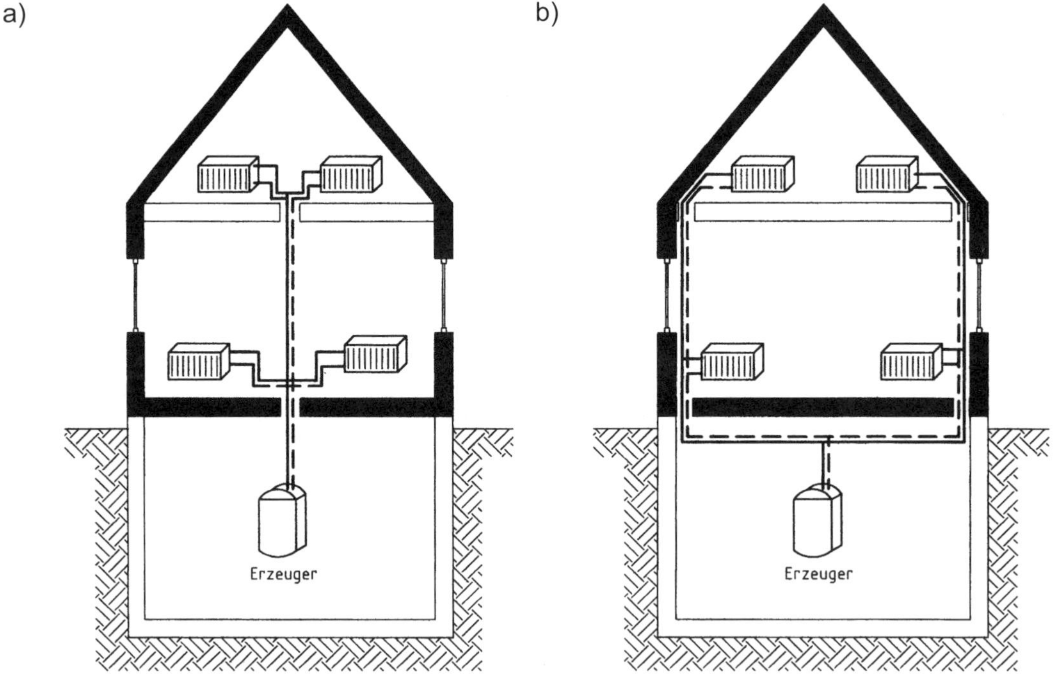

Bild 4.18: Beispiele von Heizleitungssystemen:
a) horizontale Verteilung vollständig, vertikale Verteilung nahezu vollständig im beheizten Bereich
b) vertikale Verteilung im beheizten, horizontale Verteilung im *un*beheizten Bereich (unter der Kellerdecke)

Die Heizleitungssysteme können

- (nahezu) vollständig im beheizten Bereich (*inner*halb der in Bild 4.17 fett umrandeten thermischen Hülle, s. auch Bild 4.18a) oder

– auch teilweise im *un*beheizten Bereich (*außer*halb der in Bild 4.17 fett umrandeten thermischen Hülle, s. auch Bild 4.18b)

verlegt sein, letztere Anordnung erhöht die Wärmeverluste der Wärmeverteilung trotz Mindestdämmung gemäß GEG 2023 § 69 und 71 [4.1], [4.2] mit Anlage 8, (Tabelle 4.3 mit Bild 4.19) ggf. erheblich.

Tabelle 4.3: Mindestdämmung von *Warmwasser*leitungen und zugehörigen Armaturen allgemein sowie von *Wärmeverteilungs*leitungen und zugehörigen Armaturen im *un*beheizten Bereich

Art der Leitungen/Armaturen	**Mindestdicke der Dämmschicht, bezogen auf λ = 0,035 W/(m · K)** [1])
Innendurchmesser (= Nenndurchmesser *DN*) – *DN* ≤ 22 mm – 22 mm < *DN* ≤ 35 mm – 35 mm < *DN* ≤ 100 mm – *DN* > 100 mm	 20 mm 30 mm gleich Innendurchmesser 100 mm
Leitungen und Armaturen – in Wand- und Deckendurchbrüchen – im Kreuzungsbereich von Leitungen – an Leitungsverbindungsstellen – bei zentralen Leitungsnetzverteilern	½ der o. g. Mindestdicke
Leitungen von Zentralheizungen, die in Bauteilen zwischen *beheizten* Räumen verschiedener Nutzer verlegt werden	allg. ½ der o. g. Mindestdicke, im Fußbodenaufbau 6 mm

[1]) Bei Dämmstoffen mit anderen Wärmeleitfähigkeiten λ ist die Dämmstoffdicke entsprechend umzurechnen – nach [4.19] kann diese Mindestdämmung auch durch eine nicht konzentrische Anordnung des Dämmstoffes sichergestellt werden, wenn der größere Teil der Dämmstoffumhüllung der Kaltseite bzw. dem anderen Nutzer (d. h. demjenigen, der die Wärmeabgabe nicht kontrollieren kann) zugewandt ist.

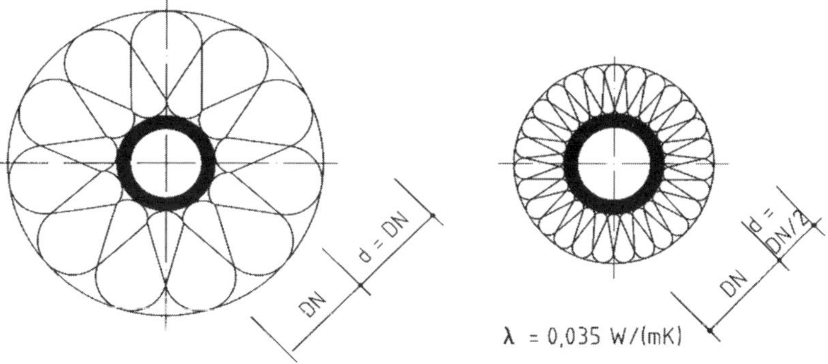

Bild 4.19: Mindestdämmung von *Warmwasser*leitungen (links) und im Bereich zugehöriger Armaturen usw. (rechts, nach [4.4])

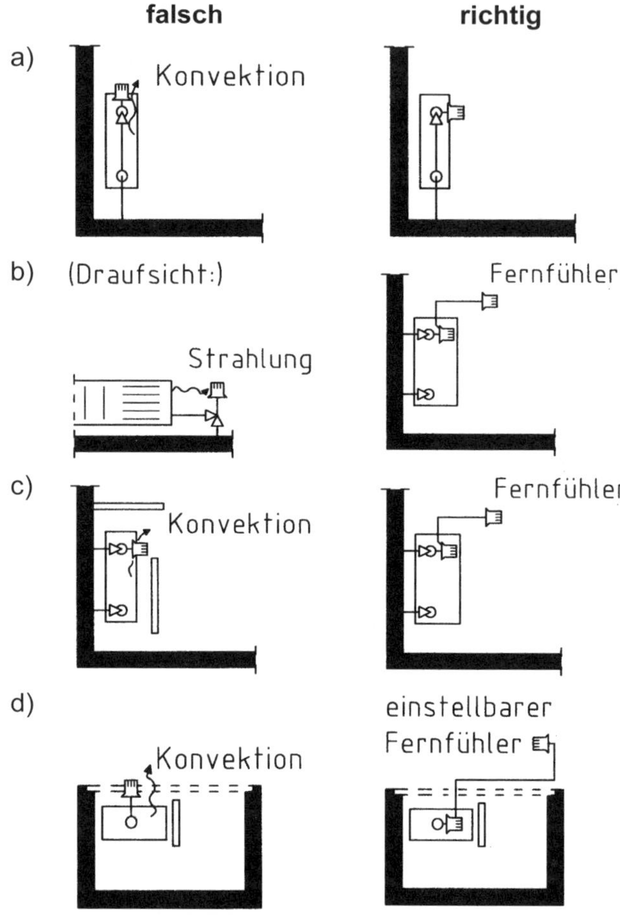

Bild 4.20: Einbau von Thermostatventilen, links falsch wegen zu großer Beeinflussung der gemessenen Temperatur durch den Heizkörper, rechts richtig (nach [4.15]):

a) Thermostatventile müssen horizontal eingebaut werden, um die Raumtemperatur zu messen
b) Thermostatventile müssen aus dem direkten Strahlungsbereich des Heizkörpers herausgeführt werden, um die Raumtemperatur zu messen (hier z. B. durch Fernfühler)
c) Thermostatventile dürfen nicht innerhalb von Heizkörperverkleidungen angeordnet werden (Fernfühler erforderlich)
d) bei Konvektoren unter bodentiefen Fenstern sind Fernfühler unverzichtbar

D Wärmeübergabe

Die Wärmeübergabe erfolgt i. d. R. durch statische Heizflächen, und zwar:

- durch *freie Heizflächen*, d. h. Heizkörper (Plattenheizkörper, Gliederheizkörper bzw. Konvektoren), oder
- durch in Bauteile *integrierte Heizflächen*, d. h. Flächenheizungen (Wand- bzw. Fußbodenheizungen).

Die Wärmeverluste bei der Wärmeübergabe hängen vor allem ab

- von der *Qualität der Regeleinrichtungen* gemäß GEG 2023 § 64 [4.1], [4.2], die wiederum abhängt
  - zum einen von der Qualität der Thermostatventile oder entsprechender elektronischer Regeleinrichtungen selbst (möglichst geringer Proportionalbereich, heute 1 K erreichbar) und
  - vom richtigen *Einbau* der Thermostatventile oder entsprechender elektronischer Regeleinrichtungen (gut luftumspült an einer für den Raum repräsentativen Stelle gemäß Bild 4.20) sowie

– von einem guten *hydraulischen Abgleich* des Rohrnetzes bei Inbetriebnahme der Heizungsanlage nach Bild 4.21 – dieser erfolgt als Grundeinstellung an den Thermostatventilen (für den Nutzer nicht zugänglich), und zwar gemäß VOB als Nebenleistung des Installateurs. *Hinweis*: Im GEG 2023 [4.1], [4.2], Anlage 1, Tabelle 1, wird beim Referenzgebäude das Rohrnetz ausschließlich *statisch* hydraulisch abgeglichen.

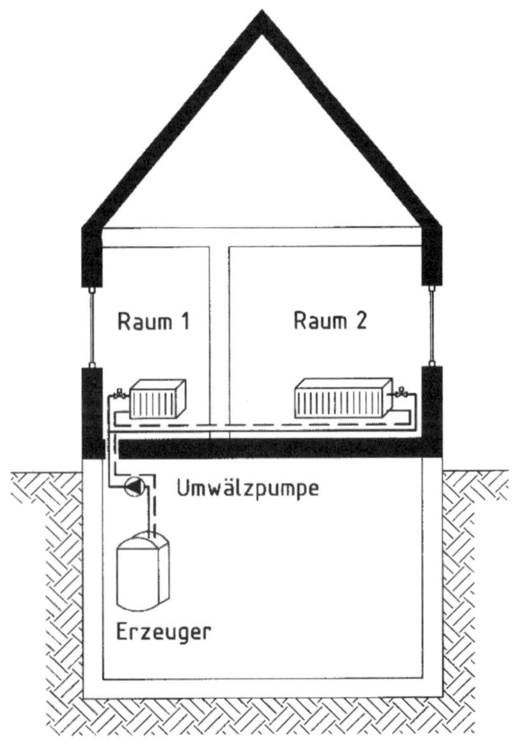

Bild 4.21: Hydraulischer Abgleich, die berechnete Heizlast sei in Raum 2 doppelt so hoch wie in Raum 1 mit entsprechend ausgelegten Heizkörpern:

1. Ohne hydraulischen Abgleich erhalten bei grundsätzlich ausreichender Leistung der Umwälzpumpe aufgrund der verschiedenen Leitungslängen der Heizkörper im Raum 1 *mehr* und der im Raum 2 *weniger* Wärmeleistung als berechnet. Folge: Die Pumpenleistung wird erhöht, wodurch die Geräusche in der Heizungsanlage und der elektrische Hilfsenergiebedarf ansteigen.

2. Beim hydraulischen Abgleich wird die Grundeinstellung an den Thermostatventilen so vorgenommen, dass trotz unterschiedlicher Leitungslängen beide Heizkörper die berechnete Wärmeleistung erhalten. Folge: Die Pumpenleistung kann niedriger gewählt werden, um die Geräuschentwicklung und den elektrischen Hilfsenergiebedarf niedrig zu halten (nach [4.11]).

4.3 Trinkwassererwärmung

4.3.1 Trinkwassererwärmungsanlagen

Es gibt drei grundsätzliche Möglichkeiten der Trinkwassererwärmung:

– die dezentrale Trinkwassererwärmung einzelner Zapfstellen (Bild 4.22a),
– die (häufig wohnungszentrale) Trinkwarmwasser-Gruppenversorgung (Bild 4.22b) und
– die zentrale Trinkwassererwärmung (Bild 4.22c) mit oder ohne Zirkulationsleitung.

Die dezentrale Einzelraum-Warmwasserversorgung erfolgt i. d. R. elektrisch durch offene (drucklose) Trinkwassererwärmer, die Gruppenversorgung elektrisch oder mit Gas durch geschlossene (druckfeste) Trinkwassererwärmer. Die zentrale Warmwasserversorgung kann mit allen gängigen Energieträgern erfolgen, und zwar durch geschlossene (druckfeste) Trinkwassererwärmer.

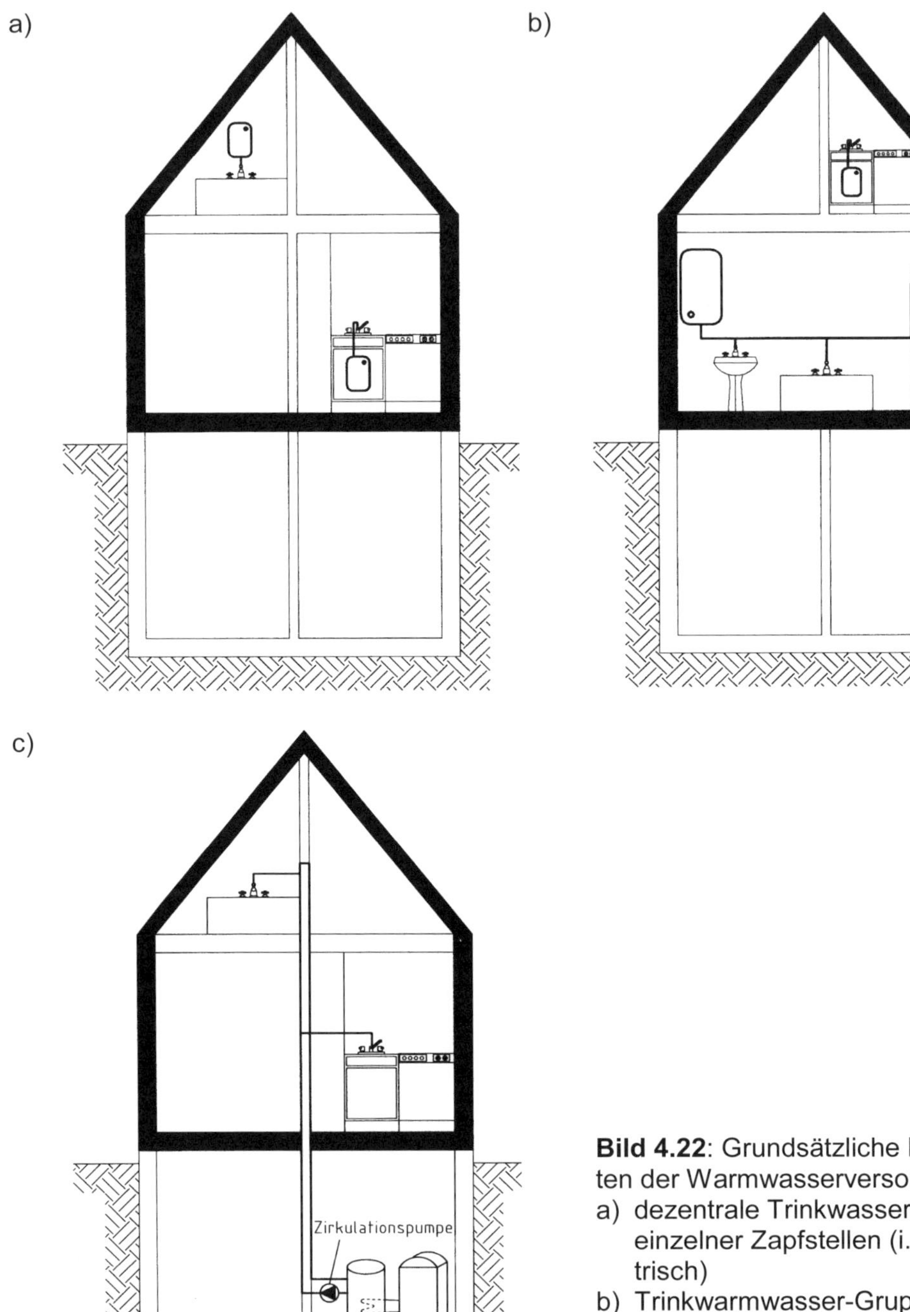

Bild 4.22: Grundsätzliche Möglichkeiten der Warmwasserversorgung:

a) dezentrale Trinkwassererwärmung einzelner Zapfstellen (i. d. R. elektrisch)
b) Trinkwarmwasser-Gruppenversorgung
c) zentrale Trinkwassererwärmung, hier mit Zirkulationsleitung

Eine *Zirkulationsleitung* (vgl. Bild 4.22c) ist zwar sehr komfortabel (und zumindest im Mehrfamilienhausbau heute Standard), sie erhöht aber auch durch die Zirkulationspumpe den Energieaufwand für die Trinkwassererwärmung, weshalb GEG 2023 § 64 (2) [4.1], [4.2] selbsttätig wirkende Einrichtungen zum – i. d. R. zeitgesteuerten – Ein- und Ausschalten vorschreibt. Tabelle 4.4 gibt Hinweise, bis zu welchen maximalen Leitungslängen bei kleineren Gebäuden eine Zirkulation meist nicht erforderlich ist.

Tabelle 4.4: Ohne Zirkulation mögliche maximale Leitungslängen (nach [4.20])

Entnahmestelle	**zul. Ausstoßzeit t_{max}**	**Kupferrohr *DN***	**Leitungslänge l_{max} [1])**
Badewanne (v_{RW} = 0,15 l/s)	15 bis 25 s	18 mm 22 mm	11 bis 19 m 8 bis 13 m
Brause (v_{RW} = 0,15 l/s)	10 bis 15 s	15 mm 18 mm	11 bis 17 m 8 bis 11 m
Waschbecken (v_{RW} = 0,07 l/s)	8 bis 10 s	12 mm 15 mm 18 mm	7 bis 9 m 4 bis 5 m 3 bis 4 m
Spülbecken (v_{RW} = 0,07 l/s)	5 bis 10 s	12 mm 15 mm 18 mm	5 bis 9 m 3 bis 5 m 2 bis 4 m

[1]) Die maximale Leitungslänge errechnet sich zu $l_{max} = (v_{RW} \cdot t_{max}) / V_{Rohr}$ mit v_{RW} als angestrebtem Durchfluss, t_{max} als zulässiger Ausstoßzeit und V_{Rohr} als Wasserinhalt des Rohres.

In Trinkwassererwärmungsanlagen ist darauf zu achten, dass sich die sog. *Legionellen* nicht unzulässig vermehren können; hierbei handelt es sich um infektiöse Bakterien, die bevorzugt über Aerosole – z. B. an Duschköpfen – in die Atemwege übertragen werden. Dazu der Deutsche Verein der qualifizierten Sachverständigen für Trinkwasserhygiene (DVQST) [4.21]:

> „… bei Wassertemperaturen zwischen 25 °C und 50 °C besteht ein erhöhtes Risiko auf Vermehrung von Legionellen und anderen krankheitserregenden Bakterien in der häuslichen Trinkwasser-Installation. Wenn also in der Trinkwassererwärmungsanlage die Temperatur niedriger als die in den Regelwerken vorgeschriebenen 60 C bis 55 °C eingestellt wird, kann sich aufgrund der zwangsläufigen Auskühlung auf dem Weg zur Entnahmestelle im zirkulierenden System die Temperatur auf unter 50 °C abkühlen und dem Wachstum von Legionellen und anderen krankheitserregenden Keimen Vorschub gewähren. Legionellen sterben erst in Temperaturbereichen oberhalb 55 °C ab, und nur bei über 60 °C geschieht das in genügend schnellem Maße. …“

Die entsprechende Auslegung und Heizlastermittlung von Trinkwassererwärmungsanlagen erfolgen nach EN 12831-3 [4.22].

4.3.2 Trinkwarmwasserstrang

Unabhängig von den o. g. grundsätzlichen Möglichkeiten besteht eine Anlage zur Trinkwassererwärmung mindestens aus einem *Trinkwarmwasserstrang* (Bild 4.23), der nach DIN V 4701-10 [4.9] die Grundeinheit für die energetische Berechnung darstellt. Ein solcher Trinkwarmwasserstrang umfasst bis zu vier Prozessbereiche, nämlich:

- Trinkwarmwassererzeugung,
- Trinkwarmwasserspeicherung,
- Trinkwarmwasserverteilung und
- Trinkwarmwasserübergabe.

Diese vier Prozessbereiche sollen im Folgenden näher erläutert werden.

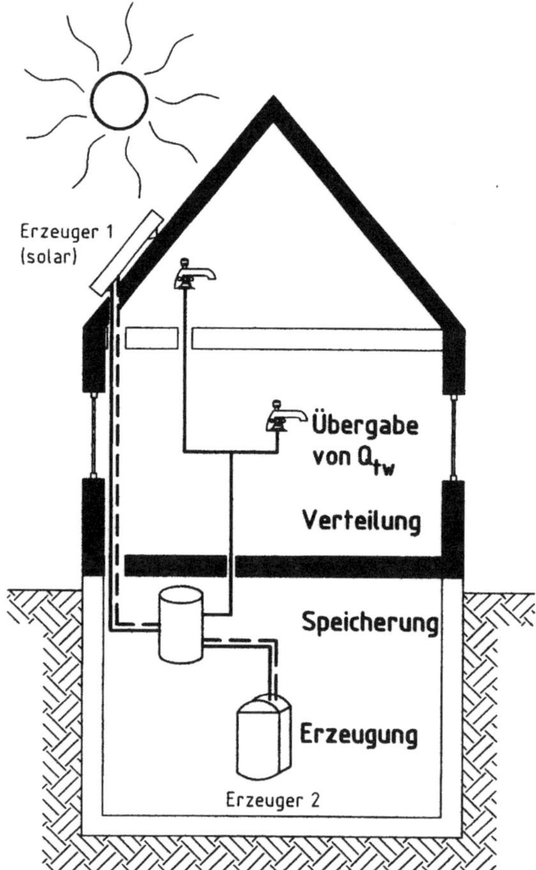

Bild 4.23: Beispiel eines Trinkwarmwasserstranges mit allen vier Prozessbereichen, hier mit Trinkwassererwärmung und -speicherung außerhalb des beheizten Bereichs (fett eingerahmt), der sog. thermischen Hülle

A Trinkwarmwassererzeugung

Die Wärmeerzeugung für das Trinkwarmwasser erfolgt bei *zentraler* Trinkwassererwärmung häufig *bivalent*, d. h., neben einer konventionellen Trinkwassererwärmung (vgl. Abschnitt 4.3.1) werden *thermische Solaranlagen* vorgesehen, bestehend i. d. R. aus Flachkollektoren (vgl. Bild 4.13) auf südorientierten Dachflächen (Bild 4.24). Erreicht werden kann damit ein solarer Deckungsanteil von $\alpha_{TW,g}$ = 40 bis 60 %; für die fehlende Deckung gibt es folgende Möglichkeiten:

- Die nicht solar gedeckte Wärme wird *indirekt* (mittelbar) durch die sowieso vorhandene Heizungsanlage (vgl. Abschnitt 4.2) erzeugt.
- Die nicht solar gedeckte Wärme wird *direkt* (unmittelbar) durch eine von der Heizungsanlage unabhängige Beheizung des Speichers erzeugt, die
  - entweder mit Gas (nicht empfehlenswert wegen des im Vergleich zur vorhandenen Heizanlage i. d. R. schlechteren Nutzungsgrades von nur ca. 60 % [4.23])
  - oder – wie in Bild 4.24 alternativ dargestellt – primärenergetisch noch weniger empfehlenswert durch einen elektrischen Heizstab bzw. ein elektrisches Heizregister

  erfolgen kann.

Sowohl die indirekte als auch die direkte Trinkwarmwassererzeugung können *inner*halb oder *außer*halb der thermischen Hülle (fett umrandet in Bild 4.23) erfolgen. Bei kleinen Wohngebäuden erfolgt die Trinkwassererwärmung häufig indirekt durch sog. *Kombikessel* – das sind Geräte, bei denen Heizung, Trinkwassererwärmung und Trinkwarmwasserspeicherung kombiniert sind, z. B. als Standgeräte in Form und Größe einer Kühl-Gefrier-Kombination oder (bei kleineren Anlagen) in einem wandhängenden Gehäuse.

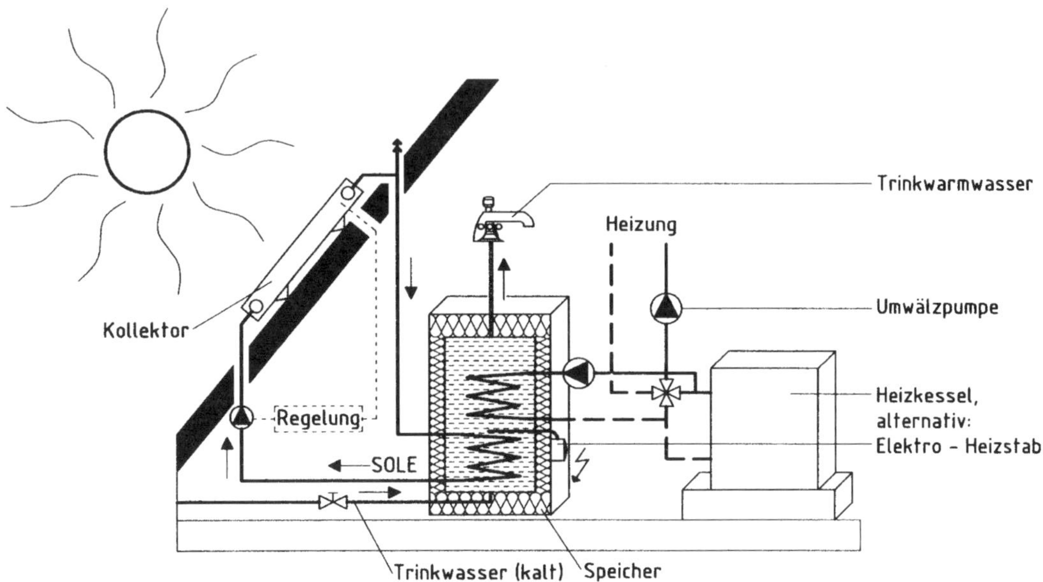

Bild 4.24: Prinzipdarstellung einer thermischen Solaranlage zur Trinkwassererwärmung, hier direkt unter dem Dach innerhalb der thermischen Hülle; im Winter indirekte Nachheizung durch Heizkessel oder direkte Nachheizung z. B. durch Elektro-Heizstab möglich (nach [4.3])

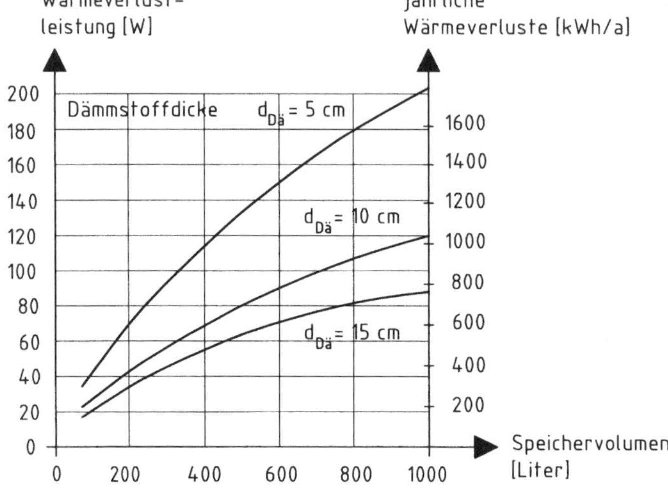

Bild 4.25: Wärmeverlustleistung und jährliche Wärmeverluste von Warmwasserspeichern bei einer Warmwassertemperatur von 60 °C (nach [4.10])

B Trinkwarmwasserspeicherung

Bei einer teilweise solaren Trinkwassererwärmung ist eine Speicherung unverzichtbar, da solares Energieangebot und Warmwasserbedarf zeitlich auseinanderfallen. Aber auch bei fossiler Trinkwassererwärmung ermöglicht – im Vergleich zur Erwärmung mit Durchlauf-Wassererwärmern (Durchlauferhitzern) – nur ein ausreichend großer Speicher die schnelle Entnahme größerer Mengen an Trinkwarmwasser (für ein Vollbad z. B.); dem stehen die größeren Abmessungen und höheren Stillstandsverluste von Warmwasserspeichern als Nachteile gegenüber [4.3] (Bild 4.25). Analog zur Trinkwarmwasser*erzeugung* werden unterschieden:

- *indirekt* (mittelbar) beheizte Speicher (beheizt durch die vorhandene Heizungsanlage, wofür eine Umwälzpumpe erforderlich wird) und
- *direkt* (unmittelbar) beheizte Speicher (Speicher-Wassererwärmer mit unabhängiger Beheizung).

Sowohl die indirekte als auch die direkte Trinkwarmwasserspeicherung können *inner*halb oder *außer*halb der thermischen Hülle (fett umrandet in Bild 4.23) erfolgen.

C Trinkwarmwasserverteilung

Die Verteilung des Trinkwarmwassers erfolgt durch gedämmte Rohrnetze mit Mindestdämmung entsprechend Tabelle 4.3 *auch im beheizten Bereich*. Ausnahme: In Wohnungen gelegene Warmwasserleitungen ≤ *DN* 22, die nicht in den Zirkulationskreislauf einbezogen sind und keine elektrische Begleitheizung haben (sog. *Stichleitungen*), brauchen nach GEG 2023 [4.1], [4.2], Anlage 8, nicht gedämmt zu werden. Bei der Trinkwarmwasserverteilung sind zwei grundsätzliche Varianten zu unterscheiden, nämlich:

- Verteilung *inner*halb oder *außer*halb der thermischen Hülle (analog zur Heizwärmeverteilung, vgl. Bild 4.18) sowie
- Verteilung *mit* oder *ohne* Zirkulationsleitung (vgl. Bild 4.22c).

Vor allem die komfortable Trinkwarmwasserzirkulation kann den Energieaufwand für die Trinkwasserverteilung erheblich erhöhen (vgl. Abschnitt 4.3.1).

D Trinkwarmwasserübergabe

Die Übergabe des Trinkwarmwassers erfolgt durch Auslaufventile („Wasserhähne"), Mischbatterien (heute i. d. R. Einhebelmischer) oder Schlauchbrausen an den Duschen.

4.4 Lüftung

4.4.1 Lüftungskonzept

Neben der unkontrollierten *Fugenlüftung* (= Infiltrationslüftung) durch Undichtheiten ist die althergebrachte *Fensterlüftung* ebenfalls problematisch, da der erzielte Luftwechsel
- zum einen von der Fensterstellung (Bild 4.26),
- zum anderen von der Querlüftungsmöglichkeit (vgl. Bild 2.28a in Abschnitt 2.8.2),
- weiter von der herrschenden Windgeschwindigkeit und
- schließlich von der jahreszeitlich schwankenden Temperaturdifferenz zwischen Raum- und Außenluft

abhängt. Die schwankende Temperaturdifferenz führt zu jahreszeitabhängig unterschiedlichen Lüftungszeiten, um
- einerseits den für den Feuchteschutz – d. h. zur Vermeidung von Schimmelbildung auf der Innenseite von Wärmebrücken (vgl. Abschnitt 2.8.2) – notwendigen,
- andererseits den für die Gesundheit der Nutzer erforderlichen (Tabelle 4.5)

Mindestluftwechsel zu erreichen (s. auch DIN/TS 4108-8 [4.24], Anhang G). Die Folge davon ist, dass bei stetig steigenden Energiepreisen kaum noch zu viel, sondern meist zu wenig gelüftet wird – bei der heute vorgeschriebenen energiesparenden, d. h. luftdichten Bauweise sind die daraus resultierenden Schimmelschäden allgegenwärtig.

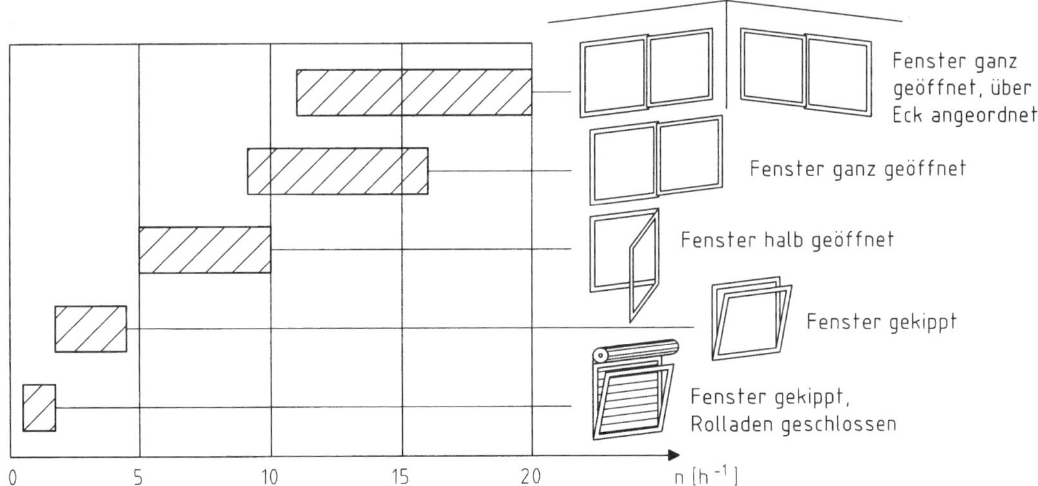

Bild 4.26: Freier Luftwechsel bei verschiedenen Fensterstellungen (nach [4.25], [4.26])

Tabelle 4.5: Notwendige Lüftungszeit in der Heizperiode für den hygienisch erforderlichen Luftwechsel, abhängig von der Art der Fensterlüftung (vgl. Bild 4.26, nach [4.27])

Monat	**Lüftungsdauer in min/h**			
	Fenster gekippt	**Fenster halb geöffnet**	**Fenster ganz geöffnet**	**Querlüftung**
Januar	11	3	2	1
Februar	12	3	2	1
März	14	4	3	1
April	21	6	4	1
Mai	53	16	10	3
Oktober	48	15	9	3
November	18	5	3	1
Dezember	12	4	2	1

„Sieht man von der Lüftung fensterloser Räume ab, besteht in Deutschland kein bauordnungsrechtlicher oder baurechtlicher Zwang zu nutzerunabhängigen Wohnungslüftungssystemen. Die Entscheidung, welches Lüftungssystem eingesetzt wird, trifft der Besteller/Auftraggeber, und zwar nachdem die am Planungs- und Bauprozess Beteiligten ihn aufgeklärt haben“ [4.28]. Um festzustellen, ob eine Wohnung statt der o. g. *freien Lüftung* eine *ventilatorgestützte* oder eine aus beiden *kombinierte Lüftung* benötigt, verlangt DIN 1946-6 [4.29] deshalb die Aufstellung eines *Lüftungskonzepts* durch die Planungsbeteiligten:

- Ein Lüftungskonzept ist *generell* erforderlich *im Neubau.*
- *Im Bestand* ist es nötig *bei lüftungstechnisch relevanten Änderungen*, d. h., sobald
  - in einer Nutzungseinheit in Ein- oder Mehrfamilienhäusern mehr als ein Drittel der vorhandenen Fenster ausgetauscht werden,
  - bei Einfamilienhäusern oder Dachgeschosswohnungen in Mehrfamilienhäusern mehr als ein Drittel der Dachfläche neu abgedichtet werden oder
  - Lüftungssysteme in Teilbereichen oder einzelnen Räumen nachgerüstet werden.

DIN 1946-6 [4.29] unterscheidet die folgenden vier Lüftungsstufen [4.30]:

- Die *Lüftung zum Feuchteschutz FL* (= Feuchteschutzlüftung) muss ständig und nutzerunabhängig erfolgen, um – in Abhängigkeit vom Wärmeschutzniveau des Gebäudes – den Feuchteschutz (Bautenschutz, Vermeidung von Schimmelbildung) unter üblichen Nutzungsbedingungen sicherzustellen. Dabei werden reduzierte Feuchtelasten angesetzt; man geht von längerer Abwesenheit der Nutzer aus (z. B. Urlaub), d. h., Kochen, Waschen usw. entfallen.
- Die *reduzierte Lüftung RL* ist notwendig zur Gewährleistung des hygienischen Mindeststandards (Begrenzung der Schadstoffbelastung) wie auch des Bautenschutzes bei *zeitweiliger* Abwesenheit der Nutzer. Diese Stufe muss weitestgehend nutzerunabhängig sichergestellt werden.

- Die *Nennlüftung NL* ist die notwendige Lüftung zur Gewährleistung der hygienischen Erfordernisse und des Bautenschutzes bei Normalnutzung der Wohnung. Hierzu kann der Nutzer mit aktiver Fensterlüftung herangezogen werden.
- Die *Intensivlüftung IL* dient dem Abbau von Lastspitzen durch Kochen, Waschen usw. Auch hierfür kann der Nutzer mit aktiver Fensterlüftung herangezogen werden.

Ob *freie* Lüftung (Fensterlüftung) ausreicht – ggf. als kombiniertes Lüftungssystem mithilfe von Fensterfalzlüftern [4.31] bzw. mit einer Schachtlüftung fensterloser Räume nach DIN 18017-3 [4.32] – oder eine *ventilatorgestützte* Lüftung der gesamten Nutzungseinheit nötig wird, entscheidet sich v. a. anhand der Feuchteschutzlüftung und teilweise auch anhand der reduzierten Lüftung, da bei (zeitweiliger) Abwesenheit der Nutzer eine Fensterlüftung i. d. R. nicht möglich ist. Faktoren, die in die Berechnung nach DIN 1946-6 eingehen, sind

- Gebäudestandort (ein windschwacher Standort deutet auf geringe Infiltration durch Undichtheiten in der Gebäudehülle hin, ein windstarker auf eine höhere Infiltration),
- örtliche Lage des Gebäudes (eine geschlossene Lage im Stadtzentrum deutet auf eine geringere Infiltration durch Undichtheiten der Gebäudehülle hin als eine normale Lage oder eine offene Lage ohne Nachbarbebauung),
- Höhe der Nutzungseinheit über Grund (je höher, desto größere windbedingte Infiltration durch Undichtheiten in der Gebäudehülle),
- eine oder mehr als eine windausgesetzte Fassade bzw. die Möglichkeit der Querlüftung (vgl. Bild 2.28a in Abschnitt 2.8.2),
- Dämmstandard (ein hoher Standard deutet auf eine luftdichte Gebäudehülle hin), eine ggf. geplante Luftdichtheitsmessung des Gebäudes (vgl. Abschnitt 2.13.3) ist zu berücksichtigen,
- Größe der beheizten Wohnfläche mit hoher oder geringer Belegung (die Feuchtelast ist abhängig von der Wohnfläche und den pro Person zur Verfügung stehenden Quadratmetern – bei Einfamilienhäusern wird immer *geringe* Belegung angenommen),
- ggf. fensterlose Räume (Bäder, Toiletten) mit Schachtlüftung (s. o.) sowie
- ggf. besondere Brandschutz- oder Schallschutzanforderungen.

Bei der Frage, ob eine *ventilatorgestützte* Lüftung (= lüftungstechnische Maßnahme) notwendig wird oder *freie* Lüftung ausreicht, hilft z. B. das Online-Planungstool auf der Internetseite des Bundesverbandes für Wohnungslüftung e. V. (VfW) [4.33].

Beispiel 4.1: Notwendigkeit lüftungstechnischer Maßnahmen für ein Reihenendhaus

Aufgabe: Für das in Bild 5.13 in Abschnitt 5.4.1 dargestellte, neu zu errichtende Reihen*end*haus ist zu prüfen, ob eine lüftungstechnische Maßnahme für das Gebäude erforderlich wird.

Lösung:

Im *ersten Schritt* werden die *Randbedingungen* geklärt: Es handelt sich um ein selbstgenutztes Einfamilienhaus (d. h. geringe Belegung) als mehrgeschossige Nutzungseinheit mit 90 m² Wohnfläche (Höhe über Grund $\leq$ 15 m),

- gelegen in normaler Lage in Buxtehude (Landkreis Stade, d. h. an windstarkem Standort) und auf Neubauniveau gedämmt,
- es soll eine Luftdichtheitsprüfung durchgeführt werden, als Ergebnis wird eine Netto-Luftwechselrate von n_{L50} = 1,5 h^{-1} als halber Anforderungswert für ein Gebäude ohne raumlufttechnische Anlage angenommen (vgl. Abschnitt 2.13.3),
- es sei kein fensterloser Raum vorhanden, der nach DIN 18017-3 [4.31] belüftet werden müsste, und
- besondere Anforderungen an den Brand- oder Schallschutz werden nicht gestellt.

Als *zweiten Schritt* zeigt Bild 4.27 die mit dem Online-Planungstool des Bundesverbandes für Wohnungslüftung e. V. (VfW) [4.32] vorgenommene Prüfung der Notwendigkeit lüftungstechnischer Maßnahmen.

OnlineCheck Wohnungslüftung

Zur Prüfung der Notwendigkeit von lüftungstechnischen Maßnahmen.

Objektdaten

Eigentümer

Erstellt von

Erstellt am

Neubau nach 1995	Ja
Fensterlose Räume vorhanden Entlüftungsanlagen mit Ventilatoren zur Lüftung von Bädern und Toilettenräumen ohne Außenfenster in Wohnungen. Andere Räume innerhalb von Wohnungen können ebenfalls über Anlagen nach dieser Norm entlüftet werden.	Nein
Fläche Nutzungseinheit	90 m²
Belegungsdichte Geringe Belegung liegt vor bei 40 m² und mehr Wohnfläche pro Person - üblicherweise in selbstgenutztem Eigentum, z.B. Einfamilienhaus.	gering
Mehrfamilienhaus	Nein
Windstärke Windschwache Gebiete mit gemittelten jährlichen Windgeschwindigkeiten < 3,3 m/sec	stark
Wohnungstyp	mehrgeschossige NE

Keine lüftungstechnische Maßnahme erforderlich

Luftvolumenstrom durch Infiltration 30.38 m³/h
Luftvolumenstrom zum Feuchteschutz 19.66 m³/h

Bild 4.27: Ausdruck für Beispiel 4.1 aus dem Online-Planungstool des Bundesverbandes für Wohnungslüftung e. V. (VfW) [4.33]

Ergebnis: In diesem Fall ist keine lüftungstechnische Maßnahme erforderlich – der Luftvolumenstrom durch Infiltration ist größer als der notwendige Luftvolumenstrom zum Feuchteschutz. Alle weiteren Außenluftvolumenströme müssen jedoch durch aktives Fensteröffnen sichergestellt werden.

4.4.2 Lüftungsanlagen

Eine ventilatorgestützte *kontrollierte Gebäudelüftung* erfolgt immer elektrisch; mögliche Systeme *mit* und *ohne* Wärmerückgewinnung nennt Bild 4.28, einige davon sind – neben der Fensterlüftung – in Bild 4.29 schematisch dargestellt.

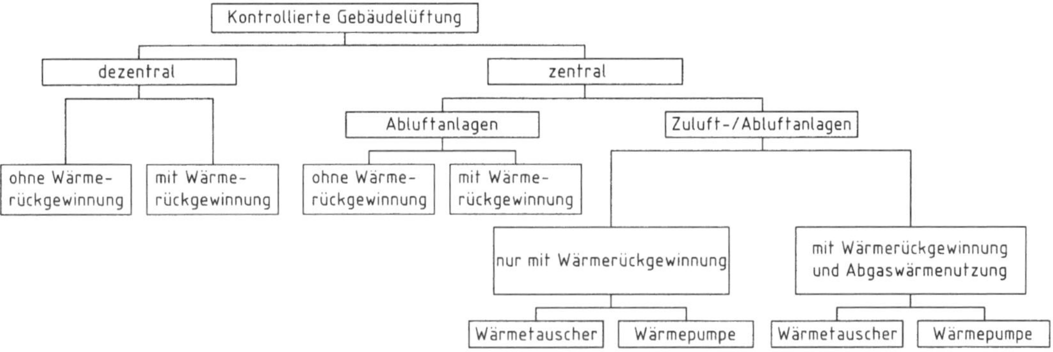

Bild 4.28: Mögliche Systeme der kontrollierten Lüftung von Gebäuden

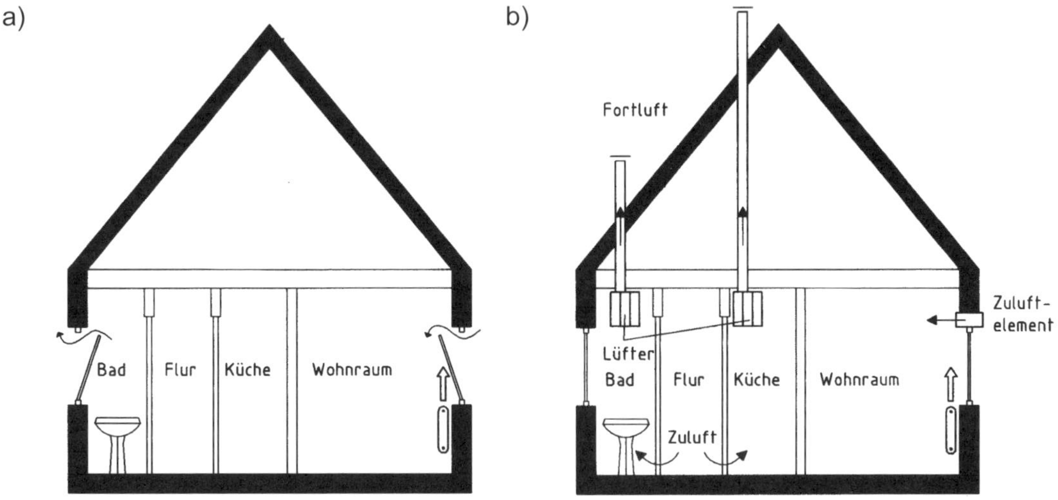

Bild 4.29: Schematische Darstellung einiger Lüftungsanlagen (nach [4.34]):
a) Fensterlüftung (bei geöffneten Innentüren als Querlüftung)
b) dezentrale Abluftanlage mit Einzellüftern in Bad und Küche

c)

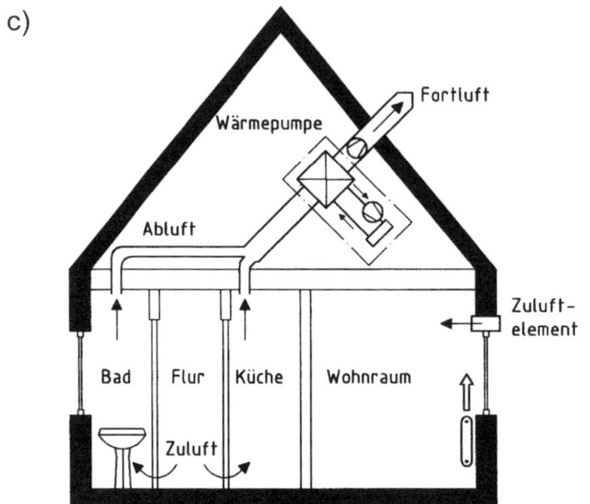

d)

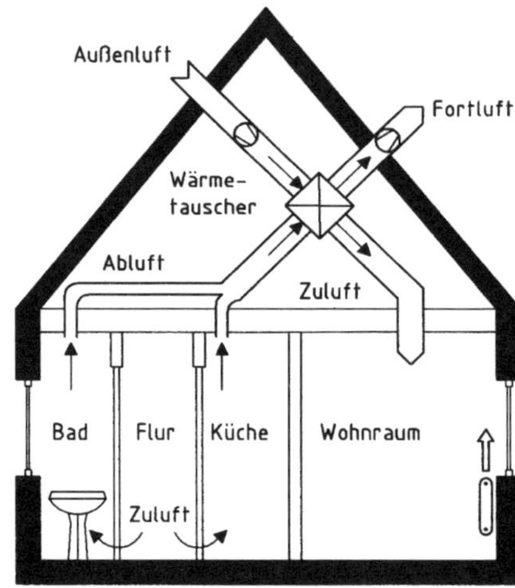

e)

Bild 4.29 (Fortsetzung): Schematische Darstellung einiger Lüftungsanlagen:

c) zentrale Abluftanlage mit Wärmepumpe zur Wärmerückgewinnung (z. B. zur Vorerwärmung des Heizungsrücklaufs)

d) zentrale Zuluft-/Abluftanlage mit Wärmerückgewinnung durch Wärmetauscher, aber mit konventioneller Warmwasserheizung

e) zentrale Zuluft-/Abluftanlage mit Wärmerückgewinnung durch Wärmetauscher und Nachheizung, um auf eine konventionelle Warmwasserheizung verzichten zu können (üblich bei Passivhäusern)

4.4.3 Lüftungsstrang

Unabhängig von den in Abschnitt 4.4.2 genannten möglichen Systemen besteht eine zentrale Lüftungsanlage *mit* Wärmerückgewinnung mindestens aus einem *Lüftungsstrang* (Bild 4.30), der nach DIN V 4701-10 [4.9] die Grundeinheit für die energetische Berechnung einer Lüftungsanlage darstellt. Ein solcher Lüftungsstrang umfasst bis zu drei Prozessbereiche, nämlich:

- Lüftungswärmeerzeugung,
- Lüftungswärmeverteilung und
- Lüftungswärmeübergabe.

Diese drei Prozessbereiche (Wärmespeicherung entfällt i. d. R. bei Lüftungsanlagen) sollen im Folgenden näher erläutert werden.

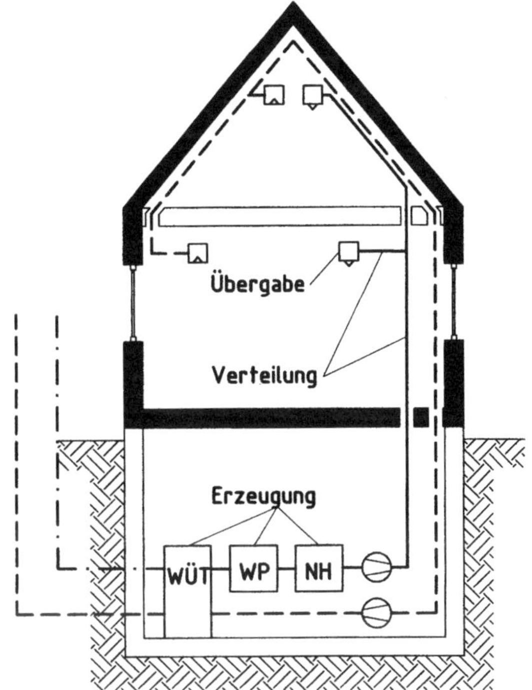

Bild 4.30: Beispiel eines Lüftungsstranges mit allen drei Prozessbereichen, hier Wärmeerzeugung durch:
- Wärmeübertrager WÜT (Wärmetauscher),
- Wärmepumpe WP und
- Nachheizung NH (Heizregister)

außerhalb des beheizten Bereichs (fett eingerahmt), der sog. thermischen Hülle

A Lüftungswärmeerzeugung

Reine Abluftanlagen *ohne* Wärmeübertrager (Wärmetauscher) entsprechend Bild 4.31 (vgl. auch Bild 4.29b) führen keine Wärme in die thermische Hülle zurück. Abluftanlagen mit *Abluft-Wasser*-Wärmepumpe (vgl. Bild 4.29c) übertragen einen Teil der Wärme aus der Abluft direkt an die Heizungsanlage [4.9].

Nur Zuluft-/Abluftanlagen *mit* Wärmerückgewinnung, d. h.
- mit Wärmeübertrager = Wärmetauscher (z. B. nach Bild 4.32a) oder
- mit *Abluft-Zuluft*-Wärmepumpe (z. B. nach Bild 4.32b oben, zu den verwendeten Kältemitteln vgl. Abschnitt 4.4.2 B.) bzw.
- kombiniert aus Wärmetauscher und Wärmepumpe (z. B. entsprechend Bild 4.33)

und ggf. Nachheizung (vgl. Bild 4.28 mit Bildern 4.29d und 4.29e) haben eine Lüftungswärmeerzeugung (vgl. auch Bild 4.30).

B Lüftungswärmeverteilung

Die Lüftungswärmeverteilung erfolgt bei zentralen Zuluft-/Abluftanlagen durch Ventilatoren (vgl. Bild 4.33) und Lüftungsleitungen (Lüftungskanäle). Dezentrale Lüftungsgeräte benötigen keine weiteren Ventilatoren für die Lüftungswärmeverteilung.

Wenn Lüftungsleitungen die Grenzen von Brandabschnitten (z. B. Brandwände) durchdringen, müssen diese Lüftungsleitungen für die erforderliche Feuerwiderstandsklasse L 30, L 60 oder L 90 geprüft und/oder mit als K 30, K 60 oder K 90 geprüften Brandschutzklappen versehen sein; sie sind dann gemäß Lüftungsanlagen-Richtlinie des jeweiligen Bundeslandes (basierend auf der M-LüAR [4.35]) einzubauen.

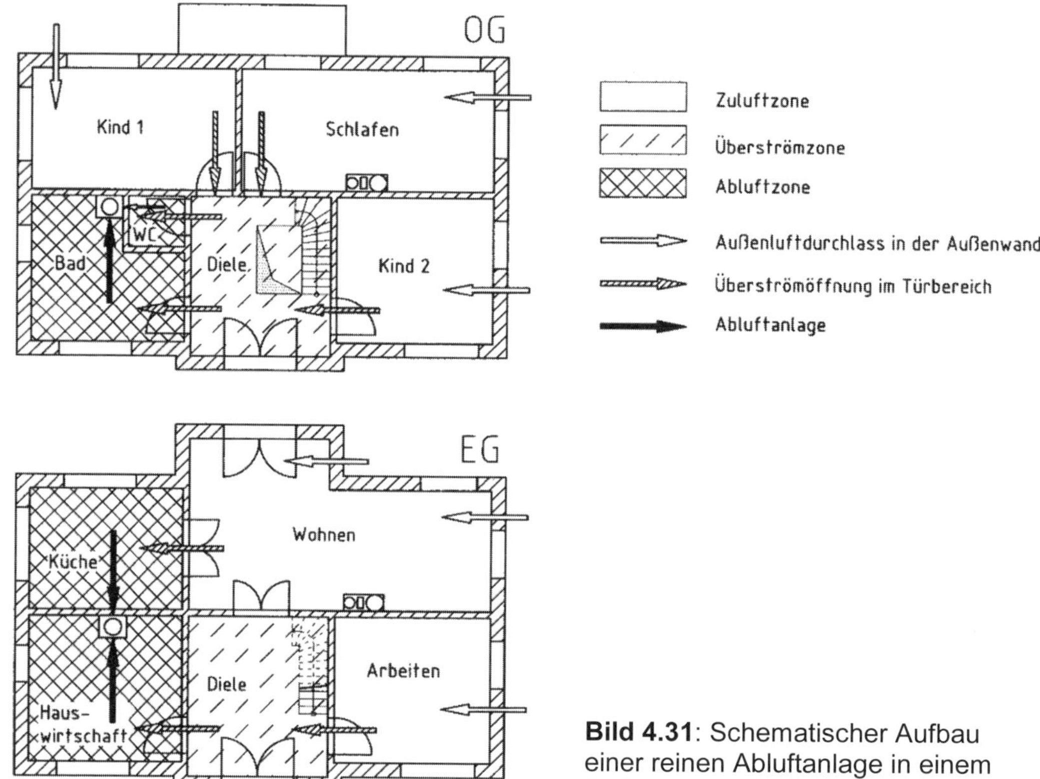

Bild 4.31: Schematischer Aufbau einer reinen Abluftanlage in einem Einfamilienhaus (Grundrisse)

Häufig werden an Lüftungsleitungen auch Schallschutzanforderungen gestellt, um die Schallübertragung in sog. schutzbedürftige Räume zu begrenzen. Die Anforderung ist definiert als maximal zulässiger A-bewerteter Schalldruckpegel

- von $L_{AF,max,n} \leq 33$ dB in Küchen als Mindestanforderung nach DIN 4109-1 [4.36],
- von $L_{AF,max,n} \leq 30$ dB in Wohn- oder Schlafräumen als Mindestanforderung nach DIN 4109-1 [4.36] oder
- von $L_{AF,max,n} \leq 27$ dB in Wohn- oder Schlafräumen als erhöhte Anforderung nach DIN 4109-5 [4.37]

(einzelne kurzzeitige Geräuschspitzen beim Ein- oder Ausschalten dürfen diese Werte um maximal 5 dB überschreiten). Hinweise zum Nachweis gibt DIN 4109-36 [4.38], Anlage 3. Um die Anforderungen einzuhalten, werden i. d. R. von den Herstellern geprüfte Schalldämpfer in die Lüftungsleitungen eingebaut.

C Lüftungswärmeübergabe

Die Übergabe der Lüftungswärme an den Raum kann – bei Nachheizung durch Heizregister (vgl. Bild 4.30) – zu Wärmeverlusten beim Einströmen sowie zu weiteren Verlusten aufgrund von Regelungseinflüssen führen [4.9].

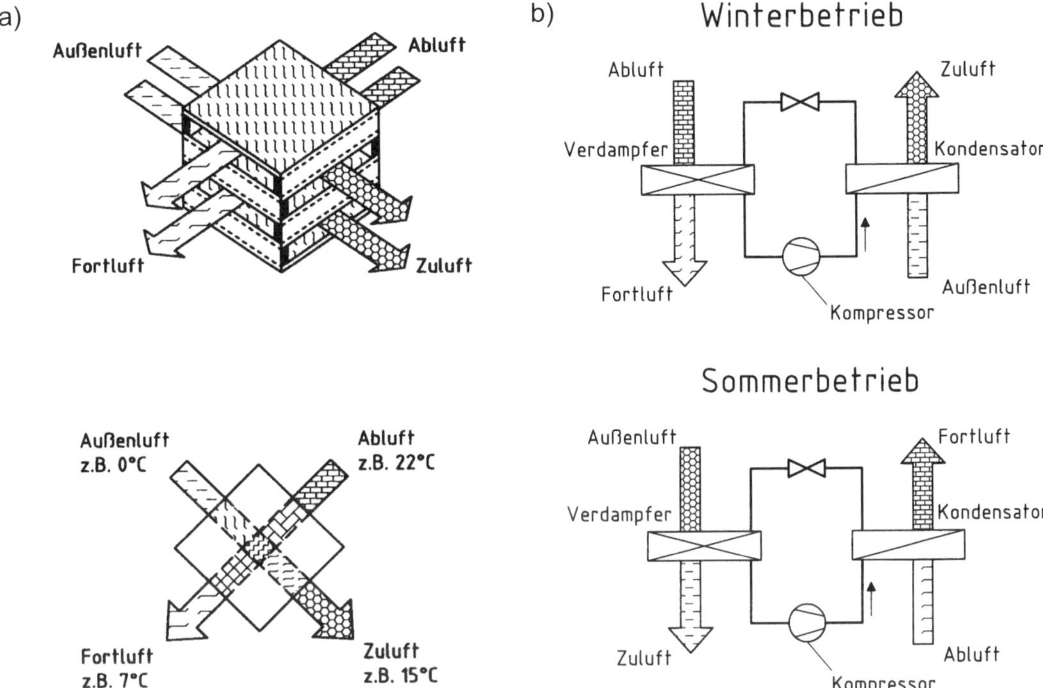

Bild 4.32: Möglichkeiten der Wärmerückgewinnung (nach [4.4]):

a) Plattenwärmeübertrager/-wärmetauscher = Kreuzstromwärmeübertrager/-wärmetauscher = Rekuperator, Parallelschaubild (oben) und beispielhafte Temperaturen (unten)

b) Luft-Luft-Wärmepumpe im Winterbetrieb mit Erwärmung der Zuluft (oben) und ggf. im Sommerbetrieb mit Kühlung der Zuluft (unten)

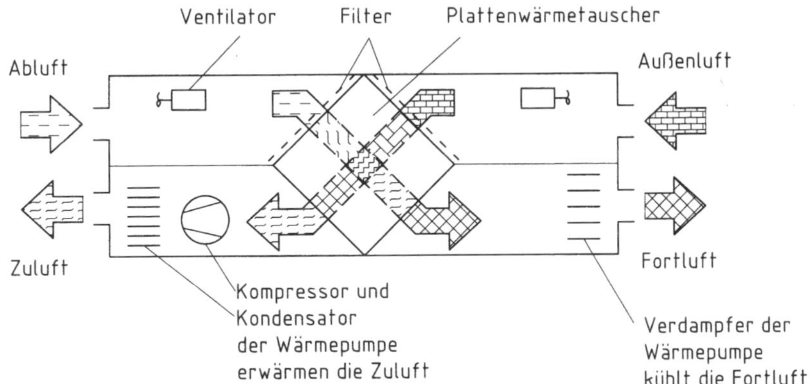

Bild 4.33: Plattenwärmeübertrager/-wärmetauscher mit Luft-Luft-Wärmepumpe als Kompaktgerät

4.5 Klimatisierung

4.5.1 Klimaanlagen

Eine *Klimaanlage* ist eine raumlufttechnische Anlage (RLT-Anlage), die zur Aufrechterhaltung einer behaglichen Raumluftqualität dient, d. h., Temperatur *und* Feuchte liegen innerhalb der Behaglichkeitsfelder von Bild 2.2 in Abschnitt 2.1. Eine Klimaanlage hält somit die Luft eines Raums in einem bestimmten Zustand, d. h., die Luft wird entsprechend *konditioniert*, und zwar unabhängig vom Wetter, von Abwärme oder von menschlichen wie auch technischen Emissionen [4.39].

Analog zu den Lüftungsanlagen (vgl. Abschnitt 4.4) gibt es

- *dez*entrale Klimaanlagen (meist als sog. *Splitgeräte* an beiden Seiten einer Außenwand montiert mit einem Außen- und einem Innenmodul) sowie
- *zentrale* Klimaanlagen (meist in Technikräumen oder auf dem Dach angeordnet).

Nicht alle Anlagen zur Konditionierung der Raumluft sind (Voll-)Klimaanlagen. In der früheren DIN SPEC 13779 [4.40] (aktuell DIN EN 16798-3 [4.41]) wurden Lüftungs-, Teilklima- und Klimaanlagen gemäß Tabelle 4.6 systematisiert. Im GEG 2023 §§ 65 bis 68 [4.1], [4.2] werden Anforderungen an Klima- und Lüftungsanlagen gestellt hinsichtlich

- Begrenzung der auf das Fördervolumen bezogenen elektrischen Leistung,
- selbsttätiger Regelung der Be- und Entfeuchtung,
- selbsttätiger Regelung der Volumenströme und
- der Pflicht zur Wärmerückgewinnung.

Tabelle 4.6: Einteilung von Lüftungs-, Teilklima- und Klimaanlagen (nach [4.39])

Kategorie	**Geregelte Funktion**					**Anlagenbezeichnung**
	Lüftung	**Heizung**	**Kühlung**	**Befeuchtung**	**Entfeuchtung**	
THM-C0	●					Einfache Lüftungsanlage
THM-C1	●	●				Lüftungsanlage mit Heizfunktion bzw. Luftheizungsanlage
THM-C2	●	●		●		Teilklimaanlage mit Befeuchtungsfunktion
THM-C3	●	●	●		o	Teilklimaanlage mit Kühlfunktion
THM-C4	●	●	●	●	o	Teilklimaanlage mit Kühl- und Befeuchtungsfunktion
THM-C5	●	●	●	●	●	Klimaanlage mit allen Funktionen (auch Vollklimaanlage genannt)

● Wird in der Teilklimaanlage geregelt.

o Wird in der Teilklimaanlage nicht geregelt; eine Entfeuchtung durch Tauwasserausfall ist bei der Luftkühlung aber möglich.

Auch wenn gemäß Tabelle 4.6 alle (Teil-)Klimaanlagen auch heizen können, wird im eher kühlen mitteleuropäischen Klima zur wirtschaftlicheren Beheizung und zur Vermeidung unbehaglicher Luftströmungen (vgl. Bild 2.2c in Abschnitt 2.1) i. d. R. zusätzlich eine klassische Warmwasserheizung eingebaut (vgl. Abschnitt 4.2).

Schlecht gewartete, d. h. auch zu selten gereinigte Klimaanlagen können verschiedene chemische und biologische Schadstoffe verbreiten; die daraus resultierenden gesundheitlichen Beeinträchtigungen oder Befindlichkeitsstörungen werden unter dem Begriff *Sick Building Syndrom* (SBS) zusammengefasst. Um diesem entgegenzuwirken, ist eine regelmäßige Wartung (mit Reinigung und Filterwechsel) erforderlich – zur vom GEG geforderten energetischen Inspektion nach maximal 10 Jahren s. Abschnitt 5.3.1.

Zunehmend eingesetzt wird statt einer Klimaanlage die sog. *passive Kühlung*, d. h.,
- statt Luft wird mit Erdwärmeübertragern/-wärmetauschern (analog zum Erdkollektor in Bild 4.11) Wasser gekühlt und damit nicht *aktiv* konditioniert,
- welches anschließend durch Rohrschlangen in Kühldecken (bzw. als sog. *Betonkernaktivierung* in Betondecken ohne Unterdecke) geleitet wird,
- wodurch die darunter liegenden Räume gekühlt werden (jedoch nur so weit, dass Tauwasserausfall vermieden wird).

Es handelt sich hierbei aber nicht einmal um eine Teilklimaanlage, da die Kühltemperatur nur begrenzt geregelt werden kann (vgl. Tabelle 4.6); auch erfolgt keine Be- oder Entfeuchtung der Luft. Eine solche passive Kühlung spart allerdings Kühlenergie und hat beim Nachweis des sommerlichen Wärmeschutzes einen günstigen Einfluss (vgl. für den vereinfachten Nachweis Tabelle 2.55 und Tabelle 2.56 in Abschnitt 2.15.4).

4.5.2 Klimakältestrang

Gemäß DIN V 18599 sind bei raumlufttechnischen Anlagen sowohl Wärme*quellen* als auch Wärme*senken* zu bilanzieren (s. Abschnitt 5.6.3):

- Wenn eine Klimaanlage als Wärme*quelle* im Gebäude genutzt wird (also zur Beheizung), entspricht diese einer Lüftungsanlage *mit* Wärmeerzeugung nach Bild 4.30 und wird hier nicht weiter betrachtet.
- Wenn eine Klimaanlage als Wärme*senke* im Gebäude genutzt wird (also zur Kühlung), besteht sie mindestens aus einem *Klimakältestrang*, der die Grundeinheit für die energetische Berechnung darstellt. Ein solches Klimakältesystem umfasst bis zu drei Prozessbereiche, nämlich (vergleichbar zu Bild 4.30):
  - Klimakälteerzeugung,
  - Klimakälteverteilung und
  - Klimakälteübergabe.

  Diese drei Prozessbereiche (Kältespeicherung entfällt i. d. R. analog zu den Lüftungsanlagen) sollen im Folgenden näher erläutert werden.

Eine – häufig im Winter gewünschte – *Luftbefeuchtung* (vgl. Tabelle 4.6) kann durch Sprüh- oder Rieselbefeuchter bzw. alternativ durch die oft in Bürogebäuden geplanten (da sterilen) Dampfbefeuchter erfolgen. Zur – häufig im Sommer gewünschten – *Luftentfeuchtung* (vgl. ebenfalls Tabelle 4.6) wird meist die Luft bis unter ihren Taupunkt (vgl. Abschnitt 2.14.5) abgekühlt, sodass der gewünschte Teil der Luftfeuchte als Tauwasser (Kondensat) an z. B. einem Oberflächenkühler ausfällt und abgeleitet wird [4.4].

A Klimakälteerzeugung

Die Klimakälteerzeugung erfolgt meist durch *Kompressionskältemaschinen*, deren Funktionsprinzip einer Lüftungsanlage im Sommerbetrieb entspricht (s. Bild 4.32b unten in Abschnitt 4.4.3). Zu den verwendeten Kältemitteln vgl. Abschnitt 4.4.2 B. Unterschieden werden für die Luftkühlung [4.4]

- die *direkte* Kühlung, bei der der Verdampfer der Kältemaschine wie in Bild 4.32b direkt im Luftstrom liegt, sodass nur *eine* Lufttemperatur erreicht werden kann, sowie
- die *indirekte* Kühlung, bei der mit der Kältemaschine Kaltwasser erzeugt wird, welches dann zur Kühlung verschiedener Luftkühler – für unterschiedliche Anforderungen an die Lufttemperatur – verwendet werden kann.

Als Alternative können auch *Absorptionskältemaschinen* (mit flüssigem Kältemittel) oder *Adsorptionskältemaschinen* (mit festem Kältemittel) eingesetzt werden. Beide sind teurer als Kompressionskältemaschinen; vorteilhaft sind jedoch ihr geräuscharmer Lauf und ihr Betrieb mit solarthermisch erzeugter Wärme oder Abwärme von z. B. BHKW [4.4].

In der Summe besteht die Klimakälteerzeugung analog zur Lüftungswärmeerzeugung aus den in Bild 4.30 genannten Komponenten

- Wärmeübertrager WÜT (Wärmetauscher), um in Umkehrung zu der in Bild 4.32a dargestellten Wirkung die Außenluft durch die Abluft vorzukühlen,
- Wärmepumpe WP, um gemäß Bild 4.32b unten (d. h. im Sommerbetrieb) die Außenluft weiter abzukühlen, sowie
- ggf. Nachheizung NH (Heizregister), um die zur erforderlichen Kondensation der Luftfeuchte (s. o.) zu stark abgekühlte Luft auf die gewünschte Raumtemperatur zu bringen.

B Klimakälteverteilung

Die Klimakälteverteilung erfolgt bei zentralen Klimaanlagen durch Ventilatoren (vgl. Bild 4.33 in Abschnitt 4.4.3) und Lüftungsleitungen (Lüftungskanäle). Dezentrale Klimageräte benötigen keine weiteren Ventilatoren für die Klimakälteverteilung.

C Klimakälteübergabe

Die Übergabe der Klimakälte an den Raum kann zu Verlusten beim Einströmen sowie zu weiteren Verlusten aufgrund von Regelungseinflüssen führen (vgl. Abschnitt 4.4.3).

4.6 Photovoltaik

Im Zuge der Umsetzung der weltweiten Klimaschutzziele (vgl. Abschnitt 1.4) nimmt die Nutzung der Photovoltaik (PV) bei Wohngebäuden zu – gefördert wird sie

- einerseits gemäß GEG 2023 § 36 [4.1], [4.2] durch geänderte Anforderungen an die Nutzung erneuerbarer Energien zur Wärme- und Kälteerzeugung (s. Abschnitt 5.3.2), die jetzt die Nutzung von Strom aus erneuerbaren Quellen ausdrücklich einbeziehen,
- andererseits gemäß GEG 2023 § 23 [4.1], [4.2] durch eine Berücksichtigung von Photovoltaik-Anlagen mit oder ohne elektrochemischen Speicher (= Batterie) bei der Ermittlung des Jahres-Primärenergiebedarfs $Q_{P,max}$ des Gebäudes (s. Abschnitt 5.6).

Bei bestehenden Gebäuden wird der Einsatz von Photovoltaik ggf. durch die *Bundesförderung für effiziente Gebäude* (BEG) in Form von Zuschüssen oder Steuerermäßigungen gefördert (vgl. Abschnitt 1.4.6).

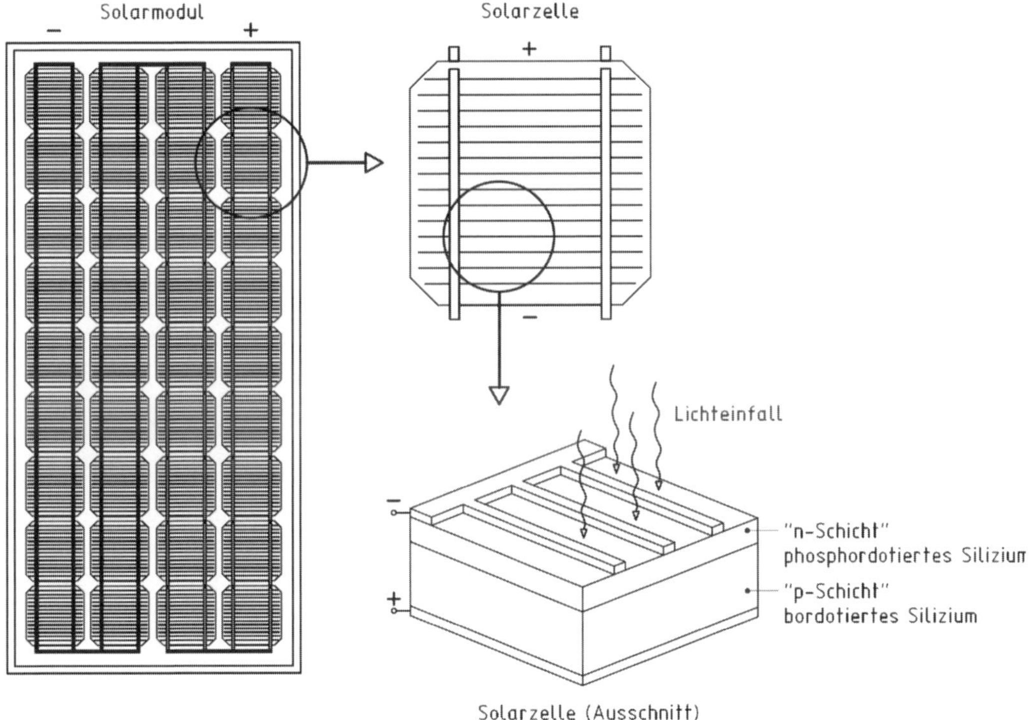

Bild 4.34: Die einzelnen Solarmodule einer Photovoltaik-Anlage bestehen aus einer Vielzahl von Solarzellen zur Umwandlung von Licht in Gleichstrom (nach [4.8])

Die Grundbausteine von Photovoltaik-Anlagen sind *Solarzellen* und die daraus zusammengesetzten *Solarmodule* (Bild 4.34), die Licht in Gleichstrom mit einer Spannung von ca. 0,5 V umwandeln. Die Leistung eines Solarmoduls wird unter Standard-Testbedingungen (engl. *standard test conditions* STC) bestimmt, und zwar [4.8]

- bei voller Sonneneinstrahlung (engl. *peak*), d. h. $E_{STC} = 1000\ W/m^2 = 1\ kW/m^2$,
- bei der Modultemperatur $\theta_{Modul} = 25\ °C$ (mit steigender Temperatur sinkt die Leistung der Solarmodule) und
- Standard-Lichtspektrum AM 1,5 (= Sonnenlicht innerhalb der Atmosphäre).

Die Nennleistung P_{STC} eines Solarmoduls unter diesen Bedingungen wird in W_p (= Watt peak) oder kW_p (Kilowatt Peak) angegeben.

Mit dem Wirkungsgrad η_{Modul} eines Solarmoduls lässt sich daraus die für z. B. eine Nennleistung von $P_{STC} = 1\ kW_p$ notwendige Modulfläche A_{Modul} in m² berechnen [4.8]:

$$A_{Modul} = P_{STC} / (\eta_{Modul} \cdot E_{STC}) \tag{4.3}$$

Die Wirkungsgrade heutiger Solarmodule liegen bei $\eta_{Modul} = 10$ bis 20 %, d. h., für $P_{STC} = 1\ kW_p$ werden $A_{Modul} = 5$ bis 10 m² Modulfläche benötigt.

Eine südorientierte Dachanlage erbringt in Deutschland einen spezifischen Ertrag von $w_{sp} \approx 900\ kWh/kW_p$ [4.8], d. h., die genannten 5 bis 10 m² Modulfläche decken (wegen weiterer Verluste der Anlage, s. u.) knapp 900 kWh vom Stromverbrauch des Gebäudes.

Da PV-Strom inzwischen preisgünstiger ist als der Netzbezug, ist heute das Ziel, möglichst viel des photovoltaisch erzeugten Stroms im Gebäude selbst zu nutzen. Da das Stromangebot und der Stromverbrauch i. d. R. zeitlich auseinanderfallen, muss ein Teil des PV-Stroms zwischengespeichert werden.

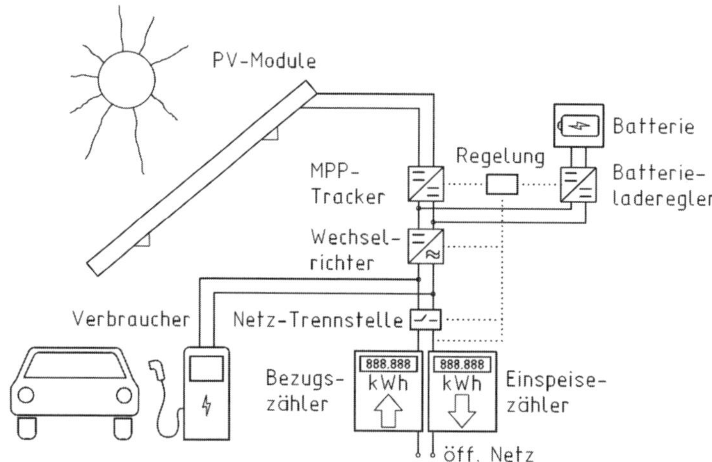

Bild 4.35: Prinzipdarstellung einer netzgekoppelten Photovoltaik-Anlage mit gleichstrom(DC)-gekoppeltem elektrochemischem Speicher = Batterie (nach [4.7])

Eine heute übliche netzgekoppelte Photovoltaik-Anlage mit *elektrochemischem Speicher* (= Batterie) zeigt Bild 4.35 – hier bestehend aus

- möglichst südorientiert und ohne Verschattung auf dem Dach montierten Solarmodulen, welche Gleichstrom (engl. *direct current* DC) liefern,
- einem gleichstromseitig liegenden elektrochemischen Speicher (= Batterie), der dafür sorgt, dass ein möglichst großer Teil des Solarstroms im Gebäude selbst genutzt werden kann,
- einem Wechselrichter, der den erzeugten Gleichstrom in Wechselstrom (engl. *alternating current* AC) der üblichen Netzfrequenz von $f = 50$ Hz und Netzspannung von

$U = 230$ V umwandelt – üblicherweise mit integriertem MPP-Tracker, der die Anlage auf den maximalen Leistungspunkt (engl. *maximum power point* MPP) regelt,
- elektrischen Verbrauchern, die – aus wirtschaftlichen Gründen und zur Entlastung des öffentlichen Stromnetzes – möglichst viel PV-Strom im Gebäude selbst nutzen, sowie
- schließlich der Übergabestelle für den verbleibenden PV-Strom in das öffentliche Netz mit *zwei* Stromzählern (oder einem sog. smarten Stromzähler), da der Stromversorger für den eingespeisten Solarstrom weniger bezahlt als für den aus dem Netz bezogenen Strom.

Häufig wird als elektrischer Verbraucher für den Solarstrom eine Wärmepumpe zur Beheizung und Trinkwassererwärmung vorgesehen (vgl. Abschnitt 4.2.2) – bei entsprechend großer Auslegung der Solaranlage führt diese Anlagenkombination zu einem *Netto-Nullenergiehaus*, welches allerdings den sommerlichen Stromüberschuss in das öffentliche Netz abgibt, um diese Strommenge im Winter wieder aus dem Netz zu beziehen (vgl. Abschnitt 1.3).

Legt man die Solaranlage noch größer aus, so erhält man ein *Plusenergiehaus* (vgl. ebenfalls Abschnitt 1.3), d. h., das Gebäude erzeugt in der Jahresbilanz mehr Strom, als es verbraucht; dieser überschüssige Strom kann dann der Elektromobilität der Nutzer dienen.

Tabelle 4.7: Anforderungen des GEIG 2021 für Wohn- bzw. Nichtwohngebäude beim Neubau, bei größerer Renovierung und im Bestand von Stellplätzen (nach [4.43])

<table>
<tr><th colspan="2">Wohngebäude</th><th colspan="2">Nichtwohngebäude 1)</th></tr>
<tr><td>Neubau von > 5 Stellplätzen</td><td rowspan="2">jeder Stellplatz muss mit der Leitungsinfrastruktur 3) ausgestattet werden</td><td>Neubau von > 6 Stellplätzen</td><td>jeder dritte Stellplatz muss mit der Leitungsinfrastruktur 3) ausgestattet werden, zusätzlich ist mindestens ein Ladepunkt 4) zu bauen</td></tr>
<tr><td>Größere Renovierung 2) von > 10 Stellplätzen</td><td>Größere Renovierung 2) von > 10 Stellplätzen</td><td>jeder fünfte Stellplatz muss mit der Leitungsinfrastruktur 3) ausgestattet werden, zusätzlich ist mindestens ein Ladepunkt 4) zu bauen</td></tr>
<tr><td>Bestandsbauten allg.</td><td>keine Anforderung</td><td>Bestandsbauten mit > 20 Stellplätzen</td><td>mindestens ein Ladepunkt 4) bis 01.01.2025 zu bauen</td></tr>
</table>

1) Bürogebäude, Verwaltungsbauten, Industriegebäude oder andere Nichtwohngebäude, deren Eigentümer KMU (= kleine oder mittlere Unternehmen, vgl. Abschnitt 1.4.4) sind, fallen nicht unter das Gesetz, wenn sie die genannten Gebäude größtenteils selbst nutzen.

2) Wenn die Kosten für die Lade- und Leitungsinfrastruktur im Baubestand sieben Prozent der Gesamtkosten einer größeren Renovierung des Gebäudes übersteigen, gilt eine Ausnahme vom GEIG.

3) Leitungsinfrastruktur = Gesamtheit aller Leitungsführungen zur Aufnahme von elektro-und datentechnischen Leitungen in Gebäuden oder im räumlichen Zusammenhang von Gebäuden vom Stellplatz über den Zählpunkt eines Anschlussnutzers bis zu den Schutzelementen.

4) Ladepunkt = Einrichtung, die zum Aufladen von Elektromobilen geeignet und bestimmt ist und an der zur gleichen Zeit nur ein Elektromobil aufgeladen werden kann.

4.7 Ladeinfrastruktur für die Elektromobilität

Im Zuge der Energiewende ist es politisches Ziel, die Ladeinfrastruktur für Elektromobile (E-Autos) zu verbessern (vgl. Abschnitt 1.4.5). Dazu dient das „Gesetz zum Aufbau einer gebäudeintegrierten Lade- und Leitungsinfrastruktur für die Elektromobilität" (Gebäude-Elektromobilitätsinfrastruktur-Gesetz – GEIG) – es trat am 25.03.2021 in Kraft [4.42] (vgl. Abschnitt 1.4.6):

- Das GEIG soll den Ausbau der Ladeinfrastruktur für Elektromobilität in Gebäuden beschleunigen, es betrifft aber nur die Ladeinfrastruktur für Pkw und Lieferfahrzeuge.
- Dafür müssen Bauherren und Eigentümer die größeren Parkplätze ihrer Wohn- und Nichtwohngebäude mit Leitungsinfrastruktur und Ladepunkten ausstatten. Dadurch soll es für Nutzer von Elektrofahrzeugen leichter sein, diese zu Hause, am Arbeitsplatz oder bei alltäglichen Besorgungen aufzuladen. Dabei gelten im Neubau und im Bestand unterschiedliche Anforderungen (Tabelle 4.7).

4.8 Energieverbrauchskennzeichnung

Am 26.09.2015 trat die erste Stufe der EU-Richtlinie 2009/125/EG, der sog. Ökodesign-Richtlinie = ErP-Richtlinie (ErP = *Energy-related Products*) [4.44], mit zugehöriger EU-Verordnung 813/2013 [4.45] in Kraft. Sie stellt Anforderungen an die umweltgerechte Gestaltung von Raumheizgeräten und Kombiheizgeräten (zur Erzeugung von Raumwärme *und* Trinkwarmwasser) mit einer Wärmenennleistung ≤ 400 kW einschließlich solcher Geräte, die Teil sind von

- Verbundanlagen aus Raumheizgeräten, Temperaturreglern und Solareinrichtungen oder
- Verbundanlagen aus Kombiheizgeräten, Temperaturreglern und Solareinrichtungen.

Das Ergebnis der Ökodesign-Richtlinie wird bei Heizgeräten mit einer Wärmenennleistung ≤ 70 kW (Öl- oder Gaskessel sowie Wärmepumpen, d. h. ausgenommen Beheizung mit Biomasse, Festbrennstoffen oder KWK) sichtbar durch die Energieverbrauchskennzeichnung entsprechend EU-Richtlinie 2010/30/EU [4.46] mit zugehöriger EU-Verordnung 811/2013 [4.47] – Beispiele dieser Kennzeichnung durch Etiketten = Label:

- Bild 4.36a zeigt die Kennzeichnung eines *Raum*heizgeräts (hier als Heizkessel nur zur Raumheizung), dargestellt durch das Heizkörpersymbol oben links.
- Bild 4.36b zeigt die Kennzeichnung eines *Kombi*heizgeräts (= Kombikessel), hier als Wärmepumpe für Raumheizung und Trinkwassererwärmung, dargestellt durch Symbole für Heizkörper links und Auslaufventil (Wasserhahn) rechts.
- Bild 4.36c zeigt die Kennzeichnung einer Verbundanlage (Anlagenkombination) aus *Raum*heizgerät (Gerät allein oben links im Label), Temperaturregler und Solareinrichtung, aber *ohne* Trinkwassererwärmung.

a)

b)

c)

d)

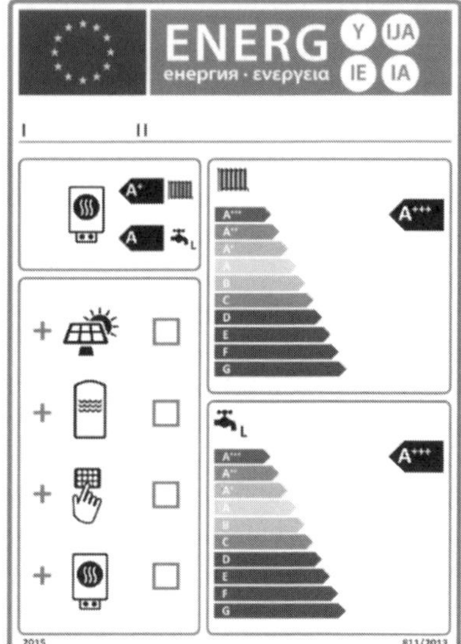

Bild 4.36: Energieverbrauchskennzeichnung nach EU-Verordnung 811/2013 [4.47]:
a) Raumheizgerät (nur zur Raumheizung) hier als Heizkessel
b) Kombiheizgerät (Raumheizung *und* Trinkwarmwasser) hier als Wärmepumpe in verschiedenen Klimazonen der EU
c) Verbundanlage aus Raumheizgerät, Temperaturregler und Solareinrichtung
d) Verbundanlage aus Kombiheizgerät, Temperaturregler und Solareinrichtung

- Bild 4.36d zeigt die Kennzeichnung einer Verbundanlage (Anlagenkombination) aus *Kombi*heizgerät (Gerät allein oben links im Label), Temperaturregler und Solareinrichtung, jetzt aber als Kombigerät *mit* Trinkwassererwärmung.

Grundsätzlich ist eine solche Energiekennzeichnung als Verbraucherinformation positiv zu beurteilen. In der Praxis stößt jedoch die Erstellung des Labels für Verbundanlagen auf Schwierigkeiten,

– da die Zahl möglicher Anlagenkombinationen so groß ist, dass solch ein Label für Verbundanlagen meist individuell erstellt werden muss,
– was für die anbietenden Handwerksbetriebe eine Herausforderung darstellt.

Unterstützung erhalten Handwerker dazu auf www.heizungslabel.de, dort findet sich ein entsprechendes Tool des VdZ – Forum für Energieeffizienz in der Gebäudetechnik e. V. (mit zugehöriger Produktdatenbank seiner Mitgliedsunternehmen), mit dem solche Label mit wenigen Klicks erstellt werden können [4.48].

4.9 Literatur zum Kapitel 4

[4.1] Gesetz zur Vereinheitlichung des Energieeinsparrechts für Gebäude und zur Änderung weiterer Gesetze vom 08.08.2020. BGBl. I Nr. 37 vom 13.08.2020, S. 1728–1794.

[4.2] Gesetz zu Sofortmaßnahmen für einen beschleunigten Ausbau der erneuerbaren Energien und weiteren Maßnahmen im Stromsektor vom 20. Juli 2022. BGBl. I Nr. 28 vom 28.07.2022 (Artikel 18a und Artikel 20).

[4.3] Pistohl, W.; Rechenauer, C.; Scheuerer, B.: Handbuch der Gebäudetechnik. Band 1: Allgemeines/Sanitär/Elektro/Gas. 9. Aufl. Köln: Bundesanzeiger 2016.

[4.4] Pistohl, W.; Rechenauer, C.; Scheuerer, B.: Handbuch der Gebäudetechnik. Band 2: Heizung/Lüftung/Beleuchtung/Energiesparen. 9. Aufl. Köln: Bundesanzeiger 2016.

[4.5] Albers, K.-J. (Hrsg.): Recknagel – Taschenbuch für Heizung und Klimatechnik 2021/22. 80. Ausg. Augsburg: ITM InnoTechMedien 2020.

[4.6] Schmid, C. et al.: Heizung, Lüftung, Elektrizität – Energietechnik im Gebäude. Band 5 Bau und Energie, Leitfaden für Planung und Praxis, Hrsg. von C. Zürcher. 3. Aufl. Zürich: vdf Hochschulverlag 2005.

[4.7] Quaschning, V.: Regenerative Energiesysteme. 8. Aufl. Leipzig: Hanser (Fachbuchverlag Leipzig) 2013.

[4.8] Mertens, K.: Photovoltaik. Leipzig: Hanser (Fachbuchverlag Leipzig) 2011.

[4.9] DIN V 4701-10:2003-08 (mit Änderung A1:2006-12): Energetische Bewertung heiz- und raumlufttechnischer Anlagen – Teil 10: Heizung, Trinkwassererwärmung, Lüftung.

[4.10] Feist, W. (Hrsg.): Das Niedrigenergiehaus. 6. Aufl. Heidelberg: C. F. Müller 2007.

[4.11] Schradieck, E.-P.: Gebäudetechnik – Konventionelle Heizungstechnik. Seminarvortrag im Rahmen des Lehrgangs „Gebäude-Energieberatung“ im Weiterbildungszentrum der Fachhochschule Nordostniedersachsen in Buxtehude am 05.11.2002.

[4.12] Brennwertnutzung in der Praxis, Fachreihe Nr. 9: Effiziente Brennwertnutzung durch optimale Abstimmung aller Einflußfaktoren. Allendorf (Eder): Viessmann Werke 1995.

[4.13] DIN EN 12831-1:2017-09: Heizungsanlagen in Gebäuden – Verfahren zur Berechnung der Norm-Heizlast – Teil 1: Raumheizlast.

[4.14] DIN/TS 12831:2020-04: Verfahren zur Berechnung der Raumheizlast – Teil 1: Nationale Ergänzungen zur DIN EN 12831-1.

[4.15] Klima, M.: Sanierung der Heizung. In: Ladener, H. (Hrsg.): Vom Altbau zum Niedrigenergiehaus. Staufen bei Freiburg: Ökobuch 1997, S. 139–168.

[4.16] Rösler, M.; Stern, P.: Auch Ventilatoren vor Herausforderungen – Einsatz brennbarer, natürlicher Kältemittel in Wärmepumpen, Heizungsjournal (2022), H. 4–5, S. 54–57.

[4.17] Lang, J.: Hausenergiesysteme mit Brennstoffzellen. BINE Projekt-Info 06/04. Fachinformationszentrum Karlsruhe, Büro Bonn, 2004.

[4.18] Stromsparende Pumpen für Heizungen und Solaranlagen. BINE Projekt-Info 13/01. Fachinformationszentrum Karlsruhe, Büro Bonn, 2001.

[4.19] Erat, M.-T.: Auslegungen zum Gebäudeenergiegesetz (GEG), hrsg. von der Bauministerkonferenz, URL: https://www.dibt.de/de/wir-bieten/geg-registrierstelle (27.09.2022).

[4.20] Janßen, M.: Sanitärtechnik. In: Ladener, H. (Hrsg.): Vom Altbau zum Niedrigenergiehaus. Staufen bei Freiburg: Ökobuch 1997, S. 169–187.

[4.21] Zweifelhafte Energiesparmaßnahmen. Stellungnahme des Deutschen Vereins der qualifizierten Sachverständigen für Trinkwasserhygiene (DQVST) e. V. Sanitärjournal (2022), H. 4, S. 14–16.

[4.22] DIN EN 12831-3:2017-09: Heizungsanlagen in Gebäuden – Verfahren zur Berechnung der Norm-Heizlast – Teil 3: Trinkwassererwärmungsanlagen, Heizlast und Bedarfsbestimmung.

[4.23] Willhöft, J.: Trinkwassererwärmung. Seminarvortrag im Rahmen des Lehrgangs „Gebäude-Energieberatung“ im Weiterbildungszentrum der Fachhochschule Nordostniedersachsen in Buxtehude am 26.11.2002.

[4.24] DIN/TS 4108-8: 2022-09: Wärmeschutz und Energie-Einsparung in Gebäuden – Teil 8: Vermeidung von Schimmelwachstum in Wohngebäuden.

[4.25] Hediger, H.: Technische Installationen – Sanitäre Anlagen, Heizung-, Lüftung-, Klima-Anlagen, Elektro-Anlagen. Zürich: Verlag der Fachvereine 1999.

[4.26] Bruck, M.: Green Building Challenge – Ganzheitliche Qualitätskriterien im Wohnungsbau. Zürich: D-A-CH Sekretariat 2000.

[4.27] Hauser, G.; Stiegel, H.; Otto, F.: Energieeinsparung im Gebäudebestand – Bauliche und anlagentechnische Lösungen. 2. Aufl. Berlin: Gesellschaft für rationelle Energieverwendung e. V. (GRE) 1997.

[4.28] Horschler, S.; Solcher, O.; Schmitz, E.: Studie zum Lüften im Wohnungsbau. Hannover/Berlin/Bremen 2021. URL: https://bak.de/politik-und-praxis/stadt-land-wohnungsbau/bezahlbarer-wohnungsbau/ (15.09.2021).

[4.29] DIN 1946-6:2019-12: Raumlufttechnik – Teil 6: Lüftung von Wohnungen – Allgemeine Anforderungen, Anforderungen an die Auslegung, Ausführung, Inbetriebnahme und Übergabe sowie Instandhaltung.

[4.30] Käser, R.: Lüftung nach Konzept. DIN 1946-6: Lüftung von Wohnungen. wksb (2010), H. 64, S. 30–34.

[4.31] Jung, U.: Lüftungskonzepte mit Fensterfalzlüftern. Informationsdienst Bauen + Energie Juni 2011, S. 10–12.

[4.32] DIN 18017-3:2020-05: Lüftung von Bädern und Toilettenräumen ohne Außenfenster – Teil 3: Lüftung mit Ventilatoren.

[4.33] URL: http://www.wohnungslueftung-ev.de (02.10.2022).

[4.34] Hellriegel, S.: Niedrigenergiehaussiedlung Leipzig-Knauthain mit dem Ziel: Minimierung der Wärmeverluste und Maximierung der Wärmegewinne. Bauen mit Holz 99 (1997), H. 1, S. 5–12.

[4.35] Muster-Richtlinie über brandschutztechnische Anforderungen an Lüftungsanlagen (Muster-Lüftungsanlagen-Richtlinie – M-LüAR), Ausg. 10.02.2016. URL: www.dibt.de (01.12.2018).

[4.36] DIN 4109-1:2018-01: Schallschutz im Hochbau – Teil 1: Mindestanforderungen.

[4.37] DIN 4109-5:2020-08: Schallschutz im Hochbau – Teil 5: Erhöhte Anforderungen.

[4.38] DIN 4109-36:2016-07: Schallschutz im Hochbau – Teil 36: Daten für die rechnerischen Nachweise des Schallschutzes (Bauteilkatalog) – Gebäudetechnische Anlagen.

[4.39] URL: https://de.wikipedia.org/wiki/Klimaanlage (25.09.2022).

[4.40] DIN SPEC 13779: Lüftung von Nichtwohngebäuden – Allgemeine Grundlagen und Anforderungen für Lüftungs- und Klimaanlagen und Raumkühlsysteme – Nationaler Anhang zu DIN EN 13779:2007-09 (zurückgezogen).

[4.41] DIN EN 16798-3:2017-11: Energetische Bewertung von Gebäuden – Lüftung von Gebäuden – Teil 3: Lüftung von Nichtwohngebäuden – Leistungsanforderungen an Lüftungs- und Klimaanlagen und Raumkühlsysteme.

[4.42] Gesetz zum Aufbau einer gebäudeintegrierten Lade- und Leitungsinfrastruktur für die Elektromobilität (Gebäude-Elektromobilitätsinfrastruktur-Gesetz – GEIG) vom 18. März 2021. BGBl Teil I Nr. 11 vom 24. März 2021, S. 354 ff.

[4.43] Nolte, M.: Infrastruktur für die Elektromobilität in Gebäuden. Seminarvortrag am Institut für Weiterbildung und Bauprüfung (IWB) an der hochschule 21 am 30.09.2021 in Buxtehude.

[4.44] Richtlinie 2009/125/EG des Europäischen Parlaments und des Rates vom 21. Oktober 2009 zur Schaffung eines Rahmens für die Festlegung von Anforderungen an die umweltgerechte Gestaltung energieverbrauchsrelevanter Produkte. URL: http://eur-lex.europa.eu/legal-content/DE/TXT/?uri=CELEX:32009L0125 (24.10.2015)

[4.45] Verordnung (EU) Nr. 813/2013 der Kommission vom 2. August 2013 zur Durchführung der Richtlinie 2009/125/EG des Europäischen Parlaments und des Rates im Hinblick auf die Festlegung von Anforderungen an die umweltgerechte Gestaltung von Raumheizgeräten und Kombiheizgeräten. URL: http://eur-lex.europa.eu/LexUriServ/LexUriServ.do?uri=OJ:L:2013:239:0136:0161:DE:PDF (24.10.2015).

[4.46] Richtlinie 2010/30/EU des Europäischen Parlaments und des Rates vom 19. Mai 2010 über die Angabe des Verbrauchs an Energie und anderen Ressourcen durch energieverbrauchsrelevante Produkte mittels einheitlicher Etiketten und Produktinformationen (Neufassung). URL: http://eur-lex.europa.eu/LexUriServ/LexUriServ.do?uri=OJ:L:2010:153:0001:0012:DE:PDF (24.10.2015).

[4.47] Delegierte Verordnung (EU) Nr. 811/2013 der Kommission vom 18. Februar 2013 zur Ergänzung der Richtlinie 2010/30/EU des Europäischen Parlaments und des Rates im Hinblick auf die Energiekennzeichnung von Raumheizgeräten, Kombiheizgeräten, Verbundanlagen aus Raumheizgeräten, Temperaturreglern und Solareinrichtungen sowie von Verbundanlagen aus Kombiheizgeräten, Temperaturreglern und Solareinrichtungen. URL: http://eur-lex.europa.eu/legal-content/DE/TXT/?uri=CELEX:32013R0811 (24.10.2015).

[4.48] Haffner, J.; Lachwa, J.: Welche Auswirkungen hat die ErP-Richtlinie? Sonderheft Installationstechnik der Zeitschrift Sanitärjournal, Oktober 2015, S. 116–120.

5 Nachweis von Gebäuden nach GEG

5.1 Einführung

Das Gebäudeenergiegesetz (GEG) 2020 [5.1] wurde 2023 novelliert [5.2] und enthält im ersten Teil den Gesetzestext und im zweiten Teil die zugehörigen Anlagen; die Gliederung des GEG 2023 zeigt Tabelle 5.1. Für die Nachweise werden die Gebäude gemäß GEG 2023 eingeteilt in die Kategorien

- *Wohngebäude* und
- *Nichtwohngebäude*,

jeweils unterteilt in *zu errichtende* Gebäude und *bestehende* Gebäude.

Das GEG 2023 lässt in § 20 für *Wohngebäude* alternativ zu

- noch bis zum 31.12.2023 das seit 2002 gültige Bilanzierungsverfahren für den Jahres-Heizenergiebedarf nach EN 832 [5.3], in Deutschland unter Berücksichtigung regionaler Besonderheiten umgesetzt durch DIN V 4108-6 [5.4], [5.5] und DIN V 4701-10 [5.6], [5.7] bzw.
- das mit der EnEV 2007 [5.8] für Nichtwohngebäude erstmalig eingeführte (und in den folgenden Fassungen EnEV 2009 [5.9] und EnEV 2014/16 [5.10] fortgeführte) Bilanzierungsverfahren nach DIN V 18599 (aktuell [5.11] bis [5.26]).

Beide Verfahren dürfen nicht gemischt werden.

Das GEG 2023 sieht in § 31 weiter ein vereinfachtes Nachweisverfahren für zu errichtende Wohngebäude vor, das sog. *Modellgebäudeverfahren* (auch „GEG easy" genannt), das – auf der sicheren Seite liegend – die Nachweise vereinfachen soll. Einzelheiten dazu finden sich in Anlage 5 des GEG 2023 (vgl. Tabelle 5.1). Dabei handelt es sich um eine Option für Wohngebäude, die nicht mit einer Klimaanlage gekühlt werden; in bestimmten Fällen darf dann auf rechnerische Nachweise verzichtet werden. Es ist jedoch eine Vielzahl von Anwendungsvoraussetzungen zu beachten, die „teilweise nicht unbedingt den Eindruck machen, dass der Verordnungsgeber einen breiten Einsatz des Modellgebäudeverfahrens wünscht" [5.27]. Das Modellgebäudeverfahren wird daher hier nicht näher vorgestellt.

Im Folgenden dargestellt werden zuerst die für beide Verfahren gleichermaßen geltenden Anforderungen an zu errichtende Gebäude, und zwar

- die allgemeinen Anforderungen in Abschnitt 5.2 und
- die besonderen Anforderungen an den Einsatz erneuerbarer Energie in Abschnitt 5.3.

Da die Berechnungsergebnisse wie auch die Nachweise mit den beiden o. g. Bilanzierungsverfahren sehr unterschiedlich ausfielen, durfte von Oktober 2010 bis Sommer 2011 für die Beantragung von *KfW-Fördermitteln* für Wohngebäude DIN V 18599 nicht verwendet werden [5.28]; in der Folge hat eine Arbeitsgruppe aus Softwareherstellern, KfW-Förderbank und BMVBS die *Hinweise zur Behandlung einzelner Parameter für den öffentlich-rechtlichen Nachweis für Wohngebäude nach der DIN V 18599* erarbeitet, mit denen Regelungslücken geschlossen wurden [5.29]. Unter anderem aufgrund der daraus resultierenden Verunsicherung werden allerdings in der Praxis Wohngebäude i. d. R. bisher nicht nach DIN V 18599 nachgewiesen; in den nachfolgenden Abschnitten 5.4 bis 5.6 wird auch deshalb das Berechnungsverfahren nach DIN V 4108-6 und DIN V 4701-10 im Detail ausgeführt und das Verfahren nach DIN V 18599 knapper vorgestellt. Danach folgen in Abschnitt 5.7 Nachweise bei Änderungen von Gebäuden, in Abschnitt 5.8 Hinweise zur Ausstellung von Energieausweisen und in Abschnitt 5.9 Hinweise zum Vollzug des GEG.

Tabelle 5.1: Gliederung des GEG 2023 [5.1], [5.2]

Abschnitt	Inhalt
Teil 1	Allgemeiner Teil
Teil 2	Anforderungen an zu errichtende Gebäude
Teil 3	Bestehende Gebäude
Teil 4	Anlagen der Heizungs-, Kühl- und Raumlufttechnik sowie der Warmwasserversorgung
Teil 5	Energieausweise
Teil 6	Finanzielle Förderung der Nutzung erneuerbarer Energien für die Erzeugung von Wärme oder Kälte und von Energieeffizienzmaßnahmen
Teil 7	Vollzug
Teil 8	Besondere Gebäude, Bußgeldvorschriften, Anschluss- und Benutzungszwang
Teil 9	Übergangsvorschriften
Anlage 1	Technische Ausführung des Referenzgebäudes (Wohngebäude)
Anlage 2	Technische Ausführung des Referenzgebäudes (Nichtwohngebäude)
Anlage 3	Höchstwerte der mittleren Wärmedurchgangskoeffizienten der wärmeübertragenden Umfassungsfläche (Nichtwohngebäude)
Anlage 4	Primärenergiefaktoren
Anlage 5	Vereinfachtes Nachweisverfahren für ein zu errichtendes Wohngebäude
Anlage 6	Zu verwendendes Nutzungsprofil für die Berechnungen des Jahres-Primärenergiebedarfs beim vereinfachten Berechnungsverfahren für ein zu errichtendes Nichtwohngebäude
Anlage 7	Höchstwerte des Wärmedurchgangskoeffizienten von Außenbauteilen bei Änderung an bestehenden Gebäuden
Anlage 8	Anforderungen an die Wärmedämmung von Rohrleitungen und Armaturen
Anlage 9	Umrechnung in Treibhausgasemissionen
Anlage 10	Energieeffizienzklassen von Wohngebäuden
Anlage 11	Anforderungen an die Inhalte der Schulung für die Berechtigung zur Ausstellung von Energieausweisen

Tabelle 5.2: Auslegungen zum GEG [5.30] (Stand 27.09.2022)

Auslegung zu	**Inhalt**
§ 2 Absatz 1 GEG	Anwendung des GEG auf Tiefkühlhäuser und ähnliche Gebäude für industrielle oder gewerbliche Prozesszwecke
§ 14 GEG	Anforderungen an den sommerlichen Wärmeschutz
§ 11 GEG	Mindestwärmeschutz
§§ 15 und 18 GEG	Berücksichtigung von Schwimmbädern in Wohn- und Nichtwohngebäuden
§ 16 i. V. m. § 20 Absatz 2 GEG	Berücksichtigung der Wärmeverluste über das Erdreich, Bestimmung von Temperatur-Korrekturfaktoren
§ 21 Absatz 3 GEG	Individuelle Nutzungen und Nutzungsrandbedingungen für Nichtwohngebäude
§ 25 Absatz 10 GEG i. V. m. DIN V 18599: 2018-09 Gl. 31	Ermittlung der Gebäudenutzfläche A_N
§ 48 Satz 1 i. V. m. Anlage 7 Nr. 1b GEG	Putzerneuerung
§ 48 Satz 2 GEG	„Bagatellregelung" in Zusammenhang mit einer Erneuerung des Außenputzes bei Teilflächen oder vergleichbaren anderen Maßnahmen
§ 48 i. V. m. Anlage 7 und § 50/§ 51 GEG	Nutzungsänderung und Umbau sowie Ausbau von Gebäuden
§§ 61 und 63 GEG	selbsttätige Regelungseinrichtungen bei Zentralheizungen
§ 69 i. V. m. Anlage 8 GEG	Dämmung von Armaturen
§ 69 GEG i. V. m. Anlage 8 GEG	Rohrleitungsdämmung – Vergleichskonstruktionen
§ 72 Absatz 1 und 2 GEG	Außerbetriebnahme von Heizkesseln
§§ 74 bis 78 und 65 bis 68 GEG	Begriffsbestimmung Klimaanlagen, Einzelfragen zur Klimaanlageninspektion und Geltungsbereich von Anforderungen an raumlufttechnische Anlagen
§ 79 Absatz 2 Satz 1 GEG	Ausstellung von Energieausweisen für Wohngebäude
Anlage 1 (i. V. m. § 15 Absatz 1) GEG und Anlage 2 (i. V. m. § 18 Absatz 1) GEG	Elemente des Referenzgebäudes, für die im GEG keine Festlegungen enthalten sind
Anlage 1 bis 3 und 7 GEG	Definition transparenter Bauteile im Dachbereich
Anlage 3 GEG	Berechnung des Mittelwerts des Wärmedurchgangskoeffizienten

Für den Vollzug des Energieeinsparrechts sind nach dem Grundgesetz die Bundesländer zuständig. Im Zuge der Umsetzung der EnEV und des GEG traten v. a. in der Anfangsphase einige Fragen auf, die sich aus dem Gesetzestext allein oder auch aus den in Bezug genommenen Normen nicht immer eindeutig beantworten ließen und unterschiedliche

Auslegungen ermöglichten. Um eine möglichst einheitliche Anwendung von EnEV bzw. GEG sicherzustellen, hat die Fachkommission „Bautechnik" der Bauministerkonferenz beschlossen, eine Arbeitsgruppe einzurichten, die die in den Ländern eingehenden Anfragen von allgemeinem Interesse beantwortet – die sog. *Auslegungen* zum GEG [5.30] (Tabelle 5.2). Ältere Auslegungen zur EnEV können weiterhin herangezogen werden, wenn die Fragestellung noch aktuell ist und keine neueren Auslegungen dazu vorliegen (finden sich daher bei [5.30] noch im Archiv).

5.2 Abgrenzung von Wohn- und Nichtwohngebäuden

Unter „Begriffsbestimmungen" nennt GEG 2023 § 3 (1) [5.1], [5.2]:

„Im Sinne dieses Gesetzes ist …

33. ‚Wohngebäude' ein Gebäude, das nach seiner Zweckbestimmung überwiegend dem Wohnen dient, einschließlich Wohn-, Alten- und Pflegeheimen sowie ähnlichen Einrichtungen,
23. ‚Nichtwohngebäude' ein Gebäude, das nicht unter Nummer 33 fällt,
17. ‚kleines Gebäude' ein Gebäude mit nicht mehr als 50 Quadratmetern Nutzfläche, …"

In der Praxis werden viele Gebäude gemischt genutzt. In GEG 2023 § 3 steht nun, dass Wohngebäude „überwiegend" dem Wohnen dienen – wie ist nun mit solchen gemischt genutzten Gebäuden umzugehen? Dazu das GEG 2023:

„§ 106 Gemischt genutzte Gebäude

(1) Teile eines Wohngebäudes, die sich hinsichtlich der Art ihrer Nutzung und der gebäudetechnischen Ausstattung wesentlich von der Wohnnutzung unterscheiden und die einen nicht unerheblichen Teil der Gebäudenutzfläche umfassen, sind getrennt als Nichtwohngebäude zu behandeln.

(2) Teile eines Nichtwohngebäudes, die dem Wohnen dienen und einen nicht unerheblichen Teil der Nettogrundfläche umfassen, sind getrennt als Wohngebäude zu behandeln.

(3) Die Berechnung von Trennwänden und Trenndecken zwischen Gebäudeteilen richtet sich in Fällen der Absätze 1 und 2 nach § 29 Absatz 1."

Zu unterscheiden sind in Absatz (1) zwei Kriterien für die Zuordnung von Gebäudeteilen zum Wohngebäude, nämlich

- Gebäudeteile, die sich nach Nutzung und Gebäudetechnik wesentlich von der Wohnnutzung unterscheiden, sowie
- Gebäudeteile, die einen nicht unerheblichen Teil der Gebäudenutzfläche umfassen.

Was bedeutet das in der Praxis? Nur wenn beide Kriterien erfüllt sind, sind solche Gebäudeteile getrennt als Nichtwohngebäude zu behandeln. Hilfestellung gibt hier die Begründung zum Kabinettsentwurf der EnEV 2007 (übernommen in *Auslegung XI-27* zur EnEV [5.30], Punkte nicht im Original):

„Absatz 1 legt fest, unter welchen Voraussetzungen die nicht dem Wohnen dienenden Flächen eines Wohngebäudes (vgl. § 2 Nr. 1) den Regeln für Nichtwohngebäude unterworfen werden müssen. Dabei soll wie folgt differenziert werden:

- Soweit die Nichtwohnnutzung sich nach der Art und Nutzung und der gebäudetechnischen Ausstattung nicht wesentlich von der Wohnnutzung unterscheidet, wird das Gebäude auch insoweit als Wohngebäude behandelt. Typische Fälle solcher wohnähnlichen Nutzungen sind freiberufliche Nutzungen, die üblicherweise in Wohnungen stattfinden können, und freiberufsähnliche gewerbliche Nutzungen. …
- Mit der Erheblichkeitsgrenze bei der Gebäudenutzfläche soll – ebenso wie für Nichtwohngebäude in Absatz 2 – eine gesonderte Behandlung kleinerer Flächen vermieden werden. Wo die Untergrenze für die Anwendung des Absatzes 1 anzusetzen ist, ist eine Frage des Einzelfalls; im Allgemeinen dürften aber Flächenanteile bis zu 10 % der Gebäudenutzfläche (bei Absatz 2 der Nettogrundfläche) des Gebäudes noch als unerheblicher Flächenanteil anzusehen sein. Ein bestimmter Prozentsatz der Fläche soll nicht vorgegeben werden, um den Anwendern genügend Flexibilität zu geben."

Kurz gefasst heißt das, dass

- wohnähnliche Nutzungen (z. B. freiberufliche Nutzung) in Wohngebäuden mit beliebigen Flächenanteilen möglich sind,
- während andere Nutzungen i. d. R. 10 % Flächenanteil nicht überschreiten dürfen (allerdings nicht fest vorgegeben, um den Anwendern Flexibilität zu geben).

Tabelle 5.3: Behandlung von Trennwänden und Trenndecken zwischen Gebäudeteilen verschiedener Nutzung

Erster Gebäudeteil	**Zweiter Gebäudeteil**	**Behandlung des Trennbauteils**
Wohnnutzung oder wohnähnliche Nutzung mit Innentemperatur $\theta_i \geq$ 19 °C	Nichtwohnnutzung mit Innentemperatur $\theta_i \geq$ 19 °C („normal beheizt")	Trennbauteil nicht wärmedurchlässig, daher bei Ermittlung der Hüllfläche *A* nicht berücksichtigt
	Nichtwohnnutzung mit Innentemperatur $\theta_i \geq$ 12 °C und $\theta_i <$ 19 °C („niedrig beheizt")	U-Wert des Trennbauteils mit Temperatur-Korrekturfaktor F_{nb} = 0,35 nach DIN V 4108-6 bzw. DIN V 18599-2 gewichten (s. Tabelle 5.7)
	Nichtwohnnutzung mit wesentlich niedrigerer Innentemperatur (d.h . $\theta_i <$ 12 °C, i. d. R. unbeheizt)	U-Wert des Trennbauteils mit Temperatur-Korrekturfaktor F_u = 0,5 nach DIN V 4108-6 bzw. DIN V 18599-2 gewichten (s. Tabelle 5.7)

Mithilfe von Tabelle 5.3 ist damit die Berechnung des spezifischen Transmissionswärmeverlusts H_T für Wohngebäude (s. Abschnitte 5.4.1 bzw. 5.4.2) und des Jahres-Heizwärmebedarfs Q_h für Wohn- und Nichtwohngebäude bzw. die entsprechenden Teile gemischt genutzter Gebäude möglich (s. Abschnitt 5.6). Was aber ist mit der i. d. R. gemeinsamen Anlagentechnik?

Dieses Problem wurde – in anderem Zusammenhang – bereits vor einigen Jahren im Rahmen einer älteren *Auslegung* zur EnEV geklärt (vgl. Abschnitt 5.1): Der Gebäudeteil, in dem sich *nicht* die Anlagentechnik (Heizung und Trinkwassererwärmung) befindet, war so zu berechnen, als würden Trinkwassererwärmung und Heizung von einem Nahwärmesystem versorgt. Die Nahwärmeversorgung – die gemeinsame Anlagentechnik – befand sich dann gedanklich im anderen Gebäudeteil.

Heute kann für ein gemischt genutztes Gebäude nach GEG § 27 [5.1] wie folgt vorgegangen werden:

„Wird ein zu errichtendes Gebäude mit Wärme aus einer Heizungsanlage versorgt, aus der auch andere Gebäude oder Teile davon Wärme beziehen, ist es abweichend von DIN V 18599:2018-09 und bis zum 31. Dezember 2023 auch von DIN V 4701-10:2003-08 zulässig, bei der Berechnung des zu errichtenden Gebäudes eigene zentrale Einrichtungen der Wärmeerzeugung, Wärmespeicherung oder Warmwasserbereitung anzunehmen, die hinsichtlich ihrer Bauart, ihres Baualters und ihrer Betriebsweise den gemeinsam genutzten Einrichtungen entsprechen, hinsichtlich ihrer Größe und Leistung jedoch nur auf das zu berechnende Gebäude ausgelegt sind. Soweit dabei zusätzliche Wärmeverteil- und Warmwasserleitungen zur Verbindung der versorgten Gebäude verlegt werden, sind deren Wärmeverluste anteilig zu berücksichtigen.“

5.3 Anforderungen des GEG an zu errichtende Gebäude

5.3.1 Allgemeine Anforderungen

Für zu errichtende Gebäude stellt das GEG 2023 [5.1], [5.2] grundsätzlich ähnliche Haupt- und Nebenanforderungen wie bereits die früheren Ausgaben der EnEV bzw. des GEG (Bild 5.1). Das Anforderungsniveau wurde jedoch seit 2009 zweimal verschärft, und zwar z. B. durch Absenkung des Höchstwertes für den Jahres-Primärenergiebedarf

- auf 75 % des Referenzwertes von 2009 mit der EnEV 2016 [5.10] und
- auf 55 % des Referenzwertes von 2009 mit dem GEG 2023.

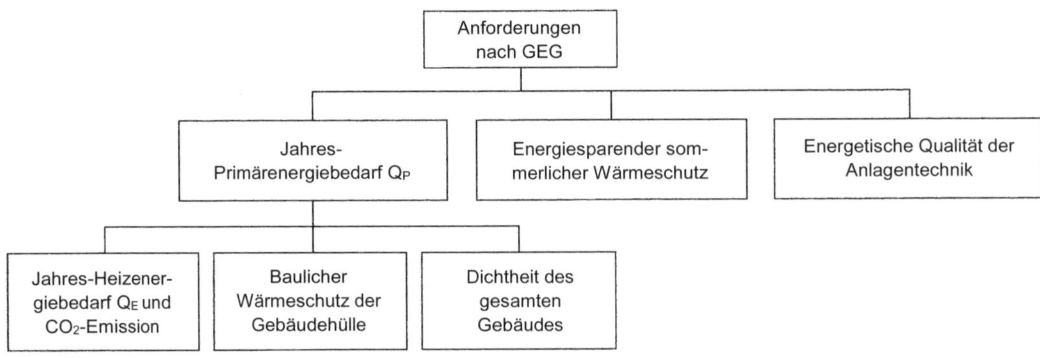

Bild 5.1: Übersicht über die allgemeinen Anforderungen des GEG 2023 (nach *Hegner* [5.31])
- mittlere Reihe: *Haupt*anforderungen
- untere Reihe: *Neben*anforderungen

Zu den genannten Haupt- und Nebenanforderungen im Einzelnen:

A Höchstwert des Jahres-Primärenergiebedarfs $Q_{P,max}$

Die erste Hauptanforderung, die Begrenzung des Jahres-Primärenergiebedarfs (im GEG auch *Gesamtenergiebedarf* genannt), ist gemäß der Begründung zum Kabinettsbeschluss der EnEV 2002 [5.32] (Hervorhebungen nicht im Original) sinnvoll und notwendig:

„... Die Orientierung am Primärenergiebedarf des Gebäudes ist im Hinblick auf das Ziel des Energieeinsparungsgesetzes und auch dieser Verordnung geboten. Sie vermeidet zugleich eine das Ziel des Gesetzes in sein Gegenteil verkehrende Gleichbehandlung ungleich gelagerter Sachverhalte. *So ist z. B. die Erzeugung von Heizwärme in einem Heizwerk außerhalb des Gebäudes dem Prozess in einem Heizkessel innerhalb des Gebäudes vergleichbar. Der an der Gebäudegrenze auftretende Endenergiebedarf ist in diesen beiden Fällen bei ansonsten gleichen Verhältnissen aber deutlich verschieden.* Würde sich die Verordnung statt an dem Primärenergiebedarf an dem Endenergiebedarf orientieren, hätte dies eine nicht begründbare Ungleichbehandlung durch Besserstellung von Anlagensystemen mit einem sehr hohen Primärenergiebedarf gegenüber solchen mit einem erheblich niedrigeren Primärenergiebedarf zur Folge, allein deshalb, weil bei manchen Systemen der Großteil der Energieverluste in den Vorketten auf dem Weg zum Verbraucher und nicht im Gebäude selbst anfällt. Die Entscheidung für ein System, bei dem die Verluste außerhalb des Gebäudes besonders hoch ausfallen, hätte für den Bauherrn sogar den wirtschaftlichen Vorteil, eine weniger anspruchsvolle Wärmedämmung ausführen zu müssen; sie würde den ohnehin schon hohen Primärenergiebedarf noch weiter erhöhen und dem Gesetzesziel der Energieeinsparung deutlich zuwiderlaufen."

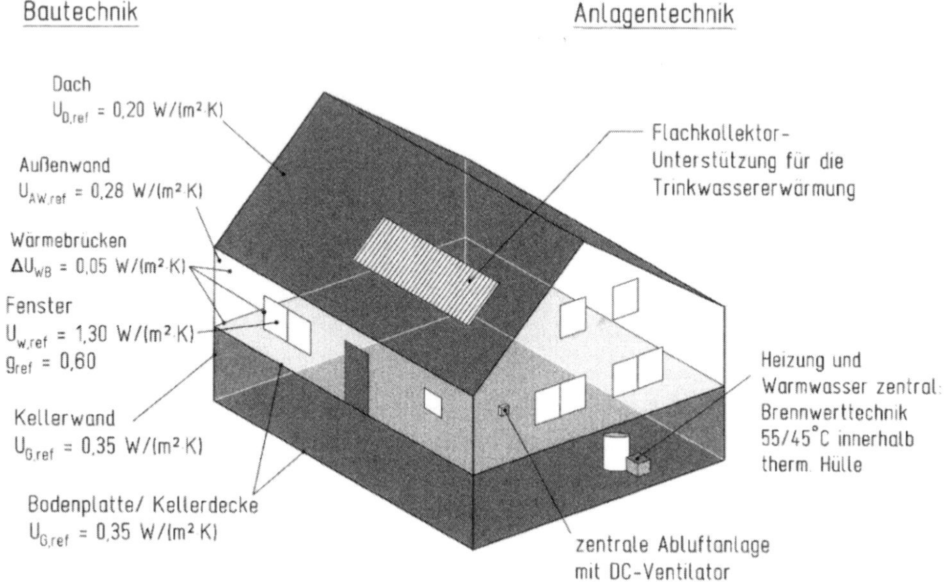

Bild 5.2: Seit der EnEV 2009 werden die Höchstwerte für den Jahres-Primärenergiebedarf durch ein Referenzgebäude vorgegeben – hier die wichtigsten Vorgaben für das Referenz-*Wohn*gebäude

Die Begrenzung des Jahres-Primärenergiebedarfs bedeutet faktisch ein Verbot der elektrischen *Direkt*heizung; für elektrische *Speicher*heizsysteme gab es in den früheren Fassungen der EnEV eine Übergangsregelung und in der EnEV 2009 eine Pflicht zur langfristigen Außerbetriebnahme; diese Pflicht war bereits ab der EnEV 2014 wieder entfallen (s. Abschnitt 5.7.4), da Speicherheizungen künftig zum Abbau von Angebotsspitzen im Stromnetz beitragen können.

Die Höchstwerte für den Jahres-Primärenergiebedarf von zu errichtenden Wohn- bzw. Nichtwohngebäuden werden gemäß GEG 2023 § 15 mit Anlage 1 bzw. § 18 mit Anlage 2 anhand des sog. *Referenzgebäudes* zu $Q_{P,max} \equiv 0{,}55 \cdot Q_{P,ref}$ bestimmt (s. o.). Das heißt, der maximal zulässige Jahres-Primärenergiebedarf wird für das reale Gebäude individuell anhand eines zweiten Gebäudes mit gleicher Geometrie, Ausrichtung und Nutzfläche unter der Annahme standardisierter Bauteile und Anlagentechnik ermittelt – bei Nichtwohngebäuden müssen darüber hinaus die Zonierung sowie die verwendeten Berechnungsverfahren und Randbedingungen beim Referenzgebäude mit der des realen Gebäudes übereinstimmen. Die wichtigsten Randbedingungen des Referenzgebäudes sind beispielhaft für Wohngebäude in Bild 5.2 dargestellt.

Bei Wohngebäuden ist der Energiebedarf für die *Trinkwassererwärmung* (Warmwasserbereitung) zu berücksichtigen, er ist auch in das Referenzgebäude eingearbeitet.

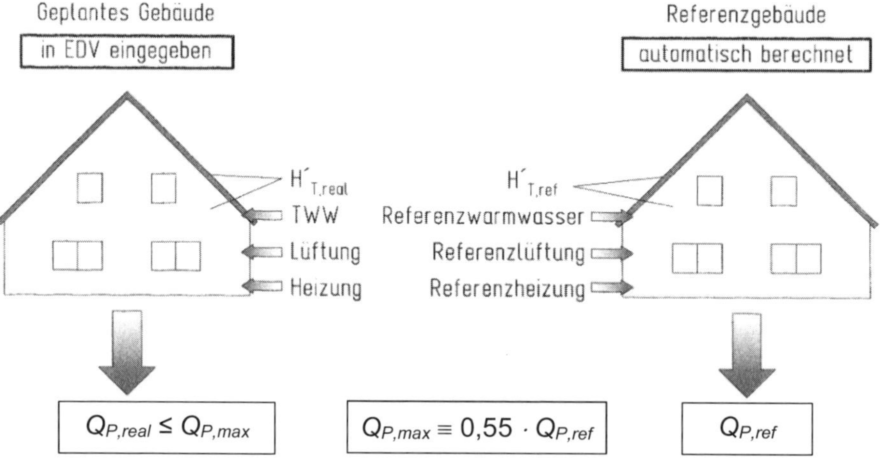

Bild 5.3: Parallele Berechnung von Referenz- und realem Gebäude mit der gleichen Gebäudegeometrie – hier für den Primärenergiebedarf Q_P eines Wohngebäudes

Was bedeutet das Referenzgebäudeverfahren für den Nachweis in der Praxis?

- Der erste Eindruck, dass bei nunmehr *zwei* zu berechnenden Gebäuden der doppelte Aufwand entsteht, täuscht: Grundsätzlich werden GEG-Nachweise heute per EDV geführt, dazu werden
  - die Gebäudegeometrie und -ausrichtung,
  - die Bautechnik,
  - die Anlagentechnik sowie
  - bei Nichtwohngebäuden auch die Zonierung und weitere Randbedingungen

in das Programm eingegeben. Dass programmintern die einmal eingegebene Gebäudegeometrie, -ausrichtung und ggf. Zonierung noch ein zweites Mal mit der Bau- und Anlagentechnik des Referenzgebäudes belegt wird (Bild 5.3), spielt für den Arbeitsaufwand in der Praxis keine Rolle.

- Die *Vorteile* des Referenzgebäudeverfahrens sind:
  - Im Zuge der Weiterentwicklung können in künftigen Ausgaben die Referenzwerte der Bau- und Anlagentechnik einfach angepasst werden (erstmalig durch die EnEV 2014 zum 01.01.2016 erfolgt, s. o.).
  - Nichtwohngebäude mit ihren verschiedenen Nutzungen lassen sich mit dem Referenzgebäudeverfahren sinnvoller erfassen – es gilt somit ein einheitliches Nachweisverfahren für Wohn- und Nichtwohngebäude.
- Die *Nachteile* des Referenzgebäudeverfahrens sind:
  - Die Anforderung an den Jahres-Primärenergiebedarf kann nicht mehr (wie früher) „mal eben" mit dem Formfaktor A/V_e aus einer Tabelle abgelesen werden.
  - Die Vergleichbarkeit mit den Anforderungen der früheren EnEV-Ausgaben ist nicht mehr gegeben.
  - Eine günstige Beeinflussung des Wärmebedarfs durch die Bauplanung mit kompakter Gebäudeform oder überwiegend südorientierten Fenstern (vgl. Abschnitt 2.3) geht sowohl in das reale wie auch das Referenzgebäude ein; damit wirkt sich eine ungünstige Planung beim energetischen Nachweis nicht mehr negativ auf das Ergebnis aus.

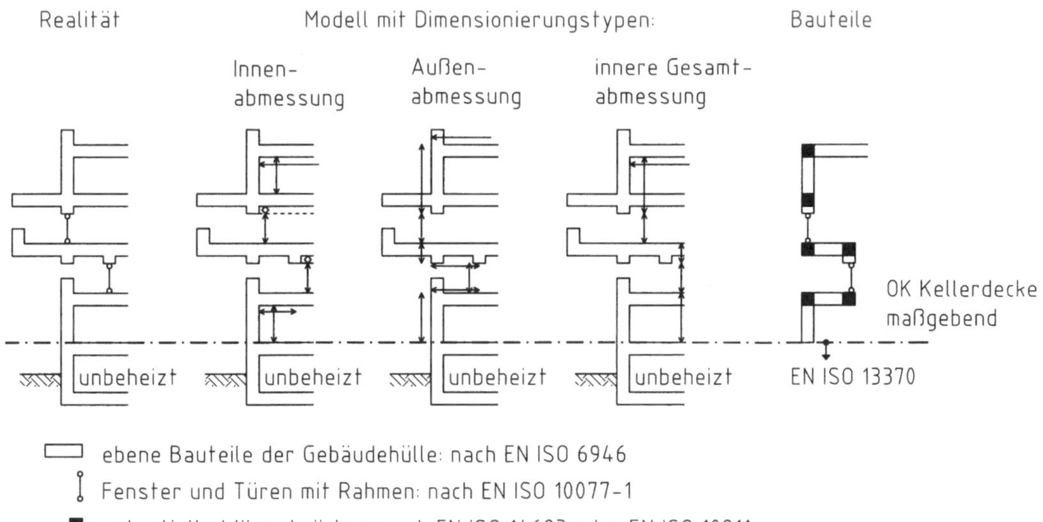

Bild 5.4: Modellierung der Gebäudehülle bei *un*beheizten Kellern mit ebenen und plattenförmigen Bauteilen mit den möglichen Dimensionierungstypen nach EN ISO 13789

Gemäß GEG 2023 § 25 (9) ist die *wärmeübertragende Umfassungsfläche A* (= Fläche der *thermischen Hülle* oder der *Gebäudehülle*, kurz *Hüllfläche*) eines Gebäudes

- nicht mehr für den nur unzureichend definierten Fall „Außenabmessung“ nach EN ISO 13789 [5.33] (Bild 5.4), der nur in [5.34], [5.35] näher definiert war,
- sondern nach den Bemaßungsregeln in DIN V 18599-1 [5.11], 8,

für ein *Ein-Zonen-Modell* (s. u. Abschnitt 5.4.2) – das alle beheizten und gekühlten Räume einschließt – zu bestimmen.

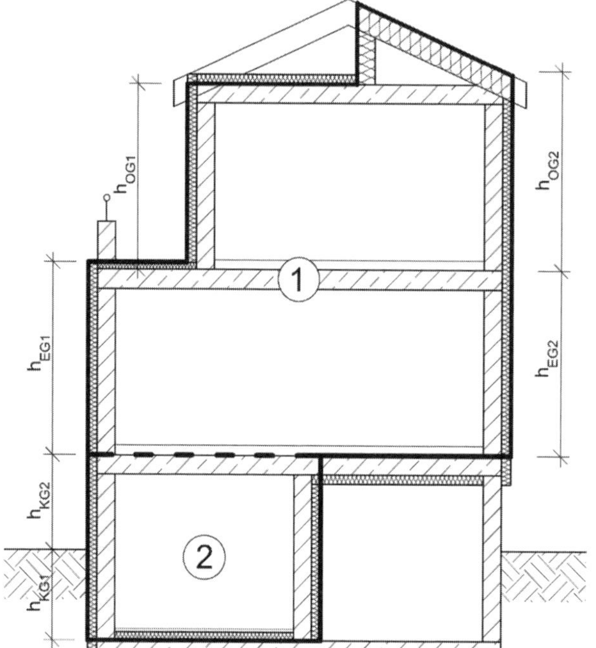

Bild 5.5: Maßsystem „Außenabmessungen“ für Nachweise gemäß GEG (nach [5.36]):

- Zone ①: Obere Begrenzung zur nicht thermisch konditionierten Zone im Dach ist die Oberkante der Rohdecke, obere Begrenzung zur Außenluft im Dach ist dessen äußerste thermisch wirksame Bauteilschicht, untere Begrenzung zur thermisch konditionierten Zone ② im Keller wie auch zur nicht thermisch konditionierten Zone im Keller ist die Oberkante der Rohdecke
- Zone ②: Obere Begrenzung zur thermisch konditionierten Zone ① ist die Oberkante der Rohdecke, untere Begrenzung zum Erdreich ist ebenfalls die Oberkante der Rohdecke

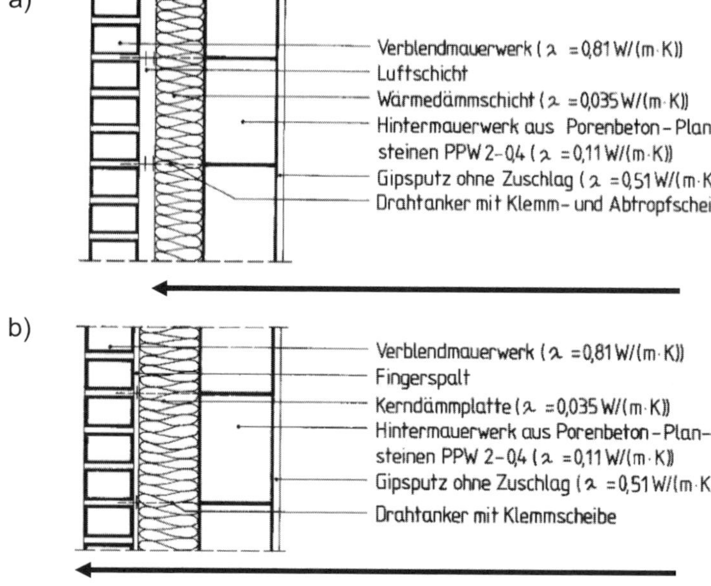

Bild 5.6: Definition der Außenabmessung (Pfeil):

a) bei zweischaligem Mauerwerk mit Luftschicht bis zur Außenkante der Wärmedämmung
b) bei zweischaligem Mauerwerk mit (oben abgedeckter) Kerndämmung bis zur Außenkante des Bauteils

Als Grundrissmaße (in horizontaler Richtung) sind danach anzusetzen (Bild 5.5, vgl. Bild 2.30 in Abschnitt 2.8.2):

- Bei *Außenbauteilen* gelten die *Außenmaße* einschließlich ggf. außenliegender Wärmedämmung und ggf. Außenputz – bei hinterlüfteten Außenwandbekleidungen ist die *Außenkante der Wärmedämmung* anzunehmen (vgl. Bild 3.6b in Abschnitt 3.3). Bei zweischaligem Mauerwerk mit Luftschicht gilt analog die in Bild 5.6a dargestellte Definition; wenn bei Kerndämmung die Hinterlüftung ausgeschlossen wird, gilt die Definition in Bild 5.6b.
- Das nach DIN 4108-2 [5.37] für Fensteröffnungen anzusetzende lichte Rohbaumaß ist – in Abhängigkeit von der Wandausbildung – in Bild 2.128 in Abschnitt 2.15.3 dargestellt.
- Bei *Innenbauteilen* zwischen temperierter und nicht temperierter Zone gelten die *Außenmaße der temperierten Zone*; bei Innenbauteilen zwischen temperierten Zonen gilt das Achsmaß (kommt im Wohnungsbau mit o. g. Ein-Zonen-Modell nicht vor).

Als Maße in Schnitten (in vertikaler Richtung) sind anzusetzen (vgl. Bild 5.5):

- Bezugsmaß ist generell die Oberkante der Rohdecke in allen Ebenen eines Gebäudes, unabhängig von einer eventuell vorhandenen Wärmedämmschicht – das gilt auch für den *unteren* Gebäudeabschluss.
- Eine Ausnahme bildet nur der *obere* Gebäudeabschluss, bei dem die Oberkante der obersten wärmetechnisch anzusetzenden Schicht gilt.

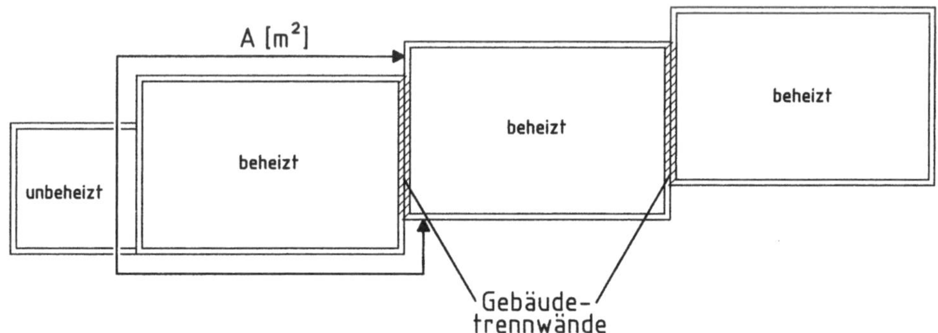

Bild 5.7: Bei der Ermittlung der wärmeübertragenden Umfassungsfläche *A* werden Gebäudetrennwände zu beheizten Nachbargebäuden nicht berücksichtigt (schraffiert in Bildmitte), wohl aber Bauteile zu unbeheizten (links) oder zu niedrig beheizten Räumen

Bei der Wahl der Systemgrenze (= thermische Hülle, in Bild 5.5 durch eine fette Volllinie dargestellt) für die beheizte Zone bestehen gewisse Freiheiten – z. B. kann bei Mehrfamilienhäusern meist frei entschieden werden, inwieweit der Treppenraum in die beheizte Zone einbezogen wird. Kellerabgänge, die nicht vom übrigen beheizten Raum durch Decken und Wände getrennt sind, müssen jedoch einbezogen werden.

Bei aneinandergereihter Bebauung sind gemäß GEG 2023 § 29 (1) die Gebäudetrennwände zwischen Gebäuden mit normaler Innentemperatur ($\theta_i \geq 19$ °C) als nicht wärmedurchlässig anzunehmen (Bild 5.7, vgl. auch Bild 2.50 in Abschnitt 2.11.1) und daher bei der Ermittlung von A nicht zu berücksichtigen.

Gemäß GEG 2023 § 25 (10) ist das *beheizte Gebäudevolumen* V_e in m³ (Index „*e*“ für engl. *external* = außen) das Volumen, das von der wärmeübertragenden Umfassungsfläche A umschlossen wird; es ist als Bruttovolumen mit den o. g. Außenabmessungen zu bestimmen. Ebenfalls gemäß GEG 2023 § 25 (10) wird – durch Verweis auf DIN V 18599-1 [5.11] – die beheizte Gebäudenutzfläche bei Wohngebäuden in m² ermittelt zu

$$A_N = 0{,}32 \cdot V_e \tag{5.1}$$

bzw. bei durchschnittlicher Geschosshöhe $h_G > 3{,}00$ m oder $h_G < 2{,}50$ m zu

$$A_N = (1/h_G - 0{,}04\ \text{m}^{-1}) \cdot V_e \tag{5.2}$$

h_G durchschnittliche Geschosshöhe in m (von OK Fußboden zu OK Fußboden gemessen, s. auch *Auslegung* zu § 25 Absatz 10 GEG [5.30])

V_e beheiztes Gebäudevolumen in m³

Hinweis: Für $h_G = 2{,}77$ m ergibt sich nach Gl. (5.2) der Faktor von 0,32 aus Gl. (5.1)!

Der generelle Bezug des zulässigen Jahres-Primärenergiebedarfs auf die Gebäudenutzfläche A_N als Energiebezugsfläche soll bei Wohngebäuden zur Allgemeinverständlichkeit beitragen [5.31]; nachteilig ist jedoch, dass A_N i. d. R. deutlich größer ist als die Nutzfläche gemäß DIN 277-1 [5.38] oder die Wohnfläche gemäß Wohnflächenverordnung [5.39].

Zur Bilanzierung des Jahres-Primärenergiebedarfs und zum Nachweis gemäß GEG 2023 s. Abschnitt 5.6.

B Jahres-Endenergiebedarf Q_E und CO_2-Emission

Für den Jahres-Endenergiebedarf Q_E (Heizung und ggf. Warmwasser) ist im GEG kein Höchstwert festgelegt – er ist dennoch für die Erstellung des Energieausweises (s. Abschnitt 5.8) als Teil der *ersten Nebenanforderung* (und als Zwischenschritt der Berechnung) zu ermitteln (s. Abschnitt 5.6).

Weiter gehört zu dieser *ersten Nebenanforderung* seit Einführung des GEG 2020/23 [5.1], [5.2] die informative Angabe der CO_2-Emission des Gebäudes (s. ebenfalls Abschnitt 5.6) – auch dieser Wert ist in den Energieausweis einzutragen (er wird voraussichtlich in Zukunft zur Nachweisgröße, s. Abschnitt 6.2).

C Baulicher Wärmeschutz der Gebäudehülle

Gemäß GEG 2023 § 11 [5.1], [5.2] müssen alle Bauteile, die gegen die Außenluft, das Erdreich oder gegen Gebäudeteile mit wesentlich niedrigeren Innentemperaturen abgrenzen – kurz die Bauteile der Gebäudehülle –, den Mindestwärmeschutz nach DIN 4108-2 (vgl. Abschnitt 2.6) und den Feuchteschutz nach DIN 4108-3 (vgl. Abschnitt 2.14) erbringen.

Bei den Anforderungen an den baulichen Wärmeschutz der Gebäudehülle als *zweite Nebenanforderung* sind darüber hinaus Wohn- und Nichtwohngebäude zu unterscheiden:

- Bei zu errichtenden *Wohngebäuden* durfte nach GEG 2020 § 16 (wie bereits nach EnEV 2014 seit 2016) der auf die wärmeübertragende Umfassungsfläche A (= Hüllfläche) bezogene, spezifische Transmissionswärmeverlust H'_T in W/(m² · K) als *zweite Nebenanforderung* den am Referenzgebäude ermittelten Wert $H'_{T,ref}$ nicht überschreiten. Zum 01.01.2023 sollte gemäß Referentenentwurf zum GEG 2023 vom 29.04.2022 die Anforderung auf das Niveau des bisherigen *KfW-Effizienzhauses 55* verschärft werden (vgl. Abschnitt 1.4.8), d. h., $H'_{T,max} \equiv 0{,}70 \cdot H'_{T,ref}$ sollte nicht überschritten werden (Bild 5.8); die Anforderung wurde jedoch im gültigen GEG 2023 wieder auf $H'_{T,max} \equiv H'_{T,ref}$ zurückgenommen. *Hinweis*: Beim auf die Hüllfläche bezogenen spezifischen Transmissionswärmeverlust H'_T handelt es sich – erkennbar an der Dimension W/(m² · K) – um einen mittleren Wärmedurchgangskoeffizienten (U-Wert) der Gebäudehülle, allerdings (s. Abschnitte 5.4.1 und 5.4.2)
  - gewichtet mit den Flächen der Bauteile in der Gebäudehülle,
  - bewertet mit unterschiedlichen Temperaturrandbedingungen und
  - unter Berücksichtigung von Wärmebrücken (s. dazu Abschnitt 5.5).

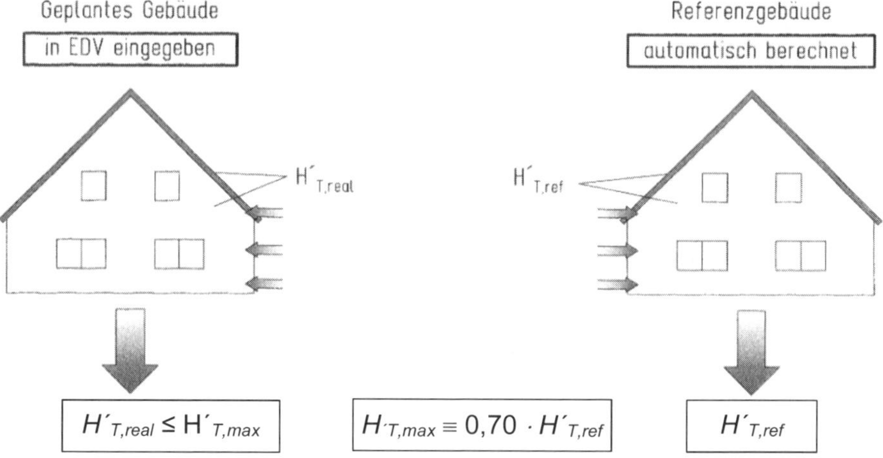

Bild 5.8: Parallele Berechnung von Referenz- und realem Gebäude mit der gleichen Gebäudegeometrie bei einem Wohngebäude – hier für den auf die wärmeübertragende Umfassungsfläche *A* bezogenen spezifischen Transmissionswärmeverlust H'_T gemäß *Referentenentwurf* zum GEG 2023 (= früheres *KfW-Effizienzhaus 55*)

- Bei zu errichtenden *Nichtwohngebäuden* sind gemäß GEG 2023 § 19 die Höchstwerte der mittleren Wärmedurchgangskoeffizienten U_m der wärmeübertragenden Umfassungsfläche nach GEG Anlage 3 für alle Bauteilgruppen $j = 1, \ldots, 4$ einzuhalten (Tabelle 5.4). Zum entsprechenden Nachweis s. Abschnitt 5.4.3.

Die Berechnung ist für Zonen mit unterschiedlichen Raum-Solltemperaturen im Heizfall – d. h. für Raum-Solltemperaturen von $\theta_i \geq 19°C$ bzw. von $\theta_i \geq 12$ bis < 19 °C – getrennt durchzuführen.

Tabelle 5.4: Höchstwerte der mittleren Wärmedurchgangskoeffizienten U_m der wärmeübertragenden Umfassungsfläche *A* (Hüllfläche) bei zu errichtenden Nichtwohngebäuden

j	**Bauteilgruppen**	**Höchstwerte der mittleren Wärmedurchgangskoeffizienten bei**	
		Zonen mit Raum-Solltemperaturen im Heizfall von $\theta_i \geq 19°C$	**Zonen mit Raum-Solltemperaturen im Heizfall von $\theta_i \geq 12$ bis < 19 °C**
1	opake Außenbauteile, soweit nicht in Bauteilen der Nrn. 3 und 4 enthalten	$U_{m,max}$ = 0,28 W/(m² · K)	($U_{m,max}$ = 0,50 W/(m² · K)
2	transparente Außenbauteile, soweit nicht in Bauteilen der Nrn. 3 und 4 enthalten	$U_{m,max}$ = 1,5 W/(m² · K)	$U_{m,max}$ = 2,8 W/(m² · K)
3	Vorhangfassaden	$U_{m,max}$ = 1,5 W/(m² · K)	$U_{m,max}$ = 3,0 W/(m² · K)
4	Glasdächer, Lichtbänder, Lichtkuppeln	$U_{m,max}$ = 2,5 W/(m² · K)	$U_{m,max}$ = 3,1 W/(m² · K)

D Dichtheit des gesamten Gebäudes

Als *dritte Nebenanforderung* ist nach GEG 2023 §§ 13 [5.1], [5.2] ein Gebäude so zu errichten, dass es dauerhaft luftundurchlässig ist. Zum Nachweis muss nach GEG 2023 § 26 (2) die nach Gl. (2.74) in Abschnitt 2.13.3 berechnete Netto-Luftwechselrate des gesamten Gebäudes gemäß DIN EN ISO 9972, Anhang NA [5.40] bei Neubauten

- mit raumlufttechnischer Anlage (auch Abluftanlage) bei $n_{L50} \leq 1{,}5\ h^{-1}$ und
- ohne raumlufttechnische Anlage bei $n_{L50} \leq 3{,}0\ h^{-1}$

liegen (vgl. Abschnitt 2.13.3).

Bei Gebäuden mit einem Luftvolumen $V > 1500$ m³ darf nach GEG 2023 § 26 (3) alternativ der gemessene Luftvolumenstrom auf die Hüllfläche des Gebäudes bezogen werden, d. h., die hüllflächenbezogene Luftdichtheit $q_{E50} = q_{env,50}$ (engl. *envelope* = Hüllfläche, letztere Bezeichnung nach EN 12831-1 [5.41], [5.42]) in m³/(h · m²) darf nach Gl. (2.75) in Abschnitt 2.13.3 ermittelt werden. Diese muss dann einhalten

- mit raumlufttechnischer Anlage (auch Abluftanlage) $q_{E,50} \leq 2{,}5$ m³/(h · m²) und
- ohne raumlufttechnische Anlage $q_{E,50} \leq 4{,}5$ m³/(h · m²).

E Energiesparender sommerlicher Wärmeschutz

Als *zweite Hauptanforderung* ist gemäß GEG 2023 § 14 [5.1], [5.2] ein Nachweis des sommerlichen Wärmeschutzes entsprechend DIN 4108-2 [5.37], 8, zu führen (vgl. Abschnitt 2.15.3).

Wird zur Berechnung ein ingenieurmäßiges Verfahren (Simulationsrechnung) genutzt, so dürfen die berechneten Übertemperatur-Gradstunden die Höchstwerte nach DIN 4108-2 [5.37], Tabelle 9, nicht überschreiten (vgl. Tabelle 2.52 in Abschnitt 2.15.3). Wird eine Simulationsrechnung durchgeführt, so sind gemäß GEG 2023 § 14 (4) bauliche Maßnahmen zum sommerlichen Wärmeschutz so weit vorzusehen, wie sie sich innerhalb der üblichen Nutzungsdauer durch die Einsparung von Kühlenergie amortisieren.

Werden Wohngebäude mit RLT-Anlagen ausgestattet, die Raumluft unter Energieeinsatz kühlen, so muss die sommerliche Kühlung mithilfe von DIN V 18599 [5.12] in der Energiebilanz erfasst werden; DIN V 4108-6 [5.4] mit DIN V 4701-10 [5.6], [5.7] (s. Abschnitt 5.4) darf nur für Wohngebäude verwendet werden, die nicht gekühlt werden.

F Energetische Qualität der Anlagentechnik

Als *dritte Hauptanforderung* findet sich im GEG 2023 §§ 57 ff. [5.1], [5.2] eine Vielzahl von Anforderungen an die energetische Qualität verschiedener Komponenten der Anlagentechnik – hier einige, die übliche Wohngebäude betreffen:

- Für die gesamte Anlagentechnik gilt nach GEG 2023 § 57 ein Verschlechterungsverbot in energetischer Hinsicht, d. h., bei Änderung oder Erneuerung einer Heizungs-, Kühl-, RLT- oder Trinkwassererwärmungsanlage darf deren energetische Qualität nicht schlechter sein als die der vorherigen Anlage.
- Gemäß GEG 2023 §§ 58 bis 60 sind sämtliche Anlagen sachgerecht zu bedienen und instand zu halten; energiebedarfssenkende Einrichtungen sind zu erhalten und bestimmungsgemäß zu nutzen.
- Wird eine Zentralheizung eingebaut, so ist diese nach GEG §§ 61 und 62 mit zentralen selbsttätig wirkenden Einrichtungen zur Nacht-/Wochenendabschaltung sowie zur Ein- und Ausschaltung elektrischer Antriebe auszustatten – dies kann bei Nah- oder Fernwärmeversorgung auch zentral durch den Versorger erfolgen. Diese Einrichtungen sind i. d. R. über die Außenlufttemperatur und die Zeit zu steuern. (Sofern im Bestand fehlend, sind solche Einrichtungen bis 30.09.2021 nachzurüsten.)
- Gemäß GEG 2023 § 63 sind Heizungsanlagen – ausgenommen Einzelheizungen – mit selbsttätigen Einrichtungen zur raumweisen Regelung der Raumtemperatur (Thermostatventilen) auszustatten.
- Entsprechend GEG 2023 § 64 müssen Umwälzpumpen von Heizsträngen mit > 25 kW Nennleistung eine selbsttägige Leistungsregelung aufweisen. Zirkulationspumpen im Trinkwarmwasserstrang müssen mit einer selbsttätigen Einrichtung zur Ein- und Ausschaltung ausgestattet sein.
- Zur in GEG 2023 §§ 69 und 71 geforderten Dämmung von Wärmeverteilungs- und Warmwasserleitungen sowie den zugehörigen Armaturen s. Tabelle 4.3 mit Bild 4.19 in Abschnitt 4.2.4 sowie Abschnitt 4.3.2.
- Laut GEG 2023 § 72 dürfen vor dem 01.01.1991 eingebaute Heizkessel ab sofort, später aufgestellte nach Ablauf von 30 Jahren nicht mehr betrieben werden. Ferner gilt ab 1. Januar 2026 ein Verbot für neue Heizkessel, die mit Heizöl oder festen fossilen Brennstoffen befeuert werden – ausgenommen sind Bestandsgebäude,

- bei denen der Wärme- und Kälteenergiebedarf anteilig durch erneuerbare Energien gedeckt wird oder
- bei denen kein Anschluss an ein Gasversorgungs- oder Fernwärmeversorgungsnetz hergestellt werden kann.

- In GEG 2023 §§ 107 gibt es noch den sog. *erweiterten Quartiersansatz*, d. h., nicht nur z. B. ein gemeinsames BHKW für mehrere Gebäude ist möglich (wie bisher), sondern alle Anforderungen des GEG dürfen gemeinsam vom Quartier erfüllt werden.

In GEG 2023 §§ 65 bis 68 finden sich darüber hinaus Vorgaben für Klimaanlagen und in §§ 74 bis 78 für ihre regelmäßige energetische Inspektion: Alle zehn Jahre sind Klimaanlagen mit > 12 kW Nennleistung durch eine fachkundige Person zu inspizieren – damit ist nicht die regelmäßige Wartung durch Handwerker gemeint, sondern eine ingenieurmäßige Prüfung der Komponenten und der Anlagendimensionierung (s. auch die Auslegungen dazu in [5.30] sowie Abschnitt 5.9.1). Dies betrifft v. a. Nichtwohngebäude, denn Klimaanlagen sind in Wohngebäuden, die für den sommerlichen Wärmeschutz gemäß DIN 4108-2 [5.37], 8, nachgewiesen wurden, nicht erforderlich (vgl. Abschnitt 2.15.3).

5.3.2 Besondere Anforderungen an die Nutzung erneuerbarer Energien

Im GEG 2023 [5.1], [5.2] §§ 34 bis 45 finden sich jetzt die Anforderungen, die früher im Erneuerbare-Energien-Wärmegesetz (EEWärmeG) [5.44] enthalten waren. Gefordert wird, dass der Wärmebedarf von Neubauten und von grundlegend sanierten öffentlichen Gebäuden (sog. *Vorbildfunktion* öffentlicher Bauten) teilweise aus erneuerbaren Energien gedeckt werden muss.

Unterschieden werden im Folgenden

- die *Mindestanforderungen* an die Anlagentechnik in GEG § 34 bis § 45 (und § 52 bis § 56 im Bestand) und
- die *Förderfähigkeit* von Anlagen in GEG § 89 bis § 91 – hier GEG § 89:

> „Die Nutzung erneuerbarer Energien für die Erzeugung von Wärme oder Kälte, die Errichtung besonders energieeffizienter und die Verbesserung der Energieeffizienz bestehender Gebäude können durch den Bund nach Maßgabe des Bundeshaushaltes gefördert werden.
>
> Gefördert werden können
>
> 1. Maßnahmen zur Nutzung erneuerbarer Energien für die Erzeugung von Wärme oder Kälte in bereits bestehenden Gebäuden nach Maßgabe des § 90,
>
> 2. Maßnahmen zur Nutzung erneuerbarer Energien für die Erzeugung von Wärme oder Kälte in neu zu errichtenden Gebäuden nach Maßgabe des § 90, wenn die Vorgaben des § 91 eingehalten werden,
>
> 3. Maßnahmen zur Errichtung besonders energieeffizienter Gebäude, wenn mit der geförderten Maßnahme die Anforderungen nach den §§ 15 und 16 sowie nach den §§ 18 und 19 übererfüllt werden, und
>
> 4. Maßnahmen zur Verbesserung der Energieeffizienz bei der Sanierung bestehender Gebäude, wenn mit der geförderten Maßnahme die Anforderungen nach den §§ 47 und 48 sowie § 50 und nach den §§ 61 bis 73 übererfüllt werden. …“

GEG § 90 präzisiert die förderfähigen Anlagen – genannt sind Solarthermie, Biomasse sowie Geothermie und Umweltwärme. GEG § 91 legt fest, dass bei zu errichtenden Gebäuden nur Anlagen und Gebäudehüllen gefördert werden können, die die einen höheren Anspruch als die Mindestanforderungen erfüllen (allgemeiner Grundsatz des Subventionsrechts).

Die Anforderungen an beheizte und/oder gekühlte Gebäude mit einer Nutzfläche > 50 m² sind in Tabelle 5.5 mit Bild 5.9 zusammengestellt – mit dem GEG 2020/23 neu hinzugekommen ist die Deckung des Wärme-/Kälteenergiebedarfs durch Strom aus gebäudenah (= in unmittelbarem räumlichen Zusammenhang) erzeugten erneuerbaren Energien (i. d. R. Photovoltaik, vgl. Abschnitt 4.5 – Kleinwindanlagen sind im Allgemeinen unrentabel). Die Anforderungen sind je nach gewählter Technik unterschiedlich hoch, um die Eigenheiten der jeweiligen Technologie zu berücksichtigen.

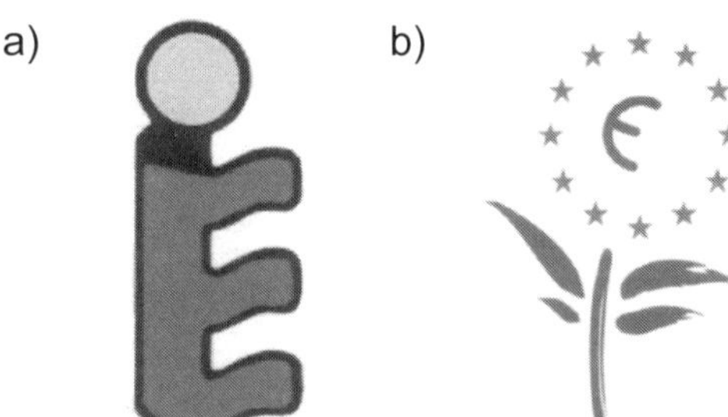

Bild 5.9: In Tabelle 5.5 genannte Kennzeichen
a) *Solar Keymark* (wird immer zusammen mit dem nationalen Zeichen der ausstellenden Organisation vergeben, z. B. mit dem Zeichen ‚DIN geprüft' von DINCERTCO)
b) Europäisches Umweltzeichen, sog. ‚Euroblume'

Bezugsgröße für den Mindestanteil an erneuerbaren Energien ist keine der in Abschnitt 1.2 genannten Bearbeitungsstufen der Energie, sondern der abweichend definierte *Wärme- und Kälteenergiebedarf* – eine Zwischenstufe zwischen Endenergie- und Nutzenergiebedarf als Wärmebedarf für Heizung bzw. Kühlung zuzüglich Übergabe-, Verteilungs- und Speicherverlusten, aber ohne Verluste bei der Erzeugung (s. beispielhaft zum Wärmeenergiebedarf Bild 5.10, s. auch Bild 5.33 in Abschnitt 5.6.2).

Statt der in Tabelle 5.5 genannten Anforderungen dürfen auch *Ersatzmaßnahmen* nach GEG 2023 § 42 bis § 45 vorgenommen werden (Tabelle 5.6), die auf andere Weise die angestrebten Klimaschutzziele erfüllen – z. B. kann die Nutzung erneuerbarer Energien für die Heizwärmeerzeugung durch eine Unterschreitung der Anforderungen des GEG 2023 an die Dämmung der Gebäudehülle ($H'_{T,max}$ oder $U_{m,max}$, vgl. Abschnitt 5.2.1) um mindestens 15 % abgelöst werden.

Zusammengefasst muss der Gebäudeeigentümer nachweisen, dass
- entweder der in Tabelle 5.5 genannte Anteil erneuerbarer Energien genutzt wird
- oder eine Ersatzmaßnahme nach Tabelle 5.6 ausgeführt wurde,

auch eine Kombination von beiden ist möglich.

Tabelle 5.5: Anforderungen des GEG 2023 an die Nutzung erneuerbarer Energien zur Wärme- und Kälteerzeugung bei zu errichtenden Gebäuden

Deckung des Wärme-/ Kälteenergiebedarfs durch	**Mindestanteil der Deckung**	**Anforderung im Detail**	**Anforderung nachzuweisen durch**	
			Planer, ggf. zusätzlich	**Hersteller bzw. Lieferant**
Solarthermie oder sonstige solare Strahlungswärme	15 %	EFH/ZFH: 0,04 m² Kollektorfläche pro m² Nutzfläche A_N MFH: 0,03 m² Kollektorfläche pro m² Nutzfläche A_N	Unternehmererklärung	Anlage: *Solar Keymark* [1) 2)]
Strom aus erneuerbaren Energien (gebäudenah)	15 %	Nennleistung in kW ≥ $0{,}03 \cdot A_N/n$ (A_N = Nutzfläche in m², n = Anzahl d. beheizten od. gekühlten Geschosse)	Unternehmererklärung	
Geothermie oder Umweltwärme (Wärmepumpe)	50 %	Elektro-, Gasmotor- od. Gasabsorptionswärmepumpen erfüllen die Mindestanforderungen für die Vergabe des EU-Umweltzeichens nach Richtlinie 2009/28/EG [2)]	Unternehmererklärung	Anlage: Umweltzeichen ‚Euroblume' [1) 2)]
feste Biomasse	50 %	kleine und mittlere Feuerungsanlagen und Brennstoffe gemäß 1. BImSchV, und zwar – Biomassekessel oder – automatisch beschickte Biomasseöfen mit Wasser als Wärmeträger Umwandlungswirkungsgrad bei Heizung und Trinkwassererwärmung ≥ 89 % [2)]	Unternehmererklärung	Verwendete Biomasse: Brennstoffhandel
flüssige Biomasse	50 %	Nutzung in KWK-Anlage oder Brennwertkessel		
gasförmige Biomasse	30 %	Nutzung in KWK-Anlage (bei Biomethan: analog Einspeisung ins Gasnetz)	Unternehmererklärung	Verwendetes Biogas: Gaslieferant
	50 %	Nutzung in Brennwertkessel (bei Biomethan: analog Einspeisung ins Gasnetz)		
Raumkälte aus erneuerbaren Energien	50 % wie oben	*direkt* (= nicht durch Kompressionskältemaschinen) aus Erdreich/Oberflächengewässer *indirekt* aus Wärme aus o. g. regenerativen Energien	Unternehmererklärung	

1) S. Bild 5.9.

2) Förderkriterium nach GEG § 90, keine GEG-Anforderung.

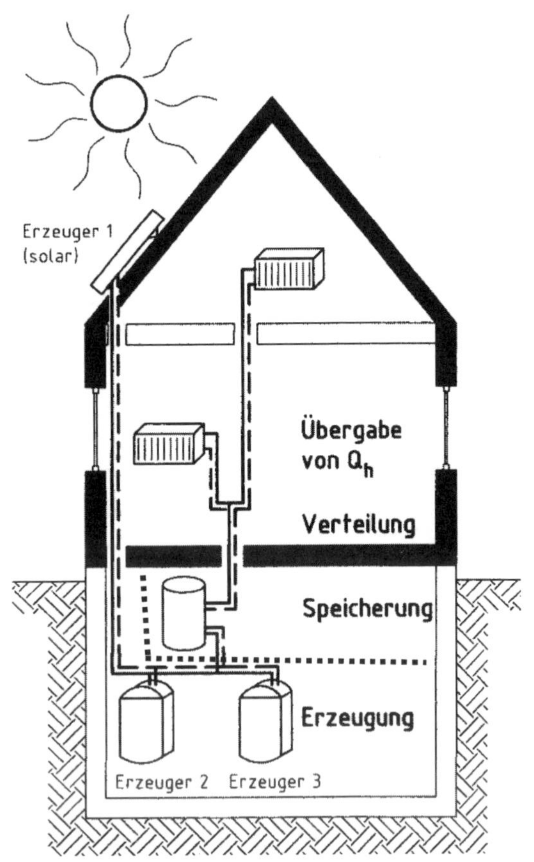

Bild 5.10: Der Wärmeenergiebedarf (hier, beispielhaft dargestellt an einem Heizstrang) errechnet sich aus allen Wärmeenergieanteilen, die die Punktlinie unter dem Speicher überqueren; bei Gebäude*kühlung* ist der entsprechende Energieanteil zusätzlich einzubeziehen (nach [5.43])

Wie werden die Anforderungen an den Einsatz erneuerbarer Energien in der Praxis erfüllt? Gängige Alternativen sind

- der Einbau einer thermischen Solaranlage, bei einem Einfamilienhaus mit 125 m² Nutzfläche z. B. reichen $0{,}04 \cdot 125\ m^2 = 5\ m^2$ Aperturfläche des Kollektors (mit europäischem Prüfzeichen *Solar Keymark*, vgl. Bild 5.9),
- der Einbau einer Photovoltaik-Anlage, beim o. g. Einfamilienhaus z. B. (angenommen $n = 2$ Geschosse) reicht eine Nennleistung von $P_{STC} \geq 0{,}03 \cdot A_N/n = 0{,}03 \cdot 125/2 = 1{,}9$ kW_p entsprechend ca. 10 bis 15 m² Modulfläche (vgl. Abschnitt 4.5),
- der Einbau einer Holzpelletheizung oder einer Wärmepumpe, die jeweils ≥ 50 % des Wärmeenergiebedarfs liefert,
- als Ersatzmaßnahme eine Unterschreitung der Anforderungen des GEG 2023 an die Gebäudehülle (H'_T) um mindestens 15 %

oder eine Kombination davon. Mit Einführung des GEG 2023 dürfte v. a. der gebäudenahe Einsatz von Strom aus erneuerbaren Energien – praktisch v. a. Photovoltaik – zunehmen. Wenn entsprechende Nah- oder Fernwärmenetze vorhanden sind (Tabelle 5.6, letzte Zeile), kann durch Gemeindesatzung gemäß GEG § 109 ein Anschlusszwang durchgesetzt werden. Die Bundesländer können die Pflicht zur Nutzung erneuerbarer Energien durch Landesvorschriften erweitern und auf Bestandsgebäude ausweiten.

Tabelle 5.6: Ersatzmaßnahmen zur Erfüllung des GEG 2023 an die Nutzung erneuerbarer Energien zur Wärme- und Kälteerzeugung bei zu errichtenden Gebäuden

Deckung des Wärme-/ Kälteenergiebedarfs durch	Mindestanteil der Deckung	Anforderung im Detail	Anforderung nachzuweisen durch	
			Planer, ggf. zusätzlich	Hersteller bzw. Lieferant
Abwärme	50 %	bei Nutzung für Raumkälte s. Tabelle 5.5, ansonsten: Stand der Technik	Unternehmererklärung	
Kraft-Wärme-Kopplung (KWK)	50 %	bei hocheffizienter KWK-Anlage gemäß KWK-Gesetz	Unternehmererklärung	ggf. Anlagenbetreiber
	40 %	bei Brennstoffzellenheizung		
Maßnahmen zur Einsparung von Energie	–	Verbesserung der Wärmedämmung, d. h. – $H'_{T,real} \leq 85$ % von $H'_{T,max}$ od. – $U_{m,real} \leq 85$ % von $U_{m,max}$		
Nah- oder Fernwärme/-kälte (ggf. Anschlusszwang)	100 %	Netz wesentlich aus erneuerbaren Energien bzw. zu ≥ 50 % aus Abwärme oder KWK gespeist		Wärmenetzbetreiber

Der Nachweis des Einsatzes erneuerbarer Energien ist nach GEG §§ 92 ff. grundsätzlich Aufgabe des Bauherrn bzw. Eigentümers, der der zuständigen Landesbehörde eine entsprechende Erfüllungserklärung vorlegen muss. Ausstellungsberechtigt für die dafür notwendigen Nachweise sind Sachkundige, die gemäß GEG § 88 Energieausweise ausstellen dürfen (s. Abschnitt 5.8.4). Im Rahmen dieser Erfüllungserklärung wird sich der Bauherr bzw. Eigentümer auch auf sog. Unternehmererklärungen nach GEG § 96 stützen, in denen das ausführende Unternehmen unverzüglich nach Fertigstellung

- nicht nur die ordnungsgemäße Ausführung,
- sondern auch die Einhaltung der in Tabelle 5.5 genannten Detailanforderungen und die ggf. vom eingebauten Produkt geführten Kennzeichen (vgl. Bild 5.9)

bestätigt. Brennstoffhändler oder Gaslieferanten müssen dem Eigentümer mit der Abrechnung bestätigen, dass die von ihnen gelieferten Brennstoffe die in Tabelle 5.5 genannten Anforderungen – beispielsweise die Mindestanteile an Biomethan – erfüllen. Die Rechnungen über die Lieferung von Biomasse sind jeweils fünf Jahre aufzuheben und o. g. Behörde auf Verlangen vorzulegen – der Liefervertrag jedoch unaufgefordert innerhalb eines Monats nach Fertigstellung bzw. späterem Wechsel des Lieferanten.

Hinweis: Gemäß GEG §§ 89 bis 91 kann die Nutzung erneuerbarer Energien für die Erzeugung von Wärme oder Kälte finanziell gefördert werden, wenn diese anspruchsvoller als die Mindestanforderungen sind (s. u.). Subventionsrechtlich dürfen Mindestmaßnahmen nicht gefördert werden; geringe Mehrinvestitionen können aber ggf. zu hohen Förderzuschüssen führen!

Grundsätzlich förderfähig ist die Errichtung oder Erweiterung
- von solarthermischen Anlagen,
- von Anlagen zur Nutzung von Biomasse,
- von Anlagen zur Nutzung von Geothermie und Umweltwärme (mithilfe von Wärmepumpen) oder
- von Wärmenetzen/Speichern/Übergabestationen, wenn sie durch die zuvor genannten erneuerbaren Energien gespeist werden.

Fördervoraussetzung ist hier eine bessere energetische Qualität als die Mindestanforderung (in Tabelle 5.5 mit Fußnote [2] gekennzeichnet).

Die eigentliche Förderung erfolgt – im Neubau wie im Bestand – durch die *Bundesförderung für effiziente Gebäude* (BEG), in der die bisherigen Förderprogramme der KfW-Förderbank und des Bundesamtes für Wirtschaft und Ausfuhrkontrolle (BAFA) zusammengefasst wurden [5.45], [5.46] – beim BAFA werden auch Listen der förderfähigen Anlagen geführt.

5.3.3 Zusammenfassung der Anforderungen und Nachweise

Zusammenfassend sind in Bild 5.11 die Anforderungen und Nachweise gemäß GEG 2023 [5.1], [5.2] für zu errichtende Gebäude zusammengestellt. Die Anforderungen und Nachweise finden sich
- zum Mindestwärmeschutz von Bauteilen in Abschnitten 2.6, 2.9, 2.10 und 2.11,
- zum Feuchteschutz von Bauteilen in Abschnitt 2.14,
- zum sommerlichen Wärmeschutz von Aufenthaltsräumen in Abschnitt 2.15 sowie
- zur Luftdichtheit der thermischen Hülle in Abschnitt 2.13.

Die weiteren Anforderungen wurden in den vorangegangenen Abschnitten 5.3.1 und 5.3.2 vorgestellt. Die zugehörigen Berechnungen und Nachweise
- folgen zum spezifischen Transmissionswärmeverlust H'_T der thermischen Hülle bei *Wohngebäuden* in den Abschnitten 5.4.1 und 5.4.2 bzw.
- für die mittleren Wärmedurchgangskoeffizienten U_m bei *Nichtwohngebäuden* in Abschnitt 5.4.3;

die Anforderungen an die energetische Qualität der Anlagentechnik wurden bereits in den Abschnitten 5.3.1 und 5.3.2 genannt.

Die Berechnungen und Nachweise
- zur energetischen Erfassung von Wärmebrücken finden sich in Abschnitt 5.5 sowie
- zum Jahres-Primärenergiebedarf Q_P des Gebäudes, zum Jahres-Endenergiebedarf (bei Wohngebäuden mit Energieeffizienzklasse) und zum CO_2-Äquivalent folgen in Abschnitt 5.6.

Angaben zur Ausstellung von Energieausweisen finden sich schließlich in Abschnitt 5.8.

Erforderliche Nachweise für zu errichtende Gebäude

Anforderungen des GEG 2023	Zugehörige Nachweisverfahren
Bauteile der thermischen Hülle	**Bauteile der thermischen Hülle**
1. Mindestwärmeschutz (GEG § 11)	1. Mindestwärmeschutz nach DIN 4108-2 → u.a.EN ISO 6946
2. Feuchteschutz (GEG § 11)	2. Feuchteschutz nach DIN 4108-3 → EN ISO 13788
3. Wärmebrücken (GEG § 12)	3. Wärmebrücken nach DIN 4108-2 mit Bbl. 2 → EN ISO 10211
Aufenthaltsräume	**Aufenthaltsräume**
4. baulicher sommerlicher Wärmeschutz (GEG § 14)	4. sommerlicher Wärmeschutz nach DIN 4108-2 (Abschnitt 8)
Gesamte thermische Hülle	**Gesamte thermische Hülle**
5. Luftdichtheit (GEG § 13)	5. Luftdichtheit nach EN ISO 9972 mit DIN EN ISO 9972/NA
6a. WG: spezif. Transmissionswärmeverlust/-transferkoeffizient des realen Gebäudes ≤ dem des Referenzgebädes (GEG § 16)	6a. WG: spezif. Transmissionswärmeverlust/-transferkoeffizient nach DIN V 18599, bis Ende 2023 auch nach DIN V 4108-6
6b. NWG: Höchstwerte der mittleren Wärmedurchgangskoeff. der Bauteile der wärmeübertrag. Umfassungsfläche (GEG § 19)	6b. NWG: Höchstwerte der mittleren Wärmedurchgangskoeff. nach GEG Anlage 3 gruppenweise einhalten
Energetische Qualität der Anlagentechnik	**Energetische Qualität der Anlagentechnik**
7. Allg. Anforderunen an Wärmeverteilung, Raumlufttechnik, Dämmung von Rohrleitungen usw. (GEG § 61 ff.)	7. U.a. geregelte Pumpen, Thermostatventile, Mindestdicke der Dämmung von Rohrleitungen nach GEG § 61 ff. mit Anlage 8
8. *Pflich*t zur Nutzung erneuerbarer Energien zur Wärme- und Kälteerzeugung (GEG § 34 ff.)	8. *Mindest*nutzung von Solarthermie, Biomasse, Umweltwärme usw. – zu möglichen Ersatzmaßnahmen s. GEG § 42 ff.
9. *Förderung* der Nutzung erneuerbarer Energien (GEG § 89 ff.)	9. *Weitergehende* Nutzung von Solarthermie, Biomasse usw.
Gesamtenergiebedarf des Gebäudes und Energieausweis	**Gesamtenergiebedarf des Gebäudes und Energieausweis**
10. Jahres-Primärenergiebedarf des realen Gebäudes ≤ dem 0,55fachen des Referenzgebäudes (GEG § 15 bzw. § 18)	10. Jahres-Primärenergiebedarf nach DIN V 18599 , WG bis Ende 2023 auch nach DIN V 4701-10, sowie GEG Anlagen 1, 2 und 4
11. Energieausweis (GEG § 79 ff.) mit Jahres-Endenergiebedarf (GEG § 85) und bei WG Energieeffizienzklasse (GEG § 86)	11. Jahres-Endenergiebedarf nach DIN V 18599, bis Ende 2023 auch nach DIN V 4701-10, Energieeffizienzklasse (GEG Anl. 10)
12. CO_2-Äquivalent informativ im Energieausweis (GEG § 85)	12. CO_2-Äquivalent aus dem Jahres-Endenergiebedarf nach GEG Anlage 9 berechnet

Bild 5.11: Erforderliche Nachweise nach GEG 2023 für zu errichtende Gebäude (WG = Wohngebäude, NWG = Nichtwohngebäude)

5.4 Baulicher Wärmeschutz der Gebäudehülle

5.4.1 Nachweis der Gebäudehülle von Wohngebäuden nach DIN V 4108-6

Bis Ende 2023 darf gemäß GEG 2023 § 15 und § 16 [5.1], [5.2] der bauliche Wärmeschutz der Gebäudehülle von Wohngebäuden noch nach DIN V 4108-6 [5.4] bilanziert werden, wenn auch der Gesamtenergiebedarf noch nach DIN V 4108-6 und DIN V 4701-10 [5.6], [5.7] bilanziert wird (jeweils für das reale Gebäude und das Referenzgebäude) – sog. *Mischungsverbot* – (vgl. Abschnitt 5.1). Auch wenn diese Berechnung nur noch bis Ende 2023 für GEG-Nachweise erlaubt ist, soll hier – wie auch in Abschnitt 5.6 – das Rechenverfahren nach DIN V 4108-6 zuerst vorgestellt werden, da dieses übersichtlicher ist und damit das Verständnis fördert.

Die Nachweisgröße gemäß GEG ist im vorliegenden Fall der auf die wärmeübertragende Umfassungsfläche (= Hüllfläche oder Gebäudehülle) bezogene spezifische Transmissionswärmeverlust H'_T (vgl. Abschnitt 5.3).

A Spezifischer Transmissionswärmeverlust

Der *spezifische Transmissionswärmeverlust* in W/K berechnet sich nach DIN V 4108-6 [5.4] zu

$$H_{T,M} = H_e + H_u + L_{S,M} + \Delta H_{T,FH} + \Delta H_{T,WB} \tag{5.3}$$

H_e spezifischer Transmissionswärmeverlust in W/K von Bauteilen in der wärmeübertragenden Umfassungsfläche, die *an die Außenluft grenzen*

H_u spezifischer Transmissionswärmeverlust in W/K von Bauteilen *zu unbeheizten Räumen* (ausgenommen unbeheizte Keller)

$L_{S,M}$ stationärer thermischer Leitwert über das Erdreich in W/K (einschließlich Kellerdecken und Kellerinnenwänden zu unbeheizten Kellern) im betrachteten Monat

$\Delta H_{T,FH}$ zusätzlicher spezifischer Wärmeverlust in W/K für Bauteile mit Flächenheizung (i. d. R. Fußbodenheizung)

$\Delta H_{T,WB}$ zusätzlicher spezifischer Wärmeverlust in W/K durch Wärmebrücken

Als Indizes für die einzelnen Bauteilgruppen werden dabei verwendet (s. Tabelle 5.7 und Tabelle 5.8 sowie [5.34], [5.35], nicht alle in DIN V 4108-6 [5.4] aufgeführt):

AW Außenwände
W Fenster (engl. *window* = Fenster, vgl. Abschnitt 2.12.3)
D Dächer und Dachdecken, heute auch Türen/Tore (engl. *door*), vormals *T*
DL Decken nach unten gegen Außenluft
na Decken und Wände zu nicht ausgebauten Dachräumen
nb Decken und Wände zu niedrig beheizten Räumen
u Wände und Decken zu unbeheizten Räumen (außer Kellerdecke)
G unterer Gebäudeabschluss (Kellerdecke zu unbeheizten Kellern oder Wände und Bodenplatten gegen Erdreich), ggf. ersetzt durch
- *f* Bodenplatte (Sohle) bei nicht unterkellerten Gebäuden bzw. Kellerdecke über unbeheiztem Keller (engl. *floor* = Boden)
- *bf* Bodenplatte (Sohle) bei beheiztem Keller (engl. *basement floor* = Kellersohle)
- *bw* Kelleraußenwand eines beheizten Kellers (engl. *basement wall* = Kellerwand)

Kommen in einem Gebäude mehrere Bauteile der genannten Bauteilgruppen vor, so werden sie nach o. g. Indizes durchlaufend nummeriert (z. B. „*AW*1“, „*AW*2“ ...).

In Gl. (5.3) berechnen sich nun

– der spezifische Transmissionswärmeverlust in W/K von Bauteilen $i = 1, 2, ..., n$, die *an die Außenluft* grenzen, zu

$$H_e = \sum_{i=1}^{n} U_i \cdot A_i \tag{5.4}$$

U_i Wärmedurchgangskoeffizient des an die Außenluft grenzenden Bauteils bzw. Fensters i in $W/(m^2 \cdot K)$ (vgl. Abschnitt 2.5 bzw. 2.12)

A_i Fläche des an die Außenluft grenzenden Bauteils i in der wärmeübertragenden Umfassungsfläche des Gebäudes in m^2

– der spezifische Transmissionswärmeverlust in W/K von Bauteilen $j = 1, 2, ..., m$ *zu unbeheizten oder niedrig beheizten Räumen* (ausgenommen unbeheizte Keller) zu

$$H_u = \sum_{j=1}^{m} F_{x,j} \cdot (U_j \cdot A_j) \tag{5.5}$$

U_j Wärmedurchgangskoeffizient des Bauteils j zu einem unbeheizten Raum in $W/(m^2 \cdot K)$

A_j Fläche des Bauteils j zu einem unbeheizten Raum in der wärmeübertragenden Umfassungsfläche des Gebäudes in m^2

$F_{x,j}$ dimensionsloser Temperatur-Korrekturfaktor nach Tabelle 5.7

Tabelle 5.7: Berechnungswerte der Temperatur-Korrekturfaktoren F_x von beidseitig luftberührten Bauteilen, die nicht direkt an Außenluft grenzen

Wärmestrom nach außen über das Bauteil	**Temperatur-Korrekturfaktor F_x**
oberste Geschossdecke unter nicht ausgebauten Dachräumen oder Abseitenwand zu nicht ausgebauten Dachräumen	$F_{D,na} = 0{,}8$
Wand oder Decke zu unbeheizten Räumen	$F_u = 0{,}5$
Wand oder Decke zu niedrig beheizten Räumen	$F_{nb} = 0{,}35$
Wand oder Fenster zu unbeheiztem Glasvorbau bei einer Verglasung des Glasvorbaus [1]) mit – Ein-Scheiben-Verglasung – Zwei-Scheiben-Verglasung – Wärmeschutzverglasung	 $F_u = 0{,}8$ $F_u = 0{,}7$ $F_u = 0{,}5$

[1]) S. auch Tabelle 5.21 zur Wahl der Verglasung.

– der *stationäre* thermische Leitwert in W/K über das Erdreich ergibt sich *vereinfacht* ohne Berücksichtigung der monatlich wechselnden Erdreichtemperatur zu

$$L_{S,M} \equiv L_S = H_G \tag{5.6}$$

H_G spezifischer Transmissionswärmeverlustkoeffizient in W/K für das Erdreich = *stationärer Wärmeübertragungskoeffizient über das Erdreich* der gesamten Bodenplatte – neue Bezeichnung für L_S nach EN ISO 13370: 2008-04 [5.51] entsprechend Gln. (2.58), (2.62) oder (2.65) in Abschnitt 2.11.2

Tabelle 5.8: Berechnungswerte der Temperatur-Korrekturfaktoren F_G von Kellerdecken und einseitig erdberührten Bauteilen (nach DIN V 4108-6)

Wärmestrom nach außen über	**Temperatur-Korrekturfaktor F_G**					
	charakteristisches Maß der Bodenplatte = charakteristisches Bodenplattenmaß B' [1])					
	< 5 m		5 bis 10 m		> 10 m	
	R_{bf} bzw. R_{bw} [1]) in m² · K/W		R_{bf} bzw. R_{bw} [1]) in m² · K/W		R_{bf} bzw. R_{bw} [1]) in m² · K/W	
	≤ 1	> 1	≤ 1	> 1	≤ 1	> 1
beheizten Keller,						
– Bodenplatte (Index „*bf*")	0,30	0,45	0,25	0,40	0,20	0,35
– Kelleraußenwand (Index „*bw*")	0,40	0,60	0,40	0,60	0,40	0,60
	R_f [1]) in m² · K/W		R_f [1]) in m² · K/W		R_f [1]) in m² · K/W	
	≤ 1	> 1	≤ 1	> 1	≤ 1	> 1
erdberührte Bodenplatte [2])						
– ohne Randdämmung	0,45	0,60	0,40	0,50	0,25	0,35
– mit waager. Randdämmung D = 5 m, R_n > 2 m² · K/W [3])	0,30	0,30	0,25	0,25	0,20	0,20
– mit senkrechter Randdämmung D = 2 m, R_n > 2 m² · K/W [3])	0,25	0,25	0,20	0,20	0,15	0,15
aufgeständerte Bodenplatte	0,90		0,90		0,90	
Kellerdecke und Kellerinnenwand zum *un*beheizten Keller						
– *mit* Perimeterdämmung	0,55		0,50		0,45	
– *ohne* Perimeterdämmung	0,70		0,65		0,55	
Bodenplatte unter niedrig beheiztem Raum (θ_i = 12 bis 19 °C)	0,20	0,55	0,15	0,50	0,10	0,35

[1]) Mit $B' = 2 \cdot A_G/P$ (s. Gl. (2.47) in Abschnitt 2.11.1) und R_f als Wärmedurchlasswiderstand der Bodenplatte/Kellerdecke bzw. R_{bf} der Kellersohle und R_{bw} der Kelleraußenwand – bei teilbeheizten Kellern sind für A_G und P nach Auslegung zu § 16 i. V. m. § 20 Absatz 2 GEG 2020 [5.30] die jeweiligen Gebäude*bereiche* (also beheizter und unbeheizter Bereich) getrennt heranzuziehen.

[2]) Bei fließendem Grundwasser erhöht sich F_G jeweils um 15 %.

[3]) Bodenplatte ansonsten ungedämmt (D, R_n s. Abschnitt 2.12.2).

Für den öffentlich-rechtlichen Nachweis darf gemäß GEG für die einseitig erdberührten Bauteile bzw. Kellerdecken/Kellerinnenwände $k = 1, 2, ..., p$ (weiter vereinfacht) angesetzt werden

$$L_S = \sum_{k=1}^{p} F_{G,k} \cdot (U_k \cdot A_k) \tag{5.7}$$

U_k Wärmedurchgangskoeffizient des erdberührten Bauteils bzw. der Kellerdecke/-innenwand k in W/(m²· K), bei erdberührtem Bauteil vereinfacht entsprechend Abschnitt 2.11.6 als sog. konstruktiver U-Wert

A_k Fläche des erdberührten Bauteils k in der wärmeübertragenden Umfassungsfläche des Gebäudes in m²

$F_{G,k}$ dimensionsloser Temperatur-Korrekturfaktor nach Tabelle 5.8

Hinweis: Wird der *genaue* Nachweis nach EN ISO 13370 [5.51] gewählt (vgl. Abschnitt 2.11), so wird der stationäre thermische Leitwert monatsabhängig (s. DIN V 4108-6 [5.4], Anhang E) – in diesem Fall ist ein Mittelwert über die Monate der Heizperiode zu bilden [5.30].

B Zusätzlicher spezifischer Wärmeverlust für Bauteile mit Flächenheizung

Zum *zusätzlichen spezifischen Wärmeverlust für Bauteile mit Flächenheizung* $\Delta H_{T,FH}$ (i. d. R. Fußbodenheizung) s. DIN V 4108-6 [5.4], 6.1.4, und [5.34], [5.48]. Gemäß Beispielrechnung in [5.34] nimmt der Anteil der Transmissionswärmeverluste einer Fußbodenheizung im Estrich einer Bodenplatte an den gesamten Transmissionswärmeverlusten mit zunehmender Dämmstoffdicke deutlich ab – für $d_{Dä} \geq 8$ cm (bei $\lambda \leq 0{,}04$ W/(m · K)) liegt gemäß einer älteren *Auslegung* (vgl. Abschnitt 5.1) dieser Anteil unter 1,5 %; auch nach DIN V 4108-6 [5.4], 6.1.4 und Tabelle D.3, Z. 14, kann der Zuschlag $\Delta H_{T,FH}$ vernachlässigt werden – nach *Rabenstein* ist die genannte Beispielrechnung jedoch fehlerhaft, die Dämmstoffdicke müsste deutlich größer sein [5.52].

Die entsprechende Auslegung der EnEV wurde daher mit Schreiben des DIBt vom 27.09.2007 ersatzlos zurückgezogen [5.53]! *Aber*: DIN V 4108-6, 6.1.4, mit Anhang D.3 [5.4] lässt dies zu und darf bis Ende 2023 weiterhin angewendet werden (s. o.)!

C Zusätzlicher spezifischer Wärmeverlust durch Wärmebrücken

Der *zusätzliche spezifische Wärmeverlust durch Wärmebrücken* $\Delta H_{T,WB}$ kann nach DIN V 4108-6 [5.4], Tabelle D.3, auf unterschiedliche Weise erfasst werden:

- Am einfachsten ist die Verwendung des *pauschalen Zuschlagswertes*, d. h.

$$\Delta H_{T,WB} = \Delta U_{WB} \cdot (A - A_{CW}) \tag{5.8}$$

ΔU_{WB} Zuschlagswert zum Wärmedurchgangskoeffizienten zur Berücksichtigung von Wärmebrücken in W/(m²· K), und zwar

- ΔU_{WB} = 0,10 W/(m² · K) ohne weiteren Nachweis oder
- ΔU_{WB} = 0,05 W/(m² · K) bzw. 0,03 W/(m² · K) bei Einhaltung der Regelkonstruktionen Kategorie A bzw. B aus DIN 4108 Beiblatt 2 [5.54] (bei Abweichung muss ggf. ein rechnerischer Nachweis der Gleichwertigkeit geführt werden, s. folgenden Abschnitt 5.4.3) oder
- ΔU_{WB} = 0,15 W/(m² · K) bei Innendämmung von > 50 % der Außenwände und einbindenden Massivdecken (nur im Bestand, vgl. Bild 3.19a in Abschnitt 3.9)

A wärmeübertragende Umfassungsfläche [m^2] des beheizten Gebäudevolumens (vgl. Abschnitt 5.4.1)

A_{CW} wärmeübertragende Fläche [m^2] von ggf. vorhandenen Vorhangfassaden (engl. *curtain wall*) als Glasfassaden, deren Wärmebrücken analog zu Fenstern nach EN 13947 erfasst wurden – diese Norm wurde zwischenzeitlich ersetzt durch EN ISO 12631 [5.55]

- Eine *detaillierte Erfassung der Wärmebrücken* nach EN ISO 10211 [5.56] ist ebenfalls möglich (s. wiederum Abschnitt 5.4.3). Dabei wird der zusätzliche spezifische Wärmeverlust $\Delta H_{T,WB}$ (bzw. der Wärmebrückenzuschlagskoeffizient ΔU_{WB}) in Abhängigkeit von den längen- bzw. punktbezogenen Wärmedurchgangskoeffizienten Ψ in W/(m · K) bzw. χ in W/K berechnet. Die genauere Berechnung führt bei guter Detailplanung i. d. R. zu einer deutlichen Verringerung des ΔU_{WB}-Wertes, wie Beispielrechnungen von *Hauser* zeigen: Bei optimaler Ausbildung der Konstruktionsdetails sind
  - im Massivbau ΔU_{WB} = 0,00 bis 0,01 W/(m² · K) [5.57] bzw.
  - im Holztafel-/Holzrahmenbau $\Delta U_{WB} \approx$ 0,00 W/(m² · K) [5.58]

  erreichbar.

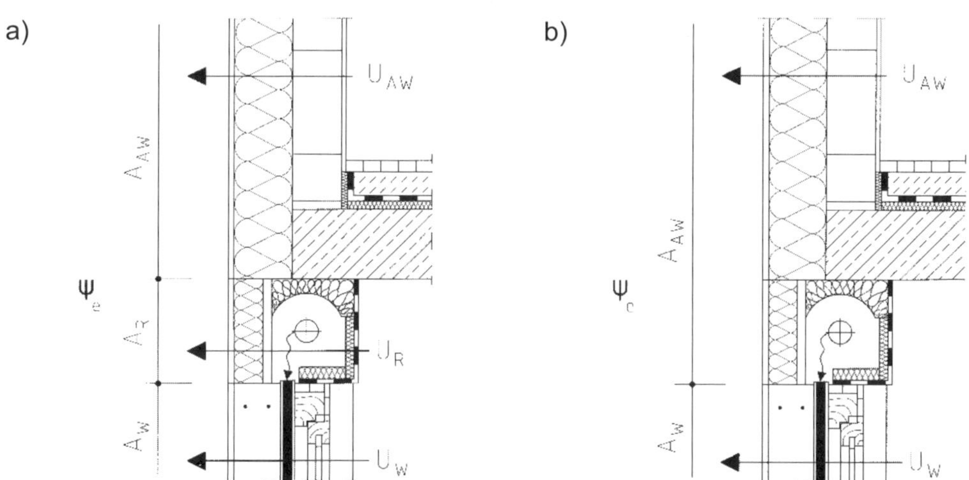

Bild 5.12: Erfassung von Rollladenkästen, hier beispielhaft beim Einbaukasten:
a) Flächendefinition mit eigener Fläche A_R und Wärmedurchgangskoeffizienten U_R
b) Flächendefinition beim Übermessen des Rollladenkastens

- Einen Sonderfall stellen Rollladenkästen dar: Gemäß DIN 4108-2 [5.37], Anhang A,
  - können sie entweder als flächige Bauteile mit ihrem Wärmedurchgangskoeffizienten U_R (vgl. Abschnitt 2.12.4) und ihrer Fläche A_R angesetzt werden (Bild 5.12a)
  - oder sie werden übermessen, wobei bei *Einbaukästen* der Rollladenkasten der Außenwandfläche A_{AW} zugeschlagen wird (Bild 5.12b), bei *Vorsatzkästen* jedoch der Fensterfläche A_W [5.59].

  Im zweiten Fall muss der Rollladenkasten als linienförmige Wärmebrücke berücksichtigt werden – entweder bei Verwendung des *pauschalen Zuschlagswertes* durch Wahl einer Konstruktion aus DIN 4108 Beiblatt 2 [5.54] oder durch Berechnung der längenbezogenen Wärmedurchgangskoeffizienten Ψ (s. Abschnitt 5.5.3).

D Nachweis der Gebäudehülle gemäß GEG

Damit kann der spezifische Transmissionswärmeverlust H_T nach Gl. (5.3) bestimmt und auf die wärmeübertragende Umfassungsfläche = thermische Hüllfläche = Gebäudehülle A (vgl. Bild 5.5 in Abschnitt 5.3.1) bezogen werden – man erhält so den auf die wärmeübertragende Umfassungsfläche bezogenen spezifischen Transmissionswärmeverlust H'_T in W/(m² · K):

$$H'_T = H_T / A \qquad (5.9)$$

Dieser Wert ist sowohl für das real geplante Gebäude als $H'_{T,real}$ wie auch für das Referenzgebäude als $H'_{T,ref}$ zu berechnen; damit kann dann die Erfüllung der Anforderung $H'_{T,real} \leq H'_{T,max} = H'_{T,ref}$ gemäß GEG 2023 nachgewiesen werden (vgl. Abschnitt 5.2.1).

Beispiel 5.1: Nachweis der Gebäudehülle eines Reihenendhauses

Aufgabe: Für das in Bild 5.13 dargestellte Reihen*end*haus ist der Nachweis der Gebäudehülle gemäß GEG 2023 mit DIN V 4108-6 zu führen.

Vorgaben:

Wärmeübertragende Bauteile:

- Die Fenster und die Außentür werden angesetzt als PVC-Mehrkammerrahmen mit 85 mm Bautiefe, Drei-Scheiben-Wärmeschutzverglasung und verbessertem Randverbund („warme Kante") zu

  $U_{w,BW}$ = 0,74 W/(m² · K) und

  $g = g_0$ = 0,50 als Gesamtenergiedurchlassgrad nach EN 410 (vgl. Bild 2.61 in Abschnitt 2.12.1);
- die *Außenwände* bestehen aus zweischaligem Mauerwerk mit Kerndämmung (vgl. Beispiel 2.7 in Abschnitt 2.8.3) mit

  U_{AW} = 0,20 W/(m² · K),
- die *erdberührten Außenwände* bestehen aus Mauerwerk mit – um den *gesamten* Keller umlaufender – Perimeterdämmung (vgl. Beispiel 2.12a in Abschnitt 2.11.6) mit

  $U_{G3} = U_{bw}$ = 0,21 W/(m² · K),

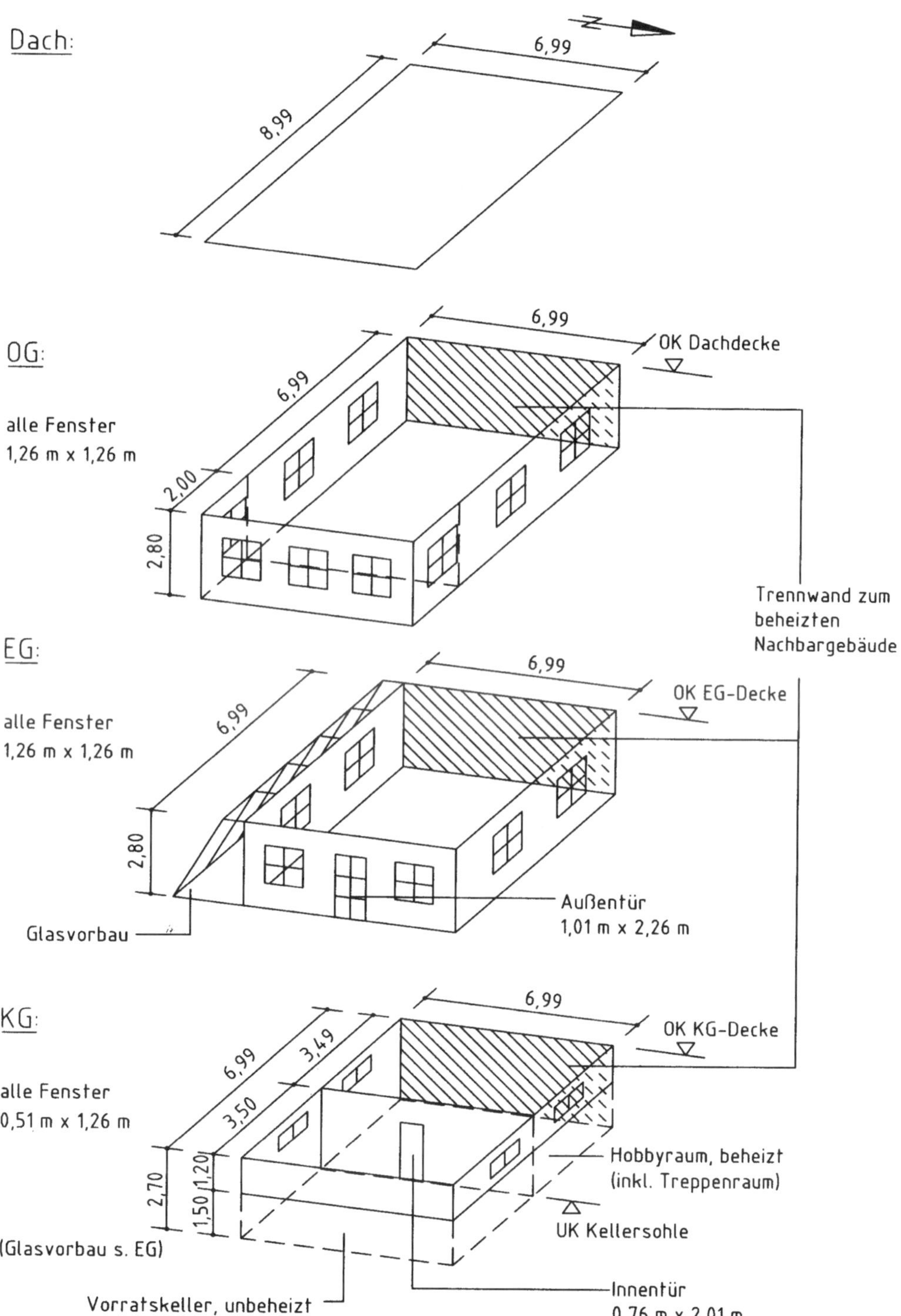

Bild 5.13: Gemäß GEG 2023 zu untersuchendes Reihenendhaus

- die *Kellerdecke* zum unbeheizten Keller sei unterseitig gedämmt (vgl. Beispiel 2.3a in Abschnitt 2.6) mit

  $U_{G1} = U_f = 0{,}20\ \mathrm{W/(m^2 \cdot K)}$,

- die *Kellersohle* unter dem beheizten Keller (vgl. Beispiel 2.11a in Abschnitt 2.11.6) habe

  $U_{G2} = U_{bf} = 0{,}19\ \mathrm{W/(m^2 \cdot K)}$,

- die *Decke nach unten gegen Außenluft* (vgl. Beispiel 2.4a in Abschnitt 2.6) habe

  $U_{DL} = 0{,}21\ \mathrm{W/(m^2 \cdot K)}$,

- das *Flachdach* (vgl. Beispiel 2.9 in Abschnitt 2.10) sei hochgedämmt und nach Allgemeiner bauaufsichtlicher Zulassung *ohne* Korrektur ΔU_r für das Umkehrdach anzusetzen mit

  $U_D = 0{,}13\ \mathrm{W/(m^2 \cdot K)}$,

- die *Wand zum unbeheizten Vorratskeller* im KG (vgl. Beispiel 2.2a in Abschnitt 2.6) sei ungedämmt mit

  $U_u = 0{,}30\ \mathrm{W/(m^2 \cdot K)}$ und

- die *Tür* in dieser Wand bestehe aus Holz/Holzwerkstoff/Kunststoff.
- Der *unbeheizte Glasvorbau* sei verglast mit einer Wärmeschutzverglasung.

Alle Wärmebrücken sollen DIN 4108 Beiblatt 2 (Kategorie A) genügen oder als gleichwertig nachgewiesen sein.

Lösung mit dem *Monatsbilanzverfahren* nach DIN V 4108-6:

Als *erster Schritt* werden die *geometrischen Randbedingungen* bestimmt, d. h.

- die wärmeübertragende Umfassungsfläche A mit den *Außen*abmessungen (Tabelle 5.9),
- und zwar als Erstes die Fenster und Fenstertüren, um deren Flächen in der nächsten Zeile von den Brutto-Außenwandflächen subtrahieren zu können, und
- das beheizte Gebäudevolumen V_e ebenfalls mit den *Außen*abmessungen (Tabelle 5.10)
- sowie – bei durchschnittlicher Geschosshöhe $2{,}50\ \mathrm{m} \leq h_G = 2{,}80\ \mathrm{m} \leq 3{,}00\ \mathrm{m}$ – die Gebäudenutzfläche A_N nach Gl. (5.1)

$$A_N = 0{,}32 \cdot V_e = 0{,}32 \cdot 378{,}63\ \mathrm{m^3} = 121{,}16\ \mathrm{m^2}$$

Hinweis: In Bild 5.13 seien die Maße entsprechend den Bildern 5.5 und 5.6 dargestellt, d. h. beispielsweise bei den Außenwänden aus zweischaligem Mauerwerk mit Kerndämmung bis zur Außenkante der Verblendschale!

Als *zweiter Schritt* wird der spezifische Transmissionswärmeverlust H_T für das *reale Gebäude* gemäß Gl. (5.3) in Tabelle 5.11 berechnet. Vorab sind die Temperatur-Korrekturfaktoren nach Tabelle 5.7 für die Bauteile hinter dem Glasvorbau und nach Tabelle 5.8 für den unteren Gebäudeabschluss für dessen beide Gebäudebereiche zu bestimmen:

- Die Bodengrundfläche des beheizten Kellers wird gemäß *Auslegung* zu § 16 i. V. m. § 20 Absatz 2 GEG 2020 [5.30] (vgl. Abschnitt 5.1) symmetrisch zum nächsten Reihenhaus der Häuserzeile angenommen; d. h., die zusammenhängende Zone der Gebäudezeile hat die Abmessung $A_{bf} = 2 \cdot 3{,}49\ \mathrm{m} \cdot 6{,}99\ \mathrm{m} = 48{,}79\ \mathrm{m^2}$. Der zugehörige Umfang (Perimeter) der Bodengrundfläche beträgt $P = 2 \cdot 6{,}99\ \mathrm{m} + 4 \cdot 3{,}49\ \mathrm{m} = 27{,}94\ \mathrm{m}$.

Tabelle 5.9: Berechnung der wärmeübertragenden Umfassungsfläche A in m²

Bauteil *i*	**Anzahl**	**b_i in m**	**h_i, l_i in m**	**A_i in m²**	**Σ A_i in m²**
Fenster *ohne Glasvorbau*					
– nordorientiert: $A_{W1,N}$	5	1,26	1,26	7,94	
	1	1,26	0,51	0,64	8,58
– ostorientiert: $A_{W1,O}$	5	1,26	1,26	7,94	
	1	1,01	2,26	2,28	10,22
– südorientiert: $A_{W1,S}$	3	1,26	1,26	4,76	4,76
Summe A_{W1}:					23,56
Fenster *hinter Glasvorbau*					
– südorientiert: $A_{W2,S}$	2	1,26	1,26	3,18	
	1	1,26	0,51	0,64	3,82
Summe A_{W2}:					3,82
Außenwände *ohne Glasvorbau* [1])					
– nordorientiert: $A_{AW1,N}$	1	2,80	8,99	25,17	
	1	2,80	6,99	19,57	
	1	1,20	3,49	4,19	
abzügl. nordorient. Fensterfl.				– 8,58	40,35
– ostorientiert: $A_{AO1,O}$	1	2,80	6,99	19,57	
	1	2,80	6,99	19,57	
abzügl. ostorient. Fensterfläche				– 10,22	28,92
– südorientiert: $A_{AW1,S}$	1	2,80	8,99	25,17	
abzügl. südorient. Fensterfläche				– 4,76	20,41
Summe A_{AW1}:					89,68
Außenwände *hinter Glasvorbau*					
– südorientiert: $A_{AW2,S}$	1	2,80	6,99	19,57	
	1	1,20	3,49	4,19	
abzügl. südorient. Fensterfläche				– 3,82	19,94
Summe A_{AW2}:					19,94
Dach A_D	1	6,99	8,99	62,84	62,84
Decke n. unten an Außenluft A_{DL}	1	2,00	6,99	13,98	13,98
Kellerdecke $A_{G1=f}$	1	3,50	6,99	24,47	24,47
Kellersohle $A_{G2=bf}$	1	3,49	6,99	24,40	24,40
erdberührte Außenwand $A_{G3=bw}$	2	1,50	3,49	10,47	10,47
Tür zum unbeheizten Keller A_{u1}	1	0,76	2,01	1,53	1,53
Wand zum unbeheizten Keller A_{u2}	1	2,70	6,99	18,87	
abzügl. zugehörige Türfläche				– 1,53	17,35
wärmeübertragende Umfassungsfläche *A* =					**292,03**

[1]) Die Aufteilung nach Orientierungen wird nur bei Berücksichtigung der solaren Wärmegewinne durch die opaken Bauteile benötigt.

Tabelle 5.10: Geschossweise Berechnung des beheizten Gebäudevolumens V_e in m³

Geschoss	Anzahl	b_i in m	l_i in m	h_i in m	V_i in m³
Obergeschoss	1	6,99	8,99	2,80	175,95
Erdgeschoss	1	6,99	6,99	2,80	136,81
beheizter Teil d. Kellergeschosses	1	6,99	3,49	2,70	65,87
				beheiztes Gebäudevolumen V_e =	**378,63**

Tabelle 5.11: Berechnung des spezifischen Transmissionswärmeverlustes H_T in W/K für das *reale Gebäude* aus Beispiel 5.1

Bauteil *i*	F_{xi}	U_i in W/(m² · K)	A_i in m²	$F_{xi} \cdot U_i \cdot A_i$ in W/K
Fenster (*W1*)	1,0	0,74	23,56	17,44
Fenster (*W2*) *hinter Glasvorbau*	0,5	0,74	3,82	1,41
Außenwände (*AW1*)	1,0	0,20	89,68	17,94
Außenwände (*AW2*) *hinter Glasvorb.*	0,5	0,20	19,94	1,99
Dach (*D*)	1,0	0,13	62,84	8,17
Decke nach unten an Außenluft (*DL*)	1,0	0,21	13,98	2,94
Tür zum unbeheizten Keller (*u1*)	0,55	1,80 [1])	1,53	1,51
Wand zum unbeheizten Keller (*u2*)	0,55	0,30	17,35	2,86
Kellerdecke (*G1 = f*)	0,55	0,20	24,47	2,69
Kellersohle (*G2 = bf*)	0,45	0,19	24,40	2,09
erdberührte Außenwand (*G3 = bw*)	0,60	0,21	10,47	1,32
Berücksichtigung der Wärmebrücken:		ΔU_{WB} in W/(m² · K)	A in m²	$\Delta U_{WB} \cdot A$ in W/K
gemäß DIN 4108 Beiblatt 2		0,05	292,03	14,60
			spezifischer Transmissionswärmeverlust H_T =	**74,96**

[1]) Für Türen und Einschubtreppen aus Holz/Holzwerkstoff/Kunststoff o. w. N. angesetzt.

- Die Kellerdecke wird analog angesetzt mit der Abmessung A_f = 3,50 m · 6,99 m = 24,47 m². Der Umfang (Perimeter) der zugehörigen Bodengrundfläche beträgt P = 6,99 m + 2 · 3,50 m = 13,99 m (die Länge zum beheizten Keller geht entsprechend Bild 2.50 in Bild 2.12.1 nicht in die Berechnung ein).
- Der Wärmedurchlasswiderstand der Bodenplatte beträgt R_{bf} = 5,20 m² · K/W (vgl. Beispiel 2.11a in Abschnitt 2.11.6), der der Kelleraußenwand R_{bw} = 4,54 m² · K/W (vgl. Beispiel 2.12a in Abschnitt 2.11.6) und der der Kellerdecke R_f = 4,69 m² · K/W (vgl. Beispiel 2.3a in Abschnitt 2.6), d. h., alle drei liegen > 1,0 m² · K/W.

Damit ergeben sich nach Gl. (2.47) in Abschnitt 2.11.1 zuerst die charakteristischen Bodenplattenmaße zu

$B'_{bf} = A_{bf} / (0{,}5 \cdot P)$ = 48,79 m² / (0,5 · 27,94 m) = 3,49 m für den beheizten Keller und
$B'_f = A_f / (0{,}5 \cdot P)$ = 24,47 m² / (0,5 · 13,99 m) = 3,50 m für die Kellerdecke

sowie daraus mit Tabelle 5.8 für den beheizten Keller sowie die Kellerdecke über dem unbeheizten Keller (mit Perimeterdämmung) die Temperatur-Korrekturfaktoren F_{bf}, F_{bw} und F_G in Tabelle 5.11.

Die analoge Berechnung des spezifischen Transmissionswärmeverlusts $H_{T,ref}$ für das *Referenzgebäude* ist in Tabelle 5.12 dargestellt, die Temperatur-Korrekturfaktoren F_{xi} ergeben sich hier mit R_{bf}, R_{bw} und $R_G > 1{,}0$ m² · K/W und $\leq 3{,}0$ m² · K/W gemäß Tabelle 5.8 identisch zum realen Gebäude (vgl. Tabelle 5.12).

Tabelle 5.12: Berechnung des spezifischen Transmissionswärmeverlustes $H_{T,ref}$ in W/K für das *Referenzgebäude* aus Beispiel 5.1

Bauteil *i*	F_{xi}	$U_{i,ref}$ **in W/(m² · K)**	A_i **in m²**	$F_{xi} \cdot U_{i,ref} \cdot A_i$ **in W/K**
Fenster (*W1*)	1,0	1,30	23,56	30,63
Fenster (*W2*) *hinter Glasvorbau*	0,5	1,30	3,82	2,48
Außenwände (*AW1*)	1,0	0,28	89,68	25,11
Außenwände (*AW2*) *hinter Glasvorb.*	0,5	0,28	19,94	2,79
Dach (*D*)	1,0	0,20	62,84	12,57
Decke nach unten an Außenluft (*DL*)	1,0	0,28	13,98	3,91
Tür zum unbeheizten Keller (*u1*)	0,55	1,80	1,53	1,54
Wand zum unbeheizten Keller (*u2*)	0,55	0,35	17,35	3,34
Kellerdecke (*G1*)	0,55	0,35	24,47	4,71
Kellersohle (*G2 = bf*)	0,45	0,35	24,40	3,84
erdberührte Außenwand (*G3 = bw*)	0,60	0,35	10,47	2,20
Berücksichtigung der Wärmebrücken:		ΔU_{WB} **in W/(m² · K)**	A **in m²**	$\Delta U_{WB} \cdot A$ **in W/K**
gemäß DIN 4108 Beiblatt 2		0,05	292,03	14,60
spezifischer Transmissionswärmeverlust $H_{T,ref}$ **=**				**107,70**

Als *dritter Schritt* wird geprüft, ob der nach Gl. (5.9) ermittelte, auf die wärmeübertragende Umfassungsfläche A bezogene spezifische Transmissionswärmeverlust des *realen Gebäudes* aus Tabelle 5.11 den Wert des *Referenzgebäudes* nicht überschreitet (vgl. Tabelle 5.12) – die zweite Nebenanforderung des GEG (vgl. Bild 5.1 in Abschnitt 5.2) ist damit eingehalten:

$$H'_T = H_T / A = 74{,}96 \text{ W/K} / 292{,}03 \text{ m}^2 = 0{,}257 \text{ W/(m}^2 \cdot \text{K)}$$
$$\leq 0{,}369 \text{ W/(m}^2 \cdot \text{K)} = 107{,}70 \text{ W/K} / 292{,}03 \text{ m}^2 = H_{T,ref} / A = H'_{T,max}$$

Das Beispiel wurde so gewählt, dass auch die Anforderung an das frühere *KfW-Effizienzhaus 55* gerade eingehalten wäre (vgl. Bild 5.8 in Abschnitt 5.3.1):

$$H'_T = H_T / A = 74{,}96 \text{ W/K} / 292{,}03 \text{ m}^2 = 0{,}257 \text{ W/(m}^2 \cdot \text{K)}$$
$$\leq 0{,}258 \text{ W/(m}^2 \cdot \text{K)} = 0{,}70 \cdot 107{,}70 \text{ W/K} / 292{,}03 \text{ m}^2 = 0{,}70 \cdot H_{T,ref} / A = H'_{T,max}$$

(Dieses Beispiel mit der kompletten Berechnung findet sich zum Download als Excel-Datei unter www.beuth-mediathek.de oder www.hmarquardt.de.)

Tabelle 5.13: Berechnungswerte der Temperatur-Korrekturfaktoren F_G von Kellerdecken und einseitig erdberührten Bauteilen (nach DIN V 18599-2)

Charakteristisches Bodenplattenmaß [1])	**Wärmedurchlasswiderstand des betrachteten Bauteils [2])**	**Wärmestrom nach außen über**						
		Bauteile des beheizten Kellers		**Fußboden auf Erdreich [3]) ohne zusätzl. Randdämmung**	**Fußboden auf Erdreich [3]) mit Randdämmung [4])**		**Decke und Innenwand zum unbeheizten Keller [5])**	
		Fußboden des beheizten Kellers	**Außenwand des beheizten Kellers**		**5 m waagerecht**	**2 m tief, senkrecht**	**mit Perimeterdämmung**	**ohne Perimeterdämmung**
B' **[m]**	$R_{bf/bw/G}$ **[m²·K/W]**	F_{bf} **[–]**	F_{bw} **[–]**	F_{bf} **[–]**	F_{bf} **[–]**	F_{bf} **[–]**	F_G **[–]**	F_G **[–]**
< 5 m	≤ 0,3	0,20	0,35	0,30	–	0,20	0,35	0,45
	0,3 ≤ 1,0	0,45	0,55	0,55	–	0,40	0,65	0,75
	1,0 ≤ 3,0	0,55	0,65	0,70	–	0,50	0,75	0,80
	> 3,0	0,70	0,75	0,80	–	0,65	0,80	0,85
≥ 5 m und < 7,5 m	≤ 0,3	0,20	035	0,25	0,15	0,15	0,35	0,40
	0,3 ≤ 1,0	0,40	0,55	0,50	0,35	0,35	0,60	0,70
	1,0 ≤ 3,0	0,50	0,65	0,60	0,45	0,50	0,70	0,80
	> 3,0	0,65	0,75	0,75	0,60	0,60	0,80	0,85
≥ 7,5 m und < 10 m	≤ 0,3	0,15	0,35	0,20	0,10	0,15	0,30	0,35
	0,3 ≤ 1,0	0,35	0,55	0,40	0,30	0,35	0,55	0,65
	1,0 ≤ 3,0	0,45	0,65	0,55	0,45	0,45	0,65	0,75
	> 3,0	0,60	0,75	0,65	0,55	0,60	0,75	0,80
≥ 10 m	≤ 0,3	0,15	0,35	0,15	0,10	0,10	0,25	0,30
	0,3 ≤ 1,0	0,30	0,55	0,35	0,25	0,30	0,50	0,60
	1,0 ≤ 3,0	0,40	0,65	0,45	0,40	0,40	0,65	0,70
	> 3,0	0,55	0,75	0,60	0,50	0,55	0,70	0,75

[1]) Mit $B' = 2 \cdot A_G / P$ (vgl. Gl. (2.47) in Abschnitt 2.11.1) – bei teilbeheizten Kellern sind für A_G und P nach Auslegung zu § 16 i. V. m. § 20 Absatz 2 GEG 2020 [5.30] die jeweiligen Gebäude*bereiche* (also beheizter und unbeheizter Bereich) getrennt heranzuziehen.

[2]) Mit R_{bf} als Wärmedurchgangswiderstand des Kellerfußbodens bzw. des Fußbodens auf Erdreich, R_{bw} der Kelleraußenwand bzw. R_G der Decke oder Innenwand zum unbeheizten Keller.

[3]) Bei fließendem Grundwasser erhöht sich F_{bf} jeweils um 15 %.

[4]) Wärmedurchlasswiderstand der Randdämmung $R > 2$ m²· K/W.

[5]) Perimeterdämmung mit Wärmedurchlasswiderstand $R > 1{,}5$ m²· K/W ab OK Bodenplatte und mindestens gleichwertiger Dämmung der luftberührten Kelleraußenwand bis OK Kellerdeckenplatte.

5.4.2 Nachweis der Gebäudehülle von Wohngebäuden nach DIN V 18599-2

Im Gegensatz zur Bilanzierung nach DIN V 4108-6 und DIN V 4701-10 können bei der Bilanzierung nach DIN V 18599 ([5.11] bis [5.26]) die Gebäudehülle und die Anlagentechnik nicht getrennt betrachtet werden (s. Bild 5.21 in Abschnitt 5.6.1). Deshalb werden in diesem Abschnitt nur die *Unterschiede* bei der Berechnung des baulichen Wärmeschutzes der Gebäudehülle dargestellt, d. h. des auf die wärmeübertragende Umfassungsfläche A bezogenen Transmissionswärmetransferkoeffizienten (neue Bezeichnung für den spezifischen Transmissionswärmeverlust) H'_T im Vergleich zu DIN V 4108-6 [5.4]:

- Statt mit pauschalen Temperatur-Korrekturfaktoren kann auch mit detailliert berechneten Raumtemperaturen bilanziert werden. Wenn die pauschalen Werte verwendet werden, sind die Temperatur-Korrekturfaktoren von beidseitig luftberührten Bauteilen identisch zu denen in Tabelle 5.7.
- Beim Ansatz mit Temperatur-Korrekturfaktoren liegt ein wichtiger Unterschied in der Erfassung einseitig erdberührter Bauteile bzw. Kellerdecken/Kellerinnenwände. Hier ist der Temperatur-Korrekturfaktor $F_{G,k}$ nach DIN V 18599-2 [5.12] deutlich feiner gestaffelt nach Tabelle 5.13 anzusetzen. Die hiermit erzielten Ergebnisse sind i. d. R. ungünstiger als die mit Tabelle 5.8 berechneten, stimmen aber mit denen nach DIN EN ISO 13370 (vgl. Abschnitt 2.11) tendenziell besser überein [5.60].

Hinweis: Die Nachweisverfahren nach DIN V 4108-6 und DIN V 18599 dürfen nicht vermischt werden, d. h., die Entscheidung für eines der Verfahren muss konsequent beim realen wie auch dem Referenzgebäude beibehalten werden – sog. *Mischungsverbot*!

Beispiel 5.1 (Forts.): Nachweis der Gebäudehülle eines Reihenendhauses

Aufgabe: Für das in Bild 5.13 dargestellte Reihen*end*haus ist der Nachweis der Gebäudehülle gemäß GEG 2023 mit DIN V 18599 zu führen.

Vorgaben:

Wärmeübertragende Bauteile (unverändert)

Lösung mit dem *Monatsbilanzverfahren* nach DIN V 18599:

Der Nachweis ist grundsätzlich identisch – *Abweichung* im *dritten Schritt*: Es ergeben sich höhere Temperatur-Korrekturfaktoren $F_{G,k}$ für die erdberührten Bauteile nach Tabelle 5.13, sodass der nach Gl. (5.9) ermittelte, auf die wärmeübertragende Umfassungsfläche A bezogene spezifische Transmissionswärmeverlust als zweite Nebenanforderung des GEG (vgl. Bild 5.1 in Abschnitt 5.2) eingehalten ist (Berechnung hier nicht vorgestellt, s. Excel-Datei zum Download unter www.beuth-mediathek.de oder www.hmarquardt.de):

$$H'_T = 0{,}273\ \mathrm{W/(m^2 \cdot K)} \leq 0{,}393\ \mathrm{W/(m^2 \cdot K)} = H'_{T,ref} = H'_{T,max}$$

Das Beispiel wurde so gewählt, dass auch die Anforderung an das frühere *KfW-Effizienzhaus 55* gerade eingehalten wäre (vgl. Bild 5.8 in Abschnitt 5.3.1):

$H'_T = 0{,}273\ \text{W/(m}^2 \cdot \text{K)} \leq 0{,}275\ \text{W/(m}^2 \cdot \text{K)} = 0{,}70 \cdot H'_{T,ref} = H'_{T,max}$

Hinweis: Im Vergleich mit dem ursprünglichen Beispiel 5.1 in Abschnitt 5.4.1 wird deutlich, dass der auf die wärmeübertragende Umfassungsfläche A bezogene Transmissionswärmetransferkoeffizient (= spezifischer Transmissionswärmeverlust in DIN V 4108-6) H'_T höher wird, was im Energieausweis (s. Abschnitt 5.8) weniger gut aussieht. Da dies sowohl beim realen wie auch beim Referenzgebäude der Fall ist, hat das aber auf den Nachweis mit dem Referenzgebäudeverfahren gemäß GEG 2023 keine Auswirkungen.

5.4.3 Nachweis der mittleren Wärmedurchgangskoeffizienten bei Nichtwohngebäuden

Bei zu errichtenden *Nichtwohngebäuden* sind gemäß GEG 2023 § 19 [5.1], [5.2] die Höchstwerte der mittleren Wärmedurchgangskoeffizienten U_m der wärmeübertragenden Umfassungsfläche nach GEG Anlage 3 für jede Bauteilgruppe $j = 1, \ldots, 4$ einzuhalten, d. h. $U_{m,j,real} \leq U_{m,j,max}$ (für $U_{m,j,max}$ s. die Werte in Tabelle 5.4 in Abschnitt 5.3.1).

Bei der Berechnung der Mittelwerte in den dort genannten Bauteilgruppen $j = 1, \ldots, 4$, d. h. für

- opake Außenbauteile, soweit nicht in Bauteilen der Nrn. 3 und 4 enthalten,
- transparente Außenbauteile, soweit nicht in Bauteilen der Nrn. 3 und 4 enthalten,
- Vorhang-/Glasfassaden (vgl. Abschnitt 2.12.3) sowie
- Glasdächer, Lichtbänder und Lichtkuppeln,

sind die zugehörigen Bauteile nach Maßgabe ihres Flächenanteils zu berücksichtigen; es ergibt sich für $i = 1, 2, \ldots$ n Bauteile je Bauteilgruppe j in W/(m² · K):

$$U_{m,j,real} = \frac{\sum_i (A_{j,i} \cdot U_{j,i} \cdot F_{x,j})}{\sum_i A_{j,i}} \tag{5.10}$$

$A_{j,i}$ Fläche in m² eines Bauteils i in der Gebäudehülle, das der Bauteilgruppe j zuzuordnen ist

$U_{j,i}$ Wärmedurchgangskoeffizient in W/(m² · K) eines Bauteils i in der Gebäudehülle, das der Bauteilgruppe j zuzuordnen ist

$F_{x,j}$ vereinfachter Temperatur-Korrekturfaktor, und zwar
$F_{x,j} = 0{,}5$ für Bauteile gegen unbeheizte Räume (außer Dachräume) oder Erdreich
$F_{x,j} = 1$ in allen anderen Fällen

Bei der Berechnung des Mittelwerts der an das Erdreich angrenzenden Bodenplatten bleiben die Flächen unberücksichtigt, die mehr als 5 m vom äußeren Rand des Gebäudes entfernt sind.

Die Berechnung ist für Zonen mit unterschiedlichen Raum-Solltemperaturen im Heizfall – d. h. für Raum-Solltemperaturen von $\theta_i \geq 19$°C (beheizt) bzw. von $\theta_i \geq 12$ bis < 19 °C (niedrig beheizt) – getrennt durchzuführen und mit den Anforderungswerten aus Tabelle 5.4 zu vergleichen.

Beispiel 5.2: Mittlerer U-Wert der Lichtbänder und Lichtkuppeln eines Nichtwohngebäudes

Bild 5.14 zeigt den Schnitt durch ein Nichtwohngebäude mit Lichtkuppeln über dem Verwaltungstrakt links und Lichtbändern über der Produktionshalle rechts.

Aufgabe: Werden die Höchstwerte des mittleren U-Wertes für die Bauteilgruppe $j = 4$ eingehalten,

- wenn beide Gebäudeteile (voll) beheizt sind bzw.
- wenn der Verwaltungstrakt voll beheizt ist und die Produktionshalle niedrig beheizt ist?

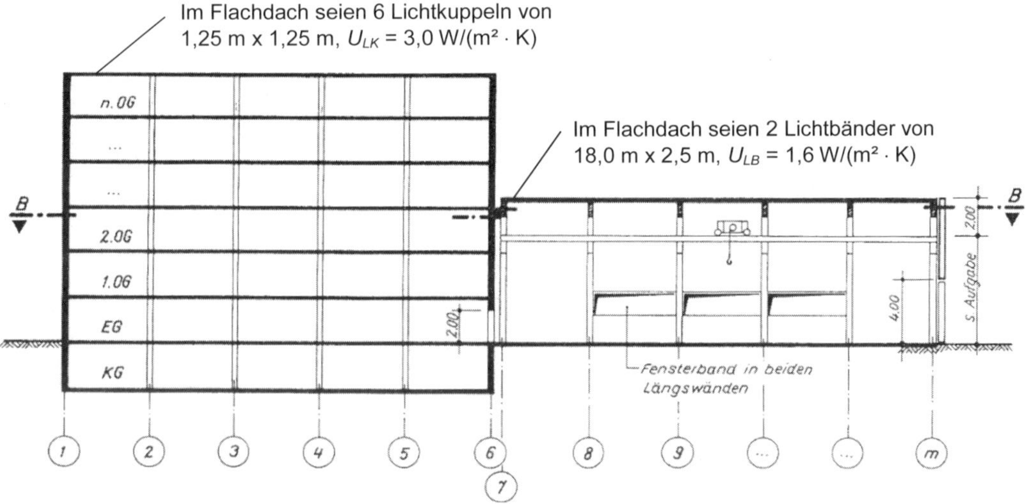

Bild 5.14: Schnitt durch ein Nichtwohngebäude mit Verwaltungstrakt (links) und Produktionshalle (rechts)

Lösung: Wenn beide Gebäudeteile (voll) beheizt sind, werden sie als eine Zone betrachtet, d. h., für $A_4 = 6 \cdot 1{,}25\ \text{m} \cdot 1{,}25\ \text{m} + 2 \cdot 18{,}0\ \text{m} \cdot 2{,}5\ \text{m} = 9{,}38\ \text{m}^2 + 90{,}0\ \text{m}^2 = 99{,}38\ \text{m}^2$ wird mit Gl. (5.10)

$$\begin{aligned} U_{4,m} &= (A_{LK} \cdot U_{LK} + A_{LB} \cdot U_{LB}) \;/\; A_4 \\ &= (9{,}38\ \text{m}^2 \cdot 3{,}0\ \text{W/(m}^2 \cdot \text{K)} + 90{,}0\ \text{m}^2 \cdot 1{,}6\ \text{W/(m}^2 \cdot \text{K))} \;/\; 99{,}38\ \text{m}^2 \\ &= 1{,}73\ \text{W/(m}^2 \cdot \text{K)} \leq 2{,}5\ \text{W/(m}^2 \cdot \text{K)} \end{aligned}$$

Das heißt, die Anforderung nach Tabelle 5.4 für Zonen mit Raum-Solltemperaturen im Heizfall von $\theta_i \geq 19$ °C (= beheizt) ist eingehalten.

Wenn der Verwaltungstrakt voll beheizt ist und die Produktionshalle niedrig beheizt ist, müssen diese beiden Zonen getrennt betrachtet werden. Da es jeweils nur ein Bauteil der Bauteilgruppe $j = 4$ je Zone gibt, erübrigt sich die flächengewichtete Mittelwertbildung nach Gl. (5.10):

$$\begin{aligned} U_{4,beh,m} &= 3{,}0\ \text{W/(m}^2 \cdot \text{K)} \not\leq 2{,}5\ \text{W/(m}^2 \cdot \text{K)} \\ U_{4,teilbeh,m} &= 1{,}6\ \text{W/(m}^2 \cdot \text{K)} \leq 3{,}1\ \text{W/(m}^2 \cdot \text{K)} \end{aligned}$$

Das heißt, die Anforderung nach Tabelle 5.4 ist für den (voll) beheizten Verwaltungstrakt *nicht* erfüllt, während sie für die niedrig beheizte Produktionshalle erfüllt wurde.

5.5 Energetische Erfassung von Wärmebrücken

5.5.1 Gründe für die genauere Erfassung von Wärmebrücken

Es gibt zwei Gründe, Wärmebrücken genauer zu erfassen:

- Zur Erfüllung der heutigen *hygienischen Anforderungen* muss Schimmelbildung im Bereich von Wärmebrücken vermieden werden.
- Zur Erfüllung der heutigen *Wärmeschutzanforderungen* muss der erhöhte Wärmedurchgang im Bereich von Wärmebrücken begrenzt werden.

Beide Gründe sind von hoher Wichtigkeit:

- Zur Vermeidung von Schimmelbildung auf Wärmebrücken stellt DIN 4108-2 [5.37], 6, Anforderungen (vgl. Abschnitt 2.8.3).
- Die steigenden Anforderungen an den Wärmeschutz von Gebäuden machen es immer häufiger notwendig, Wärmebrücken nicht pauschal, sondern detailliert zu erfassen; bei der Planung von Passivhäusern und vielen KfW-Effizienzhäusern (vgl. Abschnitt 1.3) ist die detaillierte energetische Erfassung von Wärmebrücken sogar unverzichtbar.

Tabelle 5.14: Beispiele ausreichend wärmegedämmter Dachanschlüsse aus DIN 4108 Beiblatt 2, hier Ortganganschlüsse bei zweischaligem Mauerwerk der Kategorien A und B (Dachdeckung, Dachüberstand und Lattung nicht dargestellt)

Ausführungsart	**Darstellung (Maße in mm)**	Ψ_{ref}	**Kategorie**
315: Ortgang über Außenwand aus zweischaligem Mauerwerk	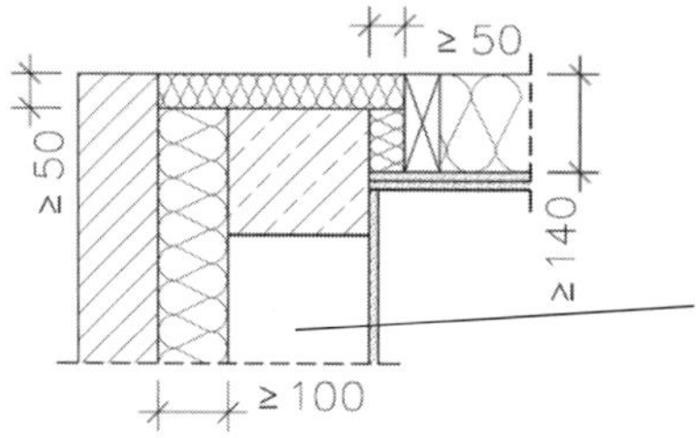 ≥ 50; ≥ 50; ≥ 140; ≥ 100 Wärmedämmung allg. mit λ = 0,035 W/(m · K) tragende Schale aus Mauerwerk oder Stahlbeton	0,09 W/(m · K)	A
316: Ortgang über Außenwand aus zweischaligem Mauerwerk	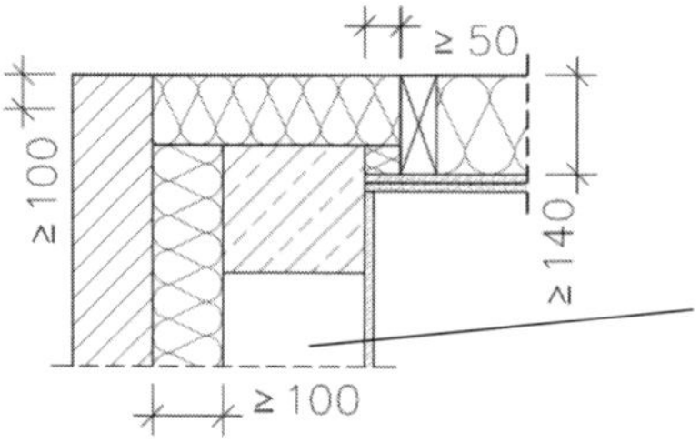 ≥ 50; ≥ 100; ≥ 140; ≥ 100 Wärmedämmung allg. mit λ = 0,035 W/(m · K) tragende Schale aus Mauerwerk oder Stahlbeton	0,05 W/(m · K)	B

Tabelle 5.15: Beispiele ausreichend wärmegedämmter Anschlüsse erdberührter Bauteile an Außenwände aus zweischaligem Mauerwerk aus DIN 4108 Beiblatt 2, hier zwei Anschlüsse einer Kellerdecke über unbeheiztem Keller der Kategorien A und B und ein Anschluss einer Bodenplatte der Kategorie B

Ausführungsart	**Darstellung (Maße in mm)**	Ψ_{ref}	**Kategorie**
57: Kellerdecke innenseitig gedämmt über unbeheiztem Keller Außenwand aus zweischaligem Mauerwerk	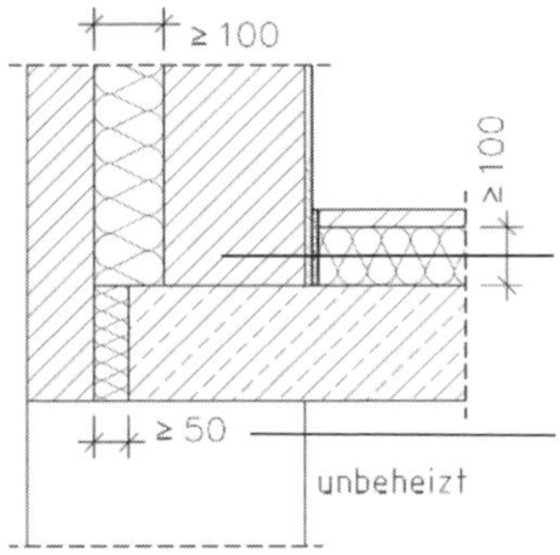 ≥ 100; ≥ 100; ≥ 50; unbeheizt Wärmedämmung allg. mit λ = 0,035 W/(m · K) tragende Schale aus Mauerwerk oder Stahlbeton Mauerwerk oder Stahlbeton	0,30 W/(m · K)	A
58: Kellerdecke innenseitig gedämmt über unbeheiztem Keller Außenwand aus zweischaligem Mauerwerk	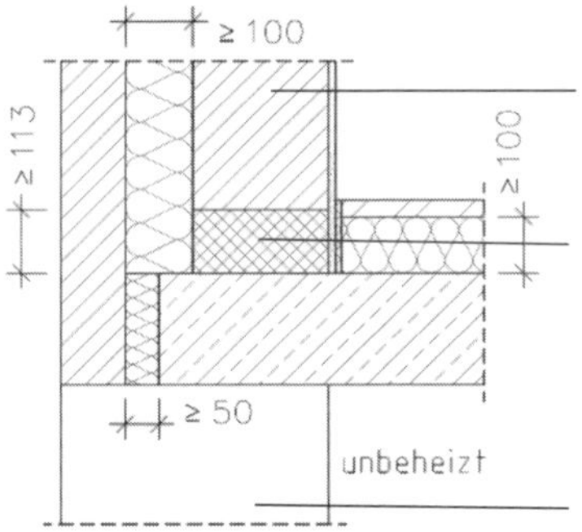 ≥ 100; ≥ 113; ≥ 100; ≥ 50; unbeheizt Wärmedämmung allg. mit λ = 0,035 W/(m · K) tragende Schale aus Mauerwerk mit $\lambda \leq$ 1,3 W/(m · K) Dämmstein mit $\lambda \leq$ 0,14 W/(m · K) oder tragende Schale generell mit $\lambda \leq$ 0,21 W/(m · K) Mauerwerk oder Stahlbeton	0,11 W/(m · K)	B
26: Bodenplatte innenseitig gedämmt über Streifenfundament Außenwand aus zweischaligem Mauerwerk	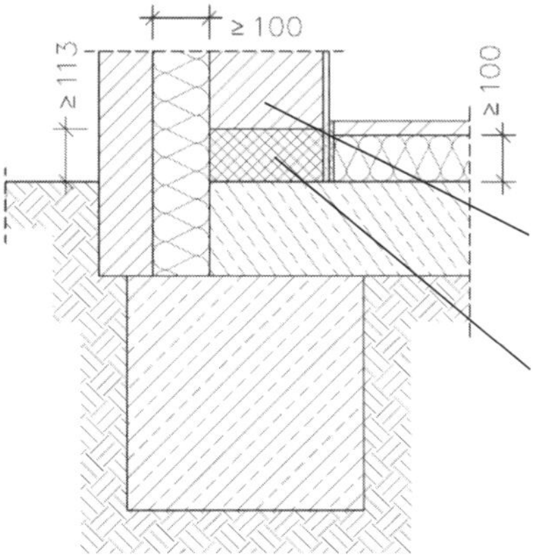 ≥ 100; ≥ 113; ≥ 100 Wärmedämmung allg. mit λ = 0,035 W/(m · K) tragende Schale aus Mauerwerk mit $\lambda \leq$ 1,3 W/(m · K) Dämmstein mit $\lambda \leq$ 0,14 W/(m · K) oder tragende Schale generell mit $\lambda \leq$ 0,21 W/(m · K)	0,14 W/(m · K)	B

5.5.2 Nachweis der Gleichwertigkeit von Wärmebrücken

A Bildlicher Nachweis der Gleichwertigkeit

Wenn *kein* Passiv- oder KfW-Effizienzhaus geplant wird, wird der *Nachweis des energiesparenden Wärmeschutzes* gemäß GEG 2023 § 24 [5.1], [5.2] wenn möglich so geführt, dass die Planungs- und Ausführungsbeispiele aus DIN 4108 Beiblatt 2 [5.54] (beispielhaft in Tabelle 5.14 und Tabelle 5.15) mit einem der in Abschnitt 5.4.1 C genannten *pauschalen Zuschlagswerte*

- ΔU_{WB} = 0,05 W/(m² · K) bei Einhaltung der Regelkonstruktionen der Kategorie A (= *alter* Standard) bzw.
- ΔU_{WB} = 0,03 W/(m² · K) bei Einhaltung der Regelkonstruktionen der Kategorie B (= *besserer* Standard) – sämtliche Holzbauteile fallen in die Kategorie B –

angesetzt werden; das wäre ein sog. *bildlicher* Gleichwertigkeitsnachweis.

Ergänzt wird diese Möglichkeit durch den *Nachweis der Gleichwertigkeit über den Wärmedurchlasswiderstand R der jeweiligen Schichten*. Hierbei weichen – z. B. im Bestand – die Wärmeleitfähigkeiten der Baustoffe von denen im Beiblatt 2 ab (vgl. den angesetzten Bemessungswert der Wärmeleitfähigkeit λ = 0,035 W/(m · K) in Tabelle 5.14, der im Bestand häufig überschritten ist); durch den Nachweis und Vergleich des Wärmedurchlasswiderstandes *R* (in diesem Beispiel der Dachkonstruktion) mit dem der Regelkonstruktion kann ebenfalls die Gleichwertigkeit nachgewiesen werden (s. hierzu auch [5.80]).

Von den in DIN 4108 Beiblatt 2 genannten Regelkonstruktionen passen meist einige Details nicht zum Gebäudeentwurf – dann gibt es folgende Möglichkeiten:

B Rechnerischer Nachweis der Gleichwertigkeit

Für den *rechnerischen* Gleichwertigkeitsnachweis gibt es zwei Möglichkeiten:

- Die fehlenden Details werden mit einem Wärmebrückenprogramm berechnet (z. B. mit dem kostenlos erhältlichen amerikanischen Programm THERM [5.70], deutsche Anleitung unter [5.71]) und die Ergebnisse mit dem Referenzwert Ψ_{ref} ähnlicher Konstruktionen im Beiblatt verglichen – d.h., der ermittelte längenbezogene Wärmedurchgangskoeffizient Ψ_{real} muss unter Ψ_{ref} liegen. *Hinweis*: Bei rechnerischen Gleichwertigkeitsnachweisen erdberührter Bauteile darf gemäß DIN 4108 Beiblatt 2 [5.54], 6.1, vereinfachend
  - bei erdberührten Bauteilen $F_{bw} = F_{bf} = 0{,}6$,
  - bei Innenwänden auf erdberührten Bodenplatten $F_{bf} = 0{,}4$ und
  - bei Bauteilen zum unbeheizten Keller $F_G = 0{,}4$

  gesetzt werden (vgl. Tabelle 5.8 bzw. Tabelle 5.13 in Abschnitt 5.4).

Beispiel 5.3 (Fortsetzung von Beispiel 2.6): EDV-berechnete Wärmebrücke

Bild 5.15 zeigt beispielhaft die Ergebnisse zweier Wärmebrückenberechnungen an einem Ortgang: Bei fehlender Dämmung über der Giebelwand (= *ungedämmter* Mauerkrone, Bild 5.15a) als Abweichung von Tabelle 5.14 wird mit

$$\Psi_{real} = 0{,}295 \text{ W/(m} \cdot \text{K)} > 0{,}09 \text{ W/(m} \cdot \text{K)} = \Psi_{ref}$$

die Anforderung des Beiblatts nicht einmal für Kategorie A eingehalten (vgl. Tabelle 5.14 oben, letzte Spalte), während bei der vorliegenden Dämmung über der Giebelwand (= *gedämmter* Mauerkrone, Bild 5.15b) mit

$$\Psi_{real} = -0{,}021 \text{ W/(m} \cdot \text{K)} \leq 0{,}05 \text{ W/(m} \cdot \text{K)} = \Psi_{ref}$$

sogar die Anforderung für Kategorie B des Beiblatts eingehalten ist (vgl. Tabelle 5.14 unten, letzte Spalte).

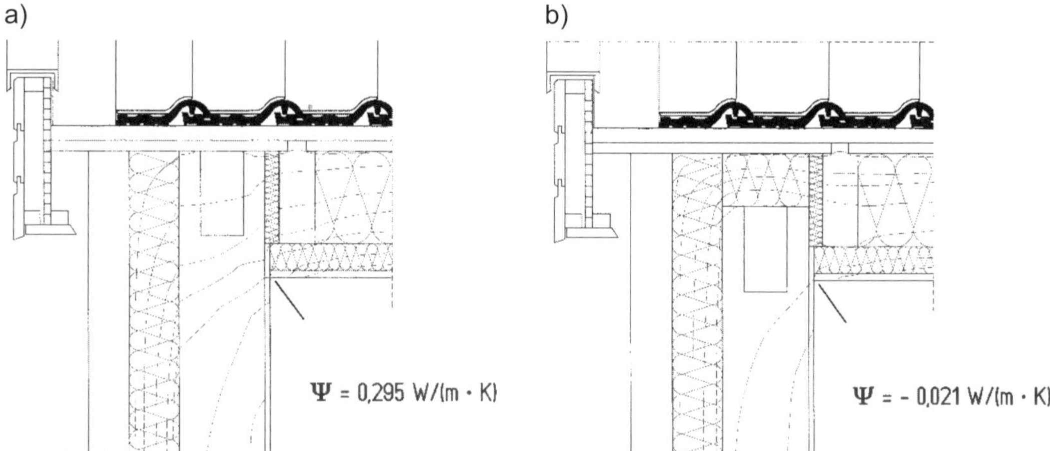

Bild 5.15: Beispiele für EDV-berechnete Wärmebrücken an einem Ortgang (nach [5.72]):
a) mit ungedämmter Mauerkrone
b) mit gedämmter Mauerkrone

Hinweis: Bei der Berechnung des längenbezogenen Wärmedurchgangskoeffizienten Ψ ergeben sich – bei energetisch gut konstruierten geometrisch bedingten Wärmebrücken – *negative* Werte, d. h., die Wärmebrücke führt beim Nachweis am Gesamtgebäude zu rechnerischen Wärmegewinnen. Der Grund dafür ist der im GEG vorgegebene *Außenmaß*bezug (Bild 5.16).

Bild 5.16: Vergleich *innen*maßbezogener Ψ-Wert (links) und *außen*maßbezogener Ψ-Wert (rechts): Beim *außen*maßbezogenen Ψ-Wert wird das doppelt schraffierte Quadrat *zweimal* eingerechnet – bei guter Planung wird dort aber der Wärmestrom nicht doppelt so groß (nach [5.73])

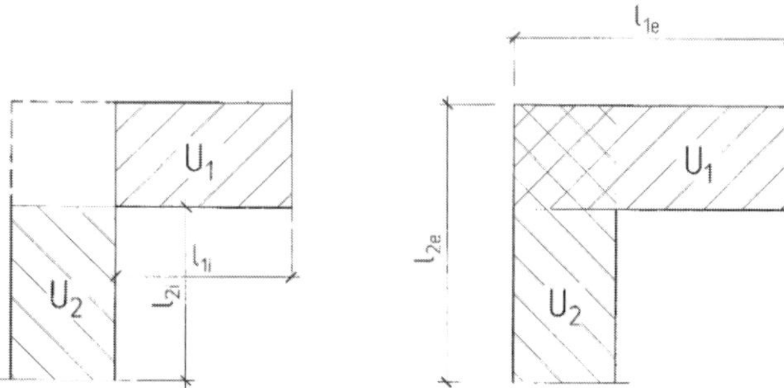

- Aufgrund des hohen Aufwandes für „echte" Wärmebrückenberechnungen (s. u.) werden in der Praxis für solche Gleichwertigkeitsnachweise häufig Berechnungshilfen (Datenbanken) herangezogen, mit denen die Gleichwertigkeit gemäß DIN 4108 Beiblatt 2 [5.54], 5.4, einfacher nachgewiesen werden kann (verbreitete Datenbanken sind der „Wärmebrückenkatalog 1.2" vom *Zentrum für umweltbewusstes Bauen (ZuB)* in Kassel [5.74] sowie die Kataloge einiger Baustoffhersteller, z. B. [5.75], [5.76], [5.77], [5.78], [5.79]).

In der Praxis wird es immer wieder vorkommen, dass
- viele Details in Kategorie B fallen, aber einige nur der Kategorie A entsprechen oder nicht einmal diese erreichen, bzw.
- viele Details in Kategorie A fallen, aber einige diese nicht erreichen.

Für diese beiden Fälle nennt DIN 4108 Beiblatt 2 [5.54], Anhang C (näher erläutert von *Feldmann* [5.80]), ein Korrekturverfahren, mit dem sich der pauschale Wärmebrückenzuschlag in W/(m² · K) wie folgt errechnen lässt:

$$\Delta U_{WB} = \frac{\sum_i(\Delta\Psi_i \cdot l_i)}{A} + 0{,}03 \quad bzw. \quad \Delta U_{WB} = \frac{\sum_i(\Delta\Psi_i \cdot l_i)}{A} + 0{,}05 \qquad (5.11)$$

$\Delta\Psi_i$ > 0 als *Über*schreitung des zur in DIN 4108 Beiblatt 2 gewählten Kategorie gehörigen Referenzwertes Ψ_{ref} (bei Bauelementen $\Psi_{ref,det}$) durch den vorhandenen (oder im erstgenannten Fall zur schlechteren Kategorie A gehörigen) Ψ-Wert in W/(m · K) – es dürfen nur positive Ψ-Werte angesetzt werden

l_i Länge des zugehörigen Anschlusses in m

A wärmeübertragende Umfassungsfläche des Gebäudes in m²

Hinweis: Auf den rechnerischen Gleichwertigkeitsnachweis durfte nach GEG 2020 § 24 bei Wärmebrücken verzichtet werden, bei denen die angrenzenden Bauteile *kleinere* Wärmedurchgangskoeffizienten aufweisen, als in den Musterlösungen in DIN 4108 Beiblatt 2 [5.54] zugrunde gelegt sind. Diese Regelung war nicht physikalisch begründet, sondern sollte bei relativ gut gedämmten Gebäuden den Rechenaufwand verringern [5.81]. Diese Vereinfachung ist im GEG 2023 entfallen; sie galt für KfW-Effizienzhäuser gemäß den sog. *Technischen FAQ* der KfW [5.82] Nr. 4.05 auch bisher nicht. Das heißt, heute sind generell Gleichwertigkeitsnachweise zu führen oder alle Wärmebrücken detailliert zu berechnen (s. u.). Nachteil dabei: Bei *kleineren* U-Werten ergeben sich *größere* Ψ-Werte!

C Alternativer Nachweis der Gleichwertigkeit

Im Zuge ihrer Qualitätssicherung hat die KfW-Förderbank festgestellt, dass Sachverständige und Energieberater mit den aufwendigen Wärmebrückennachweisen häufig Schwierigkeiten haben. Deshalb erschien im November 2015 das Infoblatt *KfW-Wärmebrückenbewertung* [5.83] mit zwei weiteren Möglichkeiten des Wärmebrückennachweises, mit denen der zusätzliche Wärmebrückenverlust im Rahmen des KfW-Effizienzhausnachweises in folgenden Fällen vereinfacht abgeschätzt werden kann:

- Bei *Sanierungsvorhaben* kann durch einen *erweiterten* Gleichwertigkeitsnachweis mit Kombination einer pauschalen und detaillierten Wärmebrückenbewertung ein Wärmebrückenzuschlag von $\Delta U_{WB} = 0{,}05$ bis 0,10 W/(m² · K) erreicht werden – entspricht dem in Gl. (5.11) vorgestellten Verfahren [5.80].
- Bei zu errichtenden *Wohngebäuden* kann mithilfe eines standardisierten KfW-Wärmebrückenkurzverfahrens bei gleichzeitiger Einhaltung von geometrischen und konstruktiven Vorgaben als pauschaler Wärmebrückenzuschlag $\Delta U_{WB} \leq 0{,}035$ W/(m² · K) erreicht werden, ohne diesen detailliert nachweisen zu müssen.

5.5.3 Berechnung sämtlicher Wärmebrücken (detaillierter Wärmebrückennachweis)

Wenn der Nachweis nicht mithilfe von DIN 4108 Beiblatt 2 [5.54] geführt werden soll, können alternativ *sämtliche im Gebäude vorhandenen Wärmebrücken berechnet* werden (für den Nachweis von KfW-geförderten Effizienzhäusern häufig und bei Passivhäusern immer erforderlich). Gemäß DIN 4108-2 [5.37], 6, (vgl. Abschnitt 2.8.3)

- müssen dann die *längenbezogenen* (= linearen) *Wärmedurchgangskoeffizienten* Ψ in W/(m · K) von zweidimensional zu berechnenden Wärmebrücken *berücksichtigt* werden,
- wegen der begrenzten Flächenwirkung kann jedoch der Wärmeverlust vereinzelt auftretender dreidimensionaler Wärmebrücken (z. B. punktuelle Balkonauflager, Vordachabhängungen) i. d. R. vernachlässigt werden.

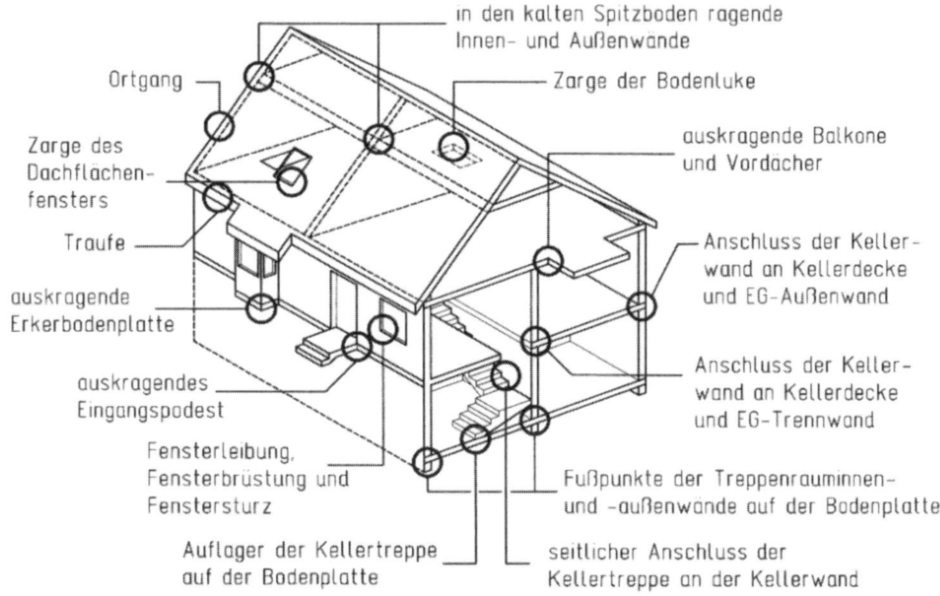

Bild 5.17: Mögliche lineare (= zweidimensionale) Wärmebrücken, die bei Wohngebäuden mit unbeheiztem Keller und unbeheiztem Spitzboden vorkommen können

Dies kommt der Anwendung in der Praxis sehr entgegen, da von den gängigen Wärmebrückenprogrammen

- jedes (bei erträglichem Eingabeaufwand) *zweidimensional* rechnen kann,
- jedoch nur einige wenige, eher forschungsorientierte EDV-Programme (bei hohem Eingabeaufwand) auch *dreidimensional* rechnen können.

Bild 5.17 zeigt beispielhaft die bei einem üblichen Wohngebäude häufig vorkommenden linearen (= zweidimensionalen) Wärmebrücken, die alle rechnerisch erfasst werden müssen. *Ausnahmen*: DIN 4108 Beiblatt 2 [5.54], 5.5, nennt deshalb Wärmebrücken, die vernachlässigt werden können:

- *kleinflächige* Querschnittsänderungen in der wärmeübertragenden Umfassungsfläche, z. B. durch Steckdosen, Leitungsschlitze, Briefkästen usw.,
- Durchdringungen, wie z. B. Holzsparren, Pfetten durch Dämmungen oder durch monolithische Außenwände,
- Lüftungsrohre, Lüftungsschächte und Abgasanlagen,
- einzeln auftretende Anschlüsse (z. B. Haustür, Kellerabgangstür, Kelleraußentür, Türen zum unbeheizten Dachraum, Dachlukenklappen, Vordach über Haustür),
- Anschluss Außenwand/Außenwand (Außen- und Innenecke) mit durchlaufender Dämmung,
- Anschluss Innenwand an durchlaufende Außenbauteile, die nicht durchstoßen werden bzw. eine durchlaufende Dämmschicht mit $R \geq 2{,}5$ m² · K/W aufweisen,
- Anschluss Geschossdecke (zwischen beheizten Geschossen) an Außenwand, bei der eine durchlaufende Dämmschicht mit $R \geq 2{,}5$ m² · K/W vorliegt.

Der Nachweis *jeder* verbleibenden linearen Wärmebrücke $i = 1, 2, \ldots, n$ nach EN ISO 10211 [5.56] und DIN 4108 Beiblatt 2 [5.54], Anhang D, besteht aus folgenden Schritten:

- Im ersten Schritt wird unter Ansatz der in Tabelle 2.15 rechts (in Abschnitt 2.8.2) genannten Randbedingungen (s. DIN 4108 Beiblatt 2 [5.54], Abschnitt 8, und Beispiele in Tabelle 2.16 rechts) die lineare Wärmebrücke mit einem geeigneten EDV-Programm berechnet, d. h. der Wärmestrom Φ_l je m Länge ermittelt (hier nicht dargestellt). Dabei können Fenster vereinfacht als Ersatzsystem, d. h. „Brett“ von 70 mm Dicke angesetzt werden; wenn stattdessen detailliert gerechnet werden soll, muss das verwendete EDV-Programm in der Lage sein, nach EN ISO 10211 [5.56] *und* EN ISO 10077 [5.84], [5.85] zu rechnen.
- Daraus errechnet sich als zweiter Schritt der längenbezogene thermische Leitwert L_{2D} in W/(m · K) des gewählten Ausschnitts aus der Gebäudehülle zu

$$L_{2D} = \Phi_l / (\theta_i - \theta_e) \tag{5.12}$$

Φ_l Wärmestrom in W/m je Meter Länge der linienförmigen Wärmebrücke
θ_i der EDV-Berechnung zugrunde liegende Raumlufttemperatur in °C
θ_e der EDV-Berechnung zugrunde liegende Außenlufttemperatur in °C

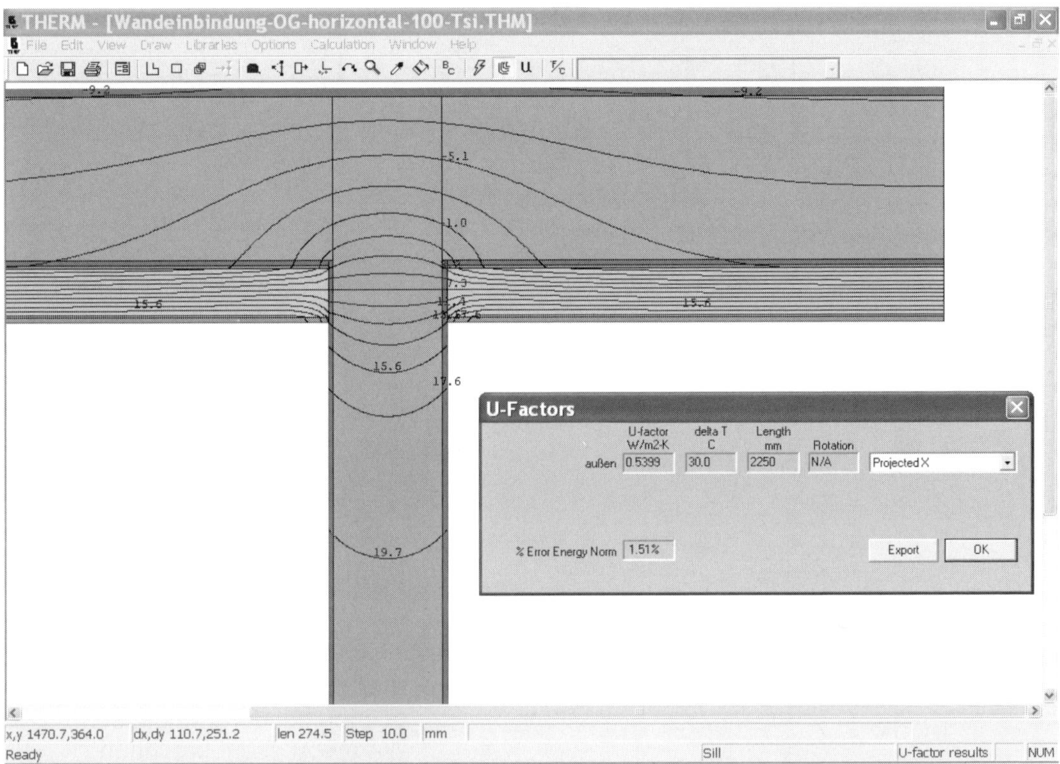

Bild 5.18: Beispiel der Berechnung einer Wärmebrücke (einbindende Innenwand eines Altbaus mit Innendämmung) mit THERM zur Ermittlung des erhöhten Wärmedurchgangs

Bei Nutzung des (kostenlosen) amerikanischen EDV-Programms THERM [5.70], [5.71], wird nicht der Wärmestrom Φ_l je m Länge und auch nicht der längenbezogene thermische Leitwert L_{2D} in W/(m · K) ausgegeben (Bild 5.18); letzterer muss aus dem amerikanischen *U-factor* berechnet werden zu

$$L_{2D} = U\text{-}factor \cdot l_{THERM} \tag{5.13}$$

U-factor in THERM ausgegebener Wärmedurchgangskoeffizient der gesamten Wärmebrücke in W/(m² · K) – trotz gleicher Dimension nicht zu verwechseln mit einem europäischen U-Wert einzelner Bauteile!

l_{THERM} THERM-Länge in m, das ist die im Programm THERM für das Wärmebrückendetail definierte Länge, über die der Wärmestrom integriert wird

- Im dritten Schritt errechnet sich daraus der längenbezogene Wärmedurchgangskoeffizient Ψ in W/(m · K) für $j = 1, 2, \ldots, m$ die Innen- und Außenbereiche trennende, an die Wärmebrücke angrenzende Bauteile zu

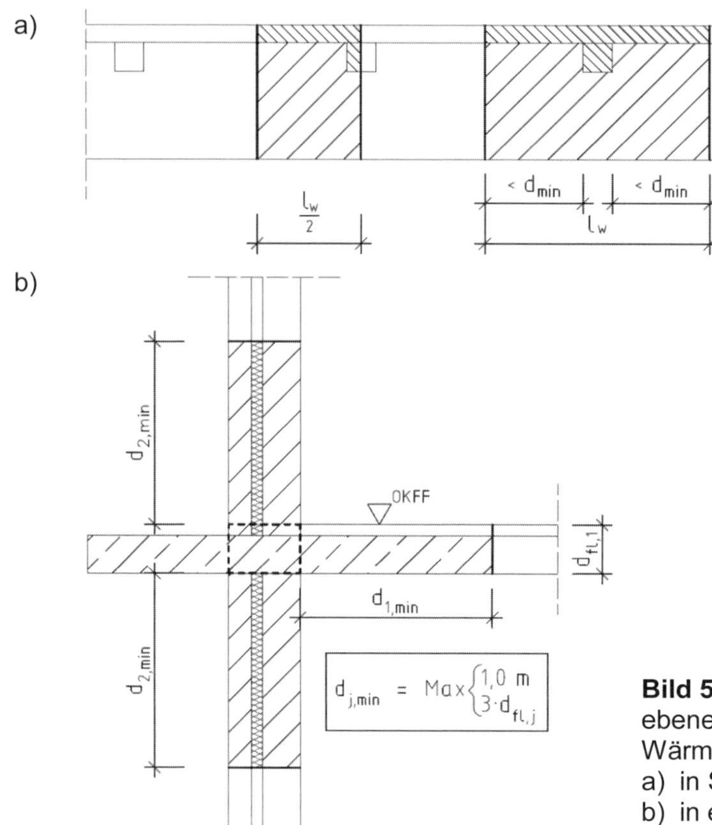

Bild 5.19: Anordnung der Schnittebenen bei der zweidimensionalen Wärmebrückenberechnung
a) in Symmetrieebenen
b) in einem Abstand von mindestens $d_{j,min}$ vom zentralen Element (als Strichlinie dargestellt)

$$\Psi = L_{2D} - \Sigma (F_{xj} \cdot U_j \cdot l_j) \tag{5.14}$$

L_{2D} längenbezogener thermischer Leitwert der zweidimensional berechneten (linienförmigen) Wärmebrücke i in W/(m · K)

U_j Wärmedurchgangskoeffizient des den Innen- und Außenbereich trennenden Bauteils j in W/(m² · K) aus der Wärmebrücken- gleich GEG-Berechnung

l_j die im Berechnungsmodell dem Wärmedurchgangskoeffizienten U_j zugeordnete Bauteillänge in m – bei der Wärmebrückenberechnung
- dürfen bei Bauteilen *mit Symmetrieebenen* (z. B. Holztafel-/Holzrahmenbauteilen) die den Innen- und Außenbereich trennenden Bauteile in der Symmetrieebene enden (Bild 5.19a),
- müssen jedoch i. d. R. die den Innen- und Außenbereich trennenden Bauteile um mindestens $d_{j,min}$ = 1,0 m bzw. $d_{j,min} = 3 \cdot d_{fl,j}$ (mit $d_{fl,j}$ =

Dicke des flankierenden Bauteils *j*) – der größere Wert ist maßgebend – aus dem sog. zentralen Element herausragen (Bild 5.19b) und

– müssen bei der Berechnung erdberührter Bauteile sehr große Erdkörper einbezogen werden (vgl. Bild 2.48 in Abschnitt 2.11.1) – ein in Deutschland nicht üblicher Rechenansatz

F_{xj} der in der Berechnung des Gebäudes nach DIN V 4108-6 [5.4] wie auch der im ersten Schritt genannten Wärmebrückenberechnung ggf. U_j zugeordnete dimensionslose Temperatur-Korrekturfaktor (aus Tabelle 5.7, 5.8 oder 5.13 in Abschnitt 5.4, vgl. auch, Fußnote [1] zu Tabelle 2.15 in Abschnitt 2.8.2)

Hinweis: DIN 4108 Beiblatt 2 [5.54], 6.1, gibt ergänzende Hinweise für die Bauteillängen beim Anschluss von Holz- an Massivbauteile (Bild 5.20). Weitere Hinweise finden sich dort im Abschnitt 6.2 für die Modellierung von Bauelementen wie Fenstern/Fenstertüren/Türen, Dachflächenfenstern, Lichtkuppeln, Vorhangfassaden und Rollladenkästen.

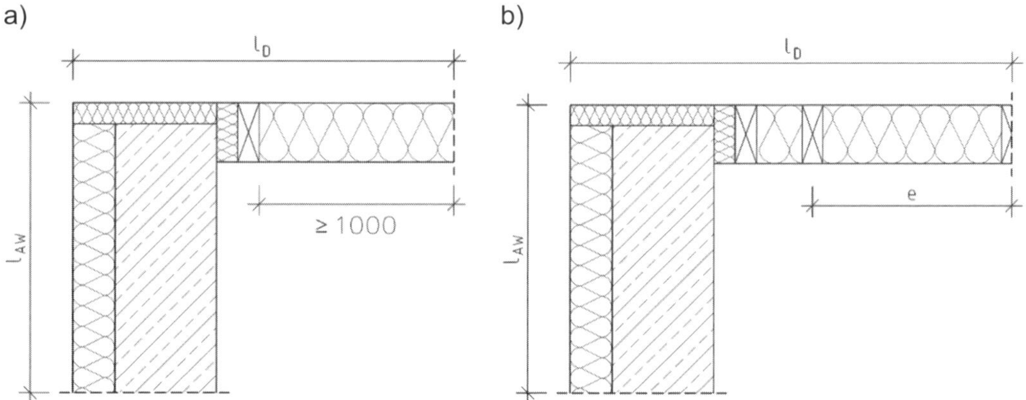

Bild 5.20: Beispielhafte Modellierungen eines Ortganganschlusses mit *e* = Achsabstand der Sparren, l_{AW} = modellierte Länge der Außenwand und l_D = modellierte Länge der Dachfläche (Maße in mm)

a) Berechnung des U-Wertes nur für das Gefach des Daches, der Streichsparren wird mit der Wärmebrückenberechnung erfasst (vereinfachter Ansatz für Gleichwertigkeitsnachweis)

b) Berechnung des U-Wertes des Daches mit nebeneinanderliegenden Bauteilabschnitten und Erfassung des Streichsparrens mit der vollständigen Wärmebrücke (allgemeiner Ansatz mit mindestens einem regelmäßigen Gefach)

- Bei einer Wärmebrückenberechnung am *Ersatzsystem* für Fenster, Fenstertüren, Türen, Lichtkuppeln oder Vorhangfassaden („Brett“ von 70 mm Dicke, vgl. Tabelle 2.16 unten) ist folgende Korrektur in W/(m · K) erforderlich (s. auch [5.80]):

$$\Psi = \Psi_{rechn,Ers} + (\Psi_{ref,det} - \Psi_{ref,Ers}) \quad (5.15)$$

$\Psi_{rechn,Ers}$ unter Verwendung eines Ersatzsystems berechneter längenbezogener Wärmedurchgangskoeffizient in W/(m · K)

$\Psi_{ref,Ers}$ in DIN 4108 Beiblatt 2 [5.54], 7, genannter Referenzwert des längenbezogenen Wärmedurchgangskoeffizienten bei Modellierung am *Ersatzsystem* in W/(m · K) (z. B. in Tabelle 5.16)

$\Psi_{ref,det}$ in DIN 4108 Beiblatt 2 [5.54], 7, genannter Referenzwert des längenbezogenen Wärmedurchgangskoeffizienten bei *detaillierter* Modellierung in W/(m · K) (z. B. in Tabelle 5.16)

Tabelle 5.16: Beispiele ausreichend wärmegedämmter Anschlüsse eines Fensters an einen Fenstersturz in einer Außenwand aus zweischaligem Mauerwerk aus DIN 4108 Beiblatt 2, hier für Kategorien A (oben) und Kategorie B (unten)

Ausführungsart	**Darstellung (Maße in mm)**	Ψ_{ref}	**Kategorie**
241: Fenstersturz mit Einbindung der Geschossdecke Außenwand aus zweischaligem Mauerwerk	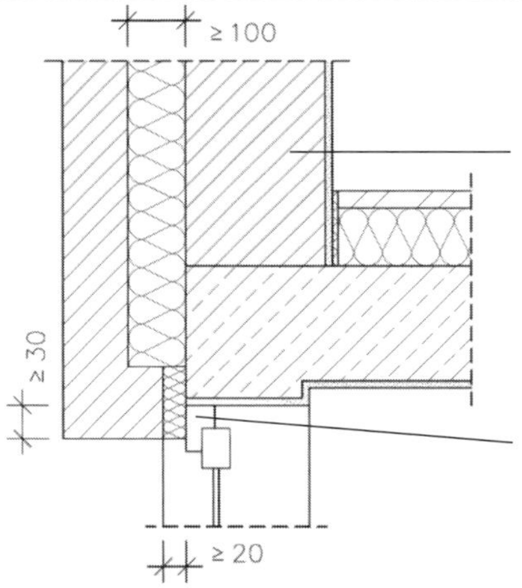 ≥ 100; ≥ 30; ≥ 20; Wärmedämmung allg. mit λ = 0,035 W/(m · K); tragende Schale aus Mauerwerk oder Stahlbeton; Fensterlage: Achse (Mitte) des Blendrahmens in der äußeren Hälfte der Tragschale	$\Psi_{ref,Ers}$ = 0,09 W/(m · K) bzw. $\Psi_{ref,det}$ = 0,14 W/(m · K)	A
242: Fenstersturz mit Einbindung der Geschossdecke Außenwand aus zweischaligem Mauerwerk	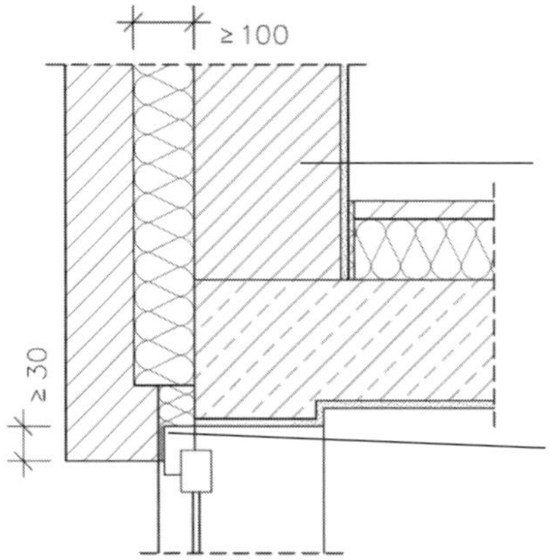 ≥ 100; ≥ 30; Wärmedämmung allg. mit λ = 0,035 W/(m · K); tragende Schale aus Mauerwerk oder Stahlbeton; Fensterlage: Blendrahmen vollständig in Dämmebene	$\Psi_{ref,Ers}$ = 0,06 W/(m · K) bzw. $\Psi_{ref,det}$ = 0,08 W/(m · K)	B

Die *detaillierte* Wärmebrückenberechnung für Fensterrahmen, Dachflächenfensterrahmen, Lichtkuppeln Rollladenkästen oder Fassadenprofile nach EN ISO 10077 [5.84], [5.85] ist wegen der meist komplizierten Geometrie der Fensterrahmen (vgl. Bild 2.63 in Abschn. 2.13.2) sehr aufwendig; daher finden sich in DIN 4108 Beibl. 2 [5.54], Anhang F, Referenzbauteile für die gängigen Rahmenprofile (mit vereinfachter Geometrie), mit denen nach Anhang E ebenfalls detailliert gerechnet werden darf. Das verwendete Wärmebrückenprogramm muss dann allerdings für Berechnungen nach EN ISO 10211 [5.56] *und* EN ISO 10077-2 [5.85] geeignet sein.

Beispiel 5.4: Nachweis der Gleichwertigkeit des Anschlusses einer zweischaligen Außenwand an eine Bodenplatte

Aufgabe: Versehentlich ist statt der Konstruktion Nr. 26 in DIN 4108 Beiblatt 2 (Tabelle 5.15 unten) kein Dämmstein (ISO-Kimmstein) mit $\lambda \leq 0{,}14$ W/(m · K) unter der tragenden Schale aus Kalksandstein mit $\lambda = 0{,}99$ W/(m · K) verwendet worden, sodass ein Nachweis der Gleichwertigkeit erforderlich wird.

Lösung: Unter der Annahme, dass in der Berechnung nach GEG der Temperatur-Korrekturfaktor gemäß DIN V 4108-6 zu $F_G = F_f = 0{,}60$ gesetzt wurde, wird entsprechend DIN 4108 Beiblatt 2 [5.54], 3.5 (vgl. Fußnote [1] unter Tabelle 2.15 in Abschnitt 2.8.2) der Temperaturfaktor zu

$$f_G = 1 - F_G = 1 - 0{,}60 = 0{,}40$$

Aus der Datenbank „Wärmebrückenkatalog 1.2“ [5.74] wird dann für den vorhandenen KS-Kimmstein mit $\lambda = 0{,}99$ W/(m · K) und Wärmedämmstoffe mit $\lambda = 0{,}035$ W/(m · K) abgelesen

$$\Psi = 0{,}084 \text{ W/(m} \cdot \text{K)} \leq 0{,}14 \text{ W/(m} \cdot \text{K)} = \Psi_{ref}$$

(vgl. Tabelle 5.15 unten rechts); damit ist die Gleichwertigkeit der Konstruktion für Kategorie B nachgewiesen.

Beispiel 5.5: Wärmebrückenberechnung des längenbezogenen Wärmedurchgangskoeffizienten Ψ am Anschluss von zweischaligem Mauerwerk an eine Kellerdecke über einem unbeheizten Keller

Aufgabe: Es soll der längenbezogene Wärmedurchgangskoeffizient Ψ eines vom Anschluss gemäß Tabelle 5.15 Mitte *abweichenden* Sockelanschlusses, bei dem weder ein Dämmstein (ISO-Kimmstein) mit $\lambda \leq 0{,}14$ W/(m · K) noch eine tragende Schale mit $\lambda \leq 0{,}21$ W/(m · K) eingebaut wurde, mithilfe des Wärmebrückenprogramms THERM berechnet werden.

Bauteilaufbauten:

- Kellerdecke aus 16 cm Normalbeton (≤ 2 % Stahlanteil), 7 cm Mineralwolledämmung ($\lambda = 0{,}040$ W/(m · K)) und 5 cm Zementestrich;
- Kelleraußenwand aus 36,5 cm Kalksandsteinmauerwerk ($\rho = 1400$ kg/m³);

– Außenwand (von innen nach außen) aus 1 cm Kalkgipsputz, 17,5 cm Kalksandsteinmauerwerk (ρ = 1400 kg/m³), 10 cm Mineralwolle (λ = 0,040 W/(m · K)) und 11,5 cm Ziegelverblendmauerwerk (ρ = 2000 kg/m³).

Die Randbedingungen für die Berechnung gemäß DIN 4108 Beiblatt 2 sind entsprechend Tabelle 2.15 rechts bzw. Tabelle 2.16 oben rechts (in Abschnitt 2.8.2) anzusetzen.

Lösung: Vorab werden die in der GEG-Berechnung anzusetzenden U-Werte der hier $j = 2$ den Innen- und Außenbereich trennenden Bauteile „Außenwand" und „Kellerdecke" berechnet:

- Außenwand: Gl. (2.20) eingesetzt in Gl. (2.22), diese eingesetzt in Gl. (2.23) ergibt als Wärmedurchgangskoeffizient in W/(m² · K)

$$U_{AW} = \frac{1}{0{,}13 + 0{,}01/0{,}70 + 0{,}175/0{,}70 + 0{,}10/0{,}040 + 0{,}115/0{,}96 + 0{,}04} = 0{,}3274$$

  bei einer Länge im Berechnungsmodell von l_{AW} = 1,32 m.

- Kellerdecke: Gl. (2.20) eingesetzt in Gl. (2.22), diese eingesetzt in Gl. (2.23) ergibt als Wärmedurchgangskoeffizient in W/(m² · K)

$$U_G = \frac{1}{0{,}17 + 0{,}05/1{,}4 + 0{,}07/0{,}040 + 0{,}16/2{,}5 + 0{,}17} = 0{,}4567$$

  bei einer Länge im Berechnungsmodell von l_G = 1,41 m.

Mit dem Temperatur-Korrekturfaktor nach DIN V 4108-6 $F_G = F_f = 0{,}70$ aus dem GEG-Nachweis (aus Tabelle 5.8 oder Tabelle 5.13, hier angenommen) errechnet sich nach DIN 4108 Beiblatt 2, 3.5, der anzusetzende Temperaturfaktor zu

$$f_G = 1 - F_G = 1 - 0{,}70 = 0{,}30$$

Daraus ergibt sich mit den Randbedingungen aus Tabelle 2.15 rechts (in Abschnitt 2.8.2) θ_i = + 20 °C, θ_e = – 10 °C und dortiger Fußnote [1]), gemäß dortiger Gleichung als Kellertemperatur

$$\theta_i = f_{xi} \cdot (\theta_i - \theta_e) + \theta_e = 0{,}30 \cdot (+20\ °C - (-10\ °C)) - 10\ °C = -1\ °C$$

Mit dieser Kellertemperatur und den übrigen Randbedingungen aus Tabelle 2.16 rechts oben in Abschnitt 2.8.2 sowie den o. g. Bauteilaufbauten kann nun die Wärmebrücke mit THERM [5.70] berechnet werden (hier nicht dargestellt) – der thermische Leitwert ergibt sich dann nach Gl. (5.13) für den über die THERM-Länge l_{THERM} = 2,210 m ermittelten *U-factor* = 0,4360 W/(m² · K) zu

$$L_{2D} = U\text{-}factor \cdot l_{THERM} = 0{,}4360\ W/(m^2 \cdot K) \cdot 2{,}210\ m = 0{,}9636\ W/(m \cdot K)$$

Im nächsten Schritt errechnet sich daraus der längenbezogene Wärmedurchgangskoeffizient Ψ nach Gl. (5.14) zu

$$\begin{aligned}\Psi &= L_{2D} - \Sigma\,(F_{xj} \cdot U_j \cdot l_j) \\ &= 0{,}9636\ \mathrm{W/(m \cdot K)} - (1{,}0 \cdot 0{,}3274\ \mathrm{W/(m^2 \cdot K)} \cdot 1{,}32\ \mathrm{m}) \\ &\qquad - (0{,}7 \cdot 0{,}4567\ \mathrm{W/(m^2 \cdot K)} \cdot 1{,}41\ \mathrm{m}) \\ &= 0{,}9636\ \mathrm{W/(m \cdot K)} - 0{,}4322\ \mathrm{W/(m \cdot K)} - 0{,}4508\ \mathrm{W/(m \cdot K)} = 0{,}0806\ \mathrm{W/(m \cdot K)}\end{aligned}$$

Anmerkung: Sollte nur ein Gleichwertigkeitsnachweis erforderlich sein, wäre nach Tabelle 5.15 Mitte rechts mit

$$\Psi = 0{,}081\ \mathrm{W/(m \cdot K)} \leq 0{,}11\ \mathrm{W/(m \cdot K)} = \Psi_{ref}$$

die Gleichwertigkeit der Konstruktion für Kategorie B nach DIN 4108 Beiblatt 2 nachgewiesen!

Wenn alle linearen Wärmebrücken $i = 1, 2, \ldots, n$ berechnet sind, kann der *Zuschlagswert zum Wärmedurchgangskoeffizienten* ΔU_{WB} nach DIN 4108 Beiblatt 2 [5.54], Anhang B bis D (Fälle 1 und 2), berechnet werden:

- Als Erstes wird für jede lineare Wärmebrücke i der spezifische Transmissionswärmeverlust (Wohngebäude) = Wärmetransferkoeffizient für Transmission (Nichtwohngebäude) in W/K ermittelt zu

$$H_{T,i} = \Psi_i \cdot l_i \tag{5.16}$$

Ψ_i längenbezogener Wärmedurchgangskoeffizient der Wärmebrücke i in W/(m · K) nach Gl. (5.14)
l_i Länge der Wärmebrücke i in m

- Als Zweites wird daraus der projektbezogene Zuschlagswert zum Wärmedurchgangskoeffizienten in W/(m² · K) ermittelt zu

$$\Delta U_{WB} = \frac{\sum_i H_{T,i}}{A} \tag{5.17}$$

$H_{T,i}$ spezifischer Transmissionswärmeverlust in W/K der Wärmebrücke i nach Gl. (5.16)
A wärmeübertragende Umfassungsfläche in m² des Gebäudes nach GEG 2023 bzw. DIN V 18599-1 [5.11], 8

Die Berechnung erfolgt vorzugsweise tabellarisch nach DIN 4108 Beiblatt 2 [5.54], Anhang B; und zwar bei Verwendung der o. g. Gleichungen – d. h. nach DIN 4108 Beiblatt 2, Anhang D für Ψ und nicht für Ψ_{Fx} – *ohne* Nutzung der Tabellenspalten (5) und (6), s. dazu auch die zweite Fußnote im Musterformblatt C1 in [5.80] und folgendes Beispiel.

Beispiel 5.6: Ermittlung des projektbezogenen Wärmebrückenzuschlags

Aufgabe: Nach Berechnung aller linearen Wärmebrücken soll der Zuschlagswert zum Wärmedurchgangskoeffizienten ΔU_{WB} tabellarisch ermittelt werden. Dazu sollen die Beispiele 5.3 bis 5.5 genutzt werden.

Lösung: Die Ermittlung erfolgt entsprechend DIN 4108 Beiblatt 2, Anhang B, auszugsweise in Tabelle 5.17 (nur die in Beispiel 5.3 bis 5.5 betrachteten Wärmebrücken eingetragen, nicht vollständig ausgefüllt).

Tabelle 5.17: Ermittlung eines projektbezogenen Wärmebrückenzuschlags

i	**Bezeichnung**	**Detail Nr.**	**Anzahl n_i**	**Länge l_i in m**	**$n_i \cdot l_i$ in m**	**Ψ_i in W/(m·K)**	**$H_{T,i} = \Psi_i \cdot n_i \cdot l_i$ in W/K**
Oberer Gebäudeabschluss (Ortgang, Traufe …):							
1	Ortgang gedämmt	5.3	4	7,50	30,00	– 0,021	– 0,630
2							
…							
Gebäudekanten (Außenwandecken …):							
6							
7							
…							
Fenster (Leibung, Sturz, Brüstung …):							
11							
12							
…							
Unterer Gebäudeabschluss (Sockel, Innenwände auf Bodenplatte, …):							
16	Außenwand an Bodenplatte	5.4	1	15,00		0,084	1,260
17	Außenwand an Kellerdecke	5.5	1	12,00		0,081	0,972
18							
…							
Sonstige (Balkonplatten …):							
21							
22							
…							
Spezifischer Transmissionswärmeverlust (Wohngebäude) = Wärmetransferkoeffizient für Transmission (Nichtwohngebäude) $\Sigma H_{T,i}$ in W/K							…
Wärmeübertragende Umfassungsfläche *A* in m²							…
Projektbezogener Wärmebrückenzuschlag ΔU_{WB} in W/(m² · K)							…

5.6 Bilanzierung des Gesamtenergiebedarfs von Gebäuden

5.6.1 Alternativen der Bilanzierung

Das GEG 2023 [5.1], [5.2] sieht bei *Wohngebäuden* alternativ vor (Bild 5.21)
- bis zum Jahresende 2023 die vereinfachte, noch per Hand mögliche Berechnung nach DIN V 4108-6 [5.4] und DIN V 4701-10 [5.6] mit Änderung DIN SPEC 4701-10/A1: 2012-07 [5.7], die in Abschnitt 5.6.2 ausführlich vorgestellt wird, oder
- den deutlich aufwendigeren – daher schwerer zu überschauenden – ganzheitlichen Ansatz nach DIN V 18599 [5.11] bis [5.26], der in Abschnitt 5.6.4 folgt.

Nichtwohngebäude sind gemäß GEG 2023 grundsätzlich nach DIN V 18599 zu bilanzieren; die Berechnung ist praktisch nur per EDV möglich – sie wird daher in Abschnitt 5.6.3 nur in ihren Grundzügen vorgestellt.

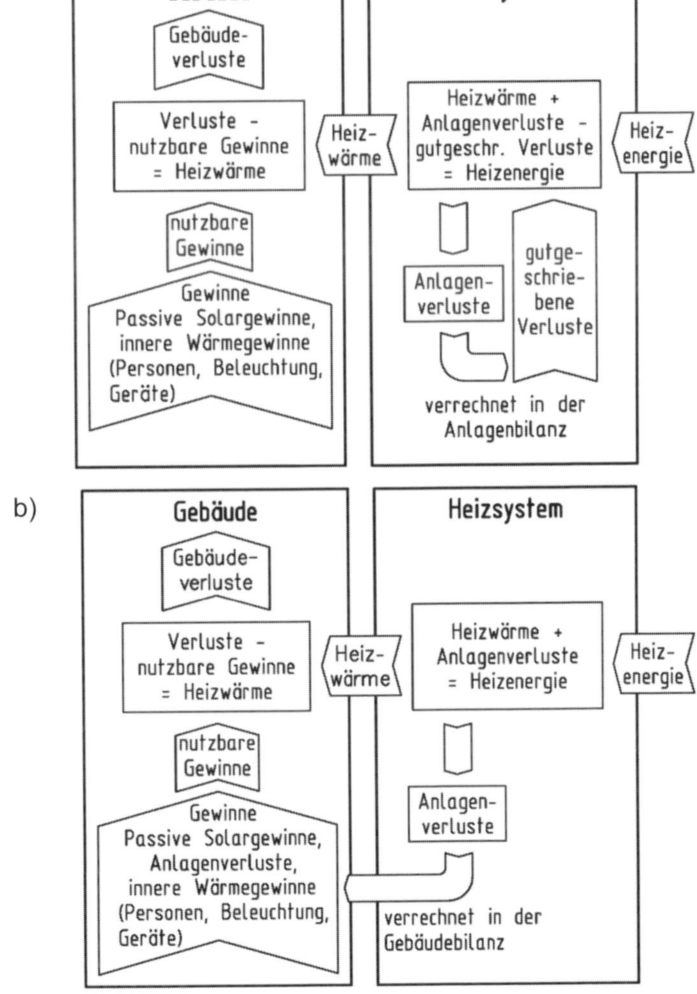

Bild 5.21: Methoden der Bilanzierung nach EN 15603 (nach [5.36])
a) vereinfachter Ansatz, gewählt in DIN V 4108-6 und DIN V 4701-10
b) ganzheitlicher Ansatz, gewählt in DIN V 18599

5.6.2 Zu errichtende Wohngebäude nach DIN V 4108-6 und DIN V 4701-10

Aufgrund der i. d. R. günstigeren Ergebnisse (s. u. Abschnitt 5.6.3) werden Wohngebäude bisher überwiegend nach DIN V 4108-6 mit DIN V 4701-10 nachgewiesen (vgl. Abschnitt 5.1) – bei einer Umfrage unter Energieberatern arbeiteten 66 % der Befragten mit diesen beiden Normen [5.47]. Auch wenn diese Berechnung nur noch bis Ende 2023 für GEG-Nachweise erlaubt ist, soll hier – wie bereits in Abschnitt 5.4 – das Rechenverfahren nach DIN V 4108-6 mit DIN V 4701-10 zuerst vorgestellt werden, da dieses übersichtlicher ist und damit das Verständnis für das Prinzip der Gebäudebilanzierung fördert.

Grundlage dieser Berechnungen ist der Jahres-Heizenergiebedarf Q, der entsprechend der früheren EN 832 [5.3] unter Berücksichtigung

- der in Deutschland anzusetzenden Randbedingungen sowie
- einiger aus deutscher Sicht notwendiger Präzisierungen [5.48]

gemäß DIN V 4108-6 [5.4] berechnet wird, und zwar anhand

- einer *Energiebilanz im stationären Zustand,*
- als *Ein-Zonen-Modell* – d. h. für gleichmäßig beheizte Gebäude, bei denen sich die durchschnittlichen Innentemperaturen der Teilbereiche (Zonen) nur um $\Delta\theta_i \leq 4\ K$ unterscheiden – und
- unter *Berücksichtigung der dynamischen Einwirkung von internen und solaren Wärmegewinnen* (vereinfacht durch den Ausnutzungsgrad η_p, s. Abschnitt 5.4.2).

Die durch die frühere EN 832 grundsätzlich bestimmte Bilanzierung gliedert sich praktisch in zwei gleichwertige Teile, nämlich [5.31]

- die *bauliche* Seite zur Berechnung des Jahres-Heizwärmebedarfs, geregelt in DIN V 4108-6 [5.4], und
- die *anlagentechnische* Seite, geregelt in DIN V 4701-10 [5.6] für Neubauten, für den Gebäudebestand ergänzt durch DIN V 4701-12 [5.49] mit PAS 1027 [5.50].

Die Berechnung für den öffentlich-rechtlichen Nachweis – d. h. nach GEG 2023 [5.1], [5.2] – erfolgt gemäß Anhang D zu DIN V 4108-6 [5.4] mit dem *Monatsbilanzverfahren.* Dieses Verfahren arbeitet mit für Deutschland repräsentativen, vereinfachten und pauschalierten Annahmen mit dem Bilanzansatz nach Bild 5.22 (vgl. auch Bild 1.4 in Abschnitt 1.2).

Nach diesem Monatsbilanzverfahren errechnet sich der *Jahres-Heizwärmebedarf* als Summe der monatlichen Heizwärmebedarfswerte $Q_{h,M}$ in kWh, sofern sie positiv sind:

$$Q_h = \Sigma\, Q_{h,M,pos} \tag{5.18}$$

darin $$Q_{h,M,pos} = Q_{l,M} - \eta_M \cdot Q_{g,M} \quad > 0 \tag{5.19}$$

$Q_{l,M}$ Wärmeverluste in kWh (engl. *loss* = Verlust) im betrachteten Monat
$Q_{g,M}$ Wärmegewinne in kWh (engl. *gain* = Gewinn) im betrachteten Monat
η_M dimensionsloser Ausnutzungsgrad der Wärmegewinne im betrachteten Monat (Index „*M*“)

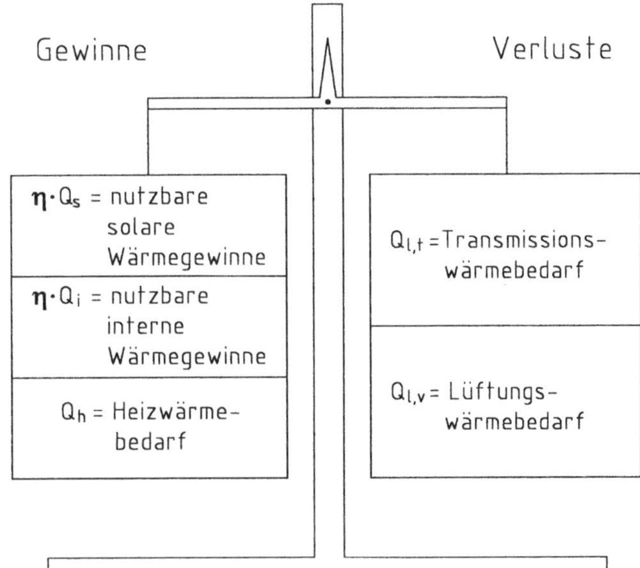

Bild 5.22: Bilanzdarstellung für die Berechnung des Heizwärmebedarfs gemäß DIN V 4108-6

Genauer wird für jeden einzelnen Monat in kWh (vgl. Bild 5.22)

$$Q_{h,M} = (Q_{l,t,M} + Q_{l,v,M}) - \eta_M \cdot (Q_{s,M} + Q_{i,M}) \tag{5.20}$$

$Q_{l,t,M}$ Transmissionswärmebedarf in kWh (engl. *loss* = Verlust, engl. *transmission* = Transmission) im betrachteten Monat

$Q_{l,v,M}$ Lüftungswärmebedarf in kWh (engl. *loss* = Verlust, engl. *ventilation* = Lüftung) im betrachteten Monat

$Q_{s,M}$ solare Wärmegewinne der Fenster in kWh im betrachteten Monat

$Q_{i,M}$ interne Wärmegewinne in kWh im betrachteten Monat

A Monatlicher Wärmebedarf für Transmission und Lüftung

Der monatliche *Wärmebedarf für Transmission und Lüftung* in kWh wird mit folgendem Ansatz berechnet [5.48]:

$$Q_{l,M} = 0{,}024 \cdot (H_{T,M} + H_{V,M}) \cdot (\theta_i - \theta_{e,M}) \cdot t_M - \Delta Q_{l,M} \tag{5.21}$$

$H_{T,M}$ spezifischer Transmissionswärmeverlust in W/K im betrachteten Monat

$H_{V,M}$ spezifischer Lüftungswärmeverlust in W/K im betrachteten Monat

$(\theta_i - \theta_{e,M})$ mittlere Temperaturdifferenz in K zwischen Innen- und Außentemperatur im betrachteten Monat für den Referenzort Potsdam nach Tabelle 5.18

t_M Dauer des betrachteten Monats in d

0,024 Umrechnungsfaktor in kWh/(Wd)

$\Delta Q_{l,M}$ Reduzierung des monatlichen Wärmebedarfs infolge Heizunterbrechung in kWh (s. u. bei E)

Tabelle 5.18: Referenzwerte der Innenlufttemperaturen θ_i für Gebäude mit normalen Innentemperaturen und der Außenlufttemperaturen θ_e für den Referenzort Potsdam

	Temperatur im Monat in °C												**Jahresmittel**
	Jan	Feb	Mrz	Apr	Mai	Jun	Jul	Aug	Sep	Okt	Nov	Dez	
θ_i	19	19	19	19	19	19	19	19	19	19	19	19	19 °C
θ_e	1,0	1,9	4,7	9,2	14,1	16,7	19,0	18,6	14,3	9,5	4,1	0,9	9,5 °C

B Spezifischer Transmissionswärmeverlust im betrachteten Monat

Die Berechnung des spezifischen Transmissionswärmeverlustes H_T wurde bereits mit Gl. 5.8 in Abschnitt 5.4.1 vorgestellt – er ist mit den dort eingeführten Vereinfachungen nicht monatsabhängig, d. h. $H_{T,M} = H_T$.

C Spezifischer Lüftungswärmeverlust im betrachteten Monat

In Gl. (5.21) berechnet sich der *spezifische Lüftungswärmeverlust* für Gebäude in W/K – im Allgemeinen unabhängig vom betrachteten Monat – analog EN ISO 13789 [5.33] zu

$$H_{V,M} \equiv H_V = (\rho_L \cdot c_{pL}) \cdot n \cdot V = 0{,}34 \text{ Wh/(m}^3 \cdot \text{K)} \cdot n \cdot V \qquad (5.22)$$

$(\rho_L \cdot c_{pL}) = 1{,}23 \text{ kg/m}^3 \cdot 1008 \text{ Ws/(kg} \cdot \text{K)} \cdot 1 \text{ h/3600 s} = 0{,}34 \text{ Wh/(m}^3 \cdot \text{K)}$
als volumenspezifische Wärmespeicherkapazität der Luft

darin

$\rho_L =$ 1,23 kg/m³ = Dichte von Luft nach EN ISO 10456 [5.61], Tabelle 3

$c_{pL} =$ 1008 J/(kg · K) = 1008 Ws/(kg · K) = (masse)spezifische Wärmespeicherkapazität von trockener Luft nach EN ISO 10456 [5.61], Tabelle 3

und

n anzusetzende Luftwechselrate in h^{-1}, und zwar bei *freier Lüftung* (Fensterlüftung entsprechend Bild 4.26 bzw. Bild 4.29a in Abschnitt 4.4)

- $n = 0{,}6\ h^{-1}$ mit Luftdichtheitsprüfung
- $n = 0{,}7\ h^{-1}$ ohne Luftdichtheitsprüfung
- $n = 1{,}0\ h^{-1}$ bei offensichtlichen Undichtheiten im Bestand

bzw. *bei raumlufttechnischen Anlagen* mit (dabei vorgeschriebener) Luftdichtheitsprüfung

$$n = n_A \cdot (1 - \eta_V) + n_x \qquad (5.23)$$

darin

$n_A \equiv$ 0,4 h^{-1} als Anlagen-Luftwechselrate nach DIN V 4701-10 [5.6]

η_V Nutzungsfaktor eines ggf. vorhandenen Abluft/Zuluft-Wärmerückgewinnungssystems *(Hinweis*: Nach DIN V 4701-10 [5.6], 4.3, ist im Regelfall $\eta_V \equiv 0$ zu setzen und die Wärmerückgewinnung entsprechend DIN V 4701-10, 5.2, zu erfassen, s. Abschnitt 5.4.4)

n_x zusätzliche Luftwechselrate infolge Undichtheiten und Fensteröffnen, sie wird gesetzt zu

- n_x = 0,20 h^{-1} für Zu- und Abluftanlagen (vgl. Bild 4.29d und Bild 4.29e in Abschnitt 4.4) bzw.
- n_x = 0,15 h^{-1} für reine Abluftanlagen (vgl. Bild 4.29b und Bild 4.29c in Abschnitt 4.4),

d. h., Gl. (5.23) für o. g. Regelfall mit $\eta_V \equiv 0$ ergibt

- $n = 0{,}4 \cdot (1 - 0) + 0{,}20 = 0{,}60\ h^{-1}$ für Zu- und Abluftanlagen (wie bei freier Lüftung) bzw.
- $n = 0{,}4 \cdot (1 - 0) + 0{,}15 = 0{,}55\ h^{-1}$ für reine Abluftanlagen
  Hinweis: Dieser Wert ist nach GEG 2023, Anlage 1, für das Referenzgebäude anzusetzen (vgl. Bild 5.2 in Abschnitt 5.3.1)!

V beheiztes Luftvolumen in m³ (Nettovolumen), und zwar

- $V = 0{,}76 \cdot V_e$ bei Ein- und Zweifamilienhäusern mit ≤ 3 Vollgeschossen
- $V = 0{,}80 \cdot V_e$ in allen übrigen Fällen

darin V_e = beheiztes Gebäudevolumen in m³ (vgl. Abschnitt 5.2)

Unter der o. g. „Luftdichtheitsprüfung" ist der *Blower Door-Test* entsprechend Abschnitt 2.13.3 zu verstehen. Nur wenn dabei die dort genannte Anforderung $n_{L50} \leq 3\ h^{-1}$ allgemein bzw. $n_{L50} \leq 1{,}5\ h^{-1}$ bei raumlufttechnischen Anlagen eingehalten wird, dürfen die o. g. Werte angesetzt werden.

D Berücksichtigung von Heizunterbrechungen

Heizunterbrechungen (Nacht- oder Wochenendab*senkungen* bzw. -ab*schaltungen*) beeinflussen den Heizwärmebedarf in Abhängigkeit

- vom spezifischen Wärmeverlust H des Gebäudes und
- von der wirksamen Wärmespeicherfähigkeit $C_{wirk,NA}$,

wobei der Effekt umso niedriger ist, je höher das Wärmedämmniveau und je höher die Wärmespeicherfähigkeit ist [5.48].

Man unterscheidet nach DIN V 4108-6 [5.4], Anhang C (Bild 5.23):

- *Normalbetrieb*: Das Heizsystem liefert die notwendige Wärme zur Aufrechterhaltung der Soll-Innentemperatur (z. B. θ_i = 19 °C nach Tabelle 5.18).
- *Abschaltbetrieb*: Das Heizsystem ist abgeschaltet und liefert keine Wärme.
- *Reduzierter Betrieb*: Das Heizsystem liefert in Abhängigkeit von der Außenlufttemperatur θ_e eine geringere Leistung als im Normalbetrieb, sodass die Innenlufttemperatur θ_i abgesenkt wird.
- *Abgesenkter Betrieb*: Das Heizsystem liefert so viel Wärme, dass die erniedrigte Soll-Innentemperatur θ_{isb} aufrechterhalten bleibt (Regelphase).
- *Aufheizbetrieb*: Das Heizsystem gibt Wärme bei Volllast ab, und zwar
  - entweder als zeitgeregelter Betrieb (d. h., der Zeitpunkt des Beginns des Aufheizbetriebes wird festgelegt) – auf diesem Betrieb beruht das Berechnungsverfahren nach DIN V 4108-6 [5.4] –

– oder als optimierter Aufheizbetrieb (d. h., der Zeitpunkt des Endes des Aufheizbetriebes wird festgelegt und daraus der Beginn errechnet).

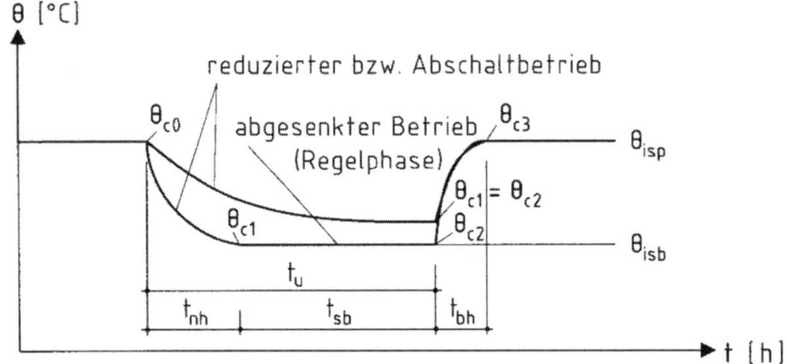

Bild 5.23: Innentemperaturen θ_i und Bauteiltemperaturen θ_c in den Phasen der Heizunterbrechung beim zeitgeregelten Aufheizbetrieb (nach [5.48]); im öffentlich-rechtlichen Nachweis gemäß GEG gilt nach DIN V 4108-6, Tabelle D.3:
- $t_u \equiv 7$ h bei Wohngebäuden
- $t_u \equiv 10$ h bei Büro- und Verwaltungsgebäuden

Die Berechnung von $\Delta Q_{l,M}$ erfolgt nach DIN V 4108-6 [5.4], Anhang C; sie umfasst bis zu 33 Berechnungsschritte und wird im Folgenden beispielhaft anhand der – beim Referenzgebäude vorgesehenen – Nachtab*schaltung* (d. h. ohne abge*senkten* Betrieb und ohne Wochenendabschaltung) dargestellt:

- Festlegung der wirksamen Wärmespeicherfähigkeit mit V_e als beheiztem Gebäudevolumen in m³ (vgl. Abschnitt 5.2):

$$C_{wirk,NA} = 12\ \text{Wh/(m}^3 \cdot \text{K)} \cdot V_e \quad \text{für } \textit{leichte} \text{ Gebäude} \qquad (5.24a)$$

$$C_{wirk,NA} = 18\ \text{Wh/(m}^3 \cdot \text{K)} \cdot V_e \quad \text{für } \textit{schwere} \text{ Gebäude} \qquad (5.24b)$$

  wobei (vgl. Bild 2.123 in Abschnitt 2.15.2)
  - Gebäude in Holztafelbauart, Gebäude mit abgehängten Decken und überwiegend leichten Trennwänden sowie Gebäude mit hohen Räumen als *leichte* Gebäude gelten,
  - während Gebäude mit massiven Innen- und Außenbauteilen ohne untergehängte Decken als *schwere* Gebäude gelten.

  Sind alle Innen- und Außenbauteile festgelegt, darf $C_{wirk,NA}$ auch genauer ermittelt werden, und zwar hier mit der sog. 3-cm-Regel (analog zu Gl. (2.118) mit Tabelle 2.50 in Abschnitt 2.15.2, jedoch mit $\Sigma\, d_j \leq 0{,}03$ m und $d_{j,max} = 0{,}03$ m).

- Bestimmung der notwendigen spezifischen Wärmeverluste:
  - Der spezifische Wärmeverlust *zwischen der Innenluft und den Bauteilen* in W/K errechnet sich vereinfacht (sog. pauschaler Ansatz) zu

$$H_{ic} = 4 \cdot A_N / R_{si} \tag{5.25}$$

A_N Gebäudenutzfläche nach Gl. (5.1) bzw. Gl. (5.2) in m²
R_{si} = 0,13 m² · K/W = Wärmeübergangswiderstand innen (mittlerer Wert nach Tabelle 2.4 in Abschnitt 2.5.4)

– Der *direkte* spezifische Wärmeverlust in W/K errechnet sich zu

$$H_d = H_w + H_V \tag{5.26}$$

H_w spezifischer Transmissionswärmeverlust aller *leichten* Bauteile in W/K mit $m' < 100$ kg/m² (vgl. Abschnitt 2.6), praktisch aber berechnet nach Gl. (5.3) *nur* für Fenster und Türen (daher Index „w") [5.62]
H_V spezifischer Lüftungswärmeverlust nach Gl. (5.22)

– Der spezifische Wärmeverlust in W/K *zwischen den Bauteilen und der Außenluft* ergibt sich nun zu

$$H_{ce} = \frac{H_{ic} \cdot (H_{sb} - H_d)}{H_{ic} - (H_{sb} - H_d)} \tag{5.27}$$

$$H_{sb} \equiv H_T + H_V \tag{5.28}$$

als spezifischer Wärmeverlust aus Transmission und Lüftung nach Gln. (5.3) und (5.22)

- Berechnung der Bauteil-Zeitkonstante (s. dazu auch Schritt H in diesem Abschnitt):
  – Der wirksame Anteil der Wärmespeicherfähigkeit ergibt sich dimensionslos zu

$$\zeta = \frac{H_{ic}}{H_{ic} + H_{ce}} \tag{5.29}$$

und ein weiterer dimensionsloser Verhältniswert zu

$$\xi = \frac{H_{ic}}{H_{ic} + H_d} \tag{5.30}$$

– Damit errechnet sich die *Bauteil-Zeitkonstante* in h zu

$$\tau_P = \frac{\zeta \cdot C_{wirk,NA}}{\xi \cdot H_{sb}} \tag{5.31}$$

- Berechnung der benötigten Temperaturen:
  - Die *Bauteil*temperatur zu Beginn der Nachtabschaltung im jeweiligen Monat ergibt sich in ° C zu

$$\theta_{c0,M} = \theta_{e,M} + \zeta \cdot (\theta_{i0} - \theta_{e,M}) \tag{5.32}$$

$\theta_{e,M}$ Außenlufttemperatur im betrachteten Monat in ° C nach Tabelle 5.18
θ_{i0} = 19 ° C als Innenlufttemperatur nach Tabelle 5.18

  - Die *höchst*möglichen *Innen-* und *Bauteil*temperaturen in ° C betragen

$$\theta_{ipp,M} = \theta_{e,M} + \frac{\Phi_{pp} + \Phi_g}{H_{sb}} \tag{5.33}$$

$$\theta_{cpp,M} = \theta_{e,M} + \zeta \cdot (\theta_{ipp,M} - \theta_{e,M}) \tag{5.34}$$

$$\Phi_{pp} = 1{,}5 \cdot (H_T + H_{V,05}) \cdot 31\ \text{K} \tag{5.35}$$

als Normheizlast des Wärmeerzeugers in W, worin $H_{V,05}$ mit $n = 0{,}5\ \text{h}^{-1}$ zu berechnen ist

Φ_g Wärmegewinne aus solaren und internen Wärmeströmen für den Zeitraum der Heizunterbrechung in W (i. d. R. $\Phi_g \equiv 0$, da keine Daten bekannt sind) [5.62]

  - Die niedrigstmögliche Bauteiltemperatur beträgt bei Nachtabschaltung $\theta_{e,M}$, damit wird die *Innentemperatur am Ende der Nichtheizphase* in ° C zu

$$\theta_{i1,M} = \theta_{e,M} + \xi \cdot \left(\theta_{c0,M} - \theta_{e,M}\right) \cdot e^{(-t_u/\tau_P)} \tag{5.36}$$

t_u Dauer der Heizunterbrechung in h (vgl. Bild 5.23); beim öffentlich-rechtlichen Nachweis ist nach DIN V 4108-6 [5.4], Tabelle D.3, anzusetzen:
- t_u = 7 h bei Wohngebäuden bzw.
- t_u = 10 h bei Büro- und Verwaltungsgebäuden

  - Die Bauteiltemperatur am Ende der Nachtabschaltung (vgl. Bild 5.23) in ° C beträgt

$$\theta_{c1,M} = \theta_{c2,M} = \theta_{e,M} + \frac{\theta_{i1,M} - \theta_{e,M}}{\xi} \tag{5.37}$$

  - Die *Zeit für die Aufheizphase* (vgl. Bild 5.23) in h errechnet sich nun zu

$$t_{bh,M} = Max\begin{cases}0\\ \tau_P \cdot \ln\left(\dfrac{\xi \cdot (\theta_{cpp,M} - \theta_{c2,M})}{\theta_{ipp,M} - \theta_{i0}}\right)\end{cases} \qquad (5.38)$$

– Die *Bauteiltemperatur am Ende der Aufheizphase* (vgl. Bild 5.23) ergibt sich für $t_{bh,M} = 0$ zu $\theta_{c3,M} = \theta_{c2,M}$; für $t_{bh,M} > 0$ in °C zu

$$\theta_{c3,M} = \theta_{cpp,M} + \frac{\theta_{i0} - \theta_{ipp,M}}{\xi} \qquad (5.39)$$

- Damit ergibt sich die *Reduzierung des Wärmeverlusts* im jeweiligen Monat in kWh zu

$$\begin{aligned}\Delta Q_{l,M} = {} & 0{,}001 \cdot \{H_{sb} \cdot [(\theta_{i0} - \theta_{e,M}) \cdot t_u + (\theta_{i0} - \theta_{ipp,M}) \cdot t_{bh}] \\ & - C_{wirk,NA} \cdot \zeta \cdot (\theta_{c0,M} - \theta_{c3,M})\} \cdot n_M\end{aligned} \qquad (5.40)$$

n_M Anzahl der Nachtabschaltungen im betrachteten Monat (i. d. R. sämtliche Tage des Monats)
0,001 Umrechnungsfaktor in kWh/W

(Zur Berechnung des reduzierten und des abgesenkten Betriebes aus Bild 5.23 s. DIN V 4108-6 [5.4], Anhang C)

In der praktischen Anwendung ist die Erfassung von Heizunterbrechungen aufgrund des großen Rechenaufwandes nur mithilfe von entsprechenden EDV-Programmen sinnvoll.

E Monatliche solare Wärmegewinne

Die monatlichen *solaren Wärmegewinne von transparenten Außenbauteilen* (Fenster, Fenstertüren und Dachflächenfenster) – nichttransparente Bauteile können, müssen aber nicht berücksichtigt werden (s. u.) – errechnen sich beim Monatsbilanzverfahren in kWh zu

$$Q_{s,M} = 0{,}024 \cdot \sum_{j/\alpha} (I_{s,j/\alpha,M} \cdot \sum_{i=1}^{n} A_{s,i})_{j/\alpha} \cdot t_M \qquad (5.41)$$

$I_{s,j/\alpha,M}$ Mittelwert der monatlichen Strahlungsintensität in W/m² auf die transparente Fläche $i = 1, 2, ..., n$ in Abhängigkeit von deren Orientierung j und Neigung α für den betrachteten Monat am Referenzort Potsdam (Tabelle 5.19, nach DIN V 18599-10 [5.20])
$A_{s,i}$ effektive Kollektorfläche in m² des Fensters, der Fenstertür oder des Dachflächenfensters i gleicher Orientierung j und Neigung α
t_M Dauer des betrachteten Monats in d
0,024 Umrechnungsfaktor in kWh/(Wd)

Tabelle 5.19: Mittlere monatliche Strahlungsintensität für den Referenzort Potsdam in Abhängigkeit von der Orientierung *j* und der Neigung α

		Mittlere monatliche Strahlungsintensität												
j	α	$I_{s,j/\alpha,M}$ **in W/m²**												$(I_s \cdot t)_{j/\alpha,a}$ **in kWh/(m²· a)**
		Jan	**Feb**	**Mrz**	**Apr**	**Mai**	**Jun**	**Jul**	**Aug**	**Sep**	**Okt**	**Nov**	**Dez**	**Jahr**
hor.	0°	29	44	97	189	221	241	210	180	127	77	31	17	1072
S	30°	50	55	121	217	230	241	208	199	157	110	41	26	1211
	45°	57	58	124	214	218	224	194	193	160	119	44	29	1195
	60°	61	55	121	201	199	197	172	178	155	121	44	31	1122
	90°	59	47	98	147	132	124	113	127	123	106	39	29	838
SO	30°	46	52	114	214	227	242	212	194	147	102	38	23	1179
	45°	51	53	116	212	217	229	201	188	148	107	39	25	1159
	60°	44	51	112	201	198	207	183	175	141	107	38	26	1092
	90°	50	41	90	156	143	146	132	130	111	91	32	23	841
SW	30°	40	49	110	201	222	234	201	188	145	96	37	23	1133
	45°	43	48	110	195	209	218	188	181	145	99	38	24	1098
	60°	44	46	105	181	190	195	169	167	138	97	37	25	1021
	90°	40	36	83	136	137	135	120	123	108	80	31	22	771
O	30°	31	43	95	189	211	231	205	173	122	77	30	17	1042
	45°	31	41	91	181	198	217	194	163	115	74	28	16	998
	60°	30	38	85	170	180	198	179	150	108	70	26	15	912
	90°	25	29	68	134	137	150	138	115	83	55	20	12	707
W	30°	25	40	90	172	202	219	188	165	120	70	29	16	978
	45°	24	36	84	159	187	201	174	153	112	65	27	16	907
	60°	22	33	78	148	169	181	157	139	103	60	25	14	824
	90°	17	24	60	114	127	136	117	105	79	47	19	11	628
NO	30°	17	34	71	151	185	209	187	144	93	50	22	12	861
	45°	15	29	61	131	160	181	167	123	79	42	20	11	746
	60°	14	26	54	114	139	157	148	107	68	36	18	9	651
	90°	11	19	41	87	104	116	112	81	52	29	13	7	493
NW	30°	16	32	68	139	178	199	173	138	91	47	22	12	817
	45°	15	28	58	116	151	169	149	116	77	40	20	11	695
	60°	13	25	50	101	130	144	128	99	66	35	18	9	800
	90°	11	18	38	78	96	108	95	74	51	28	13	7	451
N [1])	30°	16	29	56	128	172	197	175	129	77	36	21	11	766
	45°	15	26	43	90	136	161	145	95	56	33	19	10	608
	60°	13	24	39	71	101	119	113	72	50	30	17	9	482
	90°	10	18	31	58	75	83	81	57	41	25	13	7	365

[1]) Kellerfenster in Lichtschächten sind verschattet, sie werden immer als nordorientiert angesetzt.

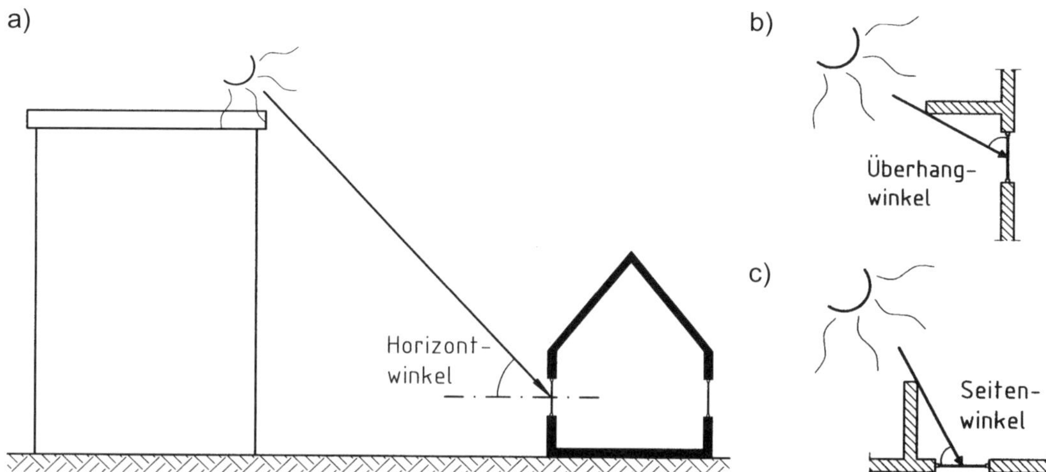

Bild 5.24: Erläuterungen zu den Teilbestrahlungsfaktoren:
a) Horizontwinkel der Verbauung (Vertikalschnitt)
b) horizontaler Überhang (Vertikalschnitt), auf Fenstermitte bezogen
c) seitliche Abschattung (Horizontalschnitt), auf Fenstermitte bezogen

Die effektive Kollektorfläche des Fensters, der Fenstertür oder des Dachflächenfensters *i* in Gl. (5.41) errechnet sich nach DIN V 4108-6 [5.4] in m² zu

$$A_{s,i} = A_i \cdot F_{S,i} \cdot F_{C,i} \cdot F_{F,i} \cdot g_i \tag{5.42}$$

A_i Öffnungsfläche des Fensters, der Fenstertür oder des Dachflächenfensters *i* in m² als Bruttofläche (berechnet mit den lichten Rohbaumaßen)

$F_{S,i}$ dimensionsloser Abminderungsfaktor für eine evtl. Verschattung, d. h. durchschnittlich verschatteter Anteil der Fläche A_i zu

$$F_{S,i} = F_{h,i} \cdot F_{o,i} \cdot F_{f,i} \tag{5.43}$$

darin (mit Bild 5.24)

$F_{h,i}$ Teilbestrahlungsfaktor für verschiedene Horizontwinkel der Verbauung gemäß DIN V 4108-6 [5.4], Tabelle 9

$F_{o,i}$ Teilbestrahlungsfaktor für horizontale Überhänge gemäß DIN V 4108-6 [5.4], Tabelle 10

$F_{f,i}$ Teilbestrahlungsfaktor für seitliche Abschattungsflächen gemäß DIN V 4108-6 [5.4], Tabelle 11

Hinweis: Beim öffentlich-rechtlichen Nachweis ist nach GEG § 25 (2) für übliche Anwendungsfälle ohne weiteren Nachweis $F_S \equiv 0{,}9$ und bei überwiegend baulicher Verschattung Nordorientierung anzusetzen!

weiter

$F_{C,i}$ Abminderungsfaktor für Sonnenschutzvorrichtungen entsprechend Tabelle 2.54 in Abschnitt 2.15.3, nur bei permanentem Sonnenschutz vor dem Fenster, der Fenstertür oder dem Dachflächenfenster *i* zu berücksichtigen. *Hinweis*: Beim öffentlich-rechtlichen Nachweis ist gemäß DIN V 4108-6 [5.4], Tabelle D.3 immer $F_C \equiv 1{,}0$ zu setzen!

$F_{F,i}$ Abminderungsfaktor für den Rahmenanteil des Fensters *i* (Rahmenfaktor) = Verhältnis der transparenten Fläche zur Gesamtfläche des Fensters, der Fenstertür oder des Dachflächenfensters; sofern keine genaueren Werte bekannt sind, wird $F_F \equiv 0{,}7$ gesetzt

g_i wirksamer Gesamtenergiedurchlassgrad der Verglasung des Fensters, der Fenstertür oder des Dachflächenfensters *i* nach DIN V 4108-6 [5.4], 6.4.2:

$$g_i = F_W \cdot g_{0,i} \tag{5.44}$$

darin

$F_W \equiv 0{,}9$ = Abminderungsfaktor infolge nicht senkrechten Strahlungseinfalls [–] nach DIN V 4108-6 [5.4] (zur Wirkung des nicht senkrechten Strahlungseinfalls s. Bild 5.25)

$g_{0,i}$ Gesamtenergiedurchlassgrad [–] der Verglasung *i*, gemessen bei senkrechtem Strahlungseinfall nach EN 410 [5.63] (deklariert gemäß EN 1279-5 [5.64]) – abgeschätzt nach Tabelle 5.20 bzw. i. d. R. produktspezifisch als Bemessungswert des Gesamtenergiedurchlassgrades nach DIN V 4108-4 [5.65], 5.2.2 (vgl. Bild 2.118 in Abschnitt 2.15.2 und die Erläuterungen zu Gl. (2.122) in Abschnitt 2.15.4)

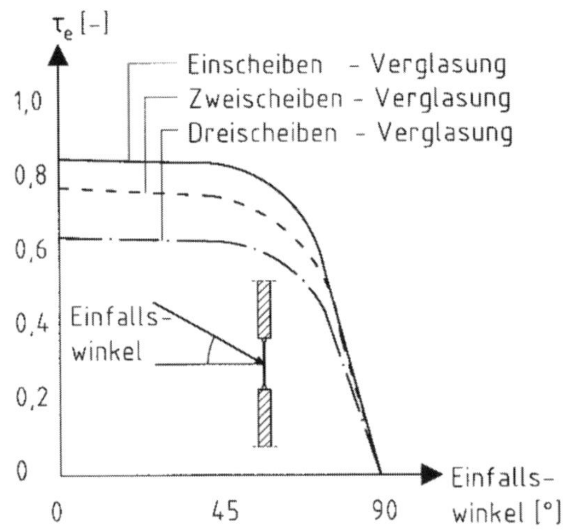

Bild 5.25: Strahlungstransmissionsgrad τ_e von unbeschichteten Verglasungen in Abhängigkeit vom Einfallswinkel (nach [5.66])

Tabelle 5.20: Richtwerte für den Gesamtenergiedurchlassgrad g_0 transparenter Bauteile

transparentes Bauteil	**Gesamtenergie-durchlassgrad $g_0 = g_\perp$**
Ein-Scheiben-Verglasung, unbeschichtet	0,87
Zwei-Scheiben-Verglasung, unbeschichtet	0,78
Zwei-Scheiben-Wärmeschutzverglasung mit einer Beschichtung	0,60 bis 0,72
Drei-Scheiben-Verglasung, unbeschichtet	0,70
Drei-Scheiben-Wärmeschutzverglasung mit zweifacher Beschichtung	0,50 bis 0,60

Tabelle 5.21: Vorschlag zur Abgrenzung der Begriffe „Pufferraum", „Wintergarten" und „verglaster Innenraum" (nach [5.67])

	Pufferraum	**Wintergarten**	**verglaster Innenraum**
erwartete Nutzungszeit	nur im Frühjahr und Herbst (im Winter zu kalt, im Sommer zum Balkon zu öffnen)	Frühjahr bis Herbst (im Winter zu kalt, im Sommer gelegentlich zu heiß)	ganzjährig (im Winter beheizt, im Sommer auf Außentemperatur zu lüften)
zugehörige Bepflanzung	winterharte Pflanzen	frostempfindliche Pflanzen	übliche (tropische) Zimmerpflanzen
Verglasung	mind. Ein-Scheiben-Verglasung [1])	mind. Zwei-Scheiben-Verglasung [1])	hochwertige Wärmeschutzverglasung
Rahmenkonstruktion	beliebig (auch einfache Metallprofile)	Holz, Kunststoff, thermisch entkoppelte (wärmegedämmte) Metallprofile	
Temperierung im Sommer	zum Balkon geöffnet, d. h. Außentemperatur	beschattet und natürlich belüftet	beschattet und belüftet (häufig Zwangslüftung erforderlich)
Temperierung im Winter	keine (d. h. Außentemperatur, auch Frost)	i. d. R. sog. Frostwächter erforderlich	voll beheizt
mögliche Tauwasserbildung im Winter	bei üblichem Lüftungsverhalten häufig zu erwarten	bei ungünstigem Lüftungsverhalten nicht auszuschließen	infolge Beheizung und Wärmeschutzverglasung nicht zu erwarten

[1]) Die Wahl der Verglasung hat auch Einfluss auf den spezifischen Transmissionswärmeverlust zum unbeheizten Pufferraum (vgl. Tabelle 5.7 in Abschnitt 5.4.1).

Die *solaren Wärmegewinne über unbeheizte Glasvorbauten* (nur „Pufferräume" nach Tabelle 5.21 – „Wintergärten" und „verglaste Innenräume" gehören zum beheizten Volumen) können beim Monatsbilanzverfahren – statt mithilfe der Temperatur-Korrekturfaktoren F_u aus Tabelle 5.7 in Abschnitt 5.4.1 – auch nach DIN V 4108-6 [5.4], 6.4.4, (Bild 5.26) genauer berechnet werden in KWh zu

$$Q_{ss,M} = Q_{sd,M} + Q_{si,M} \tag{5.45}$$

$Q_{sd,M}$ direkter solarer Wärmegewinn im betrachteten Monat in kWh
$Q_{si,M}$ indirekter solarer Wärmegewinn im betrachteten Monat in kWh

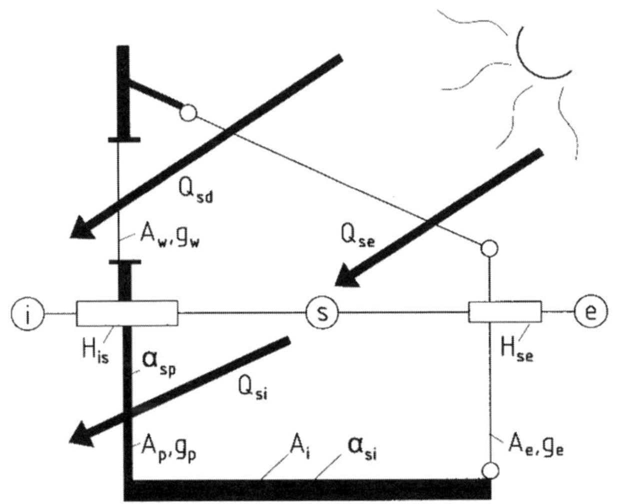

Bild 5.26: Schematische Darstellung der bei der Berechnung der solaren Wärmegewinne über Glasvorbauten zu berücksichtigenden Größen

Der *direkte* solare Wärmegewinn in kWh errechnet sich darin zu

$$Q_{sd,M} = 0{,}024 \cdot I_{s,p,M} \cdot F_S \cdot F_{Ce} \cdot F_{Fe} \cdot g_e \cdot (F_{Cw} \cdot F_{Fw} \cdot g_w \cdot A_w + \alpha_{sp} \cdot A_p \cdot U_P/U_{Pe}) \cdot t_M \quad (5.46)$$

$I_{s,p,M}$ Mittelwert des Strahlungsangebots in W/m² auf die Trennwand (Index „*p*“) in Abhängigkeit von deren Orientierung *j* und Neigung α für den betrachteten Monat (aus Tabelle 5.19)

F_S dimensionsloser Abminderungsfaktor für eine evtl. Verschattung nach Gl. (5.43)

F_{Ce} dimensionsloser Abminderungsfaktor für Sonnenschutzvorrichtungen des Glasvorbaus (Index „*e*“ für außen)

F_{Fe} dimensionsloser Abminderungsfaktor für den Rahmenanteil des Glasvorbaus (Index „*e*“ für außen)

g_e wirksamer Gesamtenergiedurchlassgrad der Verglasung des Glasvorbaus (Index „*e*“ für außen) gemäß Gl. (5.44)

F_{Cw} dimensionsloser Abminderungsfaktor für Sonnenschutzvorrichtungen der Fenster in der Trennwand (Index „*w*“)

F_{Fw} dimensionsloser Abminderungsfaktor für den Rahmenanteil der Fenster in der Trennwand (Index „*w*“)

g_w wirksamer Gesamtenergiedurchlassgrad der Verglasung der Trennwandfenster (Index „*w*“) gemäß Gl. (5.44)

A_w Öffnungsfläche der Fenster in m² in der Trennwand (Index „*w*“) als Bruttofläche (berechnet mit den lichten Rohbaumaßen)

α_{sp} solarer Absorptionsgrad der nicht transparenten Trennwand zum Glasvorbau nach DIN V 4108-6 [5.4], Tabelle 8

A_p Fläche in m² der opaken Trennwand (Index „*p*") als Bruttofläche (berechnet mit den lichten Rohbaumaßen)

U_p Wärmedurchgangskoeffizient in W/(m² · K) der opaken Trennwand (Index „*p*")

U_{pe} Wärmedurchgangskoeffizient in W/(m² · K) zwischen der absorbierenden Oberfläche der opaken Trennwand und dem Glasvorbau (Index „*pe*")

t_M Dauer des betrachteten Monats in d

0,024 Umrechnungsfaktor in kWh/(Wd)

Ferner errechnet sich der *indirekte* solare Wärmegewinn in kWh zu

$$Q_{si,M} = 0{,}024 \cdot (1 - F_u) \cdot F_S \cdot F_{Ce} \cdot F_{Fe} \cdot g_e \cdot \left(\sum_i I_{s,i,M} \cdot \alpha_{s,i} \cdot A_i + I_{s,p,M} \cdot \alpha_{sp} \cdot A_p \cdot U_P/U_{Pe}\right) \cdot t_M \quad (5.47)$$

F_u dimensionsloser Temperatur-Korrekturfaktor für unbeheizte Nebenräume (Glasvorbauten in Tabelle 5.7)

F_S dimensionsloser Abminderungsfaktor für eine evtl. Verschattung nach Gl. (5.43)

F_{Ce} dimensionsloser Abminderungsfaktor für Sonnenschutzvorrichtungen des Glasvorbaus (Index „*e*" für außen)

F_{Fe} dimensionsloser Abminderungsfaktor für den Rahmenanteil des Glasvorbaus (Index „*e*" für außen)

g_e wirksamer Gesamtenergiedurchlassgrad der Verglasung des Glasvorbaus (Index „*e*" für außen) gemäß Gl. (5.44)

$I_{s,i,M}$ Mittelwert des Strahlungsangebots in W/m² auf die Strahlung aufnehmenden Oberflächen $i = 1, 2, ..., n$ im Glasvorbau in Abhängigkeit von deren Orientierung j und Neigung α für den betrachteten Monat (aus Tabelle 5.19)

$\alpha_{s,i}$ mittlerer solarer Absorptionsgrad der Strahlung aufnehmenden Oberflächen $i = 1, 2, ..., n$ im Glasvorbau ($\alpha_s \equiv 0{,}8$, wenn nichts Genaueres bekannt ist)

A_i Strahlung aufnehmende Oberflächen $i = 1, 2, ..., n$ in m² (sämtliche opake Flächen)

$I_{s,p,M}$ Mittelwert des Strahlungsangebots in W/m² auf die Trennwand (Index „*p*") in Abhängigkeit von deren Orientierung j und Neigung α für den betrachteten Monat (aus Tabelle 5.19)

α_{sp} solarer Absorptionsgrad der nicht transparenten Trennwand zum Glasvorbau nach DIN V 4108-6 [5.4], Tabelle 8

A_p Fläche in m² der opaken Trennwand (Index „*p*") als Bruttofläche (berechnet mit den lichten Rohbaumaßen)

U_p Wärmedurchgangskoeffizient in W/(m² · K) der opaken Trennwand (Index „*p*")

U_{pe} Wärmedurchgangskoeffizient in W/(m² · K) zwischen der absorbierenden Oberfläche der opaken Trennwand und dem Glasvorbau (Index „*pe*")
t_M Dauer des betrachteten Monats in d
0,024 Umrechnungsfaktor in kWh/(Wd)

In der praktischen Anwendung ist die Erfassung der solaren Wärmegewinne über unbeheizte Glasvorbauten aufgrund des großen Rechenaufwandes nur mithilfe von entsprechenden EDV-Programmen sinnvoll – in einfachen Fällen wird auf die genaue Erfassung der solaren Wärmegewinne verzichtet und vereinfacht der Temperatur-Korrekturfaktor F_u nach Tabelle 5.7, letzte Zeile, angesetzt. (In [5.34] findet sich ein Beispiel, aus dem die erhöhten solaren Wärmegewinne mit Glasvorbau hervorgehen.)

Möglich ist ferner nach DIN V 4108-6 [5.4], 6.4.5, auch die Berechnung der solaren Wärmegewinne über opake Bauteile einschließlich transparenter Wärmedämmung (s. z. B. [5.34]) – bei heutigen gut gedämmten Außenbauteilen lohnt das jedoch nicht [5.68].

F Monatliche interne Wärmegewinne

Die monatlichen *internen Wärmegewinne* Q_i (aus Körperwärme, Beleuchtung, Hausgeräten ...) in kWh werden beim öffentlich-rechtlichen Nachweis gemäß GEG 2023 [5.1], [5.2] entsprechend DIN V 4108-6 [5.4], Tabelle D.3, nach dem Monatsbilanzverfahren abgeschätzt zu

$$Q_{i,M} = 0{,}024 \cdot q_i \cdot A_N \cdot t_M \qquad (5.48)$$

q_i = 5 W/m² als mittlere flächenbezogene interne Wärmeleistung bei Wohngebäuden
A_N vereinfachte Gebäudenutzfläche gemäß Gl. (5.1) bzw. Gl. (5.2)
t_M Dauer des betrachteten Monats in d
0,024 Umrechnungsfaktor in kWh/(Wd)

G Ausnutzungsgrad der solaren und internen Wärmegewinne

Die monatlichen *solaren und internen Wärmegewinne* sind mit dem *Ausnutzungsgrad* η_M abzumindern, um die *nutzbaren* solaren und internen Wärmegewinne zu erhalten. Die Abhängigkeit des Ausnutzungsgrades η_M vom Wärmegewinn-/-verlustverhältnis γ_M (s. u.) sowie von der wirksamen Wärmespeicherfähigkeit des Gebäudes zeigt beispielhaft Bild 5.27. Bei einem – energetisch positiv zu bewertenden – höheren Wärmegewinn-/-verlustverhältnis ergibt sich somit ein geringerer Ausnutzungsgrad, wie beispielhaft anhand der Jahresbilanz der nutzbaren solaren Wärmegewinne in Bild 5.28 dargestellt ist; dies ist auch der Grund dafür, warum bei einer – über eine bestimmte Grenze hinausgehenden – Vergrößerung der südwest- bis südostorientierten Fensterflächen mit hochwertiger Wärmeschutzverglasung keine sinnvolle Heizenergieeinsparung mehr erzielt werden kann.

Hinweis: Die *Länge der Heizperiode* kann aus der Heizgrenz- und der Außentemperatur halbgrafisch bestimmt werden; sie wurde jedoch für den öffentlich-rechtlichen Nachweis bei einer Heizgrenztemperatur von θ_{HP} = 10 °C zu t_{HP} = 185 d festgelegt [5.4].

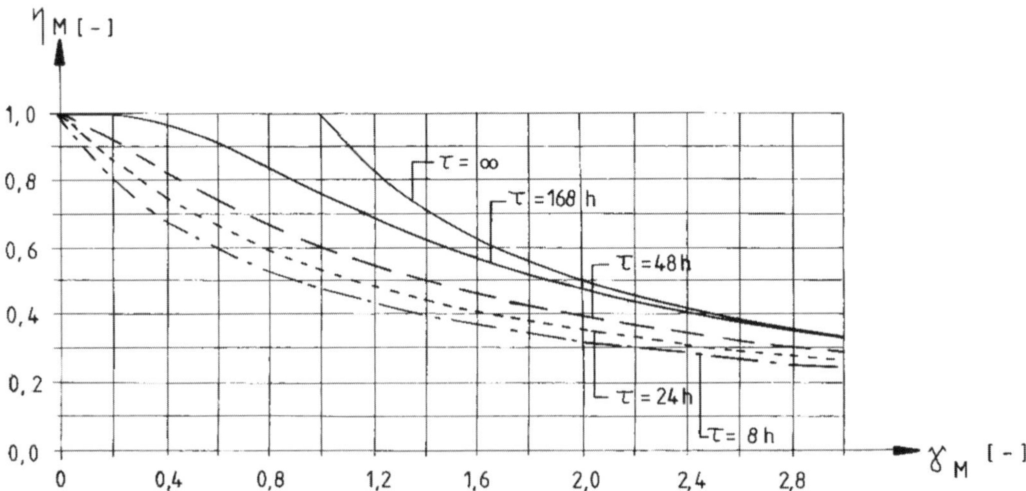

Bild 5.27: Ausnutzungsgrad η_M eines Gebäudes (nach [5.5]) in Abhängigkeit vom Wärmegewinn-/-verlustverhältnis γ_M sowie von der Bauart, beschrieben durch die Zeitkonstante:

$\tau = \infty$ als theoretisches Maximum

τ = 168 h für eine hohe wirksame Wärmespeicherfähigkeit (vgl. Bild 2.123b in Abschnitt 2.15.2)

τ = 48 h für eine geringe wirksame Wärmespeicherfähigkeit (vgl. Bild 2.123a in Abschnitt 2.15.2)

τ = 24 h für eine noch geringere wirksame Wärmespeicherfähigkeit

τ = 8 h für eine sehr geringe wirksame Wärmespeicherfähigkeit

Die in Bild 5.27 dargestellten Kurven werden angenähert durch folgende Berechnung des dimensionslosen Ausnutzungsgrades der Wärmegewinne im betrachteten Monat η_M DIN V 4108-6 [5.4], 6.5.3, mit [5.48]:

$$\eta_M = \frac{1-\gamma_M{}^{a_M}}{1-\gamma_M{}^{a_M+1}} \qquad \textit{für} \qquad \gamma_M \neq 1 \tag{5.49}$$

bzw.

$$\eta_M = \frac{a_M}{a_M+1} \qquad \textit{für} \qquad \gamma_M = 1 \tag{5.50}$$

darin

$$\gamma_M = Q_{g,M} / Q_{l,M} \tag{5.51}$$

als dimensionsloses Wärmegewinn-/-verlustverhältnis im betrachteten Monat (vgl. Erläuterungen zu Gl. (5.19)) mit

$Q_{g,M}$ monatliche Wärmegewinne in kWh (engl. *gain* = Gewinn)

$Q_{l,M}$ monatliche Wärmeverluste in kWh (engl. *loss* = Verlust)

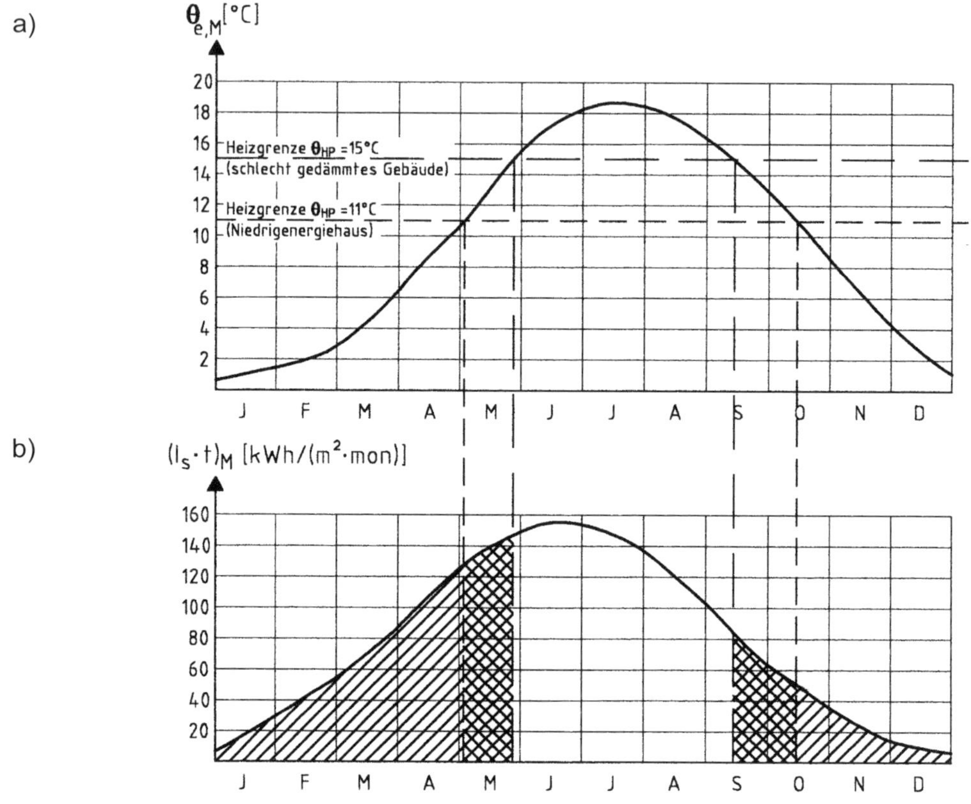

Bild 5.28: Länge der Heizperiode in Abhängigkeit vom Dämmstandard (nach [5.69]):
a) Aufgrund der geringeren Heizgrenztemperatur bei einem Niedrigenergiehaus (hier beispielhaft θ_{HP} = 11 °C) verkürzt sich die Heizperiode gegenüber einem schlecht gedämmten Gebäude;
b) dadurch kann beim Niedrigenergiehaus nur ein geringerer Anteil des solaren Strahlungsangebotes *($I_s \cdot t$)* als bei einem schlecht gedämmten Gebäude genutzt werden

$$a_M = a_0 + \tau_M / \tau_0 \qquad (5.52)$$

als dimensionsloser numerischer Parameter, darin
a_0 = 1 bei monatlicher Bilanzierung
τ_0 = 16 h bei monatlicher Bilanzierung
sowie

$$\tau_M = C_{wirk,\eta} / H_M \qquad (5.53)$$

als Zeitkonstante des Gebäudes mit der wirksamen Wärmespeicherfähigkeit, darin

$$C_{wirk,\eta} = 15 \text{ Wh/(m}^3 \cdot \text{K)} \cdot V_e \quad \text{für } \textit{leichte} \text{ Gebäude} \qquad (5.54a)$$

$$C_{wirk,\eta} = 50 \text{ Wh/(m}^3 \cdot \text{K)} \cdot V_e \quad \text{für } \textit{schwere} \text{ Gebäude} \qquad (5.54b)$$

wobei (vgl. Bild 2.123 in Abschnitt 2.15.2)

- Gebäude in Holztafelbauart, Gebäude mit abgehängten Decken und überwiegend leichten Trennwänden sowie Gebäude mit hohen Räumen als *leichte* Gebäude gelten,
- während Gebäude mit massiven Innen- und Außenbauteilen ohne untergehängte Decken als *schwere* Gebäude gelten.

Ferner ist in Gln. (5.53) und (5.54)

H_M $= H_{T,M} + H_{V,M}$ als spezifischer Wärmeverlust in W/K nach Gln. (5.3) und (5.22)

V_e beheiztes Gebäudevolumen in m³ (vgl. Abschnitt 5.2)

Sind alle Innen- und Außenbauteile festgelegt, kann die wirksame Wärmespeicherfähigkeit $C_{wirk,\eta}$ auch genauer ermittelt werden, und zwar mit der sog. 10-cm-Regel (vgl. Gl. (2.118) mit Tabelle 2.50 in Abschnitt 2.15.2).

H Jahres-Endenergiebedarf und Jahres-Primärenergiebedarf

Den Ablauf der Berechnung des Jahres-Endenergie- und Jahres-Primärenergiebedarfs zeigt schematisch Bild 5.29. Zu den *Eingangsdaten*: Die Gebäudenutzfläche A_N ist aus Gl. (5.1) bzw. Gl. (5.2) bekannt, der Jahres-Heizwärmebedarf $q_h = Q_h / A_N$ ergibt sich aus Abschnitt 5.4.2, zum Jahres-Wärmebedarf für die Trinkwassererwärmung q_{tw} s. u. in diesem Abschnitt.

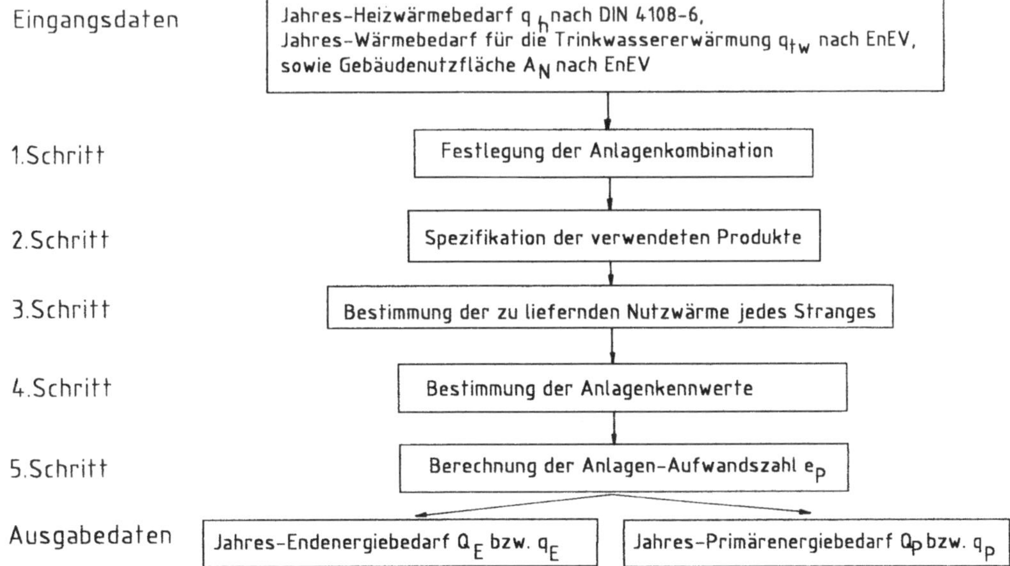

Bild 5.29: Ablaufschema für die Berechnung des Jahres-Endenergie- und Jahres-Primärenergiebedarfs nach DIN V 4701-10 (nach [5.86])

Unabhängig von den in Bild 5.29 dargestellten, aufeinander aufbauenden Arbeitsschritten beim praktischen Nachweis soll im Folgenden zuerst das Prinzip der Berechnung dargestellt werden.

Aus der Betrachtung des Energieflusses (Bild 5.30) wurde in DIN V 4701-10 [5.6] folgender Ansatz für den Jahres-Endenergiebedarf in kWh/a entwickelt (sowohl mit ggf. Index *„real“* für das reale Gebäude als auch mit Index *„ref“* für das Referenzgebäude).

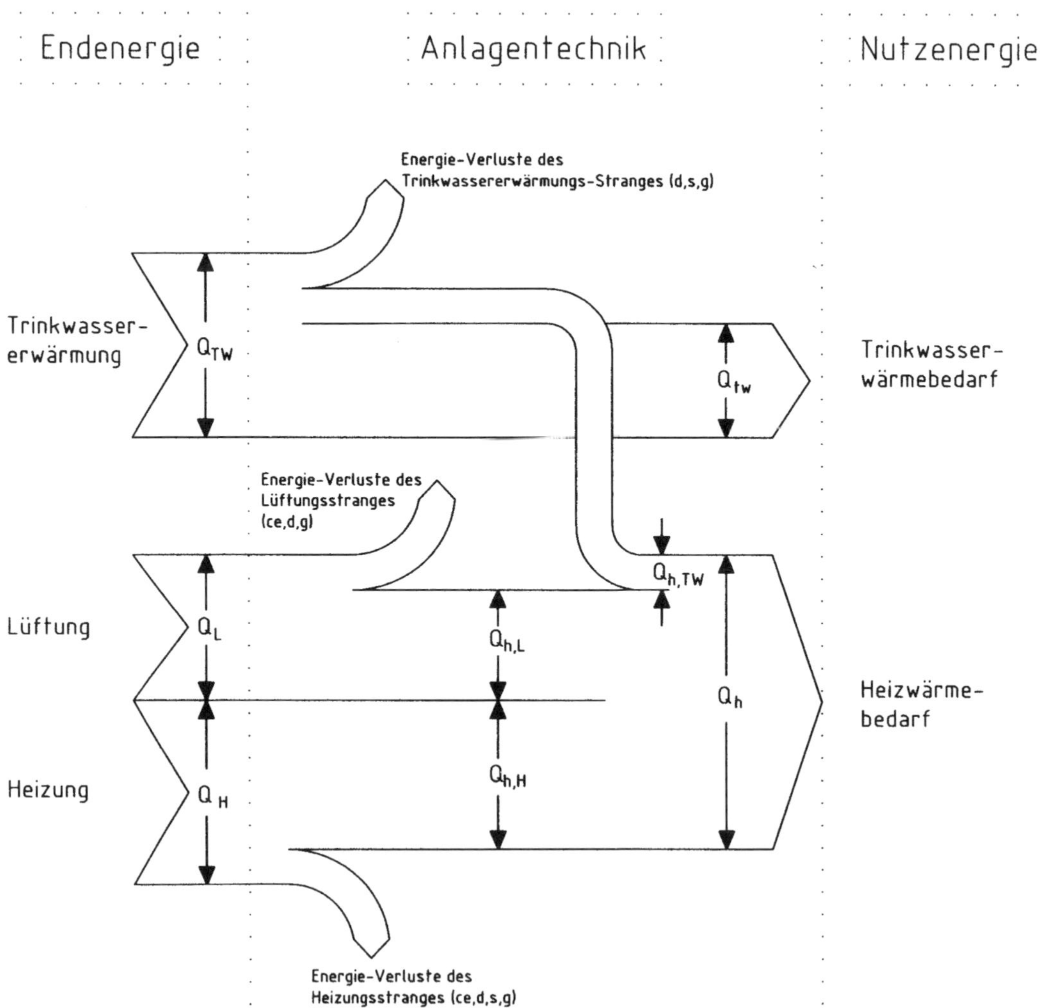

Bild 5.30: Energieflussbild zur Berechnung des Jahres-Endenergiebedarfs für Heizung, Lüftung und Trinkwassererwärmung

In der Berechnungsreihenfolge

- erstens Trinkwassererwärmung (Verluste mindern teilweise den Heizwärmebedarf),
- zweitens Lüftung (erwärmte Luft mindert den Heizwärmebedarf) und
- schließlich Heizung

wird (nur Wärmeenergie):

$$\begin{aligned} Q_E &= Q_{TW,E} + Q_{L,E} + Q_{H,E} \\ &= q_{TW,E} \cdot A_N + q_{L,E} \cdot A_N + q_{H,E} \cdot A_N \end{aligned} \tag{5.55}$$

$Q_{TW,E}$ Jahres-Trinkwassererwärmungs-Endenergiebedarf in kWh/a
$Q_{L,E}$ Jahres-Lüftungswärme-Endenergiebedarf in kWh/a
$Q_{H,E}$ Jahres-Heizwärme-Endenergiebedarf in kWh/a

bzw.
$q_{TW,E}$ $= Q_{TW,E} / A_N$ = auf die Gebäudenutzfläche A_N bezogener Jahres-Trinkwassererwärmungs-Endenergiebedarf in kWh/(m² · a)
$q_{L,E}$ $= Q_{L,E} / A_N$ = auf die Gebäudenutzfläche A_N bezogener Jahres-Lüftungswärme-Endenergiebedarf in kWh/(m² · a)
$q_{H,E}$ $= Q_{H,E} / A_N$ = auf die Gebäudenutzfläche A_N bezogener Jahres-Heizwärme-Endenergiebedarf in kWh/(m² · a)

darin

$$A_N = 0{,}32 \cdot V_e \tag{5.1}$$

in m² bzw. bei durchschnittlicher Geschosshöhe $h_G > 3{,}00$ m oder $h_G < 2{,}50$ m

$$A_N = (1/h_G - 0{,}04\ \mathrm{m}^{-1}) \cdot V_e \tag{5.2}$$

Die weitere Aufteilung der Summanden in Gl. (5.55) führt mit den Indizes

- „*tw*“, („*l*“), „*h*“ in Kleinbuchstaben für den *Wärme*bedarf (Nutzenergie) und
- „*TW*“, „*L*“, „*H*“ in Großbuchstaben für den *Endenergie*bedarf (sofern eindeutig, kann „*H*“ entfallen) sowie
- „*ce*“ für die Übergabe (engl. *control and emission*),
- „*d*“ für die Verteilung (engl. *distribution*),
- „*s*“ für die Speicherung (engl. *storage*),
- „*g*“ für die Erzeugung (engl. *generation*),
- „*HE*“ für die elektrische „Hilfsenergie“ (zur Unterscheidung kann ggf. auch „*WE*“ für „Wärmeenergie“ stehen) sowie
- „*E*“ für den „Endenergiebedarf“ (sofern eindeutig, kann „*E*“ entfallen) bzw.
- „*P*“ für den „Primärenergiebedarf“

zu folgender Gleichung für den auf die Gebäudenutzfläche A_N nach Gl. (5.1) bzw. Gl. (5.2) bezogenen Jahres-Endenergiebedarf (vereinfacht für jeweils nur *einen* Wärmeerzeuger für Trinkwassererwärmung, Lüftung und Heizung) einschließlich jeweiliger elektrischer Hilfsenergie in kWh/(m² · a)

$$q_E = q_{TW,E} + q_{L,E} + q_{H,E} + q_{TW,HE,E} + q_{L,HE,E} + q_{H,HE,E} \tag{5.56a}$$

$$\begin{aligned} &= (q_{tw} + q_{TW,ce} + q_{TW,d} + q_{TW,s}) \cdot e_{TW,g} + q_{TW,HE,E} \\ &\quad + q_{L,g} \cdot e_{L,g} + q_{L,HE,E} \\ &\quad + (q_h - q_{h,TW} - q_{h,L} + q_{H,ce} + q_{H,d} + q_{H,s}) \cdot e_{H,g} + q_{H,HE,E} \end{aligned} \tag{5.56b}$$

q_{tw} Jahres-*Wärme*bedarf für die Trinkwassererwärmung in kWh/(m² · a)
$q_{TW,ce}$ Jahres-Verluste der Trinkwassererwärmung für die Wärmeübergabe im Raum in kWh/(m² · a) (i. d. R. gleich Null)
$q_{TW,d}$ Jahres-Verluste der Trinkwassererwärmung bei der Wärmeverteilung in kWh/(m² · a)
$q_{TW,s}$ Jahres-Speicherverluste der Trinkwassererwärmung in kWh/(m² · a)
$e_{TW,g}$ dimensionslose Aufwandszahl für die Trinkwassererwärmung (s. u.)

und

$$q_{TW,HE,E} = q_{TW,ce,HE} + q_{TW,d,HE} + q_{TW,s,HE} + q_{TW,g,HE} \tag{5.57}$$

als Jahresbedarf an elektrischer Hilfsenergie für die Übergabe, Verteilung, Speicherung und Erzeugung der Trinkwassererwärmung in kWh/(m² · a)

weiter
$q_{L,g}$ Jahres-Erzeugung von Lüftungsenergie in kWh/(m² · a)
$e_{L,g}$ dimensionslose Aufwandszahl für die Lüftungsanlage (s. u.)

und

$$q_{L,HE,E} = q_{L,ce,HE} + q_{L,d,HE} + q_{L,g,HE} \tag{5.58}$$

als Jahresbedarf an elektrischer Hilfsenergie für die Erzeugung, Verteilung und Übergabe der Lüftungswärme in kWh/(m² · a)

weiter
q_h Jahres-Heizwärmebedarf in kWh/(m² · a)
$q_{h,TW}$ Jahres-Heizwärmegutschrift für die Trinkwassererwärmung im beheizten Bereich in kWh/(m² · a)
$q_{h,L}$ Jahres-Anteil am Heizwärmebedarf, der durch eine Lüftungsanlage gedeckt wird in kWh/(m² · a)
$q_{H,ce}$ Jahres-Verluste der Heizung für die Wärmeübergabe im Raum in kWh/(m² · a)
$q_{H,d}$ Jahres-Verluste der Heizung bei der Wärmeverteilung in kWh/(m² · a)
$q_{H,s}$ Jahres-Speicherverluste der Heizung in kWh/(m² · a)
$e_{H,g}$ dimensionslose Aufwandszahl für die Erzeugung der Heizwärme (s. u.)

und

$$q_{H,HE,E} = q_{H,ce,HE} + q_{H,d,HE} + q_{H,s,HE} + q_{H,g,HE} \tag{5.59}$$

als Jahresbedarf an elektrischer Hilfsenergie für die Übergabe, Verteilung, Speicherung und Erzeugung der Heizwärme in kWh/(m² · a)

Die o. g. *Aufwandszahlen* $e_{TW,g}$, $e_{L,g}$, $e_{H,g}$ beziffern grundsätzlich den Aufwand, der in das jeweilige System gebracht werden muss, im Verhältnis zu seinem Nutzen [5.87]. Unter der *thermischen* Aufwandszahl e wird der dimensionslose Kehrwert des bisher üblichen

Jahres-Nutzungsgrades η_a (des „thermischen Wirkungsgrads“) der Heizungs- oder Trinkwassererwärmungsanlage verstanden (bei Beheizung mit üblichen Energieträgern ist $e > 1$; bei hohem Anteil solarer oder Umweltwärme wird $e \leq 1$):

$$e = \frac{Aufwand\,(Endenergie)}{Nutzen\,(Nutzenergie)} = \frac{1}{\eta_a} \tag{5.60}$$

Der Vorteil der Verwendung von Aufwandszahlen statt Nutzungsgraden liegt darin, dass
- unterschiedliche Eingangsenergien (z. B. fossile Energien wie Gas und Öl zusammen mit elektrischem Strom) sowie
- unterschiedliche Ausgangsenergien (z. B. Raumwärme und Trinkwarmwasser)

erfasst und auch erneuerbare Energien schlüssig mit einbezogen werden können [5.87]. Da ein europäisches Verfahren zur Bestimmung von Aufwandszahlen für die Vorplanung erst im Entwurfsstadium ist, enthält bis auf Weiteres DIN V 4701-10 [5.6] tabellarisch überschlägige Aufwandszahlen [5.87].

Sind die flächenbezogenen Jahres-Endenergiebedarfswerte $q_{TW,E}$, $q_{L,E}$ und $q_{H,E}$ für die Wärmeenergie sowie die zugehörigen Werte für die elektrische Hilfsenergie $q_{TW,HE,E}$, $q_{L,HE,E}$ und $q_{H,HE,E}$ bekannt (s. o.), so erfolgt die *primärenergetische Bewertung* mithilfe des jeweiligen Primärenergiefaktors f_P (nicht erneuerbarer Anteil), d. h., die flächenbezogenen Jahres-Primärenergiebedarfswerte in kWh/(m² · a) werden wie folgt ermittelt:

$$\begin{aligned} q_{TW,P} &= \Sigma\, q_{TW,WE,P} + \Sigma\, q_{TW,HE,P} \\ &= \Sigma\, q_{TW,E} \cdot f_{P,TW} + \Sigma\, q_{TW,HE,E} \cdot f_{P,TW,HE} \end{aligned} \tag{5.61}$$

$$\begin{aligned} q_{L,P} &= \Sigma\, q_{L,WE,P} + \Sigma\, q_{L,HE,P} \\ &= \Sigma\, q_{L,E} \cdot f_{P,L} + \Sigma\, q_{L,HE,E} \cdot f_{P,L,HE} \end{aligned} \tag{5.62}$$

$$\begin{aligned} q_{H,P} &= \Sigma\, q_{H,WE,P} + \Sigma\, q_{H,HE,P} \\ &= \Sigma\, q_{H,E} \cdot f_{P,H} + \Sigma\, q_{H,HE,E} \cdot f_{P,H,HE} \end{aligned} \tag{5.63}$$

$f_{P,j}$ dimensionsloser Primärenergiefaktor – *nicht erneuerbarer Anteil* – für den jeweiligen Energiebedarf j aus GEG 2023 Anlage 4 (Tabelle 5.22)

Hinweis: Der *gesamte* Primärenergiefaktor findet sich z. B. in DIN SPEC 4701-10/A1:2012-07 [5.7], Tabelle C.4-1 – er wird hier aber nicht benötigt, da sich nur der nicht erneuerbare Anteil auf die fossilen Energieträger bezieht, deren Verbrennung den CO_2-Gehalt der Erdatmosphäre erhöht und damit zum Treibhauseffekt beiträgt

Wird in Neubauten *Strom aus erneuerbaren Energien* eingesetzt (praktisch aus Photovoltaik, vgl. Abschnitt 4.5, selten aus Kleinwindanlagen), darf nach GEG 2023 § 23 (1) dieser Strom in den Berechnungen *vom Jahres-Primärenergiebedarf abgezogen* werden, wenn er
- im *unmittelbaren räumlichen Zusammenhang zum Gebäude* (= gebäudenah) erzeugt sowie

– vorrangig in dem Gebäude unmittelbar nach Erzeugung oder nach vorübergehender Speicherung *selbst genutzt* und nur die überschüssige Energiemenge in ein öffentliches Netz eingespeist wird.

Tabelle 5.22: Primärenergiefaktoren f_P (dimensionslos)

Energieträger [1]		**Primärenergiefaktor f_P (nicht erneuerbarer Anteil)**
fossile Brennstoffe	Heizöl	1,1
	Erdgas	1,1
	Flüssiggas	1,1
	Steinkohle	1,1
	Braunkohle	1,2
biogene Brennstoffe [2]	Biogas allg.	1,1
	Biogas, gebäudenah erzeugt	0,3
	Biomethan, ins Netz eingespeist	0,7 bzw. 0,5 [3]
	Bioöl allg.	1,1
	Bioöl, gebäudenah erzeugt	0,3
	Holz	0,2
Strom	aus dem Netz bezogen	1,8 [4]
	gebäudenah erzeugt (aus PV oder Wind)	0,0
	Verdrängungsstrommix für KWK	2,8
Wärme, Kälte	Erdwärme, Geothermie, Solarthermie, Umgebungswärme	0,0
	Erdkälte, Umgebungskälte	0,0
	Abwärme	0,0
	Wärme aus KWK, gebäudeintegriert oder gebäudenah	[5]
Siedlungsabfälle		0,0

[1] Bezugsgröße Endenergie mit Heizwert H_i (= oberer Heizwert).

[2] Bei Gemischen aus fossilen und biogenen Brennstoffen kann der Primärenergiefaktor nach DIN SPEC 4701-10/A1 aus den Brennstoffanteilen berechnet werden.

[3] Bei Nutzung in Brennwertkessel f_P = 0,7, in hocheffizienter KWK-Anlage f_P = 0,5.

[4] Wird in einem Wärmenetz Wärme von einer Großwärmepumpe mit einer thermischen Leistung von mindestens 500 kW genutzt, ist für den netzbezogenen Strom zu deren Betrieb abweichend der Primärenergiefaktor 1,2 zu verwenden.

[5] Nach Verfahren B gemäß DN V 18599-6 oder DIN V 18599-9 zu ermitteln.

Gemäß GEG 2020 § 23 (2) durfte dieser Abzug vom Jahres-*Primär*energiebedarf vereinfacht abgeschätzt werden – z. B. bei *Wohngebäuden*: Wenn Anlagen zur Erzeugung von Strom aus erneuerbaren Energien installiert und betrieben werden,

- durften bei Neubauten *ohne elektrochemischen Stromspeicher* (Batterie) pauschal 150 kWh je kW installierter Anlagennennleistung abgezogen werden – bei Nennleistung in kW $\geq 0{,}03 \cdot A_N/n$ (mit A_N = Nutzfläche in m² und n = Anzahl der beheizten oder gekühlten Geschosse, vgl. Tabelle 5.5 in Abschnitt 5.3.2) dürfen zusätzlich 70 % des Jahres-Strombedarfs der Anlagentechnik (als Endenergie) abgezogen werden, aber maximal 30 % des Jahres-Primärenergiebedarfs des Referenzgebäudes – bzw.
- durften bei Neubauten *mit elektrochemischen Stromspeicher* (Batterie) mit $\geq$ 1 kWh Nennkapazität je kW Anlagennennleistung pauschal 200 kWh je kW installierter Nennleistung abgezogen werden – bei o. g. Nennleistung dürfen zusätzlich 100 % des Jahres-Strombedarfs der Anlagentechnik als Endenergie abgezogen werden, aber maximal 45 % des Jahres-Primärenergiebedarfs des Referenzgebäudes.

Durch diese vereinfachte Anrechnung auf den Jahres-Primärenergiebedarf sollte die Nutzung von Strom aus erneuerbaren Energien und insbesondere auch von Stromspeichern erhöht werden [5.88]; diese Regelung ist jedoch in GEG 2023 § 23 wieder entfallen. Stattdessen gilt jetzt, dass zur Berechnung der abzugsfähigen Strommenge

- der monatliche Ertrag der Anlage zur Erzeugung von Strom aus erneuerbaren Energien
- dem tatsächlichen Strombedarf für Heizung, Warmwasserbereitung, Lüftung, Kühlung und Hilfsenergien (sowie bei *Nichtwohngebäuden* zusätzlich für Beleuchtung)

gegenüberzustellen ist. Der monatliche Ertrag ist nach DIN V 18599-9 für das Referenzklima von Potsdam zu bestimmen. *Konsequenz*: Die Nutzung von DIN V 4108-6 mit DIN V 4701-10 ist nicht möglich

- nicht nur für Wohngebäude mit Klimatisierung (vgl. Abschnitt 5.3.1 E),
- sondern auch für Wohngebäude mit PV-Anlagen.

Die Nutzung von DIN V 4108-6 mit DIN V 4701-10 wird also durch das GEG 2023 schon vor Ende 2023 weiter eingeschränkt.

Für flüssige und gasförmige Biomasse gilt i. d. R. der Primärenergiefaktor $f_P = 1{,}1$ von Heizöl bzw. Erdgas (GEG 2023 Anlage 4). Nur wenn die Biomasse im *unmittelbaren räumlichen Zusammenhang zu den Gebäuden erzeugt* wird, die damit versorgt werden, darf nach GEG 2023 § 22 stattdessen $f_P = 0{,}3$ gesetzt werden. Wird gasförmige Biomasse aufbereitet und in das Gasnetz eingespeist (sog. Biomethan) bzw. zu Flüssiggas verdichtet und so in zu errichtenden Gebäuden genutzt, so darf bei Nutzung in einem Brennwertkessel $f_P = 0{,}7$ bzw. bei Nutzung in einer hocheffizienten KWK-Anlage $f_P = 0{,}5$ gesetzt werden (vgl. Tabelle 5.22).

Eine Änderung findet sich im GEG 2023 § 23: Wird in einem Wärmenetz Wärme von einer Großwärmepumpe) mit einer thermischen Leistung von mind. 500 kW genutzt, ist für den netzbezogenen Strom zu deren Betrieb abweichend der Primärenergiefaktor 1,2 zu verwenden (vgl. Tabelle 5.22, Fußnote [4]). *Grund*: Bisher waren KWK-Anlagen in Wärmenetzen primärenergetisch günstiger, sind aber als fossile Erzeuger nicht zukunftsfähig – mit $f_P = 1{,}2$ werden Großwärmepumpen primärenergetisch besser als übliche KWK-Anlagen und werden damit politisch gefördert.

Gemäß GEG 2023 § 65 mit Anlage 9 ist der *Endenergie*bedarf aus Gl. (5.55) in Treibhausgasemissionen umzurechnen, d. h., für jeden eingesetzten Energieträger mit dem CO_2-Emissionsfaktor f_{CO2} zu multiplizieren und für alle Energieträger $j = 1, 2, \ldots, n$ aufzuaddieren.

Tabelle 5.23: CO_2-Emissionsfaktoren

Energieträger [1]		**CO_2-Emissionsfaktoren f_{CO2} in g CO_2-Äquivalent pro kWh**
fossile Brennstoffe	Heizöl	310
	Erdgas	240
	Flüssiggas	270
	Steinkohle	400
	Braunkohle	430
biogene Brennstoffe [2]	Biogas	140
	Biogas, gebäudenah erzeugt	75
	biogenes Flüssiggas	180
	Bioöl	210
	Bioöl, gebäudenah erzeugt	105
	Holz	20
Strom	aus dem Netz bezogen	560
	gebäudenah erzeugt (aus PV oder Wind)	0
	Verdrängungsstrommix für KWK	860
Wärme, Kälte	Erdwärme, Geothermie, Solarthermie, Umgebungswärme	0
	Erdkälte, Umgebungskälte	0
	Abwärme aus Prozessen	40
	Wärme aus KWK, gebäudeintegriert oder gebäudenah	[1]
	Wärme aus Verbrennung von Siedlungsabfällen	20
Wärme aus KWK mit ≥ 70 % Deckungsanteil an der Wärmeerzeugung	Brennstoff Stein-/Braunkohle	300
	gasförmige und flüssige Brennstoffe	180
	erneuerbarer Brennstoff	40
Nah-/Fernwärme aus Heizwerken	Brennstoff Stein-/Braunkohle	400
	gasförmige und flüssige Brennstoffe	300
	erneuerbarer Brennstoff	60

[1] Nach dem Verfahren aus DIN V 18599-9 zu ermitteln.

Dafür wird das auf die Gebäudenutzfläche A_N bezogene Treibhauspotenzial (*engl. GWP = global warming potential*) in kg/(m² · a) CO_2-Äquivalent ermittelt:

$$\begin{aligned} GWP' &= GWP'_{ET1} + GWP'_{ET2} + \ldots + GWP'_{ETn} \\ &= (q_{E,ET1} \cdot f_{CO2,1} + q_{E,ET2} \cdot f_{CO2,2} + \ldots + q_{E,ETn} \cdot f_{CO2,n}) \cdot 0{,}001 \text{ kg/g} \end{aligned} \tag{5.64}$$

GWP'_{ETj}	auf die Gebäudenutzfläche A_N bezogenes Treibhauspotenzial des Energieträgers j in kg/(m² · a) CO_2-Äquivalent
$q_{E,ETj}$	auf die Gebäudenutzfläche A_N bezogener Jahres-Endenergiebedarf des Energieträgers j in kWh/(m² · a)
$f_{CO2,j}$	CO_2-Emissionsfaktor des Energieträgers j in g CO_2-Äquivalent pro kWh (aus Tabelle 5.23)

Diese auf die Gebäudenutzfläche A_N bezogene Treibhausgasemission *GWP* ist im Energieausweis zu nennen (s. Abschnitt 5.8).

Hinweis: Zur Wirkungsabschätzung aller treibhausrelevanten Gase (vgl. Bild 1.1 in Abschnitt 1.1) wird deren Wirkung auf die Treibhauswirkung von CO_2 umgerechnet und aufaddiert – das ist das hier zugrunde gelegte CO_2-Äquivalent.

Im GEG 2023 § 103 findet sich die sog. *Innovationsklausel*, d. h., bis Ende 2023 soll geprüft werden, ob das CO_2-Äquivalent als Anforderung sinnvoll/gleichwertig den zurzeit gültigen Primärenergiebedarf Q_P ersetzen kann. Dazu kann bei den zuständigen Landesbehörden ein entsprechender Antrag gestellt werden. *Anmerkung*: Hinsichtlich des Klimaschutzziels ist es eindeutig, dass das CO_2-Äquivalent sinnvoller ist, die Schwierigkeit dürfte in der politischen Durchsetzung dieser Änderung liegen.

Nach dem in Bild 5.30 aufgezeigten Prinzip stellt sich nun der Berechnungsablauf nach dem Tabellenverfahren wie folgt dar:

A Trinkwassererwärmung

Als Erstes erfolgt die Berechnung des auf die Gebäudenutzfläche bezogenen Jahres-Endenergiebedarfs $q_{TW,E}$ und des Jahres-Primärenergiebedarfs $q_{TW,P}$ für die Trinkwassererwärmung mit den dafür erforderlichen elektrischen Hilfsenergien $q_{TW,HE,E}$ und $q_{TW,HE,P}$ entsprechend dem in Bild 5.31 dargestellten Berechnungsschema anhand der Bedarfsentwicklung (es können bei bekannten Deckungsanteilen $\alpha_{TW,g,i}$ auch mehrere Trinkwassererzeuger $i = 1, 2, ..., n$ berücksichtigt werden, vgl. Bild 4.23 in Abschnitt 4.3.1):

- Bei Wohngebäuden ist für den öffentlich-rechtlichen Nachweis gemäß GEG 2023 § 20 (2) [5.1], [5.2] bei Berechnung nach DIN V 4108-6 und DIN V 4701-10 der nutzflächenbezogene Jahres-Wärmebedarf für die Trinkwassererwärmung (Warmwasserbereitung) anzusetzen zu

$$q_{tw} \equiv 12{,}5 \text{ kWh/(m}^2 \cdot \text{a)} \qquad (5.65a)$$

- Der Jahres-Wärmebedarf für die Trinkwassererwärmung (Warmwasserbereitung) des Gebäudes errechnet sich dann mit der Gebäudenutzfläche A_N nach Gl. (5.1) bzw. Gl. (5.2) in kWh/a zu

$$Q_{tw} = q_{tw} \cdot A_N \qquad (5.65b)$$

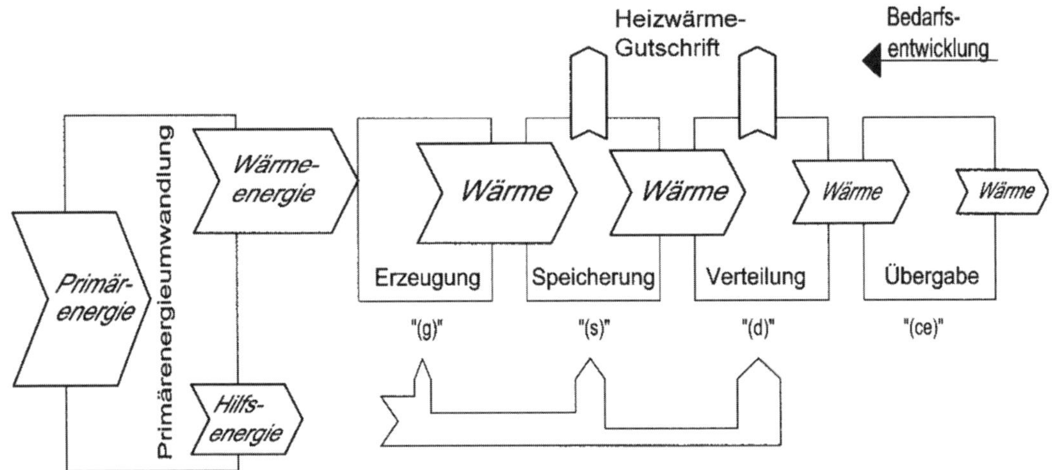

Bild 5.31: Berechnungsschema für die Trinkwassererwärmung

Die in Bild 5.31 nach oben zeigende Heizwärmegutschrift wird bei der Heizung berücksichtigt (s. u. bei C). Die tabellarische Berechnung kann in einem Formblatt erfolgen, das DIN V 4701-10 [5.6] als Kopiervorlage beiliegt; die notwendigen Kennwerte finden sich in DIN V 4701-10, Tabellen C.1-1 bis C.1-4e.

B Lüftung

Als Zweites erfolgt die Berechnung des auf die Gebäudenutzfläche bezogenen Jahres-Endenergiebedarfs $q_{L,g,E}$ und des Jahres-Primärenergiebedarfs $q_{L,P}$ für die Lüftung mit den dafür erforderlichen Hilfsenergien $q_{L,HE,E}$ und $q_{L,HE,P}$ entsprechend dem in Bild 5.32 dargestellten Berechnungsschema anhand von Bedarfsdeckung und Bedarfsentwicklung (vgl. Bild 4.30 in Abschnitt 4.4.3). Die tabellarische Berechnung kann in einem Formblatt erfolgen, das DIN V 4701-10 [5.6] als Kopiervorlage beiliegt; die notwendigen Kennwerte finden sich in DIN V 4701-10, Tabellen C.2-1 bis C.2-4.

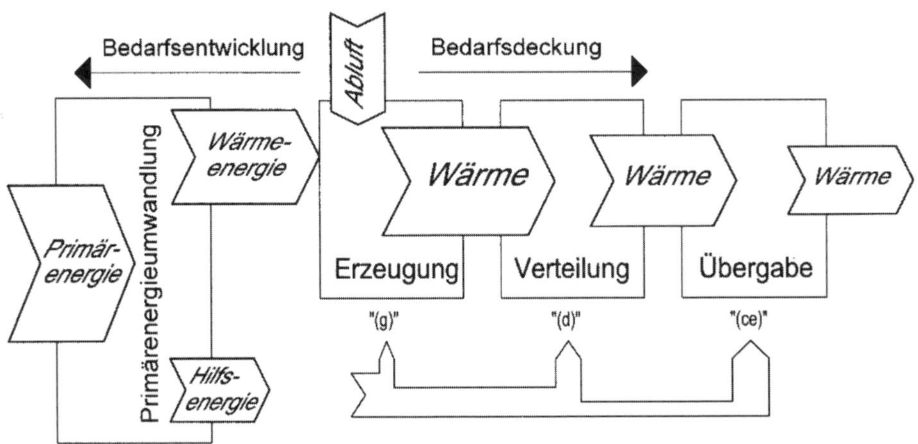

Bild 5.32: Berechnungsschema für die Lüftung

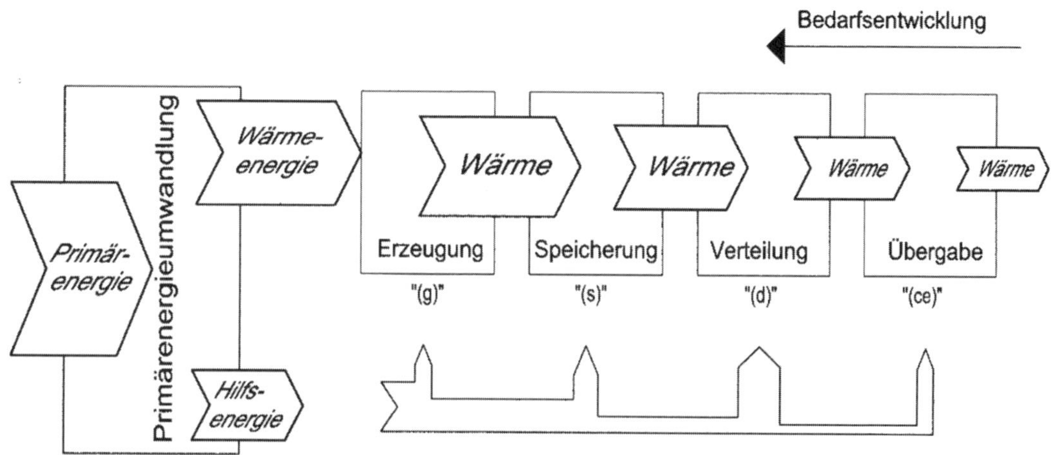

Bild 5.33: Berechnungsschema für die Heizung

C Heizung

Schließlich erfolgt die Berechnung des auf die Gebäudenutzfläche bezogenen Jahres-Endenergiebedarfs q_E und des Jahres-Primärenergiebedarfs q_P für die Heizung mit den dafür erforderlichen elektrischen Hilfsenergien $q_{HE,E}$ und $q_{HE,P}$ entsprechend dem in Bild 5.33 dargestellten Berechnungsschema anhand der Bedarfsentwicklung (es können bei bekannten Deckungsanteilen $\alpha_{g,i}$ auch mehrere Heizwärmeerzeuger $i = 1, 2, ..., n$ berücksichtigt werden, vgl. Bild 4.17 in Abschnitt 4.2.4). Die tabellarische Berechnung kann in einem Formblatt erfolgen, das DIN V 4701-10 [5.6] als Kopiervorlage beiliegt; die notwendigen Kennwerte finden sich in DIN V 4701-10, Tabellen C.3-1 bis C.3-4g.

Abschließender Hinweis: Die o. g. Tabellenwerte aus Anhang C zu DIN V 4701-10 [5.6] repräsentieren die energetische Qualität des unteren Durchschnitts des Marktniveaus, Stand 2003. Die Verwendung herstellerspezifischer Angaben (sog. *detailliertes* Verfahren) berücksichtigt den technischen Fortschritt und führt deshalb i. d. R. zu besseren Werten (Bild 5.34, s. auch [5.89]):

- Einige Hersteller haben produktspezifische Kennwerte zur Berechnung der Anlagen-Aufwandszahl nach DIN V 4701-10 [5.6] veröffentlicht. Daraus kann mit den in DIN V 4701-10, 5, genannten Gleichungen eine geräte- und gebäudeabhängige Anlagen-Aufwandszahl e_p errechnet werden (i. d. R. mithilfe von EDV-Programmen). *Hinweis:* Es ist zulässig, Standardwerte aus der Norm und produktspezifische Kennwerte bei der Berechnung zu mischen [5.90]!
- Produktspezifische Kennwerte von Be- und Entlüftungsanlagen veröffentlicht regelmäßig das Europäische Testzentrum für Wohnungslüftungsgeräte (TZWL) [5.90]. Das TZWL ist akkreditiert, sodass die dort genannten Kennwerte (z. B. die Wärmebereitstellungsgrade der Wärmerückgewinnung η_{WRG}) auch amtlich anerkannt werden.

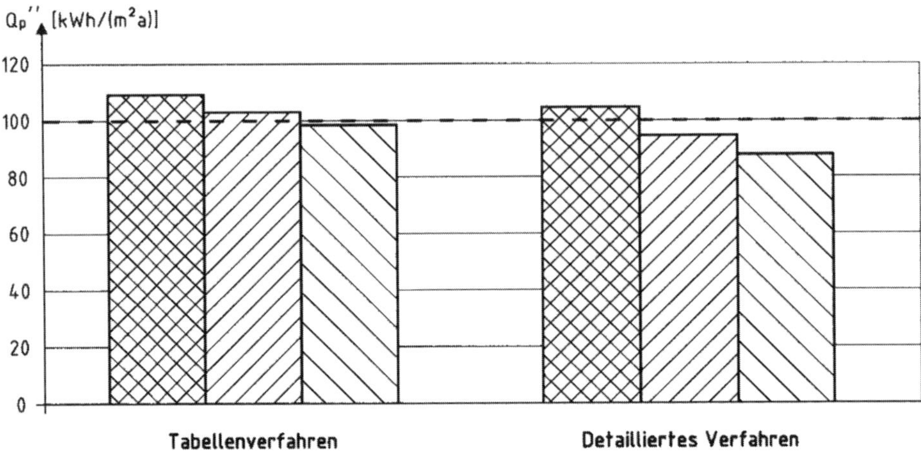

Bild 5.34: Vergleich des für ein Beispielgebäude berechneten Jahres-Primärenergiebedarfs nach dem Tabellenverfahren (links) und dem detaillierten Verfahren (rechts) für verschiedene Anlagentechniken (nach [5.90])

Die Jahres-Endenergie- und -Primärenergiebedarfswerte der einzelnen Versorgungsanteile in kWh/a addieren sich (darin A_N = Gebäudenutzfläche in m² nach Gl. (5.1) bzw. Gl. (5.2))

– für die Trinkwassererwärmung zu

$$Q_{TW,WE,E} = q_{TW,E} \cdot A_N \tag{5.66a}$$

$$Q_{TW,HE,E} = q_{TW,HE,E} \cdot A_N \tag{5.66b}$$

$$Q_{TW,P} = (q_{TW,P} + q_{TW,HE,P}) \cdot A_N \tag{5.67}$$

– für die Lüftung zu

$$Q_{L,WE,E} = q_{L,E} \cdot A_N \tag{5.68a}$$

$$Q_{L,HE,E} = q_{L,HE,E} \cdot A_N \tag{5.68b}$$

$$Q_{L,P} = (q_{L,P} + q_{L,HE,P}) \cdot A_N \tag{5.69}$$

– und für die Heizung zu

$$Q_{H,WE,E} = q_{H,E} \cdot A_N \tag{5.70a}$$

$$Q_{H,HE,E} = q_{H,HE,E} \cdot A_N \tag{5.70b}$$

$$Q_{H,P} = (q_{H,P} + q_{H,HE,P}) \cdot A_N \tag{5.71}$$

Zusammengefasst addiert sich daraus der Jahres-Endenergiebedarf Q_E analog zu Gl. (5.55) bzw. der Jahres-Primärenergiebedarf (nicht erneuerbarer Anteil) in kWh/a zu

$$Q_P = Q_{TW,P} + Q_{L,P} + Q_{H,P} \tag{5.72}$$

$Q_{TW,P}$ Jahres-Trinkwassererwärmungs-Primärenergiebedarf in kWh/a
$Q_{L,P}$ Jahres-Lüftungswärme-Primärenergiebedarf in kWh/a
$Q_{H,P}$ Jahres-Heizwärme-Primärenergiebedarf in kWh/a

Ferner kann nun die dimensionslose *primärenergiebezogene* Anlagen-Aufwandszahl e_P errechnet werden (vgl. Gl. (5.60)) zu

$$e_P = \frac{Aufwand\ (Primärenergiebedarf)}{Nutzen\ (Nutzenergiebedarf)} = \frac{Q_P}{Q_h + Q_{tw}} = \frac{1}{\eta_P} \tag{5.73}$$

Q_h Jahres-Heizwärmebedarf in kWh/a nach Gl. (5.19)
Q_{tw} Jahres-Wärmebedarf für die Trinkwassererwärmung (Warmwasserbereitung) in kWh/a nach Gl. (5.65b)
η_P dimensionsloser primärenergiebezogener Wirkungsgrad der Anlage
A_N Gebäudenutzfläche in m² nach Gl. (5.1) bzw. Gl. (5.2)

Bei fossiler Wärmeerzeugung ist $e_p > 1$; bei hohem Anteil nicht nur solarer und Umweltwärme, sondern generell erneuerbarer (regenerativer) Energien wird $e_p \leq 1$.

Beispiel 5.7: Nachweis des Gesamtenergiebedarfs für ein Reihenendhaus mit Biomasse-Heizung

Aufgabe: Für das in Bild 5.13 (vgl. Beispiel 5.1 in Abschnitt 5.4.1) dargestellte Reihen*end*haus ist der Nachweis des Gesamtenergiebedarfs gemäß GEG 2023 mit DIN V 4108-6 und DIN V 4701-10 zu führen.

Vorgaben:

A. Wärmeübertragende Bauteile:

Unverändert gegenüber Beispiel 5.1. Es soll eine Luftdichtheitsprüfung durchgeführt werden.

B. Anlagentechnik:

- Die Heizungsanlage besteht
  - aus einem Biomasse-Wärmeerzeuger (Holzpelletheizung, vgl. Bild 4.7 in Abschnitt 4.2.2) innerhalb der thermischen Hülle mit direkter und indirekter Wärmeabgabe bei den hierfür üblichen Vor-/Rücklauftemperaturen von 70 °C/55 °C ohne Solarunterstützung,
  - es wird ein Pufferspeicher vorgesehen, er sei indirekt beheizt und *innerhalb* der thermischen Hülle aufgestellt;
  - zur Wärmeverteilung *innerhalb* der thermischen Hülle dient eine geregelte Pumpe,

  - zur Wärmeübergabe sind Radiatoren mit Thermostatventilen (Proportionalbereich 1 K) vorgesehen.
- Die *Trinkwassererwärmung*
  - soll *innerhalb* der thermischen Hülle *zentral* durch die Heizanlage (s. o.) erfolgen und mit einer Zirkulationsleitung versehen sein,
  - die Trinkwasserspeicherung erfolgt in einem indirekt beheizten Speicher *innerhalb* der thermischen Hülle.
- Eine Lüftungsanlage ist gemäß Beispiel 4.1 in Abschnitt 4.4.1 nicht notwendig und nicht vorgesehen.

Die besonderen Anforderungen des GEG an die Nutzung erneuerbarer Energien werden mit einem Deckungsanteil von ≥ 50 % beim Einsatz von fester Biomasse durch die gewählte monovalente Holzpelletheizung für Heizung und Trinkwassererwärmung erfüllt (vgl. Tabelle 5.5 in Abschnitt 5.3.2 – der Kesselwirkungsgrad ist vom Hersteller mit $\eta \geq 89$ % nachzuweisen).

Lösung mit dem *Monatsbilanzverfahren* nach DIN V 4108-6 und dem *Tabellenverfahren* nach DIN V 4701-10:

Der Nachweis der Gebäudehülle wurde bereits im Beispiel 5.1 erbracht.

Als *erster Schritt* zum Nachweis des Gesamtenergiebedarfs wird der spezifische Lüftungswärmeverlust H_V für das *reale Gebäude* als Einfamilienhaus mit ≤ 3 Vollgeschossen und Luftdichtheitsprüfung nach Gl. (5.22) zu

$$\begin{aligned} H_V &= 0{,}34\ \mathrm{Wh/(m^3 \cdot K)} \cdot n \cdot 0{,}76 \cdot V_e \\ &= 0{,}34\ \mathrm{Wh/(m^3 \cdot K)} \cdot 0{,}6 \cdot 0{,}76 \cdot 378{,}63\ \mathrm{m^3} = 58{,}70\ \mathrm{W/K} \end{aligned}$$

sowie für das *Referenzgebäude* mit Abluftanlage (vgl. die Erläuterungen zu Gl. (5.23)) zu

$$\begin{aligned} H_{V,ref} &= 0{,}34\ \mathrm{Wh/(m^3 \cdot K)} \cdot n \cdot 0{,}76 \cdot V_e \\ &= 0{,}34\ \mathrm{Wh/(m^3 \cdot K)} \cdot 0{,}55 \cdot 0{,}76 \cdot 378{,}63\ \mathrm{m^3} = 53{,}81\ \mathrm{W/K} \end{aligned}$$

Als *zweiter Schritt* wird nun der Jahres-Heizwärmebedarf Q_h für das *reale Gebäude* mit dem Monatsbilanzverfahren errechnet, beispielhaft für den Monat *Januar* mit $\theta_{e,M}$ = 1,0 °C nach Tabelle 5.18 und t_M = 31 d/Monat berechnet:

- In Tabelle 5.24 berechnet sich die Reduzierung des Wärmeverlustes durch die Nachtabschaltung nach Gln. (5.25) bis (5.40) für das reale Gebäude zu ΔQL,M = 59 kWh.
- Daraus ergeben sich mit Gl. (5.21) die Wärmeverluste aus Transmission und Lüftung für das reale Gebäude zu

$$\begin{aligned} Q_{l,M} &= 0{,}024 \cdot (H_{T,M} + H_{V,M}) \cdot (\theta_i - \theta_{e,M}) \cdot t_M - \Delta Q_{l,M} \\ &= 0{,}024 \cdot (74{,}96\ \mathrm{W/K} + 58{,}70\ \mathrm{W/K}) \cdot (19\ °\mathrm{C} - 1{,}0\ °\mathrm{C}) \cdot 31\ \mathrm{d} - 59\ \mathrm{kWh} \\ &= 1731\ \mathrm{kWh} \end{aligned}$$

- In Tabelle 5.25 werden nun die solaren Gewinne für das reale Gebäude nach Gl. (5.41) ermittelt (Kellerfenster voll angesetzt, da über OK Gelände, vgl. Tabelle 5.19) zu QS,M =131 kWh.

- Die internen Wärmegewinne ergeben sich mit Gl. (5.48) für das *reale Gebäude* zu

$$Q_{i,M} = 0{,}024 \cdot q_i \cdot A_N \cdot t_M = 0{,}024 \cdot 5\ \text{W/m}^2 \cdot 121{,}16\ \text{m}^2 \cdot 31\ \text{d} = 451\ \text{kWh}$$

Tabelle 5.24: Berechnung der Reduzierung des Wärmeverlustes $\Delta Q_{l,M}$ durch die Nachtabschaltung für das *reale Gebäude* aus Beispiel 5.7 im Januar (mit Angabe der zugehörigen Gleichung in der letzten Spalte)

$H_{ic} = 4 \cdot A_N/R_{si} =$	3728 W/K	(5.25)
$H_d = H_W + H_V =$	76,14 W/K	(5.26)
$H_{ce} = H_{ic} \cdot (H_T + H_V - H_d) / (H_{ic} - (H_T + H_V - H_d)) =$	58,42 W/K	(5.27)
$\zeta = H_{ic} / (H_{ic} + H_{ce})) =$	0,98	(5.29)
$\xi = H_{ic} / (H_{ic} + H_d)) =$	0,98	(5.30)
$\tau_P = \zeta \cdot C_{wirk,NA} / (\xi \cdot (H_T + H_V)) =$	51 h	(5.31)
$\theta_{c0,M} = \theta_{e,M} + \zeta \cdot (\theta_{i0} - \theta_{e,M}) =$	18,7 °C	(5.32)
$\Phi_{pp,M} = 1{,}5 \cdot (H_T + H_{V,05}) \cdot 31\ \text{K} =$	5760 W	(5.35)
$\theta_{ipp,M} = \theta_{e,M} + \Phi_{pp,M} / (H_T + H_V) =$	44,1 °C	(5.33)
$\theta_{cpp,M} = \theta_{e,M} + \zeta \cdot (\theta_{ipp,M} - \theta_{e,M}) =$	43,4 °C	(5.34)
$\theta_{i1,M} = \theta_{e,M} + \xi \cdot (\theta_{c0,M} - \theta_{e,M}) \cdot e^{(-tu/\tau P)} =$	16,1 °C	(5.36)
$\theta_{c1,M} = \theta_{c2,M} = \theta_{e,M} + (\theta_{i1,M} - \theta_{e,M}) / \xi =$	16,5 °C	(5.37)
$t_{bh,M} = \tau_P \cdot \ln (\xi \cdot (\theta_{cpp,M} - \theta_{c2,M}) / (\theta_{ipp,M} - \theta_{i0})) =$	2,7 h	(5.38)
$\theta_{c3,M} = \theta_{cpp,M} + (\theta_{i0} - \theta_{ipp,M}) / \xi =$	17,8 °C	(5.39)
$\Delta Q_{l,M}$ =	**59 kWh**	(5.40)

Tabelle 5.25: Ermittlung der solaren Wärmegewinne $Q_{S,M}$ der transparenten Bauteile (Fenster und Außentür) für das *reale Gebäude* aus Beispiel 5.7 im Januar

Orientierung *j* bzw. α	**Faktor**	**$I_{S,j/\alpha,M}$ in W/m²**	**g_i**	**A_i in m²**	**$Q_{S,j}$ in kWh**
nordorientiert	0,567	10	0,50	8,58	18
ostorientiert	0,567	25	0,50	10,22	54
südorientiert	0,567	59	0,50	4,76	59
solare Wärmegewinne $Q_{S,M}$ =					**131**

Tabelle 5.26: Berechnung des Ausnutzungsgrads der solaren und internen Wärmegewinne η_M für das *reale Gebäude* aus Beispiel 5.7 im Januar (mit Angabe der zugehörigen Gleichung in der letzten Spalte)

$\tau_M = C_{wirk,h} / (H_T + H_V) =$	142 h	(5.53)
$\gamma_M = (Q_{S,M} + Q_{I,M}) / Q_{L,M} =$	0,34	(5.51)
$a_M = a_0 + \tau_M / \tau_0 =$	9,85	(5.52)
$\boldsymbol{\eta_M} = (1 - \gamma_M^{aM}) / (1 - \gamma_M^{aM+1})$ für $\gamma_M \neq 1$	**1,00**	(5.49)

- Mit dem Ausnutzungsgrad η_M nach Tabelle 5.26 errechnet sich daraus der Heizwärmebedarf im *Januar* für das *reale Gebäude* mit Gl. (5.20) zu

$$\begin{aligned} Q_{h,M} &= (Q_{l,t,M} + Q_{l,v,M}) - \eta_M \cdot (Q_{s,M} + Q_{i,M}) \\ &= 1731\ \text{kWh} - 1{,}00 \cdot (131\ \text{kWh} + 451\ \text{kWh}) = 1149\ \text{kWh} \end{aligned}$$

Tabelle 5.27: Berechnung der Reduzierung des Wärmeverlustes $\Delta Q_{l,M,ref}$ durch die Nachtabschaltung für das *Referenzgebäude* aus Beispiel 5.7 im Januar (mit Angabe der zugehörigen Gleichung in der letzten Spalte)

$H_{ic,ref} = 4 \cdot A_N/R_{si}$ (unverändert) =	3728 W/K	(5.25)
$H_{d,ref} = H_{W,ref} + H_{V,ref} =$	84,44 W/K	(5.26)
$H_{ce,ref} = H_{ic,ref} \cdot (H_{T,ref} + H_{V,ref} - H_{d,ref})$ $/ (H_{ic,ref} - (H_{T,ref} + H_{V,ref} - H_{d,ref})) =$	78,70 W/K	(5.27)
$\zeta_{\rho\varepsilon\phi} = H_{ic,ref} / (H_{ic,ref} + H_{ce,ref})) =$	0,98	(5.29)
$\xi_{\rho\varepsilon\phi} = H_{ic,ref} / (H_{ic,ref} + H_{d,ref})) =$	0,98	(5.30)
$\tau_{P,ref} = \zeta_{ref} \cdot C_{wirk,NA} / (\xi_{ref} \cdot (H_{T,ref} + H_{V,ref})) =$	42 h	(5.31)
$\theta_{c0,M,ref} = \theta_{e,M} + \zeta_{ref} \cdot (\theta_{i0} - \theta_{e,M,ref}) =$	18,6 °C	(5.32)
$\Phi_{pp,M,ref} = 1{,}5 \cdot (H_{T,ref} + H_{V,05}) \cdot 31\ \text{K} =$	7283 W	(5.35)
$\theta_{ipp,M,ref} = \theta_{e,M} + \Phi_{pp,M,ref} / (H_{T,ref} + H_{V,ref}) =$	46,1 °C	(5.33)
$\theta_{cpp,M,ref} = \theta_{e,M} + \zeta_{ref} \cdot (\theta_{ipp,M,ref} - \theta_{e,M}) =$	45,2 °C	(5.34)
$\theta_{i1,M,ref} = \theta_{e,M} + \xi_{ref} \cdot (\theta_{c0,M,ref} - \theta_{e,M}) \cdot e^{(-tu/\tau P)} =$	15,6 °C	(5.36)
$\theta_{c1,M,ref} = \theta_{c2,M,ref} = \theta_{e,M} + (\theta_{i1,M,ref} - \theta_{e,M}) / \xi_{ref} =$	15,9 °C	(5.37)
$t_{bh,M,ref} = \tau_{P,ref} \cdot \ln (\xi_{ref} \cdot (\theta_{cpp,M,ref} - \theta_{c2,M,ref}) / (\theta_{ipp,M,ref} - \theta_{i0})) =$	2,2 h	(5.38)
$\theta_{c3,M,ref} = \theta_{cpp,M,ref} + (\theta_{i0,ref} - \theta_{ipp,M,ref}) / \xi_{ref} =$	17,5 °C	(5.39)
$\Delta Q_{l,M,ref}$ =	**82 kWh**	(5.40)

Für das *Referenzgebäude*, wiederum für den Monat *Januar*, werden folgende Werte ermittelt:

- In Tabelle 5.27 berechnet sich die Reduzierung des Wärmeverlustes durch die Nachtabschaltung nach Gln. (5.25) bis (5.40) für das Referenzgebäude zu ΔQL,M,ref = 82 kWh.
- Daraus ergeben sich mit Gl. (5.21) die Wärmeverluste aus Transmission und Lüftung für das Referenzgebäude zu

$$\begin{aligned} Q_{l,M,ref} &= 0{,}024 \cdot (H_{T,M} + H_{V,M}) \cdot (\theta_i - \theta_{e,M}) \cdot t_M - \Delta Q_{l,M} \\ &= 0{,}024 \cdot (107{,}70\ \text{W/K} + 53{,}81\ \text{W/K}) \cdot (19\ °\text{C} - 1{,}0\ °\text{C}) \cdot 31\ \text{d} - 82\ \text{kWh} \\ &= 2081\ \text{kWh} \end{aligned}$$

- In Tabelle 5.28 werden nun die solaren Gewinne für das Referenzgebäude nach Gl. (5.41) zu QS,M =158 kWh ermittelt.
- Die internen Wärmegewinne ergeben sich mit Gl. (5.48) für das Referenzgebäude wie beim realen Gebäude zu

$$Q_{i,M} = 0{,}024 \cdot q_i \cdot A_N \cdot t_M = 0{,}024 \cdot 5\ \text{W/m}^2 \cdot 121{,}16\ \text{m}^2 \cdot 31\ \text{d} = 451\ \text{kWh}$$

Tabelle 5.28: Ermittlung der solaren Wärmegewinne $Q_{S,M,ref}$ der transparenten Bauteile (Fenster und Außentür) für das *Referenzgebäude* aus Beispiel 5.7 im Januar

Orientierung *j* bzw. α	**Faktor**	$I_{S,j/\alpha,M}$ **in W/m²**	g_i	A_i **in m²**	$Q_{S,j}$ **in kWh**
nordorientiert	0,567	10	0,60	8,58	22
ostorientiert	0,567	25	0,60	10,22	65
südorientiert	0,567	59	0,60	4,76	71
				solare Wärmegewinne $Q_{S,M,ref}$ =	**158**

Tabelle 5.29: Berechnung des Ausnutzungsgrads der solaren und internen Wärmegewinne $\eta_{M,ref}$ für das *Referenzgebäude* aus Beispiel 5.7 im Januar (mit Angabe der zugehörigen Gleichung in der letzten Spalte)

$\tau_{M,ref} = C_{wirk,h} / (H_{T,ref} + H_{V,ref}) =$	117 h	(5.53)
$\gamma_{M,ref} = (Q_{S,M,ref} + Q_{I,M,rref}) / Q_{L,M,ref} =$	0,29	(5.51)
$a_{M,ref} = a_0 + \tau_{M,ref} / \tau_0 =$	8,33	(5.52)
$\boldsymbol{\eta_{M,ref}} = (1 - \gamma_M^{aM,ref}) / (1 - \gamma_M^{aM,ref+1})$ für $\gamma_{M,ref} \neq 1$	**1,00**	(5.49)

- Mit dem Ausnutzungsgrad η_M nach Tabelle 5.29 errechnet sich daraus der Heizwärmebedarf im *Januar* für das *Referenzgebäude* mit Gl. (5.20) zu

$$Q_{h,M} = (Q_{l,t,M} + Q_{l,v,M}) - \eta_M \cdot (Q_{s,M} + Q_{i,M})$$
$$= 2081 \text{ kWh} - 1{,}00 \cdot (158 \text{ kWh} + 451 \text{ kWh}) = 1472 \text{ kWh}$$

Tabelle 5.30: Berechnung des Jahres-Heizwärmebedarfs Q_h für das *reale* und $Q_{h,ref}$ für das *Referenzgebäude* aus Beispiel 5.7

Reales Gebäude			**Referenzgebäude**		
Monat	$Q_{H,M}$	**Gl.**	**Monat**	$Q_{H,M,ref}$	**Gl.**
Januar	1149 kWh		Januar	1472 kWh	
Februar	951 kWh		Februar	1225 kWh	
März	628 kWh		März	846 kWh	
April	66 kWh		April	135 kWh	
Mai	0 kWh		Mai	1 kWh	
Juni	0 kWh		Juni	0 kWh	
Juli	0 kWh		Juli	0 kWh	
August	0 kWh		August	0 kWh	
September	1 kWh		September	3 kWh	
Oktober	212 kWh		Oktober	340 kWh	
November	852 kWh		November	1112 kWh	
Dezember	1223 kWh		Dezember	1560 kWh	
Q_h =	**5082 kWh**	(5.18)	$Q_{h,ref}$ =	**6695 kWh**	(5.18)

Die weiteren Monate werden hier nicht vorgestellt, die komplette Berechnung findet sich als

Excel-Datei zum Download unter www.beuth-mediathek.de oder www.hmarquardt.de. In Tabelle 5.30 sind die Monatswerte zusammengestellt, darin summiert sich nach Gl. (5.18) der Jahres-Heizwärmebedarf Q_h für das *reale Gebäude* und $Q_{h,ref}$ für das *Referenzgebäude*.

Tabelle 5.31: Berechnung des Trinkwarmwasser-Stranges für das *reale Gebäude* aus Beispiel 5.7

Quelle bzw. Berechnungsgleichung	Größe	Rechenwert	
Gl. (5.1)	A_N =	121,16 m²	
Gl. (5.65a)	q_{tw} =	12,50 kWh/(m² · a)	
$q_{tw} \cdot A_N$ (Gl. (5.65b))	Q_{tw} =	1515 kWh/a	
Wärmeenergie:			
(s. o.)	q_{tw} =	12,50 kWh/(m² · a)	
DIN V 4701-10, Tabelle C.1-1	$q_{TW,ce}$ =	0,00 kWh/(m² · a)	
DIN V 4701-10, Tabelle C.1-2a, c	$q_{TW,d}$ =	11,13 kWh/(m² · a)	
DIN V 4701-10, Tabelle C.1-3a	$q_{TW,s}$ =	4,71 kWh/(m² · a)	
	$\Sigma\ q_{TW}$ =	28,34 kWh/(m² · a)	
DIN V 4701-10, Tabelle C.1-4a	$\alpha_{TW,g,j}$ =	0,00 [1]	1,00 [2]
DIN V 4701-10, Tabelle C.3-4f (Fußnote [17])	$e_{TW,g,j}$ =	0,00	1,48
$(\Sigma\ q_{TW}) \cdot e_{TW,g,j} \cdot \alpha_{TW,g,j}$ (Gl. (5.56b), Forts.)	$q_{TW,E,j}$ =	0,00	41,94
o. g. Tabelle 5.22 (Holz)	$f_{P,j}$ =	0,00	0,20
$q_{TW,E,j} \cdot f_{P,j}$ (Gl. (5.61))	$q_{TW,P,j}$ =	0,00	8,39
Heizwärmegutschrift:			
DIN V 4701-10, Tabelle C.1-2a	$q_{h,TW,d}$ =	4,98 kWh/(m² · a)	
DIN V 4701-10, Tabelle C.1-3a	$q_{h,TW,s}$ =	2,10 kWh/(m² · a)	
Gl. (5.56)	$q_{h,TW}$ =	7,08 kWh/(m² · a)	
Hilfsenergie:			
DIN V 4701-10, Tabelle C.1-1	$q_{TW,ce,HE}$ =	0,00 kWh/(m² · a)	
DIN V 4701-10, Tabelle C.1-2b	$q_{TW,d,HE}$ =	1,00 kWh/(m² · a)	
DIN V 4701-10, Tabelle C.1-3b	$q_{TW,s,HE}$	0,10 kWh/(m² · a)	
DIN V 4701-10, Tabelle C.1-4a	$\alpha_{TW,g,ji}$ =	0,00 [1]	1,00 [2]
DIN V 4701-10, Tabelle C.3-4b, c, d, e	$q_{TW,g,HE,j}$ =	0,00	1,91
$\alpha_{TW,g,j} \cdot q_{TW,g,HE,j}$	$q'_{TW,g,HE,j}$ =	0,00	1,91
$q_{TW,ce,HE} + q_{TW,d,HE} + q_{TW,s,HE} + \Sigma\ q'_{TW,g,HE,j}$ (Gl. (5.57))	$q_{TW,HE,E}$ =	3,01 kWh/(m² · a)	
o. g. Tabelle 5.22 (Strom aus dem Netz)	f_P =	1,80	
$q_{TW,HE,E} \cdot f_P$ (Gl. (5.61))	$q_{TW,HE,P}$ =	5,42 kWh/(m² · a)	
Zusammenstellung:			
Endenergie (Wärmeenergie) nach Gl. (5.66)	$Q_{TW,WE,E}$ =	5082 kWh/a	
Endenergie (Hilfsenergie) nach Gl. (5.66)	$Q_{TW,HE,E}$ =	365 kwh/a	
Primärenergie nach Gl. (5.67)	$Q_{TW,P}$ =	1673 kWh/a	

[1]) Kein solarer Deckungsanteil vorgesehen.

[2]) Übriger Deckungsanteil (Holzpellets) hier 100 %.

Tabelle 5.32: Berechnung des Trinkwarmwasser-Stranges für das *Referenzgebäude* aus Beispiel 5.7

Quelle bzw. Berechnungsgleichung	**Größe**	**Rechenwert**	
Gl. (5.1)	A_N =	121,16 m²	
Gl. (5.65a)	q_{tw} =	12,50 kWh/(m² · a)	
$q_{tw} \cdot A_N$ (Gl. (5.65b))	Q_{tw} =	1515 kWh/a	
Wärmeenergie:			
(s. o.)	q_{tw} =	12,50 kWh/(m² · a)	
DIN V 4701-10, Tabelle C.1-1	$q_{TW,ce,ref}$ =	0,00 kWh/(m² · a)	
DIN V 4701-10, Tabelle C.1-2a, c	$q_{TW,d,ref}$ =	11,13 kWh/(m² · a)	
DIN V 4701-10, Tabelle C.1-3a	$q_{TW,s,ref}$ =	4,71 kWh/(m² · a)	
	$\Sigma\ q_{TW,ref}$ =	28,34 kWh/(m² · a)	
DIN V 4701-10, Tabelle C.1-4a	$\alpha_{TW,g,j,ref}$ =	0,55 [1])	0,45 [2])
DIN V 4701-10, Tabelle C.1-4b …	$e_{TW,g,j,ref}$ =	0,00 [3])	1,14
$(\Sigma\ q_{TW}) \cdot e_{TW,g,j} \cdot \alpha_{TW,g,j}$ (Gl. (5.56b), Forts.)	$q_{TW,E,j,ref}$ =	0,00	14,54
o. g. Tabelle 5.22 (Erdgas)	$f_{P,j}$ =	0,00	1,10
$q_{TW,E,j} \cdot f_{P,j}$ (Gl. (5.61))	$q_{TW,P,j,ref}$ =	0,00	15,99
Heizwärmegutschrift:			
DIN V 4701-10, Tabelle C.1-2a	$q_{h,TW,d,ref}$ =	4,98 kWh/(m² · a)	
DIN V 4701-10, Tabelle C.1-3a	$q_{h,TW,s,ref}$ =	2,10 kWh/(m² · a)	
Gl. (5.56)	$q_{h,TW,ref}$ =	7,08 kWh/(m² · a)	
Hilfsenergie:			
DIN V 4701-10, Tabelle C.1-1	$q_{TW,ce,HE,ref}$ =	0,00 kWh/(m² · a)	
DIN V 4701-10, Tabelle C.1-2b	$q_{TW,d,HE,ref}$ =	1,00 kWh/(m² · a)	
DIN V 4701-10, Tabelle C.1-3b	$q_{TW,s,HE,ref}$ =	0,10 kWh/(m² · a)	
DIN V 4701-10, Tabelle C.1-4a	$\alpha_{TW,g,ji,ref}$ =	0,55 [1])	0,45 [2])
DIN V 4701-10, Tabelle C.1-4b, c, d, e, f	$q_{TW,g,HE,j,ref}$ =	0,97 [3])	0,27
$\alpha_{TW,g,j} \cdot q_{TW,g,HE,j}$	$q'_{TW,g,HE,j,ref}$ =	0,53	0,12
$q_{TW,ce,HE} + q_{TW,d,HE} + q_{TW,s,HE} + \Sigma\ q'_{TW,g,HE,j}$ (Gl. (5.57))	$q_{TW,HE,E,ref}$ =	1,76 kWh/(m² · a)	
o. g. Tabelle 5.22 (Strom aus dem Netz)	f_P =	1,80	
$q_{TW,HE,E} \cdot f_P$ (Gl. (5.61))	$q_{TW,HE,P,ref}$ =	3,16 kWh/(m² · a)	
Zusammenstellung:			
Endenergie (Wärmeenergie) nach Gl. (5.66)	$Q_{TW,WE,E,ref}$ =	1761 kWh/a	
Endenergie (Hilfsenergie) nach Gl. (5.66)	$Q_{TW,HE,E,ref}$ =	213 kwh/a	
Primärenergie nach Gl. (5.67)	$Q_{TW,P,ref}$ =	2320 kWh/a	

[1]) Solarer Deckungsanteil.

[2]) Übriger Deckungsanteil (Erdgas).

[3]) Solarthermie hat die thermische Aufwandszahl $e_{TW,g} = 0$, benötigt aber Hilfsenergie $q_{TW,g,HE}$ für die Wärmeträgerpumpe.

Als *dritter Schritt* wird der Jahres-Primärenergiebedarf Q_P mit dem Tabellenverfahren nach DIN V 4701-10 in Anlehnung an das in dieser Norm vorgegebene Formblatt berechnet:

- In den Tabellen 5.31 und 5.32 ergeben sich der Jahres-Endenergie- und der Jahres-Primärenergiebedarf für den Trinkwarmwasser-Strang (nur ein Strang vorhanden) für das *reale* und für das *Referenzgebäude*.

Tabelle 5.33: Berechnung des Heizstranges für das *reale Gebäude* aus Beispiel 5.7

Quelle bzw. Berechnungsgleichung	Größe	Rechenwert	
Gl. (5.1)	A_N =	121,16 m²	
Gl. (5.18)	Q_h =	5082 kWh/a	
q_h / A_N =	q_h =	41,95 kWh/(m² · a)	
Wärmeenergie:			
(s. o.)	q_h =	41,95 kWh/(m² · a)	
Heizwärmegutschrift Trinkwassererwärmung	$q_{h,TW}$ =	– 7,08 kWh/(m² · a)	
Heizwärmegutschrift Lüftung	$q_{h.L}$ =	0,00 kWh/(m² · a)	
DIN V 4701-10, Tabelle C.3-1	$q_{H,ce}$ =	1,10 kWh/(m² · a)	
DIN V 4701-10, Tabelle C.3-2a, b, d	$q_{H,d}$ =	2,72 kWh/(m² · a)	
DIN V 4701-10, Tabelle C.3-3	$q_{H,s}$ =	0,66 kWh/(m² · a)	
	$\Sigma\, q_H$ =	39,35 kWh/(m² · a)	
DIN V 4701-10, Tabelle C.3-4a	$\alpha_{H,g,j}$ =	0,00 [1])	1,00 [2])
DIN V 4701-10, Tabelle C.3-4b, c, d, e, f	$e_{H,g,j}$ =	0,00	1,48
$(\Sigma\, q_H) \cdot e_{H,g,j} \cdot \alpha_{H,g,j}$ (Gl. (5.56b), Fortsetzung)	$q_{H,E,j}$ =	0,00	58,23
o. g. Tabelle 5.22 (Holz)	$f_{P,j}$ =	0,00	0,20
$q_{H,E,j} \cdot f_{P,j}$ (Gl. (5.63))	$q_{H,P,j}$ =	0,00	11,65
Hilfsenergie:			
DIN V 4701-10, Tabelle C.3-1	$q_{H,ce,HE}$ =	0,00 kWh/(m² · a)	
DIN V 4701-10, Tabelle C.3-2c	$q_{H,d,HE}$ =	1,59 kWh/(m² · a)	
DIN V 4701-10, Tabelle C.3-3	$q_{H,s,HE}$ =	0,55 kWh/(m² · a)	
DIN V 4701-10, Tabelle C.3-4a	$\alpha_{H,g,j}$ =	0,00 [1])	1,00 [2])
DIN V 4701-10, Tabelle C.3-4b, c, d, e, f, g	$q_{H,g,HE,j}$ =	0,00	1,91
$\alpha_{H,g,j} \cdot q_{H,g,HE,j}$	$q'_{H,g,HE,j}$ =	0,00	1,91
$q_{H,ce,HE} + q_{H,d,HE} + q_{H,s,HE} + \Sigma\, q'_{H,g,HE,j}$ (Gl. (5.59))	$q_{H,HE,E}$ =	4,05 kWh/(m² · a)	
o. g. Tabelle 5.22 (Strom aus dem Netz)	f_P =	1,80	
$q_{H,HE,E} \cdot f_P$ (Gl. (5.63))	$q_{H,HE,P}$ =	7,29 kWh/(m² · a)	
Zusammenstellung:			
Endenergie (Wärmeenergie) nach Gl. (5.70)	$Q_{H,WE,E}$ =	7056 kWh/a	
Endenergie (Hilfsenergie) nach Gl. (5.70)	$Q_{H,HE,E}$ =	491 kWh/a	
Primärenergie nach Gl. (5.71)	$Q_{H,P}$ =	2294 kWh/a	

[1]) Kein solarer Deckungsanteil vorgesehen.

[2]) Übriger Deckungsanteil (Holzpellets) hier 100 %.

Tabelle 5.34: Berechnung des Heizstranges für das *Referenzgebäude* aus Beispiel 5.7

Quelle bzw. Berechnungsgleichung	**Größe**	**Rechenwert**	
Gl. (5.1)	A_N =	121,16 m²	
Gl. (5.18)	$Q_{h,ref}$ =	6695 kWh/a	
q_h / A_N =	$q_{h,ref}$ =	55,26 kWh/(m² · a)	
Wärmeenergie:			
(s. o.)	$q_{h,ref}$ =	55,26 kWh/(m² · a)	
Heizwärmegutschrift Trinkwassererwärmung	$q_{h,TW,ref}$ =	– 7,08 kWh/(m² · a)	
Heizwärmegutschrift Lüftung	$q_{h.L,ref}$ =	0,00 kWh/(m² · a)	
DIN V 4701-10, Tabelle C.3-1	$q_{H,ce,ref}$ =	1,10 kWh/(m² · a)	
DIN V 4701-10, Tabelle C.3-2a, b, d	$q_{H,d,ref}$ =	1,97 kWh/(m² · a)	
DIN V 4701-10, Tabelle C.3-3	$q_{H,s,ref}$ =	0,00 kWh/(m² · a)	
	$\Sigma\, q_{H,ref}$ =	51,25 kWh/(m² · a)	
DIN V 4701-10, Tabelle C.3-4a	$\alpha_{H,g,j,ref}$ =	0,00 [1])	1,00 [2])
DIN V 4701-10, Tabelle C.3-4b, c, d, e, f, g	$e_{H,g,j,ref}$ =	0,00	0,97
$(\Sigma\, q_H) \cdot e_{H,g,j} \cdot \alpha_{H,g,j}$ (Gl. (5.56b), Fortsetzung)	$q_{H,E,j,ref}$ =	0,00	59,71
o. g. Tabelle 5.22 (Erdgas)	$f_{P,j}$ =	0,00	1,10
$q_{H,E,j} \cdot f_{P,j}$ (Gl. (5.63))	$q_{H,P,j,ref}$ =	0,00	54,68
Hilfsenergie:			
DIN V 4701-10, Tabelle C.3-1	$q_{H,ce,HE,ref}$ =	0,00 kWh/(m² · a)	
DIN V 4701-10, Tabelle C.3-2c	$q_{H,d,HE,ref}$ =	1,71 kWh/(m² · a)	
DIN V 4701-10, Tabelle C.3-3	$q_{H,s,HE,ref}$ =	0,00 kWh/(m² · a)	
DIN V 4701-10, Tabelle C.3-4a	$\alpha_{H,g,j,ref}$ =	0,00 [1])	1,00 [2])
DIN V 4701-10, Tabelle C.3-4b, c, d, e, f, g	$q_{H,g,HE,j,ref}$ =	0,00	0,73
$\alpha_{H,g,j} \cdot q_{H,g,HE,j}$	$q'_{H,g,HE,j,ref}$ =	0,00	0,73
$q_{H,ce,HE} + q_{H,d,HE} + q_{H,s,HE} + \Sigma\, q'_{H,g,HE,j}$ (Gl. (5.59))	$q_{H,HE,E,ref}$ =	2,44 kWh/(m² · a)	
o. g. Tabelle 5.22 (Strom aus dem Netz)	f_P =	1,80	
$q_{H,HE,E} \cdot f_P$ (Gl. (5.63))	$q_{H,HE,P,ref}$ =	4,39 kWh/(m² · a)	
Zusammenstellung:			
Endenergie (Wärmeenergie) nach Gl. (5.70)	$Q_{H,WE,E,ref}$ =	6023 kWh/a	
Endenergie (Hilfsenergie) nach Gl. (5.70)	$Q_{H,HE,E,ref}$ =	296 kWh/a	
Primärenergie nach Gl. (5.71)	$Q_{H,P,ref}$ =	7157 kWh/a	

[1]) Kein solarer Deckungsanteil vorgesehen.

[2]) Übriger Deckungsanteil (Erdgas) hier 100 %.

- In den Tabellen 5.33 und 5.34 ergeben sich der Jahres-Endenergie- und der Jahres-Primärenergiebedarf für den Heizstrang für das *reale* und für das *Referenzgebäude*.
- In den Tabellen 5.35 und 5.36 findet sich die abschließende Anlagenbewertung für das *reale* und für das *Referenzgebäude*.

Tabelle 5.35: Anlagenbewertung für das *reale Gebäude* aus Beispiel 5.7

I. Eingaben					
	A_N =	121,16 m^2	t_{HP} =	185 d	
abs. Bedarf	Q_{tw} =	1515	Q_h =	5082	in kWh/a
bez. Bedarf	q_{tw} =	12,50	q_h =	41,95	in kWh/(m^2 · a)
II. Systembeschreibung (s. Aufgabenstellung)					
III. Ergebnisse					
Deckung in kWh/(m^2·a)	**Trinkwasser:** $q_{h,TW}$ = **7,08**		**Heizung:** $q_{h,H}$ = **34,87**		**Lüftung:** $q_{h,L}$ = **0,00**
	Energieträger:		**Endenergie:**		**Primärenergie:**
Wärme 1	Holzpellets		$Q_{WE1,E}$=	**12137 kWh/a**	$Q_{WE1,P}$ = **2427 kWh/a**
Wärme 2 …	(entfällt)		$Q_{WE2,E}$ =		$Q_{WE2,P}$ =
Hilfsenergie	Strom		$Q_{HE,E}$ =	**855 kWh/a**	$Q_{HE,P}$ = **1540 kWh/a**
Jahres-Endenergiebedarf n. Gl. (5.55) $\boldsymbol{Q_E}$ =				**12993 kWh/a**	
bezog. Jahres-Endenergiebedarf $\boldsymbol{q_E}$ = **107,24 kWh/(m^2 ·a)**					
Jahres-Primärenergiebedarf nach Gl. (5.72) $\boldsymbol{Q_P}$ =					**3967 kWh/a**
bezogener Jahres-Primärenergiebedarf $\boldsymbol{q_P}$ =					**32,74 kWh/(m^2 · a)**
Anlagen-Aufwandszahl nach Gl. (5.73) $\boldsymbol{e_P} = Q_P / (Q_{tw} + Q_h)$ =					**0,601**

Tabelle 5.36: Anlagenbewertung für das *Referenzgebäude* aus Beispiel 5.7

I. Eingaben					
	A_N =	121,16 m^2	t_{HP} =	185 d	
abs. Bedarf	$Q_{tw,ref}$ =	1515	$Q_{h,ref}$ =	6995	in kWh/a
bez. Bedarf	$q_{tw,ref}$ =	12,50	$q_{h,ref}$ =	55,26	in kWh/(m^2 · a)
II. Systembeschreibung (s. Aufgabenstellung)					
III. Ergebnisse					
Deckung in kWh/(m^2·a)	**Trinkwasser:** $q_{h,TW}$ = **7,08**		**Heizung:** $q_{h,H,ref}$ = **48,18**		**Lüftung:** $q_{h,L,ref}$ = **0,00**
	Energieträger:		**Endenergie:**		**Primärenergie:**
Wärme 1	Erdgas		$Q_{WE1,E}$=	**7784 kWh/a**	$Q_{WE1,P}$ = **8563 kWh/a**
Wärme 2 …	(entfällt)		$Q_{WE2,E}$ =		$Q_{WE2,P}$ =
Hilfsenergie	Strom		$Q_{HE,E}$ =	**508 kWh/a**	$Q_{HE,P}$ = **915 kWh/a**
Jahres-Endenergiebed. n. Gl. (5.55) $\boldsymbol{Q_{E,ref}}$ =				**8293 kWh/a**	
Jahres-Primärenergiebedarf nach Gl. (5.72) $\boldsymbol{Q_{P,ref}}$ =					**9478 kWh/a**
max. Jahres-Primärenergiebedarf $\boldsymbol{Q_{P,max} = 0{,}55 \cdot Q_{P,ref}}$ =					**5213 kWh/a**
bezogener max. Jahres-Primärenergiebedarf $\boldsymbol{q_{P,max}}$ =					**43,02 kWh/(m^2 · a)**
Anlagen-Aufwandszahl nach Gl. (5.73) $\boldsymbol{e_{P,ref}} = Q_{P,ref} / (Q_{tw,ref} + Q_{h,ref})$ =					**1,154**

Nicht in Tabelle 5.35 enthalten ist die ergänzende Berechnung des auf die Nutzfläche A_N bezogenen Jahres-Treibhauspotenzials des *realen* Gebäudes nach Gl. (5.64) mit Tabelle 5.23 (hier werden als Energieträger nur Holz und aus dem Netz bezogener Strom genutzt):

$$\begin{aligned} GWP' &= (q_{E,ET1} \cdot f_{CO2,1} + q_{E,ET2} \cdot f_{CO2,2} + \ldots + q_{E,ETn} \cdot f_{CO2,n}) \cdot 0{,}001 \text{ kg/g} \\ &= (12137 \text{ kWh/a} / 121{,}16 \text{ m}^2 \cdot 20 \text{ g/kWh} + 855 \text{ kWh/a} / 121{,}16 \text{ m}^2 \cdot 560 \text{ g/kWh}) \\ &\qquad \cdot 0{,}001 \text{ kg/g} \\ &= 5{,}96 \text{ kg/(m}^2 \cdot \text{a) } CO_2\text{-Äquivalent} \end{aligned}$$

Dieser Wert ist gemäß GEG 2023 in den Energieausweis einzutragen (bisher nur informativ).

Abschließender Nachweis mit Tabelle 5.35 (vgl. auch Tabelle 5.36):

$$\begin{aligned} q_P &= Q_P / A_N = 3967 \text{ kWh/a} / 121{,}16 \text{ m}^2 = 32{,}74 \text{ kWh/(m}^2 \cdot \text{a)} \\ &\leq 43{,}02 \text{ kWh/(m}^2 \cdot \text{a)} = 5213 \text{ kWh/a} / 121{,}16 \text{ m}^2 = Q_{P,max} / A_N = 0{,}55 \cdot Q_{P,ref} / A_N = q_{P,max} \end{aligned}$$

Damit ist der Nachweis nach GEG 2023 erbracht.

(Dieses Beispiel mit der kompletten Berechnung findet sich zum Download als Excel-Datei unter www.beuth-mediathek.de oder www.hmarquardt.de.)

Abschließender Hinweis: Primärenergetisch erfüllt dieses Beispiel die geltenden Anforderungen des GEG 2023. Zu bedenken ist aber, dass der *End*energiebedarf verglichen mit z. B. einer Gas-Brennwertheizung höher ist – dies muss beim Kostenvergleich einkalkuliert werden!

Beispiel 5.8: Nachweis des Gesamtenergiebedarfs für ein Reihenendhaus mit elektrischer Erdreich-Wasser-Wärmepumpe

Vorab: In Beispiel 5.7 wurde der Nachweis des auf die wärmeübertragende Umfassungsfläche A bezogenen spezifischen Transmissionswärmeverlustes des realen Gebäudes H'_T ebenso erfüllt wie der Nachweis des Primärenergiebedarfs q_P.

In den letzten Jahren wurde im Neubau die elektrische Wärmepumpe zum Markführer bei der Gebäudeheizung; dementsprechend werden in diesem Beispiel Heizung und Trinkwassererwärmung auf eine elektrische Erdreich-Wasser-Wärmepumpe geändert (vgl. Bild 4.11 in Abschnitt 4.2.2).

Aufgabe: Für das in Bild 5.13 (vgl. Beispiel 5.1 in Abschnitt 5.4.1) dargestellte Reihen*end*haus ist der Nachweis des Gesamtenergiebedarfs gemäß GEG 2023 mit DIN V 4108-6 und DIN V 4701-10 zu führen.

Vorgaben:

A. Wärmeübertragende Bauteile:

Unverändert gegenüber Beispiel 5.1 und Beispiel 5.7. Es soll eine Luftdichtheitsprüfung durchgeführt werden.

B. Anlagentechnik:

- Die *Heizungsanlage* besteht
  - aus einer bivalenten Erdreich-Wasser-Elektrowärmepumpe *innerhalb* der thermischen Hülle mit Vor-/Rücklauftemperaturen von 35 °C/28 °C (die Spitzenlast sei durch einen elektrischen Heizstab abgedeckt),
  - es wird ein Pufferspeicher vorgesehen, er sei indirekt beheizt und *innerhalb* der thermischen Hülle aufgestellt,
  - die Wärmeverteilung erfolgt *innerhalb* der thermischen Hülle mithilfe einer geregelten Pumpe,
  - zur Wärmeübergabe dient eine Fußbodenheizung mit elektronischer Regeleinrichtung.
- Die *Trinkwassererwärmung*
  - soll *innerhalb* der thermischen Hülle *zentral* durch die Heizanlage (s. o.) erfolgen und mit elektrischer Ergänzungsheizung sowie einer Zirkulationsleitung versehen sein,
  - die Trinkwasserspeicherung erfolgt in einem indirekt beheizten Speicher *innerhalb* der thermischen Hülle.
- Eine *Lüftungsanlage* ist gemäß Beispiel 4.1 in Abschnitt 4.4.1 nicht notwendig und nicht vorgesehen.

Durch Einsatz der o. g. Erdreich-Wasser-Wärmepumpe für Heizung und Trinkwassererwärmung sind die besonderen Anforderungen an die Nutzung erneuerbarer Energien mit einem Deckungsanteil von ≥ 50 % bei Einhaltung der Mindestanforderungen für die Vergabe des EU-Umweltzeichens nach Richtlinie 2009/28/EG erfüllt (vgl. Tabelle 5.5 in Abschnitt 5.3.2 – vom Hersteller nachzuweisen durch das Umweltzeichen „Euroblume“).

Lösung mit dem *Monatsbilanzverfahren* nach DIN V 4108-6 und dem *Tabellenverfahren* nach DIN V 4701-10:

Der Nachweis der Gebäudehülle wurde bereits im Beispiel 5.1 erbracht. Der spezifische Lüftungswärmeverlust H_V, Jahres-Heizwärmebedarf Q_h, die solaren und internen Gewinne sind unverändert zum Beispiel 5.7.

Hier ist daher nur der Jahres-Primärenergiebedarf Q_P mit dem Tabellenverfahren nach DIN V 4701-10 in Anlehnung an das in dieser Norm vorgegebene Formblatt zu berechnen – allerdings nur für das *reale Gebäude*, das *Referenzgebäude* bleibt unverändert:

- In Tabelle 5.37 ergeben sich der Jahres-Endenergie- und der Jahres-Primärenergiebedarf für einen Trinkwarmwasser-Strang für das *reale Gebäude*.
- In Tabelle 5.38 ergeben sich der Jahres-Endenergie- und der Jahres-Primärenergiebedarf für einen Heizstrang für das *reale Gebäude*.
- In Tabelle 5.39 findet sich die abschließende Anlagenbewertung für das *reale Gebäude*.

Nicht in Tabelle 5.39 enthalten ist die ergänzende Berechnung des auf die Nutzfläche A_N bezogenen Jahres-Treibhauspotenzials des *realen* Gebäudes nach Gl. (5.64) mit Tabelle 5.23 (hier wird als Energieträger nur aus dem Netz bezogener Strom genutzt):

$$
\begin{aligned}
GWP' &= (q_{E,ET1} \cdot f_{CO2,1} + q_{E,ET2} \cdot f_{CO2,2} + \ldots + q_{E,ETn} \cdot f_{CO2,n}) \cdot 0{,}001\ \text{kg/g} \\
&= (2234\ \text{kWh/a} / 121{,}16\ \text{m}^2 \cdot 560\ \text{g/kWh} + 743\ \text{kWh/a} / 121{,}16\ \text{m}^2 \cdot 560\ \text{g/kWh}) \\
&\qquad \cdot 0{,}001\ \text{kg/g} \\
&= 13{,}76\ \text{kg/(m}^2 \cdot \text{a)}\ CO_2\text{-Äquivalent}
\end{aligned}
$$

Dieser Wert ist gemäß GEG 2023 in den Energieausweis einzutragen (bisher nur informativ).

Tabelle 5.37: Berechnung des Trinkwarmwasser-Stranges für das *reale Gebäude* aus Beispiel 5.8

Quelle bzw. Berechnungsgleichung	**Größe**	**Rechenwert**	
Gl. (5.1)	A_N =	121,16 m²	
Gl. (5.65a)	q_{tw} =	12,50 kWh/(m² · a)	
$q_{tw} \cdot A_N$ (Gl. (5.65b))	Q_{tw} =	1515 kWh/a	
Wärmeenergie:			
(s. o.)	q_{tw} =	12,50 kWh/(m² · a)	
DIN V 4701-10, Tabelle C.1-1	$q_{TW,ce}$ =	0,00 kWh/(m² · a)	
DIN V 4701-10, Tabelle C.1-2a, c	$q_{TW,d}$ =	11,13 kWh/(m² · a)	
DIN V 4701-10, Tabelle C.1-3a	$q_{TW,s}$ =	4,71 kWh/(m² · a)	
	$\Sigma\ q_{TW}$ =	28,34 kWh/(m² · a)	
DIN V 4701-10, Tabelle C.1-4a	$\alpha_{TW,g,j}$ =	0,95 [1])	0,05 [2])
DIN V 4701-10, Tabelle C.1-4b …	$e_{TW,g,j}$ =	0,27	1,00 [3])
$(\Sigma\ q_{TW}) \cdot e_{TW,g,j} \cdot \alpha_{TW,g,j}$ (Gl. (5.56b), Forts.)	$q_{TW,E,j}$ =	7,27	1,42
o. g. Tabelle 5.22 (Strom aus dem Netz)	$f_{P,j}$ =	1,80	1,80
$q_{TW,E,j} \cdot f_{P,j}$ (Gl. (5.61))	$q_{TW,P,j}$ =	13,08	2,55
Heizwärmegutschrift:			
DIN V 4701-10, Tabelle C.1-2a	$q_{h,TW,d}$ =	4,98 kWh/(m² · a)	
DIN V 4701-10, Tabelle C.1-3a	$q_{h,TW,s}$ =	2,10 kWh/(m² · a)	
Gl. (5.56)	$q_{h,TW}$ =	7,08 kWh/(m² · a)	
Hilfsenergie:			
DIN V 4701-10, Tabelle C.1-1	$q_{TW,ce,HE}$ =	0,00 kWh/(m² · a)	
DIN V 4701-10, Tabelle C.1-2b	$q_{TW,d,HE}$ =	1,00 kWh/(m² · a)	
DIN V 4701-10, Tabelle C.1-3b	$q_{TW,s,HE}$	0,10 kWh/(m² · a)	
DIN V 4701-10, Tabelle C.1-4a	$\alpha_{TW,g,ji}$ =	0,95 [1])	0,05 [2])
DIN V 4701-10, Tabelle C.1-4b, c, d, e, f	$q_{TW,g,HE,j}$ =	0,31	0,00 [3])
$\alpha_{TW,g,j} \cdot q_{TW,g,HE,j}$	$q'_{TW,g,HE,j}$ =	0,29	0,00
$q_{TW,ce,HE} + q_{TW,d,HE} + q_{TW,s,HE} + \Sigma\ q'_{TW,g,HE,j}$ (Gl. 5.57))	$q_{TW,HE,E}$ =	1,39 kWh/(m² · a)	
o. g. Tabelle 5.22 (Strom aus dem Netz)	f_P =	1,80	
$q_{TW,HE,E} \cdot f_P$ (Gl. (5.61))	$q_{TW,HE,P}$ =	2,51 kWh/(m² · a)	
Zusammenstellung:			
Endenergie (Wärmeenergie) nach Gl. (5.66)	$Q_{TW,WE,E}$ =	1052 kWh/a	
Endenergie (Hilfsenergie) nach Gl. (5.66)	$Q_{TW,HE,E}$ =	169 kwh/a	
Primärenergie nach Gl. (5.67)	$Q_{TW,P}$ =	2198 kWh/a	

[1]) Deckungsanteil der elektrischen Wärmepumpe.

[2]) Übriger Deckungsanteil (elektrische Ergänzungsheizung).

[3]) Die elektrische Ergänzungsheizung hat die thermische Aufwandszahl $e_{TW,g}$ = 1,0, benötigt aber keine Hilfsenergie $q_{TW,g,HE}$.

Tabelle 5.38: Berechnung des Heizstranges für das *reale Gebäude* aus Beispiel 5.8

Quelle bzw. Berechnungsgleichung	**Größe**	**Rechenwert**	
Gl. (5.1)	A_N =	121,16 m²	
Gl. (5.18)	Q_h =	5082 kWh/a	
q_h / A_N =	q_h =	41,95 kWh/(m² · a)	
Wärmeenergie:			
(s. o.)	q_h =	41,95 kWh/(m² · a)	
Heizwärmegutschrift Trinkwassererwärmung	$q_{h,TW}$ =	– 7,08 kWh/(m² · a)	
Heizwärmegutschrift Lüftung	$q_{h.L}$ =	0,00 kWh/(m² · a)	
DIN V 4701-10, Tabelle C.3-1	$q_{H,ce}$ =	0,70 kWh/(m² · a)	
DIN V 4701-10, Tabelle C.3-2a, b, d	$q_{H,d}$ =	0,66 kWh/(m² · a)	
DIN V 4701-10, Tabelle C.3-3	$q_{H,s}$ =	0,10 kWh/(m² · a)	
	$\Sigma\ q_H$ =	36,33 kWh/(m² · a)	
DIN V 4701-10, Tabelle C.3-4a	$\alpha_{H,g,j}$ =	0,95 [1])	0,05 [2])
DIN V 4701-10, Tabelle C.3-4b, c, d, e	$e_{H,g,j}$ =	0,23	1,00 [3])
$(\Sigma\ q_H) \cdot e_{H,g,j} \cdot \alpha_{H,g,j}$ (Gl. (5.56b), Fortsetzung)	$q_{H,E,j}$ =	7,94	1,82
o. g. Tabelle 5.22 (Strom aus dem Netz)	$f_{P,j}$ =	1,80	1,80
$q_{H,E,j} \cdot f_{P,j}$ (Gl. (5.63))	$q_{H,P,j}$ =	14,29	3,27
Hilfsenergie:			
DIN V 4701-10, Tabelle C.3-1	$q_{H,ce,HE}$ =	0,00 kWh/(m² · a)	
DIN V 4701-10, Tabelle C.3-2c	$q_{H,d,HE}$ =	3,07 kWh/(m² · a)	
DIN V 4701-10, Tabelle C.3-3	$q_{H,s,HE}$ =	0,55 kWh/(m² · a)	
DIN V 4701-10, Tabelle C.3-4a	$\alpha_{H,g,j}$ =	0,95 [1])	0,05 [2])
DIN V 4701-10, Tabelle C.3-4b, c, d, e	$q_{H,g,HE,j}$ =	1,18	0,00 [3])
$\alpha_{H,g,j} \cdot q_{H,g,HE,j}$	$q'_{H,g,HE,j}$ =	1,12	0,00
$q_{H,ce,HE} + q_{H,d,HE} + q_{H,s,HE} + \Sigma\ q'_{H,g,HE,j}$ (Gl. (5.59))	$q_{H,HE,E}$ =	4,74 kWh/(m² · a)	
o. g. Tabelle 5.22 (Strom aus dem Netz)	f_P =	1,80	
$q_{H,HE,E} \cdot f_P$ (Gl. (5.63))	$q_{H,HE,P}$ =	8,53 kWh/(m² · a)	
Zusammenstellung:			
Endenergie (Wärmeenergie) nach Gl. (5.70)	$Q_{H,WE,E}$ =	1182 kWh/a	
Endenergie (Hilfsenergie) nach Gl. (5.70)	$Q_{H,HE,E}$ =	574 kwh/a	
Primärenergie nach Gl. (5.71)	$Q_{H,P}$ =	3161 kWh/a	

[1]) Deckungsanteil der elektrischen Wärmepumpe.

[2]) Übriger Deckungsanteil (elektrische Ergänzungsheizung).

[3]) Die elektrische Ergänzungsheizung hat die thermische Aufwandszahl $e_{TW,g}$ = 1,0, benötigt aber keine Hilfsenergie $q_{TW,g,HE}$.

Abschließender Nachweis mit Tabelle 5.39 (vgl. auch Tabelle 5.36):

$$q_P = Q_P / A_N = 5360 \text{ kWh/a} / 121{,}16 \text{ m}^2 = 44{,}24 \text{ kWh/(m}^2 \cdot \text{a)}$$
$$\nleq 43{,}02 \text{ kWh/(m}^2 \cdot \text{a)} = 5213 \text{ kWh/a} / 121{,}16 \text{ m}^2 = Q_{P,max} / A_N = 0{,}55 \cdot Q_{P,ref} / A_N = q_{P,max}$$

Damit ist der Nachweis nach GEG 2023 *nicht* erbracht.

(Auch dieses Beispiel mit der kompletten Berechnung findet sich zum Download als Excel-Datei unter www.beuth-mediathek.de oder www.hmarquardt.de.)

Tabelle 5.39: Anlagenbewertung für das *reale Gebäude* aus Beispiel 5.8

I. Eingaben					
	A_N =	121,16 m²	t_{HP} =	185 d	
abs. Bedarf	Q_{tw} =	1515	Q_h =	5082	in kWh/a
bez. Bedarf	q_{tw} =	12,50	q_h =	41,95	in kWh/(m² · a)
II. Systembeschreibung (s. Aufgabenstellung)					
III. Ergebnisse					
Deckung in kWh/(m²·a)	**Trinkwasser:** $q_{h,TW}$ = **7,08**		**Heizung:** $q_{h,H}$ = **34,87**		**Lüftung:** $q_{h,L}$ = **0,00**
	Energieträger:		**Endenergie:**		**Primärenergie:**
Wärme 1	Strom		$Q_{WE1,E}$=	**2234 kWh/a**	$Q_{WE1,P}$ = **4022 kWh/a**
Wärme 2 ...	(entfällt)		$Q_{WE2,E}$ =		$Q_{WE2,P}$ =
Hilfsenergie	Strom		$Q_{HE,E}$ =	**743 kWh/a**	$Q_{HE,P}$ = **1338 kWh/a**
Jahres-Endenergiebedarf n. Gl. (5.55) $\boldsymbol{Q_E}$ =				**2978 kWh/a**	
bezog. Jahres-Endenergiebedarf $\boldsymbol{q_E}$ = **24,58 kWh/(m² ·a)**					
Jahres-Primärenergiebedarf nach Gl. (5.72) $\boldsymbol{Q_P}$ =					**5360 kWh/a**
bezogener Jahres-Primärenergiebedarf $\boldsymbol{q_P}$ =					**44,24 kWh/(m² · a)**
Anlagen-Aufwandszahl nach Gl. (5.73) $\boldsymbol{e_P} = Q_P / (Q_{tw} + Q_h)$ =					**0,812**

Beispiel 5.9: Nachweis des Gesamtenergiebedarfs für ein Reihenendhaus mit elektrischer Erdreich-Wasser-Wärmepumpe, ergänzt um eine Photovoltaik-Anlage mit Batteriespeicher

Vorab: In Beispiel 5.8 wurde für Heizung und Trinkwassererwärmung eine elektrische Wärmepumpe vorgesehen, die mit Netzstrom versorgt wird. Das GEG 2020 ermöglichte bei Wohngebäuden die pauschale Anrechnung von gebäudenah erzeugtem Strom aus erneuerbaren Energien. Auch wenn diese Vereinfachung im GEG 2023 nicht mehr vorgesehen ist, soll diese Möglichkeit im Folgenden genutzt werden:

Aufgabe: Für das in Bild 5.13 (vgl. Beispiel 5.1 in Abschnitt 5.4.1) dargestellte Reihen*end*haus ist der Nachweis des Gesamtenergiebedarfs gemäß GEG 2020/23 (s. o.) mit DIN V 4108-6 und DIN V 4701-10 zu führen.

Vorgaben:

Grundsätzlich unverändert gegenüber Beispiel 5.1 und Beispiel 5.8. Es wird jedoch die in Beispiel 5.8 gewählte Anlagentechnik wie folgt ergänzt:

- Auf dem eigenen Dach (d. h. in unmittelbarem räumlichen Zusammenhang = gebäudenah) wird eine Photovoltaik-Anlage mit einer Nennleistung P_{STC} von $\geq 0{,}03 \cdot A_N/n$ vorgesehen (vgl. Tabelle 5.5 in Abschnitt 5.3.2), für $A_N = 121{,}16$ m² und $n = 2$ voll beheizte Geschosse also

  $$P_{STC} \geq 0{,}03 \cdot A_N/n = 0{,}03 \cdot 121{,}16/2 = 1{,}82 \text{ kW}_p$$

  gewählt $P_{STC} = 1{,}9$ kW$_p$ (entsprechend ca. 10 bis 15 m² Modulfläche, vgl. Abschnitt 4.5).
- Vorrangig soll der erzeugte Strom im Gebäude selbst genutzt werden, nur die überschüssige Energie wird in das öffentliche Netz eingespeist.
- Ferner wird ein elektrochemischer Stromspeicher (Batterie) mit ≥ 1 kWh Nennkapazität je kW$_p$ Anlagenleistung geplant, und zwar mit 2 kWh ≥ 1,9 kWh Nennkapazität.

Tabelle 5.40: Anlagenbewertung für das *reale Gebäude* aus Beispiel 5.9

I. Eingaben					
	A_N =	121,16 m²	t_{HP} =	185 d	
abs. Bedarf	Q_{tw} =	1515	Q_h =	5082	in kWh/a
bez. Bedarf	q_{tw} =	12,50	q_h =	41,95	in kWh/(m² · a)
II. Systembeschreibung (s. Aufgabenstellung)					
III. Ergebnisse					
Deckung in kWh/(m²·a)	**Trinkwasser:** $q_{h,TW}$ = **7,08**		**Heizung:** $q_{h,H}$ = **34,87**		**Lüftung:** $q_{h,L}$ = **0,00**
	Energieträger:		**Endenergie:**		**Primärenergie:**
Wärme 1	Strom		$Q_{WE1,E}$= **2234 kWh/a**		$Q_{WE1,P}$ = **4022 kWh/a**
Wärme 2 ...	(entfällt)		$Q_{WE2,E}$ =		$Q_{WE2,P}$ =
Hilfsenergie	Strom		$Q_{HE,E}$ = **743 kWh/a**		$Q_{HE,P}$ = **1338 kWh/a**
Jahres-Endenergiebedarf n. Gl. (5.55) Q_E = **2978 kWh/a**					
bezog. Jahres-Endenergiebedarf q_E = **24,58 kWh/(m² ·a)**					
Jahres-Primärenergiebedarf *ohne Abzug* nach Gl. (5.72) Q_P =					**5360 kWh/a**
Jahres-Primärenergiebedarf mit *pauschalem Abzug* $Q_{P,red1}$ =					**4980 kWh/a**
Jahres-Primärenergiebedarf mit *zusätzlichem Abzug* $Q_{P,red2}$ =					**2002 kWh/a**
Untergrenze des Jahres-Primärenergiebedarfs $Q_{P,red3}$ =					**1095 kWh/a**
bezogener reduzierter Jahres-Primärenergiebedarf $q_{P,red}$ =					**16,52 kWh/(m² · a)**
Anlagen-Aufwandszahl nach Gl. (5.73) $e_{P,red} = Q_{P,red} / (Q_{tw} + Q_h)$ =					**0,303**

Lösung mit dem *Monatsbilanzverfahren* nach DIN V 4108-6 und dem *Tabellenverfahren* nach DIN V 4701-10:

Bis zu Tabelle 5.37 und Tabelle 5.38 ist die Bilanzierung identisch zu Beispiel 5.8. In Tabelle 5.40 findet sich allerdings eine veränderte Anlagenbewertung für das reale Gebäude – Grund: Wird in Neubauten Strom aus erneuerbaren Energien eingesetzt, darf nach GEG 2020/23 § 23 (1) dieser Strom in den Berechnungen vom Jahres-Primärenergiebedarf abgezogen werden,

wenn
- er im unmittelbaren räumlichen Zusammenhang zu dem Gebäude erzeugt sowie
- vorrangig in dem Gebäude unmittelbar nach Erzeugung oder nach vorübergehender Speicherung *selbst genutzt* und nur die überschüssige Energiemenge in ein öffentliches Netz eingespeist wird.

Dies ist laut Aufgabenstellung beides der Fall.

Beim hier zu errichtenden Wohngebäude mit elektrochemischem Stromspeicher mit 2 kWh ≥ 1 kWh Nennkapazität je kW_p Anlagenleistung durfte nach GEG 2020 § 23 (2) vom Jahres-Primärenergiebedarf pauschal 200 kWh je kW_p installierter Anlagennennleistung (hier P_{STC} = 1,9 kW_p) abgezogen werden:

$$Q_{P,red1} = 5360 \text{ kWh/a} - 1{,}9 \cdot 200 \text{ kWh/a} = 4980 \text{ kWh/a}$$

Beim hier zu errichtenden Wohngebäude mit elektrochemischem Stromspeicher mit 2 kWh ≥ 1 kWh Nennkapazität je kW_p Anlagenleistung durften nach GEG 2020 § 23 (2) aufgrund der Einhaltung der Nennleistung P_{STC} von $\geq 0{,}03 \cdot A_N/n$ zusätzlich 100 % des Jahres-Strombedarfs der Anlagentechnik (als Endenergie) abgezogen werden

$$Q_{P,red2} = 4980 \text{ kWh/a} - 2978 \text{ kWh/a} = 2002 \text{ kWh/a}$$

Es durften jedoch maximal 45 % des Jahres-Primärenergiebedarfs des Referenzgebäudes abgezogen werden:

$$Q_{P,red3} = 5360 \text{ kWh/a} - 0{,}45 \cdot 9478 \text{ kWh/a} = 2039 \text{ kWh/a}$$

Maßgebend wird damit $Q_{P,red2}$ = 2002 kWh/a. Damit wird der abschließende Nachweis (vgl. auch Tabelle 5.36) zu:

$$q_P = Q_{P,red2} / A_N = 2002 \text{ kWh/a} / 121{,}16 \text{ m}^2 = 16{,}52 \text{ kWh/(m}^2 \cdot \text{a)}$$
$$\leq 43{,}02 \text{ kWh/(m}^2 \cdot \text{a)} = 5213 \text{ kWh/a} / 121{,}16 \text{ m}^2 = Q_{P,max} / A_N = 0{,}55 \cdot Q_{P,ref} / A_N = q_{P,max}$$

Damit wäre der Nachweis nach GEG 2020 erbracht. *Zur Erinnerung*: Diese Vereinfachung ist im GEG 2023 nicht mehr vorgesehen, stattdessen ist eine monatsweise Bilanzierung nach DIN V 18599 erforderlich (s. Abschnitt 5.6.3 und Abschnitt 5.6.4) – das Ergebnis zeigt jedoch überschlägig die Auswirkungen einer zusätzlichen PV-Anlage!

Unverändert gegenüber Beispiel 5.8 bleibt die Berechnung des auf die Nutzfläche A_N bezogenen Jahres-Treibhauspotenzials des *realen* Gebäudes, da dieses aus dem *End*energiebedarf und nicht aus dem abgeminderten *Primär*energiebedarf ermittelt wird – d. h., es gilt weiterhin GWP' = 16,56 kg/(m² · a) CO_2-Äquivalent. Dieser Wert ist gemäß GEG 2020/23 in den Energieausweis einzutragen (bisher nur informativ).

(Auch dieses Beispiel mit der kompletten Berechnung findet sich zum Download als Excel-Datei unter www.beuth-mediathek.de oder www.hmarquardt.de.)

Vergleich der Ergebnisse der Beispiele 5.7 bis 5.9

In Tabelle 5.41 sind die Ergebnisse der Beispiele 5.7 bis 5.9 vergleichend gegenübergestellt:

Tabelle 5.41: Vergleichende Gegenüberstellung der Ergebnisse der Beispiele 5.7 bis 5.9 – bei **Nichterfüllung** der Anforderungen **fett** hervorgehoben

Anforderung	**Beispiel 5.7: Biomasse-Kessel mit Holzpellet-Feuerung und Radiatoren**	**Beispiel 5.8: Elektr. Erdreich-Wasser-Wärmepumpe mit Fußbodenheizung**	**Beispiel 5.9: Wie Beispiel 5.8, aber mit PV-Anlage und Stromspeicher** *(gemäß GEG 2020)* [1]
GEG 2023:			
– spezifischer Transmissionswärmeverlust	H'_T = 0,257 W/(m² K) ≤ 0,369 W/(m² K) = $H'_{T,max}$	H'_T = 0,257 W/(m² K) ≤ 0,369 W/(m² K) = $H'_{T,max}$	H'_T = 0,257 W/(m² K) ≤ 0,369 W/(m² K) = $H'_{T,max}$
– Primärenergiebedarf	q_P = 32,7 kWh/(m² a) ≤ 43,0 kWh/(m² a) = $q_{P,max}$	**q_P = 44,2 kWh/(m² a) > 43,0 kWh/(m² a) = $q_{P,max}$**	q_P = 16,5 kWh/(m² a) ≤ 43,0 kWh/(m² a) = $q_{P,max}$
Effizienzhaus 55:			
– spezifischer Transmissionswärmeverlust	H'_T = 0,257 W/(m² K) ≤ 0,258 W/(m² K) = $H'_{T,max}$	H'_T = 0,257 W/(m² K) ≤ 0,258 W/(m² K) = $H'_{T,max}$	H'_T = 0,257 W/(m² K) ≤ 0,258 W/(m² K) = $H'_{T,max}$
– Primärenergiebedarf	q_P = 32,7 kWh/(m² a) ≤ 43,0 kWh/(m² a) = $q_{P,max}$	**q_P = 44,2 kWh/(m² a) > 43,0 kWh/(m² a) = $q_{P,max}$**	q_P = 16,5 kWh/(m² a) ≤ 43,0 kWh/(m² a) = $q_{P,max}$
Effizienzhaus 40:			
– spezifischer Transmissionswärmeverlust	**H'_T = 0,257 W/(m² K) > 0,203 W/(m² K) = $H'_{T,max}$**	**H'_T = 0,257 W/(m² K) > 0,203 W/(m² K) = $H'_{T,max}$**	**H'_T = 0,257 W/(m² K) > 0,203 W/(m² K) = $H'_{T,max}$**
– Primärenergiebedarf	**q_P = 32,7 kWh/(m² a) > 31,3 kWh/(m² a) = $q_{P,max}$**	**q_P = 44,2 kWh/(m² a) > 31,3 kWh/(m² a) = $q_{P,max}$**	q_P = 16,5 kWh/(m² a) ≤ 31,3 kWh/(m² a) = $q_{P,max}$

[1]) Nach GEG 2023 so nicht mehr zulässig, hier nur zu Vergleichszwecken gerechnet.

- Als Erstes wird das GEG 2023 herangezogen, die Ergebnisse sind aus den o. g. Berechnungen bekannt:
  - Die Anforderung an den baulichen Wärmeschutz (= spezifischer Transmissionswärmeverlust, zweite Nebenanforderung) erfüllen alle drei Beispiele,
  - die Anforderung an das Gesamtgebäude (= Primärenergiebedarf, erste Hauptanforderung) erfüllen nur Beispiel 5.7 mit der Biomasse-Heizung auf Basis von Holzpellets und Beispiel 5.9 mit Photovoltaik-Anlage und Batteriespeicher.
- Als Zweites wird das *KfW-Effizienzhaus 55* betrachtet (vgl. Abschnitt 1.3), die Ergebnisse aus den o. g. Berechnungen sind hier den Anforderungen gegenübergestellt:
  - Die Anforderung an den baulichen Wärmeschutz (= spezifischer Transmissionswärmeverlust, zweite Nebenanforderung) erfüllen alle drei Beispiele sehr knapp,
  - die Anforderung an das Gesamtgebäude (= Primärenergiebedarf, erste Hauptanforderung) erfüllen nur Beispiel 5.7 mit der Biomasse-Heizung auf Basis von Holzpellets und Beispiel 5.9 mit Photovoltaik-Anlage und Batteriespeicher.
- Als Drittes wird das *KfW-Effizienzhaus 40* betrachtet (vgl. Abschnitt 1.3), die Ergebnisse aus den o. g. Berechnungen sind hier wiederum den Anforderungen gegenübergestellt:

- Alle drei Beispiele erfüllen nicht die Anforderung an den baulichen Wärmeschutz (spezifischer Transmissionswärmeverlust, zweite Nebenanforderung),
- die Anforderung an das Gesamtgebäude (= Primärenergiebedarf, erste Hauptanforderung) erfüllt nur das Beispiel 5.9 mit Photovoltaik-Anlage und Batteriespeicher.

Dieser Vergleich zeigt, dass es
- für die Erfüllung der Mindestanforderung des GEG 2023 reicht, die Gebäudehülle so zu dämmen, dass der spezifische Transmissionswärmeverlust gerade die Anforderung erfüllt,
- sofern bei der Anlagentechnik ein hoher Anteil an erneuerbaren Energien genutzt wird.

Um die BEG-Förderung für ein *KfW-Effizienzhaus 40* zu erhalten, ist aber ein höherer Aufwand zu betreiben – sowohl bei der Gebäudehülle als auch bei der Anlagentechnik.

Hinweis: Statt der vorgestellten Berechnung auf der Basis von einfachen Excel-Tabellen werden in der Praxis i. d. R. kommerzielle EDV-Lösungen verwendet. Eine Marktübersicht über die angebotene Energieberatungs-Software findet sich unter [5.91], Qualitätskriterien und Gütesicherung für solche Software-Produkte wurden in [5.92] erarbeitet.

5.6.3 Bilanzierung von Gebäuden nach DIN V 18599

Ursprünglich wurde DIN V 18599 (aktuell [5.11] bis [5.26]) als differenzierteres Berechnungsmodell für *Nichtwohngebäude* entwickelt; Ziel war dabei (gemäß entsprechenden EU-Vorgaben), bei der Anlagentechnik
- neben Trinkwassererwärmung, Lüftung und Heizung
- auch Klimatisierung und Beleuchtung

in der Bilanz zu erfassen sowie die verschiedenen Nutzungen von Nichtwohngebäuden in das Berechnungsverfahren zu integrieren. Unabhängig vom Berechnungsverfahren gilt gemäß GEG 2023 [5.1], [5.2] für den Nachweis des Jahres-Primärenergiebedarfes das Referenzgebäudeverfahren (vgl. Abschnitt 5.2).

Das GEG 2023 sieht allerdings bis Ende 2023 *alternativ* zu DIN V 4108-6 und DIN V 4701-10 und ab 2024 *generell* für Wohngebäude das Rechenverfahren nach DIN V 18599 vor – eine solche Berechnung ist z. B. schon vor 2024
- *sinnvoll* bei *gemischt* genutzten Gebäuden (vgl. Abschnitt 5.2), um diese mit einem einheitlichen Verfahren nachweisen zu können, und
- nach GEG 2023 § 20 (2) *erforderlich*, wenn Wohngebäude gekühlt werden.

Das zu berechnende Gebäude und das Referenzgebäude müssen dabei grundsätzlich nach dem gleichen Verfahren berechnet werden, es gilt nach GEG 2023 § 20 (3) ein sog. *Mischungsverbot* (einige Abweichungen sind im GEG 2023 explizit genannt)!

Die Struktur der sehr umfangreichen DIN V 18599 ([5.11] bis [5.26]) zeigt Tabelle 5.42. Das darin definierte Rechenverfahren basiert auf einer monatsweisen Bilanzierung *aller* zur energetischen Bewertung eines Gebäudes relevanten Energieströme.

Der Ablauf der Bilanzierung des realen und des Refernezgebäudes (Bild 5.35) ähnelt dem aus DIN V 4108-6 [5.4] mit DIN V 4701-10 [5.6] (vgl. Bild 5.21a in Abschnitt 5.6.1) mit
- monatsweiser Bilanzierung des Nutzenergiebedarfs des Gebäudes (ähnlich wie in DIN 4108-6), allerdings jetzt als iterativer Prozess mit Verrechnung der Anlagenverluste in der Gebäudebilanz (vgl. Bild 5.21b),

- monatsweiser Bilanzierung des Endenergiebedarfs des Gebäudes (in DIN V 4701-10 nur als Heizperiodenbilanz) und
- abschließender primärenergetischer Bewertung:

Tabelle 5.42: Gliederung von DIN V 18599 mit Beiblättern (auf Teile 12 und 13 sowie die Beiblätter wird nicht im GEG verwiesen)

Teil	Inhalt
Teil 1	Allgemeine Bilanzierungsverfahren, Begriffe, Zonierung und Bewertung der Energieträger
Teil 2	Nutzenergiebedarf für Heizen und Kühlen von Gebäudezonen
Teil 3	Nutzenergiebedarf für die energetische Luftaufbereitung
Teil 4	Nutz- und Endenergiebedarf für Beleuchtung
Teil 5	Endenergiebedarf von Heizsystemen
Teil 6	Endenergiebedarf von Wohnungslüftungsanlagen und Luftheizungsanlagen für den Wohnungsbau
Teil 7	Endenergiebedarf von Raumlufttechnik- und Klimakältesystemen für den Nichtwohnungsbau
Teil 8	Nutz- und Endenergiebedarf von Warmwasserbereitungssystemen
Teil 9	End- und Primärenergiebedarf von Kraft-Wärme-Kopplungsanlagen
Teil 10	Nutzungsrandbedingungen, Klimadaten
Teil 11	Gebäudeautomation
Teil 12 [1])	Tabellenverfahren für Wohngebäude
Teil 13 [1])	Tabellenverfahren für Nichtwohngebäude
Beiblatt 1 [1])	Bedarfs-/Verbrauchsabgleich
Beiblatt 2 [1])	Beschreibung der Anwendung von Kennwerten aus DIN V 18599 bei Nachweisen des Gesetzes zur Förderung Erneuerbarer Energien im Wärmebereich (EEWärmeG)
Beiblatt 3 [1])	Überführung der Berechnungsergebnisse einer Energiebilanz nach DIN/TS 18599 in ein standardisiertes Ausgabeformat

[1]) Das GEG 2023 verweist *nicht* auf diese Teile bzw. Beiblätter.

A Monatsweise Bilanzierung des Nutzenergiebedarfs des Gebäudes

Die einzelnen Schritte sind in folgender Reihenfolge [5.93], [5.94]:

- Feststellen der Nutzungsrandbedingungen für die Berechnung, und zwar als Erstes der monatlichen Klimadaten für den Bauort nach DIN V 18599-10 (Bild 5.36) – für den Nachweis nach GEG 2023 [5.1], [5.2] dürfen allerdings nur die Daten des Testreferenzjahres (engl. *test reference year*) TRY 4 für Potsdam verwendet werden (vgl. Tabellen 5.18 und 5.19 in Abschnitt 5.6.2).

  Bei Nichtwohngebäuden Festlegen der Zonen nach Nutzungsarten und Konditionierung (Heizung, Kühlung, Beleuchtung usw.) gemäß DIN V 18599-1 mit -10 (sog. *Zonierung*, Beispiel s. Bild 5.37). Der Energiebedarf des *Gebäudes* ist dann die Summe der Energiebedarfe *aller Zonen*.

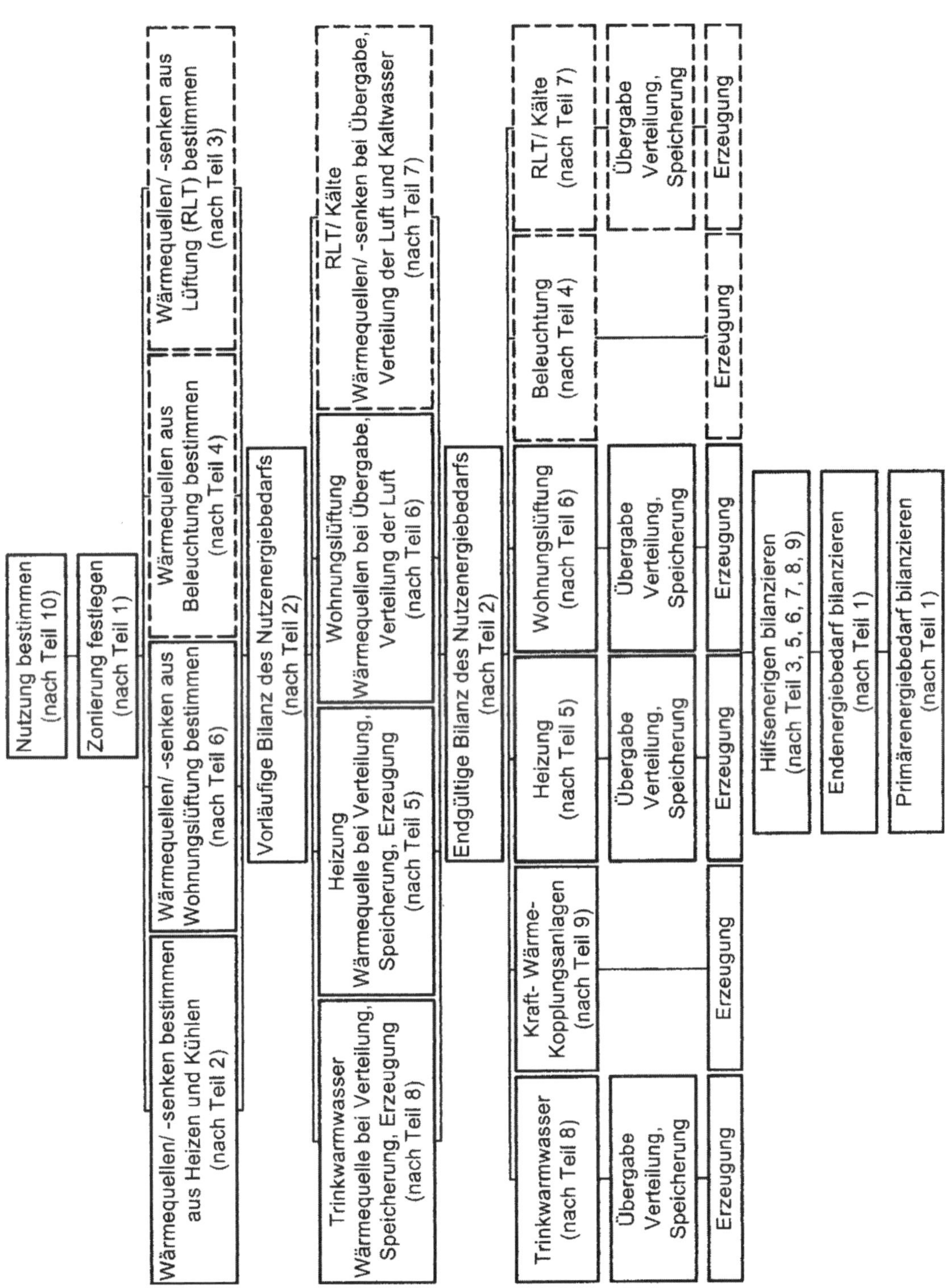

Bild 5.35: Ablauf der Bilanzierung nach DIN V 18599 (nach [5.95]) – mit Strichlinien eingerahmte Schritte entfallen i. d. R. bei Wohngebäuden

Bild 5.36: Die 15 Referenzregionen in Deutschland, jeweils mit dem Referenzort des zugehörigen Testreferenzjahres TRY

Bereiche mit ≤ 5 % der Gesamtfläche des Gebäudes dürfen anderen, gleichartig konditionierten Zonen mit abweichender Nutzung zugeschlagen werden. Liegen Nutzungen vor, die nicht in DIN V 18599-1, Tabellen 5 bis 7, zu finden sind, so dürfen eigene Festlegungen getroffen werden, die aber zu begründen und zu dokumentieren sind.

Wohngebäude bestehen nach GEG 2023 immer nur aus *einer* Zone, der *Wohnnutzung* (s. Abschnitt 5.6.4)!

- Unterteilung des Gebäudes – unabhängig von der Zonierung – in sog. Versorgungsbereiche; ein solcher fasst die Gebäudebereiche zusammen, die von der *gleichen* Anlagentechnik versorgt werden. Aus den Energkiekennwerten der Versorgungsbereiche werden später – mit der sog. *Verrechnung* – zonenweise Bilanzanteile bestimmt.
- Zusammenstellung der Eingangsdaten für die Bilanzierung der Zonen, d. h.
  - deren Flächen,

- deren *bauphysikalischen* Kennwerten wie z. B. U-Werte der Bauteile (auch der Innenbauteile zu anderen Zonen) und
- deren *anlagentechnischen* Kennwerten wie z. B. geforderte Luftwechsel von raumlufttechnischen Anlagen (RLT-Anlagen).

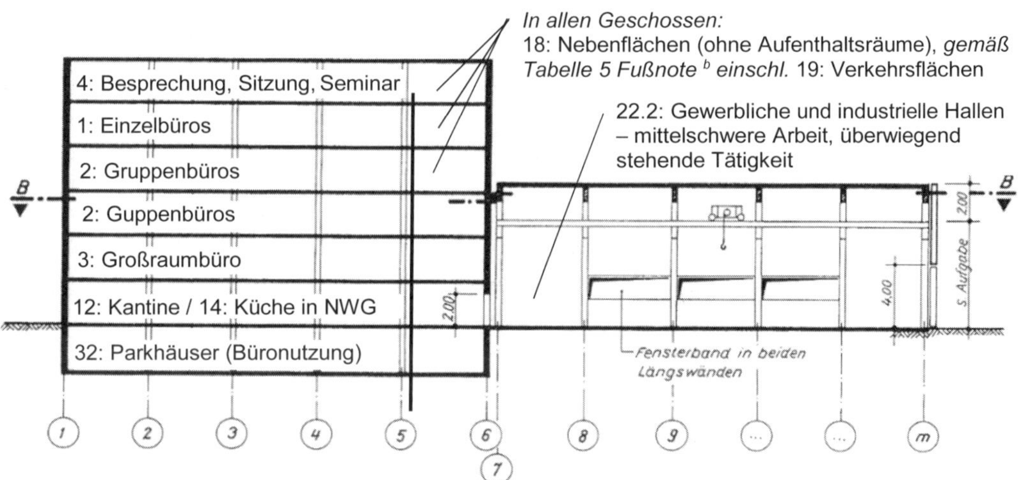

Bild 5.37: Schnitt durch ein Nichtwohngebäude mit Verwaltungstrakt (links) und Produktionshalle (rechts) mit der sog. *Zonierung*, d. h. Eintragung der Nutzungsrandbedingungen nach DIN V 18599-10, Tabelle 5

- Monatsweise Ermittlung des Nutzenergiebedarfs $Q_{l,b,mth}$ (engl. *lighting system* und *building energy use* = Nutzenergie) sowie des Endenergiebedarfs $Q_{l,f,mth}$ (engl. *final* für die Endenergie) für die Beleuchtung der Zonen nach DIN V 18599-4; daraus resultieren entsprechende Wärmequellen für diese Zonen (nur bei *Nichtwohngebäuden*).
- Monatsweise Bestimmung der Wärmequellen und -senken $Q_{b,mth}$ (Nutzenergie) in den Zonen nach DIN V 18599-2
  - aus Transmission, solarer Ein-/Abstrahlung und Infiltrations-/Fensterlüftung,
  - aus internen Quellen wie Personen und anlagenunabhängigen Geräten/Prozessen (d. h. *ohne* die von DIN V 18599 erfasste Anlagentechnik) sowie

  durch mechanische Lüftungssysteme nach DIN V 18599-3 bzw. -6.
- Vorläufige Monatsbilanz des Nutzwärme- und Nutzkältebedarfs $Q_{b,mth}$ der Zonen nach DIN V 18599-2, getrennt für Nutzungs- und Nichtnutzungstage und unter Berücksichtigung der im vorigen Punkt bestimmten Wärmequellen und -senken.
- Grundlage dieser vorläufigen Nutzenergiebilanz der Zonen – *vor* Berücksichtigung der von DIN V 18599 erfassten Anlagentechnik – ist die Verrechnung von Wärmequellen Q_{source} und Wärmesenken Q_{sink} für jeden Monat im Jahr gemäß Bild 5.38 bzw. Bild 5.39 (jetzt Wärmequellen/-senken statt Wärmegewinne/-verluste in Bild 5.22 in Abschnitt 5.6.2 mit den Bezeichnungen nach DIN V 4108-6 mit DIN V 4701-10), wobei hier

- zum einen bei Nichtwohngebäuden Wochentage (mit Nutzung) und Wochenendtage (ohne Nutzung) unterschieden werden sowie
- zum anderen Wärme- und Kälteversorgung getrennt betrachtet werden, da beide im gleichen Monat vorkommen können (häufig im Frühjahr und Herbst).

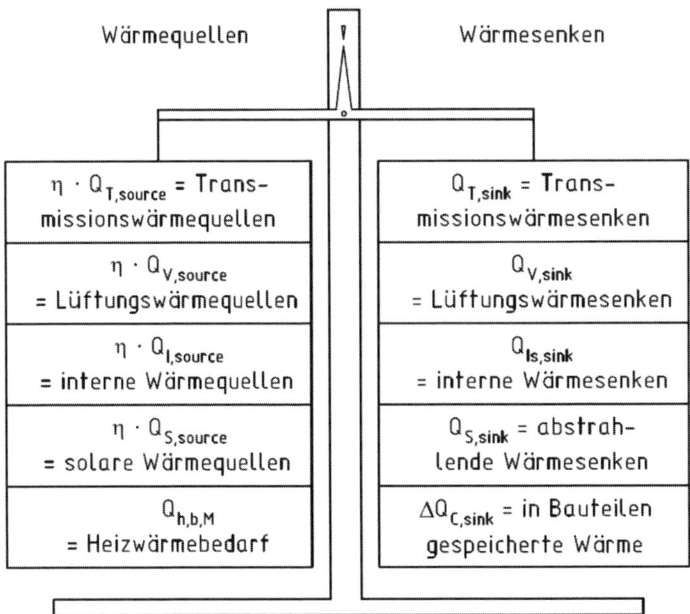

Bild 5.38: Bilanzdarstellung für die Nutzenergie gemäß DIN V 18599 *vor* Berücksichtigung der Anlagentechnik – hier ergibt sich ein Heizwärmebedarf

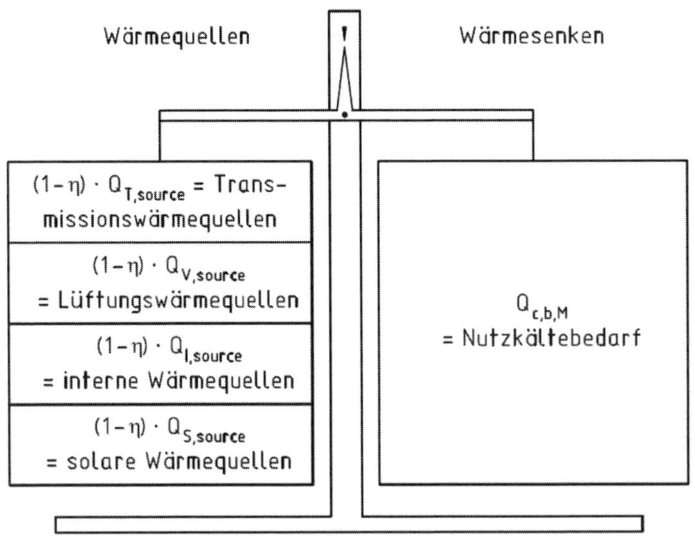

Bild 5.39: Bilanzdarstellung für die Nutzenergie gemäß DIN V 18599 *vor* Berücksichtigung der Anlagentechnik – hier ergibt sich ein Nutzkältebedarf

In diese vorläufige Nutzenergiebilanz geht ein die Nutzenergie der Wärme*quellen* (engl. *source* = Quelle) in kWh im jeweiligen Monat (engl. *month*) mit

$$Q_{source,mth} = Q_{T,source,mth} + Q_{V,source,mth} + Q_{I,source,mth} + Q_{S,source,mth} \quad (5.74)$$

$Q_{T,source,mth}$ Transmissionswärmequellen aus wärmeren Gebäudezonen in kWh
$Q_{V,source,mth}$ Lüftungswärmequellen z. B. durch Lüftungsanlagen in kWh
$Q_{I,source,mth}$ interne Wärmequellen z. B. Hausgeräte, Personen, Beleuchtung in kWh
$Q_{S,source,mth}$ Wärmequellen aus solarer Einstrahlung über transparente und opake Außenbauteile in kWh

Weiter geht ein die Nutzenergie der Wärme*senken* (engl. *sink* = Senke) in kWh im jeweiligen Monat mit

$$Q_{sink,mth} = Q_{T,sink,mth} + Q_{V,sink,mth} + Q_{ls,sink,mth} + Q_{S,sink,mth} + \Delta Q_{C,sink,mth} \quad (5.75)$$

$Q_{T,sink,mth}$ Transmissionswärmesenken nach außen und zu kühleren Gebäudezonen in kWh
$Q_{V,sink,mth}$ Lüftungswärmesenken z. B. durch Lüftungsanlagen in kWh
$Q_{ls,sink,mth}$ interne Wärmesenken z. B. Verteilleitungen von Klimaanlagen in kWh (engl. *loss* = Verlust)
$Q_{S,sink,mth}$ Wärmesenken durch Abstrahlung der Gebäudeaußenflächen in kWh
$\Delta Q_{C,sink,mth}$ in den Bauteilen an normalen Nutzungstagen gespeicherte Wärme in kWh, die an Tagen mit reduziertem Betrieb entspeichert wird

In Bild 5.38 ergibt sich daraus der Heizwärmebedarf $Q_{h,b,mth}$ (engl. *heating system* = Heizung, *building energy use* = Nutzenergie) bzw. in Bild 5.39 der Nutzkältebedarf $Q_{c,b,mth}$ (engl. *cooling system* = Kühlung) jeweils in kWh im jeweiligen Monat zu

$$Q_{h,b,mth} = Q_{sink,mth} - \eta_M \cdot Q_{source,mth} \quad (5.76)$$

$$Q_{c,b,mth} = (1 - \eta_M) \cdot Q_{source,mth} \quad (5.77)$$

$Q_{sink,mth}$ Nutzenergie der Wärme*senken* in kWh im jeweiligen Monat nach Gl. (5.75)
$Q_{source,mth}$ Nutzenergie der Wärme*quellen* in kWh im jeweiligen Monat nach Gl. (5.74)
η_M dimensionsloser Ausnutzungsgrad der Wärmequellen im jeweiligen Monat in Abhängigkeit vom Verhältnis $Q_{source,mth} / Q_{sink,mth}$ und von der Zeitkonstante τ der Zone (vgl. Bild 5.27 in Abschnitt 5.6.2)

Dabei kann der Ausnutzungsgrad η_M nicht nur monatlich, sondern auch für Heizwärme- und Nutzkältebedarf im gleichen Monat unterschiedliche Werte annehmen.

- Monatsweise Zuordnung der vorläufig bilanzierten Nutzenergie der Zonen zu den Versorgungssystemen = technischen Gewerken (Trinkwarmwasser, Heizung, Wohnungslüftung bzw. Raumlufttechnik und Kälte).

- Monatsweise Ermittlung der Wärmequellen und -senken der Prozessbereiche Übergabe, Verteilung und ggf. Speicherung in den Zonen für die vorhandenen Versorgungssysteme (Trinkwarmwasser, Heizung, Wohnungslüftung bzw. Raumlufttechnik und Kälte) nach DIN V 18599-5 bis -8.
- Erneute Monatsbilanz des Nutzwärme- und Nutzkältebedarfs $Q_{b,mth}$ der Zonen nach DIN V 18599-2, getrennt für Nutzungs- und Nichtnutzungstage.

Die letzten drei Punkte sind so oft (höchstens jedoch zehnmal) zu wiederholen, bis sich die Ergebnisse für den Nutzwärme-/Nutzkältebedarf zweier aufeinanderfolgender Iterationen um nicht mehr als 0,1 % voneinander unterscheiden (Bild 5.40). *Hinweis*: Während der Iteration ändern sich nur die *anlagentechnisch* bedingten Wärmequellen und -senken (z. B. Wärmeeinträge aus Heizungsverteilleitungen), nicht jedoch innere Wärmequellen aus Personen oder Geräten, Transmission, Lüftung oder solare Wärmequellen [5.11].

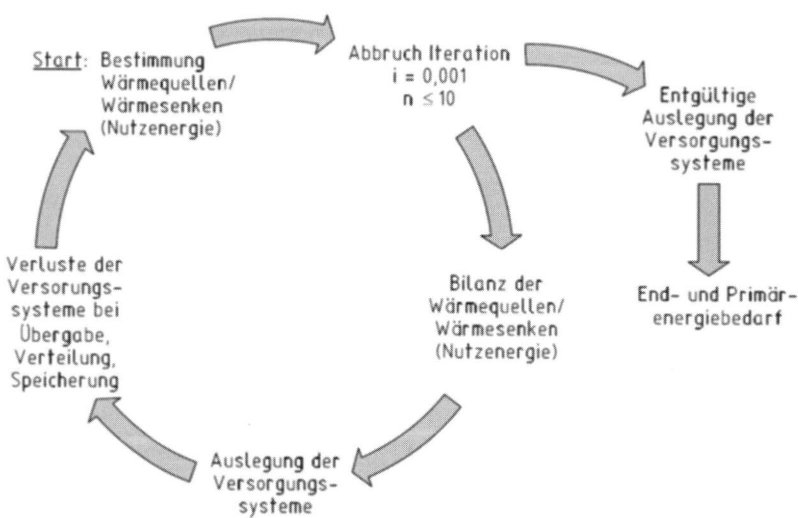

Bild 5.40: Vereinfachter Ablauf der iterativen monatsweisen Bilanzierung der Nutzenergie und anschließende Bestimmung des End- und Primärenergiebedarfs (nach [5.92])

B Monatsweise Bilanzierung des Endenergiebedarfs des Gebäudes

Weiteres Vorgehen in folgender Reihenfolge [5.93], [5.94] für alle Zonen:

- Ermittlung des Nutzenergiebedarfs für die Luftaufbereitung und ggf. Saldierung des Nutzkühlbedarfs – d. h. $Q_{b,mth} = Q_{h,b,mth} + Q_{c,b,mth}$ – der Zonen einschließlich der erforderlichen Hilfsenergie für die Luftförderung.
- Endgültige Zuordnung des monatsweise bilanzierten Nutzwärmebedarfs $Q_{h,b,mth}$ und Nutzkältebedarfs $Q_{c,b,mth}$ der Zonen zu den Versorgungssystemen (Beleuchtung, Trinkwarmwasser, Heizung, Wohnungslüftung bzw. Raumlufttechnik und Kälte) nach DIN V 18599-4 bis -9.
- Monatsweise Ermittlung der technischen Verluste der Prozessbereiche Übergabe, Verteilung und ggf. Speicherung für die vorhandenen Versorgungssysteme (Trinkwarmwasser, Heizung, Wohnungslüftung bzw. Raumlufttechnik und Kälte) einschließlich der erforderlichen Hilfsenergien nach DIN V 18599-5 bis -9.

Der im vorigen Punkt bilanzierte Nutzenergiebedarf und die hier bilanzierten technischen Verluste der Versorgungssysteme für Übergabe, Verteilung und ggf. Speicherung addieren sich beispielhaft für das Heizsystem (engl. *heating system*) im jeweiligen Monat – auf das Heizsystem bezogen als Endenergie (engl. *final*) – in kWh

$$Q_{h,f,mth} = Q_{h,b,mth} + (Q_{h,ce,mth} + Q_{h,d,mth} + Q_{h,s,mth}) \quad (5.78)$$

$Q_{h,b,mth}$ Nutzwärmebedarf des Heizsystems in kWh (engl. *building energy use*)

$Q_{h,ce,mth}$ Wärmeverluste des Heizsystems in kWh bei der Wärmeübergabe (engl. *control and emission*)

$Q_{h,d,mth}$ Wärmeverluste des Heizsystems in kWh bei der Wärmeverteilung (engl. *distribution*), abgeschätzt mithilfe der charakteristischen Länge L_{char} und Breite B_{char} des entsprechenden Versorgungsbereichs

$Q_{h,s,mth}$ ggf. Wärmeverluste des Heizsystems in kWh bei der Wärmespeicherung (engl. *storage*)

Die Gleichungen für die Nutzenergie der anderen Versorgungssysteme (Trinkwarmwasser, Wohnungslüftung bzw. Raumlufttechnik und Kälte) sind analog aufgebaut, ggf. entfällt der Prozessbereich Speicherung (hier nicht dargestellt).

Die erforderlichen Hilfsenergien $W_{f,mth}$ (engl. *auxiliary energy*) je Monat in kWh ergeben sich – ohne den eigentlichen Nutzwärmebedarf – wiederum beispielhaft für das Heizsystem zu

$$W_{h,f,mth} = W_{h,ce,mth} + W_{h,d,mth} + W_{h,s,mth} \quad (5.79)$$

$W_{h,ce,mth}$ Hilfsenergiebedarf des Heizsystems in kWh bei der Wärmeübergabe (engl. *control and emission*)

$W_{h,d,mth}$ Hilfsenergiebedarf des Heizsystems in kWh bei der Wärmeverteilung (engl. *distribution*)

$W_{h,s,mth}$ ggf. Hilfsenergiebedarf des Heizsystems in kWh bei der Wärmespeicherung (engl. *storage*)

Die Gleichungen für die Hilfsenergie der anderen Versorgungssysteme (Trinkwarmwasser, Wohnungslüftung bzw. Raumlufttechnik und Kälte) sind analog aufgebaut, ggf. entfallen einige Prozessbereiche (hier nicht dargestellt).

- Monatsweise Aufteilung der notwendigen Nutzwärme- bzw. Nutzkälteabgabe aller Erzeuger auf die verschiedenen Erzeugungssysteme.
- Monatsweise Ermittlung der Erzeugerverluste $Q_{gen,mth}$ (engl. *generation*) für die vorhandenen Versorgungssysteme (Heizung, Trinkwarmwasser, Wohnungslüftung bzw. Raumlufttechnik und Kälte) einschließlich der erforderlichen Hilfsenergien $W_{gen,mth}$ nach DIN V 18599-5 bis -9.
- Monatsweise Zusammenstellung aller ermittelten Hilfsenergien.

- Monatsweise Zusammenstellung des *gesamten* Endenergiebedarfs $Q_{f,mth}$ aller Versorgungssysteme (Heizung, Trinkwarmwasser, Wohnungslüftung bzw. Raumlufttechnik und Kälte) einschließlich der erforderlichen Hilfsenergien $W_{f,mth}$, aufgeteilt nach Energieträgern gemäß DIN V 18599-1.

C Primärenergetische Bewertung

Als letzter Schritt folgt, zusammengefasst für alle Zonen:

- Monatsweise Ermittlung des gesamten Primärenergiebedarfs $Q_{p,mth}$ (engl. *primary*) durch primärenergetische Bewertung der Endenergiebedarfe $Q_{f,j,mth}$ + $W_{f,j,mth}$ aller Energieträger j = 1. 2, …, n aller Zonen mit den vom Energieträger abhängigen Primärenergiefaktoren $f_{p,j}$. Da DIN V 18599 *brennwert*bezogen rechnet, das GEG 2023 [5.1], [5.2] aber auf der *heizwert*bezogenen Berechnung nach DIN V 4701-10 basiert (vgl. Abschnitt 4.2.1), ist beim realen wie beim Referenzgebäude der Primärenergiebedarf nicht brennwertbezogen, sondern heizwertbezogen anzugeben – d. h., es wird nach DIN V 18599-1 [5.11], 5.6, in kWh

$$Q_{p,mth} = \sum_{j} \left(Q_{f,j,mth} \cdot \frac{f_{p,j}}{f_{HS/HI,j}} \right) \tag{5.80}$$

$Q_{f,j,mth}$	=	Endenergiebedarf des jeweiligen Monats je Energieträger j in kWh
$f_{p,j}$	=	Primärenergiefaktor je Energieträger j (nicht erneuerbarer Anteil, vgl. Tabelle 5.22 in Abschnitt 5.6.2)
$f_{HS/HI,j}$	=	Umrechnungsfaktor Brennwert auf Heizwert für den Energieträger j nach DIN V 18599-1, Anhang B (s. für die gängigen Energieträger H_o/H_u in Tabelle 4.2 in Abschnitt 4.2.1)

- Abschließend werden der Endenergie- und der Primärenergiebedarf *aller* Monate aufaddiert, um den *Jahres*-Endenergiebedarf $Q_{f,a} = \Sigma\ Q_{f,mth}$ und den *Jahres*-Primärenergiebedarf $Q_{p,a} = \Sigma\ Q_{p,mth}$ zu erhalten (Index a = Jahr). Das Treibhauspotenzial *GWP* als CO_2-Äuivalent errechnet sich aus dem Endenergiebedarf analog zu Gl. (5.64).

5.6.4 Bilanzierung von Wohngebäuden nach DIN V 18599

DIN V 18599 wurde ursprünglich für *Nichtwohngebäude* aufgestellt, dementsprechend fehlen für die Bilanzierung von *Wohngebäuden* einige Randbedingungen, die im GEG 2023 § 20 [5.1], [5.2] genannt sind:

„(4) Abweichend von DIN V 18599-1:2018-09 sind bei der Berechnung des Endenergiebedarfs diejenigen Anteile nicht zu berücksichtigen, die durch in unmittelbarem räumlichen Zusammenhang zum Gebäude gewonnene solare Strahlungsenergie sowie Umweltwärme gedeckt werden.

(5) Abweichend von DIN V 18599-1:2018-09 ist bei der Berechnung des Primärenergiebedarfs der Endenergiebedarf für elektrische Nutzeranwendungen in der Bilanzierung nicht zu berücksichtigen."

Wohngebäude bestehen nach GEG 2023 immer nur aus *einer* Zone, die in Bild 5.37 in Abschnitt 5.6.3 genannte sog. Zonierung entfällt daher; auch wird bei Wohngebäuden die Beleuchtung nicht berücksichtigt. Damit vereinfacht sich der Ablauf gemäß Bild 5.35 – die mit Strichlinien eingerahmten Schritte entfallen meist.

Tabelle 5.43: Randbedingungen für die Bilanzierung des Jahres-Primärenergiebedarfs von Wohngebäuden mit DIN V 18599 entsprechend GEG 2023

Kenngröße	**Randbedingungen**
Gebäudeautomation	Nach DIN V 18599-11:2018-09: Klasse C (eine Gebäudeautomation der Klassen A oder B nach DIN V 18599-11:2018-09 kann zugrunde gelegt werden, wenn das zu errichtende Gebäude mit einem System einer dieser Klassen ausgestattet ist)
Verschattungsfaktor F_S	Soweit die baulichen Bedingungen nicht detailliert berücksichtigt werden: F_S = 0,9
Teilbeheizung	Für den Anteil mitbeheizter Flächen sind die Standardwerte nach DIN V 18599-10:2018-09, Tabelle 4, zu verwenden: a_{TB} = 0,25 für EFH und a_{TB} = 0,15 für MFH

Tabelle 5.44: Wesentliche Unterschiede in den Randbedingungen der Berechnungsverfahren für Wohngebäude (nach [5.43], [5.60])

	DIN V 4108-6 mit DIN V 4701-10	**DIN V 18599:2018-09**
Bau- und Anlagentechnik	in o. g. Normen getrennt erfasst	in einer Norm zusammengefasst
Baulicher Wärmeschutz der Gebäudehülle	Temperatur-Korrekturfaktoren F_x erdberührter Bauteile vereinfacht nach Tabelle 5.8	Temperatur-Korrekturfaktoren F_x erdberührter Bauteile genauer nach Tabelle 5.13
Erfassung des Luftwechsels	anzusetzende Luftwechselrate n = 0,55 bis 0,7 h^{-1}	nutzungsbed. Mindestaußenluftwechsel n_{nutz} = 0,45 bis 0,5 h^{-1}
Bilanzierung des Gesamtenergiebedarfs	*baulich*: Monatsbilanzverfahren, *anlagentechnisch*: Heizperiodenverfahren	*baulich* und *anlagentechnisch*: Monatsbilanzverfahren
Nutzenergie für Trinkwassererwärmung	pauschal 12,5 kWh/(m² · a), auf fiktive Gebäudenutzfläche A_N bezogen	abhängig von der Größe der Wohneinheit von 8,5 bis 13,5 kWh/(m² · a), auf NGF bezogen
Interne Wärmegewinne	pauschal 5 W/m², auf fiktive Gebäudenutzfläche A_N bezogen	differenziert nach EFH bzw. MFH 1,88 bzw. 3,75 W/m², auf Nettogrundfläche NGF bezogen
Wärmeeinträge aus Anlagentechnik	pauschal abgeschätzt	iterativ berechnet
Energieträger	heizwertbezogen	brennwertbezogen
Erfassung von PV u. Raumluftkühlung	nicht möglich	möglich

Weitere für Wohngebäude anzusetzende Randbedingungen für die Berechnung aus GEG 2023 § 25 nennt Tabelle 5.43. Die Bilanzierung von Wohngebäuden nach DIN V 18599 statt DIN V 4108-6 mit DIN V 4701-10 basiert somit auf anderen Randbedingungen (Tabelle 5.44), was zu abweichenden Ergebnissen bei der energetischen Bilanzierung führt [5.43]. Diese Differenzen können im Rahmen des energetischen Nachweises zum Erzielen niedrigerer Energiekennzahlen genutzt werden:

- Thermische Solaranlagen (zur Unterstützung der Trinkwassererwärmung) werden nach DIN V 4701-10 günstiger bewertet als nach DIN V 18599.
- Zu- und Abluftanlagen zur Wohnungslüftung werden – insbesondere bei Mehrfamilienhäusern (MFH) – nach DIN V 18599 günstiger bewertet als nach DIN V 4701-10.
- Die Berechnung von Wärmepumpen ist in beiden Normen nicht vergleichbar, im Allgemeinen werden aber Wärmepumpen nach DIN V 4701-10 günstiger bewertet als nach DIN V 18599.
- Die Leitungslängen der Anlagentechnik können in DIN V 18599 realistischer erfasst werden als in DIN V 4701-10, d. h., sie sind meist kürzer und damit günstiger.

Für den GEG-Nachweis sind diese Unterschiede nicht relevant, da das sog. *Mischungsverbot* gilt; d. h., reales und Referenzgebäude müssen mit den gleichen Normen berechnet werden (vgl. Abschnitte 5.4.1 und 5.6.3). Aufgrund der i. d. R. günstigeren Ergebnisse – d. h. *niedrigeren* Energiekennzahlen in kWh/(m² · a), die im Energieausweis genannt werden (s. Abschnitt 5.8) – wurden jedoch Wohngebäude seit Einführung der EnEV 2009 überwiegend nach DIN V 4108-6 mit DIN V 4701-10 nachgewiesen (vgl. Abschnitt 5.6.2) – das wird sich bis Ende 2023 (dem Enddatum für die Anwendung von DIN V 4108-6 mit DIN V 4701-10 im GEG 2020/23) wohl nicht ändern.

5.7 Änderung von Gebäuden

5.7.1 Notwendigkeit der Energieeinsparung im Gebäudebestand

Damit in den kommenden Jahren die europäisch wie auch von der Bundesregierung beschlossene Verringerung der CO_2-Emissionen erreicht werden kann (vgl. Kapitel 1), muss – unter Berücksichtigung einer Gebäudelebensdauer von 50 bis 100 Jahren – vor allem der Gebäudebestand verbessert werden.

Der spezifische Energiebedarf lag 1990, d. h. dem Basisjahr der internationalen Klimadiskussion, in zentral beheizten Gebäuden in Deutschland

- bei einem Heizwärmebedarf von im Mittel 160 kWh/(m² · a),
- was einem Heiz*energie*bedarf von im Mittel 230 kWh/(m² · a) bzw.
- einem Heizölverbrauch von 23 l/(m² · a) entspricht [5.96].

Diese Werte ändern sich trotz deutlich besserer Neubauten nur sehr langsam, da z. B. entsprechend Tabelle 5.45 im Jahre 1997 erst ca. 25 % des Gebäudebestandes Deutschlands nach Inkrafttreten der ersten Wärmeschutzverordnung von 1977 erbaut worden sind [5.97] (inzwischen auf ca. 35 % gestiegen).

Tabelle 5.45: Wohnflächenbestand in Deutschland und dessen Altersstruktur im Jahre 1997 (nach [5.97])

Baujahr	**Wohnfläche in Mio. m²**	**Anteil in %**	**Wohnungen in Mio.**
vor 1918	556	17,6	-
1919 bis 1948	369	11,6	-
1949 bis 1968	903	28,5	-
1969 bis 1978	566	17,9	-
1979 bis 1991	485	15,3	-
1992 bis 1997	289	9,1	-
Summe	3168 [1])	100	36,55
davon Ein- und Zweifamilienhäuser	1790	56,5	16,11
davon Mehrfamilienhäuser	1378	43,5	20,44
Anteil alte Länder	2661	84,0	29,36
Anteil neue Länder	507	16,0	7,19

[1]) Davon bewohnt ca. 3050 Mio. m².

Eine Studie aus dem Jahr 2010 mithilfe des Schornsteinfegerhandwerks hat gezeigt, dass die vor jeglicher WSchV oder EnEV errichteten Gebäude aus der Zeit bis 1978 erst zu 25 bis 30 % energetisch modernisiert worden sind; daraus hat sich eine Modernisierungsrate von 1,1 % pro Jahr ergeben. Schreibt man diese Rate fort, so würde eine vollständige Modernisierung dieses Altbaubestandes etwa bis zum Jahr 2075 dauern [5.98] – ein für die in Kapitel 1 genannten Klimaschutzziele deutlich zu langer Zeitraum.

Eine beschleunigte Umsetzung energiesparender Maßnahmen im Gebäudebestand ist jedoch nur bedingt möglich, denn staatliche Vorgaben im Rahmen des öffentlichen Baurechts bewegen sich immer im Spannungsfeld zwischen folgenden im Grundgesetz (GG) festgeschriebenen Grundrechten:

– Schutz vor Gefahren für Leib und Leben (GG, Artikel 2 [5.99]):
  „(2) Jeder hat das Recht auf Leben und körperliche Unversehrtheit. … In diese Rechte darf nur auf Grund eines Gesetzes eingegriffen werden."
– Schutz des Eigentums (GG, Artikel 14 [5.99]):
  „(1) Das Eigentum und das Erbrecht werden gewährleistet. Inhalt und Schranken werden durch die Gesetze bestimmt.
  (2) Eigentum verpflichtet. Sein Gebrauch soll zugleich dem Wohle der Allgemeinheit dienen.
  (3) Eine Enteignung ist nur zum Wohle der Allgemeinheit zulässig. Sie darf nur durch Gesetz oder auf Grund eines Gesetzes erfolgen, das Art und Ausmaß der Entschädigung regelt. …"

Entschädigungen möchte der Gesetzgeber vermeiden; deshalb wird daraus für ordnungsgemäß genehmigte und errichtete Bauwerke der sog. *Bestandsschutz* abgeleitet, d. h.,

– die Baugenehmigung dient u. a. dem Schutz vor Gefahren für Leib und Leben,

– während danach der Schutz des Eigentums vorgeht, d. h., ein einmal genehmigtes Bauwerk darf unverändert stehen bleiben – nachträgliche Rechtsänderungen betreffen solche Bauwerke i. d. R. nicht [5.100], [5.101].

Beim Bestandsschutz sind zu unterscheiden [5.100], [5.101]:

- Passiver Bestandsschutz bedeutet, dass gegen ein Bauwerk und seine vorgesehene zweckentsprechende Nutzung nicht mit einer Untersagung der Nutzung oder einer Abbruchsverfügung vorgegangen werden kann.
- Aktiver Bestandsschutz tritt ein, wenn zur Erhaltung der Substanz und der zweckentsprechenden Nutzung Maßnahmen zur Reparatur, zur Modernisierung oder zur geringfügigen Erweiterung notwendig sind. Solche Baumaßnahmen sind auch dann rechtlich zulässig, wenn sie dem geltenden Gesetzesrecht widersprechen, allerdings unter der Voraussetzung, dass sie nur der Substanzerhaltung dienen, d. h. zu keiner wesentlichen Veränderung des ursprünglichen Bestandes führen.

Nutzungsänderungen werden durch den Bestandsschutz grundsätzlich nicht abgedeckt!

Nachträglich zu erfüllende Anforderungen an bestehende Gebäude würden – ohne Gegenwert – einer Enteignung gleichkommen, und diese „darf nur durch Gesetz oder auf Grund eines Gesetzes erfolgen, das Art und Ausmaß der Entschädigung regelt“ (s. o.). Dieses Gesetz ist im vorliegenden Fall das GEG 2023 [5.1], [5.2], darin wird auf Entschädigungen verzichtet, weshalb dort das *Wirtschaftlichkeitsgebot* folgendermaßen formuliert ist:

„§ 5 Grundsatz der Wirtschaftlichkeit

Die Anforderungen und Pflichten, die in diesem Gesetz oder in den auf Grund dieses Gesetzes erlassenen Rechtsverordnungen aufgestellt werden, müssen nach dem Stand der Technik erfüllbar sowie für Gebäude gleicher Art und Nutzung und für Anlagen oder Einrichtungen wirtschaftlich vertretbar sein. Anforderungen und Pflichten gelten als wirtschaftlich vertretbar, wenn generell die erforderlichen Aufwendungen innerhalb der üblichen Nutzungsdauer durch die eintretenden Einsparungen erwirtschaftet werden können. Bei bestehenden Gebäuden, Anlagen und Einrichtungen ist die noch zu erwartende Nutzungsdauer zu berücksichtigen.“

Was wird gemäß GEG bei Bestandsgebäuden als „wirtschaftlich vertretbar“ angesehen? Günstig für die energetische Verbesserung des Gebäudebestandes ist, dass einige recht wirksame Verbesserungsmaßnahmen einzelwirtschaftlich rentabel sind (1999 berechnet im Zuge der Erarbeitung der ersten EnEV mit dem langjährig nur wenig schwankenden *Real*zins = Differenz zwischen Marktzins und Inflationsrate von 4 %) [5.102]:

Tabelle 5.46 zeigt ein Berechnungsbeispiel von *Feist*, in dem – vor Einführung der ersten EnEV 2002 – die Wirtschaftlichkeit eines Wärmedämm-Verbundsystems (WDVS) geprüft wurde für den Fall, dass nach 25 Jahren Nutzungsdauer der Außenputz sowieso erneuert werden muss – also Sowiesokosten (= Ohnehinkosten) von 120 DM/m² für das Gerüst, den neuen Putz usw. anfallen. Die Mehrkosten von 40 DM/m² für das WDVS führen bei einer angenommenen Nutzungsdauer von ebenfalls 25 Jahren zu Kosten für die eingesparte Energie von nur 2,55 Pf/kWh – das ist weit weniger als der angesetzte Endenergiepreis von ca. 6 Pf/kWh (Stand 1999, Aktualisierung 2008: 22 cm WDVS statt Neuputz führen zu Kosten der eingesparten Energie von 3,1 bis 3,3 ct/kWh bei einem Endenergiepreis von über 5 ct/kWh [5.103]).

Tabelle 5.46: Wirtschaftlichkeit eines Wärmedämm-Verbundsystems (WDVS) statt einer Außenputzerneuerung bei einem bestehenden Gebäude (Stand 1999, nach [5.102])

Bestehende Außenwand mit Neuputz:	
Wärmedurchgangskoeffizient (unverändert)	$U_{AW,0}$ = 1,25 W/(m² · K)
Energieverlust der Außenwand (unverändert)	$q_{AW,0}$ = 124 kWh/(m² · a)
Kosten der Putzerneuerung	120 DM/m²
wirtschaftliche Nutzungsdauer	25 Jahre
Bestehende Außenwand mit 10 cm WDVS statt Neuputz:	
Wärmedurchgangskoeffizient (neu)	$U_{AW,1}$ = 0,30 W/(m² · K)
Energieverlust der Außenwand (neu)	$q_{AW,1}$ = 30 kWh/(m² · a)
*Mehr*kosten gegenüber Putzerneuerung	40 DM/m²
wirtschaftliche Nutzungsdauer	25 Jahre
Wirtschaftlichkeit:	
Verringerung des Energieverlustes durch die Außenwand	Δq_{AW} = 94 kWh/(m² · a)
entspricht bei einem Energiepreis von 6 Pf/kWh	5,64 DM/(m² · a)
abzüglich Kapitalkosten der *Mehr*kosten bei 4 % realem Zins und 25 Jahren Nutzungsdauer (zus. 6 % p. a.)	2,40 DM/(m² · a)
ergibt einen Gewinn pro m² Außenwand von	3,24 DM/(m² · a)
entsprechend einem Gewinn pro kWh von	3,45 Pf/kWh
d. h. Kosten der eingesparten Energie pro kWh von	2,55 Pf/kWh

Tabelle 5.47: Wirtschaftlichkeit eines Kesselaustausches in einem bestehenden Gebäude (Stand 1999, nach [5.102])

Vorhandener 20 Jahre alter Kessel:	
Jahres-Nutzungsgrad	η_a = 75 %
wirtschaftliche Nutzungsdauer	15 Jahre
geschätzte Restnutzungsdauer	3 Jahre
daraus Restwert von 20 %, d. h.	2147 DM
Neuer Brennwert-Kessel:	
Jahres-Nutzungsgrad	η_a = 104 %
wirtschaftliche Nutzungsdauer	15 Jahre
Mehrkosten Brennwertkessel	887 DM
Wirtschaftlichkeit:	
Energieeinsparung durch Kesselaustausch	ΔQ_E = 10440 kWh/a
entspricht bei einem Energiepreis von 6 Pf/kWh	626 DM/a
abzüglich Kapitalkosten für den Restwert (2147 DM) und die Mehrkosten (887 DM) bei 4 % realem Zins und 15 Jahren Nutzungsdauer (zus. 9 % p. a.)	273 DM/a
ergibt einen Gewinn von	353 DM/a
entsprechend einem Gewinn pro kWh von	3,38 Pf/kWh
d. h. Kosten der eingesparten Energie pro kWh von	2,62 Pf/kWh

Tabelle 5.47 zeigt ein weiteres Berechnungsbeispiel von *Feist*, bei dem die Wirtschaftlichkeit des Austausches eines über 20 Jahre alten Kessels durch ein Brennwertgerät geprüft wurde. Bei der (allerdings schwer zu schätzenden) angenommenen Restnutzungsdauer des alten Kessels von 3 Jahren ergeben sich hier bei einer angenommenen Nutzungsdauer von 15 Jahren Kosten der eingesparten Energie von 2,62 Pf/kWh – das ist ebenfalls weit weniger als der angesetzte Endenergiepreis von ca. 6 Pf/kWh (Erdgas, Stand 1999).

Problematisch bleibt bei diesen Betrachtungen,

- dass die o. g. Veränderungen nur im Rahmen sowieso erforderlicher Instandsetzungsmaßnahmen wirtschaftlich sind (ggf. vorgezogen, s. den Kesselaustausch) und
- dass Eigentümer (Investor) und Nutzer (Mieter als Nutznießer der Energiesparmaßnahme) oft nicht identisch sind und somit beim Eigentümer ein Interesse an energetischer Verbesserung nur schwer zu wecken ist.

Für erforderlich gehalten werden deshalb zunehmende Informationsangebote für Mieter und Hauseigentümer, verstärkte Umweltabgaben (wie die CO_2-Steuer, vgl. Bild 1.12 in Abschnitt 1.4.6)) und daraus finanzierte Fördermaßnahmen („Zuckerbrot und Peitsche“) zur energetischen Verbesserung des Gebäudebestandes [5.96] (zu den aktuellen Fördermaßnahmen im Gebäudebestand s. Abschnitte 1.4.6 und 1.4.8).

5.7.2 Anforderungen bei Änderung von bestehenden Gebäuden als Ganzes

Wie im Neubau wurde auch bei Änderungen im Bestand durch die EnEV 2009 [5.9] das Anforderungsniveau

- an den Primärenergiebedarf um durchschnittlich 30 %,
- an den Transmissionswärmeverlust allerdings nur um 15 %

gegenüber der EnEV 2007 verschärft (in der EnEV 2014/16 unverändert, im GEG 2020/23 [5.1], [5.2] bei der zweiten u. g. Anforderung neu auf das Referenzgebäude bezogen). In der genannten Form ist die Anforderung aber nur erfüllbar, wenn das Gebäude als Ganzes entsprechend GEG 2023 § 50 (1), Nrn. 1 bzw. 2, folgende Höchstwerte nicht überschreitet:

A Wohngebäude

Bei *Wohngebäuden* dürfen die Höchstwerte des Jahres-Primärenergiebedarfs und des spezifischen Transmissionswärmeverlustes um nicht mehr als 40 % überschritten werden:

- Zum Ersten muss der ermittelte Jahres-Primärenergiebedarf $Q_{P,real}$ des Wohngebäudes in kWh/a die folgende Ungleichung mit $Q_{P,ref}$ gemäß Referenzgebäudeverfahren einhalten (die in Abschnitt 5.3.1 genannte Abminderung auf $Q_{P,max} \equiv 0,55 \cdot Q_{P,ref}$ seit 2023 bleibt unberücksichtigt):

$$Q_{P,real} \leq 1,4 \cdot Q_{P,ref} \tag{5.81}$$

- Zum Zweiten muss der ermittelte spezifische Transmissionswärmeverlust $H_{T,real}$ in W/K des Wohngebäudes – als $H'_{T,real}$ in W/(m² · K) auf die wärmeübertragende Umfassungsfläche A bezogen – folgende Ungleichung mit $H'_{T,ref}$ des Referenzgebäudes einhalten:

$$H'_{T,real} = H_{T,real}/A \leq 1{,}4 \cdot H'_{T,ref} \quad (5.82)$$

Mit dieser Regelung soll bei ungefähr gleichem energetischem Standard eine größere planerische Freiheit bei umfangreichen Modernisierungsmaßnahmen ermöglicht werden, als sie die Einzelmaßnahmen gemäß folgendem Abschnitt 5.7.3 zulassen.

Plant der Eigentümer eines Wohngebäudes mit ≤ 2 Wohnungen solche Änderungen, so hat er nach GEG 2023 § 48 [5.1], [5.2] vor Beauftragung der Planungsleistungen ein sog. *Informatorisches Beratungsgespräch* mit einer zur Ausstellung von Energieausweisen berechtigten Person zu führen. Dieses Gespräch ist unentgeltlich anzubieten (bietet jedoch eine Akquisemöglichkeit für weitere Planungsleistungen).

B Nichtwohngebäude

Bei *Nichtwohngebäuden* dürfen die Höchstwerte des Jahres-Primärenergiebedarfs und der mittleren Wärmedurchgangskoeffizienten die folgenden Werte nicht überschreiten:

- Zum Ersten muss der ermittelte Jahres-Primärenergiebedarf $Q_{P,real}$ des Nichtwohngebäudes in kWh/a die folgende Ungleichung mit $Q_{P,ref}$ gemäß Referenzgebäudeverfahren einhalten (genau wie bei Wohngebäuden, die in Abschnitt 5.3.1 genannte Abminderung auf $Q_{P,max} \equiv 0{,}55 \cdot Q_{P,ref}$ seit 2023 bleibt unberücksichtigt):

$$Q_{P,real} \leq 1{,}4 \cdot Q_{P,ref} \quad (5.81)$$

- Zum Zweiten dürfen die auf eine Nachkommastelle gerundeten 1,25-fachen Höchstwerte der mittleren Wärmedurchgangskoeffizienten U_m der wärmeübertragenden Umfassungsfläche gemäß GEG Anlage 3 für jede Bauteilgruppe $j = 1, \ldots, 4$ nur um ≤ 40 Prozent überschreiten (für $U_{m,j,max}$ vgl. Tabelle 5.4 in Abschnitt 5.3.1):

$$U_{m,j,real} \leq 1{,}4 \cdot (1{,}25 \cdot U_{m,j,max}) = 1{,}75 \cdot U_{m,j,max} \quad (5.83)$$

  Mit dieser Regelung soll bei ungefähr gleichem energetischem Standard analog zu den Wohngebäuden eine größere planerische Freiheit bei Modernisierungsmaßnahmen ermöglicht werden, als sie die Einzelmaßnahmen gemäß Abschnitt 5.7.3 zulassen.

5.7.3 Anforderungen bei Änderung einzelner Bauteile in der thermischen Hülle bestehender Gebäude

Die in Abschnitt 5.7.2 betrachteten Änderungen von bestehenden Gebäuden als Ganzes kommen praktisch selten vor; die meisten Gebäudeeigentümer wählen die sog. Einzelmaßnahmen für die schrittweise Modernisierung ihrer Gebäude.

Im Gegensatz zum Neubau wird bei diesen Einzelmaßnahmen – das sind Änderungen, Erweiterungen und Ausbauten im Bestand – durch das GEG 2023 [5.1], [5.2] das Anforderungsniveau gegenüber der EnEV 2009/14/16 im Großen und Ganzen nicht verschärft – auch am Prinzip hat sich nichts geändert: Wenn Bauteile in der thermischen Hülle beheizter oder gekühlter Gebäude geändert werden sollen – also Sowiesokosten (Ohnehinkosten) anfallen – und nicht genauer gerechnet werden soll (vgl. Abschnitt 5.7.2), stellt das GEG in § 48 mit Anlage 7, die in Tabelle 5.48 zusammengestellten Anforderungen. *Ausnahme*: Gemäß GEG 2023 § 47 (4) ist eine energetische Nachrüstung nicht erforderlich, wenn die zu erwartenden Einsparungen nicht innerhalb einer angemessenen Frist erwirtschaftet werden können (vgl. Abschnitt 5.7.1).

Die in Tabelle 5.48 genannten Änderungsmaßnahmen bedeuten im Einzelnen (vorhandene Bauteilschichten sind zu berücksichtigen):

A Ersatz oder erstmaliger Einbau von Außenwänden beheizter oder gekühlter Räume (Nr. 1)

Die genannten Anforderungen gelten a) für *Ersatz* oder *erstmaligen Einbau* und sind b) auch einzuhalten bei *Erneuerung* durch Anbringen von außenseitigen Bekleidungen

- als Platten oder plattenartige Bauteile, Verschalungen, Mauerwerks-Vorsatzschalen bzw.
- Dämmschichten

oder bei Erneuerung des Außenputzes bei einer bestehenden Wand. Diese Maßnahmen sind nicht erforderlich, wenn die Außenwand nach dem 31.12.1983 ordnungsgemäß errichtet oder erneuert worden ist.

Sonderfälle im GEG 2023:

- Werden Maßnahmen an Außenwänden ausgeführt und ist die Dämmschichtdicke im Rahmen dieser Maßnahmen aus technischen Gründen begrenzt, so gelten die Anforderungen als erfüllt, wenn die nach anerkannten Regeln der Technik höchstmögliche Dämmschichtdicke mit einem Bemessungswert der Wärmeleitfähigkeit λ = 0,035 W/(m · K) eingebaut wird.

  Durch diese allgemein gehaltene Angabe werden auch die – bisher in der EnEV gesondert geregelten – Innendämmungen (auch bei Sichtfachwerkwänden) erfasst.

- Bei *Kerndämmung von mehrschaligem Mauerwerk* gilt die Anforderung als erfüllt, wenn der bestehende Hohlraum zwischen den Schalen vollständig mit Dämmstoff des Bemessungswertes der Wärmeleitfähigkeit λ = 0,045 W/(m · K)) ausgefüllt wird
- Auch bei *Dämmstoffen aus nachwachsenden Rohstoffen* gilt die Anforderung als erfüllt, wenn Dämmstoff mit einem Bemessungswert der Wärmeleitfähigkeit λ = 0,045 W/(m · K)) verwendet wird.

Sonderfälle gemäß Auslegung zu § 48 Satz 1 i. V. m. Anlage 7 Nr. 1b GEG 2023 [5.30] (vgl. Abschnitt 5.1):

- Eine reine Ausbesserung von Putzrissen – auch mit zusätzlicher Farbbeschichtung – oder eine reine Betoninstandsetzung stellen keine Putzerneuerung im o. g. Sinne dar.
- Ist z. B. im Falle einer Grenzbebauung eine energetische Verbesserung von Außenwänden statt einer Putzerneuerung nur möglich, wenn die gesamte Außenwand neu errichtet wird, so stellt dies eine unzumutbare Härte dar, die eine Befreiung nach GEG § 102 (aufgrund unangemessenen Aufwands bzw. unbilliger Härte) rechtfertigt. Ein Urteil des Bundesgerichtshofs von 2008 [5.104] widerspricht dem allerdings in folgendem Sonderfall:

„Der Teilhaber einer gemeinsamen Giebelwand, der an diese (noch) nicht (vollständig) angebaut hat und derzeit auch nicht anbauen will, muss Maßnahmen des anderen Teilhabers zur Wärmedämmung dulden, die dazu führen, dass der freie Bereich der Wand einem den heutigen Erfordernissen entsprechenden Standard entspricht."

Wie weit dieses Urteil auf getrennte Wände bei Grenzbebauung übertragbar ist, ist jedoch unklar; einige Bundesländer haben deshalb das Nachbarrecht so geändert, dass eine Außenwanddämmung geduldet werden muss, wenn der Nachbar dadurch nur geringfügig beeinträchtigt wird und eine vergleichbare alternative Wärmedämmung nicht mit vertretbarem Aufwand zu erzielen ist (s. auch [5.105], [5.106]). In § 5 (4) der Niedersächsischen Bauordnung von 2012 heißt es z. B.

„Außer Betracht bleiben ferner
1. Außenwandbekleidungen, soweit sie den Abstand um nicht mehr als 0,25 m unterschreiten, und
2. Bedachungen, soweit sie um nicht mehr als 0,25 m angehoben werden,
wenn der Abstand infolge einer Baumaßnahme zum Zwecke des Wärmeschutzes oder der Energieeinsparung bei einem vorhandenen Gebäude dadurch unterschritten wird."

- Analog sind Detailpunkte wie Fensterleibungen u. Ä. zu behandeln, an denen die Anbringung zusätzlicher Wärmedämmung deutlich erhöhte Aufwendungen oder einen Eingriff in die Gestaltung bedeuten.
- Die Neuausfachung von Sichtfachwerk wird in den WTA-Merkblättern 8-1 bis 8-9 geregelt [5.107], hierfür können nur feuchtetechnisch problematische Innendämmungen eingesetzt werden. Bis 2009 konnte hier neben *Ausnahmen* nach EnEV § 24 (für Baudenkmale) bei feuchtetechnisch maximal möglichem, aber gemäß EnEV Anlage 3 nicht ausreichendem Wärmeschutz auch von *Befreiungen* nach EnEV § 25 ausgegangen werden (auch dazu gibt es ein WTA-Merkblatt [5.108]) – diese Notwendigkeit war bereits durch die EnEV 2009 hinfällig geworden und ist nun entfallen!

B Erneuerung von gegen Außenluft abgrenzenden Fenstern, Fenstertüren, Dachflächenfenstern und Glasdächern ohne Sonderverglasungen oder Erneuerung von dortigen Verglasungen (Nr. 2)

Die genannten Anforderungen sind einzuhalten bei

2a) Ersatz oder erstmaligem Einbau des gesamten Fensters bzw. der Fenstertür oder Einbau zusätzlicher Vor- oder Innenfenster vor diesen (Bild 5.41a bis Bild 5.41c),

2b) Ersatz oder erstmaligem Einbau des gesamten Dachflächenfensters oder Einbau zusätzlicher Vor- oder Innenfenster vor diesem,

2c) Ersatz der Verglasung oder verglaster Flügelrahmen (Bild 5.41d, nur erforderlich, wenn der vorhandene Rahmen dafür geeignet ist; bei Kasten- oder Verbundfenstern ist es ausreichend, wenn eine Glastafel eine infrarot-reflektierende Beschichtung mit einer Emissivität $\varepsilon_n \leq 0{,}20$ erhält),

2d) Ersatz oder erstmaligem Einbau von Vorhangfassaden in Pfosten-Riegel-Konstruktion,

2e) Ersatz oder erstmaligem Einbau von Glasdächern oder deren Verglasung,

2f) Ersatz oder erstmaligem Einbau von Fenstertüren mit Klapp-, Falt-, Schiebe- oder Hebemechanismus.

a)

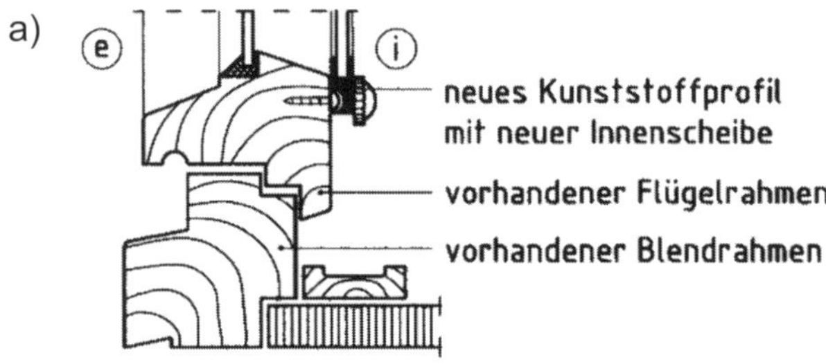

b)

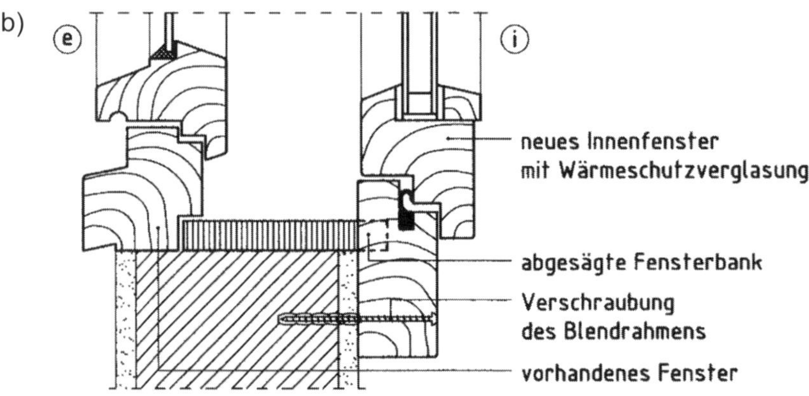

c)

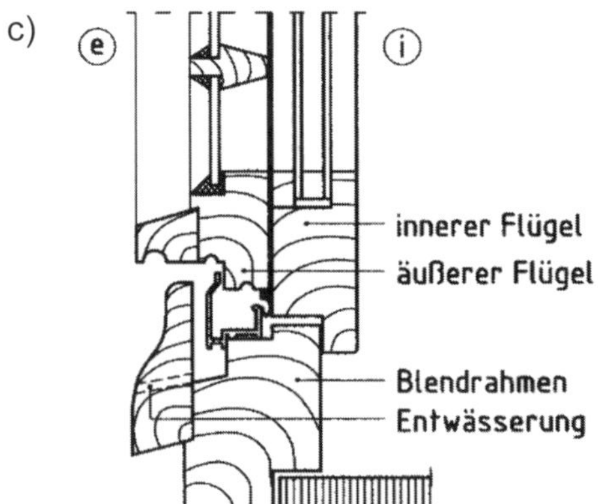

d)

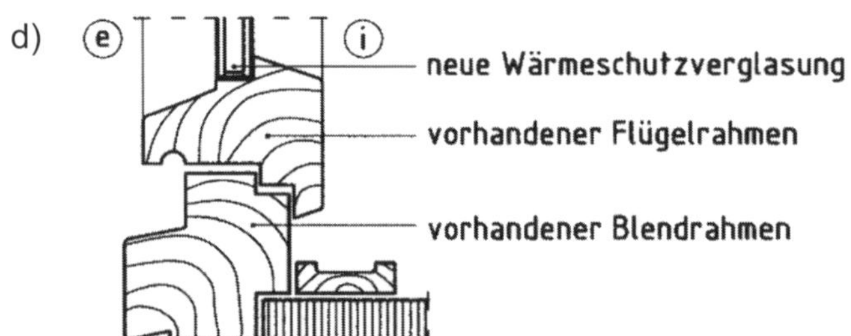

Bild 5.41: Einbau zusätzlicher Vor- oder Innenfenster bzw. Erneuerung von Verglasungen (nach [5.110]):

a) Einbau eines zusätzlichen Innenfensters in Form einer zweiten Glasscheibe
b) Einbau eines zusätzlichen Innenfensters, sodass ein Kastenfenster entsteht
c) Einbau eines zusätzlichen Innenfensters, sodass ein Verbundfenster entsteht
d) Ersatz einer alten Einfachverglasung durch eine Isolierverglasung (Wärmeschutzverglasung)

Sonderfälle im GEG 2023:

- Sind bei geplanten Maßnahmen nach 2c) die Glasdicken aus technischen Gründen begrenzt, d. h., der vorhandene Rahmen ist zur Aufnahme ungeeignet, so gelten die Anforderungen als erfüllt, wenn eine *Verglasung* mit $U_{g,BW} \leq 1{,}3$ W/(m² · K) eingebaut wird.
- Werden Maßnahmen an Kasten- oder Verbundfenstern durchgeführt, so gelten die Anforderungen als erfüllt, wenn eine Glastafel mit einer infrarot-reflektierenden Beschichtung mit einer Emissivität $\varepsilon_n \leq 0{,}2$ eingebaut wird.

Tabelle 5.48: Höchstwerte der Wärmedurchgangskoeffizienten U_{max} gemäß GEG 2023 bei Änderung von Bauteilen in der thermischen Hülle bestehender Gebäude

Bauteil	**Änderungsmaßnahme**	**U_{max} in W/(m² · K) für**	
		Wohngebäude und Zonen von Nichtwohngebäuden mit $\theta_i \geq 19$ °C	**Zonen von Nichtwohngebäuden mit $\theta_i \geq 12$ °C und $\theta_i < 19$ °C**
Außenwände	Nr. 1a, b	$U_{AW,\mathrm{max}} = 0{,}24$	$U_{AW,\mathrm{max}} = 0{,}35$
Fenster, Fenstertüren	Nr. 2a	$U_{w,BW,\mathrm{max}} = 1{,}3$	$U_{w,BW,\mathrm{max}} = 1{,}9$
Dachflächenfenster	Nr. 2b	$U_{w,BW,\mathrm{max}} = 1{,}4$	$U_{w,BW,\mathrm{max}} = 1{,}9$
Verglasungen	Nr. 2c	$U_{g,BW,\mathrm{max}} = 1{,}1$	keine Anford.
Vorhangfassaden	Nr. 2d	$U_{CW,\mathrm{max}} = 1{,}5$	$U_{CW,\mathrm{max}} = 1{,}9$
Glasdächer	Nr. 2e	$U_{g,BW,\mathrm{max}} = 2{,}0$	$U_{g,BW,\mathrm{max}} = 2{,}7$
Fenstertüren mit Klapp-, Falt-, Schiebe- od. Hebemechanismus	Nr. 2f	$U_{w,BW,\mathrm{max}} = 1{,}6$	$U_{w,BW,\mathrm{max}} = 1{,}9$
Fenster, Fenstertüren, Dachflächenfenster *mit Sonderverglasungen*	Nr. 3a	$U_{w,BW,\mathrm{max}} = 2{,}0$	$U_{w,BW,\mathrm{max}} = 2{,}8$
Sonderverglasungen	Nr. 3b	$U_{g,BW,\mathrm{max}} = 1{,}6$	keine Anford.
Vorhangfassaden *mit Sonderverglasungen*	Nr. 3c	$U_{CW,\mathrm{max}} = 2{,}3$	$U_{CW,\mathrm{max}} = 3{,}0$
Außentüren (Türfläche)	Nr. 4	$U_{wD,\mathrm{max}} = 1{,}8$	$U_{w,D,\mathrm{max}} = 1{,}8$
Dachflächen einschl. Gauben, Wände gegen unbeheizten Dachraum, oberste Geschossdecken	Nr. 5a, b	$U_{D,\mathrm{max}} = 0{,}24$	$U_{D,\mathrm{max}} = 0{,}35$
Dachflächen mit Abdichtung	Nr. 5c	$U_{D,\mathrm{max}} = 0{,}20$	$U_{D,\mathrm{max}} = 0{,}35$
Decken und Wände gegen unbeheizte Räume und Erdreich	Nr. 6a, b	$U_{G,\mathrm{max}} = 0{,}30$	keine Anford.
Erneuerung von Fußbodenaufbauten	Nr. 6c	$U_{G,\mathrm{max}} = 0{,}50$	keine Anford.
Decken nach unten gegen Außenluft	Nr. 6d, e	$U_{G,\mathrm{max}} = 0{,}24$	$U_{G,\mathrm{max}} = 0{,}35$

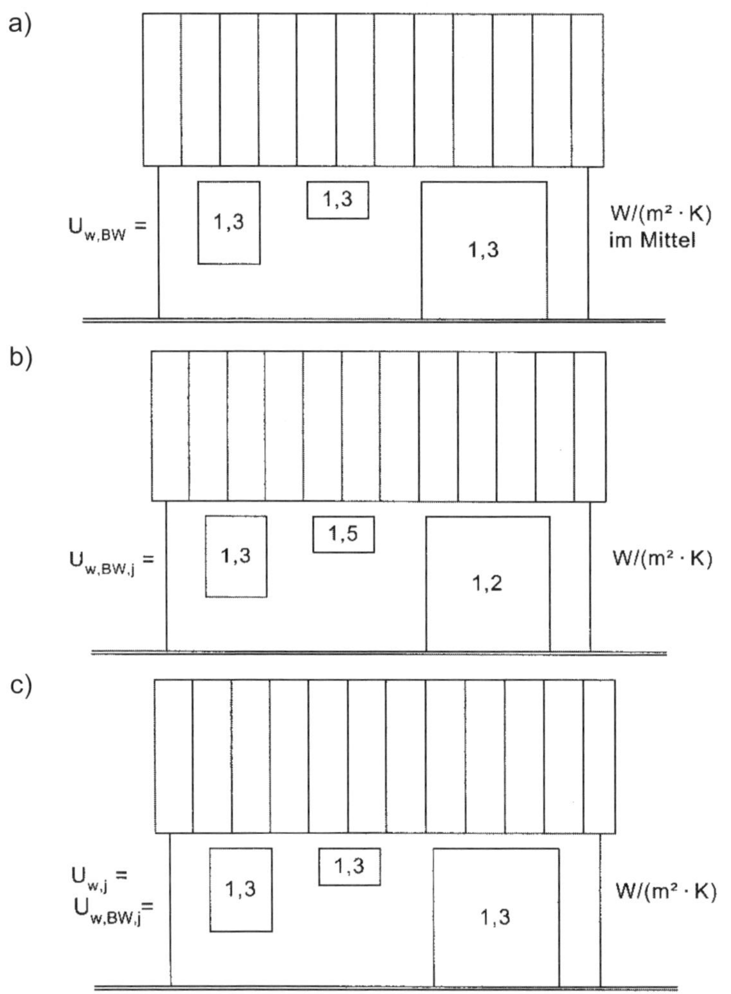

Bild 5.42: Wärmedurchgangskoeffizienten U_w von Fenstern:

a) nach DIN V 4108-4:2004-07 U_w tabellarisch ermittelt und daraus der Bemessungswert $U_{w,BW}$ als Mittelwert errechnet

b) nach EN ISO 10077-1 $U_{w,j}$ für jedes Fenster $j = 1, 2, \ldots, n$ (mit gleicher Ausführung von Rahmen und Verglasung) einzeln berechnet und nach DIN V 4108-4:2004-07 jeweils der Bemessungswert $U_{w,BW,j}$ ermittelt

c) nach DIN 4108-4:2013-02 ff. für jedes Fenster $U_{w,j} = U_{w,BW,j}$ deklariert

Hinweis: Änderungen ergeben sich bei Ersatz oder erstmaligem Einbau mehrerer Fenster nach DIN 4108-4:2013-02 (vgl. Abschnitt 2.12.3):

- Bis 2009 wurde i. d. R. U_w für *alle* Fenstergrößen gemittelt nach DIN V 4108-4:2004-07 aus einer Tabelle abgelesen, daraus der Bemessungswert $U_{w,BW}$ errechnet (Bild 5.42a) und dieser mit der Anforderung $U_{w,BW,max}$ verglichen.
- Zulässig war auch, $U_{w,j}$ nach EN ISO 10077-1 für jedes Fenster $j = 1, 2, \ldots, n$ einzeln entsprechend Gl. (2.67) in Abschnitt 2.12.3 zu berechnen und daraus nach DIN V 4108-4:2004-07 für jedes Fenster einen individuellen Bemessungswert $U_{w,BW,j}$ zu ermitteln (Bild 5.42b) – allerdings wurde dadurch der Nachweis der Anforderung $U_{w,BW,max}$ für kleine Fenster erschwert (vgl. Bild 2.62 in Abschnitt 2.12.2), weshalb dieser Ansatz kaum genutzt wurde.

- Seit DIN 4108-4:2013-02, d. h. auch nach der vom GEG 2020/23 in Bezug genommenen DIN 4108-4:2017-03 [5.65], ist grundsätzlich für jedes Fenster $U_{w,j} = U_{w,BW,j}$ vom Hersteller entsprechend EN 14351-1 zu deklarieren. Somit müssten kleinere Fenster wärmeschutztechnisch besser ausgeführt werden als größere, damit *alle* die Anforderung $U_{w,BW,max}$ einhalten (Bild 5.42c) – eine insbesondere im Bestand nicht sinnvolle Regelung. Deshalb lässt DIN 4108-4 seit 2013 auch die nach EN ISO 14351-1, Anhang E, am Normfenster von 1,23 m auf 1,48 m ermittelten Werte $U_{w,BW,mean}$ für alle Fenster gleicher Bauart zu (analog Bild 5.42a, s. auch [5.109]).

C Erneuerung von gegen Außenluft abgrenzenden Fenstern, Fenstertüren und Dachflächenfenstern mit Sonderverglasungen oder Erneuerung von dortigen Sonderverglasungen (Nr. 3)

Unter den hier genannten *Sonderverglasungen* sind zu verstehen

- Schallschutzverglasungen mit $R'_{w,R} \geq 40$ dB nach EN ISO 717-1 oder vergleichbar,
- durchschusshemmende, durchbruchhemmende oder Sprengwirkung hemmende Verglasungen sowie
- Brandschutzverglasungen mit Einzelelementen von ≥ 18 mm Dicke nach DIN 4102-13 oder vergleichbar.

Für Schaufenster und Türanlagen gelten die o. g. Anforderungen grundsätzlich nicht [5.30].

D Erneuerung von Außentüren (Nr. 4)

Es dürfen nur Türflächen mit $U_D \leq 1{,}8$ W/(m² · K) eingebaut werden (gilt nicht für rahmenlose Türanlagen aus Glas, Karusselltüren und kraftbetätigte Türen).

E Ersatz oder erstmaliger Einbau von Dachflächen sowie Decken und Wänden gegen unbeheizte Dachräume (Nr. 5)

Die genannten Anforderungen gelten nur für opake Bauteile, und zwar

5a) bei Ersatz oder erstmaligem Einbau von Dachflächen einschließlich Gauben sowie Decken und Wänden gegen unbeheizte Dachräume,

5b) bei Dachflächen einschließlich Gauben sowie Decken und Wänden gegen unbeheizte Dachräume mit
  - Ersatz oder Neuaufbau einer Dachdeckung (einschließlich Lattung oder Verschalung),
  - Aufbringen oder Erneuerung von Bekleidungen oder Einbau von Dämmschichten auf der kalten Seite von Wänden (Abseitenwänden) oder
  - Aufbringen oder Erneuerung von Bekleidungen oder Dämmschichten auf der kalten Seite von obersten Geschossdecken,

5c) Ersatz einer flächigen, wasserdichten Abdichtung durch eine neue Schicht gleicher Funktion (bei zweischaligen Dächern einschließlich darunterliegender Lattungen).

Diese Maßnahmen sind nicht erforderlich, wenn die Bauteile nach dem 31.12.1983 ordnungsgemäß errichtet oder erneuert worden sind.

Sonderfälle im GEG 2023:

- Werden Dämmmaßnahmen ausgeführt und ist die Dämmschichtdicke aus technischen Gründen begrenzt, so gelten die Anforderungen als erfüllt, wenn die nach anerkannten Regeln der Technik höchstmögliche Dämmschichtdicke mit einem Bemessungswert der Wärmeleitfähigkeit $\lambda = 0{,}035$ W/(m · K) eingebaut wird; werden Dämmstoffe in Hohlräume eingeblasen oder Dämmstoffe aus nachwachsenden Rohstoffen verwendet, so reicht als Bemessungswert der Wärmeleitfähigkeit $\lambda = 0{,}045$ W/(m · K) aus.
- Ist bei Maßnahmen nach 5b) der Wärmeschutz als Zwischensparrendämmung ausgeführt (vgl. Bild 3.26a in Abschnitt 3.13) und ist die Dämmschichtdicke wegen einer innenseitigen Bekleidung oder der Sparrenhöhe begrenzt, so ist die Anforderung erfüllt, wenn die nach anerkannten Regeln der Technik höchstmögliche Dämmschichtdicke mit einem Bemessungswert der Wärmeleitfähigkeit $\lambda = 0{,}035$ W/(m · K) bzw. bei Dämmstoffen aus nachwachsenden Rohstoffen mit Bemessungswert der Wärmeleitfähigkeit $\lambda = 0{,}045$ W/(m · K) eingebaut wird (vgl. Bild 3.26b in Abschnitt 3.13).
- Werden keilförmige Dämmschichten verwendet, so ist nach GEG 2023 § 50 (2) der Wärmedurchgangskoeffizient U entsprechend Abschnitt 2.10 zu errechnen.

Sonderfall gemäß älterer Auslegung XV-1 zur EnEV [5.30]:

- Als Erneuerung der Dachhaut bei Flachdächern (d. h. Dächern mit < 22° Dachneigung) gilt nur eine voll funktionsfähige neue Dachhaut, die gemäß Flachdachrichtlinien bei Bitumenbahnen zweilagig sein muss. *Eine* neu aufgebrachte Lage Bitumenbahnen ist somit keine Erneuerung, d. h., es bestehen dann keine Anforderungen (aktuell im GEG erfasst durch „neue Schicht gleicher Funktion“ bei 5c).

F Ersatz oder erstmaliger Einbau von Wänden gegen Erdreich oder unbeheizte Räume (ohne Dachräume) sowie Decken nach unten gegen Erdreich, Außenluft oder unbeheizte Räume (Nr. 6)

Die genannten Anforderungen gelten

6a) bei Ersatz oder erstmaligem Einbau von Wänden und Decken gegen Erdreich oder unbeheizte Räume

6b) bei Anbringen oder Erneuern
- von außenseitigen Bekleidungen oder Verschalungen, Feuchtigkeitssperren oder Dränungen (vgl. Bild 3.12 in Abschnitt 3.5) bzw.
- von Deckenbekleidungen auf der *kalten* Seite (vgl. Bild 3.15a in Abschnitt 3.7),

6c) bei der Anbringung von Fußbodenaufbauten auf der *beheizten* Seite.

6d) bei Ersatz oder erstmaligem Einbau von Decken nach unten gegen Außenluft,

6e) bei Anbringen oder Erneuern von außenseitigen Bekleidungen o. Ä. von Decken nach unten gegen Außenluft.

Diese Maßnahmen sind nicht erforderlich, wenn die Bauteile nach dem 31.12.1983 ordnungsgemäß errichtet oder erneuert worden sind.

Sonderfall im GEG 2023:

- Werden Maßnahmen an den o. g. Bauteilen ausgeführt und ist die Dämmschichtdicke aus technischen Gründen begrenzt, so gelten die Anforderungen als erfüllt, wenn die nach anerkannten Regeln der Technik höchstmögliche Dämmschichtdicke mit einem Bemessungswert der Wärmeleitfähigkeit λ = 0,035 W/(m · K) eingebaut wird; werden Dämmstoffe in Hohlräume eingeblasen oder Dämmstoffe aus nachwachsenden Rohstoffen verwendet, so ist der Bemessungswert der Wärmeleitfähigkeit λ = 0,045 W/(m · K) ausreichend.

Erläuterung dazu gemäß älterer Auslegung XII-6 zur EnEV [5.30]:

- Dämmschichtdicken bei Fußbodenaufbauten auf der beheizten Seite werden aus technischen Gründen regelmäßig begrenzt durch technische Regeln über die Ausführung von Estrichen, über Barrierefreiheit sowie über die Anschlusshöhen an vorhandene Treppen (aktuell durch GEG 2023 § 47 (4) – Begrenzung der Dämmschichtdicke aus *technischen* Gründen – erfasst).

Eine *Pflicht zur energetischen Verbesserung* besteht gemäß GEG 2023 § 46 (1) nur, wenn die seit 2009 verschärfte sog. *Bagatellgrenze* überschritten wird, d. h.:

– Wenn generell ≥ 10 % der jeweiligen gesamten Bauteilfläche (das ist die Summe aller Flächen, die unter einer der o. g. Nrn. 1, 2, 3, 5 oder 6 zusammengefasst werden können) ersetzt oder erneuert werden sollen, muss die *geänderte* Bauteilfläche den o. g. Anforderungen (vgl. Tabelle 5.48) genügen.

– Praktisch bedeutet dies jedoch häufig, dass statt einiger nicht zusammenhängender Teilflächen die *gesamte* Bauteilfläche ersetzt oder erneuert werden muss, um Flickwerk zu vermeiden – gemäß *Auslegung* zu § 48 Satz 2 GEG [5.30] kann hier die in GEG 2023, Anlage 3, aufgeführte Begrenzung der Dämmschichtdicke aus *technischen* Gründen maßgeblich werden, d. h., es kann von einer höchstmöglichen Dämmschichtdicke der betroffenen Teilflächen von Null ausgegangen werden.

Beispiel 5.10 (Fortsetzung von Beispiel 2.11): Ersatz einer Bodenplatte unter beheiztem Raum

Annahme: Bei der in Beispiel 2.11 in Abschnitt 2.11.6 nachgewiesenen Bodenplatte unter einem beheizten Raum handle es sich um den Ersatz einer alten ungedämmten Bodenplatte.

Aufgabe: Erfüllt diese Bodenplatte die Anforderung gemäß GEG 2023 für den Ersatz dieses einzelnen Bauteils in der thermischen Hülle?

Lösung: Mit $U_{G,real}$ = 0,32 W/(m² · K) $\nleq$ 0,30 W/(m² · K) = $U_{G,max}$ aus Tabelle 5.48, Nr. 6a, ist diese Anforderung *nicht* erfüllt! Die neue Bodenplatte müsste besser gedämmt werden.

5.7.4 Austausch- und Nachrüstpflichten im Bestand

Gemäß GEG 2023 § 47 [5.1], [5.2] gelten folgende Austausch- und Nachrüstpflichten bei Gebäuden:

- Bisher ungedämmte, aber zugängliche oberste Geschossdecken – und zwar *begehbare* und *nicht begehbare* – (Bild 5.43) müssen mit U_{max} = 0,24 W/(m² · K) nachgedämmt werden – diese Anforderung gilt aber nur, wenn die Decke nicht dem Mindestwärmeschutz nach DIN 4108-2:2013-02 [5.37] entspricht (vgl. Abschnitt 2.6). Diese Pflicht zur energetischen Verbesserung genügt dem Wirtschaftlichkeitsgebot aus GEG 2023 § 5, es handelt sich hier um eine der wirtschaftlichsten Maßnahmen zur Energieeinsparung im Bestand [5.32].

Hinweis: Alternativ kann das darüberliegende, bisher ungedämmte Dach gedämmt werden.

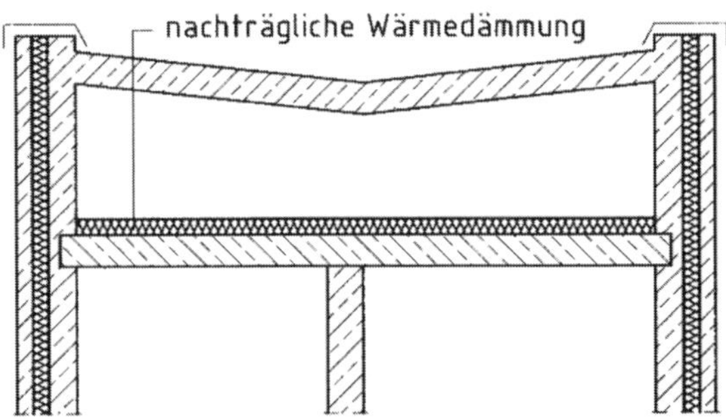

Bild 5.43: Zugängliche oberste Geschossdecke, beispielhaft in nicht begehbarem Dachgeschoss (Kriechboden, hier bereits mit nachträglicher Wärmedämmung)

Ausnahmen:

– Die Dämmung der obersten Geschossdecke (wie auch von Wärmeverteilungs- und Warmwasserleitungen sowie Armaturen) muss nicht durchgeführt werden, wenn diese unwirtschaftlich wäre.

– Ausgenommen sind gemäß § 47 (3) am 01.02.2002 vom Eigentümer selbst bewohnte Ein- und Zweifamilienhäuser, bei denen die Dämmung der obersten Geschossdecke erst innerhalb von zwei Jahren nach dem ersten Eigentümerwechsel ausgeführt sein muss.

- Ungedämmte Wärmeverteilungs- und Warmwasserleitungen sowie Armaturen in unbeheizten Räumen sind nach den heutigen Anforderungen nachzudämmen, d. h. entsprechend Tabelle 4.3 mit Bild 4.19 in Abschnitt 4.2.4. Dies hat sich in entsprechenden Studien als eine sehr wirtschaftliche Maßnahme herausgestellt [5.111]. Ausgenommen sind gemäß GEG § 73 am 01.02.2002 vom Eigentümer selbst bewohnte Ein- und Zweifamilienhäuser, bei denen die Dämmung erst im Falle eines Eigentümerwechsels notwendig wird.
- Heizkessel für flüssige oder gasförmige Brennstoffe, die *vor* 1991 eingebaut wurden, dürfen gemäß GEG 2023 § 72 (1), (2) nicht mehr betrieben werden. Wurden die entsprechenden Heizkessel *ab* 01.01.1991 eingebaut, dürfen sie nach Ablauf von 30 Jahren nicht mehr betrieben werden. Ausgenommen sind gemäß GEG § 73 am 01.02.2002 vom Eigentümer selbst bewohnte Ein- und Zweifamilienhäuser, bei denen der Heizkessel erst im Falle eines Eigentümerwechsels ausgetauscht werden muss.
- Ab dem 1. Januar 2026 gilt ein Verbot für neue Heizkessel, die mit Heizöl oder festen fossilen Brennstoffen befeuert werden. Ausgenommen sind gemäß GEG 2023 § 72 (4) Bestandsgebäude, wenn z. B.

- kein Anschluss an ein Gasversorgungsnetz oder an ein Fernwärmeverteilungsnetz hergestellt werden kann oder
- anteilig erneuerbare Energien genutzt werden.

Ausgenommen sind ferner gemäß GEG § 73 am 01.02.2002 vom Eigentümer selbst bewohnte Ein- und Zweifamilienhäuser, bei denen der Heizkessel erst im Falle eines Eigentümerwechsels ausgetauscht werden muss.

Aufgehoben wurde bereits in der EnEV 2014 (fortgeltend im GEG 2023) die in der EnEV 2009 [5.9] § 10a vorgesehene *Außerbetriebnahme von elektrischen Nachtspeicherheizungen*, da Speicherheizungen künftig als Strom nutzende Energiespeicher bei Wind- oder Solarstromüberschuss wieder an Bedeutung gewinnen sollen.

5.7.5 Kleine Gebäude und Erweiterung bestehender Gebäude

Gemäß GEG 2023 § 104 [5.1], [5.2] ist es bei zu errichtenden *kleinen Gebäuden* – das sind Neubauten mit ≤ 50 m² beheizter oder gekühlter Nutzfläche – ausreichend, wenn deren Bauteile in der thermischen Hülle die Anforderungen für den erstmaligen Einbau nach GEG 2023 § 48 (Tabelle 5.48 in Abschnitt 5.7.3) einhalten. Das Gleiche gilt für Bauten aus *Raumzellen* von jeweils ≤ 50 m², wenn diese für eine Nutzungsdauer von maximal fünf Jahren bestimmt sind.

Nach GEG 2023 § 51 (1) Nr. 1 muss bei *Erweiterung bestehender Wohngebäude* der ermittelte spezifische Transmissionswärmeverlust der neu hinzukommenden beheizten oder gekühlten Räume $H_{T,real}$ in W/K – als $H'_{T,real}$ in W/(m² · K) auf die wärmeübertragende Umfassungsfläche A bezogen – folgende Ungleichung mit $H'_{T,ref}$ des Referenzgebäudes einhalten:

$$H'_{T,real} = H_{T,real}/A \leq 1{,}2 \cdot H'_{T,ref} \qquad (5.84)$$

Nach GEG 2023 § 51 (1) Nr. 2 dürfen bei *Erweiterung bestehender Nichtwohngebäude* die mittleren Wärmedurchgangskoeffizienten der wärmeübertragenden Umfassungsfläche der Außenbauteile der neu hinzukommenden beheizten oder gekühlten Räume für jede Bauteilgruppe $j = 1, \ldots, 4$ die auf eine Nachkommastelle gerundeten 1,25-fachen Höchstwerte gemäß GEG 2023 Anlage 3 (für $U_{m,j,max}$ s. Tabelle 5.4 in Abschnitt 5.3.1) nicht überschreiten:

$$U_{m,j,real} \leq 1{,}2 \cdot (1{,}25 \cdot U_{m,j,max}) = 1{,}5 \cdot U_{m,j,max} \qquad (5.85)$$

Ferner ist nach GEG 2023 § 51 (2) zu unterscheiden, ob ein bestehendes Gebäude um $\leq 50\ m^2$ oder $> 50\ m^2$ beheizte oder gekühlte Nutzfläche erweitert wird – im letzteren Fall sind die Anforderungen des sommerlichen Wärmeschutzes nach GEG 2023 § 14 einzuhalten (vgl. Abschnitt 5.3.1 und Abschnitt 2.15).

5.8 Energieausweise

5.8.1 Allgemeines

Generell ist gemäß der EU-Richtlinie „Gesamtenergieeffizienz von Gebäuden“ [5.112] bei jedem Mieter- oder Eigentümerwechsel ein Energieausweis auszuhändigen oder bei er Besichtigung auszuhängen (Kopie ausreichend) – nach GEG 2023 § 79 (4) [5.1], [5.2] jedoch nicht für *kleine Gebäude* (zur Definition vgl. Abschnitt 5.2) und *Baudenkmale*. Hinweise dazu:

- Um den Empfänger nicht zu überfordern, umfasste der Energieausweis nach EnEV 2007/09 [5.7], [5.9] nur vier Seiten, ggf. im Bestand ergänzt um Modernisierungsempfehlungen. Die EnEV 2014/16 [5.10] wie auch das GEG 2020/23 §§ 79 ff. fordern generell fünf Seiten inkl. Modernisierungsempfehlungen. Die Formblätter für die Energieausweise und Musteraushänge für Gebäude mit starkem Publikumsverkehr (praktisch nur Nichtwohngebäude)
  - aus öffentlicher Nutzung bei > 250 m^2 Nettogrundfläche bzw.
  - aus privater Nutzung bei > 500 m^2 Nettogrundfläche

  wurden im Bundesanzeiger bekannt gemacht [5.113] (in Bild 5.44 beispielhaft der Energieausweis für *Wohngebäude*, in Bild 5.45 der Musteraushang für ein *Nichtwohngebäude*).

  Prinzipiell soll die Darstellung der Energieeffizienz für das Gebäude erfolgen, d. h., der Energieausweis wird für das *gesamte* Gebäude und nicht pro Wohnung oder Nutzungseinheit erstellt, da die Auslegung heizungs- und raumlufttechnischer Anlagen in Deutschland nicht pro Wohnung oder Nutzungseinheit, sondern je Gebäude erfolgt (s. dazu auch *Auslegung* zu § 79 Absatz 2 Satz 1 GEG [5.30]). *Ausnahme*:
  - Für Wohngebäude, bei denen ein nicht unerheblicher Teil nicht für Wohnzwecke genutzt wird, bzw.
  - für Nichtwohngebäude, bei denen ein nicht unerheblicher Teil für Wohnzwecke genutzt wird,

  ist je ein Energieausweis für den Wohngebäudeteil und den Nichtwohngebäudeteil zu erstellen (vgl. Abschnitt 5.2).

Das Bundesinstitut für Bau-, Stadt- und Raumplanung (BBSR) hat eine sog. Druckapplikation für die Softwarehersteller entwickelt, mit welcher Energieausweise direkt aus der Energieberater-Software ausgedruckt werden können.

Grundsätzlich sind Energieausweise zehn Jahre gültig (auch solche, die gemäß früheren Fassungen der EnEV oder des GEG ausgestellt wurden), sie verlieren jedoch nach GEG § 79 (3) ihre Gültigkeit, wenn durch bestimmte Änderungen und Erweiterungen für das *gesamte* Gebäude eine Neuberechnung durchgeführt werden muss, aus der sich dann ein neuer Energieausweis ergibt.

Gemäß GEG § 87 sind in *Immobilienanzeigen* zu nennen:

- die Art des Energieausweises (Energiebedarfs- oder Energieverbrauchsausweis, s. Abschnitt 5.8.3),
- der im Energieausweis genannte Wert des Endenergiebedarfs oder -verbrauchs,

ENERGIEAUSWEIS für Wohngebäude

gemäß den §§ 79 ff. Gebäudeenergiegesetz (GEG) vom [1]

Gültig bis: | Registriernummer: | 1

Gebäude

Gebäudetyp		Gebäudefoto (freiwillig)
Adresse		
Gebäudeteil [2]		
Baujahr Gebäude [3]		
Baujahr Wärmeerzeuger [3, 4]		
Anzahl der Wohnungen		
Gebäudenutzfläche (A_N)	☐ nach § 82 GEG aus der Wohnfläche ermittelt	
Wesentliche Energieträger für Heizung [3]		
Wesentliche Energieträger für Warmwasser [3]		
Erneuerbare Energien	Art:	Verwendung:
Art der Lüftung [3]	☐ Fensterlüftung ☐ Schachtlüftung	☐ Lüftungsanlage mit Wärmerückgewinnung ☐ Lüftungsanlage ohne Wärmerückgewinnung
Art der Kühlung [3]	☐ Passive Kühlung ☐ Gelieferte Kälte	☐ Kühlung aus Strom ☐ Kühlung aus Wärme
Inspektionspflichtige Klimaanlagen [5]	Anzahl:	Nächstes Fälligkeitsdatum der Inspektion:
Anlass der Ausstellung des Energieausweises	☐ Neubau ☐ Vermietung/Verkauf	☐ Modernisierung (Änderung/Erweiterung) ☐ Sonstiges (freiwillig)

Hinweise zu den Angaben über die energetische Qualität des Gebäudes

Die energetische Qualität eines Gebäudes kann durch die Berechnung des **Energiebedarfs** unter Annahme von standardisierten Randbedingungen oder durch die Auswertung des **Energieverbrauchs** ermittelt werden. Als Bezugsfläche dient die energetische Gebäudenutzfläche nach dem GEG, die sich in der Regel von den allgemeinen Wohnflächenangaben unterscheidet. Die angegebenen Vergleichswerte sollen überschlägige Vergleiche ermöglichen (**Erläuterungen – siehe Seite 5**). Teil des Energieausweises sind die Modernisierungsempfehlungen (Seite 4).

☐ Der Energieausweis wurde auf der Grundlage von Berechnungen des **Energiebedarfs** erstellt (Energiebedarfsausweis). Die Ergebnisse sind auf **Seite 2** dargestellt. Zusätzliche Informationen zum Verbrauch sind freiwillig.

☐ Der Energieausweis wurde auf der Grundlage von Auswertungen des **Energieverbrauchs** erstellt (Energieverbrauchsausweis). Die Ergebnisse sind auf **Seite 3** dargestellt.

Datenerhebung Bedarf/Verbrauch durch ☐ Eigentümer ☐ Aussteller

☐ Dem Energieausweis sind zusätzliche Informationen zur energetischen Qualität beigefügt (freiwillige Angabe).

Hinweise zur Verwendung des Energieausweises

Energieausweise dienen ausschließlich der Information. Die Angaben im Energieausweis beziehen sich auf das gesamte Gebäude oder den oben bezeichneten Gebäudeteil. Der Energieausweis ist lediglich dafür gedacht, einen überschlägigen Vergleich von Gebäuden zu ermöglichen.

Aussteller (mit Anschrift und Berufsbezeichnung)	Unterschrift des Ausstellers Ausstellungsdatum

[1] Datum des angewendeten GEG, gegebenenfalls des angewendeten Änderungsgesetzes zum GEG
[2] nur im Fall des § 79 Absatz 2 Satz 2 GEG einzutragen
[3] Mehrfachangaben möglich
[4] bei Wärmenetzen Baujahr der Übergabestation
[5] Klimaanlagen oder kombinierte Lüftungs- und Klimaanlagen im Sinne des § 74 GEG

Bild 5.44: Energieausweis für Wohngebäude [5.113]

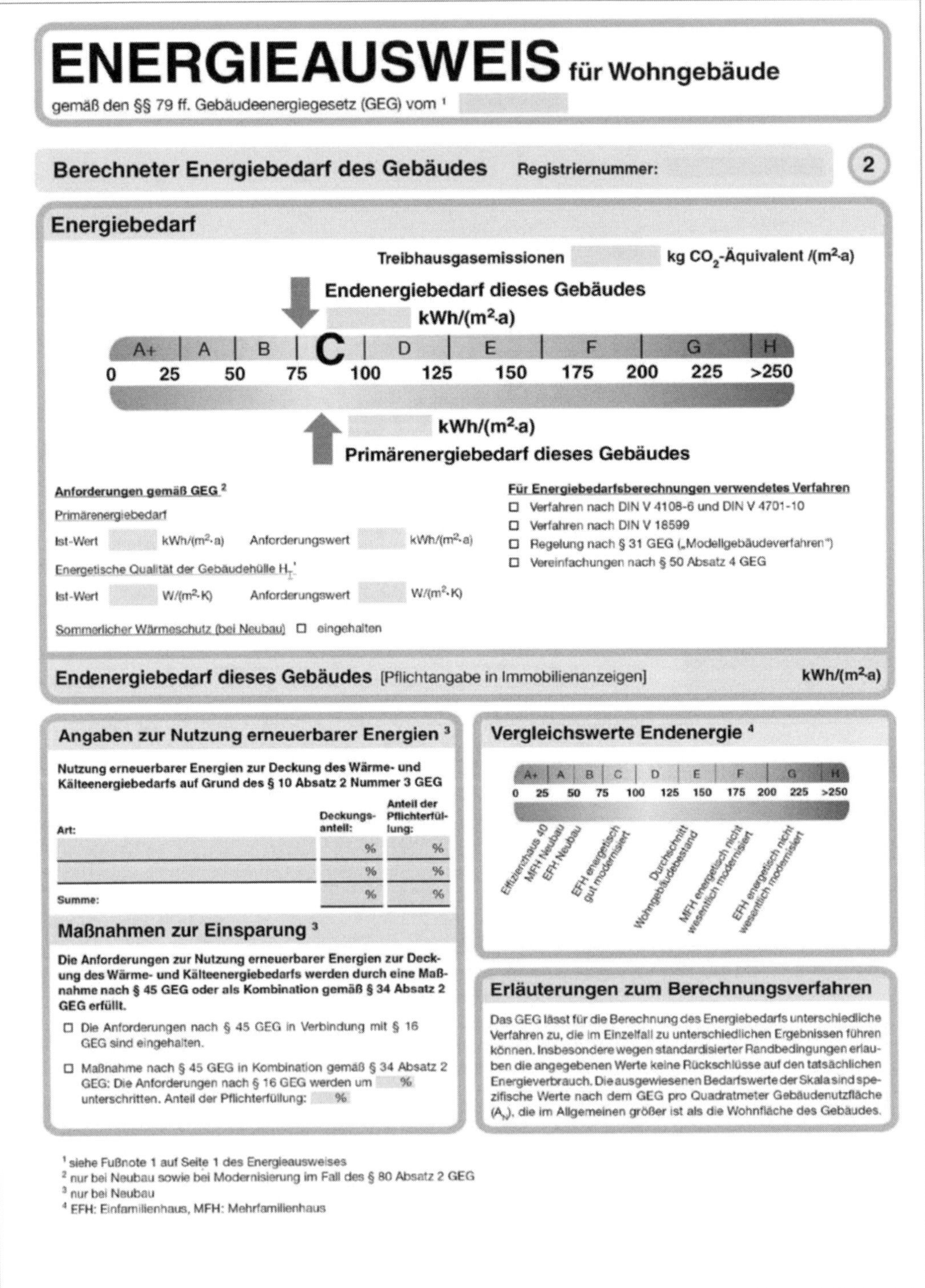

ENERGIEAUSWEIS für Wohngebäude

gemäß den §§ 79 ff. Gebäudeenergiegesetz (GEG) vom [1]

Berechneter Energiebedarf des Gebäudes Registriernummer: (2)

Energiebedarf

Treibhausgasemissionen ___ kg CO_2-Äquivalent /(m²·a)

Endenergiebedarf dieses Gebäudes ___ kWh/(m²·a)

A+ | A | B | C | D | E | F | G | H

0 25 50 75 100 125 150 175 200 225 >250

___ kWh/(m²·a) Primärenergiebedarf dieses Gebäudes

Anforderungen gemäß GEG [2]

Primärenergiebedarf

Ist-Wert ___ kWh/(m²·a) Anforderungswert ___ kWh/(m²·a)

Energetische Qualität der Gebäudehülle H_T'

Ist-Wert ___ W/(m²·K) Anforderungswert ___ W/(m²·K)

Sommerlicher Wärmeschutz (bei Neubau) ☐ eingehalten

Für Energiebedarfsberechnungen verwendetes Verfahren

- ☐ Verfahren nach DIN V 4108-6 und DIN V 4701-10
- ☐ Verfahren nach DIN V 18599
- ☐ Regelung nach § 31 GEG („Modellgebäudeverfahren")
- ☐ Vereinfachungen nach § 50 Absatz 4 GEG

Endenergiebedarf dieses Gebäudes [Pflichtangabe in Immobilienanzeigen] kWh/(m²·a)

Angaben zur Nutzung erneuerbarer Energien [3]

Nutzung erneuerbarer Energien zur Deckung des Wärme- und Kälteenergiebedarfs auf Grund des § 10 Absatz 2 Nummer 3 GEG

Art:	Deckungsanteil:	Anteil der Pflichterfüllung:
	%	%
	%	%
Summe:	%	%

Maßnahmen zur Einsparung [3]

Die Anforderungen zur Nutzung erneuerbarer Energien zur Deckung des Wärme- und Kälteenergiebedarfs werden durch eine Maßnahme nach § 45 GEG oder als Kombination gemäß § 34 Absatz 2 GEG erfüllt.

- ☐ Die Anforderungen nach § 45 GEG in Verbindung mit § 16 GEG sind eingehalten.
- ☐ Maßnahme nach § 45 GEG in Kombination gemäß § 34 Absatz 2 GEG: Die Anforderungen nach § 16 GEG werden um ___ % unterschritten. Anteil der Pflichterfüllung: ___ %

Vergleichswerte Endenergie [4]

A+ | A | B | C | D | E | F | G | H

0 25 50 75 100 125 150 175 200 225 >250

Effizienzhaus 40
MFH Neubau
EFH Neubau
EFH energetisch gut modernisiert
Durchschnitt Wohngebäudebestand
MFH energetisch nicht wesentlich modernisiert
EFH energetisch nicht wesentlich modernisiert

Erläuterungen zum Berechnungsverfahren

Das GEG lässt für die Berechnung des Energiebedarfs unterschiedliche Verfahren zu, die im Einzelfall zu unterschiedlichen Ergebnissen führen können. Insbesondere wegen standardisierter Randbedingungen erlauben die angegebenen Werte keine Rückschlüsse auf den tatsächlichen Energieverbrauch. Die ausgewiesenen Bedarfswerte der Skala sind spezifische Werte nach dem GEG pro Quadratmeter Gebäudenutzfläche (A_N), die im Allgemeinen größer ist als die Wohnfläche des Gebäudes.

[1] siehe Fußnote 1 auf Seite 1 des Energieausweises
[2] nur bei Neubau sowie bei Modernisierung im Fall des § 80 Absatz 2 GEG
[3] nur bei Neubau
[4] EFH: Einfamilienhaus, MFH: Mehrfamilienhaus

Bild 5.44 (Forts.): Energieausweis für Wohngebäude [5.113]

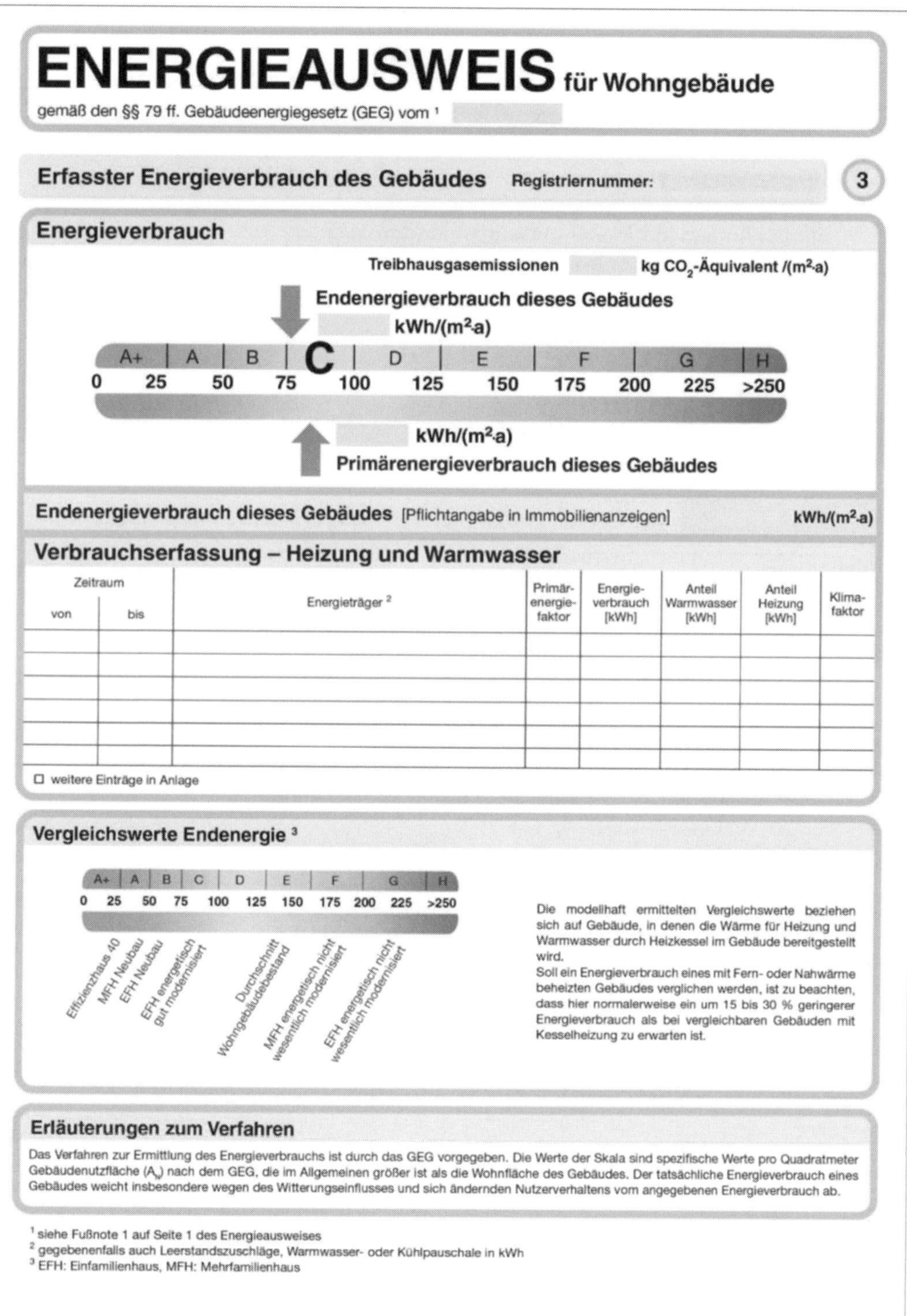

ENERGIEAUSWEIS für Wohngebäude

gemäß den §§ 79 ff. Gebäudeenergiegesetz (GEG) vom [1]

Erfasster Energieverbrauch des Gebäudes — Registriernummer: — 3

Energieverbrauch

Treibhausgasemissionen kg CO_2-Äquivalent /(m²·a)

Endenergieverbrauch dieses Gebäudes

kWh/(m²·a)

A+ | A | B | C | D | E | F | G | H

0 25 50 75 100 125 150 175 200 225 >250

kWh/(m²·a)

Primärenergieverbrauch dieses Gebäudes

Endenergieverbrauch dieses Gebäudes [Pflichtangabe in Immobilienanzeigen] kWh/(m²·a)

Verbrauchserfassung – Heizung und Warmwasser

Zeitraum		Energieträger [2]	Primärenergiefaktor	Energieverbrauch [kWh]	Anteil Warmwasser [kWh]	Anteil Heizung [kWh]	Klimafaktor
von	bis						

☐ weitere Einträge in Anlage

Vergleichswerte Endenergie [3]

A+ | A | B | C | D | E | F | G | H

0 25 50 75 100 125 150 175 200 225 >250

Effizienzhaus 40, MFH Neubau, EFH Neubau, EFH energetisch gut modernisiert, Durchschnitt Wohngebäudebestand, MFH energetisch nicht wesentlich modernisiert, EFH energetisch nicht wesentlich modernisiert

Die modellhaft ermittelten Vergleichswerte beziehen sich auf Gebäude, in denen die Wärme für Heizung und Warmwasser durch Heizkessel im Gebäude bereitgestellt wird.

Soll ein Energieverbrauch eines mit Fern- oder Nahwärme beheizten Gebäudes verglichen werden, ist zu beachten, dass hier normalerweise ein um 15 bis 30 % geringerer Energieverbrauch als bei vergleichbaren Gebäuden mit Kesselheizung zu erwarten ist.

Erläuterungen zum Verfahren

Das Verfahren zur Ermittlung des Energieverbrauchs ist durch das GEG vorgegeben. Die Werte der Skala sind spezifische Werte pro Quadratmeter Gebäudenutzfläche (A_N) nach dem GEG, die im Allgemeinen größer ist als die Wohnfläche des Gebäudes. Der tatsächliche Energieverbrauch eines Gebäudes weicht insbesondere wegen des Witterungseinflusses und sich ändernden Nutzerverhaltens vom angegebenen Energieverbrauch ab.

[1] siehe Fußnote 1 auf Seite 1 des Energieausweises
[2] gegebenenfalls auch Leerstandszuschläge, Warmwasser- oder Kühlpauschale in kWh
[3] EFH: Einfamilienhaus, MFH: Mehrfamilienhaus

Bild 5.44 (Forts.): Energieausweis für Wohngebäude [5.113]

ENERGIEAUSWEIS für Wohngebäude

gemäß den §§ 79 ff. Gebäudeenergiegesetz (GEG) vom [1]

Empfehlungen des Ausstellers

Registriernummer: 4

Empfehlungen zur kostengünstigen Modernisierung

Maßnahmen zur kostengünstigen Verbesserung der Energieeffizienz sind ☐ möglich ☐ nicht möglich

Empfohlene Modernisierungsmaßnahmen

Nr.	Bau- oder Anlagenteile	Maßnahmenbeschreibung in einzelnen Schritten	empfohlen		(freiwillige Angaben)	
			in Zusammenhang mit größerer Modernisierung	als Einzelmaßnahme	geschätzte Amortisationszeit	geschätzte Kosten pro eingesparte Kilowattstunde Endenergie
			☐	☐		
			☐	☐		
			☐	☐		
			☐	☐		
			☐	☐		

☐ weitere Einträge in Anlage

Hinweis: Modernisierungsempfehlungen für das Gebäude dienen lediglich der Information. Sie sind nur kurz gefasste Hinweise und kein Ersatz für eine Energieberatung.

Genauere Angaben zu den Empfehlungen sind erhältlich bei/unter:

Ergänzende Erläuterungen zu den Angaben im Energieausweis (Angaben freiwillig)

[1] siehe Fußnote 1 auf Seite 1 des Energieausweises

Bild 5.44 (Forts.): Energieausweis für Wohngebäude [5.113]

ENERGIEAUSWEIS für Wohngebäude

gemäß den §§ 79 ff. Gebäudeenergiegesetz (GEG) vom [1]

Erläuterungen

5

Angabe Gebäudeteil - Seite 1

Bei Wohngebäuden, die zu einem nicht unerheblichen Anteil zu anderen als Wohnzwecken genutzt werden, ist die Ausstellung des Energieausweises gemäß § 79 Absatz 2 Satz 2 GEG auf den Gebäudeteil zu beschränken, der getrennt als Wohngebäude zu behandeln ist (siehe im Einzelnen § 106 GEG). Dies wird im Energieausweis durch die Angabe „Gebäudeteil" deutlich gemacht.

Erneuerbare Energien - Seite 1

Hier wird darüber informiert, wofür und in welcher Art erneuerbare Energien genutzt werden. Bei Neubauten enthält Seite 2 (Angaben zur Nutzung erneuerbarer Energien) dazu weitere Angaben.

Energiebedarf - Seite 2

Der Energiebedarf wird hier durch den Jahres-Primärenergiebedarf und den Endenergiebedarf dargestellt. Diese Angaben werden rechnerisch ermittelt. Die angegebenen Werte werden auf der Grundlage der Bauunterlagen bzw. gebäudebezogener Daten und unter Annahme von standardisierten Randbedingungen (z. B. standardisierte Klimadaten, definiertes Nutzerverhalten, standardisierte Innentemperatur und innere Wärmegewinne usw.) berechnet. So lässt sich die energetische Qualität des Gebäudes unabhängig vom Nutzerverhalten und von der Wetterlage beurteilen. Insbesondere wegen der standardisierten Randbedingungen erlauben die angegebenen Werte keine Rückschlüsse auf den tatsächlichen Energieverbrauch.

Primärenergiebedarf - Seite 2

Der Primärenergiebedarf bildet die Energieeffizienz des Gebäudes ab. Er berücksichtigt neben der Endenergie mithilfe von Primärenergiefaktoren auch die so genannte „Vorkette" (Erkundung, Gewinnung, Verteilung, Umwandlung) der jeweils eingesetzten Energieträger (z. B. Heizöl, Gas, Strom, erneuerbare Energien etc.). Ein kleiner Wert signalisiert einen geringen Bedarf und damit eine hohe Energieeffizienz sowie eine die Ressourcen und die Umwelt schonende Energienutzung.

Energetische Qualität der Gebäudehülle – Seite 2

Angegeben ist der spezifische, auf die wärmeübertragende Umfassungsfläche bezogene Transmissionswärmeverlust. Er beschreibt die durchschnittliche energetische Qualität aller wärmeübertragenden Umfassungsflächen (Außenwände, Decken, Fenster etc.) eines Gebäudes. Ein kleiner Wert signalisiert einen guten baulichen Wärmeschutz. Außerdem stellt das GEG bei Neubauten Anforderungen an den sommerlichen Wärmeschutz (Schutz vor Überhitzung) eines Gebäudes.

Endenergiebedarf - Seite 2

Der Endenergiebedarf gibt die nach technischen Regeln berechnete, jährlich benötigte Energiemenge für Heizung, Lüftung und Warmwasserbereitung an. Er wird unter Standardklima- und Standardnutzungsbedingungen errechnet und ist ein Indikator für die Energieeffizienz eines Gebäudes und seiner Anlagentechnik. Der Endenergiebedarf ist die Energiemenge, die dem Gebäude unter der Annahme von standardisierten Bedingungen und unter Berücksichtigung der Energieverluste zugeführt werden muss, damit die standardisierte Innentemperatur, der Warmwasserbedarf und die notwendige Lüftung sichergestellt werden können. Ein kleiner Wert signalisiert einen geringen Bedarf und damit eine hohe Energieeffizienz.

Angaben zur Nutzung erneuerbarer Energien – Seite 2

Nach dem GEG müssen Neubauten in bestimmtem Umfang erneuerbare Energien zur Deckung des Wärme- und Kälteenergiebedarfs nutzen. In dem Feld „Angaben zur Nutzung erneuerbarer Energien" sind die Art der eingesetzten erneuerbaren Energien, der prozentuale Deckungsanteil am Wärme- und Kälteenergiebedarf und der prozentuale Anteil der Pflichterfüllung abzulesen. Das Feld „Maßnahmen zur Einsparung" wird ausgefüllt, wenn die Anforderungen des GEG teilweise oder vollständig durch Unterschreitung der Anforderungen an den baulichen Wärmeschutz gemäß § 45 GEG erfüllt werden.

Endenergieverbrauch - Seite 3

Der Endenergieverbrauch wird für das Gebäude auf der Basis der Abrechnungen von Heiz- und Warmwasserkosten nach der Heizkostenverordnung oder auf Grund anderer geeigneter Verbrauchsdaten ermittelt. Dabei werden die Energieverbrauchsdaten des gesamten Gebäudes und nicht der einzelnen Wohneinheiten zugrunde gelegt. Der erfasste Energieverbrauch für die Heizung wird anhand der konkreten örtlichen Wetterdaten und mithilfe von Klimafaktoren auf einen deutschlandweiten Mittelwert umgerechnet. So führt beispielsweise ein hoher Verbrauch in einem einzelnen harten Winter nicht zu einer schlechteren Beurteilung des Gebäudes. Der Endenergieverbrauch gibt Hinweise auf die energetische Qualität des Gebäudes und seiner Heizungsanlage. Ein kleiner Wert signalisiert einen geringen Verbrauch. Ein Rückschluss auf den künftig zu erwartenden Verbrauch ist jedoch nicht möglich; insbesondere können die Verbrauchsdaten einzelner Wohneinheiten stark differieren, weil sie von der Lage der Wohneinheiten im Gebäude, von der jeweiligen Nutzung und dem individuellen Verhalten der Bewohner abhängen.
Im Fall längerer Leerstände wird hierfür ein pauschaler Zuschlag rechnerisch bestimmt und in die Verbrauchserfassung einbezogen. Im Interesse der Vergleichbarkeit wird bei dezentralen, in der Regel elektrisch betriebenen Warmwasseranlagen der typische Verbrauch über eine Pauschale berücksichtigt. Gleiches gilt für den Verbrauch von eventuell vorhandenen Anlagen zur Raumkühlung. Ob und inwieweit die genannten Pauschalen in die Erfassung eingegangen sind, ist der Tabelle „Verbrauchserfassung" zu entnehmen.

Primärenergieverbrauch - Seite 3

Der Primärenergieverbrauch geht aus dem für das Gebäude ermittelten Endenergieverbrauch hervor. Wie der Primärenergiebedarf wird er mithilfe von Primärenergiefaktoren ermittelt, die die Vorkette der jeweils eingesetzten Energieträger berücksichtigen.

Treibhausgasemissionen – Seite 2 und 3

Die mit dem Primärenergiebedarf oder dem Primärenergieverbrauch verbundenen Treibhausgasemissionen des Gebäudes werden als äquivalente Kohlendioxidemissionen ausgewiesen.

Pflichtangaben für Immobilienanzeigen - Seite 2 und 3

Nach dem GEG besteht die Pflicht, in Immobilienanzeigen die in § 87 Absatz 1 GEG genannten Angaben zu machen. Die dafür erforderlichen Angaben sind dem Energieausweis zu entnehmen, je nach Ausweisart der Seite 2 oder 3.

Vergleichswerte – Seite 2 und 3

Die Vergleichswerte auf Endenergieebene sind modellhaft ermittelte Werte und sollen lediglich Anhaltspunkte für grobe Vergleiche der Werte dieses Gebäudes mit den Vergleichswerten anderer Gebäude sein. Es sind Bereiche angegeben, innerhalb derer ungefähr die Werte für die einzelnen Vergleichskategorien liegen.

[1] siehe Fußnote 1 auf Seite 1 des Energieausweises

Bild 5.44 (Forts.): Energieausweis für Wohngebäude [5.113]

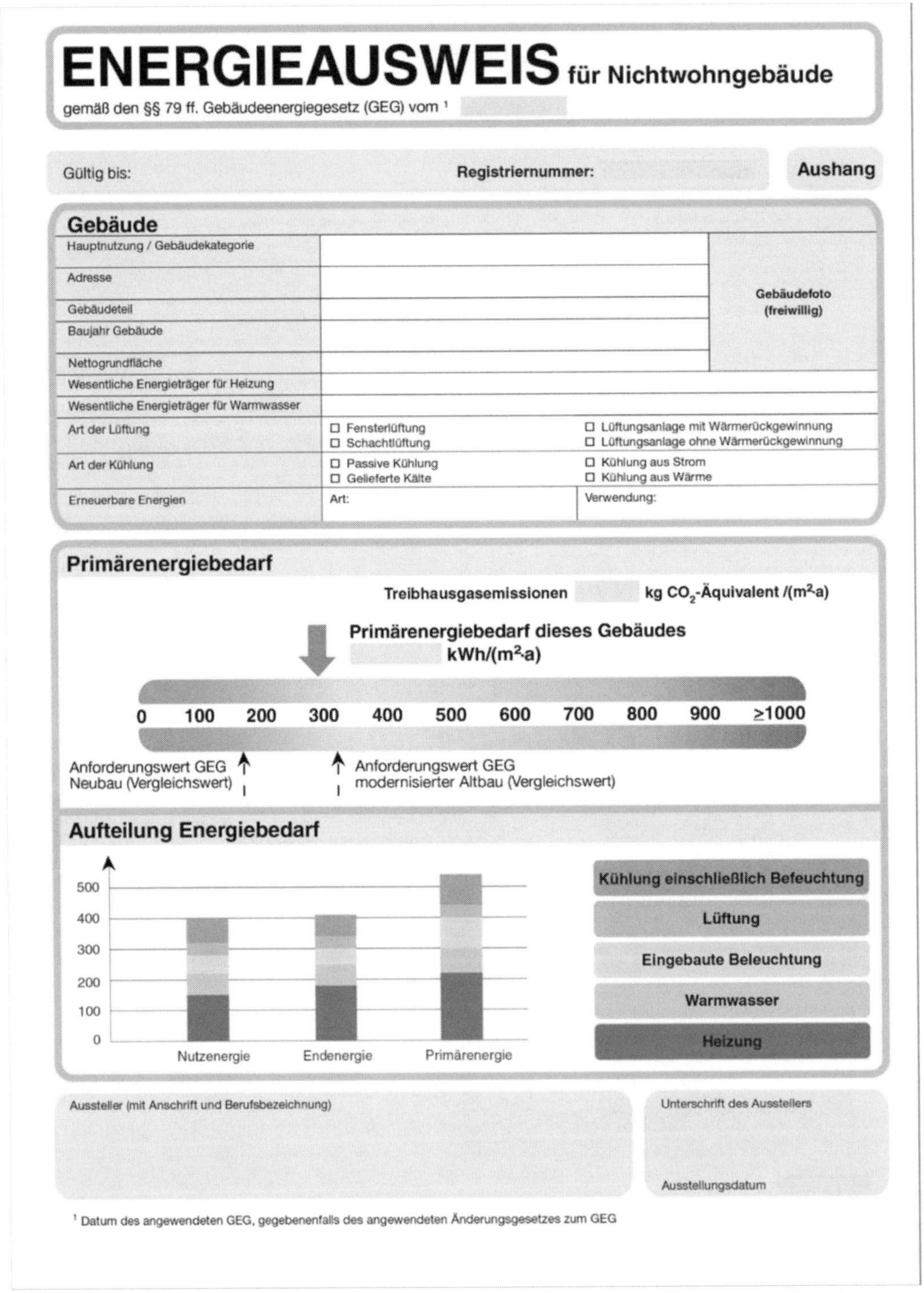

ENERGIEAUSWEIS für Nichtwohngebäude

gemäß den §§ 79 ff. Gebäudeenergiegesetz (GEG) vom [1]

Gültig bis: Registriernummer: **Aushang**

Gebäude

Hauptnutzung / Gebäudekategorie		**Gebäudefoto (freiwillig)**
Adresse		
Gebäudeteil		
Baujahr Gebäude		
Nettogrundfläche		
Wesentliche Energieträger für Heizung		
Wesentliche Energieträger für Warmwasser		
Art der Lüftung	☐ Fensterlüftung ☐ Schachtlüftung	☐ Lüftungsanlage mit Wärmerückgewinnung ☐ Lüftungsanlage ohne Wärmerückgewinnung
Art der Kühlung	☐ Passive Kühlung ☐ Gelieferte Kälte	☐ Kühlung aus Strom ☐ Kühlung aus Wärme
Erneuerbare Energien	Art:	Verwendung:

Primärenergiebedarf

Treibhausgasemissionen **kg CO_2-Äquivalent /(m^2·a)**

Primärenergiebedarf dieses Gebäudes
kWh/(m^2·a)

0 100 200 300 400 500 600 700 800 900 ≥1000

Anforderungswert GEG Neubau (Vergleichswert)

Anforderungswert GEG modernisierter Altbau (Vergleichswert)

Aufteilung Energiebedarf

500
400
300
200
100
0

Nutzenergie Endenergie Primärenergie

Kühlung einschließlich Befeuchtung
Lüftung
Eingebaute Beleuchtung
Warmwasser
Heizung

Aussteller (mit Anschrift und Berufsbezeichnung)

Unterschrift des Ausstellers

Ausstellungsdatum

[1] Datum des angewendeten GEG, gegebenenfalls des angewendeten Änderungsgesetzes zum GEG

Bild 5.45: Musteraushang Energieausweis für ein Nichtwohngebäude [5.113]

- die im Energieausweis genannten wesentlichen Energieträger für die Heizung,
- das im Energieausweis genannte Baujahr des Gebäudes sowie
- bei Wohngebäuden die im Energieausweis genannte Energieeffizienzklasse (zwischen A+ und H nach GEG, Anlage 10, vgl. Bild 5.44, Seiten 2 und 3).

Bei älteren, noch gültigen Energieausweisen kann die entsprechende Energieeffizienzklasse nachträglich ermittelt werden.

5.8.2 Energieausweise für zu errichtende Gebäude

In GEG 2023 § 80 [5.1], [5.2] heißt es (Hervorhebungen und Spiegelstriche nicht im Original):

„(1) Wird ein Gebäude errichtet, ist ein Energiebedarfsausweis unter Zugrundelegung der energetischen Eigenschaften des fertiggestellten Gebäudes auszustellen. Der Eigentümer hat sicherzustellen, dass der Energieausweis unverzüglich nach Fertigstellung des Gebäudes ausgestellt und ihm der Energieausweis oder eine Kopie hiervon übergeben wird. Die Sätze 1 und 2 sind für den Bauherren entsprechend anzuwenden, wenn der Eigentümer nicht zugleich Bauherr des Gebäudes ist. Der Eigentümer hat den Energieausweis der nach Landesrecht zuständigen Behörde auf Verlangen vorzulegen. …“

Hinweis: „Zugrundelegung der energetischen Eigenschaften des fertig gestellten Gebäudes“ bedeutet, dass die Nachweise entsprechend dem Baufortschritt mit möglichen Änderungen nachzuführen sind, sodass tatsächlich das *endgültige* Gebäude dokumentiert ist.

Die aus der Berechnung des Jahres-End- und -Primärenergiebedarfs (vgl. Abschnitt 5.6) in den Energieausweis zu übernehmenden Werte sind in GEG § 85 aufgezählt – sie erklären sich aber anhand der Formblätter selbst (vgl. Bild 5.44).

5.8.3 Energieausweise für Gebäude im Bestand

Für *sämtliche* Gebäude ist gemäß EU-Richtlinie *Gesamtenergieeffizienz von Gebäuden* [5.114] bei jedem Eigentümer- oder Mieterwechsel ein Energieausweis auszuhändigen oder in Kopie zu übergeben – auch für Gebäude im Bestand. Um den Aufwand zu begrenzen, dürfen hierbei Vereinfachungen beim geometrischen Aufmaß wie auch bei der energetischen Qualität der Bauteile und der Anlagentechnik angesetzt werden, die sich finden

- in der „Bekanntmachung der Regeln zur Datenaufnahme und Datenverwendung im Wohngebäudebestand“ [5.116] bzw.
- in der „Bekanntmachung der Regeln zur Datenaufnahme und Datenverwendung im Nichtwohngebäudebestand“ [5.117].

Nach langwieriger Diskussion der Vor- und Nachteile im Vorfeld der EnEV 2007/09 [5.7], [5.9] ist die Ausstellung von Energieausweisen im Bestand im GEG 2020/23 [5.1], [5.2] (unverändert gegenüber der EnEV 2014/16) wie folgt geregelt (Bild 5.46):

- Für bestehende Gebäude sind Energieausweise auf der Grundlage
  - des berechneten Energie*bedarfs* (= Energiebedarfsausweise nach GEG § 81) und
  - des gemessenen Energie*verbrauchs* (= Energieverbrauchsausweise nach GEG § 82)

gleichwertig – es dürfen auch beide Werte angegeben werden. Für zu errichtende Gebäude liegen noch keine Verbrauchsdaten vor; deshalb sind hier nur Energieausweise aufgrund des berechneten Energiebedarfs zulässig (Bild 5.46 rechts, vgl. Abschnitt 5.8.2).

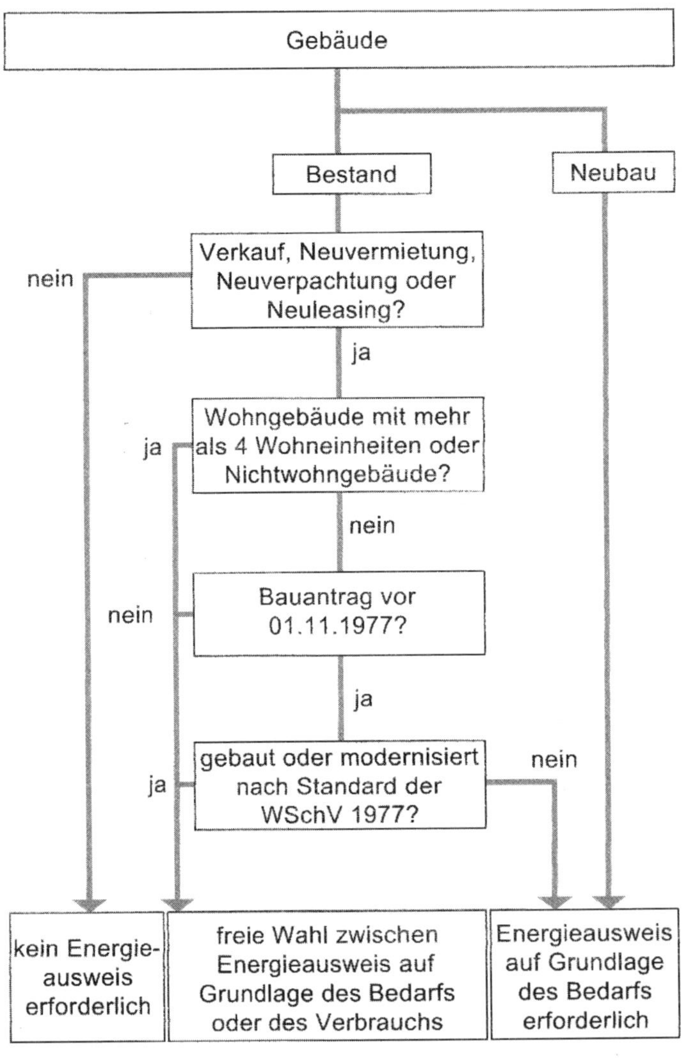

Bild 5.46: Erfordernis bestimmter Energieausweise (nach [5.115])

- Für *Wohngebäude* gilt allerdings eine Sonderregelung: Hier ist aufwendig zu prüfen, ob das Gebäude dem Standard der Wärmeschutzverordnung 1977 (WSchV 1977) entspricht. Um diese Prüfung überhaupt zu ermöglichen, sind in der „Bekanntmachung der Regeln zur Datenaufnahme und Datenverwendung im Wohngebäudebestand" [5.116] die Anforderungen der WSchV 1977 erneut abgedruckt (Ausschnitte s. Tabellen 5.49 und 5.50 mit Bild 5.47).

- Trotz der gemäß GEG 2023 § 85 (4) geforderten Nennung im Energieausweis (vgl. Abschnitt 5.8.1) haben die Modernisierungsempfehlungen keine direkte Rechtswirkung, d. h., kein Gebäudeeigentümer wird durch das GEG gezwungen, Maßnahmen zur energetischen Verbesserung zu ergreifen!

Tabelle 5.49: Höchstwerte der mittleren Wärmedurchgangskoeffizienten des Gebäudes $U_{m,max}$ in Abhängigkeit vom Formfaktor A/V_e (vgl. dazu Bild 2.6 in Abschnitt 2.3) nach WSchV 1977 [5.116]

A/V_e in m^{-1}	$\leq$0,24	0,30	0,40	0,50	0,60	0,70	0,80	0,90	1,00	1,10	$\geq$1,20
$U_{m,max}$ in W/(m² · K)	1,40	1,24	1,09	0,99	0,93	0,88	0,85	0,82	0,80	0,78	0,77

Tabelle 5.50: Höchstwerte der Wärmedurchgangskoeffizienten für Bauteile nach WSchV 1977 [5.116]

Bauteil	U_{max} **in W/(m² · K)**
Mittelwert von Außenwänden und Fenstern, wenn der Gebäudegrundriss von einem Quadrat von 15 m Seitenlänge umschrieben wird (Bild 5.47a)	$U_{m,AW\text{-}w} \leq 1{,}45$
Mittelwert von Außenwänden und Fenstern, wenn der Gebäudegrundriss an einer Seite über ein Quadrat von 15 m Seitenlänge hinausragt (Bild 5.47b)	$U_{m,AW\text{-}w} \leq 1{,}55$
Mittelwert von Außenwänden und Fenstern, wenn der Gebäudegrundriss ein Quadrat von 15 m Seitenlänge umschreibt (Bild 5.47c)	$U_{m,AW\text{-}w} \leq 1{,}75$
Dächer, obere Geschossdecken	$U_D \leq 0{,}45$
Kellerdecken, Bauteile gegen unbeheizte Räume	$U_G \leq 0{,}80$
Decken und Wände gegen Erdreich	$U_G \leq 0{,}90$
Fenster	mind. Doppel- oder Isolierverglasung

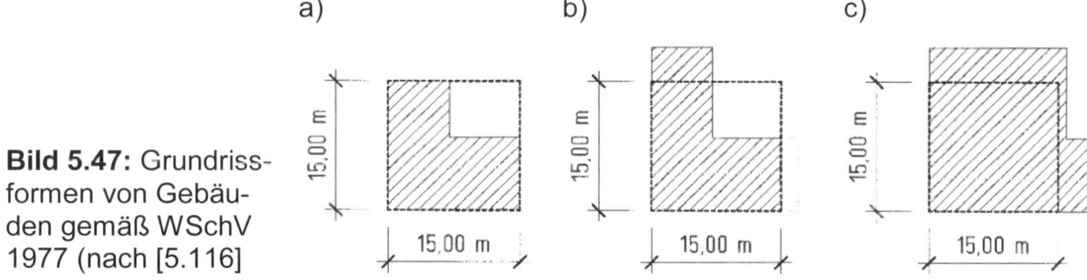

Bild 5.47: Grundrissformen von Gebäuden gemäß WSchV 1977 (nach [5.116]

Im Folgenden werden die Randbedingungen für die Erstellung der beiden o. g. Varianten des Energieausweises vorgestellt:

A Energieausweise auf Grundlage des *Bedarfs*

Nach GEG 2023 § 81 [5.1], [5.2] werden Bedarfsausweise im Bestand grundsätzlich mit den gleichen Rechenverfahren wie Neubauten berechnet. Allerdings ist dabei gemäß GEG § 81 (2) mit Verweis auf § 50 (4) Folgendes zu beachten:

- Bei der Ermittlung des Jahres-Heizwärmebedarfs sind Wärmebrücken mit einem der in Tabelle 5.51 aufgeführten Zuschläge ΔU_{WB} für die gesamte wärmeübertragende Umfassungsfläche A zu erhöhen (sofern kein genauer Nachweis mithilfe eines Wärmebrückenprogramms erfolgt, vgl. Abschnitt 5.4.3).

Tabelle 5.51: Wärmebrückenzuschlag ΔU_{WB} zur Bewertung bestehender Wohngebäude

Randbedingung	ΔU_{WB} **in W/(m² · K)**
bei vollständiger energetischer Modernisierung aller zugänglichen Wärmebrücken unter Berücksichtigung von DIN 4108 Beiblatt 2	0,03 oder 0,05
im Regelfall	0,10
wenn > 50 % der Außenwand mit einer innen liegenden Dämmschicht und einbindender Massivdecke versehen sind	0,15

Tabelle 5.52: Geometrische Vereinfachungen und Korrekturen für den Rechengang bei Wohngebäuden [5.116]

Maßnahme bzw. Bauteil	**Zulässige Vereinfachung**
Fensteraufmaß	Die Fensterbreite bei Lochfassaden kann mit 55 % der Raumbreite angenommen werden, dabei ergibt sich die Fensterhöhe aus der lichten Raumhöhe minus 1,50 m
Aufmaß Außentüren	nicht erforderlich (Türen sind im o. g. Pauschalwert für die Fensterfläche enthalten)
Rollladenkästen	10 % der Fensterfläche
Flächen der Heizkörpernischen	50 % der Fensterfläche
opake Vor- und Rücksprünge in den Fassaden bis zu 0,5 m sowie Brandriegel in Fassaden	dürfen übermessen werden
Aufzugunterfahrten, Pumpensümpfe und vergleichbare Bauteile, die als Ausbuchtung über die sonstige thermische Gebäudehülle nach unten ins Erdreich überstehen	dürfen übermessen werden
Treppenabgänge, Aufzugsschächte und Leitungsschächte, die aus dem beheizten Gebäudevolumen nach unten in einen unbeheizten Bereich führen	dürfen übermessen werden Dies gilt nicht, wenn die Innentemperatur im unbeheizten Bereich in der Heizsaison infolge starker Belüftung (z. B. Tiefgaragen) nur unwesentlich über der Außentemperatur liegt

Tabelle 5.52 (Fortsetzung): Geometrische Vereinfachungen und Korrekturen für den Rechengang bei Wohngebäuden [5.116]

Maßnahme bzw. Bauteil	**Zulässige Vereinfachung**
Treppenaufgänge, Aufzugsschächte und Leitungsschächte, die ohne wirksamen thermischen Abschluss aus dem beheizten Gebäudevolumen nach oben in einen unbeheizten Bereich führen	Für – Treppenaufgänge bis 25 m² Grundfläche und – Schächte bis 12 m² Grundfläche darf eine Ersatzfläche in der Ebene der obersten Geschossdecke liegend angenommen werden, die die gleiche Fläche besitzt wie der Treppenraum bzw. der jeweilige Schacht (einschließlich ggf. vorhandenem Aufzugsmaschinenraum), für die jedoch in Abhängigkeit von der Baualtersklasse des Gebäudes der folgende Ersatz-U-Wert anzusetzen ist: Treppenaufgänge: – bis 1918 6,80 W/(m²·K) – 1919 bis 1957 5,70 W/(m²·K) – 1958 bis 1978 3,60 W/(m²·K) – ab 1979 1,30 W/(m²·K) Aufzugs- u. sonstige Schächte ≤ 5 m² Grundfläche – bis 1978 13,00 W/(m²·K) – ab 1979 8,00 W/(m²·K) Aufzugs- u. sonstige Schächte > 5 m² Grundfläche – bis 1978 10,00 W/(m²·K) – ab 1979 6,00 W/(m²·K)
Lüftungsschächte	dürfen übermessen werden
Sonstige opake Bauteile d. Hüllfläche m. jeweils < 1,0 m² Fläche	dürfen übermessen werden
Orientierung	Die Ausrichtung einer senkrechten oder geneigten Fläche darf so angesetzt werden, als wäre sie nach der nächstgelegenen der vier Haupt- und vier ersten Nebenhimmelsrichtungen (also im 45°-Raster: Nord, Nordost, Ost, Südost...) ausgerichtet
Neigung	Die Neigung von Flächen darf mathematisch auf 0°, 30°, 45°, 60° oder 90° gerundet werden

- Bei offensichtlichen Undichtheiten (z. B. Fenster ohne funktionstüchtige Lippendichtung, beheizte Dachgeschosse mit Dachflächen ohne luftdichte Ebene) ist die Luftwechselrate auf $n = 1{,}0\ h^{-1}$ zu erhöhen, wodurch sich der spezifische Lüftungswärmeverlust HV entsprechend vergrößert.
- Für die Ermittlung der solaren Wärmegewinne Q_s ist der Verschattungsfaktor – wie üblich – zu $F_S \equiv 0{,}9$ zu setzen (vgl. Abschnitt 5.4.2), allerdings ist der Minderungsfaktor für den Rahmenanteil der Fenster mit $F_F \equiv 0{,}6$ statt 0,7 anzusetzen, wodurch sich die solaren Wärmegewinne entsprechend verringern.

Tabelle 5.53: Pauschalwerte für den Wärmedurchgangskoeffizienten von Wohngebäuden ohne nachträgliche Dämmung (Auszug aus [5.116])

Bauteil	Konstruktion	Baualtersklasse							
		bis 1918	1918 bis 1948	1949 bis 1957	1958 bis 1968	1969 bis 1978	1979 bis 1983	1984 bis 1994	ab 1995
		Pauschalwerte für den Wärmedurchgangskoeffizienten in W/(m² · K)							
Dach (auch Wände zw. beheiztem und unbeheiztem DG)	massive Konstruktion	2,1	2,1	2,1	2,1	0,6	0,5	0,4	0,3
	Holzkonstruktion	2,6	1,4	1,4	1,4	0,8	0,5	0,4	0,3
oberste Geschossdecke (auch Fußboden gegen außen, z. B. ü. Durchfahrten)	massive Decke	2,1	2,1	2,1	2,1	0,6	0,5	0,4	0,3
	Holzbalkendecke	1,0	0,8	0,8	0,8	0,6	0,4	0,3	0,3
Außenwand (auch Wände zum Erdreich oder zu unbeheizten (KG-) Räumen)	zweischalige Wandaufbauten ohne Dämmung	1,3	1,3	1,3	1,4	1,0	0,8	0,8	0,5
	Massivwand aus Hochlochziegeln, Bimsbetonhohlsteinen oder vergl. porösen oder stark gelochten Materialien	1,4	1,4	1,4	1,4	1,0	0,8	0,6	0,5
	Fachwerkwand mit Vollziegel- oder massiver Natursteinausmauerung, bis d = 25 cm, einschl. Putz	2,0	2,0	2,0	k.A.	k.A.	k.A.	k.A.	k.A.
sonstige Bauteile geg. Erdreich oder zu unbeheizten (KG-)Räumen	Kellerdecke massiv (Stb.)	1,6	1,6	2,3	1,0	1,0	0,8	0,6	0,6
	Holzbalkendecke	1,0	0,8	0,8	0,8	0,6	0,6	0,4	0,4
Rollladenkästen	neu, gedämmt	1,8							
	alt, ungedämmt	3,0							
Türen	im Wesentlichen aus Metall	4,0							
	im Wesentlichen aus Holz, Holzwerkstoffen oder Kunststoff	2,9							

- Als Eingangsdaten dürfen nach GEG 2023 § 83 (1) auch Angaben des Eigentümers verwendet werden. Die von diesem bereitgestellten Daten darf der Aussteller seinen Berechnungen jedoch *nicht* zugrunde legen, wenn *begründeter Anlass zu Zweifeln an deren Richtigkeit* besteht. Sowohl diese Pflicht des Eigentümers als auch die Pflicht des Ausstellers zur korrekten Datenbereitstellung bzw. Datenermittlung sind im Zusammenhang mit dem Bußgeld nach GEG 2023 § 108 bei Verstoß gegen diese Pflichten zu sehen – hierdurch soll verhindert werden, dass vorsätzlich oder leichtfertig falsche Daten bei der Erstellung von Energieausweisen verwendet werden.

Diese Vereinfachungen sind in den o. g. „Regeln zur Datenaufnahme und Datenverwendung im Wohngebäudebestand" [5.116] detailliert geregelt (siehe z. B. Tabelle 5.52).

Für die U-Werte von Bauteilen wird vorrangig auf die Veröffentlichungen zu regionaltypischen Bauweisen unter www.altbaukonstruktionen.de verwiesen; wenn darüber keine Bewertung der Bauteile möglich ist, können für *Wohngebäude* die Werte aus Tabelle 5.53 und Tabelle 5.54 angesetzt werden. Es finden sich dort ferner pauschale Ansätze für die Anlagentechnik; für ausgewählte Systemkombinationen der Anlagentechnik wird auf DIN V 4701-10 Beiblatt 1 [5.118] verwiesen. Entsprechende Tabellen für *Nichtwohngebäude* finden sich in [5.117].

Tabelle 5.54: Pauschalwerte für den U-Wert transparenter Bauteile sowie für Fassaden im Ausgangszustand [5.116]

Konstruktion	Eigenschaft	Baualtersklasse				
		bis 1978	1979 bis 1983	1984 bis 1994	1995 bis 2001	ab 2002
		Pauschalwerte für Wärmedurchgangskoeffizienten *U* in W/(m² · K) und Verglasungstyp nach DIN V 18599-2, Tab. 8				
Holzfenster, einfach verglast	U_W	5,0	k.A.	k.A.	k.A.	k.A.
	Glas	einfach	k.A.	k.A.	k.A.	k.A.
	U_g	5,8	k.A.	k.A.	k.A.	k.A.
Holzfenster mit zwei Scheiben	U_W	2,7	2,7	2,7	1,6	1,5
	Glas	zweifach	zweifach	zweifach	MSIV 2 [1])	MSIV 2 [1])
	U_g	2,9	2,9	2,9	1,4	1,2
Kunststofffenster mit Isolierverglasung	U_W	3,0	3,0	3,0	1,9	1,5
	Glas	zweifach	zweifach	zweifach	MSIV 2 [1])	MSIV 2 [1])
	U_g	2,9	2,9	2,9	1,4	1,2
Aluminium- oder Stahlfenster mit Isolierverglasung	U_W	4,3	4,3	3,2	1,9	1,5
	Glas	zweifach	zweifach	zweifach	MSIV 2 [1])	MSIV 2 [1])
	U_g	2,9	2,9	2,9	1,4	1,2

[1]) Mehrscheiben-Isolierverglasung (2 Scheiben) mit Argonfüllung, eine Beschichtung.

Entsprechend GEG § 50 (4) dürfen ferner

– Angaben zu geometrischen Abmessungen von Gebäuden *sachgerecht geschätzt* werden und

- anstelle nicht vorliegender energetischer Kennwerte von Bauteilen oder Anlagen für diese *gesicherte Erfahrungswerte für Bauteile und Anlagenkomponenten vergleichbarer Altersklassen* verwendet werden.

Hilfreich bei der Erstellung von Energieausweisen für Gebäude im Bestand sind auch die *dena*-Leitfäden

- zur Datenaufnahme für Wohngebäude [5.119],
- zu Modernisierungsempfehlungen für Wohngebäude [5.120] sowie
- zu Energieverbrauchsausweisen für Wohn- und Nichtwohngebäude [5.121].

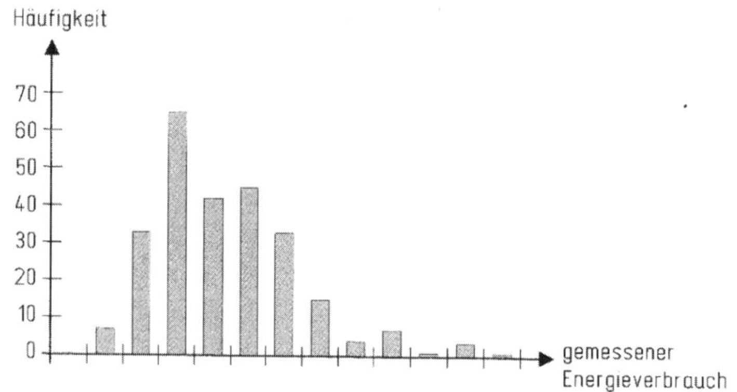

Bild 5.48: Verteilung des gemessenen Energieverbrauchs bei gleicher energetischer Qualität der Wohnungen (nach [5.123])

B Energieausweise auf Grundlage des *Verbrauchs*

Energieausweise auf Basis von Verbrauchskennwerten haben den Vorteil eines deutlich geringeren Aufwands für ihre Erstellung, sie haben aber auch gravierende Nachteile:

- Die Trennung der Energieverbräuche für Heizung (witterungs*abhängig*) und Trinkwarmwasser (witterungs*unabhängig*) ist oft schwierig.
- Der einzubeziehende Stromverbrauch in Mehrfamilienhäusern enthält i. d. R. neben Heizung/Trinkwarmwasser/Lüftung auch die (Treppenraum-)Beleuchtung.
- Um Nutzereinflüsse zu minimieren, ist statistisch eine Mindestanzahl von Wohn- bzw. Nutzungseinheiten im Gebäude erforderlich (Bild 5.48) – diskutiert wurden bei Wohngebäuden ≥ 8 bis 10 Wohneinheiten pro Gebäude [5.122].

Unabhängig davon sind aber nach GEG 2023 § 80 (3) [5.1], [5.2]

- *nur* bei *Wohngebäuden* mit ≤ 4 Wohnungen,
- deren Bauantrag vor dem 01.11.1977 gestellt wurde (d. h. vor der ersten Wärmeschutzverordnung),

grundsätzlich Bedarfsausweise zu erstellen. *Ausnahme*: Selbst in diesem Fall darf auf einen Bedarfsausweis verzichtet werden, wenn nachgewiesen wird, dass die Anforderungen der ersten Wärmeschutzverordnung von 1977 erfüllt sind (vgl. Bild 5.46 Mitte).

Um bei *Wohngebäuden* eine Vergleichbarkeit mit dem Bedarfsausweis so weit wie möglich herzustellen, ist entsprechend GEG 2023 § 82 (2) die Wohnfläche

- von unterkellerten Ein- und Zweifamilienhäusern mit dem Faktor 1,35 und
- von allen sonstigen Gebäuden mit dem Faktor 1,2

auf die fiktive Gebäudenutzfläche A_N zu erhöhen [5.124]. Wenn der Endenergieverbrauch nicht bekannt ist, muss

- bei dezentraler Warmwasserbereitung der Endenergieverbrauch um 20 kWh/(m² · a) und
- bei Raumluftkühlung in Wohngebäuden der Endenergieverbrauch um 6 kWh/(m² · a) bezogen auf die gekühlte Gebäudenutzfläche

erhöht werden.

Gemäß GEG 2023 § 82 (5) müssen die Energieverbrauchskennwerte für Verbrauchsausweise im Bestand

- gemäß den allgemein anerkannten Regeln der Technik witterungsbereinigt
- über mindestens drei aufeinanderfolgende Abrechnungsperioden

ermittelt und Vergleichswerten ähnlicher Gebäude gegenübergestellt werden. Näheres dazu ist in den Regeln für Energieverbrauchskennwerte [5.125], die im Bundesanzeiger veröffentlicht wurden, detailliert geregelt. Gemäß GEG 2023 § 82 (4) sind dabei Leerstände nach den Regeln der Technik angemessen zu berücksichtigen.

Die o. g. Witterungsbereinigung des Energieverbrauchs in kWh erfolgt vereinfacht nach folgender Gleichung [5.122]:

$$E_{Vh,Bund} = f_{K\text{lima}} \cdot \frac{1}{3} \sum_{i=1}^{3} E_{Vh,12mth,i} \tag{5.86}$$

$E_{Vh,Bund}$ auf bundesweit mittlere Klimabedingungen witterungsbereinigter Anteil des Energieverbrauchs für Heizung für das Gebäude in kWh/a

$E_{Vh,12mth,i}$ witterungsabhängiger Anteil des Energieverbrauchs für Heizung am Standort des Gebäudes in kWh/a für die drei vorhergehenden Kalender- bzw. Abrechnungsjahre $i = 1, \ldots, 3$ von jeweils 12 Monaten (= 12 *mths.*)

f_{Klima} dimensionsloser Klimafaktor nach Postleitzahlen, bezogen auf den der EnEV zugrunde liegenden Referenzort Potsdam [5.126]

$E_{Vh,Bund}$ kann dann auf die Wohn- oder Nutzfläche bezogen und im Energieausweis angegeben werden (s. auch [5.125], [5.127]).

Abschließender Hinweis: Bei Wahl des Verbrauchsausweises im Bestand bleibt allerdings unklar, auf welcher Basis die von der EU-Richtlinie geforderten Modernisierungsempfehlungen sinnvoll gegeben werden sollen. Laut *Hegner* [5.128] und *Schettler-Köhler* [5.129] vom BMVBS sollte es eigentlich keine „Ferndiagnose“ anhand von Energieabrechnungen geben!

5.8.4 Ausstellungsberechtigte für Energieausweise

Die Zulassung für die Ausstellung von Energieausweisen bleibt grundsätzlich Landesrecht; gemäß der EU-Gebäuderichtlinie [5.114] (erstmalig umgesetzt durch EnEV 2014 § 26d) musste aber *eine* unabhängige Kontrollinstanz für Energieausweise eingeführt werden, die länderübergreifend arbeiten soll – das ist das Deutsche Institut für Bautechnik (DIBt) [5.130]. Energieausweisaussteller/innen müssen sich dort vorab registrieren.

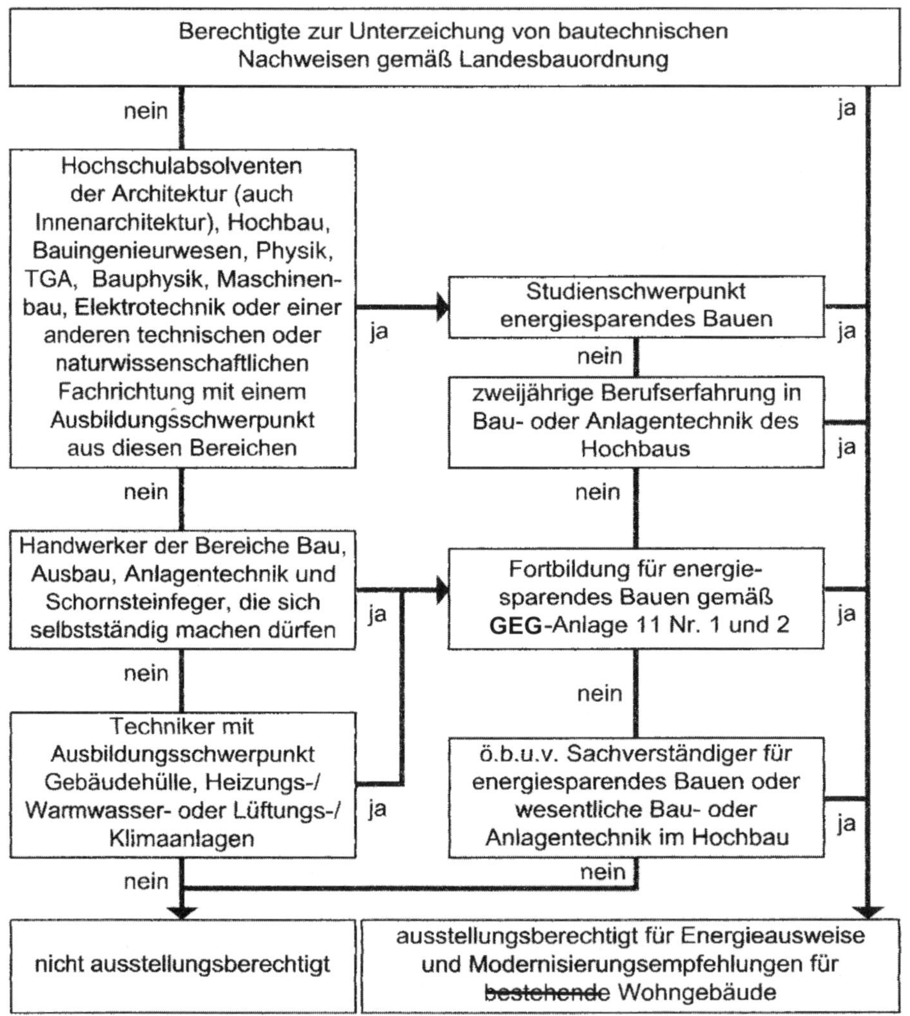

Bild 5.49: Ausstellungsberechtigung für Energieausweise für *Wohngebäude* (nach [5.115])

Für die Ausstellung von Energieausweisen gelten bundesweit die Regelungen aus dem GEG 2023 § 88 [5.1], [5.2] – anhand von Bild 5.49 erläutert für *Wohngebäude* (für *Nichtwohngebäude* ist immer eine Fortbildung nach GEG Anlage 11 Nr. 3 erforderlich):

- Die Gruppe der „Absolventen von Diplom-, Bachelor- oder Masterstudiengängen an Universitäten, Hochschulen oder Fachhochschulen" wurde laut Bundesratsbeschluss 2009 umbenannt in „Personen mit berufsqualifizierendem Hochschulabschluss".

- Hintergrund dieser Begriffsänderung durch den Bundesrat ist die Anpassung der Begrifflichkeit an die Berufsqualifikationsrichtlinie. Berufsqualifizierende Abschlüsse sind die bisherigen Abschlüsse Dipl.-Ing. (FH) und Dipl.-Ing., die neuen Abschlüsse Bachelor und Master nach dem Bologna-Protokoll sowie die zur Ausübung des Berufs berechtigten Staatsexamina.
- Laut früherer EnEV 2007 durften Hochschulabsolventen nur Energieausweise ausstellen, wenn sie eine Fortbildung
  - sowohl für den Bereich Wohngebäude
  - als auch Nichtwohngebäude

  besucht haben. Mit der seit 2009 gültigen Formulierung genügt bei dieser Personengruppe für die Ausstellung von Ausweisen für Wohngebäude eine Fortbildung, die sich lediglich auf die Inhalte für den Bereich Wohngebäude laut EnEV 2009/14 Anlage 11 (jetzt GEG 2023 Anlage 11) beschränkt. Die Ausstellungsberechtigung ist dann entsprechend auf *Wohngebäude* beschränkt.

Im GEG 2023 § 88 werden wie bisher nur die inhaltlichen Schwerpunkte der Fortbildung zu bestehenden *Wohngebäuden* bzw. zu bestehenden *Nichtwohngebäuden* in Anlage 11 „Anforderungen an die Inhalte zur Fortbildung (zu § 88 Abs. 2 Nr. 2)“ geregelt, d. h., es sind auch weiterhin

- weder der zeitliche Umfang der Weiterbildung
- noch eine eventuelle Zertifizierung

vorgegeben (s. GEG 2023, Anlage 11, Nr. 4).

Zur Qualität der bisherigen Energieausweise: 94 Energieausweise nach EnEV 2007 [5.7] ließ das BMVBS evaluieren mit folgenden Ergebnissen [5.130]:

- Die Abweichungen sind bei Verbrauchsausweisen deutlich geringer als bei Bedarfsausweisen; bei dem Vergleich mit einer Referenzberechnung wichen 57 % der Bedarfsausweise um > 5 % nach oben und 14 % um > 5 % nach unten ab.
- Hauptgründe für Abweichungen bei den *Verbrauchsausweisen* sind
  - falsche Klimafaktoren,
  - der Ansatz einer falschen Gebäudenutzfläche (Wohnfläche?) und
  - fehlerhafte Übernahme der Verbrauchswerte aus den Abrechnungsunterlagen.
- Hauptgründe für Abweichungen bei den *Bedarfsausweisen* sind
  - die Verwendung unterschiedlicher Software-Programme,
  - eine unterschiedliche Definition der Systemgrenze (thermische Hülle) und
  - fehlerhafte Annahmen aufgrund älterer Planunterlagen bzw. von Erfahrungswerten nach Baualtersklassen.

Darüber hinaus hat sich gezeigt, dass Nichtfachleute den Energieausweis schwer verstehen, da zum einen Vergleichswerte fehlen und zum anderen die Erläuterungen auf der jetzigen S. 5 des Energieausweises für Laien nicht verständlich sind – hier wie bei den o. g. Berechnungsansätzen besteht also noch Verbesserungsbedarf!

5.9 Vollzug des GEG

5.9.1 Registriernummer und Stichprobenkontrollen

Nach GEG 2023 § 98 [5.1], [5.2] haben Energieausweisaussteller für jeden Energieausweis bei der zuständigen Behörde eine gebührenpflichtige Registriernummer zu beantragen, und zwar elektronisch – das gilt analog auch für Inspektionsberichte über Klimaanlagen, vgl. Abschnitt 5.3.1. Zuständig sind die Länder; deren Vollzugsaufgaben nimmt aber das Deutsche Institut für Bautechnik (DIBt) in Berlin wahr, das eine entsprechende Website bereitstellt [5.130].

Das DIBt kontrolliert als zuständige Behörde auch die Energieausweise nach GEG 2023 § 99 stichprobenartig. Dafür müssen die Energieausweisaussteller Kopien ihrer Energieausweise mindestens zwei Jahre ab Ausstellungsdatum aufheben; die Daten und Unterlagen sind grundsätzlich in elektronischer Form zu übermitteln.

Für die Praxis problematisch ist dabei, dass nach Zuweisung einer Registriernummer keine Änderungen am Energieausweis mehr möglich sind [5.130], denn häufig wird

– ein *erster* Energieausweis in der Planungsphase für die Vermarktung der Immobilie und
– ein entsprechend der tatsächlichen Ausführung nachgeführter *zweiter* Energieausweis für die abschließende Dokumentation

benötigt. Praktisch wird für die Vermarktung der Immobilie die Vorschaufunktion für den Energieausweis in der Energieberater-Software genutzt – hierfür gibt es aber dann keine Registriernummer.

5.9.2 Verantwortliche für die Einhaltung des GEG

War früher für die Einhaltung der EnEV nur der *Bauherr* verantwortlich, kamen erstmalig mit der EnEV 2009 [5.9] auch Personen dazu, „die im Auftrag des Bauherrn bei der Errichtung oder Änderung von Gebäuden oder der Anlagentechnik in Gebäuden tätig werden“ – *Planer/innen* und *Energieberater/innen* werden damit seit 2009 stärker in die Haftung genommen!

Gemäß GEG 2023 § 96 ist eine *Unternehmererklärung* in den Fällen notwendig, in denen

– Außenbauteile oder oberste Geschossdecken gedämmt werden bzw.
– heizungs-, lüftungs- und klimatechnische Anlagen oder Warmwasseranlagen oder Teile davon in einem Bestandsgebäude ersetzt oder erstmalig neu eingebaut werden – bei Heizungsanlagen ist darin deren Aufwandszahl, bei RLT-Anlagen sind darin die auf das jeweilige Fördervolumen bezogene elektrische Leistung aller Zu- und Abluftventilatoren sowie der Wärmerückgewinnungsgrad zu nennen.

Mit dieser Unternehmererklärung bestätigt der Unternehmer die Erfüllung der Anforderungen des GEG gegenüber dem Eigentümer – Letzterer hat diese Erklärung mindestens zehn Jahre aufzubewahren. (Der Bundesrat hat abgelehnt, dass die zuständige Behörde dazu Stichproben durchführen soll. Die Unternehmererklärung ist lediglich auf Verlangen der Landesbehörde vorzulegen.)

Gemäß GEG 2023 § 97 prüft der dafür *bevollmächtigte Bezirksschornsteinfegermeister* als Beliehener im Rahmen der Feuerstättenschau,

- ob Heizkessel, die laut GEG außer Betrieb zu setzen waren, weiter betrieben werden (gilt auch für die neu geregelten, mit Heizöl beschickten Kessel),
- ob dämm- und regelungstechnische Vorschriften eingehalten werden und
- unterrichtet bei einer ergebnislos verstrichenen Nachfrist die nach Landesrecht zuständige Behörde.

Die Erfüllung der Pflichten kann vom Eigentümer auch durch Vorlage von Unternehmererklärungen gegenüber dem Bezirksschornsteinfegermeister nachgewiesen werden.

5.9.3 Ordnungswidrigkeiten

Die Tatbestände für Ordnungswidrigkeiten einschließlich möglicher Geldbußen sind im GEG 2023 § 108 [5.1], [5.2] definiert:

- Ordnungswidrig handelt z. B. ein Eigentümer, der vorsätzlich oder leichtfertig Daten für die Ausstellung des Energieausweises zur Verfügung stellt, die den entsprechenden Anforderungen des GEG nicht genügen – das gilt aber genauso auch für die/den Energieausweisaussteller/in, die/der diese Daten trotz begründeten Zweifeln an deren Richtigkeit verwendet!
- Ordnungswidrig handelt z. B. ein/e Energieausweisaussteller/in, die/der vorsätzlich oder leichtfertig einen Energieausweis oder Modernisierungsempfehlungen ausstellt, ohne eine entsprechende Ausstellungsberechtigung zu besitzen.
- Ordnungswidrig handelt z. B. ein/e Unternehmer/in, die/der vorsätzlich oder leichtfertig eine Unternehmererklärung nach GEG 2023 § 96 nicht, nicht richtig oder nicht rechtzeitig abgibt.
- Ordnungswidrig handelt auch, wer als Vermieter/in oder Verkäufer/in vorsätzlich oder leichtfertig einen Energieausweis nicht, nicht vollständig oder nicht rechtzeitig zugänglich macht.

Praktisch gibt es jedoch aufgrund Personalmangels in den zuständigen Behörden keine Kontrollen, weshalb auch niemand wegen der o. g. Ordnungswidrigkeiten belangt wird.

5.10 Literatur zum Kapitel 5

[5.1] Gesetz zur Vereinheitlichung des Energieeinsparrechts für Gebäude und zur Änderung weiterer Gesetze vom 08.08.2020. BGBl. I Nr. 37 vom 13.08.2020, S. 1728–1794.

[5.2] Gesetz zu Sofortmaßnahmen für einen beschleunigten Ausbau der erneuerbaren Energien und weiteren Maßnahmen im Stromsektor vom 20. Juli 2022. BGBl. I Nr. 28 vom 28.07.2022 (Artikel 18a und Artikel 20).

[5.3] DIN EN 832:2003-06: Wärmetechnisches Verhalten von Gebäuden; Berechnung des Heizenergiebedarfs; Wohngebäude (zurückgezogen und ersetzt durch DIN EN ISO 13790: 2008-09).

[5.4] DIN V 4108-6:2003-06 (Berichtigungen 2004-03): Wärmeschutz und Energie-Einsparung in Gebäuden; Berechnung des Jahresheizwärme- und des Jahresheizenergiebedarfs.
[5.5] Werner, H.: Energieeinsparverordnung – Wärmeschutz und Energieeinsparung in Gebäuden. Kommentar zu DIN V 4108-6. Hrsg. vom DIN Deutsches Institut für Normung e. V. Berlin: Beuth 2001.
[5.6] DIN V 4701-10:2003-08 (mit Änderung A1: 2006-12): Energetische Bewertung heiz- und raumlufttechnischer Anlagen – Teil 10: Heizung, Trinkwassererwärmung, Lüftung.
[5.7] DIN SPEC 4701-10/A1:2012-07: Energetische Bewertung heiz- und raumlufttechnischer Anlagen – Teil 10: Heizung, Trinkwassererwärmung, Lüftung; Änderung A1.
[5.8] Verordnung über energiesparenden Wärmeschutz und energiesparende Anlagentechnik bei Gebäuden (Energieeinsparverordnung – EnEV) vom 24. Juli 2007. BGBl I vom 26.07.2007, S. 1519 ff.
[5.9] Verordnung zur Änderung der Energieeinsparverordnung vom 29. April 2009. BGBl I vom 30.04.2009, S. 954 ff.
[5.10] Zweite Verordnung zur Änderung der Energieeinsparverordnung vom 18.11.2013. BGBl. I, S. 3951 ff.
[5.11] DIN V 18599-1:2018-09: Energetische Bewertung von Gebäuden – Berechnung des Nutz-, End- und Primärenergiebedarfs für Heizung, Kühlung, Lüftung, Trinkwarmwasser und Beleuchtung – Teil 1: Allgemeine Bilanzierungsverfahren, Begriffe, Zonierung und Bewertung der Energieträger.
[5.12] DIN V 18599-2:2018-09: Energetische Bewertung von Gebäuden – Berechnung des Nutz-, End- und Primärenergiebedarfs für Heizung, Kühlung, Lüftung, Trinkwarmwasser und Beleuchtung – Teil 2: Nutzenergiebedarf für Heizen und Kühlen von Gebäudezonen.
[5.13] DIN V 18599-3:2018-09: Energetische Bewertung von Gebäuden – Berechnung des Nutz-, End- und Primärenergiebedarfs für Heizung, Kühlung, Lüftung, Trinkwarmwasser und Beleuchtung – Teil 3: Nutzenergiebedarf für die energetische Luftaufbereitung.
[5.14] DIN V 18599-4:2018-09: Energetische Bewertung von Gebäuden – Berechnung des Nutz-, End- und Primärenergiebedarfs für Heizung, Kühlung, Lüftung, Trinkwarmwasser und Beleuchtung – Teil 4: Nutz- und Endenergiebedarf für Beleuchtung.
[5.15] DIN V 18599-5:2018-09: Energetische Bewertung von Gebäuden – Berechnung des Nutz-, End- und Primärenergiebedarfs für Heizung, Kühlung, Lüftung, Trinkwarmwasser und Beleuchtung – Teil 5: Endenergiebedarf von Heizsystemen.
[5.16] DIN V 18599-6:2018-09: Energetische Bewertung von Gebäuden – Berechnung des Nutz-, End- und Primärenergiebedarfs für Heizung, Kühlung, Lüftung, Trinkwarmwasser und Beleuchtung – Teil 6: Endenergiebedarf von Wohnungslüftungsanlagen und Luftheizungsanlagen für den Wohnungsbau.
[5.17] DIN V 18599-7:2018-09: Energetische Bewertung von Gebäuden – Berechnung des Nutz-, End- und Primärenergiebedarfs für Heizung, Kühlung, Lüftung, Trinkwarmwasser und Beleuchtung – Teil 7: Endenergiebedarf von Raumlufttechnik- und Klimakältesystemen für den Nichtwohnungsbau.
[5.18] DIN V 18599-8:2018-09: Energetische Bewertung von Gebäuden – Berechnung des Nutz-, End- und Primärenergiebedarfs für Heizung, Kühlung, Lüftung, Trinkwarmwasser und Beleuchtung – Teil 8: Nutz- und Endenergiebedarf von Warmwasserbereitungssystemen.
[5.19] DIN V 18599-9:2018-09: Energetische Bewertung von Gebäuden – Berechnung des Nutz-, End- und Primärenergiebedarfs für Heizung, Kühlung, Lüftung, Trinkwarmwasser und Beleuchtung – Teil 9: End- und Primärenergiebedarf von Kraft-Wärme-Kopplungsanlagen.

[5.20] DIN V 18599-10:2018-09: Energetische Bewertung von Gebäuden – Berechnung des Nutz-, End- und Primärenergiebedarfs für Heizung, Kühlung, Lüftung, Trinkwarmwasser und Beleuchtung – Teil 10: Nutzungsrandbedingungen, Klimadaten.

[5.21] DIN V 18599-11:2018-09: Energetische Bewertung von Gebäuden – Berechnung des Nutz-, End- und Primärenergiebedarfs für Heizung, Kühlung, Lüftung, Trinkwarmwasser und Beleuchtung – Teil 11: Gebäudeautomation.

[5.22] DIN/TS 18599-12:2021-04: Energetische Bewertung von Gebäuden – Berechnung des Nutz-, End- und Primärenergiebedarfs für Heizung, Kühlung, Lüftung, Trinkwarmwasser und Beleuchtung – Teil 12: Tabellenverfahren für Wohngebäude.

[5.23] DIN/TS 18599-13:2020-10: Energetische Bewertung von Gebäuden – Berechnung des Nutz-, End- und Primärenergiebedarfs für Heizung, Kühlung, Lüftung, Trinkwarmwasser und Beleuchtung – Teil 13: Tabellenverfahren für Nichtwohngebäude.

[5.24] DIN V 18599 Beiblatt 1:2010-01: Energetische Bewertung von Gebäuden – Berechnung des Nutz-, End- und Primärenergiebedarfs für Heizung, Kühlung, Lüftung, Trinkwarmwasser und Beleuchtung – Beiblatt 1: Bedarfs-/Verbrauchsabgleich.

[5.25] DIN V 18599 Beiblatt 2:2012-06: Energetische Bewertung von Gebäuden – Berechnung des Nutz-, End- und Primärenergiebedarfs für Heizung, Kühlung, Lüftung, Trinkwarmwasser und Beleuchtung – Beiblatt 2: Beschreibung der Anwendung von Kennwerten aus der DIN V 18599 bei Nachweisen des Gesetzes zur Förderung Erneuerbarer Energien im Wärmebereich (EEWärmeG).

[5.26] DIN/TS 18599 Beiblatt 3:2021-09: Energetische Bewertung von Gebäuden – Berechnung des Nutz-, End- und Primärenergiebedarfs für Heizung, Kühlung, Lüftung, Trinkwarmwasser und Beleuchtung – Beiblatt 3: Überführung der Berechnungsergebnisse einer Energiebilanz nach DIN/TS 18599 in ein standardisiertes Ausgabeformat.

[5.27] GEB-Newsletter 22/2016. URL: http://www.geb-info.de/GEB-Newsletter-2016-22/Bekanntmachung-der-EnEV-easy,QUlEPTc0MDA1MSZNSUQ9MTA1MzYz.html (16.01.2017).

[5.28] Schreiben der KfW-Bankengruppe vom 18.10.2010 an alle mit ihr in Verbindung stehenden Berater, Kammern, Verbände, Ministerien und andere Organisationen.

[5.29] Jung, U.: DIN V 18599 – Parameter für den Wohngebäude-Nachweis. Informationsdienst Bauen + Energie Juli 2011, S. 6–9.

[5.30] Erat, M.-T.: Auslegungen zum Gebäudeenergiegesetz (GEG), hrsg. von der Bauministerkonferenz, URL: https://www.dibt.de/de/wir-bieten/geg-registrierstelle (27.09.2022).

[5.31] Hegner, H.-D.: Die neue Energieeinsparverordnung – Perspektiven für das energieeffiziente und umweltschonende Bauen. In: Cziesielski, E. (Hrsg.): Bauphysik Kalender 1 (2001), S. 59–92. Berlin: Ernst & Sohn 2001.

[5.32] Begründung zum Kabinettsbeschluss der Verordnung über einen energiesparenden Wärmeschutz und energiesparende Anlagentechnik bei Gebäuden (Energieeinsparverordnung – EnEV) vom 07.03.2001 und Begründung zur Ersten Verordnung zur Änderung der Energieeinsparverordnung vom 26.05.2004.

[5.33] DIN EN ISO 13789:2008-04: Wärmetechnisches Verhalten von Gebäuden; Spezifischer Transmissions- und Lüftungswärmedurchgangskoeffizient; Berechnungsverfahren.

[5.34] Hegner, H.-D.: Vogler, I.: Energieeinsparverordnung EnEV – für die Praxis kommentiert. Berlin: Ernst & Sohn 2002.

[5.35] Hegner, H.-D.; Hauser, G.; Vogler, I.: EnEV-Novelle 2004 – für die Praxis kommentiert, Ergänzungsband. Berlin: Ernst & Sohn 2005.

[5.36] Erhorn, H.: Neuausgabe der Vornormenreihe DIN V 18599 – Energetische Bewertung von Gebäuden. wksb (2012), Nr. 68, S. 19–28.

[5.37] DIN 4108-2:2013-02: Wärmeschutz und Energie-Einsparung in Gebäuden – Teil 2: Mindestanforderungen an den Wärmeschutz.

[5.38] DIN 277-1:2016-01: Grundflächen und Rauminhalte im Bauwesen – Teil 1: Hochbau.

[5.39] Verordnung zur Berechnung der Wohnfläche (Wohnflächenverordnung – WoFlV) vom 25.11.2003 (BGBl. I S. 2346).

[5.40] DIN EN ISO 9972:2018-12: Wärmetechnisches Verhalten von Gebäuden – Bestimmung der Luftdurchlässigkeit von Gebäuden – Differenzdruckverfahren.

[5.41] DIN EN 12831:2017-09: Heizungsanlagen in Gebäuden – Verfahren zur Berechnung der Norm-Heizlast.

[5.42] DIN/TS 12831:2020-04: Verfahren zur Berechnung der Raumheizlast – Teil 1: Nationale Ergänzungen zur DIN EN 12831-1.

[5.43] Maas, A.; Hauser, G.: Die neue EnEV 2009 – Grundlagen, neue Anforderungen und Nachweisverfahren, baupraktische Konsequenzen. In: Statiker-Tage 2009. Hannover: Wienerberger Ziegelindustrie GmbH 2009, S. 73–98.

[5.44] Gesetz zur Förderung Erneuerbarer Energien im Wärmebereich (Erneuerbare-Energien-Wärmegesetz – EEWärmeG) vom 7. August 2008 (BGBl. I S. 1658), zuletzt geändert durch Artikel 2 Absatz 68 des Gesetzes vom 22. Dezember 2011 (BGBl. I S. 3044).

[5.45] URL: https://www.kfw.de/inlandsfoerderung/Bundesf%C3%B6rderung-f%C3%BCr-effiziente-Geb%C3%A4ude/ (09.02.2021).

[5.46] URL: https://www.bafa.de/beg. (09.02.2021).

[5.47] Energieberatersoftware: Ergebnis der Umfrage 2012. GEB Gebäude-Energieberater (2013), H. 4, S. 18–19.

[5.48] Werner, H.: Der Heizenergiebedarf nach DIN EN 832 und DIN V 4108-6. In: Cziesielski, E. (Hrsg.): Bauphysik Kalender 1 (2001), S. 31–57. Berlin: Ernst & Sohn 2001.

[5.49] DIN V 4701-12:2004-02: Energetische Bewertung heiz- und raumlufttechnischer Anlagen im Bestand; Wärmeerzeuger und Trinkwassererwärmung.

[5.50] PAS 1027:2004-02: Energetische Bewertung heiz- und raumlufttechnischer Anlagen im Bestand; Ergänzung zur DIN 4701-12 Blatt 1.

[5.51] DIN EN ISO 13370:2008-04: Wärmetechnisches Verhalten von Gebäuden – Wärmeübertragung über das Erdreich – Berechnungsverfahren.

[5.52] Rabenstein, D.: Wärmeverluste von Bauteilen mit Flächenheizung in DIN 4108-6 und in der EnEV. Bauphysik 25 (2003), H. 5, S. 303 ff.

[5.53] Achelis, J.: An die Leser und Nutzer der „Auslegungen zur Energieeinsparverordnung" vom 27.09.2007. URL: http://www.is-argebau.de/ [Adobe Reader 8.0] (20.11.2009).

[5.54] DIN 4108 Beiblatt 2:2019-06: Wärmeschutz und Energie-Einsparung in Gebäuden; Beiblatt 2: Wärmebrücken – Planungs- und Ausführungsbeispiele.

[5.55] DIN EN ISO 12631:2018-01: Wärmetechnisches Verhalten von Vorhangfassaden – Berechnung des Wärmedurchgangskoeffizienten.

[5.56] DIN EN ISO 10211:2018-03: Wärmebrücken im Hochbau – Wärmeströme und Oberflächentemperaturen – Detaillierte Berechnungen.

[5.57] Hauser, G.: Wärmebrücken im Mauerwerksbau. In: Funk, P. (Hrsg.): Mauerwerk-Kalender 27 (2002), S. 459–506.

[5.58] Hauser, G. u. a.: Holzbau-Handbuch Reihe 3, Teil 2, Folge 2: Holzbau und die Energieeinsparverordnung. Hrsg. von der Entwicklungsgemeinschaft Holzbau (EGH) in der Deutschen Gesellschaft für Holzforschung (DGfH). Düsseldorf: Arbeitsgemeinschaft Holz e. V. 2000.

[5.59] Froelich, H.; Hegner, H.-D.: Rolladenkästen nach Energieeinsparverordnung – alles im Lot? Bauphysik 25 (2003), H. 4, S. 225–230.

[5.60] Erhorn, H. u. a.: Details zur Neuausgabe der DIN V 18599 „Energetische Bewertung von Gebäuden“. BTGA-Almanach 2019., Hrsg. vom Bundesindustrieverband Technische Gebäudeausrüstung e. V. (BGTA), Bonn 2019, S. 84–93.

[5.61] DIN EN ISO 10456:2010-05: Baustoffe und Bauprodukte – Wärme- und feuchtetechnische Eigenschaften – Tabellierte Bemessungswerte und Verfahren zur Bestimmung der wärmeschutztechnischen Nenn- und Bemessungswerte.

[5.62] Horschler, S.; Jagnow, K.: Planungs- und Ausführungshandbuch zur neuen EnEV. Berlin: Bauwerk 2004.

[5.63] DIN EN 410:2011-04: Bestimmung der lichttechnischen und strahlungsphysikalischen Kenngrößen von Verglasungen.

[5.64] DIN EN 1279-5:2010-11: Glas im Bauwesen – Mehrscheiben-Isolierglas – Teil 5: Konformitätsbewertung.

[5.65] DIN 4108-4:2017-03: Wärmeschutz und Energie-Einsparung in Gebäuden – Teil 4: Wärme- und feuchteschutztechnische Bemessungswerte.

[5.66] Hagentoft, C.-E.: Introduction to Building Physics. Lund: Studentlitteratur 2001.

[5.67] Marquardt, H.: Tauwasserausfall in Wintergärten vor Geschoßwohnungen. Bauphysik 16 (1994), H. 6, S. 186–195.

[5.68] Eicke-Hennig, W.: Scheinheilige These – heizt die Sonne unsere Wände im Winter? GEB Gebäude-Energieberater (2015), H. 1, S. 30–33.

[5.69] Gabriel, I.; Gross, K.: Fenster. In: Ladener, H. (Hrsg.): Vom Altbau zum Niedrigenergiehaus. Staufen bei Freiburg: ökobuch 1997.

[5.70] THERM 7.6 – Two-Dimensional Building Heat-Transfer Modeling. Download unter URL: https://windows.lbl.gov/software/therm (04.01.2019).

[5.71] Stubenrauch, B.: Psi-Werte berechnen mit Therm. URL: http://www.enev24.de/therm/ (02.02.2014).

[5.72] Pohl, W.-H.; Horschler, S.: Energieeffiziente Wohngebäude. Hrsg. von BEB Erdgas und Erdöl GmbH. Hannover: BEB Erdgas und Erdöl GmbH 2002.

[5.73] Borsch-Laaks, R.; Kehl, D.: Nase vorn beim Wärmeschutz. Holzbaudetails ohne Wärmebrückenzuschläge nach EnEV 2002. Sonderdruck zur praktischen Bauphysik zur Fachtagung Holzbau 2001.

[5.74] Wärmebrückenkatalog 1.2 – Quantifizierte Musterlösungen für Bauteilanschlüsse. Kassel: Zentrum für umweltbewusstes Bauen e. V. (ZUB) 2002 (Informationen und Download der Testversion unter URL: http://www.zub-kassel.de).

[5.75] Ytong-Silka-Wärmebrückenkatalog 2019. URL: https://www.ytong-silka.de/software.php (17.08.2020).

[5.76] Kalksandstein Wärmebrückenkatalog. Hrsg. vom Bundesverband Kalksandsteinindustrie e. V. URL: http://www.ks-waermebruecken.de (19.08.2020).

[5.77] Ziegel Wärmebrückenkatalog 5.0 der Arbeitsgemeinschaft Mauerziegel e. V. URL: https://www.lebensraum-ziegel.de/presse/presse-detail/artikel/news/ziegel-waermebrueckenkatalog-50.html (20.08.2020).

[5.78] Planungsatlas WDVS. Hrsg. vom Verband für Dämmsysteme, Putz und Mörtel (VDPM). URL: http://www.wdvs-planungsatlas.de (31.10.2018).

[5.79] Willems, W. M.; Hellinger, G.; Birkner, B.; Schild, K.: Planungsatlas für den Hochbau (DVD). Erkrath: Beton Marketing Deutschland GmbH 2014.

[5.80] Feldmann, R.: Die Wärmebrückenbewertung bei der energetischen Bilanzierung von Gebäuden. Hrsg. vom Bundesamt für Wirtschaft und Ausfuhrkontrolle (BAFA), Eschborn 12/2020. URL: https://www.febs.de/newsroom/meldungen/2021/neuer-febs-leitfaden-zur-waermebrueckenbewertung-als-download (21.07.2021).

[5.81] Volland, J.: Bewertung von Wärmebrücken nach EnEV 2009. GEB Gebäude-Energieberater (2009), H. 9, S. 24–27.

[5.82] KfW-‚Liste der Technischen FAQ – Wohngebäude', Stand 01.02.2021. URL: https://www.kfw.de/PDF/Download-Center/Förderprogramme-(Inlandsörderung)/PDF-Dokumente/6000004242_Info_Techn_FAQ_151-152-153-430.pdf (09.02.2021).

[5.83] Infoblatt KfW-Wärmebrückenbewertung. Dokumentationshilfen und erweiterte Verfahren zur Wärmebrückenbewertung, Stand 11/2015. URL: https://www.kfw.de/PDF/Download-Center/Förderprogramme-(Inlandsförderung)/PDF-Dokumente/Arbeitshilfen-Präsentationen/Arbeitshilfen/Infoblatt_KfW-Waermebrueckenbewertung.pdf (09.02.2021).

[5.84] DIN EN ISO 10077-1:2020-10: Wärmetechnisches Verhalten von Fenstern, Türen und Abschlüssen – Berechnung des Wärmedurchgangskoeffizienten – Teil 1: Allgemeines.

[5.85] DIN EN ISO 10077-2:2018-01: Wärmetechnisches Verhalten von Fenstern, Türen und Abschlüssen – Berechnung des Wärmedurchgangskoeffizienten – Teil 2: Numerisches Verfahren für Rahmen.

[5.86] Kruppa, B.; Strauß, R.-P.: Energieeinsparverordnung – Energetische Bewertung heiz- und raumlufttechnischer Anlagen. Kommentar zu DIN V 4701-10. Hrsg. vom DIN Deutsches Institut für Normung e. V. Berlin: Beuth 2001.

[5.87] Schettler-Köhler, H.-P.: Kurzbericht zum Entwurf DIN 4701-10 „Energetische Bewertung heiz- und raumlufttechnischer Anlagen – Heizen, Warmwasser, Lüften". Anlage 3 zum Referentenentwurf der EnEV 2002.

[5.88] Karwatzki, J.: Gebäudeenergiegesetz. Mehr Erneuerbaren-Strom anrechenbar. GEB Gebäude-Energieberater 16 (2020), H. 8, S. 48–51.

[5.89] Lambrecht, K.: Pelletkessel mit aktuellen Kenngrößen berechnen – Herstellerwerte verbessern Bilanz enorm. GEB Gebäude-Energieberater 10 (2014), H. 2, S. 31–35.

[5.90] TZWL-Bulletin Nr. 11. Liste für Wohnungslüftungsgeräte mit und ohne Wärmerückgewinnung. Hrsg. vom Europäischen Testzentrum für Wohnungslüftungsgeräte e. V. (TZWL). 11. Aufl. Dortmund: TZWL 2010. URL: www.tzwl.de/downloadbereich/tzwl-ebulletin/tzwl-ebulletin_11 (14.03.2011).

[5.91] Behaneck, N.: Multifunktionswerkzeuge für Energieberater – Marktübersicht Bauphysik-Software. GEB Gebäude-Energieberater 16 (2020), H. 2, S. 42–50.

[5.92] Winkler, H.: Qualitätskriterien und Gütesicherung für EnEV-Software. In: Venzmer, R. (Hrsg.): Software für den Energieberater. Berlin: Beuth 2011, S. 111–152.

[5.93] Schild, K.; Brück, H.: Energie-Effizienzbewertung von Gebäuden. Wiesbaden: Vieweg + Teubner 2010.

[5.94] Erhorn, H.; Jagnow, K.: Bilanzierungsverfahren nach der neuen DIN V 18599 (DIN V 18599-1). In: Foaud, N. A. (Hrsg.) Bauphysik Kalender 13 (2013), S. 209–249. Berlin: Ernst & Sohn 2013.

[5.95] Großmann, B.: DIN V 18599: Energetische Bewertung von Gebäuden – 10 Schritte durch die Norm. GEB Gebäude-Energieberater 1 (2005), H. 10, S. 26–29.

[5.96] Ebel, W.: Energiesparpotentiale im Gebäudebestand. In: Diel, F. (Hrsg.): Innenraum-Belastungen: erkennen, bewerten, sanieren; Beiträge der Arbeitsgemeinschaft Ökologischer Forschungsinstitute (AGÖF). Wiesbaden und Berlin: Bauverlag 1993, S. 308–319.

[5.97] Kleemann: Wohnflächenbestand und Altersstruktur. Zitiert nach Fassadentechnik (2001), H. 1, S. 7.

[5.98] Diefenbach, N.; Cischinsky, H.; Rodenfels, M.; Clausnitzer, K.-D.: Zusammenfassung zum Forschungsprojekt „Datenbasis Gebäudebestand – Datenerhebung zur energetischen Qualität und zu den Modernisierungstrends im deutschen Wohngebäudebestand". URL: www.iwu.de/.../Zusammenfassung_Datenbasis_Gebäudebestand.pdf (14.03.2011).

[5.99] Grundgesetz für die Bundesrepublik Deutschland (GG). Vom 23. Mai 1949 (BGBl. I S. 1), zuletzt geändert durch Gesetz vom 28. August 2006 (BGBl. I S. 2034).
[5.100] Winter, S.: Bestandsschutz beim Brandschutz: In: Erler, K. u. a.: Bauen im Bestand mit Holz. Fachbeiträge zum 4. Holzbauforum Leipzig. Berlin: Huss Medien (Verlag Bauwesen) 2004, S. 38–46.
[5.101] Geburtig, G.: Bauen im Bestand – Baurecht, Möglichkeiten und Grenzen. In: Erler, K. u. a.: Bauen im Bestand mit Holz. Fachbeiträge zum 4. Holzbauforum Leipzig. Berlin: Huss Medien (Verlag Bauwesen) 2004, S. 8–36.
[5.102] Feist, W.: Energieeinsparung im Gebäudebestand – Anforderungen der EnEV 2000 und zentrale Herausforderung für das Bauen der Zukunft. Kongreßdokumentation zum Fachkongreß NiedrigEnergieBau '99 am 18. und 19.10.1999 in Hamburg, S. 39–51.
[5.103] Feist, W.: Wie viel Dämmung ist genug? Wann sind Wärmebrücken Mängel? In: Oswald, R. (Hrsg.): Dauerstreitpunkte – Beurteilungsprobleme bei Dach, Wand und Keller. Aachener Bausachverständigentage 2009. Wiesbaden: Vieweg + Teubner 2009, S. 51–57.
[5.104] BGH-Urteil vom 11. April 2008, Az. V ZR 158/07.
[5.105] Tuschinski, M.; Krause, D.: Außenwände im Grenzfall dämmen. Der Bausachverständige (2011), H. 4, S. 70–73
[5.106] Bauordnungsrecht und nachträgliche Wärmedämmung. Informationsdienst Bauen + Energie März 2012, S. 4–5.
[5.107] Fachwerkinstandsetzung nach WTA, Kompendium Band 1, Merkblätter 8-1 bis 8-9. Freiburg/Br.: AEDIFICATIO 2001.
[5.108] Eßmann, F,; Gänßmantel, J.; Geburtig, G.: Energieeinsparung bei historischen Gebäuden – Möglichkeiten und Grenzen. Praktische Anwendung der EnEV auf Fachwerkaußenwände. Bauphysik 24 (2002), H. 5, S. 313–316.
[5.109] Energetische Kennwerte von Fenstern und Außentüren. Information des Fachverbandes Fenster und Fassade (VFF), April 2014.
[5.110] Wagner, A.: Energieeffiziente Fenster und Verglasungen. Hrsg. vom Fachinformationszentrum Karlsruhe, Büro Bonn. 3. Aufl. Berlin: Solarpraxis 2007.
[5.111] Laudenbach, J.; Koch, T.: CO_2-Einsparpotential durch Rohrleitungsdämmung. Bauphysik 25 (2003), H. 3, S. 146–151.
[5.112] Richtlinie 2010/31/EU des Europäischen Parlaments und des Rates vom 19. Mai 2010 über die Gesamtenergieeffizienz von Gebäuden (Neufassung). Amtsblatt der Europäischen Union vom 18.06.2010 [DE].
[5.113] Bekanntmachung der Muster von Energieausweisen nach dem Gebäudeenergiegesetz vom 08. Oktober 2020. Bundesanzeiger vom 3. Dezember 2020.
[5.114] Richtlinie 2002/91/EG des Europäischen Parlaments und des Rates vom 16. Dezember 2002 über die Gesamtenergieeffizienz von Gebäuden. Amtsblatt der Europäischen Gemeinschaften Nr. L1/65 vom 04.01.2003 [DE].
[5.115] Großmann, B.: Wer darf Energieausweise ausstellen? GEB Gebäude-Energieberater 3 (2007), H. 7/8, S. 14–17.
[5.116] Bekanntmachung der Regeln zur Datenaufnahme und Datenverwendung im Wohngebäudebestand vom 8. Oktober 2020. Bundesanzeiger vom 4. Dezember 2020.
[5.117] Bekanntmachung der Regeln zur Datenaufnahme und Datenverwendung im Nichtwohngebäudebestand vom 8. Oktober 2020. Bundesanzeiger vom 4. Dezember 2020.
[5.118] DIN V 4701-10 Beiblatt 1:2007-02: Energetische Bewertung heiz- und raumlufttechnischer Anlagen – Teil 10: Heizung, Trinkwassererwärmung, Lüftung; Beiblatt 1: Anlagenbeispiele.

[5.119] Kwapich, T. u. a.: Leitfaden Energieausweis Teil 1 – Energiebedarfsausweis: Datenaufnahme Wohngebäude. Hrsg. von der Deutschen Energie-Agentur (dena). 3. Aufl. Berlin: dena 2015.

[5.120] Kwapich, T. u. a.: Leitfaden Energieausweis Teil 2 – Modernisierungsempfehlungen für Wohngebäude. Hrsg. von der Deutschen Energie-Agentur (dena). 3. Aufl. Berlin: dena 2015.

[5.121] Kwapich, T. u. a.: Leitfaden Energieausweis Teil 3 – Energiverbrauchsausweise für Wohn- und Nichtwohngebäude. Hrsg. von der Deutschen Energie-Agentur (dena). 2. Aufl. Berlin: dena 2015.

[5.122] Hegner, H.-D.: Umsetzung der EU-Richtlinie über die Gesamtenergieeffizienz von Gebäuden mit der EnEV 2006. BMVBW/DIN-Gemeinschaftstagung „Die neue DIN V 18599 – Ein Instrument zur Erstellung von Energieausweisen“, Bochum 28.06.2005.

[5.123] Hegner, H.-D.: Energieausweis für alle! Vorschlag für eine neue Energieeinsparverordnung. Vortrag beim 5. Internationalen Kunststoff-Fenster-Kongress, Würzburg 16.03.2005. Download als PDF-Datei von www.enev-online.de [Adobe-Reader 6.0] vom 03.02.2005.

[5.124] Jung, U.: Der Entwurf zur Novelle der Energieeinsparverordnung. Informationsdienst Bauen + Energie 1 (2006), H. 5, S. 54–58.

[5.125] Bekanntmachung der Regeln für Energieverbrauchskennwerte im Wohngebäudebestand vom 7. April 2015. URL: http://www.bbsr-energieeinsparung.de/EnEVPortal/DE/ EnEV/ Bekanntmachungen/bekanntmachungen_node.html [Adobe Reader XI].

[5.126] Klimafaktoren (KF) für Energieverbrauchskennwerte. URL: http://www.dwd.de/ klimafaktoren (12.09.2015).

[5.127] Wolff, D.; Jagnow, K.: Berechnungshilfe zur Witterungskorrektur. GEB Gebäudeenergieberater 3 (2007), H. 9, S. 46–49.

[5.128] Hegner, H.-D.: Initiativen des Bundes zur Effizienzsteigerung in der Sanierung – Energieausweis und CO_2-Gebäudesanierungsprogramm. Vortrag beim dena-Dialog regional „Energieeffiziente Sanierung von Wohngebäuden“ in Hamburg am 08.11.2006.

[5.129] Schettler-Köhler, H.-P.: Europäische Richtlinie über die Gesamtenergieeffizienz von Gebäuden. Vortrag vom 05.05.2006. Download unter www.enev-online.de (25.05.2006).

[5.130] Großmann, B.: Registriernummer für Energieausweise wird Pflicht. GEB Gebäude-Energieberater 10 (2014), H. 3, S. 20–23.

6 Zusammenfassung und Ausblick

6.1 Zusammenfassung

Die vorangegangenen Kapitel zeigen, dass energiesparende Wohngebäude auf der Grundlage des Gebäudeenergiegesetzes (GEG) 2020/23 [6.1], [6.2] und der dahinterstehenden Europäischen wie auch Nationalen Normen nachweisbar sind.

Für bauphysikalische Praktiker/innen in Architektur- und Ingenieurbüros erschreckend ist aber der – auch nach der Zusammenfassung von EnEG, EnEV und EEWärmeG zum GEG – kaum überschaubare Umfang der Nachweise – eine auf dem politisch gewollten Weg vom Niedrigenergie- zum Plusenergiehaus wohl unvermeidliche Entwicklung, um die dafür notwendige Genauigkeit der Ergebnisse zu erzielen. Die Folge davon ist aber, dass viele Nachweise praktisch per EDV geführt werden müssen – mit dem Ergebnis, dass die Berechnungen kaum noch auf Plausibilität geprüft werden können, was zu einer Zunahme von fehlerhaften Nachweisen führen dürfte.

Für die Nutzer/innen ist ferner ärgerlich, dass auch dem neuen GEG immer noch viele zu optimistische Annahmen zugrunde liegen, sodass der auf die Nutzfläche A_N bezogene Energie*bedarf* in kWh/(m² · a) weiterhin deutlich unter dem wohnflächenbezogenen Energie*verbrauch* in kWh/(m² · a) liegt.

6.2 Ausblick

Wie wird die weitere Entwicklung aussehen?

- Bundesweit sollen sämtliche geeigneten Dächer von Neubauten für Photovoltaik-Anlagen bzw. thermische Solaranlagen genutzt werden (vgl. Abschnitt 1.4.8) – einige Bundesländer haben eine solche Solarpflicht z. B. für Gewerbedächer bereits 2023 eingeführt [6.3].
- Ab 2024 soll jede neu eingebaute Heizung mit mindestens 65 % erneuerbaren Energien betrieben werden, BMWK und BMWSB haben dazu im Sommer 2022 eine öffentliche Konsultation begonnen [6.4].
- Eine erneute Novellierung des Gebäudeenergiegesetzes (GEG) [6.1], [6.2] in wenigen Jahren ist absehbar aus folgenden Gründen:
  – Die Bundesregierung hat sich durch das Klimaschutzgesetz [6.5] selbst unter Druck gesetzt – wenn der Gebäudesektor die bis 2030 festgeschriebenen, jähr-

lich fallenden maximalen Jahresemissionsmengen an CO_2 überschreitet (Bild 6.1), muss das verantwortliche Ministerium nachjustieren.

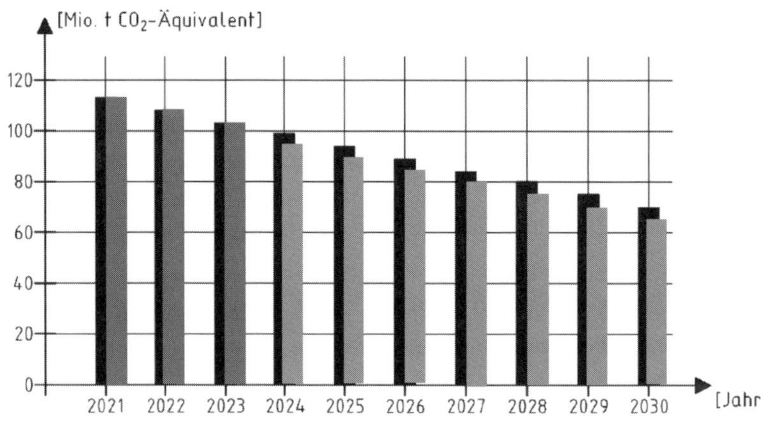

Bild 6.1: Maximale Emissionen des Gebäudesektors in Mio. *t* CO_2-Äquivalent für die Jahre 2021 bis 2030 gemäß Klimaschutzgesetz 2019 (schwarz) bzw. Klimaschutzgesetz 2021 (grau)

- Bereits angekündigt wurde, dass ab 2025 *KfW-Effizienzhäuser 40* zum Neubaustandard werden sollen.
- Die erste Hauptanforderung (vgl. Bild 5.1 in Abschnitt 5.3) wird vom Höchstwert des Jahres-Primärenergiebedarfes $Q_{p,max}$ auf einen Höchstwert der jährlichen CO_2-Emission (*genauer* CO_2-Äquivalent) umgestellt werden müssen (zurzeit nur informativ), denn das ist die Kenngröße für den Klimaschutz. Primärenergetisch werden beispielsweise Heizöl und Erdgas gleichbehandelt, obwohl ihr CO_2-Äquivalent deutlich unterschiedlich ist (vgl. Tabelle 5.23 in Abschnitt 5.6.2). Die dort genannten CO_2-Äquivalente sind aber teilweise umstritten, da noch klimaschädliche Methan-Emissionen während Förderung und Transport von Erdgas einbezogen werden müssten (die aber nur geschätzt werden können, Bild 6.2) – heftige politische Diskussionen sind also absehbar.

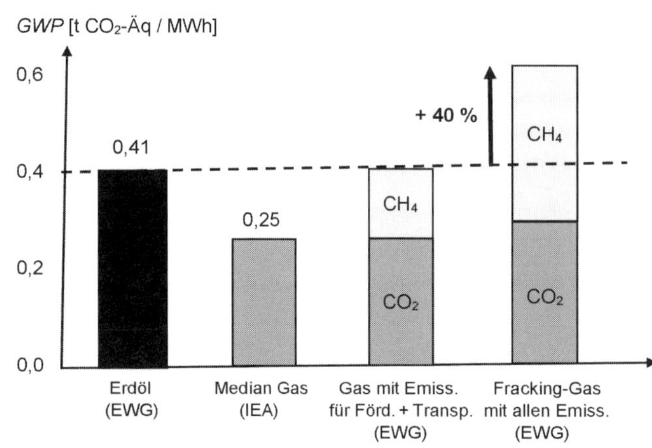

Bild 6.2: Treibhauspotenzial *GWP* (engl. *Global Warming Potential*) als CO_2-Äquivalent einiger fossiler Energieträger, rechts unter Einbeziehung des bei Förderung und Transport von Erdgas freigesetzten Methans CH_4 (geschätzt von der *Energy Watch Group* EWG 2019 bzw. der *Internationalen Energie-Agentur* IEA, nach [6.9])

- Auch die zweite Nebenanforderung, d. h., der auf die Umfassungsfläche bezogene spezifische Transmissionswärmeverlust-/Transmissionswärmetransferkoeffizient H'_T bzw. der maximale mittlere Wärmedurchgangskoeffizient $U_{m,max}$, sollen möglicherweise durch eine weiter gefasste Effizienzgröße ersetzt werden.
- Die bei Wohngebäuden (auch in diesem Buch) vorherrschende Berechnung nach den alten Normen DIN V 4108-6 [6.6] mit DIN V 4701-10 [6.7] könnte durch eine aktualisierte DIN V 18599-12 (noch von 2017 [6.8]) ersetzt werden, um den technischen Fortschritt auch beim tabellarischen Nachweis von Wohngebäuden zu berücksichtigen (derzeitiges Ende für die alten Normen ist lt. GEG 2020/23 [6.1], [6.2] das Jahresende 2023).

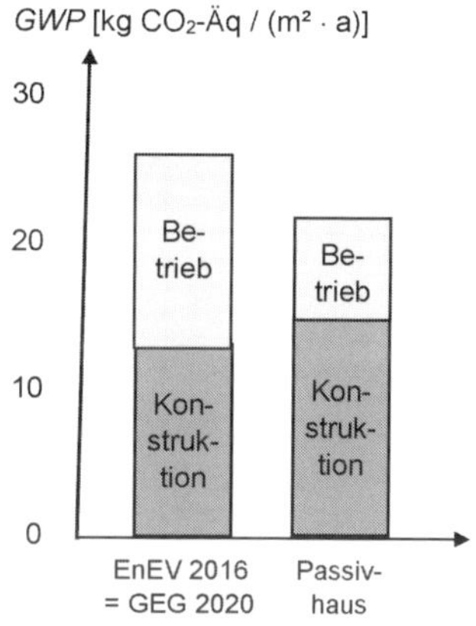

Bild 6.3: Treibhauspotenzial durch ein massives Einfamilienhaus mit unbeheiztem Keller über den Lebenszyklus, verglichen für den Standard nach EnEV 2016 = GEG 2020 bzw. den Passivhausstandard (nach *König* 2017, zitiert in [6.11])

- In die Betrachtung wird künftig auch das Treibhauspotenzial *GWP* der sog. *grauen Energie* eingehen, d. h. das CO_2-Äquivalent, das durch Herstellung und Nachnutzung der Gebäude verursacht wird, da dieses bei immer besserem energetischen Standard der Gebäude einen zunehmenden Anteil an der ansonsten sinkenden Umweltbelastung ausmacht (Bild 6.3, vgl. auch Bild 3.3 und Bild 3.4 in Abschnitt 3.3 zum Energieaufwand für die Herstellung von massiven Außenwänden).

  Eine solche Berücksichtigung der grauen Energie wird u. U. bereits gefordert: Eine Förderung durch das Programm *Bundesförderung für effiziente Gebäude (BEG)* wird seit Sommer 2022 im Neubau nur noch für *KfW-Effizienzhäuser 40 NH* gewährt (vgl. Abschnitt 1.4.8), d. h. mit Einhaltung einer sog. Nachhaltigkeitsklasse – dazu gehört auch die graue Energie. Voraussetzung ist hierfür das *Qualitätssiegel Nachhaltiges Gebäude (QNG)*, das Stand Oktober 2022 zertifiziert und vergeben wird [6.10]
  - für Wohn- und Nichtwohngebäude von der *DGNB GmbH* als Teil der *Deutschen Gesellschaft für Nachhaltiges Bauen e. V. (DGNB)*,
  - für Nichtwohngebäude vom *Steinbeis-Transfer-Institut Bau- und Immobilienwirtschaft (BNB = Bewertungssystem für nachhaltiges Bauen)*,
  - für größere Wohngebäude vom *Verein zur Förderung der Nachhaltigkeit im Wohnungsbau e. V. (NaWoh)* oder

– für kleine Wohngebäude vom *Bau-Institut für Ressourceneffizientes und Nachhaltiges Bauen GmbH (BNK = Bewertungssystem Nachhaltiger Kleinwohnhausbau).*

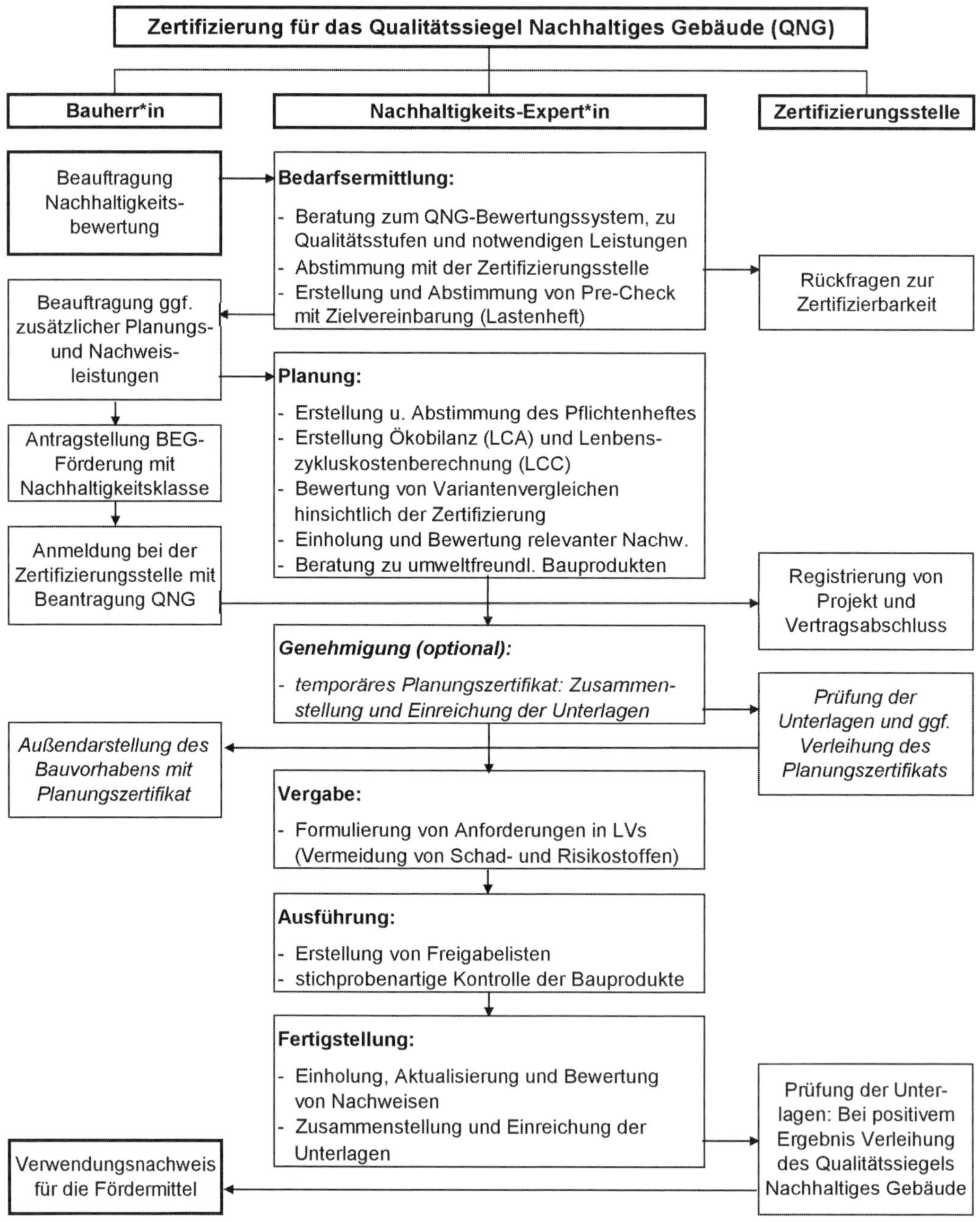

Bild 6.4: Ablauf einer Nachhaltigkeitszertifizierung für eine BEG-Förderung, ein für Werbezwecke verwendbares temporäres Planungszertifikat (kursiv dargestellt) ist optional (nach [6.11])

Unterschieden werden (Stand Oktober 2022) die Siegelvarianten [6.10] für *Wohngebäude*

- Neubau von Wohngebäuden mit bis zu 5 Wohneinheiten (QNG-KN21) und
- Neubau von Wohngebäuden jeder Größe (QNG-WN21)

sowie für *Nichtwohngebäude*

- Neubau Büro- und Verwaltungsgebäude (NWG-BN22),
- Komplettmodernisierung Büro- und Verwaltungsgebäude (NWG-BK22),
- Neubau Unterrichtsgebäude (NWG-UN22) und
- Komplettmodernisierung Unterrichtsgebäude (NWG-UK22).

Den derzeitigen Ablauf einer Nachhaltigkeitszertifizierung zum Erhalt der BEG-Fördermittel in Abstimmung zwischen Baukunden, Nachhaltigkeitsexpert/in und Zertifizierungsstelle zeigt Bild 6.4. Das QNG wird in zwei Qualitätsniveaus vergeben: *QNG-PLUS* als bereits überdurchschnittliche Qualität und *QNG-PREMIUM* als deutlich überdurchschnittliche Qualität [6.11]. Unabhängig davon ist das Verfahren sehr aufwendig – es wird daher diskutiert, ob z. B. für die BEG-Förderung von Wohngebäuden eine Vereinfachung möglich ist.

- Die im Pariser Übereinkommen und im Europäischen *Green Deal* vereinbarten Klimaschutzziele (vgl. Abschnitte 1.4.5 und 1.4.7) werden dazu führen, dass die Anforderungen an die Verringerung der CO_2-Emissionen der Gebäude weiter zunehmen werden – hin zum *Zero-Emission-Building*, besser noch zum Plusenergiegebäude, das mehr Energie erzeugt, als es verbraucht (vgl. Abschnitt 1.3). Im Neubau ist das bereits Stand der Technik und dürfte damit relativ problemlos sein. Was aber passiert mit dem umfangreichen Gebäudebestand,
  - der einen sehr hohen Teil des Volksvermögens ausmacht und enorme Mengen grauer Energie speichert,
  - der durch Artikel 14 des Grundgesetzes faktisch in seinem Bestand geschützt ist (vgl. Abschnitt 5.7.1) und
  - der nur mit hohem Aufwand und unter teilweisem Verlust des kulturellen Erbes (eine energetische Modernisierung steht häufig im Widerspruch zum Denkmal- bzw. Ensembleschutz) entsprechend nachgerüstet werden kann?

  Wenn die im Klimaschutzgesetz (KSG) festgelegten Klimaschutzziele für den Gebäudesektor erreicht werden sollen, wird hier aber eine Veränderung unvermeidlich sein.

- Schließlich wird die sog. Taxonomie-Verordnung der EU Auswirkungen auf den Gebäudesektor haben; in deren Artikel 1 heißt es [6.12]:

  „Diese Verordnung enthält Kriterien zur Bestimmung, ob eine Wirtschaftstätigkeit als ökologisch nachhaltig einzustufen ist, um damit den Grad der ökologischen Nachhaltigkeit einer Investition ermitteln zu können."

  Die Taxonomie-Verordnung soll durch Förderung privater Investitionen in grüne und nachhaltige Projekte einen Beitrag zum Europäischen *Green Deal* (vgl. Abschnitt 1.4.7) leisten. Die Taxonomie-Verordnung verpflichtet Finanzmarktteilnehmer (z. B. Investmentfonds), die Finanzprodukte als ökologisch vermarkten wollen, über den Anteil an ökologisch nachhaltigen Investitionen in ihrem Portfolio zu berichten [6.13].

Auch Bau, Nutzung und Recycling von Wohn- und Nichtwohnimmobilen sind Wirtschaftstätigkeiten, sodass künftig Immobilienunternehmen, deren Bauprojekte im Taxonomie-Verfahren als ökologisch nachhaltig eingestuft werden, an günstigere Kredite kommen könnten. In der Konsequenz würden – wie auch durch die Taxonomie-Verordnung erhofft – verstärkt „grüne", d. h. in der Taxonomie als nachhaltig eingestufte Gebäude errichtet werden.

6.3 Literatur zum Kapitel 6

[6.1] Gesetz zur Vereinheitlichung des Energieeinsparrechts für Gebäude und zur Änderung weiterer Gesetze vom 08.08.2020. BGBl. I Nr. 37 vom 13.08.2020, S. 1728–1794.

[6.2] Gesetz zu Sofortmaßnahmen für einen beschleunigten Ausbau der erneuerbaren Energien und weiteren Maßnahmen im Stromsektor vom 20. Juli 2022. BGBl. I Nr. 28 vom 28.07.2022 (Artikel 18a und Artikel 20).

[6.3] URL: https://www.energiezukunft.eu/erneuerbare-energien/solar/niedersachsen-beschliesst-solarpflicht-fuer-gewerbedaecher/ (28.08.2022)..

[6.4] URL: https://www.bmwk.de/Redaktion/DE/Downloads/Energie/65-prozent-erneuerbare-energien-beim-einbau-von-neuen-heizungen-ab-2024.html (28.08.2022).

[6.5] Bundes-Klimaschutzgesetz vom 12. Dezember 2019 (BGBl. I S. 2513), das durch Artikel 1 des Gesetzes vom 18. August 2021 (BGBl. I S. 3905) geändert worden ist. URL: https://www.gesetze-im-internet.de/ksg/KSG.pdf (05.07.2022).

[6.6] DIN V 4108-6:2003-06 (Berichtigungen 2004-03): Wärmeschutz und Energie-Einsparung in Gebäuden; Berechnung des Jahresheizwärme- und des Jahresheizenergiebedarfs.

[6.7] DIN V 4701-10:2003-08 (mit Änderung A1: 2006-12): Energetische Bewertung heiz- und raumlufttechnischer Anlagen – Teil 10: Heizung, Trinkwassererwärmung, Lüftung.

[6.8] DIN V 18599-12:2017-04: Energetische Bewertung von Gebäuden – Berechnung des Nutz-, End- und Primärenergiebedarfs für Heizung, Kühlung, Lüftung, Trinkwarmwasser und Beleuchtung – Teil 12: Tabellenverfahren für Wohngebäude.

[6.9] Borsch-Laaks, R.: Wenn schon – denn schon; wie die Wärmewende wirklich wird. HOLZBAU – die neue quadriga 2022, H. 3, S. 16–20.

[6.10] URL: https://www.nachhaltigesbauen.de/austausch/beg/siegelvarianten-bewertungssysteme/ (08.10.2022).

[6.11] Qualitätssiegel Nachhaltiges Gebäude – Neubau von Wohngebäuden. Hrsg. vom Bundesministerium für Wohnen, Stadentwicklung und Bauwesen (BMWSB) April 2022. URL: https://www.nachhaltigesbauen.de/fileadmin/publikationen/20220510_QNG-Broschuere_Bauherren_01.pdf (08.10.2022).

[6.12] Verordnung (EU) 2020/852 des Europäischen Parlaments und des Rates vom 18. Juni 2020 über die Einrichtung eines Rahmens zur Erleichterung nachhaltiger Investitionen und zur Änderung der Verordnung (EU) 2019/2088. https://eur-lex.europa.eu/eli/reg/2020/852/oj?locale=de (07.10.2022).

[6.13] URL: https://de.wikipedia.org/wiki/Verordnung_(EU)_2020/852_(Taxonomieverordnung) (07.10.2022).

Berechnungsformulare

Auf den folgenden Seiten finden sich die für die Beispiele in Kapitel 2 dieses Buches benutzten Berechnungsformulare als Kopiervorlagen, d. h.

- Nachweis des Mindestwärmeschutzes nach EN ISO 6946:2008-04 und DIN 4108-2: 2013-02,
- Nachweis des Mindestwärmeschutzes bei nebeneinanderliegenden Bauteilabschnitten nach EN ISO 6946:2008-04 mit DIN 4108-2:2013-02,
- Berechnung des Temperaturverlaufs im Bauteil und
- Nachweis des Tauwasserschutzes mit dem Periodenbilanzverfahren nach DIN 4108-3:2018-10.

Diese Formulare finden sich auch zum Download unter www.beuth-mediathek.de oder www.hmarquardt.de.

Nachweis des Mindestwärmeschutzes

nach DIN EN ISO 6946:2008-04 mit DIN 4108-2:2013-02

Aufbau des Bauteils

Wärmedurchlasswiderstand und Wärmedurchgangskoeffizient

Bauteilaufbau (von innen nach außen)	d in m	ρ in kg/m³	λ in W/(m K)	$R = d / \lambda$ in m² · K/W
Wärmedurchlasswiderstand	$R = \Sigma\, d / \lambda$			
Wärmeübergangswiderstand innen	R_{si}			
Wärmeübergangswiderstand außen	R_{se} (bei Innenbauteil auch R_{si})			
Wärmedurchgangswiderstand	$R_T = R_{si} + R + R_{se}$			
Wärmedurchgangskoeffizient	$U = 1 / R_T$ =			W/(m² · K)

Flächenbezogene Gesamtmasse

m' = = kg/m² ≥ 100 kg/m²

Damit liegt ein leichtes/schweres[1]) Bauteil vor.

Nachweis des Mindestwärmeschutzes

R = m² · K/W ≥ m² · K/W = R_{min}

Das untersuchte Bauteil erfüllt somit – nicht[1]) – die Anforderungen an den Mindestwärmeschutz nach DIN 4108-2:2013-02.

[1]) Nichtzutreffendes durchstreichen, Zutreffendes unterstreichen.

Nachweis des Mindestwärmeschutzes bei nebeneinanderliegenden Bauteilabschnitten

nach DIN EN ISO 6946:2008-04 mit DIN 4108-2:2013-02 bei

- ***zwei* nebeneinanderliegenden Bauteilabschnitten und**
- **max. *drei* thermisch inhomogenen Bauteilschichten**

Aufbau des Bauteils (aufgeteilt in zwei Abschnitte *a, b* und *j* = 1, 2, .., *n* Schichten)

Teilflächen (Flächenanteile) der Abschnitte *a* und *b*

Rippenbereich: $f_a = a / (a + b)$ =

Gefachbereich: $f_b = b / (a + b)$ =

Wärmedurchgangswiderstände der Abschnitte *a* und *b*

Schicht Nr.	Bauteilaufbau (von innen nach außen)	d in m	ρ in kg/m³	λ in W/(m · K)	$R_a = d / \lambda$ in m² · K/W	$R_b = d / \lambda$ in m² · K/W
Wärmedurchlasswiderstand		$R_{a,b} = \Sigma\, d / \lambda$				
Wärmeübergangswiderstand innen		R_{si}				
Wärmeübergangswiderstand außen		R_{se} (Innenbauteil R_{si})				
Wärmedurchgangswiderstand		$R_{Ta,b} = R_{si} + R_{a,b} + R_{se}$				

Oberer **Grenzwert des Wärmedurchgangswiderstandes** R'_T	
$1/R'_T = f_a / R_{T\,a} + f_b / R_{T\,b} =$	W/(m² · K)
$R'_T = 1 / (1/R'_T) =$	m² · K/W
Wärmedurchlasswiderstand R_{k1} **der thermisch inhomogenen Schicht** k_1	
$1/R_{k1} = f_a / R_{a,\,k1} + f_b / R_{b,\,k1} =$	W/(m² · K)
$R_{k1} = 1 / (1/R_{k1}) =$	m² · K/W
Wärmedurchlasswiderstand R_{k2} **der thermisch inhomogenen Schicht** k_2	
$1/R_{k2} = f_a / R_{a,\,k2} + f_b / R_{b,\,k2} =$	W/(m² · K)
$R_{k2} = 1 / (1/R_{k2}) =$	m² · K/W
Wärmedurchlasswiderstand R_{k3} **der thermisch inhomogenen Schicht** k_3	
$1/R_{k3} = f_a / R_{a,\,k3} + f_b / R_{b,\,k3} =$	W/(m² · K)
$R_{k3} = 1 / (1/R_{k3}) =$	m² · K/W
Unterer **Grenzwert des Wärmedurchgangswiderstandes** R''_T	
$R''_T = R_{si} + d_1/\lambda_1 + \ldots + \Sigma R_k + \ldots + d_n/\lambda_n + R_{se}$ (übrige Werte s. erstes Blatt)	
=	m² · K/W
Voraussetzung für das vereinfachte Verfahren	
$R'_T / R''_T =$ ≤ 1,5	d.h. – nicht¹) – eingehalten
Wärmedurchgangswiderstand R_T **und Wärmedurchgangskoeffizient** U	
$R_T = (R'_T + R''_T) / 2 =$	m² · K/W
$U = 1 / R_{T,m} =$	W/(m² · K)
Nachweis des Mindestwärmeschutzes	
im Mittel: $R_m = R_T - (R_{si} + R_{se}) =$	
= m² · K/W ≥ *1,0*	*m² · K/W* = $R_{m,min}$
im Gefach: $R_b = R_{T,b} - (R_{si} + R_{se}) =$	
= m² · K/W ≥ *1,75*	*m² · K/W* = $R_{Gef,min}$
Das untersuchte Bauteil erfüllt somit – nicht¹) – die Anforderungen an den Mindestwärmeschutz nach DIN 4108-2:2013-02.	

¹) Entweder durchstreichen oder unterstreichen.

Berechnung des Temperaturverlaufs im Bauteil

Aufbau des Bauteils

Grenzschichttemperaturen

Bauteilaufbau (von innen nach außen)	d in m	λ in W/(m · K)	$R = d / \lambda$ bzw. R_s in m² · K/W	$\Delta\theta$ in K	θ in °C
Übergang innen	-	-			
		R_T =			

Berechnungsgleichungen

$U = 1 / R_T =$ = W/(m² · K),

$q = U \cdot (\theta_i - \theta_e) =$ = W/m²

$\Delta\theta_i = q \cdot R_{si}$ bzw. $\Delta\theta_j = q \cdot R_j$ bzw. $\Delta\theta_e = q \cdot R_{se}$

Nachweis des Tauwasserschutzes nach DIN 4108-3:2018-10

1. Aufbau des Bauteils

2. Berechnung für die *Tau*periode

Bauteilaufbau (von innen nach außen)	d_j $[m]$	λ_j $\left[\frac{W}{m \cdot K}\right]$	μ_j $[-]$	$s_{d,j} = \mu_j \cdot d_j$ $[m]$	$\frac{(\Sigma s_d)_j}{s_{d,T}}$ $[-]$	$R_j = d_j / \lambda_j$ bzw. R_s $[m^2K/W]$	$\Delta\theta$ [1]) $[K]$	θ $[°C]$	p_{sat} $[Pa]$
Übergang innen	–	–	–	–	–	0,25		+20,0	–
Übergang außen	–	–	–	–	–	0,04			
Summen $s_{d,T} = \Sigma s_{d,j}$ bzw. R_T bzw. $\Sigma\Delta\theta \equiv \theta_i - \theta_e$:					–				–

[1]) $\Delta\theta_i = q \cdot R_{si}$ bzw. $\Delta\theta_e = q \cdot R_{se}$ bzw. $\Delta\theta_j = q \cdot R_j$ für alle Bauteilschichten $j = 1, 2, ..., n$ mit

$U = 1 / R_T = 1 /$ $\quad = \quad$ $W/(m^2 \cdot K)$

$q = U \cdot (\theta_i - \theta_e) =$ $\quad \cdot (20 - (-5)) = \quad$ W/m^2

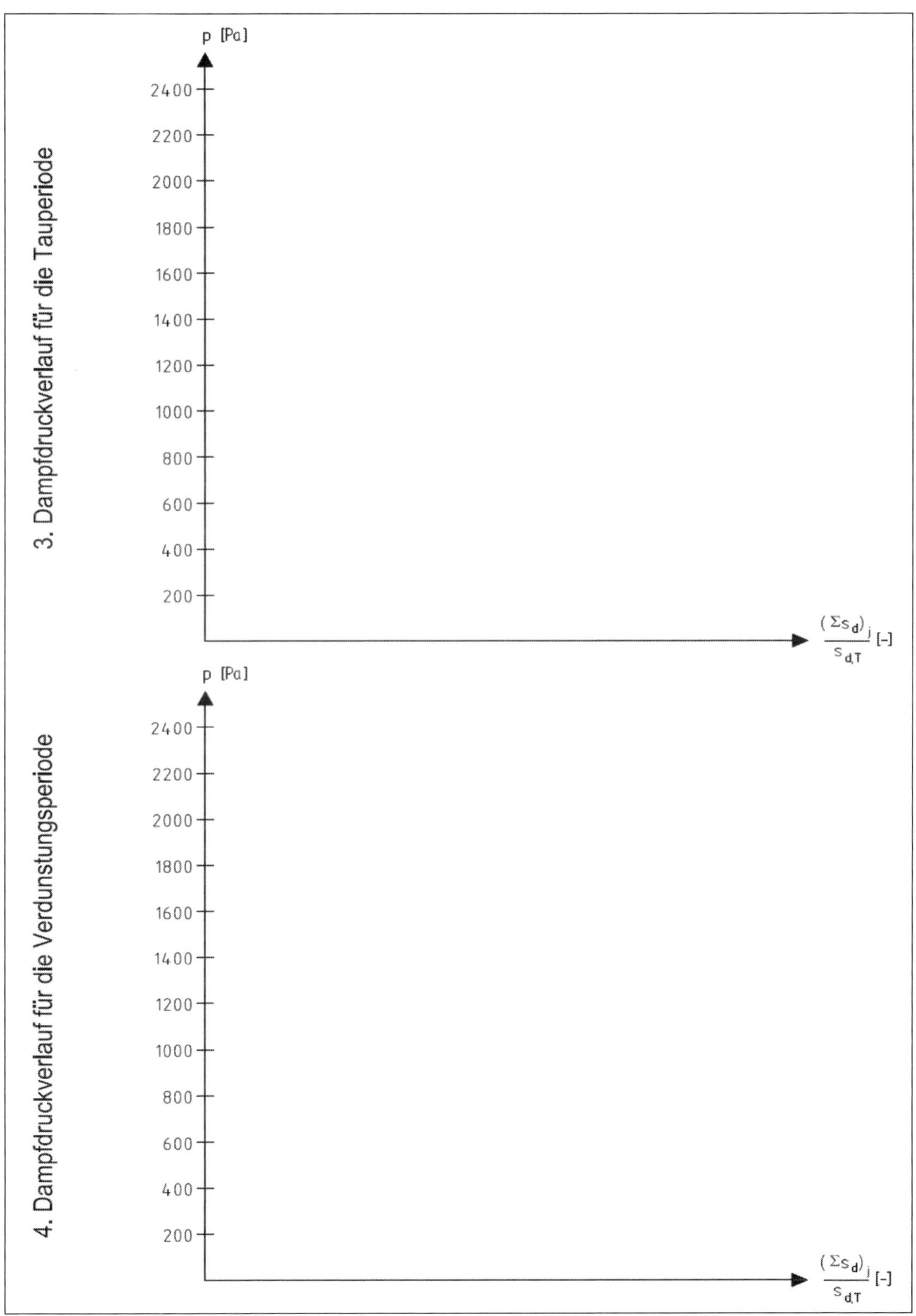
3. Dampfdruckverlauf für die Tauperiode
p [Pa]
2400
2200
2000
1800
1600
1400
1200
1000
800
600
400
200
$\frac{(\Sigma s_d)_j}{s_{d,T}}$ [-]
4. Dampfdruckverlauf für die Verdunstungsperiode
p [Pa]
2400
2200
2000
1800
1600
1400
1200
1000
800
600
400
200
$\frac{(\Sigma s_d)_j}{s_{d,T}}$ [-]

5. Nachweis für die Tauperiode

Diffusionsstromdichte vom Raum in das Bauteilinnere:

$$g_{c,i} = \delta_0 \cdot \frac{p_i - p_{c1}}{s_{d,c1}} = 0{,}000720 \cdot \frac{1168\ -}{\qquad\qquad} = \qquad \left[\frac{g}{m^2 \cdot h}\right]$$

Diffusionsstromdichte vom Bauteilinnern zur Außenluft:

$$g_{c,e} = \delta_0 \cdot \frac{p_{c2} - p_e}{s_{d,T} - s_{d,c2}} = 0{,}000720 \cdot \frac{-\ 321}{\qquad\qquad} = \qquad \left[\frac{g}{m^2 \cdot h}\right]$$

Mit der errechneten Tauwassermasse

$$M_c = (g_{c,i} - g_{c,e}) \cdot t_c = (\qquad - \qquad) \cdot 2160 = \qquad [g/m^2]$$

sowie als angrenzende kapillar - nicht - wasseraufnahmefähige Berührungsfläche

und als angrenzende kapillar - nicht - wasseraufnahmefähige Berührungsfläche

wird die erste Anforderung mit $M_c \leq 500$ bzw. $1000\ g/m^2 = M_{c,max}$ - nicht - erfüllt [2])

6. Nachweis für die Verdunstungsperiode

Diffusionsstromdichte vom Bauteilinnern zum Raum [2]):

$$g_{ev,i} = \delta_0 \cdot \frac{p_{c1} - p_i}{s_{d,c1/m}} = 0{,}000720 \cdot \frac{1700\ bzw.\ 2000\ -\ 1200}{\qquad\qquad} = \qquad \left[\frac{g}{m^2 \cdot h}\right]$$

Diffusionsstromdichte vom Bauteilinnern zur Außenluft [2]):

$$g_{ev,e} = \delta_0 \cdot \frac{p_{c2} - p_e}{s_{d,T} - s_{d,c2/m}} = 0{,}000720 \cdot \frac{1700\ bzw.\ 2000\ -\ 1200}{\qquad\qquad} = \qquad \left[\frac{g}{m^2 \cdot h}\right]$$

Mit der möglichen Verdunstungswassermasse

$$M_{ev} = (g_{ev,i} + g_{ev,e}) \cdot t_{ev} = (\qquad + \qquad) \cdot 2160 = \qquad [g/m^2]$$

d.h. mit $M_{ev} \geq \qquad g/m^2 = M_c$ wird die Anforderung an die mögliche Verdunstung - nicht - erfüllt [2])

7. Rechnerische Trocknungsreserve bei Holzbauart

$$M_c + \Delta M_c = \qquad + \qquad = \qquad \leq \qquad = M_{ev} \qquad [g/m^2]$$

d.h. $\Delta M_c \geq 250\ g/m^2$ bei Dächern bzw. $\Delta M_c \geq 100\ g/m^2$ bei Wänden und Decken wird – nicht – erreicht [2])

8. Erhöhung der Feuchte in einer angrenzenden Holz- oder Holzwerkstoffschicht

$$\Delta M_{H,\max} = \Delta u_{H,\max} \cdot d_H \cdot \rho_H = \qquad [g/m^2]$$

d.h. mit $\Delta M_{H,max} \geq \qquad g/m^2 = M_c$ ist diese Erhöhung - nicht - zulässig [2])

9. Beurteilung

Die untersuchte Konstruktion erfüllt - nicht - die Anforderungen des Tauwasserschutzes [2])
nach DIN 4108-3:2018-10 und ggf. DIN 68800-2:2022-02

[2]) nicht Zutreffendes streichen, Zutreffendes *unter*streichen

Stichwortverzeichnis